식품
안전기사
필기

차범준 · 김문숙 공저

다락원

머리말
Introduction

　급속한 경제적, 사회적 발전과 더불어 식생활이 다양하게 변화됨에 따라 식품에 대한 욕구도 양적인 측면보다 맛과 영양, 기능성, 안전성 등을 고려하는 질적인 측면으로 변화되고 있습니다. 또한 식품제조가공기술이 급속하게 발달하면서 식품을 제조하는 공장의 규모가 커지고 공정이 복잡해지고 있습니다. 식품기술 분야에 대한 기본적인 지식을 갖추고 식품재료의 선택에서부터 새로운 식품의 기획, 연구개발, 분석, 검사 등의 업무를 담당할 수 있고, 식품제조 및 가공공정, 식품의 보존과 저장 공정에 대한 유지관리, 위생관리, 감독의 업무까지를 수행할 수 있는 자격 있는 전문기술 인력에 대한 수요가 급증하고 있습니다. 이에 따라 실제로 산업체나 식품관련 각종 기관에서 일정 자격취득자의 요구가 더욱 높아지고 있는 실정입니다.

　이번에 출간하는 〈원큐패스 식품안전기사 필기〉는 새로운 출제기준에 맞추어 이론편과 문제편으로 구성하였습니다. 이론편은 불필요한 부분들은 과감히 삭제하고 핵심적인 내용만을 수록하였으며, 문제편은 이론에는 없으나 공부해야 하는 부분을 추가로 수록하고, 각 문제별 상세한 해설로 학습자 스스로 학습하는 데에 어려움이 없도록 구성하였습니다. 또한, 새롭게 추가된 제1과목 식품안전은 수험자들의 이해를 돕기 위해 무료 동영상 강의도 수록하였습니다.

　그동안 산업현장과 대학에서 쌓은 경험을 정리하여 만든 〈원큐패스 식품안전기사 필기〉 교재로 식품안전기사 자격시험 준비를 하는 모든 분들에게 합격의 영광이 있기를 기원합니다.
　끝으로 이 책이 나오기까지 많은 도움을 주신 여러 교수님들과 적극적으로 협조해주신 다락원 임직원 여러분께 깊은 감사를 드립니다.

시험안내

개요

사회발전과 생활의 변화에 따라 식품에 대한 욕구도 양적 측면보다 질적 측면이 강조되고 있다. 또한 식품제조가공기술이 급속하게 발달하면서 식품을 제조하는 공장의 규모가 커지고 공정이 복잡해짐에 따라 이를 적절하게 유지, 관리할 수 있는 기술인력이 필요하게 됨에 따라 자격 제도를 제정하였다. 특히, 2025년에 이루어진 개편에서는 HACCP 적용업체가 지속적으로 증가한 현실에 대응하여 HACCP의 효율적 운영·관리를 담당할 HACCP 전문인력을 양성·확보하는 데 중점을 두었다.

수행직무

식품기술분야에 대한 기본적인 지식을 바탕으로 하여 식품재료의 선택에서부터 새로운 식품의 기획, 개발, 분석, 검사 등의 업무를 담당하며, 식품제조 및 가공공정, 식품의 보존과 저장공정에 대한 관리, 감독의 업무를 수행한다.

취득방법

① 시행처 : 한국산업인력공단
② 관련학과 : 전문대학 및 대학의 식품공학, 식품가공학 관련학과
③ 시험과목
　– 필기 : 식품안전, 식품화학, 식품가공·공정공학, 식품 미생물 및 생화학
　– 실기 : 식품안전관리 실무
④ 검정방법
　– 필기 : 객관식 4지 택일형, 과목당 객관식 20문항(과목당 30분)
　– 실기 : 필답형(2시간 30분)
⑤ 합격기준
　– 필기 : 100점을 만점으로 하여 과목당 40점 이상, 전과목 평균 60점 이상
　– 실기 : 100점을 만점으로 하여 60점 이상

시험일정

구분	필기원서접수(인터넷)	필기시험	필기합격(예정자)발표
정기 기사 1회	1월경	3월경	3월경
정기 기사 2회	3월경	4월경	5월경
정기 기사 3회	6월경	7월경	8월경

※ 시험일정은 매년 상이하므로 자세한 사항은 큐넷 홈페이지(www.q-net.or.kr)를 참고하시면 됩니다.

① 큐넷 홈페이지에 접속하여 회원가입을 한다.

② 회원가입 내역으로 원서를 등록하기 때문에 규격에 맞는 본인확인이 가능한 사진으로 등록한다.

- 접수가능사진 : 6개월 이내 촬영한 (3×4cm) 칼라사진, 상반신 정면, 탈모, 무 배경

- 접수불가능사진 : 스냅 사진, 선글라스, 스티커 사진, 측면 사진, 모자 착용, 혼란한 배경사진, 기타 신분확인이 불가한 사진

원서접수 신청을 클릭한 후, 자격선택 → 종목선택 → 응시유형 → 추가입력 → 장소선택 → 결제하기 순으로 진행

합격률

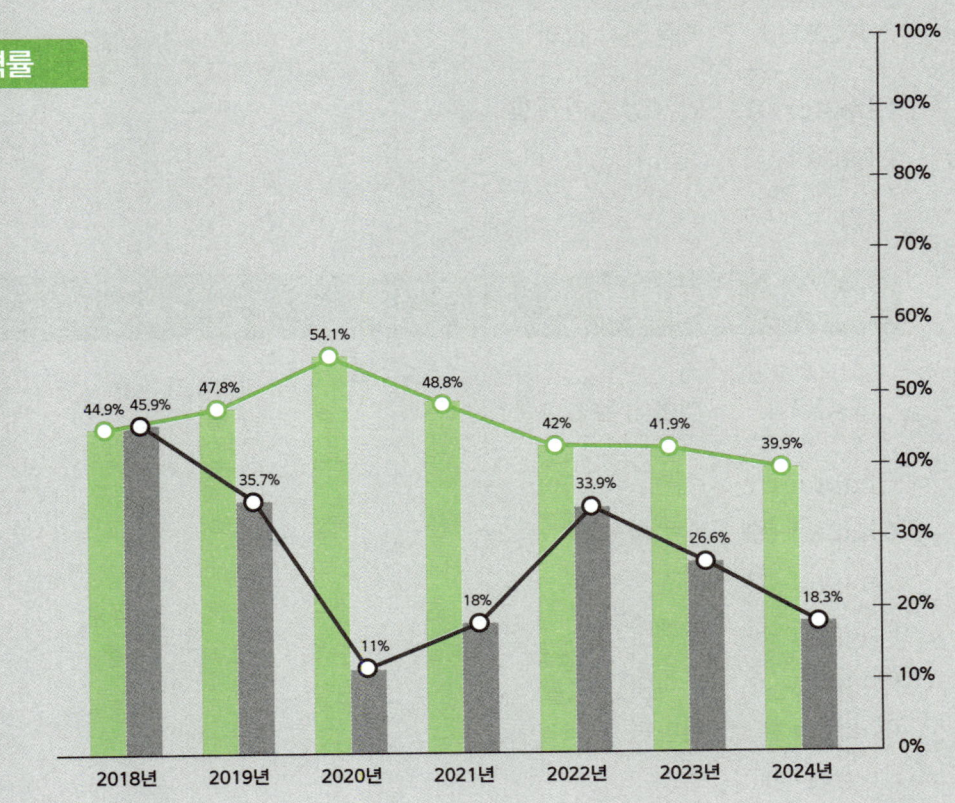

- 필기
- 실기

제3과목 • 식품가공 · 공정공학

식품안전

PART

I

식품안전관리인증기준
(HACCP)

1 식품위생관리 법령

1 식품위생법 제2조[정의]

① 식품 : 모든 음식물(의약으로 섭취하는 것은 제외한다)을 말한다.

② 식품첨가물 : 식품을 제조·가공·조리 또는 보존하는 과정에서 감미, 착색, 표백 또는 산화방지 등을 목적으로 식품에 사용되는 물질을 말한다. 이 경우 기구·용기·포장을 살균·소독하는 데에 사용되어 간접적으로 식품으로 옮아갈 수 있는 물질을 포함한다.

③ 기구 : 다음 각 목의 어느 하나에 해당하는 것으로서 식품 또는 식품첨가물에 직접 닿는 기계·기구나 그 밖의 물건(농업과 수산업에서 식품을 채취하는 데에 쓰는 기계·기구나 그 밖의 물건 및 「위생용품 관리법」 제2조 제1호에 따른 위생용품은 제외한다)을 말한다.

④ 식품위생 : 식품, 식품첨가물, 기구 또는 용기·포장을 대상으로 하는 음식에 관한 위생을 말한다.

⑤ 공유주방 : 식품의 제조·가공·조리·저장·소분·운반에 필요한 시설 또는 기계·기구 등을 여러 영업자가 함께 사용하거나, 동일한 영업자가 여러 종류의 영업에 사용할 수 있는 시설 또는 기계·기구 등이 갖춰진 장소를 말한다.

⑥ 집단급식소 : 영리를 목적으로 하지 아니하면서 특정 다수인에게 계속하여 음식물을 공급하는 다음 각 목의 어느 하나에 해당하는 곳의 급식시설로서 대통령령으로 정하는 시설을 말한다.

- 기숙사   • 학교   • 병원
- 「사회복지사업법」 제2조 제4호의 사회복지시설   • 산업체
- 국가, 지방자치단체 및 「공공기관의 운영에 관한 법률」 제4조 제1항에 따른 공공기관
- 그 밖의 후생기관 등

⑦ 식중독 : 식품 섭취로 인하여 인체에 유해한 미생물 또는 유독물질에 의하여 발생하였거나 발생한 것으로 판단되는 감염성 질환 또는 독소형 질환을 말한다.

⑧ 식품이력추적관리 : 식품을 제조·가공단계부터 판매단계까지 각 단계별로 정보를 기록·관리하여 그 식품의 안전성 등에 문제가 발생할 경우 그 식품을 추적하여 원인을 규명하고 필요한 조치를 할 수 있도록 관리하는 것을 말한다.

2 식품위생법 제14조[식품 등의 공전]

식품의약품안전처장은 다음 각 호의 기준 등을 실은 식품등의 공전을 작성·보급하여야 한다. [시행일 2019.3.14.]

- 제7조 제1항에 따라 정하여진 식품 또는 식품첨가물의 기준과 규격
- 제9조 제1항에 따라 정하여진 기구 및 용기·포장의 기준과 규격

3 **식품위생법 제70조[건강 위해가능 영양성분 관리]**

① 국가 및 지방자치단체는 식품의 나트륨, 당류, 트랜스지방 등 영양성분(이하 "건강 위해가능 영양성분"이라 한다)의 과잉섭취로 인하여 국민 건강에 발생할 수 있는 위해를 예방하기 위하여 노력하여야 한다.

② 식품의약품안전처장은 관계 중앙행정기관의 장과 협의하여 건강 위해가능 영양성분 관리 기술의 개발·보급, 적정섭취를 위한 실천방법의 교육·홍보 등을 실시하여야 한다.

③ 건강 위해가능 영양성분의 종류는 대통령령으로 정한다.

4 **식품위생법 시행령 제2조[집단급식소의 범위]**

「식품위생법」(이하 "법"이라 한다) 제2조 제12호에 따른 집단급식소는 1회 50명 이상에게 식사를 제공하는 급식소를 말한다.

5 **식품위생법 시행령 제4조[위해평가의 대상 등]**

① 법 제15조 제1항에 따른 식품, 식품첨가물, 기구 또는 용기·포장(이하 "식품 등"이라 한다)의 위해평가(이하 "위해평가"라 한다) 대상은 다음 각 호로 한다.
이하생략

② 위해평가에서 평가하여야 할 위해요소는 다음 각 호의 요인으로 한다.

> • 잔류농약, 중금속, 식품첨가물, 잔류 동물용 의약품, 환경오염물질 및 제조·가공·조리 과정에서 생성되는 물질 등 화학적 요인
> • 식품 등의 형태 및 이물(異物) 등 물리적 요인
> • 식중독 유발 세균 등 미생물적 요인

③ 위해평가는 다음 각 호의 과정을 순서대로 거친다. 다만, 식품의약품안전처장이 현재의 기술수준이나 위해요소의 특성에 따라 따로 방법을 정한 경우에는 그에 따를 수 있다.

> • 위해요소의 인체 내 독성을 확인하는 위험성 확인과정
> • 위해요소의 인체노출 허용량을 산출하는 위험성 결정과정
> • 위해요소가 인체에 노출된 양을 산출하는 노출평가과정
> • 위험성 확인과정, 위험성 결정과정 및 노출평가과정의 결과를 종합하여 해당 식품등이 건강에 미치는 영향을 판단하는 위해도 결정과정

6 **식품위생법 시행령 제17조[식품위생감시원의 직무]**

① 식품 등의 위생적인 취급에 관한 기준의 이행 지도
② 수입·판매 또는 사용 등이 금지된 식품등의 취급 여부에 관한 단속
③ 식품 등의 표시·광고에 관한 법률 제4조부터 제8조까지의 규정에 따른 표시 또는 광고기준의 위반 여부에 관한 단속
④ 출입·검사 및 검사에 필요한 식품등의 수거
⑤ 시설기준의 적합 여부의 확인·검사

⑥ 영업자 및 종업원의 건강진단 및 위생교육의 이행 여부의 확인·지도
⑦ 조리사 및 영양사의 법령 준수사항 이행 여부의 확인·지도
⑧ 행정처분의 이행 여부 확인
⑨ 식품등의 압류·폐기 등
⑩ 업소의 폐쇄를 위한 간판 제거 등의 조치
⑪ 그 밖에 영업자의 법령 이행 여부에 관한 확인·지도

7 식품위생법 시행령 제21조[영업의 종류]

① 식품제조·가공업　② 즉석판매제조·가공업　③ 식품첨가물제조업
④ 식품운반업　⑤ 식품소분·판매업

식품소분업	• 총리령으로 정하는 식품 또는 식품첨가물의 완제품을 나누어 유통할 목적으로 재포장·판매하는 영업
식품판매업	• 식용얼음판매업　• 식품자동판매기영업 • 유통전문판매업　• 집단급식소 식품판매업 • 기타 식품판매업

⑥ 식품보존업 : 식품조사처리업, 식품냉동·냉장업
⑦ 용기·포장류제조업 : 용기·포장지제조업, 옹기류제조업
⑧ 식품접객업

• 휴게음식점영업	• 일반음식점영업	• 단란주점영업
• 유흥주점영업	• 위탁급식영업	• 제과점영업

⑨ 공유주방 운영업

8 식품위생법 시행령 제23조[허가를 받아야 하는 영업 및 허가관청] : 허가를 받아야 하는 영업 및 해당 허가관청은 다음 각 호와 같다.

식품조사처리업	식품의약품안전처장
단란주점영업과 같은 호 라목의 유흥주점영업	특별자치시장·특별자치도지사 또는 시장·군수·구청장

9 식품위생법 시행령 제25조[영업신고를 하여야 하는 업종]

특별자치시장·특별자치도지사 또는 시장·군수·구청장에게 신고를 하여야 하는 영업은 다음 각 호와 같다.

• 즉석판매제조·가공업	• 식품운반업
• 식품소분·판매업	• 식품냉동·냉장업
• 용기·포장류제조업(자신의 제품을 포장하기 위하여 용기·포장류를 제조하는 경우는 제외한다)	
• 휴게음식점영업, 일반음식점영업, 위탁급식영업 및 제과점영업	

10 식품위생법 시행령 제36조[조리사를 두어야 하는 식품접객업자]

법 제51조 제1항 각 호 외의 부분 본문에서 "대통령령으로 정하는 식품접객업자"란 제21조 제8호의 식품접객업 중 복어독 제거가 필요한 복어를 조리·판매하는 영업을 하는 자를 말한다. 이 경우 해당 식품접객업자는 「국가기술자격법」에 따른 복어 조리 자격을 취득한 조리사를 두어야 한다.

11 식품위생법 시행규칙 제9조의2[위생검사 등 요청기관]

"총리령으로 정하는 식품위생검사기관"이란 다음 각 호의 기관을 말한다.

> • 식품의약품안전평가원 • 지방식품의약품안전청 • 보건환경연구원

12 식품위생법 시행규칙 제31조[자가품질검사]

① 자가품질검사는 별표 12의 자가품질검사기준에 따라 하여야 한다.
② 자가품질검사에 관한 기록서는 2년간 보관하여야 한다.

13 식품위생법 시행규칙 제36조[업종별 시설기준]

법 제36조에 따른 업종별 시설기준은 별표 14와 같다.

14 식품위생법 시행규칙 제38조[식품소분업의 신고대상]

① "총리령으로 정하는 식품 또는 식품첨가물"이란 영 제21조 제1호 및 제3호에 따른 영업의 대상이 되는 식품 또는 식품첨가물(수입되는 식품 또는 식품첨가물을 포함한다)과 벌꿀[영업자가 자가채취하여 직접 소분(小分)·포장하는 경우를 제외한다]을 말한다. 다만, 다음 각 호의 어느 하나에 해당하는 경우에는 소분·판매해서는 안 된다.

> • 어육 제품
> • 특수용도식품(체중조절용 조제식품은 제외한다)
> • 통·병조림 제품
> • 레토르트식품
> • 전분
> • 장류 및 식초(제품의 내용물이 외부에 노출되지 않도록 개별 포장되어 있어 위해가 발생할 우려가 없는 경우는 제외한다)

15 식품위생법 시행규칙 제39조[기타 식품판매업의 신고대상]

영 제21조 제5호 나목 6)의 기타 식품판매업에서 "총리령으로 정하는 일정 규모 이상의 백화점, 슈퍼마켓, 연쇄점 등"이란 백화점, 슈퍼마켓, 연쇄점 등의 영업장의 면적이 300제곱미터 이상인 업소를 말한다.

16 식품위생법 시행규칙 제49조[건강진단 대상자]

① 건강진단을 받아야 하는 사람은 식품 또는 식품첨가물(화학적 합성품 또는 기구등의 살균·소독제는 제외한다)을 채취·제조·가공·조리·저장·운반 또는 판매하는 일에 직접 종사하는 영업자 및 종업원으로 한다. 다만, 완전 포장된 식품 또는 식품첨가물을 운반하거나 판매하는 일에 종사하는 사람은 제외한다.

② 건강진단을 받아야 하는 영업자 및 그 종업원은 영업 시작 전 또는 영업에 종사하기 전에 미리 건강진단을 받아야 한다.

③ 건강진단은 「식품위생 분야 종사자의 건강진단 규칙」에서 정하는 바에 따른다.

17 식품위생법 시행규칙 제50조[영업에 종사하지 못하는 질병의 종류]

영업에 종사하지 못하는 사람은 다음의 질병에 걸린 사람으로 한다.

- 제2급 감염병 중 결핵(비전염성인 경우 제외)
- 콜레라, 장티푸스, 파라티푸스, 세균성이질, 장출혈성대장균감염증, A형 간염
- 피부병 또는 그 밖의 고름형성(화농성) 질환
- 후천성면역결핍증(성매개감염병에 관한 건강진단을 받아야 하는 영업에 종사하는 자에 한함)

18 식품위생법 시행규칙 제52조[교육시간]

① 법 제41조 제1항에 따라 영업자와 종업원이 받아야 하는 식품위생교육 시간

- 식품제조·가공업, 즉석판매제조·가공업, 식품첨가물제조업, 식품운반업, 식품소분·판매업, 식품보존업[식용얼음판매업자, 식품자동판매기영업자는 제외], 용기·포장류제조업, 식품접객업 영업에 해당하는 영업자 : 3시간
- 유흥주점영업의 유흥종사자 : 2시간
- 집단급식소를 설치·운영하는 자 : 3시간

② 법 제41조 제2항에 따라 영업을 하려는 자가 받아야 하는 식품위생교육 시간

- 식품제조·가공업, 즉석판매제조·가공업, 식품첨가물제조업에 해당하는 영업을 하려는 자 : 8시간
- 식품운반업, 식품소분·판매업, 식품보존업에 해당하는 영업을 하려는 자 : 4시간
- 식품접객업 영업을 하려는 자 : 6시간
- 집단급식소를 설치·운영하려는 자 : 6시간

19 식품위생법 시행규칙 제62조[식품안전관리인증기준 대상 식품]

① 법 제48조 제2항에서 "총리령으로 정하는 식품"이란 다음 각 호의 어느 하나에 해당하는 식품을 말한다.

- 수산가공식품류의 어육가공품류 중 어묵·어육소시지
- 기타수산물가공품 중 냉동 어류·연체류·조미가공품
- 냉동식품 중 피자류·만두류·면류
- 과자류, 빵류 또는 떡류 중 과자·캔디류·빵류·떡류
- 빙과류 중 빙과
- 음료류[다류(茶類) 및 커피류는 제외한다]
- 레토르트식품
- 절임류 또는 조림류의 김치류 중 김치(배추를 주원료로 하여 절임, 양념혼합과정 등을 거쳐 이를 발효시킨 것이거나 발효시키지 아니한 것 또는 이를 가공한 것에 한한다)
- 코코아가공품 또는 초콜릿류 중 초콜릿류
- 면류 중 유탕면 또는 곡분, 전분, 전분질원료 등을 주원료로 반죽하여 손이나 기계 따위로 면을 뽑아내거나 자른 국수로서 생면·숙면·건면
- 특수용도식품
- 즉석섭취·편의식품류 중 즉석섭취식품
- 즉석섭취·편의식품류의 즉석조리식품 중 순대
- 식품제조·가공업의 영업소 중 전년도 총 매출액이 100억 원 이상인 영업소에서 제조·가공하는 식품

20 식품위생법 시행규칙 제69조의2[식품이력추적관리 등록 대상]

법 제49조 제1항 단서에서 "총리령으로 정하는 자"란 다음 각 호의 자를 말한다.

- 영유아식(영아용 조제식품, 성장기용 조제식품, 영유아용 곡류 조제식품 및 그 밖의 영유아용 식품을 말한다) 제조·가공업자
- 임산·수유부용 식품, 특수의료용도 등 식품 및 체중조절용 조제식품 제조·가공업자
- 영 제21조 제5호 나목6) 및 이 규칙 제39조에 따른 기타 식품판매업자

21 식품위생 분야 종사자의 건강진단규칙 제2조[별표]

대상	건강진단 항목	횟수
식품 또는 식품첨가물(화학적 합성품 또는 기구 등의 살균·소독제는 제외한다)을 채취·제조·가공·조리·저장·운반 또는 판매하는데 직접 종사하는 사람. 다만, 영업자 또는 종업원 중 완전 포장된 식품 또는 식품첨가물을 운반하거나 판매하는 데 종사하는 사람은 제외한다.	• 장티푸스 • 파라티푸스 • 폐결핵	연 1회

22 축산물 위생관리법 제2조[정의]

① 축산물 : 식육·포장육·원유·식용란·식육가공품·유가공품·알가공품을 말한다.

② 원유 : 판매 또는 판매를 위한 처리·가공을 목적으로 하는 착유상태의 우유와 양유를 말한다.

③ 집유 : 원유를 수집, 여과, 냉각 또는 저장하는 것을 말한다.

④ 식육가공품 : 판매를 목적으로 하는 햄류, 소시지류, 베이컨류, 건조저장육류, 양념육류, 그 밖에 식육을 원료로 하여 가공한 것으로서 대통령령으로 정하는 것을 말한다.

⑤ 유가공품 : 판매를 목적으로 하는 우유류, 저지방우유류, 분유류, 조제유류, 발효유류, 버터류, 치즈류, 그 밖에 원유 등을 원료로 하여 가공한 것으로서 대통령령으로 정하는 것을 말한다.

⑥ 알가공품 : 판매를 목적으로 하는 난황액, 난백액, 전란분, 그 밖에 알을 원료로 하여 가공한 것으로서 대통령령으로 정하는 것을 말한다.

⑦ 작업장 : 도축장, 집유장, 축산물가공장, 식용란선별포장장, 식육포장처리장 또는 축산물보관장을 말한다.

⑧ 축산물가공품이력추적관리 : 축산물가공품(식육가공품, 유가공품 및 알가공품)을 가공단계부터 판매단계까지 단계별로 정보를 기록·관리하여 그 축산물가공품의 안전성 등에 문제가 발생할 경우 그 축산물가공품의 이력을 추적하여 원인을 규명하고 필요한 조치를 할 수 있도록 관리하는 것을 말한다.

23 축산물 위생관리법 제12조[축산물의 검사]

① 도축업의 영업자는 작업장에서 처리하는 식육에 대하여 검사관의 검사를 받아야 한다.

② 집유업의 영업자는 집유하는 원유에 대하여 검사관 또는 제13조 제3항에 따라 지정된 책임수의사의 검사를 받아야 한다.

③ 축산물가공업, 식육포장처리업 및 식육즉석판매가공업의 영업자는 총리령으로 정하는 바에 따라 그가 가공한 축산물이 가공기준 및 성분규격에 적합한지 여부를 검사하여야 한다.

24 축산물 위생관리법 제13조[검사관과 책임수의사]

① 식품의약품안전처장 또는 시·도지사는 이 법에 따른 검사 등을 하게 하기 위하여 대통령령으로 정하는 바에 따라 수의사 자격을 가진 사람 중에서 검사관을 임명하거나 위촉한다.

② 제11조 제1항 및 제12조 제1항에 따른 검사를 실시하는 검사관은 제33조 제1항 제1호부터 제4호까지에 해당하는 경우로서 필요한 조치를 함으로써 그 위해요소를 해소할 수 있다고 판단할 때에는 도축업의 영업자에게 위해요소의 즉시 제거 등 필요한 조치를 하게 하거나 작업중지를 명할 수 있으며, 영업자는 정당한 사유가 없으면 이에 따라야 한다. 이 경우 영업자의 조치 결과 위해요소가 해소된 것으로 인정되면 검사관은 지체 없이 작업중지 명령을 해제하거나 그 밖에 필요한 조치를 통하여 작업이 계속될 수 있게 하여야 한다.

25 축산물 위생관리법 제14조[검사원]

① 식품의약품안전처장은 제13조 제1항에 따른 검사관의 검사 업무를 보조하게 하기 위하여 검사원을 채용하여 배치하여야 한다. 다만, 도서·벽지에 있는 작업장 등 대통령령으로 정하는 작업장에는 배치하지 아니할 수 있다.

② 제22조 제1항에 따라 허가를 받은 자 중 대통령령으로 정하는 작업장의 허가를 받은 자는 책임수의사의 검사 업무를 보조하게 하기 위하여 대통령령으로 정하는 바에 따라 검사원을 두어야 한다.

26 축산물 위생관리법 제21조[영업의 종류 및 시설기준]

① 다음 각 호의 어느 하나에 해당하는 영업을 하려는 자는 총리령으로 정하는 기준에 적합한 시설을 갖추어야 한다.

• 도축업	• 집유업
• 축산물가공업	• 축산물가공업의 식용란선별포장업
• 식육포장처리업	• 축산물보관업
• 축산물운반업	• 축산물판매업
• 축산물판매업의 식육즉석판매가공업	• 그 밖에 대통령령으로 정하는 영업

② 제1항에 따른 영업의 세부 종류와 그 범위는 대통령령으로 정한다.

27 축산물 위생관리법 제33조[판매 등의 금지]

① 다음 각 호의 어느 하나에 해당하는 축산물은 판매하거나 판매할 목적으로 처리·가공·포장·사용·수입·보관·운반 또는 진열하지 못한다. 다만, 식품의약품안전처장이 정하는 기준에 적합한 경우에는 그러하지 아니하다.

- 썩었거나 상한 것으로서 인체의 건강을 해칠 우려가 있는 것
- 유독·유해물질이 들어 있거나 묻어 있는 것 또는 그 우려가 있는 것
- 병원성미생물에 의하여 오염되었거나 그 우려가 있는 것
- 불결하거나 다른 물질이 혼입 또는 첨가되었거나 그 밖의 사유로 인체의 건강을 해칠 우려가 있는 것
- 수입이 금지된 것을 수입하거나 「수입식품안전관리 특별법」 제20조 제1항에 따라 수입신고를 하여야 하는 경우에 신고하지 아니하고 수입한 것
- 제16조에 따른 합격표시가 되어 있지 아니한 것
- 제22조 제1항 및 제2항에 따라 허가를 받아야 하는 경우 또는 제24조 제1항에 따라 신고를 하여야 하는 경우에 허가를 받지 아니하거나 신고하지 아니한 자가 처리·가공 또는 제조한 것
- 해당 축산물에 표시된 소비기한이 지난 축산물
- 제33조의2 제2항에 따라 판매 등이 금지된 것

28 축산물 위생관리법 시행령 제15조[책임수의사의 자격·임무 등]

① 법 제13조 제3항에 따른 책임수의사는 수의사의 자격을 가진 사람으로서 법 제30조 제3항에 따른 교육을 받은 사람으로 한다.

② 제1항에 따른 책임수의사의 임무는 다음 각 호와 같다.

> - 원유의 검사
> - 영업장 시설의 위생관리
> - 종업원에 대한 위생교육
> - 검사에 불합격한 원유의 처리
> - 검사기록의 유지 및 검사에 관한 보고
> - 검사원의 업무이행 여부 확인
> - 착유하는 소 또는 양의 위생관리에 관한 지도
> - 그 밖에 원유의 위생관리에 관련된 업무

29 축산물 위생관리법 시행령 제17조[검사원을 두어야 하는 작업장]

법 제14조 제2항에서 "대통령령으로 정하는 작업장"이란 집유장을 말한다.

30 축산물위생관리법 시행규칙 제7조의4[영업자 등에 대한 교육훈련]

① 법 제9조 제10항에 따라 자체안전관리인증기준을 작성·운용하여야 하는 영업자 및 안전관리인증작업장 등의 인증을 받은 자에게 실시하는 교육훈련의 종류 및 시간은 다음 각 호와 같다.

정기 교육훈련	영업을 개시한 연도 또는 인증을 받은 연도의 다음 연도를 기준으로 매년 1회 이상 총 4시간 이상. 다만, 법 제9조의3 제1항 및 제2항에 따른 조사·평가 결과가 그 총점의 95퍼센트 이상인 점수에 해당하는 경우에는 다음 연도의 정기 교육훈련을 면제할 수 있다.
수시 교육훈련	축산물 위해사고의 발생 및 확산이 우려되는 경우에 실시하는 교육훈련으로서 1회 8시간 이내

② 영업자 등이 자체안전관리인증기준 또는 안전관리인증기준의 총괄적인 관리 업무를 담당하는 종업원을 지정한 경우 영업자등을 대신하여 그 종업원에 대하여 교육을 실시할 수 있으며, 교육을 받은 종업원이 그 관리 업무를 더 이상 하지 아니하게 된 경우에는 영업자등이나 그 관리 업무를 새로 담당하는 직원에게 다시 교육을 실시할 수 있다.

31 축산물위생관리법 시행규칙 제5조의2[자가소비 또는 자가 조리·판매하는 가축 또는 식육의 검사 등]

① 소·말·돼지 및 양을 제외한 가축 중에서 "총리령으로 정하는 가축"이란 사슴을 말한다.

② 법 제7조 제8항 전단에 따른 검사의 요청에 관하여는 제58조 제2항 및 제3항을 준용하며, 검사의 항목·방법 및 기준에 관하여는 제9조 제3항을 준용한다.

② 식품 및 축산물 안전관리인증기준

① 안전관리인증기준 제2조[정의]

① 식품 및 축산물 안전관리인증기준(HACCP) : 식품·축산물의 원료 관리, 제조·가공·조리·선별·처리·포장·소분·보관·유통·판매의 모든 과정에서 위해한 물질이 식품 또는 축산물에 섞이거나 식품 또는 축산물이 오염되는 것을 방지하기 위하여 각 과정의 위해요소를 확인·평가하여 중점적으로 관리하는 기준을 말한다(이하 "안전관리인증기준(HACCP)"이라 한다).

② 위해요소(Hazard) : 인체의 건강을 해할 우려가 있는 생물학적, 화학적 또는 물리적 인자나 조건을 말한다.

③ 위해요소분석(Hazard Analysis) : 식품·축산물 안전에 영향을 줄 수 있는 위해요소와 이를 유발할 수 있는 조건이 존재하는지 여부를 판별하기 위하여 필요한 정보를 수집하고 평가하는 일련의 과정을 말한다.

④ 중요관리점(Critical Control Point, CCP) : 안전관리인증기준(HACCP)을 적용하여 식품·축산물의 위해요소를 예방·제어하거나 허용 수준 이하로 감소시켜 당해 식품·축산물의 안전성을 확보할 수 있는 중요한 단계·과정 또는 공정을 말한다.

⑤ 한계기준(Critical Limit) : 중요관리점에서의 위해요소 관리가 허용범위 이내로 충분히 이루어지고 있는지 여부를 판단할 수 있는 기준이나 기준치를 말한다.

⑥ 모니터링(Monitoring) : 중요관리점에 설정된 한계기준을 적절히 관리하고 있는지 여부를 확인하기 위하여 수행하는 일련의 계획된 관찰이나 측정하는 행위 등을 말한다.

⑦ 개선조치(Corrective Action) : 모니터링 결과 중요관리점의 한계기준을 이탈할 경우에 취하는 일련의 조치를 말한다.

⑧ 선행요건(Pre-requisite Program) : 「식품위생법」, 「건강기능식품에 관한 법률」, 「축산물 위생관리법」에 따라 안전관리인증기준(HACCP)을 적용하기 위한 위생관리프로그램을 말한다.

⑨ 안전관리인증기준 관리계획(HACCP Plan) : 식품·축산물의 원료 구입에서부터 최종 판매에 이르는 전 과정에서 위해가 발생할 우려가 있는 요소를 사전에 확인하여 허용 수준 이하로 감소시키거나 제어 또는 예방할 목적으로 안전관리인증기준(HACCP)에 따라 작성한 제조·가공·조리·선별·처리·포장·소분·보관·유통·판매 공정 관리문서나 도표 또는 계획을 말한다.

⑩ 검증(Verification) : 안전관리인증기준(HACCP) 관리계획의 유효성(Validation)과 실행(Implementation) 여부를 정기적으로 평가하는 일련의 활동(적용 방법과 절차, 확인 및 기타 평가 등을 수행하는 행위를 포함한다)을 말한다.

⑪ 안전관리인증기준(HACCP) 적용업소 : 안전관리인증기준(HACCP)을 적용·준수하여 식품을 제조·가공·조리·소분·유통·판매하는 업소와 「축산물 위생관리법」에 따라 안전관리인증기준(HACCP)을 적용·준수하고 있는 안전관리인증작업장·안전관리인증업소·안전관리인증농장 또는 축산물안전관리통합인증업체 등을 말한다.

⑫ 중요관리점(CCP) 모니터링 자동 기록관리 시스템 : 중요관리점(CCP) 모니터링 데이터를 실시간으로 자동 기록·관리 및 확인·저장할 수 있도록 하여 데이터의 위·변조를 방지할 수 있는 시스템(이하 "자동 기록관리 시스템"이라 한다)을 말하며, 이 시스템을 적용한 안전관리인증기준을 "스마트해썹"이라 한다.

2 안전관리인증기준 제5조[선행요건 관리]

① 안전관리인증기준(HACCP) 적용업소(도축장, 농장은 제외한다)는 다음 각 호와 관련된 별표 1의 선행요건을 준수하여야 한다.

> 식품(식품첨가물 포함)제조·가공업소, 건강기능식품제조업소, 집단급식소식품판매업소, 축산물 작업장·업소, 집단급식소, 식품접객업소(위탁급식영업), 운반급식(개별 또는 벌크 포장)
>
> 가. 영업장 관리　　　　　　　　　　　나. 위생 관리
> 다. 제조·가공·조리 시설·설비 관리　　　라. 냉장·냉동 시설·설비 관리
> 마. 용수 관리　　　　　　　　　　　　바. 보관·운송 관리
> 사. 검사 관리　　　　　　　　　　　　아. 회수 프로그램 관리

② 안전관리인증기준(HACCP) 적용업소 중 도축장, 농장은 다음 각 호와 관련된 선행요건을 준수하여야 한다.

> [도축장]
>
> 가. 위생관리기준　　　　　　　　　　　나. 영업자·농업인 및 종업원의 교육·훈련
> 다. 검사관리　　　　　　　　　　　　　라. 회수프로그램관리
> 마. 제조·가공 시설·설비 등 환경 관리
> 　　(영업장, 방충·방서, 채광 및 조명, 환기, 배관, 배수, 용수, 탈의실, 화장실 등)

> [농장]
>
> 가. 농장 관리(부화장 제외)　　　　　　나. 위생 관리
> 다. 사양 관리(부화장 제외)　　　　　　라. 반입 및 출하 관리
> 마. 원유 관리(젖소농장에 한함)　　　　바. 알 관리(닭·오리농장에 한함)
> 사. 종축 등 관리(종축장에 한함)　　　　아. 부화 관리·부화장 관리(부화장에 한함)

3 안전관리인증기준 제6조[안전관리인증기준 관리]

① 안전관리인증기준(HACCP) 적용업소는 다음 각 호의 안전관리인증기준 적용원칙과 별표 2의 안전관리인증기준 적용 순서도에 따라 제조·가공·조리·소분·유통·판매하는 식품, 가축의 사육과 축산물의 원료관리·가공·선별·처리·포장·유통 및 판매에 사용하는 원·부재료와 해당 공정에 대하여 적절한 안전관리인증기준 관리계획을 수립·운영하여야 한다.

> • 위해요소 분석　　• 중요관리점 결정　　• 한계기준 설정　　• 모니터링 체계 확립
> • 개선조치 방법 수립　• 검증 절차 및 방법 수립　• 문서화 및 기록 유지

② 제1항에 따른 안전관리인증기준(HACCP) 관리계획은 과학적 근거나 사실에 기초하여 수립·운영하여야 하며, 중요관리점, 한계기준 등 변경사항이 있는 경우에는 이를 재검토하여야 한다.

③ 안전관리인증기준(HACCP) 적용업소는 제1항에 따른 안전관리인증기준 관리계획의 적절한 운영을 위하여 다음 각 호의 사항을 포함하는 안전관리인증기준 관리기준서를 작성·비치하여야 한다.

[식품(식품첨가물 포함)제조·가공업소, 건강기능식품제조업소]
- 안전관리인증기준(HACCP)팀 구성
- 제품설명서 작성
- 용도 확인
- 공정 흐름도 작성
- 공정 흐름도 현장 확인
- 원·부자재, 제조·가공·조리·유통에 따른 위해요소분석
- 중요관리점 결정
- 중요관리점의 한계기준 설정
- 중요관리점 모니터링 체계 확립
- 개선 조치방법 수립
- 검증 절차 및 방법 수립
- 문서화 및 기록유지방법 설정

4 안전관리인증기준 제9조[안전관리인증기준팀 구성 및 팀장의 책무 등]

① 안전관리인증기준(HACCP) 적용업소의 영업자·농업인은 안전관리인증기준 관리를 효과적으로 수행할 수 있도록 안전관리인증기준 팀장과 팀원으로 구성된 안전관리인증기준 팀을 구성·운영하여야 한다.

② 안전관리인증기준 팀장은 종업원이 맡은 업무를 효과적으로 수행할 수 있도록 선행요건관리 및 안전관리인증기준 관리 등에 관한 교육·훈련 계획을 수립·실시하여야 한다.

③ 안전관리인증기준 팀장은 원·부재료 공급업소 등 협력업소의 위생관리 상태 등을 점검하고 그 결과를 기록·유지하여야 한다. 다만, 공급업소가 안전관리인증기준 적용업소일 경우에는 이를 생략할 수 있다.

④ 안전관리인증기준 팀장은 원·부자재 공급원이나 제조·가공·조리·소분·유통 공정 변경 등 안전관리인증기준 관리계획의 재평가 필요성을 수시로 검토하여야 하며, 개정이력 및 개선조치 등 중요 사항에 대한 기록을 보관·유지하여야 한다.

⑤ 도축장의 관리책임자는 별표 3의 안전관리인증기준(HACCP) 적용 도축장의 미생물학적 검사요령에 따라 해당 도축장에 대하여 대장균(Escherichia coli Biotype I) 검사를 실시하고 그 결과에 따라 적절한 조치를 하여야 한다.

5 안전관리인증기준 제20조[교육훈련 등]

① 식품의약품안전처장은 안전관리인증기준(HACCP) 관리를 효과적으로 수행하기 위하여 안전관리인증기준 적용업소 영업자 및 종업원에 대하여 안전관리인증기준 교육훈련을 실시하여야 하며, 기타 안전관리인증기준 적용업소로 인증을 받고자 하는 자, 안전관리인증기준 평가를 수행할 자와 식품 또는 축산물위생관련 공무원에 대하여 안전관리인증기준 교육훈련을 실시할 수 있다.

② 안전관리인증기준 적용업소 영업자 및 종업원은 신규교육훈련을 안전관리인증기준 적용업소 인증일로부터 6개월 이내에 이수하여야 한다.

③ 안전관리인증기준 적용업소 영업자 및 종업원이 받아야 하는 신규교육훈련시간은 다음 각 호와 같다. 다만, 영업자가 제1호 나목의 안전관리인증기준 팀장 교육을 받은 경우에는 영업자 교육을 받은 것으로 본다.

[식품]

> 가. 영업자 교육 훈련 : 2시간
> 나. 안전관리인증기준(HACCP) 팀장 교육 훈련 : 16시간
> 다. 안전관리인증기준(HACCP) 팀원, 기타 종업원 교육 훈련 : 4시간

[축산물]

> 가. 영업자 및 농업인 : 4시간 이상,
> 나. 종업원 : 24시간 이상.
> 다. 가목에도 불구하고 종업원을 고용하지 않고 영업을 하는 축산물운반업·식육판매업 영업자는 종업원이 받아야 하는 교육훈련을 수료하여야 하며, 이 경우 영업자가 받아야 하는 교육훈련은 받지 아니할 수 있다.

④ 안전관리인증기준(HACCP) 적용업소의 안전관리인증기준 팀장, 안전관리인증기준 팀원 및 기타 종업원과 「축산물 위생관리법 시행규칙」제7조의4 제1항에 따라 영업자 및 농업인은 식품의약품안전처장이 지정한 교육훈련기관에서 다음 각 호에 따라 정기교육훈련을 받아야 한다.

식품	매년 1회 이상 4시간. 다만, 안전관리인증기준 팀원 및 기타 종업원 교육훈련은 「식품위생법 시행규칙」제68조의4 제1항에 따른 내용이 포함된 교육훈련 계획을 수립하여 안전관리인증기준 팀장이 자체적으로 실시할 수 있으며, 조사·평가 결과가 그 총점의 95퍼센트 이상인 경우 다음 연도의 정기 교육훈련을 면제한다.
축산물	매년 1회 이상 총 4시간 이상. 다만, 조사·평가 결과가 그 총점의 95퍼센트 이상인 점수에 해당하는 경우에는 다음 연도의 정기 교육훈련을 면제할 수 있다.

③ 식품 등의 기준 및 규격

① 식품공전[제1장 총칙 1. 일반원칙]

① 가공식품에 대하여 다음과 같이 식품군(대분류), 식품종(중분류), 식품유형(소분류)으로 분류한다.

식품군	'제5. 식품별 기준 및 규격'에서 대분류하고 있는 음료류, 조미식품 등을 말한다.
식품종	식품군에서 분류하고 있는 다류, 과일·채소류 음료, 식초, 햄류 등을 말한다.
식품유형	식품종에서 분류하고 있는 농축과·채즙, 과·채주스, 발효식초, 희석초산 등을 말한다.

② 표준온도는 20°C, 상온은 15~25°C, 실온은 1~35°C, 미온은 30~40°C로 한다.

③ 정하여진 시험은 별도의 규정이 없는 경우 다음의 원칙을 따른다.

- 원자량 및 분자량은 최신 국제원자량표에 따라 계산한다.
- 따로 규정이 없는 한 찬물은 15°C 이하, 온탕 60~70°C, 열탕은 약 100°C의 물을 말한다.
- 용액의 농도를 (1 → 5), (1 → 10), (1 → 100) 등으로 나타낸 것은 고체시약 1g 또는 액체 시약 1mL를 용매에 녹여 전량을 각각 5mL, 10mL, 100mL 등으로 하는 것을 말한다. 또한 (1+1),(1+5) 등으로 기재한 것은 고체시약 1g 또는 액체 시약 1mL에 용매 1mL 또는 5mL 혼합하는 비율을 나타낸다.
- 데시케이터의 건조제는 따로 규정이 없는 한 실리카겔(이산화규소)로 한다.

② 식품공전[제1장 총칙 3. 용어풀이]

① 식품유형 : 제품의 원료, 제조방법, 용도, 섭취형태, 성상 등 제품의 특성을 고려하여 제조 및 보존·유통과정에서 식품의 안전과 품질 확보를 위해 필요한 공통 사항을 정하고 제품에 대한 정보 제공을 용이하게 하기 위하여 유사한 특성의 식품끼리 묶은 것을 말한다.

② 건조물(고형물) : 원료를 건조하여 남은 고형물로서 별도의 규격이 정하여 지지 않은 한, 수분함량이 15% 이하인 것을 말한다.

③ 소비기한 : 식품에 표시된 보관방법을 준수할 경우 섭취하여도 안전에 이상이 없는 기한을 말한다.

④ 최종제품 : 가공 및 포장이 완료되어 유통 판매가 가능한 제품을 말한다.

⑤ 원료의 부패·변질 : 미생물 등에 의해 단백질, 지방 등이 분해되어 악취와 유해성 물질이 생성되거나, 식품 고유의 냄새, 빛깔, 외관 또는 조직이 변하는 것을 말한다.

⑥ 냉장 또는 냉동 : 이 고시에서 따로 정하여진 것을 제외하고는 냉장은 0~10°C, 냉동은 −18°C 이하를 말한다.

⑦ 살균 : 따로 규정이 없는 한 세균, 효모, 곰팡이 등 미생물의 영양 세포를 불활성화시켜 감소시키는 것을 말한다.

⑧ 멸균 : 따로 규정이 없는 한 미생물의 영양세포 및 포자를 사멸시키는 것을 말한다.

⑨ 초임계추출 : 임계온도와 임계압력 이상의 상태에 있는 이산화탄소를 이용하여 식품원료 또는 식품으로부터 식용성분을 추출하는 것을 말한다.

⑩ 미생물 규격에서 사용하는 용어(n, c, m, M)는 다음과 같다.

n	검사하기 위한 시료의 수
c	최대허용시료수, 허용기준치(m)를 초과하고 최대허용한계치(M) 이하인 시료의 수로서 결과가 m을 초과하고 M 이하인 시료의 수가 c 이하일 경우에는 적합으로 판정
m	미생물 허용기준치로서 결과가 모두 m 이하인 경우 적합으로 판정
M	미생물 최대허용한계치로서 결과가 하나라도 M을 초과하는 경우는 부적합으로 판정

※ m, M에 특별한 언급이 없는 한 1g 또는 1mL 당의 집락수(CFU)이다.

⒊ 식품공전[제2장 식품일반에 대한 공통기준 및 규격 2. 제조가공기준]

① 유가공품의 살균 또는 멸균 공정은 따로 정하여진 경우를 제외하고 저온 장시간 살균법 (63~65°C에서 30분간), 고온단시간 살균법(72~75°C에서 15초 내지 20초간), 초고온순간 처리법(130~150°C에서 0.5초 내지 5초간) 또는 이와 동등 이상의 효력을 가지는 방법으로 실시하여야 한다. 그리고 살균제품에 있어서는 살균 후 즉시 10°C 이하로 냉각하여야 하고, 멸균제품은 멸균한 용기 또는 포장에 무균공정으로 충전·포장하여야 한다.

② 식품 중 살균제품은 그 중심부 온도를 63°C 이상에서 30분간 가열살균 하거나 또는 이와 동 등 이상의 효력이 있는 방법으로 가열 살균하여야 하며, 오염되지 않도록 위생적으로 포장 또는 취급하여야 한다. 또한, 식품 중 멸균제품은 기밀성이 있는 용기·포장에 넣은 후 밀봉 한 제품의 중심부 온도를 120°C 이상에서 4분 이상 멸균처리하거나 또는 이와 동등 이상의 멸균 처리를 하여야 한다. 다만, 식품별 기준 및 규격에서 정하여진 것은 그 기준에 따른다.

③ 멸균하여야 하는 제품 중 pH 4.6 이하인 산성식품은 살균하여 제조할 수 있다. 이 경우 해당 제품은 멸균제품에 규정된 규격에 적합하여야 한다.

⒋ 식품공전[제2장 식품일반에 대한 공통기준 및 규격 4. 보존 및 유통기준]

01 보존 및 유통온도

① 별도로 보존 및 유통온도를 정하고 있지 않은 경우, 실온제품은 1~35°C, 상온제품은 15~25°C, 냉장제품은 0~10°C, 냉동제품은 −18°C 이하, 온장제품은 60°C 이상에서 보존 및 유통하여야 한다.

02 소비기한 설정

① 제품의 소비기한 설정은 해당 제품의 포장재질, 보존조건, 제조방법, 원료배합비율 등 제품 의 특성과 냉장 또는 냉동보존 등 기타 유통실정을 고려하여 위해방지와 품질을 보장할 수 있도록 정하여야 한다.

② 소비기한의 산출은 포장완료(다만, 포장 후 제조공정을 거치는 제품은 최종 공정종료)시점 으로 하고 캡슐제품은 충전·성형 완료시점으로 한다. 다만, 달걀은 '산란일자'를 소비기한 산출시점으로 한다.

③ 해동하여 출고하는 냉동제품(빵류, 떡류, 초콜릿류, 젓갈류, 과·채주스, 치즈류, 버터류, 기타 수산물가공품(살균 또는 멸균하여 진공 포장된 제품에 한함))은 해동시점을 소비기한 산출시점으로 본다.

5 식품공전[제4장 장기보존식품의 기준 및 규격 1. 병·통조림식품]

통·병조림식품이라 함은 제조·가공 또는 위생처리 된 식품을 12개월을 초과하여 실온에서 보존 및 유통할 목적으로 식품을 통 또는 병에 넣어 탈기와 밀봉 및 살균 또는 멸균한 것을 말한다.

01 제조·가공기준

① 멸균은 제품의 중심온도가 120℃ 이상에서 4분 이상 열처리하거나 또는 이와 동등이상의 효력이 있는 방법으로 열처리하여야 한다.

② pH 4.6을 초과하는 저산성식품(Low Acid Food)은 제품의 내용물, 가공장소, 제조일자를 확인할 수 있는 기호를 표시하고 멸균공정 작업에 대한 기록을 보관하여야 한다.

02 규격

① 성상 : 관 또는 병 뚜껑이 팽창 또는 변형되지 아니 하고, 내용물은 고유의 색택을 가지고 이미·이취가 없어야 한다.

② 주석(mg/kg) : 150 이하(알루미늄 캔을 제외한 캔제품에 한하며, 산성 통조림은 200 이하이어야 한다.)

③ 세균발육 : 음성이어야 한다.

6 식품공전[제5장 식품별 기준 및 규격] : 식품공전 참조

Chapter 02 | 식품안전관리인증기준(HACCP)

1 HACCP 정의

① HACCP은 위해요소분석(Hazard Analysis)과 중요관리점(Critical Control Point)의 영문 약자로서 "해썹" 또는 "식품 및 축산물 안전관리인증기준"이라 한다.

HA		CCP
위해요소분석	**+**	**중요관리점**
원료와 공정에서 발생가능한 병원성 미생물 등 생물학적, 화학적, 물리적 위해요소 분석		위해요소를 예방, 제거 또는 허용수준으로 감소시킬 수 있는 공정이나 단계를 중점관리

② HACCP 제도는 식품을 만드는 과정에서 생물학적, 화학적, 물리적 위해요인들이 발생할 수 있는 상황을 과학적으로 분석하고 사전에 위해요인의 발생여건들을 차단하여 소비자에게 안전하고 깨끗한 제품을 공급하기 위한 시스템적인 규정을 말한다.

③ HACCP이란 식품의 원재료부터 제조, 가공, 보존, 유통, 조리단계를 거쳐 최종소비자가 섭취하기 전까지의 각 단계에서 발생할 우려가 있는 위해요소를 규명하고, 이를 중점적으로 관리하기 위한 중요관리점을 결정하여 자율적이며 체계적이고 효율적인 관리로 식품의 안전성을 확보하기 위한 과학적인 위생관리체계라고 할 수 있다.

2 HACCP 7원칙 12절차

HACCP 관리는 7원칙 12절차에 의한 체계적인 접근 방식을 적용하고 있다. HACCP 12절차란 준비단계 5절차와 본 단계인 HACCP 7원칙을 포함한 총 12단계의 절차로 구성CCP 관리체계 구축 절차를 의미한다.

Chapter 03 | 선행요건 관리

1 식품(식품첨가물 포함)제조·가공업소, 건강기능식품제조업소 및 집단급식소식품판매업소, 축산물작업장·업소

1 영업장 관리

01 작업장

① 작업장은 독립된 건물이거나 식품취급외의 용도로 사용되는 시설과 분리(벽·층 등에 의하여 별도의 방 또는 공간으로 구별되는 경우를 말한다. 이하 같다.)되어야 한다.

② 작업장(출입문, 창문, 벽, 천장 등)은 누수, 외부의 오염물질이나 해충·설치류 등의 유입을 차단할 수 있도록 밀폐 가능한 구조이어야 한다.

③ 작업장은 청결구역(식품의 특성에 따라 청결구역은 청결구역과 준청결구역으로 구별할 수 있다.)과 일반구역으로 분리하고, 제품의 특성과 공정에 따라 분리, 구획 또는 구분할 수 있다.

02 건물, 바닥, 벽, 천장

① 원료 처리실, 제조·가공실 및 내포장실의 바닥, 벽, 천장, 출입문, 창문 등은 제조·가공하는 식품의 특성에 따라 내수성 또는 내열성 등의 재질을 사용하거나 이러한 처리를 하여야 한다.

② 바닥은 파여 있거나 갈라진 틈이 없어야 하며, 작업 특성상 필요한 경우를 제외하고는 마른 상태를 유지하여야 한다. 이 경우 바닥, 벽, 천장 등에 타일 등과 같이 홈이 있는 재질을 사용한 때에는 홈에 먼지, 곰팡이, 이물 등이 끼지 아니 하도록 청결하게 관리하여야 한다.

03 배수 및 배관 : 작업장은 배수가 잘 되어야 하고 배수로에 퇴적물이 쌓이지 아니 하여야 하며, 배수구, 배수관 등은 역류가 되지 아니 하도록 관리하여야 한다.

04 출입구 : 작업장의 출입구에는 구역별 복장 착용 방법을 게시하여야 하고, 개인위생관리를 위한 세척, 건조, 소독 설비 등을 구비하여야 하며, 작업자는 세척 또는 소독 등을 통해 오염가능성 물질 등을 제거한 후 작업에 임하여야 한다.

05 통로 : 작업장 내부에는 종업원의 이동경로를 표시하여야 하고 이동경로에는 물건을 적재하거나 다른 용도로 사용하지 아니 하여야 한다.

06 창 : 창의 유리는 파손 시 유리조각이 작업장내로 흩어지거나 원·부자재 등으로 혼입되지 아니 하도록 하여야 한다.

07 채광 및 조명

① 작업실 안은 작업이 용이하도록 자연채광 또는 인공조명장치를 이용하여 밝기는 220룩스 이상을 유지하여야 하고, 특히 선별 및 검사구역 작업장 등은 육안확인이 필요한 조도(540룩스 이상)를 유지하여야 한다.

② 채광 및 조명시설은 내부식성 재질을 사용하여야 하며, 식품이 노출되거나 내포장 작업을 하는 작업장에는 파손이나 이물 낙하 등에 의한 오염을 방지하기 위한 보호장치를 하여야 한다.

08 부대시설

① 화장실, 탈의실 등은 내부 공기를 외부로 배출할 수 있는 별도의 환기시설을 갖추어야 하며, 화장실 등의 벽과 바닥, 천장, 문은 내수성, 내부식성의 재질을 사용하여야 한다. 또한, 화장실의 출입구에는 세척, 건조, 소독 설비 등을 구비하여야 한다.

② 탈의실은 외출복장(신발 포함)과 위생복장(신발 포함)간의 교차 오염이 발생하지 아니 하도록 분리 또는 구분·보관하여야 한다.

2 위생 관리

01 작업 환경 관리

(1) 동선 계획 및 공정간 오염방지

① 원·부자재의 입고에서부터 출고까지 물류 및 종업원의 이동 동선을 설정하고 이를 준수하여야 한다.

② 원료의 입고에서부터 제조·가공, 보관, 운송에 이르기까지 모든 단계에서 혼입될 수 있는 이물에 대한 관리계획을 수립하고 이를 준수하여야 하며, 필요한 경우 이를 관리할 수 있는 시설·장비를 설치하여야 한다.

③ 청결구역과 일반구역별로 각각 출입, 복장, 세척·소독 기준 등을 포함하는 위생 수칙을 설정하여 관리하여야 한다.

(2) 온도·습도 관리

① 제조·가공·포장·보관 등 공정별로 온도 관리계획을 수립하고 이를 측정할 수 있는 온도계를 설치하여 관리하여야 한다.

② 필요한 경우 제품의 안전성 및 적합성을 확보하기 위한 습도관리계획을 수립·운영하여야 한다.

(3) 환기시설 관리 : 작업장 내에서 발생하는 악취나 이취, 유해가스, 매연, 증기 등을 배출할 수 있는 환기시설을 설치하여야 한다.

(4) 방충·방서 관리

① 외부로 개방된 흡·배기구 등에는 여과망이나 방충망 등을 부착하여야 한다.

② 작업장은 방충·방서관리를 위하여 해충이나 설치류 등의 유입이나 번식을 방지할 수 있도록 관리하여야 하고, 유입 여부를 정기적으로 확인하여야 한다.

③ 작업장 내에서 해충이나 설치류 등의 구제를 실시할 경우에는 정해진 위생 수칙에 따라 공정이나 식품의 안전성에 영향을 주지 아니 하는 범위 내에서 적절한 보호 조치를 취한 후 실시하며, 작업 종료 후 식품취급시설 또는 식품에 직·간접적으로 접촉한 부분은 세척 등을 통해 오염물질을 제거하여야 한다.

02 개인위생 관리 : 작업장 내에서 작업 중인 종업원 등은 위생복·위생모·위생화 등을 항시 착용하여야 하며, 개인용 장신구 등을 착용하여서는 아니 된다.

03 폐기물 관리 : 폐기물·폐수처리시설은 작업장과 격리된 일정장소에 설치·운영하며, 폐기물 등의 처리용기는 밀폐 가능한 구조로 침출수 및 냄새가 누출되지 아니 하여야 하고, 관리계획에 따라 폐기물 등을 처리·반출하고, 그 관리기록을 유지하여야 한다.

04 세척 또는 소독

① 영업장에는 기계·설비, 기구·용기 등을 충분히 세척하거나 소독할 수 있는 시설이나 장비를 갖추어야 한다.

② 세척·소독 시설에는 종업원에게 잘 보이는 곳에 올바른 손 세척 방법 등에 대한 지침이나 기준을 게시하여야 한다.

③ 영업자는 다음 각 호의 사항에 대한 세척 또는 소독 기준을 정하여야 한다.

• 종업원	• 위생복, 위생모, 위생화 등	• 작업장 주변
• 작업실별 내부	• 식품제조시설(이송배관포함)	• 냉장·냉동설비
• 용수저장시설	• 보관·운반시설	• 운송차량, 운반도구 및 용기
• 모니터링 및 검사 장비	• 환기시설 (필터, 방충망 등 포함)	• 기타 필요사항
• 폐기물 처리용기	• 세척·소독도구	

④ 세척 또는 소독 기준은 다음의 사항을 포함하여야 한다.

- 세척·소독 대상별 세척·소독 부위
- 세척·소독 방법 및 주기
- 세척·소독 책임자
- 세척·소독 기구의 올바른 사용 방법
- 세제 및 소독제(일반명칭 및 통용명칭)의 구체적인 사용 방법

⑤ 세척 및 소독용 기구나 용기는 정해진 장소에 보관·관리되어야 한다.

⑥ 세척 및 소독의 효과를 확인하고, 정해진 관리계획에 따라 세척 또는 소독을 실시하여야 한다.

3 제조·가공 시설·설비 관리

01 제조시설 및 기계·기구류 등 설비관리

① 제조·가공·선별·처리 시설 및 설비 등은 공정간 또는 취급시설·설비 간 오염이 발생되지 아니하도록 공정의 흐름에 따라 적절히 배치되어야 하며, 이 경우 제조가공에 사용하는 압축공기, 윤활제 등은 제품에 직접 영향을 주거나 영향을 줄 우려가 있는 경우 관리대책을 마련하여 청결하게 관리하여 위해요인에 의한 오염이 발생하지 아니하여야 한다.

② 식품과 접촉하는 취급시설·설비는 인체에 무해한 내수성·내부식성 재질로 열탕·증기·살균제 등으로 소독·살균이 가능하여야 하며, 기구 및 용기류는 용도별로 구분하여 사용·보관하여야 한다.

③ 온도를 높이거나 낮추는 처리시설에는 온도변화를 측정·기록하는 장치를 설치·구비하거나 일정한 주기를 정하여 온도를 측정하고, 그 기록을 유지하여야 하며 관리계획에 따른 온도가 유지되어야 한다.

④ 식품취급시설·설비는 정기적으로 점검·정비를 하여야 하고 그 결과를 보관하여야 한다.

4 냉장·냉동시설·설비 관리

냉장시설은 내부의 온도를 10℃ 이하(다만, 신선편의식품, 훈제연어, 가금육은 5℃이하 보관 등 보관온도 기준이 별도로 정해져 있는 식품의 경우에는 그 기준을 따른다.), 냉동시설은 −18℃ 이하로 유지하고, 외부에서 온도변화를 관찰할 수 있어야 하며, 온도 감응 장치의 센서는 온도가 가장 높게 측정되는 곳에 위치하도록 한다.

5 용수 관리

① 식품 제조·가공에 사용되거나, 식품에 접촉할 수 있는 시설·설비, 기구·용기, 종업원 등의 세척에 사용되는 용수는 수돗물이나 「먹는물 관리법」 제5조의 규정에 의한 먹는물 수질기준에 적합한 지하수이어야 하며, 지하수를 사용하는 경우, 취수원은 화장실, 폐기물·폐수처리시설, 동물사육장 등 기타 지하수가 오염될 우려가 없도록 관리하여야 하며, 필요한 경우 살균 또는 소독장치를 갖추어야 한다.

② 식품 제조·가공에 사용되거나, 식품에 접촉할 수 있는 시설·설비, 기구·용기, 종업원 등의 세척에 사용되는 용수는 다음 각 호에 따른 검사를 실시하여야 한다.

> • 지하수를 사용하는 경우에는 먹는물 수질기준 전 항목에 대하여 연1회 이상(음료류 등 직접 마시는 용도의 경우는 반기 1회 이상) 검사를 실시하여야 한다.
> • 먹는 물 수질기준에 정해진 미생물학적 항목에 대한 검사를 월 1회 이상(지하수를 사용하거나 상수도의 경우는 비가열식품의 원료 세척수 또는 제품 배합수로 사용하는 경우에 한한다) 실시하여야 하며, 미생물학적 항목에 대한 검사는 간이검사키트를 이용하여 자체적으로 실시할 수 있다.

③ 저수조, 배관 등은 인체에 유해하지 아니한 재질을 사용하여야 하며, 외부로부터의 오염물질 유입을 방지하는 잠금장치를 설치하여야 하고, 누수 및 오염여부를 정기적으로 점검하여야 한다.

④ 저수조는 반기별 1회 이상 청소와 소독을 자체적으로 실시하거나, 저수조청소업자에게 대행하여 실시하여야 하며 그 결과를 기록·유지하여야 한다.

⑤ 비음용수 배관은 음용수 배관과 구별되도록 표시하고 교차되거나 합류되지 아니 하여야 한다.

6 보관·운송 관리

01 구입 및 입고 : 검사성적서로 확인하거나 자체적으로 정한 입고기준 및 규격에 적합한 원·부자재만을 구입하여야 한다.

02 협력업소 관리 : 영업자는 원·부자재 공급업소 등 협력업소의 위생관리 상태 등을 점검하고 그 결과를 기록하여야 한다. 다만, 공급업소가 「식품위생법」이나 「축산물위생관리법」에 따른 HACCP 적용업소일 경우에는 이를 생략할 수 있다.

03 운송

① 운반 중인 식품·축산물은 비식품·축산물 등과 구분하여 교차오염을 방지하여야 하며, 운송차량(지게차 등 포함)으로 인하여 운송제품이 오염되어서는 아니 된다.

② 운송차량은 냉장의 경우 10℃ 이하(단, 가금육 −2~ 5℃ 운반과 같이 별도로 정해진 경우에는 그 기준을 따른다), 냉동의 경우 −18℃ 이하를 유지할 수 있어야 하며, 외부에서 온도변화를 확인할 수 있도록 온도 기록 장치를 부착하여야 한다.

04 보관

① 원료 및 완제품은 선입선출 원칙에 따라 입고·출고상황을 관리·기록하여야 한다.

② 원·부자재, 반제품 및 완제품은 구분관리 하고, 바닥이나 벽에 밀착되지 아니 하도록 적재· 관리하여야 한다.

③ 부적합한 원·부자재, 반제품 및 완제품은 별도의 지정된 장소에 보관하고 명확하게 식별되는 표식을 하여 반송, 폐기 등의 조치를 취한 후 그 결과를 기록·유지하여야 한다.

④ 유독성 물질, 인화성 물질 및 비식용 화학물질은 식품취급 구역으로부터 격리되고, 환기가 잘되는 지정 장소에서 구분하여 보관·취급하여야 한다.

7 검사 관리

01 제품검사

① 제품검사는 자체 실험실에서 검사계획에 따라 실시하거나 검사기관과의 협약에 의하여 실시하여야 한다.

② 검사결과에는 다음 내용이 구체적으로 기록되어야 한다.

• 검체명	• 제조연월일 또는 소비기한(품질유지기한)
• 검사 연월일	• 검사항목, 검사기준 및 검사결과
• 판정결과 및 판정연월일	• 검사자 및 판정자의 서명날인
• 기타 필요한 사항	

02 시설 설비 기구 등 검사

① 냉장·냉동 및 가열처리 시설 등의 온도측정 장치는 연 1회 이상, 검사용 장비 및 기구는 정기적으로 교정하여야 한다. 이 경우 자체적으로 교정검사를 하는 때에는 그 결과를 기록·유지하여야 하고, 외부 공인 국가교정기관에 의뢰하여 교정하는 경우에는 그 결과를 보관하여야 한다.

② 작업장의 청정도 유지를 위하여 공중낙하세균 등을 관리계획에 따라 측정·관리하여야 한다. 다만, 제조공정의 자동화, 시설·제품의 특수성, 식품이 노출되지 아니 하거나, 식품을 포장된 상태로 취급하는 등 작업장의 청정도가 식품에 영향을 줄 가능성이 없는 작업장은 그러하지 아니할 수 있다.

8 회수 프로그램 관리

① 부적합품이나 반품된 제품의 회수를 위한 구체적인 회수절차나 방법을 기술한 회수프로그램을 수립·운영하여야 한다.

② 부적합품의 원인규명이나 확인을 위한 제품별 생산장소, 일시, 제조라인 등 해당시설 내의 필요한 정보를 기록·보관하고 제품추적을 위한 코드표시 또는 로트관리 등의 적절한 확인 방법을 강구하여야 한다.

② 집단급식소, 식품접객업소(위탁급식영업) 및 운반급식(개별 또는 벌크 포장)

① 영업장 관리

01 작업장

① 영업장은 독립된 건물이거나 해당 영업신고를 한 업종외의 용도로 사용되는 시설과 분리(벽·층 등에 의하여 별도의 방 또는 공간으로 구별되는 경우를 말한다. 이하 같다)되어야 한다.

② 작업장(출입문, 창문, 벽, 천장 등)은 누수, 외부의 오염물질이나 해충·설치류 등의 유입을 차단할 수 있도록 밀폐 가능한 구조이어야 한다.

③ 작업장은 청결구역(식품의 특성에 따라 청결구역은 청결구역과 준청결구역으로 구별할 수 있다)과 일반구역으로 분리하고, 제품의 특성과 공정에 따라 분리, 구획 또는 구분할 수 있다.

02 건물 바닥, 벽, 천장

① 원료처리실, 제조·가공·조리실 및 내포장실의 바닥, 벽, 천장, 출입문, 창문 등은 제조·가공·조리하는 식품의 특성에 따라 내수성 또는 내열성 등의 재질을 사용하거나 이러한 처리를 하여야 한다.

② 바닥은 파여 있거나 갈라진 틈이 없어야 하며, 작업 특성상 필요한 경우를 제외하고는 마른 상태를 유지하여야 한다. 이 경우 바닥, 벽, 천장 등에 타일 등과 같이 홈이 있는 재질을 사용한 때에는 홈에 먼지, 곰팡이, 이물 등이 끼지 아니 하도록 청결하게 관리하여야 한다.

03 배수 및 배관

① 작업장은 배수가 잘 되어야 하고 배수로에 퇴적물이 쌓이지 아니 하여야 하며, 배수구, 배수관 등은 역류가 되지 아니 하도록 관리하여야 한다.

② 배관과 배관의 연결부위는 인체에 무해한 재질이어야 하며, 응결수가 발생하지 아니 하도록 단열재 등으로 보온 처리하거나 이에 상응하는 적절한 조치를 취하여야 한다.

04 출입구

① 작업장 외부로 연결되는 출입문에는 먼지나 해충 등의 유입을 방지하기 위한 완충구역이나 방충이중문 등을 설치하여야 한다.

② 작업장의 출입구에는 구역별 복장 착용 방법을 게시하여야 하고, 개인위생관리를 위한 세척, 건조, 소독 설비 등을 구비하고, 작업자는 세척 또는 소독 등을 통해 오염가능성 물질 등을 제거한 후 작업에 임하여야 한다.

05 통로 : 작업장 내부에는 종업원의 이동경로를 표시하여야 하고 이동경로에는 물건을 적재하거나 다른 용도로 사용하지 아니 하여야 한다.

06 창 : 창의 유리는 파손 시 유리 조각이 작업장내로 흩어지거나 원·부자재 등으로 혼입되지 아니 하도록 하여야 한다.

07 채광 및 조명

① 선별 및 검사구역 작업장 등은 육안확인에 필요한 조도(540lux 이상)를 유지하여야 한다.

② 채광 및 조명시설은 내부식성 재질을 사용하여야 하며, 식품이 노출되거나 내포장 작업을 하는 작업장에는 파손이나 이물 낙하 등에 의한 오염을 방지하기 위한 보호장치를 하여야 한다.

08 부대시설

화장실	화장실, 탈의실 등은 내부 공기를 외부로 배출할 수 있는 별도의 환기시설을 갖추어야 하며, 화장실 등의 벽과 바닥, 천장, 문은 내수성, 내부식성의 재질을 사용하여야 한다. 또한, 화장실의 출입구에는 세척, 건조, 소독 설비 등을 구비하여야 한다.
탈의실, 휴게실 등	탈의실은 외출복장(신발 포함)과 위생복장(신발 포함)간의 교차 오염이 발생하지 아니 하도록 구분·보관하여야 한다.

2 위생 관리

01 작업 환경 관리

(1) 동선 계획 및 공정간 오염방지

① 식자재의 반입부터 배식 또는 출하에 이르는 전 과정에서 교차오염 방지를 위하여 물류 및 출입자의 이동 동선을 설정하고 이를 준수하여야 한다.

② 청결구역과 일반구역별로 각각 출입, 복장, 세척·소독 기준 등을 포함하는 위생 수칙을 설정하여 관리하여야 한다.

(2) 온도·습도 관리

① 작업장은 제조·가공·조리·보관 등 공정별로 온도관리를 하여야 하고, 이를 측정할 수 있는 온도계를 설치하여야 한다.

② 필요한 경우, 제품의 안전성 및 적합성 확보를 위하여 습도관리를 하여야 한다.

(3) 환기시설 관리

① 작업장 내에서 발생하는 악취나 이취, 유해가스, 매연, 증기 등을 배출할 수 있는 환기시설, 후드 등을 설치하여야 한다.

② 외부로 개방된 흡·배기구, 후드 등에는 여과망이나 방충망, 개폐시설 등을 부착하고 관리계획에 따라 청소 또는 세척하거나 교체하여야 한다.

(4) 방충·방서 관리

① 작업장의 방충·방서관리를 위하여 해충이나 설치류 등의 유입이나 번식을 방지할 수 있도록 관리하여야 하고, 유입 여부를 정기적으로 확인하여야 한다.

② 작업장 내에서 해충이나 설치류 등의 구제를 실시할 경우에는 정해진 위생 수칙에 따라 공정이나 식품의 안전성에 영향을 주지 아니 하는 범위 내에서 적절한 보호 조치를 취한 후 실시하며, 작업 종료 후 식품취급시설 또는 식품에 직·간접적으로 접촉한 부분은 세척 등을 통해 오염물질을 제거하여야 한다.

02 개인위생 관리

작업장 내에서 작업 중인 종업원 등은 위생복·위생모·위생화 등을 항시 착용하여야 하며, 개인용 장신구 등을 착용하여서는 아니 된다.

03 작업위생관리

(1) 교차오염의 방지

① 칼과 도마 등의 조리 기구나 용기, 앞치마, 고무장갑 등은 원료나 조리과정에서의 교차오염을 방지하기 위하여 식재료 특성 또는 구역별로 구분하여 사용하여야 한다.

② 식품 취급 등의 작업은 바닥으로부터 60cm 이상의 높이에서 실시하여 바닥으로부터의 오염을 방지하여야 한다.

(2) 전처리

① 해동은 냉장해동(10℃ 이하), 전자레인지 해동, 또는 흐르는 물에서 실시한다.

② 해동된 식품은 즉시 사용하고 즉시 사용하지 못할 경우 조리 시까지 냉장 보관하여야 하며, 사용 후 남은 부분을 재동결하여서는 아니 된다.

(3) 조리

① 가열 조리 후 냉각이 필요한 식품은 냉각 중 오염이 일어나지 아니 하도록 신속히 냉각하여야 하며, 냉각온도 및 시간기준을 설정·관리하여야 한다.

② 냉장 식품을 절단 소분 등의 처리를 할 때에는 식품의 온도가 가능한 한 15℃를 넘지 아니 하도록 한번에 소량씩 취급하고 처리 후 냉장고에 보관하는 등의 온도 관리를 하여야 한다.

(4) 완제품 관리

① 조리된 음식은 배식 전까지의 보관온도 및 조리 후 섭취 완료시까지의 소요시간기준을 설정·관리하여야 한다.

② 유통제품의 경우에는 적정한 소비기한 및 보존 조건을 설정·관리하여야 한다.

- 28℃ 이하의 경우 : 조리 후 2~3시간 이내 섭취 완료
- 보온(60℃ 이상) 유지 시 : 조리 후 5시간 이내 섭취 완료
- 제품의 품온을 5℃ 이하 유지 시 : 조리 후 24시간 이내 섭취 완료

(5) 배식

① 냉장식품과 온장식품에 대한 배식 온도관리기준을 설정·관리하여야 한다.

냉장보관	냉장식품 10℃ 이하(다만, 신선편의식품, 훈제연어는 5℃이하 보관 등 보관온도 기준이 별도로 정해져 있는 식품의 경우에는 그 기준을 따른다.)
온장보관	온장식품 60℃ 이상

② 위생장갑 및 청결한 도구(집게, 국자 등)를 사용하여야 하며, 배식중인 음식과 조리 완료된 음식을 혼합하여 배식하여서는 아니 된다.

(6) 검식

영양사는 조리된 식품에 대하여 배식하기 직전에 음식의 맛, 온도, 이물, 이취, 조리 상태 등을 확인하기 위한 검식을 실시하여야 한다. 다만, 영양사가 없는 경우 조리사가 검식을 대신할 수 있다.

(7) 보존식

조리한 식품은 소독된 보존식 전용용기 또는 멸균 비닐봉지에 매회 1인분 분량을 −18℃ 이하에서 144시간 이상 보관하여야 한다.

04 폐기물 관리

폐기물·폐수처리시설은 작업장과 격리된 일정장소에 설치·운영하여야 하며, 폐기물 등의 처리용기는 밀폐 가능한 구조로 침출수 및 냄새가 누출되지 아니 하여야 하고, 관리계획에 따라 폐기물 등을 처리·반출하고, 그 관리기록을 유지하여야 한다.

05 세척 또는 소독

① 영업장에는 기계·설비, 기구·용기 등을 충분히 세척하거나 소독할 수 있는 시설이나 장비를 갖추어야 한다.

② 세척·소독 시설에는 종업원에게 잘 보이는 곳에 올바른 손 세척 방법 등에 대한 지침이나 기준을 게시하여야 한다.

③ 영업자는 다음 각 호의 사항에 대한 세척 또는 소독 기준을 정하여야 한다.

• 종업원	• 위생복, 위생모, 위생화 등
• 작업장 주변	• 작업실별 내부
• 칼, 도마 등 조리도구	• 냉장·냉동설비
• 용수저장시설	• 보관·운반시설
• 운송차량, 운반도구 및 용기	• 모니터링 및 검사 장비
• 환기시설(필터, 방충망 등 포함)	• 폐기물 처리용기
• 세척, 소독도구	• 기타 필요사항

④ 세척 또는 소독 기준은 다음의 사항을 포함하여야 한다.

- 세척·소독 대상별 세척·소독 부위
- 세척·소독 방법 및 주기
- 세척·소독 책임자
- 세척·소독 기구의 올바른 사용 방법
- 세제 및 소독제(일반명칭 및 통용명칭)의 구체적인 사용방법

⑤ 세제·소독제, 세척 및 소독용 기구나 용기는 정해진 장소에 보관·관리되어야 한다.

⑥ 세척 및 소독의 효과를 확인하고, 정해진 관리계획에 따라 세척 또는 소독을 실시하여야 한다.

3 제조·가공·조리 시설·설비 관리

① 조리장에는 주방용 식기류를 소독하기 위한 자외선 또는 전기 살균소독기를 설치하거나 열탕세척 소독시설(식중독을 일으키는 병원성미생물 등이 살균될 수 있는 시설이어야 한다)을 갖추어야 한다.

② 식품과 직접 접촉하는 부분은 내수성 및 내부식성 재질로 세척이 쉽고 열탕·증기·살균제 등으로 소독·살균이 가능한 것이어야 한다.

③ 모니터링 기구 등은 사용 전후에 지속적인 세척·소독을 실시하여 교차 오염이 발생하지 아니 하여야 한다.

④ 식품취급시설·설비는 정기적으로 점검·정비를 하여야 하고 그 결과를 보관하여야 한다.

4 냉장·냉동 시설·설비 관리

① 냉장·냉동·냉각실은 냉장 식재료 보관, 냉동 식재료의 해동, 가열 조리된 식품의 냉각과 냉장보관에 충분한 용량이 되어야 한다.

② 냉장시설은 내부의 온도를 10℃ 이하(다만, 신선편의식품, 훈제연어는 5℃ 이하 보관 등 보관온도 기준이 별도로 정해져 있는 식품의 경우에는 그 기준을 따른다.), 냉동시설은 −18℃로 유지하여야 하고, 외부에서 온도변화를 관찰할 수 있어야 하며, 온도 감응 장치의 센서는 온도가 가장 높게 측정되는 곳에 위치하도록 한다.

5 용수 관리

① 식품 제조·가공·조리에 사용되거나, 식품에 접촉할 수 있는 시설·설비, 기구·용기, 종업원 등의 세척에 사용되는 용수는 수돗물이나 「먹는물 관리법」 제5조의 규정에 의한 먹는물 수질기준에 적합한 지하수이어야 하며, 지하수를 사용하는 경우 취수원은 화장실, 폐기물·폐수처리시설, 동물사육장 등 기타 지하수가 오염될 우려가 없도록 관리하여야 하며, 필요한 경우 용수 살균 또는 소독장치를 갖추어야 한다.

② 가공·조리에 사용되거나, 식품에 접촉할 수 있는 시설·설비, 기구·용기, 종업원 등의 세척에 사용되는 용수는 다음 각호에 따른 검사를 실시하여야 한다.

> • 지하수를 사용하는 경우에는 먹는물 수질기준 전 항목에 대하여 연1회 이상(음료류 등 직접 마시는 용도의 경우는 반기 1회 이상) 검사를 실시하여야 한다.
> • 먹는물 수질기준에 정해진 미생물학적 항목에 대한 검사를 월 1회 이상 실시하여야 하며, 미생물학적 항목에 대한 검사는 간이검사키트를 이용하여 자체적으로 실시할 수 있다.

③ 저수조, 배관 등은 인체에 유해하지 아니한 재질을 사용하여야 하며, 외부로부터의 오염물질 유입을 방지하는 잠금장치를 설치하여야 하고, 누수 및 오염여부를 정기적으로 점검하여야 한다.

④ 저수조는 반기별 1회 이상 청소와 소독을 자체적으로 실시하거나, 저수조청소업자에게 대행하여 실시하여야 하며 그 결과를 기록·유지하여야 한다.

⑤ 비음용수 배관은 음용수 배관과 구별되도록 표시하고 교차되거나 합류되지 아니 하여야 한다.

6 보관·운송 관리

01 구입 및 입고

① 검사성적서로 확인하거나 자체적으로 정한 입고기준 및 규격에 적합한 원·부자재만을 구입하여야 한다.

② 부적합한 원·부자재는 적절한 절차를 정하여 반품 또는 폐기처분 하여야 한다.

③ 입고검사를 위한 검수공간을 확보하고 검수대에는 온도계 등 필요한 장비를 갖추고 청결을 유지하여야 한다.

④ 원·부자재 검수는 납품 시 즉시 실시하여야 하며, 부득이 검수가 늦어질 경우에는 원·부자재별로 정해진 냉장·냉동 온도에서 보관하여야 한다.

02 운송

① 운송차량(지게차 등 포함)으로 인하여 제품이 오염되어서는 아니 된다.

② 운송차량은 냉장의 경우 10℃ 이하, 냉동의 경우 −18℃ 이하를 유지할 수 있어야 하며, 외부에서 온도변화를 확인할 수 있도록 임의조작이 방지된 온도 기록 장치를 부착하여야 한다.

③ 운반 중인 식품은 비식품 등과 구분하여 취급하여 교차오염을 방지하여야 한다.

④ 운송차량, 운반도구 및 용기는 관리계획에 따라 세척·소독을 실시하여야 한다.

03 보관

① 원료 및 완제품은 선입선출 원칙에 따라 입고·출고상황을 관리·기록하여야 한다.

② 원·부자재 및 완제품은 구분 관리하고 바닥이나 벽에 밀착되지 아니 하도록 적재·관리하여야 한다.

③ 원·부자재에는 덮개나 포장을 사용하고, 날 음식과 가열조리 음식을 구분 보관하는 등 교차오염이 발생하지 아니 하도록 하여야 한다.

④ 검수기준에 부적합한 원·부자재나 보관 중 소비기한이 경과한 제품, 포장이 손상된 제품 등은 별도의 지정된 장소에 명확하게 식별되는 표식을 하여 보관하고 반송, 폐기 등의 조치를 취한 후 그 결과를 기록·유지하여야 한다.

⑤ 유독성 물질, 인화성 물질, 비식용 화학물질은 식품취급 구역으로부터 격리된 환기가 잘되는 지정된 장소에서 구분하여 보관·취급되어야 한다.

7 검사 관리

01 제품검사 : 제품검사는 자체 실험실에서 검사계획에 따라 실시하거나 검사기관과의 협약에 의하여 실시하여야 하며 검사결과에는 다음 내용이 구체적으로 기록되어야 한다.

• 검체명	• 제조연월일 또는 소비기한(품질유지기한)
• 검사연월일	• 검사항목, 검사기준 및 검사결과
• 판정결과 및 판정연월일	• 검사자 및 판정자의 서명날인
• 기타 필요한 사항	

02 시설·설비·기구 등 검사

① 냉장·냉동 및 가열처리 시설 등의 온도측정 장치는 연 1회 이상, 검사용 장비 및 기구는 정기적으로 교정하여야 한다. 이 경우 자체적으로 교정검사를 하는 때에는 그 결과를 기록·유지하여야 하고, 외부 공인 국가교정기관에 의뢰하여 교정하는 경우에는 그 결과를 보관하여야 한다.

② 작업장의 청정도 유지를 위하여 공중낙하 세균 등을 관리계획에 따라 측정·관리하여야 한다. 다만, 식품이 노출되지 아니 하거나, 식품을 포장된 상태로 취급하는 작업장은 그러하지 아니할 수 있다.

8 회수 프로그램 관리(시중에 유통·판매되는 포장제품에 한함)

① 영업자는 당해제품의 유통 경로, 소비 대상과 판매처의 범위를 파악하여 제품 회수에 필요한 업소명과 연락처 등을 기록·보관하여야 한다.

② 부적합품이나 반품된 제품의 회수를 위한 구체적인 회수절차나 방법을 기술한 회수프로그램을 수립·운영하여야 한다.

③ 부적합품의 원인규명이나 확인을 위한 제품별 생산장소, 일시, 제조라인 등 해당시설내의 필요한 정보를 기록·보관하고 제품추적을 위한 코드표시 또는 로트관리 등의 적절한 확인 방법을 강구하여야 한다.

3 소규모 업소 등

① 작업장은 외부의 오염물질이나, 해충·설치류 등의 유입을 차단할 수 있도록 밀폐 또는 위생적으로 관리하여야 한다.

② 작업장은 청결구역(식품의 특성에 따라 청결구역은 청결구역과 준청결구역으로 구별할 수 있다)과 일반구역으로 분리, 구획 또는 구분하여야 한다. 이 경우 화장실 등 부대시설은 작업장에 영향을 주지 않도록 분리되어야 한다.

③ 종업원은 작업장 출입 시 이물제거 도구 등을 이용하여 이물을 제거하여야 하고, 개인장신구 등 휴대품을 소지하여서는 아니 된다.

④ 종업원은 작업장 출입 시 손·위생화 등을 세척·소독하여야 하며, 청결한 위생복장을 착용하고 입실하여야 한다.

⑤ 포충등, 쥐덫, 바퀴벌레 포획도구 등에 포획된 개체수를 정해진 주기에 따라 확인하여야 한다.

⑥ 작업장 내부는 정해진 주기에 따라 청소하여야 한다.

⑦ 배수로, 제조설비의 식품과 직접 닿는 부분, 식품과 직접 접촉되는 작업도구 등은 정해진 주기에 따라 청소·소독을 실시하여야 한다.

⑧ 식품안전과 관련된 소비자 불만, 이물 혼입 등 발생시 개선조치를 실시하고, 그 결과를 기록·유지하는 등 식품위생법에서 정하는 준수사항을 지켜야 한다.

⑨ 식품과 직접 접촉하는 모니터링 도구(온도계 등)는 사용 전·후 세척·소독을 실시하여야 한다.

⑩ 파손되거나 정상적으로 작동하지 아니하는 제조설비를 사용하여서는 아니 되며 식품위생법에서 정한 시설기준에 적합하게 관리하여야 한다. 이 경우 제조가공에 사용하는 압축공기, 윤활제 등은 제품에 직접 영향을 주거나 영향을 줄 우려가 있는 경우 관리대책을 마련하여 청결하게 관리하여 위해요인에 의한 오염이 발생하지 아니하여야 한다.

⑪ 가열기 및 냉장·냉동 창고의 온도계는 정해진 주기에 따라 검·교정을 실시하여야 한다.

⑫ 냉장·냉동 창고의 온도를 적절히 관리하여야 한다.

⑬ 식품의 제조·가공·조리·선별·처리에 사용되거나, 식품에 접촉할 수 있는 시설·설비, 기구·용기, 종업원 등의 세척에 사용되는 용수는 수돗물이나 「먹는물 관리법」 제5조의 규정에 의한 먹는물 수질기준에 적합한 지하수이어야 하며, 필요한 경우 살균 또는 소독장치를 갖추어야 한다. 또한, 저수조를 설치하여 사용하는 경우 정해진 주기에 따라 청소·소독을 하여야 한다.

⑭ 원·부재료 입고 시 시험성적서를 확인하거나, 육안검사를 실시하여야 한다.

⑮ 원·부재료, 반제품 및 완제품 등은 지정된 장소에 바닥이나 벽에 밀착되지 않도록 적재·보관하고, 교차오염 예방 및 청결하게 관리하여야 한다.

⑯ 운반 중인 식품·축산물은 비식품·축산물 등과 구분하여 교차오염을 방지하여야 하며, 냉장의 경우 10℃ 이하(단, 가금육 −2~5℃ 운반과 같이 별도로 정해진 경우에는 그 기준을 따른다), 냉동의 경우 −18℃ 이하로 유지·관리하여야 한다.

⑰ 완제품에 대한 검사를 정해진 주기에 따라 실시하여야 하며, 기준 및 규격에 적합한 제품을 제조·판매하고 부적합 제품에 대한 회수관리를 하여야 한다.

4 공유주방 이용업소

① 작업장은 외부의 오염물질이나 해충·설치류 등의 유입을 차단할 수 있도록 밀폐 또는 위생적으로 관리하여야 한다.

② 작업장은 청결구역(식품의 특성에 따라 청결구역은 청결구역과 준청결구역으로 구별할 수 있다)과 일반구역으로 분리, 구획 또는 구분하여야 한다. 이 경우 화장실 등 부대시설은 작업장에 영향을 주지 않도록 분리되어야 한다.

③ 작업장 및 식품과 접촉하는 설비·도구 등은 사용 전·후 위생 상태 확인 등 교차오염 발생이 최소화되도록 관리하여야 한다.

④ 종업원은 작업장 출입 시 이물 제거 도구 등을 이용하여 이물을 제거하여야 하고 개인 장신구 등 휴대품을 소지하여서는 아니 된다.

⑤ 종업원은 작업장 출입 시 손·위생화 등을 세척·소독하여야 하며 청결한 위생 복장을 착용하는 등 개인위생 관리를 철저히 하여야 한다.

⑥ 포충등, 쥐덫, 바퀴벌레, 포획도구 등에 포획된 개체수를 정해진 주기에 따라 확인하여야 한다.

⑦ 작업장 내부는 정해진 주기에 따라 청소하여야 한다.

⑧ 배수로, 제조설비의 식품(축산물을 포함한다. 이하 같다)과 직접 닿는 부분, 식품과 직접 접촉되는 작업 도구 등은 정해진 주기에 따라 청소·소독을 실시하여야 한다.

⑨ 식품 안전과 관련된 소비자 불만, 이물 혼입 등 발생 시 개선조치를 실시하고 그 결과를 기록·유지하는 등 식품위생법에서 정하는 준수사항을 지켜야 한다.

⑩ 식품과 직접 접촉되는 모니터링 도구(온도계 등)는 사용 전·후 세척·소독을 실시하여야 한다.

⑪ 파손되거나 정상적으로 작동하지 아니하는 제조설비를 사용하여서는 아니 되며「식품위생법」에서 정한 시설기준에 적합하게 관리하여야 한다. 이 경우 제조가공에 사용하는 압축공기, 윤활제 등은 제품에 직접 영향을 주거나 영향을 줄 우려가 있는 경우 관리대책을 마련하여 청결하게 관리하여 위해 요인에 의한 오염이 발생하지 아니하여야 한다.

⑫ 가열기 및 냉장·냉동창고의 온도계는 정해진 주기에 따라 검·교정을 실시하여야 한다.

⑬ 냉장·냉동 창고의 온도를 적절히 관리하여야 한다.

⑭ 식품의 제조·가공·조리·선별·처리에 사용되거나 식품에 접촉할 수 있는 시설·설비, 기구·용기, 종업원 등의 세척에 사용되는 용수는 수돗물이나「먹는물관리법」제5조의 규정에 의한 먹는물 수질기준에 적합한 지하수이어야 하며, 필요한 경우 살균 또는 소독 장치를 갖추어야 한다. 또한, 저수조를 설치하여 사용하는 경우 정해진 주기에 따라 청소·소독을 하여야 한다.

⑮ 원·부재료 입고 시 시험성적서를 수령하거나 육안검사를 실시하여야 한다.

⑯ 원·부재료, 반제품 및 완제품 등은 지정된 장소에 바닥이나 벽에 밀착되지 않도록 적재·보관하고, 이용업체 간 교차오염을 예방하고 청결하게 관리하여야 한다.

⑰ 원·부자재, 반제품 등을 보관 시 제품명, 사용기한 등 관리사항을 구체적으로 정하여 관리하여야 한다.

⑱ 운반 중인 식품·축산물은 교차오염을 방지하여야 하며, 식품의 기준 및 규격(식품의약품안전처 고시)에 따른 온도관리 기준을 준수하여야 한다. (단, 별도의 법령으로 온도관리 기준을 정하는 경우에는 그 기준을 따른다.)

⑲ 완제품에 대한 검사를 정해진 주기에 따라 실시하여야 하며, 기준 및 규격에 적합한 제품을 제조·판매하고 부적합 제품에 대한 회수관리를 하여야 한다.

Chapter 04 | 식품안전관리인증기준(HACCP) 관리

1 HACCP의 7원칙

① 위해요소 분석　② 중요관리점 결정　③ 한계기준 설정　④ 모니터링체계 확립
⑤ 개선조치 방법 확립　⑥ 검증절차 및 방법 수립　⑦ 문서화 및 기록유지

1 제1원칙 : 위해요소(Hazard Analysis, HA) 분석

① 원료생산, 가공 제조 및 유통에서 최종소비에 이르는 모든 단계에서 일어날 수 있는 생물학적, 화학적, 물리적 인자를 조사하여 위해의 빈도와 심각성을 정하고 예방조치 및 관리방법을 정한다.

② 위해요소분석은 각각의 원료 및 공정별로 행해야 한다.

2 제2원칙 : 중요관리점(Critical Control Point, CCP) 결정

① 선행관리에서 관리 할 수 없는 위해요소를 예방, 제거 또는 감소시키기 위하여 엄격히 관리할 공정(CCP)이 어느 공정인가를 결정한다.

② 확인된 위해요소가 다음 하나에 해당하면 CCP라고 할 수 있다.

> • 해당 공정단계 자체가 해당 위해요소의 제어수단인 경우
> • 후속단계가 해당 위해요소를 제거/감소시키지 못하는 경우

③ CCP 결정도를 사용하여 설정한다.

3 제3원칙 : 한계기준(Critical Limit, CL) 설정

① CL은 각각의 CCP에서 위해를 예방, 제거 또는 허용범위 이내로 감소시키기 위하여 관리되어야 하는 기준의 최대 또는 최소치를 말한다.

> **예** 온도, 시간, 습도, 수분활성도, pH, 산도, 염분농도, 유효염소농도 등

② CL은 제조기준, 과학적인 데이터(문헌, 실험)에 근거하여 설정되어야 한다.

③ 한계기준은 되도록 현장에서 즉시 모니터링이 가능한 수단을 사용하도록 한다.

④ CCP별로 CL을 설정한다.

4 제4원칙 : 모니터링 체계 확립

① 모니터링은 CCP가 CL의 범위 내에서 관리되고 있음을 확인하기 위하여 관찰, 측정 또는 검사하는 것을 말한다.

② 연속적인 모니터링이 바람직하지만 그것이 불가능한 경우에는 CCP의 관리상태가 적절함을 보증할 수 있는 충분한 빈도로 하여야 한다.

③ 모니터링은 관리상황을 직접히 평가할 수 있고, 필요한 경우 개선조치를 취할 수 있는 지정된 사람에 의해 수행한다.

④ 장시간이 소요되는 분석(미생물 검사)보다 물리적, 화학적 측정이 바람직하다.

⑤ 각각의 CCP에서 모니터링 담당자를 지명, 모든 결과를 정확하게 기록할 수 있도록 필요한 교육훈련을 시켜야 한다.

5 제5원칙 : 개선조치(Corrective Action, CA) 방법 수립

① HACCP 관리계획에는 CCP에서의 모니터링 결과 CL로부터의 위반이 명백해진 경우에 취해야 하는 개선조치가 포함되어 있어야 한다.

② 개선조치는 안전성에 문제가 있을 가능성이 있는 제품에 대하여 공정에서 필요한 조치를 취함과 동시에 위반요인을 특정한 후 그것을 배제하고 공정의 관리상태를 원래대로 돌리는 것이다.

③ 개선조치는 CCP가 다시 관리 하에 들어가 있음을 보증하는 것이다.

④ 개선조치는 문서화되어 있어서 현장의 담당자가 매뉴얼처럼 활용해야 한다.

⑤ 이탈 시에 취해진 조치는 기록으로 보관되어야 한다.

6 **제6원칙** : 검증(Verification) 절차 및 방법 수립

① HACCP 시스템이 해당 제품의 안전성을 보증할 수 있도록 적절하게 계획되었는지, 또한 관리가 계획대로 수행되고 있는지 여부를 평가하기 위해, 위해원인 물질에 대한 검사, 문서화 및 기록 여부에 대한 조사 등을 포함하는 검증방법을 설정한다.

② HACCP 시스템이 계획대로 실시되고 있는지를 기록을 통해 확인함으로써 CCP의 관리 상태를 검토한다.

③ 효과적인 시스템 작동을 위해 HACCP 관리계획을 수정하는 것도 포함된다.

④ 정기적인 검증에는 행해지고 있는 위생관리가 HACCP 관리계획에 적합한지의 여부 또는 식품의 안전성 확보상의 목표를 달성하기 위하여 수정 및 재검토가 필요한지의 여부를 결정하기 위하여 모니터링 이외의 검사, 조사, 절차가 포함된다.

7 **제7원칙** : 문서화 및 기록 유지방법 설정

① HACCP 관리계획에 따른 관리 전반의 모든 데이터를 효과적으로 기록하는 방법, 담당자, 양식 등을 정하고 모든 관리절차를 문서화하고, 그에 따라 실행된 결과를 기록하여야 한다.

② 공정관리를 행함으로써 영업자 및 행정담당자 모두에게 객관적이며 적절한 기록을 얻을 수 있게 한다.

③ 문서화된 HACCP 관리계획의 실시기록(모니터링, 개선조치, 검증 등의 기록)을 점검함으로써 위생관리상태를 평가할 수 있다.

④ 관리사항 관련기록 보존기한 : 2년(기준 제7조)

2 HACCP의 12절차

1 HACCP 준비단계

① HACCP 팀 구성   ② 제품설명서 작성   ③ 제품의 용도확인
④ 공정흐름도 작성   ⑤ 공정흐름도 현장 확인

2 HACCP 실천단계

① 위해요소 분석   ② 중요관리점 결정   ③ 한계기준 설정
④ 모니터링체계 확립   ⑤ 개선조치 방법 확립

3 HACCP 관리단계

① 검증절차 및 방법 수립   ② 문서화 및 기록유지

3 HACCP 팀 구성

HACCP Plan 개발을 주도적으로 담당할 HACCP 팀을 구성하는 것이다. 업체의 HACCP 도입과 성공적인 운영은 최고경영자의 실행 의지가 결정적인 영향을 미치므로 HACCP팀을 구성할 때는 어떤 형태로든 최고경영자의 직접적인 참여를 포함시키는 것이 바람직하며, 또한 업체 내 핵심요원들을 팀원에 포함시켜야 한다.

1 HACCP팀 구성 요건

① HACCP 팀을 구성할 때는 최고경영자의 직접적인 참여를 포함하며, HACCP Plan 개발을 주도적으로 담당할 핵심요원들을 팀원에 포함시킨다.

② HACCP 팀장은 최고 책임자(대표자 또는 공장장)가 되는 것을 권장한다.

③ 팀 구성원별 책임과 권한을 부여할 필요가 있다.

④ HACCP 팀원은 제조·작업 책임자, 시설·설비의 공무관계 책임자, 보관 등 물류관리업무 책임자, 식품위생관련 품질관리업무 책임자 및 종사자, 보건관리 책임자 등으로 구성한다.

⑤ 팀별 및 팀원별 교대근무 시 인수·인계 방법을 수립할 필요가 있다.

⑥ 모니터링 담당자는 해당공정 현장종사자로 구성한다.

2 책임과 권한

① HACCP 조직도상의 팀별 및 팀원별로 역할을 정하고 업무 인수, 인계자를 지정하여 부재 시 공백이 생기지 않도록 한다. 단, 지정된 업무 인수자 부재 시는 해당 팀의 선임자가 업무를 대행하고, 필요 시 HACCP 팀장이 업무대행을 지시할 수 있다.

② 필요 시 HACCP 위원회를 구성할 수 있다. (특히 정책, 예산 등의 주요 사항을 의사 결정하며 외부 전문가를 포함할 수 있다)

3 HACCP 팀원의 공통 역할

① HACCP의 개념, 원칙, 절차 등을 숙지한다.

② 각 구성원별 해당 회의에 적극적으로 참여한다.

③ 팀원 교체 또는 변동 시 업무인수인계 절차에 준하여 실시하고 업무 인수인계 일지를 작성한다.

④ 각 부서에서 제공된 자료를 토대로 선행요건프로그램 기준 및 HACCP Plan 관련 기준을 설정하고, HACCP 팀장 및 위원회의 승인을 득한다.

⑤ 해당 부서별 부서원들의 HACCP 교육, 위생교육 등을 실시한다.

⑥ HACCP 시스템의 유효성 및 실행성 검증을 실시한다.

⑦ HACCP 시스템의 전반적 실행은 생산팀에서 수행하며, 품질관리팀은 수행결과물의 검토 및 전반적 관리를 한다.

4 업무 인수인계

① 업무 인수인계는 팀장, 팀원 중 업무 수행이 불가한 휴가, 파견, 출장, 교대, 퇴사 등으로 업무 공백이 발생하지 않도록 하는 것이 목적이다.

② 사내규정 및 팀별, 팀원별 업무의 인수인계에 준하여 실시하여 업무의 흐름이 원활하도록 한다.

③ 업무 교대 시 인계자의 업무사항 및 문서사항(업무인수인계표)을 통해 인수인에게 인계한다.

4 제품설명서 작성 및 제품의 용도확인

1 제품설명서 작성

제품설명서에는 제품명, 제품유형 및 성상, 품목제조보고연월일, 작성자 및 작성연월일, 성분(또는 식자재)배합비율 및 제조(또는 조리)방법, 제조(포장)단위, 완제품의 규격, 보관·유통(또는 배식)상의 주의사항, 제품용도 및 소비(또는 배식)기간, 포장방법 및 재질, 표시사항, 기타 필요한 사항이 포함되도록 작성한다.

① 제품명 : 제품명은 식품제조·가공업체의 경우 해당관청에 보고한 해당품목의 "품목 제조(변경)보고서"에 명시된 제품명과 일치하여야 한다.

② 제품유형 : 제품유형은 "식품공전"의 분류체계에 따른 식품의 유형을 기재한다.

③ 성상 : 성상은 해당식품의 기본 특성(예 액상, 분말 등) 뿐만 아니라 전체적인 특성(예 가열 후 섭취식품, 비가열 섭취식품, 냉장식품, 냉동식품, 살균제품, 멸균제품 등)을 기재한다.

④ 품목제조보고연월일 : 품목제조 보고연월일은 식품제조·가공업체의 경우에 해당하며, 해당 식품의 "품목제조(변경)보고서"에 명시된 보고 날짜를 기재한다.

⑤ 작성자 및 작성연월일 : 제품설명서를 작성한 사람의 성명과 작성날짜를 기재한다.

⑥ 성분(또는 식자재)배합비율 및 제조(또는 조리)방법

성분(또는 식자재)배합비율	• 성분(또는 식자재)배합비율은 식품제조·가공업체의 경우 해당 식품의 "품목제조(변경)보고서"에 기재된 원료인 식품 및 식품첨가물의 명칭과 각각의 함량을 기재한다. • 원부재료의 종류가 많은 업체의 경우 원료목록표를 작성하면 원료에 대한 위해요소를 총괄적으로 분석하는 데 도움이 된다.
제조(또는 조리)방법	• 제조(또는 조리)방법은 일반적인 방법을 기재하거나 "공정흐름도"로 갈음한다.

⑦ 제조(포장)단위 : 제조(포장)단위는 판매되는 완제품의 최소단위를 중량, 용량, 개수 등으로 기재한다.

⑧ 완제품의 규격 : 완제품의 규격은 "식품공전"에서 규정하고 있는 제품의 성상, 생물학적, 화학적, 물리적 항목과 각각의 법적규격을 기재한다. 또한, 사내에서 생각하는 완제품의 규격 및 위해분석 과정에서 중요한 위해로 도출된 항목을 포함한 사내규격을 같이 기재한다.

⑨ 제품용도 및 소비(또는 배식)기간

제품용도	• 제품용도는 소비계층을 고려하여 일반건강인, 영유아, 어린이, 환자, 노약자, 허약자 등으로 구분하여 기재한다.
소비(또는 배식)기간	• 소비(또는 배식)기간은 식품제조·가공업체의 경우 "품목제조(변경) 보고서"에 명시된 소비기한을 보관조건과 함께 기재하며, 식품접객업체의 경우 조리완료 후 배식까지의 시간을 기재한다. • 아울러, 소비자 구매 시 섭취방법(그대로 섭취, 가열조리 후 섭취)을 함께 기재한다.

⑩ 포장방법 및 재질 : 특이한 포장방법이 있는 경우 그 방법을 구체적으로 기재하며, 포장재질은 내포장재와 외포장재 등으로 구분하여 기재한다.

⑪ 표시사항
 • 표시사항에는 "식품 등의 표시기준"의 법적 사항에 기초하여 소비자에게 제공해야 할 해당식품에 관한 정보를 기재한다.
 • 제품설명서 내에 기술되어 있는 내용 이외의 것을 기재한다.

⑫ 보관 및 유통(또는 배식)상의 주의사항
 • 해당식품의 유통·판매 또는 배식 중 특별히 관리가 요구되는 사항을 기재한다.
 • 기본적으로 위생적인 요소(Safety factors)을 우선 고려하여 기재하고, 품질적인 사항(Quality factors)을 포함시켜야 하는 경우에는 위생적인 요소와 구분하여 기재한다.

[제품설명서 작성 및 제품의 용도확인 예시]

	제 품 설 명 서(예시-깍두기김치)		
제품명	○○○깍두기		
식품의 유형	김치(기타김치)		
성상	고유의 색택으로 이미 이취가 없을 것		
품목제조보고자 /보고연월일	○○○/2022.01.01.		
작성자/작성연월일	○○○/2022.01.01		
성분배합비율	무우 00.0%, 고춧가루 00.0%, 마늘 00.0%, 대파 00.0%,···		
제조(포장) 단위	PET 00g, 00kg / PE 00g, 00kg		
완제품의 규격	구분	법적 규격	사내 규격
	생물학적	• 바실러스세레우스 : 10,000/g (멸균제품은 음성에 한함) • 클로스트리디움 퍼프리젠스 : n=5, c=2, m=100, M=100 멸균제품은 n=5, c=0, m=0/25g)	• 바실러스세레우스 : 음성 • 클로스트리디움 퍼프리젠스 : n=5, c=2, m=100, M=100 • *Listeria monocytogenes* : 음성 • 장출혈성대장균 : 음성
	화학적	• 납 : 0.3 이하 • 카드뮴 : 0.2 이하 • 타르색소 : 불검출 • 보존료 : 불검출	
	물리적	• 이물 불검출	• 이물 불검출 (단, 금속성 이물의 경우 업체 금속검출기의 감도 등 특성에 따라 기준을 수립)
보관·유통 상의 주의사항	보관 : 냉장보관(0~10℃)		
제품용도 및 소비기한	제품용도 : 건강한 성인(만 19세 이상)의 기호식품 소비기한 : 10℃ 이하 냉장 보관 시 제조일로부터 00일		
포장방법 및 재질	포장방법 : 진공포장으로 내포장 후 골판지 박스에 외포장 포장재질 : 내포장재 – 폴리에틸렌 / 외포장재 – 종이박스		
표시사항	제품명, 식품의 유형, 업소명 및 소재지, 제조연월일(제조번호 또는 병입연월일을 표시한 경우에는 제조일자 생략 가능), 내용량, 원재료명 및 함량, 성분명 및 함량, 에탄올 함량, 포장재질, 반품 및 교환처(또는 소비자 상담실), 알레르기 유발물질, 경고문구, 소비자 안전을 위한 주의사항, 부정불량 식품 신고 – 국번없이 1399		

5 공정흐름도 작성 및 공정흐름도 현장 확인

1 공정흐름도

원·부재료의 입고에서부터 최종제품 출고까지의 모든 공정단계를 파악하여 공정흐름도를 작성하여 제품이 어떤 환경하에서 어떤 경로를 통해 만들어지며 위해요소가 어디에서 발생할 수 있을 것인가를 보여주는 자료를 말한다.

① 제조공정도를 작성한다.

[제조공정도 작성 방법]
1. 원·부재료 및 포장재의 종류를 파악한다.
2. 원·부재료 및 포장재의 입고부터 출고까지의 전 공정을 조사하여 작업장에서 제조되는 방식과 동일하게 순서별로 세부적으로 작성한다.
3. 각 공정에 맞는 공정명을 표시하고 공정의 흐름을 알기 쉽도록 작성한다.
4. 해당공정을 아래의 양식에 맞게 작성한다.

② 각 공정별 주요 가공조건의 개요를 기재한다. 이때 구체적인 제조공정별 가공방법에 대하여는 일목요연하게 표로 정리한다.
③ 작업특성별 구획, 기계·기구 등의 배치, 제품의 흐름과정, 작업자 이동경로, 세척·소독조 위치, 출입문 및 창문, 환기(공조)시설 계통도, 용수 및 배수처리 계통도 등을 표시한 작업장 평면도를 작성한다.
④ 공정흐름도와 평면도는 원료의 입고에서부터 완제품의 출하에 이르는 해당식품의 공급에 필요한 모든 공정별로 위해요소의 교차오염 또는 2차 오염, 증식 등의 가능성을 파악하는 자료로 활용한다.
⑤ 공정흐름도 및 평면도가 작업현장과 일치하는지 확인한다.

1. 공정흐름도 및 평면도가 현장과 일치하는지 여부를 확인하기 위하여 HACCP팀은 작업현장에서 공정별 각 단계를 직접 확인하면서 검증한다.
2. 공정흐름도와 평면도의 작성 목적은 각 공정 및 작업장 내에서 위해요소가 발생할 수 있는 모든 조건 및 지점을 찾아내기 위한 것이므로 정확성을 유지하는 것이 매우 중요하다.
3. 현장검증 결과 변경이 필요한 경우에는 해당공정 흐름도나 평면도를 수정한다.

[제조공정도 예시]

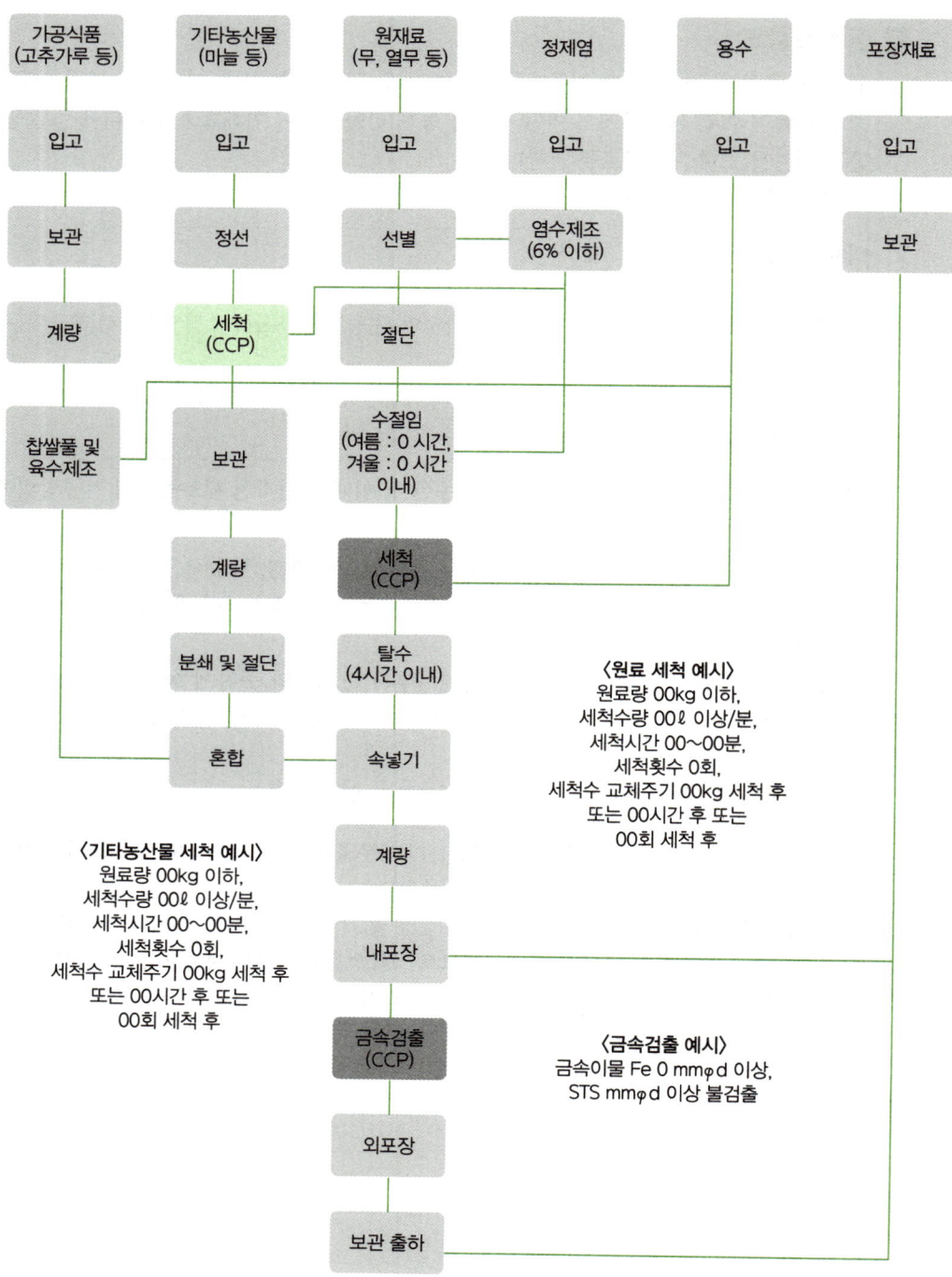

〈원료 세척 예시〉
원료량 00kg 이하,
세척수량 00ℓ 이상/분,
세척시간 00~00분,
세척횟수 0회,
세척수 교체주기 00kg 세척 후
또는 00시간 후 또는
00회 세척 후

〈기타농산물 세척 예시〉
원료량 00kg 이하,
세척수량 00ℓ 이상/분,
세척시간 00~00분,
세척횟수 0회,
세척수 교체주기 00kg 세척 후
또는 00시간 후 또는
00회 세척 후

〈금속검출 예시〉
금속이물 Fe 0 mmφd 이상,
STS mmφd 이상 불검출

[제조가공 방법 예시]

제조공정	가공방법 및 관리기준	주요설비
원·부재료 입고	입고기준에 적합한 원료 및 포장재만 입고 - 입고기준(예시) : 육안검사, 시험성적서 확인 또는 원산지 증명서 확인	지게차, 팔레트
보관	입고된 원·부재료는 실온창고, 냉장 및 냉동 창고에 보관하여 사용창고 온·습도 관리, 선입선출 및 품목별 구분 적재, 바닥, 벽과 이격관리	지게차, 팔레트
정선	농산물 비가식 부위 제거, 흙, 부패, 이물, 변질 등 가공에 부적합한 부위 제거	작업대, 칼
선별	부패, 변질 등 가공에 부적합한 부위 제거 및 1차 세척	작업대, 세척기, 칼
절단	농산물 일정 크기로 절단	절단기
염수제조	용수에 정제염을 첨가하여 정해진 농도의 염수 제조 - 기준(예시) : 염도농도 6% 이하	염수제조기
수절임	절단된 농산물을 제조된 염수에 일정시간 침지	절임통
계량	찹쌀풀 및 육수제조를 위한 가공식품 계량	저울, 계량도구
찹쌀풀 및 육수제조	계량된 가공식품을 혼합하여 가열	풀 제조기
세척	절임된 원료와 기타농산물을 세척 - 원료량, 세척수량, 세척시간, 세척횟수, 세척수 교환주기	세척기
탈수	세척된 원료 물기 제거 - 기준(예시) : 4시간 이내	탈수통
계량	양념에 사용되는 기타농산물 계량	저울, 계량도구
분쇄 및 절단	계량된 원료 분쇄 및 절단	분쇄기, 칼
혼합	찹쌀풀 또는 육수에 분쇄 및 절단된 기타농산물을 혼합하여 양념 제조	혼합기
속넣기	탈수된 원료에 양념 혼합	작업대
계량	완제품 포장 단위에 맞게 무게 달기	저울
내포장	무게 단 공정품을 내포장지에 넣기	작업대
금속검출	금속검출기에 통과	급속검출기
외포장	종이 또는 P박스에 병입된 제품이 자동 투입되어 외포장	케이셔
제품보관 및 출하	포장된 제품을 보관창고에 보관 후 출고차량으로 운송	창고, 운송차량

6 위해요소분석(Hazard Analysis)

1 위해요소분석의 정의

위해요소분석(Hazard Analysis)이라 함은 식품·축산물 안전에 영향을 줄 수 있는 위해요소와 이를 유발할 수 있는 조건이 존재하는지 여부를 판별하기 위하여 필요한 정보를 수집하고 평가하는 일련의 과정을 말한다.

2 위해요소분석의 개념

위해요소(Hazard) 분석은 HACCP팀이 수행하여야 하며, 이는 제품설명서에서 파악된 원·부재료별, 그리고 공정흐름도에서 파악된 공정·단계별로 구분하여 실시한다. 이 과정을 통해 원·부재료별 또는 공정·단계별로 발생 가능한 모든 위해요소를 파악하여 목록을 작성하고, 각 위해요소의 유입경로와 이들을 제어할 수 있는 수단(예방수단)을 파악하여 기술하며, 이러한 유입경로와 제어수단을 고려하여 위해요소의 발생 가능성과 발생 시 그 결과의 심각성을 감안하여 위해(Risk)를 평가한다.

01 위해요소파악

원료별·공정별로 생물학적·화학적·물리적 위해요소와 발생 원인을 모두 파악하여 위해 요소분석을 위한 질문사항을 작성한다.

(1) 생물학적 위해요소
① 생물학적 위해요소는 곰팡이, 세균, 바이러스 등의 미생물과 기생충 등을 포함한다.
② 생물학적 위해요소는 원료의 생산 및 유통과정에서 작업장으로 유입될 수 있으며, 작업장 환경, 종업원, 식품성분, 제조·가공 과정 그 자체에 의하여 오염될 수도 있다.

(2) 화학적 위해요소
① 화학적 위해요소는 식품에서 자연적으로 존재하는 위해요소와 식품의 제조·가공·포장·보관·유통·조리 등이 과정에서 오염되는 위해요소로 구분된다.
② 식품의 생산 및 가공 중에 오염되는 화학적 위해요소는 의도적 또는 비의도적으로 첨가되거나 오염되는 독성물질 또는 유해물질로서 허용 외 식품첨가물, 세척제, 중금속, 잔류농약, 알레르기 유발물질 등이 식품 생산시설, 장비, 기구 등에 사용되는 화학물질들이 포함된다.

(3) 물리적 위해요소
① 물리적 위해요소는 정상적으로 원료에서 발견될 수 없는 것으로서, 식품을 소비하는 사람에게 건강상의 장애(질병 또는 상처)를 유발할 수 있는 외부 유래의 이물(주로 경화성 이물)을 말한다.
② 물리적 위해요소는 유리, 금속 및 플라스틱과 같은 다양한 이물질을 포함하는데, 그 요인은 오염된 원료, 잘못 설계되거나 불충분하게 유지된 시설 및 장비, 오염된 포장재료, 종업원의 부주의 등과 관련된다.

02 위해요소평가

① 잠재된 위해요소 평가는 위해 요소 평가 기준을 이용하여 수행한다.

② 파악된 잠재적 위해요소의 발생원인과 각 위해요소를 안전한 수준으로 예방하거나 완전히 제거, 또는 허용 가능한 수준까지 감소시킬 수 있는 예방조치방법이 있는지를 확인한다. 예방조치 방법은 현재 작업장에서 시행되고 있는 것만을 기재한다.

03 위해요소의 예방조치 방법 : 위해요소의 예방조치 방법에는 다음과 같은 것이 있다.

(1) 생물학적 위해요소

① 시설기준에 적합한 개·보수

② 원료 협력업체로부터 시험성적서 수령

③ 입고되는 원료의 검사

④ 보관, 가열, 포장 등의 가공조건(온도, 시간 등) 준수

⑤ 시설·설비, 종업원 등에 대한 적절한 세척·소독 실시

⑥ 공기 중에 식품노출 최소화

⑦ 종업원에 대한 위생교육

(2) 화학적 위해요소

① 원료 협력업체로부터 시험성적서 수령

② 입고되는 원료의 검사

③ 승인된 화학물질만 사용

④ 화학물질의 적절한 식별 표시, 보관

⑤ 화학물질의 사용기준 준수

⑥ 화학물질을 취급하는 종업원의 적절한 훈련

(3) 물리적 위해요소

① 시설기준에 적합한 개·보수

② 원료 협력업체로부터 시험성적서 수령

③ 입고되는 원료의 검사

④ 육안선별, 금속검출기 등 이용

⑤ 종업원 훈련

04 위해요소 분석 시 : 위해요소 분석 시 해당식품 관련 역학조사자료, 오염실태조사자료, 작업환경조건, 종업원 현장조사, 보존시험, 미생물시험, 관련규정, 관련 연구자료 등이 있으며, 기존의 작업공정에 대한 정보를 활용한다.

05 HACCP팀 : HACCP팀은 위해요소분석 목록표를 이용하여 파악된 위해요소를 위해요소 평가 기준에 따라 심각성과 발생가능성의 점수를 부여하고 관리점을 찾는다.

3 위해요소분석 절차

잠재적 위해요소 도출 및 원인규명	→	위해평가 (심각성, 발생가능성)	→	예방조치 및 관리방법 결정	→	위해요소분석 목록표 작성

01 잠재적 위해요소 도출 및 원인규명

문헌조사	• 식품에서의 농약, 중금속 잔류관련 자료 • 제품클레임 및 잠재클레임 자료 • 관련 연구 및 Review문헌 • 식중독 사고관련 자료(기사 등) • 관련법규 및 규격기준 • 원재료 및 제조환경의 오염실태 • 현장 분석(측정) 자료(실험자료) • 작업자 인터뷰 및 작업실태의 육안조사 • 제품 보존시험 규격설정시험 등 제품 개발자료 • 기타 필요 자료	
현장조사	• 원료 검토 • 현장 분석	• 제조공정 검토 • 통계 분석

① 위해요소의 도출은 단위 위해요소로 도출하여야 한다.

    예 살모넬라, 황색포도상구균, 납, 카드뮴, 금속조각, 머리카락 등

② 원·부재료의 잠재적 위해요소로 도출된 생물학적, 물리적 위해요소는 공정에서 잠재적 위해요소로 도출되고, 화학적 위해요소는 원·부재료 검수지침에 포함하여 관리하도록 한다. 물리적 위해요소는 작업장 등의 위생(청결)상태 점검의 객관적인 항목으로 사용한다.

③ 발생원인은 단위 생물학적, 화학적, 물리적 위해요소별로 구체적으로 도출하여 발생원인과 예방조치 및 관리방법, 그리고 현장에서의 관리가 일관성을 가질 수 있도록 하여야 한다.

④ 원료, 공정조건이 없는 단순공정에서는 교차오염원, 증식원인 등을, 공정조건이 있는 공정에서는 교차오염원, 증식원, 잔존/잔류원인 등을 발생원인으로 모두 도출하여야 한다.

⑤ 발생원인과 예방조치 및 관리방법을 모두 찾아 도출하지 않은 경우 그리고 발생원인과 예방조치 및 관리방법 및 현장의 상황이 일치하지 않을 경우 오염원을 제거할 수 없다.

    예 발생원인은 작업장, 작업자, 제조시설 등 세척소독 불량으로 인한 교차오염, 작업장 온도 관리 미흡으로 인한 미생물 증식, 가공조건 미준수로 잔존, 협력업체 가공기준 미준수 등 모두 구체적으로 도출하여야 한다.

[원·부재료 위해요소 도출 및 발생원인 예시]

원·부재료명	구분	위해요소 (생물학적 : B 화학적 : C 물리적 : P)	발생원인
쇠고기	B	대장균군 황색포도상구균 살모넬라 바실러스 세레우스 리스테리아 장출혈성대장균 진균	• 원료자체 및 사육과정 관리 부족으로 오염 협력업체(생산자) 관리 부족으로 교차오염 원료 운반과정에서 부주의로 교차오염
	C	잔류항생물질 잔류농약	• 협력업체(생산자)의 교육/관리 부족으로 오염
	P	나사, 못, 칼날 돌, 모래, 플라스틱 머리카락, 비닐, 지푸라기	• 협력업체(생산자)의 관리 부족으로 혼입
고추	B	대장균군 황색포도상구균 살모넬라 바실러스 세레우스 리스테리아 장출혈성대장균 클로스트리디움 퍼프린젠스 진균	• 원료자체 및 재배과정 관리 부족으로 오염 협력업체(생산자) 관리 부족으로 교차오염
	C	잔류농약 납, 카드뮴	• 오염된 토양에서 원료 재배 • 농약 사용기준을 미준수한 원료 재배 • 협력업체(생산자)의 교육/관리 부족으로 오염
	P	나사, 못, 칼날 돌, 모래. 플라스틱 머리카락, 비닐, 지푸라기	• 협력업체(생산자) 관리 부족으로 혼입

원·부재료명	구분	위해요소 (생물학적 : B 화학적 : C 물리적 : P)	발생원인
조기	B	대장균군	• 원료자체 및 재배과정 관리 부족으로 오염 협력업체(생산자) 관리 부족으로 교차오염
		황색포도상구균	
		살모넬라	
		바실러스 세레우스	
		리스테리아	
		장출혈성대장균	
		장염비브리오균	
		진균	
	C	납, 카드뮴, 수은	• 오염된 해역으로부터 원료 오염 • 협력업체(생산자)의 교육/관리 부족으로 교차오염
	P	나사, 못, 칼날	• 협력업체(생산자) 관리/교육 부족으로 혼입
		돌, 모래, 플라스틱	
		머리카락, 비닐, 지푸라기	
전분	B	대장균군	• 협력업체 제조/가공기준 미준수로 오염 • 협력업체 작업자/제조설비/작업장/운반차량/제조도구 등에 대한 세척소독관리 부족으로 오염 협력업체 원료관리 부족으로 오염
		황색포도상구균	
		살모넬라	
		바실러스 세레우스	
		리스테리아	
		장출혈성대장균	
		클로스트리디움 퍼프린젠스	
		진균	
	C	잔류농약	• 협력업체 원료관리 부족으로 잔류, 오염
		납, 카드뮴	
	P	나사, 못, 칼날	• 협력업체 제조설비/작업자 등에 대한 이물 관리 부족으로 오염
		돌, 모래, 플라스틱	
		머리카락, 비닐, 지푸라기	

[공정/단계 위해요소 도출 및 발생원인 예시]

제조 공정	구분	위해요소 (생물학적 : B 화학적 : C 물리적 : P)	발생원인(유래)
세척	B	대장균군 황색포도상구균 살모넬라 바실러스 세레우스 리스테리아 장출혈성대장균 장염비브리오균 진균	• 부적절한 세척실 온도관리에 의한 위해요소 증식 • 세척실 작업자/작업장/제조설비/기구용기/검사장비/운반도구/청소도구 등 세척소독 관리, 작업자 위생교육 부족으로 교차오염 • 부적절한 세척실 청정도 관리로 교차 오염 • 세척조건(방법, 시간, 가수량 등) 미준수로 위해요소 잔존
	P	나사, 못, 칼날 돌, 모래, 플라스틱 머리카락, 비닐, 지푸라기	• 세척실 제조설비, 운반도구 등 관리부족으로 교차오염 • 세척실 작업자/작업장/제조설비/기구용기/검사장비/운반도구/청소도구 등 세척소독 관리, 작업자 위생교육 부족으로 교차오염
가열	B	대장균군 황색포도상구균 살모넬라 바실러스 세레우스 리스테리아 장출혈성대장균 장염비브리오균 진균	• 부적절한 가열실 온도관리에 의한 위해요소 증식 • 가열실 작업자/작업장/제조설비/기구용기/검사장비/운반도구/청소도구 등 세척소독 관리, 작업자 위생교육 부족으로 교차오염 • 부적절한 가열실 청정도 관리로 교차 오염 • 가열조건(온도, 시간, 품온 등) 미준수로 위해요소 잔존
	P	나사, 못, 칼날 돌, 모래, 플라스틱 머리카락, 비닐, 지푸라기	• 소독 제조설비, 운반도구 등 관리부족으로 교차오염 • 가열실 작업자/작업장/제조설비/기구용기/검사장비/운반도구/청소도구 등 세척소독 관리, 작업자 위생교육 부족으로 교차오염

02 위해요소 평가(심각성)

(1) 위해요소 평가 개요

① 같은 위해요소이면 공정이 다르더라도 심각성 평가는 동일하다.
- 소비자의 위치에서는 같은 위해요소임
- 상대적 평가가 아닌 절대적 기준에 의한 평가

② 생물학적, 화학적, 물리적 위해요소를 독립적으로 평가한다.

③ 일반적으로 사용하는 CODEX, FAO, NACMCF 중 하나의 기준을 선택하여 원부재료 및 공정 중 유래할 수 있는 모든 위해요소들에 대한 심각성을 평가한다.

④ 만일, 도출된 위해요소의 심각성을 CODEX, FAO, NACMCF 기준으로 판단할 수 없는 경우, 서적, 논문 등의 과학적인 근거로 작성된 자료를 참조하여 심각성을 평가하고 그 출처를 반드시 기재하도록 한다.

⑤ 동일한 위해요소에 대한 심각성이 여러 자료에서 각기 다른 경우, 심각성이 가장 높게 기술되어 있는 자료에서 인용한다.

(2) 위해요소 분석표

일련 번호	원부자재명/ 공정명	구분	위해요소		위해 평가			예방조치 및 관리방법
			명칭	발생원인	심각성	발생 가능성	종합 평가	
1		B						
		C						
		P						

※ B(Biological hazards) : 생물학적 위해요소

원·부자재, 공정에 내재하면서 인체의 건강을 해할 우려가 있는 Listeria. monocytogenes, 장출혈성대장균, 대장균, 곰팡이, 기생충, 바이러스 등 생물학적 단위위해요소

※ C(Chemical hazards) : 화학적 위해요소

제품에 내재하면서 인체의 건강을 해할 우려가 있는 중금속, 농약, 항생물질, 항균물질, 사용 기준초과 또는 사용 금지된 식품 첨가물 등 화학적 단위위해요소

※ P(Physical hazards) : 물리적 위해요소

원료와 제품에 내재하면서 인체의 건강을 해할 우려가 있는 인자 중에서 돌조각, 유리조각, 쇳조각, 플라스틱조각, 머리카락 등 단위위해요소

(3) 기타 김치 심각성 평가 예시

원·부재료 및 공정별로 확인된 위해요소를 아래의 심각성 판단기준에 따라 해당 위해요소에 대한 심각성을 평가한다.

위해요소	심각성	위해의 종류
높음 (3)	생물학적 (B)	*Listeria monocytogenes*, *Escherichia coli* O157;H7, *Clostridium botulinum*, *Salmonella typhi*, *Vibrio cholerae*, *Vibrio vulnificus*
		장출혈성대장균[1]
	화학적 (C)	paralytic shellfish poisoning, amnestic shellfish poisoning
	물리적 (P)	유리조각, 금속성 이물
보통 (2)	생물학적 (B)	*Salmonella* spp., *Brucella* spp., *Campylobacter* spp., *Shigella* spp., *Streptococcus* type A, *Yersinia enterocolitica*, hepatitis A virus
		대장균[2], 대장균군(총대장균군)[4,5], 진균,[5] 분원성대장균군[4,5]
	화학적 (C)	곰팡이독(mycotoxin), 시가테라독, 잔류농약, 중금속(납, 카드뮴, 비소, 수은, 철)
		곰팡이독소(아플라톡신, 오크라톡신A, 데옥시니발레놀, 제랄레논)[1], 타르색소[2], 잔류용제(톨루엔, 프탈레이트 등)[2], 제조 공정 중 생성되는 화학 반응 물질(벤조피렌, 아크릴아마이드 등)[3], 오남용 식품첨가물(리놀렌산, 에루스산 등)[3], 유해물질(페놀 등)[4], 소독제(잔류염소)[4]
	물리적 (P)	경질이물(플라스틱, 돌, 모래 등)
낮음 (1)	생물학적 (B)	*Bacillus* spp., *Clostridium perfringens*, *Staphylococcus aureus*, Noro virus, 대부분의 기생충
		Bacillus cereus[2],
	화학적 (C)	히스타민과 같은 물질, 식품첨가물
		transitory allergies 등의 증상을 수반하는 화학오염 물질 등[1]
	물리적 (P)	연질이물(머리카락, 비닐, 지푸라기등)

※ FAO(1998) 규격
  (1) 식품의 기준 및 규격 : 식품의약품안전처 고시 제2016-106호, 2016.9.30., 일부 개정
  (2) CODEX 규격 : CAC(Codex Alimentarius Commission, 국제식품규격위원회) 규격
  (3) NACMCF 규격 : NACMCF(미국 식품 미생물 기준 자문위원회) 규격
  (4) 먹는물 수질기준 및 검사 등에 관한 규칙 : 환경부령 제677호, 2016.2.30., 일부 개정
  (5) 알기 쉬운 HACCP 관리, 식품의약품안전처

03 위해요소 평가(발생가능성)

(1) 위해요소의 발생빈도 및 발생가능성 : 위해요소의 발생빈도 및 발생가능성을 모두 포함하여 평가한다.

① 발생빈도 : 원·부재료/공정의 잠재클레임 및 제품 클레임 참조

② 발생가능성 : 유사제품 또는 관련 이슈화 사항 참조

(2) 3단 분석 예시

[생물학적 위해요소 발생가능성 평가기준(예시)]

구 분	분류기준	
	빈도평가	가능성평가
높음(3)	해당 위해요소 발생사례 확인 (2회 이상/분기 발생사례 수집)	해당 위해요소로 식중독 발생
보통(2)	해당 위해요소 발생사례 미확인 (1회 이상/분기 발생사례 수집)	해당 위해요소로 오염사례 확인
낮음(1)	해당 위해요소 연관성 없음 (발생사례 없음/분기)	해당 위해요소 연관성 없음

[화학적 위해요소 발생가능성 평가기준(예시)]

구 분	분류기준	
	빈도평가	가능성평가
높음(3)	해당 위해요소 발생사례 확인 (2회 이상/년 발생 사례 수집)	해당 위해요소로 식중독 발생
보통(2)	해당 위해요소 발생사례 미확인 (1회 이상/년 발생사례 수집)	해당 위해요소로 오염사례 확인
낮음(1)	해당 위해요소 연관성 없음 (발생사례 없음/년)	해당 위해요소 연관성 없음

[물리적 위해요소 발생가능성 평가기준(예시)]

구 분	분류기준	
	빈도평가	가능성평가
높음(3)	해당 위해요소 발생사례 확인 (5건 이상/월 발생사례 수집)	해당 위해요소로 식중독 발생
보통(2)	해당 위해요소 발생사례 미확인 (3건 이상/월 발생사례 수집)	해당 위해요소로 오염사례 확인
낮음(1)	해당 위해요소 연관성 없음 (3건 미만/월 발생사례 수집)	해당 위해요소 연관성 없음

(3) 발생가능성 기준

① 발생가능성 기준은 원·부재료, 공정별 도출된 위해요소에 대한 실제 생산라인에서 현장실험 통계자료 및 주변 환경 시험자료(작업자, 제조시설설비 등 표면오염도, 작업장 청정도 검사자료 등) 등을 바탕으로 기준을 수립하여야 한다.

② 원료, 공정별 위해요소에 대한 시험자료 및 문헌자료 등은 HACCP 관리기준 수립에 중요한 단계이다.

(4) 위해평가 활용원칙

[활용원칙 참고(CODEX)]

발생 가능성	높음	경결함(3)	중결함(6)	치명결함(9)
	보통	불만족(2)	경결함(3)4	중결함(6)
	낮음	만족(1)	2	경결함(3)3
		낮음	보통	높음
		심각성		

※ 경결함 이상 위해요소는 CCP 결정도 평가

※ 해당 식품 원료, 공정 등에 심각성 높은 잠재적 위해요소와 실제 공정평가에서 발생되는 위해요소는 CCP 결정도에서 평가 필요

[기타 김치 위해 평가도 예시]

위해요소별로 심각성 및 발생가능성 평가 결과를 바탕으로 아래의 표를 이용하여 위해를 평가한다.

발생 가능성	높음(3)	3	6	9
	보통(2)	2	4	6
	낮음(1)	1	2	3
		낮음(1)	보통(2)	높음(3)
		심각성		

※ **국제식품규격위원회 예시**

3점 이상에 해당하는 위해요소에 대해서는 중요관리점 결정도(Decision Tree)에 적용하여 CCP와 CP로 구분한다.

04 예방조치 및 관리방법 수립

① 예방조치 및 관리방법 도출은 현장에서 실행하고 있는 모든 방법을 위해요소의 발생원인별로 일치하도록 도출 및 관리하여야 한다. 공정 조건이 없는 단순공정(보관, 계량 등)에서 교차오염원, 증식원인 등을, 공정조건이 있는 공정에서는 교차오염원, 증식원, 잔존/잔류원인 등을 도출하여야 한다.

② 발생원인과 예방조치 및 관리방법 그리고 현장관리방법이 일치하여야 한다.

[원·부재료 위해요소 예방조치 및 관리방법 예시]

원·부재료	구분	위해요소 (생물학적 : B 화학적 : C 물리적 : P)	예방조치 및 관리방법
쇠고기	B	대장균군	• 입고검사 • 협력업체 시험성적서 확인 • 원료사육과정 관리 • 협력업체(생산자) 점검/교육 관리
		황색포도상구균	
		살모넬라	
		바실러스 세레우스	
		리스테리아	
		장출혈성대장균	
		진균	
	C	잔류항생물질	• 입고검사 • 협력업체 시험성적서 확인 • 원료사육과정 관리 • 협력업체(생산자) 점검/교육 관리
	P	나사, 못, 칼날	• 입고검사 • 협력업체 시험성적서 확인 • 원료사육과정 관리 • 협력업체(생산자) 점검/교육 관리
		돌, 모래, 플라스틱	
		머리카락, 비닐, 지푸라기	
고추	B	대장균군	• 입고검사 • 협력업체 시험성적서 확인 • 원료재배 및 수확과정 관리 • 협력업체(생산자) 점검/교육 관리
		황색포도상구균	
		살모넬라	
		바실러스 세레우스	
		리스테리아	
		장출혈성대장균	
		클로스트리디움 퍼프린젠스	
		진균	
	C	잔류농약	• 입고검사 • 협력업체 시험성적서 확인 • 원료재배 및 수확과정 관리 • 협력업체(생산자) 점검/교육 관리
		납, 카드뮴	
	P	나사, 못, 칼날	• 입고검사 • 협력업체 시험성적서 확인 • 원료재배 및 수확과정 관리 • 협력업체(생산자) 점검/교육 관리
		돌, 모래, 플라스틱	
		머리카락, 비닐, 지푸라기	

원·부재료	구분	위해요소 (생물학적 : B 화학적 : C 물리적 : P)	예방조치 및 관리방법
조기	B	대장균군	• 입고검사 • 협력업체 시험성적서 확인 • 원료어획과정 관리 • 협력업체(생산자) 점검/교육 관리
		황색포도상구균	
		살모넬라	
		바실러스 세레우스	
		리스테리아	
		장출혈성대장균	
		장염비브리오균	
		진균	
	C	항생물질	• 입고검사 • 협력업체 시험성적서 확인 • 원료어획 해역 관리 • 원료어획 후 보관과정 관리 • 협력업체(생산자) 점검/교육 관리
		납, 카드뮴, 수은	
		보틀리눔 toxin	
	P	나사, 못, 칼날	• 입고검사 • 협력업체 시험성적서 확인 • 원료어획 해역 관리 • 협력업체(생산자) 점검/교육 관리
		돌, 모래, 플라스틱	
		나사, 못, 칼날	

[원·부재료 위해요소분석표 예시]

원·부재료	구분	위해요소		위험도 평가			예방조치 및 관리방법
		명칭	발생원인	심각성	발생 가능성	종합 평가	
농산물 (무 등)	B	*Staphylococcus aureus*	• 원료 자체 오염 • 협력업체 생산관리 및 보관관리 부족으로 교차오염 및 증식 • 협력업체 운반관리(차량 위생 등) 부족으로 교차오염	1	2	2	• 원료 입고 시 성적서 수령 및 육안검사 실시 • 운반관리(차량 위생 등) 기준 수립 및 준수 • CCP-1BP, CCP-2BP 세척공정에서 제어
		Clostridium perfrigens		1	2	2	
		Salmonella.spp		2	1	2	
		장출혈성대장균		3	1	3	
		Listeria. Monocytogenes		3	1	3	
		Bacillus cereus		1	2	2	
		대장균군		2	1	2	
		진균류(효모, 곰팡이)		2	2	4	

원·부재료	구분	위해요소		위험도 평가			예방조치 및 관리방법
		명칭	발생원인	심각성	발생 가능성	종합 평가	
농산물 (무 등)	C	잔류농약	• 원료 자체 오염 • 협력업체 생산·보관 중 관리 부족으로 잔류 및 오염	2	2	4	• 원료 입고 시 성적서 수령 및 육안검사 실시
		납		2	1	2	
		카드뮴		2	1	2	
	P	곤충사체	• 협력업체 생산·보관, 작업자 관리 미흡으로 혼입 • 협력업체 운반관리(차량 위생 등) 부족으로 혼입	1	1	1	• 원료 입고 시 성적서 수령 및 육안검사 실시 • 운반관리(차량 위생 등) 기준 수립 및 준수 • CCP-4P 금속검출 공정에서 제어
		연질이물(머리카락, 실)		1	1	1	
		경질이물(돌, 흙)		2	1	2	
		금속조각		3	1	3	
용수	B	일반세균	• 원수 자체 오염 • 저수청결상태 불량으로 인한 교차오염 발생	1	1	1	• 저수조 주기적 관리 : 6개월/1회(법적 사항) • 주기적인 수질검사 관리 및 성적서 관리
		총 대장균군		2	1	2	
		대장균		2	1	2	
	C	중금속(납 등)	• 원수 자체 오염 • 소독제 과다투입으로 인한 잔류 • 주변 오염된 물의 유입에 의한 오염	2	1	2	• 저수조 주기적 관리 : 6개월/1회(법적 사항) • 외부 공인 기관 분석 의뢰 및 성적서 관리
		유해물질(페놀 등)		2	1	2	
		소독제 (잔류염소 등)		2	1	2	
	P	경질이물	• 배관파손에 의한 혼입 • 저장탱크의 관리 미흡으로 인한 오염	2	1	2	• 저수조 시건 장치 • 저수조 주기적 관리 : 6개월/1회(법적 사항) • 여과망 사용을 통한 이물 혼입 방지

원·부재료	구분	위해요소		위험도 평가			예방조치 및 관리방법
		명칭	발생원인	심각성	발생 가능성	종합 평가	
가공식품 (고춧가루)	B	*Staphylococcus aureus*	• 원료 자체 오염 • 협력업체 생산관리 및 보관관리 부족으로 교차오염 및 증식 • 협력업체 운반관리 (차량 위생 등) 부족으로 교차오염	1	2	2	• 원료 입고 시 성적서 수령 및 육안검사 실시 • 운반관리(차량 위생 등) 기준 수립 및 준수 • CCP-1BP, CCP-2BP 세척공정에서 제어
		Clostridium perfrigens		2	1	1	
		Salmonella.spp		2	1	2	
		장출혈성대장균		1	1	3	
		Listeria. Monocytogenes		1	1	3	
		Bacillus cereus		1	2	2	
		대장균군		2	1	2	
		진균류(효모, 곰팡이)		1	1	2	
	C	*Aflatoxin*(곰팡이독소)	• 원료 자체 오염 • 협력업체 생산·보관 중 관리 부족으로 잔류 및 오염	2	1	2	• 원료 입고 시 성적서 수령 및 육안검사 실시
		오클라톡신		3	1	2	
		잔류농약		1	2	4	
	P	머리카락, 비닐 등	• 협력업체 생산·보관, 작업자 관리 미흡으로 혼입 • 협력업체 운반관리(차량 위생 등) 부족으로 혼입	3	1	1	• 원료 입고 시 성적서 수령 및 육안검사 실시 • 운반관리(차량 위생 등) 기준 수립 및 준수 • CCP-4P 금속검출 공정에서 제어
		돌, 모래, 플라스틱 등		3	1	2	
		금속성 이물 (나사, 못, 칼날 등)		1	1	3	
		쇳가루		3	1	3	

[공정별 위해요소분석표 예시]

제조 공정	구분	위해요소	발생원인(유래)	위해 평가			예방조치 및 관리방법
				심각성	발생 가능성	종합 평가	
P-박스 세척	B	대장균군	• 부적절한 작업장 관리에 의한 위해요소 증식 • 작업자, 작업장, 제조설비, 기구용기, 검사장비, 운반도구, 청소도구 등 세척소독 관리 미흡으로 교차오염 • 작업자 위생 불량으로 교차오염 • 부적절한 작업장 청정도 관리로 교차 오염	2	1	2	• 작업장, 운반도구, 기구용기, 검사장비 • 청소도구 세척 소독 관리 • 작업자 위생 교육 실시 및 준수 여부 확인 • 작업장 청정도 관리
		장출혈성대장균		3	1	3	
		Listeria monocytogenes		3	1	3	
		Bacillus cereus		1	1	1	
		Staphylococcus aureus		1	2	2	
		Salmonella spp.		2	1	2	
		Clostridium perfringens		1	1	2	
	P	연질이물 (머리카락, 실)	• 작업자, 작업장, 제조설비, 기구용기, 검사장비, 운반도구, 청소도구 등 관리부족 및 세척소독 관리 부족으로 교차오염 • 작업자 위생 불량으로 혼입	1	1	1	• 작업장, 운반도구, 기구용기, 청소도구 세척소독 관리 및 파손유무 확인 • 작업자 위생 교육 실시 및 준수 여부 확인
		경질이물 (돌, 흙 등)		2	1	2	
		금속조각		3	1	3	

05 위해요소 분석 목록표 작성

원·부재료	구분	위해요소 (생물학적:B 화학적:C 물리적:P)	발생원인	위해평가			예방조치 및 관리방법
				심각성	발생 가능성	결과	
조기	B	대장균군	• 원료자체 및 어획 과정 관리 부족으로 오염 협력업체 (생산자) 관리 부족으로 교차오염	2	1	2	• 입고검사 • 협력업체 시험성적서 확인 • **(입고검사점검표)** • 원료사육과정 관리 • 협력업체(생산자) 점검/교육관리 • **(협력업체점검표)**
		황색포도상구균		1	2	2	
		살모넬라		2	1	2	
		바실러스 세레우스		1	1	1	
		리스테리아		3	1	3	
		장출혈성대장균		3	1	3	
		장염비브리오균		2	1	2	
		진균		2	2	4	
	C	항생물질	• 해수오염, 협력업체(생산자)의 관리 부족으로 오염	2	1	2	• 입고검사 • 협력업체 시험성적서 확인 • **(입고검사점검표)** • 협력업체(생산자) 점검/교육관리 • **(협력업체점검표)**
		납, 카드뮴, 수은		2	1	2	
		보틀리눔 toxin		3	1	3	
	P	나사, 못, 칼날	• 협력업체(생산자) 관리 부족으로 혼입	3	1	3	• 입고검사 • 협력업체 시험성적서 확인 • **(입고검사점검표)** • 원료사육과정 관리 • 협력업체(생산자) 점검/교육관리 • **(협력업체점검표)**
		돌, 모래, 플라스틱		2	2	4	
		머리카락, 비닐, 지푸라기		1	2	2	

원·부재료	구분	위해요소 (생물학적:B 화학적:C 물리적:P)	발생원인	위해평가			예방조치 및 관리방법
				심각성	발생 가능성	결과	
전분	B	대장균군	• 협력업체 제조/가공기준 미준수로 오염 • 협력업체 작업자/제조설비/작업장/운반차량/제조도구 등에 대한 세척·소독관리 부족으로 오염 • 협력업체 원료관리 부족으로 오염	2	1	2	• 입고검사 • 협력업체 시험성적서 확인 • **(입고검사점검표)** • 원료사육과정 관리 • 협력업체(생산자) 점검/교육관리 • **(협력업체점검표)**
		황색포도상구균		1	2	2	
		살모넬라		2	1	2	
		바실러스 세레우스		1	1	1	
		리스테리아		3	1	3	
		장출혈성대장균		3	1	3	
		진균		2	2	4	
	C	잔류농약	• 협력업체 원료관리 부족으로 잔류, 오염	2	1	2	• 입고검사 • 협력업체 시험성적서 확인 • **(입고검사점검표)** • 협력업체(생산자) 점검/교육관리 • **(협력업체점검표)**
		납, 카드뮴		2	1	2	
	P	나사, 못, 칼날	• 협력업체 제조설비/작업자 등에 대한 이물관리 부족으로 오염	3	1	3	• 입고검사 • 협력업체 시험성적서 확인 • **(입고검사점검표)** • 원료가공과정 관리 • 협력업체(생산자) 점검/교육관리 • **(협력업체점검표)**
		돌, 모래, 플라스틱		2	2	4	
		머리카락, 비닐, 지푸라기		1	2	2	

[공정별 위해요소분석 목록표 예시]

제조 공정	구분	위해요소 (생물학적:B 화학적:C 물리적:P)	발생원인(유래)	위해평가			예방조치 및 관리방법
				심각성	발생 가능성	결과	
세척	B	대장균군	• 부적절한 세척실 온도관리에 의한 위해요소 증식 • 세척실 작업자/작업장/제조설비/기구용기/검사장비/운반도구/청소도구 등 세척소독 관리, 작업자 위생교육 부족으로 교차오염 • 부적절한 세척실 청정도 관리로 교차 오염 • 세척조건(방법, 시간, 가수량 등) 미준수로 위해요소 잔존	2	1	2	• 세척실 세척소독 관리 • (작업장 세척소독 관리 점검표) • 세척실 운반도구 세척소독 관리 • (시설 · 설비 세척소독 점검표) • 세척실 작업자 위생 교육 훈련 • (작업자 위생교육 일지) • 세척실 설비 세척소독 관리 • 세척실 기구용기/검사장비/청소도구 세척소독 관리 • (시설 · 설비 세척소독 점검표) • 세척실 온도관리 • (온도/습도 관리 점검표) • 세척 공정 관리(세척방법, 시간, 회수, 가수량 등) • (중요관리점 세척공정 점검표)
		황색포도상구균		1	2	2	
		살모넬라		2	1	2	
		바실러스 세레우스		1	1	1	
		리스테리아		3	1	3	
		장출혈성대장균		3	1	3	
		장염비브리오균		2	1	2	
		진균		2	2	4	
	P	나사, 못, 칼날	• 세척실 제조설비, 운반도구 등 관리 부족으로 교차 오염 • 세척실 작업자/작업장/제조설비/기구용기/검사장비/운반도구/청소도구 등 세척소독 관리, 작업자 위생교육 부족으로 교차오염	3	1	3	• 세척실 환경관리 • (작업장 세척소독 관리 점검표) • 세척실 작업자 위생 교육 훈련 • (작업자 위생교육 일지) • 세척실 설비 관리 • 세척실 기구용기/검사장비/청소 도구 관리 • (시설 · 설비 관리 점검표) • 금속검출/금속제거/여과 공정 관리
		돌, 모래, 플라스틱		2	2	4	
		머리카락, 비닐, 지푸라기		1	2	2	

7 중요관리점(CCP) 결정

01 중요관리점(CCP)의 정의

"중요관리점(Critical Control Point, CCP)"이라 함은 안전관리인증기준(HACCP)을 적용하여 식품·축산물의 위해요소를 예방·제어하거나 허용 수준 이하로 감소시켜 당해 식품·축산물의 안전성을 확보할 수 있는 중요한 단계·과정 또는 공정을 말한다.

중요관리점이란 원칙 1에서 파악된 중요위해(위해평가 3점 이상)를 예방, 제어 또는 허용 가능한 수준까지 감소시킬 수 있는 최종 단계 또는 공정을 말한다.

02 중요관리점 결정 사례

식품의 제조·가공·조리공정에서 중요관리점이 될 수 있는 사례는 다음과 같으며, 동일한 식품을 생산하는 경우에도 제조·설비 등 작업장 환경이 다를 경우에는 서로 상이할 수 있다.
① 생물학적 위해요소 성장을 최소화 할 수 있는 냉각공정
② 생물학적 위해요소를 제거할 수 있는 특정 온도에서 가열처리
③ pH 및 수분활성도의 조절 또는 배지 첨가 같은 제품성분 배합
④ 캔의 충전 및 밀봉 같은 가공처리
⑤ 금속검출기에 의한 금속이물 검출공정, 여과공정 등

03 CCP를 결정하는 방법

중요관리점 결정도를 이용하여 원칙1(위해요소 분석)의 위해평가 결과 중요위해(3점 이상)로 선정된 위해요소에 대하여 적용한다.

[중요관리점(CCP) 결정표]

공정단계	위해요소	질문1 예→CP 아니오→ 질문2	질문2 예→질문3 아니오→ 질문2	질문2-1 예→질문2 아니오→CP	질문3 예→CCP 아니오→ 질문4	질문4 예→질문5 아니오→CP	질문5 예→CP 아니오 →CCP	중요관리점 결정

※ 위해요소(Hazard) 분석 결과 위해(Risk)가 높은 항목만 중요관리점(CCP) 결정도에 적용하고 그 결과를 중요관리점(CCP) 결정표에 작성한다.

[CCP 결정도 예시]

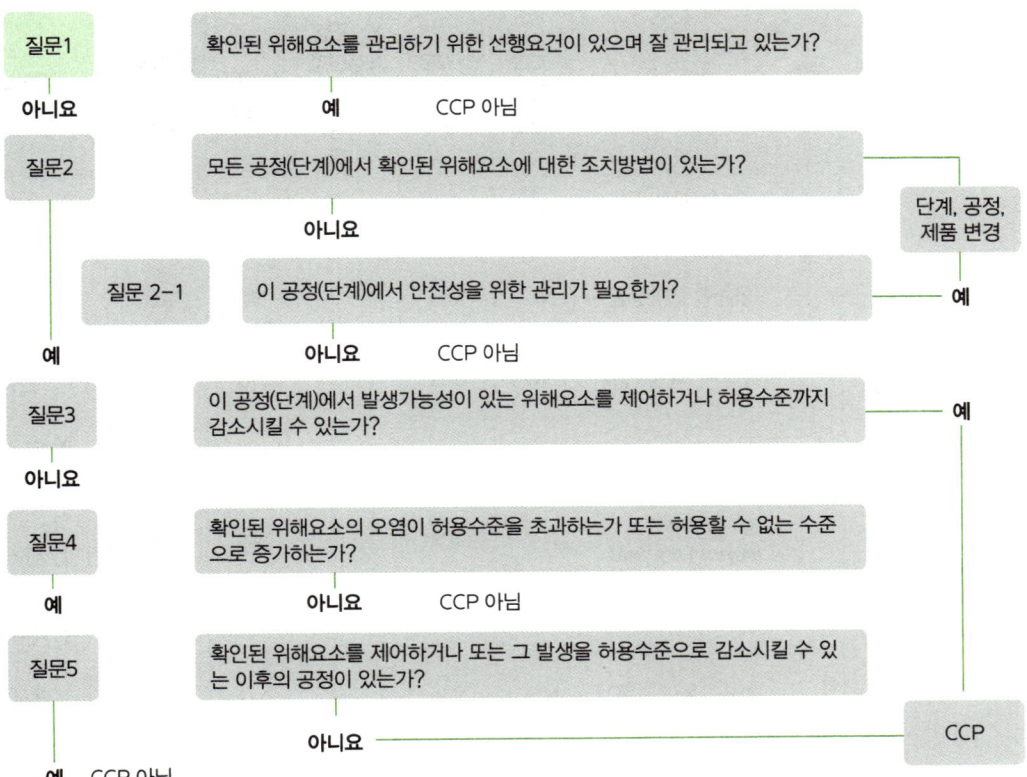

질문1 확인된 위해요소를 관리하기 위한 선행요건이 있으며 잘 관리되고 있는가?
아니요 / 예 → CCP 아님

질문2 모든 공정(단계)에서 확인된 위해요소에 대한 조치방법이 있는가?
아니요 / 예 → 단계, 공정, 제품 변경

질문 2-1 이 공정(단계)에서 안전성을 위한 관리가 필요한가?
예(위로) / 아니요 → CCP 아님

질문3 이 공정(단계)에서 발생가능성이 있는 위해요소를 제어하거나 허용수준까지 감소시킬 수 있는가?
아니요 / 예 →

질문4 확인된 위해요소의 오염이 허용수준을 초과하는가 또는 허용할 수 없는 수준으로 증가하는가?
예 / 아니요 → CCP 아님

질문5 확인된 위해요소를 제어하거나 또는 그 발생을 허용수준으로 감소시킬 수 있는 이후의 공정이 있는가?
아니요 → CCP
예 → CCP 아님

[중요관리점(CCP) 결정도 예시]

공정명	구분	위해요소	질문1 Y: CCP 아님 N: 질문2	질문2 Y: 질문3 N: 질문2-1	질문2-1 Y: 공정, 제품변경→질문2 N: CCP 아님	질문3 Y: CCP N: 질문4	질문4 Y: 질문5 N: CCP 아님	질문5 Y: CCP아님 N: CCP	중요관리점 결정
염수 제조	B	*Listeria monocytogenes*	No	Yes		No	Yes	Yes (가열, 세척)	CCP 아님
		장출혈성대장균	No	Yes		No	Yes	Yes (가열, 세척)	CCP 아님
	P	경질이물(돌, 흙)	No	Yes		No	Yes	Yes (세척)	CCP 아님
		금속이물	No	Yes		No	Yes	Yes (금속검출)	CCP 아님

공정명	구분	위해요소	질문1 Y: CCP 아님 N: 질문2	질문2 Y: 질문3 N: 질문2-1	질문2-1 Y: 공정, 제품변경 →질문2 N: CCP 아님	질문3 Y: CCP N: 질문4	질문4 Y: 질문5 N: CCP 아님	질문5 Y: CCP아님 N: CCP	중요 관리점 결정
계량	B	*Listeria monocytogenes*	No	Yes		No	Yes	Yes (가열, 세척)	CCP 아님
계량	B	장출혈성대장균	No	Yes		No	Yes	Yes (가열, 세척)	CCP 아님
계량	P	경질이물(돌, 흙)	No	Yes		No	Yes	Yes (세척)	CCP 아님
계량	P	금속이물	No	Yes		No	Yes	Yes (금속검출)	CCP 아님
절단	B	*Listeria monocytogenes*	No	Yes		No	Yes	Yes (가열, 세척)	CCP 아님
절단	B	장출혈성대장균	No	Yes		No	Yes	Yes (가열, 세척)	CCP 아님
절단	P	경질이물(돌, 흙)	No	Yes		No	Yes	Yes (세척)	CCP 아님
절단	P	금속이물	No	Yes		No	Yes	Yes (금속검출)	CCP 아님
수절임	B	*Listeria monocytogenes*	No	Yes		No	Yes	Yes (가열, 세척)	CCP 아님
수절임	B	장출혈성대장균	No	Yes		No	Yes	Yes (가열, 세척)	CCP 아님
수절임	P	경질이물(돌, 흙)	No	Yes		No	Yes	Yes (세척)	CCP 아님
수절임	P	금속이물	No	Yes		No	Yes	Yes (금속검출)	CCP 아님
찹쌀풀 및 육수 제조	B	*Listeria monocytogenes*	No	Yes		Yes			CCP
찹쌀풀 및 육수 제조	B	장출혈성대장균	No	Yes		Yes			CCP
찹쌀풀 및 육수 제조	P	경질이물(돌, 흙)	No	Yes		No	Yes	Yes (세척)	CCP 아님
찹쌀풀 및 육수 제조	P	금속이물	No	Yes		No	Yes	Yes (금속검출)	CCP 아님

공정명	구분	위해요소	질문1 Y: CCP 아님 N: 질문2	질문2 Y: 질문3 N: 질문2-1	질문2-1 Y: 공정, 제품변경→질문2 N: CCP 아님	질문3 Y: CCP N: 질문4	질문4 Y: 질문5 N: CCP 아님	질문5 Y: CCP아님 N: CCP	중요 관리점 결정
세척	B	*Listeria monocytogenes*	No	Yes		Yes			CCP
		장출혈성대장균	No	Yes		Yes			CCP
	P	경질이물(돌, 흙)	No	Yes		Yes			CCP
		금속이물	No	Yes		No	Yes	Yes (금속검출)	CCP 아님
탈수	P	금속이물	No	Yes		No	Yes	Yes (금속검출)	CCP 아님

8 중요관리점(CCP) 한계기준 설정

01 한계기준의 정의

"한계기준(Critical Limit)"이라 함은 중요관리점에서의 위해요소 관리가 허용범위 이내로 충분히 이루어지고 있는지 여부를 판단할 수 있는 기준이나 기준치를 말한다.

02 한계기준의 개요

한계기준은 CCP에서 취해져야 할 관리에 대한 한계기준을 설정하는 것이다. 한계기준은 CCP에서 관리되어야 할 생물학적, 화학적 또는 물리적 위해요소를 예방, 제거 또는 허용 가능한 안전한 수준까지 감소시킬 수 있는 최대치 또는 최소치를 말하며, 안전성을 보장할 수 있는 과학적 근거에 기초하여 설정되어야 한다.

03 한계기준 표시 방법

① 한계기준은 제품 생산과 관련된 생산팀, 품질관리팀 등 전 HACCP팀원이 참여하여 설정해야하고, 제조공정의 변화, 작업환경의 변화 시 신속하게 조정하여 제품의 안전성이 침해되지 않도록 해야 한다.

② 한계기준은 현장에서 쉽게 확인 가능하도록 가능한 육안관찰이나 간단한 측정으로 확인할 수 있는 수치 또는 특정지표로 나타내어야 한다.

> • 온도 및 시간
> • 세척시간, 세척 압력
> • 알코올 농도
> • pH, 염소, 염분농도 같은 화학적 특성
> • 필터크기, 압력
> • 관련서류 확인 등

③ 한계기준은 초과되어서는 아니 되는 양 또는 수준인 상한기준과 안전한 식품을 취급하는데 필요한 최소량인 하한기준을 단독으로 설정할 수 있다.

④ 한계기준은 다음과 같은 자료를 참고로 하여 설정하며 근거가 된 최신자료를 유지 관리한다.

- 식품위생관련 법규, 규정의 기준·규격
- 과학적 문헌, 서적 등
- 기존의 사내위생관리 결과 데이터
- 현장분석 및 실험자료

04 한계기준 설정 절차

① 결정된 중요관리점(CCP)공정에 대하여 위해요인을 충분히 제어하거나 허용수준까지 감소하기 위한 관리항목을 결정한다.

② 중요관리점(CCP)의 관리항목별 위해를 제어하거나 허용수준까지 감소하기 위한 조건을 품질관리팀에서 국내외 문헌 조사를 하고 법적 기준/규격을 고려하여 예비기준을 설정한다.

③ 법적인 한계기준이 없을 경우, 업체에서 위해요소를 관리하기에 적합한 한계기준을 자체적으로 설정하며, 필요시 외부전문가의 조언을 구한다.

④ 설정된 예비 기준을 근거로 생산현장에서 발생될 수 있는 여러 외부조건 즉 제품의 맛, 품질, 위생 및 안전성 등을 고려하여 기준으로 정한다.

⑤ 설정된 기준은 생산 공정에서 현장시험을 실시하여 한계기준을 결정한다.

⑥ 설정한 한계기준을 뒷받침 할 수 있는 자료 또는 과학적 문헌 등 모든 자료를 유지·보관한다.

⑦ 품목별 중요관리점 공정에 대한 한계기준 항목을 작성한다.

[한계기준 설정 예시]

CCP No.	제조 공정	위해요소 구분	위해요소/위해원인	한계기준(예시)
CCP-1	원재료 세척	BP	• 위해요소 : 장출혈성대장균, 리스테리아, 경질이물(돌, 흙 등) • 위해원인 - 세척공정 미준수로 인한 식중독균 및 경질이물 잔존 - 원재료, 작업환경으로부터 식중독균 오염 - 원재료, 작업환경으로부터 경질이물 혼입	원물량, 세척수량, 세척시간, 세척횟수, 세척수 교체주기
CCP-2	기타 농산물 세척	BP	• 위해요소 : 장출혈성대장균, 리스테리아, 경질이물(돌, 흙 등) • 위해원인 - 세척공정 미준수로 인한 식중독균 및 경질이물 잔존 - 원재료, 작업환경으로부터 식중독균 오염 - 원재료, 작업환경으로부터 경질이물 혼입	원물량, 세척수량, 세척시간, 세척횟수, 세척수 교체주기

CCP No.	제조 공정	위해요소 구분	위해요소/위해원인	한계기준(예시)
CCP-3	가열	B	• 위해요소 : 장출혈성대장균, 리스테리아 • 위해원인 : 　- 가열공정 미준수로 인한 식중독균 잔존 　- 원재료, 작업환경으로부터 식중독균 오염	가열온도, 가열시간, 품 온, 보관시간
CCP-4	금속 검출	P	• 위해요소 : 금속이물 • 위해원인 : 　- 금속검출 미준수로 인한 이물 잔존 　- 원재료, 작업환경으로부터 금속이물 혼입	Fe 00, STS 00mm 이상 불검출

9 모니터링 체계 확립

01 모니터링의 정의

"모니터링(Monitoring)"이라 함은 중요관리점에 설정된 한계 기준을 적절히 관리하고 있는지 여부를 확인하기 위하여 수행하는 일련의 계획된 관찰이나 측정하는 행위 등을 말한다.

02 개요

모니터링이란 CCP에 해당되는 공정이 한계기준을 벗어나지 않고 안정적으로 운영되도록 관리하기 위하여 작업자 또는 기계적인 방법으로 수행하는 일련의 관찰 또는 측정수단이다.

모니터링 체계를 수립하여 시행하게 되면, 첫째, 작업과정에서 발생되는 위해요소의 추적이 용이하며, 둘째, 작업공정 중 CCP에서 발생한 기준 이탈(deviation) 시점을 확인할 수 있으며, 셋째, 문서화된 기록을 제공하여 검증 및 식품사고 발생 시 증빙자료로 활용할 수 있다.

03 모니터링 유의점

① CCP를 모니터링하는 작업자는 해당 CCP에서의 모니터링 항목과 모니터링 방법을 효과적으로 올바르게 수행할 수 있도록 기술적으로 충분히 교육·훈련되어야 한다.

② 모니터링 결과에 대한 기록은 예, 아니오 또는 적합, 부적합 등이 아닌 실제로 모니터링 한 결과를 정확한 수치로 기록해야 한다.

04 모니터링 체계 확립 방법

① 각 원료와 공정별로 가장 적합한 모니터링 절차를 파악한다.

② 모니터링 항목을 결정한다.

③ 모니터링 위치·지점, 방법을 결정한다.

④ 모니터링 주기(빈도)를 결정한다.

⑤ 모니터링 결과를 기록할 서식을 결정한다.

⑥ 모니터링 담당자를 지정하고 훈련시킨다.

05 설정된 모니터링 방법 효과성 판단 방법

① 모든 CCP가 포함되어 있는가?
② 모니터링의 신뢰성이 평가되었는가?
③ 모니터링 장비의 상태는 양호한가?
④ 작업현장에서 실시하는가?
⑤ 기록서식은 사용하는데 편리한가?
⑥ 기록은 정확히 이루어지는가?
⑦ 기록은 실시간으로 이루어지는가?
⑧ 기록이 지속적으로 이루어지는가?
⑨ 모니터링 주기가 적절한가?
⑩ 시료채취 계획은 통계적으로 적절한가?
⑪ 기록결과는 정기적으로 통계 처리하여 분석하는가?
⑫ 현장 기록과 모니터링 계획이 일치하는가?

[중요관리점(CCP) 한계기준 모니터링 방법 예시]

공정명	CCP	한계기준	모니터링 방법			
			대상	방법	주기	담당자
가열	CCP-1B	• 가열온도 : 85℃~120℃, • 시간 : 3~5분 (품온 : 80℃~110℃, 유지시간 : 3~5분)	가열시간, 온도	1. 가열기의 정상작동 유무를 확인한다. 2. 가열기에서 가열 온도(품온)의 가열시간(품온 유지시간)을 모니터링 일지에 기록한다. 3. 모니터링 일지를 HACCP 팀장에게 승인받는다.	작업 전후/2시간마다 등	공정담당(OOO)
세척	CCP-1BCP	• 3-6단 세척, • 가수량 : 3배~4배, • 세척시간 : 5분~10분	세척방법	1. 세척기의 정상작동 유무를 확인한다. 2. 세척방법에 따라 세척시간, 횟수, 가수량 등을 모니터링 일지에 기록한다. 3. 모니터링 일지를 HACCP 팀장에게 승인받는다.	작업 전후/2시간마다 등	공정담당(OOO)
소독	CCP-1BC	• 소독농도 : 50~100ppm, • 소독시간 : 1분~1분 30초, • 소독수 교체주기, 헹굼방법, 헹굼시간	소독농도, 시간, 소독수 교체주기, 헹굼방법, 시간	1. 소독기의 정상작동 유무를 확인한다. 2. 소독농도, 소독시간, 소독수 교체주기, 헹굼방법, 헹굼시간을 모니터링 일지에 기록한다. 3. 모니터링 일지를 HACCP 팀장에게 승인받는다.	작업 전후/2시간마다 등	공정담당(OOO)

공정명	CCP	한계기준	모니터링 방법			
			대상	방법	주기	담당자
pH 측정	CCP-1B	• 최종제품 • pH 4.0 이하	조미액 pH, 제품 pH	1. 공정담장자는 pH 측정기를 보정한다. 2. 최종제품의 pH를 pH 측정기로 측정한다. 3. 측정 결과값을 일지에 기록한다. 4. 모니터링 일지를 HACCP 팀장에게 승인받는다.	최종제품 매로트별	공정담당 (OOO)
수분 활성도 측정	CCP-1B	• 최종제품 • 수분활성도 0.6 이하	제품 수분 활성도	1. 최종제품의 수분활성도를 수분활성도 측정기로 측정한다. 2. 측정 결과값을 일지에 기록한다. 3. 모니터링 일지를 HACCP 팀장에게 승인받는다.	최종제품 매로트별	공정담당 (OOO)
금속 검출	CCP-1P	• 금속 : Fe 2mmϕ , STS 2.0mmϕ 이상 불검출, • 쇳가루 불검출	금속검출기 감도	1. 금속검출기에 테스트피스를 좌, 우, 중간에 통과시켜 검출 여부를 CCP-1P 모니터링 일지에 기록하고 HACCP 팀장에게 보고한다. 2. 제품의 상·중·하에 테스트피스를 첨가하여 금속검출기를 통과시켜 검출 여부/통과되는 공정품의 검출여부를 CCP-4P 모니터링 일지에 기록하고 HACCP 팀장에게 보고한다.	작업 전 후/2시간 마다 등	공정담당 (OOO)

⑩ 개선조치 방법 설정

01 개선조치의 정의

"개선조치(Corrective Action)"라 함은 모니터링 결과 중요관리점의 한계기준을 이탈할 경우에 취하는 일련의 조치를 말한다.

02 개요

① HACCP 계획은 식품으로 인한 위해요소가 발생하기 이전에 문제점을 미리 파악하고 시정하는 예방체계이므로, 모니터링 결과 한계기준을 벗어날 경우 취해야 할 개선조치방법을 사전에 설정하여 신속한 대응조치가 이루어지도록 하여야 한다.

② 일반적으로 취해야할 개선조치 사항에는 공정상태의 원상복귀, 한계기준이탈에 의해 영향을 받은 관련식품에 대한 조치사항, 이탈에 대한 원인규명 및 재발방지 조치, HACCP 계획의 변경 등이 포함된다.

03 개선조치 방법 설정에 대한 질문사항

① 이탈된 제품을 관리하는 책임자는 누구이며, 기준 이탈 시 모니터링 담당자는 누구에게 보고하여야 하는가?
② 이탈의 원인이 무엇인지 어떻게 결정할 것인가?
③ 이탈의 원인이 확인되면 어떤 방법을 통하여 원래의 관리상태로 복원시킬 것인가?
④ 한계기준이 이탈된 식품(반제품 또는 완제품)은 어떻게 조치할 것인가?
⑤ 한계기준 이탈시 조치해야 할 모든 작업에 대한 기록·유지 책임자는 누구인가?
⑥ 개선조치 계획에 책임 있는 사람이 없을 경우 누가 대신할 것인가?
⑦ 개선조치는 언제든지 실행가능한가?

04 개선조치 방법 확립 절차

① 각 CCP별로 가장 적합한 개선조치 절차를 파악한다.
② CCP별로 잠재적 위해요소의 심각성에 따라 차등화하여 개선조치 방법을 결정한다.
③ 개선조치 결과의 기록서식을 결정한다.
④ 개선조치 담당자를 지정하고 교육·훈련시킨다.

05 개선조치 완료 후 확인해야 할 기본 사항

① 한계기준 이탈의 원인이 확인되고 제거되었는가?
② 개선조치 후 CCP는 잘 관리되고 있는가?
③ 한계기준 이탈의 재발을 방지할 수 있는 조치가 마련되어 있는가?
④ 한계기준 이탈로 인해 오염되었거나 건강에 위해를 주는 식품이 유통되지 않도록 개선조치 절차를 시행하고 있는가?

06 재이탈 방지를 위한 근본대책 수립

① 이탈에 대한 원인을 규명한 후 검사대상 기기, 관리일지 등을 토대로 같은 원인에 의한 이탈이 수차례에 걸쳐 나타나는지 여부를 확인한다.
② 개선에 장시간이 소요될 경우에는 기준이탈 원인을 상세히 규명하여 재발방지 및 개선 대책을 수립하여 필요시 HACCP 팀장에게 보고한다.
③ HACCP 팀장은 보고된 개선계획서를 검토하여 투자여부를 결정하여 개선을 지시한다.

[개선조치 방법 예시]

공정명	CCP	개선조치 방법
가열	CCP-1B	**1. 한계기준[가열온도(품온), 가열시간(품온 유지시간) 등] 이탈 시** • 공정 담당자는 즉시 작업을 중지한다. • 해당 제품은 즉시 재가열하고 CCP 모니터링 일지에 이탈사항과 개선조치사항을 기록하고 생산관리팀장, HACCP 팀장에게 보고한다. • 해당로트 제품을 품질관리 팀장에게 공정품 검사를 의뢰한다. **2. 기기 고장인 경우** • 공정 담당자는 즉시 작업을 중지하고 공정품을 보류한 뒤, CCP 모니터링 일지에 이탈사항을 기록하고 공무팀에 수리를 의뢰한다. • 수리완료 후 공정품은 재가열한다. • CCP 모니터링 일지에 개선조치 사항을 기록하고 생산관리팀장, HACCP 팀장에게 보고한다. • 해당로트 제품을 품질관리 팀장에게 공정품 검사를 의뢰한다.
세척	CCP-1BCP	**1. 한계기준(세척횟수, 시간, 가수량 등) 이탈 시** • 공정 담당자는 즉시 작업을 중지한다. • 해당 제품은 즉시 재세척하고 CCP 모니터링 일지에 이탈사항과 개선조치사항을 기록하고 생산관리팀장, HACCP 팀장에게 보고한다. • 해당로트 제품을 품질관리 팀장에게 공정품 검사를 의뢰한다. **2. 기기 고장인 경우** • 공정 담당자는 즉시 작업을 중지하고 공정품을 보류한 뒤, CCP 모니터링 일지에 이탈사항을 기록하고 공무팀에 수리를 의뢰한다. • 수리완료 후 공정품은 재세척한다. • CCP 모니터링 일지에 개선조치 사항을 기록하고 생산관리팀장, HACCP 팀장에게 보고한다. • 해당로트 제품을 품질관리 팀장에게 공정품 검사를 의뢰한다.
소독	CCP-1BC	**1. 한계기준(소독농도, 소독시간, 소독수 교체주기, 헹굼방법, 헹굼시간 등) 이탈 시** • 공정 담당자는 즉시 작업을 중지한다. • 소독농도를 보정하고 해당 제품은 재소독/교체 및 재헹굼하고 CCP 모니터링 일지에 이탈사항과 개선조치 사항을 기록하고 생산관리팀장, HACCP 팀장에게 보고한다. • 해당로트 제품을 품질관리 팀장에게 공정품 검사를 의뢰한다. **2. 기기 고장인 경우** • 공정 담당자는 즉시 작업을 중지하고 공정품을 보류한 뒤, CCP 모니터링 일지에 이탈사항을 기록하고 공무팀에 수리를 의뢰한다. • 수리완료 후 공정품은 재소독한다. • CCP 모니터링 일지에 개선조치 사항을 기록하고 생산관리팀장, HACCP 팀장에게 보고한다. • 해당로트 제품을 품질관리 팀장에게 공정품 검사를 의뢰한다.

공정명	CCP	개선조치 방법
조미액 및 최종제품 pH 측정	CCP-1B	**1. 한계기준(조미액 pH) 초과 시** • 공정 담당자는 조미액의 pH를 보정한 후 재측정한다. **2. 한계기준(최종제품 pH) 초과 시** • 공정 담당자는 즉시 작업을 중지한다. • 공정 담당자는 공정품을 보류한 뒤, CCP 모니터링 일지에 이탈사항을 기록하고 조미액의 pH를 보정한다. • 공정 담당자는 HACCP 팀장에게 보고하고 해당로트 제품은 폐기한다. **3. pH측정기 고장인 경우** • 공정 담당자는 해당로트의 제품을 건조 또는 재처리한 후 재측정한다. • 공정 담당자는 공정품을 보류한 뒤 정상 pH 측정기가 구비될 때까지 생산을 중단한다. 정상 pH 측정기 구비 후 재측정한다. CCP 모니터링 일지에 개선조치사항을 기록하고 생산관리팀장, HACCP 팀장에게 보고한다.
최종제품 수분활성도 측정	CCP-1B	**1. 한계기준(최종제품 수분활성도) 초과 시** • 공정 담당자는 해당로트의 제품을 건조 또는 재처리한 후 재측정한다. • 공정 담당자는 CCP 모니터링 일지에 이탈사항과 개선조치사항을 기록하고 생산관리팀장, HACCP 팀장에게 보고한다. 해당로트 제품을 품질관리 팀장에게 공정품 검사를 의뢰한다. **2. 수분활성도 측정기 고장인 경우** • 공정 담당자는 수분활성도 측정기를 수리 의뢰한다. • 공정 담당자는 공정품을 보류한 뒤, 수분활성도가 증가하지 않도록 보관하고 정상 수분활성도 측정기가 구비될 때까지 생산을 중단한다. • 정상 수분활성도 측정기 구비 후 재측정한다. CCP 모니터링 일지에 개선조치사항을 기록하고 생산관리팀장, HACCP 팀장에게 보고한다.
금속검출	CCP-1P	**1. 제품에 금속 혼입될 경우** • 공정 담당자는 즉시 작업을 중지한다. • 해당 제품을 재통과하여 확인하고 혼입이 확인될 경우 CCP 모니터링 일지에 이탈사항과 개선조치사항을 기록하고 생산관리팀장, HACCP 팀장에게 보고한다. • 해당로트 제품을 품질관리 팀장에게 공정품 검사를 의뢰한다. **2. 기기 고장인 경우** • 공정 담당자는 즉시 작업을 중지하고 공정품을 보류한 뒤, CCP 모니터링 일지에 이탈사항을 기록하고 공무팀에 수리를 의뢰한다. • 수리완료 후 CCP 모니터링 일지에 개선조치사항을 기록하고 생산관리팀장, HACCP 팀장에게 보고한다. • 해당로트 제품은 재통과시킨다. **3. 감도 저하의 경우** • 공정 담당자는 즉시 작업을 중지하고 공정품을 보류한 뒤, CCP 모니터링 일지에 이탈사항을 기록하고 기기 감도를 측정한다. • 감도 확인 후 CCP 모니터링 일지에 개선조치사항을 기록하고 생산관리팀장, HACCP 팀장에게 보고한다. • 해당로트 제품을 품질관리 팀장에게 공정품 검사를 의뢰한다.

11 검증절차 및 방법 수립

01 검증의 정의

"검증(Verification)"이라 함은 HACCP관리계획의 유효성(Validation)과 실행(Implementation) 여부를 정기적으로 평가하는 일련의 활동(적용 방법과 절차, 확인 및 기타 평가 등을 수행하는 행위를 포함한다)을 말한다.

02 개요 및 필요성

① HACCP팀은 HACCP 시스템이 설정한 안전성 목표를 달성하는 데 효과적인지, HACCP 관리계획에 따라 제대로 실행되는지, HACCP 관리계획의 변경 필요성이 있는지를 확인하기 위한 검증절차를 설정하여야 한다.

② HACCP팀은 이러한 검증활동을 HACCP 계획을 수립하여 최초로 현장에 적용할 때, 해당 식품과 관련된 새로운 정보가 발생되거나 원료·제조공정 등의 변동에 의해 HACCP 계획이 변경될 때 실시하여야 한다. 또한, 이 경우 이외에도 전반적인 재평가를 위한 검증을 연 1회 이상 실시하여야 한다.

③ 검증내용은 크게 두 가지로 나뉜다.
  • HACCP 계획에 대한 유효성 평가   • HACCP 계획의 실행성 검증

03 검증의 종류

(1) 검증 주체에 따른 분류

내부검증	사내에서 자체적으로 검증원을 구성하여 실시하는 검증
외부검증	정부 또는 적격한 제3자가 검증을 실시하는 경우로 식품의약품안전처에서 HACCP 적용업체에 대하여 연 1회 실시하는 정기 조사·평가가 이에 포함됨

(2) 검증주기에 따른 분류

최초검증	HACCP 계획을 수립하여 최초로 현장에 적용할 때 실시하는 HACCP 계획의 유효성 평가(Validation)
일상검증	일상적으로 발생되는 HACCP 기록문서 등에 대하여 검토·확인하는 것
특별검증	새로운 위해정보가 발생 시, 해당식품의 특성 변경 시, 원료·제조공정 등의 변동 시, HACCP 계획의 문제점 발생 시 실시하는 검증
정기검증	정기적으로 HACCP 시스템의 적절성을 재평가하는 검증

04 검증의 실시 시기

(1) 최초검증

① HACCP 계획의 최초 실행과정, 즉 해당 계획서가 작성된 이후 현장에 적용하면서 실제로 해당 계획이 효과가 있는지 확인하며, 다음 사항에 대하여 실시한다.

> - 선행요건프로그램의 개정 필요성
> - 문서화된 HACCP PLAN의 유효성
> - 문서화된 HACCP PLAN에 따른 실행의 효과성(기록 분석 및 실증시험)

② 제품별 HACCP 관리계획이 완성되면, 다음 사항에 대하여 실시한다.

> - 대상제품의 기초정보 파악결과의 적절성(제품설명서, 공정흐름도, 설비배치도 등)
> - 대상제품 관련 선행요건프로그램의 적절성(위생관리, 검사업무, 보관관리 등)
> - 대상제품 HACCP PLAN의 합리성 및 적절성(위해분석, 중요관리점, 모니터링, 개선조치 방법, 검증방법, 기록관리 방법 등)

③ HACCP 관리계획 검증 시 식품의약품안전처가 고시한 HACCP 실시상황평가표를 이용하여 실시하며 시험결과 또는 검증보고서를 첨부한다.

(2) 일상검증

① 일상검증은 각 기준에서 정한 해당 모니터링 활동을 담당하는 해당부서 팀장이 실시함을 원칙으로 한다.

② 일상검증은 다음 중 하나 이상의 방법으로 실시한다.

> - 모니터링 활동 결과 기록의 검토(한계기준 이탈여부, 개선조치 실시여부 등)
> - 현장 입회관찰
> - 모니터링 항목이 의도하는 안전성 목표에 대한 검증시험(미생물시험 등)

③ 일상검증 실시결과는 해당 과장의 검토와 해당부서장의 승인으로 종결처리 한다.

(3) 정기검증

① 정기검증은 각 기준서에서 정한 모니터링 활동의 유효성과 효과성을 평가하기 위하여 연간 검증 계획서에 의거 HACCP팀장이 실시함을 원칙으로 한다.

② 정기검증은 다음 중 하나 이상의 방법으로 실시한다.

> - 모니터링 활동 결과 기록의 통계적 분석(Data 분석, 그래프분석 등)
> - 독립된 인원에 의한 해당 모니터링 항목의 입회관찰
> - 안전성목표 달성에 관한 검증시험(미생물시험, 기기분석, 공인기관시험 등)

(4) 특별검증

① HACCP 관리계획의 식품이나 공정상에 실질적인 변경사항이 있는 경우, 또는 기존 계획서가 충분히 효과적이지 못할 수 있음을 나타내는 경우마다 실시한다.

② 새로운 위해정보가 발생 시, 해당식품의 특성 변경 시, 원료·제조공정 등의 변동 시, HACCP계획의 문제점 발생 시 실시한다.

③ 다음과 같은 상황이 발생될 시 특별검증(재평가)을 실시한다.

- 해당 식품과 관련된 새로운 안전성 정보가 있을 때
- 해당 식품이 식중독, 질병 등과 관련 될 때
- 설정된 한계기준이 맞지 않을 때
- HACCP 계획의 변경 시(신규원료 사용 및 변경, 원료 공급업체의 변경, 제조공정의 변경, 신규 또는 대체 장비 도입, 작업량의 큰 변동, 섭취대상의 변경, 공급체계의 변경, 종업원의 대폭 교체)

05 검증내용

(1) 유효성 평가

① 수립된 HACCP 계획이 해당식품이나 제조라인에 적합한지 즉, HACCP 계획이 올바르게 수립되어 있어 충분한 효과를 가지는지를 확인하는 것이다.

② 유효성 평가는 다음과 같은 사항을 점검한다.

- 발생가능한 모든 위해요소를 확인·분석하였는지 여부
- 제품설명서, 공정흐름도의 현장 일치 여부
- CP, CCP 결정의 적절성 여부
- 한계기준이 안전성을 확보하는데 충분한지 여부
- 모니터링 체계가 올바르게 설정되어 있는지 여부

③ HACCP 계획의 유효성 평가에서는 설정한 CCP 및 한계기준이 적절한지, HACCP 계획이 효과적인지 확인하기 위한 수단으로 미생물 또는 잔류 화학물질 검사 등을 이용한다.

(2) HACCP 계획의 실행성 검증

① HACCP 계획이 수립된 대로 효과적으로 이행되고 있는지 여부를 확인한다.

② 실행성 검증은 다음과 같은 방법으로 시행한다.

- 작업자가 CCP 공정에서 정해진 주기로 측정이나 관찰을 수행하는지 현장 입회 관찰한다.
- 한계기준 이탈 시 개선조치를 취하고 있으며, 개선조치가 적절한지 확인하기 위한 기록을 검토한다.
- 개선조치의 실제 실행여부와 개선조치의 적절성 확인을 위하여 기록의 완전성·정확성 등을 자격 있는 사람이 검토하고 있는지 확인한다.
- 검사·모니터링 장비의 주기적인 검·교정 실시 여부 등을 확인한다.

06 검증의 실행

(1) 검증계획의 수립

① 품질관리계는 전년도에 실시한 검증결과를 근거로 당해 연도의 연간 검증계획서를 작성한다.
② 당해 연도 계획수립은 매년 1월에 작성하여 검토 및 HACCP 팀장의 승인을 받는다.
③ 계획수립 시 검증종류, 검증원, 검증항목, 검증일정 등을 포함하여 수립한다.

(2) 검증원 선임

① 검증원 자격 : HACCP 팀장은 연간 검증계획에 근거하여 아래 항목에서 2항목 이상 자격 요건을 갖춘 자를 선임하여 임명하고 검증원 자격 인증서를 발부한다.

> • 회사의 대리급 이상의 간부
> • 품질관리팀에서 검사 및 실험업무를 1년 이상 근무한 자
> • HACCP 전문가과정 또는 팀장과정을 공인기관에서 수료한 자
> • 공인기관 전문 검증자 또는 식품관련 연구원
> • 현장관련업무 2년 이상 근무한 자
> • 동종 업종에서 2년 이상의 경력을 갖추고 당사에서 1년 이상 근속하고 공정흐름을 이해한 자

② 검증팀장은 HACCP 팀장이 검증원에서 선임한다.
③ HACCP팀장은 1월에 정기 검증원 및 특별 검증원을 선임해서 한 해의 검증업무를 일임하고, 검증 유효성 평가를 실시하여 검증원 자격 인증서의 검증 실적란에 기입한다.

(3) 검증팀 회의

① HACCP팀장은 HACCP 계획의 관리체계에서 식품의 위해요소가 발생했을 시 검증원을 소집하여 검증 실행 계획을 논의한다.
② 정기검증은 정해진 일과 대상, 방법에 따라 세부 계획을 논의한다.
③ 비정기검증(특별검증)은 발생 부적합에 따라 현장 상황을 고려하여 검증일, 검증대상, 검증방법을 논의한다.
④ 검증팀 회의 후 검증실시 5일전에 피검증부서에 검증일, 검증장소, 검증 팀원 등을 통보하고 필요한 문서 및 자료를 요청하여 원활한 검증이 이루어지도록 한다.

(4) 검증 항목 설정

1) **주요항목 검증 시 고려사항** : 검증원은 검증점검표의 검증 항목란에 검증항목을 정한다. 주요항목의 검증 시 고려해야 할 사항은 아래와 같다.

가) 위해요소 분석결과의 검증

① 선행요건 프로그램은 최종 위해요소 분석 수행 시와 동일한 신뢰수준을 유지하면서 운영, 관리되고 있는가?
② 제품 설명서, 유통경로, 용도와 소비자 등이 정확히 기술되어 있으며, 작업장평면도, 환기 시설계통도, 용수 및 배수처리계통도 등이 현장과 일치하는가?
③ 예비단계에서 수집된 위해관련 정보가 충분하며, 정확한가?
④ 원료별, 공정별 발생가능성과 심각성을 고려하여 평가한 위해평가결과가 동일한 수준으로 판단되는가?

⑤ 위해요소를 관리하기 위한 예방조치방법이 이 식품 및 공정에 가장 적합한 방법인가?

⑥ 관리방법이 신뢰할 수 없거나 또는 효과적이지 않다는 것을 나타내는 모니터링 기록이나 개선조치 기록이 있는가?

⑦ 보다 효과적으로 관리할 수 있는 새로운 정보가 있는가?

나) CCP의 검증

① 현행 CCP가 위해요소 관리를 위한 공정상의 최적의 선택인가?

② 생산제품, 제조공정, 작업장 환경 변화 등으로 인하여 현행 CCP가 위해를 관리하기에 충분하지 않은가?

③ CCP에서 관리되는 위해요소가 더 이상 심각한 위해가 아니거나 또는 다른 CCP에서 보다 효과적으로 관리되고 있는가?

다) 한계기준의 평가

① 설정된 한계기준이 과학적인 근거를 충분히 가지고 있는가?

② 관련된 새로운 위해관련 정보가 있는가?

③ 위항의 정보가 기존의 한계기준을 변경하도록 요구하는가?

④ 한계기준 변경 시 생산제품에 대한 응용연구 결과, 문헌보고 내용, 식품안전 관련 관계 법령 변경 등 모든 정보, 자료를 근거로 한계기준에 대한 재평가를 수행 후 변경하였는가?

라) 모니터링 활동의 재평가

① 개별 CCP에서의 모니터링 활동 내용이 정확한가?

② 모니터링활동은 해당 공정이 한계기준 이내에서 운영되고 있는지를 판정할 수 있는가?

③ 모니터링 활동은 관리활동이 보증될 수 있는 충분한 빈도로 실시하고 있는가?

④ 안정적인 관리상태 유지를 위해서 공정조정 혹은 개선조치가 얼마나 자주 요구 되는가?

⑤ 보다 좋은 모니터링 방법이 있는가?

⑥ 모니터링 도구 및 장비가 제대로 기능을 발휘하고 있으며, 교정된 상태를 유지하는가?

⑦ 빈번한 일탈현상이 자동화된 모니터링 체계에 따른 문제점으로 밝혀진 경우에는 수동 모니터링체계 및 다른 방법을 간구하였는가?

마) 개선조치의 평가

① 현행 개선조치가 모니터링 활동 내지는 한계기준 이탈 현상을 개선하고 관리하는 데 적절한가?

② 일탈사항 발생 시 개선조치 수립 내용이 반영되고 있는가?

2) **그 외 검증 대상에 따른 검증항목** : 그 외 검증 대상에 따라 검증항목을 달리 정할 수 있으며, 발생 가능한 모든 항목을 상세히 기록하여 누락되지 않도록 한다.

3) **선행요건프로그램의 검증항목** : 식품의약품안전처가 발행한 선행요건평가표를 활용할 수 있다.

(5) 검증활동

1) **피검증 부서** : 검증에 필요한 모든 자료를 제공해야 한다.

2) **검증활동** : 검증활동은 크게 ❶ 기록의 확인 ❷ 현장 확인 ❸ 시험·검사로 구분할 수 있다.

가) 기록의 확인

① 현행 HACCP 계획, 이전 HACCP 검증보고서(선행요건프로그램 포함), 모니터링 활동 (검·교정기록 포함), 개선조치사항 등의 기록을 검토한다.

② 정기·특별검증 시에는 모든 기록을 광범위하게 검토하기보다는 당사의 특성을 고려하여 특히 중요한 부분에 해당되는 모니터링 활동 및 CCP기록만을 검토한다.

③ 모니터링 활동의 누락, 결과의 한계기준 이탈, 개선조치 적절성, 즉시 이행 및 유지에 대해 검토한다.

나) 현장 확인

① 설정된 CCP의 유효성 확인

② 담당자의 CCP 운영, 한계기준, 모니터링 활동 및 기록관리 활동에 대한 이해 확인

③ 한계기준 이탈 시 담당자가 취해야 할 조치사항에 대한 숙지 상태 확인

④ 모니터링 담당 종업원의 업무 수행상태 면담 및 입회 관찰 확인

⑤ 공정 중의 모니터링 활동 기록의 일부 확인

다) 시험·검사

① CCP가 적절히 관리되고 있는지 검증하기 위하여 주기적으로 시료를 채취하여 실험분석을 실시한다.

② 검증점검표의 검증항목에 의한 검증활동 사항은 검증점검표의 점검내용란에 기입한다.

(6) 부적합 보고서 발행

① 다음 각 호의 사항에 해당하는 경우에는 경부적합으로 판정한다.

- 선행요건프로그램에 따른 과업의 우발적 실수 또는 누락
- HACCP PLAN 개발 관련의 정보파악이 누락되었지만 제품안전성에는 문제가 없는 것으로 판단되는 경우
- 기타 제품의 안전성에 직접 영향을 미치지 않는 작업 실수 또는 누락으로 7일 이내에 개선조치의 완료가 가능한 부적합

② 다음 각 호의 사항에 해당하는 경우에는 중부적합으로 판정한다.

- 선행요건프로그램에 따른 과업의 의도적 누락 또는 반복적 실수
- 제품의 안전성에 직접 영향을 미치는 관련 정보의 누락
- HACCP PLAN의 CCP에 대한 감시활동 또는 검증활동의 누락
- HACCP PLAN에 따른 모니터링 또는 검증절차가 한계기준을 벗어났음에도 개선 조치를 취하지 못한 경우
- HACCP PLAN에 따른 감시활동 결과가 이상 경향을 나타내고 있음에도 개선 조치를 취하지 않고 있는 경우

③ 검증팀은 관찰된 부적합 사항을 검증부적합 보고서 부적합 내용란에 기입하고, 개선요구 방법에 대하여 개선요구 내용 란에 기입한다.

④ 부적합 내용은 사실에 근거하여야 하며, 반드시 객관적 증거가 있어야 한다. 증거자료로 일지 및 사진, 실험 값 등을 첨부한다.

⑤ 부적합 내용은 6하 원칙에 의거하여 누구나 그 내용을 명확히 알 수 있도록 기술하여야 한다.

⑥ 검증원은 부적합 보고서를 발행하여 피 검증부서의 확인 서명을 받아 1부는 피 검증부서에 발부하고, 1부는 품질관리팀에서 보관한다.

(7) 개선조치

① 피 검증부서는 부적합 보고서에 지적된 사항에 대하여 발행일로부터 30일내에 개선조치를 실시하여야 한다.

② 피 검증부서는 부적합보고서에서 지적한 부적합 사항의 원인을 파악한다.

③ 피 검증부서는 검증개선조치 결과보고서의 개선조치 계획을 수립하고, 수립된 계획에 따라 개선조치 결과내용을 작성한다.

④ 피 검증부서는 작성한 개선조치보고서를 검증팀장에게 승인을 받아 조치한다.

⑤ 개선조치가 30일 이내에 이루어질 수 없는 경우 피 검증부서는 검증팀장과 협의하여 개선조치 기간을 연장할 수 있다.

⑥ 피 검증부서는 작성된 개선조치보고서 1부는 검증팀에 송부하고, 1부는 품질관리팀에 제출한다.

⑦ 검증원은 개선조치 검토결과가 미흡할 경우 재개선을 요구할 수 있으며, 피 검증부서는 재개선조치를 실시하고, 그 결과를 검증팀에게 검토 받아야 한다.

(8) 사후관리

① 검증팀은 검증 결과 보고서를 작성한다.

② 검증팀은 개선조치 결과에 대한 유효성을 확인하여 검증 결과 보고서에 기록한다.

③ HACCP 팀장은 검증 결과 보고서를 검토하여 검증 유효성 평가 실시 후 검증 결과 보고서의 검증유효성확인란에 기록한다.

④ 검증팀은 품질관리팀에 검증 결과를 보고한다.

⑤ 품질관리팀은 검증활동 중 발생한 HACCP 계획의 개(수)정 사항을 확정하고 개정된 내용은 해당 부서에 통보하고, 해당 부서에서는 관련 내용을 교육한 후 교육보고서를 작성하여 기록을 유지한다. 해당부서는 검증내용에 따라 관리함으로써 검증활동을 종결한다.

⑥ HACCP 팀장은 검증팀의 검증자료 일체를 품질관리팀에 이관하도록 조치하여 사후 관리업무의 일관성을 유지하도록 한다.

⑦ 연 2회 실시하는 내부 감사 및 외부 감사 시 검증 개선조치에 대한 효과성과 실행성을 확인한다.

12 문서화 및 기록유지

01 적용범위 : 문서의 작성, 수·발신, 결재, 보관방법 등에 대한 책임사항 및 요구사항에 대하여 규정한다.

02 목적 : 문서작성, 처리, 보관, 보존, 열람, 폐기에 관한 기준을 정함으로서 문서의 작성 및 취급의 능률화와 통일을 기함을 목적으로 한다.

03 책임과 권한

생산팀장	문서의 수, 발신, 배포 및 통제를 하여야 한다.
문서작성자	문서를 작성하고자 하는 자는 본 기준서에 따라 작성하며 작성된 문서는 검토와 승인을 받아야 한다.

04 문서의 관리형태

관리본 (Controlled Copy)	문서의 배부처가 배부대장에 기록되어 배포 관리되며, 발행 이후 그 개정분이 계속적으로 배부됨으로써 항상 최신 본으로 유지되는 문서를 말한다.
비관리 (Uncontrolled Copy)	발행 당시에는 최신본이나 그 후 개정본이 배부되지 않는 문서를 말하며 제품의 특성에 영향을 미치는 업무에 직접 적용할 수 없고 단순히 참고용으로 활용한다.

05 문서의 작성

(1) 문서의 식별표시

문서는 그 사용목적에 따라 작성자, 발행일, 부서, 페이지 표시 등 해당문서의 식별이 가능하도록 각 문서별로 규정된 형식을 갖추어 작성하여야 한다.

(2) 문서의 내용기술

문서의 내용은 일의 내용이나 처리절차 순으로 기술하여 사용자가 쉽게 이해할 수 있는 형태로 작성하고 수행업무의 준수여부를 쉽게 판단할 수 있도록 수행 요건을 명확히 하여야 한다. 약자를 사용하는 경우 그 문서에서 한번은 약자를 설명하도록 한다.

① 문서는 해당되는 규정에 정해진 바에 따르며 읽기 쉽게 작성되어야 한다.

② 문서는 연필로 작성되어서는 안 된다. (단, 연필로 작성하였을 경우와 fax 기록의 원본은 그 복사본만 문서로 관리할 수 있다)

③ 서식을 활용한 경우 모든 항목은 공란을 남기지 않고 채워져야 한다. 즉, 해당 내용이 없는 경우에는 줄을 긋거나 "해당사항 없음" 또는 "이하여백"을 표기하여 기록의 승인 후에 내용이 추가로 기록될 수 없도록 하여야 한다.

④ 문서의 일부분을 수정할 경우에는 해당 부위에 두 줄을 긋고 여백에 수정 또는 추가사항을 기입하고 수정, 추가한 곳에 해당 검토자나 승인자는 날인 또는 서명을 하여야 한다.

(3) 문서의 작성방법

1) 항목구분

문서의 내용을 둘 이상의 항목으로 구분할 필요가 있을 때 다른 규정에 별도로 명시된 경우 외에는 다음과 같이 나누어 표시한다.

- 첫째 항목의 구분은 1, 2, 3 .... 으로 표시한다.
- 둘째 항목의 구분은 1.1, 2.1, 3.1 .... 으로 표시한다.
- 셋째 항목의 구분은 1.1.1, 2.2.2, 3.3.3 .... 로 표시한다.
- 넷째 항목의 구분은 1), 2), 3) .... 으로 표시한다.
- 다섯째 항목의 구분은 ①, ②, ③ .... 으로 표시한다.

2) 조항부호 부여 방법

① 문서의 내용 중 제목이 있는 것에 대해서는 그 제목 앞에 다음과 같은 계통적인 조항 부호를 부여하며 그 결합은 최대 2개로 한다.(N:숫자) 이때 조항부호는 좌측을 기준으로 하여 맞추며 마지막 조항부호의 뒤에는 점을 찍지 않는다. 단, 대조항 부호인 경우에는 조항부호 뒤에 점을 찍는다.

N.	대조항 부호
N.N	중조항 부호

② 한 조항의 내용과 다른 조항의 내용은 서로 쉽게 구별하기 위하여 한 행 띄우고 기술하여야 한다.

3) 세별부호 부여 방법

① 조항 안에 들어 있는 개개의 내용을 분류하여 순서적으로 나열할 경우 그 내용 앞에 다음과 같이 세별부호를 부여하여야 한다.

> 예 1.1
>   1.1.1
>   1)
>   2)

② 조항부호와 세별부호의 배열은 조항부호의 끝자리 수와 맞추어 세별부호를 기재한다. 단 대조 항인 경우에는 조항부호 뒤의 점에 맞춘다.
③ 조항부호와 세별부호의 사이 및 세별부호의 내용 간에는 띄우지 않을 수 있다.
④ 내용상의 분류를 나타내기는 하나 순서를 지정할 필요가 없는 경우에는 "○", "-" "☆" 등의 기호를 사용할 수 있다. 이때 세별부호 간에는 행을 띄우지 않는다.

4) 이하여백 및 끝의 표시

① 본문의 내용을 기술할 때 그림, 표 등의 사용으로 부득이하게 해당 페이지에 여백을 남기고 다음 페이지에 기술하여야 할 경우 기술된 마지막 행의 다음 행의 중앙 열에 다음과 같이 "이하여백" 표시를 한다.

② 문서의 내용이 모두 기술되면 최종 페이지의 끝 행에는 "끝."이라 쓰고, 첨부 서류가 있을 경우에는 첨부명 다음에 "끝."이라 쓴다.

5) 페이지 표시
① 표지와 첨부물을 포함하여 페이지의 순서를 기재하여야 한다.
② 페이지의 번호는 문서의 우측 상부 또는 중간 하단에 1, 2, 3,순서로 "페이지/총 페이지"로 표시한다.

6) 인용 시 기재방법
① 타 문서를 인용할 경우에는 인용된 문서의 명칭과 분류번호를 함께 기재한다. 이때 문서번호는 ( ) 안에 기재한다, 다만 반복할 경우에는 명칭만 기재할 수 있다.
② 타 문서의 서식을 인용할 경우에는 해당 문서명칭과 서식의 명칭을 기재하여야 한다. 이때 서식번호는 ( ) 안에 기재한다.
③ 첨부서식을 인용할 때는 첨부서식 제목과 첨부번호를 기재하여야 한다. 이때 첨부번호는 ( ) 안에 기재하며 반복하여 사용할 경우에는 첨부양식의 제목만 기재할 수 있다.

(4) 작성용지의 크기
작성용지의 크기는 A4(210mm×297mm)를 사용함을 원칙으로 하고 A4사용 시 내용을 나타내기 곤란할 경우에는 타 A, B계열의 용지사용이 가능하다.

06 문서의 보존
(1) 수립기준
① 보존 연한은 각종 법정 보존 연한 등을 기준으로 지금까지의 사용경험과 향후 이용 가능성(법적문제, 정보로서의 활용가치) 등을 고려하여 설정한다.
② 보존 연한은 영구, 10년, 5년, 3년, 1년의 5종류 사용을 원칙으로 한다. 단, HACCP 관련 기록은 최소 2년 이상으로 한다.
③ HACCP과 관련된 문서의 보존 연한은 각 기준서의 "기록 및 보관"에 언급된 기한을 우선 적용한다.

(2) 보존 연한
① 보존 연한은 최소한으로 보존하여야 할 기간이며 문서내용의 중요도에 따라 명시된 보존 연한 이상은 사용할 수 있으나 그 이전에는 폐기할 수 없다.
② 보존 연한 산정의 시작 시점은 별도 정한 경우가 없는 한 문서가 발생한 다음 사업 연도부터 기산한다.

Chapter 05 | 식중독

1 식중독의 정의

식중독은 식품의 섭취로 인하여 인체에 유해한 미생물 또는 유독 물질에 의하여 발생하였거나 발생한 것으로 판단되는 감염성 또는 독소형 질환을 말한다. (식품위생법 제2조제14항)

2 식중독의 분류

종류	구분		원인균 및 물질
미생물 식중독	세균성	감염형	살모넬라, 장염비브리오, 비브리오 불니피쿠스, 리스테리아 모노사이토제네스, 병원성대장균, 바실러스 세레우스(설사형), 쉬겔라(세균성이질), 여시니아 엔테로콜리티카, 캠필로박터, 애리조나
		독소형	황색포도상구균, 클로스트리디움 보툴리눔 등
		생체 내 독소형	웰치균(클로스트리디움 퍼프린젠스), 에어로모나스균, 세레우스균(구토형), 독소원성 대장균 등
		알레르기성	프로테우스균 등에 의한 부패생성물
	바이러스성		노로바이러스, 로타바이러스, 아트로바이러스, 장관아노바이러스, A형간염바이러스, E형간염바이러스, 사포바이러스
	원충성		이질아메바, 람블편모충, 작은와포자충, 원포자충, 쿠도아
자연독 식중독	동물성		복어독, 조개류, 독어류
	식물성		감자독, 독버섯, 유독식물 등
	곰팡이		황변미독, 맥각독, 아플라톡신 등
화학적 식중독	고의 또는 오용으로 첨가되는 유해물질		식품첨가물
	본의 아니게 잔류, 혼입되는 유해물질		잔류농약, 유해성 금속화합물
	제조, 가공 저장 중에 생성되는 유해물질		지질의 산화생성물, 니트로아민
	기타물질에 의한 중독		메탄올 등
	조리기구, 포장에 의한 중독		녹청(구리), 납, 비소 등

3 식중독의 분류 ❶ 세균성 식중독

세균성 식중독은 병원성 세균에 의해서 발생하는 식중독을 말한다. 경구전염병과 비교해 세균이 다량 증식된 식품을 섭취함으로써 발병하고, 잠복기가 짧고, 면역이 생기지 않는다.

1 감염형 식중독

식품 중에 식중독균이 증식하여 대량 함유되어 있는 것을 섭취하여 발생한다. 위장염 증상과 함께 발열이 따르는 경우가 많다.

01 살모넬라 식중독

(1) 원인균 : *Samonella enteritidis*(장염균), *Sal. typhimurium*(쥐티푸스균), *Sal. cholera suis*, *S. infantis*, *Sal. derby* 등이다.

(2) 원인균 특성

① 그람음성, 무포자, 간균, 통성혐기성균이고 운동성이 있다.
② 발육 최적온도는 37℃, 증식가능 온도범위 10~43℃이고, 최적 pH는 7.0~8.0이다.
③ 60℃에서 20분간 가열하면 사멸하나 토양 및 수중에서는 비교적 오래 생존한다.

(3) 발병시기 : 보통 8~48시간(균종에 따라 다양)이다.

(4) 주요증상 : 구토, 복통, 설사, 발열(급격히 시작하여 39℃를 넘는 경우가 빈번) 등이다.

(5) 원인식품

① 부적절하게 가열한 동물성 단백질식품(우유, 유제품, 고기와 그 가공품, 가금류의 알과 그 가공품, 어패류와 그 가공품)과 식물성 단백질 식품(채소, 등 복합조리식품), 생선묵, 생선요리와 육류를 포함한 생선 등의 어패류이다.
② 불완전하게 조리된 그 가공품, 면류, 야채, 샐러드, 마요네즈, 도시락 등의 복합조리식품 등이 원인이다.

(6) 감염원 및 감염경로

① 사람, 가축, 가금, 개, 고양이, 기타 반려동물, 가축·가금류의 식육 및 가금류의 알, 하수와 하천수 등 자연환경 등에 균이 존재한다.
② 보균자의 손, 발 등 2차 오염에 의한 오염식품을 섭취할 때에도 감염이 될 수 있다.

(7) 예방대책

① 조리 후 식품을 가능한 한 신속히 섭취하도록 하며 남은 음식은 5℃ 이하 저온 보관한다.
② 식품을 75℃에서 1분 이상 가열 조리한 후 섭취한다.
③ 조리에 사용된 기구 등은 세척·소독하여 2차 오염을 방지한다.

02 장염비브리오균 식중독

(1) 원인균 : *Vibrio parahaemolyticus*이다.

(2) 원인균 특성

① 그람음성, 무포자, 간균, 통성혐기성균이다.

② 발육 최적온도는 30~37°C이고, 최적 pH는 7.5~8.5이다.

③ 해수세균의 일종으로 2~4%의 소금물에서 잘 생육하며 해수온도가 15℃ 이상이 되면 급격히 증식한다.

④ 60°C에서 15분 가열로 사멸한다.

(3) 발병시기 : 평균 12시간

(4) 주요증상 : 복통, 설사(수양성), 구토, 발열(37~39℃) 등 전형적인 급성 위장염 증상을 보인다.

(5) 원인식품 : 어패류, 생선회, 수산식품(게장, 생선회, 오징어무침, 꼬막무침 등)이 원인이다.

(6) 감염원 및 감염경로 : 근해산 어패류가 대부분(70%)이고, 연안의 해수, 바다벌, 플랑크톤, 해초 등에 널리 분포되어 있다.

(7) 예방대책

① 어패류는 수돗물로 잘 씻고, 횟감용 칼, 도마는 구분하여 사용하여야 한다.

② 오염된 조리 기구는 세정, 열탕 처리하여 2차 오염을 방지하여야 한다.

③ 가능한 한 생식을 피하고, 이 균은 60℃에서 5분, 55℃에서 10분의 가열로서 쉽게 사멸하므로 반드시 식품을 가열한 후 섭취한다.

03 리스테리아 식중독

(1) 원인균 : *Listeria monocytogenes*이다.

(2) 원인균 특성

① 그람양성, 무포자, 간균, 통성 혐기성균으로 주모성 편모를 이용하여 움직인다.

② 인수공통 병원균으로 냉장온도에서도 생존하여 증식할 수 있으나 일반적으로 냉동온도인 −18℃에서는 증식하지 못한다.

(3) 발병시기 : 9~48시간(위관장성), 2~6주(침습성)

(4) 주요증상

① 발열, 근육통, 오심, 설사 등이다.

② 미열에서 시작하여 위장증상, 뇌막염, 유산, 사산, 패혈증 등이 나타난다.

(5) 원인식품

① 우유 및 유제품, 식육 및 식육제품, 가금류제품, 채소류 등이 있다.

② 저온에서도 증식이 가능하므로 냉장제품 등도 주의해야 한다.

(6) 감염원 및 감염경로

① 자연환경에 널리 분포되어 있기 때문에 폭넓은 식품에 오염이 가능하다.

② 오염된 식품이나 감염된 동물과 직접적인 접촉에 의해서 가능하다.

(7) 예방대책
① 살균 안 된 우유를 섭취하지 말아야 한다.
② 냉장 보관 온도(5℃ 이하) 관리를 철저하게 하여야 한다.
③ 고염농도, 저온상태의 환경에서도 잘 성장하기 때문에 균의 오염방지가 가장 최선의 방법이다.
④ 열에 약하므로 식품을 가열하여 섭취한다.

04 세레우스균 식중독

(1) 원인균 : *Bacillus cereus*이다.

(2) 원인균 특성
① 그람양성 간균이고, 주모성 편모를 가지며, 호기성으로 내열성 포자를 형성한다.
② 포자를 형성할 때 이열성(易熱性)의 enterotoxin를 생산한다.
③ 발육 적온은 28~35℃이다.

(3) 독소(enterotoxin) 특성
① 설사형 독소(Diarrhetic toxin)는 장내에서 생성되는 열, 산, 알칼리, 단백질 가수분해 효소에 민감하다.
② 구토형 독소(Emetic toxin)는 예외적으로 열(126℃에서 90분 이상 동안), 산, 알칼리, 단백질 가수 분해효소에 저항력을 갖는다.

(4) 발병시기
① 설사형은 8~12시간이다.
② 구토형은 1~6시간이다.

(5) 주요 증상
① 설사형 : 복통 및 설사(구역질, 구토는 거의 없음)이다.
② 구토형 : 메스꺼움 및 구토(설사는 거의 없음)이다.

(6) 원인식품
① 설사형 : 향신료를 사용한 식품이나 요리(육류 및 채소수프, 바닐라소스, pudding 등) 등이다.
② 구토형 : 쌀밥, 볶음밥 등이다.

(7) 감염원 및 감염경로
① 토양, 오수, 식물 등 자연계에 널리 분포되어 식품에 쉽게 오염된다.
② 조리과정에서 식품의 실온방치, 조리환경이나 조리기구에 의해 2차 오염된다.

(8) 예방대책
① 곡류, 채소류는 세척하여 사용하여야 한다.
② 조리된 음식은 장기간 실온방치를 금지하고, 5℃ 이하에서 냉장보관 한다.
③ 저온보존이 부적절한 김밥 같은 식품은 조리 후 바로 섭취하여야 한다.

2 독소형 식중독

식품 중에서 식중독균이 증식할 때 균체외 독소가 생긴 것을 음식물과 함께 섭취하여 발생되는 식중독이다.

01 포도상구균 식중독

(1) 원인균 : *Staphylococcus aureus*(황색포도상구균)이다.

(2) 원인균 특성

① 그람 양성, 무포자 구균이고, 통성 혐기성 세균이다.
② 발육 최적온도는 32~37°C이고, 내염성(NaCl 7.5%에서 증식)이다.
③ 건조상태에서 저항성이 강하여 식품이나 가검물 등에서 수개월 생존하여 식중독을 유발한다.
④ 78°C에서 1분 혹은 64°C에서 10분의 가열로 균은 거의 사멸된다.
⑤ enterotoxin(장내 독소)를 생산한다.

(3) 독소(enterotoxin) 특성

① 분자량 약 3만 정도의 단순단백질이고, A~E의 5형이 있다.
② 단백질 가수분해효소에 의해 불활성화되지 않는다.
③ 내열성이 강해 120°C에서 20분간 가열하여도 완전 파괴되지 않는다.
④ 기름 중에서 218~248°C로 30분 이상 가열하여야 파괴된다.

(4) 발병시기 : 1~6시간인데 평균 3시간으로 매우 짧다.

(5) 주요 증상 : 급성 위장염 증상이며 구토, 복통, 설사, 오심 등이며 발열증상은 없다.

(6) 원인식품

① 미국과 유럽 : 우유와 유가공품, 육가공품, 난가공품 등 단백질 식품이다.
② 우리나라 : 쌀밥, 떡, 김밥, 도시락, 빵, 과자류 등의 전분질 식품이다.

(7) 감염원 및 감염경로

① 토양, 하수 등의 자연계에 널리 분포한다.
② 건강인의 약 30%가 이 균을 보균하고 있으므로 코 안이나 피부에 상재하고 있는 황색포도상구균이 식품에 혼입될 가능성이 있다.

(8) 예방대책

① 식품 취급자는 손을 청결히 하며 손에 화농소가 있으면 식품을 취급해서는 안 된다.
② 식품은 적당량을 조속히 조리한 후 모두 섭취하고, 식품이 남았을 경우에는 5°C 이하에 냉장 보관한다.

02 Botulinus 식중독

세균성 식중독 중에서 가장 치명률이 높은 무서운 식중독이다.

(1) 원인균 : *Clostridium botulinum*이다.

(2) 원인균 특성
① 그람양성 간균이고, 주모성 편모를 가지며, 편성혐기성균으로 아포를 형성한다.
② neurotoxin(신경독소)를 생산한다.
③ 독소의 항원성에 따라 A~G형균으로 분류한다.
④ A, B, E, F형균이 식중독을 일으키며 A형균이 가장 치명적이다.
⑤ A, B, F형균 : 발육 최적온도 37~39℃, 발육 최저온도 10℃, 내열성 강한 포자를 형성한다. 100℃에서 6시간 가열하여야 파괴된다.
⑥ E형균 : 발육 최적온도 28~32℃, 발육 최저온도 3.3℃, 내열성 약한 포자를 형성한다. 100℃에 5분 가열로 파괴된다.

(3) 독소(neurotoxin) 특성
① 분자량 약 15만 정도의 단순단백질이다.
② 열에 약하여 80℃, 30분 또는 100℃, 2~3분간 가열로 무독화 된다.
③ choline 작동성의 신경접합부에서 acetylcholine의 유리를 저해하여 신경을 마비시킨다.

(4) 발병시기 : 보통 12~36시간이며, 빠르면 2~4시간, 늦으면 72시간 후에 발병하는 경우도 있다.

(5) 주요 증상
① 주증상은 메스꺼움, 구토, 복통, 설사 등의 위장장해에 이어 권태감, 현기증 등의 특이한 신경증상이 나타난다.
② 눈 관련 증상은 시력저하, 난시, 동공확대, 광선 자극에 대한 무반응 등이다.

(6) 원인식품
① 통조림, 병조림, 레토르트 식품, 식육, 소시지 생선 등이 있다.
② 통조림, 햄, 소시지, 육제품의 소비가 많은 구미에서는 A형, B형균에 의한 식중독이 많고, E형균은 일본, 캐나다, 러시아 등에서 주로 발생한다.

(7) 감염원 및 감염경로
① 토양, 하천, 호수, 바다흙, 동물의 분변 등이다.
② 병·통조림식품, 소시지 등은 내부가 혐기성이므로 이 균이 쉽게 발아 증식하여 식중독을 유발한다.

(8) 예방대책
① 채소와 곡물을 반드시 깨끗이 세척하고 생선 등 어류는 신선한 것으로 사용한다.
② 식품에서 균의 증식 억제(pH 4.6 이하, Aw 0.94 이하, 냉동 또는 4℃ 이하 냉장)한다.
③ 통·병조림 제조 시 충분히 살균한다.
④ 독소는 열에 약하므로 섭취 전에 충분히 가열한다.

3 생체 내 독소형(복합형) 식중독

감염형과 독소형의 복합형으로 이미 다량 증식된 세균이 식품과 함께 섭취된 다음 소화관 내에서 더욱 증식하거나 아포를 형성하는 과정에서 독소가 생산되어 설사증상을 일으키는 식중독이다.

01 웰치균 식중독

(1) 원인균 : *Clostridium perfringens*

(2) 원인균 특성

① 그람양성 간균이고, 편성혐기성으로 내열성 포자 형성(A형균)한다.
② 발육 최적온도는 43~47℃, 발육가능 pH는 5.5~8.0이다.
③ 면역학적 특성에 따라 A~F의 6형으로 분류하며 A형과 C형이 식중독 원인균이다.
④ 원인균이 장관 내에서 증식하여 포자를 형성하면서 균체내 독소(enterotoxin)를 생산한다.
⑤ 포자는 100°C에서 4~5시간 가열해도 견딘다.

(3) 독소(enterotoxin) 특성

① 분자량 3만5천 정도의 단순단백질이다.
② pH 4.5~11.0에서 안정하고, 열에 불안정하여 60℃, 4분간 가열로 파괴된다.

(4) 발병시기 : 8~22시간, 평균 12시간이다.

(5) 주요 증상 : 복통, 설사(수양성)이고, 경우에 따라 구토, 점혈변이 보인다.

(6) 원인식품

① 식육 및 그 가공품, 어패류 및 그 가공품, 면류, 튀김두부 등이다.
② 동식물성 단백질 성분이 주체이다.

(7) 감염원 및 감염경로

① 물, 토양, 하수 등 자연계에 널리 분포되어 있다.
② 가축과 가금류의 장관에 상재하며 건강한 사람의 장관에도 존재한다.

(8) 예방대책

① 분변의 오염을 방지한다.
② 식품 가열 조리 후 바로 섭취해야 한다.
③ 장시간 보존할 경우는 가열 조리된 식품을 급랭하여 저온보존(포자발아 및 증식 방지)한다.
④ 섭취 전 다시 가열처리(영양형 세포 사멸)한다.

4 알레르기성 식중독

01 프로테우스균 식중독

(1) 원인균 : *Proteus morganii, Pr. vulgaris, Pr. mirabilis* 등

(2) 원인균 특성

① 그람음성 간균이며, 운동성이 있고, 호기성 또는 통성혐기성균이다.

② *Proteus morganii*는 어육 등에 번식하여 히스티딘(histidine)을 부패시켜 히스타민(histamine)을 생성함으로써 알레르기성 식중독을 일으킨다.

(3) 발병시기 : 평균 14~18시간

(4) 주요 증상 : 구토, 설사, 복통, 발열 등의 급성 위장염을 일으키고, 발열과 두통이 있는 경우가 많다.

(5) 원인식품 : 꽁치, 고등어, 정어리 등이다.

(6) 감염원 및 감염경로 : *Proteus* 병원균에 오염된 식품의 섭취

(7) 예방대책 : 어류를 충분히 세척하고 가열, 살균처리하여 섭취한다.

4 식중독의 분류 ❷ 바이러스성 식중독

1 바이러스성 식중독의 특징

① 일반적인 증세는 설사와 구토이나 경우에 따라 두통, 열, 복통이 수반되며 감염 후 1~2일 후에 증상이 나타나서 1~10일간 지속된다.

② 주요 원인균인 노로바이러스(norovirus), 장관 아데노바이러스(adenovirus), 로타바이러스(rotavirus), 아스트로바이러스(astrovirus) 4종을 감염병 예방법상 병원체 감시대상 지정 감염병으로 분류, 관리하고 있다.

③ 세균성 식중독과 달리 미량 개체(10~100마리)로도 발병이 가능하고, 수인성 감염병처럼 2차 감염으로 인한 대형 식중독을 유발할 수 있다.

④ 항생제로 치료되지 않으며, 인체 외에서는 증식이 불가능하다.

2 바이러스성 식중독의 종류

01 노로바이러스 식중독

(1) 병원체 : norovirus, Calicivirus, SRSV(소형구형 바이러스)

(2) 특성

① 외가닥의 RNA를 가진 껍질이 없는 바이러스이다.

② 사람의 장관 내에서만 증식할 수 있으며, 동물이나 세포배양으로는 배양되지 않는다.

③ 주로 11월부터 3월에 걸쳐 발생하는데 여름철에 발생하기도 한다.

(3) 감염원 및 감염경로

① 감염원 : 감염자의 구토물이나 변, 오염된 식품 등이다.

② 감염경로

- 주로 분변-구강 경로(fecal-oral route)를 통하여 감염된다.
- 사람의 분변에 오염된 식수나, 어패류의 생식을 통하여 감염된다.
- 사람과 사람 사이에 접촉에 의해 감염된다.
- 바이러스에 감염된 조리자가 식품을 취급하였을 경우 감염된다.
- 구토에 의해 비말감염 된다.

(4) 잠복기 : 24~28시간

(5) 주요증상 : 오심, 구토, 설사, 복통, 두통 등의 증상이 나타나며, 때로는 두통, 오한 및 근육통을 유발하기도 한다.

(6) 원인식품

① 음식(패류, 샐러드, 과일, 냉장식품, 샌드위치, 상추, 냉장조리 햄, 빙과류)이나 물에 의해 주로 발생한다.

② 특히 사람의 분변에 오염된 물이나 식품에 의해 발생된다.

(7) 예방대책

① 감염자의 변, 구토물에 접촉한 경우에는 충분히 세척하고 소독을 하여야 한다.

② 식수는 반드시 끓여서 섭취하여야 한다.

③ 과일과 채소는 철저히 씻어야 한다.

④ 굴 등의 어패류는 중심온도 85℃로 1분 이상 완전히 가열하여 섭취한다.

⑤ 조리기구 등은 세제를 사용해 1차 세척한 후, 차아염소산 나트륨(염소농도 200ppm)에 담근 후 2차 세척하여 사용한다.

⑥ 칼, 도마, 행주 등은 85℃ 이상에서 1분 이상 가열하여 사용한다.

02 아스트로바이러스

(1) 병원체 : Astrovirus

(2) 특성

① 8개의 혈청형이 있다.

② 주로 겨울철에 많이 발생한다.

③ 유아, 어린이, 어른, 노인, 면역력이 약한 사람 등 다양한 연령층에서 질병을 일으킨다.

(3) 감염원 및 감염경로

① 감염원 : 오염된 식품, 물, 환자의 대변

② 감염경로 : 주로 분변-구강경로(Fecal-oral route)를 통하여 감염된다.

(4) 잠복기 : 1~4일

(5) 주요증상

① 구토, 설사, 발열이 있다.

② 설사가 멈춘 뒤에는 환자에게서 바이러스가 분변을 통해 바이러스가 배출될 수 있다.

(6) 예방대책

① 환자의 분변과 접촉하지 않도록 조심하며 손을 깨끗이 씻어야 한다.

② 특히 사람 사이에 바이러스가 쉽게 전파되는 시설(보육원, 가정, 병원 등)에서는 위생수칙을 준수해야 한다.

4 바이러스성 식중독의 예방과 치료

① 바이러스성 식중독은 병원체가 바이러스이기 때문에 치료용 항바이러스제제나 예방용 백신이 아직 개발되어 있지 않다.

② 구토나 설사가 심할 때는 탈수가 되지 않도록 수분보충이 필요하다.

③ 바이러스 사멸에는 열탕이나 차아염소산나트륨사용이 도움이 되지만 알코올이나 역성비누는 효과적이지 않다.

④ 바이러스성 식중독은 치료방법이 없기 때문에 예방이 무엇보다 중요하다.

5 식중독의 분류 ❸ 자연독 식중독

유독 동식물을 잘못 먹은 경우, 유독부위가 제대로 제거되지 않은 동식물을 섭취한 경우, 특정 환경, 특정조건에서 유독화된 것을 모르고 섭취한 경우에 발생한다.

1 동물성 식중독(zootoxin)

복어나 유독화된 조개류 등을 잘못 조리하거나 섭취하여 발생한다. 독소는 대부분 유독 plankton이 먹이사슬(food chain)에 의해서 축적된 외인성이다.

01 복어 중독

복어의 난소, 간, 창자, 피부 등에 있는 tetrodotoxin이라는 독소가 중독을 일으킨다.

(1) 독성분

① tetrodotoxin이다.

② 복어의 종류, 계절, 부위에 따라 함유량 차이가 있다.

③ 난소에 가장 많고, 간, 피부, 소화관, 혈액에도 포함하는 경우가 많다.

④ 겨울철에서 봄철 산란기에 가장 유독하다.

(2) 주요 증상 : 지각이상, 운동장해, 호흡장해, 위장장해, 혈액장해, 뇌증 등이 나타난다.

(3) 예방

① 복어조리 전문가가 만든 요리만을 먹는다.

② 유독 부위는 피하고 육질부만을 식용으로 한다.

③ 알, 난소, 간, 내장, 껍질 등 독성이 높은 부위는 철저히 제거하여 확실히 폐기한다.

④ 조리에 사용한 기구들은 완전히 세척한다.

02 섭조개 중독(마비성 조개 중독)

(1) **독성분** : saxitoxin, gonyautotoxin, protogonyautotoxin 등

(2) **원인패류** : 섭조개, 검은 조개, 홍합, 대합조개 등

(3) **잠복기** : 식후 30분~3시간

(4) **주요 증상** : 입술, 혀, 잇몸 등의 마비로 시작하여 사지마비, 기립보행 곤란, 언어장애, 운동장해, 연하곤란, 구토, 복통 등이 나타난다.

03 모시조개 중독

(1) **독성분** : venerupin

(2) **원인패류** : 굴, 바지락, 모시조개 등

(3) **잠복기** : 1~2일이며, 빠르면 12시간, 느리면 7일 정도이다.

(4) **주요 증상** : 권태감, 두통, 구토, 변비, 미열, 점막출혈, 황달 등이고, 피하출혈반응은 반드시 일어난다.

2 식물성 식중독(phytotoxin)

독버섯이나 독초 등을 잘못 알고 섭취하거나 감자같이 일시적으로 유독화된 식용식물을 잘못 처리하여 섭취할 때 발생하는 식중독이다.

01 독버섯 중독

버섯독 대부분은 알카로이드(alkaloid)에 속한다.

(1) 버섯독의 작용부위별 분류

뇌신경계	muscarine, muscaridine, neurine, choline 등
소화기계, 신장	phaline, gyromitrin, amanitatoxin 등

(2) 독버섯에 의한 중독증상 분류

위장 장해형	화경버섯, 외대버섯 등이 속한다.
콜레라상 증상형	알광대버섯, 독우산광대버섯 등이 속한다. 유독성분은 amanitatoxin이다.
신경계 장해형	광대버섯, 마귀광대버섯, 땀버섯 등이 속한다. 유독성분은 muscarine이다.
혈액독형	마귀곰보버섯, 독깔대기버섯 등
뇌증형	미치광이버섯 등

02 감자 중독

(1) 유독성분

① solanine(steroid 골격을 가지는 배당체)이다.

② 비교적 안정하여 보통 조리법으로 파괴되지 않고 물에 녹지 않으며 생체 내에서 cholinesterase의 작용을 억제한다.

③ 감자 전체에 함유(0.005%~0.01%)되어 있으며, 발아부위와 일광 노출에 의한 녹색부위에 다량 함유(0.1% 이상)한다.

※ 부패한 감자는 셉신(sepsine)이라는 독성 물질이 있다.

(2) 중독증상 : 복통, 설사, 구토, 발열, 의식불명, 두통, 언어장애, 현기증 등이다.

(3) 예방방법 : 감자의 발아부위와 녹색부위를 철저히 제거하고 조리한다.

03 목화씨(면실유) 중독

(1) 유독성분

① gossypol(polyphenol 화합물)이다.

② 목화의 종자, 뿌리, 줄기에 함유되어 있다.

③ 정제가 덜 된 면실유와 면실박에 다량 함유되어 있다.

(2) 중독증상 : 심부전, 심비대, 간장해, 황달, 출혈성 신염, 신장염, 장기출혈 등이다.

(3) 예방방법 : 면실유를 충분히 정제하고, 면실박 식용을 금지한다.

04 피마자 중독

(1) 유독성분

① ricin, ricinine, allergen 등이다.

② 피마자 종자, 피마자유, 유박에 함유되어 있다.

ricin	적혈구를 응집시키는 특수한 단백질(phytagglutinin)이다. 독성이 강하나 열에 쉽게 파괴된다.
ricinine	alkaloid이다. 독성이 약하고 함량이 낮다.
allergen	심한 allergy상 증상을 유발한다. 열에 비교적 강하다.

(2) 중독증상 : 복통, 구토, 설사, allergy 증세를 보인다.

05 청매(미숙한 매실) 중독

(1) 유독성분

① amygdalin(cyan배당체)이다.

② 미숙한 매실, 살구씨, 복숭아씨에 함유되어 있다.

(2) **중독증상** : 두통, 구토, 설사, 복통, 호흡곤란, 전신 강직성 경련 등이고, 심하면 호흡중추 마비로 사망한다.

(3) **예방방법** : 물에 오래 끓여 청산을 휘발시키거나 물로 여러 번 씻어 독소를 제거한다.

06 독미나리 중독

(1) 유독성분
① cicutoxin(지방족 불포화알코올)이다.
② 지하경에 많이 함유되어 있다.

(2) 중독증상
① 섭취 후 수 분~2시간 이내에 상복부에 동통, 구토, 현기증, 경련을 일으킨다.
② 중증이면 의식불명이 되고 10~20시간 후에 호흡마비로 사망한다.

3 곰팡이 식중독

01 곰팡이독(mycotoxin)
곰팡이가 생산하는 2차 대사산물로서 사람이나 가축(때로는 가금, 어류)에 급성 또는 만성의 생리적, 병리적 장해를 유발하는 유독물질군을 말한다.

(1) Mycotoxin의 특징
① 주로 곡류, 두류 및 가공식품 등 탄수화물이 풍부한 식품이 원인이다.
② *Penicillium* 및 *Aspergillus* 독소에 의한 중독은 여름(고온다습할 때)에 많이 발생하고, Fusarium 독소군에 의한 중독은 겨울에 많이 발생한다.
③ 사람과 사람, 동물과 동물, 동물과 사람 사이에서는 직접 이행되지 않는다. 즉 감염형이 아니다.
④ 발증이 일어난 동물에 항생물질 투여나 약제요법을 실시하여도 별 효과가 없다.

(2) Mycotoxin의 분류
Coveney 등은 장애가 일어나는 장기에 따라 다음과 같이 분류하였다.

구분	내용
간장독	• 간경변, 간종양 또는 간세포 괴사를 일으키는 물질군 • Aflatoxin(*Aspergillus flavus*), rubratoxin(*Penicillium rubrum*), sterigmatocystin(*Asp. versicolar*), luteoskyrin(*Pen. islandicum*), islanditoxin(*Pen. islandicum*), ochratoxin(*Asp. ochraceus*),
신장독	• 급성 또는 만성 신장장해를 일으키는 물질군 • citrinin(*Pen. citrinum*), citreomycetin, kojic acid(*Asp. oryzae*)
신경독	• 뇌와 중추신경계에 장해를 일으키는 물질군 • patulin(*Pen. patulum, Asp. clavatus* 등), maltoryzine(*Asp. oryzae var. microsporus*), citreoviridin(*Pen. citreoviride*)

구분	내용
광과민성 피부염	• 햇빛을 쬐면 피부염을 일으키는 물질군 • sporidesmin(*Pithomyces chartarum*, 광과민성 안면 피부염), psoralen(*Sclerotina sclerotiorum*, 광과민성 피부염물질) 등
기타	• 사람 또는 가축의 중독사고에서 발견 • fusariogenin(조혈 기능장애물질, *Fusarium poe*), nivalenol(*F. nivale*), zearalenone(발정유발물질, *F. graminearum*), shaframine(유연물질, *Rhizoctonia leguminicola*) 등

02 맥각중독(ergotism)

① 자낭균류에 속하는 맥각균(*Claviceps purpurea*, *Claviceps paspalis* 등)은 보리, 호밀, 라이 맥 등에 잘 번식한다. 이 곰팡이에 오염된 보리속에는 곰팡이의 균핵(sclerotium)이 함유되어 있으며 이것을 맥각(ergot)이라고 한다.

② 맥각이 혼입된 곡물을 섭취하면 맥각중독을 일으킨다. 맥각의 성분은 ergotoxine, ergotamine, ergometrine 등의 alkaloid 물질이 대표적이다.

③ 중독증상 : 구토, 설사, 복통 등의 소화기 계통의 장애와 두통, 이명, 무기력 등이 나타나고 임산부에게는 조산 및 유산을 일으키기도 한다.

6 ▶ 식중독의 분류 ④ 화학성 식중독

원인물질이 식품의 원재료에는 존재하지 않았으나, 식품의 생산, 조리, 가공, 저장 중에 생성, 오용, 남용, 혼입, 잔류한 유해 화학물질을 섭취함으로 발생하는 식중독이다.

1 기구, 용기 및 포장재 등으로부터 용출·이행되는 유해물질

01 금속성 용기

(1) 통조림

① 주석 도금한 철판을 사용하는 통조림용 관의 경우 식품을 넣고 장시간 보관하게 되면 관에서 주석이 식품 중에 용출되어 위생상 문제가 된다.

② 통조림에 산도가 높은 식품을 오래 담아두거나, 통조림을 개봉한 후 남은 식품을 그대로 남겨두는 일 등은 피해야 한다.

(2) 알루미늄

① 산, 알칼리에 부식되는 단점이 있다.

② 용출된 알루미늄은 복통, 간관 신장 이상 등을 일으키고, 알츠하이머 병의 원인이 되기도 한다.

(3) 스테인레스스틸

위생상 가장 적당한 소재이지만 종류에 따라서 크롬이 용출될 우려가 있다.

02 유리제품, 도자기, 범랑제품

(1) 유리제품

① 규산이 주성분으로 1,200~1,500℃의 고온으로 용융하여 만든 것으로 화학적으로 안정하다.

② 유리질에 따라서 바륨, 납, 붕산 등을 함유하는 경우도 있어서 이들이 식품 중에 용출된다면 위생상 문제가 될 수 있다.

(2) 도자기

① 흙, 돌, 광물류 등을 원료로 하여 1,000~1,500℃에서 구워서 만든 제품으로 독성은 없으나 표면에 그림을 넣고 안료를 사용할 경우 소성온도가 충분치 않으면 안료가 용출되어 위생상 문제가 될 수 있다.

② 안료 중에는 납, 카드뮴, 아연, 안티몬, 바륨, 크롬 등 유해한 금속성분이 포함되어 있다.

(3) 범랑제품

① 철판상에 유리화하여 얻은 성분을 도포해서 약 800℃에서 가열하여 용착시킨 것이다.

② 저용융 유약을 사용한 경우에는 붕사, 납, 주석, 티탄, 크롬, 코발트 등이 용출될 수 있다.

(4) 옹기

① 김치 및 장류의 용기로 사용된다.

② 장시간 식품과 접촉하게 되므로 납이 용출되는 사례가 있었다.

③ 옹기의 제조과정에서 유약으로 납이 다량 함유된 연단은 사용을 금하고 있다.

03 합성수지제품

식품에 대해서 이행성도 없고 그 자신이 극히 화학적으로 안정하여 유해성이 없는 것으로 세계적으로 인정받고 있다. 그러나 성형, 가공 시에 소량의 첨가제가 사용되며 또한 중합공정상 단량체(monomer)가 잔존하여 용출되는 경우가 있다.

(1) 열경화성 플라스틱

① 페놀수지, 멜라민수지, 요소수지가 있다.

② 저분자량의 물질을 열을 이용하거나 경화제를 넣어 경화시킨다.

③ 축합이 제대로 안 되어 미 반응 원료나 저 중합물이 플라스틱 중에 잔류하여 인체에 해로울 수 있다.

④ 멜라민수지에는 formaldehyde가, 페놀수지에는 formaldehyde와 phenol이 잔류할 수 있다.

(2) 열가소성 플라스틱

① 폴리에틸렌, 폴리프로필렌, 폴리스틸렌, 염화비닐수지 등이 있다.

② 가열하면 연화하여 가소성을 나타내고, 냉각해서 고화되는 플라스틱을 총칭해서 말한다.

③ 이들은 배합되는 첨가제, 미 반응 원료의 잔류에 의한 용출이 위생상 문제가 된다.

④ 염화비닐, 염화비닐리덴, 아크릴로니트릴 등이 발암성이고, PVC의 프탈산에스테르계 가소제는 간독성, 환경호르몬으로 작용한다.

2 제조, 가공 과정 중에 사용된 유해물질이 혼입된 경우

01 농약

(1) 유기인제

① 살균제나 살충제 등으로 사용된다.

② 체내에서 cholinesterase 작용을 억제하여 acethylcholine을 체내에 축적시켜 신경독 증상을 일으킨다.

③ 종류 : 파라티온, 말라티온, 메틸말라티온, 다이아지논, DDVP, TEPP, 스미치온 등이 있다.

④ 중독증상 : 다한, 식욕부진, 구토, 전신경련, 근력감퇴, 혈압상승 등이 일어난다.

⑤ 예방 : 살포 시의 흡입하지 않도록 주의해야 하고, 수확 전 15일 이내에 살포를 금지해야 한다.

(2) 유기염소제

① 살충제나 제초제로서 이용된다.

② 유기인제에 비하여 독성은 비교적 약하지만 화학적으로 매우 안정하여 잘 분해되지 않은 특성이 있다. 신경독 증상을 일으킨다. 지용성으로 인체의 지방조직에 축적되므로 만성중독을 일으킨다.

③ 종류 : DDT, DDD, BHC, propoxar, aldrin 등이 있다.

④ 중독증상 : 복통, 구토, 두통, 설사가 시작되고, 안검부종, 시력감퇴, 전신권태가 생기며 중증일 때는 혼수상태를 거쳐 사망한다.

⑤ 예방 : 유기인제와 같다.

(3) 유기수은제

① 살균제로 종자소독, 도열병방제 등에 사용된다.

② 신경독, 신장독을 일으킨다.

③ 종류 : 메틸염화수은, 메틸요오드화수은, EMP, PMA 등이 있다.

④ 중독증상 : 시야축소, 언어장애, 보행곤란, 정신착란 등의 중추신경증상을 보인다.

02 PCB(polychlorinated biphenyl)

① 1968년 10월 일본의 규슈를 중심으로 가공된 미강유를 먹은 사람들이 색소침착, 발진, 종기 등의 증상을 나타내는 괴질이 발생하여 112명이 사망하였다. 조사결과 미강유 제조 시 탈취 공정에서 가열매체로 사용한 PCB가 누출되어 기름에 혼입되어 일어난 중독사고로 판명되었다.

② 주요증상은 안질에 지방이 증가하고, 손톱이나 발톱의 변색, 구강점막에 갈색 내지 흑색의 색소가 침착된다.

PART

II

제품검사 관리

1 제품검사 및 관능검사

1 제품검사

01 제품검사 개요

① 생산된 제품은 제품검사(별도로 설정된 자사규격에 따라 검사)를 실시하고 그 결과를 검사 성적서에 기록, 유지한다.

[제품 검사관리 기준표 예시]

작성주기	자체검사	공인기관
생산 시	성상·관능, 이화학검사, 대장균	–
월	–	–
분기	–	–

② 필요 시 제품검사를 공인기관 등에 의뢰하고 성적서를 받아 보관·관리한다.

③ 검사결과 부적합품은 재가공, 폐기 등의 조치를 취한 후 그 결과를 부적합 조치 보고서에 기록·유지한다.

02 검사일지의 작성

① 모든 관련 검사결과는 검사일지에 기록하고 메모지 등 쪽지를 사용하여 기록해서는 안 된다.

② 검사를 의뢰 받을 경우 판정결과 및 연월일을 검사일지에 기록한다.

③ 검사일지에는 품명, 용량, 제조번호, 검사항목, 검사결과, 검사일자, 검사자 등을 기재한다.

④ 재검사를 실시하였을 때에는 그 설명이 검사일지에 기록되어 있어야 한다.

03 공급업체 서류 수령

① 원·부재료에 대하여 주기에 따라 시험성적서를 수령하고, 최초 입고 시 국내산 자재의 경우 시험성적서, 영업신고증 및 품목제조보고서를 수령한다. 단, 수입산 자재의 경우는 수입신고필증, 시험성적서를 수령한다.

② 공급업체에서 발행한 시험성적서의 항목이 기준과 다른 경우, 공급업체에 항목을 추가 또는 변경 요청을 해야 한다. 단, 항목이 다른 경우에는 사유를 기입한다.

③ 공급업체 시험성적서로 대체 할 수 없을 때에는 공인기관 시험성적서로 대체하고 이 경우는 법적 유효기간 이내의 것이어야 한다.

04 검사기록의 점검 및 통보

① 검사기록은 검사일지를 작성 후 검사자가 작성란에 서명하고 품질관리팀장이 검토 및 승인하여 서명한다.

② 검사결과에 대해 필요할 때에는 관련부서에 통보한다. 이때 유선통보를 원칙으로 하며 필요 시 성적서 발부나 직접 통보할 수 있다.

③ 품질관리팀장은 검사결과에 의심이 있을 경우 재검사를 명하거나 다른 전문가와 협의한 후 그 결과를 참고하여 판정한다.

※ 이화학검사 및 미생물 검사 : 「식품위생법」 등의 검체 채취방법 및 실험방법에 따라 검사한다.

2 검사장비

① 냉장·냉동 및 가열처리 시설 등의 온도측정 장치, 검사용 장비 및 기구는 정기적으로 검·교정을 실시한다.

② 검·교정 주기는 대상 장치 및 장비 등의 정밀도, 중요도, 사용 빈도 등을 감안하여 설정한다.

③ 검·교정은 표준기를 이용하여 다음과 같은 방법으로 실시하고, 자체 검·교정 성적서를 작성한다.

저울	• 편평한 곳에서 먼저 계량기의 0점을 조정한 후 최소 정밀도 단위의 분동(50~100g)부터 단계별로 올려 그 지시값을 측정한다. • 저울의 표시중량을 기록하고 표준중량(분동중량)과의 편차를 기록한다. • 편차가 기준(표준중량의 ±1%)을 초과할 경우 교정을 실시하여 사용한다.
온도계	• 편평한 곳에서 100℃정도의 물(끓는 물)과 10℃ 이하(얼음 물)의 물을 준비한 후 표준온도계와 측정 온도계를 동시에 넣어 온도를 확인한다. • 편차가 기준(표준온도의 ±1℃)을 초과할 경우 교정을 실시하여 사용한다.

④ 검·교정 결과는 모니터링 및 검사장비 검·교정 점검표에 기록, 관리한다.

⑤ 필요시 외부기관에 검·교정을 의뢰하고 외부기관에서 발급한 검·교정 성적서를 보관, 관리한다.

⑥ 검·교정 결과 이상이 있는 장비는 수리, 폐기 등을 하고 처리결과를 모니터링 및 검사장비 검·교정 점검표에 기록하여 관리한다.

※ 나머지 검사장비, 모니터링 장비 등 : 자체 검·교정 방법을 수립하여 외부 또는 자체 검·교정하여야 함.

3 시약관리

① 시약의 특성에 따라 정해진 장소에 보관하며, 유효기간을 준수한다.

② 시약수불대장 및 관리대장을 작성하여 관리하고 유효기간이 지난 것은 폐기한다.

4 관능검사

01 관능검사의 정의

식품의 관능검사는 인간의 미각, 후각, 시각, 촉각, 청각의 5가지 감각을 이용하여 식품의 관능적 품질 특성인 외관, 향미 및 조직감 등을 과학적으로 평가하는 것을 말한다. 즉, 사람이 측정기구가 되어 식품의 특성을 평가하는 방법으로 인간의 감각기관에 감지되는 반응을 측정 및 분석하는 과학의 한 분야이다.

Institute of Food Technologists(IFT)에서 "관능검사란 식품과 물질의 특성이 시각, 후각, 미각, 즉각 및 청각으로 감지되는 반응을 측정, 분석 내지 해석하는 과학의 한 분야이다." 라고 정의하였다.

02 관능검사 목적

① 제품개발, 품질관리 및 판매에 관련된 결정의 기초정보를 제공하는 역할을 한다.

② 신제품개발, 품질개선, 원가절감 및 공정개선, 품질관리, 마케팅 등에 널리 이용된다.

03 관능검사 기본사항

(1) 패널

① 관능검사에 참여하는 사람들의 집단을 패널이라 하며, 평가를 하는 각 개인을 관능검사 요원 혹은 패널 요원이라 한다.

② 일반적으로 건강상 문제가 있거나 흡연자 및 지나친 음주자 등은 제외한다.

③ 패널은 최소한 평가 2시간 이전에 커피나 자극적인 음식은 피해야 한다.

④ 목표하는 패널수를 채우기 위해 자격이 없는 패널을 대상으로 평가하는 일이 없어야한다.

⑤ 항상 예비 패널을 확보하여야 한다.

⑥ 평가 시 패널은 충분한 심리적 안정을 유지하여야 하며 시간에 쫓겨 평가하여서는 안 된다.

⑦ 어린이는 표현력 부족, 노인은 세포 감각둔화로 정확한 평가를 하기 어려운 경우가 있으므로 평가시료에 따라 패널 요원으로 적합한지 고려하여야 한다.

⑧ 제품의 특성에 따라 패널의 경제력, 성별, 사회적 지위, 거주지역, 연령 등을 고려하여 패널 요원을 선발한다.

(2) 장소(관능검사실)

위치	• 붐비지 않고 조용하며 특히 냄새가 없는 곳 • 패널 요원이 쉽게 갈 수 있는 편리한 곳 • 사람의 왕래가 빈번하지 않은 곳(정보유출 가능)
칸막이 검사대	• 패널 요원 간에 방해가 되지 않도록 칸막이 검사대가 필요 • 높이는 시각, 청각적인 방해를 피할 수 있도록 45cm 이상 • 전면에 시료를 제공받는 시료 투입구가 필요 • 칸막이 검사대 설치가 어려운 경우에는 대형 테이블 위에 칸막이를 설치하거나 간격을 넓게 배치
조명	• 골고루 비치하며, 적당한 밝기의 편안한 조명 • 칸막이 검사대에는 그림자가 생기지 않도록 설치(외형이 문제되는 경우 특수조명 설치)
벽의 벽	• 흰색
공기순환장치(환풍기)와 온도, 습도 조절장치	• 외부의 냄새가 방 안으로 들어오지 못하게 공기순환장치 설치 필요(온도는 20~22℃, 상대습도는 50~55%로 유지)

04 관능검사 방법의 종류

분석적 차이 검사	차이 식별 검사	종합적 차이 검사	삼점 검사(Triangle test)
			일이점 검사(Duo-trio test)
			단순 차이 검사(Simple difference test)
			A-not A 검사("A"-"Not A" test)
			다표준 시료 검사(Multiple standard test)
		특성 차이 검사	이점 비교 검사(Paired comparison test)
			3점 강제선택 차이 검사(3-Alternative forced choice test)
			순위법(Ranking test)
			평점법(Scaling test)
	묘사분석	정성적 검사	향미프로필(flavor profile)
			텍스처프로필(texture profile)
		정량적 검사	정량적 묘사분석(quantitive descriptive analysis)
			스펙트럼 묘사분석(spectrum descriptive analysis)
			시간-강도 분석(time-intensity analysis)
소비자 기호도 검사		정성적 검사	초점그룹
			초점패널
			소비자 프로브패널
			일대일 면접
		정량적 검사	이점 비교법
			기호 척도법
			순위법

05 분석적 차이 검사

(1) 차이 식별 검사

시료 간의 차이를 분석적으로 검사하는 방법, 2개 또는 그 이상의 시료를 사용한다.

1) 종합적 차이 검사

두개의 검사물들 간의 차이 유무를 조사하기 위해 사용되며 표준제품과 시제품 간의 차이점을 조사할 때 사용한다.

가) 삼점 검사(Triangle test) : 3개 시료 중 두 개는 같고 한 개는 다름

① 관능검사 요원에게 3개의 시료를 제시하고 그중 2개의 시료는 같고 하나는 다르다고 알려준다.

② 삼점검사의 목적은 두 시료 간에 관능적 특성의 차이가 있는지 여부를 판정하는 것이다.

나) 일이점 검사(Duo-trio test)

① 관능검사 요원에게 3개의 시료를 동시에 제시하는데 제시되는 시료 중 하나는 기준시료이다.

② 제품의 차이가 성분이나 가공 방법, 포장 등의 요인에 의해서 영향을 받았는지 판별할 때 사용한다.

③ 어떤 특성이 눈에 띄게 바뀌지 않은 경우라도 전반적으로 제품이 차이가 있는지 없는지를 결정할 때 사용한다.

다) 단순차이 검사(Simple difference test) : 두 시료를 놓고 시료가 같은지 다른지 평가

① 관능검사 요원에게 2개의 시료를 동시에 제시하는데 제시되는 시료 중 절반은 서로 다른 시료(A/B, B/A), 다른 절반은 같은 시료(A/A, B/B)이다.

② 관능검사 요원에게 왼쪽부터 오른쪽의 순서로 맛을 보게 하고 두 시료가 같은지 다른지를 평가한다.

③ 삼점검사나 일-이점 검사가 적합하지 않은 시료를 평가할 때 주로 사용한다.

④ 시료 간의 관능적 특성에 차이가 있는지 여부를 판정하고자 하는 경우에 사용한다.

라) A-not A 검사("A"-"Not A" test)

① 검사를 수행하기 전에 관능검사 요원에게 1개(A or not A), 2개(A and not A), 또는 10개의 시료를 순서대로 제시하여 시료 A와 not-A에 익숙해지게 한다.

② 제품의 품질 차이가 재료나 가공, 포장, 저장 등의 요인에 의해 영향을 받았는지를 판단하고자 할 때 이용한다.

③ 두 시료 간의 차이를 종합적으로 평가하지만 표준 제품으로 단 하나의 제품을 사용하기 곤란한 경우에 이용한다.

마) 다표준 시료 검사(Multiple standard test)

① 관능검사 요원에게 4~5개의 시료를 제시

② 일반적으로 2~5개의 표준검사 제품과 비교검사 제품을 패널에게 제공하고 가장 다른 시료를 선택하게 한다.

③ 제품의 원료 대체나 성분, 가공, 저장, 포장 등의 요인에 의해서 제품이 영향을 받는지 판별할 때 사용한다.

④ 많은 가변성을 가진 기존 제품에 비하여 새로운 시료의 차이를 알고자 할 때 여러 개의 표준검사 제품과 비교 검사 제품을 동시에 제공하여 검사를 실시한다.

2) 특성 차이 검사(Attribute difference tests)

2개의 시료 혹은 둘 이상의 시료에서 여러 관능적 특성 중 주어진 특성에 대하여 시료 간에 차이가 있는지, 있다면 어디가 어떻게 다른지 조사, 어느 제품이 어떻게 다른지 알아보는데 사용된다.

가) 이점 비교 검사(Paired comparison test) : 두 제품 중 특정한 특성이 어떤 것이 더 강한지 식별

① 2개의 시료를 동시에 제공하여 특정 특성이 더 강한 것을 식별하게 하는 검사(2개의 시료를 AB 또는 BA 등으로 시료 세트 구성)

② 어떤 특정한 관능적 특성에 대하여 두 시료의 차이를 조사하기 위하여 사용한다.

③ 다른 검사보다 시료 수가 적고, 관능검사 방법이 간단하여 많이 사용한다.

④ 패널 요원이 특성에 대해 완전히 이해하지 못했을 경우 정확도가 떨어질 수 있다는 단점이 있다.

나) 3점 강제선택 차이 검사(3-Alternative forced choice test, 3-AFC test)

① 삼점검사와 유사하지만 두 시료의 차이를 비교함에 있어서 두 시료 중 한 가지는 항상 쌍으로 준비하여 동일 시료로 사용한다.

② 이 검사 방법을 사용하기 위해서는 두 시료 중 어떤 시료의 성질이 더 강한지 미리 알고 있어야 한다.

다) 순위법(Ranking test)

① 여러 시료 중 특정한 특성이 강한 순서대로 나열하도록 한다.

② 패널 요원에게 3개 이상의 시료를 놓고 특정 특성이 가장 강한 것부터 차례대로 순위를 정하게 하는 검사(시료는 보통 3~6개 정도가 적당하며, 10개를 넘지 않도록 한다.)

③ 관능검사 시 특성이 가장 높은 시료 또는 가장 낮은 시료를 선택할 때 이용한다.

④ 시료 간에 자세한 비교 평가를 하기 위해 일차적으로 사용한다.

라) 평점법(Scaling test)

① 여러 시료 중 특정한 특성에 점수를 부여한다.

② 제품개발이나 품질 관리 시 특정 요인의 변화로 관심 있는 특성에 있어서 어떤 변화가 발생하는지 즉, 어느 제품에 있어서 그 특성이 더 강한지 또는 얼마나 더 강한지 조사하기 위하여 사용된다.

③ 시료의 특성 강도에 어느 정도 차이가 있는지 알아보는 검사법으로 기준시료 없이 3~7개의 시료를 제시하여 정해진 척도(5점, 7점, 9점 척도)에 따라 평가하게 하는 검사이다.

④ 주어진 시료들의 특성 강도의 차이가 어떻게 다른지를 정해진 척도에 따라 평가하는 방법이다.

⑤ 척도의 종류는 구획 척도와 비구획 척도로 구분한다.
   • 구획척도는 보통 1~9점의 항목 척도가 사용된다.
   • 비구획 척도는 15cm의 선척도(line scale)가 사용된다.

(2) 묘사분석

1) 묘사분석 정의

묘사분석 훈련된 패널을 통해 시료의 맛, 냄새, 향, 텍스쳐 등 모든 관능적 특성을 출현 순서에 따라 질적 및 양적으로 묘사하는 방법이다. 묘사분석 활용도 높고 주로 마지막 단계에서 사용한다.

2) 묘사분석의 기본적인 요소

가) 질적 측면 : 특성

외관적 특성 (appearance characteristics)	• 색 : 색상, 색도, 균일도, 농도 등 • 표면 텍스처 : 윤기, 매끄러움, 거침 등 • 크기 및 모양 : 부피, 기하학적 특성 등 • 조각 및 입자 간의 상호작용 : 끈적거림, 덩어리짐 등
냄새 특성 (odor characteristics)	• 후각적 감각 : 사과향, 커피향, 꽃향 등 • 비강적 감각 : 시원함, 톡 쏘는 특성 등
향미 특성 (flavor characteristics)	• 후각적 감각: 사과 향미, 커피 향미, 꽃 향미 등 • 미각적 감각 : 단맛, 신맛, 짠맛, 쓴맛, 감칠맛 등 • 구강적 감각 : 시원함, 타는 듯함, 떫음, 금속성 등
구강 텍스처 특성 (oral texture characteristics)	• 기계적 특성 : 경도, 점도, 변형, 깨짐성 등 • 기하학적 특성, 즉 시료에서 크기, 모양, 입자의 나열된 상태 : 깔깔함, 박편상 등 • 지방/수분 특성, 즉 지방, 기름 또는 수분의 존재, 방출 및 흡수 : 기름짐, 느끼함, 촉촉함 등

나) 양적 측면 : 강도

관능적 특성들이 시간적인 간격 차이를 두고 서로 다른 순서로 나타나거나 특성의 강도가 시간이 지남에 따라 다르게 변화하는 양상을 의미

다) 시간 개념 : 특성 출현순서

① 훈련된 패널 요원들은 시료의 관능적 특성을 정의하는 데 앞서 언급한 세 가지 측면인 정성적, 정량적, 그리고 시간적인 개념 이외에, 경우에 따라서는 관능적 특성의 통합적인 측면, 즉 시료의 전체적인 인상에 관심을 보일 수 있음

② 관능검사의 여러 방법 중 가장 정교하고 활용도가 높은 방법

③ 다양한 분야에서 널리 활용

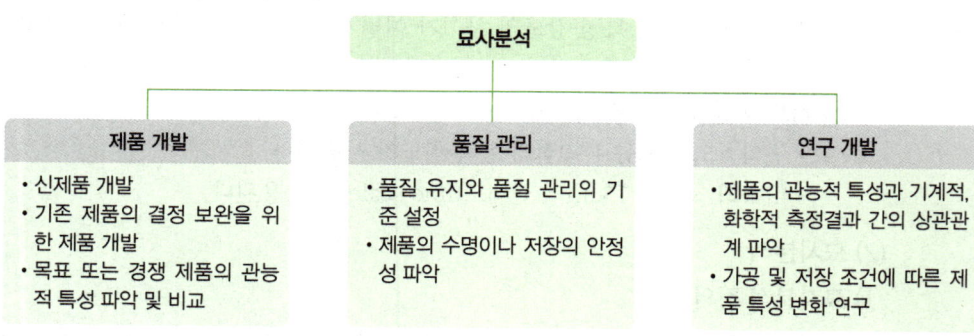

3) 묘사분석의 종류

가) 정성적 검사

향미프로필 (flavor profile)	시료의 맛과 냄새에 기초하여 향미가 재현될 수 있도록 묘사하는 방법으로 냄새, 맛, 후미 순으로 분석하며 감지되는 향미 특성의 종류와 강도, 각 특성의 출현 순서, 후미의 종류와 강도, 전체적인 인상 등을 평가 및 묘사하는 방법이다.
텍스처프로필 (texture profile)	시료의 기계적 특성, 기하학적특성, 수분 및 지방함량에 의한 특성의 강도를 평가하여 시료의 텍스처 특성을 재현하는 방법이다.

나) 정량적 검사

정량적 묘사분석 (quantitive descriptive analysis)	향미, 텍스쳐, 전체적인 맛과 냄새의 강도 등 시료에서 느껴지는 관능적 특성을 보다 정확하게 종합적으로 평가하는 방법으로, 모든 관능적 특성을 나열한 뒤 각 특성의 강도를 출현 순서에 따라 반복 측정하여 평가하는 방법이다.
스펙트럼 묘사분석 (spectrum descriptive analysis)	시료에서 검사 가능한 모든 관능적 특성 또는 소수의 특정한 관능적 특성을 사전에 개발된 절대척도와 비교하여 평가하는 방법이다.
시간·강도 분석 (time-intensity analysis)	시료의 몇 가지 중요한 관능적 특성의 강도를 시간의 연속성 하에서 검사하는 방법이다.

06 소비자 기호도 검사

제품의 품질유지, 품질 향상 및 최적화, 신제품 개발, 시장에서의 가능성 평가를 위해 실시되며, 제품에 대한 소비자들의 기호도, 선호도를 알아보기 위한 검사방법이다.

(1) 정성적 검사

인터뷰나 소그룹을 통해서 소비자들로 하여금 제품의 관능적 특성에 대해 이야기하게 하면서 제품에 대한 반응을 알아보는 검사방법이다.

• 초점그룹	• 조점패널	• 프로브패널	• 일대일 면접

(2) 정량적 검사

기호도, 선호도, 관능적 특성에 대하여 최소 50명에서 수백 명의 대규모 그룹을 상대로 조사하는 것으로 제품의 넓은 범위의 특성에 대한 소비자의 전반적인 기호도 및 선호도를 조사할 때 사용하는 방법이다.

• 이점 비교법	• 기호 척도법	• 순위법

Chapter 02 | 식품위생 검사

1 식품위생 검사의 목적

① 식품으로 인한 감염병 및 식중독 발생 시에 원인식품 등에서 병원성 미생물이나 원인물질을 찾아내거나 감염경로 등을 찾기 위해서 실시한다.
② 식품에 의한 위해 방지와 안정성 확보를 위하여 실시한다.
③ 식품위생에 관한 지도나 식품위생의 대책수립을 위하여 실시한다.

2 검체의 채취 및 취급요령[식품공전]

검체 채취 시에는 검사목적, 대상 식품의 종류와 물량, 오염 가능성, 균질 여부 등 검체의 물리·화학·생물학적 상태를 고려하여야 한다.

1 검체의 채취요령

01 검사대상 식품 등이 불균질할 때

① 검체가 불균질할 때에는 일반적으로 다량의 검체가 필요하나 검사의 효율성, 경제성 등으로 부득이 소량의 검체를 채취할 수밖에 없는 경우에는 외관, 보관상태 등을 종합적으로 판단하여 의심스러운 것을 대상으로 검체를 채취할 수 있다.
② 식품 등의 특성상 침전·부유 등으로 균질하지 않은 제품(예 식품첨가물 중 향신료 올레오레진류 등)은 전체를 가능한 한 균일하게 처리한 후 대표성이 있도록 채취하여야 한다.

02 검사항목에 따른 균질 여부 판단 : 검체의 균질 여부는 검사항목에 따라 달라질 수 있다. 어떤 검사 대상 식품의 선도판정에 있어서는 그 식품이 불균질하더라도 이에 함유된 중금속, 식품첨가물 등의 성분은 균질한 것으로 보아 검체를 채취할 수 있다.

03 포장된 검체의 채취 : 깡통, 병, 상자 등 용기·포장에 넣어 유통되는 식품 등은 가능한 한 개봉하지 않고 그대로 채취하며, 대형용기·포장에 넣은 식품 등은 검사 대상전체를 대표할 수 있는 일부를 채취할 수 있다.

04 냉장·냉동 검체의 채취 : 냉장 또는 냉동식품을 검체로 채취하는 경우에는 그 상태를 유지하면서 채취하여야 한다.

05 미생물 검사를 하는 검체의 채취

① 검체를 채취·운송·보관하는 때에는 채취 당시의 상태를 유지할 수 있도록 밀폐되는 용기·포장 등을 사용하여야 한다.
② 미생물학적 검사를 위한 검체는 가능한 미생물에 오염되지 않도록 단위 포장상태 그대로 수거하도록 하며, 검체를 소분 채취할 경우에는 멸균된 기구·용기 등을 사용하여 무균적으로 행하여야 한다.
③ 검체는 부득이한 경우를 제외하고는 정상적인 방법으로 보관·유통 중에 있는 것을 채취하여야 한다.

④ 검체는 관련 정보 및 특별 수거계획에 따른 경우와 식품접객업소의 조리식품 등을 제외하고는 완전포장된 것에서 채취하여야 한다.

06 페이스트상 또는 시럽상 식품 등

① 검체의점도가 높아 채취하기 어려운 경우에는 검사결과에 영향을 미치지 않는 범위 내에서 가온 등 적절한 방법으로 점도를 낮추어 채취할 수 있다.

② 검체의 점도가 높고 불균질하여 일상적인 방법으로 균질하게 만들 수 없을 경우에는 검사결과에 영향을 주지 아니하는 방법으로 균질하게 처리할 수 있는 기구 등을 이용하여 처리한 후 검체를 채취할 수 있다.

2 검체 채취 내역서의 기재

검체 채취자는 검체채취 시 당해 검체와 함께 제8. 일반시험법 12. 부표12. 11 검체채취 내역서를 첨부하여야 한다. 다만, 검체채취 내역서를 생략하여도 기준·규격검사에 지장이 없다고 인정되는 때에는 그러하지 아니할 수 있다.

3 검체의 운반 요령

① 채취된 검체는 오염, 파손, 손상, 해동, 변형 등이 되지 않도록 주의하여 검사실로 운반하여야 한다.

② 검체가 장거리로 운송되거나 대중교통으로 운송되는 경우에는 손상되지 않도록 특히 주의하여 포장한다.

③ 냉동검체의 운반 : 냉동검체는 냉동상태에서 운반하여야 한다. 냉동장비를 이용할 수 없는 경우에는 드라이아이스 등으로 냉동상태를 유지하여 운반할 수 있다.

④ 냉장검체의 운반 : 냉장검체는 온도를 유지하면서 운반하여야 한다. 얼음 등을 사용하여 냉장온도를 유지하는 때에는 얼음 녹은 물이 검체에 오염되지 않도록 주의하여야 하며 드라이아이스 사용 시 검체가 냉동되지 않도록 주의하여야 한다.

⑤ 미생물 검사용 검체의 운반

부패·변질 우려가 있는 검체	미생물학적인 검사를 하는 검체는 멸균용기에 무균적으로 채취하여 저온(5℃ ±3 이하)을 유지시키면서 24시간 이내에 검사기관에 운반하여야 한다. 부득이한 사정으로 이 규정에 따라 검체를 운반하지 못한 경우에는 재수거하거나 채취일시 및 그 상태를 기록하여 식품 등 시험·검사기관 또는 축산물 시험·검사기관에 검사를 의뢰한다.
부패·변질의 우려가 없는 검체	미생물 검사용 검체일지라도 운반과정 중 부패·변질우려가 없는 검체는 반드시 냉장온도에서 운반할 필요는 없으나 오염, 검체 및 포장의 파손 등에 주의하여야 한다.
얼음 등을 사용할 때의 주의사항	얼음 등을 사용할 때에는 얼음 녹은 물이 검체에 오염되지 않도록 주의하여야 한다.

⑥ 기체를 발생하는 검체의 운반 : 소분 채취한 검체의 경우에는 적절하게 냉장 또는 냉동한 상태로 운반하여야 한다.

3 식품위생 검사 방법

1 생물학적 검사

01 일반세균 검사

(1) 총균수 검사

총균수 검사	Breed법	• 주로 생우유의 총균수 측정에 이용한다. • 일정량의 시료를 $1cm^2$의 크기로 구획된 브리드 슬라이드상의 일정 면적에 도말, 건조, 염색, 검경하여 염색된 세균의 수를 측정한다
	Haematometer (혈구계수기)	• 효모의 세포수나 곰팡이의 포자수 측정에 이용한다.
	Haward법	• 곰팡이의 균사검사에 이용한다.
생균수 검사	표준 한천평판 배양법	• 표준한천배지에 검체를 혼합 응고시켜 배양 후 발생한 세균 집락수를 계수하여 검체 중의 생균수를 산출하는 방법이다.

02 대장균군의 검사(정성시험)

(1) 유당배지법 : 유당배지를 이용한 대장균군의 정성시험은 추정시험, 확정시험, 완전시험의 3단계로 나눈다. 시험용액 10mL를 2배 농도의 유당배지에, 시험용액 1mL 및 0.1mL를 유당배지에 각각 3개 이상씩 가한다.

1) 추정시험

① 시험용액을 접종한 유당배지를 35~37℃에서 24±2시간 배양한 후 발효관 내에 가스가 발생하면 추정시험 양성이다.

② 24±2시간 내에 가스가 발생하지 아니하였을 때에 배양을 계속하여 48±3시간까지 관찰한다.

③ 이때까지 가스가 발생하지 않았을 때에는 추정시험 음성이고 가스발생이 있을 때에는 추정시험 양성이며 다음의 확정시험을 실시한다.

2) 확정시험

① 추정시험에서 가스 발생한 유당배지발효관으로부터 BGLB 배지에 접종하여 35~37℃에서 24±2시간 동안 배양한 후 가스발생 여부를 확인하고 가스가 발생하지 아니하였을 때에는 배양을 계속하여 48±3시간까지 관찰한다.

② 가스발생을 보인 BGLB 배지로부터 Endo 한천배지 또는 EMB 한천배지에 분리 배양한다.

③ 35~37℃에서 24±2시간 배양 후 전형적인 집락이 발생되면 확정시험 양성으로 한다.

④ BGLB배지에서 35~37℃로 48±3시간 동안 배양하였을 때 배지의 색이 갈색으로 되었을 때에는 반드시 완전시험을 실시한다.

3) 완전시험

① 대장균군의 존재를 완전히 증명하기 위하여 위의 평판상의 집락이 그람음성, 무아포성 의 간균임을 확인하고, 유당을 분해하여 가스의 발생 여부를 재확인한다.

② 확정시험의 Endo 한천배지나 EMB한천배지에서 전형적인 집락 1개 또는 비전형적인 집락 2개 이상을 보통한천배지에 접종하여 35~37℃에서 24±2시간 동안 배양한다.

③ 보통한천배지의 집락에 대하여 그람음성, 무아포성 간균이 증명되면 완전시험은 양성이 며 대장균군 양성으로 판정한다.

(2) BGLB 배지법

(3) 데스옥시콜레이트 유당한천 배지법

03 대장균군의 검사(정량시험)

(1) 최확수법

① 최확수란 이론상 가장 가능한 수치를 말하여 동일 희석배수의 시험용액을 배지에 접종하여 대장균군의 존재 여부를 시험하고 그 결과로부터 확률론적인 대장균군의 수치를 산출하여 이것을 최확수(MPN)로 표시하는 방법이다.

② 최확수는 연속한 3단계 이상의 희석시료(10, 1, 0.1 또는 1, 0.1, 0.01 또는 0.1, 0.01, 0.001)를 각각 5개씩 또는 3개씩 발효관에 가하여 배양 후 얻은 결과에 의하여 검체 1mL 중 또는 1g 중에 존재하는 대장균군수를 표시하는 것이다.

(2) 데스옥시콜레이트유당한천배지법

(3) 건조필름법

04 황색포도상구균(*Staphylococcus aureus*) : 정성시험

(1) 증균배양

① 검체 25g 또는 25mL를 취하여 225mL의 10% NaCl을 첨가한 TSB배지에 가한 후 35~37℃ 에서 18~24시간 증균 배양한다.

② 검체를 가하지 아니한 10% NaCl을 첨가한 동일 TSB배지를 대조시험액으로 하여 시험조작 의 무균 여부를 확인한다.

(2) 분리배양

① 증균배양액을 난황첨가 만니톨 식염 한천배지 또는 Baird-Parker 한천배지 또는 Baird-Parker(RPF) 한천배지에 접종하여 35~37℃에서 18~24시간 배양한다.

② 배양 결과 난황첨가 만니톨 식염 한천배지에서 황색 불투명 집락을 나타내고 주변에 혼탁한 백색 환이 있는 집락 또는 Baird-parker 한천배지에서 투명한 띠로 둘러싸인 광택이 있는 검정색 집락 또는 Baird-parker(RPF) 한천배지에서 불투명한 환으로 둘러싸인 검정색 집 락은 확인시험을 실시한다.

(3) 확인시험

① 분리 배양된 평판배지 상의 집락을 보통 한천배지 또는 Tryptic Soy 한천배지에 옮겨 35~37°C에서 18~24시간 배양한 후 그람염색을 실시하여 포도상의 배열을 갖는 그람양성 구균을 확인 한 후 coagulase시험을 실시하며 24시간 이내에 응고 유무를 판정한다.

② Baird-parker(RPF) 한천배지에서 전형적인 집락으로 확인된 것은 coagulase시험을 생략할 수 있다. Coagulase 양성으로 확인된 것은 생화학 시험을 실시하여 판정한다.

05 황색포도상구균(*Staphylococcus aureus*) : 정량시험

(1) 균수측정

① 검체 25g 또는 25mL를 취한 후, 225mL의 희석액을 가하여 2분간 고속으로 균질화하여 시험 용액으로 10배 단계 희석액을 만든 다음 각 단계별 희석액을 Baird-Parker 한천배지 3장에 0.3mL, 0.4mL, 0.3mL씩 접종액이 1mL이 되게 도말한다.

② 사용된 배지는 완전히 건조시켜 사용하고 접종액이 배지에 완전히 흡수되도록 도말한 후 10분간 실내에서 방치시킨 후 35~37°C에서 48±3시간 배양한 다음 투명한 띠로 둘러싸인 광택의 검정색 집락을 계수한다.

③ 검체를 가하지 아니한 동일 희석액을 대조 시험액으로 하여 시험조작의 무균 여부를 확인한다.

(2) 확인시험

계수한 평판에서 5개 이상의 전형적인 집락을 선별하여 보통 한천배지 또는 Tryptic Soy 한천배지에 접종하고 35~37°C에서 18~24시간 배양한 후 정성시험(4.12.1.다)의 확인시험에 따라 시험을 실시한다.

(3) 균수계산

① 확인 동정된 균수에 희석 배수를 곱하여 계산한다.

② 예를 들어 10-1희석용액을 0.3mL, 0.3mL, 0.4mL씩 3장의 선택배지에 도말 배양하고, 3장의 집락을 합한 결과 100개의 전형적인 집락이 계수되었고 5개의 집락을 확인한 결과 3개의 집락이 황색포도상구균으로 확인되었을 경우 시험용액 1mL에는 황색포도상구균의 수는 $10 \times 100 \times (3/5) = 600$으로 계산한다.

06 장구균 검사

① 일반적으로 사람이나 온혈동물의 장관 내에 생존하는 그람양성 구균군(*Streptococcus faecalis, S. faecium* 등)으로 대장균과 마찬가지로 분변의 오염지표균으로 이용된다.

② 특히 냉동식품에서 대장균은 현저히 사멸하지만 장구균은 거의 생존해있기 때문에 냉동식품의 동결 전의 오염지표로서 이용된다.

07 곰팡이 검사

① 검체 중의 곰팡이 그대로 현미경으로 그 형태를 관찰하거나 또는 곰팡이용 배지를 사용하여 상법에 따라 분리 후 순수배양하여 그 형태를 현미경으로 관찰한다.

② 곰팡이 포자의 수는 주로 Haward법에 의하여 측정한다.

08 세균성 식중독 검사 : 세균성 식중독이 발생하였을 때에는 그 원인을 신속하고 정확하게 파악하기 위하여 환자의 임상증상이나 발생상태를 조사하는 한편 제반 가능성을 고려한 여러 가지 검사를 동시에 병행 실시한다.

09 감염병균 검사

① 식품이 오염됨으로서 감염되는 감염병균으로는 장티푸스균, 파라티푸스균, 이질균, 병원성 대장균, 용혈성 연쇄상구균, 부루셀라균, 결핵균, 탄저균, 디프테리아균 등이 있다.

② 이 중에서 장티푸스균, 파라티푸스균, 이질균, 병원성 대장균 등은 세균성 검사법에 준하여 검사하고 그 외에 용혈성 연쇄상구균, 부루셀라균, 결핵균, 탄저균 등은 각 균의 독특한 검사법에 따라 검색한다.

2 이화학적 검사

01 식품의 일반성분 검사 : 식품 중에 일반적으로 함유되어 있는 성분에 대한 검사법이며 수분, 조단백, 조지방, 조섬유, 회분, 당질 등을 측정한다.

02 유해물질 검사

(1) 유해성 금속 : 비소, 안티몬, 수은, 카드뮴, 구리, 크롬, 주석, 아연, 바륨 등의 유해성 금속은 먼저 건식법이나 습식법에 의하여 식품 중의 유기물을 분해시켜 황산화물의 생성에 의한 계통분리법으로 각종 금속을 분리한 후, 정성반응을 확인하고 그 양은 정량분석한다.

(2) 메탄올 검사법 : 푹신(fuchsin)아황산법, 가스크로마토그래피법에 의해 정성과 정량시험을 행한다.

(3) 포름알데히드 검출법 : 크로모트로픽산(chromotropic Acid)법, 아세틸아세톤(acetylacetone)법 등에 의해 정성과 정량시험을 행한다.

(4) 시안화합물 검사법

① 정성시험 : 피크린산(picric acid)법, pyridine-pyrazolone법 등

② 정량법 : 피크린산(picric acid)법, pyridine-pyrazolone법, Liebig-Deniges법 등

03 식품첨가물의 검사

① 식품첨가물공전의 규격 및 기준에 명시된 시험방법으로 검사한다.

② 식품첨가물공전에 기재된 제조방법, 사용량, 보존 및 표시에 관한 기준과 성분에 관한 규격을 검사해야 한다.

04 항생물질의 검사

화학적 방법	비색법, 형광법, 자외선 흡수스펙트럼법 등이 있으며, polarograph법으로 항생물질을 분리하여 자외선 조사법이나 미생물학적 방법 등으로 확인하기도 한다.
미생물 방법	발육균에 의해서 생기는 탁도가 항생물질에 의해서 감소되는 것을 이용하여 측정하는 비탁법과 균의 발육에 의해서 착색물질이 탈색되는 정도를 측정하는 비색법 등이 있다.

05 잔류농약의 검사

① 식품 중에서 잔류농약을 용매로 추출 분리하여 정제한 다음 확인시험과 정량시험을 행한다.

② 정성과 정량시험방법에는 가스 크로마토크래피법, 여지 크로마토크래피법, 박층 크로마토크래피법, 자외선 또는 적외선 흡수스펙트럼법, 원자흡광법 등이 이용된다.

06 방사능 오염의 검사

① 방사능 물질의 정성분석은 반감기나 에너지(MeV) 등의 측정에 의해서 결정하며, 정량은 표준방사선 물질과 비교측정하여 그 양을 정한다.

② 위생상 문제가 될 수 있는 Sr-90, Cs-137, I-131, Ru-106 등의 핵종을 대상으로 한다.

07 이물의 검사 : 체분별법, 여과법, 와일드만플라스크법, 침강법 등에 의하여 이물을 분리한다.

3 식품의 독성검사

식품과 관련된 독성시험은 주로 식품첨가물이 그 대상이 된다. 안전성 평가를 위한 독성시험은 급성독성시험, 아급성독성시험 및 만성독성시험 등의 일반독성시험과 유전자의 손상에 의해서 일어날 수 있는 발암성시험, 최기형성시험, 번식시험, 돌연변이시험 등의 특수독성시험이 있다.

01 급성 독성시험

① 생쥐나 흰쥐를 이용하여 검체의 투여량을 저농도에서 일정한 간격으로 고농도까지 1회 투여한 후 7~14일간 관찰한다.

② 검체의 투여량을 비교적 많이 한다.

③ 주로 치사량(LD_{50})의 측정이나 급성 중독증상을 관찰에 이용한다.

※ LD_{50}(반수 치사량) : 노출된 집단의 50%를 치사시키는 유독 물질의 양이다. 그 값이 적을수록 독성이 강하다.

02 아급성 중독시험

① 생쥐나 흰쥐를 이용하여 치사량(LD_{50}) 이하의 여러 용량을 단시간 투여하여 생체에 미치는 작용을 관찰한다.

② 시험기간은 1~3개월 정도이다.

③ 만성중독시험 이전에 그 투여량의 단계를 결정하는 판단자료를 얻는 데(범위조사 시험) 많이 사용된다.

03 만성 독성시험

① 생쥐나 쥐를 이용하며, 비교적 소량의 검체를 장기간 계속 투여한 그 영향을 관찰한다.

② 검체의 축적독성이 문제가 되는 경우나 첨가물과 같이 식품으로서 매일 섭취 가능성이 있을 경우에 독성 평가를 위하여 실시한다.

③ 시험기간은 1~2년 정도이다.

04 발암성 시험

① 발암 유전자를 가진 동물에게 시험물질을 일생동안 매일 경구 투여하면서 조직 내에 어떠한 종양 등의 조직이상 여부를 관찰하는 시험이다.

② 만일 종양이 발생하면 그 발생부위, 종양 수, 발생시기 등에 대하여 검토한다.

05 번식시험

① 시험물질이 동물의 생식선기능, 발정주기, 교미, 임신, 출산 및 새끼에 미치는 영향을 확인한다.

② 보통 설치류를 이용하여 친세대, 1세대, 2세대까지 관찰하며, 이유기를 제외하고 시험물질을 매일 투여한다.

③ 실험쥐에게 실험이 성공적으로 마칠 시 영장류에게 실험한다.

06 최기형성시험

① 시험물질을 임신한 동물에 투여하여 태중에 있는 새끼에 대한 형태적인 병변이상 여부를 조사하는 시험이다.

② 새끼가 자궁 내에서 성장하는 사이에 어미에게 시험물질을 투여하고 출산예정일 직전의 새끼를 대상으로 이상 유무를 확인한다.

07 변이원성 시험

① 발암성 물질의 대부분이 변이원성을 나타내므로 어떤 물질에 대하여 변이원성을 조사하므로써 발암성 여부를 비교적 간단하게 검토할 때 실시한다.

② 미생물에게 하는 실험으로 대장균이나 살모넬라균을 이용한 돌연변이를 유발하는 시험으로 Ames test 라고도 한다.

③ 항생제 A에서 자랄 수 없는 균 B를 다른 곳에서 배양 후 다 자란 상태의 B를 A에 넣었을 때, 얼마나 생장하는지 관찰한다. (돌연변이)

식품화학

PART

I

식품의 일반성분

1 물의 화학적 특성

① 물은 산소 원자와 수소 원자가 공유결합을 하고 있으며, 산소측은 음(δ^-)으로 하전되고 수소측은 양(δ^+)으로 하전되어 있는 사면체 구조로 되어 있다.
② 2개의 산소 원자가 수소 원자를 매체로 수소결합을 하고 있다.
③ 물은 쌍극성으로 인해 염류를 녹이기 쉽고 포름알데하이드 이외의 모든 용매에 비해 매우 높은 유전항수(dielectric constant)를 가짐으로써 산, 알칼리, 염류 및 각종 극성 화합물을 녹여준다.
④ 식품에서는 OH기를 갖는 당질과 NH_2기를 갖는 단백질 등의 성분이 물분자의 H원자와 수소결합을 하고 있다.
⑤ 식품에 있어서 물이 많은 성분들의 용매로 작용한다.

2 유리수와 결합수의 특징

1 자유수(유리수, free water)

01 정의 : 식품 중에서 자유로이 운동할 수 있는 물로 염류, 당류, 수용성 단백질 등을 용해하는 용매로서 작용하는 물이다.

02 특징
① 물의 극성은 다른 어떠한 용매보다 크기 때문에 많은 전해질을 녹이므로 용매로써 작용한다.
② 0°C에서 얼고 100°C에서 끓는다.
③ 4℃에서 비중이 1로 가장 크고 동결에 의해 부피가 팽창한다.
④ 식품을 건조나 동결시키면 쉽게 제거되고 결빙될 수 있다.
⑤ 미생물의 번식에 이용될 수 있다.
⑥ 비열이 크다.
⑦ 물의 표면장력은 73dyne/cm^2(20℃)로서 액체 중에서 가장 크다.
⑧ 다른 용매에 비해 점성이 크다.

2 결합수(bound water)

01 정의 : 식품의 구성성분인 단백질, 탄수화물의 분자와 수소결합하여 −40°C 이하에서도 얼지 않는 물이다.

02 특징
① 용질에 대하여 용매로써 작용하지 않는다.
② 대기 중에서 100℃ 이상으로 가열하여도 제거되지 않는다.
③ 0℃ 이하의 저온에서 잘 얼지 않으며 보통 −40℃ 이하에서도 얼지 않는다.
④ 동·식물에 존재할 때 조직을 압착하여도 제거되지 않는다.
⑤ 정상적인 물보다 밀도가 크다.

⑥ 미생물의 번식과 발아에 이용되지 못 한다.

⑦ 식품성분의 구조와 특성유지에 필요하다.

⑧ 식품의 맛과 품질의 안정성에 관계한다.

3 수분활성도(water activity)

1 수분활성도의 정의

어떤 임의의 온도에서 그 식품이 나타내는 수중기압(P)에 대한 같은 온도에 있어서의 순수한 물의 최대 수중기압(P_o)의 비로 정의되며 이는 상대습도를 100으로 나눈 값과 같다.

$$A_W = \frac{P}{P_o} = \frac{N_W}{N_W + N_S} = \frac{ERW}{100}$$

P : 식품이 나타내는 수중기압
P_o : 순수한 물의 최대 수중기압
N_w : 물의 몰수
N_s : 용질의 몰수
ERH : 평형상대습도

2 식품의 수분활성도

01 일반적으로 식품의 수증기압

일반적으로 식품의 수증기압은 순수한 물의 수증기압보다 작으므로 Aw는 1 이하이다.

① 수분이 많은 어패류, 야채류 등은 A_W가 0.98~0.99

② 수분이 적은 곡물, 건조식품 등은 A_W가 0.60~0.64

02 미생물의 성장에 필요한 최소한의 수분활성도

① 보통 세균 : 0.91　　　　　　② 보통 효모·보통 곰팡이 : 0.80

③ 내건성 곰팡이 : 0.65　　　　④ 내삼투압성 효모 : 0.60

※ A_W의 값 : 클수록 미생물이 이용하기 쉽다.

4 등온 흡습 및 탈습 곡선(moisture sorption or desorption isotherm)

1 등온 흡습 및 탈습 곡선의 정의

① 일정온도에서 한 식품의 수분함량이 대기 중의 수분 함량, 즉 상대습도와 평형에 도달하였을 때의 수분 함량을 평형 수분 함량이라 하며 상대습도와 평형수분함량 사이의 관계를 나타낸 곡선을 등온흡(탈)습 곡선이라 한다.

② 식품이 대기 중에 수분을 방출함으로써 평형수분함량에 이르는 경우에 얻어지는 곡선을 등온 탈습 곡선이라 하고 식품이 대기 중의 수분을 흡수함으로써 평형에 이르는 경우의 곡선을 등온 흡습 곡선이라 한다.

② 이력현상(hysteresis)

등온 탈습 과정에 있어서의 어떤 일정한 평형상대 습도에 해당하는 수분함량이 등온 흡수 과정에서 있어서의 평형 상대습도에 해당되는 수분 함량보다 일반적으로 크므로 엄밀하게 가역적이라 할 수 있다. 이렇게 등온 흡습 곡선과 등온 탈습 곡선이 일치되지 않는 현상을 말한다.

③ 등온 흡습 및 탈습곡선의 구분 및 각 영역의 성질

01 단분자층 형성 영역(Ⅰ영역)

① 식품 내의 수분이 다른 성분과 단단히 결합하여 단분자층을 형성하는 영역이다.
② 식품의 수분함량이 5~10%로 적고 상대습도가 25% 이하에 해당된다.
③ 식품성분 중의 carboxyl기나 amino기와 같은 이온그룹과 강한 이온결합을 하는 영역으로 식품 속의 물 분자가 결합수로 존재한다.
④ 저장성이나 안정성은 Ⅱ영역보다 떨어진다. 이 영역에서는 광선 조사에 의한 지방질의 산패가 심하게 일어난다.

02 다분자층 영역(Ⅱ영역)

① 수분이 많아 직선에 가까운 곡선 부분을 이루는 부분이다.
② 상대습도의 증가에 따라 수분 함량이 급격히 증가하여 식품 중의 수분이 다분자층을 형성하는 영역이다.
③ 이 영역에서는 물 분자가 이온화되지 않고 있는 여러 기능기들과 수소결합을 이루어 결합수 형태로 주로 존재한다.
④ 물 분자들이 다분자층을 형성하는 영역으로 식품의 안정성이나 저장성이 가장 좋은 최적 수분 함량을 나타는 영역이다.

03 모세관응고 영역(Ⅲ영역)

① 식품의 다공질 구조, 특히 모세관에 수분이 자유로이 응결되는 영역이다.
② 이 영역에서는 물 분자가 결합되어 있지 않고 자유로이 이동하는 자유수 형태로 존재한다.
③ 식품 중의 수분이 식품 성분에 대해 용매로써 작용하며 따라서 식품의 품질저하를 가져오는 여러 가지 화학반응 및 효소반응들이 촉진되고 미생물의 증식도 일어날 수 있다.

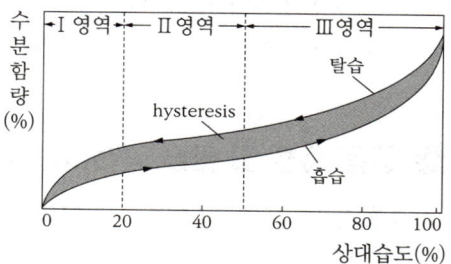

[그림 2-1 등온흡습(탈습) 곡선]

Chapter 02 | 탄수화물

1 탄수화물(carbohydrates)의 정의

탄수화물은 탄소, 수소 및 산소로 이루어지진 화합물로, $Cm(H_2O)n$의 일반식으로 표시된다. 당질(glucoside)이라고 부르기도 하며, 화학적으로는 분자 내에 한 개 이상의 수산기($-OH$)와 한 개 이상의 carbonyl기($-CHO$ 또는 $>CO$)를 가지고 있다.

2 탄수화물(carbohydrates)의 분류

탄수화물은 일반적으로 가수분해에 의하여 생성되는 당 분자의 수에 따라 단당류(monosaccharides), 소당류(oligosaccharides), 다당류(polysaccharides)등 세 가지 종류로 분류한다.

1 단당류(monosaccharides) : 가수분해에 의해 더 이상 분해될 수 없는 가장 간단한 당류이다. 분자 내의 탄소수에 3탄당, 4탄당, 5탄당, 6탄당, 7탄당 등으로 구별된다.

① 3탄당 : glycerose, dihydroxyacetone
② 4탄당 : erythrose, threose, erythrulose
③ 5탄당 : ribose, arabinose, xylose, ribulose
④ 6탄당 : glucose, mannose, galactose, fructose
⑤ 7탄당 : mannoheptose, sedoheptulose

2 소당류(oligosaccharides) : 보통 2~8분자의 단당류들이 결합되어 이루어진 당류이다. 2당류, 3당류, 4당류 등으로 구별된다.

① 2당류 : maltose, lactose, sucrose, melibiose
② 3당류 : raffinose, gentianose
③ 4당류 : starchyose

3 다당류(polysaccharides) : 수백 또는 수천 개의 단당류가 결합되어 이루어진 당류로서 한 가지 단당류만으로 구성된 것을 단순다당류, 두 가지 이상의 단당류들로 구성된 것을 복합다당류로 구분한다.

① 단순다당류 : starch, cellulose, insulin, glycogen, chitin, araban, xylan
② 복합다당류 : pectin, hemicellulose, gum, heparin, galactan

3 단당류(monosaccharides)

1 단당류의 정의

① 분자 중에 두 개 이상의 수산기($-OH$)와 한 개의 aldehyde기($-CHO$)나 케톤기($>CO$)를 가지고 있다.

② aldehyde기를 갖는 것은 알도즈(aldose), ketone기를 갖는 것을 케토즈(ketose)라고 분류한다.

2 단당류의 광학 이성체

① 천연으로 존재하는 단당류들은 하나 이상의 부제탄소를 가지고 있다.

② 부제탄소(asymmertric carbon atom)란 탄소원자에 서로 다른 원자 또는 원자단이 결합되는 것을 말한다. 부제탄소가 n개이며 이성체의 수는 2^n이다.

③ 부제탄소가 존재하면 결합되어 있는 원자와 원자단들의 입체적인 배치만이 다를 뿐 구성원자와 결합의 종류가 동일한 입체 이성체가 생기며, 이들은 광학적 활성을 갖는다.

④ 3탄당에는 부제탄소 1개가 있다. 부제탄소에 OH기가 오른쪽에 있는 경우는 D-glyceraldehyde, 좌측에 있는 경우는 L-glyceraldehyde라고 한다.

⑤ 6탄당에서는 부제탄소가 4개가 있으므로 입체 이성체 수가 16개이다. 이 경우는 5번째 탄소에 붙어있는 OH기가 우측에 붙어 있는 것을 D형이라 하고, 좌측에 붙은 것을 L형이라 한다. 선광성을 표시하면 우선성인 것에는(+), 좌선성인 것에는(−)을 붙여 D(+) glucose와 같이 표시한다.

3 단당류의 구조

01 쇄상구조(Fisher식에 의함)

① aldehyde(−CHO)기를 위쪽에 쓰고, 위에서부터 탄소번호를 C_1, $C_2 \cdots$붙인다.

② aldose의 경우는 C_1에는 −CHO를, C_6에는 −CH_2OH를 붙인다.

③ ketose의 경우는 C_1, C_6에 −CH_2OH를, C_2에는 ketone($>C=O$)기를 붙인다.

02 환상구조

① aldehyde기나 ketone기는 불안정하여 반응성이 매우 크다. 4탄당 이상의 당은 aldehyde기 또는 ketone기와 분자 내의 C_4, C_5 또는 C_6의 OH기와 결합하여 hemiacetal($>C=O$기에 R−OH가 붙는 것)을 형성하여 환상구조를 형성한다.

② glucose는 분자 내의 C_1의 −CHO기와 C_5의 OH기가 hemiacetal을 형성하여 6각형의 환상구조(pyranose)를 이룬다.

③ frutose와 같은 ketohexose의 경우는 C_2의 $>C=O$기와 C_5의 OH기 사이에 hemiketal을 형성하여 5각형의 환상구조(furanose)를 이룬다.

④ 환상구조에서 $>C=O$를 형성하고 있던 C에 새로운 OH기가 새로 생기게 됨으로써, 이 C도 부제탄소가 되어 이성체가 생긴다. 새로 생긴 OH기가 그 당의 D, L을 결정하는 부제탄소원자에 붙은 OH기와 같은 방향에 있을 때 α형, 반대 방향에 있는 것을 β형이라 한다. α, β의 이성체를 anomer라 하며, 일반적으로 수용액 중에서는 2가지 형이 평형상태를 이루고 있다.

4 단당류의 종류

01 3탄당(triose) : 생리적 의의를 가진 가장 간단한 당으로서 glyceraldehyde와 dihydrooxy acetone이 여기에 속한다. 근육 또는 효모 중에서 당이 분해될 때 인산 ester로서 존재하고, 유리상태로는 존재하지 않는다.

02 5탄당(pentose) : 자연계에서 주로 다당류(pentosan) 혹은 핵산의 구성성분으로 널리 분포되어 있으며 유리 상태로는 극히 드물게 존재한다. 강한 환원력을 가지나 발효되지 않고 사람에게는 거의 이용되지 않는다.

(1) D-xylose
① 볏짚, 옥수수 속대, 나무껍질, 종자의 껍질 등에 많이 존재하는 다당류인 xylan의 구성당이다.
② 초식동물은 소화하여 이용할 수 있으나 사람은 소화하는 능력이 없다.
③ 설탕의 60% 정도의 단맛을 나타낸다.
④ *Torula*속을 제외한 효모에 의해서 발효되지 않는다.

(2) L-arabinose
① 아라비아검(arabic gum)의 주요 당류인 araban의 구성당이다.
② pectin이나 hemicellulose의 구성성분이 되기도 한다.
③ 효모에 의해서 발효되지 않는다.

(3) D-ribose : ribo핵산(RNA), ATP, Vitamin B_2 및 NAD, CoA 등 조효소의 구성성분이다, 효모에 의해 발효되지 않는다.

03 6탄당(hexose) : 동식물계에 유리 형태 또는 결합형태로서 광범위하게 분포되어 있다. 식품 중에 함유되어 있는 대표적인 6탄당은 D-glucose, D-galactose, D-mannose, D-fructose 4종류가 있다. 강한 환원력을 가지며 효모에 의해 발효된다.

(1) D-glucose(포도당)
① 우선성의 당이란 의미에서 관습적으로 dextrose라고도 한다.
② 유리상태로는 과실에 많이 함유되어 있으며, 잎, 줄기에도 분포되어 있다. 동물의 혈액 중에도 0.07%~0.1% 함유되어 있다.
③ 결합상태로는 전분, 섬유소, 맥아당, 자당 및 각종 배당체의 성분으로서 식물계에 널리 분포되어 있고, 동물체 내에서는 glycogen의 형태로 저장되어 있다.
④ 환원당이며 α-형과 β-형이 두 개의 이성체가 존재한다. Glucose 수용액을 방치해 두면 α형과 β형이 약 2:3의 비율로 평형혼합액을 만든다.

(2) D-fructose(과당)
① 좌선성의 당이란 의미에서 levulose라고도 부른다.
② 유리상태로 과일, 벌꿀 등에 존재한다.
③ 결합상태로는 sucrose, raffinose 등의 소당류와 특히 돼지감자에 많이 들어있는 다당류인 inulin의 구성당으로 존재한다.

④ 천연당류 중에서 가장 단맛이 강하고 상쾌하여 감미료로서 중요시되고 있다.

⑤ 용해도가 크고 과포화되기 쉬워서 결정화되기 어렵고, 매우 강한 흡습 조해성을 가지며, 점도가 포도당이나 설탕보다 약하다.

⑥ 환원당이며 α -형과 β -형이 두 개의 이성체가 존재한다.

(3) D-galactose

① 자연계에 유리상태로 존재하지 않으며 이당류인 lactose, 삼당류인 raffinose, 그리고 다당류로서 한천의 주성분인 galactan의 구성당이다.

② 동물체내에서는 당지질인 cerebroside의 구성분으로 뇌, 신경조직에 함유되어 있다.

③ Glucose 보다 단맛이 덜하며 물에 잘 녹지 않는다.

④ 환원당이다.

(4) D-mannose

① 오렌지의 과피나 발아종자 등에 극히 드물게 존재한다.

② 백합 뿌리 등에 들어 있는 다당류인 mannan의 구성당이며, 식물의 줄기와 잎에 함유되어 있다.

③ 단맛은 galactose와 비슷하다.

④ 환원당이며 α -형과 β -형이 두 개의 이성체가 존재한다.

5 단당류의 유도체

01 Deoxy sugar : 보통의 단당류에서 산소가 하나 제거된 것으로서 당의 -C-OH기가 -C-H로 치환된 환원형의 화합물이다.

(1) **D-deoxyribose** : D-ribose의 C_2에서 산소가 제거된 것이다, 세포핵 중의 DNA의 구성분으로서 동식물계 널리 분포하는 5탄당이다.

(2) **L-rhamnose** : L-mannose의 C_6에서 산소가 제거되어 methyl pentose화된 것이다, flavonoid와 결합하여 배당체를 이루어 자연계에 식물 색소성분으로 존재한다.

(3) **L-fucose** : L-galactose의 C_6에서 산소가 제거되어 methyl pentose화된 것이다, 해조류의 다당류인 fucan의 구성당이다.

02 당알코올(sugar alcohol) : 단당류의 carbonyl기(-CHO, $>$C=O)가 H_2 등으로 환원되어 알코올(-CH$_2$OH)로 된 것이다. 일반적으로 단맛이 있고 체내에서 이용되지 않으므로 저칼로리 감미료로 이용된다.

(1) D-sorbitol

① glucose나 fructose가 환원된 것이다.

② 사과, 배 등의 과실에 1~2%, 홍조류에 16% 함유되어 있다.

③ 주로 Vitamin C, L-sorbose의 합성 원료로서 이용된다.

④ 흡수성이 세고, 당뇨병 환자의 감미료, 식이성 감미료로 이용된다.

(2) D-mannitol

① mannose나 fructose의 환원에 의해서 얻어진다.

② 식물에 광범위하게 분포하고, 특히 곤포나 꽃감 표면의 흰가루에 많이 함유되어 있다.

③ 흡수성은 없고, 당뇨병 환자의 감미료로 사용된다.

(3) dulsitol : D-galactose가 환원된 것이다, 여러 식물에서 얻어지며 약간의 단맛을 가진다.

(4) inositol

① 환상구조의 당알코올로서 9개의 입체이성체가 존재한다.

② 곡류의 껍질, 포도 또는 감귤류와 같은 과실, 대두, 소맥배아 등에 많이 함유되어 있다.

③ 동물체 중에는 근육과 내장에 유리상태로 존재하기 때문에 근육당이라고도 한다.

(5) erythritol : erythrose가 환원된 것이다, 해조류와 이끼류에 존재한다.

(6) ribitol : ribose가 환원된 것이다, Vitamin B_2의 구성 성분으로 중요하다.

(7) xylitol : D-xylose가 환원된 것으로, 감미료로 이용된다.

03 Thio sugar : 단당류 분자의 carbonyl기의 산소가 유황으로 치환된 것이다.

(1) Thioglucose : 무, 마늘, 고추냉이의 매운맛 성분인 sinigrin의 구성당으로서 배당체로 존재한다.

04 아미노당(amino sugars) : 당류의 C^2 원자의 OH기가 NH_2기로 치환된 것이다.

(1) D-glucosamine(chitosamine)

① 게와 같은 갑각류 껍질의 구성분인 chitin의 구성단위가 된다.

② Chitin은 아미노기의 수소원자 1개가 acetyl기로 치환된 N-acetyl glucosamine의 중 합체이다.

(2) Glactosamine(chondrosamine) : 연골이나 건의 당단백질 중 chondroitin sulfate의 구성 성분이다.

05 Aldonic acid : 단당류의 C_1의 aldehyde기(-CHO)가 산화되어 carboxyl기(-COOH)로 된 것이다.

(1) D-gluconic acid

① D-glucose의 aldehyde기가 산화된 것으로 곰팡이, 세균에 존재한다.

② 환원성이 없다.

06 Saccharic acid(당산) : 단당류 C_1의 aldehyde기(−CHO)와 C_6의 제1급 alcohol기(−OH) 양족이 다같이 산화되어 carboxyl기(−COOH)로 된 것이다. 환원성이 없다.

　(1) D−glucosaccharic acid : D−glucose의 C_1과 C_6가 −COOH기로 산화된 것이다, 인도 고무나무에 존재하며 물에 잘 녹고 환원성이 없다.

　(2) Mucic acid(점액산) : galactose가 산화된 것이고, 물에 녹지 않는다.

07 Uronic acid(우론산) : 단당류의 C_6의 제1급 alchol기(−OH)가 carboxyl기(−COOH)로 산화된 것이다.

　(1) D−glucuronic acid : 식물계에서는 식물 gum질의 구성성분으로 존재한다, 동물체에서는 heparin, chondroitin sulfate, hyaluroic acid의 구성성분이며 동물체내에서 해독작용에 관여한다.

　(2) D−galacturonic acid : methyl ester로서 과실 중의 다당류인 pectin의 구성성분으로 존재한다.

　(3) D−mannuronic acid : 갈조류의 다당류인 alginic acid의 구성성분으로 존재한다.

4 2당류

1 맥아당(엿당, maltose)

① α−glucose의 C_1의 glucoside성 OH기와 α 또는 β−glucose의 C_4의 glucoside성 OH기가 α−1,4−glycoside 결합으로 축합된 화합물로서 환원당이다.
② 전분이나 글리코겐을 amylase나 산에 의하여 가수분해할 때 생성되며 감주의 주성분이다.
③ 환원당이며 효모에 의해 발효되지 않는다.

2 유당(젖당, lactose)

① β−galactose의 C_1의 glucoside성 OH기와 α−또는 β−glucose의 C_4의 glucoside성 OH기가 α−1,4−galactoside 결합으로 축합된 화합물이다.
② 포유동물의 유즙 중에 존재하며 식물계에서는 발견되지 않는다. 인유에 5~8%, 우유에 4~6%가 함유되어 있다.
③ 젖산균의 발육을 왕성하게 하여 다른 유해균의 발육을 억제하는 정장작용을 한다.
④ 환원당이며 효모에 의해 발효되지 않는다.

3 설탕(자당, sucrose)

① α-D-glucose의 C_1의 glucoside성 OH기와 β-D-fractose의 C_2의 glucoside성 OH기가 축합한 화합물이다.

② 비환원당이며 α, β형의 이성체가 존재하지 않는다.

③ 식물계에 널리 분포되어 있으며, 특히 사탕수수의 줄기와 사탕무우의 뿌리에 많다.

④ 묽은 산이나 효소(invertase)에 의해 가수분해되면 우선성인 자당은 D(+)glucose와 D(−)fructose의 등량 혼합물인 전화당(invert sugar)이 되며, 이러한 반응을 전화(inversion)라 한다. D-fructose의 좌선성이 D-glucose의 우선성보다 강하므로 좌선성으로 된다.

⑤ 10% 설탕용액이 감미도 100으로 기준이 되며, 감미도 순서는 과당(175), 전화당(130), 설탕(100), 포도당(75), 맥아당(32), 갈락토오즈(32), 유당(16) 순이다.

5 3당류 및 4당류

1 Raffinose

① galactose, glucose 및 fructose로 이루어진 3당류로서 비환원성이다.

② 대두와 같은 두류의 종자에 특히 많고, 사탕무, 면실 등에 함유되어 있다.

③ 인체 내에서 소화 흡수되기 어려우나 장내세균의 발효에 의해 가스형성, 복통을 일으키는 당류이다.

2 Stachyose

① raffinose의 galactose의 C_6에 또 하나의 galactose가 α-1,6 결합한 구조를 가진 비환원성 4당류이다.

② 효모에 의하여 부분적으로 가수분해되며, 면실과 대두에 많이 함유되어 있다.

6 다당류(polysaccharide)

다수의 단당류 또는 그 유도체들이 glycoside 결합을 하고 있는 분자량이 큰 탄수화물이다. 구성당의 종류에 따라 단순 다당류와 복합 다당류로 분류한다. 단순다당류는 녹말, 글리코겐, 셀룰로오스, 등과 같이 단일 종류의 단당류로만으로 이루어진 당류이고, 복합다당류는 펙틴, 헤미셀룰로오스 등과 같이 두 가지 이상의 단당류와 그 유도체로 구성된 당류이다.

1 단순 다당류

01 전분(starch)

(1) 전분의 입자

① 식물의 저장 탄수화물로서 곡류, 서류 등에 다량 함유되어 있다.

② 무취, 무미의 백색가루이다. 물에 잘 녹지 않고 물보다 무거워(비중이 1.65) 침전되므로 전분이라 부르며, 옥도반응은 청색이다.

(2) 전분의 분자구조

① 전분은 다수의 glucose의 분자가 중합된 것으로 분자식은 $(C_6H_{10}O_5)n$으로 표시되며 결합 방법에 따라 amylose와 amylopectin으로 구별된다.

② amylose는 α-D-glucose가 α-1,4 결합의 사슬모양으로 다수 결합하고 α-glucose의 분자수는 평균 약 4천 개에 이른다.

③ amylopectin은 amylose의 직쇄의 군데군데에 다른 amylose 사슬이 α-1,6 결합으로 가지를 이룬 분자구조이다.

④ amylose와 amylopectin의 분자들이 서로 밀착되어 섬유상 집합체인 micelle을 이루고, 이 micelle이 모여서 전분층을 형성한다.

⑤ 전분 중의 amylose와 amylopectin의 비율은 일반적으로 20 : 80 정도이며, 찹쌀, 찰옥수수 등의 찰전분은 amylopectin으로만 되어 있다.

(3) 전분의 가수분해 : 전분을 가수분해하면 dextrin → oligosaccharides → maltose → glucose로 되며 맥아로 분해하면 maltose가 생긴다.

02 덱스트린(dextrin, 호정)

전분을 산이나 효소로 가수분해하면 maltose를 거쳐 glucose가 되는데 가수분해 정도에 따라 여러 중합도를 가진 생성물이 얻어진다. 이때 maltose와 glucose가 되기 이전의 모든 가수분해 중간 생성물을 총칭하여 dextrin이라 한다. 이 dextrin은 요오드에 의한 정색반응으로 가수분해 정도를 알 수 있다.

(1) soluble starch(가용성 전분)

① 생전분을 묽은 염산용액에 침지하여 실온에서 7일 방치한 후 산성을 띠지 않을 때까지 수세하여 건조시켜 얻는다.

② 냉수에는 잘 분산되지 않으나 뜨거운 물에는 잘 분산되어 투명한 colloid용액을 만든다.

③ 요오드 정색반응은 청색을 나타낸다.

(2) amylodextrin : 가용성 전분과 거의 비슷한 성질을 나타낸다, 요오드 정색반응은 청색을 나타낸다.

(3) erythrodextrin : 찬물에 녹으며, maltose를 1~3% 함유하므로 환원성을 가지고 있다, 요오드 정색반응은 적색을 나타낸다.

(4) achrodextrin : 환원성을 가지고 있다, 요오드 정색반응을 일으키지 않는다.

(5) maltodextrin : maltose나 glucose가 되기 직전의 dextrin이다, 환원성이 가장 크며, 요오드 정색반응을 나타내지 않는다.

03 글리코겐(glycogen)

① 식물에서 전분에 상당하는 동물성 저장다당류로서 동물전분(animal starch)이라고 한다.
② α-glucose가 α-1,4결합과 α-1,6결합에 의한 중합체로 전분의 amylopectin과 매우 유사하나 amylopectin보다 가지가 더 많고 사슬의 길이는 짧다.
③ 간(5%), 근육(0.5~1%)에 함유되어 있으며, 굴이나 효모에도 존재한다.
④ 백색 무정형의 분말로 무미, 무취이고 냉수에 녹아서 colloid용액을 이룬다. 전분과 같이 호화를 일으키지 않으므로 노화 현상도 없다.
⑤ 요오드 정색반응은 적갈색을 나타낸다.

04 섬유소(cellulose)

① 자연계에 가장 광범위하게 분포되어 있는 다당류로서 고등식물의 세포벽의 주성분이다.
② 구조는 β-D-glucose가 β-1,4결합으로 연결된 긴 직쇄상의 분자구조로서 micelle 구조가 견고하다.
③ 인체에는 cellulose를 분해하는 효소인 cellulase가 없으므로 식품 중의 cellulose는 소화되지 않고 체외로 배설되어 영양적 가치가 적다.
④ cellulase는 달팽이, 흰개미에서 분비되며, 또 소와 같은 반추동물의 제 1위에 기생하는 세균이나 *Aspergillus*, *Rhizopus*, *Penicillium* 속 곰팡이들에 의해 분비된다.
⑤ 식품 중의 적당량의 cellulose는 장의 연동운동을 자극하여 정장작용을 한다.

05 이눌린(inulin) : β-D-fructofuranose가 β-1,2결합으로 이루어진 중합체로 대표적인 fructan이다. 다알리아 뿌리, 돼지감자, 우엉 등에 함유되어 있는 저장 다당류이다.

06 키틴(chitin)

① N-acetyl-glucosamine들이 β-1,4 glucoside 결합으로 연결된 직쇄상의 다당류로서 영양성분은 아닌 물질이다.
② 바다가재, 게, 새우 등의 갑각류와 곤충류의 껍질층에 포함되어 있다.

2 복합 다당류

01 Hemicellulose

① Celluose, lignin, 각종 pentosan과 함께 식물세포의 세포막을 이루는 구성성분이다.
② xylose, arabinose와 같은 당성분과 glucuronic acid, galacturonic acid와 같은 uronic acid로 구성되어 있다.
③ 곡물의 짚, 목초의 잎, 귀리의 껍질, 옥수수의 이삭줄기 등의 모든 목질조직에 존재한다.

02 Pectin 질(pectic substances)

(1) 특징

① 식물 조직의 세포벽이나 세포와 세포 사이를 연결해 주는 세포간질에 주로 존재하는 다당류로 세포들을 서로 결착시켜 주는 물질로 작용한다.

② 팩틴은 사과, 딸기 등의 과실류, 일부 야채류 사탕무 등에 존재하고, 레몬, 오렌지 등의 감귤류 껍질에 35%로 높은 함량으로 존재한다.

③ 팩틴질의 기본단위는 α-D-galacturonic acid이며 긴사슬로 되어 있다. 팩틴을 가수분해하면 galacturonic acid가 90%정도로 가장 많고, 소량의 methanol, galactose, arabinose, xylose 및 acetic acid 등이 생성된다.

(2) 종류

protopectin	• 팩틴의 전구체로서 식물의 유연조직 특히 덜 익은 과실에 많이 존재한다. • 과실이 익어감에 따라 protopectctinase에 의해 가수분해되어 수용성의 pectin으로 변한다.
pectic acid	• 분자 내의 carboxyl기에 methyl ester기가 전혀 존재하지 않는 polygalacturonic acid이며, 불용성의 물질이다.
pectinic acid	• pectic acid의 carboxyl기의 일부가 methyl ester의 형태로 된 polygalacturonic acid이며, 수용성 물질이다.
pectin	• 적당량의 산과 당이 존재하면 gel화 되는 성질이 있는 물질로 분자 내의 carboxyl기의 상당 부분이 methyl ester화한 것으로 수용성의 물질이다.

03 아라비아 고무(gum arabic)

① 인도, 아프리카생육 등 열대 또는 아열대 지방에서 생육하는 아카시아 나무의 껍질에서 얻어지는 분비물이다.

② 구조는 β-D-galactose가 β-1,3결합으로 연결된 주사슬에 L-rhamnose, L-arabinose, D-glucuronic acid가 1,6 결합된 coil상의 구조이다.

③ 아라비아 gum은 안정제, 점착제 등으로 쓰이며 특히 제빵, 제과, 청량음료 등에 유화제로 사용된다.

04 한천(우뭇가사리, agar)

① 홍조류와 녹조류에서 추출되는 다당류이다.

② amylose와 같은 직선상의 분자구조를 가진 agarose와 amylopectin과 같이 분지구조로 된 agaropectin의 두 성분으로 되어 있다.

③ 한천의 gel 형성 능력이 강력하여 0.2~0.3%에서도 gel을 형성한다.

④ 고온에서도 gel 상태를 유지하므로 제빵, 제과, 유제품, 청량음료 등의 안정제로 사용된다.

05 Alginic acid와 algin

① Alginic acid는 미역, 다시마 등의 갈조류의 세포막 구성성분으로 존재하는 다당류이다. Alginic acid의 Na, Ca, Mg 염과의 혼합물을 algin이라고 한다.

② 아이스크림, 농축 오렌지 주스, 맥주 등의 안정제로 사용된다.

06 가라기난(carrageenan)

① 홍조류에 속하는 해조의 *Chondrus crispus*의 세포막에 함유되는 수용성 추출물이다.

② 우수한 gel 형성제, 점착제, 안정제 등으로 사용되고 있다.

07 덱스트란(dextran)

① 미생물이 생성하는 gum질 중 대표적인 것으로 *Luconostoc mesenteroid*에 속하는 세균이 당밀이나 설탕 등을 분해시켜 얻어지는 고무질이다.

② 점성이 매우 크고 대용 혈청으로 이용되며 dextran의 철복합체와 황산 ester는 각각 철보급제와 혈액 응고 방지제로 이용한다.

08 잔탄검(xanthan gum)

① glucose에 대하여 *Xanthomonas campestris*의 발효과정에서 형성되는 극히 점도가 큰 gum질이다.

② 의가소성이 가장 커서 강하게 교반할수록 외관상의 점성이 감소하므로 식품가공 시 바람직한 유동성을 주는 gum이다.

7 탄수화물의 변화

1 전분의 호화

01 전분의 호화(gelatinization)

① 전분 입자에 물을 가하고 다량의 물 존재하에서 가열하면 온도가 상승하여 60~70℃ 부근에서 물을 흡수하여 팽윤(swelling) 하고 전분입자들의 분산액은 점도가 큰 유백색의 콜로이드 용액을 형성하는 물리적 변화를 호화라고 한다.

② 생전분(β전분)은 전분입자에 일부 물분자가 흡수되는 수화 현상 후 물의 흡수량이 증가되어 팽윤이 되므로 미셀(micelle)이 붕괴되고 방향부동성을 소실하면서 교질용액을 형성한다.

③ 호화전분은 생전분(β전분)에 비해 α 전분으로 불리며 amylase 등의 소화효소의 작용을 받기 쉽다.

02 호화전분의 X선 간섭도

① 호화가 일어나면 전분의 micelle 구조가 붕괴되므로 전분 내에는 결정성을 가진 규칙적인 분자배열이 없어지게 되어 X선에 대하여 뚜렷한 회절도를 나타내지 않은 V도형을 나타낸다.

② 전분의 X선 간섭도

A도형	쌀, 옥수수전분과 같은 곡류 생전분
B도형	감자, 밤 등의 생전분
C도형	고구마, 칡, 완두, 티피오카 등의 생전분
V도형	호화전분

③ 일반적으로 X선 간섭도가 A, B, C 도형은 β 전분이라 할 수 있고, V도형은 α 전분이라 할 수 있다.

03 전분의 호화에 영향을 미치는 요인

① Starch 종류 : 전분의 입자가 클수록 호화가 빠르다. 즉 감자, 고구마는 쌀이나 밀의 전분보다 크기 때문에 빨리 일어난다.

② 수분 : 수분함량이 많을수록 호화가 잘 일어난다.

③ 온도 : 호화에 필요한 최저 온도는 전분의 종류나 수분의 양에 따라 다르나 대개 60°C 정도다. 가열온도가 높을수록 단시간에 호화된다. 쌀은 70°C에서는 3~4 시간, 100°C에서는 20분 정도 걸린다.

④ pH : 전분의 팽윤과 호화는 알칼리성에서 촉진된다. 전분액에 NaOH를 적당량 가하면 가열하지 않고 쉽게 호화가 가능하다.

⑤ 염류 : 염류는 수소 결합에 크게 영향을 주어 전분 호화 온도를 내려 호화를 촉진시켜 주므로 팽윤제라고도 한다. 전분의 호화를 촉진시켜주는 염류로서 음이온 중 $OH^- > CNS^- > Br^- > Cl^-$ 등이 있으나 황산염은 호화를 억제한다.

⑥ 당류 : 일부 당류는 전분의 gel 형성 능력과 점도를 증가시킨다. 보통 단당류가 소당류보다 점도 증가 효과를 크게 한다.

2 전분의 노화

01 전분의 노화(retrogradation)

① 호화전분, 즉 α 전분의 콜로이드 용액을 낮은 온도에서 장시간 방치하면 amylose 분자들은 서서히 부분적인 결정성을 다시 갖게 되어 β 전분으로 되돌아가는 현상을 노화 또는 β화라고 한다. 이것은 불규칙적인 배열을 하고 있던 전분이 차차 부분적으로 규칙적인 분자배열을 한 구조로 돌아간다는 것이다.

② α 전분이 노화되어 β 전분으로 돌아가면 전분입자는 다시 micelle의 모양으로 되돌아가게 되므로 X선 간섭도는 명료하게 나타나며, 이 β-전분의 X선 간섭도는 원료 전분의 종류에 관계없이 항상 B형의 간섭도를 나타낸다.

③ 노화된 전분은 호화 전분보다 효소의 작용을 받기 어려우며 소화가 잘 안 된다.

02 노화에 미치는 영향

① 전분의 종류 : 호화와 마찬가지로 전분입자들의 내부 구조와 전분 분자들의 크기, 형태 등과 밀접한 관계가 있다. 옥수수, 밀 등의 전분은 노화하기 쉽고, 감자, 고구마, 칡, 타피오카 등의 전분은 노화하기 어렵다.

② amylose와 amylopectin의 함량 : 전분의 노화 속도는 amylose와 amylopectin의 함량 비율에 따라 다르다. amylose는 직선상의 분자구조로서 입체장해를 받지 않아 노화하기 쉽고, amylopectin은 분지 구조분자로서 입체장해 때문에 노화가 어렵다. amylose 함량이 많은 전분은 노화가 더 빨리 일어나며, amylopectin만으로 된 찹쌀, 찰옥수수 전분은 일단 호화되면 노화되기 어렵다.

③ 수분함량 : 30~60%에서 가장 노화하기 쉬우며, 10% 이하에서는 거의 일어나지 않는다. 수분이 매우 많을 때도 어렵고, 건조상태에서도 잘 일어나지 않는다.

④ pH : 다량의 OH 이온은 starch의 수화를 촉진하고, 반대로 다량의 H이온은 노화를 촉진한다. HCl, H_2SO_4, H_3PO_4 등의 강산은 노화를 촉진한다.

⑤ 온도 : 노화가 가장 일어나는 온도는 0~5°C이며, 60°C 이상의 높은 온도와 동결 (−20~30°C) 때는 노화가 잘 일어나지 않는다.

⑥ 염류 : 황산마그네슘과 황산염들은 노화를 촉진한다.

3 호정화(dextrinization)

① 전분에 물을 가하지 않고 150~190°C 정도의 높은 온도로 가열하면 전분분자의 부분적인 가수분해 또는 열분해가 일어나 가용성 전분을 거쳐 호정(dextrin)으로 변화하는 화학적인 변화를 전분의 호정화라 한다.

② 덱스트린은 전분의 직쇄구조가 절단되어 생성되므로 호화에 비해 호정화는 화학적 변화라고 할 수 있다.

③ 호정은 호화전분보다 물에 잘 용해되며 소화효소 작용도 받기 쉬우나 점성은 약하다.

4 캐러멜화(caramelization)

① 당을 가열하면 160~180°C에서 용융되며 180~200°C에서 점조한 갈색물질이 생기는데 이를 캐러멜화라 부르며, 생성된 물질을 caramel이라고 한다.

② 이 변화는 당의 분자 내 탈수작용에 의하여 생긴 hydroxymethylfurfural이 서로 중합하여 생긴 것이다.

③ 벌꿀, 전화당액과 같이 fructose가 들어 있는 것은 caramel화가 쉽고 glucose는 비교적 어렵다. 포도당은 147°C, 설탕은 160~180°C에서 분해가 시작된다.

④ Caramel화는 pH 2.3~3.0일 때 가장 어렵고, pH가 높아짐에 따라 착색이 잘되는데 pH 5.6~6.2에서 가장 잘 일어난다.

⑤ 이것은 식품가공 또는 조리 때 색깔, 풍미에 영향을 준다.

Chapter 03 | 지질

1 지질(lipids)의 정의

지질은 동식물에 널리 분포되어 있으며, 대부분 C, H, O로 이루어져 있고 이외에 P, N, S 등을 함유하고 있다. 일반적으로 물에 녹지 않고 ether, chloroform 등의 유기용매에 녹으며 대부분 지방산과 ester를 형성하고 있는 물질을 총칭하여 지질(lipid)이라 한다.

2 지질(lipids)의 분류

1 단순지질 : 지방산과 글리세롤, 고급 알코올이 에스테르 결합을 한 물질을 말한다.

01 **중성지방(triglyceride)** : 지방산과 글리세롤의 에스테르 결합이다.
　① 실온에서 고체인 경우를 지(fat)이라 한다. **예** 우지, 돈지 등
　② 실온에서 액체인 경우를 유(oil)이라 한다. **예** 대두유, 면실유, 옥배유 등

02 **왁스류(waxes)** : 지방산과 고급 지방족 1가 알코올의 에스테르 결합이다.

03 **cholesterol ester** : 지방산과 cholesterol ester의 에스테르 결합이다.

2 복합지질 : 단순지질에 다른 원자단(인, 당, 황, 단백질)이 결합된 화합물이다.

인지질(phospholipids)	지방산, 글리세롤, 질소화합물, 인산이 결합한 것이다.
당지질(glycolipids)	지방산, 당류(주로 galactose), 질소화합물로 이루어지고 인산이나 글리세롤은 함유하지 않는다.
단백지질(proteolipids)	지방산과 단백질의 복합체로 결합한 지방질이다.
유황지질(sulfolipids)	유황을 함유한 지방질이다.

3 유도지질 : 단순지질과 복합지질의 가수분해로 생성되는 물질을 말한다.

지방산	직쇄상의 carboxy산
알코올	glycerol, 고급1가 알코올, sterol
탄화수소	지방족 탄화수소, squalene
지용성 비타민, 지용성 색소 등	–

3 지방산

1 지방산의 구조 : 지방산은 분자 중에 carboxyl를 가지고 있는 화합물로 지방질의 중요한 구성 성분이다. 천연에 존재하는 지방산은 대부분 짝수 개(4~30개)의 탄소원자로 이루어진 직쇄상의 일염기산으로 일반식은 RCOOH로 표시한다.

2 포화지방산

① 분자 내에 이중결합이 없는 지방산을 말한다.
② 일반적으로 저급지방산(탄소수 C_{10} 이하)은 휘발성이고 고급지방산(탄소수 C_{12} 이상)은 비휘발성이다.
③ 탄소수가 증가함에 따라서 물에 녹기 어렵게 되고 융점은 상승하여 높아지고, 상온에서 고체로 된다.
④ 천연유지에 가장 많이 존재하는 것은 palmitic acid(C_{16}), stearic acid(C_{18})이다.

3 불포화지방산

① 분자 내에 이중결합이 있는 지방산을 말한다.
② 상온에서 액체이며 이중 결합이 많을수록 융점이 낮고 중합이 잘 일어나 산패되기 쉽다.
③ 천연 유지 중에 존재하는 불포화 지방산은 대부분 안정한 trans형이 아니고 불안정한 cis형이다.
④ 포화지방산보다 산패가 빨리 일어난다.
⑤ 불포화지방산 중 linoleic acid($C_{18:2}$), linolenic acid($C_{18:3}$) arachidonic acid($C_{20:4}$)는 필수지방산이다.

4 단순지질

1 중성지방(triglyceride)

① 중성지방(유지)은 glycerol 1분자에 지방산 3분자가 ester 결합을 한 것으로 glycerol에 지방산이 1분자 결합 시 monoglyceride, 2분자 결합 시 diglyceride라고 한다.
② 천연에 존재하는 유지는 triglyceride가 주성분으로 중성지방에 속한다.
③ 불포화지방산을 많이 함유하는 glyceride는 포화지방산을 많이 함유하는 glyceride에 비하여 융점이 낮아 상온에서 액상을 나타낸다. 일반적으로 식물성 유지에는 액상의 것이 많고, 동물성유지에는 고체의 것이 많다.
④ 공기 중에 산소에 의하여 쉽게 산화되고 검화되며 가열하면 자극취를 내는 acrolein을 발생한다.

2 왁스류(waxes)

① 고급 1가 알코올과 고급지방산이 ester 결합한 것이다.
② 식물의 줄기, 잎, 종자, 동물의 체표부, 뇌, 지방부, 골 등에 분포하며 동식물체의 보호물질로서 표피에 존재하는 경우가 많다.
③ 충해나 미생물 침입, 수분의 증발 및 흡습을 방지하고 광택을 준다.

5 복합지질

1 인지질(phospholipid) : 글리세롤의 2개의 OH기가 지방산과 ester 결합되어 있고, 세 번째의 OH기에 인산이 결합된 phosphatidic acid를 기본구조로 하고 있다. 동식물 및 미생물의 세포막이나 미토콘드리아 막의 중요성분이며, 특히 뇌, 심장, 신경조직, 신장, 난황, 대두 등에 많이 함유되어 있다.

01 Lecithin
① phosphatidic acid의 인산기에 choline이 결합한 phosphatidyl choline의 구조로 되어 있다.
② 생체의 세포막, 뇌, 신경조직, 난황, 대두에 많이 함유되어 있다.
③ 분자 내에 소수성 부분인 지방산기와 친수성 부분인 choline기를 갖는 계면활성 물질로서 강한 유화작용을 갖기 때문에 마요네즈, 마가린, 아이스크림 등의 유화제로 널리 사용된다.

02 cephalin
① phosphatidic acid의 인산기에 serine이 결합한 phosphatidyl serine과 ethanolamine이 결합한 phosphatidyl ethanolamine의 두 종류가 있다.
② 성질과 분포는 lecithin과 유사하다.

03 sphingomyelin
① sphingosine, 지방산과 phosphatidyl choline으로 구성되어 있다.
② 식물계에는 거의 존재하지 않고, 동물의 뇌, 신장 등에 당지질과 공존하는 백색의 판상물질이다.

2 당지질(glycolipids) : 지방산과 sphingosine 및 당질로 구성되어 있는 복합지질로 glyceroglycolipids와 sphingoglycolipids가 있다. 동물의 뇌, 신경조직에 많이 들어 있다.

01 cerebroside
① 지방산, sphingosine, 당(단당류)으로 구성되어 있고, 구성당은 주로 galactose이며, glucose가 결합한 경우도 있다.
② 뇌, 비장 등의 지방조직에서 발견되고 있다.

02 ganglioside
① 지방산, sphingosine, 당(다당류)으로 이루어지며, 적어도 한 분자의 N-acetylneuraminic acid를 함유하고 있다.
② 신경절 세포에 주로 존재한다.

6 유도지질

steroid핵을 갖는 화합물을 통틀어 steroid라 하며, steroid핵의 3번 탄소에 OH기를, 17번 탄소에 탄소수 8~10개 정도의 side chain을 갖는 steroid로서 유리상태 또는 지방산과 ester 형태로 존재한다. 천연지질의 불검화성 지질의 대표적인 것이다. Sterol은 그 소재에 의하여 동물성(zoosterol), 식물성(phytosterol)과 균성(mycosterol)으로 분류한다.

■ 동물성 sterol

01 cholesterol : 고등동물의 근육 조직 중에 대부분 함유되어 있으며 특히 뇌, 신경조직, 담즙, 혈액 등에 많다. 성호르몬, 부신피질 호르몬, 비타민 D등의 전구체이고, 지방대사와 해독작용에 관여하는 중요한 물질이다.

■ 식물성 sterol

01 sitosterol : 식물성 유지에 널리 분포되어 있으며 특히 밀의 배아유, 옥수수유에 많이 함유되어 있다. 대표적인 식물성sterol이다.

02 stigmasterol : 대두유 중에 sitosterol과 공존하거나 미강유, 옥수수유, 야자유 등에 널리 분포한다. progesterone 등의 steroid hormone합성 원료로 된다.

■ 균성 sterol

01 ergosterol : 곰팡이, 효모, 고등균류, 클로렐라, 버섯 등에 함유되어 있다. 자외선 조사에 의해 Vit. D_2로 전환된다.

■ 지방의 물리적 성질

■ 비중(specific gravity) : 식용유의 비중은 0.92~0.94이다. 탄소수가 많아질수록, 또 불포화도가 낮아질수록 그 비중은 낮아진다.

■ 비열(specific heat) : 식용유의 비열은 0.44~0.50으로 물의 절반 정도 밖에 되지 않는다. 동일한 열량을 가했을 때 물보다 2배 빨리 가열된다.

■ 용해성(solubility)
① 친수성(극성) 용매인 물이나 알코올에는 잘 녹지 않고, 소수성(비극성) 용매인 에테르(ether), 석유에테르, 벤젠(benzene), 클로로포름 등에 쉽게 용해된다.
② 탄소수가 많고 불포화도가 적을수록 용해도는 감소한다.

■ 융점(melting point)
① 포화지방산은 불포화지방산보다 융점이 높으며, 포화지방산의 융점은 일반적으로 탄소수의 증가와 더불어 높아진다.
② 불포화지방산은 이중 결합수의 증가에 따라 융점이 낮아진다.
③ 융점이 낮을수록 소화흡수가 잘 된다.

■ 유화성(emulsification)
① lecithin과 같은 지방질은 분자 중에 친수성기(극성기)와 소수성기(비극성기)를 가지고 있으므로 지방을 유화시키는 성질이 있다.

② 한쪽의 액체(분산질)가 다른 한쪽의 액체(분산매) 속에 분산되는 것을 유화라고 하며 유화된 액을 유탁액(emulsion), 유화시키는 물질을 유화제(emulsifier)라고 한다. 유탁액은 2가지가 있다.

수중유적형(O/W)	물속에 유지의 입자가 분산되어 있는 것 예 우유, 아이스크림, 마요네즈
유중수적형(W/O)	유지 속에 물이 분산되어 있는 것 예 버터, 마가린

6 굴절률 : 유지의 굴절률은 20°C에서 1.45~1.47 정도이다. 유지의 분자량 및 불포화도가 클수록 굴절률은 커진다.

7 발연점, 인화점, 연소점

01 발연점
① 유지를 강하게 가열할 때 유지표면에서 엷은 푸른색의 연기가 발생하기 시작할 때의 온도를 말한다.
② 유지 중에 유리지방산 함량이 많을수록, 노출된 유지의 표면적이 커질수록, 그리고 유지 중에 외부에서 들어간 미세한 입자상의 물질들이 많을수록 낮아진다.

02 인화점
① 유지를 발연점 이상으로 계속 가열할 때 유지에서 발생하는 연기가 공기와 섞여서 발화되는 온도를 말한다.
② 유지 중에 유리지방산이 함유되어 있으면 인화점이 낮아진다.

03 연소점
① 유지가 인화되어 계속적인 연소를 지속하는 온도를 말한다.
② 발연점이 높을수록 연소점도 높다.

8 지방의 화학적 성질

1 검화가(saponification value)
① 유지 1g을 검화하는 데 필요한 KOH의 mg 수를 검화가라 한다.
② 유지의 구성지방산의 평균 분자량에 반비례하므로 저급지방산이 많을수록 검화가는 커진다.
③ 보통 유지의 검화가는 180~200 정도이다.

2 요오드가(iodine value)
① 유지 100g에 부가되는 I_2의 g수를 요오드가라고 한다.
② 유지 분자 내의 이중 결합의 수, 즉 구성 지방산의 불포화 정도를 나타내는 척도가 된다. 불포화지방산을 많이 함유하고 있는 유지의 요오드가가 크다.
③ 고체지방 50 이하, 불건성유 100 이하, 건성유 130 이상, 반건성유 100~130 정도이다.

3 산가(acid value)

① 유지 1g 중에 함유된 유리지방산을 중화하는 데 필요한 KOH의 mg수로 표시한다.

② 유지의 신선도 판정에 이용된다.

③ 신선한 유지일수록 유리지방산 함량이 적기 때문에 산가는 낮아진다.

4 아세틸가(acetyl value)

① 유지에 무수초산을 반응시켜 아세틸화한 유지 1g을 다시 가수분해할 때 생성되는 초산을 중화하는 데 필요한 KOH의 mg 수이다.

② 유지 중 유리 수산기(–OH)의 함량을 표시하는 척도이다.

③ 신선한 유지는 10 이하지만 피마자 기름은 146~150으로 높다.

5 Reichert meissl value(RMV)

① 유지 5g을 검화한 후 산성에서 증류하여 얻은 수용성인 휘발성 지방산을 중화하는데 필요한 0.1N KOH의 ml 수로 표시한다.

② 버터의 순도와 위조검정에 이용한다.

③ 일반유지는 1 정도이지만 버터는 23~30 정도로 높다.

6 polenske value

① 유지 5g의 유지 속에 함유된 비수용성 휘발성 지방산을 중화시키는 데 필요한 0.1N KOH의 mL 수로 표시한다. 수용성 휘발성지방산의 양을 나타낸다.

② 버터 중의 야자유 검사에 이용한다.

③ 버터는 1.5~3.5, 야자유는 16.8~18.2이다.

9 지질의 변화

1 유지의 산패

식용 유지 또는 지방질 식품을 장기간 저장할 때 산소, 광선, 효소, 미생물 등의 작용을 받아 불쾌한 냄새(off flavor)를 발생하고 착색되며 맛이 나쁘게 된다. 이와 같은 품질 저하 현상을 유지의 산패(rancidity)라 한다.

2 유지 산패의 분류

산화형 산패	• 비효소적 산화형(자동산화) 산패 • 효소적 산화형 산패
비산화형 산패	• 가수분해형 산패 • Ketone 생성형 산패

01 비효소적 산화형(자동산화) 산패

(1) 자동산화의 개요 : 유지가 공기 중의 분자상 산소(O_2)에 의하여 산화되면 hydroperoxide
가 생성되고, 이 hydroperoxide는 유지의 산화를 촉매시키므로 일단 이 산화가 시작되면
이후부터는 반응이 자동적으로 진행되기 때문에 자동산화(autoxidation)라고 한다.

(2) 자동산화의 기구(mechanism)

1) 개시단계 : 기질인 지방산이 산소, 열, 빛, 금속 등에 의하여 탈수소되어 유리 라디칼(R·)를
생성하는 단계이다.

$$RH \longrightarrow R· + H·$$
(substrate) (free radical)

2) 전파반응 : 유리기는 공기 중의 산소(O_2)와 결합하여 peroxy radical(ROO·)이 되고 이
peroxy radical은 유지분자(RH)에서 수소를 얻어 hydroperoxide(ROOH)가 되고 유지분
자는 활성 유리라디칼(R·)이 된다.

$$R· + O_2 \longrightarrow ROO·$$
(peroxy radical)

$$ROO· + RH \longrightarrow ROOH + R·$$
(hydroperoxide)

3) Hydroperoxide 분해단계 : 형성된 hydroperoxide(ROOH)는 불안정하여 유리기로 분해
되어 급격하게 산화된다.

$$ROOH \longrightarrow RO· + ·OH$$

4) 종결단계 : 자동산화의 후반기가 되면 연쇄반응에서 생성된 유리라디칼은 서로 결합하여
중합체를 형성하여 반응이 끝나게 된다.

$$R· + R· \longrightarrow RR(각 \ free \ radical이 \ 결합하여 \ 안정된 \ 화합물을 \ 형성)$$
$$R· + ROO· \longrightarrow ROOR$$
$$ROO· + ROO· \longrightarrow ROOR + O_2$$

02 효소적 산화형 산패

① 식물조직 중에 존재하는 지방질 산화는 그 식물체 내에 존재하는 여러 산화효소들에 의해서
촉진된다.

② 지방질의 산화를 촉진하는 효소에는 lipoxygenase와 lipohydroperoxidase의 2종류가 있다.

03 가수분해형 산패
① 유지의 구성성분인 triglyceride는 물, 산, 알칼리, 효소(lipolytic enzyme)에 의하여 유리지방산과 글리세롤로 분해되어 불쾌한 냄새나 맛을 형성하는 경우이다.
② 미강유, 올리브유 등의 식물성 유지 또는 어유 등은 착유 시 동식물 조직 중의 지방분해효소가 함께 추출되어 lipase에 의한 가수분해 산패가 일어나기 쉽다.

04 ketone 생성형 산패
① 보통 야자유, palm유, 유지방 등과 같이 저급지방산을 함유한 식품에서 볼 수 있다.
② 저급지방산이 미생물이 생산하는 효소작용에 의하여 ketone산을 거쳐 탄소수가 적은 methyl ketone으로 가수분해되는 것을 말한다.

3 유지의 산패에 영향을 미치는 인자

01 온도의 영향
① 온도가 높아질수록 반응속도는 빨라진다.
② 식품을 0°C 이하에 저장했을 경우는 0°C 이상의 경우보다 유지의 산화속도가 빠르다.

02 금속의 영향
① 금속이온은 유지 및 지방산의 자동산화를 현저하게 촉진한다.
② 산화 촉진작용의 크기는 Cu 〉Fe 〉Co, Fe 〉Ni 〉Sn 순이다.

03 광선의 영향
① 자외선 및 이온화 방사선에 이르기까지 모든 광선은 유지나 지방산의 산화를 촉진하며 그중에서도 파장이 짧은 광선일수록 산화 효과가 크다.
② 광선이 초기단계에 유리 라디칼 생성에 큰 영향을 미치기 때문에 가시광선은 325~400nm 파장의 광선에서 산화가 가장 잘 일어난다.

04 산소분압의 영향
① 유지나 지방산의 산화에 있어서 산소가 필수적이지만 산패가 일어나는 데 필요한 산소분압은 아주 적어도 된다.
② 산소농도가 낮을 때 산화속도는 산소량에 비례한다.

05 수분의 영향
① 수분은 유지를 가수분해시켜 유리지방산을 생성하므로 자동산화를 촉진시킨다.
② 식품성분이 수분에 의하여 단분자층을 형성하고 있을 때 산화에 가장 안정하며 이보다 수분함량이 적거나 많게 되면 산화는 촉진된다.

06 hematin 화합물

① Hemoglobin, myoglobin, cytochrome C 등에 함유된 Fe^{2+}이 산화되어 Fe^{3+}로 된 화합물이다.

② 이들은 hydroperoxide의 분해를 촉진시키므로 유지 중에 화합물이 함유되어 있으면 산화는 촉진된다.

07 산화억제물질의 영향(항산화제)

① 자동산화 과정의 전파단계에서 생긴 peroxide radical과 반응하여 이를 소비함으로써 연쇄반응을 중단한다.

08 지방산의 불포화도

① 유지분자 중 2중 결합이 많으면 활성화되는 methylene기(CH_2)의 수가 증가하므로 자동산화 속도는 빨라진다.

② 불포화지방산 중에서는 cis형이 trans형보다 산화되기 쉽다.

4 항산화제

① 유지의 산화를 방지하는 물질을 말하며, free radical에 용이하게 수소원자를 주어 연쇄반응을 중절시켜 항산화 작용을 한다.

② 항산화제가 소비되고 나면 산화는 다시 진행되므로 항산화제의 효능은 자동산화 유도기를 연장시키는데 불과하다. 따라서 항산화제는 자동산화가 진행되기 전에 첨가하여야 효력을 발생할 수 있다.

③ 천연항산화제 : tocopherol(대두유, 식물유), sesamol(참깨유), gossypol(면실유), gum guaiac(서인도산 상록수), quercetin(양파 껍질), gallic acid(오배자, 다엽, 땡감), lecithin(난황, 대두) 등

④ 합성항산화제 : BHA(butylated hydroxy anisol), BHT(butylated hydroxy toluene), EP(ethyl protocatechuate), PG(propyl gallate), NDGA(nordihydro guaiaretic acid), thiopropionic acid, gentisic acid 등

5 상승제(synergist)

① 자신은 항산화 효력을 가지고 있지 않으나 항산화제와 함께 사용했을 경우 항산화제의 효력을 크게 증진시켜 주는 물질을 말한다.

② ascorbic acid, citric acid, phosphoric acid, phytic acid, lecithin 등이 있다.

Chapter 04 | 단백질

1 단백질의 정의

① 생물체의 생명유지에 중요하며, 효소, 항체, 유전자 및 일부 비타민과 호르몬 등의 주요 성분을 이루어 생물체의 생리기능 유지에 중요한 역할을 한다.

② 단백질은 아미노산이 peptide 결합에 의해 연결된 고분자 화합물이다. 구성원소는 C, H, O, N 및 유황 그 외 소량의 인(P), 철(Fe) 등으로 이루어져 있고, 단백질은 약 16%의 질소를 함유하고 있으므로, 식품 중의 단백질을 정량할 때 질소량을 측정하여 이것의 100/16, 즉 6.25(질소계수)를 곱하여 조단백질 함량을 산출한다.

2 아미노산의 구조

① 천연의 단백질을 구성하는 아미노산(amino acid)은 약 20여 종이 있으며, 이들 아미노산은 모두 L형의 구조를 갖고 있고, α 위치의 탄소에 아미노기($-NH_2$)를 갖는 카르복시산($-COOH$)이다.

② glycine을 제외하고 아미노산은 모두 α 위치의 탄소가 부제탄소원자로 되어 있으므로 광학 이성체가 존재하며 부제탄소 원자 수가 n개이면 2^n의 이성질체가 존재한다.

③ 이성질체가 있으므로 광학이성체인 D형과 L형이 존재한다.

3 아미노산의 종류

1 지방족 아미노산

중성 아미노산	• $-COOH$, $-NH_2$를 각각 1개씩 갖는 것 • glycine, alanine, valine, leucine, isoleucine, serine, threonine
산성 아미노산	• $-COOH$를 2개 갖는 것 • aspartic acid, glutamic acid, asparagine, glutamine
염기성 아미노산	• $-NH_2$를 2개 갖는 것 • ysine, arginine
함황아미노산	• S를 갖는 것 • cysteine, cystine, methionine

2 방향족 아미노산

① 벤젠핵을 갖는 것　　② phenylalanine, tyrosine

3 복소환(hetero cyclic) 아미노산

① 벤젠핵 이외의 환상구조를 갖는 것　② tryptophan, histidine, proline, hydroxyproline

4 아미노산의 성질

1 용해성

① 아미노산은 일반적으로 물과 같은 극성 용매에는 잘 용해되나 ether, chloroform, acetone 등과 같은 비극성 유기용매에는 불용이다.

② tyrosine과 cystine은 물에 난용이며 proline, hydroxyproline은 알코올에 잘 녹는다.

2 양성 전해질

① 아미노산은 분자 내에 산으로 작용하는 CCOH기와 알칼리로 작용하는 NH_2기를 동시에 가지고 있으므로 양성물질이라고 한다.

② 아미노산은 해리기가 있어 수용액에서 $-COO^-$(음이온)와 $-NH_3^+$(양이온)으로 해리되어 양성이온(zwitter ion)을 형성하므로 양성전해질(amphoteric)이라고도 한다.

3 등전점

① 아미노산은 중성에 가까운 어떤 특정한 pH에서는 양전하와 음전하가 상쇄되어 하전이 0이 되므로 양극으로도 음극으로도 이동하지 않는다.

② 이처럼 전하가 0이 되고 전장 내에서 어느 전극으로도 이동하지 않을 때의 pH를 등전점(isoelectric point)이라 한다.

4 정미성 : 일반적으로 단백질은 맛이 없으나 아미노산이 특유한 맛을 가지고 있어 식품의 맛과 깊은 관계가 있다.

감미성 아미노산	• glycine, alanine, serine, threonine, proline
고미성 아미노산	• arginine, methionine, valine, leucine, isoleucine, phenylalanine, histidine, tryptophane
산성 아미노산	• aspartic acid, glutamic acid, asparagine
지미성 아미노산	• glutamic acid-Na 염

5 아질산과 반응

① α-amino acid의 amino기는 아질산(HNO_2)과 반응하여 질소가스를 정량적으로 발생한다(van slyke법에 의한 아미노태 질소 정량법의 원리).

② imino 산인 proline, hydroxyproline과는 반응하지 않는다.

6 탈 carboxyl기 반응

① 아미노산은 화학적 작용이나 효소작용에 의해서 카르복실기가 제거되고 CO_2가 유리되어 amine을 형성한다.

② 생선류에 함유된 histidine의 carboxyl기가 제거되어 histamine이 형성된다. 이것은 allergy 식중독에 관여하는 유독성분이다.

7 에스테르 형성 : 아미노산의 carboxyl기는 alcohol과 쉽게 반응하여 ester를 형성한다. 이 에스테르는 아미노산과 달리 휘발성이므로 GLC를 이용하여 아미노산의 분리 동정에 응용된다.

⑧ **amide 형성** : 아미노산은 암모니아와 쉽게 반응하지 않으나 그 ester는 쉽게 축합하여 amide를 형성한다.

⑨ **Dinitrofluorobenzene과의 반응** : 아미노산의 아미노기는 2,4-dinitrofluorobenzene (DNFB)과 반응하여 황색의 dinitro-phenyl amino acid(DNP-amino acid)를 생성한다.

5 단백질의 분류

1 이화학적 성질에 의한 분류 : 단백질은 일반적으로 그 용해도에 따라 단순 단백질, 복합 단백질 및 유도 단백질의 3가지로 크게 분류한다.

01 단순단백질
① 가수분해하면 amino acid, 또는 그 유도체만 생성하는 단백질을 말한다.
② 용해도에 따라서 albumin, globulin, glutelin, prolamine, albuminoid, histone, protamine으로 구분된다.

02 복합단백질
① 단순단백질에 비단백성 물질이 결합된 단백질로서 생체의 세포 내에 함유되어 생리적으로 중요한 활성을 가지고 있다.
② 비단백성 물질 부분을 보결분자단이라고 하며 그 종류에 따라 복합단백질은 인단백질, 핵단백질, 당단백질, 지단백질, 색소단백질, 금속단백질 등으로 구분한다.

03 유도단백질
① 단순단백질 또는 복합단백질이 물리적 또는 화학적 요인에 의해 변성된 단백질을 말한다.
② 변성의 정도에 따라 제1차 유도단백질(응고단백질, protean, metaprotein, gelatin 등)과 제2차 유도단백질(proteose, peptone, peptide 등)로 구분한다.

2 구조에 의한 분류 : 단백질의 구조와 형태에 따라 섬유상 단백질과 구상 단백질로 분류한다.

01 섬유상 단백질
① polypeptide 사슬이 -S-S-결합 또는 수소결합에 의해 일정한 방향으로 배열을 하여 섬유 모양의 구조를 취한 단백질이다.
② collagen, elastin, keratin 등이 있다.

02 구상 단백질
① polypeptide 사슬이 이온결합, 수소결합, 소수결합 등에 의해 적당히 구부러지고 휘어져서 구상을 이루는 단백질이다.
② lactalbumin, ovalbumin, insulin, hemoglobin 등이 있다.

3 출처에 의한 분류 : 출처에 따라 식물성과 동물성 단백질로 구분할 수 있다.

6 단백질의 성질

1 용해성

① 단백질은 그 종류에 따라 물, 묽은 염류용액, 묽은산, 알코올, 묽은 알칼리 용액 등에 녹는데 이러한 용해도를 이용하여 단백질을 분류하기도 한다.

② 단백질이 용매에 녹으면 소금이나 설탕 수용액처럼 진용액이 되지 않고 교질용액(colloid)을 이루게 된다.

2 등전점

① 단백질은 산성에서 양전하인 $-NH_3^+$기의 수가 증가하고 반대로 알칼리성에서는 음전하인 $-COO^-$기의 수가 증가한다. 그러나 어떤 특정 pH에서는 양전하와 음전하의 양이 같게 되어 중성이 되는데 이때의 pH를 등전점이라 한다.

② 등전점에서는 용해도가 가장 적어 침전되기 쉽고, 삼투압, 점도 등이 적은 반면 흡착성과 기포성은 가장 크다.

3 침전 및 염의 효과

① 단백질은 적당한 농도의 중성염류용액에서 용해되는데 이를 염용(salting-in)효과라고 한다.

② 그러나 높은 농도의 염류용액에서는 침전되며 이를 염석(salting-out)효과라고 한다.

4 결정성

① hemoglobin과 식물성 단백질은 쉽게 결정이 된다.

② 일반적으로 동물성 단백질은 결정이 잘 되지 않으나 serum albumin, egg albumin 등은 결정이 된다.

5 전기영동

① 용액 중의 단백질은 등전점보다 산성 쪽에서 양(+), 알칼리 쪽에서 음(−)으로 하전된다. 따라서 이들은 각각 음극(−)과 양극(+)으로 이동된다. 이러한 단백질 이동 현상을 전기영동이라 한다.

② 전기영동의 이동도는 전하의 대소, 분자의 크기, 모양, 수화 등에 관계가 있다.

7 단백질의 구조

1 1차 구조(primary structure)

01 peptide 결합

① 아미노산이 peptide 결합에 의하여 사슬모양으로 결합된 polypeptide chain이다.

② 단백질 종류에 따라 아미노산의 배열순서와 필수 아미노산의 함량 등이 달라진다.

2 2차 구조(secondary structure)

α-나선구조 (α-helix structure)	• α-helix 구조는 나선에 따라 규칙적으로 결합되는 peptide의 =CO기와 NH$_2$-기 사이에서 이루어지는 수소결합에 의해 안정하게 유지된다. • α-helix 구조가 변성되면 pleated sheet상 구조가 된다.
β-구조 (pleated sheet structure)	• polypeptide 사슬이 helix의 회전이 커져서 주름을 형성한다. • 병풍을 펼친 모양을 구성하므로 병풍구조라고 한다.
불규칙 구조	• 랜덤구조(random coil)라고도 한다. • α-helix와 β-구조와 같은 규칙성이 인정되지 않은 구조이다.

3 3차 구조(tertiary structure)

① 2차 구조의 나선구조, β-구조, 불규칙 구조에서 polypeptide 사슬이 더 구부러진 구조이다.
② 3차 구조를 안정하게 유지하기 위해서 이온결합, disulfide결합, 수소결합, 소수결합이 있다.

4 4차 구조(quatenary structure)

① 3차 구조의 단백질 polypeptide 사슬이 여러 개 회합하여 전체로서 하나의 생리기능을 발휘하는 subunit의 고차구조를 말한다.
② 4차 구조에는 dimer, tetramer도 있으나 크게는 subunit가 1,000이상의 것도 있다.

8 단백질의 변화

1 단백질의 변성

① 천연단백질이 물리적 작용, 화학적 작용 또는 효소의 작용을 받으면 구조의 변형을 가져오는데, 이것을 변성(denaturation)이라 하며, 대부분 비가역적 반응이다.
② 단백질은 변성에 의해 자연단백질 원래의 성질이 변화하여 용해도가 감소하고 생물학적 기능을 상실하게 된다.
③ 즉, peptide 결합의 분해와 같은 1차 구조의 변화가 아니고 수소결합이나 이온결합 등을 하고 있는 2차, 3차 구조가 붕괴되어 단백질의 특성을 소실하는 것이라 할 수 있다.

물리적 작용	가열, 동결, 건조, 교반, 고압, 조사 및 초음파 등
화학적 작용	묽은 산, 알칼리, 요소, 계면활성제, 알코올, 알칼로이드, 중금속염 등

2 변성 단백질의 성질

① 생물학적 특성의 상실　　② 분해효소에 의한 분해용이
③ 반응성의 증가　　④ 용해도의 감소
⑤ 결정성의 상실　　⑥ 이화학적 성질의 변화

3 가열에 의한 변성

01 열변성의 의의

① 가용성 단백질을 가열하면 불용성이 되어 응고하는데 육류, 난류, 어패류에 많다. 주요 단백질인 albumin과 globulin이 불용화된다.

② 반대로 불용성 단백질이 열변성에 의해 가용성이 되는 수가 있다. 즉, 육류를 장시간 가열하면 결체 조직 중의 collagen이 변성되어 가용성의 gelatin이 되어 용출된다.

02 열변성에 영향을 주는 요인

(1) 온도

① 단백질 종류와 조건에 따라 다르나 일반적으로 60~70°C 부근에서 변성이 일어나며 온도가 높아지면 변성 속도가 매우 빨라진다.

② 달걀 단백질인 ovalbumin은 58°C에서 응고하기 시작하여 62~65°C에서 유동성이 없어지고 70°C에서 완전히 응고된다.

③ 단백질의 열변성은 등전점에서 잘 일어나므로 용액을 산성으로 하면 열변성 온도가 낮아진다.

(2) 수분

① 가열에 의해 물의 분자운동이 왕성히 일어나 쉽게 단백질의 수소결합을 끊어 물분자에 둘러싸여 수소결합이 이루어진다.

② 그러므로 수분이 많으면 비교적 낮은 온도에서 열변성이 일어나나 수분이 적으면 높은 온도에서 응고된다.

(3) pH

① 단백질의 등전점쪽의 산성 pH에서 더 빨리 열변성이 일어난다.

② Ovalbumin의 등전점이 pH 4.8이므로 산을 가해 pH 4.8로 하면 비교적 낮은 온도에서도 잘 응고된다.

③ 생선 조림할 때 식초를 조금 넣으면 빨리 살이 단단해지는 것도 이 때문이다.

(4) 전해질

① 단백질에 염화물, 황산염, 인산염 등의 전해질(염류)을 가해주면 열변성이 촉진된다. 이것은 중성부근의 pH에서 단백질 분자가 가지고 있는 (−)전하를 전해질의 양이온이 중화하여 단백질을 등전점에 가깝도록 하기 때문이다.

② 두부 제조 시 콩 단백질인 glycinin은 가열만으로 응고되지 않으나 70℃ 이상에서 $MgCl_2$, $CaSO_4$ 등의 염화물이나 $CaSO_4$의 황산염을 가하면 잘 응고된다.

(5) 기타 : 당, 지방, 염류 등과 같은 물질의 존재에 의해서도 영향을 받는다.

4 물리적 요인에 의한 변성

01 동결에 의한 변성 : 동결변성은 온도가 $-1 \sim -5°C$에서 최대가 되며 $-20°C$에서는 변성이 최소로 된다. 따라서 변성을 줄이기 위해서는 변성이 가장 현저한 $-1 \sim -5°C$의 최대 빙결정대를 빨리 통과시키는 급속동결이 필요하다.

02 건조에 의한 변성 : 가용성 단백질은 건조에 의해서 polypeptide 사슬 사이의 수분이 건조가 진행되면서 소실되고 다시 인접한 peptide 사슬의 재결합이 일어나 견고한 상태가 된다. 건조육을 물에 침지하여 수분을 흡수시켜도 생육의 상태가 되지 않는 것은 육단백질이 변성되었기 때문이다.

03 표면장력에 의한 변성 : 단백질이 단일 분자막의 상태로 얇은 막을 형성하게 되면 변성하여 응고한다, 난백의 기포성은 albumin이 거품과의 계면에 얇은 단분자막을 형성하여 변성하므로 점성을 띠는 것이다.

04 광선에 의한 변성 : 광선의 조사에 의해 3차 구조의 결합을 절단시켜 변성을 일으킨다, 소금에 절인 생선을 일광으로 건조시키면 일부 변성이 일어난다.

5 화학적 요인에 의한 변성

01 산·알칼리에 의한 변성
  ① 단백질 용액에 산 또는 알칼리를 가하면 pH의 변화에 따라서 등전점에 이르러 응고되는 등변성이 일어난다.
  ② 우유를 젖산발효 시키면 생성된 젖산에 의하여 pH가 저하되어 casein의 등전점인 pH 4.6에 이르게 되어 응고된다. 요구르트, 치즈 등을 제조할 때 볼 수 있다.

02 염류에 의한 변성
  ① $(NH_4)_2SO_4$, Na_2SO_4, NaCl 등의 중성염 포화용액은 단백질을 침전시키는 염석(salting out)을 일으킨다.
  ② 두부를 제조할 때 두유에 $MgCl_2$, $CaCl_2$, $CaSO_4$을 가하여 glycinin을 응고시키는 것은 염류에 의한 변성을 이용한 것이다.

03 유기용매에 의한 변성
  ① 단백질 수용액에 유기용매인 alcohol이나 acetone을 넣으면 변성되어 침전한다.
  ② 알코올에 의한 침전은 친수성이 강한 알코올의 탈수작용에 의하여 단백질 분자의 수화가 적어지기 때문이며 등전점 부근에서 가장 잘 일어난다. 우유의 신선도 판정에 이용된다.

6 효소에 의한 변성
  ① 우유의 casein에 응류효소인 rennin을 작용시키면 paracasein으로 된다.
  ② paracasein은 우유속의 Ca^{++}과 결합하여 불용성의 calcium paracasein을 형성하는데 이 응고물을 curd라고 하며 치즈 제조에 이용된다.

Chapter 05 | 무기질

1 무기질의 정의

무기질은 인체의 구성성분으로 중요하며, 식품의 탄수화물, 지질, 단백질을 구성하고 있는 원소 가운데 C, H, O, N을 제외한 Ca, Mg, P, K, Na, S, Cl, Fe, Cu, I, Mn, Co, Zn 등을 말한다. 식품을 태운 후에 재가 되어 남은 부분으로 회분(ash)이라고도 한다. 식품 및 인체의 구성성분으로 중요한 무기질은 약 20여종에 이른다.

2 무기질의 기능

무기염류는 체액의 pH 및 삼투압조절, 근육, 신경의 흥분, 효소의 성분이 되거나 그 작용의 촉진, 체조직의 경도 증대, 단백질의 용해성 증대 등의 작용을 한다.

3 주요 무기질

1 다량 무기질

01 칼슘(Ca)

① 체중 50kg인 성인의 Ca 함량은 약 1kg(체중의 2~3%) 정도로 그중 99%가 뼈와 치아에 인산염$[Ca_3(PO_4)_2]$ 또는 탄산염$(CaCO_3)$형태로 존재하고 나머지 1%는 혈액, 근육 중에 분포되어 있다.
② 뼈대의 형성, 신경의 흥분성 억제, 효소의 활성화, 혈액응고 등 중요한 역할을 한다.
③ 시금치의 수산(oxalic acid), 쌀겨의 피트산(phytic acid), 탄닌, 식이섬유 등은 Ca 흡수를 방해한다. 비타민 D, 아미노산, 유당, 김치의 젖산 등은 Ca 흡수를 촉진한다.
④ 결핍 시 : 곱사병, 신경과민
⑤ 멸치, 녹미채(톳), 김, 콩, 양배추, 우유, 달걀 등에 많이 함유되어 있다.

02 인(P)

① 인체의 인은 80%가 뼈대와 치아에 함유되어 있고, 그 함량은 0.8~1.2% 정도이다.
② 핵단백질, 인지질, 조효소의 구성성분이 되고 체액의 완충작용, 근육의 수축기능, 신경자극의 전달기능 등 생화학 반응에 관여한다.
③ 일반식품에 널리 분포되어 P가 부족한 경우는 거의 없다.
④ 쌀겨, 멸치, 보리새우, 달걀노른자위, 참깨 등에 많이 함유되어 있다.

03 나트륨(Na)

① 인체에 50g 정도 함유되어 있으며 주로 세포 외액에 염화물($NaCl$), 인산염(Na_2HPO_4), 탄산염(Na_2CO_3, $NaHCO_3$) 형태로 존재한다.
② K와 같이 체액의 산, 알칼리 평형 및 삼투압을 조절하며, 근육의 수축, 신경의 흥분억제 및 자극전달에 관여한다.
③ 결핍 시 : 식욕감퇴, 현기증
④ 새우류, 미역, 대구, 김 등에 많이 함유되어 있다.

04 칼륨(K)

① 인체 내에 약 100g 정도 함유되어 있고 세포 내액 중에 염화물(KCl), 인산염(K_2HPO_4), 탄산염(K_2CO_3, $KHCO_3$) 등으로 존재한다.
② Na와 같이 체액의 산, 알칼리 평형과 세포의 삼투압을 조절하고, 근육의 수축, 신경의 흥분억제 및 자극전달에도 관여한다.
③ 결핍 시 : 구토, 설사, 식욕부진
④ 동·식물성 식품에 많이 함유되어 있으며 그중에서도 채소류, 감자류, 두류 등에 특히 많다.

05 마그네슘(Mg)

① 인체 내에 약 25g 정도 함유되어 있고 70%가 인산염[$Mg_3(PO_4)_2$]으로 골격에 존재하며 나머지는 이온으로 혈액과 근육에 존재한다.
② 식물의 엽록소로 중요한 구성원소이나 동물에도 중요하다.
③ 뼈의 구성성분이며, 신경흥분을 억제하고, 당질대사에 관여하는 효소의 작용을 촉진시키며, 체액의 산, 알칼리 평형에도 관여한다.
④ 결핍 시 : 신경의 흥분, 혈관의 확장
⑤ 식물성 식품, 육류 등에 많이 함유되어 있다.

06 유황(S)

① 인체에 약 100g 함유되어 있으며 cysteine, cystine, methionine 등의 아미노산, 단백질의 구성성분으로 존재한다.
② 그 외에 비타민류(Vit. B_1, lipoic acid, biotin), 담즙산, 당지질, condroitin 황산 등에 함유되어 있다.
③ 결핍 시 : 털, 손톱, 발톱의 발육부진
④ 파의 allyl sulfide, 무의 methyl mercaptan, 겨자의 sinigrin 등에 함유되어 있다.

07 염소(Cl)

① 일부가 단백질과 결합되어 있고 대부분은 Na과 결합하여 NaCl 형태로 존재한다.
② NaCl은 분해되어 Cl은 HCl로 되어 위산으로 분비되고, Na는 Na_2CO_3로 되어 췌액, 담즙, 장액에 분비되어 소화를 돕는다. 세포 외액의 삼투압 유지, 혈장 속에 많다.
③ 결핍 시 : 소화불량, 식욕부진, 너무 많으면 위산과다증

2 미량 무기질

01 철(Fe)

① 인체에 3~4g 함유하고 60~70%는 적혈구의 hemoglobin에 들어 있고, 나머지는 근육의 myoglobin, 간, 내장의 ferritin에 들어 있으며, 일부는 철효소(cytochrome, catalase, peroxidase)에 존재한다.

② 식품 중의 인산염이나 피트산(phytic acid)은 Fe와 불용성 화합물을 만들기 때문에 철의 흡수를 방해한다.

③ 결핍 시 : 빈혈, 피로, 유아발육부진

④ 동물성 식품에 많이 분포되어 있고 특히 조개류, 해조류에 많이 함유되어 있다.

02 구리(Cu)

① 인체 내 Cu의 양은 매우 적어 100~150mg 함유되어 있으며, 간에 2mg%로 가장 많고 혈액에 0.05~0.25mg% 존재한다.

② 연체동물이나 갑각류의 혈색소인 hemocyanin, 생물체의 여러 효소인 ascorbate oxidase, polyphenol oxidase 등은 Cu를 구성성분으로 함유하고 있다.

③ Fe로부터 hemoglobin이 형성될 때 미량의 Cu가 필요하다(조혈작용).

④ 결핍 시 : 악성빈혈

⑤ 간, 조개류, 두류, 어육, 달걀 및 푸른 채소에 많이 들어 있다.

03 아연(Zn)

① 췌장 호르몬인 insulin의 구성성분이다.

② 당질대사에 관여한다.

③ 소고기, 굴, 새우, 도정하지 않은 곡류, 두류 등 일반식품에 널리 분포되어 있다.

04 코발트(Co)

① 항빈혈 비타민인 Vit. B_{12}의 구성성분이며 동물성 식품에 널리 분포한다.

② 소나 양 등의 초식동물은 소화관 내의 미생물이 Vit. B_{12}를 합성하고 이것을 흡수·이용한다.

③ 결핍 시 : 악성 빈혈

④ 동물의 간, 푸른 채소, 콩 등에 비교적 많이 함유되어 있다.

05 요오드(I)

① 사람의 갑상선에 20mg% 그 외 부분에 0.1mg% 함유되어 있다.

② 갑상선 호르몬인 thyroxine의 구성 성분으로서 대부분 갑상선에 존재한다.

③ 결핍 시 : 갑상선종, 비만증

④ 간유, 대구, 굴, 해조류에 많고, 당근, 무, 상추 등에도 많이 함유되어 있다.

06 망간(Mn)

① 미량이지만 혈액, 장기 등에 들어 있고, pyruvate carboxylase, arginase, glutamine synthetase와 SOD의 보조인자로 작용한다.

② 결핍 시 : 뼈 형성 장애

③ 견과류, 채소, 곡류, 두류 등 식물성 식품에 비교적 많이 함유되어 있다.

07 셀레늄(Se)

① 인체의 간, 심장, 신장, 비장에 주로 분포되어 있다.

② glutathione peroxidase의 성분으로 작용하여 항산화 작용 및 비타민 E 절약 작용을 하고 암을 예방하는 데도 도움이 된다.

③ 결핍 시 : 내장 기능 저하, 근육통, 근육 소모, 심근증

④ 육류, 어류, 내장류, 패류, 브로콜리, 전밀, 밀배아, 종실류, 견과류 등에 많이 함유되어 있다.

4 알칼리성 식품과 산성 식품

1 알칼리성 식품

① 식품의 알칼리성의 정도를 알칼리도(alkalinity)라고 한다. 이것은 식품 100g을 연소시켜 얻은 회분의 수용액을 중화하는 데 소비되는 0.1N-HCl의 mL수를 알칼리도로 나타낸다.

② 식품의 무기질 중에 Na, K, Ca, Mg, Fe, Cu, Mn, Co, Zn 등은 각각 Na^+, K^+, Ca^{2+}, Mg^{2+}, Fe^{2+}, Cu^{2+}, Mn^{2+}, Co^{2+}, Zn^{2+}을 만들어 양이온이 되므로 알칼리 생성원소라 한다.

③ 과실류, 채소류, 해조류, 감자류, 당근 등은 알칼리성 식품이다.

2 산성 식품

① 식품의 산성의 정도를 산도(acidity)라고 한다. 이것은 식품 100g을 연소시켜 얻은 회분의 수용액을 중화하는 데 소비되는 0.1N-NaOH의 mL수를 산도로 나타낸다.

② 식품의 무기질 중에 P, S, Cl, Br, I 등은 각각 PO_4^{3-}, SO_4^{2-}, Cl^-, Br^-, I^-을 만들어 음이온이 되므로 산 생성원소라 한다.

③ 당질, 지방질, 단백질을 많이 함유한 곡류, 육류, 어류, 달걀, 두류(대두를 제외), 버터, 치즈는 산성 식품이다.

5 무기질의 변화

1 무기질의 성질과 조리 · 가공

01 물리적 변화

① 일반 채소를 조리할 때에는 세포 내외의 삼투압 차이에 의하여 무기질 및 수분의 용출이 일어난다. 이 현상은 온도가 높을수록 빨리 일어난다.

② 세포 내의 삼투압이 높을 때(농도가 세포 외보다 높을 때) 세포 내의 무기질은 세포 외로 용출하고 세포 외의 수분은 세포 내로 침투하여 세포 내외의 삼투압이 같아지려고 한다.

예 다시마 속의 요오드는 물에 담그기만 하여도 20% 정도 녹아나오고 이것을 가열하면 60%가 녹아 나온다.

③ 세포 외의 삼투압이 높을 때(농도가 세포 내보다 높을 때) 세포 내의 수분은 세포 외로 빠져 나오고 세포 외의 성분은 세포 내로 침입하여 세포 내외의 삼투압이 같아지려고 한다.

　　예 채소에 소금을 넣으면 채소 내의 수분이 빠져나와서 원형질분리를 일으키고 세포가 죽게 된다.

④ 소금 등의 무기질에 의하여 끓는점(비점)이 상승하거나 어는점(빙점)이 하강한다.

02 화학적 변화

① pH의 이동에 의한 염류와 이온의 가역반응 및 효소에 의한 유기태와 무기태의 가역반응이 약간 일어날 뿐이고 본질적인 화학변화는 거의 일어나지 않는다.

② 2가 또는 3가 금속(Cu^{++} 또는 Fe^{+++} 등)은 식물색소 등을 고정하여 변색을 방지하는 작용이 있다. Green peas로 통조림을 만들 때에 chlorophyll의 고정을 위하여 $CuSO_4$ 용액을 소량 넣거나 오이김치를 담글 때에 놋그릇 닦은 수세미를 넣기도 한다.

③ 무기질에 의하여 단백질을 응고시키는 경우가 있다. 채소나 과실의 설탕 조림에 명반을 사용하면 Al^{3+}이 단백질을 응고하여 그 모양을 유지하는 효과를 갖는다. 두부제조에 Ca^{++}나 Mg^{++}이 이용되는 것도 이 원리이다.

03 조리기구의 용출

① 금속은 이온화 경향이 있으며 물에 담그거나 수분에 접하면 금속의 표면에서 이온으로 되어 물속에 녹아 나온다. 이것은 극히 미량이지만 미각, 외관, 영양가에 크게 영향을 미치고 또 살균력을 나타내기도 한다.

② 숫돌에 간 직후의 식칼로 회를 뜨면 맛이 나쁘다.

③ Fe^{+++}이나 Cu^{++}은 산화효소의 작용을 촉진하므로 과일이나 채소를 자를 때 철제를 사용하면 갈변이 심하다.

④ Cu^{++}은 Vitamin C의 산화를 촉진한다. 구리 냄비에 조리한 것은 다른 냄비의 2~3배나 빨리 산화된다.

⑤ Ag^+(은), Cu^{2+}(구리)이온 등은 특히 살균력이 세다. 은기나 동기에 넣으면 물도 잘 부패하지 않는다.

② 조리·가공에 의한 무기질의 손실

① 식품의 종류, 조리방법, 무기질의 종류에 따라 손실량이 각각 다르며 일반적으로 조리에 의한 무기질의 손실은 다른 영양소보다 훨씬 크다.

② 무기질은 구울 때 거의 변화가 없으나 찔 때는 생선은 10~30%, 채소는 0~50% 손실이 되고 삶을 때는 생선은 15~22%, 채소는 25~50%가 손실된다.

③ Fe과 Cu은 삶을 때 생선과 고기의 경우 50~75%, 채소의 경우는 30~50%가 손실된다.

④ I_2는 삶을 때 20~80%가 손실된다.

Chapter 06 | 비타민

1 비타민(vitamin)의 정의

① 미량으로 동물의 영양을 지배하고 생체 내에서 대사나 생리 기능에 대하여 촉매로 작용하는 유기 화합물로서 체내에서는 합성이 되지 않거나 충분한 양이 합성되지 않기 때문에 식품으로 섭취하지 않으면 안 되는 필수성분이다.

② 일반적으로 용해성에 따라 비타민 A, D, E, K와 같은 지용성 비타민과 B_1, B_2, B_6, nicotinic acid, pantothenic acid, biotin, folic acid, vitamin C 같은 수용성 비타민의 2군으로 분류한다.

2 지용성 비타민(vitamin)

1 지용성 비타민의 특징

① 유지 또는 유기용매에 녹는다.
② 생체 내에서는 지방을 함유하는 조직 중에 존재하고 체내에 저장될 수 있다.
③ 전구체(provitamin)가 존재한다.
④ 과량 섭취할 경우 장에서 흡수되어 간에 저장한다.
⑤ 비타민 A, D, E, F, K 등이 있다.

2 지용성 비타민의 종류

01 비타민 A(axerophtol)

(1) 화학구조 및 성질

① β-ionone 핵과 isoprenoid로 구성되어 있으며 동물성 식품에서 얻어지는 retinoid와 식물성 식품에서 공급되는 carotenoid로 구분된다.

② 열에 대하여 비교적 안정하나 빛이나 공기 중의 산소에 의하여 산화되기 쉽다. 알칼리성에 대해서는 비교적 안정하나 산성에서는 쉽게 파괴된다.

③ 결핍되면 야맹증, 건조성안염, 각막연화증 등 눈과 관련된 질환이 주로 발생한다.

(2) 프로비타민(provitamin) A

① 카로테노이드계 색소 중에서 provitamin A가 되는 것은 β-ionone 핵을 갖는 caroten류의 α, β, γ-carotene과 xanthophyll류의 cryptoxanthin이다.

② 비타민 A로서 효력은 β-carotene이 가장 크다.

(3) 식품 중의 비타민 A의 분포 : 어류의 간유, 당근, 김, 시금치, 무, 버터, 계란 노른자위 등에 많이 함유되어 있다.

02 비타민 D(calciferol)

(1) 화학구조 및 성질

① 동물체 내의 인산과 칼슘을 결합시켜서 인산칼슘[$Ca_3(PO_4)_2$]을 만들어 뼈에 침착시킨다.

② 열에 안정하나 알칼리성에서는 불안정하여 쉽게 분해되며 산성에서도 서서히 분해된다.

③ 결핍 시 : 동물체 내에 석회화가 잘 안 되어 구루병, 골연화증, 임산부에 있어서는 탈회현상

(2) 프로비타민(provitamin) D

① 효모와 식물스테롤인 ergosterol로부터 자외선의 조사에 의해 비타민 D_2(ergocalciferol)가 생성되고, 피부에서 7-dehydrocholesterol이 자외선의 조사에 의해 비타민 D_3 (cholecalciferol)로 전환된다.

② 비타민 D는 Ca, P의 흡수 및 체내 축적을 돕고 균형을 적절히 유지한다.

(3) 식품 중의 비타민 D의 분포

① 프로비타민 D인 ergosterol은 버섯, 효모 등의 식물계에 많다.

② D_2는 어간유에 소량 들어 있으나 D_3는 어간유, 기름진 생선, 난황에 다량 들어 있으며, 동물체에 널리 분포하지만 우유, 버터, 전란, 치즈 등에는 비교적 적다.

03 비타민 E(tocopherol)

(1) 화학구조 및 성질

① 주된 기능은 세포막의 불포화 지방산들 사이에 존재하면서 불포화 지방산의 과산화 작용이 진전되는 것을 막는 항산화 물질로 작용한다.

② tocol의 유도체로서 chroman핵에 결합하는 methyl기의 수와 위치에 따라 α, β, γ, δ -tocopherol로 구분하고 그 효력은 100:33:1:1이다.

③ 산소, 열 및 광선에 비교적 안정하지만 불포화 지방산과 공존할 때는 생체 내에서 쉽게 산화한다.

④ 결핍 시 : 토끼, 실험용 쥐, 개, 닭 등에서는 불임증, 사람에서는 알려져 있지 않다.

(2) 식품 중의 비타민 E의 분포 : 특히 식물유와 배유에 많이 들어 있고 동물성 지방에는 적게 들어 있다.

04 비타민 K(napthoquinone)

(1) 화학구조 및 성질

① 혈액응고와 관계가 있다. K_1~K_7까지 존재한다. K_1, K_2만이 자연계에 존재하고 나머지는 합성품이다.

② 식물성 식품에는 phylloquinone(K_1)이 함유되어 있고, 어육류에는 menaquinone(K_2)이 함유되어 있다. Menaquinone은 사람의 장내세균에 의해서도 합성될 수 있다.

③ 열에 비교적 안정하지만 강산 또는 산화에는 불안정하고, 광선에 의해 쉽게 분해된다.

④ 결핍 시 : 혈액응고 시간 지연

(2) 식품 중의 비타민 K의 분포 : 마른 김, 시금치, 파슬리, 당근잎, 양배추, 토마토, 돼지의 간 등에 많이 함유되어 있다.

3 수용성 비타민

1 수용성 비타민의 특징

① 체내에 저장되지 않아 항상 음식으로 섭취해야 하고 혈중농도가 높아지면 소변으로 쉽게 배설한다.

② 대부분 생체에서 일어나는 대사작용에 관여하는 효소의 보조효소로 작용한다.

③ B군과 C군으로 대별된다.

2 수용성 비타민의 종류

01 비타민 B_1(thiamine)

(1) 화학구조 및 성질

① pyruvate dehydrogenase, transketolase, phosphoketolase, α-ketoglutarate dehydrogenase 같은 몇몇 효소의 조효소로 작용한다.

② 마늘의 매운맛 성분인 allicin과 결합하여 allithiamine이 생성된다.

③ 장에서 흡수되어 thiamine pyrophosphate(TPP)로 활성화되어 당질대사에 관여한다.

④ 빛에 대해 대단히 안정하나 형광물질(비타민 B_2, lumichrome, lumiflavin)이 공존하면 쉽게 광분해 된다. 이러한 광분해는 산성에서는 일어나지 않고 중성이나 알칼리성에서 급속히 일어난다.

⑤ 결핍 시 : 사람에 있어서는 각기, 동물에서는 신경염 증상

(2) 식품 중의 비타민 B_1의 분포

식물성 식품에는 곡류, 두류에 비교적 많고 동물성 식품에는 육류, 어패류 등에 많다. 돼지고기, 붉은 살코기, 생선, 효모, 파, 채소, 버섯 등에 많이 함유되어 있다.

02 비타민 B_2(riboflavin)

(1) 화학구조 및 성질

① 생체 내에서 인산과 결합되어 조효소인 flavinmononucleotide(FMN)와 flavinadenindinucleotide(FAD)가 되어 세포 내의 산화환원작용에 관여한다.

② isoalloxazine핵에 당 alcohol인 ribitol이 결합한 구조를 가지고 있다.

③ 열에 비교적 안정적이나 알칼리와 광선에는 매우 불안정하다. 광선에 노출되면 중성 또는 산성에서는 lumichrone이 되고, 알칼리성에서는 lumiflavin으로 변한다.

④ 결핍 시 : 성장 저하, 피로, 구순, 구강염, 설염, 피부증상

(2) 식품 중의 비타민 B_2의 분포 : 동식물계에 널리 분포하고 있으며 간, 어류에 특히 많고 효모, 우유, 달걀, 채소 등에 많으나 해조류에는 적다.

03 비타민 B6(pyridoxine)

(1) 화학구조 및 성질

① pyridoxine, pyridoxal, pyridoxamine의 3가지 종류로서 모두 pyridine 유도체이다.

② pyridoxal phosphate의 전구체로 아미노기 전이와 탈탄산 반응의 조효소이고, 아미노산 대사에 중요한 역할을 한다.

③ 산성에서는 가열에 대하여 안정하나 중성 또는 알칼리성에서는 광선에 의하여 분해되며 산화제에 약하다.

④ 결핍 시 : 흰쥐에는 피부염(펠라그라)과 같은 증상이 가장 심하고 사람에게는 구각염, 설염 등 비타민 B2의 결핍과 유사

(2) 식품 중의 비타민 B6의 분포 : 곡류의 배아, 간, 효모, 쌀겨, 육류 등에 많이 함유되어 있고 우유 및 채소 등에는 적다.

04 비타민 B12(cyanocobalamine)

(1) 화학구조 및 성질

① 구조식에서 R로 나타난 부분에 CN기가 결합된 것을 cyanocobalamine이라 하며, 이것이 가장 활성이 크다.

② 항악성 빈혈인자로서 분자 중에 Co를 함유하고 있어 cobalamine이라 부른다.

③ 핵산 합성, 단백질 대사 등에 관여하고 성장촉진, 조혈작용에 효과가 있다. 장내 세균에 의하여 합성되고, 보통 식사를 통하여 충분히 섭취할 수 있으므로 사람에게는 결핍증이 잘 나타나지 않는다.

④ 물에 약간 녹는 암적색으로 열에 안정하나 광선, 산, 알칼리용액에서는 서서히 파괴된다.

⑤ 결핍 시 : 성장정지, 악성빈혈

(2) 식품 중의 비타민 B12의 분포 : 소, 돼지의 간, 육류, 유제품, 난류, 해조류 등에 많이 함유되어 있다.

05 엽산(folic acid)

(1) 화학구조 및 성질

① pteridine과 ρ-aminobenzoic acid 및 glutamic acid가 결합된 pteroyl glutamic acid의 구조를 가지고 있다.

② 비타민 B12와 더불어 핵산과 아미노산 대사에 중요한 역할을 하고 성장 및 조혈작용에 필요하다.

③ 약알칼리성에서는 열에 안정하나 빛에 의해 분해된다.

④ 결핍 시 : 성장부진, 악성 빈혈

(2) 식품 중의 엽산의 분포 : 소, 돼지의 간, 낙화생, 콩, 채소류 등에 많이 함유되어 있다.

06 Nicotinic acid(niacin)

(1) 화학구조 및 성질

① pyridine-3-carboxylic acid이고, niacin amide는 pyridine-3-carboxylic amide로서 비타민 구조 중 가장 간단하다.

② 탈수소효소의 조효소인 NAD(nicotinamide adenine dinucleotide) 또는 NADP(nicotin amide adenine dinucleotide phosphate)의 형태로 산화환원반응에 중요한 역할을 한다.

③ 산미를 갖는 백색결정으로 물이나 알코올에 잘 녹는다. 열, 산, 알칼리, 광선, 산화제 등에 안정하다.

④ 결핍 시 : 사람은 펠라그라, 개는 흑설병

(2) 식품 중의 Nicotinic acid의 분포 : 효모, 곡류, 종피, 땅콩, 육류의 간 등에 많이 함유되어 있다.

07 pantothenic acid(비타민 B$_5$)

(1) 화학구조 및 성질

① pantoic acid와 β-alanine이 아미드결합으로 연결된 구조를 가지고 있다.

② pantothenic acid는 생체 내에서 Coenzyme A(CoA, CoASH)를 형성한다. 이 CoA는 생체 내의 중요한 조효소이며 acetyl CoA로 되어 지질, 탄수화물 대사에 관여한다.

③ 산이나 알칼리에서는 β-alanine와 pantoic acid로 쉽게 가수분해되어 효력을 상실한다.

④ 흡수성이 있는 미황색의 유상물질로서 물, 초산, 에테르에 녹으며 보통의 조리, 건조, 산화에는 안정하다.

⑤ 결핍 시 : 사람에게는 결핍증이 발견되지 않고, 닭은 피부염, 쥐는 성장 정지 등

(2) 식품 중의 pantothenic acid의 분포 : 효모, 간, 난황, 두류 등에 함유되어 있다.

08 biotin(비타민 H)

(1) 화학구조 및 성질

① urea, thiophene, valeric acid가 결합된 화합물로 S를 함유한 것이 특징이다.

② 여러 carboxylase의 보효소이다.

③ 열이나 광선에 안정하지만 강산과 강알칼리와 함께 장시간 가열하면 분해된다.

④ biotin은 난백의 당단백질인 avidin과 쉽게 결합하여 불활성화되어 흡수, 이용하지 못하지만 난백을 가열하면 avidin이 변성되어 biotin이 분리되므로 흡수, 이용할 수 있다.

⑤ 결핍 시 : 사람, 닭, 쥐에서 피부염, 신경염, 탈모, 식욕감퇴

(2) 식품 중의 biotin의 분포 : 난황, 우유, 간, 효모, 두류 등에 많이 함유되어 있다.

09 비타민 C(L-ascorbic acid)

(1) 화학구조 및 성질

① 비타민 C가 물에 잘 녹고 강한 환원력을 갖는 이유는 lactone 고리 중에 카르보닐기와 공역된 endiol의 구조에 기인한다.

② 비타민 C의 수용액이 강한 산성을 띠는 것은 분자 중에 카르보닐기를 가지고 있지 않으나 C_3에 결합된 −OH기가 쉽게 이온화되어 H^+가 해리되기 때문이다.

③ 무색의 결정이고, 물과 알코올에 녹아서 산성을 나타낸다.

④ 중성에서 가장 불안정하고, 열에 비교적 안정하나 수용액은 가열에 의해 분해가 촉진되며, 가열 조리 시 보통 50% 정도 파괴된다.

⑤ 비타민. C는 콜라겐 합성작용과 생체 내에서 산화환원반응에 관여하여 수소운반체로서 작용한다.

⑥ 결핍 시 : 괴혈병, 상처회복 지연, 면역기능 감소, 빈혈 등

(2) 식품 중의 비타민 C의 분포 : 신선한 채소와 과일에 많으며, 특히 감귤류와 딸기에 많이 들어 있다.

10 비타민 P(citrin)

(1) 화학구조 및 성질

① 비타민 P의 작용을 가진 것으로 현재 알려져 있는 것은 hesperidin, eriodictin, rutin, quercetin 등이다.

② 이 비타민은 flavonoid에 이당류인 rutinose가 결합한 배당체이다.

③ 수용성 담황색으로 피하출혈이나 자반병을 막는 데 효과가 있다.

④ 결핍 시 : 혈관의 삼투압 증가로 내출혈을 일으켜 자반병이 생김

(2) 식품 중의 비타민 P의 분포 : 엽채류에 널리 분포되어 있으며, 특히 감귤류의 껍질에 많이 들어 있다.

4 비타민의 변화

1 비타민의 안정성

01 산 및 알칼리

① 일반적으로 지용성 비타민은 산에 약하고 알칼리에 강하다.

② 수용성 비타민은 산에 강하고 알칼리에 약하다.

02 열

① 비타민 E가 가장 열에 강하고 D가 다음이며 B_2, B_1, A의 차례로 안정도가 감소하여 C가 가장 약하다.

② 비타민 B_{12}, niacin도 열에 대하여 안정하다.

03 산화와 빛

① 비타민 A, C는 이중결합을 가지고 있어서 산화되기 쉽다.

② 비타민 A, D, E, K, B_2, B_6, niacin, biotin, 엽산, B_{12}, C 등은 빛에 불안정하다.

② 비타민의 변화

01 비타민 A의 변화

① 비타민 A는 열에 안정하여 공기가 없는 곳에 120℃로 가열하거나 또는 건조하여도 생리적 효력을 잃지 않는다.

② 빛이나 공기 중의 산소에 의하여 쉽게 산화되어 그 효력을 상실한다.

③ 알칼리에 대해서는 비교적 안정하나 산성에서는 파괴되기 쉽다.

④ 식품 중에 함유된 lipoxidase에 의하여 분해된다. 이 효소는 두류, 아스파라거스, 무, 감자, 밀 등의 식품에 함유되어 있고 pH 6.5~6.8, 25~30℃에서 가장 잘 반응한다.

02 비타민 D의 변화

① 보통의 산화, 환원, 끓임, 가열, 건조에 안정하나 산화에는 비교적 약하다.

② 알칼리에서는 불안정하여 쉽게 분해되고 산성에서는 서서히 분해된다.

03 비타민 B_1의 변화

① 수용액에서 매우 불안정하며 pH, 온도, 이온강도, 금속이온의 존재에 영향을 받는다.

② 가열에 불안정하여 가열조리할 경우 30% 정도의 B_1이 파괴된다.

③ 광선에 대해 대단히 안정하나 형광물질(비타민 B_2, lumichrome, lumiflavin)이 공존하면 쉽게 광분해된다.

④ 산성용액에서는 광선 및 가열에도 안정하나 중성 및 알칼리성에서는 가열에 의해 쉽게 파괴된다.

04 비타민 B_2의 변화

① 산성 또는 중성에서는 열에 대하여 안정하여 보통 가열 조리의 경우 거의 대부분 그대로 잔존한다.

② 비타민 B_2는 수용성 비타민이지만 B_1이나 C에 비하면 용출량이 적다.

③ 광선에 매우 불안정하여 분해되기 쉬운데 산성과 중성에서 광선에 노출되면 lumichrome으로 되고, 알칼리성에서는 lumiflavin으로 변하여 어느 쪽이나 효력이 없어진다.

05 niacin의 변화

① 물이나 알콜에 잘 녹는다.

② 열, 산, 알칼리, 산화제, 광선 등에 안정하므로 가열, 조리 중에 파괴로 인한 손실은 거의 없다.

③ 물에 의한 용출 손실은 크다. 채소 가공 중 데칠 때 niacin은 약 15%가 손실된다.

06 비타민 C의 변화

① ascorbic acid는 분자상산소에 의하여 쉽게 산화되어 dehydroascorbic acid가 된다. dehydroascorbic acid는 가역적으로 ascorbic acid로 환원되므로 비타민 C의 활성을 갖고 있다.

② 채소를 삶을 때 처음에는 비타민 C가 파괴되지만 끓임으로써 산소가 쫓겨나가고 C가 안정해진다. 보통의 가열조리로 50% 정도 파괴된다.

③ 알칼리에서 산화되기 쉽다.

④ ascorbic acid는 스스로 산화되므로 다른 화합물에 대하여 센 환원성을 나타낸다. 따라서 식품공업에서 산화방지제로 이용된다.

⑤ Cu^{++}는 비타민 C의 산화에 가장 현저하게 작용한다. 따라서 구리로 만든 용기에는 넣기만 하여도 산화가 촉진된다.

⑥ 식품 중의 비타민 C는 수용액의 C만큼 급속히 산화·감소하지 않는다.

⑦ 비타민 C의 결정은 100℃로 가열하여도 비교적 안정하지만 수용액은 가열에 의하여 분해가 촉진된다.

⑧ 물에 잘 녹기 때문에 조리가공 시 용출은 심하다.

⑨ 광분해는 비타민 B_2만큼 심하지 않지만 수용액 속에서 태양광선에 의하여 분해된다. 우유에 빛을 비추면 비타민 C가 급감하는 것은 우유 속에 flavin(형광물질)이 존재하기 때문이다.

⑩ 식품 중에는 비타민 C를 산화분해하는 효소인 ascorbinase가 함유되어 있다. 호박, 양배추, 오이, 당근, 가지, 사과, 감, 포도, 배 등에 존재하지만 무, 파, 순무, 밀감, 복숭아 등에는 거의 함유되어 있지 않다.

⑪ ascorbinase는 70℃에서 파괴되어 그 작용력을 잃는다. 녹차에는 비타민 C를 다량함유하지만 홍차에는 함유하지 않는다.

Chapter 07 | 효소

1 효소의 정의

① 효소(enzyme)는 동물, 식물, 미생물의 생활세포에서 생성되는 물질로서 생물체에서 일어나는 모든 화학반응을 촉매시켜 주는 일종의 생체촉매(biocatalyst)이다.

② 효소는 단백질만으로 이루어진 단순 단백질에 속하는 것과, 단백질 부분과 비단백질 부분인 보결 분자단(prosthetic group)이 결합된 복합 단백질에 속하는 것으로 구분된다.

2 효소의 화학적 본체

1 단순단백질로 된 효소 : 단백질 분자 자체에 기질을 흡착하는 구조와 활성기가 존재한다.

2 복합단백질로 된 효소

단백질 부분	• 결손효소(apoenzyme)
단백질 이외의 부분	• 해리가 쉽게 되는 경우 : 보조효소(coenzyme) • 해리되지 않는 경우 : 보결분자족(prosthetic group)
apoenzyme과 보조효소 (또는 보결분자단) 결합	• apoenzyme과 보조효소(또는 보결분자단)가 결합하여 완전한 효소의 활성을 나타내는 상태 – 완전효소(holoenzyme)

3 **보조인자** : 보조인자는 금속이온과 조효소로 대별할 수 있다.

금속이온	• Zn^{++}, Mg^{++}, Fe^{++}, Cu^{++}, K^+, Na^+ 등
조효소	• 열에 안정한 저분자의 유기분자로서 효소단백질과 약하게 결합하여 쉽게 해리되고 투석에 의해서 분리될 수 있다. • 이들은 비타민 B군을 하나 함유하고 있는데 TPP, FAD, NAD 등이다.

3 효소반응의 특이성

효소반응에서는 원칙적으로 하나의 효소는 특정한 하나의 기질에만 작용하는데 이와 같이 효소의 기질에 대한 선택성을 효소의 기질특이성이라 한다. 기질과 결합 특이성은 활성부위의 정확한 공간배열에 의존한다.

1 절대적 특이성

① 한 가지 효소가 한 종류의 기질에만 작용하는 경우이다.
② 예를 들면 urease는 요소에만 작용하고, pepsin은 단백질을 가수분해하며, dipeptidase는 dipeptide만 가수분해한다.

2 상대적 특이성

① 효소가 어떤 계통의 화합물에는 우선적으로 작용하고 다른 계통의 화합물에는 약간 작용하는 것을 말한다.
② 예를 들면 췌장 lipase는 지방을 우선적으로 가수분해하고, 지방이 아닌 저급 에스테르는 서서히 분해한다.

3 입체화학적 특이성

① 자연계에 존재하는 당류, 아미노산은 두 가지 입체이성체가 가능하지만 D, L형 중 한가지만 발견되고 있다. 대부분 당류는 D형이고 아미노산은 L형이다. 효소는 두 이성체 중에서 한가지에만 작용하는 특이성을 가지고 있다.
② 예를 들면 근육에 존재하는 lactate dehydrogenase(LDH)는 L(+)−lactic acid에는 작용할 수 있으나 D(−)−lactic acid에는 작용하지 못한다. 또한 maltase는 maltose와 α−glycoside는 가수분해하나 β−glycoside에는 작용하지 못한다.

4 효소 활성에 영향을 미치는 인자

1 온도

① 일반적으로 효소화학의 반응 속도는 온도의 상승에 따라 증가한다.
② 효소는 단백질이므로 고온에서 변성해서 효소활성이 약해지며, 일정 온도 이상이면 효소기능은 상실한다.

③ 일반적으로 효소는 30~40°C에서 최적 활성온도를 가지며, 45~50°C에서는 변성되기 시작하여 50°C 이상에서는 열에 의한 불활성화가 신속히 일어난다. 식품 중의 효소는 식품원료를 70°C 또는 그 이상에서 수 분간 가열함으로써 불활성화된다.

2 pH

① 효소작용은 반응이 일어나고 있는 용액의 pH에 의하여 크게 영향을 받으며, 일정의 pH 범위에서만 활성을 가지게 된다.
② 모든 효소는 작용 최적 pH가 있는데 보통 4.5~8.0이다.

예 pepsin은 pH 2.0, trypsin은 pH 7.7, lipase는 pH 7.0, maltase는 pH 6.1이 최적조건이다.

3 기질농도 : 효소농도가 일정하고 기질의 농도가 낮을 경우 반응의 초기단계에는 반응속도는 기질 농도에 비례하지만 일정 범위를 넘어 후기 단계에는 정비례하지 않고 일정치에 도달한다.

4 효소의 농도 : 기질농도가 일정할 때 반응초기에 효소반응속도는 효소의 농도에 직선적으로 비례하여 증가한다. 그러나 반응이 진행되어 반응생성물이 효소작용을 저해하므로 반드시 비례하지 않는다.

5 저해제 및 부활제

① 저해제는 효소와 가역적으로 결합하여 효소작용을 억제하는 물질이다.
② 부활제는 효소작용을 촉진하는 물질이다. Ca, Mg, Mn 등이 있다.

예 carboxylase는 Mg^{++} 이온의 첨가로 부활

5 효소의 분류

1 산화환원 효소(oxidoreductase)

① 수소원자나 전자의 이동 또는 산소원자를 기질에 첨가하는 반응을 촉매하는 효소이다.
② 산화환원 효소 : catalase, peroxidase, polyphenoloxidase, ascorbic acid oxidase 등

2 전이 효소(transferase)

① 기 또는 원자단을 한 화합물에서 다른 화합물로 전달하는 반응을 촉매하는 효소이다.

$$A + B - X \longrightarrow A-X + B (A : 수용체, B-X : 공여체, X : 전달되는 원자단)$$

② 전이효소 : methyltransferase, carboxyltransferase, acyltransferase 등

3 가수분해효소(hydrolase)

① 물 분자가 작용하여 복잡한 유기화합물의 공유결합을 분해하는 효소이다.

$$R - R' + H_2O \longrightarrow ROH + R'H$$

② 가수분해 효소의 종류 : polysaccharase(다당류 분해효소), oligosaccharase(소당류 분해효소), protease(단백질 분해효소), lipase(지질 분해효소)

4 기제거 효소(lyase)

① carboxyl기, aldehyde기, H_2O, NH_3 등을 가수분해에 의하지 않고 분리하여 기질에 이중 결합을 만들거나 반대로 이중 결합에 원자단을 부가시키는 반응을 촉매한다.

② 아미노산에 카르복실기가 이탈하여 아민이 생성되는 반응을 들 수 있다.

예 fumarate hydratase

5 이성화 효소(isomerase)

① 기질분자의 분해, 전위, 산화환원 반응이 따르지 않고, 광학적 이성체(D형 ⇆ L형), keto ⇆ enol 등의 이성체 간의 전환반응을 촉매한다.

② 예를 들면 glucose isomerase에 의해서 glucose가 fructose로 전환된다.

6 합성효소(ligase, synthetase)

① ATP, GTP 등의 고에너지 인산화합물을 이용하여 2종류의 기질분자를 결합시키는 반응을 촉매한다.

② 예를 들면 acetyl CoA synthetase에 의해 초산으로부터 acetyl CoA를 생성한다.

$$ATP + CH_3COOH + CoASH \longrightarrow AMP + CH_3COSCoA + H_4P_2O_7$$

PART

II

식품의 특수성분

1 미각의 생리

1 미각의 작용 메커니즘

① 미각은 미뢰(味蕾)에서 주로 느끼며 이외에도 구강, 인두, 후두에서도 느낀다.

② 정미물질이 입에 들어오면 혀의 표면에 분포하는 유두(乳頭) 중의 미뢰에 존재하는 막세포에 흡착하게 되어 맛세포의 전위에 변화가 일어나 맛신경에 전기적 충격이 발생한다.

③ 이것이 일종의 맛의 신호가 되어 대뇌에 전달되어져 맛을 느끼게 된다.

④ H. Henning은 식품의 맛을 단맛, 짠맛, 신맛, 쓴맛 등 4가지의 기본 맛, 즉 4원미로 분류하였다.

⑤ 단맛은 20~50℃, 쓴맛은 10℃, 신맛은 25~50℃, 짠맛은 30~40℃, 매운맛은 50~60℃에서 가장 잘 느낀다.

⑥ 온도가 상승함에 따라 단맛은 증가하고, 짠맛과 쓴맛은 감소하며 신맛은 온도의 영향을 많이 받지 않는다.

2 맛의 화학적 구조

① 맛을 내는 물질은 기본적으로 물에 녹는 가용성이어야 한다.

② 신맛을 나타내는 수소이온(H^+)은 산미기, 단맛을 나타내는 alcohol기(-OH), α-amino기(-NH_2)의 감미기(dulcigen), 쓴맛을 나타내는 sulfon산기[-$SO_2(OH)$], niro기(NO_2) 등의 고미기(amarogen) 같은 원자단을 발미단이라 한다.

③ -H, -CH_3, -C_2H_5, -C_3H_7, -CH_2OH, -CH_2CH_2OH 등을 조미단이라 한다.

3 미각의 생리

01 맛의 최소 감미량 : 최소 감미량이란 어떤 물질의 고유한 맛을 느낄 수 있는 최소 농도 즉, 맛의 역치라 한다.

02 맛의 상호작용

(1) 맛의 대비(강화 현상)

① 서로 다른 정미성분이 혼합되었을 때 주된 정미성분의 맛이 증가하는 현상을 말한다.

② 설탕용액에 소금용액을 소량 가하면 단맛이 증가하고, 소금용액에 소량의 구연산, 식초산, 주석산 등의 유기산을 가하면 짠맛이 증가하는 것은 바로 이 현상 때문이다.

③ 예로 15% 설탕용액에 0.01% 소금 또는 0.001% quinine sulfate를 넣으면 설탕만인 경우보다 단맛이 세어진다.

(2) 맛의 억제(소실 현상)

① 서로 다른 정미성분이 혼합되었을 때 주된 정미성분의 맛이 약화되는 현상을 말한다.

② 이것은 강화현상의 반대로서 커피에 설탕을 놓으면 커피의 쓴맛이 설탕의 단맛에 의하여 억제되어 소실된다.

(3) 맛의 상승

① 같은 종류의 맛을 가지는 두 종류의 맛성분을 혼합하면 각각 가지고 있는 본래의 맛보다 훨씬 강하게 느껴지는데 이것을 맛의 상승효과(synergism)라고 한다.

② 감칠맛을 내는 sodium glutamate에 sodium inosinate를 10% 혼합하였을 때는 5배, sodium guanilate를 10% 혼합하였을 때는 17배나 더 강한 감칠맛을 나타낸다.

(4) 맛의 상쇄

① 서로 다른 맛을 내는 물질을 두 종류씩 적당한 농도로 섞어 주면 각각의 고유한 맛이 느껴지지 않고 조화된 맛으로 느껴지는데 이것을 맛의 상쇄현상이라고 한다.

② 간장이나 된장은 다량의 소금이 함유되어 있지만 감칠맛과 상쇄되어 짠맛이 강하게 느껴지지 않는다. 청량음료의 맛은 단맛과 신맛이 상쇄되어 조화된 맛이다.

(5) 맛의 변조

① 한가지 맛을 느낀 직후에 다른 종류의 맛을 보면 고유의 맛이 아닌 이미(異味)를 느끼는데 이것을 맛의 변조라 한다.

② 쓴약을 먹은 뒤 곧 물을 마시면 단맛이 난다든가, 단 것을 먹은 후 사과를 먹으면 신맛을, 또 귤을 먹은 후에 사과를 먹으면 달게 느껴진다.

(6) 맛의 피로

① 같은 맛을 계속해서 맛보면 미각이 조금씩 둔화되는데 이것을 맛의 피로 또는 순응이라고 한다.

② 정미성분의 농도가 낮을 때는 거의 느껴지지 않지만 농도가 높아지면 순응에 의하여 미각의 소멸시간이 길어진다.

(7) 미맹

① PTC(phenylthiocarbamide 또는 phenylthiourea)에 대하여 대부분의 사람들은 쓴맛을 느끼지만 일부 사람들은 느끼지 못하는데 이러한 사람들을 미맹이라고 한다.

② 유전적인 요인에 의하여 나타나며, 백인은 30%, 황색인은 15%, 흑인은 2~3% 정도로 알려져 있다.

2 단맛

단맛을 갖는 화합물은 자연계에 다수 존재하는데, 대표적인 설탕 이외에 당류, 당알코올, 배당체, 아미노산, peptide 및 단질 등이 있으며 합성감미료에는 saccharin, dulcin, cyclamate, aspartame 등이 있다. 단맛은 $-CHO$, $-OH$, $-NH_2$, $-NO_2$, $-SO_2$, NH_2기 등의 감미발현단과 $-H$ 또는 $-CH_2OH$ 등과 같은 조미단이 결합됨으로써 나타난다.

1 당류

당류 중에서 단맛을 지니고 있는 것은 단당류, 이당류 및 이들의 유도체들이 있다. 단맛의 상대적 감미도란 설탕 10% 용액의 단맛을 100으로 하여 비교한 수치이다. 당류의 종류, 이성체 등에 따라 단맛의 차이가 있다. 감미도는 온도에 의해서도 영향을 받는다.

01 포도당(glucose)
① 자연식품에 널리 분포되어 있고 결정포도당으로서 직접 감미료로 사용되고 있다.
② α형이 β형보다 1.5배 정도 단맛이 강하다. 감미도는 설탕의 50~70% 정도이다.
③ α형은 불안정하며 그 수용액을 방치하거나 가열하면 더욱 β형이 증가하여 단맛이 약해진다.

02 과당(fructose)
① 자연식품에 널리 분포되어 있을 뿐 아니라 꿀이나 설탕의 가수분해물, 즉 전화당의 주성분이다.
② 천연 당류 중 단맛이 가장 강하고 상쾌한 맛을 준다. 감미도는 설탕의 150% 정도이다.
③ β형이 α형보다 3배 정도 단맛이 강하다. β형은 불안정하여 수용액을 가열하거나 오랫동안 방치하면 일부 β형은 α형으로 변화하여 단맛이 저하된다.

03 설탕(sucrose)
① 감미료로서 가공식품에 가장 많이 사용되고 있다.
② α–glucose와 β–fructose가 결합하여 glycosidic OH기가 없어졌기 때문에 α, β의 이성체가 존재하지 않는 비환원당이다. 감미도는 100%이다.
③ 설탕은 이성체가 없으므로 감미도는 시간, 온도에 따라 변하지 않고 언제나 일정한 단맛을 가지기 때문에 상대적 감미도를 측정하는 표준물질이 되고 있다.

04 맥아당(maltose)
① 자연식품에 많고 물엿이나 식혜의 단맛을 이룬다.
② 보통 β형으로 존재하고, α형이 β형보다 더 달다. 감미도는 50 정도이다.
③ 수용액을 방치하거나 가열하면 일부 β형이 α형으로 되어 단맛이 강해진다.

05 유당(lactose)
① 포유동물의 유즙에만 존재하는 당으로 천연의 당류 중 단맛이 가장 약하다.
② β형이 α형보다 단맛이 강하다. 감미도는 20이다.

❷ 당 알코올(sugar alcohol)

포도당이나 과당의 환원 생성물인 당 alcohol은 당의 카보닐기($>$CO, –CHO)가 환원되어 CH_2OH로 된 것이다. 알코올의 단맛은 친수기인 hydroxy기에 기인된 것으로 –OH기가 증가함에 따라 단맛도 증가한다. 단맛을 내는 대표적인 당알코올은 xylitol(75), glycerol(48), sorbitol(48), erythritol(45), inositol (45), mannitol(45) 등이며 체내에 흡수되지 않으므로 저칼로리 감미료로 사용된다.

01 D–sorbitol
① 단맛이 설탕의 40~70% 정도로 단맛은 강하지 않으나 상쾌하며 물에 잘 녹고 화학적으로 안정하다.

② 인체 내에서의 흡수가 매우 느리므로 당뇨병 환자를 위한 감미료로 사용되고 있다.

③ 미생물에 의하여 쉽게 발효되지 않으므로 음료에도 첨가된다.

02 D-mannitol

① mannose 및 fructose를 환원하여 만든 당으로 단맛은 설탕의 45% 정도이다.

② 다른 당 alcohol류와 달리 물에 잘 녹지 않는다.

③ 현재 우리나라에서는 인공 감미료로 그 사용이 허용되고 있지 않다.

03 D-xylitol

① D-xylose를 환원하여 만든 당 alcohol로서 sorbitol보다 단맛이 강하다.

② 인체 내에서의 흡수가 느리므로 당뇨병 환자의 감미료 및 충치 예방을 위해 사용되고 있다.

3 기타 천연 감미료

01 glycyrrhizin

① 감초의 단맛 성분으로 설탕의 100~200배 단맛을 가지고 있다.

② 열에는 안정하지만 독성이 비교적 강하여 식품에 직접 사용할 수 없고 비식품감미료로서 담배향료 또는 의약품 등에 사용되고 있다.

02 stevioside

① 국화과 식물인 *Steria rebaudiana* Bertoni의 잎에 함유되어 있으며, 설탕의 300배 단맛을 가지고 있다.

② 열, 산, 알칼리에도 안정하고, 단맛도 설탕과 유사하다.

03 phyllodulcin

① 감차의 단맛 성분으로 설탕의 약 500배 단맛을 가지고 있다.

② 당뇨병 환자의 감미료로 사용되기도 한다.

04 perillartin

① 자소엽의 단맛 성분으로 설탕의 약 2,000배 단맛을 가지고 있다.

② 방부력이 세지만 독성도 매우 강하기 때문에 식품에 사용할 수 없고 비식품감미료로 담배향료 등에 사용되고 있다.

4 아미노산

① 아미노산 중에서 단맛을 가지는 것은 glycine, L-alanine, D-leucine, L-proline, L-hydroxyproline은 단맛이 있다.

② Leucine은 설탕의 2.5배나 되는 고상한 단맛을 가지고 있어 당뇨병 환자의 감미료로 이용한다.

5 인공감미료

01 saccharin

① 보통 Na-saccharin형태로서 감미도는 설탕의 300~500배 정도나 된다.

② 용액 0.5% 이상이 되면 쓴맛을 내게 되므로 보통 0.02~0.03% 정도 사용한다.

③ 아이스크림, 청량음료수, 강정, 과자 등에 사용한다.

02 dulcin

① 냉수에는 녹기 어렵지만 가열하면 쉽게 용해된다.

② 설탕의 250배 정도로 단맛이 강하지만 체내에서 위액에 의하여 분해되어 소화기능을 감퇴시키므로 거의 모든 나라에서 사용이 금지되고 있다.

03 cyclohexyl sulfamate

① 일명 sodium cyclamate으로 불리며, 설탕의 30~50배의 단맛을 낸다.

② 열에 안정적이고, 청량한 맛을 내며, 설탕과 유사하다. 농도 0.5% 이상이면 쓴맛을 나타낸다.

③ 발암물질로 알려져 사용이 금지되어 있다.

3 짠맛

짠맛은 무기 및 유기의 알칼리염이 해리하여 생긴 이온의 맛으로 주로 음이온에 의존하고 양이온은 짠맛을 강하게 하거나 쓴맛을 내기도 한다.

1 짠맛을 가진 무기염류 : 무기염이 해리하여 생긴 음이온의 경우 그 짠맛의 강도는 SO_4^{2-} 〉 Cl^- 〉 Br^- 〉 I^- 〉 HCO_3^- 〉 NO_3^-의 순이다.

[무기염류 중에서 짠맛을 내는 것]

주로 짠맛	NaCl, KCl, NH₄Cl, NaBr, NaI
짠맛과 쓴맛이 같은 정도	KBr, NH₄I
주로 쓴맛	MgCl₂, MgSO₄, KI
불쾌함 맛	CaCl₂

2 짠맛을 가진 유기염류

① 유기염 중에서 disodium malate, diammonium malonate, diammonium sebacinate, sodium gluconate 등은 소금과 유사한 짠맛을 가지고 있다.

② 이들은 신장병, 간장병, 고혈압 등의 환자를 위해서 소금대용으로 사용하거나 무염간장 제조에 사용되고 있다.

4 신맛

산미는 H^+의 맛으로 유기산, 무기산 및 산성염 등이 해리하여 산미를 낸다. 산미는 $-OH$, $-COOH$의 수, $-NH_2$의 유무나 다소에 따라 맛이 다른데, 보통 $-OH$가 있으면 온전한 산미, $-NH_2$가 있으면 고미가 가해진 산미가 된다. 신맛의 강도를 동일 농도에서 HCl을 100으로 하여 비교하면 HCl(100) 〉 HNO₃ 〉 H₂SO₄ 〉 formic acid(84) 〉 citric acid(78) 〉 malic acid(72) 〉 lactic acid(65) 〉 acetic acid (45) 〉 butyric acid(32)의 순이다.

1 무기산

① 무기산의 신맛은 탄산, 염산 이외에는 일반적으로 불쾌하다.

② 탄산의 신맛은 상쾌감을 주기 때문에 청량음료에 많이 사용한다.

2 유기산

초산 (acetic acid)	당질의 초산발효에 의하여 생성되는 유기산으로 식초 중에 4~6% 함유되어 있다.
젖산 (lactic acid)	요구르트에 0.4~1.5% 함유되어 있고, 김치, 간장, 간장 등에도 들어 있으며 신맛과 방부성을 가지고 있다.
구연산 (citric acid)	감귤류, 살구, 레몬, 매실, 포도 등의 과실과 토마토, 상추, 양배추 등의 채소류에 널리 함유되어 있으며 상쾌한 신맛을 낼 뿐만아니라 피로회복을 빠르게 하는 효과가 있는 유기산이다.
사과산 (malic acid)	사과, 포도, 복숭아 등의 과일과 토마토, 시금치, 상추의 야채류에 널리 분포되어 있으며 상쾌한 신맛을 가진다.
주석산 (tartaric acid)	포도, 파인애플, 죽순 등의 식물계에 널리 존재하는 신맛이 강한 유기산이며 청량음료수, 잼, 젤리 등에 구연산 등과 함께 사용한다.
호박산 (succinic acid)	청주, 된장, 간장이나 패류, 사과, 딸기 등에 들어 있으며 맛난 맛을 띠는 유기산이다.

5 쓴맛

식품 중의 쓴맛을 나타내는 물질들은 그 화학구조에 따라 alkaloid, 배당체, ketone류 및 무기염류 등으로 구분되며, 이들 물질은 분자 내에 $N\equiv$, $=N\equiv$, $-SH$, $-S-S$, $-S-$, $=CS$, $-SO_2$, $-NO_2$ 등의 원자단을 가지고 있으며, 무기염류 중에서는 Ca^{++}, Mg^{++}, NH_3^+ 등의 양이온이 쓴맛을 낸다.

1 Alkaloid

① 식물체에 들어있는 함질소 염기성 유기화합물의 총칭이다.

② 차, 커피 중에 함유된 caffeine과 코코아, 초콜릿 중에 함유된 theobromine, 키나무에 함유되어 있는 quinine 등이 있다.

2 배당체

① 당류에 비당류인 aglycon이 결합된 것으로서 식물계에 널리 분포되어 있으며 주로 과실, 채소의 쓴맛 성분이다.

② 감귤류의 껍질 naringin과 hesperidin, 오이꼭지의 cucurbitacin, 양파껍질의 quercetin, 감귤류의 limonin(자연성 쓴맛) 등이 있다.

3 ketone류

① hop의 암꽃에 존재하는 humulon과 lupulon을 들 수 있는데, 이것은 맥주의 상쾌한 쓴맛 성분이다.

② 흑반병에 걸린 고구마 쓴맛 성분은 ipomeamarone으로 유독성분이다.

4 무기염류 및 기타

① 간수(bittern)에 함유되어 있는 $CaCl_2$나 $MgCl_2$는 쓴맛을 가지며 이것은 두부 제조 시에 단백질 응고제로 사용된다.

② 아미노산 중에서 쓴맛을 가지는 것은 L-leucine, L-phenylalanine, L-tyrosine, L-tryptophan 등이 있으며 쑥의 쓴맛은 thujone에 의한다.

6 매운맛

매운맛(hot taste)은 미각신경을 강하게 자극함으로써 느껴지는 일종의 통감이다. 식품의 매운맛을 나타내는 물질들은 그 화학 구조에 따라 방향족 aldehyde 및 ketone류, 산 amide류, 유황화합물, amine류 등으로 구분된다.

1 방향족 aldehyde 및 ketone류

① zingerone, shogaol, gingerol은 생강의 매운맛 성분이다.

② curcumin은 울금의 매운맛 성분이다.

③ vanillin은 vanilla 콩의 매운맛 성분이다.

④ cinnamic aldehyde은 계피의 매운맛 성분이다.

2 산 amide류

① capsaicine은 고추의 매운맛 성분으로 dihydrocapsaicine과 2 : 1 비율로 함유되어 있다.

② chavicine은 후추의 매운맛 성분으로 후추에 0.8% 정도 함유되어 있고, cis형 이성체만 매운맛을 가진다.

③ sanshool은 산초열매의 매운맛 성분으로 환원되면 hydrosanshool이 된다.

3 유황화합물

01 겨자류

① allylisothiocyanate은 흑겨자, 고추냉이, 무 등의 매운맛 성분이다. 흑겨자나 고추냉이에 물을 넣고 마쇄하면 파괴되어 배당체인 sinigrin에 효소 myrosinase가 작용하여 allylisothiocyanate이 생성한다.

② ρ-hydroxybenzyl isothiocyanate은 백겨자의 매운맛 성분이다. 백겨자에는 배당체인 sinalbin이 myrosinase에 의하여 분해되어 ρ-hydroxybenzyl isothiocyanate를 생성한다.

02 황화 allyl류

① allicin은 마늘의 매운맛 성분이다. 마늘에 함유되어 있는 alliin이 alliinase에 의하여 매운맛 성분인 allicin을 생성한다.

② dimethylsulfide은 파래, 고사리, 아스파라거스, 파슬리 등의 매운맛 성분이다.

③ divinylsulfide, propylallylsulfide, dialkyltetrasulfide등은 부추, 파, 양파 등의 매운맛 성분이다.

4 amine류

① 아미노산이 미생물 작용에 의해 탈탄산되어 생긴 amine류는 불쾌한 매운맛 성분이다.

② histamine, tyramine은 썩은 생선, 변패 간장 등의 불쾌한 매운맛 성분이다.

7 감칠맛

단일 물질에 의한 맛이 아니고 단맛, 신맛, 짠맛, 쓴맛의 네 가지 4원미와 향과 texture가 조화되어 나는 맛이다. 감칠맛은 아미노산, peptide, amide, nucleotide, 유기염기, 유기산염 등이 관계하고 있다.

1 아미노산 및 peptide류

① glycine은 새우, 게, 조개류에 특히 겨울철에 약 1% 정도 함유되어 독특한 풍미를 띠며 여름철에는 glycine의 methyl화한 형태인 betaine에 의하여 감칠맛이 난다.

② glycine의 유도체인 creatine이나 creatinine도 어류나 육류의 감칠맛 성분이다.

③ M.S.G(monosodium glutamate)는 미역, 다시마의 감칠맛 성분으로 L-형만 맛이 난다.

④ 파리버섯에서 분리된 L-tricholomic acid와 L-ibotenic acid는 MSG보다 강한 감칠맛을 낸다.

⑤ theanine은 L-glutamic acid의 ethyl amide이며, 차의 감칠맛 성분이다.

⑥ asparagine 및 glutamine은 aspartic acid 및 glutamic acid의 amid로서 어류, 육류 및 채소류의 감칠맛 성분이다.

⑦ dipeptide인 carnosine, anserine 등은 육류나 어류의 감칠맛 성분이다.

⑧ tripeptide인 glutathione은 동식물계 널리 분포하고 있는 감칠맛 성분이다.

2 choline 및 choline 유도체 : betaine과 carnitin은 식품 전반에 분포하는 감칠맛 성분이다. 특히 betaine은 오징어, 문어, 새우, 게, 전복 등의 감칠맛 성분이다.

3 purine 및 ribonucleotide류

① purine염기인 adenine, guanine, hypoxanthine, xanthine 그리고 guanine의 산화 생성물인 guanidine, methyl guanidine도 어류나 육류의 감칠맛 성분이다.

② 5'-GMP는 표고버섯, 송이버섯의 중요한 감칠맛 성분이고, 5'-IMP는 소고기, 돼지고기, 생선의 중요한 감칠맛 성분이다.

③ ribonucleotides류의 풍미 강화효과의 크기는 5'-GMP>5'-IMP>5'-XMP의 순이다.

④ 핵산계 조미료가 풍미강화 효과를 내려면 purine 염기의 6위치에 OH기와 ribose의 C_5 위치에 1분자의 인산이 결합되어 있어야 한다.

4 기타 식품 : 오징어, 문어의 감칠맛 성분은 taurine이고, 죽순의 감칠맛 성분은 arginine purine이며 김의 감칠맛은 amino acid 중 glycine에 의한다.

8 떫은맛

수렴성(astringency)의 감각으로서, 혀 표면에 있는 점성단백질이 일시적으로 변성, 응고되어 일어나는 미각 신경의 마비 또는 수축 작용에 의하여 일어난다. Protein의 응고를 가져오는 철, 알루미늄 등의 금속류, 일부의 fatty acid, aldehyde와 tannin이 떫은맛의 원인을 이룬다.

1 tannin류

① 다류의 떫은맛은 gallic acid와 catechin에 기인한다.

② 감의 떫은맛은 gallic acid와 shibuol에 기인한다.

※ 덜 익은 감은 떫은맛이 강하나 익어감에 따라 약해지는 것은 감이 성숙함에 따라 과일 내부에 생성된 alcohol이나 aldehyde가 수용성 shibuol과 중합하여 불용성의 물질을 형성하기 때문이다.

③ 밤 속껍질의 떫은맛은 2분자의 gallic acid가 축합한 ellagic acid이다.

④ 커피의 떫은맛은 caffeic acid와 quinic acid가 축합한 chlorogenic acid에 기인한다.

2 지방산과 aldehyde류

① 지방의 산패에 의하여 형성된 일부의 유리 불포화 지방산이나 aldehyde가 혀의 점막에 점착하여 떫은맛이 나타난다. 떫은맛을 가지는 유리 불포화 지방산은 arachidonic acid, clupanodonic acid 등이 있다.

② 어류 건제품이나 훈제품 등 지방질이 많은 식품을 장기간 저장했을 때 떫은맛이 나타나는 경우가 있다.

9 맛성분의 변화

1 가열 조리에 의한 맛의 변화

① 가열 조리에 의한 전분의 호화와 단백질의 변성은 식품에 교질미를 부여한다.

② 식품의 조리에 의하여 엑기스분이 유출되어 국물의 지미가 늘어나고 감미·지미가 짠맛에 의하여 강화되는 등 다채로운 변화를 보여준다.

③ 무의 diallylsulfide나 양파의 diallyldisulfide는 이들을 삶을 때 각각 methyl mercaptane 이나 propyl mercaptan으로 변화되어 단맛이 크게 증가한다.

2 발효에 의한 맛의 변화

① 된장, 간장의 맛은 원료 중의 탄수화물, 단백질이 미생물에 의하여 대사되어 생성된 당분, 아미노산, 염기류 등이 혼합된 맛이다.
② 김치류의 맛은 탄수화물의 분해로 생성된 초산, 유산 등에 의한다.
③ 젓갈류의 맛은 숙성과정 중 자가 효소나 미생물의 효소작용에 의하여 어육단백질이 서서히 분해되어 형성된 유리 아미노산 때문이다.

3 부패에 의한 맛의 변화

① 쉰밥은 초산에 의한 신맛을 나타내고, 오래된 청국장은 단백질의 분해로 생성된 peptone에 의한 쓴맛이 생긴다.
② 오래된 생선은 지방의 분해로 생성된 유리지방산, aldehyde 등에 의한 떫은맛이나 아미노산의 분해로 생성된 histamine, tyramine 등에 의한 매운맛을 나타낸다.

Chapter 02 | 냄새성분

1 개요

식품의 냄새는 맛이나 색깔과 더불어 그 식품의 관능적 품질을 평가하는 중요한 요소이다. 식품의 냄새와 관계가 있는 물질은 저급 지방산의 ester, 방향족화합물, 2중 또는 3중 결합화합물, 저분자 알코올, 제3급 알코올이고, 현재까지 알려진 발향단, 즉 원자단은 $-OH$, $-CHO$, $-COO-R$, $=CO$, $-C_6H_5$, $-NO_2$, $-NH_2$, $-COOH$, $-NCS$ 등이다.

2 냄새의 분류

1 감각적 분류

① Henning의 분류
② Amoore의 분류

2 화학적 분류

① 탄화수소류
② alcohol류
③ aldehyde류
④ ketone류
⑤ acid류
⑥ ester류
⑦ 유황 화합물[(황화수소(H_2S),thioalcohol]
⑧ 질소화합물[(ammonia(NH_3), amine)]

3 식물성 식품의 냄새성분

1 ester류

① caeboxylic acid와 alcohol의 결합으로 생성되기 때문에 그 종류가 대단히 많으며 과일향기의 주성분이다.

② 식품 중의 ester 향기성분은 amyl formate(사과, 복숭아), isoamyl formate(배), ethyl acetate(파인애플), isoamyl acetate(배, 사과), methyl butyrate(사과), methyl valerate(청주), isoamyl isovalerate(바나나), methyl cinnamate(송이버섯), sedanolide(샐러리), apiol(파슬리) 등이 있다.

2 alcohol류

① 탄소수 C_5 이하의 쇄상구조의 저급 alcohol은 채소, 과일 등 대부분 식품의 향기성분으로 들어있다.

② 식품 중의 alcohol 향기성분은 ethanol(주류), propanol(양파), pentanol(감자), hexenol(찻잎, 채소의 푸른잎), linalool(찻잎, 복숭아), 1-octen-3-ol(송이버섯), 2,6-nonadienol(오이), furfuryl alcohol(커피), eugenol(계피) 등

3 terpene류(정유류)

① terpene계 탄화수소는 정유(essential oil)류에 들어 있는 여러 가지 향기의 주성분이다. terpene류는 Isoprene(CH_2=C(CH_3)−CH=CH_2)의 중합체로서 향기와 관련이 있는 것은 주로 monoterpene($C_{10}H_{16}$) 및 sesquiterpene($C_{15}H_{24}$)이다.

② 식품 중의 alcohol 향기성분은 myrcene(미나리), limonene(오렌지, 레몬), α−phellandrene(후추), camphene(레몬), linalool(등화유), geraniol(녹차), menthol(박하), β−citral(레몬), zingiberene(생강), humulene(호프) 등

4 aldehyde류

① 탄소수 C_5 정도까지는 소량씩이나마 동식물성 식품에 널리 분포되어 있고 C_6~C_9 aldehyde는 유지 산화 등에 의하여 생성된다.

② 식품 중의 aldehyde 향기성분은 hexanal(찻잎), benzaldehyde(almond 향), cinnamic aldehyde(계피), vanillin(바닐라 향) 등

5 황화합물

① 엽채류와 근채류의 향기성분으로 중요하다.

② 식품 중의 황화물의 향기성분은 methylmercaptan(무우), propylmercaptan(양파), dimethylmercaptan(단무지), S−methylcysteine sulfoxide(양배추, 순무), methyl-β−mercaptopropionate(파인애플), β−methylmercaptopropyl alcohol (간장), furfurylmercaptan(커피), alkyl sulfide(고추냉이, 아스파라거스) 등

4 동물성 식품의 냄새성분

1 암모니아 및 amine류

① 선도가 떨어진 어류에서는 trimethylamine(TMA), ammonia, piperidine 또는 δ-aminovaleric acid 등의 휘발성 아민류에 의해서 어류의 특유한 비린내를 갖는다.

② ammonia는 어류(상어나 홍어)의 선도가 어느 정도 저하되었을 때 발생하는 자극적인 냄새이며 요소(urea)로부터 세균의 작용으로 생성된 것이다.

③ 어류가 부패되었을 때 발생하는 냄새는 주로 아미노산이 분해되어 황화수소, indole, methylmercaptan, skatole 등에 기인된 것이다.

④ 가리비 조개 향기의 주성분은 dimethyl sulfide이다.

2 지방산류 및 carbonyl 화합물

① 신선한 우유의 향기성분은 주로 propionic acid, butyric acid, caproic acid 등의 저급지방산과 acetone, acetaldehyde 등의 carbonyl 화합물 및 함황 화합물인 methyl sulfide에 기인된다.

② 버터의 중요한 향기성분은 diacetyl과 acetoin이다.

③ 치즈의 냄새는 ethyl β-methylmercaptopropionate가 주성분으로 methionine이 광분해와 산화에 의하여 생긴다.

5 냄새성분의 변화

1 가열에 의한 향기

01 amino-carbonyl 반응에 의한 향기 생성

① 아미노산과 당을 가열하면 amino-carbonyl 반응의 최종단계에서 amino acid는 탄소수가 한 개 적은 aldehyde가 생성하는데 이것을 strecker 분해라 한다. 이때 생성되는 여러 가지 aldehyde가 식품을 가열했을 때의 냄새성분에 주로 관여한다.

② strecker 분해의 결과로 생긴 amino reductone은 2분자가 환원하면 pyrazine류가 생성된다. 커피, 보리차, 땅콩, 볶은 참깨 등의 방향식품에는 모두 몇 종류의 pyrazines가 함유되어 있다.

02 caramel화 반응에 의한 향기의 생성

① 당류 등의 탄수화물을 160℃ 이상의 고온으로 가열하면 furan, furfuran 등 여러 가지 향기가 발생한다.

② 포도당을 250℃로 가열하면 여러 종류의 향기물질이 생성된다.

03 밥의 향기 성분

① 쌀로 밥을 지을 때 발생하는 향기에는 ammonia, acetaldehyde, acetone, C_3, C_4, C_6의 aldehyde가 주성분으로 존재하고 극히 미량의 H_2S가 존재한다.

② 숭늉의 주성분으로는 2,3-dimethyl pyrazine, 2-ethyl pyrazine, 2-methoxy-3-methyl pyrazine 등의 pyrazine류와 isovaleraldehyde, n-caproaldehyde 등의 carbonyl 화합물이 있다.

04 식빵의 향기성분

① 발효 중에 생성된 향기 성분은 각종 알코올, 유기산, ester 들이다. 이것은 굽는 동안 대부분 소실된다.

② 가열분해에 의하여 생기는 maltol은 식빵 향기의 중요한 요소를 이룬다.

05 가열 조리된 채소 향기 성분

① 채소를 가열, 조리하면 황화수소(H_2S), formaldehyde, acetaldehyde, dimethyl sulfide, mercaptane, ethyl mercaptane, propyl mercaptane, methanol 등이 향기성분이 생성된다.

② 양배추를 삶으면 다량의 dimethyl sulfide가 생긴다.

③ 무, 양파, 파 등은 가열하면 dimethyl disulfide, methyl propyl disulfide가 환원되어 methyl mercaptane, propyl mercaptane이 많이 생긴다.

④ green peas를 삶으면 acetals, aldehydes, esters, 황화합물 등이 검출된다.

2 훈연에 의한 향기성분의 생성 : 연기성분은 유기산류(39.9%), carbonyl 화합물(24.6%)과 각종 phenol류(15.7%) 등이다.

3 발효에 의한 향기성분의 생성 : 식품을 미생물에 의하여 발효시키면 독특한 향기를 갖게 되며, 간장의 특유한 향기 성분의 하나인 methionol은 간장 중에 존재하는 L-methionine이 탈아미노, 탈탄산되어 형성된 것이다.

Chapter 03 | 색소성분

1 개요

① 식품의 색은 이들 색소가 가시광선인 380~760nm의 파장 중에서 일정한 파장부분을 선택적으로 흡수함에 따라 우리들의 시각에 느껴지는 것이다.

② 식품이 색을 나타내는 것은 발색의 기본이 되는 원자단인 발색단과 조색단이 결합해야만 색을 나타낸다. 발색단(chromophore)으로는 carbonyl기($>C=O$), azo기($-N=N-$), ethylene기($-C=C-$), nitro기($-NO_2$), nitroso기($-N=O$), thiocarbonyl기($>C=S$) 등이 있으며 조색단은 $-OH$와 $-NH_2$ 등이 있다.

2 색소의 분류

1 화학구조에 의한 분류

tetrapyrrole 유도체	chlorophyll, heme
isoprenoid 유도체	carotenoid
benzopyrene 유도체	flavonoid, anthocyanin
가공색소	caramel, melanoidine

2 동식물 재료에 의한 분류

식물성 색소 (plant pigments)	• 지용성 색소 : chlorophyll, carotenoid • 수용성 색소 : flavonoid, anthocyanin, tannin
동물성 색소 (animal pigments)	• heme계 색소 : hemoglobin, myoglobin • carotenoid계 색소 : 우유, 난황, 갑각류

3 식물성 색소

1 chlorophyll(엽록소)

엽록소는 세포 내의 엽록체(chloroplast)에 존재하며 식물의 광합성작용(photosynthesis)에 중요한 역할을 한다. 엽록소는 햇빛의 존재하에 CO_2와 H_2O로부터 고에너지의 유기물질을 합성한다.

01 존재 : 식물의 잎이나 줄기의 chloroplast에 단백질, 지방, lipoprotein과 결합하여 존재한다.

02 구조

① chlorophyll에는 a, b, c, d의 4종이 있는데 식물에는 a, b만 존재하며 c와 d는 해조류에 존재한다.

② 식물 중에 a와 b는 3 : 1의 비율로 함유되어 있으며 a는 청록색, b는 황록색을 나타낸다.

③ a와 b의 구조는 4개의 phrrole핵이 메틴 탄소(-CH=)에 의하여 결합된 prophyrin 환의 중심에 Mg^{2+}를 가지고 있다.

03 성질과 변화 : Chlorophyll은 물에 녹지 않으나 유기용매에는 잘 용해되며, 산, 알칼리, 효소 그리고 금속 등에 의하여 변화가 일어난다.

(1) 산에 의한 변화

① 클로로필은 산의 존재하에서 porphyrin환에 결합한 Mg이 수소이온과 치환되어 녹갈색의 pheophytin을 형성한다.

② 계속 산을 작용시키면 클로로필 분자 중에 존재하는 phytyl ester이나 methyl ester의 가수분해가 일어나 갈색 pheophorbide가 생성된다.

③ 녹색 채소를 가열할 때 채소 중의 유기산에 의해 채소의 색이 녹갈색으로 변화한다.

(2) 알칼리에 의한 변화
① 클로로필은 알칼리의 존재하에 가열하면 먼저 phytyl ester 결합이 가수분해되어 선명한 녹색의 수용성인 chlorophyllide가 형성되며 다시 methyl ester 결합이 가수분해되어 선명한 녹색의 수용성인 chlorophylline을 형성한다.
② 알칼리의 농도가 클 때는 chlorophyll의 염이 되며, 이것 역시 물에 녹아서 선명한 녹색을 띤다.

(3) 효소에 의한 변화
① 식물조직이 파괴되면 세포 내에 존재하고 있는 chlorophyllase의 작용으로 phytol이 제거되어 선명한 녹색인 chlorophyllide가 생성된다.
② 시금치를 뜨거운 물로 데치면 선명한 녹색을 띠는데, 이것은 식물조직에 분포되어 있는 chlorophyllase가 식물조직이 파괴될 때 유리되기 때문이다.

(4) 금속에 의한 변화
① 클로로필은 금속이온(Cu^{++}, Zn^{++}, Fe^{++})이나 그 염과 반응하면 중심인자인 Mg^{++}은 금속이온과 치환되어 녹색이 고정되며 이들 색깔은 매우 안정하여 가열하여도 녹색이 그대로 유지된다.
② 완두콩, 껍질콩 등의 통조림 가공 시에 소량의 $CuSO_4$를 첨가하여 선명한 녹색을 나타내게 한다.

(5) 조리과정에서의 변화
① 시금치나 양배추 등의 녹색채소를 물속에서 끓이면 조직이 파괴되어 휘발성 및 비휘발성의 유기산이 유리된다.
② 이 유기산은 채소 중에 존재하는 chlorophyll에 작용하여 갈색의 pheophytin으로 전환시킨다.

2 carotenoids
carotenoid 색소는 등황색, 황색 혹은 적색을 나타내며 유지에 잘 녹는 구조가 비슷한 지용성의 색소군을 총칭하는 것이다.

01 존재
① carotenoid는 등황색, 황색, 적색을 띠는 식품에 존재하며 미생물에도 함유되어 있다.
② 우유, 난황 중에도 지질에 용해되어 존재하고 새우, 게 및 연어 등에도 astaxathin이 astacin의 전구물질로 존재한다.

02 구조
① 8개의 isoprene($CH_2=CH-CH=CH_2$) 단위가 결합하여 형성된 tetraterpene의 기본 구조를 가지고 있으며 그 분자 내에는 색깔의 원인이 되는 공액 이중결합을 여러 개 가지고 있다.
② 이 공액이중결합의 수가 증가함에 따라 황색에서 등황색이나 적색으로 색깔이 진해진다.

03 carotenoids의 분류

① 탄화수소인 carotene류와 −OH, −CHO, 〉C=O 등의 극성기를 가지는 xanthophyll류로 분류한다.

② carotene류는 탄소와 수소만으로 구성된 탄화수소 형태로 석유 ether에는 잘 녹으나 ethanol에는 잘 녹지 않는다.

③ xanthophyll류는 carotene이 산화된 산소 유도체 형태로 ethanol에는 녹으나 석유 ether에는 녹지 않는다.

04 carotenes

① carotene류 중에서 대표적인 것으로는 α−carotene(당근, 차엽, 수박), β−carotene(당근, 녹엽, 고추, 오렌지), γ−carotene(당근, 살구, 야자유) 및 lycopene(토마토, 수박) 등이 있다.

② α−, β−, γ−carotene은 β−ionone 핵을 가지고 있어 체내에서 vitamin A로 전환되므로 provitamin A라고 한다.

③ lycopene은 두 개의 pseudo ionone 핵을 가지므로 vitamin A로서의 효력이 없다.

05 xanthophylls

① carotene의 산화 생성물인 xanthophyll의 종류는 cryptoxanthin(감귤류), capxanthin(고추, 파프리카), lutein(오렌지, 옥수수, 난황), astaxanthin(새우, 게, 가재) 등이 있다.

② cryptoxanthin은 분자 내에 β−ionone 핵을 가지고 있어 provitamin A라고 한다.

③ 기타의 xanthophyll은 β−ionone 핵이 없으므로 vitamin A로서의 효력이 없다.

06 성질과 변화

① 다수의 공액 이중결합을 가지고 있어 산화가 잘 일어난다.

② 산이나 알칼리에 안정적이며 산소가 없는 상태에서는 광선의 조사에 영향을 받지 않는다.

③ 자연계에 존재하는 carotenoid는 대부분 trans형이나 가열, 산, 광선의 조사 등에 의하여 이중결합의 일부가 cis형으로 이성화되는 경우가 있다.

3 flavonoids(anthoxanthins) : 식품계에 널리 존재하며 액포(vacuole) 중에 유리상태 혹은 배당체의 형태로 존재하는 수용성 색소이다.

01 구조 : 2개의 benzene 핵이 3개의 탄소로 연결된 C_6−C_3−C_6의 골격이 기본이다.

02 flavonoids의 분류

① flavonoid계 색소에는 anthoxanthins, anthocyanins, tannin 등이 있다.

② anthoxanthins(화황소)에는 flavones, flavonols, flavanones, flavanonols, isoflavones가 있다.

③ anthocyanins(화청소)에는 pelargonidin, cyanidin, peonidin, delphinidin, petunidin, malvindin 등이 있다.

④ tannin에는 catechin, leucoanthocyanin, chlorogenic acid 등이 있다.

03 anthoxanthin

(1) 구조

① anthoxanthin은 대부분이 2-phenyl chromone(flavone)의 기본구조를 가진다.

② 유도체로 flavones, flavonols, flavanones, flavanonols, isoflavones가 있다.

(2) 성질과 변화

① anthoxanthin계 색소는 산에 안정하나 알칼리에 불안정하여 pH 11~12에서 $C_6-C_3-C_6$의 기본구조 중 C_3의 고리구조가 개열되어 해당되는 chalcone을 형성하여 황색 또는 짙은 갈색으로 변한다.

② 밀가루에 $NaHCO_3$를 혼합하여 만든 빵이 황색으로 변하는 현상이나, 삶은 감자나 양파, 양배추 및 연수에 조리한 쌀이 황변하는 것은 이런 이유 때문이다.

③ 다수의 phenol성 OH기를 가지므로 금속이온과 반응하여 독특한 색을 나타내는 불용성 착화합물을 형성한다. Fe^{2+} 등과 반응하여 구조 내 OH기의 수와 위치에 따라 녹색, 청녹색 등의 복합체를 형성한다.

④ quercetin, rutin, hesperidin, eriodctin 등은 체내에서 모세혈관의 증강작용을 하므로 비타민 P라고 한다.

4 **anthocyanins** : 꽃, 과실, 채소류에 존재하는 적색, 자색 또는 청색의 수용성 색소로서 화청소라고도 부르며, 선명한 색깔을 나타내나 매우 불안정하여 가공, 저장 중에 쉽게 변색된다.

01 구조

① anthocyanin은 배당체로서 산, 알칼리, 효소 등에 의해 쉽게 가수 분해되어 aglycone인 anthocyanidin과 당류로 분리된다. 이때 당류로는 포도당이나 galactose, rhamnose 등이 있다.

② benzopyrylium핵과 phenyl기가 결합한 2-phenyl-3,5,7-trihydroxy benzopylium의 기본구조로 oxonium 화합물을 형성하고 있다.

③ anthocyanin종류는 phenyl환에 결합되는 치환기의 종류와 수 그리고 3, 5번 탄소위치에 결합되는 당의 종류와 수 등에 분류한다. 주로 6종류(pelargonidin계, cyanidin계, peonidin계, delphinidin계, petunidin계, malvidin계)가 존재한다.

④ 일반적으로 phenyl기 중의 OH기가 증가하면 청색이 짙어지고, methoxyl기가 증가하면 적색이 짙어지는 경향이 있다.

02 성질과 변화

① anthocyanin은 물이나 알코올에 잘 녹고 에테르, 벤젠 등의 유기용매에는 녹지 않는다.

② anthocyanin계 색소는 pH에 따라 크게 달라지는데 산성에서는 적색, 중성에서는 자색, 알칼리성에서는 청색 또는 청녹색을 나타낸다.

③ anthocyanin은 각종 금속이온들과 여러 가지 색깔의 복합체를 형성한다. 이들 복합체의 색깔은 청색, 자색, 회색, 갈색 등으로 원래의 anthocyanin과는 다른 색깔로 변색된다. 특히 Cu, Fe 등의 금속은 anthocyanin의 변색을 크게 촉진시킨다.

④ Fe나 Al은 anthocyanin과 결합하여 아름다운 청자색의 복합체로 형성한다. 가지조림이나 검정콩 조리 시에 적당량의 Fe를 첨가하면 고유색을 유지할 수 있다.

5 tannin

탄닌은 식물의 줄기, 잎, 뿌리 등에 널리 분포되어 있으며, 특히 미숙한 과일과 식물의 종자 등에도 상당량 함유되어 있다. 그 자체로서도 식품의 수렴성 떫은맛과 쓴맛을 형성하는 원인 물질이 되고 있으며 또한 원래 무색이나 그 산화물은 홍갈색, 흑색, 갈색을 나타낸다.

01 구조

① tannin의 기본구조는 flavonoid와 같은 $C_6-C_3-C_6$ 구조를 하고 있으며, 맛은 식품의 쓴맛과 떫은맛을 내는 원인물질이 된다.

② 식품에 존재하는 탄닌은 3가지로 나눈다.

- catechin과 그 유도체들
- leucoanthocyanin류
- chlorogenic acid 등의 polyphenolic acid

02 성질과 변화

① 공기 중에서 polyphenol oxidase에 의해 쉽게 산화되어 갈변한다. 곡류와 과일·야채류의 탄닌은 성숙함에 따라 산화과정에 의해 anthocyanin 또는 anthoxanthin으로 전환되고 일부는 중합되어 불용성 물질로 변하여 양이 감소된다.

② 여러 금속이온과 복합염을 형성하는데 대개 회색, 갈색, 흑청색, 청녹색 등을 갖는다. 차나 커피를 경수로 끓이면 그 액체 표면에 갈색 혹은 적갈색의 침전을 형성한다.

③ 탄닌함량이 많은 과일이나 야채 통조림 관의 제1철 이온(Fe^{2+})이 탄닌과 반응하여 회색의 복합염(Fe^{2+}tannin)을 형성한다. 이때 통조림 내부에 산소가 존재하면 Fe^{2+}가 제2철이온(Fe^{3+})으로 되어 흑청색 혹은 청록색의 복합염(Fe^{3+}tannin)으로 변한다.

④ 감을 칼로 자를 때의 흑변현상도 탄닌과 제2철 이온과의 반응 때문이다.

4 동물성 색소

동물성 식품의 색소로서는 근육의 색소인 myoglobin과 혈액의 색소인 hemoglobin이 있다. 그 외 일부 carotenoid계 색소들이 우유, 유제품, 난황에 함유되어 있다.

1 heme계 색소

식육이나 어육의 적색의 육색소(myoglobin, Mb)와 혈색소(hemoglobin. Hb)로 대별되는 2종의 색소단백질에 의한다. Mb와 Hb는 porphyrin과 철 착염인 색소부분 heme에 단백질 부분인 globin이 결합한 것이다.

01 myoglobin

① 육색소로서 globin 1분자와 heme 1분자가 결합하고 있으며 산소의 저장체로 작용한다.

② 공기 중 산소에 의해 선명한 적색의 oxymyoglobin(MbO_2)이 되고, 계속 산화하면 heme 색소의 제1철이온(Fe^{2+})이 제2철이온(Fe^{3+})으로 변하여 갈색의 metmyoglobin(MetMb)이 되며, 가열을 계속하면 globin 부분이 변성되어 갈색 내지는 회색의 heme이 유리된다.

③ 육류의 색이 갈색의 metmyoglobin으로 변질되는 것을 방지하기 위해 질산염이나 아질산 염을 사용하면, 이것이 NO로 변한 다음 nitrosomyoglobin을 형성하여 산화를 방지하고 선명한 붉은색이 된다.

02 hemoglobin

① 혈액의 색소로서 globin 1분자와 heme 4분자가 결합하고 있으며 산소운반체로 작용한다.

② 산소와 결합하여 oxyhemoglobin(HbO_2)을 형성한 후 산성에서 서서히 산화되어 갈색의 methemoglobin으로 된다.

③ 연체동물이나 갑각류의 혈색소인 hemocyanin은 hemoglobin의 철(Fe) 대신 구리(Cu)를 함유하고 있는데 hemocyanin은 산소와 결합하여 청색이 된다.

2 carotenoid계 색소

01 육류, 유류 및 난류의 carotenoid

① 우육의 지방 중에 α, β, γ –carotene이 함유되어 있으며, 그중 β –carotene의 함량이 가장 많다.

② 유지방에도 carotenoid가 존재하며 이들은 버터나 치즈의 색도에 관계된다.

③ 난류의 난황색은 lutein, zeaxanthin, cryptoxanthin에 의한 것이다.

02 어패류의 carotenoid

① 도미의 표피나 연어, 송어의 적색육은 astaxanthin에 의한 것이다.

② 피조개의 적색 근육부에는 carotene, lutein이 함유되어 있다.

03 새우, 게의 carotenoid

① 새우나 게 등의 갑각류에는 xanthophyll류에 속하는 astaxanthin이 함유되어 있다.

② 이것은 원래 적색이나 조직 내에서 단백질과 결합하여 청록색을 띠나 가열, 산화하면 짙은 홍색인 astacin으로 변한다.

5 색소성분의 변화

1 식품의 갈변반응

식품의 갈변반응은 일반적으로 효소가 직접 관여하는 효소적 갈변반응과 효소가 관여하지 않은 비효소적 갈변반응으로 분류한다.

효소적 갈변	비효소적 갈변
• polyphenol oxidase에 의한 갈변 • tyrosinase에 의한 갈변	• maillard 반응 • caramel화 반응 • ascorbic acid 산화반응

01 효소적 갈변반응

(1) 효소적 갈변

1) polyphenol oxidase에 의한 갈변

① polyphenol oxidase는 주로 O-diphenol인 catechol, chlorogenic acid 등을 공기 중의 산소에 의해 quinone 혹은 quinone 유도체로 산화되는 반응을 촉매하며 생성된 quinone 들은 계속 산화, 중합 또는 축합하여 갈색물질(melanin)을 생성한다.

$$O-diphenol \xrightarrow{\text{polyphenol oxidase}} O-quinone \xrightarrow{\text{산화, 중합, 축합}} 갈색물질$$

② 사과, 살구, 배, 가지, 밤 등의 과실과 야채류에서 볼 수 있는 갈변이다.

③ 감귤은 비타민 C의 함량이 높아 거의 갈변이 일어나지 않으며 감에서도 감 tannin이 효소를 불활성화 시키므로 갈변이 잘 일어나지 않는다.

④ 사과나 배를 구리 용기나 철제 칼로 처리하면 갈변이 일어나나 이들 과실은 묽은 소금물에 담가두면 갈변이 방지된다.

⑤ polyphenol oxidase는 구리(Cu)를 함유하고 있는 산화효소로 구리이온(Cu^{2+})에 의해서 활성화되고 염소이온(Cl^-)에 의해서 억제된다.

2) tyrosinase에 의한 갈변

① 감자에 함유된 tyrosine은 tyrosinase에 의해 산화되어 dihydroxyphenylalanine(DOPA)을 거쳐 O-quinone phenylalanin(DOPA-quinone)이 되고 다시 산화, 계속적인 축합·중합반응을 통하여 흑갈색의 melanin색소를 생성한다.

② 채소나 과실류, 특히 감자의 갈변원인이 된다.

③ polyphenol oxidase와 마찬가지로 Cu를 함유하므로 Cu^{2+}에 의해 더욱 활성화되며, 반대로 Cl^-에 의해 억제된다. 수용성이므로 감자의 절편을 물에 담가두면 갈변이 잘 일어나지 않는다.

(2) 효소적 갈변반응의 억제

1) 가열처리(blanching)

① 효소는 복합단백질이므로 가열에 의해 쉽게 불활성화된다.

② 온도와 시간에 대한 주의가 필요하다.

2) 효소의 최적조건의 변화

① 효소들은 최적의 pH, 온도 및 조건들을 가지고 있다.

② polyphenol oxidase의 경우 최적 pH는 5.8~6.8 정도이며, pH 3.0 이하에서 활성이 상실

되며 온도는 -10℃ 이하가 효과적이다.

③ 식품의 pH를 citric acid, malic acid, ascorbic acid, 인산 등으로 낮추어 줌으로써 효소에 의한 갈색화 반응을 억제할 수 있다.

④ ascorbic acid를 가장 많이 사용한다.

3) 산소의 제거

① 효소적 갈변은 산소가 존재하지 않으면 일어날 수 없다.

② 밀폐된 용기에 식품을 넣고 공기를 제거하거나, 공기 대신에 불활성가스인 질소나 탄산가스를 치환하면 억제할 수 있다.

4) 기질의 제거(기질의 메틸화)

① 페놀물질에서 하나의 OH기가 methoxyl기로 치환된 물질은 polyphenolase의 기질이 될 수 없다. o-dihydroxy 구조를 메틸화 시켜 polyphenolase의 기질이 될 수 없게 만든다.

② 과실류, 야채류의 색깔, 향미, texture에 아무런 영향을 주지 않고 갈변을 방지할 수 있는 방법이다.

5) 환원성 물질의 첨가 : 아황산가스 또는 아황산염들은 효소에 의한 갈변반응을 효과적으로 억제한다.

6) 붕산 및 붕산염의 이용 : 독성을 가지고 있기 때문에 식품에 거의 이용되지 않는다.

02 비효소적 갈변 반응

(1) maillard 반응에 의한 갈변

당의 carbonyl기와 아미노산의 amino기가 상호 반응하여 melanoidine이라는 갈색물질을 생성한다. 반응의 본질을 따서 amino carbonyl 반응이라고도 한다.

(2) maillard 반응에 영향을 미치는 요인

1) 온도

① 온도의 영향이 크며 온도가 높을수록 반응속도는 빠르다. 10℃ 이하로 온도를 낮추면 갈변이 방지되고, 실온에서는 온도가 10℃ 상승할 때 갈변이 3~5배 촉진된다.

② 80℃ 이상에서는 산소의 유무에 관계없이 같은 정도로 갈변하지만 실온에서는 산소가 있을 때 갈변이 촉진된다.

2) pH : pH가 높아질수록 갈변이 현저히 빠르게 진행되며, pH 6.5~8.5 정도의 알칼리성에서 착색이 빠르고, pH 3 이하에서는 갈변의 속도가 느리다.

3) 수분 : Maillard 반응에는 수분의 존재가 필수적이고 완전 건조상태에서는 갈변이 진행되지 않으며 수분 10~20%에서 가장 갈변하기 쉽다.

4) 당의 종류

① 당의 반응순서는 pentose 〉 hexose 〉 sucrose의 순이고, pentose가 hexose보다 약 10배나 갈변속도가 크다.

② hexose의 반응순서는 mannose 〉galactose 〉glucose의 순이다.

5) amino acid의 종류

① carbonyl 화합물과 공존하면 갈변이 촉진된다.
② 사슬이 길고 복잡한 치환기를 가질수록 갈변속도는 느려진다.
③ 일반적으로 아미노산보다는 amine 화합물이 갈변속도가 더 크다.
④ Glycine이 가장 반응성이 크다.

6) 반응물질의 농도

① maillard 반응에 의하여 형성되는 갈색색소의 양은 온도가 일정할 때 다음 식으로 표시될 수 있다.
② $[Y] = K \times [S][A]^2[T]^2$ (K는 속도항수)
③ Melanoidine 색소의 양 Y는 온도가 일정할 때 환원당의 농도[S]에 비례하고, 아미노화합물의 농도[A]와 경과시간[T]의 제곱에 각각 비례한다.

7) 저해물질

① maillard 반응에 의한 갈변을 억제하는 저해 물질에는 아황산염, 황산염, thiol, 칼슘염 등이 있다.
② 염화칼슘($CaCl_2$)도 칼슘이 아미노산과 흡착(chelation)에 의해 결합하므로 갈변저해물질로 알려져 있다.

(3) caramel화 반응에 의한 갈변

① maillard 반응과는 달리 amino 화합물 등이 존재하지 않는 상황에서 주로 당류의 가열에 의한 산화 및 분해산물이 중합, 축합에 의하여 흑갈색의 caramel을 형성하는 반응이다.
② 당류를 가열하면 설탕은 160~180°C, glucose는 150°C에서 분해되기 시작하고, 설탕의 경우 180~200°C에서 caramel을 형성한다.
③ 이때 설탕은 glucose와 fructose로 분해되고, 곧 fructose는 탈수되어 hydroxy methyl furfural이 되고, 이들이 중합되어 착색물질을 형성한다.
④ 당류의 카라멜화 반응은 알칼리성(최적 pH는 6.5~8.2)에서 잘 일어나며 pH 2.3~3.0일 때 가장 일어나기 어렵다.
⑤ 카라멜화 반응에서 생성되는 각종의 가열 분해물들은 식품의 향기와 맛에 큰 영향을 미친다.

(4) ascorbic acid의 산화반응에 의한 갈변

① ascorbic acid는 모든 야채와 과실류(감귤류)에 많이 존재하며, 그 자체의 강한 환원력 때문에 항산화제, 항갈변제로 널리 이용되고 있다.
② ascorbic acid는 산소 존재하에 자동 산화되어 dehydroascorbic acid로 된 다음에 이것은 2,3-diketogluconic acid로 산화되고, furfural로 변하여 다량의 이산화탄소를 발생시킨다.
③ 이 반응은 pH의 영향을 많이 받는다. 일반적으로 pH 2.0~3.5 범위에서의 갈변화는 pH에 반비례하고, pH가 높을수록 잘 일어나지 않는다.

PART

III

식품의 물성 /
유해물질

Chapter 01 | 식품의 물성

1 개요

식품의 물성은 식품의 구성성분이 배열된 양식과 조합, 그리고 이러한 구조의 변형 등의 외적인 형태 등으로 표현되며 식품섭취 시의 기호성에 깊게 관여한다. 식품의 물성은 texture와 관계되는 물성학(rheology)적인 면과 교질상태(colloid)의 2가지로 나눌 수 있다.

2 식품의 교질상태 : 용매에 용질을 첨가하여 형성되는 용액의 형태는 크게 세 종류로 나뉜다.

1 진용액(true solution)

① 1nm 이하의 작은 용질(작은 분자나 이온)이 용매에 녹아 균질한 상태를 유지한다.
② 반투막, 여과지나 양피지를 통과하고 분자운동을 한다.
③ 종류 : 설탕물, 소금물

2 교질용액(colloidal solution)

① 1~100nm의 입자 크기를 지닌 일부 단백질 등의 용질이 용매 중에 녹지도 가라앉지도 않고 잘 분산되어 존재한다.
② 반투막은 통과하지 못하나 여과지는 통과한다. 브라운 운동을 한다.
③ 종류 : 우유, 젤라틴 용액, 두유

3 현탁액(suspension)

① 용질이 100nm 이상으로 커서 저어주면 섞이다가 곧 용매와 분리된다.
② 여과지를 통과하지 못하며 중력에 의한 운동을 한다.
③ 종류 : 전분물, 밀가루물

[식품에서의 교질(colloid) 상태]

분산매	분산질	분산계	식품의 예
기체	액체	에어졸	향기부여 스모그
	고체	분말	밀가루, 전분, 설탕
액체	기체	거품	맥주 및 사이다 거품, 발효 중의 거품
	액체	에멀젼	우유, 생크림, 마가린, 버터, 마요네즈
	고체	현탁질	된장국, 주스, 전분액, 스프
		졸	소스, 페이스트
고체	기체	고체거품	빵, 쿠키
	액체	겔	젤리, 양갱, 한천, 과육, 두부, 치즈, 어묵
	고체	고체교질	사탕과자, 과자

3 교질의 종류

교질은 분산질과 분산매를 구성하는 물질의 상태에 따라 유화액, 거품, 졸과 겔, 고체 포말질 등으로 분류한다. 또한 분산질과 분산매의 친화성에 따라 친액성 교질과 소액성 교질로 분류한다.

1 유화

① 분산매인 액체에 녹지 않은 다른 액체가 분산상으로 분산되어 있는 교질용액을 유화액(emulsion)이라 하고, 유화액을 이루는 작용을 유화(emulsification)라 한다.

② 유화제는 한 분자 내에 $-OH$, $-CHO$, $-COOH$, $-NH_2$ 등의 친수기(극성기)와 alkyl기($CH_3-CH_2-CH_2-$)와 같은 소수기(비극성기)를 가지고 있다.

③ 소수기는 기름과 친수기는 물과 결합하여 기름과 물의 계면에 유화제 분자의 피막이 형성되어 계면장력을 저하시켜 유화성을 일으키게 한다.

④ 유화액의 형태

수중유적형 (oil in water, O/W형)	물속에 기름이 분산된 형태 예 우유, 마요네즈, 아이스크림
유중수적형 (water in oil, W/O형)	기름에 물이 분산된 형태 예 버터, 마가린

2 거품(foam)

① 분산매인 액체에 분산상으로 공기와 같은 기체가 분산되어 있는 교질상태를 거품이라 한다.

② 거품은 물속에 공기가 잘 분산되어 있는 형태이지만 기체의 특성상 가벼워서 위로 떠오르기 때문에 공기와 만나 꺼지기 쉽다. 따라서 유화액을 안정시키기 위하여 유화제를 첨가하듯이 거품에도 기포제가 첨가되어야 비로소 안정화된다.

③ 기포제는 수용성 단백질이나 사포닌 등으로 물과 공기 사이의 계면에 흡착되어 거품을 잘 유지시키는 역할을 한다.

3 졸(sol)

① 분산매가 액체이고 분산상이 고체 또는 액체의 교질입자가 분산되어 전체가 액체 상태를 띠는 것을 말한다.

② 종류 : 우유, 전분용액, 된장국, 한천 및 젤라틴을 물에 넣고 가열한 액 등

4 겔(gel)

① 친수 sol을 가열하였다가 냉각시키거나 또는 물을 증발시키면 분산매가 줄어들어 반고체 상태로 굳어지는데 이 상태를 gel이라 한다.

② 종류 : 한천, 젤리, 잼, 묵, 삶은 계란, 양갱, 어묵 등

③ 젤리를 장시간 방치하면 젤리의 망상구조의 눈이 점차 수축되어 분산매를 분리하는 수가 있다. 이 현상을 이장현상(synersis)이라 한다.

4 식품의 rheology

1 점성(viscosity)

① 액체의 유동성에 대한 저항을 나타내는 물리적 성질이다.

② 흐름에 대한 저항성이 적은 물 등은 점성이 낮고 저항이 큰 물엿은 점성이 높다.

③ 일반적으로 점성은 용매의 종류와 용질의 종류 및 농도에 따라 변하며, 액체에서는 온도를 높이면 점성이 감소하고, 압력을 가하면 증가한다.

2 탄성(elasticity)

① 외부에서 힘에 의하여 변형이 되어 있는 물체가 그 힘이 제거될 때 본래의 상태로 되돌아가려는 성질을 말한다.

② 일반적으로 탄성이 있는 물체라는 것은 탄성 한계 내에서 큰 변형을 하는 것을 말한다.

③ 젤라틴 겔, 한천 겔, 밀가루 반죽, 빵, 떡 등이 탄성을 가지고 있다.

3 소성(plasticity)

① 외부의 힘에 의하여 변형이 된 물체가 그 힘을 제거하여도 원상태로 되돌아가지 않는 성질을 말한다.

② 어떤 물체를 수저로 떠서 접시에 올려놓을 수 있는 것이 소성체의 특징이다.

③ 버터, 마가린, 생크림 등은 소성을 나타낸다.

4 점탄성(viscoelasticity)

외부의 힘에 의하여 물체가 점성유동과 탄성변형을 동시에 나타내는 복잡한 성질을 말한다.

예사성(spinability)	계란흰자위, 청국장 등에 젓가락을 넣어다가 당겨 올리면 실을 뽑는 것 같이 늘어나는 성질이다.
신전성 (extensibility)	국수 반죽과 같이 대체로 고체를 이루고 있으며 긴 끈 모양으로 늘어나는 성질이다.
경점성 (consistency)	점탄성을 나타내는 식품의 견고성을 의미한다. 예 밀가루 반죽
바이센베르그의 효과 (Weissenberg's effect)	연유 속에 젓가락을 세워서 회전시키면 연유가 젓가락을 따라 올라가는 성질을 말한다.

5 유체 및 반고체 식품의 rheology

1 Newton 유체

① 순수한 식품의 점성 흐름으로 주로 전단속도와 전단응력으로 나타낸다. 보통 전단속도 (shear rate)는 전단응력(shear stress)에 정비례하고, 전단응력−전단속도 곡선에서의 기울기는 점도로 표시되는 대표적인 유체를 말한다.

② 물, 차, 커피, 맥주, 탄산음료, 설탕시럽, 꿀, 식용유, 젤라틴 용액, 식초, 여과된 주스, 알코올류, 우유, 물 같은 음료종류와 묽은 염용액 등

2 비Newton 유체

① 전단응력이 전단속도에 비례하지 않는 액체를 말한다. 이 액체의 점도는 전단속도에 따라 여러 가지로 변한다.
② 전분, 펙틴들, 각종 친수성 교질용액을 만드는 고무질들, 단백질과 같은 고분자 화합물이 섞인 유체 식품들과 반고체 식품들, 교질용액, 유탁액, 버터 등과 같은 반고체 유지제품 등

Chapter 02 | 유해물질

1 식품 중의 신종 유해물질

① 식품의 제조·가공·조리과정 중 가열, 건조, 발효과정과 식품에 첨가되는 물질에 의해 식품성분 간의 화학적인 반응을 거쳐 자연적으로 생성되는 물질 중 위험성 확인 등의 평가절차를 통해 확인된 물질을 말한다.
② 또한 사람에게 부작용 우려가 있는 발기부전치료제 등의 유사물질을 새로이 합성하여 불법적으로 식품에 첨가하는 부정유해물질을 총칭하여 신종유해물질이라고 한다.

2 신종 유해물질 유형 4가지

① 식품제조가공 중에 가열처리 하는 과정 중 식품성분과 반응하여 자연적으로 생성되는 것으로 벤조피렌과 아크릴아마이드 등이 있다.
② 식품의 제조, 가공이나 보존을 할 때에 필요에 의해서 첨가 침윤 혼합하거나 사용되는 물질인 첨가물이 식품 중의 다른 성분과 반응하여 생성되는 벤젠과 3-MCPD 등이 있다.
③ 발효과정을 거치는 식품 중에 자연적으로 생성되는 에틸카바메이트와 바이오제닉아민 등이 있다.
④ 식품 중에 불법적으로 첨가하는 부정유해물질인 발기부전치료제 유사물질, 비만치료제 유사물질 등이 있다.

3 식품제조가공 중 생성되는 유해물질

1 가열처리 하는 과정 중 식품성분과 반응하여 자연적으로 생성되는 것

01 벤조피렌

(1) 생성요인 : 고온의 조리·가공 시 식품의 주성분인 지방 등이 불완전 연소되어 생성되며, 불꽃이 직접 식품에 접촉할 때 많이 생성될 수 있다.

(2) 저감화 방안

① 가능하면 검게 탄 부분이 생기지 않도록 조리하며 탄 부분은 반드시 제거하고 먹는다.

② 고기를 구울 때 굽기 전에 불판을 충분히 가열하고 굽는다.

③ 숯불 가까이서 고기를 구울 때 연기를 마시지 않도록 주의한다.

02 아크릴아마이드

(1) 생성요인

① 전분질이 많은 식품(감자, 곡류 등)을 높은 온도에서 조리·가공할 때 생성된다.

② 열처리 온도, 시간이 증가하면 아크릴아마이드 생성량이 증가하는 경향이 있다.

(2) 저감화 방안

① 감자는 냉장고에 보관하지 말고, 부득이 보관하는 경우에 8℃ 이상이 되는 어둡고 찬 곳에 보관한다.

② 감자를 튀기거나 굽기 전에 껍질을 벗겨, 물에 15~30분 동안 담가두었다가 건조 후 사용한다.

③ 감자를 튀길 경우에 온도는 160℃를 넘지 않게 하고, 가정용 오븐을 사용할 경우에는 200℃를 넘지 않도록 한다.

④ 식품을 충분히 익혀야 하지만 지나치게 높은 온도에서 오랫동안 조리하지 않도록 주의 한다.

2 식품에 첨가되는 물질이 식품 중에 함유된 성분과 상호작용을 하거나 제조과정을 거치면서 생성되는 것

01 벤젠

(1) 생성요인

① 식품에 사용된 비타민 C와 보존목적으로 첨가된 안식향산나트륨이 식품 중에 미량 함유된 구리, 철 등 금속이온의 촉매영향으로 생성된다.

② 보관상태 및 안식향산나트륨과 비타민 C 함량에 따라 벤젠 생성량이 달라질 수 있다.

(2) 저감화 방안

① 벤젠 생성원인 물질인 안식향산나트륨 및 비타민 C의 혼용을 자제한다.

② 안식향산나트륨 이외의 대체 보존료를 사용하고, 당류 및 EDTA(산화방지제)의 첨가, 살균 공정 강화 등의 방법을 사용한다.

02 3-MCPD

(1) 생성요인

① 산분해 간장 제조 시 사용되는 탈지대두 등을 염산으로 가수분해하면 단백질은 아미노산으로 분해된다.

② 지방은 가수분해되어 지방산과 글리세린으로 분해되면 글리세린은 염산과 반응하여 염소 화합물인 3-MCPD가 생성된다.

(2) 저감화 방안

① HCl의 농도를 3.8~4.1M의 수준으로 가수분해하는 것이 가장 효율적이다.

② pH 8.5~9.5 조건으로 알칼리 처리하는 것이 효율적이다.

③ 알칼리 처리 시 온도 90℃로 14시간 이상 처리하는 것이 효율적이다.

[3-MCPD(3-Monochloropropane-1,2-diol) 기준]

대상식품	기준(mg/kg)
산분해간장, 혼합간장(산분해간장 또는 산분해간장 원액을 혼합하여 가공한 것에 한한다)	0.3 이하
식물성 단백가수분해물(HVP ; Hydrolyzed vegetable protein)	1.0 이하(건조물 기준으로서)

※ 식물성 단백가수분해물(HVP) : 콩, 옥수수 또는 밀 등으로부터 얻은 식물성 단백질원을 산 가수분해와 같은 화학적공정(효소분해 제외)을 통해 아미노산 등으로 분해하여 얻어진 것을 말한다.

3 발효과정을 거치는 식품 중에 자연적으로 생성되는 것

01 에틸카바메이트

(1) 생성요인 : 식품의 제조과정 중 시안화수소산, 요소, 시트룰린, 시안배당체, N-carbamyl 화합물 등의 여러 전구체 물질이 에탄올과 반응하여 생성된다.

1) 과실(핵과류)종자에서 함유된 시안화합물에 의한 생성 : 핵과류(stone fruits)에서 발견되는 시안배당체는 효소반응으로 시안화수소산으로 분해된 후 산화되어 cyanate를 형성하고, cyanate가 에탄올과 반응하여 EC가 생성된다.

HCN(Cyanide) → HOCN(Cyanate) + Ethanol → Ethyl carbamate

2) 발효과정 중 생성 : 아르기닌이 효모(yeast)에 의해 분해된 요소와 에탄올 사이의 반응을 통해 EC가 생성된다.

요소(Urea), N-carbamyl phosphate + Ethanol → Ethyl carbamate

(2) 저감화 방안

1) 시안화합물 등 EC 전구체 생성 억제

① 핵과류 씨앗에서 시안화배당체가 술덧으로 침출되지 않도록 한다.

② 효모에 의해 요소, N-carbamyl 화합물이 생성되지 않도록 한다.

③ 젖산균에 의해 시트룰린이 생성되지 않도록 한다.

2) 제조공정 및 유통관리

① 침출, 발효 및 유통과정 중 빛에 노출을 최소화 한다.

② 침출, 발효 및 유통과정 중 온도(25℃)이하로 관리한다.

③ 침출, 발효 및 유통기간을 최소한으로 유지한다.

3) 증류주의 증류방법 개선을 통한 저감화

① 구리로 된 증류기를 사용한다.

② 술덧을 끓일 때 직화하지 말고 스팀을 이용하여 가열한다.

③ 감압증류를 통하여 증류한다.

④ 초류와 후류는 버리고, 중류만 사용한다.

02 바이오제닉아민

(1) 생성요인 : 단백질을 함유한 식품의 유리아미노산이 저장 또는 발효·숙성과정에서 미생물의 탈탄산작용으로 분해되어 생성된다.

(2) 저감화 방안 : 된장 제조 시 띄우기 단계에서 메주에 마늘을 갈아서 첨가하면 바이오제닉아민의 생성을 크게 억제할 수 있다.

4 식품 중에 불법적으로 첨가하는 부정유해물질 : 식품 중에 불법적으로 첨가하는 부정유해물질인 발기부전치료제 유사물질, 비만치료제 유사물질, 당뇨병치료제 유사물질 등이 있다.

4 방사성물질에 의한 식품오염

1 방사성물질의 식품 오염경로

01 음료수

① 음료수는 빗물, 수돗물, 우물물이 있는데, 가장 문제되는 것이 빗물이다.

② 강하물이 지표에 떨어질 때 오염되기 쉬우므로 음료수로 사용하는 것은 위험하다.

③ 방사능비에 의하여 음용수가 오염되므로 이온교환수지 또는 간이여과기를 사용하여 방사성물질의 제거를 강구하고 있다.

02 농산물

① 농작물, 야채 등의 식물체에 있어서는 방사선 강하물이 토양에서의 뿌리에 흡수, 표면에의 부착, 직접 흡수에 의하여 오염된다.

② Sr-90은 눈이나 비에 의하여 지표면에 낙하되어 식물체 뿌리로부터 흡수된다.

③ Cs-137은 주로 식물체 표면에 흡수된다. 야채의 경우는 주로 강우에 의하여 오염되며, 잘 세척하면 거의 제거된다.

03 수산물 아가미나 먹이

① 수산물 아가미나 먹이를 통해 체내로 흡수되어 일반적으로 농축되는 경향이 있다.

② 수중에서 어패류와 해조류의 체표면에 직접 흡수되거나 해양생물에 직접 또는 먹이사슬을 거쳐 오염된 해산식품을 사람이 간접적으로 식용하게 된다.

04 축산물

① 방사능비에 의하여 오염된 음료수나 사료를 먹은 가축을 통한 2차적인 오염이다.
② 가장 문제되는 핵종은 I-131이다.

2 방사능 오염 식품의 인체에 대한 작용

① 방사능 핵종이 인체에 미치는 영향은 그 핵종의 고유의 성질에 따라 흡수, 침착, 배설되는데 이 과정에서 방사선을 방출하여 여러 장해를 일으킨다.
② 생체에서 흡수되기 쉬운 것일수록, 생체기관의 감수성이 클수록, 반감기가 길수록, 혈액에서 특정 조직으로 옮겨져서 침착되는 시간이 짧을수록 영향이 크다.
③ 방사선의 인체에 대한 장해는 오염된 식품의 경우 만성적 장해가 대부분이다.
④ 주요 장해는 탈모, 눈의 자극, 궤양의 암변성, 세포분열억제, 세포기능장해, 세포막투과성 변화, 생식불능, 백혈병, 염색체의 파괴, 유전자의 변화, 돌연변이 유발 등이다.
⑤ 현재 방사능핵종 중 단시간에 식품을 오염시키는 핵종은 비교적 반감기가 긴 Sr-90(28.8년)과 Cs-137(30.17년)이 가장 문제가 된다.

3 방사능 기준[식품공전, 2024년]

핵종	대상식품	기준(Bq/kg, L)
^{131}I	모든 식품	100 이하
^{134}Cs + ^{137}Cs	영아용 조제식, 성장기용 조제식, 영·유아용 이유식, 영·유아용 특수조제식품, 영아용 조제유, 성장기용 조제유, 원유 및 유가공품, 아이스크림류	50 이하
	기타 식품	100 이하

※ 기타식품 : 영아용 조제식, 성장기용 조제식, 영·유아용 이유식, 영·유아용특수조제식품, 원유 및 유가공품을 제외한 모든 식품 및 농·축·수산물을 말한다.

4 식품조사처리 기준[식품공전, 2024년]

① 식품조사처리에 이용할 수 있는 선종은 감마선, 전자선 또는 전자선으로 한다.
② 감마선을 방출하는 선원으로는 ^{60}Co을 사용할 수 있고, 전자선을 방출하는 선원으로는 전자선 가속기를 이용할 수 있다.
③ ^{60}Co에서 방출되는 감마선 에너지를 사용할 경우 식품조사처리가 허용된 품목별 흡수선량을 초과하지 않도록 하여야 한다.
④ 전자선가속기를 이용하여 식품조사처리를 할 경우 10 MeV이하에서 조사처리하여야 하며, 식품조사처리가 허용된 품목별 흡수선량을 초과하지 않도록 하여야 한다.
⑤ 식품조사처리는 승인된 원료나 품목 등에 한하여 위생적으로 취급·보관된 경우에만 실시할 수 있으며, 발아억제, 살균, 살충 또는 숙도조절 이외의 목적으로는 식품조사처리 기술을 사용하여서는 아니 된다.
⑥ 식품별 조사처리기준은 다음과 같다.

[허용대상 식품별 흡수선량]

품목	조사목적	선량(kGy)
감자, 양파, 마늘	발아억제	0.15 이하
밤	살충·발아억제	0.25 이하
버섯(건조 포함)	살충·숙도조절	1 이하
난분, 전분 곡류(분말 포함), 두류(분말 포함)	살균 살균·살충	5 이하 5 이하
건조식육, 어류분말, 패류분말, 갑각류분말, 된장분말, 고추장분말, 간장분말, 건조채소류(분말 포함), 효모식품, 효소식품, 조류식품, 알로에분말, 인삼(홍삼 포함)제품류, 조미건어포류	살균	7 이하
건조향신료 및 이들 조제품, 복합조미식품, 소스, 침출차, 분말차, 특수의료용도 등 식품	살균	10 이하

⑦ 한번 조사처리한 식품은 다시 조사하여서는 아니 되며 조사식품(Irradiated food)을 원료로 사용하여 제조·가공한 식품도 다시 조사하여서는 아니 된다.

5 내분비계장애물질에 의한 식품의 오염

1 내분비계장애물질

내분비계의 정상적인 기능을 방해하는 화학물질로서 환경 중 배출된 화학물질이 체내에 유입되어 마치 호르몬처럼 작용한다고 하여 환경호르몬으로 불리우기도 한다. 내분비계장애물질로 알려진 물질의 대부분은 산업용 화학물질이 차지하고 있으며, 그밖에 에스트로젠 기능약물, 식물에서 생산되는 식물성에스트로젠 등이 포함된다.

2 내분비계장애물질의 성질

① 일반적으로 합성화학물질로서 물질의 종류에 따라 저해호르몬의 종류 및 저해방법이 각각 다르다. 그러나 수많은 화학물질 중 명확하게 내분비장애물질로 밝혀진 것은 극히 일부분이며, 대부분의 물질이 잠재적 위험성이 있는 것으로만 알려져 있다.

② 생체 내에 합성되는 호르몬과 비교하여 내분비계장애물질의 특성은 다음과 같다.

- 생체호르몬과는 달리 쉽게 분해되지 않고 안정하다.
- 환경 중 및 생체 내에 잔존하며 심지어 수년간 지속되기도 한다.
- 인체 등 생물체의 지방 및 조직에 농축되는 성질이 있다.

3 내분비계 장애를 유발할 수 있는 물질

① 각종 산업용화학물질(원료물질), 살충제 및 제초제 등의 농약류, 유기중금속류, 소각장의 다이옥신류, 식물에 존재하는 식물성 에스트로젠(phytoestrogen) 등의 호르몬 유사물질,

DES(diethylstil-bestrol)과 같은 의약품으로 사용되는 합성 에스트로젠류 및 기타 식품, 식품첨가물 등을 들 수 있다.

② 현재 세계생태보전기금(WWF) 목록에는 67종의 화학물질이 등재되어 있으며, 일본 후생성에서는 산업용화학물질, 의약품, 식품첨가물 등의 142종의 물질을 내분비계장애물질로 분류하고 있다

4 내분비계 장애물질의 영향

01 내분비계장애 기전

① 호르몬이 체내에서 작용하기 위해서는 보통 합성, 방출, 목적장기

② 세포로의 수송, 수용체 결합, 신호전달, 유전적 발현 활성화 등의 일련의 과정을 거쳐 이루어진다. 내분비계장애물질은 이러한 과정 중의 어느 단계를 저해 또는 교란함으로써 장애를 나타낼 수 있다.

02 분비계장애물질의 대표적인 영향

① 호르몬 분비의 불균형   ② 생식능력 저하 및 생식기관 기형
③ 생장저해   ④ 암유발
⑤ 면역기능저해

03 생태계 및 인체에 대한 영향

(1) 야생생물에 대한 영향

① 파충류, 어류, 조류, 그리고 포유류 등 광범위하다.

② 야생동물의 생태학적 조사 결과 장애영향과 오염물질의 실제 노출량과의 상관관계 등을 확실히 밝힌 보고는 극히 드문 형편이다.

(2) 인간에 대한 영향

① 여성의 경우 : 유방 및 생식기관의 암, 내분열증(endometriosis), 자궁섬유종(uterine fibroid), 유방의 섬유세포 질환, 골반염증성 질환(pelvic inflammatory disease) 등

② 남성의 경우 : 정자수 감소, 정액 감소, 정자운동성 감소, 기형정자 발생증가, 생식기 기형, 정소암, 전립선질환, 기타 생식에 관련된 조직의 이상

5 다이옥신(dioxins)

01 특성 : 내분비계 장애추정물질로 호르몬 분비의 불균형을 일으키고, 생식기능 저하 및 생식기관 기형을 유발하며, 생장 저해·암 유발·면역기능 저하를 일으킨다.

02 종류 : 두 개의 벤젠고리에 염소가 여러 개 붙어 있는 화합물로 산소가 두 개인 다이옥신류와 산소가 한 개인 퓨란류를 합하여 말하며 210종류가 있다.

① 다이옥신류(polychlorinated dibenzo-p-dioxins, PCDDs) : 75종류

② 퓨란류(polychlorinated dibenzofuran, PCDFs) : 135종류

03 구조 : 다이옥신은 염소의 치환위치 및 수에 따라 독성강도가 다른데, 210종의 이성체 중 독성이 가장 강한 것은 2,3,7,8-사염화다이옥신(T_4CDD)이다.

04 노출원 및 노출경로

(1) 노출원

① 다이옥신은 폐기물의 소각, 철 및 비철금속의 생산, 전력생산 및 난방, 운송 분야 및 화학물질 생산 공정 등에서 부산물로 배출되는데, 그중에서도 70%는 폐기물 소각시설에서 배출된다.

② 먹이연쇄를 통해 다이옥신이 농축된 어패류뿐만 아니라, 대기 중으로 배출된 다이옥신이 침강해서 묻어있는 풀을 가축이 먹게 되면 가축의 혈액 및 지방에 다이옥신이 축적되어, 육류에서도 다이옥신이 농축된다.

(2) 노출경로 : 다이옥신은 경구, 피부, 호흡기를 통해 흡수되지만, 경구 섭취가 주된 노출 경로이다.

05 독성 : 동물 실험 결과 면역독성, 발암성, 심장기능장애, 축적성 및 난분해성 등이 있는 독성물질로 알려져 있으나, 큰 동물일수록 독성의 영향이 크게 완화되는 것으로 나타난다.

06 식육 중 다이옥신 허용기준[식품공전]

① 소고기 : 4.0pg TEQ/g fat 이하

② 돼지고기 : 2.0pg TEQ/g fat 이하

③ 닭고기 : 3.0pg TEQ/g fat 이하

6 프탈레이트(Phtalates)

01 특성 : 프탈레이트 에스테르(phthalate esters, 이하 '프탈레이트')는 플라스틱이 부드럽고 잘 부러지지 않도록 첨가하는 가소제(plasticizer)로 1930년대부터 다양한 플라스틱과 생활용품에 사용되어왔다. 유럽에서 생산되는 전체 프탈레이트 생산량의 90%는 폴리염화비닐(PVC)을 부드럽게 만들기 위한 가소제로 사용된다.

02 종류 : 프탈레이트에는 디에틸헥실프탈레이트(DEHP), 디부틸프탈레이트(DBP), 부틸벤질프탈레이트(BBP), 디이소노닐프탈레이트(DINP), 디이소데실프탈레이트(DIDP), 디-n-옥틸프탈레이트(DnOP), 디옥틸프탈레이트(DOP), 디에틸헥실아디페이트(DEHA) 등이 있으며, 이 중 DEHP는 대표적인 프탈레이트로 전체 가소제의 절반 이상을 차지한다.

03 구조 : benzene-1,2-dicarboxylic acid의 diester 형태를 가지는 화합물로 벤젠고리 2개, 카복실산, 알킬기의 구조이다.

04 노출원 및 노출경로

(1) 노출원

① 인간은 프탈레이트에 오염된 식품을 섭취하거나 다양한 제품을 사용하면서 프탈레이트에 노출될 수 있고, 공기 중에서 프탈레이트를 흡입할 수 있으며, 자연 생태계에서 노출될 수도 있다.

② 프탈레이트는 지방에 녹는 성질이 있어 지방을 함유한 육류, 치즈 등에서 흔히 발견된다.

③ 식품의 저장용기·포장재·포장재 인쇄잉크·병뚜껑의 개스킷(밀봉재) 등에 들어 있는 프탈레이트에 식품이 오염되거나 식품의 생산·조리·가공 과정에서 PVC가 함유된 설비를 사용할 경우 프탈레이트에 식품이 오염될 수 있다.

(2) 노출경로 : 인간이 프탈레이트에 노출되는 경로는 경구(입), 피부, 호흡, 직접주입(의료기기) 등이다.

05 독성 : 일반적으로 프탈레이트의 급성 독성은 매우 낮지만, 장기적으로 노출될 경우 내분비계를 교란하고 남성의 생식발달에 부정적 영향을 미칠 가능성이 제기되었다. 동물실험 결과 수컷 랫드에서 내분비계 교란으로 인하여 생식기능에 이상이 생기는 것으로 확인되었다.

06 인체노출 안전기준

[프탈레이트 인체노출안전기준]

물질	식품의약품안전처(2015)	EFSA(2005)
DEHP	TDI 0.04 mg/kg bw/day	TDI 0.05 mg/kg bw/day
DBP	TDI 0.01 mg/kg bw/day	TDI 0.01 mg/kg bw/day
BBP	TDI 0.2 mg/kg bw/day	TDI 0.5 mg/kg bw/day

[출처: 식품의약품안전처, 2015]

식품화학

PART

IV

식품첨가물

1 식품첨가물의 정의

01 FAO(유엔식량농업기구) 및 WHO(세계보건기구)의 합동전문위원회

"식품첨가물이란 식품의 외관, 향미, 조직 또는 저장성을 향상시키기 위한 목적으로 일반적으로 적은 양이 식품에 첨가되는 비영양물질"이라고 정의하였다.

02 CODEX(Codex Alimentarius Commission, CAC)

식품첨가물은 일반적으로 그 자체를 식품으로서 섭취하지 않고, 영양적 가치에 상관없이 식품의 일반 성분으로서 사용되지 않는 물질을 의미하며, 식품의 제조, 가공, 조리, 처리, 포장 및 보관 시에 기술적인 목적을 달성하기 위해 식품에 첨가하여 효과를 나타내거나, 직접 또는 간접적으로 식품에 효과를 나타낼 것으로 기대되거나, 그 부산물이 식품의 구성성분이 되거나, 식품의 특성에 영향을 끼칠 수 있는 물질을 말한다. 다만, 오염물질, 영양적 품질 개선을 목적으로 첨가하는 물질은 제외된다.

03 우리나라 식품위생법 제2조 제2항

"식품첨가물"이란 식품을 제조·가공·조리 또는 보존하는 과정에서 감미, 착색, 표백 또는 산화방지 등을 목적으로 식품에 사용되는 물질을 말한다. 이 경우 기구·용기·포장을 살균·소독하는 데에 사용되어 간접적으로 식품으로 옮아갈 수 있는 물질을 포함한다.

2 식품첨가물의 구비조건

① 인체에 무해하고, 체내에 축적되지 않아야 한다.
② 미량으로도 효과가 있어야 한다.
③ 식품의 제조가공에 필수불가결해야 한다.
④ 식품의 영양가를 유지해야 한다.
⑤ 식품에 나쁜 이화학적 변화를 주지 않아야 한다.
⑥ 식품의 화학분석 등에 의해서 그 첨가물을 확인할 수 있어야 한다.
⑦ 식품의 외관을 좋게 해야 한다.
⑧ 값이 저렴해야 한다.

3 식품첨가물의 역할

① 식품의 제조, 가공, 저장, 처리의 보조적인 역할을 한다.
② 가공식품의 제조 및 가공을 돕는다.
③ 영양을 강화한다.
④ 식품의 기호성과 품질을 향상시킨다.

Chapter 02 | 식품첨가물 용도별 분류

1 식품첨가물 용도별(32개) 분류

감미료(22 품목), 고결방지제(9 품목), 거품제거제(7 품목), 껌기초제(15 품목), 밀가루개량제(8 품목), 발색제(3 품목), 보존료(26 품목), 분사제(4 품목), 산도조절제(84 품목), 산화방지제(37 품목), 살균제(7 품목), 습윤제(12 품목), 안정제(61 품목), 여과보조제(12 품목), 영양강화제(159 품목), 유화제(39 품목), 이형제(4 품목), 응고제(6 품목), 제조용제(25 품목), 젤형성제(2 품목), 증점제(49 품목), 착색료(76 품목), 추출용제(6 품목), 충전제(5 품목), 팽창제(42 품목), 표백제(6 품목), 표면처리제(1 품목), 피막제(15 품목), 향료(77 품목), 향미증진제(22 품목), 효소제(43 품목), 청관제(1 품목)

1 감미료(22 품목) : 식품에 단맛을 부여하는 식품첨가물이다.

01 감초 추출물, 글리실리진산이나트륨

감미료명	사용기준
감초 추출물	II. 2. 1)의 규정에 따라 사용하여야 한다.
글리실리진산이나트륨	아래의 식품에 한하여 사용하여야 한다. • 한식된장, 된장 • 한식간장, 양조간장, 산분해간장, 효소분해간장, 혼합간장

02 만니톨, 삭카린나트륨

감미료명	사용기준
만니톨	I. 2. 1)의 규정에 따라 사용하여야 한다.
삭카린나트륨	아래의 식품 이외에 사용해서는 안 된다. • 젓갈류, 절임류, 조림류 : 1.0g/kg 이하(단, 팥 등 앙금류의 경우에는 0.2g/kg 이하) • 김치류 : 0.2g/kg 이하 • 음료류(발효음료류, 인삼·홍삼음료 제외) : 0.2g/kg 이하(다만, 5배 이상 희석한 것은 1.0g/kg 이하) • 어육가공품 : 0.1g/kg 이하 • 시리얼류 : 0.1g/kg 이하 • 뻥튀기 : 0.5g/kg 이하 • 특수의료용도등식품 : 0.2g/kg 이하 • 체중조절용조제식품 : 0.3g/kg 이하 • 건강기능식품 영양소제품 : 1.2g/kg 이하 • 추잉껌 : 1.2g/kg 이하 • 잼류 : 0.2g/kg 이하 • 장류 : 0.2g/kg 이하 • 소스, 토마토케첩 : 0.16g/kg 이하 • 탁주, 소주 : 0.08g/kg 이하

감미료명	사용기준
삭카린나트륨	• 과실주 : 0.08g/kg 이하 • 기타 코코아가공품, 초콜릿류 : 0.5g/kg 이하 • 빵류 : 0.17g/kg 이하 • 과자 : 0.1g/kg 이하 • 캔디류 : 0.5g/kg 이하 • 빙과, 아이스크림류 : 0.1g/kg 이하 • 조미건어포 : 0.1g/kg 이하 • 떡류 : 0.2g/kg 이하 • 복합조미식품 : 1.5g/kg 이하 • 마요네즈 : 0.16g/kg 이하 • 과·채가공품, 옥수수(삶은 것에 한함) : 0.2g/kg 이하 • 당류가공품 : 0.3g/kg 이하

03 D-소비톨, 아스파탐, 효소처리스테비아

감미료명	사용기준
D-소비톨	Ⅱ. 2. 1)의 규정에 따라 사용하여야 한다.
아스파탐	사용량은 아래와 같으며, 기타식품의 경우 제한받지 아니한다. • 빵류, 과자, 빵류조제용믹스, 과자 제조용 믹스 : 5.0g/kg 이하 • 시리얼류 : 1.0g/kg 이하 • 특수의료용도등식품 : 1.0g/kg 이하 • 체중조절용 조제식품 : 0.8g/kg 이하 • 건강기능식품 영양소제품 : 5.5g/kg 이하
효소처리스테비아	아래의 식품에 사용하여서는 아니 된다. • 설탕 • 포도당 • 물엿 • 벌꿀류

※ 식품첨가물 Ⅱ. 2. 1)의 규정 : 식품 중에 첨가되는 식품첨가물의 양은 물리적, 영양학적 또는 기타 기술적 효과를 달성하는 데 필요한 최소량으로 사용하여야 한다.

※ 이하 생략[식품첨가물공전 품목별 사용기준 참고]

2 고결방지제(9 품목) : 식품의 입자 등이 서로 부착되어 고형화되는 것을 감소시키는 식품첨가물이다.

01 결정셀룰로스, 규산마그네슘

고결방지제명	사용기준
결정셀룰로스	Ⅱ. 2. 1)의 규정에 따라 사용하여야 한다.
규산마그네슘	아래의 식품에 한하여 사용하여야 한다. • 가공유크림(자동판매기용 분말 제품에 한함), 분유류(자동판매기용에 한함) : 1% 이하 • 식염 : 2% 이하

02 분말셀룰로스, 페로시안화칼슘

고결방지제명	사용기준
분말셀룰로스	II. 2. 1)의 규정에 따라 사용하여야 한다.
페로시안화칼슘	식염에 한하여 사용하여야 한다. • 페로시안이온으로서 식염 1kg에 대하여 0.010g 이하

※ 이하 생략

3 거품제거제(7 품목) : 식품의 거품 생성을 방지하거나 감소시키는 식품첨가물이다.

거품제거제명	사용기준
규소수지	거품을 없애는 목적에 한하여 사용하여야 한다. • 규소수지로서 식품 1kg에 대하여 0.05g 이하
라우린산 미리스트산 올레인산 팔미트산	II. 2. 1)의 규정에 따라 사용하여야 한다.
옥시스테아린	아래의 식품에 한하여 사용하여야 한다. • 식용유지류(모조치즈, 식물성크림 제외) : 0.125% 이하
이산화규소	아래의 식품에 한하여 사용하여야 한다. • 가공유크림(자동판매기용 분말 제품에 한함) : 1% 이하 • 분유류(자동판매기용에 한함) : 1% 이하 • 식염, 기타식품 : 2% 이하

4 껌기초제(15 품목) : 적당한 점성과 탄력성을 갖는 비영양성의 씹는 물질로서 껌 제조의 기초 원료가 되는 식품첨가물이다.

껌기초제명	사용기준
글리세린지방산에스테르	II. 2. 1)의 규정에 따라 사용하여야 한다.
소르비탄지방산에스테르	II. 2. 1)의 규정에 따라 사용하여야 한다.
폴리부텐 폴리이소부틸렌	추잉껌기초제 목적에 한하여 사용하여야 한다.
초산비닐수지	추잉껌기초제 및 과일류 또는 채소류 표피의 피막제 목적에 한하여 사용하여야 한다.

※ 이하 생략

5 밀가루개량제(8 품목) : 밀가루나 반죽에 첨가되어 제빵 품질이나 색을 증진시키기 위해 사용되는 식품첨가물이다.

[밀가루개량제 및 그 사용기준]

밀가루개량제명	사용기준
과산화벤조일(희석) (diluted benzoyl peroxide) 과황산암모늄 (ammonium persulfate)	밀가루류 이외의 식품에 사용해서는 안 된다. • 밀가루 0.3g/kg 이하
L-시스테인염산염	아래의 식품 또는 용도에 한하여 사용하여야 한다. • 밀가루류 – 과일주스 • 빵류 및 이의 제조용 믹스 – 착향의 목적
아조디카르본아미드 (Azodicarbonamide)	아래의 식품에 한하여 사용하여야 한다. • 밀가루류 : 45mg/kg 이하
이산화염소 (chlorine dioxide)	빵류 제조용 밀가루 이외의 식품에 사용해서는 안 된다. • 빵류 제조용 밀가루 30mg /kg 이하 • 과일류, 채소류 등 식품의 살균 목적에 한하여 사용하여야 하며, 최종식품의 완성 전에 제거하여야 한다.

※ 이하 생략

6 **발색제(색소고정제)(3 품목)** : 식품의 색을 안정화시키거나, 유지 또는 강화시키는 식품첨가물이다.

허용 발색제명	사용기준
아질산나트륨 (sodium nitrate)	아래의 식품에 한하여 사용하여야 한다. 아질산 이온으로서의 잔존량 • 식육가공품(식육 추출가공품 제외) 0.07g/kg 이하 • 어육소시지 0.05g/kg 이하 • 명란젓, 연어알젓 0.005g/kg 이하
질산나트륨 (sodium nitrate)	아래의 식품에 한하여 사용하여야 한다. 아질산 이온으로서의 잔존량 • 식육가공품(식육 추출가공품 제외) 0.07g/kg 이하 • 치즈류 0.05g/kg 이하
질산칼륨 (potassium nitrate)	아래의 식품에 한하여 사용하여야 한다. 아질산 이온으로서의 잔존량 • 식육가공품(식육 추출가공품 제외) 0.07g/kg 이하 • 치즈류 0.05g/kg 이하 • 대구알염장품 : 0.2g/kg

7 **보존료(26 품목)** : 미생물에 의한 품질 저하를 방지하여 식품의 보존기간을 연장시키는 식품첨가물이다.

01 보존료 구비조건

① 미생물의 발육 저지력이 강하고 지속적이어야 한다.

② 미량의 첨가로 유효해야 한다.

③ 식품에 악영향을 주지 않아야 한다.

④ 무색, 무미, 무취해야 한다.

⑤ 사용이 간편하고 값이 싸야 한다.

⑥ 인체에 무해하고 독성이 없어야 한다.

⑦ 장기적으로 사용해도 해가 없어야 한다.

02 보존료 종류

(1) 니신, 데히드로초산 나트륨(sodium dehydroacetate)

보존료명	사용기준
니신	가공치즈에 한하여 사용하여야 한다. • 가공치즈 : 0.25g/1kg 이하 • 두류가공품 : 0.025g/kg 이하
데히드로초산 나트륨 (sodium dehydroacetate)	데히드로초산으로서 • 자연치즈, 가공치즈, 버터류, 마가린류 : 0.5g/kg 이하

(2) 소브산(sorbic acid), 소브산 칼륨 (potassium sorbate), 소브산 칼슘 (calcium sorbate)

보존료명	사용기준
소브산(sorbic acid) 소브산 칼륨 (potassium sorbate) 소브산 칼슘 (calcium sorbate)	소브산으로서 • 자연치즈, 가공치즈 3g/kg 이하(프로피온산염과 병용 시는 사용량의 합계가 3g/kg 이하) • 식육가공품, 어육가공품, 성게젓, 땅콩버터가공품, 모조치즈 2g/kg 이하 • 콜라겐케이싱 0.1g/kg 이하 • 염분 함량 8% 이하의 젓갈류, 된장, 고추장, 춘장, 어패건제품, 알로에전잎, 드레싱, 농축과일즙, 과채주스, 잼류, 당류가공품(시럽상 또는 페이스트상에 한함) 1g/kg 이하 • 건조과실류, 토마토케첩, 당절임, 탄산음료 0.5g/kg 이하 • 발효음료류(살균한 것은 제외) 0.05g/kg 이하 • 과실주, 탁주, 약주 0.2g/kg 이하 • 마가린 2.0g/kg 이하 ※ 이하 생략

(3) 안식향산(benzoic acid), 안식향산 나트륨(sodium benzoate)

보존료명	사용기준
안식향산(benzoic acid) 안식향산 나트륨(sodium benzoate)	안식향산으로서 • 과실·채소류 음료, 탄산음료, 기타음료, 인삼·홍삼음료 및 간장 0.6g/kg 이하 • 알로에점잎(겔포함) 0.5g/kg 이하 • 마요네즈, 잼류, 마가린류, 절임식품 1.0g/kg 이하 • 망고처드니 0.25g/kg 이하 ※ 이하 생략

(4) 자몽종자추출물, 프로피온산(propionic acid), 프로피온산 나트륨(sodium propionate)

보존료명	사용기준
자몽종자추출물	II. 2. 1)의 규정에 따라 사용하여야 한다.
프로피온산(propionic acid) 프로피온산 나트륨(sodium propionate)	프로피온산으로서 • 빵 2.5g/kg 이하 • 치즈류 3.0g/kg 이하(프로피온산염과 병용 시는 사용량의 합계가 3.0g/kg 이하) • 잼류 1.0g/kg 이하

(5) 파라옥시 안식향산 에틸(ethyl p-hydroxybenzoate), 파라옥시 안식향산 메틸(methyl p-hydroxybenzoate)

보존료명	사용기준
파라옥시 안식향산 에틸 (ethyl p-hydroxybenzoate) 파라옥시 안식향산 메틸 (methyl p-hydroxybenzoate)	파라옥시안식향산으로서 • 캅셀류 1.0g/kg 이하 • 잼류 1.0g/kg 이하 • 망고처트니 0.25g/kg 이하 • 간장 0.25g/l 이하 • 식초 0.1g/l 이하 • 기타음료, 인삼 홍삼음료 0.1g/kg 이하 • 소스 0.2g/kg 이하 • 과실·채소류(표피에 한) 0.012g/kg 이하

8 분사제(4 품목) : 용기에서 식품을 방출시키는 가스 식품첨가물이며 산소, 이산화질소, 이산화탄소, 질소 등이 있다.

9 산도조절제(84 품목) : 식품의 산도 또는 알칼리도를 조절하는 식품첨가물이다.

산도조절제명	사용기준
구연산(무수 및 결정), 구연산나트륨, 구연산칼륨, 구연산칼슘, 글루코노델타락톤, 글루콘산, 글루콘산나트륨, 글루콘산마그네슘, 메타인산나트륨, 메타인산칼륨, DL-사과산 DL-사과산나트륨, 산성피로인산나트륨, 산성피로인산칼슘, 이타콘산, 젖산, 젖산나트륨, L-주석산 및 DL-주석산, 초산, 탄산나트륨, 탄산마그네슘 등	II. 2. 1)의 규정에 따라 사용하여야 한다.
황산알루미늄암모늄 황산알루미늄칼륨	한식된장, 된장, 조미된장에 사용하여서는 아니된다.
글루콘산칼슘	사용량은 칼슘으로서 • 빵류 : 1.75% 이하 • 기타식품 : 1% 이하

※ 이하 생략

10 **산화방지제(항산화제)(37 품목)** : 산화에 의한 식품의 품질 저하를 방지하는 식품첨가물이다.

01 산화방지제 종류

(1) 디부틸히드록시톨루엔(dibutyl hydroxy toluene, BHT)/ 부틸히드록시아니솔(butyl hydroxy anisole, BHA)

산화방지제명	사용기준
디부틸히드록시톨루엔 (dibutyl hydroxy toluene ; BHT) 부틸히드록시아니솔 (butyl hydroxy anisole ; BHA)	아래의 식품에 한하여 사용하여야 한다. • 식용유지(모조치즈, 식물성크림 제외), 버터류, 어패건제품, 어패염장품 0.2g/kg 이하 • 어패냉동품(생식용 냉동선어패류 및 생식용 굴은 제외), 고래 냉동품(생식용은 제외)의 침지액 1g/kg 이하 • 추잉껌 0.4g/kg 이하 • 체중조절용조제식품, 시리얼류 0.05g/kg 이하 • 마요네즈 0.06g/kg 이하(BHA은 0.14g/kg 이하)
루틴	아래의 식품에 사용하여서는 아니 된다. • 천연식품〔식육류, 어패류, 과일류, 채소류, 해조류, 콩류 등 및 그 단순가공품(탈피, 절단 등)〕 • 다류 • 커피 • 고춧가루, 실고추 • 김치류 • 고추장, 조미고추장 • 식초

(2) 몰식자산, 봉선화추출물, 비타민 C, 비타민 E, 차추출물, 차카테킨, 케르세틴, 페룰린산 등 /몰식자산 프로필(propyl gallate) / 에리토브산(erythorbic acid) / 에리토브산 나트륨 (sodium erythorbate)

산화방지제명	사용기준
몰식자산, 봉선화추출물, 비타민 C, 비타민 E, 차추출물, 차카테킨, 케르세틴, 페룰린산 등	II. 2. 1)의 규정에 따라 사용하여야 한다.
몰식자산 프로필(propyl gallate)	아래의 식품에 한하여 사용하여야 한다. • 식용유지류(모조치즈, 식물성 크림 제외), 버터류 0.1g/kg 이하
에리토브산(erythorbic acid), 에리토브산 나트륨(sodium erythorbate)	• 산화방지제 목적에 한하여 사용

(3) L-아스코르빌 팔미테이트(ascorbyl palmitate) / 이.디.티.에이.칼슘이나트륨(calcium disodium EDTA) 이.디.티.에이.이나트륨(disodium EDTA)

산화방지제명	사용기준
L-아스코르빌 팔미테이트 (ascorbyl palmitate)	• 식용유지류(모조치즈, 식물성 크림 제외) 0.5g/ℓ 이하(병용할 때에는 그 사용량의 합계량이 각각의 사용 기준량 이하) • 마요네즈 0.5g/kg 이하 • 과자, 빵류, 떡류, 당류가공품, 액상차, 특수의료용도등식품(영·유아용 특수조제식품 제외), 체중조절용 조제식품, 임신·수유부용 식품, 주류, 과·채가공품, 서류가공품, 어육가공품, 기타수산물가공품, 기타가공품 : 1.0g/kg 이하 • 캔디류, 코코아가공품 또는 초콜릿류, 유탕면, 복합조미식품, 향신료조제품, 만두피 : 0.5g/kg 이하 • 건강기능식품의 경우는 해당 기준 및 규격에 따른다.
이.디.티.에이.칼슘이나트륨 (calcium disodium EDTA) 이.디.티.에이.이나트륨 (disodium EDTA)	• 소스, 마요네즈 0.07g/kg 이하 • 통조림, 병조림 식품 0.25g/kg 이하 • 음료류(캔 또는 병제품에 한하며, 다류, 커피 제외) 0.035g/kg 이하 • 오이, 양배추 초절임 0.22g/kg 이하 • 마가린, 땅콩버터 : 0.1g/kg 이하 • 건조과실류(바나나에 한) : 0.265g/kg 이하 • 서류가공품(냉동감자에 한) : 0.365g/kg 이하 • 이디티에이이나트륨과 병용할 때 사용량 합계가 각각의 사용기준량 이하

※ 이하 생략

🔟🔟 **살균제(7 품목)** : 식품 표면의 미생물을 단시간 내에 사멸시키는 작용을 하는 식품첨가물이다. 구비조건은 살균력이 강하고, 인체에 무해하며, 값이 저렴하여야 한다.

살균제명	사용기준
차아염소산 나트륨(sodium hypochlorite)	과실류, 채소류 등 식품의 살균목적에 한하여 사용하여야 하며, 최종제품 완성 전에 제거할 것. 다만, 참깨에 사용하여서는 아니 된다.
차아염소산 칼슘(calcium hypochlorite) 오존수(Ozone Water) 차아염소산수(hypochlorous acid water) 이산화염소(수)(chlorine dioxide)	과실류, 채소류 등 식품의 살균목적에 한하여 사용하여야 하며, 최종제품 완성 전에 제거할 것
과산화수소(hydrogen peroxide)	최종제품 완성 전에 제거할 것

살균제명	사용기준
과산화초산(peroxyacetic acid)	아래의 식품에 한하여 살균의 목적에 한하여 사용하여야 하며, 최종 식품의 완성 전에 식품 표면으로부터 침지액 또는 분무액을 털어내거나 흘려내리도록 하여야 한다. 과산화초산의 사용량(농도)은 과산화초산 및 1-하이드록시에틸리덴-1,1-디포스포닌산(HEDP)으로서 아래의 기준 이하로 사용하여야 한다.

성분	과일, 채소류	식육
과사화초산	0.080g/kg	포유류 1.8g/kg 가금류 2.0g/kg
HEDP	0.0048g/kg	포유류 0.024g/kg 가금류 0.136g/kg

⑫ **습윤제(12 품목)** : 식품이 건조되는 것을 방지하는 식품첨가물이다.

습윤제명	사용기준
글리세린(glycerine), 락티톨(Lactitol), 만니톨(mannitol), D-말티톨, D-소비톨, 에리스리톨, 자일리톨, 폴리덱스트로스 등	II. 2. 1)의 규정에 따라 사용하여야 한다.
프로필렌글리콜(Propylene Glycol)	• 만두류 : 1.2% 이하 • 땅콩 또는 견과류가공품 : 5% 이하 • 아이스크림류 : 2.5% 이하 • 과자, 캔디류, 추잉껌, 향미유, 면류, 액상차, 기타음료, 소스류, 향신료가공품, 기타가공품 : 2% 이하 • 빵류, 떡류, 빙과, 초콜릿류, 당류가공품, 잼류, 식물성크림, 탄산음료, 가공소금, 절임류, 주류, 기타 농산물가공품류, 캡슐류 : 1% 이하 • 건강기능식품 : 2% 이하(다만, 희석하여 음용하는 건강기능식품은 희석한 것으로서 0.3% 이하

※ 이하 생략

⑬ **안정제(61 품목)** : 두 가지 또는 그 이상의 성분을 일정한 분산 형태로 유지시키는 식품첨가물이다.

안정제명	사용기준
가티검, 결정셀룰로스(Cellulose), 구아검(Guar Gum), 글루코만난, 시클로덱스트린(Cyclodextrin), 글루코사민, 덱스트란, 아라비아검(Arabic Gum), 알긴산(Alginic acid), 알긴산나트륨(Sodium Alginate), 알긴산칼륨(Potassium Alginate), 알긴산칼슘(Calcium Alginate) 등	II. 2. 1)의 규정에 따라 사용하여야 한다.

안정제명	사용기준
에스테르검	아래의 식품에 한하여 사용하여야 한다. • 추잉껌기초제 • 탄산음료, 기타음료 : 0.10g/kg 이하
카복시메틸셀룰로스나트륨(Sodium Carboxymethylcellulose)	식품의 2% 이하여야 한다. 다만, 건강기능식품의 경우 제한받지 아니한다.

※ 이하 생략

⑭ 여과보조제(12 품목) : 불순물 또는 미세한 입자를 흡착하여 제거하기 위해 사용되는 식품첨가물이다.

여과보조제명	사용기준
규조토(Diatomaceous Earth), 백도토, 벤토나이트, 산성백토(Acid Clay), 탤크(Talc), 퍼라이트(Perlite), 활성탄(Active Carbon)	• 식품의 제조 또는 가공상 여과보조제(여과, 탈색, 탈취, 정제 등) 목적에 한하여 사용하여야 한다. 다만, 사용 시 최종식품 완성 전에 제거하여야 하며, 식품 중의 잔존량은 0.5%
메타규산나트륨	• 식용유지류(동물성유지류, 모조치즈, 식물성크림 제외)에 여과보조제 목적에 한하여 사용하여야 하며, 최종식품 완성 전에 제거하여야 한다.
폴리비닐폴리피로리돈	• 여과보조제 목적에 한하여 사용하여야 하며, 최종식품 완성 전에 제거하여야 한다.

※ 이하 생략

⑮ 영양강화제(159 품목) : 식품의 영양학적 품질을 유지하기 위해 제조공정 중 손실된 영양소를 복원하거나 영양소를 강화시키는 식품첨가물이다.

영양강화제명	사용기준
5'-구아닐산이나트륨, 구연산망간, 구연산삼나트륨, 구연산칼슘, 글루콘산나트륨, 글루콘산마그네슘, L-글루타민, 디벤조일티아민, L-라이신, 5'-리보뉴클레오티드칼슘, 뮤신, 비오틴, 비타민E, L-세린, L-시스틴, L-아르지닌, DL-알라닌, 엽산, L-주석산나트륨 등	II. 2. 1)의 규정에 따라 사용하여야 한다.
글리세로인산칼슘	칼슘으로서 식품의 1% 이하여야 한다(다만, 특수용도식품 및 건강기능식품의 경우는 해당 기준 및 규격에 따른다).
카로틴	아래의 식품에 사용하여서는 아니 된다. • 천연식품[식육류, 어패류, 과일류, 채소류, 해조류, 콩류 등 및 그 단순가공품(탈피, 절단 등)] • 다류, 커피, 고춧가루, 실고추, 김치류, 고추장, 조미고추장, 식초

※ 이하 생략

16 **유화제(39 품목)** : 물과 기름 등 섞이지 않는 두 가지 또는 그 이상의 상(phases)을 균질하게 섞어주거나 유지시키는 식품첨가물이다.

유화제명	사용기준
라우릴황산나트륨	아래의 식품에 한하여 사용하여야 한다. • 건강기능식품, 캡슐류
스테아릴젖산나트륨(sodium stearoyl lactylate)	아래의 식품에 한하여 사용하여야 한다. • 빵류 및 이의 제조용 믹스 • 면류, 만두피 • 식물성크림 • 소스 • 치즈류 • 과자(한과류 제외)
프로필렌글리콜	습윤제와 사용기준 동일
글루콘산나트륨, 글리세린지방산에스테르, 레시틴, 스테아린산마그네슘, 스테아린산칼슘, 소르비탄지방산에스테르, 알긴산, 자당지방산에스테르, 젖산나트륨, 카라기난, 폴리글리세린지방산에스테르, 프로필렌글리콜지방산에스테르, 폴리소르베이트 20, 60, 65, 80(4종)	II. 2. 1)의 규정에 따라 사용하여야 한다.

※ 이하 생략

17 **이형제(4 품목)** : 식품의 형태를 유지하기 위해 원료가 용기에 붙는 것을 방지하여 분리하기 쉽도록 하는 식품첨가물이다.

이형제명	사용기준
유동파라핀 (liquid paraffin)	아래의 식품에 한하여 사용하여야 한다. • 빵류 : 0.15% 이하(이형제로서) • 캡슐류 : 0.6% 이하(이형제로서) • 건조과일류, 건조채소류 : 0.02% 이하(이형제로서) • 과일류·채소류(표피의 피막제로서)
피마자유	• 캔디류의 이형제 및 정제류의 피막제 목적에 한하여 사용하여야 한다. • 다만, 이형제로 사용한 경우 캔디류 1kg에 대하여 0.5g 이하여야 한다.

※ 이하 생략[식품첨가물공전 품목별 사용기준 참고]

18 응고제(6 품목) : 식품 성분을 결착 또는 응고시키거나, 과일 및 채소류의 조직을 단단하거나 바삭하게 유지시키는 식품첨가물이다.

응고제명	사용기준
글루코노-δ-락톤, 염화마그네슘, 염화칼슘, 조제해수염화마그네슘, 황산마그네슘, 황산칼슘	II. 2. 1)의 규정에 따라 사용하여야 한다.

19 제조용제(25 품목) : 식품의 제조·가공 시 촉매, 침전, 분해, 청징 등의 역할을 하는 보조제 식품첨가물이다.

제조용제명	사용기준
니켈(Nickel)	아래의 식품에 한하여 경화공정 중 촉매 목적으로 사용 후 최종식품의 완성 전에 제거하여야 한다. • 혼합식용유, 가공유지, 쇼트닝, 마가린류 : 1.0mg/kg 이하
라우린산 미리스트산 산소 올레인산(Oleic acid) 자몽종자추출물 팔미트산(Palmitic Acid)	II. 2. 1)의 규정에 따라 사용하여야 한다.
수소	아래의 식품 또는 용도에 한하여 사용하여야 한다. • 식용유지류(동물성유지류, 모조치즈, 식물성크림 제외) 제조 시 경화처리 목적 • 음료류(다류, 커피 제외)
이온교환수지(Ion Exchange Resin) 수산(Oxalic Acid)	• 최종식품 완성 전에 제거하여야 한다.

※ 이하 생략

20 젤형성제(2 품목) : 젤을 형성하여 식품에 물성을 부여하는 식품첨가물이며, 젤형성제는 염화칼륨, 젤라틴 등이 있다.

21 증점제(49 품목) : 식품의 점도를 증가시키는 식품첨가물이다.

증점제명	사용기준
폴리아크릴산나트륨(sodium polyacrylate)	식품의 0.2% 이하
알긴산프로필렌글리콜(propylene glycol alginate)	식품의 1% 이하

증점제명	사용기준
메틸셀룰로오스(methyl cellulose) 카르복시메틸셀룰로오스나트륨 (sodium carboxymethyl cellulose) 카르복시메틸셀룰로오스칼슘 (calcium carboxymethyl cellulose) 카르복시메틸스타아치나트륨 (sodium carboxymethyl starch)	식품의 2% 이하(병용 시는 합계가 2% 이하)
결정셀룰로오스, 구아검, 로커스트콩검, 알긴산나트륨(sodium alginate), 카라기난, 카제인(casein), 카제인나트륨(Sodium Caseinate), 카제인칼슘(calcium Caseinate)	II. 2. 1)의 규정에 따라 사용하여야 한다.

※ 이하 생략

22 착색료(76 품목) : 식품에 색을 부여하거나 복원시키는 식품첨가물이다.

01 착색료의 조건
① 인체에 독성이 없어야 한다.
② 체내에 축적되지 않아야 한다.
③ 미량으로 효과가 있어야 한다.
④ 물리·화학적 변화에 안정해야 한다.

02 착색료 및 그 사용기준

(1) 동클로로필린(copper chlorophylline)/동클로로필린나트륨(sodium copper chloro phylline)/동클로로필린칼륨(sodium copper chlorophylline)

허용 착색료명	사용기준
동클로로필린 (copper chlorophylline) 동클로로필린나트륨 (sodium copper chlorophylline) 동클로로필린칼륨 (sodium copper chlorophylline)	아래의 식품에 한하여 사용하여야 한다. 사용량은 동으로서 • 다시마(무수물) 0.15g/kg 이하 • 과실류의 저장품, 채소류의 저장품 0.1g/kg 이하 • 추잉껌, 캔디류 0.05g/kg 이하 • 완두콩 통조림 중의 한천 0.0004g/kg 이하
삼이산화철(iron sesquioxide)	아래의 식품에 한하여 사용하여야 한다. • 바나나(꼭지의 절단면) • 곤약

(2) 식용색소 녹색 제3호(fast green FCF) / 식용색소 녹색 제3호 알루미늄레이크

허용 착색료명	사용기준
식용색소 녹색 제3호(fast green FCF) 식용색소 녹색 제3호 알루미늄레이크	아래의 식품에 한하여 사용하여야 한다. • 과자 : 0.1g/kg 이하 • 캔디류 : 0.4g/kg 이하 • 빵류, 떡류 : 0.1g/kg 이하 • 초콜릿류 : 0.6g/kg 이하 • 기타잼 : 0.4g/kg 이하 • 소시지류, 어육소시지 : 0.1g/kg 이하 • 과·채음료, 탄산음료, 기타음료 : 0.1g/kg 이하 • 향신료가공품[고추냉이(와사비)가공품 및 겨자가공품에 한함] : 0.1g/kg 이하 • 절임류(밀봉 및 가열살균 또는 멸균처리한 제품에 한함. 다만, 단무지는 제외) : 0.3g/kg 이하 • 주류(탁주, 약주, 소주, 주정을 첨가하지 않은 청주 제외) : 0.1g/kg 이하 • 곡류가공품, 당류가공품, 기타 수산물가공품 : 0.1g/kg 이하 • 건강기능식품(정제의 제피 또는 캡슐에 한함), 캡슐류 : 0.6g/kg 이하 • 아이스크림류, 아이스크림믹스류 : 0.1g/kg 이하

(3) 식용색소 적색 제102호 등

허용 착색료명	사용기준
식용색소 적색 제102호 식용색소 적색 제2호(amaranth) 식용색소 적색 제2호 알루미늄레이크 식용색소 적색 제3호(erythrosine) 식용색소 적색 제40호(alura red) 식용색소 적색 제40호 알루미늄레이크 식용색소 청색 제1호(brilliant blue FCF) 식용색소 청색 제1호 알루미늄레이크 식용색소 청색 제2호(indigo carmine) 식용색소 청색 제2호 알루미늄레이크 식용색소 황색 제4호(tartrazine) 식용색소 황색 제4호 알루미늄레이크 식용색소 황색 제5호(sunset yellow FCF) 식용색소 황색 제5호 알루미늄레이크	※ 식품첨가물공전 품목별 사용기준 참고

(4) β-아포-8'-카로티날(β-apo-8'-carotenal) 등

착색료명	사용기준
β-아포-8'-카로티날(β-apo-8'-carotenal) 알팔파추출색소 양파색소 오징어먹물색소 철클로로필린나트륨 (sodium iron chlorophylline) β-카로틴	아래의 식품에 사용하여서는 아니 된다. • 천연식품[식육류, 어패류, 과일류, 야채류 해조류, 콩류 및 그 단순가공품(탈피, 절단 등)] • 다류, 커피, 고춧가루, 실고추 ,김치류, 고추장 식초
자단향색소 자주색고구마색소 자주색옥수수색소 코치닐추출색소	아래의 식품에 사용하여서는 아니 된다. • 천연식품[식육류, 어패류, 과일류, 야채류 해조류, 콩류 및 그 단순가공품(탈피, 절단 등)] • 다류, 커피, 고춧가루, 실고추, 김치류, 고추장, 식초 향신료가공품(고추, 고춧가루 함유제품에 한함)
카라멜색소 I 카라멜색소 II 카라멜색소 III 카라멜색소 IV	아래의 식품에 사용하여서는 아니 된다. • 천연식품[식육류, 어패류, 과일류, 채소류, 해조류, 콩류 등 및 그 단순가공품(탈피, 절단 등)] • 다류(고형차 및 희석하여 음용하는 액상차는 제외) • 인삼성분 및 홍삼성분이 함유된 다류 • 커피, 고춧가루, 실고추, 김치류, 고추장, 조미고추장, 인삼 또는 홍삼을 원료로 사용한 건강기능식품

※ 이하 생략

㉓ 추출용제(5 품목) : 유용한 성분 등을 추출하거나 용해시키는 식품첨가물이다.

추출용제명	사용기준
아세톤	아래의 식품 또는 용도에 한하여 사용하여야 한다. • 식용유지 제조 시 유지성분을 분별하는 목적(최종식품의 완성 전에 제거해야 함) • 건강기능식품의 기능성원료 추출 또는 분리 등의 목적 : 0.03g/kg 이하(아세톤으로서 잔류량)
헥산(hexane)	아래의 식품 또는 용도에 한하여 사용하여야 한다. • 식용유지 제조 시 유지성분의 추출 목적 : 0.005g/kg 이하(헥산으로서 잔류량) • 건강기능식품의 기능성원료 추출 또는 분리 등의 목적 : 0.005g/kg 이하(헥산으로서 잔류량)

※ 이하 생략

24 충전제(5 품목) : 산화나 부패로부터 식품을 보호하기 위해 식품의 제조 시 포장 용기에 의도적으로 주입시키는 가스 식품첨가물이다.

추출용제명	사용기준
수소(hydrogen)	아래의 식품 또는 용도에 한하여 사용하여야 한다. • 식용유지류(동물성유지류, 모조치즈, 식물성크림 제외) 제조 시 경화처리 목적 • 음료류(다류, 커피 제외)
산소(oxygen) 아산화질소(nitrous oxide) 이산화탄소(carbon dioxide) 질소(nitrogen)	II. 2. 1)의 규정에 따라 사용하여야 한다. • 액체질소를 사용하는 경우, 최종식품에 액체가 잔류하여서는 아니된다.

25 팽창제(42 품목) : 가스를 방출하여 반죽의 부피를 증가시키는 식품첨가물이다.

팽창제명	사용기준
글루코노-δ-락톤 메타인산나트륨 메타인산칼륨 산성 피로인산나트륨 (disodium dihydrogen pyrophosphate) 산성 피로인산칼슘 (calcium dihydrogen pyrophosphate) L-주석산수소칼륨(potassium L-bitartrate) DL-주석산수소칼륨(potassium DL-bitartrate) 탄산나트륨	II. 2. 1)의 규정에 따라 사용하여야 한다.
제이인산칼슘(calcium phosphate dibasic) 제삼인산칼슘(calcium phosphate tribasic)	칼슘으로서 식품의 1% 이하 다만, 특수용도식품 및 건강기능식품의 경우는 해당 기준 및 규격에 따른다.
황산알루미늄칼륨(aluminum potassium sulfate) 황산알루미늄암모늄(aluminum ammouium sulfate)	〈식약처 고시 2018.6.29.〉[2019.7.1. 시행] 아래의 식품에 한하여 사용하여야 한다. 사용량은 알루미늄으로서 • 과자 및 이의 제조용 믹스, 빵류 및 이의 제조용 믹스, 튀김 제조용 믹스 : 0.1g/kg 이하 • 땅콩 또는 견과류 가공품(밤에 한함), 서류가공품(고구마에 한함), 기타 어육가공품, 과·채가공품 : 0.1g/kg 이하 • 면류 및 이의 제조용 믹스, 기타 수산물가공품, 전분가공품 : 0.2g/kg 이하 • 절임식품 : 0.5g/kg 이하

※ 이하 생략

㉖ **표백제(7 품목)** : 식품의 색을 제거하기 위해 사용되는 식품첨가물이다. 표백제는 그 작용에 따라 산화표백제와 환원표백제의 2종으로 구별된다.

표백제명	사용기준
환원표백제 메타중아황산나트륨(sodium metabisulfite) 메타중아황산칼륨(potassium metabisulfite) 무수아황산(sulfur dioxide) 산성아황산나트륨(sodium bisulfite) 아황산나트륨(sodium sulfite) 차아황산나트륨(sodium hyposulfite)	이산화황으로서 아래의 기준 이상 남지 않도록 사용해야 한다. • 박고지(박의 속을 제거하고 육질을 잘라내어 건조시킨 것) : 5.0g/kg • 당밀 : 0.30g/kg • 물엿, 기타엿 : 0.20g/kg • 과실주 : 0.350g/kg • 과일주스, 농축과실즙 : 0.150g/kg(단, 5배 이상 희석한 제품에 한함) • 과 · 채가공품 : 0.030g/kg(단, 5배 이상 희석한 제품의 경우에는 0.150g/kg) • 건조과일류 : 1.0g/kg • 건조채소류, 건조버섯류 : 0.50g/kg • 곤약분 : 0.90g/kg • 새우 : 0.10g/kg(껍질을 벗긴 살로서) • 냉동생게 : 0.10g/kg(껍질을 벗긴 살로서) • 설탕류, 올리고당류, 포도당, 과당류, 덱스트린 : 0.020g/kg • 식초 : 0.10g/kg
환원표백제 메타중아황산나트륨(sodium metabisulfite) 메타중아황산칼륨(potassium metabisulfite) 무수아황산(sulfur dioxide) 산성아황산나트륨(sodium bisulfite) 아황산나트륨(sodium sulfite) 차아황산나트륨(sodium hyposulfite)	• 건조감자 : 0.50g/kg • 소스 : 0.30g/kg • 향신료조제품 : 0.20g/kg • 기타수산물가공품(새우, 냉동생게 제외), 땅콩 또는 견과류가공품, 이하 생략 : 0.030g/kg • 곡류가공품(옥배유 제조용으로서 옥수수배아를 100% 원료로 한 제품에 한함) : 0.20g/kg
산화표백제 과산화수소(hydrogen peroxide)	• 최종 식품의 완성 전에 분해 또는 제거할 것

27 표면처리제(1 품목) : 식품의 표면을 매끄럽게 하거나 정돈하기 위해 사용되는 식품첨가물이다.

[허용 표면처리제 및 그 사용기준]

표면처리제명	사용기준
탤크(Talc)	식품의 제조 또는 가공상 추잉껌, 여과보조제(여과, 탈색, 탈취, 정제등) 및 정제류에 표면처리제 목적에 한하여 사용하여야 한다.

28 피막제(15 품목) : 식품의 표면에 광택을 내거나 보호막을 형성하는 식품첨가물이다.

피막제명	사용기준
가교카복시메틸셀룰로스나트륨	건강기능식품(정제 또는 이의 제피, 캡슐에 한함) 및 캡슐류의 피막제 목적에 한하여 사용하여야 한다.
몰포린지방산염 (Morpholine Salts of Fatty Acids)	과일류 또는 채소류의 표피에 피막제 목적에 한하여 사용하여야 한다.
밀납, 석유왁스, 쉘락, 올레인산나트륨, 풀루란	II. 2. 1)의 규정에 따라 사용하여야 한다.
초산비닐수지 (polyvinyl acetate)	추잉껌기초제 및 과일류 또는 채소류 표피의 피막제 목적에 한하여 사용하여야 한다.
폴리에틸렌글리콜 (Polyethylene Glycol)	아래의 식품에 한하여 사용하여야 한다. 건강기능식품(정제 또는 이의 제피, 캡슐제의 캡슐 부분에 한함) 및 캡슐류의 피막제 목적 : 10g/kg 이하
유동파라핀	이형제와 사용기준 동일

※ 이하 생략

29 향료(77 품목) : 식품에 특유한 향을 부여하거나 제조공정 중 손실된 식품 본래의 향을 보강하기 위해 사용되는 식품첨가물이다.

향료명	사용기준
개미산(formic acid) 계피산(Cinnamic Acid) 낙산(butyric acid) γ-노나락톤 데칸산에틸 라우린산(Lauric Acid) 바닐린(Vanillin) 피페로날	착향의 목적에 한하여 사용하여야 한다.

㉚ 향미증진제(총 22종) : 식품의 맛 또는 향미를 증진시키는 식품첨가물이다.

향미증진제	사용기준
5'-구아닐산이나트륨 L-글루탐산 L-글루탐산나트륨 L-글루타민산암모늄 L-글루타민산칼륨 글리신 5'-리보뉴클레오티드이나트륨 5'-리보뉴클레오티드칼슘 5'-이노신산이나트륨 젖산 젖산나트륨 호박산 호박산이나트륨	II. 2. 1)의 규정에 따라 사용하여야 한다

※ 이하 생략

㉛ 효소제(43 품목) : 특정한 생화학 반응의 촉매 작용을 하는 식품첨가물이다.

효소제	사용기준
α-글루코시다아제 글루코아밀라아제(Glucoamylase) 락타아제 리파아제(lipase) 셀룰라아제(Cellulase) α-아밀라아제(α-Amylase) 종국(Seed Malt) 트립신(Trypsin) 판크레아틴 펙티나아제(Pectinase)	II. 2. 1)의 규정에 따라 사용하여야 한다.

※ 이하 생략

㉜ 청관제(1 품목) : 식품에 접촉하는 스팀을 생산하는 보일러 내부의 결석, 물때 형성, 부식 등을 방지하기 위하여 투입하는 식품첨가물이다.

청관제	사용기준
청관제	식품 제조 또는 가공용 스팀의 제조를 위해 사용되는 보일러의 청관의 목적에 한하여 사용하여야 한다.

식품가공 · 공정공학

PART

I

농산식품가공

Chapter 01 | 곡류가공

① 정미

① 의의 : 정미는 정조(벼)를 제현기(왕겨 제거기)로 제현, 부피(왕겨)를 제거하여 현미를 얻고 이 현미의 쌀겨층(bran layer)을 제거하여 얻을 수 있다.

② 현미의 조직

현미는 최외층에 과피가 있고 그 내부에 엷은 종피가 있는데, 이 두 가지가 붙어서 외피를 이루고 있다. 외피 다음에 엷은 외배젖이 있고 그 내부에 전분 입자로 되어 있는 내배젖이 있다. 내배젖의 일부분이나 그 바깥 주위에는 호분층이 있다. 과피, 종피, 외배젖 및 호분층을 합하여 쌀겨층이라 한다.

① 벼의 구조는 왕겨층, 겨층(과피, 종피), 호분층, 배유 및 배아로 이루어져 있다.

② 현미는 과피, 종피, 호분층, 배유, 배아로 되어 있으며, 호분층과 배아에는 단백질, 지방, 비타민 등이 많고 배유는 대부분 전분으로 되어 있다.

[그림3-1 벼의 단면도]

[그림3-2 쌀의 겨층 단면도]

씨눈(배아)
배젖(배유)
부피
과피 및 종피
호분층

과피
종피
외배젖
호분층
내배젖(녹말층)

③ 도정 : 현미의 겨층을 제거하여 내부의 배유부만을 얻는 조작을 도정이라고 한다. 도정은 마찰, 찰리, 절삭, 충격 등 물리적 작용으로 이루어지며 정미기와 정맥기가 있다.

01 도정의 정도 : 도정의 정도를 표시하는 방법에는 도정도와 도정률(정백률) 및 도감률이 있다.

① 도정도는 쌀겨층이 벗겨진 정도에 따라 완전히 벗겨진 것을 10분도미, 쌀겨층의 반이 벗겨진 것을 5분도미로 표시하는 방법이다.

② 도정률은 정미 중량이 현미 중량의 몇 %에 해당하는가를 나타내는 방법이다.

$$도정률(\%) = \frac{도정미}{현미} \times 100$$

③ 도감률은 도정에 의해서 주어지는 양, 즉 쌀겨, 배아 등으로 나가는 도감량이 현미량의 몇 %에 해당하는가를 나타낸다.

④ 도정도가 높을수록 단백질, 지방, 회분, 비타민류 등 중요한 영양성분은 적어지고 반대로 소화율은 높아진다.

[쌀의 도정에 따른 분류]

종류	특성	도정률(%)	도감률(%)	소화율(%)
현미	나락에서 왕겨층만 제거한 것	100	0	95.3
5분도미	겨층의 50%를 제거한 것	96	4	97.2
7분도미	겨층의 70%를 제거한 것	94	6	97.7
백미	현미를 도정하여 배아, 호분층, 종피, 과피 등을 없애고 배유만 남은 것	92	8	98.4
배아미	배아가 떨어지지 않도록 도정한 것	–	–	–
주조미	술의 제조에 이용되며 미량의 쌀겨도 없도록 배유만 남게 한 것	75 이하	–	–

02 도정도와 도감률에 영향을 미치는 인자

쌀겨층의 두께	일반적으로 쌀겨층의 두께가 두꺼울수록 도감률이 높아진다.
건조 정도	쌀의 건조가 덜된 것일수록 도정이 쉬워서 겨층의 박리가 쉽고 쌀겨의 양이 많아지기 때문에 도감률이 높고, 잘 건조되면 도감률이 적어진다.
쌀의 저장	건조가 덜된 현미는 저장 중 충해로 파손미, 쇄미가 많아져 도감률이 증가된다. 벼 저장이라도 건조상태에 따라 다르나 보통 저장기간이 길면 도감도가 적어진다.
도정 시기	여름에는 도감률이 높고 겨울에는 도감률이 낮다. 이것은 여름철에는 강도가 적고 겨울철에는 강도가 높기 때문이다.

03 도정도 결정법

① 쌀의 색깔
② 겨층의 벗겨진 정도
③ 도정시간
④ 도정 횟수
⑤ 전력의 소비량
⑥ 쌀겨 생산량
⑦ 염색법(MG 시약)

04 도정 중의 변화

(1) 화학성분의 변화

① 도정도가 높아짐에 따라 단백질, 지방, 섬유, 회분, 비타민, 칼슘, 인 등이 감소되고 상대적으로 탄수화물량은 증가된다.
② 이것은 겨층에 각종 영양소가 많이 들어있기 때문이다.

(2) 물리적 성질의 변화

① 용적중은 도정 초기에 감소되다가 도정이 진행되면 다시 증가된다.
② 보통 현미가 백미보다 용적중이 무겁다.

05 정미 가공방식 : 가공미의 용도에 따라 식용미, 배아미 및 주조미 도정 등이 있다.

식용미 도정	보통 10분 도미이다.
배아미 도정	단백질, 비타민 B_1이 비교적 많이 들어있는 배아를 남겨 영양이 좋고 맛이 있는 정미를 얻기 위한 도정방식으로 원통마찰식을 사용하여 도정한다. 긴쌀보다 둥근쌀이 좋다.
주조미 도정	술제조용 쌀로 쌀겨가 전혀 남지 않게 호분층 내부까지 도정하여 75% 이하의 도정률로 한다. 주로 수형연삭식 정미기를 사용한다.

2 정맥

1 의의 : 보리는 곡립에 부피가 밀착되어 쉽게 떨어지지 않는 껍질보리와 부피가 쉽게 떨어지는 쌀보리로 나누어진다. 껍질보리에서는 부피, 과피, 종피 및 호분층을, 쌀보리에서는 과피, 종피, 호분층 등을 도정하여 제거하면 정맥이 된다.

2 보리의 조성

보리알은 약간 넓적한 방종형으로서 등쪽의 밑부분에 씨눈이 있고 배 쪽에는 깊은 고랑을 가지며 끝에는 털이 있다. 보리의 구조는 부피, 과피, 종피, 호분층, 내배젖으로 되어 있다. 보리알은 보통 불투명한 흰색 분상질이나 반투명의 초자질의 것도 있다.

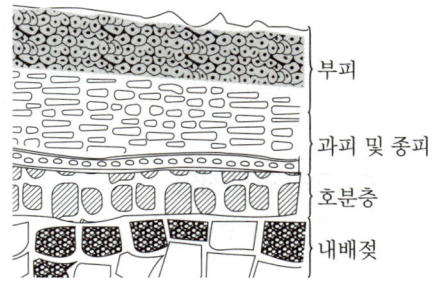

[그림3-3 껍질보리의 단면]

부피
과피 및 종피
호분층
내배젖

3 보리의 형태

① 두줄보리 : 알갱이가 크다. 전분 함량이 많고 단백질 함량은 적다. 맥주 제조용으로 이용한다.

② 여섯줄보리 : 알갱이가 작고 고르지 않다. 발아가 잘 안 된다. 식용으로 이용한다.

3 곡물의 기타 가공

1 보리 플레이크

① 보리쌀을 물에 담가 수분을 흡수시켜 압착과 동시에 건조시킨 것이다.

② 기름에 튀긴 것, 고온의 오븐에서 호화시킨 것 등이 있다.

2 만할곡물

① 곡물을 만할하면 그대로 밥을 짓는 것보다 맛이 좋고 소화도 잘 된다.

② 종류로는 만할보리, 만할귀리인 오트밀, 만할옥수수인 콘밀 등이 있다.

③ 팽화곡물(puffed cereals)

① 쌀을 고온·고압으로 유지하다가 급격히 상온·상압으로 조절하여 팽창시킨 것이다.

② 조직이 연하여 먹기 좋고 소화가 잘 되며, 가공 및 조리가 간단하다.

③ 옥수수, 쌀 같이 견고한 곡식을 사용한다.

④ 강화미 : 쌀(백미)에 비타민 B_1, B_2 등을 첨가한 것이다.

⑤ 알파(α)미

① 쌀 전분에 물을 가하고 가열하여 α 전분으로 변화시킨 후 고온에서 수분이 15% 이하가 되게 급속히 탈수·건조시켜 α 전분 상태로 고정한 것으로 즉석미, 건조밥이라 한다.

② 이것을 분쇄한 것을 α쌀가루라고 한다.

⑥ parboiled rice

① 벼를 하루 동안 냉수에 침지시켜 수분을 40% 정도로 조정하고 100℃에서 30분간 처리한 후 건조하여 도정한 것이다.

② 배아와 겨 속의 비타민 B_1이 배유로 옮겨져 영양 손실을 막고, 표면경화로 저장성도 향상된다.

4 제분

1 의의 : 곡식을 분쇄하여 껍질과 외피섬유를 체로 사별, 분리하여 가루로 만드는 작업을 말한다. 곡물 중 쌀, 보리 등은 도정하여 입자로서 식용하는 반면 밀, 메밀 등은 분쇄하여 가루로서 식용해 왔다.

2 밀알의 조성

밀은 부스러지기 쉬운 흰색의 배젖이 강한 껍질부로 둘러싸여 있다. 밀기울부는 과피, 종피(색소층), 주심부로 나누어지고 이들은 배젖의 호분층과 함께 제분할 때 밀기울이 되어 분리된다. 과피에는 표피세포가 있고 과피의 다른 쪽에는 종피가 있다.

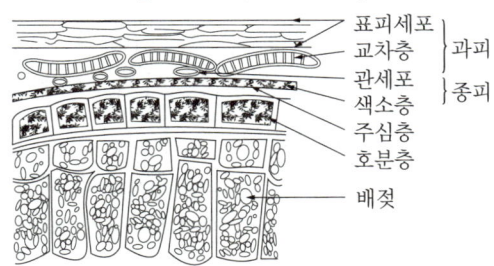

[그림3-4 밀알의 구조]

3 밀의 제분공정 : 밀의 제분은 밀알의 배젖과 밀기울 및 씨눈을 분리하여 배젖을 곱게 분쇄하는 것이다. 주요공정은 분쇄와 사별(체질)의 두 부분으로 되어 있다.

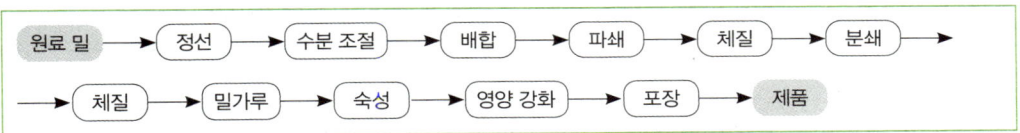

원료 밀 → 정선 → 수분 조절 → 배합 → 파쇄 → 체질 → 분쇄 → 체질 → 밀가루 → 숙성 → 영양 강화 → 포장 → 제품

01 정선 : 밀 이외의 다른 물질(밀짚, 모래, 흙, 잡초씨 등의 협잡물)을 제거하고, 밀기울 부분이 분쇄되지 않도록 한다.

02 조질(수분 첨가) : 밀알의 내부에 물리적, 화학적 변화를 일으켜서 밀기울부(외피)와 배젖(배유)이 잘 분리되게 하고 제품의 품질을 높이기 위하여 하는 공정이다. 템퍼링(tempering)과 컨디셔닝(conditioning)이 있다.

※ 제품에 적합한 수분 : 경질소맥 16~17%, 연질소맥 14% 가량이다.

(1) 조질의 종류

1) 템퍼링 : 밀의 원료에 적당한 양의 물을 가하여 일정시간 방치함으로써 배젖과 밀기울을 잘 분리시킨다.

① 밀기울을 강인하게 하여 부스러져서 밀가루에 섞이는 것을 방지한다.

② 배젖을 잘 분쇄하며, 체에 의한 분리를 쉽게 한다.

2) 컨디셔닝 : 템퍼링의 온도를 높여서 그 효과를 더 높이는 것이다.

① 원료 밀을 가열하고 냉각시키면 밀이 팽창수축되어 밀기울부와 배젖부의 분리성이 높아진다.

② 밀 자체의 효소력을 조절하여 글루텐의 질을 용도에 맞게 개선함으로써 밀가루 2차 가공에 적당하게 한다.

(2) 조질의 목적

① 밀기울 분리 조장

② 회분량 조절

③ 밀 자체의 효소력을 조절하여 밀의 글루텐을 용도에 따라 개선

03 조쇄

브레이크 롤을 사용하여 원료 밀의 외피는 가급적 작은 조각이 되지 않게 부수어 배젖부와 외피를 분리하는 공정이다. 이때 외피 부분에 남아 있는 배젖을 가급적 완전히 제거하며 외피는 손상되지 않도록 하는 것이 중요하다.

(1) 롤러의 종류

롤러는 고속(250~500회/1분)과 저속(20~250회/1분)으로 회전하고, 그 회전비는 2.5:1~3:1이 많이 사용된다. 롤러에는 브레이크 롤과 활면 롤이 있다.

브레이크 롤 (break roll)	롤러 표면에 고랑이 있고, 주로 밀을 거칠게 부수어 배젖의 작은 입자를 밀기울부에서 분리한다. 브레이크 롤은 압착, 절단, 비틀림의 세 가지 작용으로 부순다.
활면 롤 (smooth roll)	롤러 표면이 매끈하고, 배젖의 작은 입자를 곱게 부순다.

04 체질

① 브레이크 롤에서 파쇄된 조립은 체(shifter)로 체질하여 껍질만 남겨 밀기울을 분리한다.

② 체로 사별된 것은 다음 종류로 나누어진다.

세몰리나(semolina)	조쇄된 배젖 중 가장 큰 것
미들링(middling)	세몰리나 다음으로 큰 배젖, 파쇄 입자로 40~84메쉬를 통과한 것
던스트(dunst)	배젖 입자가 가장 작은 것으로 80~106메쉬를 통과한 것
가루(flour)	94~156메쉬를 통과한 배젖가루 입자로서 세몰리나, 미들링 및 던스트 등을 분쇄하여 얻은 것

③ 순화(purification) : 미들링에 들어 있는 배젖에서 밀기울 조각을 순화기(purifier)를 사용하여 제거하여 순수한 배젖부를 얻는다. 순화된 배젖 조립입자를 크기에 따라 구분하여 활면 롤러에 들어가게 한다.

※ 메쉬(mesh) : 1in(인치) 속의 체눈의 수, 숫자가 클수록 체눈 사이가 적다(고운 밀가루 생산).

05 분쇄

① 크기를 잘 조정한 세몰리나는 활면 롤러에 의하여 미세하게 분쇄된다.
② 분쇄에 따라 각종 가루를 얻어 적당히 혼합 사용하거나 그대로 용도에 따라 제품화한다.

06 숙성과 표백

① 밀가루는 제분 후 일정기간 저장·숙성시키면 제빵적성이 향상되고 색도 개선이 된다.
② 일반적으로 자연숙성은 시간이 걸려 인공숙성을 사용하며, 현재 허용된 밀가루 개량제로는 과산화벤조일(diluted benzoyl peroxide), 과황산암모늄(ammonium persulfate), 염소(chlorine), 이산화염소(chlorine dioxide), 요오드산칼륨(potassium iodate), 요오드칼륨(potassium iodide) 등이 있다.

4 밀가루 제품

01 밀의 제분율

① 밀의 제분율은 밀의 품종, 제분규모, 제분기 종류, 제분목적에 따라 차이가 있으나 보통 80% 이하가 적당하며 밀기울이 섞이지 않아야 한다.
② 제분율을 높이면 밀가루의 품질이 낮아지고, 낮추면 우수한 품질의 밀가루를 얻을 수 있다. 우수한 품질의 밀가루는 회분량이 적고, 글루텐량이 많다.
③ 밀단백질은 glutenin과 gliadin이며, glutenin은 탄성을, gliadin은 밀가루의 점성을 준다.

02 글루텐의 함량에 따른 밀가루의 품질

(1) 강력분(strong flour)
① 경질밀가루라고도 한다.
② 경질의 밀을 제분하여 얻는다.
③ 건부량이 13% 이상, 습부량이 35% 이상이다.
④ 제빵용, 마카로니용이다.

(2) 준강력분(semistrong flour)
① 강도와 성질이 강력분에 준한다.
② 경질의 밀을 제분하면 얻을 수 있다.
③ 제빵용이다.

(3) 중력분(medium flour)

① 강력분과 중력분의 중간 성질을 가진 것이다.　② 중간질의 밀을 제분하여 얻는다.

③ 건부량이 10~13%, 습부량이 25~35%이다.　④ 제면용, 부침개용이다.

(4) 박력분(weak flour)

① 연질밀가루라고도 한다.　② 연질의 밀을 제분하여 얻는다.

③ 건부량이 10% 이하, 습부량이 19~25%이다.　④ 제과용, 튀김용(바삭바삭)이다.

5 밀가루의 시험

01 색도 : 밀기울부의 혼입도, 회분량, 협잡물의 양, 제분의 정도 등을 어느 정도 판별할 수 있다. 보통 페커(Pekar)법을 사용한다.

02 입도 : 체눈이 다른 몇 개의 체로 쳐서 체 위에 남는 밀가루의 양을 전체량의 %로 표시하는데 이것을 입도구성으로 나타낸다.

03 팽윤도 시험 : 팽윤된 글루텐의 부피를 측정한다.

04 제빵 시험 : 일정량의 밀가루로 일정한 표준방법에 따라 제빵 시험을 하여 그 흡수율, 소성중량, 부피, 조직, 모양, 색깔, 촉감 등을 측정한다.

05 제면 시험 : 일정량의 밀가루를 제면하여 낙면율, 생면의 신장률, 면선의 건조수축률 등을 측정하고, 건면을 삶아 그 신장도, 증용도, 흡수율, 용출률 등을 측정하여 밀가루 제면 적성을 판정한다.

06 밀가루 반죽 품질검사기기

페리노그래프(farinograph)	밀가루 반죽의 점탄성을 측정
익스텐소그래프(extensograph)	밀가루 반죽의 인장항력과 신장도를 측정
아밀로그래프(amylograph)	전분의 점도 및 호화도를 측정

5 제면

1 의의 : 면류는 밀가루 단백질의 주성분인 글루텐의 독특한 점탄성을 이용하여 밀가루(중력분)에 물과 소금(3~4%)을 넣고 반죽한 것을 길고 가늘게 성형한 것이다. 면류는 메밀가루, 쌀가루, 전분 등을 사용할 수 있으나 밀가루가 주된 원료이다.

2 종류 : 제조법에 따라 다음과 같이 분류한다.

01 신연면류

(1) 정의 : 밀가루 반죽을 길게 뽑아서 만든 면류이다. 소면, 우동, 중화면 등에 이용한다.

(2) 종류

1) **소면** : 신연면의 대표적인 것으로 전체 공정을 손으로 빼서 신장시키는 수연소면과 공정 일부를 기계로 만드는 기계소면이 있다.

2) **수연 중화면** : 건조 중화면을 만들 때와 같이하는데, 더 강한 밀가루를 원료로 하여 신연과 숙성시키는 것을 반복하여 수연소면식으로 신연한다.

02 선절면류

(1) 정의 : 밀가루 반죽을 넓적하게 편 다음 가늘게 자른 면류이다. 중력분을 사용하고 칼국수, 손국수 등에 이용한다. 수타면, 생면, 건면 등이 있다.

(2) 종류

1) **건조면류** : 면류를 어느 것이나 건조시키면 건조면이 되며, 이는 저장성이 높아진다. 건면류, 마카로니류, 당면 등이 있다.

건면	• 주원료가 밀가루이고 부원료는 소금이다. 마카로니용을 제외하면 중력분이 적당하다.
건조 중화면	• 밀가루와 중국의 견수 및 소금을 사용한다. 견수의 주성분은 탄산나트륨과 탄산칼슘이다.
건조 메밀국수	• 메밀가루와 밀가루를 혼합하여 만든 국수이다. • 메밀가루는 밀가루처럼 점성이 생기지 않으므로 생메밀국수는 계란 또는 밀가루를 넣고 건조메밀은 밀가루를 점착제로 넣는다. • 메밀가루에 대한 밀가루의 배합비율은 2:8~4:6 범위이며 3:7이 기준이다.

(3) 기타

1) **제면에서 소금을 사용하는 목적**

① 밀가루의 점탄성을 높인다. ② 건조속도를 조절한다. ③ 제품이 변질되는 것을 방지한다.

2) **면의 변수(절치변수)**

① 3cm당 면의 가락수 ② 번호가 클수록 면선은 가늘다.

03 압출면류

(1) 정의 : 밀가루 반죽을 작은 구멍으로 압출시켜 만든 면류이다. 강력분을 사용하고, 마카로니, 스파게티, 당면, 아르긴면, 해조면 등에 이용한다.

(2) 종류

1) **마카로니**

① 이탈리아가 원산지이며 압출면의 대표적인 면류이다.

② 마카로니용 밀가루는 글루텐 함량이 높은 듀럼밀가루나 강력분을 사용한다.

③ 먼저 반죽을 반죽기에서 고압으로 작은 구멍을 통과시켜 압출하는데, 금속판의 구멍모양에 따라 여러 종류의 제품이 제조된다.

④ 절단된 마카로니는 곰팡이 방지, 부착 방지, 향미 생성 등을 위해 수분이 12% 정도 되게 예비건조한 후 본건조를 한다.

⑤ 건조 조건은 30~60℃, 습도는 30~90%이다.

2) 당면

① 밀가루 이외의 곡물가루와 전분을 호화 또는 반호화시킨 것을 압출면 방식에 따라 가공한 것이다.

② 원래 당면은 녹두전분을 이용했으나 근래에 와서는 고구마·감자전분을 이용한다.

③ 고구마·감자전분을 묽게 반죽한 것을 작은 구멍으로 압출하여 끓는 물에 떨어뜨려 호화시킨 다음 동결시킨 후 천천히 녹여 물기를 빼고 바람이 잘 통하는 곳에서 건조시킨 것이다. 일명 동면이라고 한다.

④ 동결시키는 것은 면선이 서로 붙는 것을 막기 위해서이다.

3) 아르긴면

① 전분 또는 곡물가루에 정제한 아르긴산나트륨 5% 정도를 넣어 혼합한 후 수분 함량을 40% 정도로 하여 2%의 염화칼슘수용액에 압출한 것이다.

② 면선이 강하고 질기다.

6 제빵

1 의의 : 밀가루에 물을 비롯한 다른 부재료를 넣고 이겨서 만든 반죽(dough)을, 탄산가스를 내는 팽창제로 부풀게 하여 구워 만든 것을 빵이라 한다. 팽창제로 효모를 사용한 것을 발효빵이라 하고, 화학약품이 주원료인 팽창제를 사용한 것을 무발효빵이라 한다.

2 빵의 분류

원료에 따른 분류	• 밀가루빵 : 밀가루를 원료로 하여 구운 빵 • 흑빵 : 라이맥을 원료로 하여 구운 빵
제조법에 따른 분류	• 미국빵 : 단백질이 많고 회분이 적은 경질 밀가루를 사용하고 비교적 부원료를 많이 넣어 만든 빵으로 주로 안쪽을 먹는다. • 프랑스빵 : 미국식 빵에 비하여 단백질이 적은 밀가루를 사용하고 비교적 부원료를 적게 넣어 만든 빵으로 빵 전체가 껍질이 되며 껍질을 먹는 빵이다.
모양에 따른 분류	• 감형·산형·코페·롤빵, 굽는 방법에 따라 빵형굽기빵·직소빵 등

3 제빵 원료 : 제빵의 주원료는 밀가루·효모·물이고, 부원료는 설탕·지방·이스트 푸드·소금·반죽개선제 등이다.

01 밀가루 : 우리나라에서 많이 만드는 미국빵은 강력분이어야 하며 글루텐은 11% 이상, 회분은 0.45% 이하이어야 한다. 제분 직후의 가루는 글루텐의 질이 약하고 30~40일 숙성한 것이 가장 좋다.

02 효모 : 빵효모인 *Saccharomyces cerevisiae*가 사용되고 제빵용으로는 배양효모가 사용되며, 발효온도는 30℃가 가장 적당하다. 빵효모의 사용량은 압착효모는 밀가루의 2~3%가 표준이고, 건조효모는 압착효모의 반 정도가 좋다.

03 설탕

(1) 설탕의 역할
① 효모의 영양원이 되어 발효작용을 촉진해 이산화탄소를 발생시켜서 빵의 부피를 크게 한다.
② 발효되고 남은 설탕은 빵의 단맛을 부여한다.
③ 발효빵 특유의 향미와 색깔을 내게 한다.
④ 반죽의 점탄성에 영향을 준다.
⑤ 빵의 노화를 방지하는 효과가 있다.

(2) 사용량 : 식빵은 4~6%, 과자빵은 15~30% 정도이다. 4%까지는 빵 팽창률이 현저하게 증가하나 그 이상은 감소한다.

04 소금

(1) 소금의 역할
① 설탕의 단맛과 함께 빵의 맛을 좋게 하고 풍미를 향상시킨다.
② 글루텐에 의해 물의 흡수를 증가시키기 때문에 빵에 습기를 주어 빵의 노화를 방지하는 역할을 한다.
③ 효모의 발효에 영향을 준다. 소금을 적당히 넣으면 발효를 조절할 수 있다.
④ 유해균의 발육을 억제하여 빵이 시어지는 것을 방지한다.
⑤ 글루텐과 작용하여 탄력성을 크게 하고 반죽을 오므려서 빵조직을 좋게 한다.

(2) 사용량 : 보통 밀가루의 1.5~2.0% 정도 첨가한다.

05 지방
① 빵을 부드럽게 하고 부피를 늘어나게 한다.
② 빵의 조직, 촉감 및 빵껍질의 색을 좋게 한다.
③ 빵의 노화를 방지하여 보존성을 높인다.
④ 보통 쇼트닝을 3~5% 사용한다.

06 물
① 보통 음료수가 좋다.
② 강력분에는 연수가 좋고, 중력분에는 경수가 적당하다.
③ 반죽에 가장 좋은 pH는 5.2~5.5이므로 알칼리성 물은 좋지 않다.
④ 보통 밀가루의 55~65%를 첨가한다.

07 이스트 푸드(yeast food)

① 발효능력은 없지만 효모의 영양이 되어 효모 번식을 돕는 역할을 한다.

② 발효를 조절하거나 글루텐의 성질을 조절하기 위해 사용한다.

③ α-amylase를 첨가하면 고온에서 빵을 구울 때 반죽의 젤(gel)화를 더디게 하여 팽창을 도와 품질을 향상시키기도 한다.

④ 이스트 푸드의 조성 : 유기물, 무기물이 사용되나 질소원, 황산칼슘, 산화제가 구성분이다.

※ 황산칼슘($CaSO_4$) 25%, 염화암모늄(NH_4Cl) 9.38%, 브롬산칼륨($KBrO_3$) 0.3~0.5%, NaCl 25%, 전분 40%(부형제) 등

⑤ 사용량 : 0.2~0.5% 정도

4 빵의 제조법

01 원료 배합 형식에 따른 분류

원료의 배합 형식에 따라 직접반죽법(straight dough method)과 스펀지법(sponge dough method)의 두 가지로 크게 나눈다.

직접반죽법	원료 전부를 한꺼번에 넣어 발효시키는 방법이다. 짧은 시간에 발효가 끝나고 노력이 적게 든다. 제품의 향기가 향상되고, 발효 중 감량이 적은 점 등의 장점이 있다.
스펀지법	밀가루의 일부를 효모로 발효시켜 효모를 중단시킨 다음 나머지 원료를 가하여 본반죽하는 법이다. 노력이 많이 들고, 작업시간이 길며, 발효 감량이 증가하는 등의 단점이 있으나 효모가 절약되고, 가볍고 조직이 좋은 빵을 얻을 수 있다.

02 직접반죽법의 제조공정

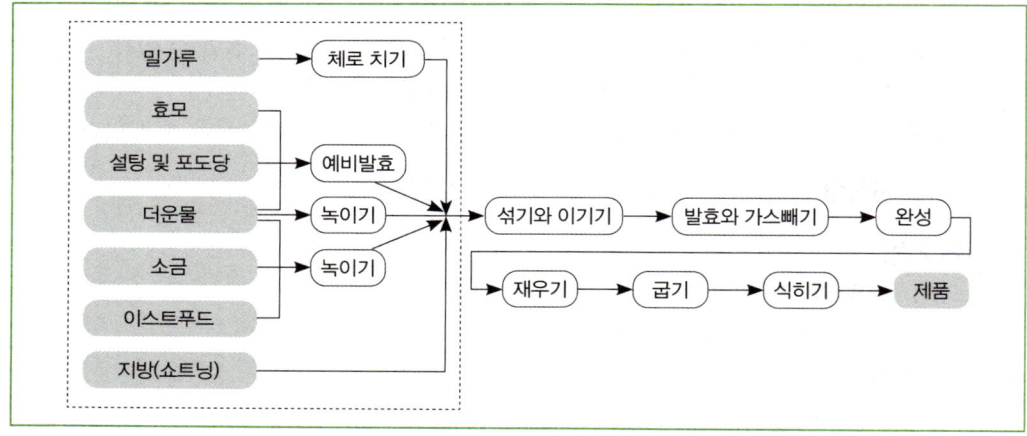

(1) 원료의 전처리

① 밀가루를 체로 쳐서 협잡물을 제거하는 동시에 공기를 충분히 함유시키고 가루가 잘 분산되게 한다.

② 효모는 약 5배 정도 양의 물에 넣고, 설탕을 소량 가하여 잘 교반한 다음 25~30℃에서 예비 발효를 시킨다.

③ 지방 또는 쇼트닝은 반죽에 직접 넣어 섞고 소금, 설탕, 기타 재료는 반죽하는 물의 일부에 녹여 섞는다. 반죽온도는 27~28℃가 적당하다.

(2) 섞기(mixing)와 이기기(kneading)

① 먼저 밀가루 전부를 믹서 또는 반죽통에 넣은 다음 물에 녹인 설탕, 포도당, 소금용액을 넣어 혼합시킨다.

② 어느 정도 고르게 섞였을 때 효모 현탁액을 넣어 혼합을 계속하여 가루모양이 없어지면 쇼트닝을 조금씩 나누어 넣어 반죽을 고르게 섞이게 한다. 이 조작의 목적은 원료 전부를 골고루 분산시키고, 글루텐을 충분히 발달시키기 위해서다.

③ 반죽의 글루텐이 형성되어 점탄성이 높아지는 것은 글루텐의 −SH기가 −S−S−결합으로 망상구조가 형성되기 때문이다. 이것은 밀가루가 산화될 때에도 분자 간에 −S−S−결합이 형성되어 점탄성이 높아진다.

(3) 발효(fermentation) 및 가스빼기(punching)

① 반죽을 발효통에 옮겨 뚜껑을 닫거나 보자기를 덮어서 표면에 껍질이 생기는 것을 막는다. 습도 95%, 온도 27~29℃에서 1~3시간 후 2~3배 부풀면 가스빼기를 한다.

② 강력분이 아니면 1회, 강력분인 경우는 2회 가스빼기를 한다.

※ **가스빼기의 목적**

- 반죽 안팎의 온도를 균일하게 유지한다.
- 발효에 의해 생긴 탄산가스를 내보내어 기포를 곱게 퍼지게 하여 효모에 신선한 공기를 공급한다.
- 또한 효모에 새로운 당분을 공급하여 효모의 활동을 왕성하게 한다.

(4) 완성(make up) : 마지막 가스빼기가 끝난 후 재우기까지 조작을 완성이라 하며 반죽나누기, 중간재우기, 성형, 빵형넣기 등 4가지 조작이 있다.

(5) 재우기(proofing) : 온도 및 습도를 자유롭게 조절할 수 있는 보온실에 넣어 재우기를 한다. 반죽상태에 따라 다르나 32~37℃의 온도와 85~90%의 습도에서 재운다.

(6) 굽기(baking) : 재우기를 한 빵형을 빵가마에 넣어 굽는다. 빵을 구울 때 다음 세 가지 단계를 거친다.

① 1단계 : 60℃ 정도가 되면 효모는 사멸되지만 알코올의 증발 및 가스팽창은 계속 일어난다. 74℃ 정도가 되면 글루텐이 응고되기 시작하고 110℃ 정도가 되면 완전히 응고되어 빵의 골격이 완성된다.

② 2단계 : 주로 껍질이 누런 갈색으로 착색된다.

③ 3단계 : 완전히 구워진다. 굽는 조건은 200~240℃에서 1근형은 20분, 3근형은 50분을 표준으로 한다.

(7) 식히기 : 실온으로 빨리 냉각시킨다. 특히 여름철에는 급랭하지 않으면 로프(rope)균이 발생하기 때문에 주의하여야 한다.

03 스펀지법의 제조공정

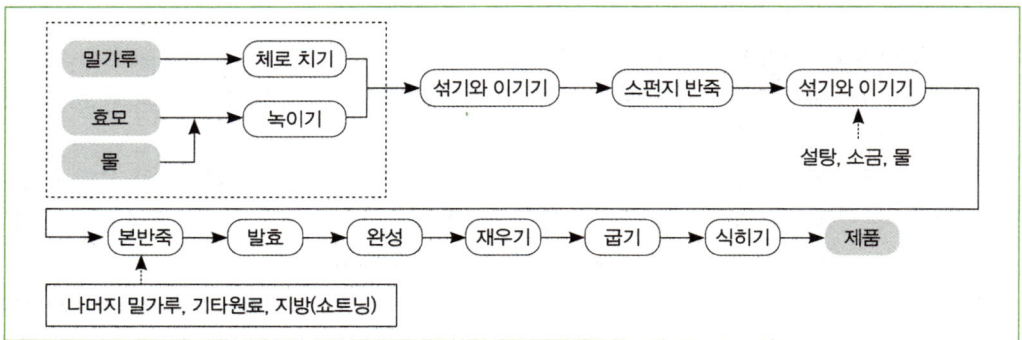

(1) 원료의 전처리 : 직접반죽법에 준하여 전처리를 한다.

(2) 섞기와 이기기

① 스펀지 반죽과 본반죽 2회로 나누어 반죽을 한다.

② 스펀지 반죽은 밀가루 일부와 효모를 물과 함께 섞어 이기며, 이때 표준온도는 24~25℃가 좋다.

③ 발효시간을 4~5시간 정도로 길게 한다. 이것을 믹서에 넣고 나머지 물과 쇼트닝 이외에 원료를 넣은 다음 본반죽용 밀가루의 약 반을 먼저 넣어 섞는다.

④ 스펀지 반죽이 부서지면 나머지 가루를 넣고 저속으로 2~3분, 고속으로 5~7분간 이긴다. 본반죽의 발효온도는 27~28℃이다.

(3) 발효

① 스펀지 반죽 발효는 온도 27℃, 습도 75%의 발효실에서 실시하여 대체로 pH 4.5가 되면 발효가 완성된다.

② 본반죽 발효는 상자에 넣어 깨끗한 천을 덮어 놓아두면 된다.

(4) 완성 : 완성 이후의 공정은 모두 직접법에 준한다.

7 제과

1 의의 : 과자는 설탕 또는 기타의 조미료를 사용하여 기호에 알맞게 일정 모양으로 만든 식품이라고 할 수 있다. 우리나라에서 제조된 과자는 양과자, 한식과자 및 일식과자의 3가지로 크게 분류하고 있다.

① 양과자 : 건과자, 비스킷류, 초콜릿류, 캔디류, 추잉껌류, 생과자

② 한식과자 : 유과, 전과, 다식, 강정

③ 일식과자 : 건과자, 생과자, 당과 및 엿류 기타

④ 과자빵류

2 **비스킷류** : 박력분에 중탄산소다(중조)를 팽창제로써 넣어 부풀린 무발효빵의 일종으로 수분이 적어 단단하고 납작하다.

01 원료

밀가루	• 주로 박력분이며 조단백질 7~8%, 회분 0.4% 정도가 적당하다. • 하드 비스킷은 습부율이 30%, 건부율이 10% 정도, 소프트 비스킷은 습부량이 20~25% 정도가 좋다.
팽창제 (baking powder)	• 탄산염류와 산류 또는 산성염류를 화학당량의 비율로 혼합한 것으로 가열할 때 이산화탄소가 나와 반죽을 부풀게 한다. • 팽창제는 밀가루에 대해 0.5~2.0% 정도 사용한다.

1) **탄산수소나트륨($NaHCO_3$)** : 알칼리성이 강한 탄산나트륨이 생기므로 제품은 황색을 띠고 쓴맛과 알칼리맛 등 특수한 냄새가 나며, 불충분한 혼합은 황색의 반점이 생기므로 주의가 필요하다.

2) **탄산암모니아** : 휘발성이 강하여 밀폐해두지 않으면 저장 중 이산화탄소가 날아간다. 보통 탄산수소나트륨과 같은 양으로 섞어 쓰면 유리하다.

3) **주석산(tartaric acid) 팽창제** : 탄산수소나트륨과 주석산을 섞어 만든 것이다. 반응이 너무 예민해서 미리 섞어 둘 수 없다. 따라서 사용하기 바로 전에 이들을 섞어 반죽한다.

4) **주석산칼륨 팽창제** : 탄산수소나트륨과 주석산칼륨을 섞어 만든 것이다. 반응이 온화하며, 저장 중 변화도 적다. 제품의 색도 하얗고 냄새가 없어 가장 널리 사용된다.

02 비스킷의 분류(원료 배합 및 제법에 따라)

① 하드 비스킷(hard biscuit) : 강력분을 사용하고 설탕과 지방을 적게 넣어 만든 것이다. 단단하고 저장에 잘 견디므로 휴대식량으로 적당하다.

② 소프트 비스킷(soft biscuit) : 박력분을 사용하고 하드 비스킷보다 설탕과 지방을 많이 넣어 만든 것이다. 가볍고 단맛이 강하다.

③ 의장 비스킷(fancy biscuit) : 설탕과 달걀을 많이 넣어 만든 것이다. 질이 연하고 단맛이 강한 고급비스킷이다.

3 **초콜릿류** : 카카오콩을 볶아 껍질을 제거하고 이것을 분말로 하여 코코아버터, 설탕, 우유를 혼합한 것이다.

01 원료

(1) 카카오콩

① 외피(shell), 자엽(nib) 및 씨눈(germ)으로 되어 있는데, 초콜릿은 이 자엽을 이용한다.

② 자엽에는 지방 50~60%, 단백질 10~15% 들어 있으며, 비중 0.058~0.865, 융점 30~34℃, 응고점 21~27℃, 요오드값 34~38이다.

③ 카카오콩을 약 150℃ 정도에서 볶아 외피부와 입부를 분리하는데, 탄닌성분의 변화로 풍미가 향상되고 살균효과도 얻는다.

④ 카카오콩에는 tannin이 들어있는 동시에 theobromine 성분이 많아 초콜릿의 풍미에 크게 영향을 준다.

(2) 설탕 : 수분이 들어있지 않고 순도가 높은 것을 사용한다.

(3) 향료 : 바닐라 향료를 가장 많이 사용한다.

(4) 계면활성제 : 초콜릿 입자의 균일 분산을 위해 레시틴 같은 계면활성제가 사용된다.

02 초콜릿의 종류(배합조성에 따라)

① 비타(vita) 초콜릿 : 카카오 닙(nib)을 부순 카카오 매스를 그대로 미세하게 한 것이다. 주로 고급 피복 초콜릿에 사용한다.

② 스위트 초콜릿 : 카카오 매스에 설탕과 카카오 버터를 배합하여 잘게 부순 것이다.

③ 밀크 초콜릿 : 스위트 초콜릿에 유제품을 배합하여 잘게 부순 것으로 판초콜릿의 대부분이 밀크 초콜릿이다.

4 캔디류 : 캔디는 설탕을 형틀에 넣어서 굳힌 과자를 말한다. 캔디에는 종류가 많다.

① 하드 캔디(hard candy) : 드롭스와 같이 단단하고 흡습성이 적다.

② 추이 캔디(chewy candy) : 입에 넣어 씹는 캔디로 카라멜, 젤리, 잼 등이 있다.

③ 기포 캔디(aerated candy) : tondant, nougat, marshmallow 등과 같이 교반하여 공기가 들어있는 것이다.

5 추잉껌 : 껌은 원래 Sappodilla 나무에서 얻은 chicle gum에 감미료, 향료를 넣어 만들었다.

01 원료

(1) 껌베이스[치클 검(chicle gum)] : 천연 chicle은 gutta와 resins가 주성분이다. gutta의 탄성과 resins의 가소성이 적당히 배합되어 경쾌한 씹는 맛을 준다.

02 추잉껌의 종류

① 추잉껌은 판껌, 풍선껌, 당의껌의 세 가지로 크게 나눈다.

② 향기면으로는 박하계통껌, 과일계통껌, 양주계통껌의 세 가지로 나눈다.

Chapter 02 | 감자류가공

감자류가공은 절간, 서미, 서분 등으로 가공하는 1차 가공과 전분과 같은 1차 가공품을 원료로 포도당, 물엿 가공 등의 2차 가공이 있다.

1 전분 제조

1 의의

① 전분은 식물의 종자, 감자, 고구마, 연뿌리 등에 저장물질로서 존재하며, 이들 식물 세포 중에 입자 모양으로 존재하고 있다. 전분 입자의 크기, 모양 및 구조는 식물 종류에 따라 각각 다르다.

② 전분은 포도당의 결합된 모양에 따라 amylose와 amylopectin의 2가지 성분으로 구분되어 이들 성분비율에 따라 메전분, 찰전분이 결정된다.

③ 메전분을 대체로 20~30%의 amylose와 70~80%의 amylopectin을 함유하고 있고, 찹쌀 전분은 amylopectin만으로 되어 있다.

④ 일반적으로 옥수수, 밀, 쌀 등의 지상전분은 단백질이 전분 입자에 밀착되어 있으므로 전분 입자를 분리하기 어려우나 고구마, 감자 등의 지하전분은 전분 입자가 쉽게 분리되어 전분을 만들기 쉽다.

2 고구마 전분

01 **원료** : 고구마를 마쇄하여 체질·사별한 전분유를 침전·분리하여 물로 여러 번 정제하여 얻는다. 고구마 전분 원료로서 구비 조건은 다음과 같다.

① 전분의 함량이 높고 생고구마의 수확량이 많은 것

② 상처가 없고, 모양이 고른 것

③ 전분 입자가 고른 것

④ 수확 후의 전분의 당화가 적은 것

⑤ 당분, 단백질, 폴리페놀 성분 및 섬유가 적게 들어 있는 것

02 **제조법** : 우리나라는 대부분 탱크침전법이며 근래에 테이블법 및 원심분리법이 이용되고 있다.

(1) 원료의 수세 : 고구마 수세기는 수세효율이 높은 것을 사용하여 흙, 모래 등이 잘 제거되는 것을 선택하여야 한다.

(2) 마쇄

1) 정의

① 고속으로 회전하는 마쇄롤러로 미세하게 마쇄하여 세포막 속의 전분 입자를 노출시킨다. 이 조작은 전분수율에 직접적인 관계가 있는 중요한 공정이다.

② 마쇄능률이 나쁘면 전분박 속으로 나가는 전분의 양이 많아져 전분수율이 떨어지며, 너무 가늘게 마쇄하면 섬유질까지 절단되어 완성체를 통과해 전분에 섞이므로 분리가 안 되어 제품의 품질이 떨어진다.

2) 마쇄 시 석회처리
① 고구마에 들어 있는 펙틴은 사별조작을 방해하고, 전분유의 침전을 느리게 한다. 따라서 마쇄액에 0.5% 석회수를 첨가하여 pH를 5.5~6.5로 조절한다.
② 석회처리 효과
- 석회와 펙틴이 결합하여 펙틴산 칼슘이 되므로 전분미의 사별이 쉬워지고, 전분 입자의 침전 분리가 빨라진다. 그 결과 전분수율이 10~20%로 증가된다.
- 고구마는 마쇄 후 발효변질되어 pH가 4까지 내려가는데, 석회수를 넣어 알칼리성으로 하면 단백질이 응고되지 않아 전분에 섞여 들어가는 것을 막을 수 있다.
- 산성일수록 고구마의 착색물질인 폴리페놀 성분이 전분 입자에 잘 흡착되는데, 알칼리성으로 하면 흡착이 적어져서 백도가 6% 정도 높아진다.

(3) 사별
① 분리된 전분미는 체를 사용하여 전분박을 분리한다. 체는 거친 전분박을 제거하는 거친체와 고운 불순물을 제거하는 완성체로 크게 나누어 진다.
② 전분박 중의 전분값은 보통 50~60%(건물중)이다.

(4) 분리

탱크침전법	• 전분박이 분리된 전분유를 침전탱크에 8~12시간 정치하여 전분을 침전시킨 다음 배수하고 전분을 분리하는 방법이다. 전분유의 pH를 5 이상으로 하면 삽부를 적게 할 수 있다. • 색이 좋아질 때까지 수세 정제한 후 30cm³ 가량의 크기로 절단하여 그늘에서 말려 1번분을 얻는다.
테이블침전법	• 경사진 목재나 콘크리트로 만든 홈통으로 흐르게 하여 흐르는 동안 비중 차이로 전분 입자를 침전시키는 방법이다. • 삽부를 빨리 분리할 수 있고, 어느 정도 미세한 박도 제거할 수 있으므로 효과적으로 정제할 수 있다. • 침전거리가 짧아서 단시간에 침전되고 그 폐액을 연속으로 제거할 수 있는 장점이 있다.
원심분리법	• 연속식 원심분리기를 사용하여 마쇄 전분유에서 전분을 분리하는 방법이다. • 전분을 신속히 분리할 수 있으며 전분 입자와 불순물의 접촉시간이 짧아 분리효율이 가장 우수하다.

(5) 정제
① 1차 탱크에서 분리한 조전분에는 아직 불순물이 들어 있고 색깔도 나쁘므로 다시 물을 넣어 정제해야 한다.
② 용해조에서 전분에 물을 넣어 교반 후 Bé 18° 정도가 되는 전분유를 만들어 2차 침전탱크에

보내어 30~50시간 방치해두면 전분 및 불순물이 비중의 차이에 따라 층이 되어 침전된다.

③ 2차 침전에서는 전분층과 토육층을 완전히 분리하는 것이 중요하다. 이때 pH와 전분농도의 관계가 밀접하며 pH는 4 전후가 가장 좋다.

(6) 건조

① 2차 침전지 또는 테이블에서 걸러낸 전분은 약 45%의 수분을 함유하고 있는데 이것을 생전분이라고 한다.

② 생전분을 그대로 포도당 및 물엿의 원료로 사용하는 경우도 있으나 대부분 수분이 약 18%가 될 때까지 건조시킨다.

3 옥수수 전분

01 원료

① 옥수수 전분 원료로 쓰이는 품종은 마치종이 가장 적합하다.

② 씨눈부에는 전체 기름의 85% 이상 함유되고 단백질도 많이 들어 있다. 각질 전분부는 전분과 단백질이 견고하게 결합되어 있어 전분 분리가 어렵다. 마치종에는 각질 전분부가 많다.

02 제조법 : 옥수수 전분이 다른 전분의 제조와 다른 것은 원료를 아황산용액에 침지하는 것이다. 아황산용액 침지는 옥수수를 연화시켜서 전분과 기타 부분이 잘 분리되게 한다.

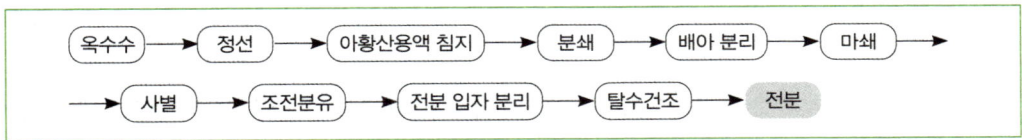

(1) 원료의 침지

① 옥수수 전분 제조에서 가장 중요한 조작이다.

② 아황산액 침지 : 0.2~0.5% 아황산액이 사용되며 옥수수 조직이 팽윤되고 전분과 단백질 결합을 연하게 하여 전분의 분리가 쉬워진다.

③ 옥수수 진한 침지액(corn steep liquor) : 아황산 침지가 끝난 액에는 가용성 물질의 대부분이 용출되어 있고, 젖산이 다량 함유되어 있다. 이때의 용액을 농축하여 얻은 액체를 말한다. 페니실린이나 스트렙토마이신, 글루타민산 등의 발효, 효모 배양 등의 배양으로 이용된다.

(2) 파쇄 및 씨눈 분리

① 아황산액 침지한 옥수수를 파쇄기로 부순다. 너무 곱게 부수면 내부의 씨눈부가 손상되어 불리하다.

② 파쇄된 것을 씨눈분리조에 보내면 그 속에 가용성 물질이 들어 있어 비중이 작은 씨눈은 위에 뜨게 되므로 분리시킬 수 있다.

(3) 마쇄 및 사별 : 씨눈을 분리한 부분은 마쇄기로 잘 마쇄하여 외피로 이루어진 대형박은 제1단 체로 분리하고, 외피에 붙어 있는 전분을 수세하여 제2사(130~150메쉬)를 통과한 전분유와 합한다.

(4) **조전분의 정제** : 조전분은 침전법, 테이블법 및 원심분리법을 이용하여 단백과 전분을 분리한다.

(5) **탈수 및 건조** : 정제한 전분유는 여과기로 탈수하여 건조기로 수분이 13% 정도가 될 때까지 건조한다.

03 **옥수수 전분 제품** : 옥수수 전분은 건조 조건에 따라 다른 제품이 생산된다.

① 펄전분(pearl starch) : 77℃ 정도의 온도에서 약 20시간 건조한 것이다.

② 결정전분(crystal starch) : 생전분을 1주간 계속 건조한 후 분쇄하여 만든 전분이다.

③ 가루전분(powdered starch) : 펄전분을 분쇄·사별한 전분이다.

④ 럼프전분(lump starch) : 가루전분을 증기와 고압으로 처리하여 얻은 전분이다.

2 전분가공

1 의의 : 전분은 직접 이용하는 외에 α화 전분, 산화전분, 덱스트린 등의 화공전분으로 이용하는 가공 이용방식과 물엿, 포도당을 만드는 가수분해 가공이용방식이 있다.

전분을 가수분해하면 포도당과 각종 중간분해물의 혼합물이 생성되는데 전분을 가수분해하여 얻은 당류를 총칭하여 전분당(starch sugar)이라 한다.

2 전분당

전분당은 분류하면 물엿과 포도당으로 나눌 수 있다. 엿에는 전분을 산으로 당화한 산당화엿과 전분을 맥아로 당화한 맥아엿 두 가지가 있다. 산당화엿의 주성분은 덱스트린과 포도당이고 맥아엿의 주성분은 덱스트린과 엿당이다.

이들은 가수분해 정도에 따라 제품의 성질이 달라지는데, 이들 비율을 당화율(DE, dextrose equivalent)이라 하며, 다음과 같이 표시한다.

$$DE = \frac{직접환원당(포도당으로\ 표시)}{고형분} \times 100$$

전분의 분해도(DE)가 높아지면 포도당이 증가되어 단맛과 결정성이 증가되는 반면, 덱스트린은 감소되어 평균분자량이 적어져 흡수성 및 점도가 떨어진다. 평균분자량이 적어지면 빙점은 낮아지고, 삼투압 및 방부효과는 커지는 경향이 있다.

3 포도당

01 **산당화포도당**

① 전분에 묽은 산과 함께 가열하면 쉽게 가수분해된다. 수소이온농도나 반응온도가 높을수록 가수분해가 빠르게 일어난다.

② 100g의 무수전분을 산가수분해하면 111g의 무수 D-glucose를 얻을 수 있다.

$$(C_6H_{12}O_6)(C_8H_{10}O_5)x + H_2O \rightarrow (1+x)(C_6H_{12}O_6)$$

③ 원료

원료 전분	감자 전분도 사용할 수 있으나 값이 싼 고구마 전분이 주로 쓰인다.
당화제	염산, 황산, 옥살산(수산)이 사용된다.
중화제	염산당화의 경우는 탄산나트륨·황산, 옥살산당화에서는 탄산칼슘이 사용된다.
탈색제	골탄 및 활성탄을 사용한다.

02 효소당화포도당 : 전분의 글루코시드 결합은 효소작용으로 쉽게 분해된다. 전분의 $\alpha-1,4$ glucoside 결합을 끊는 효소, 즉 α, β-amylase가 이용된다.

(1) 산당화법과 비교했을 때의 특징

① 당화액 중의 포도당의 순도가 높다.　② 당화액이 쓴맛을 갖지 않는다.

③ 당화액 전부를 제품으로 할 수 있다.　④ 결정포도당의 수량이 많다.

⑤ 높은 농도로 사입할 수 있다.

(2) 효소

1) 액화효소 : 전분의 $\alpha-1,4$ glucoside 결합을 마구잡이로 끊는 액화효소(α-amylase)는 비교적 내열성이나 두 가지가 있다.

① 곰팡이 액화효소 : 적용온도가 비교적 저온(60℃ 부근)이다. *Aspergillus oryzae*, *Aspergillus niger*, *Aspergillus awamori* 등이 생산한다.

② 세균 액화효소 : 적용온도가 85~90℃이다. *Bacillus subtilis*, *Bacillus mesentericus*, *Bacillus syearothermophillus* 등이 생산한다.

2) 당화효소 : 전분에서 직접 포도당만을 분리해내는 당화효소는 glucoamylase이다. 전분 분자의 비환원성 말단에서 포도당 단위로 끊어 $\alpha-1,6$ 결합 부분까지 절단하여 전분을 완전히 분해한다.

① 당화효소 생산균주로 *Rhizopus delemar*(100% 분해), *Aspergillus niger*(80~90% 분해)가 쓰인다.

03 산화당화법과 효소당화법의 비교

구분	산당화법	효소당화법
원료 전분	정제를 완전히 해야 한다.	정제할 필요가 없다.
당화전분농도	약 25%	50%
분해 한도	약 90%	97% 이상
당화 시간	약 60분	48시간
당화의 설비	내산·내압의 재료를 써야 한다.	내산·내압의 재료를 쓸 필요가 없다.
당화액의 상태	쓴맛이 강하며, 착색물이 많이 생긴다.	쓴맛이 없고, 이상한 생성물이 생기지 않는다.

구분		산당화법	효소당화법
당화액의 정제		활성탄 0.2~0.3%	0.2~0.5%(효소와 순도에 따른다)
		이온교환수지	조금 많이 필요하다.
관리		분해율을 일정하게 관리하기가 어렵고 중화가 필요하다.	보온(55℃)만 하면 되고, 중화할 필요가 없다.
수율		결정포도당은 약 70%, 분말액은 먹을 수 없다.	결정포도당으로 80% 이상, 분말포도당으로 하면 100%, 분말액은 먹을 수 있다.
가격		－	산당화법에 비하여 생산비가 적다.

4 맥아엿(물엿) : 맥아엿은 전분을 가수분해하여 포도당을 만드는 과정에서 당화를 중지시킨 후 덱스트린과 당분을 일정비율로 함유하여 단맛과 점조도를 알맞게 한 제품이다. 산을 사용하여 당화시키는 산당화엿과 엿기름(맥아)으로 당화시켜 만드는 엿기름엿이 있다.

01 산당화엿 : 산당화포도당 제조법에서 당화점을 달리하는 것과 정제농축 이후의 결정조작이 생략되는 것 이외는 크게 다를 바 없다.

02 엿기름엿(malt syrup) : 곡물을 물에 침지하고 찌거나 또는 전분을 호화시킨 다음 여기에 엿기름의 아밀라아제를 가하여 당화시켜 만든 것이다.

(1) 원료

1) 곡물 및 전분 : 비교적 우수한 제품을 얻기 위해 찹쌀, 차조를 사용하고 질이 비교적 나쁜엿을 목적으로 할 때는 감자류를 사용하여 왔다. 최근에는 곡물 이외에 각종 전분을 많이 사용한다.

2) 엿기름(맥아) : 당화력이 강한 생엿기름, 즉 녹엿기름을 분쇄하여 껍질을 벗겨서 사용한다.

① 맥아용 보리 : 발아율이 높으며 보리알의 모양이 고르고 색깔, 향기가 좋으며 발아에 의하여 강한 β-아밀라아제를 생성할 수 있는 것이 좋다. 일반적으로 이조대맥보다 육조대맥이 좋다.

② 맥아는 보리의 싹을 길러 만드는데 장맥아(보리 길이의 1.5~2배)가 엿 제조에 쓰이며, 발아 온도는 14~18℃가 좋다.

③ 생맥아는 당화력이 강하고, 건맥아는 저장력이 좋다.

④ 엿기름은 발아상자에서 여름철은 10~13cm, 겨울철은 15~20cm 두께로 쌓아 발아시킨다.

(2) 제조법(맥아엿 제조공정)

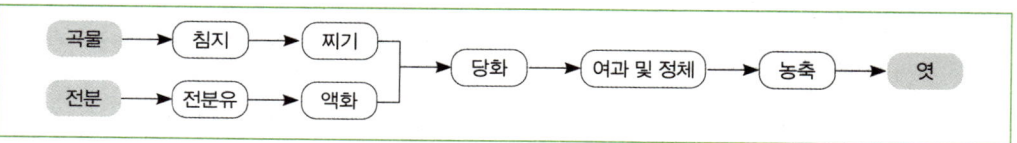

Chapter 03 | 두류가공

1 서론

① 콩은 여러 가지 영양소를 가지는 이상적인 식품이지만 조직이 단단하여 콩을 그대로 삶거나 볶아서 먹으면 소화와 흡수가 잘 안 된다. 따라서 가공을 하여 소화율과 영양가를 높여서 먹는 것이 좋다.

② 콩의 가공품 중 중요한 것은 간장, 된장, 두부, 납두, 콩나물 등이다. 콩 및 콩제품의 소화율은 간장(98%), 두부(95%), 된장(85%), 납두(85%), 콩나물(55%) 순이다.

2 콩 단백질

1 특성

① 콩 단백질은 물로 추출하면 그 90%가 녹아 나오고 그 중의 80% 이상이 글로불린(globulin)에 속하는 glycinin(-)이다.

② 용출도는 pH 또는 염류의 종류와 농도에 따라 크게 달라진다. pH를 높게 하면 물보다 추출률이 약간 높아진다. pH 4.3 근처일 때 추출률이 가장 낮아지고 그것보다 더 산성일 때 추출률이 다시 높아진다. 중성염을 사용했을 때 어느 농도까지는 추출이 점차 낮아지는데 염류 용액은 농도가 높아지면 다시 추출률이 높아진다.

③ 콩 단백질은 열변성을 잘 일으키므로 탈지할 때 끓는점이 높은 용제를 사용하면 단백질이 변성하여 단백질의 용해도가 낮아진다. 끓는점이 낮은 n-hexane 등을 사용하면 변성이 덜되어 단백질의 용해도가 비교적 높아진다.

2 콩의 영양을 저해하는 인자

① trypsin inhibitor : 단백질 분해효소인 트립신의 작용을 억제하는 물질, 성장저해

② hemagglutinin : 혈구응집성 독소이며 유해단백질

③ phytate : Ca, P, Mg, Fe, Zn 등과 불용성 복합체를 형성하여 무기물의 흡수를 저해시키는 작용을 하는 물질

④ raffinose, stachyose : 우리 몸속에 분해효소가 없어 소화되지 않고, 대장 내의 혐기성 세균에 의해 분해되어 N_2, CO_2, H_2, CH_4 등의 가스를 발생시키는 장내 가스인자

3 콩비린냄새의 원인물질

① alcohols, aldehydes, ketones, phenols 등이다.

② 다른 물질과 전구물질의 형태로 결합되어 있다가 유리되거나 lipoxygenase에 의한 지방의 분해로 생성된다.

3 두부류

1 제조원리 : 두부는 콩 단백질인 glycinin을 70℃ 이상으로 가열하고 $MgCl_2$, $CaCl_2$, $CaSO_4$ 등의 응고제를 첨가하면 glycinin(음이온)은 Mg^{++}, Ca^{++} 등의 금속이온에 의해 변성(열, 염류), 응고하여 침전된다.

2 종류

① 생두부 : 보통두부, 전두부, 포장두부 등
② 두부의 가공품 : 얼림(언)두부, 기름튀김두부 등

3 원료

01 콩

콩	• 콩의 화학성분 중 지방과 단백질은 두유 및 두부에 잘 옮겨지고 탄수화물 중 섬유는 대두박에 남고 당질은 응고공정 중 압착액으로 나간다. • 단백질과 지방 함량이 높은 것이 두부 원료로 좋으며, 특히 단백질이 많은 것이 가장 적당하다.
탈지콩	• 가열 압착으로 탈지한 콩, 헥산(hexane) 등의 용제를 사용한 탈지콩을 원료로 사용한다.

02 두부응고제

간수	염화마그네슘($MgCl_2$)을 주성분으로 하며, 응고반응이 빠르고 압착 시 물이 잘 빠진다.
황산칼슘 ($CaSO_4$)	응고반응이 염화물에 비하여 대단히 느려 보수성과 탄력성이 우수하며, 수율이 높은 두부를 얻을 수 있다.
염화칼슘 ($CaCl_2$)	칼슘분을 첨가하여 영양가치가 높은 것을 얻기 위하여 사용하는 것으로, 응고시간이 빠르고 보존성이 좋으나, 수율이 낮고 두부가 거칠고 견고하다.
글루코노델타락톤 (glucono-δ-lactone)	물에 잘 녹으며 수용액을 가열하면 락톤이 끊어져 글루콘산(gluconic acid)이 된다. 사용이 편리하고, 응고력이 우수하고 수율이 높지만 신맛이 약간 있고, 조직이 대단히 연하고 표면을 매끄럽게 한다.

03 소포제 : silicon, monoglyceride가 사용된다.

4 두부의 제조법

01 보통두부의 제조공정

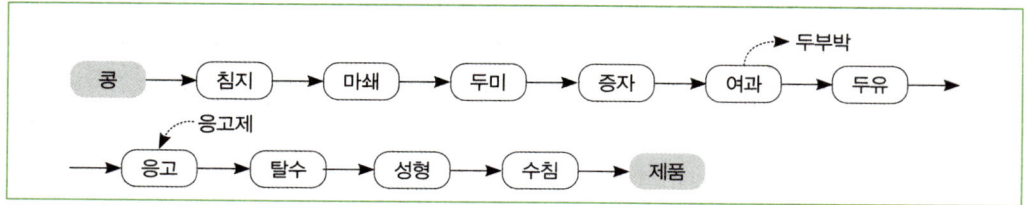

(1) **침지** : 콩은 철분이 없는 물로 여름에는 5~6시간, 봄·가을에는 12시간, 겨울에는 24시간 수 침하면 부피가 원료 콩의 2.3~2.3배 정도가 된다.

(2) **마쇄** : 수침한 콩을 건져낸 다음 원료 콩의 약 2배의 물을 조금씩 가하면서 마쇄하여 죽모양 의 두미를 만든다. 지나치게 마쇄하면 여과할 때 불용성 고운가루가 여과포를 빠져나가므로 좋지 않다.

(3) **두미의 증자** : 증자솥에 원료 콩의 2~3배의 물을 끓여 두었다가 이것에 두미를 넣어 다시 가 열하여 10~15분 정도 끓인다. 마지막에 생콩 무게의 약 10배가 되는 물이 들어간 상태로 하 는 것이 이상적이다.

※ **원료 콩에 대한 가수량(두미 제조 시)**

• 보통두부 : 콩의 10배	• 전두부 : 5~5.5배
• 자루두부 : 5배	• 언두부 : 15배

(4) **압착여과** : 증자한 두미는 압착기로 압착여과 한다. 두유의 양은 콩 10kg에 대하여 90~100kg 정도이다.

(5) **응고** : 두유의 응고온도는 70~80℃가 적당하며, 응고적온이 되면 간수 또는 응고제를 가하 여 응고시킨다. 응고시간은 15분이 좋다. 응고제 첨가량은 두유에 대하여 염화마그네슘은 0.25~0.35%, 황산칼슘은 0.3~0.4%, 글루코노−δ−락톤은 0.2~0.3% 첨가한다.

(6) **탈수 및 성형** : 완전히 응고되면 응고물이 식기 전에 보자기를 깐 두부상자에 넣는다. 보자기 를 사방으로 덮고 누름돌을 누른다. 15~20분이 지나면 완전히 응고되고 탈수되어 성형된다.

(7) **절단 및 물에 담그기** : 응고된 두부를 꺼내어 칼로 일정한 크기로 자른 다음 물 속에 3시간 정 도 담가서 간수를 빼는 동시에 모양이 허물어지는 것을 막는다.

02 전두부의 제조공정

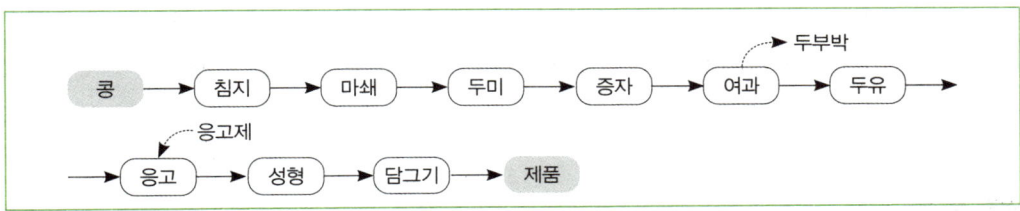

① 두유 전부가 응고되게 상당히 진한 두유를 만들어 응고시켜 탈수하지 않은 채 구멍이 없는 두부상자에 넣어 성형시킨다. 전두부는 콩의 영양소를 모두 보유하고 외관이 매끈하다.

② 전두부에서 두유를 만들 때 원료 콩에 가하는 물의 양은 5~5.5배로 하고 응고온도는 70℃, 응고제량은 두유 1kg당 5~6g 정도가 좋다.

03 포장두부의 제조공정

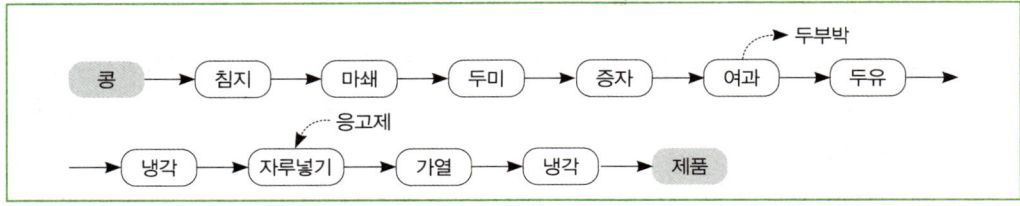

① 전두부와 같이 진한 두유를 만들어 일정한 포장용기에 넣어 가열, 응고시킨 것이다.

② 먼저 전두부를 만들 때와 같은 방법으로 5배 정도의 물을 넣어 진한 두유를 만들어 20~30℃로 식혀서 응고제를 섞어 용기에 넣는다. 용기 뚜껑을 닫고 밀봉하여 95℃의 열탕에서 약 30분간 가열하면 응고되어 포장두부가 된다.

04 동결두부의 제조공정

① 생두부를 얇게 썰어 얼린 다음 말린 해면상의 두부 가공품이다. 수분이 10% 내외이며 수송이 편리하고 풍미와 저장성이 좋고, 단백질 및 지방이 풍부한 식품이다.

② 제조방법은 보통두부의 경우와 대체로 같다.

③ 동결은 자연동결(-5~-2℃, 12시간)이나 인공동결(-10℃, 6시간 혹은 -18℃, 3시간)을 실시한다.

05 튀김두부의 제조공정

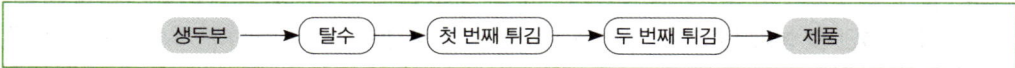

① 얇게 썬 두부에서 어느 정도 수분을 제거하여 기름에 튀긴 두부이다.

② 탈수하여 단단하게 만든 두부는 유채유 또는 땅콩기름을 사용하여 2단계로 튀긴다. 먼저 110~120℃에서 튀겨 잘 편 다음 다시 180~200℃의 온도로 튀긴다.

③ 튀김두부는 수분이 적고 기름이 덮여 있어 생두부보다 수송이 편리하고 보존성이 높지만 장시간 보존은 어렵다.

4 장류

1 의의

장류식품은 대표적인 우리의 전통식품으로 일상 식생활에 필수조미료로서 단백질 공급원으로도 기여하여 왔다.

된장, 간장, 청국장과 같은 장류식품은 콩을 주원료로 하여 발효시킨 제품이고, 누룩(koji)은 콩, 곡류 또는 밀가루, 감자 등의 전분질에 황국균(*Aspergillus*)을 번식시켜 제조한다.

② 원료

① 된장은 쌀 또는 보리 등의 전분질 원료와 콩과 소금을 주원료로 한다.
② 간장은 콩, 밀, 소금을 주원료로 하여 발효시켜 만든다.
③ 고추장은 쌀, 밀가루, 보리 등의 전분질 원료와 콩, 소금, 고춧가루 등을 사용하여 만든다.
④ 청국장은 콩, 소금 및 그 밖의 향신료를 원료로 사용하고 있다.

③ 코지

① 된장, 간장은 물론 감주, 청주, 소주 등의 발효식품을 만들 때는 먼저 처리된 원료로 코지(koji)를 만든다.
② 코지는 쌀, 보리 등의 곡류 및 두류에 코지균(*Aspergillus*)을 번식시킨 것을 말한다.

01 원료와 용도에 따라 분류

원료에 의한 분류	• 쌀코지, 보리코지, 밀코지, 콩코지 등
용도에 의한 분류	• 조미료 관계 코지 : 간장코지, 된장코지 등 • 주정 관계 코지 : 청주코지, 알코올코지, 소주코지 등 • 감미료 기타 코지 : 감주코지, 제빵용코지 등

02 코지의 제조원리

① 코지균(*Aspergillus*균)은 호기성이므로 발육할 때 산소를 필요로 하고 이산화탄소를 내는 호흡작용을 하는 동시에 열과 수증기를 발생시킨다.
② 코지균은 단백질 분해력이 강한 곰팡이인 *Aspergillus oryzae*와 *Asp. soja*로서 순수하게 분리하여 종국을 만들고, 이를 쌀 또는 보리 등의 코지 원료에 번식시켜 코지를 만든다.
③ 코지를 만들면 코지균이 생성하는 amylase 및 protease 등 여러 가지 효소를 이용하여 전분 또는 단백질을 분해하는 것이 제국의 목적이다.

④ 된장

01 된장의 정의

① 찐콩과 코지를 1:1로 섞어 물과 소금을 넣고 30℃ 내외로 일정기간 발효시킨 제품이다.
② 된장은 사용하는 원료에 따라 쌀된장, 보리된장, 콩된장으로 분류한다.

쌀된장	찐쌀로 쌀코지를 만들어 이것에 찐콩과 소금을 섞어 발효시켜 만든다.
보리된장	찐보리쌀로 보리코지를 만들어 이것에 찐콩과 소금을 섞어 발효시켜 만든다.
콩된장	찐콩으로 콩코지를 만들어 이것에 소금을 섞어 발효시켜 만든다.

③ 재래식 된장은 간장을 뜨고 난 찌꺼기에 소금을 넣어 만들기 때문에 개량식 된장에 비해 품질이 낮고 영양분이 적어 좋지 않다.

02 된장의 제조공정

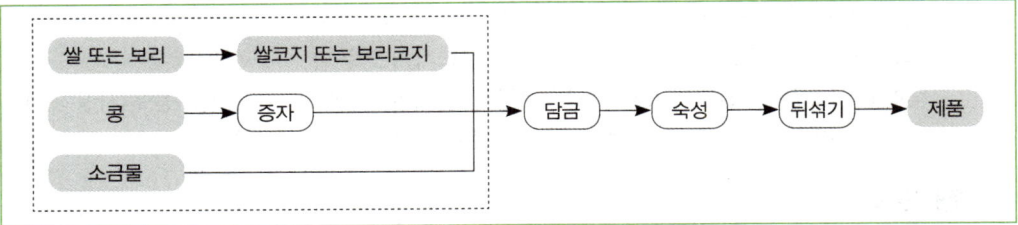

(1) 담금

① 쌀코지 또는 보리코지, 찐콩, 그리고 소금으로 담는다. 이들의 배합비율은 된장맛과 숙성기간 등과 큰 관계가 있다.
② 쌀 또는 보리쌀의 배합량이 많으면 숙성이 빠르고 단맛이 강하다.
③ 콩의 배합량이 많아 단백질이 많으면 분해되어 펩타이드 또는 아미노산이 생기므로 구수한 맛이 더해진다.
④ 콩이 많거나 코지가 적으면 효소작용이 약해 숙성이 늦어진다.
⑤ 소금의 배합량이 많으면 저장성은 높아지나 숙성이 늦어진다.

(2) 담기

① 찐콩을 30~35℃로 냉각시킨 후 가염코지를 가하여 섞고 콩 10L당 2L 정도의 소금물을 가하면서 절구로 부순다.
② 용기에 틈이 생기지 않게 단단히 채우고 곰팡이가 생기거나 표면이 마르는 것을 방지하기 위해 소금을 뿌리고 비닐로 싸서 뚜껑을 덮어 그 위에 누름돌을 얹어 둔다.

(3) 숙성 : 담금이 끝난 된장덧은 담아두는 동안 숙성된다.

(4) 뒤섞기

① 숙성 중에는 발효를 촉진시키는 동시에 고르게 숙성시키기 위하여 뒤섞기를 한다. 새로운 공기의 접촉에 의해 숙성이 촉진된다.
② 용기 속의 위, 중간, 아래층의 된장덧을 잘 섞는 조작이다.

5 간장

01 간장의 정의

재래식 간장	• 가을에 콩으로 메주를 만들어 온돌방에서 띄운 다음, 햇볕에 말려서 간장을 담근다. • 유용한 누룩곰팡이보다 잡균에 많이 오염되므로 질이 좋지 않다.
개량식 간장	• 콩과 밀로 간장코지를 만들어 소금물에 담가서 발효시켜 제조한다. 이 코지가 찐콩에 특유한 풍미를 갖게 하고 균의 부착력을 향상시키기 위해 볶은 밀가루와 코지균을 섞은 후 배양한다. • 이 코지간장은 재래식보다 잡균 번식이 적고 맛과 향기가 좋다.
아미노산 간장	• 단백질 원료를 염산으로 가수분해하여 가성소다나 탄산소다로 중화시켜 제조한 간장으로 화학간장 또는 산분해간장이라 한다. • 풍미가 양조간장에 비해 떨어지는 것이 단점이다.

02 개량식 간장의 제조공정

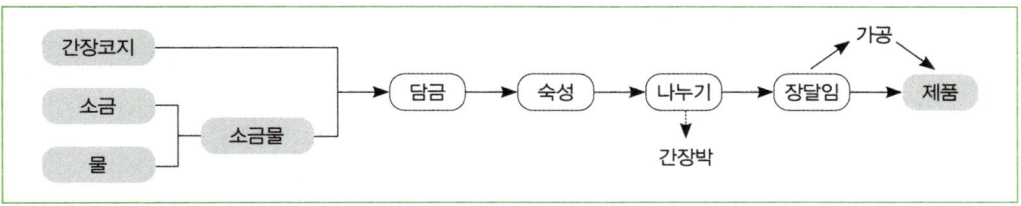

(1) 담금
① 원료 콩, 밀, 소금, 물의 배합비를 결정하는 것이 중요하다.
   - 진간장의 배합비(코지 : 물 : 소금)는 1 : 4 : 1
   - 보통간장의 배합비(코지 : 물 : 소금)는 1 : 7 : 1.8
② 콩을 너무 많이 사용하면 감칠맛이 강하여 풍미가 진하다.
③ 밀을 많이 사용하면 발효가 잘 일어나서 단맛과 특유한 향기가 높아지나 감칠맛이 적어져서 풍미가 덜하다.
④ 소금물 농도가 높으면 간장덧의 발효가 억제되어 질소 성분의 용해가 좋지 않다. 반대로 낮으면 발효가 잘 일어나 성분 분해가 잘 되나 신맛이 높아진다.

(2) 간장덧의 관리
① 담근 간장덧은 보통 1~2개월 숙성시키나 품질이 좋은 완전한 간장을 얻으려면 6개월 이상 1년간 발효시킨다.
② 관리로서 가장 중요한 것은 교반이다. 밑바닥이 닿도록 아래 위로 세게 교반한다. 교반은 겨울에는 3일에 1회, 봄·가을에는 하루에 1회, 여름에는 하루에 1~2회 한다.

(3) 숙성 : 코지 중의 효소는 물론 간장덧 중의 효모 및 세균이 분비하는 효소들이 원료 코지의 성분에 작용하여 분해·발효 및 기타 복잡한 변화를 거쳐 숙성된다.

(4) 나누기
① 간장덧이 숙성되면 간장액과 간장박으로 나눈다. 보통 6개월 이상 숙성시키지만 품질이 좋은 것은 1년 이상 숙성시킨다.
② 숙성된 간장덧을 삼자루 등에 넣어 압착기로 압착하여 분리하며 분리한 그대로의 간장을 생간장이라 한다.
③ 간장박은 재래식 된장의 원료나 사료로 쓰인다.

(5) 장달임 : 80℃에서 30분간 달인다. 달이는 목적은 미생물 살균 및 효소 파괴, 향미 부여, 갈색 향상, 청징(단백질 응고, 앙금 제거) 등이다.

6 고추장

01 고추장의 정의
① 고추장은 우리나라 고유한 조미료로서 된장에 고춧가루를 섞어 만든다. 된장보다 단맛이 있고 구수한맛, 짠맛 및 매운맛이 조화된 것이다.

② 전분질 원료에 따라 쌀고추장, 보리고추장, 밀가루고추장, 그밖의 고추장으로 나눌 수 있다.

02 고추장의 제조공정

고추장은 전분질 원료를 가열·호화시킨 것을 코지로 소화시켜 당화 및 단백질을 분해하게 한 다음 조미료 및 향신료를 배합하여 숙성시킨다.

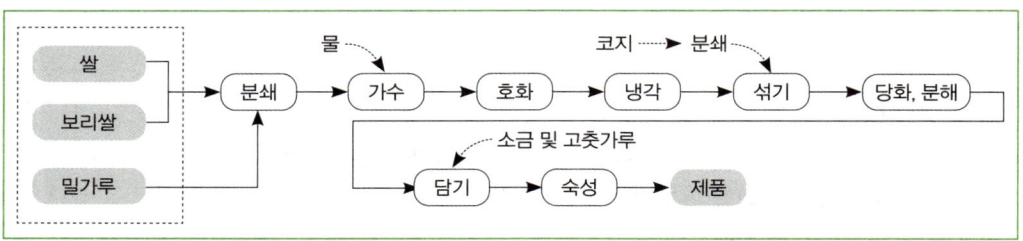

(1) 원료의 처리

전분질 원료	멥쌀이나 찹쌀 모두 5시간 정도 물에 담갔다가 뺀다. 보리쌀이나 시판품 밀가루는 그대로 쓸 수 있다. 담갔던 쌀이나 보리쌀은 분쇄기로 곱게 분쇄한다.
코지	아밀라아제와 프로테아제가 강한 것이 좋으므로 간장코지가 좋다. 코지는 곱게 분쇄하여 가루로 만들어 사용한다.
고춧가루 및 소금	고춧가루는 잘 정선된 고추를 빻은 것을 사용하고 소금은 불순물이 없는 고급품을 사용한다.

(2) 가수 : 쌀가루는 약 2~3배, 보리쌀가루·밀가루는 약 3~4배의 물을 넣어 잘 섞어서 덩어리가 없도록 한다.

(3) 호화

① 물을 섞은 가루액을 솥 등의 가열용기에 넣어 계속 교반하면서 가열한다.
② 가열을 계속하면 점도가 높아져 뻑뻑해지므로 계속 젓지 않으면 밑부분이 눋거나 덩어리가 생겨 고르게 호화되지 않는다.

(4) 냉각 및 섞기

① 완전히 호화가 되면 가열을 중지하여 약 75℃ 정도로 식었을 때 간장코지가루를 섞는다.
② 코지가루 사용량은 전분질 원료의 30~40%를 표준으로 한다.

(5) 소화

① 코지가루 섞은 것은 60℃로 3~5시간 계속 유지하여 소화시켜서 당화와 단백질 분해를 일으킨다.
② 품온이 너무 떨어지면 젖산균이 번식하여 시어질 수 있다.
③ 당화종점은 당화 도중 맛을 보아 단맛과 구수한 맛이 다같이 알맞을 때이다.

(6) 담기

① 당화가 끝나면 고춧가루와 소금을 넣어 잘 교반하여 독 등의 용기에 넣는다.
② 고춧가루 및 소금의 배합량은 다같이 전분질 원료의 20~30% 정도이다.

(7) 숙성

① 고추장을 담가 25℃ 이하의 저온에 놓아두어 숙성시킨다.

② 숙성기간은 대체로 1개월이 지나면 먹을 수 있다.

(8) 제품 : 신맛이 나지 않는 것이어야 하며 단맛, 구수한맛, 짠맛, 매운맛이 잘 조화된 것이 좋다.

Chapter 04 | 과채류가공

1 서론

① 과실, 채소는 90% 내외의 수분을 함유하고 있으며, 영양상 에너지원이나 단백질원으로는 중요하지 않으나 여러 가지 비타민류 및 무기질의 공급원으로서 대단히 중요하며 특수한 색소, 향기 및 맛 성분을 가지고 있다.

② 이들 식품은 신선한 상태로 식용하는 것이 가장 합리적이나 농산물의 특징으로서 생산시기가 제한되어 있고 저장성이 떨어지기 때문에 적절한 저장과 가공이 수반되어야 한다.

2 과일 및 채소류의 특성

1 과일의 특성

① 일반적으로 수분을 많이 함유하고 있어 저장성이 낮다.

② 포도당, 과당, 자당 등의 당분 및 만니톨(mannitol) 등의 당알코올과 사과산, 주석산, 구연산 등의 유기산을 비교적 많이 함유하여 조화된 상쾌한 맛을 준다.

③ 저급지방산의 에틸, 아밀 또는 부틸, 에스테르 등의 방향성분인 에스테르류를 비교적 많이 함유하고 있어 향기가 좋다.

④ 잘 익은 과실에는 안토시아닌(anthocyanin)계 색소, 카로티노이드(carotenoid)계 색소, 플라보노이드(flavonoid)계 색소를 함유하여 색깔이 아름다워 기호성을 돋운다.

⑤ 비타민 C, 카로틴(carotene), 비타민 B_1, B_2 등의 비타민류 및 무기염류를 비교적 많이 함유하여 영양적인 면에서 매우 중요하다.

⑥ 과일에 따라서는 펙틴(pectin)이 많이 들어있어 매끈한 촉감을 가질 뿐 아니라 잼 및 젤리로 가공할 수 있다.

⑦ 비교적 적게 들어있는 단백질은 과즙 중에 녹아 과일주스, 잼, 젤리 등으로 가공했을 때 제품을 흐리게 하지만, 끓이면 응고되어 표면에 쉽게 떠올라 이것을 제거할 수 있다.

⑧ 탄닌(tannin)이 들어 있는 과일에는 제품의 색을 나쁘게 하는 경우가 있다.

2 채소의 특성

① 채소류의 특징은 과일과 유사하나 무기질 중 특히 Ca이 많아 식물의 산성을 중화하는 점 등은 과일보다 유리한 점이다.
② 색소류는 과일과 거의 같으나 특히 엽록소 함량이 많은 점이 과실과 다르다.

3 과일 및 채소의 통조림·병조림

1 의의 : 식품을 함석용기나 유리병 속에 식물을 넣고 탈기, 밀봉한 후 가열·살균한 후 냉각하여 식품 속에 미생물을 사멸시키고 함유된 효소들을 불활성화시킴으로써 음식물을 안전하게 저장하는 수단이다.

2 통조림·병조림 제조의 일반적인 공정

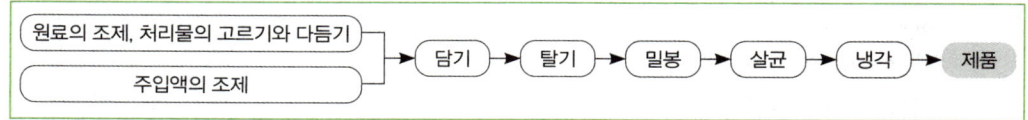

3 각종 과일 및 채소의 통조림 제조법

01 복숭아 통조림의 제조공정

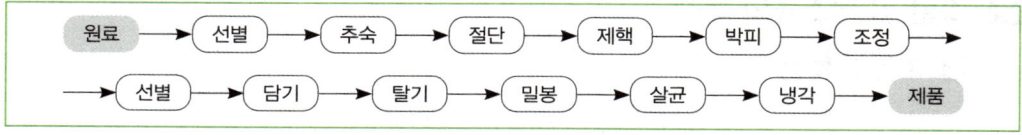

(1) 원료 및 원료처리

① 백도는 완숙되기 4일 전에 수확하는 것이 적당하고, 관도종은 1~2일 전에 채취하여 약간 추숙시킨다. 제핵기로 핵을 제거한다.
② 핵 주위의 안토시안 색소에 의한 적색 부분도 제거한다. 제핵 후 산화되는 것을 방지하기 위해 찬물이나 3%의 소금물에 담가둔다.
③ 열탕 박피는 끓는 물에 1분 내외, 증기이면 5~8분, 알칼리 박피는 1~2%의 끓는 NaOH액에서 30~60초 처리, 0.2% 구연산, 염산액으로 중화한다.

(2) 선별 및 담기

① 규정된 최소고형분량보다 5~10% 더 많이 담는다. 당액은 개관했을 때 18% 이상 되게 주입한다.
② 신맛이 적은 것은 당액의 0.1~0.2% 정도 시트르산을 첨가하면 풍미가 좋아지는 동시에 살균도 잘 된다.

(3) 탈기, 밀봉, 살균 및 냉각

02 배 통조림의 제조공정

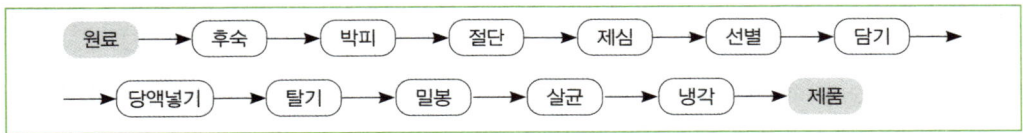

원료 → 후숙 → 박피 → 절단 → 제심 → 선별 → 담기 →
→ 당액넣기 → 탈기 → 밀봉 → 살균 → 냉각 → 제품

(1) 원료 및 원료처리

① 통조림용은 육질이 치밀하고 섬유가 적고 순백색을 띠며 향기가 높은 서양배가 좋다.
② 육질이 단단하고 껍질이 녹색을 띠는 적기에 수확하여 21~24℃의 저장실에서 5~10일간 추숙시켜 과피가 녹색에서 담황색으로 변하고 탄력을 띠며 방향이 생긴 것을 선별 사용한다.
③ 껍질을 벗기고 과심을 제거한 다음 산화·변색을 방지하기 위해 2~3% 소금물에 담아둔다.

(2) 선별 및 담기

① 규정량보다 10~15% 더 많이 담고, 당액은 개관했을 때 19% 이상 되게 주입한다.
② 많은 경우에 과육이 통 위로 올라오나 탈기하면 밑으로 내려간다.

(3) 탈기, 밀봉, 살균 및 냉각

03 사과 통조림의 제조공정

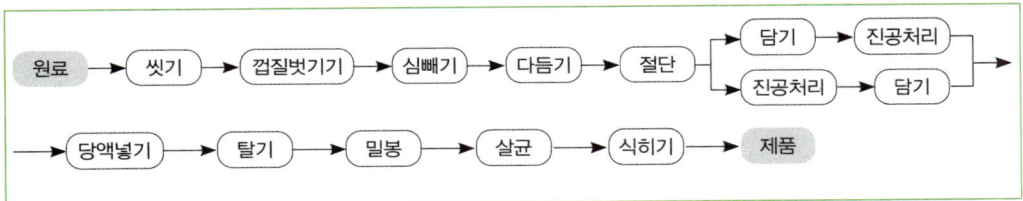

원료 → 씻기 → 껍질벗기기 → 심빼기 → 다듬기 → 절단 → {담기 → 진공처리 / 진공처리 → 담기} →
→ 당액넣기 → 탈기 → 밀봉 → 살균 → 식히기 → 제품

(1) 원료 및 원료처리

① 완전히 익어 향기가 좋으며, 흰색을 띠고 치밀하며 약간 단단하고 신맛이 있는 것이 좋다. 홍옥이 가장 좋고, 다음은 골든딜리셔스, 국광 순이다.
② 모양이 좋지 못한 것과 상처를 입은 과일은 제거한다.
③ 1% 염산용액에 침지한 후 물로 씻어 농약을 완전히 제거한 다음 박피하여 네 쪽 또는 여섯 쪽으로 절단하여 심을 빼낸다.

(2) 담기 및 진공처리

① 제품의 고형량은 담는 양보다 약 40% 많아지므로 처음에 이 양을 감안하여 담아야 한다.
② 과육 속에는 공기가 많이 들어 있으므로 당액이 잘 침투하지 않아 열전달이 나쁘고, 수소팽창을 일으키기 쉬우므로 진공처리를 하여 공기를 제거하여야 한다.
③ 감압의 정도는 5분 이내에 635mm(25in) 이상 되게 한다. 진공처리 시간은 과일의 상태, 감압속도 등에 따라 다르나 파인스타일은 10~20분, 네 쪽 절편은 15~40분 정도이다.

(3) 탈기 및 살균

① 진공시머를 사용하여 가급적 높은 진공상태로 시밍하여 밀봉한다. 밀봉 후의 가열은 가급적 짧은 시간이 좋다.
② 가열할 때 통을 세우면 과육이 떠올라 열전달이 잘 되지 않으므로 통을 옆으로 눕혀서 동요회전시키면 좋다. 이와 같이 살균할 때 603-2호관이면 98℃에서 30분, 301-1호관이면 82.2~85℃에서 15~30분이 적당하다.

04 감귤 통조림의 제조공정

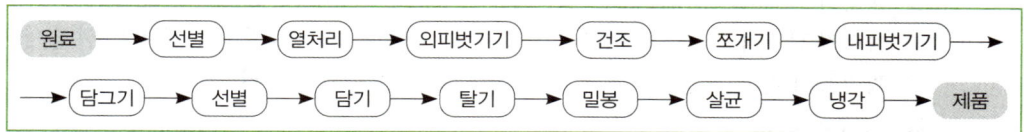

(1) 원료 및 원료처리

① 완전히 익어 풍미가 좋고 신선하며, 둥근 것보다 납작한 것이 좋다. 크기는 60~100g 정도로 씨가 없는 것이 적당하다.
② 속껍질벗기기는 보통 산·알칼리 박피법을 쓴다.

산처리	먼저 1~2%의 염산액에 20~30℃에서 30~150분 담근다. 표면이 용해되어 연해져서 과육이 약간 노출되는 정도가 표준이다.
알칼리처리	물로 씻은 다음 끓는 1~3% NaOH 용액에 15~30초 처리한 다음 물로 씻는다.

③ 껍질이 벗겨지면 흐르는 물에 6~16시간 담가서 남아있는 속껍질과 제품을 흐리게 하는 헤스페리딘(hesperidin) 및 펙틴을 씻어낸다.

(2) 선별 및 담기

① 허물어진 것은 제거하고 크기에 따라 고른다.
② 내용 고형물의 약 20~30%를 더 많이 담는다. 당 농도는 개관할 때 19% 이상 되게 조절한다.

(3) 탈기, 밀봉 및 살균

※ 감귤 통조림의 흐림은 감귤 통조림이 흐리게 되고 심하면 유탁상이 되어 상품가치가 떨어지는 경우가 있다. 주 원인은 헤스페리딘(비타민 P)의 결정 때문이다.
※ 흐림을 방지하는 방법

> • 헤스페리딘 함량이 적은 품종 또는 완전히 익은 원료를 사용한다.
> • 잔여 속껍질과 헤스페리딘 및 펙틴질은 박리 후 물로 충분히 씻어 제거한다.
> • 고농도 시럽을 사용한다.　　• 가급적 장시간 가열한다.
> • 제품을 재가열한다.　　• CMC 및 젤라틴 등을 첨가한다.

05 죽순 통조림의 제조공정

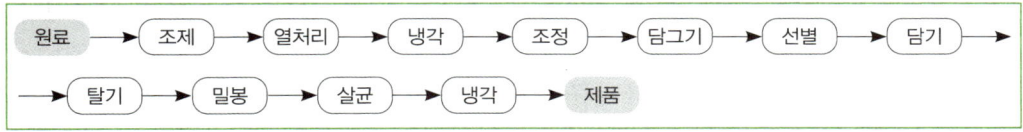

(1) 원료 및 원료처리

① 죽순은 모양이 적으며 마디 사이가 짧고 단백색이며 육질이 부드럽고 향기와 풍미가 좋은 것이 적당하다.
② 절단기나 칼로 죽순 위 5~6cm가량을 상처가 나지 않도록 비스듬히 자른다.
③ 열처리는 100℃의 물에서 40~60분간 데친 다음 바로 찬물에 넣어 급히 식힌다. 다듬기를 한 다음 물을 자주 갈아주면서 24시간 수침시켜 수용성분을 제거하고 특히 제품을 흐리게 하는 티로신(tyrosine)을 용출시키는 것이 목적이다.

(2) 선별 및 담기 : 죽순의 크기, 품질, 모양 등으로 골라서 일정한 양을 담은 다음 더운 물에 넣는다.

(3) 탈기 및 살균

※ 죽순 통조림의 흐림은 티로신이 용출되기 때문이다. 티로신을 제거하기 위해서는 상당시간 물에 담근다. 15시간 정도가 적당하며 24시간 이상은 좋지 않다.

06 양송이 통조림의 제조공정

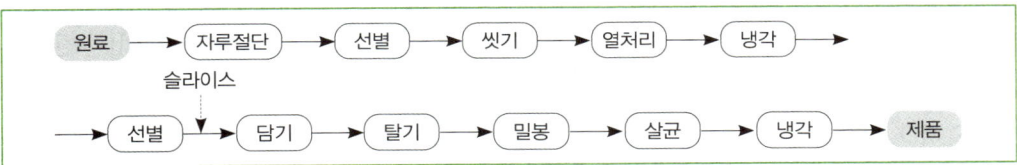

(1) 원료 및 전처리

① 양송이 채취 적기는 갓(cap pileus)이 피기 12시간 전후가 좋고, 직경이 20~40cm 정도인 것을 표준으로 하여 채취하는 것이 적당하다.
② 상처나 스치는 것을 피하고 햇볕에 쪼이지 않도록 하며 금속제 용기의 사용은 피한다.
③ 채취한 후 30분~1시간 이내에 가공하는 것이 가장 좋다.
④ 갈변방지를 위하여 0.01% 아황산염용액을 사용하면 좋다.

(2) 선별, 슬라이스 및 담기

① 살균 시 감소되는 점을 감안하여 규정 고형량보다 10~15%를 담는다.
② 주입액은 보통 2~3% 소금물을 사용하나 풍미를 좋게 하기 위해 열처리할 때의 침출액을 사용할 수도 있다. 또 150~200mg% 비타민 C 및 글루탐산 용액을 첨가하는 경우도 있다.

(3) 탈기, 살균 및 익히기

① 탈기할 때는 주입액의 온도를 85℃ 이상으로 하여 품온이 70℃ 내외가 되게 하여 시밍하는 것이 안전하다.

② 살균은 통의 크기에 따라 살균시간이 달라진다. 211-3형은 111.3℃에서 60분, 301-6형은 113.3℃에서 80분, 301-7형은 113.3℃에서 110분이다.

③ 살균이 끝나면 바로 냉수에 넣어 40℃ 내외가 될 때까지 냉각시킨다.

4 과일주스의 제조

1 과일주스의 정의 : 과실의 성분은 대부분 수분으로 되어 있어 과육의 향기, 맛 및 영양성분 대부분은 수분에 포함되어 즙액으로 나오게 된다. 이 즙액을 가열처리하여 살균한 제품이 과일 주스이다.

2 과일주스의 종류

01 천연과일주스

① 과일을 짜서 그대로 제품화한 것이다. 원 과일주스의 조성과 향기를 가지는 것으로 두 가지로 나눈다.

투명(청징) 과일주스	사과주스, 배주스, 포도주스 등
불투명(혼탁) 과일주스	오렌지주스, 파인애플주스, 토마토주스 등

② 천연과일주스에 들어있는 산, 향기성분, 비타민 C가 가장 중요한 성분이다. 천연과일주스의 품질은 과실 특유의 향기성분의 함량, 비타민 C의 함량, 산과 당의 비율, 빛깔 등에 의해 결정된다.

02 농축과일주스 : 천연과일주스를 농축한 것으로 당류, 산, 착색료 등을 첨가하지 않은 것이다.

03 가루주스 : 농축과일주스를 건조하여 수분 함량이 1~3% 정도 되는 가루로 한 것이다.

04 과즙함유음료 : 천연과즙에 물, 당류, 산류, 향료, 착색물, 유화제 등을 가하여 과즙의 풍미를 살리도록 조미한 것으로 일명 소프트 드링크(soft drink beverage)라 한다.

05 기타 : 복숭아, 살구의 puree를 당액으로 희석한 넥타(nectar), 과육 조각과 설탕이 들어간 스쿼시(squash), CO_2를 넣은 이산화탄소 주스 등이 있다.

3 과일주스의 성분

① 천연과일주스의 비중은 1.05 내외이고 추출분(extract)은 보통 15%이며 20% 이상 넘는 것은 없으며 당류 및 산 이외의 고무질, 점액질, 펙틴, 단백질, 색소, 향기성분을 함유하고 있다.

② 천연과일주스의 품질은 그 과일 특유의 향기성분의 함량, 비타민류, 특히 비타민 C의 함량, 산과 당의 비, 빛깔의 네 가지 조건에 의해서 결정된다.

4 일반적인 제조법

01 천연과일주스의 제조공정

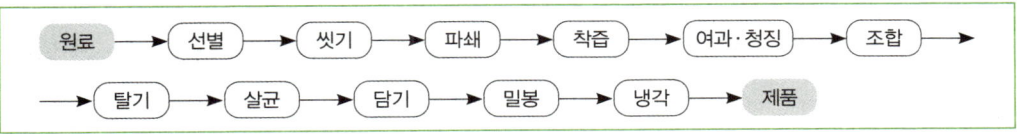

(1) 원료 및 선별 : 과일의 수확시기는 일반적으로 생식용의 적기와 거의 같다.

 1) **과일주스 원료로서 필요한 조건**

① 껍질이 얇아 과일주스의 수량이 많은 것

② 성분의 농도가 높은 것

③ 과일주스를 만들었을 때 색깔, 향기, 맛이 좋은 것

(2) 세척 : 과일에는 먼지 등의 불순물, 약제 그리고 곰팡이, 효모, 세균 등이 붙어 있으므로 물에 담갔다가 씻는다.

(3) 과즙의 추출 : 과즙을 부셔서 압착기로 짜는 것이 보통이나 과일 종류에 따라 여러 가지 방법을 쓰고 있다.

① 감귤류는 먼저 껍질을 벗기거나 절단하여 짠다.

② 토마토, 사과, 포도, 배 등은 바로 부셔서 짠다.

③ 딸기, 포도는 예비가열하여 자루에 넣어 수압기로 짠다.

(4) 사별 : 짠 과일주스는 씨 및 과피의 조각 등 여러 가지 부유물이 떠 있는데, 이들을 제거하는 동시에 펄프의 양 및 크기를 조정하기 위하여 사별한다.

(5) 여과 및 청징 : 대부분 주스는 펙틴 등 기타 침전물을 함유하고 있어 여과만으로 투명한 과일 주스를 얻기 어렵다. 따라서 투명과즙 제조 시 혼탁물인 펙틴, 섬유, 단백질 등을 분해, 응고, 침전시켜 제거해야 한다.

 1) **청징방법**

난백을 쓰는법	• 2% 건조난백용액을 사용한다. • 과즙 10L당 건조난백 100~200g을 첨가하여 교반한 다음 가온(75℃) 후 냉각시키면 침전되어 맑아지므로 이것을 여과한다.
카제인을 쓰는법	• 4~5배로 희석한 암모니아액에 카제인을 녹이고 가열하여 암모니아를 발산시킨 다음 다시 2배로 희석하여 사용한다.
젤라틴 및 탄닌을 쓰는법	• 과즙 100L당 100g 탄닌을 첨가한 후 120~130g의 2% 젤라틴 용액을 넣어 교반하고 20시간 방치하여 침전시킨 후 분리한다.
규조토를 쓰는법	• 과일주스 1L에 대해 7~8g 규조토를 넣고 교반한다. • 이 방법은 펙틴 외에 색소, 비타민 등도 흡착하므로 향기가 좋지 않은 결점이 있다.
효소 처리	• pectinase, polygalacturonase 등의 펙틴 분해효소를 이용하는 방법이다. • 이 효소작용의 pH는 4.0 정도, 온도는 40℃ 내외이고 사용량은 0.1%이다. 대체로 과즙은 가열 후 45℃ 이하로 냉각되었을 때 효소처리를 한다.

(6) 탈기

① 착즙한 과즙 1L 중에는 33~35mL의 공기가 함유되는데, 이 중 과즙의 품질저하에 영향을 주는 산소량은 2.4~4.7mL 정도이다.

② 탈기방법은 박막식과 분무식이 있다. 어느 방법이든 71~74cmHg의 높은 진공으로 처리한다.

(7) 살균

① 과일주스를 그대로 두면 미생물이 생육되어 부패 발효가 일어나고, 또한 효소작용이 진행되어 품질이 현저하게 저하된다. 이것을 방지하기 위해 가열처리를 한다.

② 살균법으로는 순간살균, 보통살균, 자외선살균법 등이 있다.

(8) 담기, 밀봉 및 냉각 : 살균한 주스는 바로 살균한 용기에 담아 밀봉, 냉각하여 제품으로 한다.

02 사과주스의 제조공정

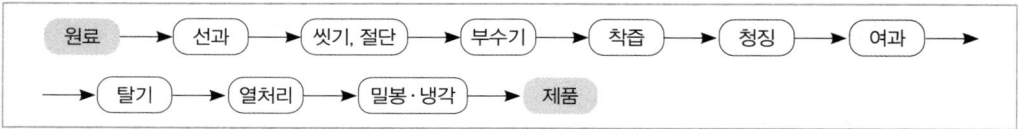

(1) 원료

① 홍옥, 국광 및 왜금이 적당하다. 보통 국광 50~60%, 홍옥·왜금을 50~40% 섞어 쓴다.

② 덜 익은 것은 전분을 함유하며 산이 너무 많으므로 풍미가 떨어지고 풋냄새가 있어 좋지 않다. 병충해 및 곰팡이의 오염이 없는 품종을 사용한다.

(2) 세척 및 절단

① 과피의 잔류농약을 제거하기 위해 충분히 물로 씻거나 1%의 염산으로 씻은 다음 물로 헹군다.

② 부패되거나 병충해를 입은 부분을 칼로 베어낸다.

(3) 부수기 및 착즙

① 사과는 조직이 비교적 단단하므로 사과마쇄기를 사용한다.

② 부순 과육은 유압기 또는 수압기를 사용하여 짠다. 조직의 산화를 최소한도로 줄이기 위하여 한번 짜는 데 20분 이내로 짧게 한다.

(4) 청징 : 80℃로 가열하여 단백질 및 고무질 등을 응고시킨 다음 식혀 45℃ 이하가 되었을 때 0.05~0.1%의 펙틴 분해효소를 넣고 교반하여 10시간 정도 방치함으로써 청징한다.

(5) 여과 : 혼탁과일주스의 경우에는 진동체로 거른다.

(6) 탈기, 살균, 밀봉 및 냉각

① 82℃로 20초, 95~98℃로 10초 가열하여 살균된 용기에 넣어 밀봉한다.

② 통조림할 때는 순간살균을 한 후 바로 50℃ 이하로 식혀 용기에 넣어 밀봉하여 찬물로 냉각한다.

03 오렌지주스의 제조공정

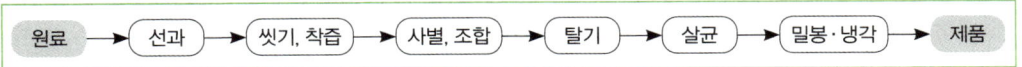

원료 → 선과 → 씻기, 착즙 → 사별, 조합 → 탈기 → 살균 → 밀봉·냉각 → 제품

(1) 원료 : 하등은 쓴맛과 신맛이 강하여 상쾌한 향기를 가지고 있으므로 이것에 적당하게 다른 밀감을 조합하면 상당히 좋다.

(2) 선과, 씻기 및 착즙
① 잘 선별한 오렌지의 껍질을 벗기거나 바로 두 쪽으로 절단하여 착즙한다.
② 압착법으로 착즙하면 수량은 많으나 쓴맛 성분이 많이 섞여 들어간다.

(3) 사별 및 조합
① 0.5mm 체를 사용하여 10% 내외의 펄프가 주스 중에 현수되도록 사별한다.
② 펄프 조각이 너무 크면 너무 빠르게 침전되어 촉감이 나빠지고 너무 고우면 맛이 적다.

(4) 탈기, 살균, 밀봉 및 냉각 : 탈기를 하여 93℃에서 20초 살균하여 밀봉·냉각하여 제품으로 한다.

04 포도주스의 제조공정

포도주스는 다른 과일주스에 비하여 주석을 침전시키는 공정과 투명 과일주스에서는 펙틴 분해공정, 적색 과일주스에서는 적색 색소를 용출시키는 조작이 더 추가된다.

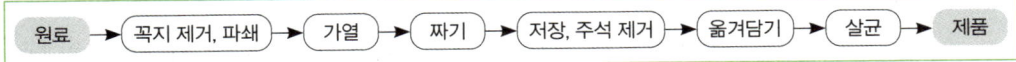

원료 → 꼭지 제거, 파쇄 → 가열 → 짜기 → 저장, 주석 제거 → 옮겨담기 → 살균 → 제품

(1) 원료 : 주로 적색계 원료를 사용하며 콘코드(Concord)를 주로 하고, 캠벨얼리(Campbell Early), 머스캣베일리 A(Muscat Bailey A)를 쓴다.

(2) 선별 및 씻기
① 덜 익은 것, 부패된 것, 곰팡이가 붙어있는 것 등은 제거한다.
② 선별한 것은 쇠망 위에서 물, 0.5% 염산수 또는 중성세제액 등으로 세척한다.

(3) 가열 착즙
① 콘코드는 60~70℃에서 15분간, 머스캣베일리 A는 이것보다 낮은 온도로 유지하여도 색소가 쉽게 용출된다.
② 가열처리는 착즙률을 높이는 것과 효소를 불활성화시키는 데도 유효하다.
③ 가열처리한 포도는 자루에 넣어 압착기로 착즙한다.

(4) 주석 제거
① 포도주스는 주석산 칼륨염이 많이 들어있어 저장 중에 석출·침전되어 주스의 산도를 저하시키고, 색소를 침착시키는 등 풍미에 영향이 크므로 주석을 제거해야 한다.
② 주석을 제거하는 방법에는 자연침전법, 이산화탄소법, 동결법, 농축여과법 등이 있다.

(5) 담기, 밀봉, 살균 및 냉각

① 주석을 제거한 주스는 다른 주스의 경우와 같이 처리하여 통조림한다.

② 80℃에서 30~40분간 살균한다.

5 젤리, 마멀레이드 및 잼류

과일주스 또는 과육에 설탕을 넣어 졸인 농축당액 중에서 당, 펙틴, 산의 젤 형성으로 응고되는 것이다.

1 정의

젤리(jelly)	과일 그대로 또는 물을 넣어 가열하여 얻은 과즙에 설탕을 넣고 농축시킨 것이다.
잼(jam)	과일을 으깬 과육에 설탕을 넣어 적당한 농도로 졸인 것이다.
마멀레이드(marmalade)	젤리(과즙)에 과육이나 과피 조각을 첨가하여 제조한 것이다.
과일버터	펄핑한 과일의 과육을 반고체가 될 때까지 농축한 것이다.

2 젤리화의 원리

01 젤리화의 3요소

(1) 펙틴질

① 덜 익은 과일은 물에 녹지 않는 프로토펙틴(protopectin)으로 존재하나 익어감에 따라 효소의 작용으로 가용성 펙틴(pectin)으로 변한다. 너무 익으면 펙트산(pectic acid)으로 분해된다.

② 이 변화는 펙틴을 장시간 높은 온도로 가열하였을 때도 일어난다.

③ 가열할 때 펙틴으로 변화하는 프로토펙틴과 펙트산으로 변화하지 않고 남아 있는 가용성 펙틴이 젤리화에 영향을 준다. 펙트산은 젤리화되지 않는다.

④ 젤리화에 관여하는 펙틴은 카르복시기가 메틸에스테르의 정도에 따라 젤리 형성기구가 달라진다.

⑤ 고메톡실 펙틴은 0.6~1.0%이면 젤리화에 충분하다.

※ 펙틴성분의 특성

고메톡실 펙틴 (high methoxyl pectin)	• methoxyl(CH_3O) 함량이 7% 이상인 것 • 산 및 높은 농도의 당이 있으면 젤리화가 된다.
저메톡실 펙틴 (low methoxyl pectin)	• methoxyl(CH_3O) 함량이 7% 이하인 것 • 고메톡실 펙틴의 경우와 달리 당이 전혀 들어가지 않아도 젤리를 만들 수 있다. • Ca과 같은 다가이온이 펙틴 분자의 카르복시기와 결합하여 안정된 펙틴 젤을 형성한다. • methoxyl pectin의 젤리화에서 당의 함량이 적으면 칼슘을 많이 첨가해야 한다.

(2) 유기산

① 일반적으로 산은 덜 익은 과일에 많이 들어 있고 익을수록 산의 양은 적어진다.

② 완성된 제품의 pH가 중요하다. 너무 높으면 펙틴량이 많고 당의 양이 적당하여도 응고되지 않는다.

③ 젤리화에 가장 적당한 pH는 3.0 전후이며 맛을 고려하면 3.2~3.5 정도이다.

(3) 당분

① 설탕, 포도당 및 과당 등이 좋으나 풍미와 가격 등으로 볼 때 설탕 및 포도당을 사용한다.

② 젤리화에 필요한 당의 농도는 대체로 60~65%이다.

02 세 가지 성분의 상호관계와 젤리 강도

① 젤리화에는 펙틴, 산 및 당분이 각각 적당한 양으로 들어 있어야 한다. 이들 세가지 성분은 일정하게 정해진 것이 아니고 상호관계가 있다.

② 세 가지 성분의 적당한 비율(표준)은 펙틴 1.0~1.5%, 유기산 0.3%(pH 3.45), 당분 60~65% 등이다.

03 젤리의 형성기구 : 젤리의 강도에 관계가 있는 인자는 펙틴의 농도, 펙틴의 분자량, 펙틴의 에스테르화 정도, 당의 농도, pH, 함유된 염류의 종류 등이다.

3 일반적인 제조법

01 젤리의 제조공정

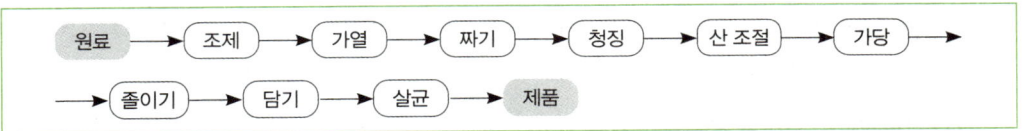

(1) 원료의 처리 : 원료를 물로 세척하여 사과, 복숭아, 감귤류는 5~10mm 두께로 자르고, 딸기 등은 세척한 다음 꼭지를 따고, 포도는 꼭지를 따서 분쇄한다.

(2) 가열

① 절단한 과일을 솥에 넣어 포도는 0.5배, 사과는 1~1.5배, 감귤류는 2~3배 양의 물을 넣고 수분이 많은 딸기는 물을 넣지 않고 끓인다.

② 가열은 원료 중의 프로토펙틴을 분해시켜 펙틴을 유리하여 추출하는 것과 기타의 여러 성분을 얻는 것이 목적이다.

③ 딸기는 5~7분간, 포도는 10분간, 사과는 20~30분간, 감귤류는 40~60분간 가열한다.

(3) 짜기 : 가열한 것을 자루에 넣어 압착기로 처음에는 가볍게 짜고 그 다음에 강하게 압착한다.

(4) 청징

① 착즙액이 흐리면 젤리가 투명하지 못하므로 청징처리를 하여 투명한 즙액을 만든다.

② 공업적으로 규조토를 쓰거나 원심분리기를 사용하여 청징한다.

(5) 산의 조정

① 착즙한 과일즙액 중에 극단적으로 산이 부족할 때는 유기산을 더 넣거나 산이 많은 다른 과즙을 섞어서 조절한다.

② 보통 pH는 3.4 내외가 적당하다.

(6) 가당 : 적당한 산이 들어 있는 과일즙액은 당분함량을 맞추기 이전에 과즙의 펙틴량을 측정하여 첨가할 당을 정한다.

(7) 졸이기(농축)

① 이중솥을 사용하여 강하게 가열하여 짧은 시간 안에 완성시킨다.

② 졸이는 시간이 길면 카라멜화 및 갈변현상이 일어나서 젤리의 풍미와 색깔이 나빠질 뿐 아니라 펙틴이 분해하여 젤리화되는 힘이 적어진다.

③ 대체로 15~20분 간에 완성시키도록 한다.

※ 젤리점(jelly point)을 측정하는 방법

컵법(cup test)	농축액을 찬물을 넣은 컵 속에 떨어뜨렸을 때 흩어지지 않을 때
스푼법(spoon test)	스푼으로 농축액을 떠서 흘렸을 때 묽은 시럽상태가 되어 떨어지지 않고 은근히 늘어질 때
온도계법	온도계로 측정하여 온도 104~105℃가 될 때
당도계법	굴절당도계로 측정하여 당도 65% 정도가 될 때

(8) 담기, 밀봉 및 살균 : 식기 전에 살균한 용기에 거품이 나지 않게 주의하여 담아 밀봉하면 가열살균하지 않아도 된다. 안전을 기하기 위하여 80~90℃에서 7~8분간 살균하면 더욱 좋다.

02 마멀레이드의 제조공정 : 오렌지 마멀레이드에는 쓴맛이 센 영국식과 단맛이 센 미국식의 두 종류가 있다.

(1) 원료

① 주로 하등을 사용하는데 이것은 쓴맛이 강하므로 쓴맛을 빼는 조작이 들어있다.

② 과피를 사용하므로 색이 좋고 과면에 상처가 없으며 병충해를 입지 않은 것을 사용한다.

(2) 껍질의 처리

① 원료를 물에 잘 씻은 다음 껍질을 +자형으로 끊어 4개의 과피를 만든다.

② 이것을 위·아래 양쪽과 오른쪽·왼쪽 끝을 잘라내고 너비가 약 3cm 되게 장방향으로 만들고 슬라이서로 두께 약 1mm로 잘게 썬다.

③ 잘게 썬 조각은 물을 가하여 20분 내외로 끓게 가열하여 연하게 한 다음 흐르는 물에 1~2시간 담가서 쓴맛을 제거한다.

※ 마멀레이드에 첨가하는 오렌지 껍질은 flavanon 배당체인 쓴맛을 내는 naringin이 많아 뜨거운 물이나 알코올 또는 알칼리로 녹이고 무기산으로 분해시킨다.

(3) 과육부의 처리

① 껍질을 벗긴 과육부는 반으로 자르고 착즙기로 과즙을 짠다.
② 여기서 얻은 과즙은 펙틴 함량이 적어 젤리화가 어려우므로 과육부의 착즙박과 껍질처리 때 잘라낸 찌꺼기 과피에서 펙틴을 추출하여 넣는다.

(4) 졸이기

① 과즙과 펙틴추출물을 농축용기에 넣어 가열하여 끓기 시작하였을 때 처리한 과피를 잘 짜서 넣고 끓인다.
② 과피에 열이 잘 통했을 때 필요한 설탕을 세 번 정도로 나눠서 넣어 졸인다.
③ 젤리점 판정은 일반 젤리의 경우에 준하면 된다.

(5) 담기, 밀봉 및 살균

① 병조림을 할 때에는 완전히 졸인 후 80℃ 전후가 되었을 때 용기에 넣어 밀봉한다.
② 살균은 젤리에 준한다.

03 잼(jam)의 제조공정

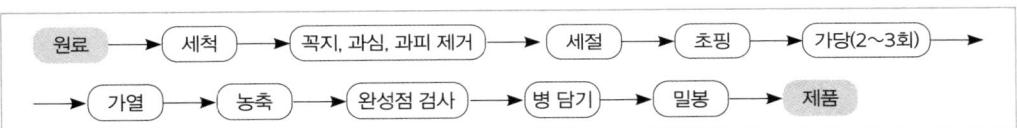

(1) 원료 : 외관은 별로 관계가 없고 병충해를 입은 것도 그 부분을 도려내면 되므로 적당하게 익어 향기와 색이 좋으면 원료로서 적당하다.

(2) 원료의 처리

① 원료를 물에 세척한 다음 딸기 등은 꼭지를 따고, 사과 등은 그대로 1cm 정도로 윤절하거나 제조목적에 따라서 껍질을 벗기고 심을 제거한다.
② 이와 같이 조제한 원료는 그대로 또는 소량의 물에 넣어 끓인다.

(3) 원료 배합

① 원료의 품질, 당류의 종류 및 젤리점의 당도 등에 따라 원료의 배합량을 결정한다.
② 특히 원료 과일에 들어 있는 펙틴이 젤리화하는 힘을 정확하게 평가하는 것이 중요하다.
③ 실제로 소량의 원료로 만들어 보아 이것을 기준으로 하여 배합하는 것이 안전하다.
④ 당류는 고급품을 만들 때는 설탕을 사용하지만 생산단가를 낮추기 위해 물엿을 많이 사용한다.

(4) 졸이기

① 젤리의 경우에 준하여 약 20분 이내에 완성, 농축시킨다.
② 너무 오래 졸이면 펙틴을 분해시켜 젤리화를 나쁘게 하고, 제품의 품미와 색깔이 떨어진다.
③ Jam의 완성점 결정 : 온도 104~105℃, 당도 65%, 컵·스푼검사를 한다.

(5) 담기, 밀봉 및 살균 : 젤리의 경우에 준하여 담기, 밀봉 및 살균을 한다.

04 과일버터(fruit butter) : 여러 가지 과일을 원료로 하나 미국 등지에서는 사과를 가장 많이 사용하고 서양배, 복숭아, 살구 등이 그 다음으로 사용되고 있다. 잼과 다른 점은 펄프 조직이 더 작고 더 농축된 점이다.

6 당과(fruit candy)

1 정의 : 과일 또는 채소를 당액에 넣어 가열하여 침투시켜 보존성을 높인 제품이며 일종의 당장품이다.

2 일반적인 제조법

01 원료

① 생식용 경우보다 1~2일 전에 수확한 신선한 것이 좋다.

② 덜 익은 것은 끓여도 연해지지 않을 뿐 아니라 육질이 거칠고 단단하나 너무 익으면 과육이 허물어지기 쉽다.

③ 과육이 연화되면 0.5% 정도의 아황산액에 담가서 표백하여 조직을 단단하게 한다.

02 원료의 처리 : 일반적으로 꼭지를 떼내고 핵을 빼낸 다음 물로 씻어 아황산액 처리를 한 다음 아황산의 냄새가 나지 않을 때까지 여러 번 물로 씻는다.

03 당액 처리

① 당액은 처음부터 진한 것을 사용하면 과육이 수축되므로 처음에는 묽은 당액부터 시작하고 차차 진한 당액으로 시간을 길게 처리하여 서서히 당분이 침투되게 한다.

② 당액은 설탕 2와 포도당 1의 비율로 배합한 것을 30%의 농도가 되게 만든다. 포도당을 사용하는 목적은 아래와 같다.

- 제품이 너무 건조해지는 것을 방지한다.
- 윤이 나게 한다.
- 조직을 연하게 한다.
- 투명하게 완성시킨다.

③ 이 당액에 데치기 한 과일을 담아서 1~2분간 끓여서 24시간 정도 놓아두면 과육 속에 당액의 당분이 고르게 된다.

④ 당액을 바꿔서 40%의 정도로 하여 넣고 다시 끓여서 약 24시간 놓아둔다. 이와 같은 조작을 5~10%씩 당농도를 높여서 마지막에는 약 70%의 포화액에 가깝게 하여 당액과 과육 속의 당분이 평형을 이룰 때까지 담는다.

04 건조 : 과일이 당으로 포화되면 꺼내어 과일 표면을 물기가 있는 천으로 닦거나 끓는 물에 잠깐 담갔다가 꺼내어 표면의 점조성 당액을 제거한다. 이것을 쇠망에 얹어 45℃ 이하에서 건조시킨다.

① 크리스탈(crystal) : 설탕의 결정이 표면에 생기게 한 것

② 글라세(Glacé) : 겉이 매끈매끈하게 만든 것

05 **제품** : 습기를 흡수하기 쉬우므로 방습지 등으로 싼다. 당과는 아무리 좋은 조건하에서 저장하
여도 장기간이 되면 단단해지거나 색깔이 나빠진다.

7 우린감

감에는 단감과 떫은감이 있는데 단감은 그대로 먹을 수 있으나 떫은감은 그대로 먹을 수 없어 완전
히 익혀서 홍시로 하던가 인공적으로 탈삽하여 식용한다.

1 감의 떫은맛과 탈삽기작

① 감의 떫은맛은 탄닌에 의한 것으로 그 주성분은 디오스프린(diosprin)이다.
② 탈삽기작은 탄닌물질이 없어지는 것이 아니고, 탄닌 세포 중의 가용성 탄닌이 불용성 탄닌
으로 변화하게 되어 떫은맛을 느끼지 않게 되는 것이다.

2 감의 탈삽방법

온탕법	떫은감을 35~40℃ 더운물에 12~24시간 유지시키는 방법이다.
알코올법	떫은감을 알코올과 함께 밀폐된 용기에 넣어 탈삽하는 방법이다.
이산화탄산소법	밀폐된 용기에 감을 넣고 CO_2 가스로 치환시켜 탈삽하는 방법으로 이 방법에는 상압법과 가압법이 있다.

8 토마토

토마토는 채소 중에서도 특별히 비타민 A, B, C 등을 많이 함유하고 있어 가장 영양가가 높다. 따라
서 이들 가공에서는 영양분이 없어지지 않도록 주의해야 한다. 또한 토마토 퓨레 및 케첩 등의 품질
이 색깔에 좌우되는 수가 많으므로 토마토 원래의 진홍색이 그대로 유지되게 제조상 특별히 주의하
여야 한다.

1 토마토 가공식품의 종류

토마토 솔리드 팩 (tomato solid pack)	• 완숙 토마토의 껍질을 벗기고 꼭지를 제거하여 그대로 통(병)에 담고 토마토 퓨레나 시럽을 조금 넣어서 통조림으로 한 것이다.
토마토 퓨레 (tomato puree)	• 토마토를 펄핑(pulping)하여 껍질, 씨 등을 제거한 후 파쇄하여 얻은 펄프를 조미하지 않고 농축시킨 것으로 농축정도에 따라 제품의 종류가 다르다. – 저도 토마토 퓨레 : 전고형물이 6.3% 이상이 되게 한 것 – 중도 토마토 퓨레 : 전고형물이 8.37% 이상이 되게 한 것 – 고도 토마토 퓨레 : 전고형물이 12.0% 이상이 되게 한 것

토마토 페이스트 (tomato paste)	• 토마토 퓨레를 더 농축하여 전고형물을 25% 이상으로 한 것으로 그 농도에 따라 제품의 종류가 다르다. – 저도 토마토 페이스트 : 전고형물이 25~29%인 것 – 중도 토마토 페이스트 : 전고형물이 29~33%인 것 – 고도 토마토 페이스트 : 전고형물이 33% 이상인 것
토마토 케첩 (tomato ketchup)	• 토마토 퓨레에 여러 가지 향신료 및 소금, 설탕, 식초 등의 조미료를 넣어 농축시킨 것으로 전고형물이 25%이다.
토마토 주스 (tomato juice)	• 토마토를 착즙하고 과피를 제거한 과즙에 소량의 소금을 첨가한 것이다.
칠리 소스 (chili sauce)	• 토마토의 껍질을 벗긴 후 잘게 썰어 여기에 퓨레를 혼합하고 케첩과 같이 조미한 것으로 씨, 과육 및 양파 등을 잘게 썬 것을 혼합하는 것이 케첩과 다른 점이다.

2 토마토 솔리드 팩 제조[염화칼슘의 사용]

① 완숙 토마토는 통조림 제조 중 육질이 너무 허물어지기 쉬워 구연산칼슘, 염화칼슘 등을 처리하여 과육의 연화를 방지한다.

② 칼슘처리는 펙틴산과 반응하여 과육 속에서 젤을 형성하여 가열할 때 세포조직을 보호하여 토마토를 단단하게 유지한다.

③ 칼슘 사용량은 미국 통조림 규격에서 0.026% 이상 사용하지 못하게 되어 있다. 칼슘 사용은 토마토 솔리드 팩의 품질유지에 대단히 중요하다.

식품가공 · 공정공학

PART II

축산식품가공

Chapter 01 | 유가공

1 우유의 이화학

1 의의 : 우유란 젖소가 분만할 때부터 송아지의 영양과 발육을 위하여 유선(mammary gland)에서 생산되어 분비되는 백색 불투명의 분비물을 말한다. 포유류 젖(milk)에는 cow's milk(우유), mother's milk(모유), goat's milk(산양유), buffalo's milk(물소유), mare's milk(마유), sheep's milk(면양유) 등이 있다.

2 우유의 성분

01 우유 성분의 조성 : 수분, 지질, 단백질, 탄수화물 및 무기질로 구성되어 있으며, 이밖에 미량 성분으로 비타민, 효소 및 색소 등이 함유되어 있다. 우유의 성분조성은 젖소의 품종, 개체, 연령, 기후, 사료, 환경적인 요인에 따라 영향을 받는다.

02 우유 성분의 종류

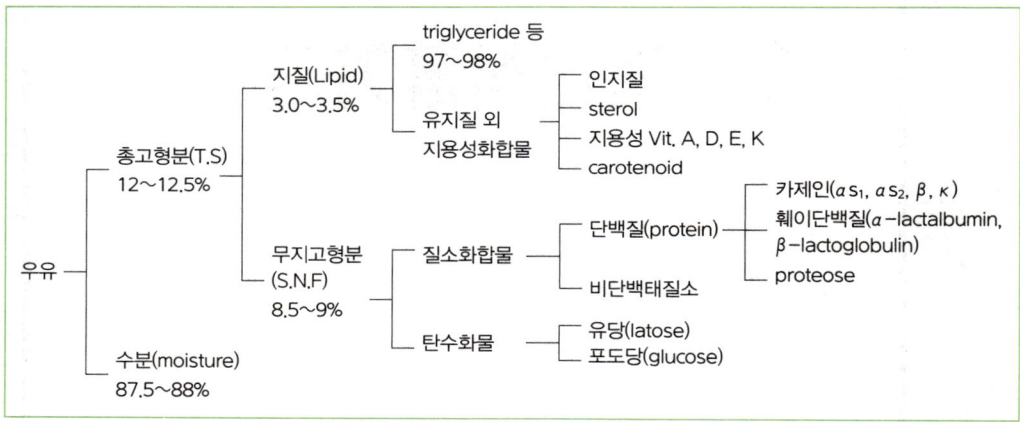

3 우유의 단백질

01 성분 조성

① 우유 중에는 약 3.0~3.9%의 단백질이 함유되어 있다.

② 우유의 단백질은 탈지유를 20℃, pH 4.6에서 응고되어 침전하는 부분을 카제인(casein)이라 하며, 이때 용액 중에 남는 것을 유청단백질(whey protein)이라 한다.

02 카제인(casein)

① 우유 중에 약 3% 함유되어 있으며 우유에 함유된 단백질 중의 약 80%를 차지한다. 우유의 주요 단백질의 일종인 인단백질이다.

② 카제인은 αs_1, αs_2, β 및 κ−casein의 4종이 있다.

③ 우유 중에서 이들 카제인은 Ca, P, Mg, citric acid 등과 결합하여 calcium caseinate phosphate 결합체의 카제인 미셀(casein micelle)을 형성하여 콜로이드 상태로 존재한다.

03 유청단백질

① 우유에 함유된 단백질 중의 약 16.5%를 차지한다.

② α-락트알부민(2~5%), β-락토글로블린(7~12%), 혈청알부민(0.7~1.3%), 면역단백질(immunoglobulin) 등이 있다.

4 우유의 지질

01 성분 조성

① 유지질은 우유에 3.0~5.0% 함유되어 있다.

② 주로 지방산의 glycerine ester인 triglyceride, 즉 중성지방이 총 지질의 약 97% 정도이다. 그리고 이밖에 glyceride, phospholipid, sterol, 기타 미량의 지용성 비타민과 유리지방산(free fatty acid) 등이 함유되어 있다.

③ 우유의 지방구는 지름이 0.1~22μm으로서 대부분 2~5μm이다. 지방구 표면을 싸고 있는 막을 지방구막이라고 한다. 이 막은 친수성으로써 지방을 유탁액(emulsion) 상태로 유지시켜주며, 이 지방구막은 인지질, 단백질, 비타민 A, carotenoid, cholesterol, 각종 효소복합물로 되어 있다. 지방구면은 lipase에 의한 지방 분해작용에 대해 보호작용을 한다.

02 유지방(triglyceride)

① 우유의 지방은 분자량이 적은 휘발성의 저급지방산을 비교적 많이 함유한다.

② 우유와 모유의 지방산 함량 차이를 비교해보면 포화지방산은 우유가 60~70% 정도이고, 모유는 약 48% 정도이며, 불포화지방산은 우유가 25~35%이고 모유는 54% 정도로 높다. 즉, 우유는 낙산(butyric acid)과 같은 저급지방산의 함량이 많고, 반대로 linoleic acid와 같은 고급불포화지방산의 함량은 적은 편이다.

03 인지질(phospholipid)

① 우유에 미량 함유되어 있다. 우유에 함유되어 있는 인지질은 lecithin과 cephalin이며 이외에 미량의 sphingomyelin가 존재한다.

② 우유의 인지질은 유지방구막을 이루는 주요성분이고, C_{18} 이상의 불포화지방산을 많이 함유하기 때문에 지방산화취의 원인이 된다.

5 우유의 탄수화물

01 성분 조성

① 우유 탄수화물의 대부분은 유당(lactose)으로서 약 99.8%를 차지하며 이외에 glucose(0.07%), galactose(0.02%) 및 oligosaccharide(0.004%) 등이 함유되어 있다.

② 우유 전체 성분 중 유당 함량은 4.2~5.2%이며 젖소 품종과 동물 종류에 따라 차이가 크다.

02 유당

(1) 유당의 이화학적 성질

① 젖산발효에 의해서 젖산이 생성되며 묽은산(10% HCl)이나 lactase(β-galactosidase)에 의해서 glucose와 galactose로 분해된다.

② 유당의 단맛은 설탕의 약 1/5 정도이고 단당류로 분해되면 단맛이 증가한다.

③ 유당은 발효유제품의 제조에 중요한 역할을 하나 유제품의 갈변의 원인이 되기도 한다.

④ 유당은 용해가 낮기 때문에 그 결정화는 가당연유 및 아이스크림 등의 안정성에 큰 영향을 미친다.

(2) 유당의 생물학적 작용

① 발효에 의해 젖산과 방향성 물질이 생성된다.

② cerebroside(당지질)의 구성당인 galactose의 공급원이 된다.

③ 장내에서 젖산균의 발육에 이용되어 장내를 산성으로 유지함으로써 유해균의 증식을 억제하여 정장작용을 한다.

④ 칼슘의 흡수를 촉진한다.

(3) 유당불내증(lactose intolerance)

① 우유를 섭취했을 때에 배가 아프거나 설사가 나는 증상이다.

② 이 증상은 유당이 소장에 있는 유당 분해효소에 의하여 분해되지 아니하고 대장 내의 세균에 의해 즉각 발효되어 gas와 산이 생겨 나타난다.

6 우유의 무기질

01 성분 조성

① 우유 중에는 무기질이 약 0.7% 정도 존재하며, 주로 이온상태와 염류상태로 존재한다.

② S 성분은 거의 단백질에서 유리되고, P는 casein과 인지질에서 유래된다.

02 우유와 모유의 무기질 조성

종류	Ca	P	K	Na	Mg	Fe
우유(g/L)	1.25	0.94	1.38	0.58	0.12	0.46
모유(g/L)	0.33	0.14	0.50	0.15	0.04	0.80

7 우유의 비타민

① 우유에는 거의 중요한 비타민이 모두 함유되어 있다.

② 우유는 비타민 B군이 풍부하지만 지용성 비타민인 A, D, E, K는 극히 적고 비타민 C는 원유 살균과정에서 거의 파괴된다.

8 우유의 효소

01 우유 효소의 유래

① 우유 중에는 약 20여종의 효소가 존재한다.

② 우유 속에 존재하는 효소는 유선세포의 백혈구가 우유 분비 시에 파괴되어 우유 중에 함유된 것, 혈액에서 유래된 것, 유선에서 합성 분비된 것, 우유 중 세균에 의해 생성된 것 등이 있다.

02 가수분해효소

(1) lipase
① 지방을 분해하여 글리세롤과 지방산으로 가수분해하는 효소이다.

② 천연적으로 활성을 갖는 피막 lipase와 casein이 결합되어 있는 유청 lipase가 있으며, 지방의 산패에 관여하는 것은 유청 lipase이다.

③ pH 5.5~9.0에서 작용하며 보통은 활성화되지 않은 상태로 존재하나 진탕, 가온, 냉각 및 균질화 등 물리적 처리에 의해서 활성화된다.

④ 이 효소는 가열에 민감하여 63℃에서 30분, 80℃에서 20초 가열하면 파괴된다.

(2) protease : 단백질의 peptide결합을 가수분해하여 peptone, proteose, polypeptide, amino acid 등을 생산한다. 80℃에서 10분 가열하면 완전히 불활성화 된다.

(3) phosphotase : 인산의 monoester, diester 및 pyrophosphate의 결합을 분해하는 효소이다. 62.8℃에서 30분, 71~75℃에서 15~30초의 가열에 의하여 파괴되므로 저온살균유의 완전살균 여부 검정에 이용된다.

(4) amylase : 전분을 가수분해하는 효소로 α-amylase와 β-amylase가 있다. 정상유보다 초유와 유방염유에 많다.

03 산화·환원효소

(1) catalase : 과산화수소를 물과 분자상태의 산소로 분해하며, 초유, 유방염유에 많이 들어 있고, 유방염유의 검출에 이용된다.

$$2H_2O_2 \rightarrow 2H_2O + O_2$$

(2) peroxidase : 과산화수소의 존재하에 물질의 산화를 촉매하는 효소이다. 특히 이상유에 많이 존재하고, 우유의 고온가열 판정에 이용된다.

$$H_2O_2 + AH_2 \rightarrow 2H_2O + A$$

(3) xanthin oxidase : 모유에는 존재하지 않으므로 모유와 우유의 판별에 이용되는 효소이다.

04 rennin(chymosin)
① 우유의 응유효소로서 송아지 제4 위에서 추출된 단백질 분해효소이다.

② κ-casein의 105와 106번 사이를 분해하여 para-κ-caseinate와 glycomacropeptide를 생성한다.

③ 최적온도는 40~41℃이고, 최적 pH는 5.35이다.

2 시유(city milk, market milk)

1 의의 : 목장에서 생산된 생유(raw milk)를 식품위생상 안전하게 처리하여 소비자가 마실 수 있도록 액체상태로 상품화된 음용유를 말한다.

2 우유류의 규격기준[식품공전]

01 정의 : 우유류라 함은 원유를 살균 또는 멸균처리한 것(원유의 유지방분을 부분 제거한 것 포함)이거나 유지방 성분을 조정한 것 또는 유가공품으로 원유성분과 유사하게 환원한 것을 말한다.

02 식품유형

① 우유 : 원유를 살균 또는 멸균처리한 것을 말한다(원유 100%).
② 환원유 : 유가공품으로 원유성분과 유사하게 환원하여 살균 또는 멸균처리한 것으로 무지유고형분 8% 이상의 것을 말한다.

03 성분규격

① 산도(%) : 0.18 이하(젖산으로서)
② 유지방(%) : 3.0 이상(다만, 저지방 제품은 0.6~2.6, 무지방 체품은 0.5 이하)
③ 세균수 : n＝5, c＝2, m＝10000, M＝50000
④ 대장균군 : n＝5, c＝2, m＝0, M＝10(멸균제품은 제외)
⑤ 포스파타제 : 음성이어야 한다(저온장시간, 고온단시간 살균제품에 한함)
⑥ 살모넬라 : n＝5, c＝0, m＝0/25g
⑦ 리스테리아 모노사이토제네스 : n＝5, c＝0, m＝0/25g
⑧ 황색포도상구균 : n＝5, c＝0, m＝0/25g

3 가공유류의 규격기준[식품공전]

01 정의 : 가공유류라 함은 원유 또는 유가공품에 식품 또는 식품첨가물을 가한 액상의 것을 말한다. 다만 커피 고형분이 0.5% 이상인 제품은 제외한다.

02 식품유형

강화우유	우유류에 비타민 또는 무기질을 강화할 목적으로 식품첨가물을 가한 것을 말한다. (우유류 100%, 단, 식품첨가물 제외).
유산균첨가우유	우유류에 유산균을 첨가한 것을 말한다. (우유류 100%, 단, 유산균 제외)
유당분해우유	유의 유당을 분해 또는 제거한 것이나, 이에 비타민, 무기질을 강화한 것으로 살균 또는 멸균처리한 것을 말한다.
가공유	원유 또는 유가공품에 식품 또는 식품첨가물을 가한 것으로 식품유형 ①~③에 정하여지지 아니한 가공유류를 말한다.

4 시유의 제조공정

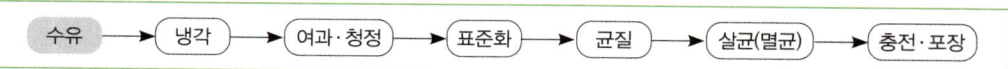

수유 → 냉각 → 여과·청정 → 표준화 → 균질 → 살균(멸균) → 충전·포장

01 원유검사 : 원유검사는 원유위생검사, 시설위생검사, 위생관리검사로 구분하여 실시한다.

(1) 원유위생검사 : 수유검사와 시험검사로 구분하여 실시한다.

수유검사	목장에서 수유하기 전에 실시하며 관능검사, 비중검사, 알코올검사(또는 pH검사) 및 진애검사 등이 있다.
시험검사	수유 시 검사가 불가능한 검사항목에 대하여 검사실에서 검사하며 적정산도검사, 세균수시험, 체세포검사, 세균발육 억제물질검사 및 성분검사 등이 있다.

02 여과 및 청정

① 원유 중에 혼입된 먼지와 기타 이물을 제거하는 조작으로 여과기(filter) 또는 원심청정기 (centrifugal clarifier)를 사용한다.

② 여과기로 먼지, 흙, 깃털 등을 여과한 후에 원심청정기로 세균, 백혈구 및 기타 체세포의 일부도 제거한다.

03 냉각저장 : 여과 및 청정이 끝난 우유는 교반기와 냉각용 자켓이 설비되어 있는 저유탱크에 저장한다. 우유의 냉각온도는 4℃가 표준이다.

04 표준화(standardization) : 우유의 성분규격에 알맞게 우유의 지방, 무지고형분 및 강화성분의 함량을 정확히 조절하기 위해서 표준화를 실시한다.

(1) 지방 표준화(피어슨 공식)

1) 지방 함량이 높을 때의 탈지유 첨가량

$$y=\frac{x(p-r)}{(r-q)}$$

p : 원유의 지방률(%)
q : 탈지유의 지방률(%)
r : 목표 지방률(%)
x : 원유의 중량(kg)
y : 탈지유의 첨가량(kg)

2) 지방 함량이 낮을 때의 크림 첨가량

$$y=\frac{x(r-p)}{(q-r)}$$

p : 원유의 지방률(%)
q : 크림의 지방률(%)
r : 목표 지방률(%)
x : 원유의 중량(kg)
y : 크림의 첨가량(kg)

05 균질화(homogenization)

(1) 정의 : 우유 중의 지방구에 물리적 충격을 가해 그 크기를 작게 분쇄하는 작업을 균질이라 한다.

(2) 균질 원리 : 우유가 고압으로 좁은 공간을 통과할 때 받는 힘으로 지방구가 미세화 되는데, 이때 전단(shearing), 폭발(explosion), 충격(impact) 및 공동(cavitation)작용에 의해 우유 지방구의 크기는 작아진다.

(3) 균질 목적 : creaming의 생성방지, 점도의 향상, 우유의 조직을 부드럽게 하고, 소화율을 높게 해주고, 지방산화방지 효과가 있다.

(4) 균질기 내의 우유 온도 및 압력 : 균질기 내 우유의 온도는 50~60℃, 압력은 2000~3000Lb/inch²(140~210kg/cm²)가 적당하다.

06 살균과 멸균 : 우유의 살균은 영양소의 손실을 최소화하는 범위 내에 각종 미생물을 사멸시키고 효소를 파괴하여 위생적으로 완전하게 하며 저장성을 높이기 위해 실시한다.

저온장시간살균법 (LTLT)	• 62~65℃에서 30분간 가열·살균하는 방법이다. • 소규모처리에 적당하고, 원유의 풍미와 세균류(젖산균)의 잔존율을 높일 경우에 효과적이다
고온단시간살균법 (HTST)	• 72~75℃에서 15~17초간 가열·살균하는 방법이다. • 가열방식은 평판열교환기(plate heat exchanger)를 이용하여 가열과 냉각이 단시간에 연속적으로 이루어지지 때문에 살균이 효과적이다.
초고온순간살균법 (UHT)	• 132~135℃에서 2~7초간 가열·살균하는 방법이다. • 우유의 이화학적인 성질의 변화를 최소화하면서 미생물을 거의 사멸시킬 수 있는 방법이다.
초고온멸균법 (UHT)	• 135~150℃에서 2~15초간 멸균처리하는 방법이다

07 충전 및 포장
① 살균 후 냉각된 우유(4℃)는 청결한 용기에 위생적으로 충전되어야 한다.
② 유리병(glass bottle), 종이(carton), 플라스틱 병(plastic contanier) 등이 있으며, 그 종류에 따라 충전 및 포장방법이 다르다.

3 아이스크림(ice cream)

1 의의 : 크림을 주원료로 하여, 그 밖의 각종 유제품에 설탕, 향료, 유화제, 안정제 등을 혼합시켜 냉동·경화시킨 유제품으로, 수분과 공기를 최대한 활용시킨 제품을 말한다.

2 아이스크림의 종류
① plain ice cream : 유지방 10% 이상이고, 한 가지 향료만 첨가한 것이다. 향료로는 바닐라, 초콜릿, 커피 등이 사용된다.
② nut ice cream : 유지방 8% 정도이고, plain ice cream에 견과류인 밤, 호두, 아몬드를 첨가한 것이다.

③ fruit ice cream : 유지방 8% 정도이고, plain ice cream에 사과, 딸기, 바나나, 파인애플 등의 과즙을 직접 첨가한 것이다.

④ custard ice cream : 유지방 10% 이상이고, 전란 또는 난황을 1.4~3.0% 첨가한 것이다.

⑤ mouse ice cream : 유지방 30% 정도이고, whipped cream에 설탕, 향료를 첨가하여 제조한다. 다공성의 조직을 가지고 있어서 매우 부드럽다.

⑥ ice milk : 유지방 3~6% 정도이고, 지방률이 낮다.

⑦ sherbet : 유고형분 3~5% 정도이고, 구연산, 주석산을 0.35% 첨가하여 산도를 0.3~0.4%로 제조한다. 산미와 감미가 강하다.

⑧ water ice : 우유성분이 없고, 설탕, 과즙, 향료를 혼합하여 동결시킨 것이다. ice candy, ice cake라고도 한다.

⑨ mellorine : 우유 지방 대신에 식물성 지방으로 만든 모조 아이스크림이다. 식물성 유지 6% 정도이다.

3 아이스크림의 원료

01 유지방 : 특유의 농후한 풍미를 부여하고, 조직을 유연하게 하며, 높은 영양가를 제공한다. 유지방의 주공급원은 크림이며, 때로는 전지연유, 전지분유, 버터 등도 사용된다.

02 무지고형분 : 제품의 풍미를 좋게 하고, 조직을 개량하며, 식품가치를 증진시켜준다. 주원료는 탈지유, 탈지분유, 버터밀크, 연유 등이다.

03 감미료 : 감미를 부여하고, 부드러운 조직을 만들어 주고, 믹스의 점성과 총고형분을 증가시킨다. 감미료는 통상 13~17% 첨가한다. 설탕을 주로 사용하고 그 외에 포도당, 과당, 전화당 등이 사용된다.

04 안정제 : 아이스크림의 경화와 형태를 유지하며, 얼음의 결정을 막으며, 조직을 부드럽게 하고, 제품이 녹는 것을 지연시키는 데 효과가 있다. 일반적으로 사용량은 0.2~0.5% 정도이다. 종류는 알긴산염, 젤라틴, 펙틴, 가라기난, gum류 및 CMC-Na 등이 있다.

05 유화제 : 거품성을 갖게 하여 조직을 더 부드럽게 해주는 기능이 있다. 종류는 monoglyceride, polyoxyethylene 유도체, glycerine, lecithin 등이 있다.

4 아이스크림류의 규격기준[식품공전]

01 정의 : 아이스크림류라 함은 원유, 유가공품을 원료로 하여 이에 다른 식품 또는 식품 첨가물 등을 가한 후 냉동, 경화한 것을 말하며, 유산균(유산간균, 유산구균, 비피더스균을 포함한다) 함유제품은 유산균 함유제품 또는 발효유를 함유한 제품으로 표시한 아이스크림류를 말한다.

02 식품유형
① 아이스크림 : 아이스크림류이면서 유지방분 6% 이상, 유고형분 16% 이상의 것을 말한다.
② 저지방아이스크림 : 아이스크림류이면서 조지방 2% 이하, 무지유고형분 10% 이상의 것을 말한다.

③ 아이스밀크 : 아이스크림류이면서 유지방분 2% 이상, 유고형분 7% 이상의 것을 말한다.

④ 샤베트 : 아이스크림류이면서 무지유고형분 2% 이상의 것을 말한다.

⑤ 비유지방아이스크림 : 아이스크림류이면서 조지방 5% 이상, 무지유고형분 5% 이상의 것을 말한다.

03 성분규격[식품공전 참조]

5 아이스크림의 제조공정

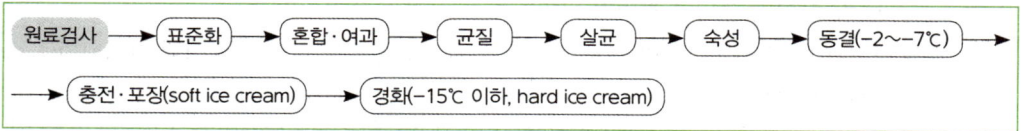

01 아이스크림 믹스 배합(mix 표준화) : 아이스크림을 제조하기 위한 여러 가지 원료를 성분조성에 맞도록 배합한 것을 아이스크림 믹스라 한다. 지방, 무지고형분, 전고형분 등의 조성을 나타낸 조성표에 따라 각 원료의 배합량을 계산하여 결정하는 것을 표준화라고 한다.

02 혼합 및 여과

① 혼합탱크에 낮은 점도를 갖는 액체 원료(우유, 물 등)를 넣고 교반하면서 가열하여 50~60℃로 유지한다.

② 높은 점도를 갖는 액체 원료(연유, 크림, 액당)를 혼합한다.

③ 쉽게 용해되는 고체 원료(설탕 등)와 분산성을 갖는 고체 원료(전지분유, 탈지분유)를 잘 혼합하여 체로 치면서 액체 원료에 넣는다. 각 원료가 잘 용해되면 금속망, 합성수지망을 통과시켜 이물질이나 용해되지 않는 덩어리를 제거한다.

03 균질

① 균질기를 사용하여 믹스 중 지방구를 2μm 이하로 미세화시켜 크림층의 형성을 방지하고, 균일한 유화상태를 유지하는 데에 목적이 있다.

② 균질 효과 : 아이스크림의 조직을 부드럽게 하고, 증용률을 향상시키고, 숙성시간을 단축시키고 안정제의 사용량을 절감한다.

③ 2단 압축의 경우, 제1밸브에서 약 100kg/cm^2, 제2밸브에서 약 40~700kg/cm^{2}의 압력이 이용되고 균질온도는 50~60℃가 일반적이다.

04 살균

① 살균은 믹스 중에 존재하는 유해균을 사멸시키는 것이 주목적이지만 그 외에 믹스의 보존성 및 조직을 개선시키고, 지방 분해효소의 실활에 의해 산패취 발생을 방지한다.

② 저온장시간살균법(LTLT)으로는 68℃에서 30분, 고온단시간살균법(HTST)은 80~85℃에서 20초 전후, 초고온살균법(UHT)은 130℃ 전후에서 2~3초간 살균한다.

05 숙성과 향료 첨가

① 믹스를 냉각하여 0~5℃에 일시적으로 보존하는 공정을 숙성(aging)이라고 한다.

② 숙성시간은 3~24시간 정도이고, 교반 속도는 240rpm으로 한다.

③ 숙성작업은 지방의 고형화, 안정제에 의한 gel화 촉진, 점성의 증가 등에 의해 믹스를 안정시키고, 조직을 부드럽게 하며, 알맞은 보형성과 거품성을 갖게 하는 효과가 있다.

③ 색소, 향료, 과즙을 일정량씩 혼합하여 숙성시킨다.

06 동결 : 숙성된 믹스를 동결기에서 동결하면서 교반하여 믹스 중에 공기를 균일하게 유입시켜 약간 유동성이 있는 반고체 상태로 한다. 동결온도는 −2~−4℃ 정도이고, 교반속도는 130~140rpm 정도이다.

07 충전 및 포장 : 숙성, 동결된 아이스크림을 일정한 용기(carton box, plastic box)에 충전한다 (soft ice cream).

08 경화 : 중심온도가 −17℃ 이하가 되도록 동결, 경화시킨다(hard ice cream).

6 증용률(over run, %) : 아이스크림의 조직감을 좋게 하기 위해 동결 시 크림 조직 내에 공기를 갖게 함으로써 생긴 부피의 증가율을 말한다.

$$\cdot \text{용적(\%)} = \frac{\text{아이스크림의 용적} - \text{본래 mix의 용적}}{\text{본래 mix의 용적}} \times 100$$

$$\cdot \text{중량(\%)} = \frac{\text{mix의 중량} - \text{mix와 같은 용적 아이스크림의 중량}}{\text{mix와 같은 용적 아이스크림의 중량}} \times 100$$

※ 가장 이상적인 아이스크림의 증용률은 90~100%이다.

7 아이스크림의 품질 : 아이스크림의 품질에 관여하는 중요한 요인은 풍미, 조직, 융해성, 색택, 포장상태, 미생물오염도 및 성분이며, 풍미와 조직이 가장 중요하다.

01 풍미 결함

① 유제품 원료에 기인하는 산화취, 가열취, 산패취 및 불쾌취 등이 나는 경우

② 과도한 단맛 또는 단맛이 부족한 경우

③ 풍미가 특색이 없거나 유쾌한 풍미를 주지 못한 경우

④ 풍미가 너무 강하거나 너무 약한 경우

02 조직 결함

① 사상조직(sandy texture)　　② 가볍고 푸석푸석한 조직(light, fluffy)

③ 거칠고, 구상조직(coarse, icy)　　④ 버터상조직(buttery)

※ **사상조직의 원인**

・무지고형분의 과잉으로 유당결정 형성　　・보온유지　　・유화제 부족

4 버터(butter)

1 의의 : 우유에서 분리한 크림을 서서히 교동하면 유지방구막이 파괴되고 지방만이 유출되어 좁쌀과 같은 크기로 엉킨다. 이것을 모아 짓이겨서 물이 지방에 분산되도록 유화시킨 것을 말한다.

2 버터의 종류

가염유무	• 가염버터(salted butter) : 식염을 1.5~2.0% 첨가하여 제조한 버터 • 무염버터(unsalted butter) : 식염을 첨가하지 아니한 것(제과용, 조리용, 심장질환자 급식용)
발효유무	• 발효버터(ripend butter) : 유산균을 접종하여 발효시킨 버터(산성버터) • 비발효버터(unripend butter) : 발효시키지 않은 버터(감성버터)
기타	• 분말버터, 강화버터, 거품버터, 재생버터, 유청버터 등

3 버터의 규격기준[식품공전]

01 정의 : 버터류라 함은 원유, 우유류 등에서 유지방분을 분리한 것이거나 발효시킨 것을 그대로 또는 이에 식품이나 식품첨가물을 가하여 교반, 연압 등 가공한 것을 말한다.

02 식품유형

① 버터 : 원유, 우유류 등에서 유지방분을 분리한 것 또는 발효시킨 것을 교반하여 연압한 것을 말한다(식염이나 식용색소를 가한 것 포함).

② 가공버터 : 버터의 제조·가공 중 또는 제조·가공이 완료된 버터에 식품 또는 식품첨가물을 가하여 교반, 연압 등 가공한 것을 말한다.

③ 버터오일 : 버터 또는 유크림에서 수분과 무지유고형분을 제거한 것을 말한다.

4 버터의 제조공정

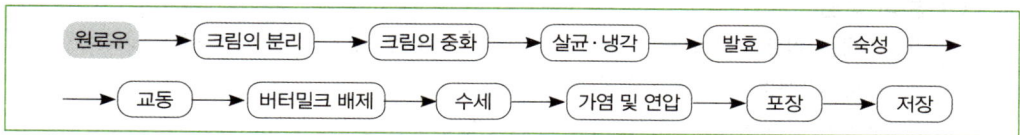

01 크림의 분리

① 원유검사에 합격한 원유를 크림분리기로 분리하여 사용한다.

② 지방 함량이 30~40% 범위가 되도록 조절한다.

02 크림의 중화

① 신선한 크림의 산도는 0.10~0.14%이다. 크림의 산도가 높으면 살균할 때 casein이 응고하여 버터의 품질을 저하시키고, 버터의 생산량을 감소시키는 원인이 된다.

② 원료 크림의 산도가 0.20~0.30%인 경우에는 중화제로 중화시켜 사용한다.

③ 중화제로는 $NaHCO_3$, Na_2CO_3, $NaOH$, CaO, $Ca(OH)_2$ 등이 있다.

④ 중화시켜야 할 젖산량(g)

$$중화시켜야 할 젖산량(g)=크림의 중량(kg)×\frac{원료크림 산도-목표 산도}{100}$$

03 살균 및 냉각

(1) 크림의 살균효과
① 유해균의 살균 및 지방 분해효소의 실활 등 보존성 향상
② 발효 시 젖산균 발육을 저해하는 물질 파괴
③ 휘발성 이취물질의 제거로 풍미 개선
④ 전연성(spreadability) 개선

(2) 살균 : 보통 75~85℃에서 5~10분간 살균하는 LTLT법과 90~98℃에서 15초간 살균하는 HTST법으로 한다.

(3) 냉각 : 여름철은 3~5℃, 겨울철은 6~8℃로 냉각한다.

04 발효
① 발효버터에만 적용되는 공정으로 젖산균을 순수배양한 버터 스타터를 살균된 크림에 첨가하여 발효시킨다.
② 생성된 젖산에 의해 크림 점도가 낮아지고, 이로 인하여 지방분리가 빠르게 되어 교동작업이 쉬워진다. 또 방향성 물질이 생성되어 버터의 풍미를 좋게 한다.
③ 버터 스타터는 *Streptococcus lactis*와 *S. cremoris*를 혼합해서 사용하며 *Luconostoc citrovorum*, *L. dextranicum* 및 *S. diacetylactis* 등의 방향생성균을 혼합 사용하기도 한다.
④ 산도 0.3%가 될 때까지 22℃에서 4~6시간 발효시킨다.

05 숙성 : 크림을 비교적 낮은 온도에서 교동하기 전까지 냉각, 저장하는 과정이다.

(1) 숙성효과
① 액상 유지방이 결정화되어 교동작업이 쉽다.
② 교동시간이 일정하게 된다.
③ 교동 후 버터밀크로의 지방 손실이 감소된다.
④ 버터의 경도와 전연성을 항시 일정하게 유지해 준다.
⑤ 버터에 과잉수분이 함유되지 않게 된다.

(2) 숙성방법 : 겨울철에는 8-19-16법, 여름철에는 19-16-8법을 이용한다.

06 교동(churnning)
① 크림에 기계적인 충격을 주어 지방구끼리 뭉쳐서 버터 입자가 형성되고 버터밀크와 분리되도록 하는 작업이다.
② 교동이론 : 상전환설(phase inversion theory), 포말선(form theory)
③ 교동온도 : 여름철 8~10℃, 겨울 12~14℃

④ 크림의 지방 함량 : 30~40%

⑤ 크림의 양 : 교동기 내의 크림용량은 1/3~1/2이고, 1/3 정도가 가장 적당하다.

⑥ 교동기 회전수 : 20~35rpm으로 50~60분

07 버터밀크의 배제

① 버터 입자 크기가 좁쌀 내지 콩알크기(0.3~0.6mm) 정도가 되었을 때 교동작업을 종료한다.

② 약 5분 정도 기다렸다가 교동기 밑에서 버터밀크를 제거한다.

③ 버터밀크의 온도 12~16℃, 버터밀크의 지방 함량 0.5~1.0%가 적당하다.

08 수세

① 버터 입자를 수세함으로써 버터 입자에 부착된 버터밀크를 완전히 제거하여 버터의 경도를 증가시키고, 수용액의 특이취를 제거하여 보존성을 높인다.

② 수세용 물은 위생상 양호해야 하고, 물의 온도는 버터밀크보다 1~2℃ 낮게 한다.

09 가염 : 버터의 풍미를 좋게 하고 미생물 증식을 억제하여 보존성을 향상시킨다. 식염의 첨가량은 1.0~2.5% 정도이다.

10 연압 : 버터입자를 덩어리로 만드는 조작이다.

(1) 연압 목적

① 식염의 용해를 촉진시켜 균일하게 분포시킨다.

② 수분을 분산시킴과 동시에 수분 함량을 조절한다.

③ 버터에 알맞은 점조성을 부여한다.

(2) 최적온도 : 여름철에는 14~16℃, 겨울철에는 15~18℃이고, 시간은 약 60~80분이다.

11 충전·포장

① 포장할 때의 버터의 온도는 10℃ 전후가 적당하다.

② 내포장 : 성형된 버터를 유산지(parchment paper), 비닐 및 은박지 등으로 포장한다.

③ 외포장 : 두꺼운 종이상자나 플라스틱 박스로 포장한다.

5 증용률(over run, %)

① 크림 또는 버터 지방량에 대해서 버터의 중량과 크림의 지방량 차이를 백분율로 나타낸 것이다.

$$증용률(\%) = \frac{버터의\ 중량(kg) - (크림의\ 중량 \times 크림의\ 지방률)}{크림의\ 중량 \times 크림의\ 지방률} \times 100$$

② 이론적으로는 증용률이 21~25% 정도로 나타나지만, 실제 약 14~16% 정도로 된다.

5 치즈(cheese)

1 의의 : 자연치즈는 원유 또는 유가공품에 유산균, 단백질 응유효소, 유기산 등을 가하여 응고시킨 후에 유청을 제거한 것이고, 가공치즈는 자연치즈를 주원료로 하여 이에 식품 또는 첨가물 등을 가한 후 유화시켜 제조한 것이다.

2 치즈류의 규격기준[식품공전]

01 정의 : 치즈류라 함은 원유 또는 유가공품에 유산균, 응유효소, 유기산 등을 가하여 응고, 가열, 농축 등의 공정을 거쳐 제조·가공한 자연치즈 및 가공치즈를 말한다.

02 식품유형

(1) 자연치즈 : 원유 또는 유가공품에 유산균, 응유효소, 유기산 등을 가하여 응고시킨 후 유청을 제거하여 제조한 것을 말한다. 또한, 유청 또는 유청에 원유, 유가공품 등을 가한 것을 농축하거나 가열 응고시켜 제조한 것도 포함한다.

(2) 가공치즈 : 치즈를 원료로 하여 가열·유화 공정을 거쳐 제조 가공한 것으로 치즈 유래 유고형분 18% 이상인 것을 말한다.

3 자연치즈의 제조공정

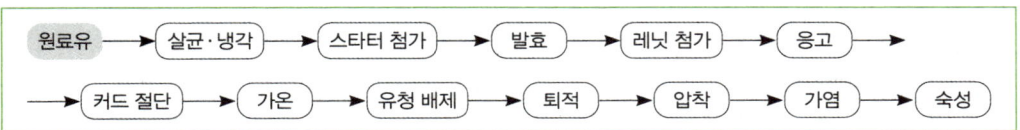

01 원료유
① 선도검사, 미생물검사, 항생물질검사 등에 합격한 신선한 양질의 우유를 선별한다.
② 지방과 단백질을 표준화하고 여과 청정 후 살균하여 치즈 제조에 사용해야 한다.

02 살균·냉각
① 살균온도 : 72~75℃에서 15~16초간 살균하는 HTST(고온단시간법)이 주로 사용되나 63℃에서 30분 LTLT(저온장시간법)도 이용된다.
※ UHT법은 응고가 지연되기 때문에 잘 사용하지 않는다.
② 냉각온도 : 30~35℃(배양온도로)

03 발효 : 유산균 스타터를 제조량에 0.5~2% 첨가한다. 발효시간은 치즈 종류, 유질 및 스타터 활력에 따라 다르지만 보통 20~50분 소요된다.

04 레닛(rennet) 첨가 : 레닛은 원료유에 대해 0.002~0.004%를 첨가(2% 식염수에 용해)하여 잘 저어준다. 레닛의 최적온도는 41℃이고, 작용온도는 30~48℃이며, 최적 pH는 5.35이다.

05 응고(setting) : 치즈 배트의 뚜껑을 덮고 배트가 흔들리지 않게 정치하며 응고시간은 20~40분이 적당하다.

06 커드 절단(cutting)

① 절단시기는 칼이나 손을 커드 속에 넣어서 살며시 위쪽으로 올렸을 때 커드(curd)가 깨끗이 갈라지고 유청이 약간 스며 나올 때이다.

② 커드칼을 이용하여 0.5~2cm 간격으로 입방체로 절단한다.

③ 절단목적은 커드의 표면적을 넓게 하여 유청(whey) 배출을 쉽게 하고, 온도를 높일 때 온도의 영향을 균일하게 받도록 하기 위함이다.

07 커드 가온(cooking)

① 절단된 커드의 재응집화를 막기 위해 교반기(curd rake)로 서서히 교반하면서 가온한다.

② 연질치즈는 35℃ 전후, 경질은 39℃ 전후까지 가온한다. 가온 시에는 온도를 1℃ 높이는 데 2~5분이 걸리도록 서서히 가온한다.

③ 가온목적은 유청 배출이 빨라지고, 수분조절이 되고, 유산발효가 촉진되고, 커드가 수축되어 탄력성 있는 입자로 되기 위함이다.

08 유청 제거(whey off) : 유청의 산도가 적당하게 상승하면 유청을 제거한다. 유청의 반은 산도 0.14~0.15에서, 나머지 유청은 산도 0.20~0.22에서 완전히 제거한다.

09 압착(pressing) : 유청 배제가 끝난 커드를 성형틀에 넣고 압착기로 압착한다. 압착은 유청을 배제하는 동시에 치즈 특유의 모양이 형성되고, 치밀한 조직이 만들어진다. 2bar에서 30분 예비압착, 4~10bar에서 8~15시간 본압착을 한다.

10 가염(salting)

① 가염은 치즈의 풍미를 좋게 하고 수분 함량을 조절하며 젖산발효와 잡균에 의한 이상발효를 억제하는 데 있다.

② 건염법(예상 생산량에 비해 식염 2~3% 살포), 습염법(20% 식염용액에 침지)

11 숙성

① 압착과 가염을 바로 마친 치즈를 생치즈(green cheese)라 한다.

② 일부 연질치즈를 제외한 거의 모든 치즈는 일정한 기간 동안 숙성시킨다.

③ 숙성을 시키면 치즈 특유의 풍미와 부드러운 조직을 갖게 되고 소화가 잘 된다.

④ 숙성은 치즈종류에 따라 다르나 보통 5~15℃이다.

4 가공치즈의 제조공정 : 가공치즈란 숙성도가 다양한 자연치즈에 유화염(emulsifying salt)을 넣어 용해(melting)시킨 후 포장 냉각한 것을 말한다.

01 제조원리

$$\text{Ca-paracaseinate} + \text{유화염} + \text{물} \xrightarrow{\triangle} \text{Na-paracaseinate(이온교환)}$$
(gel 상태)   (melting salt)   (sol 상태)

02 제조공정

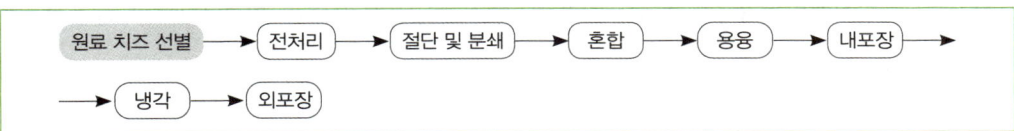

원료 치즈 선별	• 자연치즈는 체다(3~6개월)를 주로 사용하며 이외에 다양한 치즈를 혼합사용할 수 있다. • 품질을 균일하게 하기 위해서 원료 치즈의 수분, 지방 함량 및 숙성도를 측정해야 한다.
전처리	• 포장재의 제거, 린드의 제거 및 표면 청정 등의 전처리를 한다.
절단 및 분쇄	• 원료 치즈, 버터 등을 적당한 크기로 절단한 후 초퍼로 분쇄한다.
혼합	• 분쇄된 원료 치즈, 버터 등과 유화제, 여러 가지 첨가물을 혼합한다.
용융(유화)	• 60~70℃에서 20~30분, 85℃에서 5분간 교반하면서 가열하여 유화시킨다. 교반기 종류, 속도에 따라 조직이 달라진다.
충전 및 내포장용융(유화)	• 유화를 마친 치즈는 온도가 50℃ 이하로 내려가기 전에 성형틀(mold)에 내포장지를 넣고 충전·포장한다.
냉각	• 빠르게 냉각하면 조직이 부드러워지고, 느리게 냉각하면 조직이 단단해진다.
외포장	–

03 유화제(emulsifying salts)

(1) 유화제의 종류 : 오늘날 가공치즈 제조에 사용되는 유화염은 citrates, orthophosphate와 polyphophate이고 이들은 각각 혹은 혼합하여 사용한다.

(2) 유화제의 작용과 특성

① 이온교환 작용 : Ca과 Na의 이온교환 능력, 이온교환능은 phosphate의 중합도와 관련이 있다.

② pH 조절과 완충작용 : 가공치즈의 제조 시 pH 범위는 5.2~6.2이다.

③ creaming effect(크리밍 효과) : 화학적 조성 변화 없이 조직을 변화시킨다.

④ 보존기간, 맛, 색상 등에도 영향을 미친다.

6 연유(condensed milk)

1 의의 : 원유 또는 저지방우유를 그대로 농축한 것이거나 설탕을 가하여 농축한 것으로 농축유라고도 한다.

2 연유의 종류

01 가당연유 : 생유 또는 시유에 17% 전후의 설탕을 첨가하여 2.5:1 비율로 농축한 것이다.

① 전지가당연유 : 원유에 설탕을 가하여 농축한 것
② 탈지가당연유 : 원유의 유지방을 0.5% 이하로 조정한 후에 설탕을 가하여 농축한 것

02 무당연유 : 생유 또는 시유를 2.3:1 비율로 농축한 것이다.
① 전지무당연유 : 원유를 그대로 농축한 것
② 탈지무당연유 : 원유의 유지방을 0.5% 이하로 조정하여 농축한 것

3 농축유류 규격기준[식품공전]

01 정의 : 농축유류라 함은 원유 또는 우유류를 그대로 농축한 것이거나 원유 또는 우유류에 식품 또는 식품첨가물을 가하여 농축한 것을 말한다.

02 식품유형
① 농축우유 : 원유를 그대로 농축한 것을 말한다.
② 탈지농축우유 : 원유의 유지방분을 0.5% 이하로 조정하여 농축한 것을 말한다.
③ 가당연유 : 원유에 당류를 가하여 농축한 것을 말한다.
④ 가당탈지연유 : 원유의 유지방분을 0.5% 이하로 조정한 후 당류를 가하여 농축한 것을 말한다.
⑤ 가공연유 : 원유 또는 우유류에 식품 또는 식품첨가물을 가하여 농축한 것을 말한다.

03 성분규격[식품공전 참조]

4 가당연유의 제조공정

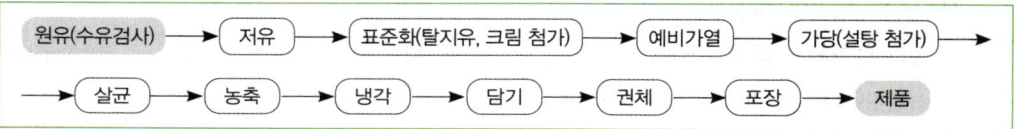

01 수유검사 : 관능검사, 산도 측정, 알코올 시험 등에 의해 신선하고 열안정성이 높은 우유를 선택하여야 한다.

02 표준화 : 지방과 전고형분 함량을 측정한 다음 제품규격에 따라 표준화한다. 피어슨 식에 의하여 주로 지방률을 표준화한다.

03 예비가열(preheating) : 농축하기 전에 가열, 살균하는 공정이다. 80℃에서 5~10분간 또는 110~120℃에서 2초간 가열을 한다.

(1) 예비가열의 효과
① 미생물과 효소 등을 파괴하여 제품의 저장성을 높인다.
② 수분증발을 빠르게 하고 가열면에 우유가 눌어붙는 것을 방지한다.
③ 농축처리 전에 우유단백질을 변성시켜 농축 중 열안정성을 높인다.
④ 첨가한 당을 완전히 용해시킨다.
⑤ 제품의 농후화(age thickening)를 억제한다.

04 설탕 첨가 : 가당연유는 원유에 대하여 16~17%의 설탕을 첨가한다. 설탕은 단맛을 부여하고 세균번식을 억제하여 제품의 보존성을 높인다.

05 농축

① 살균된 우유의 수분을 제거하여 고형분(TS)을 높이는 작업이다.

② 우유의 농축은 진공상태에서 낮은 온도로 가열하여 수분의 증발속도를 빠르게 하면서 우유의 성분을 크게 변하지 않도록 하는 진공농축법이 많이 이용된다.

③ 농축기 내의 진공도 610~680mmHg, 온도 38~53℃에서 20~30분 농축한다. 이중효용 진공솥을 사용할 경우 제1 진공솥은 진공도 460~510mmHg에서 65~70℃로, 제2 진공솥은 진공도 660~710mmHg에서 38~42℃로 농축한다.

④ 농축의 완성을 판단하는 지표는 비중 1.250~1.350, 30~40 Bé 정도이다.

06 냉각

① 가당연유의 냉각은 과포화 상태로 들어있는 유당이 냉각에 의하여 결정화되는데, 이 결정이 적어도 $10\mu m$ 이하의 미세결정이 되도록 하여 사상조직이 되지 않도록 하는 데 목적이 있다.

② 농축이 완료된 농축유는 30분 내에 29~30℃로 신속하게 냉각시키고 여기에 유당핵을 연유의 양에 대하여 0.04~0.1% 접종(seeding)하여 20℃로 냉각시키면서 교반시킨다.

07 충전·포장 : 냉각이 끝난 다음 기포를 없애기 위해 10~12시간 방치한 후 멸균 냉각된 공관에 충전 및 밀봉한다.

5 가당연유의 품질

01 발효에 의한 팽창

① 팽창의 원인이 되는 가스발효는 연유의 가장 큰 결함이다.

② 설탕을 발효시켜 주로 알코올과 탄산가스를 생산하는 효모와 내열성 호기성 아포형성세균인 *Bacillus cereus*, *B. cogulans* 등이 가스를 생성한다.

02 농후화

① 미생물학적 원인은 연쇄상구균, 포도상구균, 젖산간균 등이 생성하는 젖산, 개미산, 초산 등의 유기산과 응유효소에 의해 농후화된다.

② 이화학적 원인은 칼슘, 마그네슘, 인산염, 구연산염 간의 염류평행이 깨지면 우유 중 단백질이 불안정하게 되어 농후화되고, 산도가 높으면 카제인이 불안정하게 되어 농후화가 촉진된다.

03 과립 생성 : 황색 또는 적색을 띤 덩어리 모양의 응고물을 과립이라 한다. 금속취와 고취가 발생하는데, 주로 곰팡이에 기인한다.

04 사상결정과 당침

① 유당의 결정크기가 $10\mu m$ 이하이면 좋은 품질이지만, 15~20μm는 약간 사상(sandy)이 나타나고, 30μm 이상일 때 사상조직이 확실히 느낄 수 있으며 상품가치가 떨어진다.

② 통조림관 하부에 유당이 가라앉는 당침현상은 유당결정 크기가 20μm 이상일 때 발생한다.

6 무당연유의 제조공정

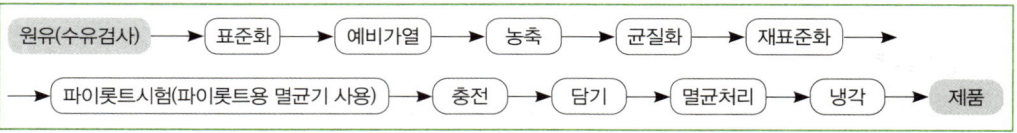

※ 제조공정상 무당연유가 가당연유와 다른 점

- 설탕을 첨가하지 않는다.
- 멸균처리한다.
- 균질화 작업을 실시한다.
- 파이롯트 시험을 실시한다.

01 균질 : 보존 중에 지방분리 현상을 방지하기 위해 균질화한다. 50~60℃에서 1단 140~210kg/cm^2, 2단 25kg/cm^2 정도로 균질한다.

※ 가당연유는 고농도의 설탕에 의한 점성으로 지방의 분리를 막을 수 있다.

02 멸균

① 가당연유와 달리 무당연유는 설탕을 첨가하지 않아 보존성이 없으므로 고온으로 미생물이나 효소를 파괴하여 보존성을 높여야 한다.

② 멸균은 배치식인 경우에는 115~117℃에서 15~20분, 연속식인 경우에는 124~138℃에서 1~3분 멸균한다.

03 파이롯트 시험 : 농축연유를 캔에 담아서 고온살균을 할 때에 제품의 멸균효과와 잘못된 멸균 조작을 방지하기 위해, 일정량의 시료로 실제 멸균조건의 안전성과 안정제의 첨가유무를 결정한다.

7 무당연유의 품질

01 지방 분리 : 균질화가 불완전하거나 고온에서 장시간 저장했을 때 지방 분리가 일어난다.

02 응고 : 미생물학적 원인으로는 멸균처리가 불완전하거나 내열성 아포형성균이 오염된 원료유를 사용하거나 밀봉불량으로 산이나 응유효소를 생성하는 미생물이 멸균 후에 2차 오염된 경우에 응고한다. 이화학적 원인으로는 원료유 산도가 높을 때, 유청단백질 함량이 높을 때, 염류평형이 맞지 않을 때 등이다.

03 가스발효(팽창) : 가스발효에 의한 팽창은 무당연유의 가장 두드러진 미생물학적 결함이다. 멸균이 불완전하거나 권체 불량으로 미생물에 오염되어 가스발효가 발생된다.

04 침전 : 무당연유를 오래 저장하면 백색 사상의 침전이 생긴다. 주로 구연산삼칼슘[$Ca_3(C_6H_5O_7)_2$]이고 소량의 인산삼칼슘과 인산삼마그네슘을 함유하고 있다. 제품의 저장온도와 농도가 높을수록 침전량이 많아진다.

05 갈변화 : 제조시의 가열처리에 의하여 maillard 반응을 일으켜 갈변하게 된다. 고형분 농도가 높을수록 갈변화되기 쉽다.

06 풍미의 변화 : 보존 중에 쓴맛과 신맛을 내는 경우가 있다. 이것은 불완전한 멸균처리로 내열성 세균이 증식하여 산을 생성하거나 단백질을 분해하기 때문이다.

7 분유(powder milk)

1 의의 : 원유 또는 탈지우유를 그대로 또는 이에 식품 또는 첨가물 등을 가하여 각각 분말화한 것을 말한다.

2 분유의 종류

전지분유	원유를 분말화한 것이다.
탈지분유	원유의 유지방을 부분적으로 제거하여 분말화한 것이다.
가당분유	원유에 설탕을 가하여 분말화한 것이다.
혼합분유	원유, 전지분유, 탈지유 또는 탈지분유에 곡분, 곡류가공품, 코코아 등의 식품 또는 첨가물 등을 가하여 분말상으로 한 것이다.
조제분유	원유 또는 유가공품을 원료로 하여 모유의 성분과 유사하게 제조한 분말상의 것이다.

3 분유류의 규격기준[식품공전]

01 정의 : 분유류라 함은 원유 또는 탈지유를 그대로 또는 이에 식품 또는 식품첨가물을 가하여 가공한 분말상의 것을 말한다.

02 식품유형

전지분유	원유에서 수분을 제거하여 분말화한 것을 말한다. (원유 100%)
탈지분유	탈지유(유지방 0.5%이하)에서 수분을 제거하여 분말화한 것을 말한다. (탈지유 100%)
가당분유	원유에 당류(설탕, 과당, 포도당, 올리고당류)를 가하여 분말화한 것을 말한다. (원유 100%, 첨가한 당류는 제외)
혼합분유	원유, 전지분유, 탈지유 또는 탈지분유에 곡분, 곡류가공품, 코코아가공품, 유청, 유청분말 등의 식품 또는 식품첨가물을 가하여 가공한 분말상의 것으로 원유, 전지분유, 탈지유 또는 탈지분유(유고형분으로써) 50% 이상의 것을 말한다.

03 성분규격[식품공전 참조]

4 분유의 제조공정(전지분유)

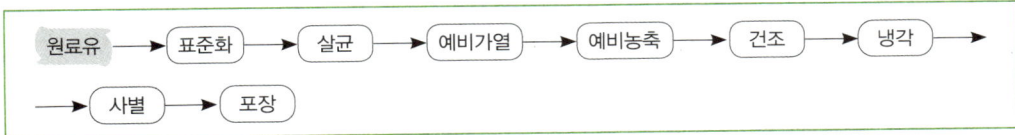

01 원료유의 검사 : 풍미, 알코올 시험, 산도, 비중 및 세균수 등을 검사하여 신선한 우유를 사용한다.

02 표준화 : 제품의 규격에 따라 표준화한다.

03 예열(preheating)

예열의 목적	• lipase, peroxidase 등의 효소를 불활성화시킨다. • 대장균, 포도상구균 등의 유해세균 등을 사멸시킨다. • 단백질의 열변성을 최소화하여 분유의 용해성을 향상시킨다.
예열의 방법	• HTST법 : 70~85℃에서 15~30초 살균 • UHT법 : 120~150℃에서 1~2초 살균

04 예비농축

예비농축의 목적	• 열효율을 높이고, 건조시간을 단축시킨다. • 분유입자의 분산성과 제품의 보존성 및 품질을 향상시킨다.
예비농축의 방법	• 예열이 끝난 우유는 즉시 진공 농축기에서 농축한다. • 농축기 온도는 50~60℃, 진공도는 635~660mmHg 정도이다. • 농축은 전고형분이 40~50% 정도될 때까지 농축한다.

05 분무건조(spray drying)

① 건조실 내에 열풍을 불어넣고, 열풍 속으로 농축우유를 분무시키면 무수한 미세입자가 되어 표면적이 크게 증가함으로써 수분이 순간적으로 증발한다.

② 공기건조기의 공기온도는 150~250℃, 공기압력은 50~150kg/cm² 정도이다.

③ 열의 대부분은 기화열로 빼앗기게 되므로 유적이 받는 온도는 50℃ 내외에 불과하여 분유는 열에 의한 성분변화는 거의 없다.

06 충전·포장 : 냉각하여 20~30mesh의 체로 거친 입자를 제거한 다음, 계량하여 충전·포장한다. 충진 시에는 분유를 충분히 냉각시켜야 하며 건조한 곳에서 취급되어야 한다.

8 발효유(fermented milk)

1 의의 : 우유, 산양유 및 마유 등과 같은 포유동물의 젖을 원료로 하여 젖산균이나 효모 또는 이 두 종류의 미생물을 병용하여 발효시킨 제품을 말한다.

2 발효유의 종류

01 최종발효산물에 따른 분류

젖산 발효유	• 젖산균에 의해서만 발효시킨 것으로 산유라고도 한다. • 요구르트, acidophilus milk, calpis 등이 있다.
알코올 발효유	• 젖산균과 특수한 효모를 병용하여 유산 발효와 알코올 발효시킨 것이다. • kumiss, kefir, leben 등이 있다.

02 제조방법에 따른 분류 : 세트타입 요구르트, 스터드타입 요구르트, 드링크타입 요구르트 등

03 제품의 물리적 성상에 따른 분류 : 액상 요구르트, 호상 요구르트 등

③ 발효유류의 규격기준[식품공전]

01 정의 : 발효유류라 함은 원유 또는 유가공품을 유산균 또는 효모로 발효시킨 것이거나, 이에 식품 또는 식품첨가물을 가한 것을 말한다.

02 식품유형

① 발효유 : 원유 또는 유가공품을 발효시킨 것이거나, 이에 식품 또는 식품첨가물을 가한 것으로 무지유고형분 3% 이상의 것을 말한다.

② 농후발효유 : 원유 또는 유가공품을 발효시킨 것이거나, 이에 식품 또는 식품첨가물을 가한 것으로 무지유고형분 8% 이상의 호상 또는 액상의 것을 말한다.

③ 크림발효유 : 원유 또는 유가공품을 발효시킨 것이거나, 이에 식품 또는 식품첨가물을 가한 것으로 무지유고형분 3% 이상, 유지방 8% 이상의 것을 말한다.

④ 농후크림발효유 : 원유 또는 유가공품을 발효시킨 것이거나, 이에 식품 또는 식품첨가물을 가한 것으로 무지유고형분 8% 이상, 유지방 8% 이상의 것을 말한다.

⑤ 발효버터유 : 버터유를 발효시킨 것으로 무지유고형분 8% 이상의 것을 말한다.

⑥ 발효유분말 : 원유 또는 유가공품을 발효시킨 것이거나, 이에 식품 또는 식품첨가물을 가하여 분말화한 것으로 유고형분 85% 이상의 것을 말한다.

④ 발효유의 제조공정

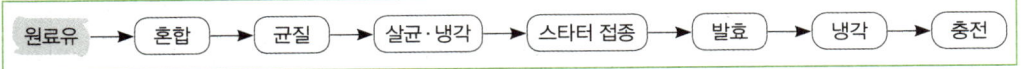

01 원료유 : 신선도검사와 항생물질검사에 합격한 원료를 사용한다. 고형분이 많을수록 발효유 조직이 단단하다.

02 mix의 혼합 : 설탕, 안정제를 일정량씩 평량하여 혼합하고, 용해한다.

03 균질 : 온도 55~80℃, 균질압력 80~250kg/cm²

04 살균·냉각 : 일반적으로 80~90℃에서 20~30분간 살균한다. 곧바로 30~35℃로 냉각한다.

05 스타터 첨가 : *L. casei*, *L. acidophilus*, *L. bulgaricus*, *L. helveicus*, *S. thermophilus* 등의 유산균을 3~4종 혼합배양한다. 배양된 유산균 스타터를 제조량에 대해 2% 접종한다.

06 발효

보통 유산균	20~35℃에서 14~20시간 배양
고온 유산균	30~38℃에서 6~8시간 배양
혼합 유산균(LB+ST)	40~45℃에서 2~3.5시간 배양

※ 최종산도가 0.7~0.9 정도 되면 냉각한다.

5 농후 발효유의 제조공정

01 스터드 타입 : 원료유 → 표준화 → 균질 → 살균·냉각 → 스타터 접종 → 벌크배양 → 냉각 → 과육혼합 → 충전·포장 → 제품

02 세트 타입 : 원료유 → 표준화 → 균질 → 살균·냉각 → 스타터 접종 → 충전·포장 → 발효 → 냉각 → 제품

03 드링크 타입 : 원료유 → 표준화 → 균질 → 살균·냉각 → 스타터 접종 → 벌크배양 → 냉각 → 커드 분쇄 → 과즙혼합 → 충전·포장 → 제품

6 젖산 알코올 발효유 : 젖산 발효와 알코올 발효를 동시에 시킨 제품으로 젖산 이외에 알코올과 일부 탄산가스가 포함되어 있는 것이 특징이며 케피어(kefir), 쿠미스(kumiss), 레벤(leben) 등이 있다.

Chapter 02 | 육류가공

1 원료육의 생산

1 도축 전처리(소, 돼지)

① 아무리 우수한 축육이라도 도축 전 취급이 잘못되면 육질과 보존성에 문제가 생긴다.

② 장시간 수송에 따라서 불안, 흥분상태에 있기 때문에 계류장에서 약 12~24시간 정도 안정시켜야 한다.

③ 물은 충분히 공급하지만 사료는 공급하지 않는다.

④ 도축 전 가축에 급수, 사료절식, 안정 시, 도축 후 방혈이 잘되어 육질이 좋고 해체작업도 용이하게 할 수 있다.

2 도축검사 : 축산물위생관리법에 의해 전문수의 검사관이 하여야 하며, 도축검사 신청을 받은 후에 생체검사, 해체검사, 시설검사 및 특수검사 등을 실시한다. 생체검사는 대개 도축 전 두 시간 이전에 계류장에서 실시한다.

3 가축의 도축 및 해체 : 도축은 가축에게 고통을 짧게 주고, 기절시킨 뒤 완전방혈시켜야 한다. 냉수를 뿌려 오물을 제거하고, 체온을 떨어뜨려야만 도축 후 방혈작업이 순조롭고 육질이 양호하게 유지된다.

4 방혈 및 탈모

① 도축 직후에 칼을 사용하여 목동맥 또는 목정맥을 절단하여 뒷다리를 현수시켜 짧은 시간에 방혈시켜야 한다.

② 탈모작업은 돼지나 닭의 경우 탕침온도 65.5~82.2℃의 물을 이용하여 탕침시킨 후 털이 빠지게 하여 탈모기에 걸거나 손으로 탈모한다.

5 도체 분할

① 배쪽을 위쪽 방향으로 놓고 중앙선을 중심으로 절개하여 내장을 적출하고, 머리와 다리 끝을 절단한 후 도체의 척추 중앙을 전기톱으로 종단하여 좌우 반쪽으로 도체를 만든다.
② 반도체로 현수시켜 작업 중에 붙은 오염물질, 잔류혈액을 씻어내고, 5~10℃ 냉장실에서 보관한다.

6 도체율과 정육률

01 도체(지육, carcass) : 가축을 도축시킨 후 2분체, 4분체의 뼈가 붙어 있는 고기를 말한다. 생체 무게에 대한 도체의 비율을 도체율(dressing, %)이라 한다.

$$도체율(지육률) = \frac{도체 \ 무게(또는 \ 지육 \ 중량)}{생체 \ 무게} \times 100$$

02 정육(fresh) : 도체에서 뼈를 제거한 순수한 가식부의 고기를 말한다. 도체 무게에 대한 정육의 비율을 정육률(fresh, %)이라 한다.

$$정육률 = \frac{정육 \ 무게}{도체 \ 무게(또는 \ 지육 \ 중량)} \times 100$$

2 우리나라의 지육등급기준

1 축산물등급제 : 우리 식생활에 이용되는 축산물(쇠고기, 돼지고기, 닭고기, 오리고기, 계란)의 품질을 정부가 정한 일정 기준에 따라 구분하여 품질을 차별화함으로써 소비자에게 구매지표를 제공하고, 생산자에게는 보다 좋은 품질의 축산물을 생산하게 하여, 축산물 유통을 원활하게 하는 생산자·유통업자·소비자 모두를 위한 제도이다.

2 등급 판정 대상품목 : 축산물등급 판정은 계란, 소, 돼지, 말, 닭, 오리의 도체 및 닭의 부분육을 대상으로 한다.

[도체 및 계란의 등급판정 요약]

소 도체	육량등급	• 배최장근단면적, 등지방두께, 도체중량을 측정하여 육량지수에 의해 A, B, C 등급으로 구분
	육질등급	• 근내지방도(marbling), 육색, 지방색, 조직감, 성숙도에 따라 1++, 1+, 1, 2, 3의 5개 등급으로 구분

	1차 등급관정	• 도체의 중량과 등지방두께 등에 따라 1⁺, 1, 2등급으로 1차 등급 부여
돼지 도체	2차 등급관정	• 외관 및 육질 판정 : 비육 상태, 삼겹살 상태, 지방부착 상태, 지방 침착도, 육색, 육조직감, 지방색, 지방질을 종합하여 1⁺, 1, 2, 등외 등급으로 판정 • 결함 판정 : 방혈 불량, 이분할 불량, 골절, 척추 이상, 농양, 근출혈, 호흡기 불량, 피부 불량, 근육 제거, 외상 등 등급 하향
	최종 등급관정	• 1차 등급 판정 결과와 2차 등급 판정 결과 중 가장 낮은 등급으로 함
닭 도체	품질등급	• 외관, 비육상태, 지방부착, 잔털, 신선도, 외상, 뼈의 상태, 냄새 등에 따라 A, B, C로 판정하고 ① 전수등급관정, ② 표본등급관정 결과에 따라 1⁺, 1, 2등급으로 최종 등급부여
	중량규격	• 5~17호
계란	품질등급	• 1⁺, 1, 2등급
	중량규격	• 소란, 중란, 대란, 특란, 왕란

3 소도체 등급판정

01 소도체의 육량등급 판정기준 : 등지방두께, 배최장근단면적, 도체의 중량을 측정하여 육량지수에 따라 다음과 같이 A, B, C의 3개 등급으로 구분한다.

[육량등급 판정기준]

품종	성별	육량 지수		
		A등급	B등급	C등급
한우	암	61.83 이상	59.70 이상 61.83 미만	59.70 미만
	수	68.45 이상	66.32 이상 68.45 미만	66.32 미만
	거세	62.52 이상	60.40 이상 62.52 미만	60.40 미만
육우	암	62.46 이상	60.60 이상 62.46 미만	60.60 미만
	수	65.45 이상	63.92 이상 65.45 미만	63.92 미만
	거세	62.05 이상	60.23 이상 62.05 미만	60.23 미만

02 소도체의 육질등급 판정기준 : 근내지방도(marbling), 육색, 지방색, 조직감, 성숙도에 따라 1⁺⁺, 1⁺, 1, 2, 3의 5개 등급으로 구분한다.

(1) 근내지방도 : 등급관정부위에서 배최장근단면에 나타난 지방분포정도를 부도4(축산물등급관정소 참조)의 기준과 비교하여 해당되는 기준의 번호로 등급을 구분한다.

[근내지방도 등급 판정기준]

근내지방도	예비등급
근내지방도 번호 7, 8, 9에 해당되는 것	1^{++}등급
근내지방도 번호 6에 해당되는 것	1^{+}등급
근내지방도 번호 4, 5에 해당되는 것	1등급
근내지방도 번호 2, 3에 해당되는 것	2등급
근내지방도 번호 1에 해당되는 것	3등급

(2) 육색 : 등급판정부위에서 배최장근단면의 고기색깔을 부도5(축산물등급관정소 참조)에 따른 육색기준과 비교하여 해당되는 기준의 번호로 등급을 구분한다.

[육색 등급 판정기준]

육색	등급
육색 번호 3, 4, 5에 해당되는 것	1^{++}등급
육색 번호 2, 6에 해당되는 것	1^{+}등급
육색 번호 1에 해당되는 것	1등급
육색 번호 7에 해당되는 것	2등급
육색에서 정하는 번호 이외에 해당되는 것	3등급

(3) 지방색 : 등급판정부위에서 배최장근단면의 근내지방, 주위의 근간지방과 등지방의 색깔을 부도6(축산물등급관정소 참조)에 따른 지방색기준과 비교하여 해당되는 기준의 번호로 등급을 구분한다.

[지방색 등급 판정기준]

지방색	등급
지방색 번호 1, 2, 3, 4에 해당되는 것	1^{++}등급
지방색 번호 5에 해당되는 것	1^{+}등급
지방색 번호 6에 해당되는 것	1등급
지방색 번호 7에 해당되는 것	2등급
지방색에서 정하는 번호 이외에 해당되는 것	3등급

(4) 조직감 : 등급판정부위에서 배최장근단면의 보수력과 탄력성을 별표1(축산물등급관정소 참조)에 따른 조직감 구분기준에 따라 해당되는 기준의 번호로 등급을 구분한다.

[조직감 등급 판정기준]

조직감	등급
조직감 번호 1에 해당되는 것	1^{++}등급
조직감 번호 2에 해당되는 것	1^{+}등급
조직감 번호 3에 해당되는 것	1등급
조직감 번호 4에 해당되는 것	2등급
조직감 번호 5에 해당되는 것	3등급

(5) 성숙도 : 왼쪽 반도체의 척추 가시돌기에서 연골의 골화정도 등을 별표2(축산물등급판정소 참조)에 따른 성숙도 구분기준과 비교하여 해당되는 기준의 번호로 판정한다.

03 소도체의 최종등급 판정 : 근내지방도, 육색, 지방색, 조직감을 개별적으로 평가하여 그 중 가장 낮은 등급으로 우선 부여하고, 성숙도 규정을 적용하여 최종 등급을 부여한다.

[성숙도에 따른 소도체 육질등급 최종판정기준]

육질등급	성숙도 구분기준	
	1~7	8~9
1^{++}등급	1^{++}등급	1^{+}등급
1^{+}등급	1^{+}등급	1등급
1등급	1등급	2등급
2등급	2등급	3등급
3등급	3등급	3등급

04 소도체의 최종등급 표시 : 육질등급을 1^{++}, 1^{+}, 1, 2, 3으로 표시하고, 등외등급으로 판정된 경우에는 등외로 표시한다. 다만, 신청인 등이 희망하는 경우에는 육량등급도 함께 표시할 수 있다.

[육질등급 표시]

육질등급					등외등급
1^{++}등급	1^{+}등급	1등급	2등급	3등급	
1^{++}	1^{+}	1	2	3	등외

[육질등급과 육량등급 함께 표시]

구분		육질등급					
		1++등급	1+등급	1등급	2등급	3등급	등외등급
육량등급	A등급	1++A	1+A	1A	2A	3A	
	B등급	1++B	1+B	1B	2B	3B	
	C등급	1++C	1+C	1C	2C	3C	
	등외등급						등외

※ 등급 표시를 읽는 방법 예시

• 1++A : 일투플러스에이등급   • 1+B : 일플러스비등급   • 3C : 삼씨등급

4 돼지도체 등급판정

01 돼지도체의 등급 판정방법

① 돼지도체 등급판정 방법은 온도체 등급 판정방법으로 한다. 다만, 종돈개량, 학술연구 등의 목적으로 냉도체 육질측정방법을 희망할 경우 측정항목을 제공할 수 있다.

② 돼지도체 등급판정은 인력등급판정 또는 기계등급판정 중 한 가지를 선택하여 적용할 수 있다.

02 돼지도체의 1차 등급 판정기준

① 돼지를 도축한 후 2분할된 좌반도체에 대하여 다음 항목을 측정하여 판정한다.

• 도체중량 : 도체중량은 도축장 경영자가 측정하여 제출한 도체 한 마리 분의 중량을 kg단위로 적용한다.
• 인력등급판정방법에 따른 등지방두께 : 등지방두께는 왼쪽 반도체의 마지막 등뼈와 제1허리뼈 사이의 등지방두께와 제11번 등뼈와 제12번 등뼈 사이의 등지방두께를 품질평가사가 측정자로 측정한 다음, 그에 대한 평균치를 mm단위로 적용한다.
• 기계적등급판정방법에 따른 등지방두께 및 등심직경 : 등급판정보조장비인 초음파기계(Ultrafom, A-mode)를 사용하여 왼쪽 반도체의 제12등뼈와 제13등뼈 사이의 2분할 단면에서 복부방향으로 6cm지점 들어간 도체표면에 기계를 밀착시킨 상태에서 등지방두께와 등심직경의 최단거리를 mm단위로 측정한다.

② 측정된 도체의 중량과 등지방두께 등을 이용하여 1+등급, 1등급 또는 2등급으로 1차 등급을 부여한다.

03 돼지도체의 2차 등급 판정기준

(1) 인력등급 판정

외관 및 육질등급 판정	외관 및 육질 판정은 비육상태, 삼겹살상태, 지방부착상태, 지방침착도, 육색, 육조직감, 지방색, 지방질을 종합하여 1+, 1, 2, 등외등급으로 판정한다.
결함판정	방혈불량, 이분할불량, 골절, 척추이상, 농양, 근출혈, 호흡기불량, 피부불량, 근육제거, 외상 등으로 판정하고, 결함이 확인되는 경우 등급을 하향(최대 2등급까지)하거나 등외등급으로 2차 판정한다.

(2) **기계등급 판정의 2차 등급 판정 및 최종등급 판정** : 인력등급 판정과 동일하게 적용한다.

04 돼지도체의 최종등급 판정 : 1차 등급 판정 결과와 2차 등급 판정 결과 중 가장 낮은 등급으로 한다.

05 돼지도체의 최종등급 표시 : 등급표시는 최종 등급 판정결과 1$^+$, 1, 2를 도체에 표시한다. 등외 등급으로 판정된 경우에는 등외를 도체에 표시한다.

06 이상육 중 PSE육, DFD육

(1) PSE육(pale soft exdudative)

① 육색이 창백하고, 근육조직이 단단하지 못하고, 흐늘거리며, 수분분리가 많이 일어난다.

② 돼지고기 중 20% 정도가 발생한다.

③ PSE육은 조리 시 수분손실이 많이 발생하기 때문에 다즙성(juiceness)이 떨어지고, 가공육 제조 시 결착력이 낮고, 감량이 많은 결점이 있어 경제적 손실이 크다.

(2) DFD육(dark firm dry)

① 육색이 검고, 조직이 단단하며, 건조한 외관을 나타낸다.

② 쇠고기에서 주로 많이 발생하며 약 3% 정도이다.

③ 원인은 도살 전 피로, 운동, 절식, 흥분 등의 스트레스를 받았을 때에 근육 내의 글리코겐 (glycogen)이 고갈되어 근육 pH가 높은 상태로 유지되기 때문이다.

3 식육의 화학적 성분조성

식육은 수분이 50~70%로 가장 많고, 그외 대부분 지방과 단백질이고 탄수화물, 무기질, 비타민 및 조절기능을 갖는 미량성분들이 있다.

1 수분 : 가축의 종류, 연령, 부위에 따라 함량 차이가 있으며, 대체로 50~70%로 고기 중의 수분 은 자유수, 결합수로 존재한다. 가열에 의해 수분이 조직 중에서 쉽게 분리되지 않은 보수성이 높은 것이 풍미가 좋다. 수분 함량이 많은 고기는 지방 함량이 적다.

2 단백질 : 식육에 함유된 단백질은 약 70%의 구조단백질과 30%의 수용성 단백질, 육기질 단백 질로 구성되어 있다.

01 근원섬유(구조, 염용성, 섬유상) 단백질

① 고농도 염용액, 즉 0.6M KCl 용액에 추출되는 단백질이다.

② 수축단백질인 myosin, actin과 조절단백질인 tropomyosin, troponin, α-actinin, β-actinin, γ-actinin 단백질이 있다.

02 근장(수용성) 단백질

① 물 혹은 0.06M KCl의 낮은 염용액에 추출되는 단백질이다.

② myogen, globulin, X 단백질, cytochrome 등이 있다.

03 육기질(결체조직, 결합조직) 단백질
① 물, 중성염류용액, 약알칼리 및 약산 등에 녹기 어려운 단백질이다.
② 동물체의 각세포, 조직, 장기 등을 결합 연결시키거나 싸서 보호하는 단백질로 교원섬유 단백질인 collagen, 탄성섬유 단백질인 elastin, 세망섬유 단백질인 reticular가 있으며, 근초, 모세혈관벽, 힘줄의 구성을 이룬다.

3 지방 : 식육 중의 지방량 및 지방산 조성은 동물의 종류, 연령, 성별, 부위별, 사육조건에 따라 다르며, 축육의 지방은 축적지방과 조직지방으로 구분할 수 있다.

축적지방	피하, 근육 사이, 신장주위, 망막 등에 존재하며 거의 중성지질로 구성되어 있다.
조직지방	세포의 구성성분으로 콜레스테롤, 인지질, 당지질 함량이 높다. 콜레스테롤, 인지질은 장기, 뇌, 신경계 조직에 유리상태로 들어 있고, 당지질은 세포벽을 구성하는 항원성 물질이다.

4 탄수화물 : 축육에 아주 소량 함유하며 대부분 글리코겐(glycogen)으로 존재한다. 글리코겐은 도살 후 근육의 사후 변화 중 해당작용에 의해 점차 소실되기 때문에 식육제품의 영양가에는 기여 효과가 적다.

5 무기질 : 축육에 함유한 무기질은 1% 내외로, 주요한 무기질은 K, Na, Mg, Ca, Zn, Fe, Cl, S, P 등이며 K, P, S, Cl는 비교적 많고, Ca는 적다. S는 함황아미노산으로 존재하고, Fe는 미오글로빈, 헤모글로빈의 색소단백질에 들어 있다.

6 비타민 : 지용성 비타민 A, D, E, K와 수용성 비타민 B복합체, C가 함유되어 있다. 축육은 비타민 B복합체의 우수한 공급원이나 지용성 비타민과 비타민 C는 적다. 특히 돼지고기에는 비타민 B_1이 현저히 많다.

4 근육의 구조 특성

근육은 동물 체중의 20~40%를 차지하며, 내부구조에 따라 평활근, 심근 및 횡문으로 구분된다.

1 근육조직

01 평활근 : 내장기관의 활동을 담당하는 근육으로 내장근이라 하며 소화관, 혈관, 호흡기관, 생식기관 등의 벽을 형성하고 있다. 불수의근으로 자율신경계의 지배를 받는다.

02 심근 : 심장벽을 이루고 있는 근원섬유로서 구조상으로는 횡문근이나 기능상으로는 불수의근으로 자율신경계의 지배를 받는다. 심근은 평활근과 횡문근의 양자의 성질을 가진 특수한 근이다.

03 횡문근

(1) 특성
① 골격에 주로 붙어 있기 때문에 골격근이라 하며 뇌신경의 지배를 받으므로 수의근이라 한다.

② 생체량의 30~40% 차지하고 육가공분야에 중요하다.

③ 골격근의 근섬유는 원통형으로 되어 있으며 양끝은 가늘게 되어 있고, 길이는 수 mm~수 cm, 직경은 30~100μm 정도이다.

④ 근섬유는 수백 내지 수천 개의 근원섬유와 근장, 혈관, 신경섬유, 내근주막, 외근주막, 근섬유내막, 핵 등이 존재한다.

⑤ 골격근은 수축과 이완에 의하여 운동을 하는 기관인 동시에 에너지를 저장하고 있어서 식품으로서 매우 중요한 영양분을 가지고 있다.

(2) 구성단위

① 근육(muscle) : 수많은 개개의 섬유가 근속으로 묶여서 한 집합체를 구성한다.

② 근속(muscle bundle) : 근섬유의 다발이다.

③ 근섬유(muscle fibre) : 여러 개의 근원섬유가 모여서 이루어지며, 전체 체적의 75~92%를 차지한다.

④ 근원섬유(myofibrils) : 가늘고 긴 원통형의 섬유이며, 평균적인 직경이 1~2μm이고, 근절과 근절 사이에 여러 개의 대(band)와 여러 개의 선(line)이 있다.

⑤ 초원섬유(myofilament) : 근원섬유의 구성단위이며 섬유의 한 가닥으로, 여기에는 F−actin filament, myosin filament로 이루어져 있다.

(3) 근원섬유의 구조

1) I−band(isotropic band)

① 명대, 편광으로 볼 때에 등방성(isotropic band)의 결정체를 나타낸다.

② 50Å, thin filament, actin 성분으로 구성된다.

2) A−band(anisotropic band)

① 암대, 편광으로 볼 때에 비등방성(anisotropic band)의 결정체를 나타낸다.

② 100~110Å, thick filament, myosin 성분으로 구성된다.

3) Z선(Z−line) : I대의 중앙을 지나는 어두운 선이다.

4) 근절(sarcomere)

① Z선과 Z선 사이를 근절이라 한다.

② 근원섬유의 반복이 되는 구조단위이며, 근육의 수축과 이완이 일어나는 기본단위이다.

2 결합조직 : 동물체의 각 세포나 장기 등을 결합하는 강인한 조직으로서 교원섬유, 탄성섬유, 세망섬유로 구성되어 있다. 근육조직에서는 근섬유 사이, 근주막의 내외, 근초, 혈관벽, 지방세포 사이 등에 존재하고 근육의 질기고 단단함(연도와 관련)을 나타낸다.

3 지방조직 : 피하, 장기의 주변, 복강 등에 부착되어 지방의 축적, 체온의 유지, 장기의 보호 등의 역할을 한다. 근육 내에 침착하여 맛, 연도, 고기의 결 등 육질에 영향을 준다.

5 근육의 사후변화

1 의의 : 가축이 도축되어 생명이 없는 상태에서 산소의 공급이 없어진 근육에는 혐기적인 효소의 작용에 의해 사후변화가 일어난다. 먼저 효소계의 작용에 의해 근육 중의 glycogen이 분해되는 해당작용(glycolysis)과 이어서 사후강직(rigor mortis)이 발생하고, 다음 해경(release)과 더불어 육조직 중의 효소작용에 의한 자가소화(autolysis)가 일어나서 연화가 되면서, 여기에 세균이 증식되어 부패(purtefaction)가 일어나 식용으로 불가능하게 된다.

2 초기의 생화학적 대사

① 근육 중에 함유된 glycogen은 혐기적 분해, 즉 해당작용에 의하여 젖산으로 분해된다.
② 극한 산성인 pH 5.3~5.6 정도가 되어 미생물의 발육을 억제한다.
③ 단백질의 보수력 및 용해도가 저하되고 육색이 창백해져 가공품의 원료육으로 부적당하다.
④ 동물의 사후 일정기간 동안은 ATP 함량이 일정수준 유지되나 결국 감소한다.

3 사후강직

① 동물이 죽고 수 분에서 수십 시간이 지나면 근육이 강하게 수축되어 경화되고 육의 투명도는 떨어져서 흐려지게 된다. 이러한 상태가 일정시간 지속되는데 이와 같은 현상을 사후강직이라 한다.
② 사후강직 시 육은 신전성 또는 탄성을 잃고 경직성을 나타낸다.
③ 사후 ATP가 소실된 근육에서는 myosin filament와 actin filament 간에 서로 미끄러져 들어가는 현상이 일어나게 되어 근육은 수축하게 되고 또한 myosin와 actint 간에 강한 결합이 일어나서 경직이 지속된다.
④ 강직 개시시간은 동물의 종류, 영양상태, 저장온도, 피로도 등에 영향을 받으며, 일반적으로 쇠고기 4~12시간, 돼지고기 1.5~3시간, 닭고기 수 분~1시간에 강직이 개시된다.

4 사후강직해제(해경)

① 경직현상이 해제되어 근육은 다시 부드러운 상태로 되돌아간다.
② 경직해제와 숙성은 4℃ 내외에서, 소고기와 양고기 경우는 7~14일, 돼지고기는 1~2일, 닭고기는 8~24시간에 완료된다.

※ **사후경직해제와 연화기구**

> • Z-line의 취약화에 따른 근원섬유의 소편화　• 액틴과 미오신 단백질 간의 결합 약화
> • 단백질 분해효소의 작용에 의한 자가소화　• 낮은 pH에서의 단백질의 변성 및 분해 촉진
> • 근세포의 matrix의 취약화

5 부패

① 숙성에 의한 분해와 함께 세균의 작용에 의한 분해로 부패가 일어난다.
② 식육 중의 단백질은 부패에 의해 저급물질이 생성되면서 부패한 냄새를 낸다. 그 분해물질로 amine류, 지방산류, H_2S, CO_2, NH_3, indole, skatole, methane, mercaptane 등이 생성된다.

③ 아미노산의 분해형식에 따른 유형은 탈탄산 작용, 탈아미노산 작용, 탈탄산 및 탈아미노 병행작용 등이다.

6 식육가공의 기본이론

1 염지(curing) : 염지는 소금 이외에 아질산염, 질산염, 설탕, 화학조미료, 인산염 등의 여러 가지 염지제에서 원료육을 처리하는 것을 말한다.

01 염지 목적

① 육색소 고정   ② 보수성과 결착성의 증대   ③ 보존성 향상과 독특한 풍미 부여

02 염지 재료

(1) 소금 : 주성분은 $NaCl$이고, 이외에 $MgCl_2$, $MgSO_4$, $CaSO_4$ 등의 성분이 함유되어 있다.

(2) 육색고정제

① 사용목적 : 육색소 고정, 풍미 개선, 식중독 세균인 *Clostridium botulinum*의 성장 억제 등의 역할을 한다.

② 질산염($NaNO_3$), 아질산염($NaNO_2$), 질산칼륨(KNO_3), 아질산칼륨(KNO_2)이 있으며 육색고정보조제로는 ascorbic acid가 있다.

(3) 당류 : 주로 설탕을 사용한다. 설탕은 수분의 건조를 막고 고기를 연하게 하는 효과가 있다.

(4) 복합인산염(polyphosphate) : 보수성과 유화안정성 증가, 금속이온 차단, pH 완충작용, 육색개선 등의 역할을 한다.

03 염지 3단계 : ① 혈교(precuring)   ② 본염지(curing)   ③ 수침(soaking)

04 염지 방법

(1) 건염법 : 일정한 양의 염지제를 고기 표면에 직접 뿌리거나 문질러 염지하는 방법이다.

(2) 액염법

① 염지액을 만들어 염지액 속에 원료육을 담가 염지시키는 방법이다.

② 염지액의 삼투가 균일하여 육의 품질이 고르게 되며, 염지 중 공기와의 접촉이 적으므로 산화가 적고, 과도한 탈수가 일어나지 않기 때문에 외관, 풍미, 수율이 좋다.

(3) 염지액 주사법(stitch injection)

① 원료육에 염지액을 대형주사기 등으로 직접 주입시키는 방법이다.

② 염지시간을 1/3 이내로 단축할 수 있다.

③ 수율은 높으나 생산성이 낮아 대량 생산이 곤란하다.

(4) **마사지 또는 덤블링** : 염지한 육을 massager 또는 tumbler에 넣어 일정시간 연속적으로 비벼대거나 흔들어 육조직을 파괴시켜 염용성 단백질이 용출되게 한다. 염지시간의 단축과 결착성을 향상시킨다.

(5) **변압염지법** : 밀폐할 수 있는 용기에 육을 넣고 용기 내를 감압 또는 가압 상태로 교대로 유지시켜 염지액의 삼투를 빠르게 하는 방법이다.

(6) **가온염지법(thermal curing)** : 염지액의 온도를 50℃로 유지하여 염지하는 방법이다. 염지시간이 단축되는 방법으로 고기의 자가소화를 촉진하여 풍미, 연도 등이 좋아지는 이점이 있다.

2 육색의 고정 : 육색고정제는 KNO_3, KNO_2, $NaNO_3$, $NaNO_2$이며, 육가공 시 첨가하는 육색고정보조제는 ascorbic acid이다.

01 질산염을 사용할 경우

① 질산염은 육 중의 질산염 환원균에 의해 아질산염으로 환원되어 작용을 한다.

• $KNO_3 \rightarrow KNO_2$	• $NaNO_3 \rightarrow NaNO_2$

② 질산염 환원균으로는 *Achromobacter dentricum*, *Micrococcus epidermis*, *Micrococcus nitrificans*이 있다.

02 육색고정의 기작

- $NaNO_3 \xrightarrow{\text{세균에 의한 환원작용}} NaNO_2 + H_2O$

- $\begin{matrix} \text{환원형}-Mb \\ Oxy-Mb \end{matrix} \xrightarrow{NaNO_2\text{에 의한 산화}} Mat-Mb \xrightarrow[\text{첨가된 환원제}]{\text{고기의 환원작용}} \text{환원형}-Mb$

- $NaNO_2 \xrightarrow{\text{ascorbic acid}} NO$

- $NaNO_2 + CH_3CHOHCOOH \longrightarrow HNO_2 + CH_3CHOHCOO \cdot Na$

- $2HNO_3 \xrightarrow[\text{첨가된 환원제}]{\text{고기의 환원작용}} NO + NO_2 + H_2O$

- $Mb + NO \longrightarrow MbNO + NO_2 + H_2O$

- 생성된 일산화질소(NO)는 환원형-Mb와 결합반응하여 적색의 nitrosomyoglobin으로 된다. 이것이 고정된 염지육색이라고 한다.

03 가열에 의한 육색안정화 : nitrosomyoglobin(MbNO)을 가열하면 단백질 부분의 globin이 열변성하여 nitrosomyochromogen으로 된다. 이것이 안정한 적색물질이며 이렇게 된 고기를 cooked cured meat color(CCMC)라 한다.

7 혼합 및 유화

1 세절(grinding)

① 혼합공정을 용이하게 하기 위해서 세절기(grinder)로 육을 잘게 갈아 입자를 균일한 크기로 세절하는 공정이다.

② 세절작업 중 육의 온도가 상승하여 육의 보수력이 저하되고 제품의 품질에 영향을 줄 수 있으므로 주의해야 한다.

2 유화(emulsion)

① 원료 중의 단백질과 지방이 수분과 친화되어 있는 상태를 말한다.

② 세절한 육을 silent cutter를 이용하여 더욱 곱게 세절시켜 충분한 점착성을 생성시켜 조미료, 향신료 등을 혼합시키고 육 중의 염용성 단백질을 충분히 추출하여 단백질과 지방 및 물을 유화시키는 것이 이 공정의 목적이다.

③ 얼음을 사용하는 이유는 온도상승을 방지하고 양호한 유화상태를 만들기 위해서다. silent cutter 작업 시 육의 온도는 13℃ 이하로 유지하면서 실시하고 얼음은 원료육에 대해 10~25% 정도로 사용한다.

3 혼합(mixing) : 고기에 형태적 변화를 주지 아니하고 다른 부재료들과 섞는 작업이다. 특히 프레스 햄의 가공 시 고깃덩어리까지 서로 결착 혹은 세절된 결착육과 부재료를 함께 섞어주는 목적으로 meat mixer를 이용한다.

4 혼합 및 유화기계

① 세절기(grinder, chopper) : 육을 잘게 자르는 기계이다.

② 사일런트 커터(silent cutter) : 육을 곱게 갈아서 유화 결착력을 높이는 기계이다.

③ 콜로이드 밀(colloid mill) : 고기혼합물을 더욱 미세하게 세절하여 유화를 촉진하거나 돈피, 결합조직 등을 초미립자로 세절시켜 콜로이드상으로 유화시키는 기계이다.

④ 스터퍼(stuffer) : 원료육과 각종 첨가물을 케이싱(casing)에 충전하는 장치이다.

8 훈연(smoking)

1 의의 : 목재를 태워서 나는 연기성분을 제품에 침투시켜 보존성과 풍미를 좋게 하는 방법이다.

2 훈연 목적

① 보존성 향상

② 특유의 색과 풍미증진

③ 육색의 고정화 촉진

④ 지방의 산화 방지

3 훈연 성분

01 연기성분의 종류

① 훈연은 연기성분인 유기산, aldehyde, alcohol, phenol 등이 육의 중심으로 침입·흡착하는 것과 동시에 phenol과 formaldehyde의 축합에 의하여 생성되는 수지상의 막이 육의 표면에 도포되어 독특한 향미와 다갈색의 훈연색을 나타내게 된다.

② 연소시 발생하는 연기성분은 phenol, organic acid, methylalcohol, carbonyl compound 이외에 hydrocarbons, CO_2, CO, O_2, N_2, N_2O와 같은 휘발성 기체 성분들이다.

02 연기성분의 기능

① phenol류(함량 15.7%) : 산화를 방지하는 항산화제 역할, 독특한 훈연풍미 부여, 세균의 발육을 억제하여 보존성을 부여한다.

② methyl alcohol 성분(미량) : 약간의 살균효과, 연기성분을 육조직 내로 운반하는 역할을 한다.

③ organic acid(39.9%) : 훈연한 육제품 표면에 산성도를 나타내어 약간 보존작용을 한다.

④ carbonyl compound(24.6%) : 훈연풍미, 색, 향을 부여하고 가열된 육색을 고정한다.

4 훈연 목재

① 수지 함량이 적고, 향기가 좋으며, 방부성 물질이 많이 생성되는 나무 중에서 활엽수종으로 건조된 나무를 이용한다.

② 유해한 성분(dibenzenthracen, benzpyrene, 발암성 물질)이 적은 떡갈나무, 너도밤나무, 참나무, 보리수, 단풍나무, 마호가니목재 등이 이용된다.

③ 색조는 황갈색, 적갈색, 황금색의 색조를 띠는 것이 좋으며, 침엽수종은 어둡고 검은색을 나타내므로 부적당하다.

5 발연방법

① 톱밥, 대패밥, 나뭇가지 등을 서서히 태우면서 연기를 발생시키는 데 불꽃이 피지 않은 상태로 희미하게 타야 한다. 보통 400℃ 이하에서 불완전연소시킨다.

② 연소는 산소의 존재하에서만 진행되어야 하고 반드시 연기는 순환되어야 한다. 연기의 순환이 제대로 이루어지지 않으면 산소공급이 제대로 되지 않아 다량의 산, 일산화탄소(CO), 불쾌한 냄새성분이 형성된다.

6 훈연방법 : 냉훈법, 온훈법, 고온훈연법 등이 있다.

[훈연방법 비교]

훈연방법		제품유형	온도(℃)	습도(%)	시간	풍미형성	색조	보존성
냉훈법	단기훈연	생햄(raw ham) 생소시지(raw sausage) 건조소시지 훈연 등지방	15~25	75~85	수일~수주	강하다	어둡다	장기간
	장기훈연							
온훈법		쿠키드 햄(cooked ham) 등심햄 단미품	25~45	80	수시간	약하다	중간	중간
고온훈연법		소시지 비엔나소시지 프랑크소시지	50~90	85	1/2~2시간	매우 약하다	밝다	짧다

9 천연향신료

1 기능

01 향신료 : 식품에 향미를 부여하는 데 쓰이는 독특한 향미를 지닌 재료를 말하며 주로 열대나 아열대지역에서 생산되는 특유의 향기와 신미를 가진 식물의 꽃, 과실, 나무껍질, 뿌리, 잎 등을 이용한다.

02 천연향신료의 기능

① 교취작용 : 원료고기나 생선의 생취를 없애주는 기능으로 마늘, 생강, 월계수 등을 이용한다.
② 부향작용 : 향미, 방향을 부여하는 기능으로 계피, allspice, 육두구(nutmeg) 등을 이용한다.
③ 식욕증진작용 : 신미와 향으로 식욕을 증진시켜주는 기능으로 후추, 겨자 등을 이용한다.
④ 착색작용 : 천연색소물질로서 착색을 나타내게 하는 것으로 적등색(paprica), 적색(redpaper), 황색(turmeric) 등을 이용한다.

10 햄(ham)

1 의의 : 햄이란, 돼지의 뒷다리 부위의 고기를 원료로 하여 정형, 염지한 후 훈연하거나 가열해서 제품화한 것을 말한다.

2 햄의 종류

① bone in(regular) ham : 돼지 볼기부위를 뼈가 있는 채로 가공한 것
② boneless ham : 돼지 볼기부위의 뼈를 제거하고 가공한 것
③ loin ham : 등심부위 육을 원료로 가공한 것

④ press ham : 식육의 육괴를 염지한 것이나 이에 결착제, 조미료, 향신료 등을 첨가한 후 훈연하거나 열처리한 것

⑤ 이외에 shoulder ham(어깨부위), tender ham(안심부위), picnic ham(목심부위) 등이 있다.

3 햄류의 규격기준[식품공전]

01 정의 : 햄류라 함은 식육 또는 식육가공품을 부위에 따라 분류하여 정형 염지한 후 숙성·건조한 것, 훈연·가열처리한 것이거나 식육의 고깃덩어리에 식품 또는 식품첨가물을 가한 후 숙성·건조한 것이거나 훈연 또는 가열처리하여 가공한 것을 말한다.

02 식품유형

햄	식육을 부위에 따라 분류하여 정형 염지한 후 숙성·건조하거나 훈연 또는 가열처리하여 가공한 것을 말한다. (뼈나 껍질이 있는 것도 포함한다)
생햄	식육의 부위를 염지한 것이나 이에 식품첨가물을 가하여 저온에서 훈연 또는 숙성는 숙성·건조한 것을 말한다. (뼈나 껍질이 있는 것도 포함한다)
프레스햄	식육의 고깃덩어리를 염지한 것이나 이에 식품 또는 식품첨가물을 가한 후 숙성·건조하거나 훈연 또는 가열처리한 것으로 육함량 75% 이상, 전분 8% 이하의 것을 말한다.

03 성분규격[식품공전 참조]

4 제조공정(boneless ham)

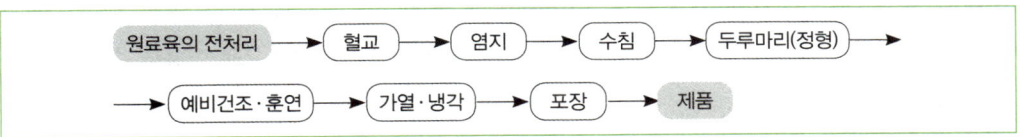

01 원료육의 전처리 : 돼지의 뒷다리를 사용하여 뼈를 제거한 후 표면의 지방층 두께를 3~5mm 정도로 일정하게 원추형으로 정형시킨다. 정형된 원료육은 10℃ 이하의 냉장온도에서 보존하면서 가공처리를 실시한다.

02 혈교(precuring) : 핏물을 제거하는 작업이다. 혈교작업은 원료육을 중량에 대하여 2~3%의 식염, 0.15~0.25%의 질산칼륨(KNO_3)의 혼합염을 육의 표면에 바른 다음 2~4℃에서 1~2일간 유지한다.

03 염지(curing) : 고기를 소금에 절이는 작업이다. 염지재료는 소금이외에 아질산염, 질산염, 설탕, 화학조미료, 인산염, sodium ascorbic acid 등이고, 염지통에 쌓아 4~5℃에서 kg당 7일간 유지한다.

04 수침(soaking) : 염지 후 과도한 염분을 제거하고, 염분을 균일하게 분포시키고, 표면의 오염물을 제거하기 위한 작업이다. 수침은 5~10℃ 정도의 물속에 1kg당 10~20분간 유지한다.

05 두루마리(wrapping) 작업 : 청결한 면포에 지방면이 접히도록 놓고 공간이 생기지 않도록 원통형의 모양으로 단단히 조이면서 말아 두루마리한다. 스테인리스로 된 retainer이나 fiber casing을 이용하기도 한다.

06 예비건조와 훈연 : 훈연실에서 서로 표면이 닿지 않도록 적당한 공간을 띄운다. 훈연실 내 공기온도를 30℃에서 30~90분간 예비건조하여 훈연을 실시하는데, 냉훈법은 15~25℃에서 5~7일간, 열훈법은 60~65℃에서 2~3시간 실시한다.

07 가열 및 냉각 : 훈연이 끝난 후 70~75℃의 열탕조에 넣고 중심부 온도가 65℃에 도달한 다음 30분간 가열처리 한다. 본레스 햄의 경우 약 5~6시간 가열하며, 가열이 끝나면 **빨리** 10℃ 이하로 냉각해야 한다. 빨리 냉각시키는 이유는 햄 표면의 주름 방지, 호열성 세균의 사멸 효과 때문이다.

08 포장 : 합성수지제 필름(film)을 이용하여 진공포장한다.

11 소시지(sausage)

1 의의 : 소시지는 염지시킨 육을 육절기로 갈거나 세절한 것에 조미료, 향신료 등을 넣고 여기에 야채, 곡류, 곡분 등을 넣어 반죽 혼합한 것을 케이싱에 넣고 훈연하거나 삶거나 하여 가공한 것을 말한다.

소, 돼지, 말, 산양, 토끼, 상어, 가다랭이 등과 햄 또는 베이컨 가공 시에 나오는 자투리 고기를 원료로 이용하고, 또한 가축의 부산물 내장, 심장 등을 원료육으로 이용할 수 있다.

2 소시지의 종류

01 domestic sausage : 수분 함량이 50% 이상으로 많으며 부드럽고 값이 저렴하다. 오랫동안 저장할 수 없다. 가공공정에 따라 구분하면 다음과 같다.
   ① fresh sausage : fresh pork sausage, breakfast sausage, bock wurst, brat wurst
   ② smoked sausage : winner sausage, frankfurt sausage, bologna sausage, leona sausage
   ③ cooked sausage : iver sausage, head sausage

02 dry sausage : 돼지고기와 소고기를 주원료로 가공되며 장기저장이 가능한 발효, 숙성소시지를 말한다. 수분이 30% 이하가 되도록 만든 딱딱한 소시지이다. 가공공정에 따라 구분하면 다음과 같다.
   ① unsmoked dry sausage : cervelat sausage, Italian salami sausage, soft dry sausage, hard dry sausage
   ② smoked dry sausage : summer sausage, farmer sausage
   ③ cooked dry sausage : milanese salami sausage, darls sausage, mortadella

3 소시지류의 규격기준[식품공전]

01 정의 : 소시지류라 함은 식육이나 식육가공품을 그대로 또는 염지하여 분쇄 세절한 것에 식품 또는 식품첨가물을 가한 후 훈연 또는 가열처리한 것이거나, 저온에서 발효시켜 숙성 또는 건조처리한 것이거나, 또는 케이싱에 충전하여 냉장·냉동한 것을 말한다(육함량 70% 이상, 전분 10% 이하의 것).

02 식품유형

소시지	식육(육함량 중 10% 미만의 알류를 혼합한 것도 포함)에 다른 식품 또는 식품첨가물을 가한 후 숙성·건조시킨 것, 훈연 또는 가열처리한 것 또는 케이싱에 충전 후 냉장·냉동한 것을 말한다.
발효소시지	식육에 다른 식품 또는 식품첨가물을 가하여 저온에서 훈연 또는 훈연하지 않고 발효시켜 숙성 또는 건조 처리한 것을 말한다.
혼합소시지	식육(전체 육함량 중 20% 미만의 어육 또는 알류를 혼합한 것도 포함)에 다른 식품 또는 식품첨가물을 가한 후 숙성·건조시킨 것, 훈연 또는 가열처리한 것을 말한다.

03 성분규격[식품공전 참조]

4 제조공정(domestic sausage)

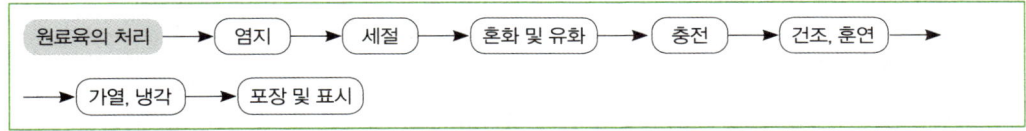

01 원료육의 처리

① 원료육은 햄이나 베이컨 가공 시 나오는 적색 돼지고기가 주원료가 되며 이외 소고기, 송아지고기, 양고기 등을 이용하는 것이 보통이고 어육을 혼합하기도 한다.

② 소시지 원료육은 결착력이 중요하며 가능한 적육부위와 지방을 분리시키고 건, 근막, 뼈 등을 제거하고 A급 지방은 세절하여 준비한다.

02 염지 : 육의 중량에 대해 정제염 2.5%, $NaNO_3$($NaNO_2$) 0.10~0.15%, 중합인산염, 가는 얼음 등을 원료육과 혼합기(meat mixer)에서 잘 혼합시켜 2~3℃에서 3~5일간 염지 숙성시킨다. 지방은 별도로 정제염을 2% 정도 섞어 냉장실에 보관한다.

03 세절(grinding) : 염지한 원료육과 지방덩어리를 세절기(chopper)로 가늘게 세절하는 것이다. plate hole 크기는 우육 3.2mm, 돈육 6.3mm, 돈지 4.8mm 정도가 표준이다. 고기온도가 10℃ 이상 상승하면 결착력이 떨어지므로 열 상승에 주의해야 한다.

04 혼화 및 유화

① 혼화(cutting)공정을 세절된 육을 silent cutter에 넣어 더욱 곱게 세절하여 점착성을 생성시켜 조미료, 향신료 등을 혼합시키는 공정이다.

② 즉, 육중의 염용성 단백질을 충분히 추출하여 단백질과 지방 및 물을 유화시키는 것이 목적이다.

③ 지방은 육이 충분히 결착력이 생기면 첨가한다. 이때에 얼음을 20% 정도 준비하여 3번에 나누어 첨가한다. 육의 온도는 10℃ 이내로 유지한다.

05 혼합(mixing) : 혼합되지 않은 재료들을 넣고 혼합기에서 혼합한다. 혼합시간은 혼합기 속도, 제품의 종류 등에 따라 다르나 보통 5~10분 정도이다.

06 충전 : 혼화를 마친 조미육을 충전기(stuffer)에 공기가 혼입되지 않도록 넣고 nozzle을 끼운 케이싱에 충전한다.

07 건조 및 훈연 : 40~50℃에서 1시간 예비건조한다. 보통 50~55℃에서 2~3시간 훈연을 실시한다.

08 가열 및 냉각

① 가열처리(cooking)는 적당한 탄력성과 응고성을 주어 바람직한 풍미와 식미성을 부여하고 제품 내에 미생물을 사멸시켜 보존성을 갖게 하는 공정이다.

② 소시지 내부온도가 68~72℃에 도달할 때까지 가열하는 것이 중요하며 가열시간은 소시지 종류, 직경, 중량에 따라 다르나 보통 1시간 이상 가열한다.

③ 냉각은 25~30℃의 중심온도가 되도록 냉수로 샤워를 실시하고, 1~4℃의 냉장실에 저장한다.

12 베이컨(bacon)

1 의의 : 베이컨은 돼지의 삼겹부위를 정형한 것을 염지한 후 훈연하거나 열처리한 것으로 수분 60% 이하, 조지방 45% 이하의 제품이다.

2 베이컨의 종류 : 원료육의 부위에 따라 복부육을 이용하여 가공한 bacon류, 등심육 또는 복부육이 붙어 있는 등심육을 가공한 loin bacon, 어깨육으로 가공한 shoulder bacon류가 있다.

3 베이컨류의 규격기준 [식품공전]

01 정의 : 베이컨류라 함은 돼지의 복부육(삼겹살) 또는 특정부위육(등심육, 어깨 부위육)을 정형한 것을 염지한 후 그대로 또는 식품 또는 식품첨가물을 가하여 훈연하거나 가열처리한 것을 말한다.

02 규격[식품공전 참조]

4 제조공정

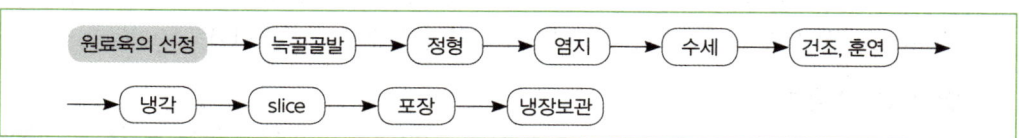

01 원료육의 선정 : 돼지도체 중에서 배 부위를 선택하여, 지방층 껍질을 제거한 후 갈비뼈를 제거하여 장방형 모양으로 정형한다.

02 염지

① 베이컨의 염지는 건염법을 이용한다.

② 염지제는 원료 중량에 대해 소금 2~3.5%, 아질산염 0.01~0.02%, 질산염 0.15~0.25%, 설탕 1.3%, 향신료 0.6~1.0%를 혼합시켜 베이컨 표면에 마사지하면서 문지른다.

③ 비닐로 밀착시켜 덮은 다음, 냉장실에서 베이컨 중량 1kg당 4~5일 유지시킨다.

03 수침과 정형

① 수침은 표면의 과도한 염분을 제거하고, 균일하게 분포시킬 목적으로 실시한다.

② 원료 중량은 10배가 되는 5℃의 물에 1~2시간 수침하고, 다시 마른 수건으로 물기를 제거한 후 다시 적당한 크기로 잘라 정형시킨다.

04 건조 및 훈연

① 원료육의 어깨육 쪽을 베이컨 핀으로 꿰어 현수시킨다.

② 건조온도와 시간, 훈연온도와 시간의 결정은 제품소비시기, 염지방법 등에 따라 달라진다.

③ 건조처리는 65℃에서 50분간 실시한 후 72℃에서 50~60분간 훈연 처리한다.

05 냉각, 포장

① 훈연이 끝나면 실온에서 냉각시켜 2~3℃ 냉장실에서 12시간 정도 유지한다.

② slicer로 두께 2~3mm로 절편시켜 일정 중량씩 포장재에 진공포장하여 10℃ 이내의 냉장고에 보관한다.

Chapter 03 | 알가공

🟩 계란의 구조와 조성

🟩 외형적 구조 : 계란은 40~70g 중량의 것이 정상이다. 난형은 난원형 또는 타원형으로 장경과 단경의 비는 4:3이 정상적인 난의 표준이다.

🟩 내부적 구조

01 난각(egg shell)

① 산란 후 외기의 공기와 접촉하면 곧 건조되어 단단하게 된다.

② 난각은 전난 중의 9~13%를 차지하고 다공성의 구조를 갖는다.

③ 난각의 두께는 0.27~0.35mm 정도로서 보통 난각막과 같이 측정한다.

④ 난각은 기공이 1cm²당 129.1±1.1개나 되고 첨단부보다 둔단부에 많다.

02 난각막(shell membrane)

① 두께가 약 70μm로서 외막(48μm)과 내막(22μm)의 두 부분으로 되어 있다. 두막은 서로 밀착되어 있으나 둔단부에 있어서는 서로 분리되어 기실을 만들고 있다.

② 난각막은 keratin질의 얇은 막으로서 미생물 침입에 대한 방어와 수분 증발을 방지한다.

03 난백(egg white, albumin)

① 난 중의 약 60%로서 난황을 둘러싸고 있으며, 외수양난백(50~56%), 농후난백(20~25%), 내수양난백(11~36%)으로 구성된다.

② 산란 후 난 내의 CO_2가 난각 기공으로부터 난외로 발산함에 따라 농후난백은 수양화하며 소실된다.

04 난황(egg yolk)

① 무색투명한 얇은 난황막에 싸여져 있으며 그 모양은 구형으로 계란의 중앙부 왼쪽 방향으로 약간 치우쳐 있다.

② 난황은 난 중의 약 30~33%이다.

③ 신선란의 난황계수는 0.442~0.361 정도이다.

3 화학적 조성(chemical composition)

01 난각과 난각막

① 난각의 조성은 탄산칼슘($CaCO_3$) 97%, 탄산마그네슘($MgCO_3$) 0.5~1.3%, 인산칼슘($CaPO_3$) 0.8% 정도이다.

② 난각막은 단백질과 당질로 이루어지고 단백질은 histidine, cystine, proline으로 되어 있고, glycine의 함량은 적다.

02 난백

① 난백은 87% 내외의 수분을 가지며 나머지는 단백질로서 약 11% 정도이다.

② 단백질을 주성분으로 하는 점성물질로 외수양난백, 농후난백, 내수양난백 및 알끈(chalaza) 층으로 이루어져 있다.

③ 난백의 주요 단백질은 ovalbumin, conalbumin, ovomucoid, lysozyme 및 globulin 등 적어도 13종 이상 함유되어 있다.

④ 지질 함량은 생난백에 0.05%이고 탄수화물은 glucose를 비롯한 fructose, manose, pentose 등의 당으로 대부분 단백질과 결합되어 있다.

⑤ 무기성분은 S, K 외에 Na, Cl, Mg, Ca, P 등이 미량으로 들어 있고, 비타민은 A, D, E 등 지용성 비타민은 없고, 수용성 비타민 B류가 들어 있으나 C는 없다.

03 난황(yolk) : 고형분이 약 50%로 높으며 단백질 16%, 지질 32%, 무기질 2%, 탄수화물 1%로 구성되어 있다. 난황단백질은 lipoprotein의 형태로 존재하며, 조성은 저밀도리포단백질(LDL, vitellein), 고밀도리포단백질(HDL, lipovitellin), livetin 및 phosvitin 등으로 나눈다.

04 난황막(vitelline membrane) : 단백질 90%, 지질 3%, 탄수화물 7%로 되어 있다. 대부분 mucin, keratin, collagen, lysozyme 등의 단백질로 구성되어 있다.

4 저장 중의 변화

01 난백의 변화 : 난백에 녹아 있던 CO_2 가스가 수분증발에 의해 난각 밖으로 발산되어 난백의 pH가 상승한다. 난백의 점성이 약해져서 물처럼 퍼지기 쉽고 빛깔도 노란빛을 내게 된다. 농후 난백의 수양화(thining)가 진행된다.

02 난황의 변화 : 난백에서 난황으로 수분이 이동되어 난황용적이 커지고 난황막은 터지기 쉽게 된다. 난황계수가 감소한다.

03 난중량과 비중의 변화 : 수분이 기공을 통하여 밖으로 증발되어 계란의 중량은 현저하게 감소한다. 수분이 증발하기 때문에 기실이 커지고 비중이 줄어든다.

04 난백의 pH : 신선란의 난백은 pH 7.6~7.9이다. 저장기간 동안 pH는 최대 9.7의 수준으로 증가한다. 난백의 pH 상승은 난각의 기공을 통하여 CO_2가 방출되기 때문이다.

05 기능적 특성의 변화 : 장기 저장된 계란의 기포성은 신선란보다 크나 그 안정성은 적다.

06 미생물학적 변화

① 산란 직후의 난 내용물은 무균상태에 가까우며, 미생물의 오염은 산란 후 일어난다.

② 난각 표면에는 mucin 단백질의 박막인 큐티클이 있어 난각의 세공을 막고 미생물의 침입을 막는다. 보통 알의 부패는 세균 및 냉장 중 호냉성균의 원인으로 생긴다.

2 계란의 등급

1 계란의 등급판정

① 계란의 등급판정은 품질등급과 중량규격으로 구분한다.

② 계란의 품질등급은 롯트의 크기에 따라 무작위로 표본을 추출하는 표본판정방법을 적용한다. 롯트 크기별 표본추출률(신청수량에 따른 표본의 수)은 다음 표와 같다.

[롯트 크기별 표본추출률]

롯트 크기	표본추출률
3,000개 미만	롯트의 7% 이상
3,000 이상 15,000 미만	롯트의 5% 이상
15,000 이상 30,000 미만	롯트의 3% 이상
30,000개 이상	롯트의 2% 이상

※ 표본추출된 계란 중 100개 이상의 계란에 대하여 외관 및 투광판정을 실시하여야 한다. 단, 표본수가 100개 미만일 경우에는 전량의 계란에 대하여 외관 및 투광판정을 실시한다.

※ 외관 및 투광판정이 실시된 계란 중 20개 이상에 대하여 할란판정을 실시한다.

2 계란의 품질등급 판정기준

① 계란의 품질등급 판정을 위한 외관·투광 및 할란판정의 기준은 [계란의 품질기준] 표와 같으며, 등급판정 신청된 롯트의 표본에 대한 등급판정 결과에(A, B, C, D) 따라 [계란품질등급 부여방법] 표와 같이 신청 롯트 전체에 등급을 부여(1⁺, 1, 2)한다. 단, 살균액란 제조용 계란은 외관 및 할란판정만 실시한다.

② 각 품질등급별 파각란 허용범위는 [파각란 허용범위] 표와 같다.

[계란의 품질기준]

판정항목		품질기준			
		A급	B급	C급	D급
외관 판정	계란 껍데기	청결하며 상처가 없고 계란의 모양과 계란껍데기의 조직에 이상이 없는 것	청결하며 상처가 없고 계란의 모양에 이상이 없으며 계란껍데기의 조직에 약간의 이상이 있는 것	약간 오염되거나 상처가 없으며 계란의 모양과 계란껍데기의 조직에 이상이 있는 것	오염되어 있는 것, 상처가 있는 것, 계란의 모양과 계란껍데기의 조직이 현저하게 불량한 것
투광 판정	공기주머니 (기실)	깊이가 4mm 이내	깊이가 8mm 이내	깊이가 12mm 이내	깊이가 12mm 이상
	노른자	중심에 위치하며 윤곽이 흐리나 퍼져 보이지 않는 것	거의 중심에 위치하며 윤곽이 뚜렷하고 약간 퍼져 보이는 것	중심에서 상당히 벗어나 있으며 현저하게 퍼져보이는 것	중심에서 상당히 벗어나 있으며 완전히 퍼져보이는 것
	흰자	맑고 결착력이 강한 것	맑고 결착력이 약간 떨어진 것	맑고 결착력이 거의 없는 것	맑고 결착력이 전혀 없는 것
할란 판정	노른자	위로 솟음	약간 평평함	평평함	중심에서 완전히 벗어나 있는 것
	진한흰자 (농후난백)	많은 양의 흰자가 노른자를 에워싸고 있음	소량의 흰자가 노른자 주위에 퍼져 있음	거의 보이지 않음	이취가 나거나 변색되어 있는 것
	묽은흰자 (수양난백)	약간 나타남	많이 나타남	아주 많이 나타남	
	이물질	크기가 3mm 미만	크기가 5mm 미만	크기가 7mm 미만	크기가 7mm 이상
	호우단위[1]	72 이상	60 이상 72 미만	40 이상 60 미만	40 미만

(1) **호우단위(Haugh Units)** : 계란의 무게와 진한흰자의 높이를 측정하여 다음 산식에 따라서 산출한 값을 말한다.

$$호우단위 = 100\log(H + 7.57 - 1.7W^{0.37}) \ [H : 흰자높이(mm), W : 난중(g)]$$

품질등급	등급판정 결과	품질등급	파각란 허용범위
1⁺등급	A급의 것이 70% 이상이고, B급 이상의 것이 90% 이상 (나머지는 C급)	1⁺등급	7% 이하
1등급	B급 이상의 것이 80% 이상이고, D급의 것이 5% 이하 (기타는 C급)	1등급	9% 이하
2등급	C급 이상의 것이 90% 이상 (기타는 D급)	2등급	9% 초과

[계란품질등급 부여방법] / [파각란 허용범위]

3 계란의 중량 규격기준

① 계란의 중량 규격은 계란의 무게에 따라 아래 표와 같이 구분한다.
② 품질평가사는 신청인이 제시한 롯트의 중량규격을 확인하기 위하여 [계란의 품질기준] 규정에 따라 외관·투광판정을 실시하는 계란에 대하여 중량을 칭량(稱量)하여, 중량범위에서 2g 이상 미달하는 계란의 수가 표본수의 5%를 초과하는 경우에는 해당 롯트에 대하여 중량규격의 재선별을 신청인에게 요구한다.

[계란의 중량규격]

규격	왕란	특란	대란	중란	소란
중량	68g 이상	68g 미만 60g 이상	60g 미만 52g 이상	52g 미만 44g 이상	44g 미만

4 계란의 등급표시

계란의 등급표시는 품질등급(1⁺, 1, 2)과 중량규격을 포장용기에 부도15(축산물품질평가원 참조)와 같이 등급판정일자, 평가기관명 등과 함께 표시한다.

3 계란의 선도검사

1 외부적인 선도

01 난형(egg shape) : 보통 난형계수로 나타내며 정상적인 난형은 타원형으로서 장경과 단경의 비가 4:3이 정상란이다.

$$\cdot \ E \cdot S = \frac{S}{L} \times 100 \ [S : 단경, L : 장경]$$

02 난각질 : 품질이 양호한 난각질은 난각 침착이 균일하고, 기공의 수는 1cm²당 129±1.1개이다.

03 난각의 두께 : 난각 조직이 치밀하여 두꺼운 알이어야 하며 보통 0.31~0.34mm이다.

04 건전도(soundness) : 계란을 이용한 항력시험에서 난각 파괴력은 계란 3.61~5.20kg, 꿩알 2.5kg, 타조알 55kg이다.

05 청결도 : 난각 표면의 면적을 몇 등분으로 등분해서 그 청결상태에 따라 4등급으로 분류한다.

06 난각색 : 닭의 품종에 따라 계란의 색은 백색, 갈색, 담색 또는 청색을 나타낸다. 부패란은 푸른 색을 띠면서 광택이 적은 색깔을 나타낸다.

07 비중(specific gravity) : 신선란의 비중은 1.0784~1.0914 사이이며, 1일 경과 시 0.0017~0.0018씩 감소한다. 비중에 의한 판정(부침법)

① A급란 : 11% 식염수에 가라앉는 란(신선란)

② B급란 : 11% 식염수에 뜨나 10% 식염수에서는 약간 가라앉는 란(약간 신선란)

③ C급란 : 10% 식염수에 뜨고 8% 식염수에 가라앉는 란(부패가능란)

④ 부패란 : 8% 식염수에 떠오른 란(묵은란)

08 진음법 : 신선란은 내용물이 충만하여 소리가 나지 않지만, 묵은란은 수분이 기실을 통해 증발하거나 내용물이 축소되어 소리가 난다.

09 설감법 : 신선란은 혀를 대어 보면 기실이 있는 둔단부가 따뜻한 느낌이 들며, 묵은란은 기실이 이동되기 때문에 둔단부가 차가운 느낌이 든다.

2 내부적인 선도

01 투시검사 : 내용물을 관찰하는 것으로 투시검란 기구를 사용하여 기실의 크기, 난백의 상태, 난황의 상태, 혈액, 이물질 등을 검사하여 신선도를 판정한다.

02 할란검사

(1) 난백계수(albumin index) : 계란을 할란하여 평판 위에 올려놓고 농후난백 높이(h)와 직경 (d)을 구해 농후난백 높이를 직경으로 나눈 수치이다. 신선란의 난백계수는 0.06 정도이다.

$$난백계수 = \frac{농후난백의\ 높이(h)}{농후난백의\ 직경(d)}$$

(2) Haugh 단위

① 난중(Wg)과 농후난백의 높이(Hmm)를 측정하여 다음 식에 의해 계산한다.

$$Hu = 100\ \log(H + 7.57 - 1.7W^{0.37})\quad [\text{H : 난백높이(mm), W : 난중량(g)}]$$

② 계란의 품질기준 : 72 이상(A), 60~72(B), 40~60(C), 40 이하(D)

(3) 난황계수(yolk index)

① 계란을 할란하여 평판 위에 올려 놓고 난황높이(h)와 직경(d)을 구해서 난황높이를 직경으로 나눈 수치이다.

② 신선란의 난황계수는 0.442~0.361 정도이다.

$$난황계수 = \frac{난황의\ 높이(h)}{난황의\ 직경(d)}$$

(4) 난황편심도(yolk centering) : 계란을 할란하여 유리관 위에 놓았을 때 난백의 중심에 안정하게 위치되는 것을 1점, 난백의 바깥까지 나간 것을 10점으로 하여 편심도를 판정한다. 난황의 품질보다 난백의 수양화 정도를 나타낸다.

4 계란의 저장법

냉장법	둔단부를 위로 하여 0.5~1℃ 정도에서 저장한다.
냉동법	할란하여 −40℃로 급속동결을 하고 난 후 −12℃로 저장한다.
가스저장법	CO_2와 N_2의 혼합가스를 사용하여, CO_2가 3~5%로 되게 주입한다.
도포법	계란껍질에 기름 paraffin 또는 colloid 등을 도포하여 난각의 기공을 막아 미생물의 침입, 수분증발을 방지하여 저장한다.
방습법	왕겨, 메밀껍질, 톱밥, 재, 소금 등에 계란을 매장하여 난각표면을 건조하고 미생물의 침입을 방지하여 저장한다.
침지법	물유리, 생석회수에 침지한다.
그 외	건조법, 염지법, 훈제법 등이 있다.

5 계란가공품의 제조법

대부분 계란은 단순가공(1차 가공품)인 위생란, 액산란, 동결란 등으로 처리한다. 단순가공품을 원료로 한 2차 가공품은 계란음료, 마요네즈, 피단, 훈제란, 염지란, egg nog 등으로 가공한다.

1 위생란(sanitary egg)

① 위생란은 양계장에서 생산된 계란을 세정, 소독 및 건조과정을 거친 난을 말한다.
② grading and packing(GP) 처리공정은 다음과 같은 과정을 거쳐 처리한다.
　신선란 입하 → 급란 → 세척 · 소독 → 건조 → 검란 → 선별 → 포장 → 출하

2 액상란(liguid egg)

01 제조방법 : 전란액, 난백액, 난황액으로 구분하여 제조할 수 있다.
① 액상전란 : 제과, 제빵의 원료 및 단체 급식조리용으로 이용된다.
② 액상난백 : 제과용, 수산연제품, 소시지 및 계란음료제조 원료로 이용된다.
③ 액상난황 : 대부분 마요네즈 제조에 쓰이고, 일부 제과, 면류 및 이유식 등에 이용된다.

02 액상란의 제조공정

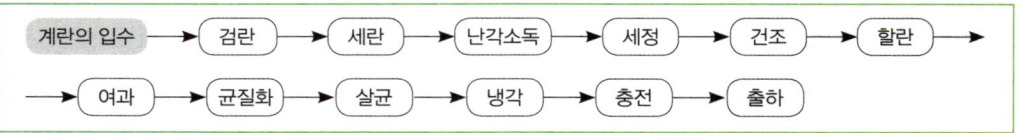

(1) **원료란 선별** : 신선하고 깨끗하며 난각표면에 균열이 없는 정상란을 사용해야 한다. 투시검사, 할란검사를 실시하여 원료란을 선정한다.

(2) **세정과 할란** : 할란 전에 통계란을 세정하고 난각 표면을 살균한다. 할란하여 껍질, 알끈, 난황막 등을 제거한다.

(3) **여과와 저온살균** : 할란한 난액을 여과하고 저온살균하며 난성분이 열응고되지 않을 정도의 온도와 시간의 범위에서 가열처리한다. 난백은 55~57℃에서 3~4분간 유지하고, 전란과 난황의 경우는 60~70℃로 살균하는 것도 가능하다.

(4) **충전** : 살균, 냉각(5℃ 이하)된 난액들은 container, plastic box, carton bag 등 포장 용기에 주입하여 충전 밀봉한다.

(5) **동결(동결란)** : −35~−45℃ 수준에서 급속동결한 후에 −20~−25℃의 냉장실에서 저장한다.

(6) **동결란 해동** : 5℃ 이하의 냉장실에서 46시간 이내, 10℃ 이하에서 24시간 이내로 해동하는 것이 바람직하다.

3 건조란(dried egg)

01 특성

① 내용물을 건조한 것으로 저장성이 크고, 수송 및 취급이 편리하나 유해균의 오염, 지방산패 및 용해도 저하에 유의해야 한다.

② 유리글루코스에 의해 건조시킬 때 갈변, 불쾌취, 불용화 현상이 나타나 품질저하를 일으키기 때문에 탈당처리가 필요하다.

02 건조란의 종류 : 건조전란, 탈당건조전란, 건조조제전란 및 탈당건조난황 등이 있다.

03 건조란의 제조공정

① 전처리 → 당제거 작업 → 건조 → 포장 → 저장

② 제품의 수분 함량이 5% 이하가 되도록 한다.

4 마요네즈(mayonnaise)

01 특성 : 난황의 유화력을 이용하여 식용유에 식초, 겨자가루, 후추가루, 소금, 설탕 등을 혼합하여 유화시켜 만든 유탁액이며 제품의 전체 구성 중 식물성유지 60%, 난황액 10~15% 정도이다.

02 마요네즈의 제조공정 : 난황분리 → 균질 → 배합 → 교반 → 담기 → 저장 → 제품

5 피단(pidan)

01 특성

① 송화단 또는 채단이라고 하며 원래 중국에서 오리알을 사용한 난가공품이다.

② 알칼리와 염분을 난 내용물에 침투시켜 알칼리에 의해 난단백질을 응고시켜 제조한다.

③ 피단과 유사한 난가공품은 함단(kandan), 조단(zoodan), 참단(shiedan), 초란(vineger egg) 등이 있다.

02 제조방법

(1) 도포법

① 나뭇재, 소금, 생석회, 왕겨 등을 잘 섞어 풀(paste) 모양으로 만든 후 난 껍질 표면에 6~9mm 정도의 두께로 바르고 왕겨에 굴려 이것을 항아리 또는 나무통에 넣고 뚜껑을 밀봉시켜 15~20℃에서 5~6개월간 발효·숙성시킨다.

② 발효·숙성되면서 알칼리성 물질이 난 내부로 침투하여 난백과 난황은 응고·젤화된다.

(2) 침지법 : 물 1L에 가성소다 50g, 식염 100g, 홍차 14g, 탄닌산 2g을 용해시켜 여기에 적당량의 계란을 넣어 20~25℃에서 3주 정도 침지시킨다.

6 계란음료

① 난백을 난황 중 단백질 효소(protease)로 단백질을 분해시킨 후 유기산, 향료, 감미료, 색소 등을 첨가한 후 살균하여 제조한 것이다.

② 일반적인 제조공정 : 원료란 → 활란 → 분리 → 난황 10% 첨가 → 가당 → 자가소화유도 → 시럽첨가 → 유기산 첨가 → 가열 → 냉각 → 여과 → 향료첨가 → 살균 → 제품

7 훈연란(smoked egg)

① 생란을 완전히 삶아 응고시킨 다음 난각질을 벗긴 뒤에 염용액 및 조미액에 침지시켜 그 액을 조직 내로 침투시킨 뒤 다시 훈연시킨 것으로 저장성, 풍미성, 색택, 훈연취 등이 양호한 제품이다.

② 일반적인 제조공정 : 원료란 → 저숙, 껍질제거 → 염지액 침지 → 냉훈 → 냉각 → 담기 → 제품

PART

III

수산식품가공/유지가공

※ 수산식품가공은 문제편에만 수록되어 있음

Chapter 01 | 제유 및 유지가공

1 제유

1 의의 : 식용유지는 크게 식물성 유지와 동물성 유지로 나누는데, 우리나라에서 생산되는 식물성 유지 중 식용유는 쌀겨기름, 목화씨기름, 유채유, 참깨기름, 콩기름, 들깨기름, 고추씨기름 등이 있고, 공업용 유지는 피마자기름, 아마인유 등이 있다. 동물성 유지 원료는 소기름, 돼지기름, 어유 등이 사용되고 우리나라의 동물성 유지의 생산은 주로 해산물에 의존한다.

2 주요한 유지의 분류

01 유지의 분류 : 유지는 지방산과 글리세롤이 에스테르 결합을 한 글리세리드가 주성분이며 이 밖에 유리지방산, 착색성분 등의 불검화물을 소량 함유하고 있다. 또한 유지는 상온에서 액체인 것을 기름(oil), 고체인 것을 지방(fat)이라 하는데 보통 다음과 같이 분류한다.

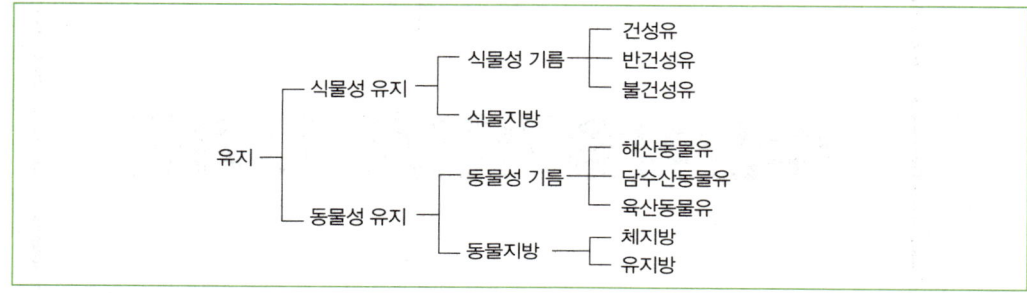

02 지방산 포화도에 따른 분류

① 건성유(요오드가 130 이상) : 아마인유, 동유, 들깨기름 등
② 반건성유(요오드가 100~130) : 채종유, 면실유, 참기름, 콩기름 등
③ 불건성유(요오드가 100 이하) : 동백유, 피마자유, 올리브유 등

2 유지의 채취법

유지를 채취하는 방법은 압착법, 추출법 및 용출법이 있으며, 압착법 및 추출법은 주로 식물유지의 채취에 사용되고, 용출법은 주로 동물유지의 채취에 사용된다.

1 식물유지의 채취법 : 식물유지는 대개 종자 중에 들어 있어 가열, 마쇄 또는 압착 등의 방법으로 유지가 원료의 세포 밖으로 나오게 한다.

01 압착법

(1) 채유공정

(2) 원료의 전처리

정선	원료 중에 흙, 모래, 나뭇조각, 쇳조각, 잡곡 등의 협잡물을 제거한다.
탈각	콩, 유채, 깨, 쌀겨 등은 그대로 파쇄 또는 가열하나 땅콩, 피마자, 목화씨 등과 같이 단단한 껍질을 가진 것은 탈각기로 탈각한다.
파쇄	탈각한 종자는 롤러 밀(roller mill)로 압쇄하여 외피를 파괴하여 얇게 만든다. 원료의 종류에 따라 압쇄하는 정도를 다르게 하는데 이것은 착유율과 관계가 깊다.
가열	파쇄한 원료를 상온에서 압착하는 냉압법과 가열하여 압착하는 온압법이 있다. 주로 온압법을 많이 쓴다.
가체	가열처리한 원료는 바로 착유기에 넣어 압착하기 좋은 모양으로 만든다.

(3) 압착 : 전처리를 한 가열원료는 온압법에서는 가급적 식기 전에 압착기로 압착한다. 압착기의 형식에는 쐐기압착기(wedge press), 나사압착기(screw press), 수압기(hydraulic press) 등이 있고, 연속식 압착기로는 익스펠러(expeller)가 있다.

02 추출법 : 유지 원료를 휘발성 용제에 침지하여 유지를 유지용제로 용해시킨 다음, 용제는 휘발시키고 유지를 채취하는 방법으로써 채유 효율이 가장 좋은 방법이다.

(1) 채유공정

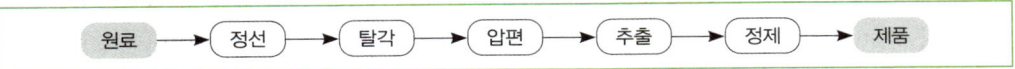

(2) 침출용제 : 유지 침출용제로는 석유벤젠, 벤젠, 헥산, 에탄올, 사염화탄소(CCl_4), 아세톤, 트리클로로에틸렌 등이 사용된다.

(3) 용제 구비조건
① 유지는 잘 추출하나 유지 이외의 물질은 잘 추출하지 않을 것
② 인화 및 폭발하는 등의 위험성이 적을 것
③ 악취 및 독성이 없을 것
④ 기화열 및 비열이 작아 회수가 쉬울 것
⑤ 값이 쌀 것

(4) 추출장치
① 침출관, 증류관, 응축기, 용제 저장조의 4가지 부분으로 되어 있다.
② 추출장치에는 작업 성질로 보아 배지식, 배터리식, 연속추출식의 세 가지가 있다. 연속 추출식은 회전하는 나선에 의해 원료가 연속적으로 이동되며, 용제는 반대방향으로 흐르게 한 것으로 여추식, 침지식, 여추침지병용식, 특수방식 등이 있다.

2 동물유지의 채취법 : 소, 돼지 또는 어류 등에서 주로 용출법으로 동물유지를 채취한다.

01 용출법

(1) 채취공정

원료 → 저장 → 수세 → 세단 → 용출 → 정제 → 제품

(2) 유지 원료 : 소, 돼지와 같은 동물의 지방조직인 지육 및 정어리, 청어, 누에번데기 등에서는 몸 전체가 원료로 사용된다.

(3) 원료의 전처리
① 동물유지 원료는 가급적 속히 채유하는 것이 좋다.
② 원료는 세척한 다음 누에번데기·정어리·청어 등의 작은 원료는 그대로, 소·돼지·고래 등의 지육은 채유하기에 알맞게 잘게 자른다.

(4) 용출(melting out)
① 원료를 가열하여 내용물을 팽창시켜 세포막을 파괴하고, 함유된 유지를 세포 밖으로 녹여내는 용출법으로 채취한다. 여기에는 건식법과 습식법의 두 가지가 있다.
② 건식 용출 : 유지 원료를 직화, 열풍 및 이중 솥으로 가열하여 유지를 용출시키는 방법이다. 고래, 소 및 돼지의 지육 등에서 채유할 때 적합하다.
③ 습식 용출 : 유지 원료를 온수 또는 소금물에 침지하여 직화 또는 증기로 직접 가열하여 유지를 용출시키는 방법이다. 정어리, 청어 등의 어유를 채취할 때 많이 쓰인다.

3 유지의 정제

채취한 원유에는 껌, 단백질, 점질물, 지방산, 색소, 섬유질, 탄닌, 납질물 그리고 물이 들어있다. 이들 불순물은 유지 중에 뜨거나 가라앉아서 유지를 흐리게 하고 산패를 촉진하며 산화분해에 의하여 유지의 색이 진해져서 결국 불쾌한 냄새와 맛을 띠게 된다. 이들 불순물을 제거하는 방법에는 정치, 여과, 원심분리, 가열, 탈검처리 등의 물리적 방법과 탈산, 탈색, 탈취, 탈납공정 등의 화학적 방법이 있으며 이들 방법이 병용된다.

1 물리적 정제법

01 정치법
① 유지를 높은 침전탱크에 넣어 장시간 방치하여 섬유, 기타의 협잡물을 침전시켜서 맑은 윗부분을 분리하는 방법이다.
② 침전을 촉진시키기 위하여 산성백토, 활성탄을 넣을 수도 있고, 수분이 많은 것은 소금, 황산나트륨 등을 넣을 수도 있다.

02 여과법
① 쌀겨기름과 같이 납질이 많은 것은 정치법으로는 시간이 너무 오래 걸릴 뿐 아니라 맑아지기 어려우므로 여과법을 사용한다.

② 소규모로는 삼베로 만든 자루여과, 천·톱밥·목탄 등을 채워 만든 여과기를 사용하지만 규모가 큰 경우에는 압려기(filter press)를 널리 사용한다.

03 원심분리법 : 원심분리기나 샤플레스와 같은 초원심분리기를 사용하는 방법이다.

04 가열법 : 유지를 직화로 가열하거나 증기를 사용하여 가열하면 단백질이 응고되어 침전되거나 뜬다. 이것을 정치하거나 여과하여 맑은 기름을 얻는다.

05 탈검(degumming process)
탈산하기 전에 원유에 함유된 인지질 같은 고무질을 제거하는 공정이며 온수 혹은 수증기를 불어넣어 수화시키면 gum 물질들은 불용성이어서 정치나 원심분리로 제거할 수 있다.

2 화학적 정제법

01 탈산(deaciding process)
① 원유에는 언제나 유리지방산이 들어 있는데, 이것을 제거하는 것이 탈산이다.
② 유리지방산을 NaOH로 중화 제거하는 알칼리정제법이 쓰인다. 이 방법은 유리지방산뿐만 아니라 비누분, 껍질, 색소 등 대부분의 불순물을 제거할 수 있다.
③ 기름 온도가 너무 높으면 검화가 되기 쉬우므로 상온(35℃ 이하)으로 한다.
④ 탈산법에는 배지식, 연속식, 반연속식 등이 있다.

02 탈색(decoloring process)
① 원유에는 카로티노이드, 클로로필 등의 색소를 함유하고 있어 보통 황록색을 띤다. 이들을 제거하는 방법으로는 가열탈색법과 흡착탈색법이 있다.
② 가열법은 솥에 기름을 넣고 200~250℃의 직화로 가열하여 색소류를 산화·분해시키는 방법이다. 이 방법은 기름도 산화되는 것이 단점이다.
③ 흡착법은 흡착제인 산성백토, 활성탄소, 활성백토 등이 있으나 주로 활성백토가 많이 쓰인다. 흡착제는 원유에 대해 1~2% 정도 사용하고 증기가열기로 110℃로 가열 후 압려기(filter press)로 여과한다.

03 탈취(deodoring process)
① 기름 중의 알데히드, 케톤 및 탄화수소 등 냄새물질과 활성백토로 인한 백토냄새가 난다. 이들 물질은 미량이라도 불쾌한 느낌을 주므로 제거해야 한다.
② 탈취원리는 기름을 3~6mmHg의 감압하에서 200~250℃의 가열증기를 불어넣어 냄새물질을 증류하여 제거한다.

04 탈납(winterization)
① 샐러드기름 제조 시에만 실시하는데, 기름이 냉각 시 고체지방으로 생성되는 것을 방지하기 위하여 탈취 전에 고체지방을 제거하여 정제할 필요가 있다.
② 이 공정을 dewaxing(탈납) 또는 winterization이라 하고, 이 조작으로 제조한 기름을 winter oil이라 한다.

③ 주로 면실유에 사용되며, 면실유는 낮은 온도에 두면 고체지방이 생겨 사용할 때 외관상 좋지 않으므로 이 작업을 꼭 거친다.

4 식용유지의 용도

1 튀김용 기름 : 콩기름, 유채유가 가장 많이 사용되고, 이 밖에 미강유, 참기름, 고추씨기름 등도 쓰이고 있다. 튀김용 기름의 조건은 다음과 같다.

① 튀길 때 거품이 일지 않고 열에 대하여 안전할 것
② 튀길 때 연기나 자극적인 냄새가 나지 않을 것
※ 튀김유 발연점은 210~240℃, 튀김온도는 160~180℃
③ 튀김 점도의 변화가 적을 것

2 샐러드용 기름 : 샐러드에 사용하는 목적으로 정제한 기름으로서 식용유, 마요네즈 등에 이용한다. 목화씨기름, 올리브기름, 옥수수기름 등이 널리 사용된다. 샐러드용 기름의 조건은 다음과 같다.

① 색이 엷고, 냄새가 없을 것
② 저장 중 산패에 의한 풍미의 변화가 없을 것
③ 저온에서 흐려지거나 굳지 않을 것

5 식용유지의 가공

1 경화유

① 유지의 불포화지방산에 니켈(Ni)을 촉매로 수소를 불어 넣으면 불포화지방산의 2중 결합에 수소가 결합해서 포화지방산이 되어 액체의 유지를 고체의 지방으로 변화시킬 수 있다. 이 고체지방을 경화유라 한다.
② 불포화지방산은 식물성의 것으로는 반건성유 및 건성유에 많고, 동물성의 것으로는 어패류에 많다.
③ 일반적인 방법은 촉매를 섞은 유지를 내산성인 경화장치에 넣고 예열시켜 100~180℃에서 6~12기압의 수소를 불어 넣어 반응시킨다. 이때 처음에는 140~150℃이고 최종 200℃로 한다. 수소 첨가반응은 발열(1kg 유지가 1.6kcal 생성)이므로 냉수로 온도를 조절한다.
④ 경화조건은 불순물이 적은 정제기름, 촉매 독소를 함유하지 않은 순수한 수소 및 강력한 촉매 등 세 가지이다.

2 마가린(margarine)

① 마가린은 여러 가지 유지를 혼합하여 천연버터의 융점에 가깝게 배합하여 유화제, 색소, 향료 등과 함께 이겨서 굳게 한 것이다.
② 고체유로는 식용경화유(소, 돼지기름), 액체유로는 콩기름, 면실유, 땅콩기름 등을 배합하

고, 융점(25~30℃)에서 유제품(발효유), 소금, 레시틴(유화제), 산화방지제(BHA, BHT), 향
료, 착색제, 비타민 A 등을 첨가하여 굳게 한다.

③ 마가린은 불포화지방의 함량에 따라 soft margarine과 hard margarine으로 구분한다. 천
연버터와 마가린은 휘발성 지방산의 함량에는 차이가 있으나, 그 밖에 성질은 거의 같다.

3 쇼트닝(shortening)

① 쇼트닝은 돈지(라드)의 대용품으로 정제한 야자유, 소기름, 콩기름, 목화씨기름, 어유, 고래
기름 등에 10~15%의 질소가스를 이겨 넣어 만든다.

② 제조공정은 원료 → 배합 → 급랭 → 이기기 순이며 마가린에서 보이는 유화공정 없이 이기
기에 중점을 둔다.

③ 쇼트닝의 특징은 쇼트닝성, 유화성, 크리밍성, 아이싱(icing)성, 흡수성, 플라잉(frying)성
등이 요구되며, 넓은 온도 범위에서 가소성이 좋고, 제품을 부드럽고, 연하게 하여 공기의
혼합을 쉽게 한다.

식품가공 · 공정공학

PART

IV

식품공정공학

Chapter 01 | 식품공정공학의 기초

여러 가지 다른 제품을 생산하는 가공공정일지라도 이들 공정들은 기계적 또는 물리적 원리가 동일한 일련의 단계로 나눌 수 있는데, 이를 단위조작(unit operation)이라 한다. 식품공업에서 중요한 단위조작은 유체의 흐름, 열전달, 건조, 살균, 증발, 증류, 추출, 결정화, 기계적 분리(여과, 원심분리, 침강, 체질), 분쇄, 혼합, 막분리, 압출가공 등이며, 여러 가지 단위조작을 어떻게 조합하느냐에 따라 식품의 품질이 결정된다.

1 단위와 차원

공학에서는 길이·질량·속도 등의 물리량을 다루며 물리량은 단위와 숫자의 두 부분으로 구성되어 있다. 단위(unit)는 그 물리량이 무엇이며 측정의 기준이 되는 표준량이 어떤 것인가를 나타내고, 숫자는 물리량을 나타내기 위해서 얼마나 많은 단위가 필요한가를 나타낸다.

1 차원(dimensions)

① 일반적으로 질량·길이·시간·온도를 기본 차원이라고 한다. 길이는 [L], 질량은 [M], 시간은 [t]로 나타낸다. 기본차원만으로 정의할 수 있는 양을 기본량이라 하며, 한 차원의 거듭제곱이나 여러 차원의 조합으로 정의되는 양을 유도량(derived quantity)이라 한다. 예를 들면, 면적 = $[L]^2$, 체적 = $[L]^3$, 속도 $[L]/[t]$, 가속도 $[L]/[t]^2$, 밀도 = $[M]/[L]^3$이다.

② 차원은 단위로 측정하며, 단위는 기준이 되는 물리량으로 정의한다. 물리량을 표현할 때 차원을 분명히 해두면 그에 해당하는 어떤 기본 단위로도 나타낼 수 있으므로 편리하다.

2 단위계(unit systems)

① 현재 자연과학과 공학분야에서 가장 널리 사용되는 단위계는 SI 단위, cgs 단위 및 fps 단위이다. 이들 세 가지 단위계는 질량 [M], 길이 [L], 시간 [t]의 세 개의 기본 차원으로 구성된다.

② 질량, 길이, 시간 이외에 힘을 기본차원으로 생각하여 네 개의 기본자원으로 공학단위라 한다.

[주요 세가지 단위계의 기본단위]

Dimension	SI unit	cgs unit	fps unit
Mass	kilogram(kg)	gram(g)	pound(lb)
Length	meter(m)	centimeter(cm)	foot(ft)
Time	second(s)	second(s)	second(s), hour(h)
Temperature	Kelvin(K) or ℃	Kelvin(K) or ℃	Rankin(R) or °F

01 SI 단위

(1) 기본단위

SI 단위에서 사용하는 기본단위는 길이 meter(m), 시간 second(s), 질량 kilogram(kg), 온도 Kelvin(K), 원소 kilogram mole(kg mol) 등이다.

① 뉴턴(newton, N) : 힘의 기본 단위, $1newton(N) = 1kg \cdot m/s^2$

② newton–meter 또는 joule(J) : 일, 에너지 및 열의 기본 단위, $1joule(J) = 1newton \cdot m (N \cdot m) = 1kg \cdot m^2/s^2$

③ joule/s 또는 watt : 동력(power)의 단위, $1joule/s(J/s) = 1watt(W)$

④ newton/m² 또는 pascal(Pa) : 압력(pressure)의 단위, $1newton/m^2(N/m^2) = 1pascal(Pa)$

⑤ 표준중력가속도(standard acceleration gravity) : $1g = 9.8066m/s^2$

(2) 표준단위

① SI 표준단위는 실질적으로 사용하기에는 너무 크거나 작은 경우가 많다. 이와 같은 경우 10진법을 기준으로 한 접두어를 표준단위 앞에 붙인다.

② 접두어를 붙일 때 표준단위 앞에 바로 붙여 쓰도록 주의하고 접두어는 10^3 배수를 사용할 것을 권장한다.

[단위에 사용되는 접두어]

Prefix	Symbol	Multiple	Prefix	Symbol	Multiple
exa	E	10^{18}	deci	d	10^{-1}
peta	P	10^{15}	centi	c	10^{-2}
tera	T	10^{12}	milli	m	10^{-3}
giga	G	10^{9}	micro	μ	10^{-6}
mega	M	10^{6}	nano	n	10^{-9}
kilo	k	10^{3}	pico	p	10^{-12}
hecto	h	10^{2}	femto	f	10^{-16}
deca		10^{1}	atto	a	10^{-18}

02 cgs 단위

cgs 단위에서 길이의 표준단위는 centimeter(cm), 질량의 표준단위는 gram(g), 시간의 표준단위는 second(s)로서 SI 단위와의 관계는 다음과 같다.

① $1g\ mass(g) = 1 \times 10^{-3}kg\ mass(kg)$ ② $1cm = 1 \times 10^{-2}m$

③ $1dyne(dyn) = 1g \cdot cm/s^2 = 1 \times 10^{-5}newton(N)$ ④ $1erg = 1dyn \cdot cm = 1 \times 10^{-7}joule(J)$

⑤ 표준중력가속도 $g = 980.665cm/s^2$

03 fps 공학단위

표준질량 pound(lb), 표준길이 foot(ft), 표준시간 second(s) 이외에 pound force(lbf)를 기본

량으로 사용한다. 1lbf는 1lb의 질량에 작용하여 32.174ft/s²의 가속도를 생기게 하는 힘으로 정의한다. SI 단위와 다음 관계가 성립한다.

① 11b mass(lbm)=0.45359kg   ② 1ft=0.3048m

③ 1lb force(lbf)=4.4482 newton(N)

④ Ift·lbf=1.35582 newton·m(N·m)=1.35582joule(J)

⑤ 1psia=6.89476×10³ newton/m²(N/m²)⑥ 1.8°F=1K=1°C

⑦ g=32.174 ft/s²

3 힘(force)

① 뉴턴(newton)의 '운동의 제2법칙'에 의하면 어떤 물체의 운동량이 변할 때 그 물체는 힘을 받고 있으며, 힘의 크기는 운동량의 변화속도에 비례한다고 한다.

> - 힘∝운동량의 변화속도 $F \propto \dfrac{d(mv)}{dt}$
>
> - 질량은 일정하므로 $F \propto m \dfrac{dv}{dt}$
>
> - 여기서 비례상수를 k라 하면 $F = km \dfrac{dv}{dt} = kma$ [F : 힘, m : 질량, a : 가속도]

② 비례상수 k는 단위계에 따라 값이 달라진다. SI 단위에서 힘의 표준단위는 newton(N)이며, 1N은 1kg의 질량에 1m/s²의 가속도를 주는 힘이다. $1N = k \times 1kg \times 1m/s^2 \therefore k=1$, 즉 F=ma 따라서 힘은 질량에 가속도를 곱한 것으로 정의할 수 있다.

③ a대신에 중력가속도 g, 비래상수 k 대신에 gc를 대입하면 중력가속도 g는 위도, 지상에서의 높이에 따라 변하나 실제 큰 차이는 있으므로 g/gc의 값은 약 1이다. 따라서 질량의 단위에 g/gc를 곱하면 값은 변하지 않고 단위만 힘의 단위로 전환된다.

> $F = m \dfrac{g}{g_c}$

4 압력단위(pressure units)

① 압력은 단위면적에 수직으로 작용하는 힘으로 정의되며, SI 단위에서 압력은 Pa(pascal)이다. 그러나 Pa은 단위가 너무 작아 불편하므로 bar를 자주 사용한다.

> - $1bar = 1 \times 10^5 Pa = 1 \times 10^5 \ N/m^2$
> - 1bar는 약 1atm(기압)과 같다.
> - $1atm = 1.01325 \times 10^5 Pa = 101.325kPa = 1.01325bar$

② 공학단위에서 압력은 11bf/in² 또는 kgf/cm²로 나타내는데 때로는 아래첨자 f를 생략하고 나타내므로 질량과 혼동하기 쉽다.

> - $1atm = 14.69 lbf/in^2 = 1.033 kgf/cm^2 = 1.013bar$

5 일·에너지·동력의 단위

① 기계적 일은 힘과 힘이 작용하는 방향으로 움직인 거리의 곱이다.

[단위계와 일]

System of unit	Work＝Force×Distance
SI	J(joule)×N·m
cgs	erg×dyn·cm
fps	ft·lbf

② 에너지는 일을 할 수 있는 능력으로 일과 같은 단위를 가진다. 식품의 에너지 함량은 joule(J) 또는 kilojoule(kJ)로 나타낸다. 열(heat)도 에너지의 한 형태이며, 열과 일은 변환될 수 있다. 따라서 SI 단위에서 일, 에너지, 열의 표준단위는 J이다.

③ cgs 단위에서 열의 단위는 calorie(cal)로서, 1cal는 물 1g의 온도를 1℃ 올리는 데 필요한 열량이다.

④ fps 공학단위에서 열량의 단위는 1Btu(British thermal unit)이며, 대기압에서 물 1lb을 1°F 올리는 데 필요한 열량으로 정의된다.

> - 1cal＝4.184J
> - 1Btu＝252.2cal＝105.3J

⑤ 동력(power)은 일을 하는 속도 또는 에너지를 소비하는 속도로서 일을 시간으로 나눈 것이다.

⑥ SI 단위는 watt(W)로 1W(＝J/s)는 1J의 일을 1초 동안에 하였다는 의미이다.

6 온도(temperature)

① 온도는 물체의 더운 정도를 나타내는 것으로 일반적으로 사용되는 섭씨(Celsius scale, ℃)와 화씨(Fahrenheit scale, °F) 눈금에서는 대기압 하에서 순수한 물의 어는점과 끓는점을 기준으로 하여 두 점 사이를 각각 100등분, 180등분 하였다.

② S1 단위에서 표준온도인 Kelvin은 물의 3중점(triple point)을 273.16K로 정의하였다. 섭씨눈금으로 물의 3중점은 0.01℃이므로 물의 어는점(freezing point)은 273.15K(0°C)이다. 섭씨, 캘빈, 화씨, 랜킨 온도 사이의 관계는 다음과 같다.

> - $℃ = \dfrac{5}{9}(°F-32)$
> - $°F = 1.8×℃+32$
> - $K = ℃+273.15$

7 밀도(density)

① 밀도는 단위 부피당 질량으로 물질이 물체를 어떻게 구성하고 있는가를 나타낸다. 분자가 치밀하게 배열된 물체는 밀도가 크다.

② SI 단위에서의 밀도는 kg/m³로, 277K(4℃)에서 물의 밀도는 1,000kg/m³ 또는 63.43lb$_m$/ft³ 이다. 때때로 용액의 밀도는 비중으로 나타낸다.

③ 비중은 주어진 온도에서 물의 밀도에 대한 동일한 온도에서 용액의 밀도의 비율이다. 만약 T℃ 에서 어떤 용액의 비중을 알고 있다면, T℃에서 그 용액의 밀도(ρ_L)는 다음과 같이 구한다.

- $\rho_L = (비중) \times \rho_w$ [ρ_w : T℃에서 그 용액의 밀도]

8 농도단위(concentration units)

① 기체, 액체 및 고체의 조성을 나타내는 데 가장 유용하게 사용되는 단위는 mole(mol)이다. 순수한 품질 1mole은 그 물질의 분자량과 같은 질량의 물질의 양으로 정의한다.

② 특정 물질의 몰분율은 그 물질의 몰수를 총몰수로 나눈 것이다. 같은 방법으로 무게분율 또 는 질량분율은 그 물질의 질량을 총질량으로 나눈 것이다. 성분 A 및 B의 혼합물 중 성분 A 에 대해서 다음과 같이 나타낸다.

- A의 몰분율 $= \dfrac{A의 몰수}{총몰수} = \dfrac{n_A}{n_A + n_B}$

- A의 질량 또는 무게분율 $= \dfrac{A의 질량}{총질량} = \dfrac{M_A}{M_A + M_B}$ $\begin{bmatrix} n_A, n_B : 성분\ A\ 및\ B의\ 몰수 \\ M_A, M_B : A\ 및\ B의\ 질량 \end{bmatrix}$

③ 일반적으로 고체 또는 액체의 분석값은 무게분율 또는 무게백분율로 나타내며 기체는 몰분 율 또는 백분율로 나타낸다.

④ SI 단위는 mol/m³ 또는 mol/ℓ로 나타낸다. 물질의 농도는 단위 부피당 무게(w/v)로 나타 내기도 한다. 부피는 온도에 따라 변하므로 이들 농도는 반드시 온도를 함께 표시해 주어야 한다. 일반적으로 설탕의 농도는 Brix로 나타내는데 설탕용액 100kg 중 설탕의 kg을 나타 낸다.

2 물질수지

식품의 가공공정에서는 여러 종류의 성분을 혼합하거나 분리하는 조작을 거친다. 각 단위조작 또는 전체의 공정을 통과하는 물질의 양적 관계는 물질수지(material balance)로서 표현된다. 물질수지 는 장치의 설계, 조작 조건의 결정, 가공조작 후의 제품의 최종 조성 및 수율의 평가 등에 유용하게 이용된다.

1 질량보존의 법칙

① 질량은 창조되지도 않고 파괴되지도 않는다. 그러므로 어떤 공정에 들어간 모든 물질의 총 질량은 공정 중에 축적되는 총 질량과 배출되는 총 질량의 합과 같다. 이와 같이 질량보존의 법칙을 어느 공정, 장치 또는 그 일부에 적용시키는 것을 물질수지라고 한다.

> 공정에 들어가는 질량＝공정에서 나오는 질량＋공정에 축적되는 질량
> (input)　　　　　　(output)　　　　(accumulation)

② 공정에 들어가고 나오는 물질은 순수한 물질 뿐만 아니라 여러 개의 성분으로 구성되어 있으며, 화학반응을 일으키거나 상(phase)의 변화를 일으키는 경우도 있다. 화학반응이 일어나지 않는 경우에는 공정에 출입하는 전체 물질뿐만 아니라 각 성분에 대해서도 물질수지를 적용시킬 수 있다.

③ 대부분의 연속공정에서는 공정 중에 물질이 축적되지 않고 들어가는 양과 나오는 양이 같다. 이와 같은 상태를 정상상태라 한다.

> 공정에 들어가는 질량유량＝공정에서 나오는 질량유량
> (rate of mass input)　　(rate of mass output)

3 에너지 수지

식품가공공정에서 살균, 증발, 냉동, 건조 등의 단위조작들을 비롯하여 어느 조작이나 공정이든지 에너지가 관여하지 않는 것은 없다. 에너지 수지(energy balance)는 어떤 공정에 출입하는 에너지 관계를 밝히는 것으로 공정장치의 설계, 에너지 효율의 결정 등에 유용하게 이용된다.

1 에너지와 열(energy and heat)

01 엔탈피

① 엔탈피(enthalpy) H(J/kg)는 내부에너지에 압력과 부피의 곱을 더한 것으로 정의된다.

> • $H=U+PV$　　　　[U(J/kg) : 내부에너지, P(Pm³): 압력, V(m²) : 부피)]

② 가열과 냉각조작에서 엔탈피 변화는 매우 중요하다. 일정한 압력에서 엔탈피 변화 ΔH는 아래와 같다.

> • $\Delta H=\Delta U+P\Delta V$

③ 열역학 제1법칙에 의하면 일정한 압력상태에서 가한 열량은 물체의 내부에너지 증가와 부피 팽창에 의한 일로 소비되므로 $Q=\Delta U+P\Delta V$, 즉 $Q=\Delta H$. 따라서 일정한 압력조건에서 엔탈피의 증가는 물체가 흡수한 열과 같다.

④ 엔탈피는 어떤 물체가 일정한 온도에서 가지고 있는 총열에너지를 의미한다.

⑤ 엔탈피의 절대값은 직접적으로 구할 수 없고 기준상태에 대한 변화량으로 구한다. 즉 임의의 기준상태에서의 엔탈피를 0이라 가정하고 이 기준상태로부터 현재 상태로 엔탈피 변화를 현 상태의 엔탈피값으로 생각한다.

⑥ 일반적으로 엔탈피는 단위 질량의 엔탈피 kJ/kg으로 나타낸다.

02 열용량

① 어떤 물체의 열용량은 단위질량의 물체를 단위 온도만큼 올리는 데 필요한 열로 정의된다. 열용량은 열 또는 냉각과정이 압력이 일정한 조건인가 또는 부피가 일정한 조건인가에 따라 정압 열용량 Cp와 정용 열용량 Cv로 구별된다.

$$\bullet \; C_p = (\frac{dQ}{dT})_p = (\frac{dH}{dT})_p$$

$$\bullet \; C_v = (\frac{dQ}{dT})_v = (\frac{dH}{dT})_v$$

② C_p와 C_v는 단위질량에 대한 열용량이므로 이를 때때로 비열(specific heat)이라 한다. 비열의 SI 단위는 J/kg·K이다.

③ 열용량은 여러 단위로 나타낼 수 있으며, 물의 열용량을 여러 가지 단위로 나타내면 다음과 같다.

$$\bullet \; 1 \frac{Kcal}{kg \cdot ℃} = 1 \frac{cal}{g \cdot ℃} = 1 \frac{Btu}{lb \cdot °F} = 4.18 \frac{kJ}{kg \cdot K}$$

④ 회분공정에서 가열 또는 냉각할 때 가해주거나 제거해 주어야 하는 열Q(J)은 다음 식으로 계산한다.

$$\bullet \; Q = 질량 \times 비열 \times 온도변화 = MC_p \Delta T \quad [M(kg) : 질량, \; C_p : 비열, \; \Delta T(K \text{ 또는} ℃) : 온도 \text{ 변화}]$$

03 현열과 잠열

① 물체를 가열 또는 냉각시킬 때 물체의 상(phase)이 변하는 경우와 변하지 않는 경우가 있다.

② 물체의 상은 변하지 않고 온도만 변하는 경우의 엔탈피 변화를 현열(sensible heat)이라 하며, 이에 비하여 온도는 변하지 않고 물체의 상이 변하는 경우의 엔탈피 변화를 잠열(latent heat)이라 하는데 물체의 상이 변할 때는 비교적 많은 일의 변화도 일어난다.

③ 현열과 잠열을 동시에 포함하는 과정에서 총열량은 두 열량의 합으로 구할 수 있다.

2 에너지 보존의 법칙

① 에너지의 형태는 변하지만 전체 에너지량은 변하지 않으므로 화학반응이 없는 경우의 에너지 수지는 다음과 같다.

공정에 들어가는 에너지 = 공정을 나가는 에너지 + 공정 중에 축적되는 에너지
　　(input)　　　　　　　　(output)　　　　　　(accumulation)

② 에너지에는 열, 일, 내부에너지, 기계적 에너지(운동에너지와 위치에너지) 및 전기에너지가 있으며, 이와 같이 전체 에너지를 다루는 경우를 전체 에너지 수지라고 한다.

③ 식품가공 공정에서 대부분의 경우 일정한 압력에서 조업하고 전기에너지, 기계에너지, 일 등은 존재하지 않거나 무시할 수 있다. 그러므로 단지 엔탈피 변화와 열의 출입만을 에너

지 수지에 고려하면 된다. 이러한 에너지 수지를 열수지(heat balance) 또는 엔탈피수지(enthalpy balance)라 한다.

Chapter 02 | 식품공정공학의 응용

1 반응속도론

1 반응속도론 : 식품의 가공이나 저장 중에 식품 내에서는 여러 가지 화학반응이 일어난다. 식품의 가공 및 저장 중에 일어나는 화학반응속도를 정량적으로 규명하고 각 반응의 메카니즘을 이해한다면 각 제품의 바람직한 특성을 최대한으로 유지할 수 있도록 가장 적합한 가공 및 저장 조건을 선택할 수 있을 것이다.

01 반응속도의 정의

① 식품의 가공 및 저장 중에 일어나는 품질변화는 식품성분들 간의 화학 반응, 미생물이나 효소작용과 같은 생물학적 작용, 식품조직의 변화와 같은 물리적 작용에 기인한다.

② 화학반응속도 v_i는 단위부피당 단위시간에 생성되는 성분의 몰농도로 정의된다. 반응속도의 SI단위는 $mol/dm^3 \cdot s$의 단위를 사용한다.

③ 반응속도는 생성물(product) 농도로 나타내거나, 반응에 의하여 없어지는 반응물(reactant)의 농도로 나타낸다. 이때 반응물의 농도는 반응이 진행됨에 따라 감소하므로 부호는 −이다. 예로서 반응물 A가 직접 생성물 R로 변하는 다음과 같은 간단한 반응을 보면 A → R. 이때 반응속도는 반응물을 기준으로 하여 반응물의 소실속도로 다음과 같이 나타낸다.

$$\bullet \, v_A = -\frac{dC_A}{dt}$$

또는 생성물을 기준으로 하여 $v_R = -\frac{dC_R}{dt}$ 로 나타내며, 정상상태에서 $-v_A = v_R$이다.

④ 반응시간이 t_1에서 t_2까지 경과하는 동안 반응물 A의 농도가 C_{A1}에서 C_{A2}로 감소하였고 이때 경과시간 $(t_2 - t_1)$이 매우 짧다면 반응속도는 다음과 같이 주어진다.

$$\bullet \, v_A = \frac{dC_A}{dt} = -\frac{C_{A2} - C_{A1}}{t_2 - t_1} = \frac{C_{A2} - C_{A1}}{t_2 - t_1}$$

반응이 진행됨에 따라 반응물의 농도는 감소하므로 $C_{A1} > C_{A2}$이다.

02 반응차수(reaction order)

반응속도는 반응물과 생성물의 농도에 의존되며, 농도의 의존성은 실험적으로 결정한다. 비가역반응의 경우 반응속도식은 다음과 같이 일반식으로 나타낼 수 있다.

$$\bullet \; v = kC_A{}^{\alpha}C_B{}^{\beta}$$

반응속도식에서 지수 α와 β는 반응속도가 반응물 A와 B의 농도에 따라 어떻게 변하는가를 나타내는 것으로 반응차수라 한다. 반응속도는 반응물 A에 대해서는 α차, 반응물 B에 대해서는 β차이며, 전체적으로는 $(\alpha + \beta)$ 차이다. α와 β를 각각 개별차수라 하고, 이들이 합인 $(\alpha + \beta)$를 그 반응의 총차수라 한다. α와 β는 시간과 농도에 무관한 상수로서 실험적으로 결정하여야 하는 값이며, 화학양론계수 a, b와 반드시 일정한 상관관계를 갖지는 않는다.

(1) ascorbic acid(A)의 손실속도

① ascorbic acid는 공기 중의 산소(O_2)와 반응하여 dehydroascorbic acid로 변하여 vitamin C로서의 활성을 잃게 된다.

$$\bullet \; \text{ascorbic acid} + O_2 \rightarrow \text{dehydroascorbic acid} + H_2O$$

② ascorbic acid(A)의 손실 속도식은 다음 식으로 표시된다.

$$\bullet \; -\frac{dC_A}{dt} = -kC_A C_{O_2}$$

여기서 C_A는 ascorbic acid의 농도, C_{O_2}는 O_2의 농도이다. ascorbic acid의 분해속도는 ascorbic acid와 산소에 대하여 각각 1차 반응을 나타내고, 전체 반응은 2차 반응이다.

(2) acetaldehyde의 열분해반응

$\bullet \; CH_3CHO \rightarrow CH_4 + CO$
720K에서 3/2차 반응을 나타내는 것으로 알려져 있다.
$\bullet \; -v = kC^{3/2}{}_{CH_3CHO}$

(3) 효소반응 속도식

$$\bullet \; v = \frac{V_{max}C_S}{K_M + C_S} \quad [C_S : \text{기질농도}, V_{max} : \text{최대 반응속도}, K_M : \text{상수}]$$

이와 같은 형태의 반응속도식에서는 반응차수가 일정한 것이 아니라 기질의 농도(C_S)에 따라 변한다.

03 반응속도상수(reaction rate constant)

① 반응속도상수 k는 온도에 따라 변할 뿐 아니라 반응에 사용되는 용매, 촉매농도, pH 등 환경조건에 따라서도 변한다. 그러나 일반적으로 다른 환경조건이 일정하다고 생각하고 k를 온도의 함수로만 나타내는 경우가 많다.

② 반응속도상수는 반응물이나 생성물의 농도에 무관하므로 특정온도에 서 반응속도의 정도를 나타내는데 매우 유용하게 사용된다. 속도상수의 단위는 총괄 반응차수에 의존한다.
n차 반응인 경우 $-v = kC_A{}^n$ 이므로 반응속도상수의 단위는

$$\cdot\ [k]=\frac{[v]}{[C^n]}=\frac{(moles/volume\cdot time)}{(moles/volume)^n}\quad 또는\ [k]=time^1(moles/volume)^{1-n}$$

③ 1차 반응의 경우 속도 방정식 : $-v=kC_A$

반응속도의 단위를 $mol/dm^3\cdot s$, 반응을 A의 단위를 mol/dm^3이라 하면 속도상수의 단위는 s^{-1}이다.

$$\cdot\ \frac{mol/dm^3\cdot s}{mol/dm^3}=\frac{1}{s}$$

④ 2차 반응 속도식 : $-v=kC_A^2$

같은 방법으로 정리하면 2차 반응 속도상수의 단위는 $dm^3/dm^3\cdot s$이다. 또한 0차 반응의 경우 k의 단위는 $mol/dm^3\cdot s$ 이다.

04 단순 정용반응계의 수학적 표현

반응속도식은 여러 가지 수학적 형대로 표현되며, 반응차수도 항상 징수는 아니다. 그러나 식품가공 공정에서 많은 반응은 단순한 형태로 근사적으로 표현할 수 있으며, 반응차수도 0차 또는 1차인 경우가 많다.

(1) 0차 반응

① 반응속도가 반응물의 농도에 영향을 받지 않는 반응을 0차 반응이라 하며, 0차 반응 속도식은 다음과 같다.

$$\cdot\ -\frac{dC_A}{dt}=k$$

② 이 식을 적분하면 $C_{A0}-C_A=kt$ 또는 $C_A=C_{A0}-kt$ 이 식은 반응물의 소모된 양, 즉 $(C_{A0}-C_A)$ 가 반응시간에 비례함을 의미한다.

③ 0차 반응인 경우에는 농도-시간 실험데이터로부터 각 반응시간에서의 잔존 반응물의 농도를 시간에 대해 도시하면 그림 1과 같은 직선을 얻게 되며, 이 직선의 기울기 값으로부터 반응속도상수를 구할 수 있다.

④ 일반적으로 화학반응은 초기 반응물질의 농도가 충분히 높을 때에는 0차 반응을 나타내나 농도가 어느 수준 이하로 감소하면 반응성이 농도에 의존하게 되어 반응차수가 증가하게 된다.

[그림 4-1 0차 반응에 대한 도시법]

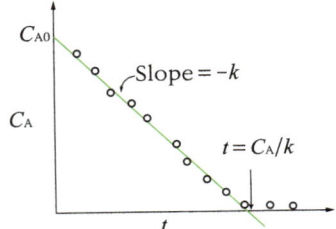

(2) 1차 반응

① 1차 반응은 한 종류의 반응물질의 농도에 비례한다.

② 식품가공이나 저장 중에 발생하는 영양성분의 파괴 등 기타 품질지표물 질의 변화, 미생물의 생육과 가열에 의한 미생물의 사멸 등은 1차반응으로 표시된다.

> 📗 예 비가역적인 단분자반응 A → R

이 반응이 1차 반응을 따른다면 그 속도식은 $-\dfrac{dC_A}{dt} = kC_A$ 로 나타낼 수 있다.

이 식을 변수분리하여 적분하면

- $-\displaystyle\int_{C_{A0}}^{C_A} \dfrac{dC_A}{C_A} = k\int_0^t dt$

[식 4-1]

- $-\ln\dfrac{C_A}{C_{A0}} = kt$ 또는 $\ln\dfrac{C_{A0}}{C_A} = kt$ 로 표시된다.

③ 임의의 시간 t에 반응물 A의 농도 C_A는 $C_A = C_{A0}\exp(-kt)$로 나타낼 수 있다. 즉 A의 농도는 반응이 진행됨에 따라 대수 함수적으로 감소한다. 또한 [식 4-1]은 반응물 농도의 대수값과 반응시간 사이에 직선관계가 있음을 나타내고 있는데, $-\ln(C_A/C_{A0})$ 값을 반응시간 t에 대해 그리면 [그림 4-2]와 같은 원점을 지나는 직선이 된다. 이 직선의 기울기로부터 반응속도상수 값을 결정할 수 있다.

[그림 4-2 1차 반응에 대한 도시법]

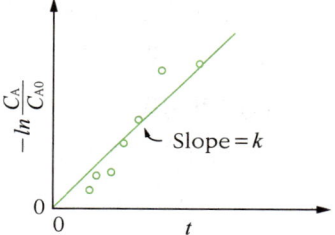

2 유체역학

유체(fluid)는 압력을 작용시켜도 변하지 않은 물질을 말한다. 식품산업에서 다루는 유체에는 공기·질소(N_2)·CO_2 등의 가스, 모든 종류의 액체, 일부 고체도 여기에 포함된다. 식품산업에서 다루는 원료와 생산된 제품은 유체 상대의 경우가 많다. 예를 들면 물·우유·과실주스·시럽·식용유·술·간장·마요네즈 등이 유체에 속한다. 또한 쌀·보리·밀·대두 등의 곡류와 두류(豆類), 밀가루 등도 균질한 상태에서는 이를 유체로 취급하여 다루게 된다.

식품산업에서의 유체를 취급할 경우 크게 유체를 저장할 때처럼 정지된 상태에서 일어나는 문제를 다루는 분야를 유체의 정역학(靜力學)이라고 한다. 그리고 유체식품의 흐름을 다루는 문제를 유체의 동력학(動力學)이라고 한다.

1 유체의 정역학

① 식품산업에 사용하는 원료, 반제품 또는 완제품이 유체일 때는 **[그림 4-3 탱크 속의 유체]**
탱크(곡물인 경우는 사일로)에 저장하게 된다. 이때의 유체는 움
직이지 않기 때문에 유체정역학이 적용된다.

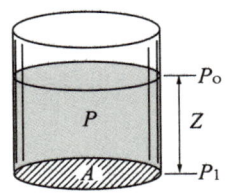

② [그림 4-3]과 같은 원통형의 탱크에 Z만큼의 높이로 밀도 (ρ)인
유체가 담겨 있다고 하자. 이때 탱크 밑면에 작용하는 힘(F)은 중
력가속도(g)에 의하며, 질량(m)은 체적(V)에 밀도(ρ)를 곱한 값
과 같다. 이를 [식 4-2]과 같이 나타낼 수 있다.

> **[식 4-2]**
> • $F = mg = V\rho g$

③ 용기 속 유체의 질량을 m이라고 하면 탱크 바닥에 작용하는 힘은 newton의 법칙에 따라
[식 4-2]과 같으며, 식에서 g는 중력 가속도이다. 그리고 탱크 바닥면에 작용하는 압력은
[식 4-4]과 같다.

> **[식 4-3]**
> • $P_1 = \dfrac{F}{A} = \dfrac{mg}{A} = \dfrac{(zA\rho)g}{A}$

> 따라서, **[식 4-4]**
> • $P_1 = z\rho g$

만일 탱크 수면에 이미 대기압에 해당하는 P_0의 압력이 작용하고 있다면, 밑면에서의 압력 P는
P_0만큼이 추가된다.

> **[식 4-5]**
> • $P = P_0 + z\rho g$

④ [식 4-5]에서 P, P_0의 단위는 높이 z(m), 유체의 밀도 ρ(kg/m³) 등의 사용하는 단위에 따라
서 N/m², Pa, kg/cm²로 표현된다.

2 유체식품의 동력학

① 유체가 관(pipe)이나 통로를 따라 움직일 때는 운동량의 이동으로 설명된다. 유체가 흐르기
위하여 힘의 불균형, 즉 압력차($\triangle$P)가 있어야 한다.

② 압력은 항상 수직 방향으로 으로 작용하는 응력(stress)이다. 이에 대하여 표면 또는 유체면
에 평행인 방향으로 작용하는 응력을 전단응력(shear stress)이라고 한다. 따라서 유체를 흐
르게 하기 위하여 전단응력이 필요하다.

③ 파이프를 통하여 유체가 매우 느린 속도로 흐를 때 벽면과 직접 접촉하고 있는 유체의 속도
는 0이고, 중앙 쪽으로 갈수록 속도는 증가한다.

④ 유체를 흐르게 하는 힘은 파이프의 양쪽 끝의 압력 차이지만, 파이프의 벽면을 따라 작용하여 흐름을 방해하는 힘, 즉 마찰에 의해 이루어지는 압력차는 전단응력으로 바꾸어진다. 즉, 아래 [그림 4-4]에서 보는 바와 같이 일정한 속도분포가 형성된다. 이와 같은 현상은 유체의 층 사이에서 외부의 응력에 대항하여 서로 떨어지지 않으려는 힘. 즉, 점성력이 존재하기 때문이다.

[그림 4-4 응력에 의한 유속의 변화]

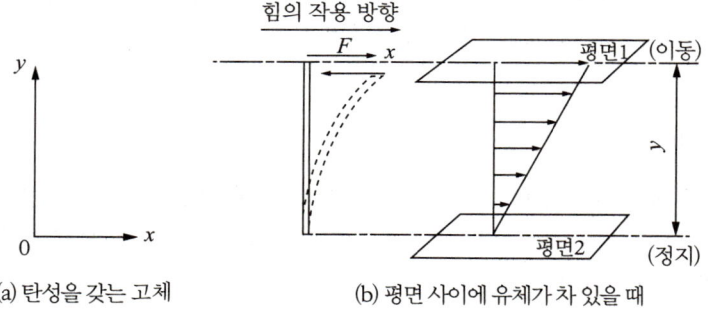

(a) 탄성을 갖는 고체　　　(b) 평면 사이에 유체가 차 있을 때

3 유체식품의 특성

① 모든 유체는 내부마찰을 가지고 있다. 유체가 흐르는 동안에 내부마찰에 의하여 유체를 흐르게 하는 원동력인 기계적 에너지를 열로 소비한다. 즉, 파이프를 통하여 유체를 흐르게 하기 위하여 에너지가 필요하며, 그 에너지의 일부가 유체의 내부마찰에 의하여 소비된다. 이때에 유체의 흐름을 방해하는 힘인 점성력은 유체 층의 속도구배(dv/dy)와 다음과 같은 관계를 갖는다.

[식 4-6]

$$\cdot \frac{F}{A} = \tau = -\mu \frac{dv}{dy} \quad \text{(SI)} \qquad \text{또는} \qquad \tau g_c = -\mu \, dv/dy \quad \text{(fps)}$$

② [식 4-6]를 뉴톤(newton)의 점도식이라고 한다. 여기에서 속도구배(dv/dy)를 전단속도(shear rate)라고도 하며, μ는 비례상수로서 점도(viscosity)이다.

③ 점도의 단위는 SI 단위계에서는 Ns/m^2로 나타내며, cgs 단위계에서는 P(poise) 또는 cP(centipoise)로, 그리고 fps 단위계에서는 lb/ft sec이다.

④ 액체의 점도는 온도에 영향을 많이 받는다. 온도가 상승함에 따라 점도는 감소하며, 이에 따라 그 액체의 유동도가 커지게 된다.

⑤ 유체의 점도가 크면 유동도가 감소하게 되는데, 보통 유동도를 나타낼 때는 점도의 역수(1/μ)로 표시한다. 일반적으로 물·술·청징주스와 같은 저분자물질로 된 유체는 유동도가 크다. 이와 같은 유체는 뉴톤의 [식 4-6]에 따르기 때문에 이를 뉴톤유체라고 한다. 반대로 액체의 점성이 커서 이 식에 따르지 않은 유체를 비뉴톤유체라고 한다.

⑥ 꿀·사과소스, 바나나퓌레·우유·올리브기름 등 대부분 식품으로 이용되는 고분자물질 용액은 비뉴톤유체에 속하며, 이들은 [식 4-6] 대신에 식 [식 4-7]이 적용된다.

[식 4-7]
- $\tau = -m(dv/dy)^n$ (SI)   또는 $\tau g_c = -m(dv/dy)^n$ (fps)

⑦ [식 4-7]에서 n값에 따라 유체의 흐름성이 달라지는데, n > 1인 경우를 dilatant 유체라고 한다. 그리고 n < 1인 경우를 pseudoplastic 유체라고 한다.

⑧ [식 4-7]에서 n=1이며, shear rate=0에서 의 τ_y의 값을 갖는 경우를 Bingham plastic 유체라고 한다. 이들 비뉴톤유체의 특징을 살펴보면 [그림 4-5]와 같다.

[그림 4-5 뉴톤유체와 비뉴톤유체의 속도구배에 따른 전단응력의 변화]

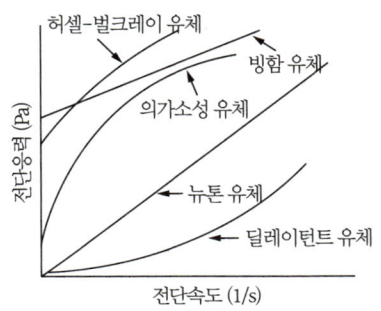

⑨ [식 4-7]에서 m을 점조계수, n을 유동계수라고 하며, 이들을 유동변수라고 한다. 일반적으로 비뉴톤유체의 성질을 말할 때는 점도로 나타내지 않고 m, n의 2가지 수치로 나타낸다.

⑩ Pseudoplastic 유체는 n값이 0 < n < 1로서 전단속도가 증가하면 겉보기 점도가 감소하는 유체를 말하며 초콜릿·퓌레·채소수프 등이 여기에 속한다.

⑪ Dilatant 유체는 1 < n < ∞로서 전단속도가 증가하면 겉보기 점도가 증가하는 유체로서 설탕용액·녹말용액·땅콩버터·소시지 슬러리 등이 여기에 속한다.

⑫ Bingham plastic 유체는 일정한 응력, τ_y 이상을 주어야만 흐르는 유체로서 젤리, 우유의 커드, 마요네즈 등은 이와 같은 흐름을 나타낸다. 여기에서 τ_y를 항복응력(yield stress)이라고도 한다.

⑬ 전단응력과 전단속도와의 관계는 전단시간에 영향을 받지 않는 경우에는 [식 4-7]이 적용되지만, 어떤 유체는 m, n, τ_y가 시간에 따라 변하는 시간 의존성의 성질을 나타낸다. 예를 들어 틱소트로픽(thixotropic) 유체[1] 또는 레오펙틱(rheopectic) 유체[2]는 일정한 전단속도를 주면 조직이 파괴되어 겉보기 점도가 시간에 따라 감소하며, 이후 정지하여 두면 조직이 다시 회복하여 점도가 높아지는 유체이다.

※ (1) 틱소트로픽 유체 : 유속이 빨라졌을 때 점도가 낮아지는 특성을 갖는 유체로서 시간이 경과하면 점도와 항복치가 변화한다. 토마토 케찹, 페인트 등에서 볼 수 있다.

※ (2) 레오펙틱 유체 : 시간의 변화에 따라 겉보기 점도가 급격히 높아지는 유체이다.

4 유체의 흐름과 레이놀즈수

① 유체가 관(pipe)을 통하여 흐를 때 유체흐름의 모양 (a)층류와 같이 유속의 분포가 일정하다면, 이러한 흐름의 상태를 층류(laminar flow) 또는 점성류(viscous flow)라고 한다.

② 유체흐름의모양 (b)난류와 같이 흐름의 속도나 방향이 일정하지 않는 흐름의 경우를 난류(turbulent flow)라고 한다.

③ 층류에서는 유체가 서로 섞이지 않고 마치 유체의 층이 평행으로 이동하는 것처럼 흐르는 경우를 말한다.

④ 층류인 경우는 관 중심에 위치한 유체가 가장 빠르게 흐르며, 관 벽에 인접한 부근의 유체는 거의 흐르지 않는다.

[그림 4-5 유체 흐름의 모양]

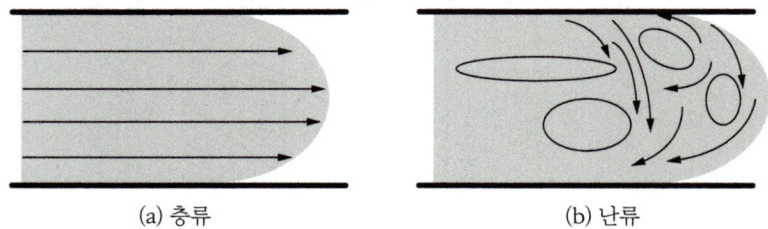

(a) 층류   (b) 난류

⑤ 파이프 속을 흐르는 유체는 일정한 속도 이상이 되면 유체가 평행하게 한 방향으로 흐르는 것이 아니라 와류(eddy)와 수직 방향의 흐름이 생겨 전체가 섞이면서 흐르게 된다.

⑥ Osbone Reynolds(1883)는 유체의 흐름의 모양이 유체의 속도(v), 점도(μ), 밀도(ρ), 관의 직경(D)으로 정의되는 레이놀즈수(reynolds number)에 의하여 결정됨을 알았다. N_{Re}는 다음 식과 같이 나타낸다.

[식 4-8]

- $N_{RE} = \dfrac{D\rho v}{\mu}$ [D : 파이프의 직경, ρ : 유체의 밀도, ν : 유체의 흐름속도, μ : 유체의 점도]

⑦ [식 4-8]에서부터 어떤 유체의 흐름상태를 계산하였을 때 N_{Re}가 2,100 이하이면 층류가 되며, 4,000 이상이면 난류가 된다. 그리고 2,100에서 4,000 사이의 흐름은 상태에 따라서 층류가 될 수도 있고, 난류도 될 수 있기 때문에 이를 중간류라고 한다.

5 유체의 흐름과 물질수지

① 유체가 아래 그림과 같이 파이프 또는 공정 내에서 정상상태로 흐르고 있을 때 물질수지가 성립된다. 이때 파이프의 모양에 관계없이 파이프로 유입되는 입량은 파이프로부터 나오는 출량과 같다. 즉, [식 4-9]을 유체흐름에서의 물질수지라고 한다.

[식 4-9]

$W_1 = W_2$ 또는 $\nu_1 \rho_1 A_1 = \nu_2 \rho_2 A_2$

$\Big[$ W : 질량유량, ν : 유속(m/s 또는 ft/s), ρ : 유체의 밀도(kg/m³ 또는 lb/ft³), A : 관의 단면적(m² 또는 ft²), 밑의 첨자 1, 2 : 두 지점(유입과 유출)의 상태 $\Big]$

② 만일 이 유체가 비압축성 유체일 때 ($\rho_1 = \rho_2$)는 관 속으로 들어갈 때와 나올 때의 밀도변화가 없으므로 [식 4-10]와 같이 나타낼 수 있다.

[식 4-10]

• $v_1 A_1 = v_2 A_2$

[그림 4-6 유체흐름 중의 물질수지]

$$W_1 \qquad \xrightarrow{} \qquad 공정 \qquad \xrightarrow{} \qquad W_2$$
$$v_1 \, p_1 \, A_1 \qquad\qquad\qquad\qquad\qquad v_2 \, p_2 \, A_2$$

③ [식 4-9], [식 4-10]는 다음 예제 4와 같이 유입 또는 유출되는 유체의 양, 속도 등을 산출하는 데 사용된다. 그리고 부분 1과 부분 2의 파이프 안지름을 D_1과 D_2라고 하면 [식 4-11]과 같이 유속은 파이프 안지름의 제곱에 반비례한다.

[식 4-11]

• $\dfrac{v_1}{v_2} = \dfrac{D_2{}^2}{D_1{}^2}$

6 유체의 흐름과 에너지 수지

① 유체의 흐름에서는 에너지 보존의 법칙이 성립된다.

② 아래 그림에서 보는 바와 같이 유체가 1의 상태에서 2의 상태로 이동할 때 단위질량이 갖는 위치에너지, 운동에너지, 압력에너지 등과 같은 에너지의 형태는 변하여도 에너지의 전체의 합은 일정하다. 이와 같은 관계식은 [식 4-12]에 의하여 정의되며, 이 식을 베르누이 (Bernouilli)의 식이라고 한다.

[식 4-12]

$$\triangle zg + \triangle \frac{v^2}{2} + \triangle \frac{P}{\rho} = 0 \quad 또는 \quad z_1 g + \frac{v_1{}^2}{2} + \frac{P_1}{\rho} = z_1 g + \frac{v_2{}^2}{2} + \frac{P_2}{\rho}$$

③ 식 [4-12]에서 z는 높이, v는 속도, P는 압력, ρ는 밀도를 나타내며, $\triangle z$는 상태 1과 2지점에서의 높이의 차($z_2 - z_1$)를 의미한다. 이때 $\triangle zg$ 항을 위치두(potential head), $\triangle v^2/2$ 항을 속도두(velocity head), $\triangle P/\rho$ 항을 압력두(pressure head)라고 한다. 이들 각 항은 에너지의 단위를 가지며 J/kg, ft-lb/lbm이다.

④ Bernouilli 식은 유체가 흐르는 과정에서 마찰이나 어떠한 일을 하지 않을 때, 즉 내부마찰이 없는 이상적인 상태에서 적용될 수 있다.

[그림 4-7 관 속 유체의 에너지 수지 설명도]

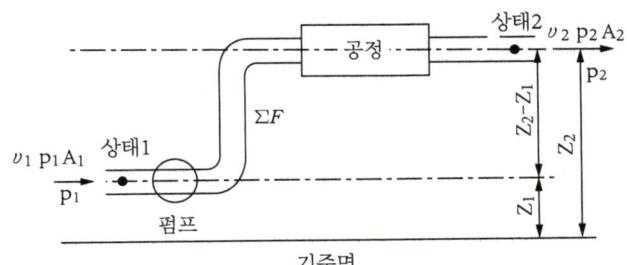

3 열전달

식품의 저장이나 가공공정에는 냉각·동결·해동·가열살균·농축·건조 등의 열전달 조작이 관여하는 경우가 많다. 특히 성분이 일정하지 않은 생체조직을 원료로 하는 식품산업에서는 열전달 조작에 의해 복잡한 물리적·화학적· 생화학적인 여러 가지 변화가 분자 또는 조직 수준에서 동시에 일어난다. 식품에 열을 처리하여 가공하는 공정을 열처리 공정이라고 한다. 녹말의 호화, 단백질의 응고, 미생물의 살균, 각종 효소반응의 조절, 식품의 증류·농축·추출 건조 등은 열처리와 직접적인 관계가 있다.

1 식품의 열전달

① 식품에 열이 전달되는 형태에는 전도(conduction)·대류(convection)·복사(radiation)의 3가지 방법에 의하여 이루어진다. 실제로 대부분의 열전달은 어떤 하나의 방법에 의해 이루어지는 경우보다는 이들의 혼합된 형태로 이루어지는 경우가 많다.

② 전도는 고체 사이의 분자이동에 의해 이루어진다.

③ 대류는 유체 내의 분자집단의 이동현상으로 이루어진다.

④ 대류에 의한 열이동에는 유체 내의 분자가 열에너지를 받아 비중이 차이가 생김으로써 자연적인 분자집단의 이동에 의해 일어나는 자연대류, 그리고 외부에서 어떤 힘을 가하여 전열속도를 빠르게 하는 강제대류로 구분된다.

⑤ 열에너지는 온도가 높은 곳에서 낮은 곳으로 이동되고, 단위시간에 이동되는 열량을 열전달 속도라고 한다.

⑥ 열전달 속도는 2곳 사이의 온도 구배에 비례하므로 이 온도구배는 열전달 속도에서 구동력이 된다. 이 구동력은 열의 흐름을 방해하는 저항을 극복할 수 있는 힘이 된다. 따라서 열전달 속도는 다음과 같이 나타낼 수 있다.

> • 열전달 속도 $= \dfrac{\text{구동력 : 온도차}(\triangle t)}{\text{저항 : 매체의 열 흐름에 대한 저항}}$

⑦ 열이 전달되는 도중에 어떤 물체에 열의 축적이 없다면 열전달 속도는 시간의 변화에 상관없이 일정하게 유지되어 정상상태를 유지하게 된다. 그러나 만일 도중에 열의 축적이 발생하면 전달속도는 시간에 따라 변화하게 된다.

2 전도에 의한 열전달

01 전도에 의한 열이동

[그림 4-8 육면체고체에서의 열전달]

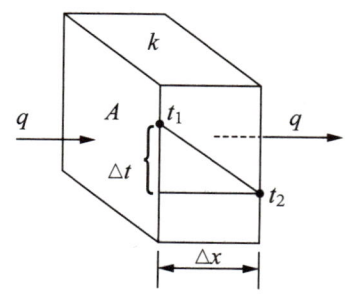

① 전도는 한 원자나 분자에서 옆에 있는 다른 원자 또는 분자로 열에너지가 이동하는 현상이다. 고체에서 뿐만 아니라 정지해 있는 유체의 얇은 막에서도 일어난다. 열전도 현상은 물질의 모양에 따라 영향을 받는다.

② 그림에서 보는 바와 같은 벽돌 모양으로 생긴 장방형에서의 열이동 관계를 보면, 전도에 의하여 열이 이동될

때의 이용되는 기본법칙을 푸우리에(Fourier) 법칙이라고 한다. 즉, 열이동 속도는 표면적 (A)과 온도차(△T)에 비례하고 열이 이동하는 거리에 반비례한다.

③ 정상상태에서 x방향으로만 열이 이동되는 경우 열전달 속도는 [식 4-13]과 같이 나타낼 수 있다.

[식 4-13]

$$\cdot \; q = -kA\frac{\triangle T}{x}$$

- q : 열전달 속도(kcal/h), △T : 온도차(°K 또는 ℃, °F)
- x : 열이 통과하는 물질의 두께(m, ft)
- A : 일이 통과하는 방향과 수직으로 접한 면의 면적(m² 또는 ft²)
- k : 열전도도(W/m°K, Btu/ft h °F, kcal/mh℃)

④ [식 4-13]에서 (−) 부호는 열은 고온에서 저온으로 온도가 감소하는 방향으로 흐르므로 dt가 부(負)의 값을 가지기 때문이다.

⑤ 푸우리에의 법칙에서 k는 좁은 온도 범위에서는 일정한 상수로 나타낼 수 있으나 큰 온도 범위에서의 열전도도는 온도에 따라 다음과 같이 변한다.

$$\cdot \; k = a + bT + cT^2 \ldots \ldots \qquad [a, b, c : 실험상수]$$

02 여러 층 벽의 열전달

① 냉장실과 같은 보온시설의 벽은 벽돌, 단열재, 콘크리트 등 물성이 서로 다른 여러 개의 층으로 되어 있다. 이때 열의 전달속도는 각 물질의 열전도도와 이들의 두께에 의하여 결정된다.

② 그림 [그림 4-9]와 같이 정상상태에서 열전달이 이루어진다고 하면 각 층을 통과하는 열량을 q_1, q_2, q_3라고 할 때 이들은 [식 4-14]에서와 같이 나타낼 수 있다.

[식 4-14]

$$\cdot \; q_1 = -k_1A_1\frac{\triangle t_1}{x_1}, \quad q_2 = -k_2A_2\frac{\triangle t_2}{x_2}, \quad q_3 = -k_3A_3\frac{\triangle t_3}{x_3}$$

③ 여기에서 전열면적이 같으며, 정상상태에서의 열전달인 경우 각 층에서의 전달되는 열량은 항상 일정하므로 $A_1 = A_2 = A_3$, $q_1 = q_2 = q_3$이다. 따라서 [식 4-14]은 아래와 같다.

[식 4-14]

$$A\triangle t_1 = -q\frac{x_1}{k_1}, \quad A\triangle t_2 = -q\frac{x_2}{k_2}, \quad A\triangle t_3 = -q\frac{x_3}{k_3}$$

$$A(\triangle t_1 + \triangle t_2 + \triangle t_3) = -q(\frac{x_1}{k_1} + \frac{x_2}{k_2} + \frac{x_3}{k_3})$$

$$\triangle t = \triangle t_1 + \triangle t_2 + \triangle t_3 \text{ 라고 하면}$$

[식 4-15]

$$A\triangle t = -q(\frac{x_1}{k_1} + \frac{x_2}{k_2} + \frac{x_3}{k_3})$$

$$\triangle T_1 = T_1 - T_2, \quad \triangle T_2 = T_2 - T_3, \quad \triangle T_3 = T_3 - T_4$$

[그림 4-9 여러 층 벽에서의 열전달]

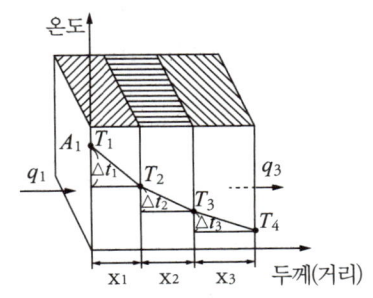

④ 일반적으로 [식 4-15]에서 괄호 안에 있는 합의 역수를 총괄전열계수(U)라고 하며, 단위는 $W/m^2 \cdot {}^\circ K$, $Btu/ft^2 h \cdot {}^\circ F$, 또는 $kcal/m^2 h \cdot {}^\circ C$가 된다.

⑤ 총괄전열계수는 [식 4-16]와 같이 나타낼 수 있다.

[식 4-16]

$$\frac{1}{U} = \frac{x_1}{k_1} + \frac{x_2}{k_2} + \frac{x_3}{k_3}$$

⑥ [식 4-16]를 [식 4-15]에 대입하여 정리하면 다음과 같이 쓸 수 있다.

[식 4-17]

$$q = U \, A \, \Delta t$$

⑦ 따라서 [식 4-17]으로부터 총괄전열계수, 내벽과 외벽의 온도차를 알면 여러 층으로 된 벽에서의 열전달 속도를 계산할 수 있다.

03 파이프와 실린더벽 모양에서의 열전달

① 식품산업에서 실린더 모양의 물체에서 열전달을 하는 경우가 많다. 스팀을 수송하는 스팀 파이프, 통조림을 살균하는 레토르트, 통조림, 소시지 등은 모두 실린더형 또는 원기둥꼴로 되어 있다.

② 열이 이동하는 거리가 달라짐에 따라 면적이 계속 변화하는 것이 다를 뿐이다. 따라서 [식 4-13]에서 x대신에 r을, A 대신에 r값에 따라 변화하는 실린더의 면적을 적용하여야 한다. 이때 면적은 $2\pi(r_1)L$에서 $2\pi(r+dr)L$로 변화하기 때문에 [식 4-18]과 같이 정의되는 대수 평균면적(A_L)을 사용하면 된다.

[식 4-18]

$$A_L = \frac{A_2 - A_1}{\ln \frac{A_2}{A_1}} = \frac{(2\pi L)(r_2 - r_1)}{\ln \frac{2\pi L r_2}{2\pi L r_1}} = (2\pi L)\frac{(r_2 - r_1)}{\ln \frac{r_2}{r_1}} = (2\pi L)r_L$$

[그림 4-10 실린더 벽에서의 열전도]

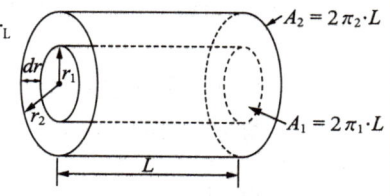

③ [식 4-18]에서 r_L은 대수평균반경이라고 한다. 따라서 A_L 대신에 $(2\pi L)r_L$을 사용해도 된다. 그러면 실린더나 파이프에서의 열전달은 [식 4-19]과 같이 쓸 수 있다.

[식 4-19]

$$q = -k_1 A_L \frac{\Delta t}{\Delta r} \quad \text{또는} \quad q = -k(2\pi L r_L)$$

④ [식 4-19]은 실린더 (원기둥)형으로 된 통조림, 소시지, 스팀배관 등에서의 열전달에 관한 것을 다루는데 이용된다.

3 대류에 의한 열전달

유체를 가열하거나 냉각시키면 유체는 위와 아래로 이동하는 대류현상이 일어나게 된다. 대류에 의한 열전달에는 찬 유체와 더운 유체 사이의 밀도 차이에 의 하여 유체가 움직이면서 자연적으로 일어나는 자연대류와 교반기, 순환펌프, 송풍기 등을 사용할 때 일어나는 강제대류로 구분된다.

01 자연대류 열전달

[그림 4-11 자연대류 현상과 경계면에서의 온도분포]

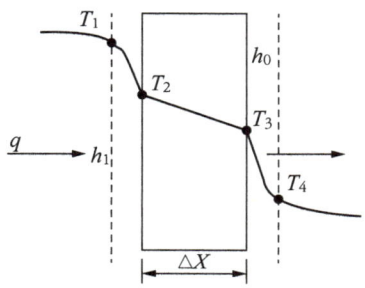

(a) 온도차에 의해 일어나는 대류현상   (b) 점선부분인 경계에서의 온도 분포

① [그림 4-11(a)] 용기 속에 들어 있는 액체를 가열하면 액체는 뜨거운 용기 벽과 접촉하여 온도가 상승한다. 이와 같은 결과로 액체의 밀도가 감소함으로써 주위의 액체보다 가벼워져 상승하게 되며, 결국 대류현상이 자연적으로 일어난다. 이와 같이 단순한 온도차에 의해 일어나는 대류현상을 자연대류라고 한다.

② 자연대류 현상은 고체와 액체 또는 기체가 접하는 경계면인 벽에 가까울수록 잘 일어나지 않는다. 벽면에 아주 가까운 액체 층은 실제로 움직이지 않는 층류층(laminar layer)으로 된 막(film)이 존재하기 때문에 이 부분에서의 열전달은 상당한 저항을 받는다.

③ 대류 열전달에서의 전열속도는 fourier식에서 정의된 온도구배 이외에 고체-유체 경계면에서 전열계수인 경막전열계수(h)가 중요한 역할을 한다. 따라서 전열속도는 [식 4-20]과 같이 정의되며, 이 식을 Newton의 냉각법칙이라고 한다.

[식 4-20]

• $q = -h_c A \, (t_s - t)$
t_s : 고체표면의 온도, t : 액체의 온도,
h_c : 경막전열계수 또는 표면전열계수 h_s이며, $J/m^2 s \, ℃$ 또는 $Btu/ff^2 h °F$의 단위를 가짐

④ 대류현상은 유체의 밀도, 점도, 열전도도, 열팽창계수, 유체가 들어 있는 용기의 크기 등에 영향을 받으며, 이들 인자들로 이루어진 무차원그룹들과 밀접한 관계를 갖고 있다.

⑤ 일반적으로 유체를 가열하거나, 또는 냉각시킬 때의 열전달은 [그림 4-12]과 같이 양쪽 벽면에서의 대류에 의한 저항과 용기 벽을 통과할 때의 전도에 의한 저항을 동시에 고려하여야 한다. 이 경우에 전도와 대류의 2가지 열전달기작에 의해 열이 이동되며, 이를 [식 4-21]과 같이 나타낼 수 있다. 여기에서 h_1와 h_0는 각각 벽의 내부와 외부의 경막전열계이다.

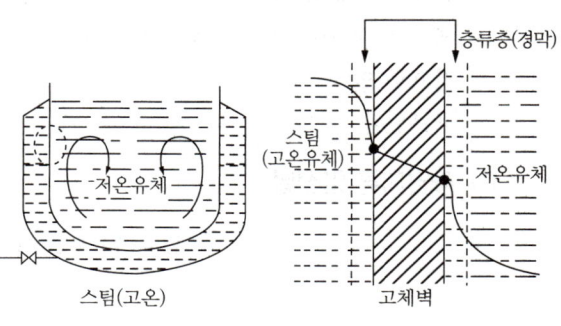

[그림 4-12 액체-고체-액체 사이의 온도분포]

[식 4-21]

$$q = \frac{A\triangle t}{\dfrac{1}{h_1} + \dfrac{x}{k} + \dfrac{1}{h_0}}$$

4 식품의 가열 및 살균

식품을 일정 기간 보존하면서 안전하게 먹기 위하여 오염된 미생물을 죽이는 살균(sterilization) 조작이 필요하다. 살균방법에는 보존료·살균료 산화방지제 항생물질 등 화학물질을 첨가하는 약제살균법, 고온에서 가열처리하여 살균하는 가열살균법, 냉온살균라고도 불려지는 방사선살균법 등이 있다. 이들 살균방법 중에서 산업적으로 널리 이용하는 방법은 가열살균법이다.

1 미생물의 내열성에 영향을 주는 요인 : 미생물의 내열성은 미생물의 종류에 따라 다르며 수분·pH·영양상태 등 환경 요인에 따라 차이가 있다. 특히 고온세균, 토양세균 등은 대부분 생활환경이 나빠지면 포자를 형성한다.

01 가열할 때 미생물에 영향을 주는 요인

(1) 식품의 pH

① 미생물의 내열성 은 일반적으로 중성 부근에서 가장 크고, 산성 또는 알칼리성 쪽으로 갈수록 작아진다.
② 식품은 pH에 따라 pH 6.0 이상의 비산성 식품, pH 6.0~4.5 범위의 저산성 식품, pH 4.5 이하의 산성식품으로 나눌 수 있다.
③ 변패미생물은 일반적으로 pH 5.3에서 생육저해를 받는다.
④ 살균공정에서 중요한 분기점은 pH 4.5이다.
⑤ 과일주스와 같은 산성식품은 저온살균으로도 미생물 제어가 가능하나, 비산성 식품은 100℃ 이상에서 가압살균해야 한다.

(2) 식품의 이온환경

① 식품에 들어 있는 이온 조성에 따라 살균조건은 달라진다.

② 인산완충액에 있어서 EDTA 또는 glycylglycine과 같은 chelate 물질이 존재할 때에 비하여 Mg^{2+}, Ca^{2+}의 낮은 농도에서는 미생물의 내열성이 감소한다.

(3) 식품의 수분활성도

① 수분을 다량 함유하고 있을 때는 건조하였을 때에 비하여 미생물의 내열성이 증가한다.

② 미생물의 사멸은 수분이 많을 때에는 단백질변성에 의해, 그리고 수분이 적을 때에는 산화작용에 의해 포자가 사멸되는 것으로 알려져 있다.

(4) 식품의 성분조성

① 탄수화물, 단백질·지질 등 유기물이 많을 경우이거나, 에멀션 또는 거품 등과 같은 콜로이드 상태가 되었을 때는 미생물의 내열성이 증가한다. 그러나 염류 농도를 증가시키거나, 항생물질을 첨가하면 내열성의 감소가 일어난다.

2 식품에 대한 열에너지의 이용 : 열에너지를 이용하여 식품에 부착해 있는 미생물을 사멸시켜 부패를 방지하거나, 식품이 가지고 있는 효소를 불활성화시켜 내용성분의 변화를 최소화하여 저장성을 높이는 방법은 오래 전부터 많이 이용해 왔다. 열에너지를 이용하는 방법에는 조리, 데치기(blanching), 저온살균, 고온살균 등을 들 수 있다.

3 열에너지와 식품성분과의 상호작용

식품성분에 대한 열처리 효과를 알아보기 위하여 실제 조건에서 특수성분의 반응속도상수를 측정하거나 온도에 대한 반응속도상수를 측정할 필요가 있다.

01 반응속도론(reaction kinetics)

① 미생물의 살균을 포함하여 대부분의 영양소의 파괴, 식품의 품질저하, 효소의 불활성화 등은 1차 반응에 해당된다. 즉, 1차 반응에서의 반응속도는 각 성분의 농도(c)에 비례한다.

$$\bullet \; -\frac{dc}{dt}=kc$$

② 식품살균에 있어서도 마찬가지로 살균온도가 정해졌다고 할 때, 이 온도에서의 사멸속도는 식품 속에 존재하는 미생물 수(N)에 비례한다.

[식 4-22]

$$\bullet \; -\frac{dc}{dt}=kc$$

③ [식 4-22]에서 미생물의 살균의 경우에 N은 생존하는 미생물의 수이며, k는 속도상수이다.

[식 4-22]을 적분하면

$$-\int_{N_0}^{N} \frac{dN}{N} = k \int_{t_1}^{t} dt$$

$-\ln N + \ln N_0 = k(t-t_1)$ 또는 $t_0 = 0$일 때의 미생물의 농도를 N 라고 하면

[식 4-23] $\log \dfrac{N}{N_0} = \dfrac{-kt}{2.303}$

④ [식 4-23]를 반대수 그래프(semi-log paper)에 도시(plot)하면 직선관계가 되며 [그림 4-13], 기울기는 -k/2.303이 된다.

⑤ 여기에서 k는 화학반응의 1차 반응식에서 볼 수 있는 반응속도상수에 해당한다. 식품의 살균에서는 표현방법을 달리하여 D값을 사용한다. 이때 D는 [그림 4-13]에서 보는 바와 같이 미생물의 수를 1/10, 즉 log 단위로 1만큼 감소시키는 데 소요되는 시간을 말한다(=2.303/k).

[그림 4-13 미생물의 사멸곡선]

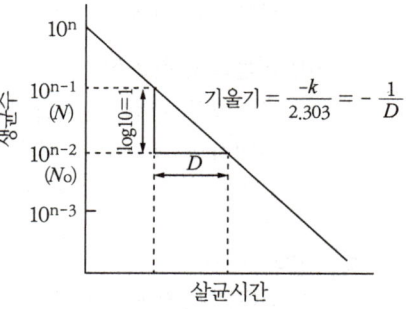

⑥ 예를 들어 표현방법에 있어서 D_{121}=10분이라면 하첨자는 온도를 뜻하며, 121℃에서 10분 후에 지표미생물이 90%가 사멸한다는 뜻이다.

⑦ D값은 살균대상이 되는 미생물의 내열성의 크기를 나타낸다. D값이 적으면 살균이 쉽다는 것을 나타낸다. 곰팡이, 효모, 포자를 형성하지 않는 세균의 D 값은 매우 작다. 내열성이 큰 포자형성균은 121℃에서 5분 정도이다.

02 반응속도의 온도 의존성

일반적으로 반응속도는 반응온도와 밀접한 관계를 가지고 있다. 온도에 따른 반응속도는 Arrhenius식 또는 가열치사시간(thermal death time, TDT)에 의존하기 때문에 이로부터 반응속도를 계산할 수 있다.

(1) Arrhenius 식

[식 4-24]

• $\log \dfrac{K}{K_1} = \dfrac{Ea}{2.303}\left(\dfrac{1}{T} - \dfrac{1}{T_1}\right)$ ⎡ k : 반응속도상수, s : 상수(frequency factor),
 ⎣ Ea : 활성화에너지 (activation energy)

(2) 가열치사시간(TDT) 이용법(Begelow 방법)

① 식품을 살균할 때 일반적으로 가열치사시간에 의하여 가열시간을 결정한다. 즉, 가열치사시간은 미생물의 완전살균이 이루어지는 최소시간을 말한다.

[식 4-25]

• $\log \dfrac{TDT_1}{TDT_2} = -\dfrac{1}{Z}(T_1 - T_2) = \dfrac{(T_2 - T_1)}{Z}$ ⎡ TDT_1 : 온도 T_1에서의 TDT,
 ⎣ TDT_2 : 온도 T_2에서의 TDT, Z값 : 사멸율

② Z값은 TDT(또는 D값)를 10만큼 변화시키는데 필요한 온도변화량을 말한다. 만일 Z값이 10일 경우 가열온도를 10℃ 상승시키면 균체수는 1/10로 감소한다는 뜻이다. D값과 Z값이 주어지면 임의의 살균온도에서의 가열 살균시간을 결정할 수 있다.

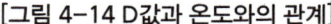

[그림 4-14 D값과 온도와의 관계]

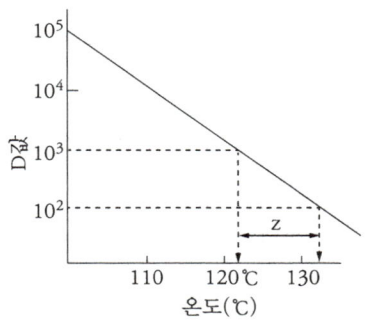

03 가열살균시간의 결정

① 가열살균시간의 결정은 일차적으로 *Clostridium botulinum*의 농도를 어느 정도로까지 줄일 것인가 하는 일이 중요하다. 여기에서 12 D-개념(12 D-concept)이 이용된다.

② 체적 1cm³ 내에 들어 있을 수 있는 *C. botulinum*의 최대 농도는 10^{12} 정도이다. 이 농도를 10^0으로 감소시키면 *C. botulinum*을 지표로 한 공업적 살균은 그 목적이 달성된 것으로 인정된다.

③ D값과 Z값이 알려진 지표미생물을 치사온도 T에서 열처리하여 그 농도를 10^0로 감소시키는 데 소요되는 시간을 가열치사시간이라고 한다. 또한, F값(F value)은 일정 온도에서 일정 농도의 미생물을 사멸하는 데 소요되는 시간을 말한다. 즉, 식품 살균공정에서 살균온도 T에서 TDT를 F 값으로 표시한다. 만일 F_{121}=15라면, 121℃에서 15분간 가열처리하면 완전 살균된다는 것을 뜻한다.

④ 일반적으로 *C. botulinum*과 같은 지표미생물의 TDT 곡선에서 F값 및 Z값을 구할 수 있으며, 이에 따라 살균조건을 결정한다. 어떤 세균의 D값이 일정 온도에서 6분이라면 세균수가 10^4에서 10^{-1}로 감소시키는 데 소요되는 살균시간은 6×5=30분이 된다. 그리고 최초 세균수가 10^{10}이라면 6×11=66분이 소요되어 오염도가 클수록 살균시간이 길어진다.

[식 4-26]

・ $F_T = nD_T$

F_T : 온도 T에서의 가열치사시간(min)
n : 가열 살균지수 또는 감소지수(reduction factor)
D_T : 온도 T에서의 지표 미생물의 D값(min)

⑤ 일반적으로 살균은 121.1℃(250°F)에서 이루어진다. 이 온도에서의 F값을 소요 살균시간의 결정에서 기준값으로 활용되며 F로 표시한다. 따라서 [식 4-26]은 다음과 같이 나타낼 수 있다.

[식 4-27]

・ $F_0 = nD_{121}$

⑥ [식 4-25], [식 4-26]과 [식 4-27]로부터 F0와 F1의 관계식을 얻을 수 있다.

$$\bullet \log \frac{D_T}{D_{121.1}} = -\frac{1}{Z}(121.1 - T)$$

$$\bullet \frac{F_T}{F_0} = \frac{D_T}{D_{121.1}} = 10^{-(121.1-T)/z}$$

따라서, [식 4-28] $F_T = F_0 10^{(121.1-T)/z}$

⑦ 위 [식 4-28]을 이용하면 F_0값이 주어질 때 살균 소요시간 F_T를 쉽게 구할 수 있다. 여기에서 $10^{(121.1-T)/z}$항을 치사율(lethal rate, L)이라고 한다.

04 가열살균과 열전달

(1) 살균공정 : 살균공정은 크게 다음과 같은 2가지 공정으로 구분할 수 있다.

무균공정 (aseptic processing)	우유·술 등과 같이 내용물에 대한 상업적 살균을 하고 무균적으로 살균된 용기에 충전하여 밀봉하는 공정
통조림식 공정 (retort processing)	통조림을 제조할 때와 같이 내용물을 용기에 넣고 밀봉한 다음 가열살균하는 공정

(2) 통조림 내용물에 따른 열전달 방식 : 액체식품은 주로 대류에 의해 열전단이 이루어지므로 비교적 짧은 시간 내에 중심부의 온도까지 도달된다. 일반적으로 통조림 내용물에 따른 열전달 방식을 분류하면 다음과 같다.

① 점성이 없고 소금용액에 작은 입자로 구성되어 있는 내용물인 경우, 주로 대류에 의해 열전달이 이루어지며 열침투가 빠르다.

② 점성이 높거나 고형물이 많은 식품은 주로 전도에 의한 열전달이 이루어진다. 크림 형태의 옥수수·호박 감자 샐러드·구운 콩 등은 여기에 해당된다.

③ 가열하는 동안 대류에 의한 열전달이 이루어지다가 녹말의 호화로 점성이 높아짐에 따라 전도에 의한 열전달이 이루어지는 경우가 있다. 수프(soup), 누들(noodle) 등이 여기에 해당된다.

(3) 고체식품 또는 액즙이 거의 없는 식품의 경우

① 고체식품 또는 액즙이 거의 없는 식품의 경우는 전도에 의해 열전달이 서서히 이루어진다. 열이 가장 늦게 도달하는 지점을 냉점(cold point)이라고 하며, 보통 통조림의 기하학적 중심점에 존재한다.

② 열이 전달되는 데는 일정 시간이 소요되며, 통조림 속으로의 열전달은 가열매체와 냉점 사이의 온도 차이에 의해 좌우되므로 냉점의 온도를 측정할 필요가 있다.

5 흡착 및 추출

식품공업 및 생물산업에서 생물분리 조작은 매우 중요한 공정이며, 그 중에서 두가지 상(phase) 사이의 평형관계에 기초한 대표적인 분리조작은 흡착과 추출이다. 묽은 용액으로부터 가용성 성분인 용질은 크게 흡착과 추출에 의하여 분리할 수 있으나 흡착과 추출 공정은 몇 가지 차이점이 있다.

❶ 흡착공정

01 서론

① 기체 또는 액체 중의 한 개 이상의 성분이 고체 흡착제에 흡착되어 분리된다. 일반적으로 흡착공정은 네 가지 단계로 진행된다.

② 첫째, 용액에 흡착제의 첨가, 둘째, 흡착제에 용질의 선택적 흡착, 셋째, 흡착제와 액체의 분리, 셋째, 흡착된 용질을 다른 용매로 용출시키는 과정으로 구성된다.

③ 액상 흡착은 수용액 또는 유기용액으로부터 용질의 분리, 유기물로부터 색소의 분리, 발효액으로부터 유효생산물의 분리 등에 적용되며, 기상(gas phase) 흡착은 탄화수소 기체로부터 수분의 제거, 천연가스로부터 황화물의 제거, 공기와 다른 기체로부터 용매의 제거, 그리고 공기로부터 냄새의 제거 등에 응용된다.

02 흡착제

(1) 흡착제의 성질

① 일반적으로 흡착제는 0.1mm에서 12mm 크기의 작은 pellets, beads 또는 granule 형태이다.

② 흡착제 입자는 수많은 매우 미세한 구멍을 가진 다공성 구조이며 세공(pore)의 부피가 총 입자부피의 50%에 이른다.

③ 용질분자는 미세한 구멍표면에 단분자층으로 흡착 되지만 때때로 다분자층으로 흡착되기도 한다. 일반적으로 흡착되는 분자와 흡착제 내부 세공표면 사이의 흡착은 물리적 흡착 또는 van der Waals 흡착이며 가역적이다.

④ 산업적으로 많은 종류의 흡착제가 사용되는데, 흡착제는 대체로 $100 \sim 2000 m^2/g$의 매우 큰 세공(pore) 표면적을 갖는다.

(2) 흡착제의 종류

활성탄 (active carbon)	• 미세결정질 물질로 나무, 야채껍질, 숯 등을 탄화시켜 만든다. • 평균 세공 지름은 $10 \sim 60 Å$, 표면적은 $300 \sim 1200 m^2/g$이다. 일반적으로 유기용액의 흡착에 사용된다.
실리카겔 (silica gel)	• sodium silicate 용액을 산처리한 후 건조하여 만든다. • 표면적은 $600 \sim 800 m^2/g$, 평균 세공지름은 $20 \sim 50 Å$이며, 기체 및 액체의 건조와 탄화수소 분리에 사용된다.
활성알루미나 (active alumina)	• 수화된 aluminum oxide를 가열해서 물을 제거하여 제조하며 기체와 액체의 건조에 주로 사용된다. • 표면적은 $200 \sim 500 m^2/g$, 평균 세공지름은 $20 \sim 140 Å$이다.
지오라이트 (zeolite)	• 다공성 결정질 aluminosilicate로 정확히 같은 크기의 세공을 가지고 있는 개방형 결정격자를 형성하고 있다. • 지오라이트의 종류에 따라 세공크기는 $3 \sim 10 Å$이다. 지오라이트는 건조, 탄화수소 혼합물의 분리 등 여러 방면에 응용된다.
수지 (resin)	• 두 가지 종류의 단분자의 중합반응에 의하여 제조된다. • Styrene 과 divinyl benzene 같은 방향족 물질로부터 만들어진 수지는 수용액뿐만 아니라 비극성 유기물질의 흡착에도 사용된다. • 반면에 acrylic esters로부터 만들어진 수지는 수용액 내에서 극성이 큰 용질 흡착에만 사용된다.

03 흡착평형 관계

① 유체상(fluid phase) 중의 용질농도와 고체상(solid phase) 중의 용질농도 사이의 평형 관계는 액체와 기체 사이의 평형용해도 관계와 비슷하다.

② [그림 4-15]에 등온흡착선을 보면 고체상에서의 용질농도를 q(kg용질/kg 흡착제(고체)), 유체상(기체 또는 액체)에서의 용질농도를 c(kg 용질/m³ 유체)로 나타내었다.

[그림 4-15 등온흡착의 일반적인 형태]

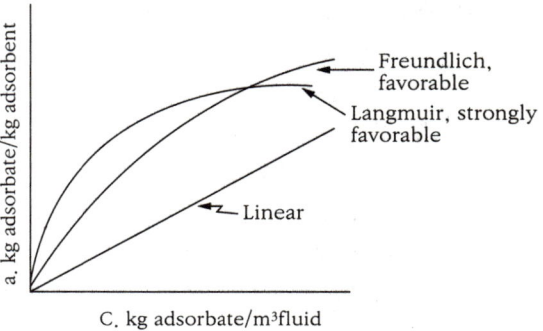

③ 직선적인 등온흡착은 Henry 법칙과 유사하게 다음과 같이 표현된다.

[식 4-29] $\cdot\ q = Kc$

④ K는 실험적으로 결정되는 상수로 m3/kg 흡착제이다. 직선적인 등온흡착관계는 일반적이 아니며, 묽은 농도범위에서 근사식으로 사용된다.

⑤ 실험적으로 유도된 Freundlich 등온흡착식은 많은 물리적 흡착계에 사용되며, 특히 액체시스템, 활성탄에서의 흡착에 사용된다.

[식 4-30] $\cdot\ q = Kc^n$

⑥ K와 n은 상수로 실험적으로 결정된다. q와 C를 양대수좌표에 그리면 기울기가 n이 되며, 절편으로부터 K를 구한다. 이때 K의 차원은 n에 의해 결정된다.

⑦ 만약 흡착등온선이 위로 볼록한 형태이면 유체상에서 보다 고체상에 흡착된 용질의 농도가 높기 때문에 흡착이 favorable하다고 표현하며 n < 1인 경우이다. 한편 아래로 오목한 형태이면 흡착은 unfavorable 하다고 하며 n > 1의 경우이다.

⑧ Langmuir 등온흡착식은 이론적 근거에서 유도된 것으로 다음과 같이 표현되며, q_0와 K는 실험상수이다.

[식 4-31]
$$\cdot\ q = \frac{q_0 c}{K + c}$$

⑨ 위 ⑧에서 q_0는 kg 용질/kg 고체, K는 kg/m²의 단위를 가진다.

⑩ Langmuir 등온흡착은 다음과 같은 이론에 근거하여 유도되었다. 즉 용질은 흡착제 표면의 일정한 수의 활성자리(active site)에만 흡착하고, 흡착은 가역적이며 평형상태에 도달한다고 가정하였다.

[식 4-32] $\cdot$ 용질(solute)+빈자리(vacant sites)=채워진 자리(filled sites)

⑪ 만약 평형상태이면, 평형상수 K'를 사용하여 다음과 같이 표현할 수 있다.

[식 4-33]

$$K' = \frac{[용질][빈자리]}{[채워진 자리]}$$

⑫ 활성자리의 총수는 고정된 수이므로

[식 4-34]   • [총자리]=[빈자리]+[채워진 자리]

⑬ [식 4-33]와 [식 4-34]를 결합하면

[식 4-35]

$$[채워진 자리] = \frac{[총자리][용질]}{K'+[용질]}$$

⑭ 채워진 자리의 수는 q에 비례하므로 [식 4-35]은 [식 4-31]과 같아진다. q_0는 용질의 최대 흡착량으로서 흡착제의 최대흡착자리수를 반영하는 값이다.

⑮ 대체로 거의 모든 흡착계는 온도가 증가하면 흡착된 용질의 양이 감소하므로, 일반적으로 실온에서 흡착시킨 다음 온도를 증가시켜 탈착(desorption) 시킨다.

2 회분흡착(batch adsorption)

① 회분흡착은 제약산업에서와 같이 용액 중에 소량의 용질흡착에 사용된다. 회분흡착의 계산을 하기 위해서는 Freundlich 또는 Langmuir 등온흡착과 같은 평형관계와 물질수지가 필요하다.

② 초기 공급액의 농도, 최종 평형농도 c, 고체에 흡착된 용질의 초기농도, 최종 평형농도 q라면 흡착제에 대한 물질수지는 다음과 같다.

[식 4-36]   • $q_F M + c_F S = qM + cS$

③ M는 흡착제양(kg)이고, S는 공급액(feed)의 부피(m^3)이다. 식 (4-36)의 변수를 c에 대하여 그리면 직선이 얻어진다. 즉 식 (4-36)을 변형하면 이 식은 조작선(operating line)을 나타내며 직선이다.

[식 4-37]

$$q = q_F + \frac{S}{M}(c_F - c)$$

④ 회분흡착의 풀이는 그림으로 구할 수 있으며, 두 식 [식 4-36]과 [식 4-37]를 [그림 4-16]과 같이 동일 좌표 축에 나타낸다.

⑤ 그림에 나타낸 것과 같이 평형곡선은 원점을 지나 위로 볼록한 형태, 즉 n < 1인 특성을 나타내며, 조작선은 음의 기울기 S/M를 가지는 직선이며, 절편이 q_F가 된다.

[그림 4-16 회분흡착의 도해법]

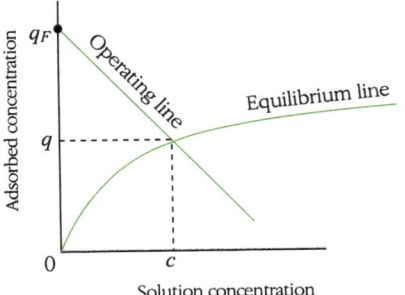

⑥ 조작선과 평형선의 교점의 좌표 (c와 q)는 평형상태에서의 용액의 농도의 흡착제 중 용질농
도가 된다.

3 이온교환 흡착

01 이온교환물질(Ion-Exchange Materials)

① 이온교환공정이란 기본적으로 용액 내의 이온과 불용성 고체상(solid phase)의 이온 사이
의 화학적 반응이다. 즉 고체 중의 일부 이온과 용액 중의 이온이 서로 교환되어 전기적으로
중성이 유지된다.

② 처음 사용된 이온교환물질은 천연 zeolite 이다. 이는 다공성 모래 형태의 양이온 교환체
로서 용액 중의 양전하 이온(Ca^{2+})이 고체 중의 세공(pore) 속으로 확산되어 들어가 고체의
Na^+ 이온과 교환된다.

[식 4-38]
- $Ca^2 + Na_2R \rightleftarrows CaR + 2Na^+$
  (용액) (고체)　(고체) (용액)

③ R은 불용성 고체를 나타낸다. [식 4-38]은 물의 연화공정의 기본 반응식으로서 재생할 때는
NaCl을 첨가하여, 가역적으로, 왼쪽으로 반응이 일어나게 한다. 이와같은 대부분의 무기이
온교환 물질은 양이온만을 교환한다.

④ 현재 사용되는 이온교환고체는 대부분 합성수지 또는 고분자이다. 이들은 황산기, 카르복실
기 또는 페닐기를 갖고 있으며, 이들 음이온기는 양이온과 교환된다.

[식 4-39]
- $Na^+ + HR \rightleftarrows NaR + H^+$
  (용액) (고체) (고체) (용액)

⑤ R은 고체수지를 나타내며, 고체수지 중의 Na^+는 H^+ 또는 다른 양이온과 교환될 수 있다. 유
사하게 아민기를 갖는 합성수지는 용액 중의 음이온 또는 OH^-기를 교환하는데 사용된다.

[식 4-40]
- $Cl^- + RNH_3OH \rightleftarrows RNH_3Cl + OH^-$
  (용액) (고체)　　(고체) (용액)

02 이온교환에서의 평형관계

① 등온조건에서 이온교환의 평형관계는 질량작용의 법칙을 이용한다. 한 예로 식 [9-4-2]와
같은 단순한 이온교환반응에서 HR과 NaR 은 수지표면에 존재하는 H^+와 Na^+로 채워진 이
온교환자리를 나타낸다. 만약 일정한 수의 이온교환자리가 H^+ 또는 Na^+로 완전히 채워져
있다고 가정하면, 평형상태에서는 아래 식과 같다.

[식 4-41]
- $K = \dfrac{[NaR][H^+]}{[Na^+][HR]}$

[식 4-42]
- [R]=일정=[NaR]+[HR]

[식 4-41]와 [식 4-42]를 결합하면

[식 4-43]
- $[NaR] = \dfrac{K[R][Na^+]}{[H^+]+K[Na^+]}$

② 수지표면에 존재하는 이온기 [R]의 총농도는 고정되어 있으므로
③ 만약 용액이 완충액이어서 [H$^+$]가 일정하면, Na$^+$ 교환을 나타내는 식은 Langmuir 등온흡착곡선과 유사하다.

4 추출(extract)

추출은 액체 또는 고체원료 중에 포함되어 있는 유용한 가용성 성분을 용매에 녹여 분리하는 조작이다. 특히 고체를 원료로 할 경우 고체-액체추출 혹은 침출이라 하며, 액체원료인 경우 액체-액체추출이라고 한다. 식품공업에서는 고체-액체추출이 대부분이다.
추출조작은 식물로부터 유효성분을 분리하여 식품 및 의약품을 만들거나 발효액으로부터 발효식품 및 생물공학제품의 제조공정, 유량종자에서 식용유를 제조하는 공정에 이용되고 있다.

01 추출의 정의 : 식품 성분의 특성에 따라 성분을 추출하거나 분리하는데 사용되는 방법으로 압착추출, 증류추출, 용매추출 등이 이용되고 있다.

(1) 추출속도에 영향을 미치는 인자

고체-액체의 계면 면적	고체의 표면적에 정비례하며, 입자의 크기를 작게 하면 추출속도가 증가한다.
농도의 기울기	고체표면의 농도와 용액 중의 농도 사이의 농도 기울기가 크게 작용하며, 점도가 낮을수록 추출속도가 빠르다.
온도	온도가 높으면 용질이 확산하는 속도가 증가한다.
용매의 유속	유속이 빠르고 난류(turbulent flow)가 심할수록 추출속도는 빠르다.

02 추출에 이용되는 기계

(1) 압착기 : 압착은 고체 원료에 들어 있는 유용한 액체 성분을 압출 힘을 이용하여 추출하는 방법이다. 식품산업에서는 식용유, 과즙, 치즈제조 등에 널리 이용되고 있다. 압착방법에 따라 유압 압착, 롤러 압착, 스크루 압착으로 구분된다.

1) 유압식 압착기
① 판상식 압착기(plate press)라고도 한다. 과즙, 식용유를 압착하는 데 널리 이용된다.
② 300~600kg/cm^{2}의 압력을 작용하여 압착하는 회분식 압착기이다.
③ 면포나 면직자루에 원료를 담아서 압착판에 올려놓고 압착하도록 되어 있다.
④ 이 압착기는 충전, 압착, 분해, 세척 등에 노력이 많이 들기 때문에 현재 대규모 공장에서는 대부분 연속식 압착기로 대체되어 있다.

2) 롤러식 압착기

① 사탕수수로부터 설탕액을 착즙하는 데 이용되는 압착기이다.

② 원료를 회전로울 사이를 통과시켜 압착한다.

③ 로울 표면은 홈이 파여 있어 착즙된 액은 이 홈을 따라 회수된다.

④ 압착박은 로울에 비스듬히 설치된 칼날에 의해 제거, 배출되기 때문에 연속작업을 할 수 있다.

[그림 4-17 롤러식 압착기]

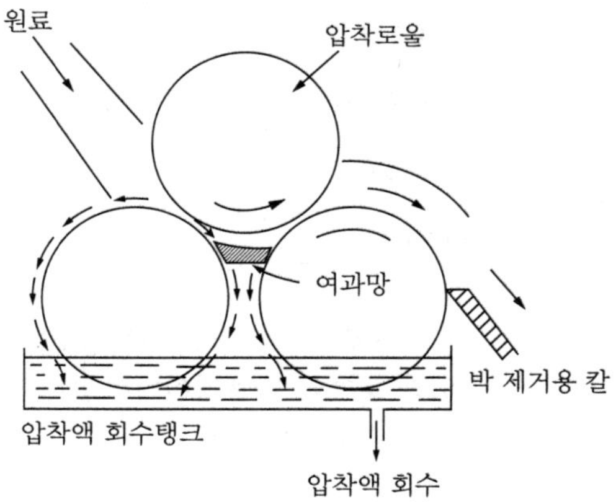

3) 스크루식 압착기

① 과즙의 제조, 식용의 착유, 두유의 제조 등에 이용되는 압착기이다.

② 스크루의 회전에 의해 원료가 이동되면서 압축하는 힘을 이용한 장치이다.

③ 축의 회전속도는 5~500rpm, 실린더에 가해지는 압력은 1,400~2,800kg/cm² 정도로서 출구의 간격을 조절함으로써 제어할 수 있다.

[그림 4-18 스크루식 압착기]

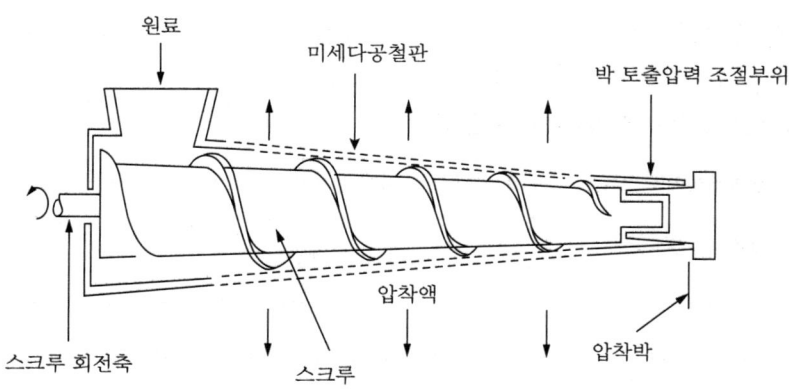

(2) 용매추출기

1) 용매추출기 개요

① 용매추출은 물, 유기 용매 등을 사용하여 물질을 추출하는 방법이다.

② 추출에 사용하는 용매는 유효성분을 잘 녹일 수 있는 것을 선택하는 것이 좋다. 보통 각종 용매에 따른 목적하는 성분의 용해 특성 등을 검토하여 결정한다. 그리고 유용성분이 극성 또는 비극성인가에 따라서 용매를 선택한다.

③ 유지 추출, 주스제조, 설탕 제조, 커피, 차 등의 제조에 이용된다.

④ 추출장치는 추재와 용매를 고루 접촉하여 쉽게 평행에 도달시킨 후 상층류와 하층류를 분리할 수 있도록 만든 장치이다.

2) 용매추출기 종류 : 추출기는 회분식 추출기와 연속식 추출기가 있다.

회분식 추출기 (single stage extractor)	• 가장 단순한 장치로 식품산업에 흔히 이용하는 대표적인 추출기이다. • 다공판 또는 금속망이 밑바닥에 깔린 탱크 속에 고체연료를 넣고 일정시간 추출한다. 추출액은 작은 구멍을 통하여 추출액 회수관으로 이송된다. • 회수된 추출액은 스팀에 의하여 가열되어 용매는 증발되고 나면 농축된 제품을 얻을 수 있다. • 종실유, 커피, 차 등의 제조에 이용된다.
다단식 추출기 (multistage extractor)	• 추출조작은 상(相) 사이의 접촉평형을 거쳐 이루어지는 물질이동 현상이다. • 보통 2개 이상의 추출단(extraction stage)을 사용하는 다단추출 방식에 의해 이루어진다. • 1단계 회분추출에서는 사용하는 용매의 양이 비교적 다량이고 추출액 즉, 미셀라(miscella, 용매와 기름의 혼합물)의 농도가 낮은 단점이 있다.
연속추출장치 (continuous extractor)	• 연속추출기를 사용하면 공정관리 및 작업면에서 유리하므로 대규모 근대적 공장에서 채용하고 있다. • 연속추출장치는 1대의 추출기가 여러 개의 추출단을 가지고 있으므로 다단계 회분추출기보다 장치가 조밀하고 운전에 필요한 노동력이 적은 잇점이 있다. • Bllman형, Hildebradnt 추출기, Rotocel 추출기 등이 있다.

(3) 초임계 가스 추출기

① 초임계 가스를 용제로 하여 추출 분리하는 기술이다. 공정은 용제의 압축, 추출, 회수, 분리로 나눌 수 있다.

② 초임계 가스 추출 방법은 성분의 변화가 거의 없고 특정 성분을 추출하고 분리하는데 이용된다.

③ 식품에서는 커피, 홍차 등에서 카페인 제거, 동·식물성 유지추출, 향신료 및 향료의 추출 등에 널리 쓰이는 추출의 새로운 기술이다.

6 기계적분리 및 막분리

1 원심분리(centrifuge)

원심분리는 원심력을 이용하여 물질을 분리하는 단위조작이다. 원심력 G는 회전자(rotor)의 반지름과 회전속도에 비례하며, 일반용은 3,500~4,000G 정도이고, 초원심분리기는 10,000G 이상 얻어진다.

01 발효공업 등에서 배양액 중 균체를 원심분리를 하는 경우

① 균체와 액체의 밀도 차이, 균체직경, 점도에 의해 침강속도가 결정된다.

② 이상적인 원심분리 효과를 얻기 위하여 밀도 차이가 크고, 균체가 커야 하며, 점도가 작아야 한다.

02 원심분리의 정의

원심력을 가하였을 때 서로 섞이지 않는 액체와 액체 혼합물 또는 액체와 고체 혼합물 비중의 차이에 의해 분리되는 현상을 이용하는 방법으로 식품의 분리, 침강, 탈수, 농축 등에 이용된다.

03 원심분리에 이용되는 기계

(1) 액체와 액체 원심 분리기 : 불용성 액체 혼합물을 원심 분리하는 방법으로 관형 원심 분리기 (tubular bowl centrfuge)와 원판형 원심 분리기(disc bowl centrifuge)등이 있다.

1) 관형 원심 분리기(tubular bowl centrifuge)

① 고정된 case 안에 가늘고 긴 보울(bowl)이 윗부분에 매달려 고속으로 회전한다.

② 공급액은 보울 바닥의 구멍에 삽입된 고정 노즐을 통하여 유입되어 보울 내면에서 두 동심 액체층으로 분리된다.

③ 내층, 즉 가벼운 층은 보울 상부의 둑(weir)을 넘쳐나가 고정배출 덮개 쪽으로 나가며, 무거운 액체는 다른 둑을 넘어 흘러서 별도의 덮개로 배출된다. [그림 4-19]

④ 식용유의 탈수, 과일주스 및 시럽의 청징에 사용된다.

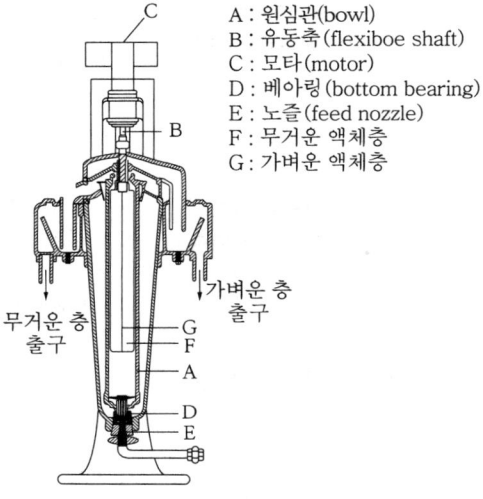

[그림 4-19 tubular bowl형 원심분리기]

A : 원심관(bowl)
B : 유동축(flexiboe shaft)
C : 모타(motor)
D : 베아링(bottom bearing)
E : 노즐(feed nozzle)
F : 무거운 액체층
G : 가벼운 액체층

2) 원판형 원심 분리기(disc bowl centrifuge)

① 원판형 원심 분리기의 보울바닥은 평평하고 꼭대기는 원추형이며, 하부의 회전축에 고정되어 회전한다.

② 보울 안에는 보울과 함께 회전하는 접시모양의 금속원판(disk)들이 아래 위로 일정한 간격으로 포개져 고정되어 있다.

③ 위에서 유입된 공급액은 보울의 목에 부착한 고정파이프를 통하여 상승하면서 각 원판사이로 분배되고 이곳에 도입된 액은 원심력에 의하여 무거운 액체는 원판의 아랫부분을 따라 바깥쪽으로, 가벼운 액체는 반대로 원판의 윗부분을 따라 안쪽으로 이동한다.

④ 우유에서 크림분리, 식용유의 정제, 과일주스의 청징 등에 이용된다.

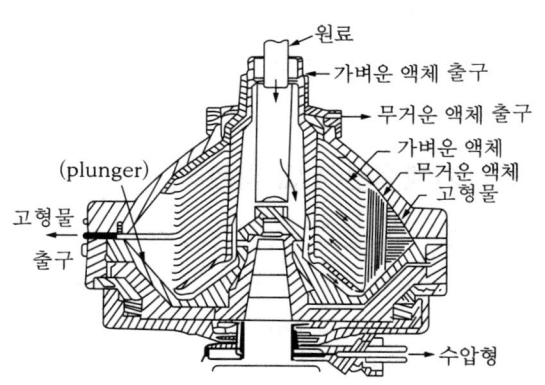

[그림 4-20 disc bowl형 원심분리기]

(2) 원심 청징기(clarifier)

① 액체로부터 적은 양의 불용성 고체 입자를 원심력에 의하여 침강시켜 제거하는데 쓰이는 기계이다.

② 고체의 농도가 1% 이하 일 때는 원통형, 5%이하일 때는 노즐형, 5%이상 농도 일 때는 컨베이어 형이 사용된다.

③ 과즙 청징, 유지류 분리, 전분유 농축, 효모 분리, 당액에서의 탄산칼슘 제거 등에 이용된다.

04 원심분리를 이용하는 경우

① 여과가 늦거나 어려울 때

② 여과조제를 사용하지 않고 균체를 얻어야 할 필요가 있을 때

③ 위생적인 처리를 위해 연속분리를 해야 할 때

2 여과(filter)

01 여과의 정의

고형물에 들어있는 수분을 여과 매체에 통과시켜 액체는 막을 통과하고 현탁입자는 막의 표면에 퇴적되는 방법으로 현탁액을 분리시키는 조작을 일컫는다.

(1) 용어

고체-액체 현탁액을 슬러리(slurry)라 하고, 막을 통과하는 액을 여액(filterate), 막 자체를 여재(fiter midium)라 하고, 막 위의 고체층을 여과 케이크(filter cake)라 한다.

(2) 여재가 갖추어야할 조건

① 케이크를 지탱할 수 있는 강도와 케이크를 쉽게 제거할 수 있는 표면특성이 있어야한다.

② 독성이 없어야 한다.

③ 여과물질과 화학반응이 없어야 한다.

④ 가격이 싸야 한다.

(3) 여과보조제(filter aid)

① 여재의 막힘을 방지하기 위하여 사용한다.

② 비교적 크고, 타물질과 작용하지 않는다.

③ 규조토가 주로 사용되며, 종이 펄프, 탄소, 백토 등도 사용된다.

④ 여과장치는 여과의 추진력에 따라 중력을 가하여 여과는 중력 여과, 시료에 압력을 가하여 여과하는 압력여과, 진공에 의한 진공여과 및 원심력에 의한 원심여과가 있다.

02 여과에 이용되는 기계의 형태

(1) 중력 여과기(gravity filter) : 혼합액에 중력을 가하여 여과재를 통과시켜 여과액을 얻고 고체입자는 여과재 위에 퇴적되게 하는 방법으로 음료수나 용수 처리 등에 사용된다.

(2) 압축 여과기(filter press) : 여과 원액에 압력을 가하여 여과하는 압축 여과기로 판들형 압축 여과기와 잎모양 가압 여과기가 대표적으로 많이 쓰인다.

1) 판들형 압축 여과기(plate pressure filter)

① 필터프레스(filter press)라고도 한다. 여과판(filter plate), 여과포(filter cloth), 여과틀(filter flame)을 교대로 배열·조립한 것이다.

② 여과판은 주로 정방형으로 양면에 많은 돌기들이 있어 여과포를 지지해 주는 역할을 하며, 돌기들 사이의 홈은 여액이 흐르는 통로를 형성한다.

③ 구조와 조작이 간단하고, 가격이 비교적 저렴하여 공업적으로 널리 이용되고 있다. 그러나 인건비와 여포의 소비가 크고 케이크의 세척이 효율적이지 못하다.

2) 잎모양 가압 여과기(leaf pressure filter)

① 여과잎을 밀폐된 용기 안에 넣고 용기를 가압하면 여과잎 중심부로 여액이 나오고 주변에 케이크가 모이게 하여 여과하는 것이다.

② 여과잎은 금속 그물 또는 홈이 파인 금속판의 표면에 여과매체를 입힌 것으로 사각, 원형, 원통형 등 여러 가지가 있다.

③ 여과매체의 손상이 적고 세척효과가 높으며 여과면적이 큰 장점이 있어 대량의 슬러리 여과 또는 청징에 적합하다. 그러나 필터프레스보다는 고가이고, 슬러리 중의 고형분이 침강성이 있는 경우에는 사용이 곤란하다.

(3) 진공 여과기(vaccum filter)

여과포를 덮은 틀(frame)이나 회전 원통을 원액에 담그고 내부에서 원액을 진공 펌프로 흡인시켜 여과포를 통과한 여액을 외부로 배출시켜 여과하는 방법으로 moor형과 회전 원통 진공여과기 등이 있다. 진공 여과기 가운데 가장 대표적인 것은 회전원통 진공여과기이다.

1) 회전원통형 진공여과기

① 여과가 감압하에서 이루어지고, 케이크의 제거는 대기압하에서 이루어지기 때문에 연속방식으로 운행된다.

② 처리비용이 크며, 인건비가 적게 든다는 장점이 있다. 그러나 장치가격이 비싸고 뜨거운 액이나 휘발성 액의 취급에는 부적당하다.

(4) 원심 여과기(cenfrifugal filter)

원액에 들어있는 고체 입자의 수분을 원심 분리로 제거하는 기계로 비교적 큰 입자나 결정성 물질을 포함한 원심분리로 제거하는 현탁액의 여과에 이용된다. 원심 여과기는 바스켓형, 컨베이어형 및 압출형 등이 있다.

바스켓 원심여과기 (basket centrifugal filter)	• 다공벽을 가진 원통형의 금속바스켓을 수직축에 매달아 고속으로 회전시켜 여과한다. • 바스켓 안에 원액을 공급하면 고체는 원심력에 의해 벽면에 침강하여 케이크를 형성하며, 여액은 케이크와 여포를 통하여 바스켓 밖으로 배출된다. • 케이크의 수분함량을 효율적으로 저하시킬 수 있기 때문에 분리된 케이크를 건조하기 위한 예비조작으로 유용하다.
컨베이어 원심여과기 (conveyor centrifugal filter)	• 다공성 보울을 이용하여 여과한다. • 고체층의 보울 내의 체류시간은 보울과 내부 스크류 컨베이어의 회전속도의 차에 따라 결정된다. • 동·식물단백질의 회수, 코코아, 커피 및 홍차 현탁액의 분리, 어분의 제조 등에 사용된다.

3 막 분리 여과

막의 선택 투과성을 이용하여 물질의 상(phase)변화 없이 연속적으로 물질을 분리하는 방법으로 열이나 pH에 민감한 물질에 유용하며 휘발성 물질의 손실도 거의 없다. 막 분리법으로는 역삼투(reverse osmosis, RO), 한외여과(ultrafiltration, UF), 정밀여과(microfiltration , MF), 투석(dialysis), 전기투석(electrodialysis), 기체분리(gas separation) 등이 있다.

01 역삼투(reverse osmosis)

① 평형상태에서 막 양측 용매의 화학적 포텐셜(chemical potential)은 같다. 그러나 용액 쪽에 삼투압보다 큰 압력을 작용시키면 반대로 용액 쪽에서 용매분자가 막을 통하여 용매 쪽으로 이동하는데 이 현상을 역삼투 현상이라 한다.

② 분자량이 10~1000 정도인 작은 용질분자와 용매를 분리하는데 이용되며, 대표적인 예는 바닷물의 탈염이다.

02 한외여과법(ultrafiltration)

① 한외여과는 정밀여과와 역삼투의 중간에 위치하는 것으로 고분자용액으로부터 저분자물질을 제거한다는 점에서 투석법과 유사하다.

② 한편 물질의 분리에 농도차가 아닌 압력차를 이용한다는 점에서는 역삼투압과 근본적으로 동일하다.

③ 역삼투압은 고압을 이용하며 염류 및 고분자물질 모두를 배제시킬 수 있다.

④ 반면에 한외여과는 저압을 이용하여, 염류와 같은 저분자물질은 막을 투과시키지만 단백질과 같은 고분자물질은 투과시키지 못한다. 또한 한외여과는 고분자물질을 각각 저·중·고분자 물질로 분리시킬 수 있는 특징을 지니고 있다.

⑤ 한외여과막은 대개 10~100Å 크기의 세공을 가지고 있다.

⑥ 한외여과는 분자량이 1,000~50,000 정도인 용질의 분리에 효과적이며, 용질과 용매분자량이 100배 이상 차이가 있을 때 적용할 수 있다.

03 정밀여과법(microfiltration)

① 정밀여과란 한외여과의 일종이며, 크기가 0.1~10μm 정도인 콜로이드를 형성하는 용질을 분리할 수 있다.

② 정밀여과는 역삼투나 한외여과를 시행하기 위한 사전 여과공정을 이용하며, 특히 용액 내의 세균을 제거하는데 널리 이용되고 있다.

③ 정밀여과의 세공은 0.01~10μm 정도이고, 세공이 막에 총 부피의 80% 정도를 차지하는 것이 적당하다.

7 분쇄 및 혼합

1 분쇄(pulverization) : 분쇄라는 용어는 size reduction, 즉 크기를 작게 만든다는 뜻인데 그 의미 속에는 물질을 파쇄(crushing), 미세(grinding)라는 뜻을 모두 함축하고 있는 광범위한 식품공정의 한 용어이다.

01 분쇄(pulverization)의 정의

① 각 성분의 분리와 혼합을 쉽게 하여 건조나 용해성을 높이고 기호성 증가를 목적으로 고체 물질에 압축, 충격, 마찰, 비틀림(전단)의 힘을 가하여 성분의 변화없이 그 입도의 크기를 작게 하는 것이다.

② 분쇄 재료의 분쇄 작용에 따라 분석 능력이 좋은 자유 분쇄와 완충 분쇄, 개회로 분쇄와 폐회로 분쇄, 분쇄 원료 수분 함량에 따라 습식 분쇄와 건식 분쇄로 구분한다.

③ 분쇄기의 종류는 원료의 분쇄 정도에 따라 조분쇄기, 중간 분쇄기, 미분쇄기, 초미 분쇄기로 분류하고 분쇄의 원리에 따라 압축형, 충격형, 마찰형, 절단형, 혼합형으로 분류한다.

02 분쇄의 목적

① 성분의 추출이나 분리를 쉽게 한다.

② 품질을 향상시킨다.

③ 표면적을 확대하여 건조 및 추출속도를 빠르게 한다.

④ 열효율을 높여서 가열시간을 단축시킨다.

⑤ 다른 재료와 혼합시킬 때 균일하게 한다.

⑥ 반응속도를 빠르게 한다.

03 분쇄에 이용되는 기계의 형태 : 분쇄기를 선정할 때 고려할 사항은 원료의 크기, 원료의 특성, 분쇄 후의 입자 크기, 입도분포, 재료의 양, 습·건식의 구별, 분쇄 온도 등이다. 특히 열에 민감한 식품의 경우에는 식품성분의 열분해, 변색, 향기의 발산 등도 고려해야 한다.

(1) 조분쇄기(coarse crusher)

① 예비 분쇄기라고도 하며 원료의 분쇄 크기를 4~5cm 또는 그 이하로 분쇄하며 다량 분쇄시킬 수 있다.

② 조우분쇄기(jaw crusher), 선동 분쇄기(gyratory crusher), 임팩트 분쇄기(impact crusher) 등이 있다.

조우분쇄기 (jaw crusher)	압축력에 의해 음식물 씹는 원리로 만들어진 분쇄기이다.
선동 분쇄기 (gyratory crusher)	베벨 기어에 의해 구동되면서 고정되어 있는 회전축의 타원 운동에 의해 분쇄한다.

(2) 중간 분쇄기(intermediate pulverizer)

① 일반적인 식품 가공에 가장 많이 쓰이며 압축력을 이용하는 선동 분쇄기와 원리가 같다.

② 원료의 분쇄 크기를 1~4cm 또는 0.2~0.5mm까지 분쇄하는 기계다.

③ 원추형 분쇄기(cone crusher)와 해머밀(hammer mill) 등이 있다.

※ 해머밀(hammer mill)

> 몇 개의 해머가 회전하면서 충격과 일부 마찰을 주어 분쇄시키는 분쇄기이다. 가장 많이 쓰이고 있다.

- 장점은 구조가 간단하며 용도가 다양하고 효율에 변함이 없고, 유지보수가 편리하다.
- 단점은 입자가 균일하지 못하고 소요 동력이 크다.

(3) 미분쇄기

① 분쇄 매체를 원료와 같이 회전시켜 충격, 마찰 등의 힘을 이용하여 분쇄하는 기계로 텀블링 밀(temblening mill)이라고도 한다.
② 원료를 0.1mm이하로 분쇄한다.
③ 보올밀(ball mill), 로드밀(rod mill), 에지러너(edge runner), 진동밀(vibration mill), 터보 밀(turbo mill), 버밀(buhr mill) 등이 있다.

보올밀(ball mill)	보올을 넣어 원료와 보올이 원심력에 의해 회전하면서 분쇄하는 분쇄기
로드밀(rod mill)	보올 대신 막대기를 원료와 같이 회전시켜 분쇄하는 원통형의 분쇄기
에지러너 (edge runner)	원반과 두 개의 롤을 회전시키면서 원료를 압축과 전단에 의해 분쇄시키는 분쇄기
진동밀 (vibration mill)	고정축과 면이 반대 방향으로 원 운동하면서 분쇄와 혼합을 하는 분쇄기
터보밀 (turbo mill)	여러 개의 공간에 회전시켜 형성되는 고주파 진동으로 분쇄하는 분쇄기
버밀(buhr mill)	맷돌처럼 두 개의 원형 돌이 맞대어 돌면서 전단에 의해 분쇄시키는 분쇄기

(4) 초 미분쇄기(ultra fine grinding mill)

① 미분쇄한 분쇄물을 더욱 가는 $1\mu m$ 전후의 아주 미세한 분말로 분쇄하는 기계를 말한다.
② 초미분쇄기의 대표적인 것은 제트밀(jet mill), 디스크밀(disc mill), 진동 밀, 콜로이드밀, 원판 분쇄기 등이 있다.

[그림 4-21 디스크 밀의 구조]

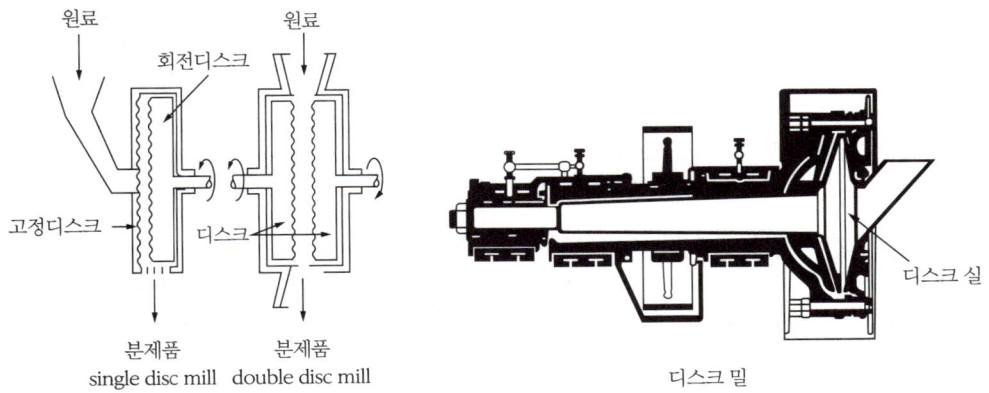

② 혼합(Mixer)

혼합의 원래 의미는 분리된 두 가지 이상의 상(相)을 서로 섞이게 하는 불규칙 분배를 말하는데 둘이상의 성분이 퍼져있는 경우와 재료의 성질상 비균일한 상태를 없애는 과정에 보통 혼합공정을 실시하게 된다.

01 혼합의 정의 : 고체와 고체, 고체와 액체, 액체와 액체, 액체와 기체 등 2가지 이상의 다른 성분을 섞어서 보다 균일한 생성물을 얻는데 그 의의가 있다.

02 용어 : 혼합과 관련된 혼동하기 쉬운 용어로 교반, 반죽, 유화 등의 용어가 있다. 교반은 혼합성 액체–액체간의 혼합을, 반죽은 고체–액체를, 유화는 비혼합성 액체–액체간의 혼합 시 사용되는 가공용어이다.

혼합(mixing)	입자나 분말 형태의 혼합을 뜻하나 모든 형태의 혼합을 말한다.
교반(agitation)	액체–액체 혼합을 말하며, 저점도의 액체들을 혼합하거나 소량의 고형물을 용해 또는 균일하게 하는 조작이다.
반죽(kneading)	고체–액체 혼합으로 다량의 고체분말과 소량의 액체를 섞는 조작이다.
유화 (emulsification)	교반과 같이 액체–액체 혼합이지만 서로 녹지 않는 액체를 분산시켜 혼합하는 것이다.

03 혼합에 이용되는 기계

(1) 교반기

① 액체와 액체의 혼합, 액체 중에 고체 입자를 현탁시키기 위한 방법으로 고체를 액체에 녹일 때, 고체 입자를 액체로 세척할 때, 고체와 액체를 균일하게 혼합시킬 때 또는 화학반응을 일으킬 때 사용한다.

② 회전축에 교반날개(impeller), 터빈(turbine), 프로펠라(propeller) 등을 달아 알맞은 속도로 회전시킨다. 이와 같이 임펠라를 이용한 혼합기를 교반기(agitator)라고 한다.

③ 축에 붙어있는 날개모양에 따라 패들형, 터빈형, 프로펠러형으로 구별된다. 또 교반기를 설치하는 위치에 따라 휴대용과 정치용으로 나뉘는데, 휴대용에는 수형, 선형, 측면형, 역류형, 분사형, 가스형 등이 있다.

(2) 혼합기

① 혼합기에서 입자들은 대류(convection), 확산(diffusion), 전단(shear stress) 작용 등 복합적인 혼합작용에 의해 혼합되는 동시에 입자들의 성질의 차이에 의해 분리되기도 한다.

② 고체–고체 혼합은 입자나 분체를 다루며 물질의 크기, 비중, 점착성, 유동성, 응집성 등과 같은 물성이 혼합조작에 영향을 준다.

③ 균일한 혼합물을 얻기 위하여 가능한 각 성분 입자들의 밀도, 모양, 크기 등을 비슷하게 조합해야 한다.

④ 균일 제품을 만들 때, 반응을 촉진시킬 때, 새로운 형태의 원료를 만들 때, 유탁이나 현탁액을 얻으려 할 때 이용된다.

⑤ 혼합기의 형태는 회전 용기형와 고정 용기형이 있다.

회전 용기형 혼합기	용기 속에 시료를 넣고 용기를 회전하거나 뒤집기를 반복하여 그 속에 든 물질을 혼합시킬 수 있다. 물리적 성질이 비슷한 고체입자의 혼합에 알맞다. 텀블러 혼합기
고정 용기형 혼합기	용기를 고정시켜 놓고 스크루 또는 리본과 같은 혼합장치를 설치하여 그 속에 든 물질을 혼합시킬 수 있다. 리본, 스크루 혼합기

(3) 반죽기

① 반죽기는 액체의 양이 아주 적을 때 혼합물의 유동성이 더욱 없어지기 때문에 밀가루 반죽과 마찬가지로 반죽을 늘리고 접고 하는 동작을 기계적으로 반복하도록 설계되어 있다.

② 점조성이 있는 고체와 액체를 혼합하거나 반죽을 만들 때 이용되는 기계로 압축, 전단, 압연 등의 작용을 연속적으로 조작한다.

③ 고정형 반죽기와 연속형 반죽기가 있다. Z자형 교반날개를 가진 반죽기가 대표적인 것이다.

(4) 유화기

압력·충격력·전단력·마찰력 등의 힘을 액체에 가하여 미세한 입자로 쪼개는 일종의 분쇄장치이다.

1) **교반형 유화기** : 액체에 강한 전단력을 작용시킬 수 있도록 고속회전 터빈을 사용하여 100~10,000rpm으로 회전시켜 유화시키며, 주스, 토마토, 마요네즈, 초콜릿 제조에 이용된다.

[그림 4-23 교반식 유화기]

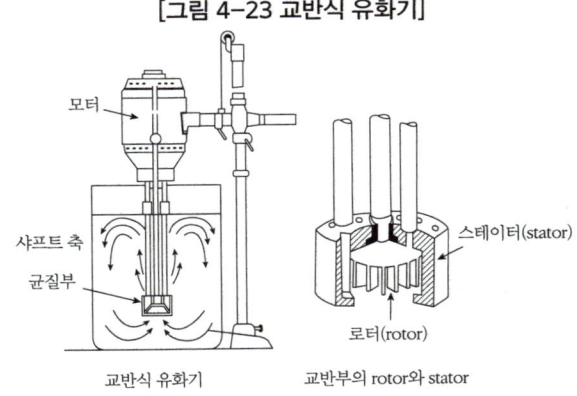

교반식 유화기   교반부의 rotor와 stator

2) **콜로이드 밀(colloid mill)**

① 1,000~20,000rpm으로 고속 회전하는 로터(rotor)와 고정판(stator)으로 되어있다. 이 사이에 액체가 겨우 흐를 만한 좁은 간격(약 0.0025mm)을 가지고 있다.

② 액체가 이 간격 사이를 통과하는 동안 전단력, 원심력, 충격력, 마찰력이 작용하여 유화시킬 수 있으며, 치즈, 마요네즈, 샐러드크림, 시럽, 주스 등 유화에 이용된다.

[그림 4-24 콘형 균질 콜로이드 밀]

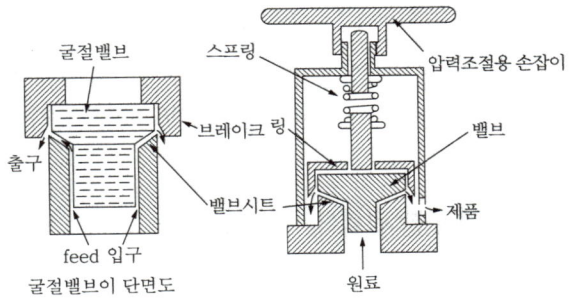

굴절밸브이 단면도   원료

3) 호모지나이저(homogenizer) : 액체식 품을 700kg/cm²의 고압에서 협소한 구멍(orifice)이나 간격을 통과시켜 유화하는 장치이며, 샐러드크림, 아이스크림, 초콜릿, 땅콩버터 등의 제조에 이용된다.

[그림 4-25 호모지나이저(초음파균질기)]

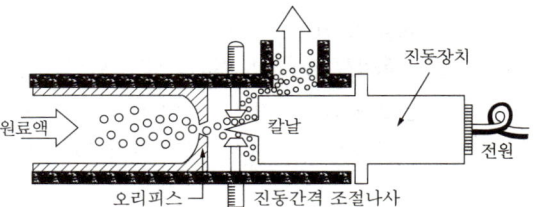

4) 버터교동기(churn) : 우유는 O/W형 에멀션이고 우유로부터 크림을 분리하여 이것을 교동작업을 통하여 W/O형 에멀션으로 상이 전환되어 버터가 제조된다.

Chapter 03 | 식품의 포장

3 식품포장의 정의

식품포장이라 함은 식품의 운송, 보관 및 저장, 진열 등에 있어서 가치와 상품상태를 보호하기 위하여 금속류의 포장재료(캔, 알루미늄, 호일 등), 고분자 물질류의 포장재료(셀로판 등), 플라스틱 포장재료(필름, 종이, 가공지, 목재상자, 접착제, 인쇄재료 등) 그리고 기타 포장재료 등의 가공수단에 의하여 식품을 포장하는 것으로 말할 수 있는데, 이 목적은 식품의 수송, 보존, 작업성, 위생성, 관리성, 상품성 등을 높이는 데 있다고 말할 수 있다.

2 식품포장의 목적

① 식품의 보호

- 가공, 보관, 수송, 판매 등의 과정이나 충격, 진동, 압력 등 기계적 외력 및 온도, 습도, 광선, 기체, 먼지 등 외적 환경으로부터 보호
- 쥐와 기타 동물, 해충 등 생물학적 피해로부터 보호
- 미생물, 곰팡이 등에 의한 오염으로 인한 식품의 변질로부터 보호

② 식품의 보관, 수송 및 판매 등의 능률을 향상하고 그 경비를 절감한다.
③ 소비자의 사용 시 간편성의 부여와 상품가치의 향상을 도모한다.

3 식품포장재료의 구비조건

위생성	• 미생물의 오염이나 이물질의 혼입을 방지할 수 있어야 한다. • 포장재에 독성이나 유해성이 없어야 한다.

보호성	• 식품을 물리적, 화학적, 생물학적 위해요인으로부터 보호할 수 있어야 한다.
안정성	• 가공, 유통, 보관, 판매 과정에서 식품의 품질을 유지하여야 한다. • 포장재 성분이 식품 성분과 반응하지 않고 용출되지 않아야 한다.
상품성	• 외관을 개선하여 소비자의 구매욕구를 증진하여야 한다. • 인쇄적성이 좋아야 한다.
간편성	• 소비자가 취급하기 간편하고 용이해야 한다.
경제성	• 가격 경쟁력 확보되어야 하고 생산, 유통, 보관이 용이해야 한다.
친환경성	• 포장재의 폐기 및 재활용에 있어서 친환경적이어야 한다.

4 식품포장재의 종류

1 종이 및 판지용기

① 가볍고 무균 충전포장이 가능하며, 처리와 개봉이 쉽고 금속의 용출이나 냄새가 없으며 그림 인쇄가 잘 된다.

② 강도, 내수성, 방습성이 약해서 파라핀, 왁스, 플라스틱 수지, 알루미늄 등을 코팅하거나 접합하여 가공한다.

  ※ 유연포장 : 그라프트지, 그라신지   ※ 강직포장 : 판지, 골판지, 접합지

2 금속용기

① 주석관 : 얇은 철판에 주석으로 도금한 양철관이다.

② TFS관(tin free steel can) : 철판 표면에 금속크롬을 입히고, 그 위에 크롬수산화물을 입힌 것이다.

  • 유기산에 의해 부식되기 쉬우므로 통의 안쪽 면에 에나멜(enamel) 혹은 락커(lacquer)를 입히는 도장관(coated can)과 입히지 않은 백관(plain can)이 있다.

  • 맥주관, 탄산음료관, 액체세제관, 조미료관 등으로 사용되고 있다.

③ 알루미늄관 : 탄산음료관, 맥주관, 유제품관 등으로 사용하며 차단성이 우수하다. 재질이 약하므로 플라스틱 필름을 입혀서 사용한다.

④ 스테인리스 스틸

⑤ 압출식 금속튜브

3 유리용기

① 위생성, 방습성, 방수성, 가스차단성, 내약품성이 좋다.

② 내용물의 상태확인이 가능하며 열처리가 가능하여 장기보관이 가능하다.

③ 충격에 파손되기 쉽고 수송과 취급이 불편하다.

④ 조미료 용기, 탄산음료 용기, 주류 용기 등에 이용된다.

4 플라스틱필름용기

01 폴리에틸렌(polyethylene, PE) : 에틸렌(ethylene)이나 아세틸렌(acethylene)으로부터 가열과 압력으로 중합하여 polyethylene 수지를 만들어 가공한다.

저밀도 폴리에틸렌 (LLDPE)	유연성이 크고 반투명이며 가볍고 내한성이 커서 냉동식품 포장재로 많이 사용되고 있다.
중밀도 폴리에틸렌 (MDPE)	수증기의 투과성이 적고 저밀도보다 얇다.
고밀도 폴리에틸렌 (HDOE)	가스나 수증기 투과성이 적고 내열성, 내한성이 강하다. 쇼핑백 등에 많이 사용된다.

02 폴리염화비닐(polyvinyl chloride, PVC)

① 가소제가 적게 들어간 경질의 폴리염화비닐은 내유성이 강하고 산과 알칼리에 강한 반면 수분 차단성은 낮다.

② 가소제가 비교적 많이 들어간 스트레치 필름은 유연하고 부드러우며 광택성과 투명성이 우수하고 필름 가공온도도 낮다.

③ 산소 투과성이 높아 신선육 선홍빛 유지와 채소류 선도유지 목적으로 사용된다.

03 폴리염화비닐리덴(polyvinylidene chloride, PVDC)

① 내열성, 내약품, 내유성 및 풍미 보호성이 우수하다.

② 투명을 요하는 식품의 포장에 사용된다.

③ 광선 차단성이 좋아 햄, 소시지 등 육제품의 포장에 사용된다.

④ gas의 투과성과 흡습성이 낮아 진공포장 재료로 사용된다.

04 폴리에스테르(polyester, polyethylene terephtalate, PET)

① 기계적 강도가 매우 높고 치수안정성, 내수성, 내화학성, 투명성, 차단성 등이 우수하다.

② 사용온도 범위가 높다. 특히 용융점이 높아 보일인백(boil-in-bag)이나 레토르트 파우치에 사용된다.

③ 가공이 쉽지만 열접착성이 좋지 않다.

05 폴리프로필렌(polypropylene, PP)

① 가벼우며 무미, 무취, 무독의 안전성을 가지고 있다.

② 가공이 용이하며 우수한 방습성, 투명도, 광택도, 내열성이 좋다.

③ 산소 투과도가 높다.

5 목재용기 : 장거리 수송을 위한 중량물 포장에 많이 쓰이며, 식품포장에는 생선상자, 청과물상자, 젓갈류 통 등에 사용되고 있다.

식품미생물 및 생화학

PART

I

식품미생물

Chapter 01 | 식품미생물의 분류

1 미생물의 분류와 명명

1 미생물의 분류

01 미생물의 분류법

① 미생물을 분류한다는 것은 대단히 어렵고 복잡하다.

② 분류에 있어서 가장 중요한 점은 같은 종류의 미생물을 모아서 유사한 성질의 미생물과의 관계를 파악하고, 나아가서는 성질상 다른 미생물과의 집단을 만들어서 구별하여 다루는 일이다.

③ 자연 분류법, 인공적 분류법, 분자생물학적 분류법, 생물학적 분류법, 수치적 분류법 등이 있다.

02 미생물의 분류상 위치

① 초기 생물학에서는 생물을 2계(동물과 식물)로 분류하는 것이 타당하다고 생각해 왔으나 세포학의 발달로 생물학자들에 의해 생물 2계설(린네, 1735년)에서 생물 3계설(헤켈, 1866년), 생물 4계설(코플랜드, 1966년), 생물 5계설(휘태커, 1969년) 및 생물 6계설(캐빌리어스미스, 2004년)이 제창되어 왔다.

② 헤켈이 주장한 생물 3계설이 현대 생물학을 지배하고 있다.

[Haeckel의 생물 3계설에 의한 분류]

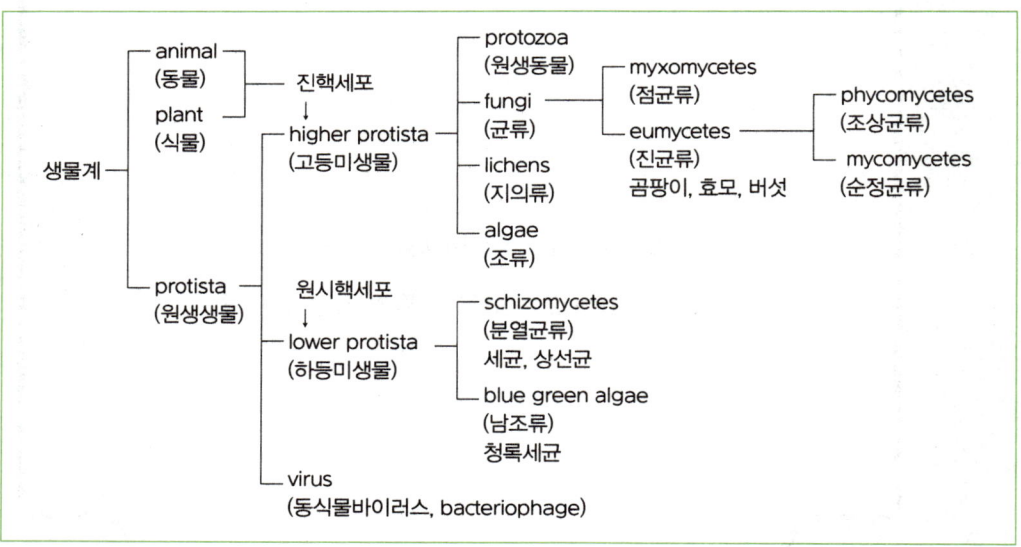

[원시핵세포와 진핵세포의 차이점]

	원시핵세포	진핵세포
1. 핵의 구조와 기능		
핵막	없다.	있다.
인	없다.	있다.
DNA	단일분자, histone과 결합하지 않는다.	복수의 염색체 중에 존재, 보통 histone과 결합하고 있다.
분열	무사분열	무사분열
생식	감수분열을 하지 않는다.	감수분열을 한다.
2. 세포질의 구조와 기구		
원형질막	보통 섬유소가 없다.	보통 sterol를 함유한다.
내막	비교적 간단, mesosome	복잡, 소포체, golgi체
ribosome	70 S	80 S
간단한 막상 세포기관	없다.	있다(공포, lysosome, micro체).
호흡계	원형질막 또는 mesosome의 일부, mitochondria는 없다.	mitochondria 중에 존재한다.
광합성기관	발달된 내막 또는 소기포, 엽록체는 없다.	엽록체 중에 존재한다.
3. 운동성		
편모운동	현미경적 크기보다 미세한 편모	현미경적 크기의 편모 또는 섬모
비편모운동	활주운동	원형질 유동과 아메바운동, 활주운동
4. 미소관	대부분 없다.	여러 종류가 있다(편모, 섬모, 기부체 유사분열 방추체, 중심체).
5. 크기	일반적으로 작다. 지름 $2\mu m$ 이하	일반적으로 크다. 지름 $2 \sim 100\mu m$
4. 미생물 종류	세균, 방선균, 남조류	진균류(곰팡이, 효모), 조류, 원생동물

2 미생물의 명명

01 미생물의 분류 단계 : 미생물은 식물과 같은 분류명명법에 의하여 명명한다.

[미생물의 분류 위계]

위계명	영어명	위계의 어미	위계명	영어명	위계의 어미
1. 부(문)	division	~mycota	8. 아과	subfamily	~oideae
2. 아부(아문)	subdivision	~mycotina	9. 족	tribe	~eae

위계명	영어명	위계의 어미	위계명	영어명	위계의 어미
3. 강	class	~mycetes	10. 아족	subtribe	~inae
4. 아강	subclass	~mycetidae	11. 속	genus	부정
5. 목	order	~ales	12. 종	species	부정
6. 아목	suborder	~ineae	13. 아종	subspecies	부정
7. 과	family	~aceae	14. 변종	variety	부정
			15. 개체	individual	부정

02 미생물의 명명법(nomenclature)

① Linne의 2기명법에 의하여 속, 종으로 표기한다.

② ISM의 규칙에 따라 명명하고 인정 승인을 받아야 한다.

③ 반드시 라틴어의 어원에 따라 표시하며, 인쇄 시 이탤릭체로 써야 한다.

④ 쓰는 순서 : 속명(Genus)＋종명(species)＋변종(variety)＋발견자(Founder)
　　　　　　　대문자　　　　　　　　　　　　　　　　　　　　대문자

⑤ 다만, 같은 균이 여러 가지일 때는 번호를 붙인다.

Chapter 02 | 식품미생물의 특징 및 이용

1 세균(bacteria)류

1 세균의 특성

세균은 곰팡이나 효모와는 다른 원시핵세포의 구조를 가지는 하등미생물에서 남조(blue-green algae)를 제외한 미생물이다. 폭이 대략 1μ 이하의 단세포 생물이며 대부분 세포분열에 의해서 증식한다. 세균은 우리들 생활에 유익한 것, 무익한 것, 유해한 것 등으로 그 종류는 많다.

2 세균의 형태와 구조

01 세균의 형태

(1) **구균(coccus, cocci)** : 단구균(monococcus), 쌍구균(diplococcus), 사연구균(tetracoccus pediococcus), 팔연구균(octacoccus, sarcina), 연쇄상구균(streptococcus), 포도상구균(staphylococcus) 등이 있다.

(2) **간균(bacillus)** : 단간균(short rod bacteria), 장간균(long rod bacteria), 방추형(clostridium), 주걱형(plectridium) 등이 있다.

(3) **나선균(spirillum)** : 호형(vibrio), spring type, spirillum type 등이 있다.

02 세균세포의 외부구조

(1) 편모(flagellum, flagella)

① 주로 세균에만 있는 운동기관이고, 편모의 유무와 종류는 세균 분류의 기준이 된다.
- 단모균 : 세포의 한 끝에 1개의 편모가 부착된 균
- 양모균 : 세포의 양 끝에 각각 1개씩 편모가 부착된 균
- 속모균 : 세포의 한 끝 또는 양 끝에 다수의 편모가 부착된 균
- 주모균 : 균체 주위에 많은 편모가 부착되어 있는 균

② 편모는 주로 간균이나 나선균에만 있고 구균에는 거의 없다.

(2) 선모(pili) : 웅성세포로부터 자성세포로 DNA가 이동하는 통로 역할을 하며 다른 물체에 부착하는 부착기관으로서의 역할을 하는 것도 있다.

(3) 세포벽(cell wall)

① 세포막을 둘러싸고 있는 단단한 막으로 세포를 보호하고 형태를 유지하는 역할을 한다.
② 주성분은 mucopeptide인 peptidoglycan으로 이루어져 있다.
③ 세포벽의 화학적 조성에 따라 염색성이 달라진다.
④ 일반적으로 그람양성 세균은 그람음성 세균에 비하여 mucopeptide 성분이 많다.

(4) 협막(capsule) : 세균세포벽을 둘러싸고 있는 점질물질(slime)이며, 화학적 성분은 다당류(polysaccharide)와 polypeptide의 중합체(polymer)로 구성되어 있다.

03 세균세포의 내부구조

(1) 세포막(cell membrance)

① 원형질을 둘러싸고 있는 얇은 막을 말하며, 단백질과 지질로 구성되어 있다.
② 선택적 투과성 막으로 세포내외로 물질의 이동을 통제한다.

(2) 리보솜(ribosome) : 세포의 단백질 합성기관이며 RNA(60%)와 단백질(40%)로 구성된 분자량 2.7×10^6 정도의 작은 과립이다.

(3) 색소포(chromatophore) : 광합성 색소와 효소를 함유하고 있으며 광합성을 하거나 효소작용을 하는 주체이다.

(4) 세포핵(nucleus) : 원핵세포는 핵막을 가지지 않으며, 세균 유전의 중심체이고 생명현상이 주체이다. 핵 속의 염색체를 가지고 있어 유전을 담당한다. 중심물질은 DNA이다.

04 그람 염색성(Gram stain)

① Gram이 고안해낸 분별 염색법이다. 이 방법에 의한 염색가능 여부에 의해 그람양성균(Gram positive)과 그람음성균(Gram negative)으로 분류한다.
③ 그람 염색은 세균 분류의 가장 기본이 되며 염색성에 따라 화학구조, 생리적 성질, 항생물질에 대한 감수성과 영양요구성 등이 크게 다르다.

3 세균의 증식

01 세균의 분열

① 세균은 거의 무성생식으로 증식하며 유성생식을 하는 것은 없다.

② 대부분의 세균은 무성생식 방법인 이분열법(fission)으로 증식을 하고 내생포자를 형성하는 것도 있다.

③ 세균은 외적인 조건이 적당하면 끊임없이 분열을 계속하며, 새로운 세포가 성장하여 다시 분열할 때까지의 필요한 시간을 세대(generation)라고 한다.

④ 세균은 언제나 2개씩 분열하므로 최초의 세균수를 a, 최후의 세균수를 b, 분열의 세대를 n, 세대시간을 G, 분열에 소요된 총시간을 t라고 하면 다음과 같은 공식이 성립된다.

$$\cdot\ b = 2^n \times a$$
$$2^n = \frac{b}{a}$$
$$n = \frac{\log b - \log a}{\log 2}$$
$$G = \frac{t}{n} \text{이므로},\ G = \frac{t \cdot \log 2}{\log b - \log a}$$

02 세균의 포자 형성

① 생육환경이 악화되면 세포 내에 포자(endospore)를 형성하는 세균이 있다.

② 포자 형성균은 주로 간균으로 호기성균의 *Bacillus*속, 혐기성균의 *Clostridium*속과 드물게는 *Sporosarcina*속 등이 있다.

③ 포자 형성균도 다른 세포와 마찬가지로 분열에 의하여 증식을 하지만 어느 조건하에서는 증식을 정지하여 세포 안에 포자를 형성한다.

④ 유리포자는 대사활동이 극히 낮고 건조나 가열, 자외선, 전리방사선과 많은 약품 등에 대한 저항성이 대단히 강하다.

4 세균의 분류

① 세균은 분열법에 의하여 증식하므로 일반적으로 분열균류(Schizomycetes)인 강(class)에 넣는다.

② 세균의 분류는 Bergey's Manual of Determinative Bacteriology 제8판(1974) 분류에 따라 원시핵 세포계(kingdom procaryotae)를 남조문(division cyanobacteria)과 세균문(division bacteria)으로 대별한다.

③ 세균문은 다시 Gram 염색성, 산소 의존성, 균의 형태, 포자 형성 유무, 편모의 유무와 종류 등 5가지를 기준으로 하여 19부문(19 part)으로 분류한다.

④ 세균의 part 7부터 part 12까지는 그람음성균이고, part 14부터 part 16까지는 그람양성균으로 되어 있다.

5 식품과 관계 깊은 세균

01 Pseudomoadaceae과

일반적으로 무포자 간균이며 극편모를 가져 운동하고 그람음성을 나타낸다. 호기성이며 내열성은 약하다. 식품의 표면 등에서 극히 신속하게 증식하고 특유의 냄새나 색소를 생산하여 식품의 향이나 색택을 손상시킨다. *Pseudomonas*속과 *Xanthomonas*속, *Zoogloea*속, *Gluconobacter*속 등이 있다.

(1) *Pseudomonas*속

> - 그람음성, 무포자, 간균, 호기성이며 내열성은 약하다. 특히, 형광성·수용성 색소를 생성하고, 비교적 저온균으로 20℃에서 잘 자란다.
> - 육·유가공품, 우유, 달걀, 야채 등에 널리 분포하여 식품을 부패시키는 부패세균이다.

① *Pseudomonas fluorescesns*(형광균) : 호냉성 부패균이며 겨울에 우유에서 쓴맛이 나게, 배지에서 녹색의 형광을 낸다.

② *Pseudomonas aeruginas*(녹농균) : 상처의 화농부에서 청색 색소 피오시아닌(pyocyanin)을 생성, 우유의 청변, 식품의 부패를 일으킨다.

(2) *Gluconobacter*속

> - *Acetobacter*속처럼 초산을 산화할 수 있다.
> - 포도당을 산화해서 gluconic acid를 생성하는 능력이 강하다.

① *Gluconobacter suboxydans* : sorbose 발효력이 있어 비타민 C를 합성하는 전 단계에서 공업적으로 이용된다.

02 기타 유연관계가 없는 속 : *Alcaligenes*속, *Acetorbacter*속 등이 있다.

(1) *Acetorbacter*속

> - 에탄올을 산화발효하여 acetic acid를 생성하는 호기성 세균을 식초산균이라 한다.
> - 그람음성, 무포자, 간균이고 편모는 주모인 것과 극모인 것의 두 가지가 있다.
> - 초산균은 alcohol 농도가 10% 정도일 때 가장 잘 자라고 5~8%의 초산을 생성한다. 18% 이상에서는 자랄 수 없고 산막(피막)을 형성한다.

① *Acetobacter aceti* : glucose, ethanol, glycerol을 동화하여 초산을 생성, 식초양조에 이용한다. 8.75%의 초산을 생성하고 초산을 다시 이산화탄소로 분해한다.

② *Acetobacter schuetzenbachii* : 독일의 식초 공장에서 분리한 속초용균으로 유명, 약 11.5%의 많은 초산을 생성하며 균막을 형성, 어떤 균주는 약 8.8%의 많은 초산과 약 3%의 gluconic acid를 생성하고 균막을 거의 형성하지 않는 것이 있다, 생육적온은 25~27℃이다.

③ *Acetobacter xylinum* : 식초덧이나 술덧에 번식하여 혼탁, 산패, 점패 등의 원인으로 설탕의 점패, 빵의 산패 등을 일으킨다. 초산 생성력은 약하고, 초산을 분해하며 불쾌취를 발생하는, 식초양조에 유해한 균이다.

④ *Acetobacter suboxydans* : 사과과즙 중 포도당을 산화하여 gluconic acid를 생성하는 능력이 강한 균종, *Gluconobacter*라 칭하며 gluconic acid의 제조에 이용된다.

03 Enterobacteriacease과(장내세균)

동물이나 사람의 장내에 서식하는 세균을 통틀어 대장균이라 한다. 대부분 주모를 가지고 운동성이 있으나 없는 균주도 있다. 식품에 대한 이용성보다 주로 위생적으로 주의해야 하는 세균들이다. 무포자 단간균이며 탄수화물을 혐기적으로 발효시켜서 유기산과 CO_2 및 H_2 등을 생성한다. 이 과에서 식품과 관계있는 속은 *Escherichia*, *Salmonella*, *Shigella*, *Serratia*, *Proteus*, *Erwinia* 등이 있다.

(1) *Escherichia*속

- 식품 위생검사에서 대장균군(Coliform bacteria)이라 칭한다.
- 그람음성, 무포자 간균으로 유당(lactose)을 분해하여 CO_2와 H_2 gas를 생성하는 호기성 또는 통성혐기성균을 말한다.
- *Escherichia*, *Enterobacter*, *Klebsiela*, *Citrobacter*속 등이 포함된다.
- 대장균 자체는 인체에 그다지 유해하지 않으나 식품위생지표균으로써 중요하다. 대장균이 검출되었다는 것은 병원성 및 식중독 세균들인 장티푸스균, *Salmonella* 식중독균, 이질균 등의 병원균이 오염되어 있다는 것을 뜻한다.

① *Escherichia coli* : 사람, 동물의 장내세균의 대표적인 균종으로 비운동성 또는 주모를 가진 운동성균, 본래 장관기원이며 포유동물 변에서 분리된다, 유당을 분해하여 CO_2와 H_2 가스를 생성한다, 식품위생에서는 음식물의 하수나 분변오염의 지표로 삼는다. 식품의 일반적인 부패세균이다.

② *Aerobacter aerogenes* : 본래 식물기원이며 역시 포유동물 변에서 분리된다.

(2) *Salmonella*속

- 대장균과 흡사한 간균이며 대부분 주모로 운동성을 나타낸다.
- 호기성 내지 혐기성의 그람음성 간균으로 가축과 쥐와 같은 야생동물의 장내에서 서식한다.

① *Salmonella typhi(Salmonella typosa)* : 장티푸스를 일으키는 원인균이다.
② *Salmonella enteritidis*(장염균) : 살모넬라 식중독의 원인균이다.

04 Micrococcaceae과

무포자의 구균으로 세포분열이 2 또는 3 평면상에서 일어나기 때문에 단구, 쌍구, 사연구, 팔연구 및 불규칙한 덩어리로 되며 드물게 단연쇄도 존재한다. 대개는 그람양성으로 운동성이 거의 없고 많은 종이 황, 등, 분홍, 적색의 색소를 만드나 백색의 것도 있다.
식품과 관련이 있는 것은 *Micrococcus*, *Staphylococcus*, *Sarcina*속이 있다.

(1) *Micrococcus*속

> - 호기성, 그람양성의 구균으로 catalase는 전부 양성을 나타낸다.
> - 최적온도는 25~30℃이며 황색과 적색의 색소를 생산하는 균주도 많다.

① *Micrococcus cryophilus* : 10℃ 이하의 저온에서도 잘 생육하므로 냉장식품의 변질에 관여한다.

(2) *Staphylococcus*속

> - 그람양성의 구균으로 단, 쌍, 4연구 또는 포도상의 덩어리를 만든다.
> - 통성혐기성균으로 탄수화물을 혐기적에서도 잘 생육하지만 호기하에서도 생육이 양호하다.

① *Staphylococcus aureus*(황색포도상구균) : 대표적인 화농균이며 내독소(entertoxin)를 가지는 식중독 원인균이다, 식염 10% 이하에서도 잘 생육한다.

② *Staphylococcus epidermidis* : coagulase 음성이고, 병원성은 없다, 동물(유방, 피부 등), 생우유, 치즈, 양조물(청주, 간장의 국)에서 분리된다.

05 Streptococcacea과 : 식품과 관련이 있는 속은 *Streptococcus*, *Leuconostoc*, *Pediococcus*의 3가지이다.

(1) *Streptococcus*속

> - 화농성 연쇄구균이 있으나 유용한 젖산균이 많다.

① *Streptococcus lactis* : 쌍구균 또는 연쇄상 구균이고, 호기성 또는 통성혐기성이다. glucose, maltose 등을 homo형으로 발효해서 우선성 젖산을 생성한다. 생육최적적온은 30℃, yoghurt, butter, cheese 제조에 starter로 사용된다.

② *Sc. cremoris* : 생육온도는 *Sc. lactis*보다 약간 낮은 28℃이다, yoghurt, butter, cheese 제조에 starter로 사용된다.

③ *Sc. thermophilus* : 요구르트에 방향을 주는 내열성의 균이다, 생육적온은 40~45℃이며 homo형 젖산을 생성한다.

(2) *Leuconostoc*속

> - 그람양성 구균이다.
> - 유제품의 향기 생성에 도움을 주는 종이나 절임 숙성에 도움을 주는 것도 있으며 고당도 하에서도 견디는 것이 있다.
> - hetero형의 젖산 발효를 하며 좌선성 또는 우선성의 젖산을 생성한다.

① *Leuconostoc mesenteroides* : 그람양성이고, 쌍구 또는 연쇄의 헤테로형 젖산균이다, 설탕(sucrose)액에 배양하면 균체의 주위에 점질물(dextran)을 형성한다, 내염성을 갖고 있어서 김치의 발효 초기에 주로 발육하여 김치를 혐기성 상태로 만든다, 설탕액을 기질로 dextran 생산에 이용된다.

② *Leuconostoc dextranicum* : 설탕액에 배양하면 신속하게 점질물(dextran)을 형성한다, dextran 생산에 이용된다, 발효버터의 방향 생성균으로 이용한다.

06 Bacillaceae과 : 포자를 형성하는 Gram 양성의 간균이다. 이 과에는 호기성의 *Bacillus*속과 혐기성의 *Clostridium*속이 있고, 이외에 *Sporolactobacillus*, *Sporosarcina*, *Desulfotomaculum* 속 등이 있다. 내구성이 강하여 간헐멸균해야 한다.

(1) *Bacillus*속(호기성 포자형성세균)

> • 그람양성, 호기성 또는 통성혐기성, 중온균 또는 고온성 유포자 간균이다.
> • 단백질 분해력이 강하며, 단백질 식품에 침입하여 산 또는 가스를 생성한다.
> • 식염 내성은 비교적 강하여 10%의 식염 존재 하에서 생육할 수 있다.

① *Bacillus subtilis*(고초균) : 마른풀 등에 분포하며, 생육최적온도는 30~40℃이다, 강력한 α-amylase와 protease를 생산한다, 항생물질인 subtilin, subtenolin, bacillomycin 등을 생성한다.

② *Bacillus natto*(납두균, 청국장균) : 일본 청국장인 납두에서 분리하였다, *Bac. subtilis*와 거의 동일하지만 생육인자로 biotin을 요구한다.

③ *Bacillus mesentericus*(마령서균) : 감자, 고구마를 썩게 하는 균이다.

④ *Bacillus polymyxa* : 산 또는 가스, 특히 ammonia를 많이 생성, 항생물질인 polymyxin을 생성한다, 포자내열성은 *Bac. subtilis*보다 강하다.

⑤ *Bacillus cereus* : 유지분해력이 강하고 비타민 K를 생성한다, 때로는 식중독의 원인이 되기도 한다.

(2) *Clostridium*속(혐기성 포자형성세균)

> • 그람양성, 편성혐기성, 유포자 간균이다.
> • catalase는 대부분 음성이며, 단백질 분해력이 있고, 당분해성을 가지고 있어 butyric acid, 초산, CO_2, H_2 및 알코올류와 acetone 등을 생성한다.
> • 육류와 어류에서 이 균은 단백질 분해력이 강하고, 부패, 식중독을 일으키는 것이 많다.
> • 통조림, 우유, 치즈 등에서 팽창을 일으킨다.

① *Clostridium butyricum* : 운동성이 있으며, 유포자 혐기성 간균이다, 당을 발효하여 낙산(butyric acid)을 생성한다, cheese로부터 분리된 균이며, 생육 최적온도는 35℃이다.

② *Clostridium sporogenes* : 육류 등의 부패에 관여하는 혐기성 부패세균을 대표한다, 이 균의 포자는 내열성이 대단히 강하여 육류 통조림 등에 혼입하면 가열살균이 매우 어렵다, 육류의 식중독 원인균으로 유명하다.

③ *Clostridium botulinum* : Cl. sporogenes와 비슷한 생리적, 형태적 특성을 가졌다, 독성이 강한 균체외 독소 생성균으로 식품위생상 중요한 균, 강력한 식중독 원인균으로 사망률이 대단히 높다.

07 Lactobacillaceae과(젖산균) : 비운동성이고 색소를 생성하지 않은 간균으로 미호기성이다. 대부분 catalase 음성으로 산소를 이용하지 못하고 산소분압이 낮은 곳에서 잘 증식한다.

(1) *Lactobacillus*속

> • 장간균이나 단간구상으로 연쇄를 하는 것이 많다.
> • 미호기성이며 catalase 음성으로 대부분이 비운동성이다.

① *Lactobacillus lactis* : 간균으로 단독 또는 연쇄로 되어 있으며, fructose, glucose, galatose, maltose, lactose 등을 잘 발효하고, 생육적온은 40℃이다.

② *L. bulgaricus* : 장간균이고 연쇄로 되어 있다, 젖산균 중 산의 생성이 가장 빠르고 53℃에서도 생육하며 유제품 제조에 중요한 균이다, 생육적온은 40~50℃이다.

③ *L. acidophilus* : 간균으로 단독 또는 단연쇄로 존재한다, 유아의 장내에서 분리된 젖산간균이다, 내산성은 강하나 산의 생성은 늦다, 생육적온은 37℃이고, 정장작용이 있어 정장제로서 이용된다.

④ *L. delbrueckii* : 발효침채류와 분쇄한 곡물 등에서 잘 검출된다, 생육적온은 45~50℃로 다소 높은 편이다, 젖산 생성력이 다소 강하므로 젖산 제조에 이용된다, 유당을 발효하지 않으며 포도당, maltose, sucrose 등으로 부터 젖산을 생성한다.

⑤ *L. plantarum* : 식물계에 널리 분포하고 있는 젖산간균으로 야채의 pikle, 김치 등에 잘 번식한다, 김치 숙성에 관여하고 식염내성도 비교적 큰 편으로 5.5% 정도 된다, 생육적온은 30℃이다.

⑥ *L. homohiochii* : *L. heterohiochii*와 더불어 저장 중의 청주를 백탁·산패시키고 소위 화락(hiochi)현상을 일으킨다, 생육적온은 25~30℃이다.

⑦ *L. fermentum* : 젖산간균으로 생육최적온도는 41~42℃이다, 포도당, 과당, 맥아당, sucrose, 유당, mannose, galactose, raffinose 등을 발효하여 젖산과 부산물로 초산, 알코올, CO_2를 생성시킨다.

(2) 젖산균(lactic acid bacteria)

① 당류를 발효해서 다량(50% 이상)의 젖산(lactic acid)을 생성하는 세균을 총칭하여 젖산균이라 한다.

② 젖산균은 그람양성으로 구균과 간균이 있으며 구균은 Streptococcacea에 속하는 *Streptococcus*, *Diplococcus*, *Pediococcus*, *Leuconostoc*속 등이 있고, 간균은 Lactobacillaceae의 *Lactobacillus*속이 있다.

③ 대부분 무포자이고 통성혐기성 또는 편성혐기성균이다.

④ 젖산균은 당의 발효형식에 의하여 정상발효젖산균(homolactic acid bacteria)과 이상발효젖산균(hetero lactic acid bacteria)으로 구별한다.

정상발효 젖산균	• 당류로부터 젖산만을 생성하는 균이다. • $C_6H_{12}O_6 \rightarrow 2CH_3CHOHCOOH$ • 정상형(homo type) 젖산균에는 *Streptococcus lactis*, *Sc. cremoris*, *Lactobacillus bulgaricus*, *L. acidophilus*, *L. delbrueckii*, *L. plantarum* 등이 있다.
이상발효 젖산균	• 젖산 이외의 알코올, 초산 및 CO2 가스 등 부산물을 생성하는 균이다. • $C_6H_{12}O_6 \rightarrow CH_3CHOHCOOH + C_2H_5OH + CO_2 2C_6H_{12}O_6 + H_2O \rightarrow 2CH_3CHOHCOOH + CH_3COOH + C_2H_5OH + 2CO_2 + 2H_2$ • 이상형(hetero type) 젖산균에는 *L. fermentum*, *L. heterohiochii*, *Leuconostoc mesenteroides*, *Pediococcus halophilus* 등이 있다.

08 Propionibacteriaceae과

part 17의 방선균에 속하나 다른 방선균과 다른 생리적 성질을 나타내므로 여기서 언급한다.

이 과(family)에는 propionic acid를 생성하는 *Propionibacterium*과 butyric acid를 생성하는 *Eubacterium(Butyribacterium)*의 2속이 식품에 직접적으로 관계하고 있다.

(1) *Propionibacterium*속

- 당류 또는 젖산을 발효하여 propionic acid를 생성하는 균을 말한다.
- 그람양성, catalase 양성, 비운동성으로 포자를 만들지 못한다.
- 통성혐기성 단간균 또는 구균이고 균총은 회백색이다.
- 치즈 숙성에 관여하여 치즈에 특유한 향미를 부여한다.
- 다른 세균에 비하여 성장속도가 매우 느리며, 생육인자로 propionic aicd와 biotin을 요구한다.

① *Propionibacterium shermanii* : Swiss cheese(Emmenthal cheese) 숙성에 관여하여 구멍(치즈의 눈)을 만들고, 풍미를 부여하며 비타민 B_{12}를 생산한다.

② *Propionibacterium freudenreichii* : cheese 숙성에 관여하여 풍미를 부여하고, 비타민 B_{12}를 생산한다.

2 곰팡이(mold)류

1 곰팡이의 특성 : 곰팡이는 사상으로 갈라져 있는 균사(hyphae)가 모인 균사체(mycelium)로 되어 있고, 광합성능을 가지고 있지 않으며 균사나 포자를 만들어 증식하는 다세포 미생물을 총칭한다.

2 곰팡이의 형태와 구조

01 균사(hyphae)

① 여러 개의 분기된 사상의 다핵의 세포질로 되어 있는 구조이고, 곰팡이의 영양섭취와 발육을 담당하는 기관이다.

② 균사는 기질(substrate)의 특성에 따라 기중균사(submerged hyphae), 영양균사(vegetative hyphae), 기균사(aerial hyphae)로 분류한다.

③ 균사에서 격벽(격막, septum)이 있는 것과 없는 것이 있다.
- 조상균류의 균사는 격벽이 없다. *Mucor*속, *Rhizopus*속, *Absidia*속
- 자낭균류, 담자균류, 불완전균류의 균사는 격벽이 있다. *Aspergillus*속, *Penicillium*속

02 균총(colony)
① 균사체와 자실체를 합쳐서 균총이라 한다. 균사체(mycelium)는 균사의 집합체이고, 자실체(fruiting body)는 포자를 형성하는 기관이다.
② 균총은 종류에 따라 독특한 색깔을 가지며 곰팡이의 색은 자실체 속에 들어있는 각자의 색깔에 의하여 결정된다.

03 포자(spore)
① 번식과 생식의 역할을 한다.
② 곰팡이의 종류가 다르면 포자의 종류도 다르다.
③ 포자의 직경은 5~10μm로서 육안으로 보이지 않지만 종류에 따라 황색, 흑색, 청색, 녹색을 띠게 된다.

3 곰팡이의 증식

01 곰팡이의 증식법
① 균사에 의한 경우와 포자에 의한 경우로 나뉘는데, 보통 포자를 만들어 포자에 의해 증식한다. 곰팡이 포자에는 무성생식에 의해 만들어지는 포자와 유성생식에 의해 만들어지는 포자가 있다. 곰팡이의 증식은 주로 무성생식에 의해 이루어지나 어떤 특정한 환경, 특정한 경우에 유성생식으로 증식하기도 한다.

02 무성생식(asexual reproduction)
배우자(gamete)가 관계하지 않고 세포핵의 융합 없이 단지 분열에만 의해 무성적으로 포자를 형성한다. 무성포자(asexual spore)에는 포자낭포자(sporangiospore), 분생포자(conidiospore), 후막포자(chlamydospore), 분절포자(arthrospore)가 있다.

(1) 포자낭포자(sporangiospore)
① 접합균류에서 볼 수 있는 포자로서 포자낭 속에 무성포자를 형성하므로 내생포자(endospore)라고도 한다.
② 내생포자를 형성하는 곰팡이들을 조상균류(Phycomycetes)라 한다.
③ 대표적인 조상균류는 *Mucor*(털곰팡이), *Rhizopus*(거미줄곰팡이), *Absidia*(활털곰팡이) 등이다.

(2) 분생포자(conidiospore)
① 균사에서 뻗은 분생자병 위에 여러 개의 경자를 만들어 그 위에 분생포자를 외생한다. 외생포자(exospore)라고도 한다.
② 자낭균류(Ascomycetes)와 불완전균류의 일부에 속하는 곰팡이에서 볼 수 있는 형태이다.
③ 대표적인 자낭균류는 *Aspergillus*(누룩곰팡이), *Penicillium*(푸른곰팡이), *Monascus*(홍국곰팡이), *Neurospore*(빨간곰팡이) 등이다.

(3) 후막포자(chlamydospore)

① 균사의 선단이나 중간부에 원형질이 모여 팽대되고, 특히 두꺼운 막을 가지는 구형의 내구성 포자를 형성된다.

② 불완전균류 중의 *Scopulariopsis*속의 균류와 접합균류의 일부에서 흔히 볼 수 있다.

(4) 분절포자(arthrospore)

① 균사 자체에 격막이 생겨 균사 마디가 끊어져 내구성포자가 형성된다. 분열자(oidium)라고도 한다.

② 불완전균류 *Geotrichum*과 *Moniliella* 속에서 흔히 볼 수 있다.

03 유성생식(sexual reproduction)

두 개의 다른 성세포가 접합하여 두 개의 세포핵이 융합하는 것으로 그 결과에 의하여 형성된 포자를 유성포자(sexual spore)라 한다. 유성포자에는 접합포자(zygospore), 자낭포자(ascospore), 담자포자(basidiospore), 난포자(oospore)가 있다.

(1) 접합포자(zygospore)

① 자웅이주성으로서 두 개의 다른 균사가 접합하여 양쪽 균사와의 사이에 격막이 형성되고, 융합되어 두꺼운 접합자(zygote)를 만든다.

② 접합자 속에 접합포자를 형성한다.

③ *Mucor*, *Rhizopus*속 등이 있는 접합균류(Zygomycetes)에서 볼 수 있다.

(2) 자낭포자(ascospore)

① 동일균체 또는 자웅이주의 두 균사가 접합하여 자낭(ascus)을 만들고, 자낭 속에 자낭포자를 7~8개 내생하게 된다.

② 자낭균류에서 볼 수 있다.

③ 자낭포자를 둘러싸고 있는 측사(paraphysis)의 끝에 자낭과(ascocarp)가 형성되는데, 자낭과는 외형에 따라 3가지 형태로 구분한다.

폐자기(cleistothecium)	구형으로 개구부가 없다, 부정자낭균류(Plectomycetes)에 많다
피자기(perithecium)	입구가 조금 열린 상태, 핵균류(Pyrenomycetes)에 많다
나자기(apothecium)	내면이 완전히 열린 상태다, 반균류(Discomycetes)에서 볼 수 있다

(3) 담자포자(basidiospore)

① 자웅이주 또는 자웅동주의 2개의 균사가 접합하여 다수의 담자기(basidium)를 형성하고 그 선단에 있는 4개의 경자에 담자포자를 하나씩 외생한다.

② 담자균류(Basidiomycetes)에서 볼 수 있다. ③ 주로 버섯류에 많다.

(4) 난포자(oospore)

① 서로 다른 두 균사가 접합하여 조란기를 형성하며 다른 부분으로부터 형성된 조정기 중의 웅성배우자가 수정관을 통하여 조란기 중의 자성배우자와 융합하여 난포자를 형성한다.

② 편모균문에 속하는 난균류(Oomycetes)에서 볼 수 있다.

4 조상균류(Phycomycetes)

01 조상균류의 특징

① 균사에 격벽(septum)이 없다.

② 무성생식 시에는 내생포자, 즉 포자낭포자를 만들고 유성생식 시에는 접합포자를 만든다.

③ 균사의 끝에 중축이 생기고 여기에 포자낭이 형성되며 그 속에 포자낭 포자를 내생한다.

④ 조상균류는 난균류(Oomycetes), 접합균류(Zygomycetes), 호상균류(Chytridiomycetes)의 3아강으로 구분한다.

⑤ 식품미생물로서 중요한 것은 접합균류의 Mucorales(털곰팡이목)이며 대표적인 곰팡이는 *Mucor*, *Rhizopus*, *Absidia*가 있다.

02 주요한 조상균류의 곰팡이

(1) *Mucor*속(털곰팡이속)

- 균사는 백색 또는 회백색이며 격벽이 없다.
- 전체적인 모양은 *Rhizopus*속과 흡사하나 가근은 생성하지 않는다.
- 포자낭병에는 3가지 형태가 있다.
  - monomucor : 균사에서 단독으로 뻗어서 분지하지 않는 것
  - racemomucor : 방상으로 분지하는 것
  - cymomucor : 가축상으로 분지하는 것

① *Mucor mucedo* : 육류, 채소, 과일, 흑분, 토양 등에서 잘 생육한다. 균사는 백색이고, 포장낭병의 길이는 3cm 이상, 포자낭은 $100 \sim 200\mu$의 회색이다. 생육적온은 $20 \sim 25℃$이며, monomucor에 속한다.

② *Mucor hiemalis* : 토양 등에 넓게 분포하며, pectinase 분비력이 강하다. 집락은 황회색을 띠며, 포자낭병의 길이는 $1 \sim 2cm$, 직경은 $50 \sim 80\mu$, 포자는 보통 난형이다. 생육적온은 $30℃$이며, 자웅이체로 후막포자를 형성한다.

③ *Mucor racemosus* : *Mucor*속 중 분포가 가장 넓으며, 특히 부패한 과일이나 맥아에 많이 발생한다. 집락은 회색이나 회갈색이고, 포자낭병에 많은 후막포자를 만든다. 생육적온은 $20 \sim 25℃$, racemomucor에 속한다. 알코올을 생성(최대 7%)하고 비타민 B_1 및 B_2의 합성력도 강하다.

④ *Mucor rouxii* : 집락은 회홍색을 띠며, 포자낭병은 1mm 정도, 포자낭은 $20 \sim 30\mu$이고, 후막포자를 잘 형성한다. 생육적온은 $30 \sim 40℃$, cymomucor에 속한다. 전분 당화력이 강하고 알코올 발효력도 있으므로 amylo법에 의한 알코올 제조에 처음 사용된 균이다.

⑤ *Mucor pusillus* : 고초(枯草)에 많으며 racemomucor형이고, 치즈 응유효소의 생산균주로 주목받고 있다.

(2) *Rhizopus*속(거미줄곰팡이속)

> - 가근과 포복지를 형성하고, 균사에는 격벽이 없고, 포자낭병은 가근에서 나오며, 중축 바닥 밑에 자낭을 형성한다.
> - 대부분 pectin 분해력과 전분질 분해력이 강하므로 당화효소 및 유기산 제조용으로 이용되는 균종이 많다.

① *Rhizopus nigricans*(빵곰팡이) : 맥아, 곡류, 빵, 과일 등에 잘 발생한다, 포자낭병은 길이 5cm, 구형, 직경 200μ이다, 집락은 회흑색, 접합포자와 후막포자를 형성하고, 가근도 잘 발달한다, 생육적온은 32~34℃이다, 전분 당화력이 강하며 대량의 fumaric산을 생산하기도 한다.

② *Rhizopus delemar* : 집락은 회갈색이며, 생육적온은 25~30℃이다, 전분 당화력이 강하여 포도당 제조 시 사용되는 당화효소(glucoamylase) 제조에도 사용되며, 알코올을 제조하는 amylo법에 사용되기도 한다.

③ *Rhizopus javanicus* : 집락은 초기에 백색이나 차차 진한 회색으로 변하며, 생육적온은 36~40℃이다, 전분 당화력이 강하여 amylo법의 당화균으로 이용되어 amylo균이라고도 한다.

④ *Rhizopus japonicus* : 일명 amylomyces β라고 한다, 생육적온은 30℃ 전후이다, 전분당화력이 강하며 pectin분해력도 강하다, raffinose를 발효한다, amylo균이다.

⑤ *Rhizopus tonkinensis* : 일명 amylomyces γ(amylo균)라고 한다, 생육적온은 36~38℃이다, 포도당을 발효시켜 lactic acid, fumaric acid를 만든다.

⑥ *Rhizopus peka* : 균사체는 백색, 포자낭병은 처음에는 무색, 후에는 다갈색으로 된다, 전분 당화력이 강하다.

※ ***Rhizopus*속과 *Mucor*속의 차이점**

> - *Rhizopus*는 포자낭병과 중축의 경계가 뚜렷하지 못하다.
> - *Rhizopus*는 포복균사를 가지고 있어 번식이 빠르다.
> - *Rhizopus*는 가근을 가지며 포자낭병은 반드시 가근 위에서 1~5개 착생한다.
> - *Rhizopus*는 포자낭병에서 하나의 포자낭을 만든다.

(3) *Absidia*속(활털곰팡이속)

> - 포복지의 중간에서 포자낭병이 생긴다.
> - 집락의 색깔은 백색~회색이다.
> - 흙 속에 많으며 동물의 병원균으로써 부패된 통조림에서도 분리되므로 유해균이다.

① *Absidia lichthemi* : 고량주 국자에서 분리되었다, 균사는 처음 백색이나 차차 회색으로 된다, 소홍주 양조에도 관여한다.

5 자낭균류(Ascomycetes)

01 자낭균류의 특징

① 균사에 격막이 있다.

② 무성생식 시에는 외생포자, 즉 분생포자를 만든다.

③ 유성생식 시에는 자낭포자를 만든다.

④ 분생포자병의 끝에 정낭을 만들고, 여기에 경자가 매달려 그 끝에 분생포자를 외생한다.

⑤ 대표적인 자낭균류는 *Aspergillus*, *Penicillium*, *Monascus*, *Neurospora*이다.

02 주요한 자낭균류의 곰팡이

(1) *Aspergillus*(누룩곰팡이)

- 청주, 약주, 된장, 간장 등의 양조공업에 대부분 이속이 이용된다.
- 누룩(국)을 만드는 데 사용되므로 누룩곰팡이, 국곰팡이 또는 국균이라고 한다.
- 집락의 색은 백색, 황색, 흑색 등으로 색깔에 의하여 백국균, 황국균, 흑구균 등으로 나누기도 한다. 균사는 격막이 있고 보통 무색이다.
- 균사의 일부가 약간 팽대한 병족세포(foot cell)를 만들어 여기에서 분생포자를 만든다. 특히, 정낭의 형태에 따라 균종을 구별할 수 있다.
- 특히 강력한 당화효소(amylase)와 단백질 분해효소(protease) 등을 분비한다.

① *Aspergillus oryzae* : 황국균이라고 한다, 집락은 황록색이나 오래되면 갈색으로 된다, 생육온도는 25~37℃이다, 전분 당화력과 단백질 분해력이 강해 간장, 된장, 청주, 탁주, 약주 제조에 이용된다, α-amylase, glucoamylase, maltase, invertase, cellulase, inulinase, pectinase, protease, lipase, catalase 등의 효소를 분비한다.

② *Aspergillus glaucus* : 집락은 녹색이나 청록색 후에 암갈색 또는 갈색으로 된다, 빵, 피혁 등 질소와 탄수화물이 많은 건조한 유기물에 잘 발생한다, 이 군에 속하는 *Asp. repens*, *Asp. ruber* 등은 고농도의 설탕이나 소금에서도 잘 증식되어 식품을 변패시킨다.

③ *Aspergillus sojae* : 집락은 진한 녹색이다, *Asp. oryzae*와 형태학적으로 비슷하나 포자의 표면에 작은 돌기가 있어 구별된다, 단백질 분해력이 강하며 간장 제조에 사용된다.

④ *Aspergillus niger* : 집락은 흑갈색으로 흑국균이라고 한다, 경자는 2단으로 복경이다, 전분 당화력(β-amylase)이 강하고, 포도당으로부터 gluconic acid, oxalic acid, citric acid 등을 다량으로 생성하는 균주가 많으므로 유기산 발효공업에 이용된다, 펙틴 분해효소(pectinase)를 많이 분비하는 것도 있는데 이들은 삼정련과 과즙청징에 이용된다.

⑤ *Aspergillus awamori* : 일본 오키나와(Okinawa)에서 누룩 제조에 사용된 균으로, 집락이 진한 회색을 띠므로 흑국균에 속한다, 생육적온은 30~35℃이다, 전분 당화력이나 구연산 생산력이 강하다.

⑥ *Aspergillus flavus* : 집락은 황록색이고 드물게 황색도 있다, 간암 유발물질로 알려진 aflatoxin을 생성하는 유해균이다.

(2) *Penicillium*(푸른곰팡이)

> - *Aspergillus*와 달리 병족세포와 정낭을 만들지 않고, 균사가 직립하여 분생자병을 발달시켜 분생 포자를 만든다.
> - 포자의 색은 청색 또는 청록색이므로 푸른곰팡이라고 한다.
> - 과일, 야채, 빵, 떡 등을 변패시키며 황변미의 원인이 되는 유해한 곰팡이가 많으나, 치즈의 숙성이나 항생물질인 penicillin의 생산에 관여하는 곰팡이도 있다.

① *Pen. camemberti* : 집락은 양털 모양으로 처음 백색이나 분생자로 형성하면 청회색이 된다, Camemberti cheese의 숙성과 향미에 관여한다.

② *Pen. roqueforti* : 집락은 청록색이나 시간이 지나면 진한 녹색이 된다, 푸른치즈인 Roqueforti cheese의 숙성과 향미에 관여한다, 치즈의 casein을 분해하여 독특한 풍미를 부여한다.

③ *Pen. citrinum* : 태국 황변미에서 분리된 균이다, 황변미의 원인균으로 신장 장애를 일으키는 유독색소인 citrinin($C_{13}H_{14}O_5$)을 생성하는 유해균이다.

④ *Pen. chrysogenum* : 미국의 melon으로부터 분리된 균으로 penicillin 생산에 이용된다, 집락은 청록색 내지 밝은 녹색이다.

⑤ *Pen. notatum* : Flemming이 처음으로 penicillin을 발견하게 한 균이다, 현재는 penicillin 공업에 이용하지 않는다.

⑥ *Pen. expansum* : 저장 중인 사과나 배의 연부병 원인이 된다.

(3) *Monascus*(홍국곰팡이)

① *Monascus purpureus* : 분홍색소를 만들며 집락은 분홍색이다, 중국, 말레이시아 등지의 홍주 원료인 홍곡(紅麯)을 만드는 데 이용한다.

(4) *Neurospora*(붉은곰팡이)

① *Neurospora sitophila* : 무성포자를 생성하며 홍색의 분생자를 갖고 있다, 적등색 색소는 β −carotene과 비타민 A의 원료로 사용된다.

6 담자균류(Basidiomycetes)

01 담자균류의 특징

균사에 격벽이 있고 균사의 끝에 특징적인 담자기(basidium)를 형성하며 그 외면에 유성포자인 4개의 담자포자(basidiospore)를 외생한다. 담자균류에는 담자기에 격벽이 없고 전형적인 막대기 모양을 하고 있는 동담자균류(Homobasidiomycetes)와 담자기가 부정형이고, 간혹 격벽이 있는 이담자균류(Heterobasidiomycetes)의 2아강(subclass)으로 나누어진다.

식용버섯으로 알려져 있는 것은 거의 동담자균류의 송이버섯목(Agaricales)에 속한다. 이담자균류에는 일부 식용버섯(흰목이버섯)도 속해 있는 백목이균목(Tremelales)이나 대부분은 식물병원균인 녹균목(Uredinales)과 깜부기균목(Ustilaginales) 등이 포함된다.

02 버섯의 형태

① 버섯은 곰팡이와 비슷하며 자실체, 균사체, 균사와 같이 어느 정도 조직분화가 이루어진 고등미생물이다.

② 일반적인 형태는 균사로부터 아기버섯(균뇌, young body)이 생성되어 아기버섯의 피막이 성장에 따라 파열되어 균병(stem)이 형성된다.

③ 아기버섯은 성숙함에 따라 균병 밑부분에 각포(volva)가 된다.

④ 균병 선단에 곰팡이 자실체와 비슷한 갓(cap)이 있다.

⑤ 이 갓 밑에는 균습(gills)과 갓을 받치는 균륜(ring)이 있다.

⑥ 균습에는 육안으로 볼 수 없는 담자포자를 생성한다.

03 버섯의 증식

① 버섯은 대부분 포자에 의해서 증식한다.

② 담자균류의 유성생식 방법으로는 자웅동주 혹은 이주의 두 개의 균사가 접합하여 담자기(basidia)가 되고, 그 끝에는 보통 4개의 경자를 형성하여 각각 1개의 담자포자를 형성한다.

04 식용버섯

표고버섯 (*Lentinus edodes*)	사물기생을 하는 버섯, 상수리나무, 밤나무, 참나무 등에서 잘 자란다.
송이버섯 (*Tricholoma matsutake*)	소나무 실뿌리에 생물기생한다, 식용버섯을 대표하는 버섯이다.
느타리버섯 (*Pleurotus ostreatus*)	떡갈나무, 전나무 등에서 잘 자란다, 인공재배가 쉽다.
싸리버섯 (*Clavaria botrytis*)	침엽수, 활엽수가 있는 지상에 잘 자란다, 향기가 매우 좋고, 가지의 끝은 담홍자색이다.
목이버섯 (*Auricularia polytrica*)	침엽수의 고목에서 생육한다, 육질은 수분이 많을 때는 무처럼 보이나 마르면 아교처럼 된다.
양송이버섯 (*Agaricus bisporus, mushroom*)	갓은 살이 두텁고 균병은 굵으나 갓과 균병의 육질의 차이가 있어 분리되기 쉽다, 향기는 적으나 맛이 좋아 인공재배하여 대부분 통조림으로 사용된다.

05 독버섯

(1) 독버섯의 성분

neurine	보통 독버섯 중에 함유되어 있는 독성분이다, 토끼에 대한 경구투여의 LD는 90mg/kg이 된다, 호흡곤란, 설사, 경련, 마비 등을 일으킨다.
muscarine	특히 땀버섯(*Inocybe rimosa*)에 많이 함유되고 기타 광대버섯을 비롯한 많은 독버섯에 함유되어 있는 독성분이다, 독성이 강해 치사량은 인체에 피하주사로 3~5mg, 경구투여로 0.5g이다, 발한, 호흡곤란, 위경련, 구토, 설사 등을 일으킨다.

muscaridine	광대버섯에 많으며 경증상을 일으켜 일시적 미친상태가 된다.
phaline	일종의 배당체로 독버섯 중 가장 독성이 강한 알광대버섯에 함유되는 강한 용혈작용이 있는 맹독성분이다.
amanitine	알광대버섯(*Amanita phalloides*)의 독성분이다, amanitine은 환상 peptide 구조이며 α, β, γ -amanitine이 알려져 있고 가장 독성이 강한 것은 α -amanitine으로 치사량은 0.1mg/kg이다, 복통, 강직 및 콜레라와 비슷한 증상으로 설사를 일으킨다.
psilocybin	끈적버섯(*Psilocybe mexicana*)에 들어있는 성분으로 중추신경에 작용하여 환각적인 이상흥분을 일으키는 물질이다.
pilztoxin	광대버섯, 파리버섯 등에 들어있는 성분으로 강직성 경련을 일으키고 파리를 죽이는 효과가 있다.

(2) 독버섯 감별법(예외가 있으므로 주의)

① 악취가 있다.　　　　　　② 색깔이 선명하거나 곱다.
③ 균륜이 있다. ※ 송이는 균륜이 존재하지만 식용버섯이다.
④ 줄기가 세로로 갈라지지 않는다.
⑤ 쪼개면 우유같은 액체가 분비되거나 표면에 점액이 있다.
⑥ 조리할 때 은수저를 넣으면 검게 변색된다.

3 효모(酵母, yeast)류

1 효모의 특성 : 진핵세포로 된 고등미생물로서 주로 출아에 의하여 증식하는 진균류를 총칭한다. 효모는 약한 산성에서 잘 증식하며, 생육최적온도는 중온균(25~30℃)으로서 흙, 공기, 과일 등 자연계에서 널리 분포한다.

주류의 양조, 알코올 제조, 제빵 등에 이용되고 있으며 이들 균체는 식·사료용 단백질, 비타민류, 핵산관련물질 등의 생산에 큰 역할을 한다.

2 효모의 형태와 구조

01 효모의 기본형태

① 난형(cerevisiae type) : *Saccharomyces cerevisiae*(맥주효모)
② 타원형(ellipsoideus type) : *Saccharomyces ellipsoideus*(포도주효모)
③ 구형(torula type) : *Torulopsis versatilis*(간장후숙에 관여)
④ 소시지형(pastorianus type) : *Saccharomyces pastorianus*(유해한 야생효모)
⑤ 레몬형(apiculatus type) : *Saccharomyces apiculatus*
⑥ 삼각형(trigonopsis type) : *Trigonopsis variabilis*
⑦ 위균사형(pseudomycelium type) : *Candida*속 효모

02 효모의 세포구조

① 효모세포는 외측으로부터 두터운 세포벽(cell wall)으로 둘러 싸여 있고, 세포벽 바로 안에
는 세포막(원형질막)이 있어 그 안에는 원형질이 충만되어 있으며, 그중에는 핵(nucleus),
액포(vacuole), 지방립(lipid granule), mitochondria, ribosome 등이 있다.

② 표면에는 모세포(mother cell)로부터 분리될 때 생긴 탄생흔(birth scar)과 출아할 때 생긴
낭세포(doughter cell)의 출아흔(bud scar)이 있다.

3 효모의 생리작용

01 의의

① 효모는 호기성 및 통성 혐기성균으로 호기적 조건이나 혐기조건에서 모두 생육이 가능하다.
당액에 효모를 첨가하여 호기적 조건으로 배양하면 호흡작용을 하여 당을 효모 자신의 증식
에만 이용하여 CO_2와 H_2O만 생성하게 된다.

② 그러나 혐기적 조건으로 배양하면 효모는 발효작용에 의해 당을 알코올과 CO_2로 분해한다.

③ 효모는 당액 중에 혐기적으로 배양하면 알코올을 생성하므로 양조공업에 이용된다. 한편 효모
는 발효작용의 조건을 달리하면 알코올 이외에도 글리세롤이나 초산 등을 생산하기도 한다.

④ 여기에는 3가지 형식이 있으며 이것을 Neuberg의 발효형식이라 한다.

02 제1 발효형식

(1) 호기적 발효(호흡작용, 산화작용)

① 효모를 호기적 상태에서 배양하면 한 분자의 포도당이 여섯 분자의 산소에 의하여 완전히
산화하게 된다.

② 이때 CO_2와 H_2O가 각각 6분자씩 생성된다.

$$C_6H_{12}O_6 + 6O_2 \xrightarrow[\text{호기상태}]{\text{효모}} 6H_2O + 6CO_2 + 686cal + 32ATP$$

(2) 혐기적 발효(alcohol 발효)

① 주류 발효는 효모를 이용한 혐기적 발효이다.

② 한 분자의 포도당으로부터 2분자의 ethyl alcohol과 두 분자의 탄산가스가 생성된다.

$$C_6H_{12}O_6 \xrightarrow[\text{혐기상태}]{\text{효모}} 2C_2H_5OH + 2CO_2 + 58cal + 2ATP$$

03 제2 발효형식

① 효모를 혐기적 상태로 발효하면 alcohol이 생성된다.

② 이때 알칼리를 첨가해주면 알코올 생산량은 줄어들고, glycerol(glycerine)이 생성된다.

③ 발효액의 pH를 5~6으로 하고, 아황산나트륨을 가하면 Neuberg의 제2 발효형식이 된다.

$$C_6H_{12}O_6 \xrightarrow[\text{Na}_2\text{SO}_3]{\text{효모}} \underset{\text{(glycerol)}}{C_3H_5(OH)_3} + \underset{\text{(acetaldehyde)}}{CH_3CHO} + CO_2 \uparrow$$

04 제3 발효형식

① 중탄산나트륨(NaHCO₃), 제2인산나트륨(Na₂HPO₄) 등을 가하여 pH를 8 이상의 알칼리성으로 발효시키면 제3 발효형식이 된다.

② 제2 발효형식과 같이 glycerol이 다량 생성되며 소량의 알코올과 초산까지 생성된다.

$$2C_6H_{12}O_6 + H_2O \xrightarrow[\substack{NaHCO_3 \\ Na_2HPO_4}]{효모} 2\underset{\text{(glycerol)}}{C_3H_5(OH)_3} + \underset{\text{(acetic acid)}}{CH_3COOH} + \underset{\text{(ethanol)}}{C_2H_5OH} + 2CO_2\uparrow$$

4 효모의 증식 : 효모의 증식법에는 영양증식과 포자형성에 의한 증식으로 크게 구분되며, 영양증식 중에서 출아증식이 효모의 대표적인 증식방법이다.

01 영양 증식

(1) 출아법(budding)

① 효모는 대부분 출아법에 의하여 증식한다.

② 효모의 세포가 성숙하면 세포벽 일부에 돌기가 생겨 아세포(bud cell)가 되고, 이것이 성숙해져 1개의 효모세포가 되어 모세포로 분리된다.

③ 출아의 방법은 출아위치에 따라 양극출아와 다극출아 형태가 있다.

(2) 분열법

① 세균과 같이 세포 내의 원형질이 양분되면서 중앙에 격막이 생겨 2개의 세포로 분열하는 분열법에 의해 증식한다.

② 이러한 증식방법으로 증식하는 효모를 분열효모(fission yeast)라고 한다.

③ 대표적인 분열효모는 *Schizosaccharomyces*속이다.

(3) 출아분열법(budding-fission)

① 출아와 분열을 동시에 행하는 효모이다.

② 일단 출아된 다음 모세포와 낭세포 사이에 격막이 생겨 분열되는 효모이다.

02 포자형성 증식 : 효모는 생활환경이 불리하거나 아니면 증식수단과 생활환(life cycle)의 일부로서 포자(자낭포자)를 형성한다. 포자의 형성 여하에 따라 유포자 효모, 사출포자 효모, 무포자 효모로 나눈다.

(1) 무성포자 : 효모가 무성적으로 포자를 형성하는 경우로서 단위생식, 위접합, 사출포자, 분절포자 및 후막포자 등이 있다.

1) 단위생식 : *Saccharomyces cerevisiae*, 단일의 영양세포가 무성적으로 직접포자를 형성한다.

2) 위접합 : *Sachwanniomyces*속, 위결합관이라 불리는 돌기를 1개 또는 몇 개를 만들지만 그 세포간에 접합하지 않고 단위생식으로 포자를 형성한다.

3) 사출포자 : 영양세포 위에서 돌출한 소병 위에 분생자를 형성함으로써 증식을 하지만 이 분생자는 사출하지 않는다, Sporobolomycetaceae에 속하는 *Bullera*속, *Sporobolomyces*속, *Sporidiobolus*속의 특징적인 증식방법이다.

4) **분절포자, 후막포자** : 위균사는 출아에 의해 증식된 세포를 유리시키지 않고 균사와 같이 될 때가 있으나 대개는 위균사의 말단에서나 연결부에서 분절포자를 형성한다, *Endomycopsis*속, *Hansenula*속, *Nematospora*속 등은 위균사 이외의 균사를 형성한다. 그러나 *Candida abicans* 등은 후막포자를 형성한다.

(2) 유성포자

동태접합	*Schizosaccharomyces*속처럼 같은 모양과 크기의 세포(배우자, gamete) 간에 접합자를 형성하여 이것이 자낭이 된다.
이태접합	크기가 다른 세포 간에 접합으로 자낭을 형성하는 방법이며, debaryomyces형과 과 nadsonia형의 두 가지가 있다

5 효모의 분류

① 효모를 분류하는 기준은 형태적 특징, 배양상의 특징, 유성생식의 유무와 특징, 생리적 성질 등이며 다음과 같이 4군으로 분류한다.

> • 자낭균효모(Ascomycetous yeast)
> • Ustilaginaoes에 속하는 효모(Basidiomycetous yeast)
> • Sporobolomycetaceae에 속하는 효모(Ballistosporogenous yeast)
> • 무포자효모(Asporogenous yeast)

② 자낭균류(유포자효모 22속), 담자균류(2속), 불완전균류(사출포자효모 3속, 무포자효모 12속)에 걸쳐 있어서 복잡하다.

6 중요한 효모

01 유포자효모(Ascosporogenous yeasts) : 자낭균류 중 반자낭균류에 속하는 효모균류이다.

(1) *Schizosaccharomyces*속

① *Schizosaccharomyces pombe* : Africa 원주민들이 마시는 pombe술에서 분리되었으며 알코올 발효력이 강하다, glucose, sucrose, maltose를 발효하지만 mannose는 발효하지 않는다.

(2) *Saccharomycodes*속

① *Saccharomycodes ludwigii* : 떡갈나무의 수액에서 분리된 효모이다, glucose, sucrose는 발효하고, maltose는 발효하지 않는다, 질산염을 동화하지 않는다.

(3) *Saccharomyces*속

> • 발효공업에 가장 많이 이용되는 효모이다.
> • 세포는 구형, 난형 또는 타원형이다.
> • 다극출아에 의해 영양증식을 하고, 후에 자낭포자를 형성하기도 한다.
> • 빵효모, 맥주효모, 알코올효모, 청주효모 등이 여기에 속한다.

① *Saccharomyces cerevisiae*
- 영국 맥주공장의 맥주로부터 분리된 것으로 알코올 발효력이 강한 상면발효효모이다.
- glucose, maltose, galactose, sucrose, raffinose를 발효하지만 lactose는 발효하지 않는다.
- 맥주효모, 청주효모, 빵효모 등에 주로 이용된다. 세포 내에 thiamine을 비교적 많이 생성 하므로 약용효모로도 이용한다.

② *Sacch. carlsbergensis*
- Carlsberg 맥주공장의 하면효모로부터 분리된 것으로 독일, 일본, 미국 등의 하면발효맥 주의 양조에 사용하는 효모이다.
- 맥주의 하면효모로 생리적 성질은 *Sacch. cerevisiae*와 비슷하다. 다른 점은 melibiose를 발효하고 raffinose를 완전히 발효하는 것이다.
- Lodder의 제2판에서 *Sacch. uvarum*과 같은 종으로 분류하였다.

③ *Sacch. ellipsoideus* : 포도 과피에 존재하며 전형적인 포도주 효모이다. Lodder의 제2판에 서 *Sacch. cerevisiae*와 같은 종으로 분류하였다.

④ *Sacch. rouxii*
- 18% 이상의 고농도 식염이나 잼같은 당농도가 높은 곳에서도 생육할 수 있는 내삼투압성 효모이다.
- glucose와 maltose를 발효하지만 sucrose, galactose, fructose는 발효하지 않는다.
- 간장의 주된 발효효모로 간장의 특유한 향미를 부여한다.

⑤ *Sacch. pasteurianus* : 난형 또는 소시지형 효모이다. 맥주에 불쾌한 냄새와 쓴맛을 주고 그 청징을 나쁘게 하는 유해효모이다.

⑥ *Sacch. diastaticus* : dextrin이나 전분을 분해 발효하는 효모이다. 맥주 양조에 있어서는 고 형물을 감소시키는 유해한 효모이다.

⑦ *Sacch. coreanus* : 우리나라 약주, 탁주효모로 누룩에서 분리된다. maltose와 lactose를 발 효하지 못한다.

⑧ Sacch. sake : 일본의 청주양조에 사용되는 청주효모이다.

⑨ *Sacch. mail-duclaux* : 사과주에서 분리한 상면효모이다. 사과주에 방향을 주기 때문에 cider yeast라 한다.

⑩ *Sacch. fragilis*와 *Sacch. lactis* : lactose를 발효하여 알코올을 생성하는 유당발효성 효모이 다. 마유주(kefir)에서 분리하였다. inulin을 발효하나 maltose는 발효하지 못한다.

⑪ *Sacch. mellis* : 고농도 당에서 생육하는 내삼투압성 효모이다. 벌꿀이나 설탕 등에 번식하 여 변패시키는 유해균이다.

(4) *Pichia*속

- 산막효모이며, 유해균인 경우가 많다.
- 초산염의 자화능력이 없고, 위균사를 잘 만든다.

① *Pichia membranaefaciens* : 당의 발효성이 없으나 알코올을 영양원으로 왕성하게 생육한다, 김치의 표면에 피막을 형성하며 맥주나 포도주의 유해균이다.

(5) *Hansenula*속

- 산막효모이며, 알코올 발효력은 약하나 알코올로부터 에스테르를 생성하여 포도주에 방향을 부여한다.
- *Pichia*속과 달리 초산염을 자화하는 능력이 있다.

① *Hansenula anomala* : 모자형의 포자가 형성된다, 과일향 같은 ester를 생성하며 청주 등 주류의 후숙효모이다.

(6) *Debaryomyces*속

- 표면에 돌기가 있는 포자를 형성하는 것이 특징이다.
- 내염성의 산막효모가 많으며, 내당성이 강하다.
- riboflavin을 생성하는 것도 있다.

① *Debaryomyces hansenii* : 치즈, 소시지 등에서 분리된 균이다.

02 담자균류효모(Basidiomycetous yeasts)

*Rhodosporidium*속	• 발효성이 없으며 고체배지에서 오렌지색 또는 분홍색의 carotenoid색소를 생성한다. 불완전세대는 *Rhodotorula*속과 유사하다. • *Rhodosporidium toruloides* : *Rhodosporidium*속의 대표적인 균종이다.
*Leucosporidium*속	• 발효성이 없으나 KNO_3 및 탄소원의 동화성은 있다. • *Leucosporidium scottii* : 이외에 6종이 알려져 있다.

03 사출포자효모(Ballistosporogenous yeasts)

*Bullera*속	• 발효성이 없다, 레몬형의 사출포자를 형성한다. • *Bullera alba*를 비롯한 3종이 알려져 있다.
*Sporobolomyces*속	• 발효성이 없고 녹말물질을 형성하지 않는다. • *Sporobolomyces roseus* : 이외에 8종이 알려져 있다.

04 무포자효모(Asporogenous yeasts) : 유성적으로나 무성적으로 포자형성 능력이 없는 효모균이다.

(1) *Torulopsis*속

- 난형 또는 구형으로 대표적인 무포자효모이다.
- 위균사를 형성하지 않는다.
- 내당성, 내염성 효모로서 당이나 염분이 많은 곳에서 검출된다.
- 된장, 간장 변패의 원인이 되고 어떤 종류는 잼과 같은 고농도의 당을 함유한 식품을 발효시키기도 한다.

① *Torulopsis casoliana* : 15~20%의 고농도 식염에서 생육하는 고내염성 효모이다.

② *Torulopsis bacillaris* : 55% 당을 함유한 꿀에서 분리한 균으로 고내당성 효모이다.

③ *Torulopsis versatilis* : 내염성 효모로서 간장에 특유한 풍미를 부여하는 유용균이다.

(2) *Candida*속

- 구형, 계란형, 원통형 등이 있다.
- 위균사를 현저히 형성한다.
- 탄화수소의 자화능이 강한 균주가 많다.
- 출아에 의해 무성적으로 증식한다.
- 알코올 발효력이 있는 것이 많다.

① *Candida utilis* : pentose 당화력과 vitamin B_1 축적력이 강하므로 아황산 펄프폐액과 목재 당화액을 원료로 사료효모 제조에 사용된다, 균체로부터 핵산을 추출하여 inosinic acid 제조에 사용된다.

② *Candida tropicalis* : xylose를 잘 동화하므로 사료효모 제조균주로 사용된다, 균체단백질 제조용의 석유효모로서 이용된다.

③ *Candida lipolytica* : 탄화수소를 탄소원으로 생육한다, 균체를 사료효모와 석유단백질 제조에 사용한다, 석유효모로서 사용된다.

(3) *Rhodotorula*속

- 황색 내지 적색의 carotenoid 색소를 생성한다.
- 당류의 발효성은 없으며 산화적으로 자화한다.

① *Rhodotorula glutinis* : 지방의 축적력(균체건물중 60%)이 강한 유지효모이다.

② *Rhodotorula gracilis* : 35~60%의 지방을 축적하는 유지효모이다.

4 박테리오파지(bacteriophage)

1 바이러스(virus)와 파지(phage)

01 바이러스의 정의와 종류 : 동식물의 세포나 미생물의 세포에 기생하고 숙주세포 안에서 증식 하는 초여과성 입자(직경 0.5μ 이하)를 virus라 한다.

① 동물바이러스(animal virus) : 인간에게 발병의 원인이 되는 소아마비 바이러스, 천연두 바이러스와 곤충에 기생하는 곤충 바이러스 등

② 식물바이러스(plant virus) : 담배모자이크병 바이러스 등

③ 세균바이러스(bacterial virus) : 대장균 등에 기생하는 바이러스 등

02 박테리오파지 : 바이러스 중 특히 세균의 세포에 기생하여 세균을 죽이는 virus를 bacteriophage (phage)라고 한다.

2 파지의 특징

① 생육증식의 능력이 없다.
② 숙주특이성이 대단히 높다(한 phage의 숙주균은 1균주에 제한되어 있다).
④ 핵산 중 대부분 DNA만 가지고 있다.

3 파지의 종류

01 독성파지(virulent phage)

① 숙주세포 내에서 증식한 후 숙주를 용균하고 외부로 유리한다.
② 독성파지의 phage DNA는 균체에 들어온 후 phage DNA의 일부 유전정보가 숙주의 전사효소(RNA polymerase)의 작용으로 messenger RNA를 합성하고 초기단백질을 합성한다.

02 용원파지(temperate phage)

① 세균 내에 들어온 후 숙주 염색체에 삽입되어 그 일부로 되면서 증식하여 낭세포에 전하게 된다.
② phage가 염색체에 삽입된 상태를 용원화(lysogenization)되었다고 하고 이와 같이 된 phage를 prophage라 부르고, prophage를 갖는 균을 용원균이라 한다.

4 파지의 구조

① 파지의 전형적인 형태는 올챙이처럼 생겼으며 두부, 미부, 6개의 spike가 달린 기부가 있고 말단에 짧은 미부섬조(tail fiber)가 달려 있다.
② 두부에는 DNA 또는 RNA만 들어 있고 미부의 초에는 단백질이 나선형으로 늘어 있고 그 내부 중심초는 속이 비어 있다.

5 파지의 증식

① 파지가 흡착되어 세포벽을 용해한다.　　② 파지의 DNA가 숙주세포 내부에 주입된다.
③ 파지 DNA와 단백질이 합성된다.　　④ 파지가 성숙한다.
⑤ 숙주세포는 용균되어 파지가 방출된다.

6 파지의 예방대책

01 최근 파지의 피해가 우려되는 발효공업

최근 미생물을 이용하는 발효공업에 있어서의 파지감염은 cheese, yoghurt, 항생물질, acetone-butanol 발효, 핵산관련 물질, glutamic acid 발효에 관련된 세균과 방선균에 자주 발생한다.

02 예방대책 : 숙주세균과 phage의 생육조건이 거의 일치하기 때문에 일단 감염되면 중지시키는 방법은 거의 없다. 그러므로 예방하는 것이 최선의 방법이다.

① 공장과 그 주변 환경을 미생물학적으로 청결히 하고, 기기의 가열살균, 약품살균을 철저히 한다.

② phage의 숙주 특이성을 이용하여 숙주를 바꾸어 phage 증식을 사전에 막는 starter rotation system을 사용한다. 특히 치즈 제조에 사용되는데, starter를 2균주 이상 조합하여 매일 바꾸어 사용한다.

③ 약재 사용 방법으로서 chloramphenicol, streptomycin 등 항생물질의 저농도에 견디고 정상발효하는 내성균을 사용한다.

4 방선균(Actinomycetes)

1 방선균의 특성 : 방선균은 하등미생물 중에서 가장 형태적으로 조직분화의 정도가 진행된 균 사상 세균이다. 세균과 곰팡이의 중간적인 미생물로 균사를 뻗치는 것, 포자를 만드는 것 등은 곰팡이와 비슷하다. 주로 토양에 서식하며 흙냄새의 원인이 된다. 특히, 방선균은 항생물질을 만든다.

2 방선균의 증식 : 무성적으로 균사가 절단되어 구균, 간균과 같이 증식하며, 또한 균사의 선단 에 분생포자를 형성하여 무성적으로 증식한다.

3 방선균의 분류 : 분류학상 Bergy's Manual의 제8판에 의하면 part 17의 Actinomycetales목 에 속한다. 식품미생물학에 관계있는 중요한 속은 다음과 같다.

01 Actinomycetaceae과 : 균사를 형성하나 포자를 형성하지 않는 균을 칭한다. 생리적 특성에 따라 *Actinomyces*속과 *Nocrdia*속으로 나눈다.

*Actinomyces*속	• 혐기성 내지 미호기성이고 사람이나 동물의 방사선 균중독(actinomyces) 에서 분리한다. 스트렙토마이신(streptomycin) 등의 항생물질을 생산하는 것이 있어서 유명하다.
*Nocrdia*속	• 호기성균으로 토양에서 쉽게 분리되고 *Mycobacterium*과 유사한 겉모양이 나 녹말, 단백질의 분해력은 없다.
*Bifidobacterium*속	• 당을 발효해서 젖산, 식초산을 생성하며 모유영양아의 장내에 특히 많고 이유 후에는 곧 소실된다.

• *Bifidobacterium bifidum* : *Bifidobacterium*속의 대표균이다.

02 Mycobacteriaceae과 : 균사가 발달해 있지 않으므로 간균 혹은 구균의 형태이며 포자 역시 형성하지 않는 균을 칭한다.

① *Mycobacterium*속 : *Mycobacterium tuberculosis* – 결핵균이다.

03 Nocardiaceae과

04 Streptomycetaceae과 : 호기성 방선균으로 기균사를 잘 형성하며 연쇄상으로 분생포자를 형성하는 균을 칭한다. 토양 중에서 쉽게 분리되는 항생물질 생성균이다.

(1) *Streptomyces***속** : 식품에 번식하면 불쾌한 냄새를 내고 외관을 나쁘게 한다. 흙냄새를 내는 것이 특징이다.

① *Streptomyces griseus* : streptomycin을 생산하는 균이고, gelatin 등의 단백질 분해력이 강하다.

② *Streptomyces aureofaciens* : chlortetracyclin을 생산하는 균이다.

③ *Streptomyces venezuelae* : chloramphenicol을 생산하는 균이다.

④ *Streptomyces kanamyceticus* : kanamycin을 생산하는 균이다.

PART

II

미생물의 생리

1 미생물의 일반생리

1 미생물의 균체성분

보통 미생물 세포가 가지는 원소의 종류는 C, H, O, P, K, N, S, Ca, Fe, Mg 등을 함유하나 양적으로는 증식의 시기, 배양조건, 배지조성 등에 따라서 변화가 심하다. 분자상으로는 저분자 물질인 수분으로부터 고분자 물질인 핵산과 단백질에 이르기까지 광범위한 물질이 제각기 기능을 가지고 한 세포를 하나의 생명체로서 생명유지를 한다.

01 수분

① 자유수와 결합수가 있으며, 식물세포와 같이 75~85% 정도이다.
② 곰팡이는 85%, 세균은 80%, 효모는 75% 정도 함유한다. *Bacillus subtilis* 포자에는 약 14%의 수분을 함유한다.

02 무기질

① 세균은 1~14%, 효모는 6~11%, 곰팡이는 5~13% 정도로서 배양조건에 따라 현저히 차이를 나타낸다.
② 대표적인 무기질은 P이며, 회분의 대부분은 P_2O_5로서 10~45%를 차지한다. 그의 대부분은 핵산의 형태로서 세포 중에 존재하며 K, Mg, Ca, Cl, Fe, Zn, S 등이 상당히 존재한다.
③ Na, Mn, Al, Cu, Ni, B, Si 등 미량 원소도 함유한다. 특히 철세균은 Fe, Mn을 다량 함유한다.

03 유기물

① 균체의 유기물로서는 단백질, 당류, 지방, 핵산 등이 존재한다.
② 탄수화물은 세균은 12~18%, 효모는 25~60%, 곰팡이는 8~40% 정도 함유한다.
③ 단백질은 세포의 구성물질로 대부분의 세포질을 이루며, 질소량은 세균은 8~15%, 효모는 5~10%, 곰팡이는 12~17% 정도 함유한다.
④ 지방은 세균은 5%, 효모는 10~25% 함유하고 있으며, 40~50%의 지방을 함유하는 미생물도 있다.

2 미생물 증식에 필요한 영양소

① 탄소원　② 질소원　③ 무기질　④ 생육인자(비타민 등)

2 미생물의 증식

1 증식도의 측정

01 건조균체의 중량측정법 : 미생물 균체를 배양액으로부터 여과 또는 원심분리에 의하여 모아서 가열, 감압 등의 방법으로 건조시킨 후 건조균체를 칭량하는 방법이다. 가장 간편하고 정확한 방법이다.

02 원심침전법(packed volume) : 원심 모세시험관을 이용하여 배양액을 원심분리하여 그 침전량을 측정하는 방법이다. 이 방법은 매우 간단하고 빠르나 정확도가 낮으므로 비탁법과 병행하면 정확한 균체량을 측정할 수 있다.

03 총균 계수법 : Thoma의 혈구계수반(hematometer)을 이용하여 현미경으로 미생물을 직접 계수하는 방법이다. 이때 0.1% methylene blue로 염색하면 생균과 사균까지 구별할 수 있다. 염색이 된 것은 사균이고, 되지 않은 것은 생균이다. 효모에 잘 이용되는 방법이다.

04 비탁법(분광학적 방법) : 효모와 세균의 균체는 균일하게 현탁하기 때문에 이들 배양된 미생물을 일정한 양의 증류수에 희석해 광전비색계(spectrophotometer)를 이용하여 탁도(turbidity)를 측정한다. 이 원리는 균체가 전혀 없는 증류수와 비교하여 광학적 밀도(optical density, OD)를 측정함으로써 균체량을 정확하게 알 수 있는 방법이다.

05 생균 측정법 : 미생물을 한천배지에 평판배양하여 미생물 계수기(colony counter)로 직접 계수하는 방법이다. 희석만 정확히 한다면 정확도는 높은 방법이다.

06 균체질소량 측정법 : 균체에 함유되어 있는 질소를 정량하여 균체량으로 환산하는 방법이다. 이 방법은 균체량과 질소량은 비례한다는 전제 조건하에 측정하는 방법이다. 그러나 균체의 증식은 배양조건에 따라 많은 차이가 있으므로 정확한 방법이 될 수는 없다.

07 DNA량 정량법 : 세포가 함유하는 DNA은 배양조건, 배양시기, 배양액의 조성 등의 외적인 조건에 의하여 거의 일정하다. DNA량을 정량함으로써 미생물의 증식도를 정확히 측정할 수 있다.

2 증식의 세대기간(generation time)

① 1개의 세포가 분열을 시작하여 2개의 세포가 되는 데 소요되는 시간을 말한다.
② 1개의 세균은 1mL의 배지에 이식하면 1개에서 2개, 2개에서 4개, 4개에서 8개의 세포로 분열하여 분열횟수와 함께 기하급수적으로 균수가 증식한다.
③ 이러한 관계는 대수관계가 성립된다.

> • 총균수＝초기균수×$2^{세대기간}$
> $b = a \times 2^n$

3 미생물의 증식곡선(growth curve)

미생물을 배양할 때 배양시간과 생균수의 대수(log) 사이의 관계를 나타내는 곡선으로 S자를 그리며 여러 가지 환경조건에 의해서 촉진되기도 하고, 저해되는 등 영향을 받게 된다. 세균과 효모의 증식곡선은 일반적으로 4가지 시기로 나눌 수 있다.

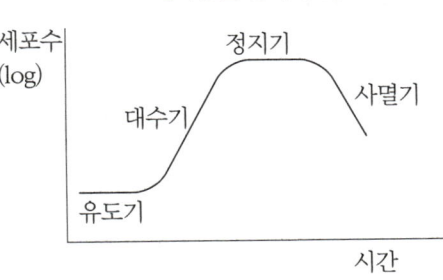

[미생물 생육곡선]

01 유도기(잠복기, lag phase)

① 미생물을 새로운 배지에 접종할 때 배지에 적응하는 시기이다.

② 세포 내에서 핵산(RNA)이나 효소단백의 합성이 왕성하고, 호흡활동도 높으며, 수분 및 영양물질의 흡수가 일어난다.

③ DNA 합성은 일어나지 않는다.

④ 이 시기에는 체적이 2~3배로 증가하지만 정상기 세포보다 쉽게 사멸한다.

02 대수기(증식기, logarithmic phase)

① 세포가 왕성하게 증식하는 시기로 세포분열이 활발하게 되고, 세대시간도 짧고, 세포의 크기도 일정하여 균수는 대수적으로 증가한다.

② 이 시기에는 RNA는 일정하고, DNA가 증가하고, 세포의 생리적 활성이 가장 강하고 물리·화학적으로 감수성이 가장 예민한 시기이다.

③ 이때의 증식속도를 지배하는 인자는 영양, 온도, pH, 산소분압 등이다.

03 정지기(정상기, stationary phase)

① 일정시간이 지나면 영양물질의 고갈과 대사산물의 축적 또는 배지의 pH 변화나 균의 과밀화에 의하여 증식이 정지되며 세포수는 일정하게 된다.

② 일부 세포가 사멸하는 대신 다른 일부의 세포가 증식하여 사멸수와 증식수가 거의 같아진다.

③ 전체 배양기간 중 세포수가 최대로 되며 효소분비도 가장 많아진다.

④ 포자를 형성하는 미생물은 이때 형성된다.

04 사멸기(death phase)

① 유해대사산물의 영향으로 증식보다는 사멸이 진행되어 균체가 대수적으로 감소한다.

② 생균수보다 사멸균수가 증가된다.

③ 사멸원인으로는 핵산 분해효소, 단백질 분해효소, 세포벽 분해효소에 의한 분해뿐만 아니라 효소단백질의 변성, 실활 등이 있다.

3 미생물의 증식과 환경

1 화학적인 요인

01 수분

① 세포 내에서의 여러 가지 화학반응은 각 물질이 물에 녹아 있는 상태에서만 이루어지기 때문에 반드시 필요한 물질이다.

② 증식을 위해 필요한 수분의 양은 미생물마다 각기 다른데 수분의 가장 유용한 측정치는 수분활성(A_W)이다.

③ 미생물의 성장에 필요한 최소한의 수분활성도는 보통 세균은 0.91, 보통 효모·보통 곰팡이는 0.80, 내건성 곰팡이는 0.65, 내삼투압성 효모는 0.60이다.

02 산소 : 미생물 중 곰팡이와 효모는 일반적으로 산소를 생육에 필요로 하지만 세균은 요구하는 것과 오히려 저해받는 것이 있다.

  1) 산소의 필요성에 따른 구분 : 산소의 필요성에 따라 편성호기성균, 통성호기성균, 미호기성균, 편성혐기성균으로 나눈다.

  ① 편성호기성균 : 유리산소를 반드시 필요로 하는 균

  ② 통성호기성균 : 유리산소의 유무와 상관없이 증식할 수 있는 균

  ③ 미호기성균 : 대기압보다 산소분압이 낮은 곳에서 잘 증식있는 균

  ④ 편성혐기성균 : 산소가 없는 환경에서만 생육하는 균

03 CO_2 : 독립영양균의 동화작용으로 CO_2를 탄소원으로 이용하지만, 종속영양균은 극미량이지만 CO_2를 필요로 한다. 어떤 특정한 미생물에서 생육이 촉진되지만, 대부분 미생물은 생육저해물질로서 작용하며, 살균효과가 있다.

04 pH : 미생물의 생육, 체내의 대사능력, 화학적 활성도에 의하여 큰 영향을 미친다. 일반적으로 곰팡이와 효모는 미산성인 pH 5.0~6.5에서 잘 생육하고, 세균과 방사선균은 중성 내지 미알칼리성인 pH 7.0~7.5 부근에서 잘 생육한다.

05 식염(염류) : 미생물의 생육에는 K, Mg, Mn, Fe, Ca, P 등의 무기염류가 미량 필요하다. 이들 염류는 효소반응, 세포막 평행의 유지 혹은 균체 내의 삼투압조절 등의 역할을 하나 대개의 식품에는 미생물이 필요로 하는 양을 함유하고 있다.

  1) 종류

  ① 비호염균(nonhalophiles) : 2% 이하의 소금농도에서 생육이 가능한 균

  ② 호염균(halophiles) : 2% 이상의 소금농도에서 생육이 가능한 균

  ③ 미호염균(slight halophiles) : 2~5% 식염농도에서 생육이 가능한 균

  ④ 중등도호염균(moderate halophiles) : 5~20% 식염농도에서 생육이 가능한 균

  ⑤ 고도호염균(extreme halophiles) : 20~30% 식염농도에서 생육이 가능한 균

2 물리적인 요인

01 온도 : 온도는 미생물의 생육속도, 세포의 효소조성, 화학적 조성, 영양요구 등에 가장 큰 영향을 미치는 물리적 환경요인이다. 미생물을 증식 가능한 온도범위에 따라 다음 3군으로 나눈다.

[온도에 따른 미생물의 분류와 생육온도 범위]

항목 / 미생물군		저온균	중온균	고온균
생육온도 (℃)	최저	−7~0	15	40
	최적	12~18	25~40	50~60
	최고	25	45~55	75
대표적인 미생물		*Pseudomonas*속, *Achromobacter*속 등	*Bacillus sutilis*, *Escherichia coli*, 병원성세균, 효모, 곰팡이	*Bacillus thermofibrinodes*, *Bacillus coagulans*, *Clostridium thrmosaccharolyticum*

02 압력

① 미생물은 거의 지표면에서 서식하고 있으므로 강한 압력은 별로 받지 못하며, 다소의 기압 변화에도 별다른 영향을 받지 않는다.

② 자연계에서 일반 세균은 30℃, 300기압에서부터 증식이 서서히 저해되어 400기압에서는 증식이 거의 정지된다.

③ 심해세균은 보통 기압에서는 증식되지 못하고 600기압 이상의 높은 압력하에서 성장한다.

03 광선

① 광합성 미생물을 제외한 거의 대부분의 미생물은 어두운 장소에서 잘 증식하며, 태양광선은 모든 미생물 증식을 저해한다.

② 태양광선 중에서 실제적으로 살균력을 가지는 것은 단파장의 자외선(2000~3000Å) 부분이며 가시광선(4000~7000Å)과 적외선(7500Å)은 살균력이 대단히 약하다.

③ 자외선 중에서 가장 살균력이 강한 파장은 2573Å 부근이다. 이것은 핵산(DNA)의 흡수대 2600~2650Å에 속하기 때문이다.

식품미생물 및 생화학

PART

III

미생물의 분리보존 및 균주개량

1 미생물의 분리

1 목적 : 많은 미생물로부터 특정한 성질 또는 능력을 가진 균주를 순수하게 분리하여 우리가 원하는 성질이나 능력을 최대한 발휘시키는 것이 목적이다.

2 미생물의 확보 : 자연계 존재하는 균을 직접 채취, 균주 보존기관에서 분양 받음

3 미생물의 분리방법

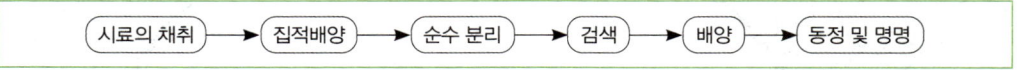

시료의 채취 → 집적배양 → 순수 분리 → 검색 → 배양 → 동정 및 명명

01 시료의 채취

① 분리 조건 결정 : 목적하는 미생물의 생리적 특성을 미리 예측 할 수 있을 경우에는 미생물의 영양, 온도, 산소량, 염농도, pH 등 여러 인자를 고려하여 분리조건을 결정한다.

② 분리원의 선택 : 분리 목적에 적합한 균의 생리적 특성과 생태적인 분포를 고려하여 분리원을 선택한다.

　예 염전은 호염균, 온천은 고온균 등

02 집적배양(enrichment)

① 직접분리법(direct isolation) : 집락(colony)이 서로 충분히 분리되어 외관이 대표적이라고 생각되는 것을 선택한다.

② 집적배양법(enrichment culture) : 분리하려는 미생물이 소수로 존재할 때, 선별 액체배지와 선별 조건을 이용하여 미생물을 선택적으로 성장시키는 방법이다.

03 순수분리기술

① 획선평판배양법(streaked plate culture) : 평판 접시에 화염 멸균한 백금이를 시료액에 적셔서 지그재그로 획선한 후 그은 선의 끝 부분을 다시 반복적으로 획선하며, 획선에 의한 균이 감소되는 것을 이용한다.

② 도말평판배양법(spread plate culture) : 균액을 단계적으로 희석한 후 시료액 0.1mL를 떨어뜨리고 유리 spreader로 배지표면을 골고루 도말하여 시료액을 잘 건조시킨다.

③ 희석진탕배양법(dilute shake culture) : 균액을 단계적으로 희석한 후 배지와 녹은 한천을 섞은 후 굳히고 배양한다. 혐기균 선별에 이용한다.

④ 단일세포분리법(single cell isolation) : 현미경 하에서 micromanipulator를 이용한다. micromanipulator는 500~1,000배 배율에서 효과적으로 미생물을 분리하는 기계이다.

⑤ 막분리법(membrane filter method) : 균수가 극히 적은 하천수 등에서 균을 분리한다.

04 검색 : 많은 미생물들로부터 관심있는 미생물만 순수 분리하는 고도의 선별과정이고 저해환 생성법을 사용한다.

① 항생제 생산균 : 미리 시험균을 접종시켜 둔 한천평판에 생산성을 검토하려는 균을 중복하여 접종하면 알 수 있다.

② 약리활성물질 생산균 : 인체의 대사계의 key 효소 함유배지에 약리활성물질을 넣고 저해지역을 측정한다.

③ 생육인자 생성균 : 아미노산 생산균의 경우 영양요구성 균주(auxotroph)가 포함된 배지 위에 아미노산 생산균을 도말하여 측정한다.

④ 다당균 생산균 : 점질물을 분리하는 colony를 선별한다.

⑤ 유기산 생성균 : pH 지시약 함유배지로 색깔 변화를 관찰하거나 $CaCO_3$ 함유배지로 용해정도를 측정한다.

⑥ 세포 외 효소 생성균 : 색깔 형성이나 투명환을 관찰한다.

> • amylase : soluble starch의 분해 → iodine 염색
> • protease : casein의 용해 → 투명환   • cellulase : cellulose의 용해 → 투명환

05 동정 및 명명

① 동정 : 대상 미생물의 성질조사 결과로부터 분류체계에 따른 그 미생물의 분류상의 위치를 결정한다.

② 명명 : 동정의 결과 새로운 미생물에 대하여 명명법에 따라 학명이 주어진다.

2 미생물의 보존

1 목적 : 한 균주를 오염되지 않게 변화나 변이가 없이 가능한 한 원래의 분리된 그 상태를 순수하게 그대로 유지하는 것이다.

2 미생물 보존의 원리 : 세포 내에 함유되어 있는 수분을 조절함과 동시에 이 수분들이 관여하여 일어나는 생체대사를 조절하기 위하여 환경을 조절하는 것이다.

01 대사 반응을 저하시키는 방법

① 저온 유지 : 계대배양 보존법 ② 산소 제한 : 파라핀 중층법 ③ 영양분 제한 : 현탁 보존법

02 수분을 한정시켜 대사 반응을 정지시키는 방법

① 수분의 이동을 정지시키는 방법 : 냉동 보존법

② 수분을 제거시키는 방법 : 건조 보존법, 동결건조 보존법, 담체 보존법

03 유의사항

① 생존율 : 장기간 생존 가능하고, 보존 중 사멸을 방지할 것

② 형질 유지 : 보존 중 변이같은 형질변화가 없을 것

③ 경제성 : 비교적 적은 비용으로 보존 가능할 것

④ 간편성 : 보존 시료 조제의 조작이나 용기가 가능한 한 간단할 것

⑤ 안전성 : 오염이 되지 않고 접종원으로 반복사용이 가능할 것

3 균주의 보존법

01 계대배양 보존법

① 보존균주를 적당한 한천배지를 사용하여 사면(slant) 배양한 것을 2~10℃, 습도 55%의 저온실 내에 보존하고 1~2개월에 한 번씩 정기적으로 계대하면서 보존하는 방법이다.

② 배지는 탄수화물, 단백질 등 영양분이 풍부하지 않은 것을 사용한다.

③ 유전적 변이가 일어나기 쉽고, 작업이 많고, 잡균 오염 가능성이 크다.

02 유동파라핀 중층법 : 사면 한천배지에 생육한 균체 위에 멸균한 유동파라핀을 중층하여 냉장 또는 실온에 보관하는 방법이다. 계대 보존법을 개선한 방법으로 산소의 공급을 제한하여 대사를 억제하고 수분 증발을 방지하므로 수년간 장기간 보존이 가능하다.

03 현탁 보존법 : 세포 또는 포자를 유기 영양원이 함유되지 않은 완충액 등에 현탁하여 보존하는 방법이다. 곰팡이, 효모, 방선균 등 동결건조에 의하여 장기보존이 어려운 경우에 사용한다.

04 담체 보존법 : 대부분의 균체는 건조 시 사멸하지만 포자 형성 균주와 같은 특수한 경우에는 적당한 용제에 건조시켜 보존하면 대사기능이 정지되어 휴지 상태로 장기간 생존한다.

토양 보존법	• 토양을 건조한 후 2회 정도 살균한 후 무균 검사를 하고 균액을 첨가한다. • 포자 형성 세균, 방선균, 곰팡이에 사용한다.
모래 보존법	• 바다모래를 산, 알칼리, 물로 잘 세척하여 건열 멸균을 한다. • 균 배양액을 넣고 모래와 잘 혼합하여 진공건조 후 상압에서 밀봉하여 보존한다.

05 동결 보존법

① 세포를 동결하여 대사활동을 정지시켜 장기간 생존하게 하는 보존법이다. 미생물의 적용범위, 생존기간, 형질의 안정성 등이 뛰어난 보존법이다.

② 건조조건에서 생존율이 현저히 떨어지는 균, 포자 형성이 어려운 곰팡이, 미세조류, 원생동물, 동식물세포, 적혈구, 암세포, 정자 등의 보존에 사용한다.

③ 분산매는 20% glycerol, 10% dimethylsulfoxide, 탈지유, 혈청 등이 사용된다.

④ 급속동결시키면 세포 내에 얼음 결정이 생겨 생존율이 저하될 수 있으므로 완만동결을 해야 한다.

⑤ 냉동보존 온도조건 : 냉동고(freezer) : −20℃/초저온 냉장고(deep freezer) : −70℃/액체 질소 : −196℃

06 동결건조 보존법 : 미생물 균체를 동결한 다음 감압 하에서 충분히 동결건조시키고 밀봉하여 5~7℃의 저온에 보존하는 방법이다. 균체로부터 대부분의 물을 제거하면 세포의 생활반응이 정지된 상태가 되어 장기간의 보존이 가능하게 된다.

07 L−건조 보존법 : 동결건조법에서 초기에 동결에 의한 장해를 받기 쉬운 세균의 보존을 위한 진공건조법이다. 생존율이 좋고 장기보존이 가능하다. 갑작스러운 온도 하강으로 균의 사멸 위험성을 감소시킬 수 있는 방법이다.

Chapter 02 | 유전자 조작

▌1┃ 유전자 조작(gene manipulation)의 정의 및 개요

■ **유전자 조작의 정의** : 유전자의 여러 가지 기능을 분석하거나 특정 유전자를 작용시켜 단백질이나 펩타이드를 발현시키기 위해서는 유전자를 특별한 효소로 절단해 연결하거나 또는 이렇게 하여 만든 재조합 DNA를 세포에 넣어 증식시키지 않으면 안 된다. 이와 같이 인위적으로 유전자를 재조합하는 조작을 유전자 조작이라고 한다.

❷ 유전자 조작의 개요

① 유전자 DNA를 세포에서 분리하고 정제하여 이것에 적당한 제한효소를 작용시켜 특정한 유전자를 함유한 작은 단편을 만들어 분리한다. 목적하는 유전자 DNA를 다량으로 얻기 어려울 때에는 세포에서 mRNA를 분리하여 여기에서 목적하는 유전자에 대응하는 mRNA에 상보적인 DNA(cDNA)를 만든다. 이와 같이 준비한 DNA 단편을 passenger DNA라고 부른다.

② passenger DNA에서 유래하는 세포와 동종 혹은 이종의 세포에서 그 세포질 중에 존재하여 자율적으로 증식하는 환상 2본쇄의 DNA를 분리 정제한다. 보통 플라스미드, phage DNA, mitochondria DNA 또는 어떤 종류의 바이러스 DNA 등이 사용되며 이것을 벡터(vector)라고 한다.

③ 벡터(vector) DNA의 한 곳을 제한효소로 절단하고 여기에 DNA 연결효소(ligase)를 작용시켜 passenger DNA를 결합시켜 재조합체(recombinant)를 만든다. 벡터를 절단할 때에는 그 자신의 자율적 증식에 필요한 부위를 파손시키지 않도록 제한 효소를 선택하지 않으면 안 된다.

④ 원래의 벡터가 생존, 증식될 수 있는 세포 중에 재조합 DNA(recombinant DNA)를 주입하여 세포의 증식과 함께 증폭시킨다.

⑤ 증폭된 재조합체를 추출, 정제하여 목적으로 하는 유전자 부위를 끊어내어 모으고 이것을 유전자 구조의 해석 등의 실험에 공급한다. 이것을 DNA 클로닝이라고 한다. 또는 숙주세포 중에 발현시켜 목적으로 하는 유용단백질을 얻는다.

❸ 유전자 조작에 필요한 주요 효소

① 제한효소(restriction enzyme) : DNA 분자 내에서 특정 염기서열을 인식 절단하는 효소

② 알칼리 포스파타아제(alkaline phosphatase) : DNA와 RNA의 5′ 말단의 인산기를 제거해 주는 효소

③ 폴리뉴클레오타이드 키나아제(polynucleotidekinase) : 인산기를 붙여 주는 효소

④ T4-DNA 리가아제(ligase) : 이인산에스터 공유결합 형성

④ 유전자 조작에 이용되는 벡터(vector)

유전자 재조합 기술에서 원하는 유전자를 일정한 세포(숙주)에 주입시켜 증식시키려면 우선 이 유전자를 숙주세포 속에서 복제될 수 있는 DNA에 옮겨야 한다. 이때의 DNA를 운반체(벡터)라 한다. 운반체로 많이 쓰이는 것에는 플라스미드(plasmid)와 바이러스(용원성 파지, temperate phage)의 DNA 등이 있다.

(1) 운반체로 사용되기 위한 조건
① 숙주세포 안에서 복제될 수 있게 복제 시작점을 가져야 한다.
② 정제과정에서 분해됨이 없도록 충분히 작아야 한다.
③ DNA 절편을 클로닝하기 위한 제한효소 부위를 여러 개 가지고 있어야 한다.
④ 재조합 DNA를 검출하기 위한 표지(marker)가 있어야 한다.
⑤ 숙주세포 내에서의 복제(copy)수가 가능한 한 많으면 좋다.
⑥ 선택적인 형질을 가지고 있어야 한다.
⑦ 제한효소에 의하여 잘려지는 부위가 있어야 한다.
⑧ 하나의 숙주세포에서 다른 세포로 스스로 옮겨가지 못하는 것이 더 좋다.

⑤ 유전자 조작의 산업적 이용 분야
① 단백질의 대량생산 : 인슐린, 생장호르몬, 인터페론 등
② 백신개발 : 인플루엔자, 간염 등
③ 혈액응고인자, 혈관생성억제제 등의 대량생산
④ 새로운 항생물질의 생산
⑤ 유전병 환자의 원인규명과 치료제 개발
⑥ 유용한 유기화합물을 산업적으로 생산
⑦ 효소의 대량생산
⑧ 품종 육종
⑨ 발효공정의 개선

② 세포융합(cell fusion, protoplast fusion)

① 정의 : 서로 다른 형질을 가진 두 세포를 융합하여 두 세포의 좋은 형질을 모두 가진 새로운 우량형질의 잡종세포를 만드는 기술을 말한다.

② 세포융합 유도과정
① 세포의 protoplast화 또는 spheroplast화　　② protoplast의 융합
③ 융합체(fusant)의 재생(regeneration)　　④ 재조합체의 선택, 분리의 단계

③ 세포융합의 방법

01 세포융합 : 미생물의 종류에 따라 다르나 공통되는 과정은 적당한 한천배지에서 증식시킨 적기 (보통 대수증식기로부터 정상기로 되는 전환기)의 균체를 모아서 sucrose나 sorbitol과 같은 삼투압 안정제를 함유하는 완충액에 현탁하고 세포벽 융해효소로 처리하여 protoplast로 만든다.

02 세포벽 분해효소

① 효모의 경우 달팽이의 소화효소(snail enzyme), *Arthrobacter luteus*가 생산하는 zymolyase 그리고 β-glucuronidase, laminarinase 등이 사용된다.

② 곰팡이는 *Trichoderma viride*의 drielase, *Streptomyces orientalis*의 chitinase 또는 달팽이의 소화효소 등이 사용된다.

③ 방선균, *Bacillus subtilis* 등 세균은 난백 리소자임(lysozyme)이 사용된다.

④ 고등식물의 세포에는 셀룰라아제(cellulase)가 쓰인다.

③ 돌연변이

① 정의
: 생물의 유전적 변화를 넓은 의미로 변이라고 하며, 이 중에서 유전자 조작에 의하거나 분리의 법칙 등에 의하지 않는 유전자상의 변화를 돌연변이라 부른다. 즉, DNA 염기서열의 변화에 의하여 유전정보에 변화가 생기는 경우를 말한다.

② 자연돌연변이와 인공돌연변이

01 자연돌연변이(spontaneous mutation) : 자연적으로 일어나는 변이로 극히 낮은 빈도(10^{-8}~10^{-9})로 발생한다.

02 인공돌연변이(artificial mutation) : 여러 가지 변이원을 사용하여 물리적, 화학적으로 처리함으로써 발생한다.

(1) 유전자 돌연변이

1) 점 돌연변이(point mutation)

① DNA 염기 서열 중에서(adenine, guanine, cytosine, thymine) 하나의 염기서열이 바뀌는 경우를 말한다. 이렇게 네가지 염기 중 하나가 다른 염기로 바뀜으로써 유전정보에 손상이 발생한다.

미스센스 돌연변이 (missense mutation)	DNA 염기 하나가 다른 종류의 염기로 바뀜으로서, 아미노산이 다른 아미노산으로 바뀌어 만들어지는(암호화되는) 돌연변이를 말한다. 나중에 단백질 서열 변화에 영향을 미쳐서 비정상 단백질이 만들어지므로 큰 문제를 야기시킬 수 있다.
넌센스 돌연변이 (nonsense mutation)	DNA 염기 하나가 다른 종류의 염기로 바뀜으로서, 그 부분에 종결코돈이 생기는 돌연변이를 말한다. 실제 발현하는 단백질 서열보다 짧은 서열을 만들기 때문에 치명적인 돌연변이이다.

② 격자이동 돌연변이(frame shift mutation) : 유전자 배열에 1개의 뉴클레오티드가 첨가 또는 결실됨에 따라 트리플렛의 3개 염기 조합이 변동되어 번역 격자가 달라짐으로써 원래 지정된 단백질과는 전혀 다른 단백질을 생산하는 돌연변이이다.

(2) 돌연변이원(mutagen)

1) 물리적 돌연변이원 : X-선, γ-선, 중성자, 고온, 저온 등

2) 화학적 돌연변이원(화학물질)

가) 알킬화제(alkylation agent)

① DNA의 염기에 알킬기(CH_3-, CH_3CH_2-)를 전달하는 작용을 하며, py이나 pu를 변화시켜 염기쌍을 만들 때 착오를 일으키게 하거나 저절로 화학적 변화가 일어나도록 염기를 약화시키는 물질들이다.

② 낮은 돌연변이 특이성 : 전위(transition), 전환(transversion), frameshift 그리고 염색체 이상의 모든 종류의 돌연변이를 유발한다.

③ ENU(ethylnitrosourea), EMS(ethylmetanesulfonate), DMS(dimethyl sulfate), DPT(3,3-dimethyl-1-phenyl triazene), mustard gas, MNNG, MMS 등

나) 염기유사물(base analogue)

① DNA의 4분자와 유사한 화합물인 DNA 분자로 합성될 수 있다.

② 복제하는 동안 standard base가 치환되어 다음 세대 daughter cell에 새로운 염기쌍이 나타나는 경우이다.

③ AT⇔GC 전이(transition) 돌연변이를 일으킨다.

④ 5-bromouracil(thymine의 유사물질), 2-aminopurine(adenine의 유사물질) 등

다) 염기쌍 유사물질의 삽입(intercalating agent)

① 변이원의 길이가 염기쌍 길이와 유사하여 DNA 서열 사이로 삽입되어 새로운 염기쌍을 생성시킨다.

② 해독틀 이동 돌연변이(frame shift mutation)를 유발한다.

③ acridine orange, proflavin, acriflavin, ICR170 등

라) 산화적 탈아미노반응(deamination agent)

① 아질산(nitrous acid)은 DNA의 Pu, Py의 잔기를 탈아미노화 한다.

② AT⇔GC 전이(transition)를 유발한다.

마) hydroxylating agent

① hydroxylamine(NH_2OH)은 cytosine의 amino group을 hydroxylation(수산화)한다.

② GC⇔AT transition전이(GC에서 AT로의 전위만)를 유발한다.

③ 하이드록실아민의 특이성 때문에 정 돌연변이(forward mutation)를 분석하는 데 매우 유용하다.

바) DNA 변형물질(DNA modifying agent)

① DNA와 반응하여 염기를 화학적으로 변화시켜 딸세포의 base pair를 변화시킨다.

② nitrous acid, hydroxylamine(NH_2OH), alkylating agent(EMS)

3) 생물학적 돌연변이원 : HBV(B형 간염바이러스)

3 DNA의 수복기구

01 광회복(photoreactivation)

① DNA에 자외선을 조사하면 2분자의 티민(T) 사이에 화합결합이 생겨 티민이량체(thymine dimer)가 된다.

② 이 이량체가 생기면 DNA 합성이나 RNA 합성을 할 수 없게 되어 세포는 큰 영향을 받는다.

③ 이런 경우에 가시광선(300~480nm)을 조사하면 활성화된 광회복효소(DNA photolyase)가 이량체(dimer)를 원래의 형태(monomer)로 되돌려 놓는다. 이것을 광회복이라고 한다.

02 제거 수복(excision repair)

① 자외선으로 pyrimidine dimer가 생기거나, 항암제인 mitomycin C 등이 DNA에 결합하였을 때 또는 알킬화제나 아질산이 작용하여 염기에 손상이 생겼을 경우 빛이 없는 조건에서 손상부분을 잘라내어 수복하는 기구를 제거수복이라고 한다.

② DNA 선상을 움직이는 효소가 한쪽 가닥에서 몇 개의 염기와 함께 dimer를 절단한다.

③ DNA polymerase와 ligase가 반대쪽 가닥을 주형으로 사용하여 새로운 nucleotide를 만들어 그 gap(틈)을 채운다.

03 재조합 수복(recombination repair)

① 복제와 재조합에 의한 수복이다.

② 손상을 입은 DNA가 복제 시에 손상을 입은 염기에 대응하는 부위에 gap이 있는 DNA 가닥을 드물게 만들고 이 gap이 있는 부위가 재조합에 의해서 원래의 DNA 가닥으로 채워져서 수복되는 현상을 재조합수복이라 한다.

③ DNA polymerase 1이 관여하고 있다.

04 SOS 수복(transdimer synthesis)

① error-prone repair system이다.

② 정상적인 복제에 있어서는 DNA 합성이 저지될 DNA 주형상의 손상을 넘어서 계속 합성이 이루어지게 하는 수복기능이 있어서 합성은 진행되지만 수복된 염기배열에는 착오가 생기기 쉽다. 이와 같은 수복을 SOS 수복이라 한다.

③ DNA polymerase에 의해서 이루어지지만 유전정보가 결여되어 있는 상태에서 합성되기 때문에 염기배열은 원래의 것과 다른 것으로 될 가능성이 높다.

④ 결과적으로 변이체를 형성하게 된다.

식품미생물 및 생화학

PART

IV

발효공학

※ 발효공학기초는 문제편에만 수록되어 있음

1 주류

1 정의 : 주류라 함은 곡류 등의 전분질원료나 과실 등의 당질원료를 주된 원료로 하여 발효, 증류 등의 방법으로 제조·가공한 발효주류, 증류주류, 기타주류, 주정 등 주세법에서 규정한 주류를 말한다. 주세법 제3조에 의하면, 주류라 함은 주정과 알코올 1° 이상의 음료를 말한다.

2 술의 종류

[제조방법에 따른 분류]

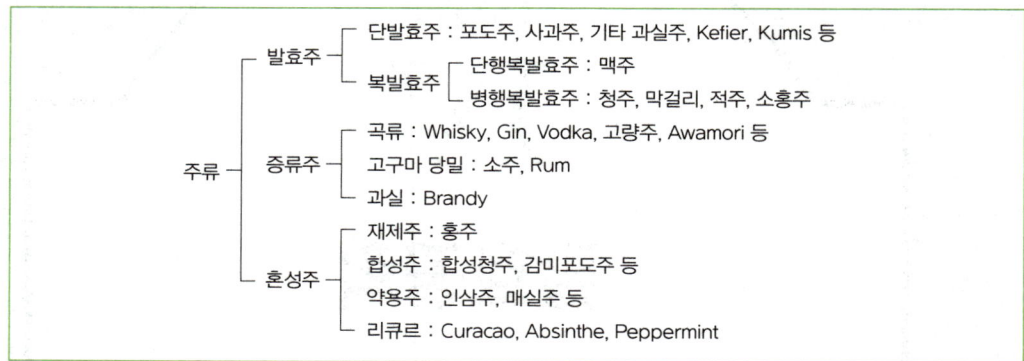

01 발효주 : 발효가 끝난 술덧을 그냥 또는 여과하여 만든 주류를 말한다.

단발효주	• 원료에 함유된 당류를 그대로 효모에 의하여 알코올 발효시켜 만든 술이다. • 포도주나 사과주 같은 과일주가 여기에 속한다.

복발효주	• 전분질을 당화효소(amylase)로 당화시킨 뒤 알코올 발효를 거쳐 만든 술이다.
	  – 단행복발효주 : 맥주와 같이 맥아의 아밀라아제(amylase)로 원료의 전분을 미리 당화시킨 당액을 알코올 발효시켜 만든 술이다.
	  – 병행복발효주 : 청주와 같이 아밀라아제(amylase)로 전분질을 당화시키면서 동시에 발효를 진행시켜 만든 술이다.

02 증류주 : 알코올 발효액을 증류하여 주정함량을 높인 술이며, 위스키나 소주같은 주류이다.

03 혼성주 : 알코올이나 발효주에 착색료, 향료, 감미료, 의약 성분 또는 조미료 등 기타 성분을 혼합시켜 만든 술이며, 합성주, 재제주, 약용주 등을 말한다.

3 맥주 : 보리(맥아, malt)를 주원료로 하여 맥아즙(wort)을 만들고 hop를 넣어 맥주효모로 발효시킨 단행복발효주이다.

01 맥주의 종류

(1) 발효시키는 효모의 종류에 따른 분류

상면발효맥주	상면발효효모(*Saccharomyces cerevisiae*)로 발효하며, 주로 영국에서 생산되고, 독일, 캐나다 등에서도 생산한다.
하면발효맥주	하면발효효모(*Saccharomyces carsbergensis*)로 발효하며, 미국을 비롯하여 우리나라, 일본에서 생산되고 있다.

(2) 맥아즙 농도에 따른 분류 : 2~5% Einfachbier, 7~8% Schankbier, 11~14% Vollbier, 16% 이상 Starkbier로 분류하며, 보통 맥주의 맥아즙 농도는 10.0~10.7%이다.

(3) 맥주의 색도에 따른 분류

① 농색 맥주 : Munchener Bier, Porter, Stout
② 담색 맥주 : Pilsener Bier, Dortnund Bier, Korea Bier, Mild Ale
③ 중간색 맥주 : Wiener Bier

02 맥주의 원료

(1) 맥주용 보리

1) 맥주용 보리의 조건

① 입자의 형태가 고르고, 전분질이 많으며, 단백질이 적은 것이 좋다.
② 수분은 13% 이하인 것이 좋다.
③ 곡피가 엷고, 발아력이 균일하고, 왕성한 것이 좋다.
④ 곰팡이가 없고 협잡물이 적은 것이 좋다.

2) 맥주용 보리의 종류

① 두 줄 보리 : 입자가 크고, 곡피가 엷어 맥주양조에 적합하며, 독일, 우리나라, 일본 등에서 사용되고 있고 우리나라에서는 Golden melon을 주로 사용한다.
② 여섯 줄 보리 : 주로 미국에서 많이 사용한다.

3) 맥주용 보리의 품종

① 유럽 : Kenia, Union, Amsel, Procter, Balder, Wisa
② 일본 : Golden melon, Swanhals, Hakada 2호

(2) 호프(hop)

1) 호프의 효과

① 맥주에 특유한 고미와 상쾌한 향미를 부여한다.
② 저장성을 높인다.
③ 거품의 지속성, 항균성 등의 효과가 있다.
④ hop의 tannin은 불안정한 단백질을 침전·제거하고 청징에 도움을 준다.

2) 유효성분

① 호프의 향기성분 : 유지성 humulene
② 쓴맛의 주성분 : humulon과 lupulon

(3) 양조용수

① 담색 맥주는 염류가 대단히 적고, 경도가 낮은 물이 적합하다.
② 농색 맥주는 경도가 높고, 산도가 낮은 물이 적당하다.

(4) 맥아의 제조(malting)

1) 목적

① 당화효소, 단백질효소 등 맥아 제조에 필요한 효소들을 활성화 또는 생합성시키는 데 있다.
② 맥아의 배조에 의해서 특유의 향미와 색소를 생성시키고 동시에 저장성을 부여하는 데 있다.

2) 방법

① 정선된 보리를 침맥조 내에서 12℃ 전후의 물에 70~90시간 침지하여 발아에 필요한 수분
  이 42~45%가 되게 흡수시킨다.
② 수침한 보리를 12~17℃에서 담색 맥아는 7~8일간, 농색 맥아는 8~11일간 발아시킨다.
③ 발아가 끝나고 건조시키지 않은 맥아를 녹맥아(green malt)라 한다.
④ 뿌리눈의 신장이 담색 맥주용 맥아일 때는 보리길이의 1~1.5배 정도, 농색 맥주용 맥아는
  약 2~2.5배 정도가 가장 양호하다.

(5) 배조(kilning)

1) 배조의 정의 : 발아가 끝난 녹맥아를 수분 함량 8~10%로 하는 건조와 이것을 다시 1.5~3.5%
로 하는 배초(焙焦, curing)의 공정을 배조라 말한다.

2) 배조의 목적

① 녹맥아의 과잉생장과 효소작용을 정지시켜 저장성을 부여한다.
② 녹맥아의 풋냄새를 없애고 갈색 색소와 특유한 향미를 형성시킨다.
③ 맥아 뿌리의 제거를 용이하게 한다.

03 맥주의 제조공정

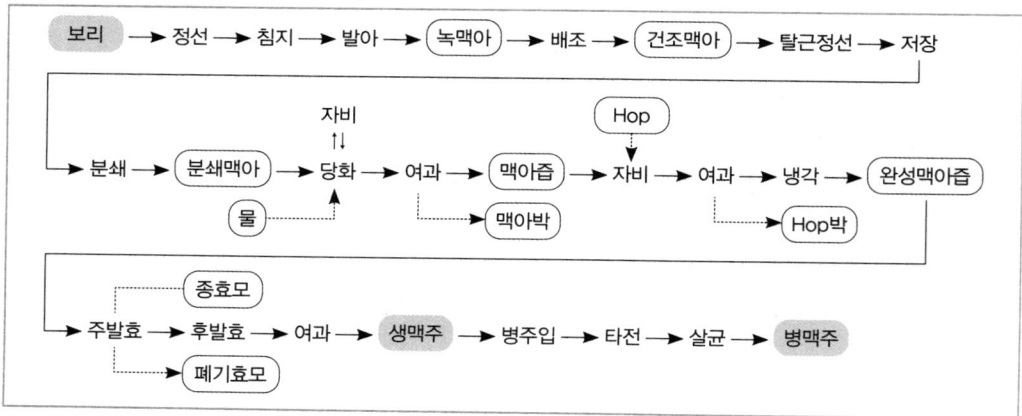

(1) 맥아즙 제조

1) 맥아 분쇄

① 맥아를 분쇄하여 내용물과 물의 접촉을 용이하게 하고 가용성 물질의 용출과 효소에 의한 분해가 충분히 진행될 수 있도록 한다.

② 곡피부에는 맥주의 품질에 나쁜 영향을 미치는 anthocyanogen이나 고미물질을 함유하고 있으므로 여과를 용이하게 하기 위해서 곡피부는 지나치게 분쇄되지 않도록 하면서 배젖부분만 곱게 분쇄하도록 하여야 한다.

2) 담금

① 분쇄한 맥아와 부원료를 적당한 온도와 pH의 담금용수에 혼합한다.

② 가용성 물질의 용출과 동시에 효소작용으로 전분과 단백질 등을 분해하여 맥주발효에 적합한 조성의 맥아즙을 얻는 데 있다.

③ 60~68℃에서 60~90분간 당화시킨다.

3) 맥아즙 여과 : 당화 및 단백분해가 끝난 담금액(mash)은 맥아찌꺼기(spent)로부터 맥아즙(wort)을 분리하기 위하여 여과조(lauter tun) 또는 여과기(mash filter)를 사용하여 여과한다.

4) 맥아즙 자비

① 여과된 맥아즙은 맥아솥에서 hop를 첨가하고 90~120분간 끓인다.

② 호프의 사용량은 담색 맥주는 맥아즙 1L에 0.3~0.55kg, 농색 맥주는 0.2~0.3kg 정도이다.

※ **자비의 목적**

> - 맥아즙을 농축하여 일정 농도(보통 엑기스분 10~10.7%)로 한다.
> - hop의 고미성분이나 향기를 추출시킨다.
> - 가열에 의해 응고하는 단백질이나 탄닌 결합물을 석출시킨다.
> - 효소의 파괴 및 살균을 한다.

5) 맥아즙 냉각

① 열응고물과 hop의 박을 소용돌이 탱크를 이용해 분리제거한다.

② 열응고물을 제거한 맥아즙은 평판열교환기로 냉각한다. 냉각 최종온도는 상면발효의 경우 10~15℃, 하면발효의 경우 5℃이다.

③ 끓인 후 호프(hop)를 제거하여 냉각시킨다.

④ 하면발효맥주용 맥아즙은 5~10℃까지, 상면발효맥주용 맥아즙은 10~20℃까지 냉각시킨다.

(2) 발효 : 맥주의 발효공정은 주발효와 후발효로 구별된다. 주발효는 일반적으로 개방식 탱크에서, 후발효는 밀폐식 탱크에서 행한다.

1) 주발효

① 청징된 맥아즙을 발효탱크에 넣는다.

② 상면발효맥주는 상면발효효모인 *Saccharomyces cerevisiae*를 접종시켜 15~20℃에서 4~5일 정도로 발효를 하고, 하면발효맥주는 하면발효효모인 *Saccharomyces carsbergensis*를 접종시켜 6~8℃에서 10~12일간 발효시킨다.

③ 발효에 의해서 맥아즙 중의 발효성 당류로부터 알코올과 탄산가스 등으로 분해되고 이외에 고급알코올과 유기산(초산, 호박산, 젖산)의 ester가 생성되어 맥주의 맛에 영향을 미친다.

2) 후발효
① 후발효가 끝난 맥주는 맛과 향기가 거칠기 때문에 저온(0~2℃)에서 서서히 엑기스분을 발효시켜 숙성하는 동시에 CO_2 가스를 함유시킨다.
② 숙성을 위한 후발효 기간은 일반적으로 병맥주는 60~90일, 생맥주는 30~60일 정도이다.
③ 후발효 시에 맥주의 특유한 향미를 완숙시키며 0.4%의 CO_2 가스를 맥주 중에 포화시킨다.

(3) 여과 및 살균
① 숙성된 맥주는 여과하여 투명한 맥주로 만든다.
② 여과 후 살균하지 않고 그대로 통에 채운 것이 생맥주이며, 병에 주입하기 전에 68℃에서 20~40초간 순간살균하여 압력 하에서 병조림한 것이 병맥주이다.

4 포도주 : 포도과즙을 효모에 의해서 알코올 발효시켜 제조한 단발효주이다.

01 포도주의 종류
① 적포도주(red wine) : 적색 또는 흑색 포도의 과즙을 함께 발효시켜 포도주 중에 안토시아닌 색소가 용출된 것이다.
② 백포도주(white wine) : 적색의 포도 과피를 제거하거나 녹색 포도를 원료로 하여 발효시킨 것이다.
③ 생포도주(dry wine) : 과즙의 당분을 거의 완전히 발효시켜 당분을 1% 이하로 낮게 한 포도주이다.
④ 감미 포도주(sweet wine) : 비교적 당도가 높은 과즙을 사용하여 당분을 완전히 발효시키지 않았거나 알코올 농도가 높은 브랜디를 첨가하여 발효를 중지시켜 감미도를 높게 한 포도주이다.
⑤ 발포성 포도주(sparkling wine) : 포도주 중에 CO_2를 용해시킨 것으로 마개를 따면 거품이 발생한다.
⑥ 비발포성 포도주(still wine) : 거품이 발생하지 않는 일반적인 포도주이다.
⑦ 식탁용 포도주(table wine) : 14% 이하의 알코올을 함유한 생포도주로 식사 중에 음용한다.
⑧ 식후 포도주(dessert wine) : 14~20% 정도의 알코올과 상당량의 설탕을 함유한 포도주로서 식사 후에 디저트와 함께 마시는 포도주이다.

02 적포도주
(1) 포도의 품종 : Cabernet sauvignon, Gamay, Pinot noir 종이 대표적이다. 포도를 완숙시켜 발효성 당분을 최대한 함유시키고, 과즙의 당 농도는 21~22%가 양호하다.

(2) 포도주 효모 : *Saccharomyces cerevisiae* var. ellipsoideus

(3) 적포도주의 제조공정

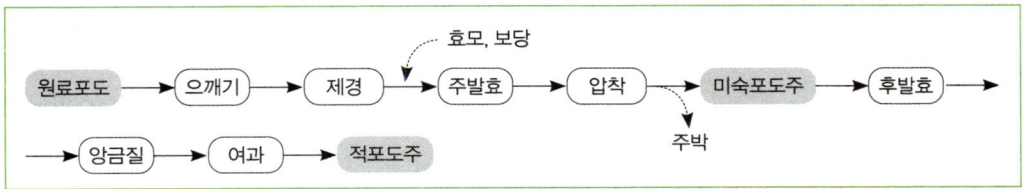

1) 포도의 으깨기 및 제경

① 수확한 포도는 가급적 빨리 씨가 부서지지 않게 으깨기를 하여 줄기를 분리한다.

② 과피와 과육을 분리한다.

③ 포도 으깨기를 행한 포도즙액을 안전하게 발효시키기 위해 메타중아황산칼륨($K_2S_2O_5$)을 SO_2로서 100~200ppm 첨가한다.

※ 아황산 첨가의 효과

장점	단점
• 유해균의 사멸 또는 증식 억제 • 술덧의 pH를 내려 산도를 높임 • 과피나 종자의 성분을 용출시킴 • 안토시안(anthocyan)계 적색 색소의 안정화 • 주석의 용해도를 높여 석출 촉진 • 백포도주에서의 산화효소에 의한 갈변 방지	• 과잉 사용 시 포도주의 향미 저하, 후숙 방해 • 기구에서 Cu와 같은 금속이온의 용출이 많아져 포도주 변질, 혼탁의 원인이 된다.

2) 과즙의 개량 : 과즙의 당도를 24~25% 정도로 보당한다.

3) 술밑

① 효모는 국즙(맥아) 한천사면배지에 순수배양 보존하고 이것을 증식배양하여 사용한다.

② 2L의 삼각플라스크에 1L 정도의 포도과즙을 넣고 100℃ 이하에서 30분 정도 증기살균 냉각한 후 순수배양한 효모 100mL를 접종하여 20~30℃에서 2~3일간 배양한다.

③ 술밑 첨가량은 1~3%이다.

4) 주발효

① 발효온도는 25℃ 내외가 적당하다. 즉 20~25℃에서 7~10일, 15℃에서 3~4주일, 최고품온이 30℃가 넘으면 수일간으로 끝난다.

② 적포도주는 과피 중의 적색 색소와 탄닌을 용출시켜 적색을 띠게 하고 떫은맛을 내게 하는 것이 중요한 발효관리이다.

5) 박의 분리와 후발효

① 주발효가 끝나면 과피, 종자 등의 박(粕)을 분리한다.

② 후발효는 1~2%의 남아있는 잔당을 0.2% 이하가 될 때까지 10℃ 이하에서 서서히 행한다.

6) 앙금질(racking)과 저장

① 후발효하는 동안 효모, 주석, 주석산, 칼슘, 단백질, 펙틴질, 탄닌 등이 침전하여 앙금이 생긴다.

② 앙금질을 행하여 혼탁되어 있는 술을 통속에 넣어 10~15℃, 저온에서 1~5년 동안 저장하면 청징과 함께 향미가 형성된다.

03 백포도주

(1) 포도의 품종 : Delaware, Niagara, Neomuscat, Golden queen 등

(2) 백포도주의 제조공정

1) **과즙의 개량** : 발효 후의 잔당이 약 2% 정도 되는 것이 보통이므로 적도포주 경우보다 2% 정도 많이 가당한다.

2) **발효**

① 적포도주와 다른 점은 과피와 과경을 발효 전에 분리하여 과즙만을 발효시키므로 발효 중 캡(cap)이 형성되지 않기 때문에 캡 조작이 필요 없다.

② 품질 좋은 백포도주를 생산하기 위해서는 적포도주보다 저온에서 발효시켜야 한다.

③ 15℃에서 술밑을 첨가하고 최고 온도는 20℃ 이하로 관리하는 것이 좋다.

5 청주 : 백미, 국과 물을 원료로 하여 국균, 효모에 의하여 발효한 술로 당화와 알코올 발효가 술덧 중에서 동시에 일어나는 병행복발효주다.

01 원료

(1) 양조용수 : 청주의 80% 이상을 차지하므로 주질에 가장 큰 영향을 미친다. Fe이 적은 경수가 좋고, 국균과 효모의 생육에 필요한 P, Ca 등이 부족할 때 이들 염류를 첨가해야 한다.

(2) 백미(주조미) : 70~75%까지 정백된 쌀로 단백질과 지방분이 적은 것이 좋다.

(3) 종국 : 황국균인 *Aspergillus oryzae*를 사용한다. 찐 주미에 3~5%의 목회를 혼합시켜 10~20%의 순수배양한 황국균을 살포한 후, 27~28℃에서 5일간 충분히 포자를 착생시켜 만든다.

청주용 국균으로서 구비해야 할 조건	• 균사가 너무 길지 않고, 번식이 빠르며, 증미의 내외에 잘 번식해야 한다. • amylase 생산력은 강하고, protease 생산력은 약해야 한다. • 진한 색소를 생성하지 않으며, 좋은 향기와 풍미를 생성해야 한다.
목회 사용 목적	• pH를 높여서 주미에 잡균 번식을 방지한다. • 국균에 무기물질을 공급한다. • 포자형성이 잘 되게 한다. • 국균이 생산하는 산성물질을 중화한다.

(4) 국(koji) : 국은 증자한 쌀에 황국균(*Aspergillus oryzae*)을 증식시켜 당화효소(amylase)를 다량 생성 축적시켜 당화작용을 유도하기 위한 목적으로 제조한다.

1) 제법

① 주조미를 씻은 후에 15시간 수침시켜 백미 중량의 약 27~30% 수분이 흡수되면 물을 뺀 후 찐다.

② 찐 백미를 국실에서 40℃까지 냉각시켜 황국균을 0.1% 정도 접종시킨 후, 30~32℃로 품온을 유지하며 퇴적과 뒤집기를 반복하여 38~40℃ 이하에서 36~45시간 배양시켜 균이 쌀 전체에 번식되면 방냉하여 정지시킨다.

(5) 주모(술밑)

① 술덧을 안전하게 발효시키기 위해 청주효모 균체를 순수하게 대량 배양한 것을 주모 또는 술밑이라고 하며 일본에서는 모도(moto)라고도 한다.

② 주모는 적당량의 젖산이 필요하다. 다량의 젖산은 잡균의 오염을 방지할 수 있다.

③ 청주효모는 *Saccharomyces cerevisiae*이고, 이 효모는 Ca과 pantothenic acid를 생육에 필요로 한다.

02 청주의 제조공정

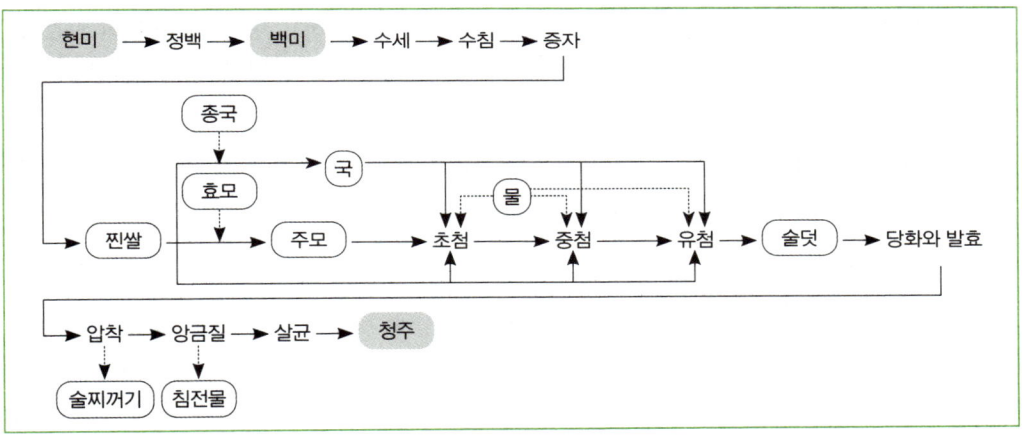

(1) 청주 발효(술덧 발효)

① 청주의 술덧은 술밑에 증미, 국(koji), 물의 혼합물을 초첨, 중첨, 유첨 순으로 3번에 나누어 첨가하여 만든다.

② 담금온도는 초첨 11~12℃, 중첨 9~10℃, 유첨 7~8℃로, 술덧의 산과 알코올이 희석됨에 따라 세균 침입의 우려가 있으므로 온도를 점차 낮게 한다.

③ 유첨 후 10~12일째에는 15~16℃에서 5~6일간 지속한 다음 서서히 온도를 내린다. 술덧의 발효는 유첨 후 20~22일째에 끝난다.

④ 전분질은 당화효소에 의해 당화되고 당은 주모에 의해 알코올 발효가 되어 알코올 농도 20~22% 전후가 된다.

(2) 제성 및 앙금질

① 발효가 끝난 술덧을 자루에 넣고 압착하여 청주와 술찌꺼기를 분리한다.

② 압착한 청주는 혼탁된 상태이므로 찬 곳에서 10일간 정치하여 부유물을 침전시켜 청징된 청주를 떠내어 옮김으로서 앙금질을 행한다.

③ 앙금질이 끝나고 살균할 때까지 약 40일간 효소에 의해 숙성시킨다.

④ 맑아진 청주를 55~60℃로 5~15분간 저온살균한다.

※ **살균의 목적**

- 생주 속에 남아있는 미생물을 살균한다.
- 잔존 효소를 파괴한다.
- 향미를 순화시킨다.
- 불안정한 단백질을 응고·침전시킨다.

(3) 저장과 제품화 : 살균이 끝난 청주는 스테인리스강제 용기에 넣어 품온 15~20℃로 저장하며, 제성한 청주의 알코올은 대개 20% 정도이나 출하할 때에는 물을 첨가하여 15~16%로 한다.

6 탁주 및 약주 : 탁주는 우리나라의 술 중에서 가장 오래된 역사를 가지고 있으며 이 탁주에 용수를 넣어서 거른 청주가 만들어졌고 이것은 다시 약주로 변화하였다.

01 탁주 : 전분질원료를 당화과정과 발효과정을 동시에 행하는 병행복발효주의 일종이다. 제법은 청주와 비슷하나 청주보다 고온에서 단시간에 발효하기 때문에 미완성 술덧이 된다.

(1) 원료

1) **양조용수** : 이화학적, 미생물학적 성질을 조사하여 양질의 물을 선택해야 하고, 수온이 일정한(15℃ 정도) 물을 사용해야 한다.

2) **곡류와 서류 원료** : 곡류에는 쌀 이외에 옥수수, 보리 등이 사용되고, 서류에는 감자, 고구마 전분 등이 사용된다.

3) **발효제** : 효소제는 amylase와 protease를 비롯한 각종 효소의 생성을 위해 만들게 되는데 이들 효소에 의해 원료나 발효제 중의 전분 등을 분해함으로써 술밑과 술덧 중의 효모 증식에 이용된다.

곡자(누룩)	밀을 조분쇄하여 밀가루를 분리하지 않는 상태에서 물을 가해 반죽하여 일정한 형태로 성형한 후, 국실에 넣고 곰팡이를 착생시켜 자연배양하여 국을 만든다. 주된 균주는 *Aspergillus*, *Mucor*, *Rhizopus*속이다.
입국	청주와 거의 같은 방법으로 증미 등의 곡류에 곰팡이 배양물(종국)을 접종하여 단시간(2~3일) 배양시켜 만든 국(koji)을 사용한다. 입국 제조에는 *Aspergillus kawachii*(백국균)를 사용한다.
분국	밀기울을 주로 하여 *Aspergillus shirousamii*와 *Rhizopus*속 균을 배양시켜 분상상태의 국을 사용한 것이다.

4) **술밑(주모)**

① 멥쌀을 청주에서와 같이 수침하여 물을 뺀 후 증자하여 냉각하여 둔다.

② 미리 누룩 입국을 적당히 물에 섞어서 수국으로 만든 후 증자한 멥쌀을 넣어서 순수배양한 탁주 효모인 *Saccharomyces coreanus*를 혼합한다.

③ 약 10~15℃에서 시작하여 27~28℃까지 품온이 상승되도록 10~15일간 숙성시킨다.

(2) 발효(술덧)

① 술밑(2~5%), 발효제(곡자, 입국, 분국, 기타) 및 덧밥을 혼합한 것을 말하며 발효제의 효소 작용에 의한 당화와 동시에 효모에 의한 당의 알코올 발효가 동시에 진행된다.

② 술덧의 담금은 효모의 증식을 주목적으로 하는 1단 담금과 알코올 발효를 주목적으로 하는 2단 담금으로 구분한다.

③ 1단 담금은 술밑에 입국, 덧밥 및 물을 혼합하여 발효한다. 효모증식이 주목적이므로 1일 2~3회 교반해준다. 1단 담금 품온은 24℃ 전후로 24~48시간 배양으로 발효가 왕성해지면 2단 담금을 행한다.

④ 2단 담금은 1단 술덧에 일정량의 용수를 가한 다음 곡자, 분국, 기타 발효제를 혼합하여 담근다. 2단 담금 품온은 1단 담금 때보다 1~2℃ 낮은 22℃가 적당하다. 십여 시간이 경과하면 담금한 원료들이 부풀어 오르고 용해와 당화가 진행됨에 따라 가라앉게 된다.

⑤ 보통 2단 담금 후 약 3일이 경과하면 알코올 농도는 10~12%가 되며(탁주용), 약 5일이 경과하면 15~17%로 된다(약주용).

(3) 제성

① 탁주는 완전히 숙성되기 전의 술덧에 후수를 가하여 주박을 체 또는 주박분리기로 분리하여 제성한다.

② 탁주는 제성 후에도 상당기간 후발효가 지속되며, 이때 발생하는 탄산가스 용존으로 상쾌하고 시원한 맛을 띠게 된다. 알코올 함량은 5.3~6.2% 정도이다.

02 약주

① 탁주 제법과 비슷하지만, 제조상 다른 점은 탁주보다 저온인 15~20℃에서 발효시키기 때문에 발효시간이 더 길어 10~14일 걸린다.

② 약주는 숙성한 술덧을 막거르지 않고 술자루에 넣어 청주와 같이 압착·여과한다. 탁주와 달리 많은 양의 물을 첨가하지 않고 제성한다.

③ 약주는 독특한 향기를 가지고 있고 감미와 산미가 강하고 알코올 함량은 10~13% 정도이다.

7 증류주(spirit) : 전분 혹은 당질을 원료로 하여 발효시킨 발효원액을 증류한 주류를 말한다. 발효형식에 따라 3종류로 분류한다.

01 병행복발효주를 증류한 것

(1) 증류식 소주

① 우리나라 재래식 소주로써 발효액을 단식증류기에 의해 증류한 소주를 말한다.

② 소주용 곰팡이는 흑국균인 *Aspergillus awamorii* 혹은 *Aspergillus usamii*를 사용한다.

③ 원료는 옥수수, 감자 등을 사용하여 30℃ 정도의 발효온도로 발효시켜 증류한다.

(2) 희석식 소주

① 고구마, 감자 등 전분질 원료와 폐당밀을 발효시켜 연속증류기에 의해 증류한 94%의 알코올을 함유한 주정을 물에 첨가하여 희석시킨 술이다.

② 알코올 이외의 불순물이 적으며 향기 역시 적다.

(3) 고량주

① 중국 만주지방에서 수수를 주원료로 하여 만든 증류주이다.

② 찐 수수와 보리, 팥으로 만든 누룩가루를 섞어 약간의 습기를 주어 반고체 상태로 만든다.

③ 이것을 땅속에 묻은 발효조에 넣고, 진흙을 발라 밀봉하여 혐기적 발효를 9~10일간 시킨다.

④ 발효온도는 대략 34~45℃를 유지한다.

⑤ 알코올 함량은 45%로써 무색 투명하며, 미산성이며, 고량주 특유한 향기를 풍긴다.

⑥ 누룩(곡자)에는 *Aspergillus*, *Rhizopus*, *Mucor*속 등의 곰팡이, *Scharomyces*, *Pichia*속 등의 효모, 젖산균, 낙산균 등의 세균 등이 존재하여 이들 균이 술덧에서 당화와 발효를 담당한다.

02 단행복발효주를 증류한 것

(1) 위스키(whisky)

원료에 의한 분류	• 맥아 위스키(malt whisky) : 곡류를 발아시킨 맥아만을 발효시켜 증류하여 후숙시킨 술 • 곡류 위스키(grain whisky) : 맥아 이외에 감자, 옥수수 등을 당화, 발효시켜 증류하여 후숙시킨 술
증류 방법에 의한 분류	• 단식 증류위스키 : 발효액을 단식증류기로 증류하여 후숙시킨 술 • 연속식 증류위스키 : 발효액을 연속식증류기로 증류하여 후숙시킨 술
산지에 의한 분류	• 아이리쉬 위스키(Irish Whisky) : 아일랜드에서 제조 • 스카치 위스키(Scotch Whisky) : 스코틀랜드에서 제조 • 아메리칸 위스키(American Whisky) : 미국에서 제조 • 캐나디안 위스키(Canadian Whisky) : 캐나다에서 제조

(2) 보드카(vodka)

① 소련의 유명한 증류주로 원료는 라이맥과 보리의 맥아를 이용하여 양조한 곡류 위스키(grain whisky)에 속한다.

② 알코올은 40% 정도이고 무색이며 거의 향기가 없는 것이 특징이다.

(3) 진(gin)

① 영국, 캐나다 등지가 주산지이고, 원료는 주로 옥수수를 보리맥아로 당화시켜 발효한 후 증류하거나 잣을 넣고 재증류하여 잣의 향기성분을 부여시킨 술이다.

② 알코올 함량은 37~50%인 것은 드라이진(dry gin)이고, 드라이진에 2~3% 설탕과 1~2.5% 글리세린(glycerin)을 첨가하여 스위트진(sweet gin)을 만든다.

03 단발효주를 증류한 것

(1) 브랜디(brandy)

① 포도, 사과, 버찌 등의 과실주를 증류한 것을 총칭한다.

② 단식증류기로 증류하여 5~10년간 나무통에 넣어 숙성시킨다.

③ 알코올 함량은 60% 전후가 일반적이다.

(2) 럼(rum)

① 고구마 즙액이나 폐당밀을 발효시켜서 증류한 술이다.

② 증류액은 5년 이상 나무통에 넣어 숙성시킨다.

③ 알코올 함량은 45~53%가 일반적이다.

Chapter 02 | 대사 생성물의 생성

1 유기산 발효

1 젖산(lactic acid) 발효 : 당으로부터 해당작용에 의하여 젖산을 생성하는 발효를 젖산 발효라 한다.

01 젖산균 : 간균은 *Lactobacillus*속이 있으며, 구균은 *Streptococcus*, *Pediococcus*, *Leuconostoc*속의 세균이 있다. 젖산은 L, D, DL형이 있는데 L형이 인체에 이용된다.

02 젖산 생성

① 정상젖산발효(homo lactic acid fermentation) : 당으로부터 젖산만 생성하는 발효형식이다. homo 젖산세균은 *Lactobacillus delbruckii*, *L. bulgaricus*, *L. casei*, *Streptococcus lactis* 등이 있다.

$$C_6H_{12}O_6 \longrightarrow 2CH_3CHOHCOOH$$

② 이상젖산발효(hetero lactic acid fermentation) : 당으로부터 젖산과 그 외의 부산물을 생성하는 발효형식이다. hetero 젖산세균은 *L. fermentum*, *L. heterohiochii*, *Leuconostoc mesenteroides* 등이 있다.

$$C_6H_{12}O \longrightarrow CH_3CHOHCOOH + C_2H_5OH + CO_2$$
$$2C_6H_{12}O_6 \longrightarrow 2CH_3CHOHCOOH + CH_3COOH + C_2H_5OH + 2CO_2 + 2H_2$$

03 젖산 생성조건 : 당 농도 10~15%, pH 5.5~6.0, 발효온도 45~50℃에서 소비당의 80~90%의 젖산을 얻게 된다.

2 **초산(acetic acid) 발효** : 알코올을 산화하여 초산을 생성하는 발효이다.

01 초산균

① 알코올을 산화하여 초산을 생성하는 호기성 세균을 총칭해서 초산균이라고 한다.

② 초산균은 생육 및 산의 생성속도가 빠르며, 수율이 높고 내산성이어야 한다.

③ 초산 이외의 여러 방향성 물질을 생성하고, 초산을 산화하지 않아야 한다.

④ 일반적으로 식초공업에 사용하는 유용균은 *Acetobacter aceti*, *Acet. acetosum*, *Acet. oxydans*, *Acet. rancens*가 있으며, 속초균은 *Acet. schuetzenbachii*가 있다.

02 초산 발효기작

① 호기적 조건에서는 ethanol을 알코올 탈수소효소에 의하여 산화반응을 일으켜 acetaldehyde가 생산되고, 다시 acetaldehyde는 탈수소효소에 의하여 초산이 생성된다.

$$CH_3CH_2OH \xrightarrow[]{NAD \quad NADH_2} CH_3CHO \xrightarrow[H_2O]{NAD \quad NADH_2} CH_3COOH$$

② 혐기적 조건에서는 2분자의 acetaldehyde가 aldehydemutase에 의하여 촉매되어 초산과 에탄올을 생산하게 된다.

$$2CH_3CH_2OH \xrightarrow{2NAD \quad 2NADH_2} 2CH_3CHO \xrightarrow{+H_2O} CH_3COOH + CH_3CH_2OH$$

$$즉, 2CH_3CH_2OH \xrightarrow{+H_2O} CH_3COOH + CH_3CH_2OH + 2H_3$$

③ 초산이 더욱 산화되면 H_2O와 CO_2 가스로 완전분해된다.

$$CH_3COOH \xrightarrow{2O_2} 2H_2O + 2CO_2$$

03 생산방법 : 정치법(orleans process), 속양법(generator process), 심부배양법(submerged aeration process) 등이 있다.

3 **글루콘산(gluconic acid) 발효** : 글루콘산은 포도당을 직접 1/2mol의 산소로 산화하여 얻을 수 있다. 글루콘산은 구연산과 젖산의 대용으로 산미료로 사용되고 있다. 5-keto gluconic acid는 비타민 C의 합성원으로써 이용된다.

01 생산균 : 사용균주는 *Aspergillus niger*, *Asp. oryzae*, *Penicillium chrysogenum*, *Pen. perpuro genum* 등의 곰팡이와 *Acetobacter gluconicum*, *Acet. oxydans*, *Gluconobacter*속과 *Pseudomonas*속 등의 세균도 있다.

02 글루코산 발효기작

$$D\text{-}glucose \xrightarrow[glucose\ oxidase]{1/2O_2} D\text{-}glucono\text{-}\delta\text{-}lactone \longrightarrow D\text{-}gluconic\ acid$$

4 **구연산(citric acid) 발효** : 구연산은 식품과 의약품에 널리 이용되고 산미료, 특히 탄산음료에 사용되기도 한다.

01 생산균 : *Aspergillus niger*, *Asp. saitoi* 그리고 *Asp. awamori* 등이 있으나 공업적으로 *Asp. niger*가 사용된다.

02 구연산 발효기작

① 구연산은 당으로부터 해당 작용에 의하여 pyruvic acid가 생성되고, 또 oxaloacetic acid와 acetyl CoA가 생성된다.

② 이 양자를 citrate sythetase의 촉매로 축합하여 citric acid를 생성하게 된다.

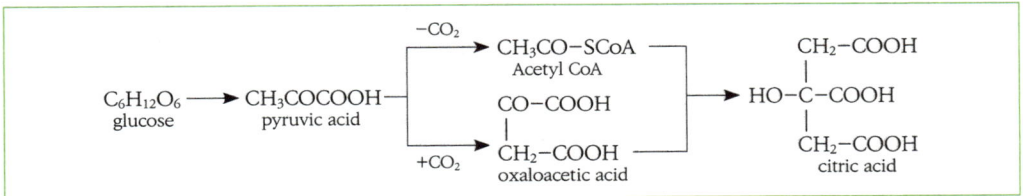

03 구연산 생산조건

① 배양조건으로는 강한 호기적 조건과 강한 교반을 해야 한다.

② 배양기 조성으로는 산성조건에서 질소화합물을 다량 첨가하면 구연산의 축적이 감소하므로 질소화합물의 첨가량에 주의해야 한다.

③ 최적온도는 26~35℃이고, pH는 3.4~3.5이다.

④ 수율은 포도당 원료에서 106.7% 구연산을 얻는다.

5 **호박산(succinic acid) 발효** : 호박산은 청주, 간장 조개류의 정미성분이며 조미료로 이용되고 있다.

생산균	곰팡이인 *Mucor rouxii*, 세균인 *Escherichia coli*, *Aerobactor aerogenes*, *Brevibacterium flavum*, 효모인 *Candida brumptii* 등이 이용된다.
호박산 발효기작	succinic acid는 당으로부터 pyruvic acid가 생성되고, TCA cycle의 역방향인 oxaloacetic acid, malic acid, fumaric acid를 거쳐 탈수소 효소에 의하여 환원되어 succinic acid가 합성된다.
생산	호박산은 *Brevibacterium flavum*을 이용하여 포도당으로부터 30% 이상 생산할 수 있다.

6 **푸마르산(fumaric acid) 발효** : 푸마르산은 합성수지의 원료이며, 아미노산인 aspartic acid의 제조 원료로 사용되고 있다.

생산균	*Rhizopus nigricans*와 *Asp. fumaricus*가 사용된다.
푸마르산 발효기작	포도당으로부터 생성된 pyruvic acid가 TCA cycle의 역방향인 oxaloacetic acid를 거치면서 사과산을 fumarate hydratase에 의하여 탈수되어 fumaric acid를 합성한다.
생산	푸마르산의 생산은 대당수율이 약 60%에 달한다.

7 프로피온산(propionic acid) 발효 : 프로피온산은 향료와 곰팡이의 생육억제제 등으로 사용되고, 특히 치즈숙성에 관여하기도 한다.

생산균	*Propionibacterium freudenreichii*와 *Propionibacterium Shermanii* 등이 사용되며, 이들 균은 혐기성이며, pantothenic acid와 biotin을 생육인자로 요구한다. 특히 비타민 B_{12} 생성능력이 강하여 주목받기도 한다.
프로피온산 발효기작	당 혹은 젖산으로부터 생성된 pyruvic acid는 oxaloacetic acid, malic acid, fumaric acid를 거쳐 succinic acid가 생성되며, succinic acid를 succinate decarboxylase의 촉매로 탈탄산되어 propionic acid를 혐기적으로 생합성한다.
생산	30℃에서 3일간 액내 배양으로 60%(대당)의 수율을 얻는다.

8 사과산(malic acid) 발효 : 사과산은 청량음료나 빙과의 산미료 또는 마요네즈 등의 유화안정제로써 사용되고 있다.

01 생산균 : *Asp. flavus*, *Asp. parasitiaus*, *Asp. oryzae* 등은 당으로부터, *Lac. brevis*은 fumaric acid로부터 malic acid를 생산하는 방법이 있다.

02 사과산 발효기작 : fumaric acid에서 100%, 탄화수소에서는 70%가 생성된다.

$$fumaric\ acid \xrightarrow[\text{fumarase}]{+H_2O} malic\ acid$$

2 아미노산(amino acid) 발효

아미노산 발효란 미생물을 이용하여 아미노산을 생산하는 제조공정을 총칭한다. 아미노산 발효의 특징은 천연단백질을 구성하는 아미노산과 동일하게 L-amino acid를 생산한다는 것이다.

1 아미노산의 발효형식

(1) 직접법

야생균주에 의한 발효법	일반 토양에서 분리·선택하여 얻은 야생주로서 특정의 배양조건에서 아미노산 발효를 하는 것이다. 예 L-glutamic acid, L-valine, L-alanine, L-glutamine 등

영양요구변이주에 의한 발효법	UV나 Co^{60} 조사에 의하여 인위적으로 대사를 시킨 변이주를 유도하여 이를 사용해 특정의 배양조건에서 아미노산 발효를 하는 것이다. 例 L−lysine, L−valine, DL−alanine, L−homoserine 등
analog 내성 변이주에 의한 발효법	조절변이주, 특히 analog 내성 변이주를 이용하는 방법이다. 例 L−lysine, L−valine, L−homoserine, L−tryptophan 등

(2) 전구체 첨가에 의한 발효법 : 전구체를 첨가하여 대사의 방향을 조장하여 목적하는 아미노산을 발효시키는 것이다. 例 L−isoleucine, L−threonine, L−tryptophan, L−aspartic acid 등

(3) 효소법에 의한 아미노산의 생산 : 특정 기질에 효소를 작용시켜 아미노산을 제조하는 방법이다. 例 L−aspartic acid, L−tyrosine, L−phenylalanine 등

2 주요 아미노산 발효에서의 생합성 경로

① pyruvic acid 계열 : alanine, valine, leucine 등
② glutamic acid 계열 : glutamic acid, proline, ornithine, citrulline, hydroxyproline, arginine 등
③ aspartic acid 계열 : aspartic acid, homoserine, lysine, threonine, methionine, isoleucine
④ 방향족 아미노산 계열 : phenylalanine, tyrosine, tryptophan 등

3 glutamic acid 발효 : 글루타민산은 소다염(mono sodium glutamate)으로 하여 화학조미료로 대량 사용되고 있다.

(1) 생산균 : *Corynebacterium glutamicum*, *Brev. flavum*, *Brev. lactofermentum*, *Microb. ammoniaphilum* 등이 사용된다.

(2) glutamic acid 발효기작
① 당을 분해하여 pyruvic acid를 거쳐 호기적 조건에서 TCA cycle로 분해되고 분해된 당은 α−keto glutaric acid가 생성된다.
② glutamate dehydrogenase의 강력한 촉매에 의하여 α−keto glutaric acid는 환원적으로 아미노화가 진행되어 glutamic acid가 생성된다.

(3) 배양조건
① glutamine acid의 축적은 배양과정에 통기량, 배양액의 pH, NH_3의 양, acetic acid의 양에 영향을 받으며, 특히 biotin의 양에 큰 영향을 받는다.
② glutamic acid 생산균의 생육최적 biotin량은 약 10~25r/L가 요구되나 glutamic acid 축적의 최적 biotin량은 1.0~2.5r/L를 요구한다.

4 lysine 발효: lysine은 필수아미노산으로 절대적으로 체외로부터 공급받지 않으면 안 되는 아미노산이다.

01 생산균

① *Cory. glutamicum*으로부터 Co^{60}과 자외선 조사에 의하여 homoserine 영양요구변이주를 만들어 사용한다.

② 이 균은 고농도의 biotin과 소량의 threonine, homoserine을 함유한 배양액에서 배양하여 염산염으로서 13g/L의 lysine을 직접 생산한다.

02 발효 : 공업적으로 lysine 발효는 one stage 방법과 two stage 방법이 있다.

(1) one stage process

① *Cory. glutamicum*의 homoserine 영양요구변이주로서 직접발효시켜 lysine을 생산하는 방법이다.

② 탄소원으로는 폐당밀, 질소원으로는 NH$_4$를 첨가하면서 28℃에 96시간 정도 배양하면 다량의 lysine을 생산할 수 있다.

③ 이때 미량성분으로 homoserine과 biotin을 첨가해야 한다.

(2) two stage process

① *E. coli*의 lysine 영양요구변이주로 다량의 diamino pimelic acid를 생산시키는 제1단계가 있다.

② 탄소원으로는 글리세롤(glycerol), 질소원으로는 ammonium phosphate를 첨가하여 중성에서 배양한다.

③ 다음 단계로 *Aerobacter aerogenes*의 diaminopimelate decarboxylase에 의하여 생산한 diamino pimelate를 28℃에서 24시간 탈탄산시켜 lysine을 생산하는 제2단계가 존재한다.

5 valine 발효 : valine은 필수아미노산으로서 pyruvate계열의 amino acid이다.

01 생산균 : *Aerobacter cloace*, *Aerobacter aerogenes* 등은 약 15g/L의 valine을 생산한다.

02 valine 발효기작

① 당류로부터 생성된 pyruvate로부터 acetolactate synthetase에 의해 acetolactate가 합성된다.

② acetolactate는 keto isovalerate를 거쳐 transaminase에 의하여 glutamic acid의 amino기가 transamination되어 valine이 생성된다.

03 발효 : 15%의 포도당을 함유한 배양액에 valine 생산균을 배양함으로써 약 15g/L의 valine이 축적된다.

3 핵산 발효

1 nucleotide의 화학구조와 정미성

01 핵산 관련 물질이 화학구조에 있어서 지미성을 갖기 위해 갖추어야 할 조건

① 고분자 nucleotide, nucleoside 및 염기 중에서 mononucleotide만 정미성분을 가진다.

② purine계 염기만이 정미성이 있고 pyrimidine계의 것에는 정미성이 없다.

③ 당은 ribose나 deoxyribose에 관계없이 정미성을 가진다.

④ 인산은 당의 5′의 위치에 있어야 한다.

⑤ purine염기의 6의 위치에 −OH가 있어야 한다.

02 정미성이 있는 핵산 관련물질

① 핵산 관련물질 중에서 5′−GMP, 5′−IMP 및 5′−XMP 등이 정미성이 있으며 XMP 〈 IMP 〈 GMP의 순으로 정미성이 증가한다.

② 조미료로서 이용가치가 있는 것은 GMP와 IMP이고, 이들은 단독으로 사용되기보다 MSG(mono sodium glutamate)에 소량 첨가함으로써 감칠맛이 더욱 상승된다.

2 정미성 핵산물질의 생산방법

01 RNA를 미생물 효소로 분해하는 법(RNA 분해법)

효모 균체에서 미생물 효소로 RNA를 분해하여 5′−nucleotide을 얻는 방법이다.

(1) 제조공정

① 원료 RNA는 아황산펄프폐액 혹은 폐당밀에 *Candida*속 효모를 배양시키면 효모균체의 12% 정도의 RNA를 함유하게 된다.

② 효모 RNA를 추출하고 5′−phosphodiesterase 혹은 nuclease로 RNA를 분해하면 AMP, GMP, UMP, CMP가 생성된다.

③ 이들을 분리·정제하여 GMP는 직접 조미료를 사용하고, AMP는 adenilate deaminase로 deamination시켜 IMP를 얻어 조미료로 사용된다.

(2) RNA 분해 효소 생산균 : *Penicillium citrinum*(푸른곰팡이), *Streptomyces aureus*(방선균)

02 발효와 합성을 결합하는 법

(1) 제조공정 : purine nucleotide를 생합성하는 계는 2가지가 있다.

① de novo 생합성계 : glucose로부터 ribose−5′−phosphate를 거치고, 5−amino−imidazol carboxydiamide riboside(AICAR)를 거쳐, 최초의 nucleotide인 IMP가 생성되고 다시 AMP와 GMP가 생합성되는 합성계가 존재한다.

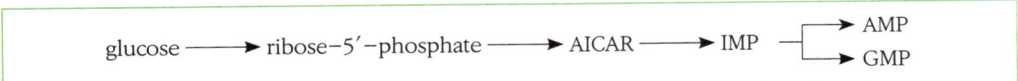

② Salvage 생합성계 : purine 염기를 riboxyl화하여 nucleotide를 합성하고 다시 가인산 (phosphorylation)하여 nucleotide를 만들거나, purine 염기를 직접 5′−phosphoriboxyl−1−pyrophosphate(PRPP)와 작용시켜 nucleotide를 생합성할 수 있는 합성계가 존재한다.

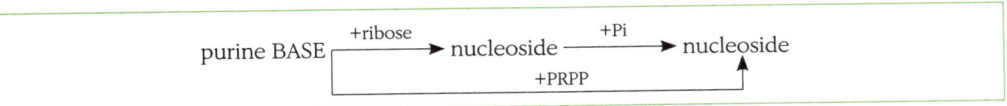

(2) 사용균주 : *Bacillus subtilis*

03 직접발효법

(1) 미생물을 직접 배양액에 발효시켜 nucleotide를 축적시키기 위한 조건

① feedback 저해현상을 제거할 것

② 생성된 nucleotide를 다시 분해하여 nucleoside로 만드는 phophatase 혹은 nucleotidase의 활성이 대단히 미약할 것

③ 균체 내에서 생합성된 nucleotide를 균체 외로 분비·촉진시킬 것

(2) 사용균주 : *Corynebacterium glutamicum*, *Bervibacterium ammoniagenes*

4 효소 생산

공업적인 규모로 효소의 생산에 이용되는 미생물은 일반적으로 세균, 방선균, 곰팡이, 효모 등이다. 세균과 효모는 발육과 효소의 생산속도가 비교적 빠르고, 곰팡이, 효모, 클로렐라 등은 균체가 크기 때문에 균체분리가 용이하다는 장점이 있다.

1 효소의 생산방식

(1) 액체배양법

① 배지성분을 물에 풀어 녹이고, 멸균 후 종균을 접종하여 배양하는 방식이다.

② 호기성 발효의 경우 표면배양(surface culture)과 심부배양(submerged culture)이 있다.

표면배양	호기적 정치배양이며 용기 내의 배양액 표면적을 크게 하여 표면으로부터 액 내부로의 산소 이동을 촉진함으로써 산소를 미생물에 공급하는 배양법이다. 전형적인 예는 초산 발효이다.
심부배양	공기를 강제적으로 발효조의 아래로부터 스파징시키고 동시에 교반하여 공기를 미립화하여 산소용해를 촉진시키는 배양법이다. 이 방법은 배양액에 존재하는 미생물을 균일하게 분산시키며, 열 이동을 촉진하고, pH 조절이 용이하다.

(2) 고체배양법

① 밀기울 등 고형물에 물과 부족한 영양분을 보충적으로 첨가하여 가열·살균한 후 종균을 접종하여 배양하는 방식이다.

② 공업적으로 양조식품 공업이나 여러 가지 가수분해효소의 생산에 이용된다.

③ 국개식(tray method)과 회전 드럼식(rotary drum method)이 있다.

2 효소의 추출·정제

01 균체 외에서 효소 추출

① 균체를 제거한 배양액을 그대로 정제하면 된다. 밀기울 등의 고체배양일 경우에는 묽은 염용액, 초산, 젖산 등으로 추출한다.

② 얻어진 효소액으로부터의 회수조작에 앞서, 될 수 있는 한 착색물질, 저분자물질, 염류, 지질, 핵산 등의 협잡물은 제거한다.

02 균체 내에서 효소 추출 : 균체 내 효소는 세포의 마쇄, 세포벽 용해효소처리, 자기소화, 건조, 용제처리, 동결융해, 초음파처리, 삼투압변화 등의 방법으로 처리시켜야 한다.

자가소화법	균체에 ethyl acetate나 toluene 등을 첨가한다. 20~30℃에서 자가소화시키면 균체 밖으로 효소가 용출된다.
동결융해법	dry ice로 동결건조한 후 용해시켜 원심분리하여 세포의 조각을 제거한다.
초음파 처리법	초음파 발생장치에 의해 10~60KHz의 초음파를 발생시켜 균체를 파괴하는 방법이다.
기계적 파괴법	균체를 유발이나 homogenizer로 파괴하여 추출하는 방법이다.
건조균체의 조제	acetone을 가하여 씻어 버리고 acetone을 건조·제거하거나 동결균체를 그대로 동결건조하여 조제한다.

03 효소의 정제 : 효소의 정제법은 다음의 방법을 여러 개 조합하여 행한다.

① 황산암모늄 등에 의한 염석법, acetone, ethanol 등에 의한 침전법, aluminum silicate나 calcium phosphate gel 등에 약산성에서 흡착시켜 중성 또는 알칼리성에서 용출시키는 흡착법, cellophane이나 collodion막을 이용한 투석법 및 한외여과막을 이용한 한외여과법, 양이온교환수지, 음이온교환수지 등을 이용한 이온교환법, 단백분자 크기의 차를 이용하는 가교 dextran, polyacrylamide 등을 이용하는 gel 여과법 등이 있다.

② 이 중 acetone이나 ethanol에 의한 침전과 황산암모늄에 의한 염석법이 공업적으로 널리 이용된다.

3 고정화효소(효소의 고체 촉매화)

01 고정화효소의 정의

효소는 일반적으로 열, 강산, 강알칼리, 유기용매 등에서 불안정하고 물에 용해한 상태에서도 불안정하여 비교적 빨리 실활하게 된다. 그러므로 효소의 활성을 유지시키면서 물에 녹지 않는 담체(carrier)에 효소를 물리적·화학적 방법으로 부착시켜 고체 촉매화한 효소를 고정화효소(또는 불용성효소)라 한다.

02 효소를 고정화시키는 방법(편의상 세 가지 방법)

(1) 담체결합법 : 불용성의 담체에 효소 또는 미생물을 결합시키는 방법이며 그 결합양식에 따라 공유결합법, 이온결합법, 물리적 흡착법으로 나눈다.

1) 공유결합법 : 물에 불용성인 담체와 효소를 공유 결합에 의해 고체 촉매화하는 방법이다.

diazo법	방향족 아미노기를 가지는 불용성 담체를 묽은 염산과 아질산나트륨으로 diazonium 화합물로 만들어 효소단백을 diazo 결합시키는 방법이다.
peptide법	카르복시기를 갖는 여러 가지 담체(예 CM-cellulose, collagen)를 산 azido 유도체로 만들어 효소단백의 −amino기와 peptide 결합시킨다.

alkyl화법	할로겐과 같은 반응성이 있는 관능기를 갖는 담체(예 bromoacetyl cellulose, cvanurcellulose 등)를 이용하여 효소단백질의 amino기, phenol성 수산기, -SH기와 반응시킨다.

2) **이온결합법** : 이온교환기를 가진 불용성 담체에 효소와 이온결합시켜 효소활성을 유지시킨 그대로 고체 촉매화시키는 방법이다. 이온교환성 담체는 DEAE-cellulose, CM-cellulose, TEAE-cellulose, Sephadex, Dowex-50 등이 있다.

3) **물리적 흡착법** : 활성탄, 산성백토, 표백토, Kaolinite 등의 다공질 무기담체에 효소단백을 물리적으로 흡착시켜 고체 촉매화시키는 방법이다. 효소단백의 구조변화가 적고 가격면에서 유리하나 결합력이 약해서 이탈하기 쉬운 결점이 있다.

(2) **가교법(cross linking method)** : 담체를 가하지 않고 2개의 관능기를 가진 시약으로 효소단백질 자체를 가교화시켜 고체 촉매화하는 방법이다. 공유결합법과 같이 안정하나 과격한 조건하에서 반응시키게 되므로 높은 역가의 것을 얻기 어렵다.

(3) **포괄법(entrapping method)** : 효소 자체에는 결합반응을 일으키지 않고, gel의 미세한 격자 속에 효소를 고착시키는 격자형과 반투석막성의 중합체(polymer) 피막으로 효소를 피복시키는 microcapsule형으로 나눈다.

Chapter 03 | 균체생산

1 식용 및 사료용 미생물균체

1 미생물균체의 성분

① 미생물균체에는 70~85%의 수분이 함유되어 있으며 건조물 중의 주요성분은 탄수화물, 단백질, 핵산, 지질, 회분이다.

② 그 함량은 미생물의 종류에 따라 다르고 배지조성, 배양조건, 생육시기 등에 따라서 변화한다.

[미생물세포의 화학조성]

미생물의 종류	탄수화물	단백질	핵산	지질	회분
효모	25~40	35~60	5~10	2~50	3~9
곰팡이	30~60	15~50	1~3	2~50	3~7
세균	15~30	40~80	15~20	5~30	5~10
조류(chlorella)	10~25	40~60	1~5	10~30	-

2 유지자원으로서의 미생물균체

01 유지 생산 미생물 : 미생물균체의 유지 함량은 2~3% 정도이지만 효모, 곰팡이, 단세포조류 중에는 배양조건에 따라서 건조세포의 60%에 달하는 유지를 축적하는 것도 있다.

02 유지 생산조건

① 질소원의 농도와 C/N비가 중요하고 일반적으로 배양기 중에 탄소원 농도가 높고 질소원이 결핍되면 유지가 축적된다.

② 유지의 축적에는 충분한 산소공급이 필요하다.

③ 유지 생성적온은 그 미생물의 생육최적 온도와 일치하며 25℃ 전후가 많다.

④ 최적 pH는 미생물 종류에 따라 다르다. 효모류는 3.5~6.0, 사상균은 중성 내지 미알칼리성 이다.

⑤ 염류의 영향은 균주에 따라 다르다. *Asp. nidulans*는 Na, K, Mg, SO_4 , PO_4 등의 이온량의 비를 조절하면 유지 함량 25~26%이던 것을 51%까지 증대시킬 수 있다.

⑥ ethanol, acetic acid 등이 유지 함량을 증대시키고, 비타민 B group을 요구하는 것도 있다.

3 단백자원으로서의 미생물균체

① 미생물균체의 조단백질 함량은 일반적으로 세균 60~80%, 효모 50~70%, 곰팡이는 조금 낮은 편이나 높은 것도 있다. 조류나 담자균도 50~60%의 단백질이 함유되어 있다.

② 아황산펄프폐액이나 탄화수소를 탄소원으로 하여 배양한 균체단백질은 식물단백질보다 lysine과 threonine의 함량이 많고 아미노산 조성이 동물단백과 유사하다.

③ 일반적으로 효모균체에는 비타민 B_1, B_2, B_6, nicotinic acid, pantothenic acid, biotin, folic acid, inositol, provitamin D 등이 풍부하게 들어 있다.

④ 탄화수소를 이용한 미생물균체에 대해서 특히 확인하여야 할 점은 안전성이다.

2 식용 및 사료용 효모

1 원료 : 탄소원으로 아황산펄프폐액, 폐당밀, 목제 당화액 등을 이용했으나, 최근에는 석유미생물 개발로 n-paraffin을 탄소원으로 사용되고 있다.

2 사용균주 : 식용효모 혹은 사료용 효모의 제조는 *Endomyces*, *Hansenula*, *Saccharomyces*, *Candida*, *Torulopsis*, *Oidium*속 등이 이용된다. 실제적으로는 *Candida utilis*, *Torulopsis utilis*, *Torula utilis* 등이 사용된다.

3 균의 배양

① 처리폐액에 질소원으로서 암모니아수, 요소 등과 과인산석회, KCl, $MgSO_4$ 등의 무기염을 첨가한다.

② 일반적으로 균체 증식에 필요한 산소는 배양액 중에 용존되어 있는 산소만 이용하므로 균체의 산소 요구량은 대단히 크다. 그러므로 통기교반배양에는 소포효과가 큰 waldhof 형의 연속배양조가 사용된다.

③ 발효조 중에 적당한 inoculum size의 효모를 첨가하고 30℃로 유지한다. 효모증식에 따라 발열량이 많아지므로 발효조 내에 냉각관 등을 설치하여 일정한 온도로 유지하여야 한다.

4 **분리 및 건조** : 배출된 효모는 거품과 함께 소포기에 들어가서 거품을 물리적으로 파괴하여 없애며, 배양액을 원심분리하여 균체와 액을 분리하고 균체는 압착, 탈수하여 건조시킨다.

3 빵효모의 생산

1 원료

① 폐당밀(주원료) : 폐당밀에는 사탕수수당밀과 사탕무당밀이 있다. 사탕수수당밀은 약 50% 의 당분을 함유하며 소량의 환원당 외의 대부분은 자당(sucrose)이다. 사탕수수폐당밀이 사 탕무 폐당밀보다 당 함량이 높다.

② 보리 : 종효모 배양에 일부 사용되며 폐당밀과 보리의 비는 9:1 정도이다.

③ 맥아근 : 맥아근에는 aspargine이 많이 함유되어 있어 술덧의 여과를 도와주는 중요한 원료 이다.

④ 무기질 : 당밀은 0.2~0.4%의 질소를 함유하고 있으나 대부분 자화되기 어려운 형태로 존재 하므로 황산암모늄, 암모니아수, 요소 등의 질소원을 별도 첨가한다.

2 균주 : 빵효모로 *Sacch. cerevisiae* 계통의 유포자효모가 사용된다.

3 배양

① 충분한 공기를 공급할 수 있는 통기탱크배양을 한다.

② 배양온도는 25~26℃가 가장 양호하나, 30℃ 이상이 되면 오히려 균의 증식이 저해받게 된다.

③ 잡균오염 방지를 위해 pH 3.5~4.5로 항상 일정하게 유지해야 한다.

④ 배양액 중의 당농도가 높으면 효모는 알코올 발효를 하게 되고 균체수득량이 감소하게 된다.

4 효모의 분리

① 증식이 끝난 배양액의 효모농도는 5~8% 정도이고 분리된 농축효모크림은 5~6배 양의 냉 수를 가하여 세척하고 다시 원심분리를 3~4회 반복한다.

② 원심분리기로부터 균체를 모아 5℃ 이하로 냉각하여 압력여과기(filter press)에 의하여 압 착한다.

③ 압착효모의 수분 함량은 65~70%이며, 포장 후 0~4℃ 냉장고에 저장해야 한다.

식품미생물 및 생화학

PART

V

생화학

1 효소의 정의 및 본체

1 효소의 정의 : 효소(enzyme)란 동식물, 미생물의 생활세포에 생성되어 촉매작용을 하며 세포 조직에서 분리되어도 작용을 잃지 않는 고분자의 유기화합물, 즉 생체촉매이다.

2 효소의 본체 : 효소단백질은 대개 단순단백질 혹은 복합단백질의 형태로 존재한다. 복합단백질은 단백질 부분과 여기에 붙어 있는 보결분자족(prosthetic group)으로 되어 있다. 보결분자족은 다음과 같은 경우가 있다.

단순단백질과 강고한 결합의 복합단백질을 형성하는 경우	• catalase나 peroxidase의 Fe-porphyrin
단백질과 해리되기 쉽고 투석에 의하여 쉽게 이탈되는 금속이온의 경우	• 금속이온을 보인자(cofactor)라 한다. • hexokinase에서 Mg^{++}, amylase에서 Ca^{++}, carboxypeptidase에서 Zn^{++}, leucine amino peptidase에서 Mn^{++}의 경우이다.
단백질과 해리되기 쉽고 투석성으로 내열성의 유기화합물인 경우	• 이 경우의 보결분자족을 보효소(coenzyme)라 하며 단백질 부분을 apoenzyme이라 하며, 이 양자를 holoenzyme이라 하고 이때 비로소 활성을 띤다. • apoenzyme+coenzyme → holoenzyme

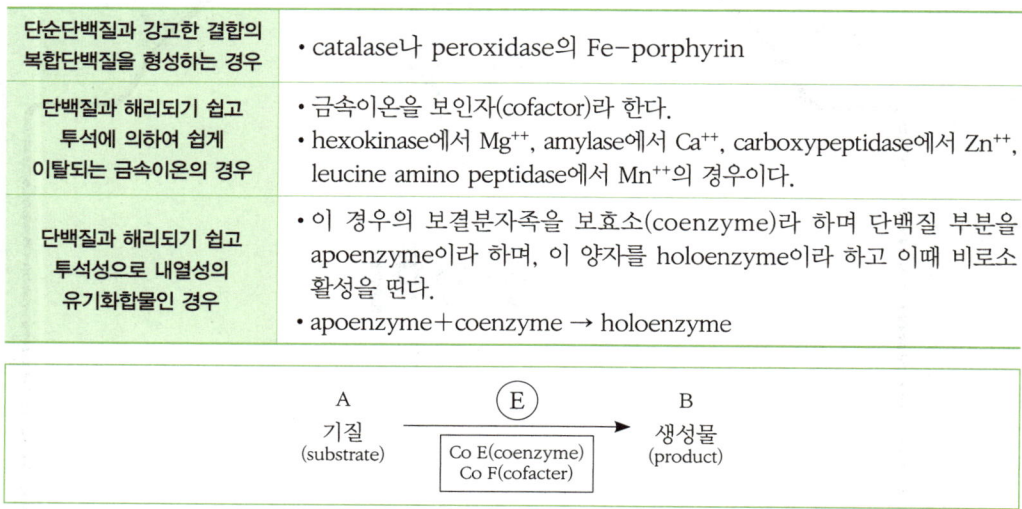

2 효소의 촉매작용

효소가 작용하는 분자를 기질(substrate)이라 하는데, 효소의 표면은 이들 기질과 작용하는 활성부위(active site)를 갖고 있으며 여기에 기질과 효소의 관계처럼 기질이 결합하여 효소-기질복합체(ES 복합체)를 형성한다.

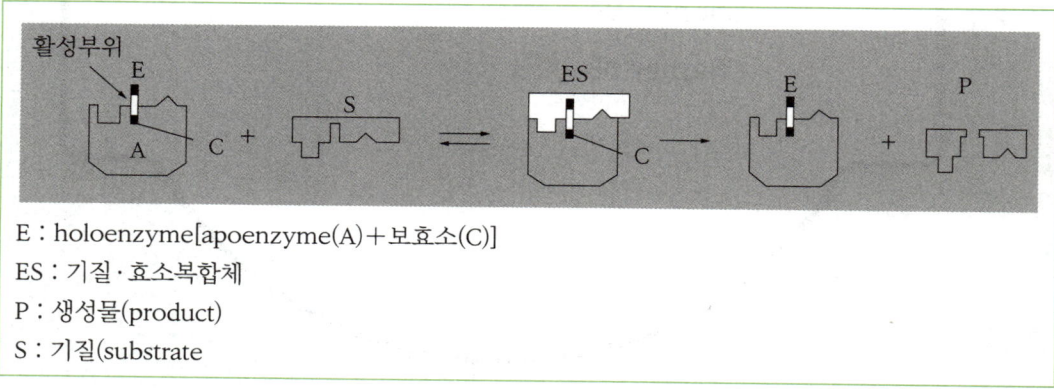

E : holoenzyme[apoenzyme(A)+보효소(C)]
ES : 기질·효소복합체
P : 생성물(product)
S : 기질(substrate

이 복합체는 계속 반응하여 재생된 효소와 함께 반응생성물을 만들어낸다. 효소의 촉매작용은 생체 화학반응의 속도를 증가시키며, 실제 생체대사에 관여하는 작용은 다음과 같다.

① 고분자 물질을 세포 내로 넣기 위한 세포 외 소화 ② 저분자화된 물질의 세포 내로 수송
③ 에너지 공급을 위한 세포 내에서의 산화환원 ④ 생합성에 쓰이는 기질의 전환조립

3 효소의 명명

1 효소위원회 번호 : 효소번호, 상용명, 계통명으로 효소표에 등록되어 있으며, 각 효소들은 촉매하는 화학반응의 형식에 따라 4자리 숫자단위로 나뉘어 표시되는 효소위원회 번호(EC No.)가 붙여져 있고, 그 번호의 의미는 다음과 같다.

① 첫 번째 숫자는 반응의 종류에 따라 6종으로 크게 분류된다.
② 두 번째 숫자는 더 세분화하여 나타낸 것으로 반응의 종류나 부위를 규정한 작은 분류이다.
③ 세 번째 숫자는 그 다음의 분류를 나타낸 것으로, 제2분류의 내용을 더 작게 분류한 것이다.
④ 네 번째 숫자는 제3분류에 따른 효소의 일련번호이다.

2 효소의 명칭

① substrate(기질)의 이름 뒤에 −ase를 붙여 명명한다.
　예 amylase(amylose 가수분해), urease(urea 가수분해) 등
② 오래 전부터 사용되는 관용명은 그대로 사용한다.
　예 pepsin, trypsin, chymotrypsin, catalase 등

4 효소의 분류

1 산화환원효소(oxidoreductase)

① 전자공여체와 전자수용체 간의 산화환원반응을 촉매한다.
② $AH_2 + B \rightarrow A + BH_2$
③ catalase, peroxidase, polyphenoloxidase, ascorbic acid oxidase 등

2 전이효소(transferase)

① 관능기의 전이, 즉 methyl기, 인산기, acetyl기, amino기 등을 기질(donor)에서 다른 기질(acepter)로 전이하는 반응을 촉매한다.
② $AX + B \rightarrow A + BX$
③ aminotransferase, methyltransferase, carboxyltransferase 등

3 가수분해효소(hydrolase)

① ester 결합, amide 결합, peptide 결합 등의 가수분해를 촉매하는 효소로서, 생체 내에서 탈수 생성된 고분자 물질에 수분을 가하여 분해하는 효소이다.

② $AB + H_2O \rightarrow AH + BOH$

③ polysaccharase, oligosaccharase, protease, amylase, lipase 등

4 탈이효소(lyase)

① 비가수분해적으로 분자가 2개의 부분으로 나누어지는 반응에 관여하는 효소를 말한다. C−C, C−O, C−N, C−S, C−X 결합을 절단한다.

② $AB \rightarrow A + B$

③ carboxylase, 가수효소(hydrolase), 탈탄산효소(decarboxylase), 탈수효소(dehydratase) 등

5 이성화효소(isomerase)

① 광학적 이성체(D형 $\rightleftarrows$ L형), keto $\rightleftarrows$ enol 등 이성체 간의 반응을 촉매한다.

② glucose isomerase에 의해서 glucose가 fructose로 전환된다.

6 합성효소(ligase)

① ATP, GTP 등의 고에너지 인산화합물의 pyro인산 결합의 절단반응과 같이 2종의 기질분자의 축합반응을 촉매한다.

② $A + B + ATP \rightarrow AB + ADP + P$

③ acetyl CoA synthetase에 의해 초산으로부터 acetyl CoA를 생성한다.

5 효소활성에 영향을 주는 인자

1 온도

① 화학반응의 속도는 온도가 상승한 만큼 반응속도가 빨라지며, 일반적으로 10℃의 온도상승은 반응속도를 약 2배로 증가시킨다.

② 효소는 본체가 단백질이므로 열변성을 받는 조건에서는 급속히 활성저하를 일으킨다. 따라서 효소가 열변성을 받지 않고 반응속도가 최대가 되는 온도가 그 효소에 있어서 최적온도가 된다.

③ 대다수 효소의 최적온도는 20~40℃이다.

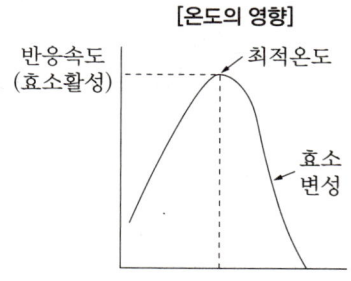

[온도의 영향]

반응속도
(효소활성)

최적온도

효소변성

2 pH

① 효소는 단백질이므로 강산이나 강알칼리에서는 변성하여 불활성화 된다. 대부분의 효소는 일정의 pH 범위에서만 활성을 갖는다.

② 효소활성이 가장 좋은 때의 pH를 최적 pH라 한다.

③ 일반적인 효소의 pH는 중성 부근이지만, 그중에는 pepsisn과 같이 강산성, arginase와 같이 알칼성 측에 있는 것도 있다.

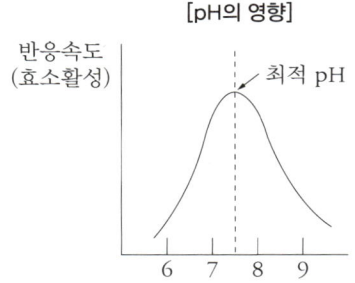

[pH의 영향]

3 기질농도

① 기질농도가 낮을 경우의 효소반응은 반응속도가 기질농도에 비례하지만, 기질농도가 일정치에 달하면 그 이상은 반응속도가 기질농도와 무관하게 되어 변화가 없어진다.

② 기질이 효소의 활성중심을 포화하기까지는 효소-기질복합체가 증가하여 반응속도가 증가하나 일단 포화상태가 되면 더 이상은 증가되지 않는다.

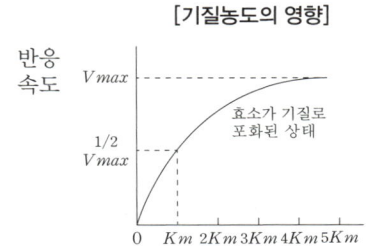

[기질농도의 영향]

4 효소농도

① 기질농도가 일정하고 반응초기의 효소반응속도는 효소의 농도에 직선적으로 비례하여 증가한다.

② 그러나 반응이 진행되어 반응생성물이 효소작용을 저해하므로 반드시 정비례하지 않는다.

---

6 저해제(inhibitor) : 효소와 결합하여 그 활성을 저하 또는 실활시키는 물질을 말한다.

1 가역적 저해(reversible inhibition) : 저해제가 효소와 결합하여 효소반응을 저해하지만 이 결합은 가역적이며 저해제는 효소로부터 제거될 수 있다.

경쟁적 저해 (competitive inhibition)	• 기질과 저해제의 화학구조가 비슷하여 효소단백질의 활성부위에 저해제가 기질과 경쟁적으로 비공유결합하여 효소작용을 저해하는 것이다. • 전형적인 예로 succinate dehydrogenase의 기질인 succinic acid와 구조가 비슷한 malonic acid가 TCA cycle을 저해하는 경우이다.
비경쟁적 저해 (noncompetitive inhibition)	• 저해제가 효소 또는 효소-기질복합체에 다 같이 결합하여 저해하는 경우이며, 이때 기질의 농도를 높여도 저해는 없어지지 않는다. 저해제는 기질과 구조상 유사하지 않다. • 예를 들면 Hg, Ag, Cu 등의 중금속은 urease, papain 등의 효소단백질과 염을 만들어 효소를 불활성화 시킴으로써 저해하는 것이다.

2 비가역적 저해(irreversible inhibition) : 저해제가 효소와 공유결합을 형성하여 효소활성을 저해하는 경우이며, 효소와 강하게 결합하여 있기 때문에 일반적인 조건에서는 효소와 분리되지 않는다. 예를 들면 cyanide 화합물(CN^-)은 호흡효소를 저해하는 물질이다.

3 반경쟁적 저해(uncompetitive inhibition) : 저해제가 효소에는 결합하지 않고 효소−기질복합체에만 결합하는 경우이며, 비경쟁적 저해와 마찬가지로 기질의 농도를 높여도 저해는 없어지지 않는다. 예로는 호흡효소의 산화형에만 작용하는 azide나 KCN 등이 있다.

7 효소의 기질 특이성 : 효소가 작용하는 경우에는 일반적으로 무기질의 촉매와는 달리 각자의 효소가 특정의 기질에만 작용하게 된다. 이것은 효소가 가진 특이한 성질의 하나로 이를 효소의 기질 특이성이라 한다.

1 절대적 특이성(absolute specificity) : 효소가 특이적으로 한 종류의 기질에만 작용하고 한 가지 반응만을 촉매하는 경우이다. 예를 들면 urease는 요소(urea)만을 분해하고, peptidase는 peptide 결합을 분해하며, maltase는 maltose만을 가수분해하는 경우이다.

2 군 특이성(group specificity) : 효소가 특정한 작용기를 가진 기질군에 작용하는 특이성이다. 예를 들면 phosphatase군은 반드시 인산기를 가진 기질군에 작용이 가능하다.

3 결합 특이성(linkage specificity) : 효소가 특정의 화학결합형태에 대하여 갖는 특이성이다. 예를 들면 esterase는 ester 결합을 가수분해한다는 것이다.

4 입체적 특이성(stereo specificity), 광학적 특이성(optical specificity) : 효소가 기질의 입체이성체(광학이성질체)의 상위에 따라 오직 어느 한 쪽 이성체에만 작용하는 특이성이다. 예를 들면 L−amino acid oxidase는 D−amino acid에는 작용하지 못하고 L−amino acid에만 작용한다. β−glycosidase(emulsin)는 β−glycoside만 분해하고 α−glycoside는 분해하지 못한다.

8 부활체(부활물질, activator) : 효소활성을 특수하게 발현시키거나 혹은 증강시키는 것을 부활체라 한다.

1 활소(kinase) : 여러 효소는 생체 세포 내에서 불활성의 상태로 존재 또는 분비된다. 이와 같은 불활성 상태의 효소를 zymogen 혹은 proezyme(효소원)이라 한다. 이 불활성효소를 부활시키는 단백성 물질을 활소(kinase)라고 한다.

[단백질 소화효소의 효소원과 효소]

zymogen(불활성)	activator	enzyme(활성)
• pepsinogen(위액) • trypsinogen(췌액) • chymotrypsinogen(췌액)	• 위액의 산 또는 pepsin • 장활소(enterokinase) • active trypsin	• pepsin(위에서 단백질 분해) • trypsin(소장에서 단백질 분해) • chymotrypsin(위에서 단백질 분해)

9 **보조효소(coenzyme, 조효소)** : 보조효소는 apoenzyme에 결합하여 주로 활성중심으로 작용하며, 기질과 반응하여 보조효소 그 자체가 변화를 받거나 기질과 직접결합하여 효소반응이 보조효소 분자 위에서 진행하는 경우도 있다.

[보조효소의 종류와 기능]

보조효소	관련 비타민	기능
NAD, NADP	niacin	산화환원 반응
FAD, FMN	Vt. B_2	산화환원 반응
lipoic acid	lipoic acid	수소, acetyl기의 전이
TPP	Vt. B_1	탈탄산 반응(CO_2 제거)
CoA	pantothenic acid	acyl기, acetyl기의 전이
PALP	Vt. B_6	아미노기 전이반응
biotin	biotin	carboxylation(CO_2 전이)
cobamide	Vt. B_{12}	methyl기 전이
THFA	folic acid	탄소 1개의 화합물 전이

Chapter 02 | 탄수화물

1 탄수화물의 정의

넓은 의미로 탄수화물(carbohydrate)은 분자구조 내에 polyhydroxy aldehyde나 polyhydroxy ketone을 가지는 물질 또는 그 유도체이다. 일반식은 $(CH_2O)_n$, $C_m(H_2O)_n$ (m=n : 단당류, m≠n : 이당류)으로 표시된다.

일반식에 부합되지 않는 당질	rhamnose($C_6H_{12}O_5$), glucuronic acid($C_6H_{10}O_7$), glucosamine($C_6H_{13}NO_5$), deoxyribose($C_5H_{10}O_4$)
일반식은 같으나 당질이 아닌 것	acetic acid(CH_3COOH, $C_2H_4O_2$), lactic acid[$CH_3CH(OH)COOH$, $C_3H_6O_3$]

2 탄수화물의 분류

1 단당류(monosaccharide)

탄수화물의 최종가수분해물인 기본당, 즉 aldehyde기나 ketone기 하나를 가진 당질로써 분자 내의 탄소 수에 따라 2탄당(diose), 3탄당(triose), 4탄당(tetrose), 5탄당(pentose), 6탄당(hexose), 7탄당(heptose) 등으로 분류한다. aldehyde기를 가진 것을 aldose, ketone기를 가진 것을 ketose라고 한다. 일반적으로 당의 어미에 −ose를 붙여 명명한다.

이탄당(diose)	aldose → glycolaldehyde(=glycolose)
삼탄당(triose)	aldose → glyceraldehyde(=glycerose) ketose → dihydroxyacetone
사탄당(tetrose)	aldose → erythrose, threose ketose → erythrulose
오탄당(pentose)	aldose → ribose, xylose, arabinose ketose → ribulose, xylulose
육탄당(hexose)	aldose → glucose, mannose, galactose ketose → fructose
칠탄당(peptose)	ketose → sedoheptulose

2 소당류(oligosaccharide) : 단당이 2~7개 정도가 glycoside 결합에 의해 연결된 당을 oligo당이라 한다.

01 이당류(disaccharide) : 분해에 의해서 단당이 2개 생성되는 당이다.
① 맥아당(엿당, maltose)=glucose+glucose
② 유당(젖당, lactose)=glucose+galactose
③ 설탕(자당, sucrose, saccharose)=glucose+fructose

02 삼당류(trisaccharide) : 분해에 의해서 단당이 3개 생성되는 당이다.

> raffinose(melitose)＝galactose＋saccharose(glu.＋fru.)

03 사당류(tetrasaccharide) : 분해에 의해서 단당이 4개 생성되는 당이다.

> stachyose＝galactose＋raffinose(gal.＋glu.＋fru.)

❸ 다당류(polysaccharide) : 수십, 수천 개의 단당이 glycoside결합에 의해 연결된 당이다.

01 단순다당류(simple polysaccharide) : 단 1종의 단당류로 구성되어 있는 homo 다당이다.

glucose polymer (＝glucan)	• D-glucose만으로 이루어진 다당이다. − starch(녹말, 전분) : 식물성 저장 다당류 − glycogen : 동물성 저장 다당류 − cellulose : 식물체의 골격구조
fructose polymer (＝fructan)	• fructose의 $\beta-(2\rightarrow1)$결합에 의해서 이루어져 있는 다당이다. − inulin : 식물성 저장 다당류

02 복합다당류(complex polysaccharide) : 2종 이상의 단당을 함유한 hetero 다당으로 단백질과 결합한 당단백질, 지질과 결합한 당지질 등이다.

① hemicellulose   ② pectin−galacturonic acid polymer
③ chitin   ④ hyaluronic acid
⑤ heparin   ⑥ chondroitin sulfate

❸ 부제탄소와 광학적 이성(질)체

❶ 부제탄소(비대칭 탄소, asymmetric carbon) : 탄소의 결합수 4개가 각각 다른 원자 또는 기에 연결되는 탄소를 말하며, glucose는 4개의 부제탄소 원자가 존재한다.

❷ 광학적 이성체(거울상 이성체, optical isomer) : 부제탄소에 의해 생기는 이성질체이다.

D형, L형	• 광학적 이성질체의 개수는 2^n으로 표시하며 이의 반수는 D형, 반수는 L형이다. 예를 들면 aldohexose는 4개의 부제탄소원자가 있으므로 $2^4=16$의 광학적 이성체가 가능하다. • 자연계에 존재하는 당질은 거의 D형이므로 D형을 기본형으로 쓴다. (예외 : L-rhamnose)
α형, β형	• C_1(anomeric carbon)의 입체배위의 상위에 의한 이성체를 anomer라 하고 α, β로 구별한다.

4 **변선광(mutarotation)** : 단당류 및 그들 유도체가 수용액 상태에서 호변이성을 일으켜 선광도가 시간의 경과와 더불어 변화하여 어느 평행상태에 도달하면 일정치의 선광도를 나타내는 현상을 말한다.

1 대상 : 단당류 및 그들 유도체, 환원성 이당류

2 D-glucose의 호변선광

$$
\begin{array}{c}
\text{(평형상태)}\\
\alpha-\text{D-glucose} \rightleftarrows \text{equilibrium} \rightleftarrows \beta-\text{D-glucose}\\
+112.2° \qquad\qquad +52.7° \qquad\qquad +18.7°
\end{array}
$$

5 **에피머(epimer)** : 두 물질 사이에 1개의 부제탄소상의 배위(configuration)가 다른 두 물질을 서로 epimer라 한다. D-glucose와 D-mannose 및 D-glucose와 galactose는 각각 epimer 관계에 있으나 D-mannose와 D-galactose는 epimer가 아니다.

6 **탄수화물의 대사**

1 당의 흡수

① 다당류는 단당류로 분해된 후 소장벽으로부터 흡수된다. 단당류 이외의 당은 소장에서 흡수되지 않는다.

② 당의 흡수속도는 당의 종류에 따라 다르며 glucose의 흡수를 100으로 보면 galactose (110) 〉 glucose(100) 〉 fructose(43) 〉 mannose(19) 〉 pentose(9~15) 순이다.

③ 이것은 장관벽에서 당과 ATP가 hexokinase의 작용으로 당인산 ester로 된 후 장벽을 통과한다.

④ 장벽으로부터 흡수된 단당류는 장벽 모세관으로부터 문맥을 경유하여 간에 들어가서 순환혈에 들어간다(장벽모세관 → 문맥 → 간 → 정맥).

2 간장에서 포도당의 대사경로

01 포도당의 급원

(1) 외인성 포도당(exogenous glucose) : 음식물 중의 당류가 소화흡수되어 생긴 포도당이다.

(2) 내인성 포도당(endogenous glucose) : 생체 내에서 생긴 포도당이다.

외인성 포도당 (exogenous glucose)	• 음식물 중의 당류가 소화흡수되어 생긴 포도당이다.

내인성 포도당
(endogenous glucose)
	• 생체 내에서 생긴 포도당이다.
	• glycogenolysis : 간 glycogen의 분해에 의해서 생성된 포도당이다.
	• glycolysis(해당) : 근육 glycogen의 분해로 생긴 젖산이 혈액을 통하여
	  간에 옮겨진 후에 포도당으로 변한다.
	• 당의 이성화 작용 : 생체 내에서 생성된 galactose, mannose, pentose
	  등이 소량의 포도당으로 변한다.
	• 당신생(gluconeogenesis) : 당류 이외의 물질로부터 glucose를 생성한다.
	  – 아미노산으로부터 : glycine, alanine, serine, threonine, valine,
	    glutamic acid, aspartic acid, arginine, ornithine, histidine,
	    isoleucine, cysteine, cystine, proline, hydroxyproline 등
	  – 당의 대사산물로부터 : succinic acid, fumaric acid, lactic acid,
	    pyruvic acid 등
	  – 지질의 분해산물로부터 : glycerol

02 포도당의 대사경로 : 외인성 및 내인성 포도당은 동일대사 pool에 투입되어 처리된다.

(1) 저장 : glycogen으로 합성되어 간(6%), 근육(0.7%)에 저장되며, 간 glycogen은 필요에 따라 포도당으로 분해된다(glycogenolysis).

(2) 지방으로 변환 가능

① 과잉의 포도당은 지방산으로 합성되어 지방으로 저장된다.

② glucose → pyruvate → acetyl CoA → fatty acid+glycerol → lipid(피하에 축적)

(3) 산화 : glucose → EMP → TCA cycle을 거치는 동안 CO_2와 H_2O로 완전산화되어 에너지 급원이 된다.

(4) 다른 당으로 이행 가능 : 소량은 직접 또는 간접적으로 생체활동에 중요한 당으로 변화한다.

① ribose나 deoxyribose로 이행되어 핵산 합성에 이용된다.

② mannose, glucosamine, galactosamine으로 이행되어 mucopolysaccharide, glycoprotein 합성에 이용된다.

③ glucuronic acid로 이행되어 mucopolysaccharide 합성과 해독작용에 이용된다.

④ galactose로 이행되어 glycolipid 및 유당의 합성에 이용된다.

(5) 필요한 아미노산으로의 변화 : 아미노산의 탄소 골격이 포도당으로부터 될 때가 있다.

3 혈당(blood sugar)

① 혈액 중의 당은 α-D-glucose 및 소량의 glucose phosphate이나, 미량의 다른 hexose도 존재한다.

② D-glucose의 양에 따라 혈당이 고혈당 또는 저혈당이 되며, 정상적인 혈당의 양은 70~100mg/dl로 되어 있다.

③ 식후 혈당량이 130mg/dl로 급격한 상승을 가져오는데, 1~2시간 후 정상적으로 되돌아오게 된다.

④ 혈당량은 혈액 중에 들어오는 당량과 나가는 당량이 일정해야 한다. 혈당이 정상 이상일 때 고혈당, 정상 이하일 때 저혈당이라 한다.

4 당의 분해

- 조직에 있어서 당이 CO_2와 H_2O로 산화분해되는 과정은 혐기적 반응과 호기적 반응으로 나뉜다.
- 혐기적 조건(anaerobic condition)에서는 pyruvic acid를 거쳐 젖산으로 된다(해당, glycolysis, EMP). 이 과정을 해당기(glycolytic phase)라고 한다.

$$C_6H_{12}O_6 \rightarrow 2C_3H_6O_3$$

- 호기적 조건(aerobic condition)에서는 CO_2와 H_2O로 산화된다(TCA cycle, 구연산 회로). 이 과정을 산화기(oxidative phase)라고 한다.

$$2C_3H_6O_3 \rightarrow 6CO_2 + H_2O$$

01 당의 혐기적 대사(해당, EMP 경로)

(1) glucose의 혐기적 반응은 다음 5단계로 진행된다.

① 초기의 인산화   ② glycogen의 합성   ③ 3탄당으로 변화
④ 산화단계   ⑤ pyruvic acid, 젖산의 생성

(2) EMP 경로(Embden−Meyerhof Pathway) : [EMP 경로] 그림 참조

(3) 알코올 발효(alcoholic fermentation)

① 효모(yeast)와 같은 생물체는 알코올 발효 경로를 통해서 glucose를 대사한다.

② 이 경로를 통해서 glucose가 2분자의 ethanol과 2분자의 CO_2가스로 분해되며 동시에 2개의 ATP가 생성된다.

③ 이 생물들은 pyruvic acid를 대사하는 pyruvate decarboxylase와 alcohol dehydrogenase 라는 2개의 효소를 가지고 있다.

④ pyruvate decarboxylase는 pyruvic acid를 탈탄산, 즉 CO_2를 제거하여 acetaldehyde의 형성을 촉매하며, alcohol dehydrogenase는 acetaldehyde를 ethanol로 환원하는 반응을 촉매한다.

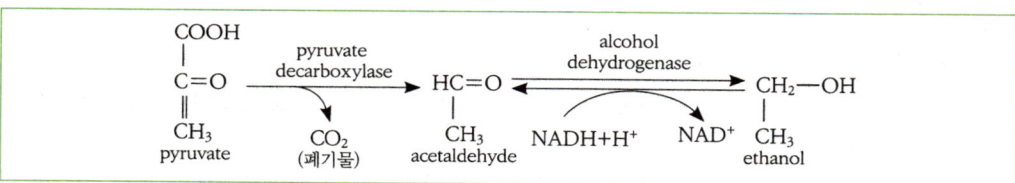

[EMP 경로]

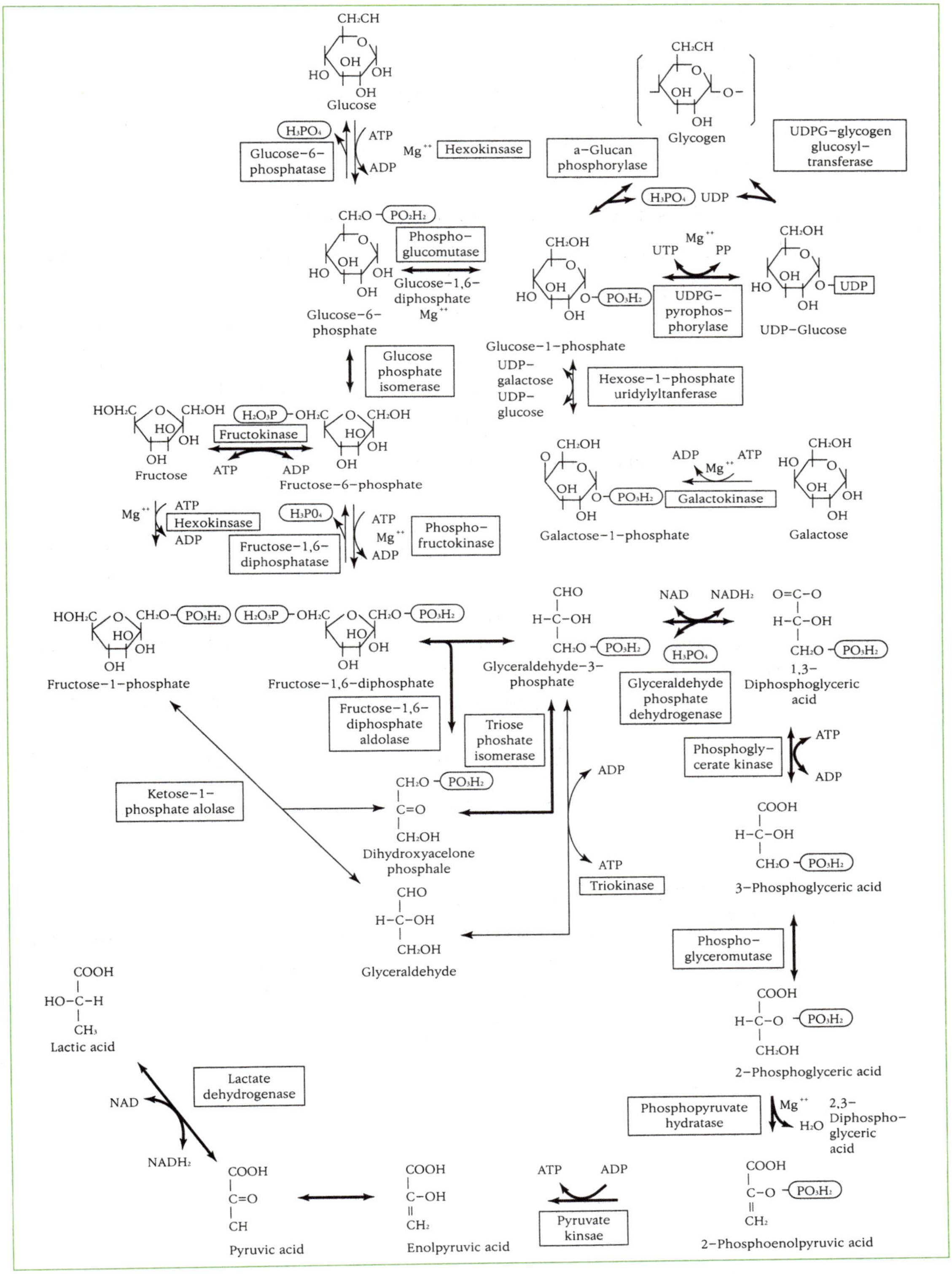

Glucose

Hexokinase — ATP / ADP / Mg⁺⁺ / H_3PO_4

Glucose-6-phosphatase

Glycogen

α-Glucan phosphorylase — H_3PO_4 / UDP

UDPG-glycogen glucosyl-transferase

Glucose-6-phosphate

Phospho-glucomutase — Glucose-1,6-diphosphate Mg^{++}

Glucose phosphate isomerase

Glucose-1-phosphate

UDPG-pyrophos-phorylase — UTP Mg^{++} PP

UDP-Glucose

UDP-galactose / UDP-glucose

Hexose-1-phosphate uridylyltanferase

Fructose

Fructokinase — ATP / ADP

Fructose-6-phosphate

Galactose-1-phosphate

Galactokinase — ADP Mg^{++} ATP

Galactose

Hexokinase — Mg^{++} ATP / ADP

Phospho-fructokinase — ATP Mg^{++} ADP / H_3PO_4

Fructose-1,6-diphosphatase

Fructose-1-phosphate

Fructose-1,6-diphosphate

Fructose-1,6-diphosphate aldolase

Triose phoshate isomerase

Glyceraldehyde-3-phosphate

Glyceraldehyde phosphate dehydrogenase — NAD / NADH₂ / H_3PO_4

1,3-Diphosphoglyceric acid

Phosphogly-cerate kinase — ATP / ADP

3-Phosphoglyceric acid

Ketose-1-phosphate alolase

Dihydroxyacelone phosphale

Triokinase — ADP / ATP

Glyceraldehyde

Phospho-glyceromutase

2-Phosphoglyceric acid

Phosphopyruvate hydratase — Mg^{++} / H_2O / 2,3-Diphospho-glyceric acid

2-Phosphoenolpyruvic acid

Lactic acid

Lactate dehydrogenase — NAD / NADH₂

Pyruvic acid

Enolpyruvic acid

Pyruvate kinsae — ATP / ADP

02 당의 호기적 대사(당의 산화) : 호기적 대사에서는 해당으로 생성된 pyruvic acid가 H_2O와 CO_2로 산화된다.

(1) 초기의 pyruvic acid의 산화

① pyruvic acid는 산화적 탈탄산효소로 활성초산(acetyl CoA)으로 된다.
② acetyl CoA 생성의 기작은 lipoic acid, thiaminepyrophosphate(TPP), Mg^{++}, CoA, NAD 등에 의해 행해진다.

(2) 3탄소산 회로[tricarboxylic acid(TCA cycle), 구연산 회로]

① acetyl CoA의 acetyl 부분의 완전산화는 다음 cycle [TCA cycle, 구연산 회로]로 행해진다.
② 이 cycle을 TCA cycle, Kerbs cycle이라 부른다.
③ 먼저 acetyl CoA는 citrate synthetase에 의하여 oxaloacetic acid와 결합되어 citric acid를 생성하고 CoA를 생성한다.
④ 다음 citric acid는 α-ketoglutaric acid 등을 거쳐 회로가 형성된다.
⑤ 이렇게 되어 최후에 H_2O와 CO_2로 완전산화된다.
⑥ 이때 비타민 B_1, B_2, niacin, biotin, pantothenic acid 등이 관여한다.

5 ATP 수지

혐기적 대사(EMP 경로)에서 7ATP 생성	$$C_6H_{12}O_6 + 2O \longrightarrow 2CH_3COCOOH + 2H_2O + 7ATP$$ • 해당과정 중 ATP를 생산하는 단계
	  - glyceraldehyde-3-phosphate → 1,3-diphosphoglyceric acid : $NADH_2$(ATP 2.5분자) 생성
	  - 1,3-diphosphoglyceric acid → 3-phosphoglyceric acid : ATP 1분자 생성
	  - 2-Phosphoenol pyruvic acid → enolpyruvic acid : ATP 1분자 생성

호기적 대사(TCA 회로)에서 25ATP 생성	$$2CH_3COCOOH \longrightarrow 5CO_2 + 2H_2O + 25ATP$$ • TCA 회로에서 ATP를 생산하는 단계
	  - pyruvate → citrate(×2) : $NADH_2$(ATP 2.5분자) 생성
	  - isocitrae → oxalosuccinate(×2) : $NADH_2$(ATP 2.5분자) 생성
	  - α-ketoglutarate → succinyl CoA(×2) : $NADH_2$(ATP 2.5분자) 생성
	  - succinyl CoA → succinate(×2) : GTP(ATP 1분자) 생성
	  - succinate → fumarate(×2) : $FADH_2$(ATP 1.5분자) 생성
	  - malate → oxaloacetate(×2) : $NADH_2$(ATP 2.5분자) 생성

[TCA cycle, 구연산 회로]

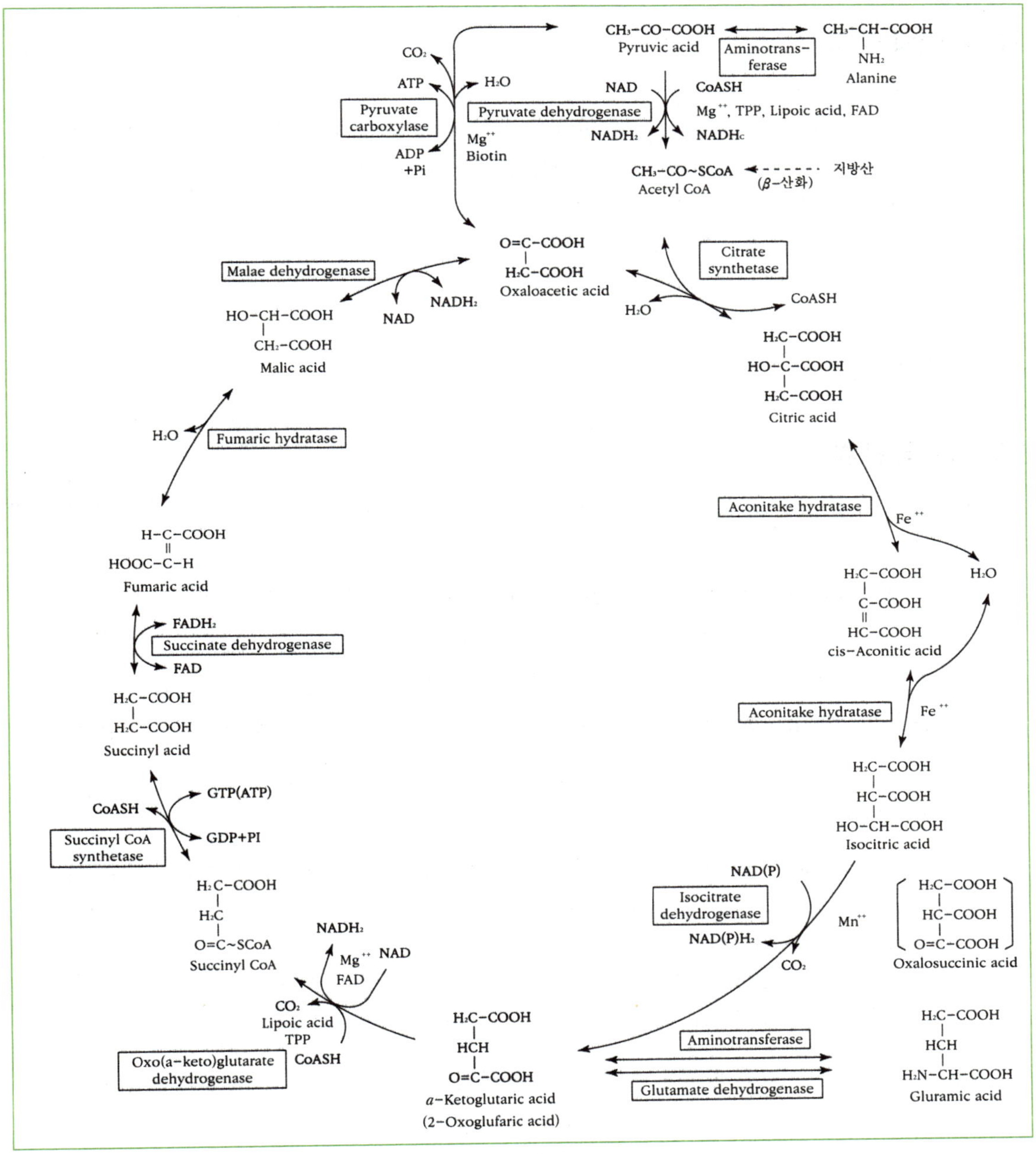

$CH_3-CO-COOH$
Pyruvic acid

$\longleftrightarrow$ [Aminotrans-ferase] $CH_3-CH-COOH$
$\quad\quad\quad\quad\quad\quad\quad\quad$ NH_2
$\quad\quad\quad\quad\quad\quad\quad\quad$ Alanine

CO_2

ATP

H_2O

NAD $\quad$ $CoASH$

[Pyruvate carboxylase]

[Pyruvate dehydrogenase]

Mg^{++}, TPP, Lipoic acid, FAD

ADP $+Pi$

Mg^{++} Biotin

$NADH_2$ $\quad$ $NADH_C$

$CH_3-CO\sim SCoA$ $\;\dashleftarrow - - - -$ 지방산
Acetyl CoA $\quad\quad\quad\quad$ (β-산화)

[Malae dehydrogenase]

$O=C-COOH$
$\;\;\;\;|$
$H_2C-COOH$
Oxaloacetic acid

[Citrate synthetase]

$CoASH$

H_2O

$NADH_2$

$HO-CH-COOH$
$\quad\;\;|$
CH_2-COOH
Malic acid

NAD

$H_2C-COOH$
$\;\;\;|$
$HO-C-COOH$
$\;\;\;|$
$H_2C-COOH$
Citric acid

H_2O $\quad$ [Fumaric hydratase]

[Aconitake hydratase] $\quad Fe^{++}$

H_2O

$H-C-COOH$
$\quad\|$
$HOOC-C-H$
Fumaric acid

$H_2C-COOH$
$\;\;\;|$
$C-COOH$
$\;\;\|$
$HC-COOH$
cis-Aconitic acid

$FADH_2$

[Succinate dehydrogenase]

FAD

[Aconitake hydratase] $\quad Fe^{++}$

$H_2C-COOH$
$\;\;|$
$H_2C-COOH$
Succinyl acid

$H_2C-COOH$
$\;\;|$
$HC-COOH$
$\;\;|$
$HO-CH-COOH$
Isocitric acid

$CoASH$ $\quad$ $GTP(ATP)$

$GDP+PI$

$NAD(P)$

[Succinyl CoA synthetase]

[Isocitrate dehydrogenase]

Mn^{++}

$\begin{bmatrix} H_2C-COOH \\ | \\ HC-COOH \\ | \\ O=C-COOH \end{bmatrix}$
Oxalosuccinic acid

$H_2C-COOH$
$\;\;|$
H_2C
$\;\;|$
$O=C\sim SCoA$
Succinyl CoA

$NAD(P)H_2$

CO_2

$NADH_2$

Mg^{++} $\;NAD$
FAD

CO_2
Lipoic acid
TPP

$CoASH$

$H_2C-COOH$
$\;\;|$
HCH
$\;\;|$
$O=C-COOH$
a-Ketoglutaric acid
(2-Oxoglufaric acid)

[Aminotransferase]

[Glutamate dehydrogenase]

$H_2C-COOH$
$\;\;|$
HCH
$\;\;|$
$H_2N-CH-COOH$
Gluramic acid

[Oxo(a-keto)glutarate dehydrogenase]

1️⃣ 지질의 정의

① 물에 녹지 않는다.
② ether, chloroform, benzene, 이황화탄소(CS_2), 사염화탄소(CCl_4) 등의 유기용매에는 잘 녹는다.
③ 지방산의 ester, 또는 ester 결합을 형성할 수 있는 물질이다.
④ 생물에 이용이 가능한 유기화합물이다.
⑤ 저장 영양소이다(1g당 9cal의 열량 공급).
⑥ 세포막의 구성성분(특히 필수지방산)이다.
⑦ 열에 대한 절연체 구실을 한다.
⑧ 충격에 대한 방어작용을 한다.

2️⃣ 지질의 분류

1 단순지질(simple lipid) : 지방산과 글리세롤, 고급알코올이 에스테르 결합을 한 물질을 말한다.

(1) 중성지방(triglyceride, glyceride, neutral fat) : 고급지방산과 글리세롤의 에스테르결합이다.
① 실온에서 고체상태 脂(fat) : 동물성 지방(animal fat)
② 실온에서 액체상태 油(oil) : 식물성 지방(vegetable oil)

(2) 진성 납(true wax, wax) : 고급지방산과 고급지방족 1가 알코올과의 에스테르결합이다.

2 복합지질(compound lipid) : 단순지질에 다른 원자단(인, 당, 황, 단백질)이 결합된 화합물이다.

① 인지질(phospholipid) : 글리세롤과 지방산의 ester에 인산과 질소화합물을 함유한다.
② 당지질(glycolipid) : 지방산, 당류(주로 galactose)는 질소화합물을 함유하나 인산이나 글리세롤은 함유하지 않는다.
③ 황지질(sulfolipid) : sphingosine, galactose, 지방산, 황산을 함유한다.
④ 단백지질(proteolipid) : 지방산과 단백질의 복합체로 결합한 지방질이다.

3 유도지질(derived lipid) : 단순지질과 복합지질의 가수분해로 생성되는 물질을 말한다.
① 지방산(fatty acid) : 천연에 존재하는 지방산은 거의 우수(짝수)이다.
② 고급 알코올 : 밀납의 가수분해로 생기는 1가 알코올과 sterol 등이다.
③ 지용성 비타민 : Vit. A, D, E, K, F

3 지질의 대사

1 지질의 소화와 흡수

완전가수분해설 (lipolytic hypothesis)	• 지방(lipid)은 Ca^{++}과 담즙의 작용을 받아 유화되고 lipase의 작용을 받아 지방산과 glycerol로 완전히 분해된다.
부분가수분해설 (partition hypothesis)	• lipase로 완전가수분해가 되지 않고, mono-, diglyceride와 약간의 fatty acid와 glycerol을 생성하여 그대로 흡수된다. • 저위 glyceride와 지방은 담즙산염의 존재로 현저한 유화능력을 가져 다량의 미가수분해 지방을 0.5μ 이하의 미립자로 하여 흡수된다. • 대부분의 triglyceride은 약간의 cholesterol ester, phosphatide 등으로 재합성되어 유미관을 거쳐 혈관 내로 들어간다. • 그러나 glycerol의 일부분이나 C_{10} 이하의 단쇄지방산은 그대로 모세혈관으로부터 문맥을 거쳐 직접 간에 운반된다.

2 fatty acid의 β-oxidation(β-산화) cycle : mitochondria의 기질(matrix)에서 독점적으로 행해진다.

01 지방의 산화조건

① 포화지방산이 산화되기 위해서는 먼저 acyl CoA synthetase의 촉매작용으로 acyl CoA로 활성화 되어야 한다.

② 이 지방산의 활성화에는 acyl CoA synthetase 외에도 ATP, Mg^{++} 등이 필요하다.

02 지방산 β-산화과정

① 4가지 연속적인 반응 : ①FAD에 의한 산화 ②수화 ③NAD^+에 의한 산화 ④CoA에 의한 티올(thiol) 분해 등이다.

② fatty acid β-oxidation cycle을 1회전 할 때마다 1분자의 acetyl CoA와 탄소수 2개가 더 적은 acyl CoA를 생성한다.

③ 맨 마지막 회전에서는 acetyl CoA가 한번에 2분자를 생성한다.

[지방산 β−산화과정]

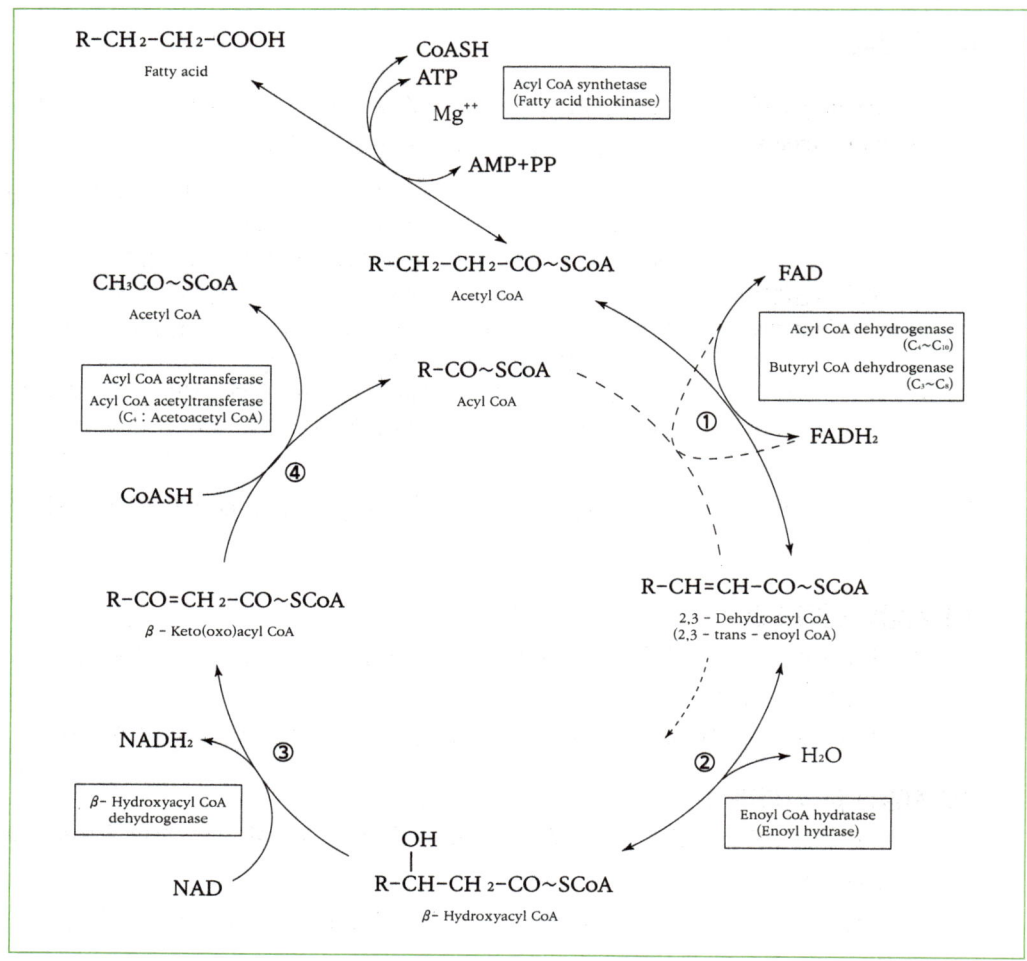

03 palmitoyl CoA 1분자의 완전산화 시 생성되는 ATP 분자수

① palmitic acid의 완전산화 시 β−산화를 7회 수행하므로 생성물은 7FADH₂, 7NADH, 8acetyl CoA이다.

② 1FADH₂, 1NADH, 1acetyl CoA는 각각 1.5, 2.5, 10ATP를 생성한다.

③ palmitic acid의 완전산화 시 총 ATP 분자수는 (7×1.5)+(7×2.5)+(8×10)=108이다.

④ palmitic acid의 완전산화 시 2ATP가 소모되므로 실제는 108−2=106이다.

3 케톤체(ketone body)

01 ketone체 생성(ketogenesis)

① ketone body가 생성되는 곳은 간장이며 간 이외의 신장, 근육에서도 생성된다.

② 단식 또는 당뇨병에서 뇌의 주요에너지원인 glucose가 소비되어 oxaloacetate는 glucose 의 합성(gluconeogenesis)에 사용되므로 acetyl CoA와 축합할 수 없다. acetyl CoA는

TCA회로에 들어갈 수 없어 혈액, 뇨(urine)에 축적되며 이러한 조건에서 acetyl CoA는 acetoacetic acid, β-hydroxybutyric acid, acetone 등의 케톤체를 생성하여 이들이 연료와 에너지 공급원의 역할을 한다.

[ketone체 생성과정]

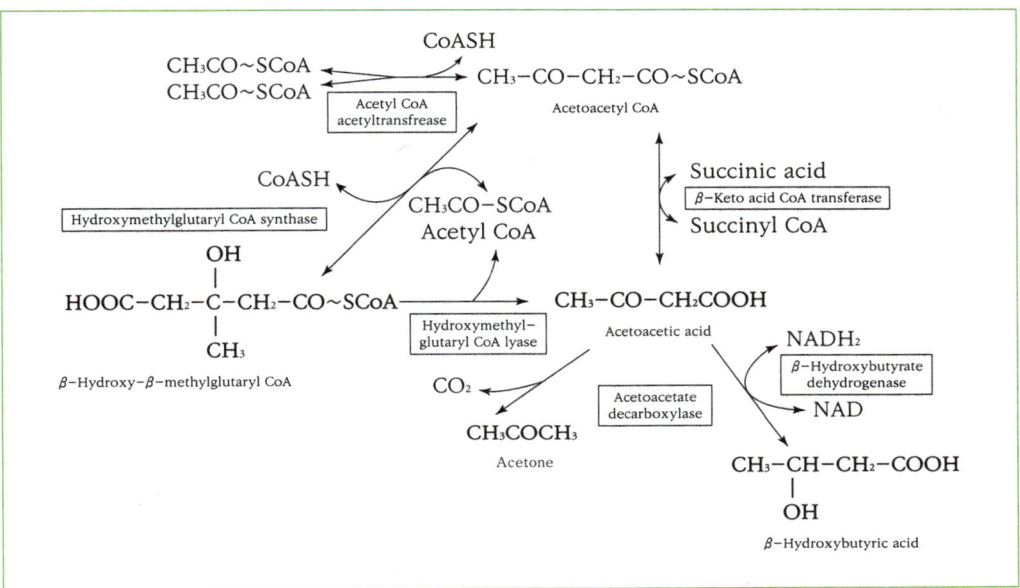

02 케토시스(ketosis) : 진성 당뇨병 같은 병적인 상태에서 간의 케톤체 생산이 크게 증가하여 혈액 내 케톤체 양이 증가하는 현상이다. ketosis는 acetate, β-hydroxybutyrate와 같은 음이온 양이 증가하므로 혈액 내 HCO_3^- 농도를 낮추고 acidosis를 유발한다.

4 콜레스테롤(cholesterol)

01 cholesterol의 작용 : 인지질과 더불어 세포의 구성성분이며, 불포화지방산의 운반체 역할을 한다. 담즙산(bile acid)의 전구체이고 steroid hormone의 전구체이다.

02 담즙산의 생성 : 외인성 cholesterol의 10~20%는 유리 cholesterol 혹은 ester로서 담즙 중이나 대변 중에 존재한다. 나머지 80~90%는 간에서 담즙산으로 합성한다.

03 cholesterol의 생합성(대략적인 생합성 경로)

acetyl CoA → acetoacetyl CoA → 3-hydroxy-3-methylglutaryl CoA(HMG-CoA) → mevalonic acid → 5-phosphomevalonic acid → squalene → lanosterol → zymosterol → desmosterol → cholesterol

1 **단백질의 정의** : 살아있는 세포에 의하여 생산되는 질소를 함유한 고분자 화합물로 생명현상에 중요한 역할을 한다. 세포의 구성성분일 뿐만 아니라 다양한 생리적 기능을 가져 효소 혹은 호르몬으로서 생화학 반응을 지배하여 생명현상 발현에 중요한 역할을 한다.

2 **아미노산**

1 **아미노산의 구조**

① 천연의 단백질을 구성하는 아미노산(amino acid)은 약 20여 종이 있으며, 이들 아미노산은 모두 L형의 구조를 갖고 있고, α 위치의 탄소에 아미노기(−NH_2)를 갖는 카르복시산(−COOH)이다.

$$NH_2-CH-COOH$$
$$|$$
$$R$$

② glycine을 제외하고 아미노산은 모두 α 위치의 탄소가 부제탄소원자로 되어 있으므로 광학이성체가 존재하며 부제탄소원자 수가 n개이면 2^n의 이성질체가 존재한다.
③ 이성질체가 있으므로 광학이성체인 D형과 L형이 존재한다.

2 **아미노산의 종류**

01 지방족 아미노산

중성 아미노산	• −COOH, −NH_2를 각각 1개씩 갖는 것 • glycine, alanine, valine, leucine, isoleucine, serine, threonine
산성 아미노산	• −COOH를 2개 갖는 것 • aspartic acid, glutamic acid, asparagine, glutamine
염기성 아미노산	• −NH_2를 2개 갖는 것 • lysine, arginine
함황 아미노산	• S를 갖는 것 • cysteine, cystine, methionine

02 방향족 아미노산 : 벤젠핵을 갖는 것, phenylalanine, tyrosine

03 복소환(hetero cyclic) 아미노산 : 벤젠핵 이외의 환상구조를 갖는 것, tryptophan, histidine, proline, hydroxyproline

04 α−amino acid 이외의 아미노산 : β−alanine, β−aminobutyric acid(GABA)

3 필수아미노산(essential amino acid) : 체내에서 합성할 수 없어 반드시 외부 또는 음식물로부터 섭취해야 하는 아미노산이며, isoleucine, leucine, lysine, methionine, phenylalanine, threonine, tryptophan, valine 등이 있다.

※ histidine : 유아에게 요구된다. 최근에는 성인에게도 요구되는 것이 확인되고 있다.

※ arginine : 성장기 어린이에게 요구된다.

3 peptide

1 peptide의 구조

① 두 개 이상의 아미노산의 −COOH기와 다른 아미노산의 아미노기와 탈수하여 −CO−NH−로 결합하여 축합된 것을 peptide 결합이라 한다.

$$
\begin{array}{cccc}
R_1 & R_2 & R_3 & R_n \\
| & | & | & | \\
NH_2-CH-CO-NH-CH-CO-NH-CH-CO-\cdots\cdots-NH-CH-COOH
\end{array}
$$
(N−말단 아미노산−두 번째 잔기−세 번째 잔기−⋯−C−말단 아미노산)

② peptide는 구성 amino acid의 결합수에 따라 di−, tri−, tetra−, polypeptide로 분류한다.

2 저급 peptide

① glutathione : glutamic acid, systeine, glycine으로 된 tripeptide로, cysteine의 −SH에 기인하여 환원성을 갖는다.

② carnosine과 anserine : histidine(carnosine) 또는 methyl histidine(anserine)과 β−alanine과의 dipeptide로, 근육 내에 존재한다.

3 polypeptide

① insulin : 랑게르한스섬의 β세포에 생성되어 hexose의 인산화를 촉진시켜 당의 세포막 투과성을 증대한다. A, B의 두 개의 peptide chain으로 되어 있다.(51개의 아미노산)

A쇄 H−Gly−Ile−Val−Glu−Gln−Cy−Cy−Ala−Ser−Val−Cy−Ser−Leu−Tyr−Gln−Leu−Glu−Asn−Tyr−Cy−Asn−OH

B쇄 H−Phe−Val−Asn−Gln−His−Leu−Cy−Gly−Ser−His−Leu−Val−Glu−Ala−Leu−Tyr−Leu−Val−Cy−Gly−Glu

HO−Ala−−Lys−Pro−Thr−Tyr−Phe−Phe−Gly−Arg

4 단백질 및 아미노산의 대사

1 단백질 대사(metabolism of protein)

① 단백질의 합성은 간에서 행해진다.

② 아미노산은 주로 질소 부분과 비질소 부분으로 분해되어 각각의 대사경로에 따라 처리된다.

③ 질소 부분은 주로 NH_3 혹은 요소로서 배설되고 purine류의 합성에 이용되어 요산(uric acid)으로 배설된다.

④ 탄소골격 부분은 α-keto산으로 되어 당류 혹은 지방 대사경로나 TCA cycle에 들어가 CO_2로 산화된다.

[단백질과 아미노산의 대사경로]

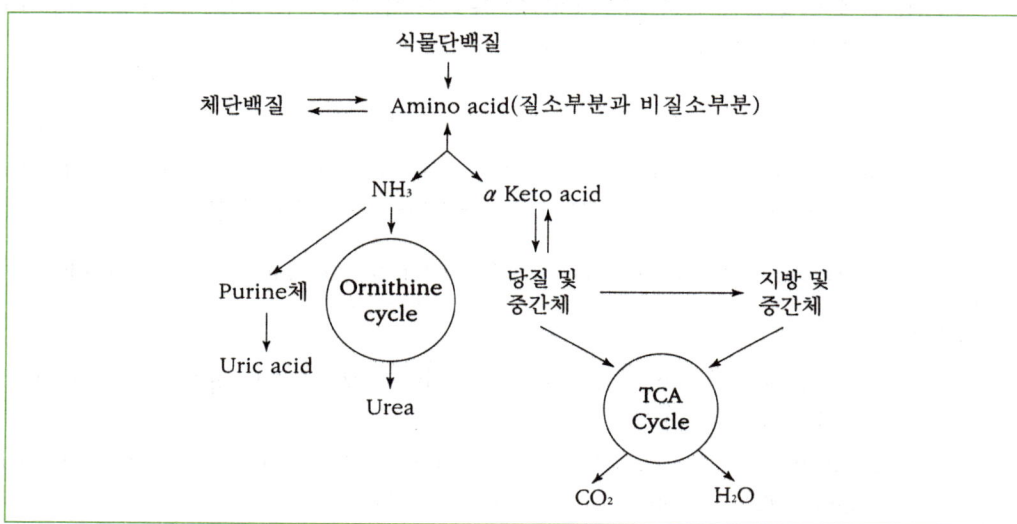

2 아미노산 대사(metabolism of amino acid)

01 탈아미노 반응(deamination)

(1) 산화적 탈아미노화

R—CH—COOH ⟷ (L-amino acid dehydrogenase) → R—C—COOH → (비효소적) → R—C—COOH

NAD   NADH₂

NH₂   NH   H₂O   NH₃   O

L-amino acid   imino acid α-keto acid

(2) 분자 내 탈아미노화

```
CH—N                              CH—N
|     \\CH                          |     \\CH
C—NH          histamine-L-deaminase    C—NH
|              ──────────────────→     |
CH₂—CH—COOH                         CH=CH—COOH
      |
      NH₂
   histidine                          urocanic acid
```

(3) 환원적 탈아미노화

$$CH_3-\underset{\underset{O}{\|}}{C}-COOH+NAD \xrightarrow{+H_2O} CH_3-COOH+CO_2+NADH_2$$

pyruvic acid   acetic acid

02 아미노기 전이 반응(transamination)

(1) aspartate aminotransferase(glutamate oxaloacetate transferase, GOT)

$$\begin{array}{c} COOH \\ | \\ CH_2 \\ | \\ CH-NH_2 \\ | \\ COOH \end{array} + \begin{array}{c} COOH \\ | \\ CH_2 \\ | \\ CH_2 \\ | \\ C=O \\ | \\ COOH \end{array} \xleftrightarrow{\ \ PALP\ \ } \begin{array}{c} COOH \\ | \\ CH_2 \\ | \\ C=O \\ | \\ COOH \end{array} + \begin{array}{c} COOH \\ | \\ CH_2 \\ | \\ CH_2 \\ | \\ CH-NH_2 \\ | \\ COOH \end{array}$$

aspartic acid   α ketoglutaric acid   oxaloacetic acid   glutamic acid

(2) alanine aminotransferase(glutamate pyruvate transferase, GPT)

$$\begin{array}{c} CH_3 \\ | \\ CH-NH_2 \\ | \\ COOH \end{array} + \begin{array}{c} COOH \\ | \\ CH_2 \\ | \\ CH_2 \\ | \\ C=O \\ | \\ COOH \end{array} \xleftrightarrow{\ \ PALP\ \ } \begin{array}{c} CH_3 \\ | \\ C=O \\ | \\ COOH \end{array} + \begin{array}{c} COOH \\ | \\ CH_2 \\ | \\ CH_2 \\ | \\ CH-NH_2 \\ | \\ COOH \end{array}$$

alanine   α –ketoglutaric acid   pyruvic acid   glutamic acid

3 탈탄산 반응(decarboxylation)

$$HOOC-CH_2-\underset{\underset{NH_2}{|}}{CH}-COOH \xrightarrow[\boxed{\text{Aspartate}-1-\text{decarboxylase}}]{\quad CO_2 \quad} HOOC-CH_2-CH_2-NH_2 \qquad \text{pantothenic acid 성분}$$

Aspartic acid   β–Alanine

$$HO-\bigcirc-CH_2-\underset{\underset{NH_2}{|}}{CH}-COOH \xrightarrow[\boxed{\text{Tyrosine decarboxylase}}]{\quad PALP \quad CO_2} HO-\bigcirc-CH_2-CH_2-NH_2 \qquad \begin{array}{l}\text{부패독}\\\text{자궁수축}\end{array}$$

Tyrosine   Tyramine

4 질소의 행로

01 아미노산 생성(amination) : 탈 amino기 전이의 역반응으로 당질 대사산물인 α-keto acid 와 결합하여 아미노산이 된다.

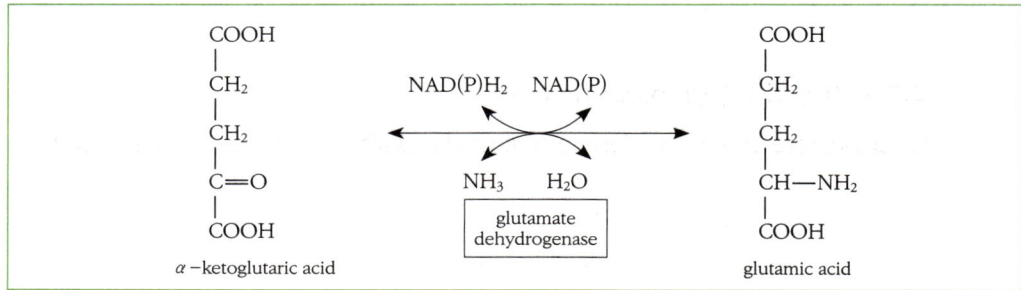

02 산 amide 형성(amidation) : NH_3는 유독성이므로 세포에 축적되면 독성작용을 나타낸다. NH_3의 해독작용의 하나로 glutamine을 합성한다.

$$HOOC-CH-CH_2-CH_2-COOH \xrightarrow[glutaminase]{\quad NH_3 \quad H_2O \quad} HOOC-CH-CH_2-CONH_2$$
glutamic acid · glutamine

$$HOOC-CH--CH_2-COOH \xrightarrow[asparaginase]{\quad NH_3 \quad H_2O \quad} HOOC-CH-CH_2-CONH_2$$
aspartic acid · asparagine

03 NH_3의 직접배설 : 신장에서 이탈된 amino기로 인하여 생성된 NH_3가 생리적으로 필요가 없을 때 그냥 배설된다. 소변 속 NH_3의 약 40%를 차지한다.

04 요소의 합성(urea cycle, ornithine cycle)

(1) 요소 합성

① 간에서 deamination에 의해 생성된 NH_3는 요소(urea)로 합성된다. 요소의 합성은 간에서 행해진다.
② 간 이외의 조직에서 생성된 NH_3는 glutamine으로 되어 간으로 운반되고, 다시 NH_3를 유리하여 요소의 합성에 사용된다.

(2) urea(ornithine) cycle

① CO_2와 NH_3가 먼저 ATP의 존재로 carbamyl phosphate를 형성하고 이것이 다시 ornithine과 작용하여 citrulline을 형성한다.
② citrulline는 enol형의 isourea로 변해서 ATP와 Mg^{++} 존재 하에 argininosuccinate synthetase 작용에 의해 aspartic acid와 축합하여 argininosuccinic acid를 형성한다.
③ argininosuccinase에 의해 분해되어 fumaric acid와 arginine이 생성된다.

④ arginine은 간에 존재하는 arginase와 Mn^{++}에 의하여 가수분해되어 요소와 ornithine으로 된다. 고로 arginase가 없는 동물에서는 NH_3를 요소 이외의 형태로 배설한다. 즉 조류에서 는 요산으로, 어류에서는 NH_3로 배설한다.

05 creatine의 생성

creatine phosphate	• 근육, 뇌에 다량 함유되는 고에너지 인산결합의 저장체로서 중요하며, 탈인산으로 creatinine이 된다.
creatine	• 간장에서 합성되어 혈액에 의해 근육 또는 뇌 등에 운반되며, 거기서 인산화되어 creatine phosphate로서 저장되며, 조직, 혈액, 특히 근육에 존재한다.
creatinine	• creatine의 무수물로서 creatine phosphate의 탈인산으로 생기며, 아미노산 질소의 배설형으로 중요하다. • 소변으로 하루 약 1~1.5g 정도 배설한다. 신장환자는 10배 이상 배설한다.

5 무질소 부분의 변화(α-keto acid의 변화)

01 아미노산의 재합성

① 아미노기 전이(transamination)   ② 아미노화(amination)

02 저급 화합물로 분해

(1) TCA cycle : 각종 아미노산은 중간 경로를 거쳐 TCA cycle로 들어간다.

(2) 당신생(gluconeogenesis)

① glycogenic amino acid(glucose 생성 amino acid)

alanine → pyruvic acid

② ketogenic amino acid(직접적으로 ketone body 생성)

leucine → acetyl CoA

(3) 지질로 합성 : glycogenic amino acid는 glucose를 거쳐 지방산으로 합성하며, ketogenic amino acid는 acetoacetyl CoA를 거쳐 지방산으로 합성한다.

6 질소의 출납(nitrogen balance)

01 체내의 질소(비단백성 질소화합물)

(1) 요소(urea) : 단백질 대사의 최종산물로서 간에서 합성되어 신장으로부터 배설한다.

(2) 요산(uric acid) : purine체의 대사 최종산물로 오줌으로 배설한다.

① 요산 생성량 : 정상인 하루 1g

② 통풍(gout) : 요산 하루 15~20g 이상 배설 시 걸리는 질병이다.

(3) creatinine : creatine 대사의 최종산물로 오줌으로 배설한다.

02 nitrogen balance : 배설질소는 오줌, 젖, 땀, 타액, 콧물, 표피 이탈물, 월경, 손톱, 머리털 등에 존재하는 질소이다. 실제로는 오줌, 대변의 질소만을 고려한다.

질소 평형 (nitrogen equilibrium)	• 섭취질소와 배설질소가 같은 경우이다. • 정상 성인이 정상적인 식사를 했을 때의 상태를 말한다.
정질소 출납 (positive nitrogen balance)	• 섭취질소가 배설질소보다 많은 경우이다. • 새로운 조직이 합성될 경우에 필수적이며, 성장기 어린이, 임신부, 회복기의 환자 등에서 볼 수 있다.
부질소 출납 (negative nitrogen balance)	• 섭취질소가 배설질소보다 적은 경우이다. • 단백질의 섭취부족(기아, 영양부족, 위장질환 등), 조직 단백질의 분해 촉진, 체 단백질의 배출 촉진 등의 경우이다. • 실제로 essential amino acid의 결핍으로 일어난다.

5 단백질의 생합성

1 단백질 생합성

① 핵에서 DNA 유전정보를 복사해서 가지고 나온 m-RNA가 ribosome에 붙으면 유전암호에 해당하는 아미노산을 정확하게 운반해서(t-RNA에 의해) ribosome으로 가져와야 한다.

② 단백질 생합성에서 RNA는 m-RNA → r-RNA → t-RNA 순으로 관여한다.

2 대장균에서 단백질 생합성 과정

① 아미노산의 활성화 : 아미노산은 아미노아실 tRNA 합성효소에 의해 tRNA로 아실화 된다.

$$\text{amino acid} + \text{ATP} + \text{tRNA} \overset{\text{Mg2+}}{\rightleftarrows} \text{aminoacyl} - \text{tRNA} + \text{AMP} + \text{PPi}$$

② polypeptide의 합성 개시 : 개시인자 IF-3가 리보솜을 30S와 50S로 분리한다. Met tRNAF가 transformylase에 의해 Met부분을 formyl화한다. IF-2와 GTP에 의해서 fMet-tRNAF를 활성화하여 fMet-tRNAF-IF-2GTP로 만든다. 이것과 mRNA, 30S 리보솜의 복합체 형성된 뒤 50S 리보솜 회합, 개시복합체를 형성한다.

③ polypeptide 사슬의 신장 : 아미노아실 tRNA가 신장인자 EF-Tu 및 Ts, GTP에 의해서 활성화 된 뒤, transpeptidase에 의해서 아미노산 사이의 peptide결합이 형성, EF-G와 GTP의 관여로 A부위로부터 P부위로 전위한다.

④ 종결 : 종말 codon에 도달하면, 유리인자와 GTP의 관여로 formyl-Met-peptide, tRNA, 리보솜, mRNA로 각각 해리한다. fMet를 함유한 signal peptide가 제거되어 N말단이 출현된다.

⑤ polypeptide 사슬의 접합 : 인산화, carboxy화, R기의 메틸화, 당 사슬의 부가, -S-S-가교의 형성 등을 통해 입체구조가 형성된다.

1 핵산

1 핵산의 구성성분과 분류

01 구성성분 : 핵산은 인산(H_3PO_4), 당(pentose), 염기(purine 또는 pyrimidine)로 되어 있다.

02 분류 : 핵산의 종류는 당인 pentose의 차이에 따라 2종으로 분류된다.
① D-Ribose를 함유하는 ribonucleic acid(RNA)
② D-2-deoxyribose를 함유하는 deoxyribonucleic acid(DNA)

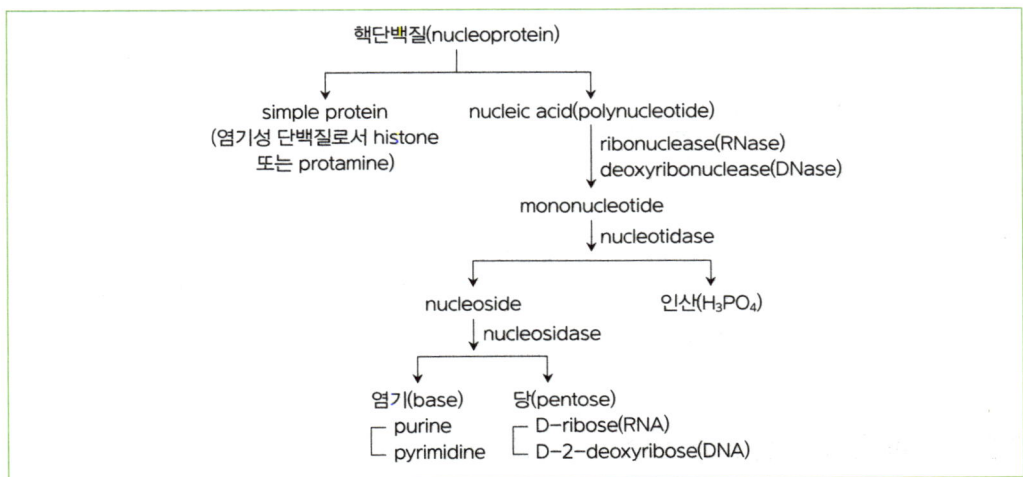

03 DNA와 RNA의 비교

	DNA(deoxyribonucleic acid)	RNA(ribonucleic acid)

구성
성분
	• 인산(H_3PO_4)
	• 당(pentose) : 2-D-deoxyribose
	• 염기(base)
	  – purine : adenine, guanine
	  – pyrimidine : cytosine, thymine
		• 인산(H_3PO_4)
		• 당(pentose) : D-ribose
		• 염기(base)
		  – purine : adenine, guanine
		  – pyrimidine : cytosine, uracil

성질	• 백색의 견사상	• 분말상
구조	• 2본의 deoxyribonucleotide 사슬이 A＝T, G≡C의 소수결합으로 중합되어 이중나선구조를 형성한다.	• 1본의 ribonucleotide 사슬이 A-U, G-C의 수소결합으로 중합되어 국부적인 이중나선 구조를 형성한다.

	DNA(deoxyribonucleic acid)	RNA(ribonucleic acid)
기능	• 세포 분열 시 염색체를 형성하여 유전형질을 전달한다. • 단백질을 합성할 때 아미노산의 배열순서 (sequence)의 지령을 m-RNA에 전달한다. ⇒ 유전자의 본체	• t-RNA(transfer RNA, 전이 RNA) : 활성 amino acid를 ribosome의 주형 (template)쪽으로 운반한다. • m-RNA(messenger RNA, 전달 RNA) : DNA에서 주형을 복사하여 단백질의 amino acid sequence(배열순서)를 전달 규정한다. • r-RNA(ribosome RNA) : m-RNA에 의하여 전달된 정보에 따라 t-RNA에 옮겨진 amino acid를 결합시켜 단백질을 합성하는 장소를 형성한다.

2 DNA 조성에 대한 일반적인 성질(E. Chargaff)

① 한 생물의 여러 조직 및 기관에 있는 DNA는 모두 같다.

② DNA 염기조성은 종에 따라 다르다.

③ 주어진 종의 염기조성은 나이, 영양상태, 환경의 변화에 의해 변화되지 않는다.

④ 종에 관계없이 모든 DNA에서 adenine(A)의 양은 thymine(T)과 같으며(A=T) guanine (G)은 cytosine(C)의 양과 동일하다(G≡C).

2 천연에 존재하는 nucleotide와 그 기능

1 핵산 구성의 기본단위 : RNA나 DNA는 다같이 mononucleotide가 중합된 고분자 화합물 (polynucleotide)이다.

2 생체 내에서 고에너지의 저축, 운반체로서 작용

① 근육의 수축과 같은 기계적인 일   ② 단백질 합성과 같은 화학적인 일

③ 능동수송과 같은 침투적인 일   ④ 신경자극 전달과 같은 전기적인 일

3 보효소로서의 유리 nucleotide와 그 작용

염기	활성형	작용
adenine	ADP, ATP	어너지 공급원, 인산 전이화
hypoxanthine	IDP/ITP	CO_2의 동화(oxaloacetic carboxylase), α-ketoglutarate 산화의 에너지 공급
guanine	GDP/GTP	α-ketoglutarate 산화와 단백질 합성의 에너지 공급
uracil	UDP-glucose	waldenose, lactose의 합성
	UDP-galactosamine	galactosamine 합성

염기	활성형	작용
cytosine	CDP−choline	phospholipid 합성
	CDP−ethanolamine	ethanolamine 합성
niacine +adenine	NAD, NADH₂	산화 환원
	NADP, NADPH₂	산화 환원
flavin +adenine	FMN, FMNH₂	화합 환원
	FAD, FADH₂	산화 환원
pantotheine +adenine	acyl CoA	acyl기 전이

메 모

식품안전기사
필기

새 출제기준 완벽 반영

- HACCP 핵심 이론 요약 정리
- CBT 대비 모바일 모의고사
- 저자 직강 식품안전 및 HACCP 특강 무료 동영상

원큐패스는 수험생들이 **한번에 합격**하기를 응원합니다.

식품
안전기사
필기

차범준·김문숙 공저

새 출제기준 완벽 반영 + HACCP 핵심 이론 요약 정리

- CBT 대비 **모바일 모의고사**
- 저자 직강 **식품안전 및 HACCP 특강 무료 동영상**

다락원

식품
안전기사
필기

차범준 · 김문숙 공저

문제편

다락원

문제편

목차

제3과목 · 식품가공 · 공정공학

문제편
목차

제4과목 • 식품미생물 및 생화학

PART V 생화학 예상문제

식품위생관리 법령

01 식품위생법의 목적이 아닌 것은?
① 식품으로 인한 위생상의 위해를 방지
② 식품영양의 질적인 향상을 도모
③ 식품에 관한 올바른 정보를 제공
④ 완전식품의 보존과 섭취도모

02 식품위생법상의 용어 정의가 틀린 것은?
① "화학적 합성품" 이라 함은 화학적 수단으로 원소 또는 화합물에 분해반응 외의 화학반응을 일으켜 얻은 물질
② "식중독" 이라 함은 식품의 섭취로 인하여 인체에 유해한 미생물만에 의하여 발생한 것
③ "표시"라 함은 식품, 식품첨가물, 기구 또는 용기·포장에 적는 문자, 숫자 또는 도형
④ "위해"란 식품, 식품첨가물, 기구 또는 용기·포장에 존재하는 위험요소로서 인체의 건강을 해치거나 해칠 우려가 있는 것

03 다음 중 식품위생법상 화학적 합성품으로 볼 수 없는 것은?
① 산화반응에 의하여 제조한 것
② 축합반응에 의하여 제조한 것
③ 분해반응에 의하여 제조한 것
④ 중화반응에 의하여 제조한 것

04 식품, 식품첨가물 등의 공전은 누가 작성하여 보급하여야 하는가?
① 도지사
② 보건복지부장관
③ 국립보건원장
④ 식품의약품안전처장

05 우리나라 식품위생법에서 식품위생의 대상이 아닌 것은?
① 식품첨가물   ② 기구 및 용기
③ 포장   ④ 영업

06 식품의 기준 및 규격을 고시하는 사람은?
① 대통령
② 보건복지부장관
③ 식품의약품안전처장
④ 시·도지사

07 식품위생법상 식품의약품안전처장이 식품 등의 기준 및 규격 관리 기본계획을 수립하는 주기는?
① 1년 마다   ② 3년 마다
③ 5년 마다   ④ 7년 마다

08 식품위생법상 '기구'에 속하지 않는 것은?

① 음식을 먹을 때 사용하거나 담는 물건
② 식품 또는 식품첨가물을 채취할 때 사용하는 것(농업과 수산업에서 사용하는 것 제외)
③ 식품 또는 식품첨가물을 넣거나 싸는 것으로 식품 또는 식품첨가물을 주고받을 때 건네는 물품
④ 식품 또는 식품첨가물을 소분할 때 직접 닿는 기계·기구

09 식품 등의 취급방법으로 틀린 것은?

① 제조·가공·조리 또는 포장에 직접 종사하는 자는 위생모를 착용하여야 한다.
② 부패·변질되기 쉬운 원료는 냉동·냉장 시설에 보관하여야 한다.
③ 제조·가공·조리에 직접 사용되는 기계·기구는 사용 후에 세척·살균하여야 한다.
④ 최소판매 단위로 포장된 식품이라도 소비자가 원하면 포장을 뜯어 분할하여 판매할 수 있다.

10 다음 중 판매금지 대상이 되는 식품이 아닌 것은?

① 표시 기준 및 규격이 정하여지지 않은 식품
② 유독·유해물질이 들어있거나 묻어 있는 식품
③ 병원미생물에 오염된 식품
④ 제품 외관이 좋지 않은 식품

11 식품위생법상 식중독 환자를 진단한 의사가 1차적으로 보고하여야 할 기관은?

① 관할 읍·면·동장
② 관할 보건소장
③ 관할 경찰서장
④ 관할 시장·군수·구청장

12 식중독에 관한 보고를 받은 시장·군수·구청장은 누구에게 보고하여야 하나?

| 가. 보건소장 |
| 나. 시·도지사 |
| 다. 보건복지부장관 |
| 라. 식품의약품안전처장 |

① 가, 나 ② 가, 다
③ 나, 라 ④ 다, 라

13 학교급식 공급업자는 식중독 원인 조사를 위하여 위탁급식을 제공한 식품의 종류별로 그 일부를 얼마 이상 냉장 보관하여야 하는가?

① 24시간 ② 36시간
③ 72시간 ④ 144시간

14 판매가 금지되는 동물의 질병으로 옳지 않은 것은?

① 구간낭충 ② 살모넬라병
③ 선모충증 ④ 리스테리아병

15 식품제조가공업의 시설기준에 관한 설명 중 틀린 것은?

① 작업장은 환기시설을 갖추어야 한다.
② 원료 처리실, 제공 가공실, 포장실은 구획되어야 한다.
③ 급수는 수돗물 또는 수질검사기관에서 마시기에 적합한 것으로 인정한 것이어야 한다.
④ 지하수를 사용하는 경우 화장실, 오물장, 동물 사육장 등으로부터 최소한 10m 이상 떨어진 곳이어야 한다.

16 한시적 기준 및 규격은 누가 정하는가?

① 식품의약품안정처장
② 보건복지부장관
③ 국립보건원장
④ 대통령

17 영양사를 두어야 하는 급식소는 계속적으로 1회 몇 사람 이상을 급식하는 곳인가?

① 20인   ② 30인
③ 50인   ④ 100인

18 식품위생법상 집단급식소에 관한 내용으로 옳은 것을 모두 고르시오.

가. 1회 50명 이상에게 식사를 제공할 것
나. 영리를 목적으로 하지 아니할 것
다. 불특정 다수인에게 계속하여 음식물을 공급할 것

① 가, 나   ② 나, 다
③ 가, 다   ④ 가, 나, 다

19 각 영업의 종류에 대한 설명으로 틀린 것은?

① "기타 식품판매업"은 백화점, 슈퍼마켓, 연쇄점 등의 영업장 면적이 300제곱미터 미만인 업소에서 식품을 판매하는 영업이다.
② "식품조사처리업"은 식품보존업에 속한다.
③ "단란주점영업"은 손님이 노래를 부르는 행위가 허용된다.
④ "제과점영업"은 음주행위가 허용되지 아니한다.

20 다음 중 신고만 하고 영업을 할 수 있는 영업이 아닌 것은?

① 식품냉장업   ② 제과점영업
③ 단란주점영업   ④ 식품소분업

21 식품위생법상의 영업에 해당하는 것으로 옳은 것은?

가. 식품첨가물 제조업
나. 식육 판매업
다. 용기·포장류 제조업
라. 음용수 제조업

① 가, 나   ② 가, 다
③ 나, 라   ④ 다, 라

22 식품조사처리업의 영업허가권자는?

① 국무총리
② 보건복지부장관
③ 식품의약품안전처장
④ 시·도지사

23 총리령으로 정하는 식품위생검사기관과 관계없는 것은?
① 국립보건원
② 도보건환경연구원
③ 시보건환경연구원
④ 식품의약품안전평가원

24 음식류를 조리, 판매하고 부수적으로 주류 판매가 허용되는 영업은?
① 휴게음식점
② 일반음식점
③ 단란주점
④ 유흥주점

25 영업자의 지위를 승계할 수 있는 경우로 옳지 않은 것은?
① 종전의 영업자로부터 불법적 절차를 거쳐 영업을 양도받을 때
② 영업자의 사망으로 영업을 상속받을 때
③ 합병에 의하여 설립된 법인
④ 합병 후 존속하는 법인

26 영업신고를 받은 관청은 신고증 교부 후 얼마 이내에 확인하여야 하나?
① 15일 이내
② 1개월 이내
③ 2개월 이내
④ 3개월 이내

27 식품운반업자가 받아야 하는 식품위생교육 시간은?
① 3시간
② 6시간
③ 8시간
④ 10시간

28 모범업소로 선정될 수 있는 영업은?
① 일반음식점영업
② 식품첨가물제조업
③ 유흥주점영업
④ 식품판매업

29 다음 중 식품 등을 수출 할 때의 기준과 규격은 누구의 요구에 맞추는가?
① 국립검역소장
② 국립보건원장
③ 수입자
④ 수출자

30 다음 중 식품영업에 종사할 수 있는 자는?
① 후천성면역결핍증 환자
② 피부병 기타 화농성 질환자
③ 콜레라 환자
④ 비전염성 결핵자

31 식품위생 분야 종사자의 건강진단 규칙에 의거한 건강진단 항목이 아닌 것은?
① 장티푸스
② 폐결핵
③ 파라티푸스
④ 갑상선 검사

32 식품영업에 종사하는 사람은 정기진단을 몇 개월마다 받아야 하는가?
① 1년
② 2개월
③ 3개월
④ 6개월

33 안전한 급식을 이루기 위하여 실시하는 단체급식 종사원에 대한 정기 건강진단 항목이 아닌 것은?

① 장티푸스 검사
② 결핵검사
③ 파라티푸스 검사
④ 갑상선검사

34 식품을 채취·제조·가공·조리·저장·운반 또는 판매하는 직접 종사하는 자는 연 1회 정기건강진단을 받아야하는데, 다음 중 건강진단 항목이 아닌 것은?

① 파라티푸스   ② 장티푸스
③ 이질   ④ 폐결핵

35 위해평가(risk assessment)의 주요 요소가 아닌 것은?

① 위험성 확인   ② 위험성 결정
③ 노출 평가   ④ 위해 치료

36 위해평가 과정 중 '위험성 결정과정'에 해당하는 것은?

① 위해요소의 인체 내 독성을 확인
② 위해요소의 인체노출 허용량 산출
③ 위해요소가 인체에 노출된 양을 산출
④ 위해요소의 인체용적 계수 산출

37 식품위생법령상 식품의약품안전처장이 실시하는 위해평가의 순서로 바르게 나열된 것은?

> 가. 위해요소가 인체에 노출된 양을 산출하는 노출평가과정
> 나. 위해요소의 인체 내 독성을 확인하는 위험성 확인과정
> 다. 위해요소의 인체노출 허용량을 산출하는 위험성 결정과정
> 라. 해당 식품 등이 건강에 미치는 영향을 판단하는 위해도(危害度) 결정과정

① 가 → 나 → 다 → 라
② 나 → 다 → 가 → 라
③ 다 → 가 → 나 → 라
④ 다 → 나 → 가 → 라

38 아래의 식품위생법에 의한 자가품질검사에 대한 기준에서 ( )안에 알맞은 것은?

> • 자가품질검사에 관한 기록서는 (A) 보관하여야 한다.
> • 자가품질검사주기의 적용시점은 (B)을 기준으로 산정한다.

① (A) : 1년간, (B) : 제품판매일
② (A) : 2년간, (B) : 제품판매일
③ (A) : 1년간, (B) : 제품제조일
④ (A) : 2년간, (B) : 제품제조일

39 자가품질검사를 하여야 하는 영업자는?

> 가. 식품제조가공업자
> 나. 식품보존업자
> 다. 즉석판매제조·가공업자
> 라. 식품판매업자

① 가, 나   ② 가, 다
③ 나, 라   ④ 다, 라

40 식품위생법상 식품 등을 제조·가공하는 영업자는 총리령으로 정하는 바에 따라 자가품질검사 의무가 있다. 자가품질검사 의무와 관련된 설명 중 옳지 않은 것은?

① 식품 등을 제조·가공하는 영업자는 자가품질검사에 관한 기록서를 1년간 보관하여야 한다.

② 식품 등을 제조·가공하는 영업자는 자가품질위탁 시험·검사기관에 위탁하여 실시할 수 있다.

③ 기구 및 용기·포장의 경우 동일한 재질의 제품으로 크기나 형태가 다를 경우에는 재질별로 자가품질검사를 실시할 수 있다.

④ 검사 결과 해당 식품 등이 기준을 위반하여 국민 건강에 위해가 발생하거나 발생할 우려가 있는 경우에는 지체 없이 식품의약품안전처장에게 보고하여야 한다.

41 식품위생법상 위생검사 등의 식품위생검사기관이 아닌 것은?

① 식품의약품안전평가원

② 지방식품의약품안전청

③ 시도보건환경연구원

④ 보건소

42 식품위생법령상 국내식품의 경우 식품이력추적관리의 등록사항에 해당하지 않는 것은?

① 원재료 및 그 성분

② 제품명과 식품의 유형

③ 유통기한 및 품질유지기한

④ 영업소의 명칭(상호) 및 소재지

43 식품위생법상 식품위생감시원의 직무가 아닌 것은?

① 식품 등의 위생적 취급기준의 이행지도

② 출입 및 검사에 필요한 식품 등의 수거

③ 중요관리점(CCP) 기록 관리

④ 행정처분의 이행여부 확인

44 다음과 같은 직무를 수행하는 사람은?

> • 식품, 첨가물, 포장 등의 위생적 취급기준의 이행지도
> • 수입·판매 또는 사용 등이 금지된 식품 등의 취급여부에 관한 단속
> • 시설기준의 적합여부 확인, 검사

① 식품위생감시원

② 식품위생관리인

③ 식품위생감독원

④ 식품위생심의위원

45 식품위생심의위원회가 조사·심의하는 사항이 아닌 것은?

① 식품 및 식품첨가물과 그 원재료에 대한 시험·검사 업무

② 식중독 방지에 관한 사항

③ 식품 등의 기준과 규격에 관한 사항

④ 농약·중금속 등 유독·유해물질 잔류 허용 기준에 관한 사항

46 식품 등의 표시·광고기준에 관한 법령상 허용이 되는 표시·광고에 해당하는 것은?

① 식품 등을 의약품으로 인식할 우려가 있는 표시 또는 광고

② 특수용도식품으로 환자의 영양보급 등에 도움을 준다는 내용의 표시·광고

③ 질병의 예방·치료에 효능이 있는 것으로 인식할 우려가 있는 표시 또는 광고

④ 건강기능식품이 아닌 것을 건강기능식품으로 인식할 우려가 있는 표시 또는 광고

47 식품위생법상 국가 또는 지방자치단체가 영양성분의 과잉섭취로 인한 국민보건상 위해를 예방하기 위하여 관리하는 건강 위해가능 영양성분이 아닌 것은?

① 당류　　　　② 나트륨
③ 콜레스테롤　　④ 트랜스지방

48 수거식품 검사 결과 기준과 규격에 맞지 않는 경우 식품위생검사기관이 검체 일부를 보관하여야 하는 기간은?

① 10일　　　　② 15일
③ 30일　　　　④ 60일

49 먹는물관리법의 용어 정의가 틀린 것은?

① "수처리제"란 자연 상태의 물을 정수(淨水) 또는 소독하거나 먹는물 공급시설의 산화방지 등을 위하여 첨가하는 제제를 말한다.

② "먹는물"이란 암반대수층 안의 지하수 또는 용천수 등 수질의 안전성을 계속 유지할 수 있는 자연 상태의 깨끗한 물을 먹는 용도로 사용할 원수를 말한다.

③ "먹는샘물"이란 샘물을 먹기에 적합하도록 물리적으로 처리하는 등의 방법으로 제조한 물을 말한다.

④ "먹는 염지하수"란 염지하수를 먹기에 적합하도록 물리적으로 처리하는 등의 방법으로 제조한 물을 말한다.

50 먹는물의 수질기준에 의한 잔류염소(유리잔류염소)의 기준은? (단, 샘물, 먹는샘물, 염지하수, 먹는 염지하수, 먹는 해양심층수 및 먹는 물 공동시설의 물의 경우는 적용하지 아니한다.)

① 1.0mg/L를 넘지 아니할 것
② 2.0mg/L를 넘지 아니할 것
③ 3.0mg/L를 넘지 아니할 것
④ 4.0mg/L를 넘지 아니할 것

51 다음 중 먹는물의 건강상 유해영향 유기물질 검사항목이 아닌 것은?

① 디클로로메탄　　② 벤젠
③ 톨루엔　　　　　④ 시안

52 제조가공업에서 유독유해물질이 들어 있어서 인체의 건강을 해칠 우려가 있는 것을 판매하였을 때의 1차 위반 시의 행정처분은?

① 영업정지 1월

② 영업정지 1월과 제품폐기

③ 영업허가 취소 또는 영업소폐쇄와 제품폐기

④ 영업정지 15일

53 다음 중 500만 원 이하의 과태료에 처하게 되는 경우가 아닌 것은?

① 식품 등의 위생적 취급기준을 지키지 않은 자(제3조 제1항)

② 건강진단을 받아야하는 영업자가 건강진단을 받지 않은 경우(제40조 제1항)

③ 위생에 관한 교육을 받아야 하는 자가 교육을 받지 않았을 때(제41조 제1항)

④ 검사기관 운영자의 지위를 승계하고 1개월 이내에 지위승계를 신고하지 아니한 경우(법 제9조 제3항)

54 다음 중 5년 이하의 징역 또는 5천만 원 이하의 벌금에 해당하는 경우로 옳은 것은?

> 가. 정하여진 기준과 규격에 맞지 않는 식품 또는 첨가물의 판매·제조·사용·조리·저장 등의 행위(제7조 제4항)
>
> 나. 정하여진 기준과 규격에 맞지 않는 기구·용기·포장의 판매·제조·사용·저장 등의 행위(제9조 제4항)
>
> 다. 영업정지 명령을 위반하여 영업을 계속한 자(제75조 제1항)
>
> 라. 영업자가 아닌 자가 제조, 가공, 소분하는 행위(제4조)

① 가, 나, 다   ② 가, 다

③ 나, 라   ④ 라

식품 및 축산물 안전관리인증기준

01 식품위해요소 중점관리 기준은 누가 고시하는가?

① 보건복지부장관

② 식품의약품안전처장

③ 국립보건원장

④ 지방식품안전처장

02 HACCP 용어의 설명으로 옳지 않은 것은?

① 모니터링(Monitoring) – CCP 또는 그 기준에 대하여 정확한 기록을 얻도록 계획된 일련의 검사, 측정 및 관찰하는 행위

② 중요관리점(CCP) – 중점적인 감시를 요구하지만 위해 제어조치는 해당하지 않음

③ 위해(Hazard) – 소비자의 건강 장애를 일으킬 우려가 있는 생물적, 화학적, 물리적인 요소

④ 한계기준(Critical Limit) – 위해요소 관리가 허용 범위 이내로 이루어지고 있는지의 판단 기준

03 식품안전관리인증기준을 준수하여야 하는 식품이 아닌 것은?

① 레토르트식품

② 어육가공품 중 어묵류

③ 커피류

④ 즉석조리식품 중 순대

04 HACCP 인증 의무대상 적용식품이 아닌 것은?

① 어묵류   ② 두부

③ 빙과류   ④ 비가열음료

05 HACCP 연장심사 신청은 만료일로부터 며칠 전에 신청해야 하는가?

① 20일   ② 30일

③ 50일   ④ 60일

06 HACCP 인증서를 한국식품안전관리인증 원장에게 지체없이 반납해야 하는 경우가 아닌 것은?

① 식품안전관리 인증기준을 지키지 아니한 경우

② 거짓이나 부정한 방법으로 인증을 받은 경우

③ 영업정지 1개월 이상의 행정처분을 받은 경우

④ 영업자와 종업원이 교육훈련을 받지 않은 경우

07 식품 안전관리인증기준(HACCP) 적용업소 영업자 및 종업원이 받아야 하는 신규 교육훈련시간으로 맞지 않은 것은?

① 영업자 교육 훈련 : 2시간

② 안전관리인증기준(HACCP) 팀장 교육 훈련 : 8시간

③ 안전관리인증기준(HACCP) 팀원 : 4시간

④ 안전관리인증기준(HACCP) 기타 종업원 교육 훈련 : 4시간

식품 등의 기준 및 규격

01 식품의 기준 및 규격에서 식품종의 분류에 해당하는 것은?

① 음료류　　　② 햄류

③ 조미식품　　④ 과채주스

02 아래는 식품공전의 총칙이다. ( )안에 설명으로 알맞은 것은?

> 이 공전에서 기준 및 규격이 정하여지지 아니한 것은 잠정적으로 식품의약품안전처장이 해당물질에 대한 ( )규정 또는 주요 외국의 기준·규격과 일일섭취허용량, 해당식품의 섭취량 등 해당 물질별 관련 자료를 종합적으로 검토하여 적·부를 판정할 수 있다.

① 국제식품규격위원회

② 국제보건기구

③ 미국식품의약품안전청

④ 한국식품공업협회

03 식품의 기준 및 규격 고시 총칙으로 틀린 것은?

① 따로 규정이 없는 한 찬물을 15℃, 온탕 60~70℃, 열탕은 약 100℃의 물이다.

② 상온은 20℃, 표준온도는 15~25℃, 실온은 1~30℃, 미온은 35~40℃로 한다.

③ 차고 어두운 곳(냉암소)이라 함은 따로 규정이 없는 한 0~15℃의 빛이 차단된 장소를 말한다.

④ 감압은 따로 규정이 없는 한 15mmHg 이하로 한다.

04 식품공전 상 총칙의 내용으로 틀린 것은?

① 표준온도는 20℃, 상온은 15~25℃, 실온은 1~35℃, 미온은 30~40℃이다.

② 따로 규정이 없는 한 찬물은 15℃ 이하를 말한다.

③ "타르색소"라 함은 타르색소의 알루미늄레이크를 포함한 것을 말한다.

④ "무게를 정확히 단다"라 함은 달아야 할 최소단위를 고려하여 0.1mg, 0.001mg, 0.001mg까지 다는 것을 말한다.

05 식품첨가물 공전 총칙에서 정한 표시방법상 "수산화나트륨(1→5)"의 의미는?

① 수산화나트륨 1g을 알코올에 녹여 5mL로 한 것
② 알코올 1g에 수산화나트륨용액 5mL를 첨가한 것
③ 수산화나트륨 1g을 물에 녹여 5mL로 한 것
④ 물 1g에 수산화나트륨용액 5mL를 첨가한 것

06 식품 중 식품첨가물의 분석법에 대한 설명으로 틀린 것은?

① 중량백분율을 표시할 때에는 %의 기호를 쓴다.
② 도량형은 미터법을 따른다.
③ 1L는 1000cc, 1mL 는 1cc로 하여 시험할 수 있다.
④ 용액 100mL 중의 물질함량(g)을 표시할 때에는 v/v%의 기호를 쓴다.

07 식품공전에서 멸균식품의 세균 발육유무를 확인하기 위하여 세균시험하기 전에 실시하는 가온보존시험을 할 때 보존 온도와 기간은?

① 25~27℃, 5일
② 25~27℃, 10일
③ 35~37℃, 5일
④ 35~37℃, 10일

08 식품공전상 세균수 측정법이 아닌 것은?

① 직접현미경법
② 건조필름법
③ 저온세균수 측정법
④ 호기성세균수 측정법

09 식품공전에 의한 페놀프탈레인시액 규정은?

① 페놀프탈레인 1g을 에탄올 10mL에 녹인다.
② 페놀프탈레인 1g을 에탄올 100mL에 녹인다.
③ 페놀프탈레인 1g을 에탄올 1000mL에 녹인다.
④ 페놀프탈레인 1g을 에탄올 10000mL에 녹인다.

10 식품 등의 표시기준에 의거하여 다류 및 커피의 카페인 함량을 몇 퍼센트 이상 제거한 제품을 "탈카페인(디카페인) 제품"으로 표시할 수 있는가?

① 90%
② 80%
③ 70%
④ 60%

11 식품의 기준 및 규격에서 곰팡이 독소의 총 아플라톡신에 해당하지 않는 것은?

① B_1
② G_1
③ F_1
④ G_2

12 식품원료 중 식물성 원료(조류 제외)의 총 아플라톡신 기준은? (단, 총아플라톡신은 B_1, B_3, G_1 및 G_2의 합을 말한다.)

① $20\mu g/kg$ 이하
② $15\mu g/kg$ 이하
③ $5\mu g/kg$ 이하
④ $1\mu g/kg$ 이하

13 식품 등의 표시기준 중 용어의 정의로 틀린 것은?

① 당류 : 식품 내에 존재하는 모든 단당류와 이당류의 합

② 트랜스지방 : 트랜스구조를 1개 이상 가지고 있는 비공액형 모든 불포화지방

③ 유통기한 : 제품의 제조일로부터 소비자에게 판매가 허용되는 기한

④ 영양강조표시 : 제품의 일정량에 함유된 영양소의 함량을 표시하는 것

14 식품 등의 세부표시기준상 주류의 제조연월일 표시기준으로 옳은 것은?

① 제조"일"만을 표시할 수 있다.

② 병마개에 표시하는 경우에는 제조 "연월"만을 표시할 수 있다.

③ 제조번호 또는 병입연월일을 표시한 경우에는 제조일자를 생략할 수 있다.

④ 제조일과 제조시간을 함께 표시하여야 한다.

15 식품 등의 세부표시기준상 주류의 제조연월일 표시기준으로 옳은 것은?

① 제조일과 제조시간을 함께 표시하여야 한다.

② 제조"일"만을 표시할 수 있다.

③ 병마개에 표시하는 경우에는 제조 "연월"만을 표시할 수 있다.

④ 제조번호 또는 병입연월일을 표시한 경우에는 제조일자를 생략할 수 있다.

16 식품 등의 표시기준에 의한 제조연월일(제조일) 표시대상 식품에 해당하지 않는 것은?

① 김밥(즉석섭취식품)

② 설탕

③ 식염

④ 껌

17 제조일과 제조시간을 함께 표시하여야 하는 식품이 아닌 것은?

① 도시락   ② 김밥

③ 샌드위치   ④ 유산균음료

18 식품 등의 표시기준으로 틀린 것은?

① 소비기한 : 식품 등에 표시된 보관방법을 준수할 경우 섭취하여도 안전에 이상이 없는 기한

② 제조연월일 : 소분 판매하는 제품은 원재료의 소분공정을 실제 작업한 연월일

③ 품질유지기한 : 식품의 특성에 맞는 적절한 보존방법이나 기준에 따라 보관할 경우 해당식품 고유의 품질이 유지될 수 있는 기한

④ 당류 : 식품 내에 존재하는 모든 단당류와 이당류의 합

19 "제조연월"만을 표시할 수 있는 제품은?

① 유산균음료   ② 발효유

③ 우유   ④ 빙과

20 "식품 등의 표시기준"에 의해 반드시 표시해야하는 성분이 아닌 것은?

① 비타민   ② 열량

③ 나트륨   ④ 단백질

21 식품 등의 표시기준으로 틀린 것은?

① 소비기한 : 식품 등에 표시된 보관방법을 준수할 경우 섭취하여도 안전에 이상이 없는 기한을 말한다.

② 트랜스지방 : 트랜스구조를 1개 이상 가지고 있는 비공액형의 모든 포화지방산

③ 품질유지기한 : 식품의 특성에 맞는 적절한 보존방법이나 기준에 따라 보관할 경우 해당식품 고유의 품질이 유지될 수 있는 기한

④ 당류 : 식품 내에 존재하는 모든 단당류와 이당류의 합

22 식품의 "1회 섭취참고량"은 몇 세 이상으로 설정한 값인가?

① 만 3세 이상　　② 만 5세 이상

③ 만 13세 이상　　④ 만 18세 이상

23 유전자변형 식품등의 표시기준에 의하여 농산물을 생산·수입·유통 등 취급과정에서 구분하여 관리한 경우에도 그 속에 유전자변형농산물이 비의도적으로 혼입될 수 있는 비율을 의미하는 용어와 그 허용 비율의 연결이 옳은 것은?

① 비의도적 혼입치 – 5%

② 비의도적 혼입치 – 3%

③ 관리 이탈 혼입치 – 5%

④ 관리 이탈 혼입치 – 3%

24 된장, 고추장, 춘장에 공통으로 사용하는 보존료는?

① 데히드로초산

② 소르빈산

③ 안식향산

④ 안식향산나트륨

⑤ 파라옥시안식향산프로필

25 치즈에 대한 가공기준 및 성분규격으로 틀린 것은?

① 자연치즈는 원유 또는 유가공품에 유산균, 단백질 응유효소, 유기산 등을 가하여 응고시킨 후 유청을 제거하여 제조한 것이다.

② 자연치즈에는 경성치즈, 반경성치즈, 연성치즈, 생치즈 등이 있다.

③ 가공치즈는 모조치즈에 식품첨가물을 가해 유화시켜 가공한 것이거나 모조치즈에서 유래한 유고형분이 50% 이상인 것이다.

④ 모조치즈는 식용유지와 식물성 단백 또는 이들의 가공품을 주원료로 하여 이에 식품 또는 식품첨가물을 가하여 유화시켜 제조한 것이다.

26 식약청은 모조치즈와 가공치즈, 치즈믹스를 사용하면서 100% 자연산치즈만 사용한 것처럼 허위표시 하여 판매한 업체를 식품위생법위반 혐의로 검찰에 불구속 송치했다. 이 사건과 관련된 용어의 정의가 틀린 것은?

① 자연치즈 : 우유를 주원료로 응고, 발효한 것

② 치즈믹스 : 피자 토핑치즈에 모조치즈가 혼합된 것

③ 가공치즈 : 모조치즈에 식품첨가물을 가해 유화시켜 가공한 것

④ 모조치즈 : 식용유 등에 식품첨가물을 가해 치즈와 유사하게 만든 것

27 식품공전상 탄산음료의 기준, 규격에서 용기의 주석 제한량은?(단, 캔 제품에 한한다.)

① 100mg/kg 이하
② 150mg/kg 이하
③ 200mg/kg 이하
④ 300mg/kg 이하

28 식용 얼음의 일반생균수 규격 기준으로 옳은 것은?

① n=5, c=2, m=10, M=1,000
② n=5, c=1, m=10, M=1,000
③ n=5, c=2, m=100, M=1,000
④ n=5, c=1, m=100, M=1,000

29 장기보존식품의 기준 및 규격에서 저산성식품과 산성식품을 구분하는 기준은?

① pH 5 초과 시 저산성식품, pH 5 이하 시 산성식품
② pH 4.6 초과 시 저산성식품, pH 4.6 이하 시 산성식품
③ 산도 10% 이하 시 산성식품, 산도 10% 초과 시 저산성식품
④ 산도 20% 이하 시 산성식품, 산도 20% 초과 시 저산성식품

30 장기보존식품의 기준 및 규격상 통·병조림식품 중 가열 등의 방법으로 살균처리 할 수 있는 기준은?

① 저산성 식품으로 pH 4.6 이상의 것
② 산성식품으로 pH 4.6 미만인 것
③ 제조 시 관 또는 병 뚜껑이 팽창 또는 변형되지 아니한 것
④ 호열성 세균이 증식할 우려가 없는 식품

31 식품공전상 장기보존식품의 기준 및 규격에 의한 병·통조림식품의 주석 기준은?

① 60(mg/kg) 이하
② 90(mg/kg) 이하
③ 120(mg/kg) 이하
④ 150(mg/kg) 이하

32 식품의 기준과 규격 중 참기름의 산가는?

① 0.6 이하
② 0.5 이하
③ 4.0 이하
④ 0.3 이하

33 해산 어류·연체류의 총 수은 잔류허용기준은?

① 0.1ppm 이하
② 0.5ppm 이하
③ 1.0ppm 이하
④ 1.5ppm 이하

34 건강기능식품에서 원료 중에 함유되어 있는 화학적으로 규명된 성분 중에서 품질관리를 목적으로 정한 성분은?

① 지표성분
② 기능성분
③ 정제성분
④ 합성성분

35 건강기능식품의 기준 및 규격에서 제품의 형태에 관한 정의로 틀린 것은?

① 정제란 일정한 형상으로 압축된 것을 말한다.
② 환이란 구상으로 만든 것을 말한다.
③ 편상이란 얇고 편편한 조각상태의 것을 말한다.
④ 분말이란 입자의 크기가 과립제품보다 큰 것을 말한다.

36 기구 및 용기, 포장의 기준, 규격으로 틀린 것은?

① 식품과 접촉하는 기구 및 용기. 포장의 제조 또는 수리에 땜납을 사용하여서는 아니 된다.

② 전류를 직접 식품에 통하게 하는 장치를 가진 기구의 전극은 철, 알루미늄, 백금, 티타늄 및 스테인레스 이외의 금속을 사용하여서는 아니 된다.

③ 식품과 접촉하는 면에 인쇄할 때에는 인쇄 후 잔류 톨루엔의 함량이 $5mg/m^2$ 이하이어야 한다.

④ 기구 및 용기 포장의 제조 시에는 디에틸헥실아디페이트(DEH, 일명 DOA)를 사용하여서는 아니 된다.

37 기구 및 용기·포장의 일반기준으로 옳은 것은?

① 전분, 글리세린, 왁스 등 식용물질이 식품과 접촉하는 면에 접착되어 있는 용기 포장에 대해서는 총 용출량의 규격 적용을 아니 할 수 있다.

② 기구 및 용기·포장의 식품과 접촉하는 부분에 사용하는 도금용 주석은 납을 1% 이상 함유하여서는 아니 된다.

③ 식품의 용기·포장을 회수하여 재사용하고자 할 때에는 먹는물 관리법의 수질기준에 적합한 물로 깨끗이 세척하고 즉시 사용한다.

④ 검체 채취 시 상자 등에 넣어 유통되는 기구 및 용기포장은 반드시 개봉하여 채취한다.

38 우리나라 기구 및 용기·포장 공전 상의 재질별 규격에서 식품과 직접 접촉하는 면에 금속제에 합성수지제, 고무제 또는 도자기 등이 사용된 경우 납의 용출규격은?

① 0.1% 이하   ② 0.2% 이하

③ 0.3% 이하   ④ 0.4% 이하

식품안전관리인증기준(HACCP)

01 HACCP에 대한 설명 중 틀린 것은?

① 위해요소분석(HA)과 주요관리기준(CCP)을 의미한다.

② 자율적 위생관리에서 정부 주도형 위생관리를 하기 위한 제도이다.

③ HACCP 도입업소는 회사의 신뢰성이 향상될 수 있다.

④ 위해발생요소를 사전에 관리하는 방법이다.

02 HACCP에 관한 설명 중 옳지 않은 것은?

① 위해분석(Hazard Analysis)은 위해가능성이 있는 요소를 찾아 분석·평가하는 작업이다.

② 중요관리점(Critical Control Point) 설정이란 관리가 안 될 경우 안전하지 못한 식품이 제조될 가능성이 있는 공정의 결정을 의미한다.

③ 관리기준(Critical Limit)이란 위해 분석 시 정확한 위해도 평가를 위한 지침을 말한다.

④ HACCP의 7개 원칙에 따르면 중요관리점이 관리기준 내에서 관리되고 있는지를 확인하기 위한 모니터링 방법이 설정되어야 한다.

03 HACCP(hazard analysis critical control point) 제도에 대한 설명으로 옳은 것은?

① 식품의 유통과정 중 문제점 발생 시 제품을 자발적으로 회수하여 폐기하는 제도

② 식품공장의 미생물 관리를 위한 위해분석과 중요관리점검 제도

③ 식품 등의 규격 및 기준의 최저기준 이상의 위생적 품질기준 제도

④ 제품을 생산하여 출하시킨 뒤 유통 중이거나 사용 중에 발생하는 문제를 책임지는 제도

04 HACCP에 대한 설명으로 틀린 것은?

① 식품위생법에서는 '위해요소중점관리기준'이라고 한다.

② 국제식품규격위원회(CODEX)에 의하면 12단계와 7원칙으로 규정되어 있다.

③ HACCP의 주목적은 최종 제품을 검사하여 안전성을 확보하는 것이다.

④ 위해분석과 중요 관리점으로 구성되어 있다.

05 HACCP(hazard analysis critical control point) 제도에 대한 설명 중 올바른 것은?

① 식품 등의 규격 및 기준의 최저기준 이상의 위생적 품질기준 제도

② 식품공장의 미생물 관리를 위한 위해분석과 중요 관리점검 제도

③ 식품의 유통과정 중 문제점이 발생 시 제품을 자발적으로 회수하여 폐기하는 제도

④ 포자를 만드는 세균의 살균을 목표로 한 살균처리 제도

06 식품의 원재료부터 제조, 가공, 보존, 유통, 조리단계를 거쳐 최종소비자가 섭취하기 전까지의 각 단계에서 발생할 우려가 있는 위해요소를 규명하고 중점적으로 관리하는 것은?

① GMP 제도

② 식품안전관리인증기준

③ 위해식품 자진 회수 제도

④ 방사살균(Radappertization) 기준

07 식품공장의 위생관리를 위한 기법으로 위해분석을 기초로 제조공정 중 엄격한 미생물 관리를 할 부분을 정하여 합리적으로 관리하려는 제도는?

① Cold Chain 제도

② Quality Control 제도

③ GMP(Good Manufacturing Practice) 제도

④ HACCP 제도

08 HACCP(식품안전관리인증기준)에 대한 설명 중 틀린 것은?

① 위해분석(HA)과 중요 관리점(CCP)으로 구성되어 있다.

② 유통 중의 상품만을 대상으로 하여 상품을 수거하여 위생상태를 관리하는 기준이다.

③ 식품의 원재료에서부터 가공공정, 유통단계 등 모든 과정을 위생 관리한다.

④ CCP는 해당 위해요소를 조사하여 방지, 제거한다.

09 HACCP(식품안전관리인증기준)에 대한 설명으로 옳지 않은 것은?

① 용수관리는 HACCP 선행요건에 포함된다.
② 선행요건의 목적은 HACCP 제도가 효율적으로 가동될 수 있도록 하는 것이다.
③ HACCP 제도에서 위해요소는 생물학적, 화학적 물리적 요소로 구분된다.
④ HACCP의 7원칙 중 첫 번째 원칙은 중요관리점(CCP) 결정이다.

10 HACCP에 관한 설명 중 맞지 않는 것은?

① 위해분석(HA)과 중요관리점(CCP)을 의미한다.
② HACCP 도입업소는 위생적이고 안전한 식품을 제조할 수 있다.
③ 위해 발생요소를 사전에 선정하여 집중관리하는 방식이다.
④ 자율적 위생관리에서 정부주도형 위생관리를 수행하기 위한 제도이다.

11 식품업계가 HACCP을 도입함으로써 얻을 수 있는 효과와 거리가 먼 것은?

① 위해요소를 과학적으로 규명하고 이를 효과적으로 제어하여 위생적이고 안전한 식품제조가 가능해짐
② 장기적으로 관리인원 감축 등이 가능해짐
③ 모든 생산단계를 광범위하게 사후 관리하여 위생적인 제품을 생산할 수 있음
④ 업체의 자율적인 위생관리를 수행할 수 있음

12 HACCP을 도입함으로써 얻을 수 있는 효과에 해당하지 않는 것은?

① 예상되는 위해요인을 과학적으로 규명하여 효과적으로 제어할 수 있다.
② 체계적인 위생관리시스템의 확립이 가능하다.
③ 해당 업체에서 수행되는 모든 단계를 광범위하게 관리할 수 있다.
④ 소비자들이 안심하고 섭취할 수 있다.

13 HACCP 제도와 관련된 용어의 정의 중 틀린 것은?

① 개선조치(Corrective Action)는 모니터링 결과 중요관리점의 한계기준을 이탈할 경우에 취하는 일련의 조치를 말한다.
② 위해요소분석은 식품안전에 영향을 줄 수 있는 미생물학적 인자에 대해서만 이를 유발할 수 있는 조건이 존재하는지의 여부를 판별하기 위한 필요한 정보를 수집하고 평가하는 일련의 과정이다.
③ 한계기준은 중요관리점에서의 위해요소 관리가 허용범위 내로 충분히 이루어지고 있는지의 여부를 판단할 수 있는 기준이나 기준치를 말한다.
④ 축산물 위해요소중점관리기준에서 선행요건프로그램은 축산물작업장이 HACCP을 적용하는 데에 토대가 되는 위생관리 프로그램을 말한다.

14 HACCP 제도와 관련된 용어의 정의 중 틀린 것은?

① HACCP은 식품의 원료나 제조, 가공 및 유통의 전 과정에서 위해물질이 해당식품에 혼입되거나 오염되는 것을 사전에 방지하기 위하여 각 과정을 중점적으로 관리하는 기준을 말한다.

② 위해요소는 인체의 건강을 해할 우려가 있는 생물학적 인자나 조건을 말한다.

③ 모니터링(Monitoring)은 중요관리점에 설정된 한계기준을 적절히 관리하고 있는지 여부를 확인하기 위하여 수행하는 일련의 계획된 관찰이나 측정하는 행위 등을 말한다.

④ 축산물 위해요소중점관리기준에서 선행요건프로그램은 축산물작업장이 HACCP을 적용하는 데에 토대가 되는 위생관리 프로그램을 말한다.

선행요건 관리

01 식품 및 축산물 안전관리인증기준에 의거하여 식품(식품첨가물 포함) 제조·가공업소, 건강기능식품제조업소, 집단급식소식품판매업소, 축산물작업장·업소의 선행요건 관리 대상이 아닌 것은?

① 용수 관리
② 차단방역관리
③ 회수 프로그램 관리
④ 검사 관리

02 식품공장의 작업장 구조와 설비를 설명한 것 중 틀린 것은?

① 바닥은 내수 처리되어야 하며 1.5/100 내외의 경사를 두어 배수에 적당하도록 한다.

② 창 면적은 적절한 환기와 채광 등이 양호하도록 하나 곤충 등이 들지 않도록 방충망 시설을 한다.

③ 건물기초는 면적에 비례하여 충분한 강도가 유지되도록 한다.

④ 천장은 응축수가 맺히지 않도록 재질과 구조에 유의한다.

03 식품가공 공장의 바닥, 수구 등에 관한 설명 중 틀린 것은?

① 바닥은 내수성이고 청소하기에 편리하여야 된다.

② 바닥은 물이 잘 빠지도록 경사가 필요하다.

③ 배수구는 U자형으로 하는 것이 좋다.

④ 배수구는 벽과 평행하여 밀착되게 설치하되 깊이는 20cm 이상 되게 한다.

04 식품공장의 작업장 구조와 설비를 설명한 것 중 틀린 것은?

① 출입문은 완전히 밀착되어 구멍이 없어야하고 밖으로 뚫린 구멍은 방충망을 설치한다.

② 천장은 응축수가 맺히지 않도록 재질과 구조에 유의한다.

③ 가공장 바로 옆에 나무를 많이 식재하여 직사광선으로부터 공장을 보호하여야 한다.

④ 바닥은 물이 고이지 않도록 경사를 둔다.

05 식품공장에서 자연채광을 위하여 필요한 창문의 적합한 면적은?

① 벽면적의 50%
② 바닥면적의 40%
③ 벽면적의 70%
④ 바닥면적의 15%

06 식품제조·가공업의 HACCP 적용을 위한 선행요건이 틀린 것은?

① 작업장은 독립된 건물이거나 식품취급 외의 용도로 사용되는 시설과 분리되어야 한다.

② 채광 및 조명시설은 이물 낙하 등에 의한 오염을 방지하기 위한 보호장치를 하여야 한다.

③ 선별 및 검사구역 작업장의 밝기는 220 룩스 이상을 유지하여야 한다.

④ 원·부자재의 입고부터 출고까지 물류 및 종업원의 이동동선을 설정하고 이를 준수하여야 한다.

07 식품공장에서 사용되는 용수에 대한 기본적인 처리 방법에 해당되지 않는 것은?

① 여과   ② 경화

③ 침전   ④ 연화

08 식품공장에서의 미생물 오염 원인과 그에 대한 대책의 연결이 잘못된 것은?

① 작업복 – 에어 샤워(air shower)

② 작업자의 손 – 자외선 등

③ 공중낙하균 – 클린룸(clean room) 도입

④ 포장지 – 무균포장장치

09 식품제조가공 작업장의 위생관리에 대한 설명으로 옳은 것은?

① 물품검수구역, 일반작업구역, 냉장보관 구역 중 일반작업구역의 조명이 가장 밝아야 한다.

② 화장실에는 손을 씻고 물기를 닦기 위하여 깨끗한 수건을 비치하는 것이 바람직하다.

③ 식품의 원재료 입구와 최종제품 출구는 반대 방향에 위치하는 것이 바람직하다.

④ 작업장에서 사용하는 위생 비닐장갑은 파손되지 않는 한 계속 사용이 가능하다.

10 안전한 식품 제조를 위한 작업장 관리에 대한 설명으로 적절치 않은 것은?

① 내장재는 사전에 불침수성을 조사하여 선정한다.

② 청정도가 낮은 지역을 가장 큰 양압으로 하여 청정도가 높아질수록 실압으로 낮추어 간다.

③ 먼지가 누적되는 곳을 줄이기 위하여 코너에 45도 경사를 둔다.

④ 작업상 필요한 조도를 충분히 갖도록 하여 감시 및 검사지역은 600lux로 한다.

11 선별 및 검사구역 작업장 등 육안확인이 필요한 곳의 조도는 얼마로 유지하여야 하는가?

① 110lux   ② 260lux 이상

③ 450lux 이상   ④ 540lux 이상

12 식중독 안전관리를 위한 시설·설비의 위생관리로 잘못된 것은?

① 수증기열 및 냄새 등을 배기시키고 조리장의 적정 온도를 유지시킬 수 있는 환기시설이 갖추어져 있어야 한다.

② 내벽은 내수처리를 하여야 하며, 미생물이 번식하지 아니하도록 청결하게 관리하여야 한다.

③ 바닥은 내수처리가 되어 있고 가급적 미끄러지지 않는 재질이어야 한다.

④ 경사가 지면 미끄러짐 등의 안전 위험이 있으므로 경사가 없도록 한다.

13 세척 또는 소독기준에 포함하지 않는 사항은?

① 세척·소독 대상별 세척·소독 부위

② 세척·소독 방법 및 주기

③ 세척·소독 책임자

④ 세제·소독제 보관 관리

14 식품 가공을 위한 냉장·냉동 시설 설비의 관리 방법으로 틀린 것은?

① 냉장시설은 내부 온도를 10℃ 이하로 유지한다.

② 냉동 시설은 −18℃ 이하로 유지한다.

③ 온도 감응 장치의 센서는 온도가 가장 낮게 측정되는 곳에 위치하도록 한다.

④ 신선편의식품, 훈제연어, 가금육은 5℃ 이하로 유지한다.

15 작업위생관리로 적절하지 않은 것은?

① 조리된 식품에 대하여 배식하기 직전에 음식의 맛, 온도, 이물, 이취, 조리 상태 등을 확인하기 위한 검식을 실시하여야 한다.

② 냉장식품과 온장식품에 대한 배식 온도 관리기준을 설정·관리하여야 한다.

③ 위생장갑 및 청결한 도구(집게, 국자 등)를 사용하여야 하며, 배식 중인 음식과 조리 완료된 음식을 혼합하여 배식하여서는 아니 된다.

④ 해동된 식품은 즉시 사용하고 즉시 사용하지 못할 경우 조리 시까지 냉장 보관하여야 하며, 사용 후 남은 부분을 재동결하여 보관한다.

16 개인위생이란?

① 식품종사자들이 사용하는 비누나 탈취제의 종류

② 식품종사자들이 일주일에 목욕하는 회수

③ 식품종사자들이 위생장갑 착용 및 청결을 유지하는 것

④ 식품종사자들이 작업 중 항상 장갑을 끼는 것

17 SSOP(Sanitation Standard Operation Procedure, 표준위생관리기준)의 핵심 요소(8가지)와 관련이 없는 것은?

① 저온살균법

② 교차오염의 방지

③ 물의 안전성

④ 화학제품의 적절한 라벨링

18 식품공장의 식품취급 시설에 관한 설명으로 옳지 않은 것은?

① 식품과 직접 접촉하는 부분은 위생적인 내수성 재질이어야 한다.

② 식품 제조가공에 필요한 기계 및 기구류에 대해서는 특별한 기준이 없으므로 임의로 선택하여 사용할 수 있다.

③ 식품과 직접 접촉하는 부분은 열탕, 증기, 살균제 등으로 소독·살균이 가능한 것이어야 한다.

④ 냉동·냉장시설 및 가열처리 시설에는 온도계 등을 설치하여 온도관리를 해야 한다.

19 식품제조·가공업소의 작업 관리 방법으로 틀린 것은?

① 작업장(출입문, 창문, 벽, 천장 등)은 누수, 외부의 오염물질이나 해충·설치류 등의 유입을 차단할 수 있도록 밀폐 가능한 구조여야 한다.

② 식품 취급 등의 작업은 안전사고 방지를 위하여 바닥으로부터 60cm 이하의 높이에서 실시한다.

③ 작업장은 청결구역(식품의 특성에 따라 청결구역은 청결구역과 준청결구역으로 구별할 수 있다)과 일반구역으로 분리하고 제품의 특성과 공정에 따라 분리, 구획 또는 구분할 수 있다.

④ 작업장은 배수가 잘 되어야 하고 배수로에 퇴적물이 쌓이지 아니 하여야 하며, 배수구, 배수관 등은 역류가 되지 아니하도록 관리하여야 한다.

20 식품 및 축산물안전관리인증기준의 작업위생관리에서 아래의 ( ) 안에 알맞은 것은?

> • 칼과 도마 등의 조리 기구나 용기, 앞치마, 고무장갑 등은 원료나 조리과정에서의 ( )을(를) 방지하기 위하여 식재료 특성 또는 구역별로 구분하여 사용하여야 한다.
> • 식품 취급 등의 작업은 바닥으로부터 ( )cm 이상의 높이에서 실시하여 바닥으로부터의 ( )을(를) 방지하여야한다.

① 오염물질 유입 – 60 – 곰팡이 포자 날림

② 교차오염 – 60 – 오염

③ 공정간 오염 – 30 – 접촉

④ 미생물 오염 – 30 – 해충·설치류의 유입

21 식품의 안전관리에 대한 사항으로 틀린 것은?

① 작업장 내에서 작업 중인 종업원 등은 위생복·위생모·위생화 등을 항시 착용하여야 하며, 개인용 장신구 등을 착용하여서는 아니 된다.

② 식품 취급 등의 작업은 바닥으로부터 60cm 이상의 높이에서 실시하여 바닥으로부터의 오염을 방지하여야 한다.

③ 칼과 도마 등의 조리 기구나 용기, 앞치마, 고무장갑 등은 원료나 조리과정에서의 교차오염을 방지하기 위하여 식재료 특성 또는 구역별로 구분하여 사용하여야 한다.

④ 해동된 식품은 즉시 사용하고 즉시 사용하지 못할 경우 조리 시까지 냉장 보관하여야 하며, 사용 후 남은 부분은 재동결하여 보관한다.

22 식품공장의 위생관리 방법으로 적합하지 않은 것은?

① 환기시설은 악취, 유해가스, 매연 등을 배출하는 데 충분한 용량으로 설치한다.

② 조리기구나 용기는 용도별로 구분하고 수시로 세척하여 사용한다.

③ 내벽은 어두운 색으로 도색하여 오염물질이 쉽게 드러나지 않도록 한다.

④ 폐기물·폐수 처리시설은 작업장과 격리된 장소에 설치·운영한다.

23 다음과 같은 식품 기계장치의 세정 방법은?

> 기계가 조립된 상태 그대로 장치 내부에 세제용액으로 오염물질을 제거한 후 세척수로 헹구고, 살균제로 세척된 표면을 살균하고, 최종적으로 헹구어 주는 방법

① 분해 세정법
② CIP 법
③ HACCP 법
④ Clean room 법

24 식품제조 가공업소에서 이물관리 개선을 위해 실시할 수 있는 대책과 거리가 먼 것은?

① X-ray 검출기 설치
② 방충·방서설비 등 제조시설 개선
③ 대장균 등의 미생물 완전 멸균처리
④ 반가공 원료식품의 자가품질검사 강화

25 식품 제조 가공에 사용되는 용수 검사에 대한 설명으로 잘못된 것은?

① 지하수를 사용하는 경우에는 먹는물 수질기준 전 항목에 대하여 연 1회 이상 검사를 실시하여야 한다.
② 음료류 등 직접 마시는 용도의 경우는 반기 1회 이상 검사를 실시하여야 한다.
③ 먹는물 수질기준에 정해진 미생물학적 항목에 대한 검사를 반기에 1회 이상 실시하여야 한다.
④ 미생물학적 항목에 대한 검사는 간이검사키트를 이용하여 자체적으로 실시할 수 있다.

26 식품 제조 가공에 사용되는 용수로 지하수를 사용하는 경우 먹는물 수질기준 전 항목에 대한 검사 주기는?

① 월1회
② 반기에 2회
③ 연1회
④ 연2회

27 식품공장의 위생상태를 유지 관리하기 위하여 일반적인 조치 사항 중 가장 맞는 것은?

① 작업장과 화장실은 2일 1회 이상 청소하여야 한다.
② 온도계와 같은 계기류는 유명회사 제품을 사용하면 자체 점검할 필요가 없다.
③ 우물물을 사용하는 경우 정기적으로 공공기관에 수질검사를 받고 그 성적서를 보관한다.
④ 냉장시설과 창고는 월 1회 이상 청소를 하여야 한다.

28 단체급식 HACCP 선행요건관리와 관련하여 옳은 것을 모두 고른 것은?

> 가. 배식 온도관리 기준에서 냉장식품은 10℃ 이하, 온장식품은 50℃ 이상에서 보관한다.
> 나. 조리한 식품의 보존식은 5℃ 이하에서 48시간까지 보관한다.
> 다. 냉장시설은 내부의 온도를 10℃ 이하, 냉동시설은 −18℃로 유지해야 한다.
> 라. 운송차량은 냉장의 경우 10℃ 이하, 냉동의 경우 −18℃ 이하를 유지할 수 있어야 한다.

① 가, 나
② 가, 라
③ 나, 다
④ 다, 라

식품안전관리인증기준(HACCP) 관리

01 HACCP의 7원칙에 해당되지 않는 것은?
① 위험요인 분석
② 기록 보관 및 문서화 방법 설정
③ 모니터링 절차 설정
④ 작업공정도 작성

02 식품안전관리인증기준(HACCP) 준비단계의 순서로 옳은 것은?

> ㉠ 공정흐름도 작성
> ㉡ 제품의 용도 확인
> ㉢ HACCP팀 구성
> ㉣ 공정흐름도 현장 확인
> ㉤ 제품 설명서 작성

① ㉢ → ㉠ → ㉣ → ㉡ → ㉤
② ㉢ → ㉡ → ㉠ → ㉣ → ㉤
③ ㉢ → ㉤ → ㉡ → ㉠ → ㉣
④ ㉢ → ㉣ → ㉤ → ㉡ → ㉠

03 HACCP의 적용 순서 중 4단계에 해당되는 것은?
① 공정흐름도의 작성
② 제품설명서 작성
③ HACCP팀 구성
④ 공정흐름도의 현장확인

04 HACCP의 적용 순서(codex지침) 중 7단계에 해당되는 것은?
① 공정도의 현장 검증
② 중요관리점의 결정
③ 공정흐름도 작성
④ 검증절차의 수립

05 HACCP의 7원칙에 해당되지 않는 것은?
① 검증절차의 수립
② 개선조치방법 수립
③ 모니터링(Monitoring) 방법의 설정
④ 종업원 교육 방법의 설정

06 다음 중 HACCP 시스템 적용 시 가장 먼저 시행해야 하는 단계는?
① 위해요소분석
② HACCP팀 구성
③ 중요관리점 결정
④ 개선조치 설정

07 HACCP 적용을 위한 12절차 중 준비(예비)단계에 속하는 것은?
① 위해요소 분석
② 공정흐름도 작성
③ 중요관리점 결정
④ 개선조치방법 수립

08 식품의 현실적인 위해 요인과 잠재 위해 요인을 발굴하고 평가하는 일련의 과정으로, HACCP 수립의 7원칙 중 제1원칙에 해당하는 단계는?
① 위해요소분석(Hazard Analysis)
② 중요관리점(Critical Control Point)
③ 허용한도(Critical limit)
④ 모니터링 방법 결정

09 단체급식이나 외식산업 HACCP의 7가지 원칙에 해당하지 않는 것은?
① 모니터링 방법 설정
② 검증방법 설정
③ 기록유지 및 문서관리
④ 공정흐름도 작성

10 HACCP의 7원칙에 해당하지 않는 것은?

① 위험요인 분석
② 기록 보관 및 문서화 방법 설정
③ 모니터링 절차 설정
④ 작업공정도 작성

11 다음 중 HACCP 시스템 적용 시 가장 먼저 시행해야 하는 단계는?

① 위해요소분석
② HACCP팀 구성
③ 중요관리점 결정
④ 개선조치 설정

12 HACCP 12단계 중 최종 단계에 해당하는 것은?

① 모니터링 체계 확립
② 개선조치
③ 한계기준 설정
④ 문서화 및 기록 유지

13 식품안전관리인증기준(HACCP)에 대한 설명이 틀린 것은?

① 위해가능성이 있는 요소를 찾아 분석·평가하여 위해성을 제거하고 관리점을 설정하여 사전에 예방하는 수단과 절차이다.
② 위해요소로는 물리적, 화학적, 생물학적 요소가 있다.
③ 숙련된 필수요원으로만 관리가 가능하도록 설계되어 있다.
④ 정확한 기록을 유지·보존한다는 것은 반드시 해야 하는 필수사항이다.

14 HACCP 팀원 구성으로 다음 분야에 책임자가 포함되어야 한다. 해당하지 않는 사항은?

① 시설·설비의 공무관계 책임자
② 종사자 보건관리 책임자
③ 식품위생관련 품질관리업무 책임자
④ 운반수송 관리 책임자

15 HACCP 팀을 구성할 때 가장 중요한 것은 경영자의 의지이다. 다음 중 경영자의 의지라고 할 수 없는 사항은?

① 보고체계를 수립
② 회사의 HACCP 혹은 식품 안전성 정책의 승인
③ 전문지식 습득 및 교육
④ HACCP 팀이 적절한 자원을 활용할 수 있도록 보장

16 HACCP 팀장의 역할에 해당되지 않는 것은?

① 예산 승인
② HACCP 추진의 범위 통제
③ HACCP 시스템의 계획과 이행 관리
④ 팀 회의 조정 및 주제

17 HACCP Plan(계획)을 확인하는 사람은?

① 업체의 영업 관련 직원
② 회사 인사 관련 직원
③ 경영자
④ 자격이 인정된 전문가

18 HACCP 팀원의 책임과 관계가 없는 사항은?

① HACCP 추진 및 문서화
② 위해 허용 한도의 이탈 감시
③ 식품안전 정책의 승인
④ HACCP 업무에 관한 정보 공유

19 HACCP의 적용 순서 중 2단계인 제품설명서 작성 내용에 포함되지 않아도 되는 것은?

① 제품유형 및 성상
② 섭취 방법
③ 소비기간
④ 포장방법 및 재질

20 HACCP 2단계인 제품설명서 작성에 필요한 내용이 아닌 것은?

① 제품유형 및 성상
② 완제품의 규격
③ 제품용도 및 소비기간
④ HACCP의 팀 구성도

21 HACCP의 적용 순서 4단계인 공정도 작성에 포함되지 않는 것은?

① 공급되는 물의 수질 상태
② 원재료 공정에 투입되는 물질
③ 부재료 공정에 투입되는 물질
④ 포장재 공정에 투입되는 물질

22 HACCP의 적용 순서 4단계인 공정흐름도 작성에서 작업자의 도면에 표시하지 않아도 되는 것은?

① 시설도면
② 포장방법
③ 저장 및 분배 조건
④ 물 공급 및 배수

23 공정흐름도의 현장 확인(5단계)에 대한 내용 중 바르지 못한 것은?

① 공정흐름도의 정확성이 매우 중요하다.
② 공정흐름도의 현장 확인은 필수 단계가 아니다.
③ 현장 확인을 통해 제품에 대한 신뢰성을 가질 수 있다.
④ 현장 검증은 HACCP팀 전원이 참여한다.

24 식품·축산물 안전에 영향을 줄 수 있는 위해요소와 이를 유발할 수 있는 조건이 존재하는지 여부를 판별하기 위하여 필요한 정보를 수집하고 평가하는 일련의 과정을 무엇이라 하는가?

① 개선조치(Corrective Action)
② 위해요소 분석(Hazard Analysis)
③ 한계기준(Critical Limit)
④ 중요관리점(Critical Control Point)

25 위해요소 분석 시 활용할 수 있는 기본 자료가 아닌 것은?

① 해당식품 관련 역학조사 자료
② 업체자체 오염실태조사 자료
③ 관리기준의 설정
④ 기존의 작업공정에 대한 정보

26 위해요소 분석 시 위해요소 3종류가 아닌 것은?

① 생물학적 위해요소
② 면역학적 위해요소
③ 물리적 위해요소
④ 화학적 위해요소

27 식품안전관리인증기준(HACCP)에서 화학적 위해요소와 관련된 것은?

① 기생충　　　　② 유리조각

③ 살균소독제　　④ 간염바이러스

28 HACCP 도입 시 화학적위해요소와 관련 식품의 연결이 잘못된 것은?

① prion – 소, 양 등의 식육제품

② aflatoxin – 옥수수, 땅콩

③ ciguatera – 버섯류

④ 항생제 – 식육, 양식어류

29 식품안전관리인증기준(HACCP)에서 화학적 위해요소와 관련된 것은?

① 기생충　　　　② 유리조각

③ 살균소독제　　④ 간염바이러스

30 식품 위해요소 중 생물학적 위해요소와 관련이 없는 것은?

① 기생충세균　　② 잔류 농약

③ 곰팡이　　　　④ 부패미생물

31 식품의 위해요소 중 물리적 위해요소와 관련된 것은?

① 플라스틱　　　② 아플라톡신

③ 유기염소제　　④ 항생물질

32 위해요소 분석 시 위해요소 분석 절차가 바르게 나열된 것은?

> ㉠ 위해요소분석 목록표 작성
> ㉡ 잠재적 위해요소 도출 및 원인규명
> ㉢ 위해평가(심각성, 발생가능성)
> ㉣ 예방조치 및 관리방법 결정

① ㉠ → ㉡ → ㉢ → ㉣

② ㉡ → ㉢ → ㉣ → ㉠

③ ㉢ → ㉠ → ㉡ → ㉣

④ ㉢ → ㉡ → ㉠ → ㉣

33 HACCP관리에서 미생물학적 위해분석을 수행할 경우 평가사항과 거리가 먼 것은?

① 위해의 중요도 평가

② 위해의 위험도 평가

③ 위해의 원인분석 및 확정

④ 위해의 발생 후 사후조치 평가

34 위해요소 발생가능성을 판단하는 방법으로 옳지 않은 것은?

① 경영자에게 자문 요청

② HACCP 팀의 경험이나 사례

③ 기술서적이나 연구논문

④ 과거의 발생 사례

35 다음 중 생물학적 위해요소의 예방책으로 옳지 않은 것은?

① 가열 및 조리(열처리)

② 보존료 첨가에 의한 미생물 증식 억제

③ 식품 중의 수분 탈수(건조)

④ 실온 보관

36 생물학적 위해요소와 그 예방책의 연결이 맞지 않는 항목은?

① 세균 – 냉각 및 동결
② 기생충 – 냉장
③ 세균 – 시간, 온도 관리
④ 바이러스 – 가열 조리

37 안전관리인증기준(HACCP)을 적용하여 식품·축산물의 위해요소를 예방·제어하거나 허용 수준 이하로 감소시켜 당해 식품·축산물의 안전성을 확보할 수 있는 중요한 단계·과정 또는 공정은?

① Good Manufacturing Practice
② Hazard Analysis
③ Critical Limit
④ Critical Control Point

38 중요관리점(CCP) 결정의 내용에 포함되지 않는 것은?

① 위해요소가 예방되는 지점
② 위해요소가 제거되는 지점
③ 위해요소가 허용 수준으로 감소하는 지점
④ 위해요소가 제거될 수 없는 지점

39 다음은 HACCP 7원칙 중 어느 단계를 설명한 것인가?

원칙 1에서 파악된 중요위해(위해평가 3점 이상)를 예방, 제어 또는 허용 가능한 수준까지 감소시킬 수 있는 최종 단계 또는 공정

① CCP   ② HA
③ 모니터링   ④ 검증

40 CCP 결정도에서 사용되는 5가지 질문 내용에 포함되지 않는 것은?

① 선행요건이 있으며 잘 관리되고 있는가?
② 확인된 위해요소에 대한 조치방법이 있는가?
③ 확인된 위해요소의 오염이 허용수준을 초과하는가?
④ 위해요소가 완전히 없어졌는가?

41 중요관리점(CCP)의 결정도에 대한 설명으로 옳은 것은?

① 확인된 위해요소를 관리하기 위한 선행요건이 있으며 잘 관리되고 있는가 – (예) – CCP 맞음
② 확인된 위해요소의 오염이 허용수준을 초과하는가 또는 허용할 수 없는 수준으로 증가하는가 – (아니요) – CCP 맞음
③ 확인된 위해요소를 제거하거나 또는 그 발생을 허용수준으로 감소시킬 수 있는 이후의 공정이 있는가 – (예) – CCP 맞음
④ 해당 공정(단계)에서 안정성을 위한 관리가 필요한가 – (아니요) – CCP 아님

42 다음 HACCP 결정도에서 중요관리점 (CCP) 표시가 잘못된 것은?

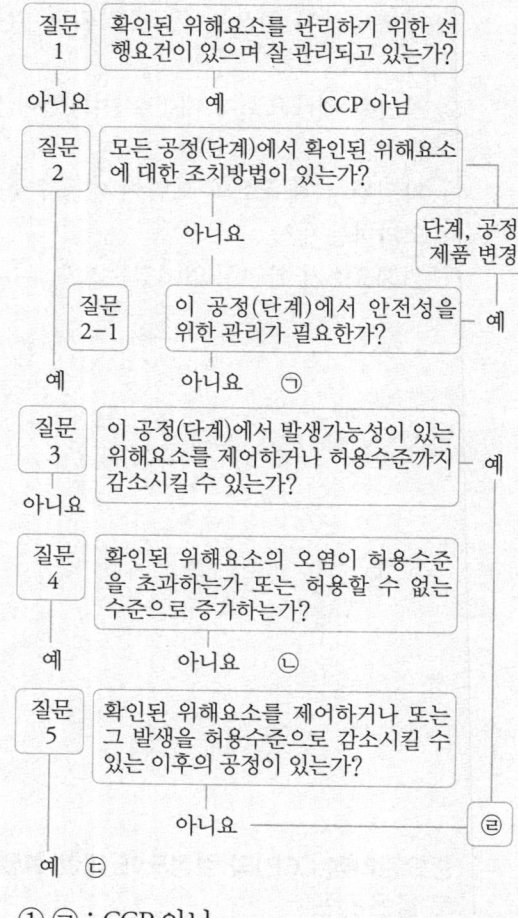

① ⊙ : CCP 아님
② ⓛ : CCP
③ ⓒ : CCP 아님
④ ⓔ : CCP

43 식품위해요소중점관리기준에서 중요관리점(CCP)결정 원칙에 대한 설명으로 틀린 것은?

① 농·임·수산물의 판매 등을 위한 포장, 단순처리 단계 등은 선행요건으로 관리한다.

② 기타 식품판매업소 판매식품은 냉장·냉동식품의 온도관리 단계를 CCP로 결정

하여 중점적으로 관리함을 원칙으로 한다.

③ 판매식품의 확인된 위해요소 발생을 예방하거나 제거 또는 허용수준으로 감소시키기 위하여 의도적으로 행하는 단계가 아닐 경우는 CCP가 아니다.

④ 확인된 위해요소 발생을 예방하거나 제거 또는 허용수준으로 감소시킬 수 있는 방법이 이후 단계에도 존재할 경우는 CCP이다.

44 가공우유의 제조공정에서 CCP(Critial Control Point)로 가장 우선되는 과정은?

집유 → 배합 → 균질 → 살균 → 냉각 → 포장

① 균질   ② 살균
③ 냉각   ④ 포장

45 위해를 관리함에 있어서 그 허용 한계를 구분하는 모니터링의 기준을 무엇이라 하는가?

① CCP   ② CL
③ SSOP   ④ HA

46 식품의 제조·가공 공정에서 일반적인 HACCP의 한계기준으로 부적합한 것은?

① 미생물 수
② Aw와 같은 제품 특성
③ 온도 및 시간
④ 금속검출기 감도

47 중요관리점(CCP)에서 관리되어야 할 생물학적, 화학적, 물리적 위해요소를 예방, 제거 또는 허용 가능한 안전한 수준까지 감소시킬 수 있는 최대치 또는 최소치를 설정하는 데에 활용되는 지표가 아닌 것은?

① 수분(습도)

② 산소농도

③ 금속검출기 감도

④ 염소, 염분농도

48 식품안전관리인증기준(HACCP)의 7원칙 중 다음의 설명에 해당하는 것은?

> • CCP에서 위해를 예방, 제거 또는 허용범위 이내로 감소시키기 위하여 관리되어야 하는 기준의 최대 또는 최소치를 말한다.
> • 제조기준, 과학적인 데이터(문헌, 실험)에 근거하여 설정되어야 한다.

① 위해요소 분석

② 한계기준 설정

③ 개선조치방법 수립

④ 검증절차 및 방법 수립

49 위해 허용 한도의 설정(8단계) 내용에 포함되지 않는 것은?

① 모든 CCP에 적용되어야 한다.

② 유추한 자료를 이용한다.

③ 타당성이 있어야 한다.

④ 측정할 수 있어야 한다.

50 중요관리점이 잘 관리되고 있는지를 확인하기 위하여 계획된 항목을 관찰하거나 측정하는 것은?

① 모니터링 ② 검증

③ 예방조치 ④ 기록유지

51 중요관리점(CCP)가 정확히 관리되고 있음을 확인하며 또는 검증 시에 이용할 수 있는 정확한 기록의 기입을 위하여 관찰, 측정 또는 시험검사를 하는 것을 무엇이라 하는가?

① 모니터링 ② 중요관리점

③ 검증 ④ 개선조치

52 HACCP에서 모니터링이란?

① 중요관리점이 관리하에 있는가를 평가하기 위한 방법

② 위해 허용 한도의 형태

③ 위해 허용 한도 명분

④ 위해 허용 한도 확인 과정

53 HACCP에서 모니터링(Monitoring)의 목적에 해당하는 것은?

① HACCP 추진의 범위 통제

② 공정도의 현장 검증

③ 위해물질이 정확히 관리되고 있는지 여부 확인

④ 중요관리점의 결정

54 다음 중 모니터링을 할 수 없는 사람은 누구인가?

① 교육을 받은 사람

② 관련 부분의 전문가

③ 지정된 사람

④ 특별한 감각을 가진 사람

55 모니터링 담당자가 갖추어야 할 요건에 해당하지 않는 내용은?

① CCP 모니터링 기술에 대하여 교육훈련을 받아두어야 한다.

② CCP 모니터링의 중요성에 대하여 충분히 이해하고 있어야 한다.

③ 위반 사항에 대하여 행정적 조치를 취할 직위에 있어야 한다.

④ 모니터링을 하는 장소에 쉽게 이동(접근)할 수 있어야 한다.

56 다음 중 모니터링을 실시하기 위해 필요한 방법에 해당하는 것은?

① 관찰과 측정

② 유해물질 분석

③ 자료 수집

④ 영양 성분의 함량 조사

57 모니터링 결과의 기록에 해당하지 않는 내용은?

① 영업자의 성명 또는 법인의 명칭

② 기록한 일시

③ 제품을 특정할 수 있는 명칭

④ 위반의 원인을 조사한 기록

58 중요관리점(CCP)에서 모니터링 결과 어떤 기준이 한계기준(CL)을 초과한 경우 등 CCP가 적절히 컨트롤되고 있지 못할 경우에 취하는 조치는?

① 중요 관리점 설정

② 검증

③ 개선조치

④ 위해분석

59 HACCP의 일반적인 특성에 대한 설명으로 옳은 것은?

① 기록유지는 사고 발생 시 역추적하기 위하여 시행되어야 하고 개인의 책임소지를 판단하는 데 사용하는 것은 바람직하지 않다.

② 식품의 HACCP수행에 있어 가장 중요한 위험요인은 "화학적 > 생물학적 > 물리적" 요인 순이다.

③ 공조시설계통도나 용수 및 배관처리계통도 상에서는 폐수 및 공기의 흐름 방향까지 표시되어야 한다.

④ 제품설명서에 최종제품의 기준·규격작성은 반드시 식품공전에 명시된 기준·규격과 동일하게 설정하여야 한다.

60 HACCP의 중요관리점에서 모니터링의 측정치가 허용한계치를 이탈한 것이 판명될 경우, 영향을 받은 제품을 배제하고 중요관리점에서 관리상태를 신속 정확히 정상으로 원위치 시키기 위해 행해지는 과정은?

① 기록유지(Record Keeping)

② 예방조치(Preventive Action)

③ 개선조치(Corrective Action)

④ 검증(Verification)

61 HACCP에서 개선조치 보고서 내용에 포함되지 않는 것은?

① 이탈 발생 시간

② 이탈의 내역

③ 격리한 제품의 양

④ 공급 용수의 수질

62 개선조치에 대한 설명 중 잘못된 것은?

① 위해 허용 한도에서 이탈이 발생한 경우
에 취한다.
② 개선조치는 즉시적 조치와 예방적 조치
가 있다.
③ 개선조치는 형법상의 책임이 따른다.
④ 개선조치는 문서로 기록 관리한다.

63 HACCP의 중요관리점에서 모니터링의 측
정치가 허용한계치를 이탈한 것이 판명될
경우, 영향을 받은 제품을 배제하고 중요관
리점에서 관리상태를 신속, 정확히 정상으
로 원위치 시키기 위해 행해지는 과정은?

① 기록유지(Record Keeping)
② 예방조치(Preventive Action)
③ 개선조치(Corrective Action)
④ 검증(Verification)

64 식품안전관리인증기준(HACCP)의 7원칙
중 다음의 설명에 해당하는 것은?

> • 기기 고장 시 즉시 작업 중단 및 수리를
> 의뢰한다.
> • 가열 온도 및 시간 이탈 시 해당 제품을
> 즉시 재가열한다.
> • 이탈에 대한 원인 규명 및 재발을 방지
> 하기 위한 방법을 결정한다.

① 한계기준 설정
② 중요관리점 결정
③ 개선조치방법 수립
④ 모니터링 체계 확립

65 HACCP 관리계획의 적절성과 실행 여부를
정기적으로 평가하는 일련의 활동을 무엇
이라 하는가?

① 중요관리점 ② 개선조치
③ 검증 ④ 위해요소분석

66 감독기관의 검증 절차 내용이 아닌 것은?

① 검증 기록의 검토
② CCP 모니터링 기록의 검토
③ 수입식품의 품질 검토
④ HACCP 계획과 개정에 대한 검토

67 검증 절차의 수립에서 검증은 다음 3가지
의 형태의 활동으로 구성된다. ⓛ에 들어
갈 수 있는 것은?

> ⓐ 기록의 확인 → ⓛ ( ) → ⓒ 시험 · 검사

① 현장 확인
② 적정 제조 기준
③ 위생관리 기준
④ 위해물질 농도

68 HACCP에 대한 설명으로 틀린 것은?

① 위험요인이 제조, 가공 단계에서 확인되
었으나 관리할 CCP가 없다면 전체 공정
중에서 관리되도록 제품 자체나 공정을
수정한다.
② CCP의 결정은 "CCP 결정도"를 활용하
고 가능한 CCP 수를 최소화하여 지정하
는 것이 바람직하다.
③ 모니터된 결과 한계 기준 이탈 시 적절
하게 처리하고 개선조치 등에 대한 기록
을 유지한다.
④ 검증은 CCP의 한계기준의 관리 상
태 확인을 목적으로 하고 모니터링은
HACCP 시스템 전체의 운영 유효성과
실행여부평가를 목적으로 수행한다.

69 HACCP 관리에서 새로운 위해정보가 발생 시, 해당식품의 특성 변경 시, 원료·제조공정 등의 변동 시, HACCP 계획의 문제점 발생 시 실시하는 검증을 무엇이라 하는가?

① 최초검증　　② 일상검증
③ 특별검증　　④ 정기검증

70 HACCP 적용 시 검증 작업에 규정해야 할 사항이 아닌 것은?

① 빈도
② 검증팀
③ 검증 결과에 따른 조치
④ HACCP 계획 전체의 수정

71 다음 중 검증대상에 포함되지 않는 사항은?

① 공정흐름도의 현장 적합성
② 기록의 점검
③ 소비자로부터의 불만, 위반 등 원인분석
④ 미생물의 병원성

식중독 ❶ – 세균성 식중독

01 세균성 식중독의 특성이 아닌 것은?

① 일반적으로 감염형 식중독은 잠복기가 독소형 식중독의 경우보다 길다.
② 면역성이 잘 생기지 않는다.
③ 2차 감염이 빈번하게 이루어진다.
④ 잠복기가 경구전염병보다 짧다.

02 식중독을 일으키는 세균과 바이러스에 대한 설명으로 틀린 것은?

① 세균은 온도, 습도, 영양성분 등이 적정하면 자체증식이 가능하다.
② 바이러스에 의한 식중독은 미량(10~100)의 개체로도 발병이 가능하다.
③ 세균에 의한 식중독은 2차 감염되는 경우가 거의 없다.
④ 바이러스에 의한 식중독은 일반적인 치료법이나 백신이 개발되어 있다.

03 다음 중 감염형 식중독이 아닌 것은?

① 장염비브리오 식중독
② 클로스트리디움 보툴리늄 식중독
③ 살모넬라 식중독
④ 리스테리아 식중독

04 괄호 안의 균에 대한 설명으로 틀린 것은?

> (　　)은(는) Gram 음성, 비아포성, 통성혐기성 간균으로 생육적정온도는 37℃이며, 파라티푸스를 일으키는 티푸스형과 급성 위장염을 일으키는 감염형이 있다. 특히 달걀 껍질은 (　　)(으)로 오염된 경우가 많으므로, 금이 갔거나 깨진 달걀은 사용하지 않도록 한다.

① 열에 강하여 일반 조리 방법으로는 살균되지 않는다.
② 개, 고양이 등 반려동물과 녹색거북이가 중요한 오염원이다.
③ 저온 및 냉동상태에서뿐만 아니라 건조에도 강하다.
④ 적당한 습도가 되면 알껍질 내부에 침입하고 그 속에서 증식한다.

05 *Salmonella*균 식중독의 감염원이 아닌 것은?

① 달걀　　　　② 과실
③ 어육 연제품　　④ 우유 및 유제품

06 장염 비브리오균에 대한 설명 중 틀린 것은?

① 내열성이 적은 세균이기 때문에 내열성 항원은 없다.
② 3~4%의 식염농도가 있으면 잘 자란다.
③ 그램음성 간균으로 포자를 형성하지 않는다.
④ 식중독의 3가지 증세는 복통, 설사, 구토가 주 증상으로 하는 급성 위장염 증세이다.

07 장염비브리오균에 의한 식중독과 가장 관계 깊은 식품은?

① 우유제품　　　② 식육제품
③ 어패류　　　　④ 야채류

08 비브리오 패혈증의 예방대책을 설명한 것 중 틀린 것은?

① 간장 질환자는 해수욕을 가급적 삼가야 한다.
② 생선회 원료는 수돗물에 잘 씻는다.
③ 서해안에 강물이 유입되는 장소는 균의 증감을 감시한다.
④ 생선회를 냉장고에 일정시간 보관하였다가 먹는다.

09 1982년 미국에서 햄버거를 먹고 일어난 식중독 사건에서 처음 발견되었고, 1996년에는 일본에서 대규모 집단 식중독이 발생하여 사회적 문제가 된 장관출혈성 대장균의 대표적인 혈청 분류 번호는?

① O157 : H7　　② O557 : H7
③ O157 : H5　　④ O25 : H7

10 황색포도상구균 식중독의 특징이 아닌 것은?

① 장내독소인 enterotoxin에 의한 독소형이다.
② 잠복기는 2~6시간으로 급격히 발병한다.
③ 사망률이 다른 식중독에 비해 비교적 낮다.
④ 열이 39℃ 이상으로 지속된다.

11 손에 화농성 상처가 있는 사람이 만든 식품을 먹고 식중독이 일어났다면 그 원인은?

① 장염 비브리오균
② 포도상구균
③ 살모넬라균
④ 클로스트리디움 보툴리늄

12 식중독의 원인 세균 중 사람이나 동물의 피부, 점막 및 장관 등에 정착하고 있으며, 도시락, 샌드위치, 샐러드 등의 식품에서 식중독을 일으키는 경우가 많은 것은?

① 세레우스균
② 황색포도상구균
③ 보툴리누스균
④ 장염비브리오균

13 *Clostridium botulinum*에 의한 식중독의 설명으로 틀린 것은?

① 원인균은 그람양성의 편성 혐기성 간균으로 아포를 형성한다.
② 독소는 분자량 5000 정도의 복합단백질로 알려져 있다.
③ 식중독을 유발하는 것은 주로 A, B, E, F형이다.
④ 주증상은 복시, 시력저하, 호흡장애 등으로 심하면 사망한다.

14 오염된 식품의 가열 조리하여 혐기성 상태에서 저장한 경우 내열성 아포가 증식하여 발생하는 식중독은?

① 웰치균 식중독
② 살모넬라 식중독
③ 장염비브리오 식중독
④ 병원성대장균 식중독

식중독 ❷ – 바이러스성 식중독

15 노로바이러스(norovirus)에 대한 설명으로 틀린 것은?

① 사람에게 장염을 일으키는 바이러스 그룹이다.
② 현재 노로바이러스에 대한 항바이러스제는 없다.
③ 유아는 감염이 잘되나 성인에게는 문제가 되지 않는다.
④ 적은 수로도 사람에게 질병을 일으킬 수 있다.

16 바이러스성 식중독에 대한 설명이 틀린 것은?

① 항생제로 치료되지 않는다.
② 자체 증식이 가능하다.
③ 미량으로도 발병한다.
④ 면역이 되지 않아 재발이 가능하다.

17 바이러스성 식중독의 병원체가 아닌 것은?

① EHEC 바이러스
② 로타바이러스 A군
③ 아스트로바이러스
④ 장관 아데노바이러스

식중독 ❸ – 자연독 식중독

18 다음 중 대합조개의 중독 성분은?

① saxitoxin ② venerupin
③ tetrodotoxin ④ ciguatoxin

19 굴, 모시조개에 의한 식중독의 독성분은?

① 삭시톡신(saxitoxin)
② 베네루핀(venerupin)
③ 테트로도톡신(tetrodotoxin)
④ 에르고톡신(ergotoxin)

20 동물성 식품에서 유래된 독소는?

① 무스카린(muscarine)
② 아미그달린(amygdalin)
③ 베네루핀(venerupin)
④ 에르고톡신(ergotoxin)

21 주로 감자 중의 발아부위에 함유되는 독성 물질은?

① 무스카린(muscarine)
② 아마니타톡신(amanitatoxin)
③ 베네루핀(venerupin)
④ 솔라닌(solanine)

22 부패한 감자에서 생성되어 중독을 일으키는 성분은?

① 솔라닌(solanine)
② 테물린(temuline)
③ 차코닌(chaconine)
④ 셉신(sepsine)

23 식품에 존재하는 유독성분과 그 식품이 바르게 연결된 것은?

① 감자 – 무스카린(muscarine)
② 면실유 – 고시폴(gossypol)
③ 수수 – 아미그달린(amygdalin)
④ 독미나리 – 에르고톡신(ergotoxin)

24 버섯류의 독성분이 아닌 것은?

① 무스카린(muscarine)
② 팔린(phaline)
③ 아미그달린(amygdalin)
④ 아마니타톡신(amanitatoxin)

25 복어가 생산하는 독성 물질은?

① 테트로도톡신(tetrodotoxin)
② 솔라닌(solanine)
③ 엔테로톡신(enterotoxin)
④ 아트로핀(atropine)

26 복어 독소인 테트로도톡신(tetrodotoxin)을 설명한 것으로 틀린 것은?

① 단백질분해효소에 의해 쉽게 분해된다.
② 약 염기성 물질이다.
③ 물에 녹기 어렵다.
④ 열에 안정하다.

식중독 ❹ – 곰팡이독 식중독

27 곰팡이독 중독증(mycotoxicosis)의 특징을 올바르게 설명한 것은?

① 단백질이 풍부한 축산물을 섭취하면 일어날 수 있다.
② 원인식품에서 곰팡이의 오염증거 또는 흔적이 인정된다.
③ 항생물질이나 약제요법을 실시하면 치료의 효과가 있다.
④ 감염형이기 때문에 사람과 사람 사이에서 직접 감염된다.

28 곰팡이가 생성하는 독소가 아닌 것은?

① aflatoxin　　② citrinin
③ citreoviridin　　④ atropine

29 Aflatoxin에 대한 설명으로 틀린 것은?

① *Aspergillus* 속에 의해 생성된 대사산물이다.
② 급성 간장장애를 일으키는 독소이다.
③ 사람에게 유독하나 동물은 감수성이 없다.
④ Aflatoxin B_1은 강한 독성과 발암성이 있다.

30 우유 중에서 많이 발견될 수 있는 aflatoxin은?

① B_1　　② M_1
③ G_1　　④ B_2

31 황변미(yellowed rice)중독의 원인이 되는 주 미생물은?

① *Penicillium citreoviride*
② *Fusarium tricinctum*
③ *Aspergillus flavus*
④ *Claviceps purpurea*

32 사과주스에 신규로 기준규격이 설정된 곰팡이 독소로 오염된 맥아뿌리를 사료로 먹은 젖소가 집단식중독을 일으킨 곰팡이 독소는?

① Patulin　　② Aflatoxin
③ Ochratoxin　　④ Zearalenone

식중독 ❺ – 화학성 식중독

33 이타이이타이병과 관계가 있는 금속은?

① 카드뮴(Cd)　　② 수은(Hg)
③ 납(Pb)　　④ 아연(Zn)

34 카드뮴 중독에 의해 가장 큰 장애를 받는 기관은?

① 중추신경계   ② 심장

③ 신장   ④ 위장

35 유기수은제에 의하여 발생하는 병은?

① 탄저병   ② 이타이이타이병

③ 광견병   ④ 미나마타병

36 물에 녹기 쉬운 무색의 가스 살균제로 방부력이 강하여 0.1%로서 아포균에 유효하며, 단백질을 변성시키는 작용을 하며 두통, 위통, 구토 등의 중독 증상을 일으키는 물질은?

① 포름알데히드   ② 불화수소

③ 붕산   ④ 승홍

37 PCB(polychlorinated biphenyls)에 대한 설명으로 틀린 것은?

① 미강유 제조과정에서 오염된 사례가 있다.

② 중독환자는 여드름 모양의 피부발진과 발한과다 증상이 있다.

③ 중독되면 간종양과 간경변을 유발할 수 있다.

④ 수중에서 장기간 잔류하나 토양에서는 단기간에 소멸된다.

38 식품의 잔류 농약에 관한 설명 중 잘못된 것은?

① 수확 직전 살포 시에는 식품에 다량 잔류할 수 있다.

② 급성독성이 문제시되며, 만성독성은 발생하지 않는다.

③ 사용이 금지된 것도 환경 내에 어느 정도 잔류하여 오염될 수 있으므로 계속적인 모니터링이 필요하다.

④ 농약에 오염된 사료로 사육한 동물의 우유 등에도 잔류할 수 있다.

39 유기인제 농약에 의한 중독기작은?

① Cytochrome oxidase 저해

② ATPase 저해

③ Cholinesterase 저해

④ FAD oxidase 저해

40 다음 중 가장 잔존성이 큰 염소제 농약은?

① Aldrin   ② DDT

③ Telodrin   ④ γ-BHC

41 유기염소제 농약의 사용이 금지됨에 따라서 그 대용으로 사용되기 위해 만들어진 농약으로 체내에서 콜린에스테라아제(cholinesterase)를 저해하는 것은?

① 유기불소제   ② 유기수은제

③ 유기인제   ④ 카바메이트제

안전성 평가시험

01 유전자 재조합식품의 안전성 평가를 위한 일반적인 조사에 해당하지 않는 것은?
① 건강에 직접적 영향(독성)
② 유전자 재조합에 의해 만들어진 영양 효과
③ 유전자 도입 전 식품의 안전성
④ 알레르기 반응을 일으키는 영향

02 GMO 식품의 항생제 내성 유전자가 체내, 혹은 체내 미생물로 전이되는 것이 어려운 이유는?
① 기존 식품에 혼입되어 오랜 시간 동안 다량 노출로 인해 인체가 적응을 하였기 때문
② 유전자변형 식품에 인체 및 미생물에 영향을 미치는 유전자가 함유되지 않기 때문
③ 식품 중에 포함된 유전자가 체내의 분해효소와 강산성의 위액에 의해 분해되기 때문
④ 안전성평가에 의해 인체에 전이되지 않는 GMO만을 허가하여 유통되기 때문

03 GMO 작물을 만드는 과정이 아닌 것은?
① 염기다형성 마커 이용법
② 원형질체 융합법
③ 유전자총 이용법
④ 아그로박테리움 이용법

04 유전자 재조합 식품의 안정성에 대한 평가 시 평가항목이 아닌 것은?
① 항생제 내성　　② 독성
③ 알레르기성　　④ 미생물오염 수준

05 일반 독성 시험이 아닌 것은?
① 급성 독성 시험
② 아급성 독성 시험
③ 만성 독성 시험
④ 변이원성 시험

06 특수독성시험이 아닌 것은?
① 최기형성시험　　② 번식시험
③ 변이원성시험　　④ 급성독성시험

07 유독물질의 독성 결정과 관계가 없는 것은?
① 반수 치사량(LD_{50})
② 1일 섭취허용량(ADI)
③ 최대 무작용량
④ 최소 무작용량

08 식품에 함유된 독성물질의 독성을 나타내는 것은?
① Aw　　　　② DO
③ LD_{50}　　　④ BOD

09 식품 또는 먹는물 중 노출된 집단의 50%를 치사시킬 수 있는 유해물질의 농도를 나타내는 것은?
① LD_{50}　　　② LC_{50}
③ TD_{50}　　　④ ADI

10 실험동물군의 50%를 사망시키는 독성물질의 양을 나타내는 것은?

① LD_{50} ② LC_{50}
③ TD_{50} ④ ADI

11 어떤 첨가물의 LD_{50}의 값이 적다는 것은 어느 것을 의미하는가?

① 독성이 작다.   ② 독성이 크다.
③ 보존성이 작다.   ④ 보존성이 크다.

12 LD_{50}으로 독성을 표현하는 것은?

① 급성독성   ② 만성독성
③ 발암성   ④ 최기형성

13 실험동물에 시험하고자 하는 화학물질을 1~2주간 걸쳐 관찰하는 독성 시험은?

① 급성 독성시험
② 아급성 독성시험
③ 경구아만성 독성시험
④ 경구만성 독성시험

14 다음 중 연결이 바르게 된 것은?

① LC_{50} : 시험동물의 50%가 표준 수명기간 중 종양을 생성하게 하는 유독 물질의 양
② LD_{50} : 노출된 집단의 50% 치사를 일으키는 유독물질의 농도
③ TD_{50} : 노출된 집단의 50% 치사를 일으키는 유독물질의 양
④ GRAS : 해가 나타나지 않거나 증명되지 않고 다년간 사용되어 온 식품첨가물에 적용되는 용어

15 실험물질을 사육 동물에 2년 정도 투여하는 독성 실험 방법은?

① LD_{50}
② 급성독성실험
③ 아급성독성실험
④ 만성독성실험

16 다음과 같은 목적으로 하는 독성 시험은?

- LD_{50} 값을 측정하여 독성비교를 위하여
- 급성독성의 임상적 표현을 확인하기 위하여

① 아급성독성시험   ② 급성독성시험
③ 만성독성시험   ④ 유전독성시험

17 사람이 일생동안 섭취하였을 때 현시점에서 알려진 사실에 근거하여 바람직하지 않은 영향이 나타나지 않을 것으로 예상되는 화학물질의 1일 섭취량을 나타낸 것은?

① ADI   ② GRAS
③ LD_{50} ④ LC_{50}

18 일생에 걸쳐 매일 섭취해도 부작용을 일으키지 않는 1일 섭취 허용량을 나타내는 용어는?

① Acceptable risk
② ADI(Acceptable Daily Intake)
③ Dose-response Curve
④ GRAS(Generally Recognized as Safe)

19 사람의 1일 섭취허용량(acceptable daily intake ; ADI)을 계산하는 식은?

① ADI=MNEL×1/100×국민의 평균체중(mg/kg)

② ADI=MNEL×1/10×성인남자 평균체중(mg/kg)

③ ADI=MNEL×1/10×국민의 평균체중(mg/kg)

④ ADI=MNEL×1/100×성인남자 평균체중(mg/kg)

20 실험동물에 대한 최소 치사량을 나타내는 용어는?

① MLD
② LD$_{50}$
③ ADI
④ MNEL

21 비교적 소량의 검체를 장기간 계속 투여하여 그 영향을 검사하는 시험으로, 식품첨가물의 독성을 평가하는 데 사용되는 것은?

① 급성독성시험
② 아급성독성시험
③ 만성독성시험
④ 최기형성시험

22 아급성독성시험에 대한 설명으로 틀린 것은?

① 시험동물 수명의 1/10정도의 기간 동안 시험한다.

② 연속 경구투여 하여 발현용량, 중독증상 및 사망률을 관찰한다.

③ 표적대상기관을 검사한다.

④ 주로 양−영향관계(dose−effect relationship)를 관찰한다.

23 사람에 대한 경구치사량(성인) 기준 중 극독성인 것은?

① 15mg/kg
② 5~15mg/kg
③ 50~500mg/kg
④ 5~50mg/kg

24 1일 섭취허용량이 체중 1kg당 10mg 이하인 첨가물을 어떤 식품에 사용하려고 하는데 체중 60kg인 사람이 이 식품을 1일 500g씩 섭취한다고 하면, 이 첨가물의 잔류 허용량은 식품의 몇 %가 되는가?

① 0.12%
② 0.17%
③ 0.22%
④ 0.27%

25 농약잔류허용기준 설정 시 안전수준 평가는 ADI 대비 TMDI 값이 몇 %를 넘지 않아야 안전한 수치인가?

① 10%
② 20%
③ 40%
④ 80%

26 식용동물에서 동물용 의약품이 동물의 체내 대사과정을 거쳐 잔류허용기준 이하의 안전수준까지 배설되는 기간으로 반드시 지켜야할 지침기간은?

① 기준기간
② 유효기간
③ 휴약기간
④ 유지기한

제품검사 및 관능검사

01 관능검사의 사용 목적과 거리가 먼 것은?

① 신제품 개발

② 제품 배합비 결정 및 최적화

③ 품질 평가방법 개발

④ 제품의 화학적 성질 평가

02 관능적 특성의 영향요인들 중 심리적 요인이 아닌 것은?

① 기대오차
② 습관에 의한 오차
③ 후광효과
④ 억제

03 관능검사에서 사용되는 정량적 평가방법 중 3개 이상 시료의 독특한 특성강도를 순서대로 배열하는 방법은?

① 분류
② 등급
③ 순위
④ 척도

04 관능검사에 대한 설명 중 틀린 것은?

① 관능검사는 식품의 특성이 시각, 후각, 미각, 촉각 및 청각으로 감지되는 반응을 측정, 분석, 내지 해석하는 과학의 한 분야이다.
② 관능검사 패널의 종류는 차이식별 패널, 특성묘사 패널, 기호조사 패널 등으로 나뉠 수 있다.
③ 특성묘사 패널은 재현성 있는 측정결과를 발생시키도록 적절히 훈련되어야 한다.
④ 보통 특성묘사 패널의 수가 가장 많고 기호조사 패널의 수가 가장 적게 필요하다.

05 관능검사에서 신제품이나 품질이 개선된 제품의 특성을 묘사하는 데 참여하며 보통 고도의 훈련과 전문성을 겸비한 요원으로 구성된 패널은?

① 차이식별 패널
② 특성묘사 패널
③ 기호조사 패널
④ 전문 패널

06 식품의 관능평가의 측정요소 중 반응척도가 갖추어야 할 요건이 아닌 것은?

① 의미전달이 명확해야 한다.
② 단순해야 한다.
③ 차이를 감지할 수 없어야 한다.
④ 관련성이 있어야 한다.

07 관능검사의 차이식별검사 방법을 크게 종합적차이검사와 특성차이검사로 나눌 때 다음 중 종합적차이검사에 해당하는 것은?

① 삼점검사
② 다중비교검사
③ 순위법
④ 평점법

08 관능검사 중 묘사분석법의 종류가 아닌 것은?

① 향미 프로필
② 텍스처 프로필
③ 질적 묘사분석
④ 양적 묘사분석

09 식품의 관능검사에서 특성차이검사에 해당하는 것은?

① 단순차이검사
② 일-이점검사
③ 이점비교검사
④ 삼점검사

10 특성 차이를 검사하는 관능검사 방법 중 동시에 두 개의 시료를 제공하여 특정 특성이 더 강한 것을 식별하도록 하는 것은?

① 이점비교검사
② 다시료비교검사
③ 순위법
④ 평점법

11 특성 차이 검사 방법이 아닌 것은?

① 삼점검사
② 다중비교검사
③ 순위법
④ 평점법

12 관능검사 중 가장 많이 사용되는 검사법으로 일반적으로 훈련된 패널요원에 의하여 식품시료간의 관능적 차이를 분석하는 검사법은?

① 차이식별검사　　　② 향미프로필검사
③ 묘사분석　　　　　④ 기호도검사

13 관능검사 방법 중 종합적 차이 검사에 사용하는 방법이 아닌 것은?

① 일-이점 검사　　　② 삼점검사
③ 단일시료검사　　　④ 이점비교검사

14 관능검사에서 차이식별검사(종합적 차이검사)에 해당하지 않는 것은?

① 삼점검사　　　　　② 일-이점검사
③ 단순차이검사　　　④ 기호도검사

15 식품의 관능검사에서 종합적 차이검사에 해당하는 것은?

① 이점비교검사　　　② 일-이점검사
③ 순위법　　　　　　④ 평점법

16 관능검사 방법 중 종합적 차이 검사는 전체적 관능 특성의 차이유무를 판별하고자 기준 시료와 비교하는 것인데 이때 사용하는 방법이 아닌 것은?

① 일-이점 검사
② 삼점검사
③ 단일시료검사
④ 이점비교검사

17 아래의 관능검사 질문지는 어떤 관능검사인가?

> •이름 :　　•성별 :　　•나이 :
>
> R로 표시된 기준시료와 함께 두 시료(시료 352, 시료 647)가 있습니다. 먼저 R시료를 맛본 후 나머지 두 시료를 평가하여 R과 같은 시료를 선택하여 그 시료에 (V)표 하여 주십시오.
>
> 시료352 (　) 시료647 (　)

① 단순차이검사　　　② 일-이점검사
③ 삼점검사　　　　　④ 이점비교검사

18 관능검사 중 흔히 사용되는 척도의 종류가 아닌 것은?

① 명목척도　　　　　② 서수척도
③ 비율척도　　　　　④ 지수척도

19 식품산업에서 관능검사의 응용범위 중 가장 거리가 먼 것은?

① 신제품 개발
② 공정개선 및 원가절감
③ 관능검사용 패널 선정
④ 품질변화가 거의 없는 시료

20 소비자의 선호도를 평가하는 방법으로써 새로운 제품의 개발과 개선을 위해 주로 이용되는 관능검사법은?

① 묘사분석　　　　　② 특성차이검사
③ 기호도검사　　　　④ 차이식별검사

21 다음 관능검사 중 가장 주관적인 검사는?

① 차이검사　　　　　② 묘사검사
③ 기호도검사　　　　④ 삼점검사

22 관능검사법의 장소에 따른 분류 중 이동수레(mobile serving cart)를 활용하여 소비자 기호도 검사를 수행하는 방법은?

① 중심지역 검사
② 실험실 검사
③ 가정사용 검사
④ 직장사용 검사

23 관능적 특성의 측정 요소들 중 반응척도가 갖추어야 할 요건이 아닌 것은?

① 단순해야 한다.
② 편파적이지 않고, 공평해야 한다.
③ 관련성이 있어야 한다.
④ 차이를 감지할 수 없어야 한다.

24 관능검사의 묘사분석 방법 중 하나로 제품의 특성과 강도에 대한 모든 정보를 얻기 위하여 사용하는 방법은?

① 텍스처프로필
② 향미프로필
③ 정량적 묘사분석
④ 스펙트럼 묘사분석

25 과일주스 제조 공정 중 "살균온도, 살균시간, 살균 pH" 변화에 의한 제품의 맛을 관능검사하였다. 그 결과 위의 3가지 요인들을 이용하여 제품 맛에 대한 함수식을 만들었다. 이와 같이 여러 개의 독립변수들로 하나의 종속변수를 설명하는 함수식을 만들 때 사용되는 통계 분석법은?

① 주성분분석
② 분산분석
③ 요인분석
④ 회귀분석

미생물학적 검사

01 다음 중 식품위생검사와 관계가 없는 것은?

① 관능검사
② 이화학적 검사
③ 혈청학적 검사
④ 생물학적 검사

02 식품위생 검사 시 채취한 검체의 취급상 주의 사항을 설명한 것 중 잘못된 것은?

① 저온 유지를 위해 얼음을 사용할 때 얼음이 검체에 직접 닿게 하여 저온유지 효과를 높인다.
② 검체명, 채취장소 및 일시 등과 시험에 필요한 참고사항 등을 기재한다.
③ 필요한 경우 운반용 포장을 하여 파손 및 오염되지 않게 한다.
④ 미생물학적 검사를 위한 검체는 반드시 무균적으로 채취한다.

03 식품위생 검사를 위한 검체의 일반적인 채취방법 중 옳은 것은?

① 깡통, 병, 상자 등 용기에 넣어 유통되는 식품 등은 반드시 개봉한 후 채취한다.
② 합성착색료 등의 화학 물질과 같이 균질한 상태의 것은 가능한 많은 양을 채취하는 것이 원칙이다.
③ 대장균이나 병원 미생물의 경우와 같이 목적물이 불균질할 때는 최소량을 채취하는 것이 원칙이다.
④ 식품에 의한 감염병이나 식중독의 발생 시 세균학적 검사에는 가능한 많은 양을 채취하는 것이 원칙이다.

04 미생물학적 검사를 위한 검체는 반드시 무균적으로 행하여야 하며 원칙적으로 몇℃ 이하로 유지시키면서 검사기관에 운반하여야 하는가?

① 5±3℃ 이하　　② 15±3℃ 이하
③ 25±3℃ 이하　　④ 35±3℃ 이하

05 식품의 기준 및 규격에 의거하여 부패·변질 우려가 있는 검체를 미생물 검사용으로 운반하기 위해서는 멸균용기에 무균적으로 채취하여 몇 도의 온도를 유지시키면서 몇 시간 이내에 검사기관에 운반하여야 하는가?

① 0℃, 4시간
② 12±3℃ 이내, 6시간
③ 36±2℃ 이하, 12시간
④ 5±3℃ 이하, 24시간

06 미생물 검사를 요하는 검체의 채취 방법에 대한 설명으로 틀린 것은?

① 채취 당시의 상태를 유지할 수 있도록 밀폐되는 용기·포장 등을 사용하여야 한다.
② 무균적으로 채취하더라도 검체를 소분하여서는 안 된다.
③ 부득이한 경우를 제외하고는 정상적인 방법으로 보관·유통 중에 있는 것을 채취하여야 한다.
④ 검체는 완전 포장된 것에서 채취하여야 한다.

07 지표미생물(indicator organism)의 자격 요건으로 거리가 먼 것은?

① 분변 및 병원균들과의 공존 또는 관련성
② 분석 대상 시료의 자연적 오염균

③ 분석 시 증식 및 구별의 용이성
④ 병원균과 유사한 안정성(저항성)

08 미생물의 검사에서 API(analytical profile index) system은 무엇에 이용되는 방법인가?

① 미생물의 정량　　② 면역분석
③ 미생물의 동정　　④ 오염도 측정

09 다음 중 일반적인 식품의 신선도에 대한 지표로 사용되기에 가장 적합한 것은?

① 일반세균수　　　② 대장균군수
③ 대장균수　　　　④ 병원성 대장균수

10 식품 위생검사 시 생균수를 측정하는 데 사용되는 것은?

① 표준한천평판배양기
② 젖당부용발효관
③ BGLB 발효관
④ SS 한천배양기

11 표준한천배지(plate count agar)의 조성에 포함되지 않는 것은?

① Tryptone　　　② Yeast extract
③ Dextrose　　　④ Lactose

12 식품의 생균수 실험에 관한 설명 중 틀린 것은?

① Colony수가 30~300개 범위의 평판을 선택하여 균수 계산을 한다.
② 표준한천평판 배지를 사용한다.
③ 주로 Howard법으로 검사한다.
④ 식품의 현재 오염정도나 부패진행도를 알 수 있다.

13 식품위생 검사에서 생균수를 측정하는 목적은?

① 신선도의 판정
② 식중독균의 오염 여부 확인
③ 전염병균의 이환 여부 확인
④ 분변 오염의 여부 확인

14 식품위생검사에서 생균수 측정에 대한 설명으로 틀린 것은?

① 검체 중의 모든 생균수를 의미한다.
② 식품의 신선도나 오염도를 파악할 수 있다.
③ 시료 채취에 따른 측정오차가 생긴다는 단점이 있다.
④ 세균수가 식품 1g 또는 1mL당 10^5인 때를 안전한계로 본다.

15 식품의 총균수 검사를 통하여 알 수 있는 것은?

① 신선도
② 가공 전의 원료 오염상태
③ 부패도
④ 대장균의 존재

16 일반세균수 검사에서 세균수의 기재보고 방법으로 틀린 것은?

① 일반적으로 표준평판법에 의해 검체 1mL 중의 세균수를 기재한다.
② 유효숫자를 3단계로 끊어 이하를 0으로 한다.
③ 1평판에 있어서의 집락수는 상당 희석배수로 곱한다.
④ 숫자는 높은 단위로부터 3단계에서 반올림한다.

17 일반세균수를 검사하는 데 주로 사용되는 방법은?

① 최확수법
② Rezazurin
③ Breed법
④ 표준한천평판배양법

18 대장균지수(Coli index)란?

① 검수 10mL 중 대장균군의 수
② 검수 100mL 중 대장균군의 수
③ 대장균군을 검출할 수 있는 최소 검수량
④ 대장균군을 검출할 수 있는 최소 검수량의 역수

19 수질오염의 지표가 되며 식품위생검사와 가장 밀접한 관계가 있는 균은?

① 대장균   ② 젖산균
③ 초산균   ④ 발효균

20 대장균의 시험법이 아닌 것은?

① 동시시험법   ② 최확수법
③ 건조필름법   ④ 한도시험법

21 식품위생 검사에서 대장균을 위생지표세균으로 쓰는 이유가 아닌 것은?

① 대장균은 비병원성이나 병원성 세균과 공존할 가능성이 많기 때문에
② 대장균의 많고 적음은 식품의 신선도 판정의 기준이 되기 때문에
③ 대장균의 존재는 분변 오염을 의미하기 때문에
④ 식품의 위생적인 취급 여부를 알 수 있기 때문에

22 대장균군의 정성시험 순서가 바르게 된 것은?

① 추정시험 – 확정시험 – 완전시험
② 추정시험 – 완전시험 – 확정시험
③ 완전시험 – 확정시험 – 추정시험
④ 완전시험 – 추정시험 – 확정시험

23 유당부이용법과 BGLB법에 의한 대장균군 검사단계를 순서대로 나타낸 것은?

① 확정시험 – 추정시험 – 완전시험
② 확인시험 – 완전시험 – 추정시험
③ 추정시험 – 확정시험 – 완전시험
④ 추정시험 – 완전시험 – 확인시험

24 대장균 검사의 3단계에 해당되지 않는 것은?

① 추정시험　　　② 종결시험
③ 완전시험　　　④ 확정시험

25 대장균군의 정량시험법에 해당하는 것은?

① 추정시험　　　② 확정시험
③ 완전시험　　　④ 최확수법

26 대장균군 정성시험이 아닌 것은?

① BGLB 배지법
② 건조필름법
③ 데스옥시콜레이트 유당한천 배지법
④ 유당배지법

27 최확수(MPN)법의 검사와 관련된 용어 또는 설명이 아닌 것은?

① 비연속된 시험용액 2단계 이상을 각각 5개씩 또는 3개씩 발효관에 가하여 배양
② 확률론적인 대장균군의 수치를 산출하여 최확수로 표시
③ 가스발생 양성관수
④ 대장균군의 존재 여부 시험

28 시료의 대장균 검사에서 최확수(MPN)가 300이라면 검체 1L 중에 얼마의 대장균이 들어있는가?

① 30　　　　　② 300
③ 3000　　　　④ 30000

29 최확수(MPN)법의 검사와 가장 관계가 깊은 것은?

① 대장균검사　　② 부패검사
③ 식중독검사　　④ 타액검사

30 대장균 O157:H7의 시험에서 확인시험 후 행하는 시험은?

① 정성시험　　　② 증균시험
③ 혈청형 시험　　④ 독소시험

31 대장균을 MPN법(대장균 최확수법)으로 검사할 때 사용하는 배지들의 성분 중 핵심물질은?

① 유당　　　　　② 설탕
③ 포도당　　　　④ 과당

32 대장균 검사에 이용되는 배지들로 올바르게 구성된 것은?

① 표준한천배지, BGLB배지, 포도당부용배지

② 젖당부용배지, BGLB배지, EMB배지

③ EMB배지, 간(肝)부용배지, 원등(遠藤)배지

④ 젖당부용배지, EMB배지, thioglycollate배지

33 대장균군 시험에서 최확수(MPN)표를 작성할 때 시료를 10배수씩 3단계 희석한 검체를 조제하여 실험 시 각 단계의 시험관수는?

① 1개 ② 5개

③ 10개 ④ 15개

34 식품에 대한 대장균 검사에서 최확수법 (MPN법)에 의한 정량시험 때 쓰이는 배지는?

① EMB 배지 ② Endo 배지

③ BGLB 배지 ④ SS 배지

35 대장균군의 추정, 확정, 완전시험에서 사용되는 배지가 아닌 것은?

① TCBS agar

② Lactose bouillon

③ EMB agar

④ BGLB

36 대장균 확정시험에 사용되지 않는 배지는?

① BGLB ② EMB

③ Endo ④ Czapek-Dox

37 대장균군의 정성시험 중 확정시험에 사용되는 배지가 아닌 것은?

① BGLB 배지

② EMB 한천평판배지

③ Endo 평판배지

④ EC 배지

38 대장균군에 대한 최확수법에 대한 설명으로 옳지 않은 것은?

① 최확수란 이론적으로 가장 가능한 수치를 말한다.

② 대장균군수는 희석한 시료를 유당배지 발효관에 접종하여 실험한다.

③ 유당배지 발효관 중 가스 생성 여부에 따라 확률적인 대장균의 수치를 산출하고 최확수로 나타낸다.

④ 실험결과, 최확수표에서 직접 구하는 대장균군수는 시료 1mL에 대한 것이다.

39 대장균의 존재를 추정하는 시험은 어떻게 하는가?

① 포도당 부이온(glucose bouillon) 배지에서 배양하여 가스 발생 유무를 본다.

② 포도당 부이온(glucose bouillon) 배지에서 배양하여 변색 유무를 본다.

③ 유당 부이온(lactose bouillon) 배지에서 배양하여 가스 발생 유무를 본다.

④ 엔도(Endo) 배지에서 배양하여 변색 여부를 본다.

40 분변 오염의 지표로 이용되는 대장균군의 MPN(Most Probable Number) 검사에 관한 설명으로 옳은 것은?

① 검체에 10mL 중 있을 수 있는 대장균군수
② 검체에 100mL 중 있을 수 있는 대장균군수
③ 검체에 10g 중 있을 수 있는 대장균군수
④ 검체에 1,000g 중 있을 수 있는 대장균군수

41 식품공전상의 방법으로 대장균군 최확수(MPN)표를 작성하려고 한다. 시료를 10배수씩 3단계 희석한 검체를 조제하여 실험할 때 각 단계의 시험관 수는?

① 1개 또는 2개   ② 3개 또는 5개
③ 7개 또는 9개   ④ 10개 또는 20개

42 BGLB(Brilliant Green Lactose Bile) 배지가 주로 이용되는 시험은?

① 대장균군의 확정시험
② 장구균의 정량적 시험
③ 대장균군의 추정시험
④ 아플라톡신을 생산하는 균의 검사

43 Gram 음성의 무아포 간균으로서 유당을 분해하여 산과 가스를 생산하며, 식품위생검사와 가장 밀접한 관계가 있는 것은?

① 대장균군   ② 젖산균
③ 초산균   ④ 발효균

44 대장균군의 감별 시험법(반응)이 아닌 것은?

① Enterotoxin 시험
② Indole 반응
③ Methyl red 시험
④ Voges – Proskauer 반응

45 대장균군 검사 시 식품의 종류에 따른 배지의 선택이 가장 적당한 것은?

① 유산균음료 – desoxycholate 한천배지
② 청량 음료수 – 표준한천평판 배지
③ 생식용 냉동굴 – Nutrient agar 배지
④ 식육제품 – MRS 배지

46 대장균의 생리학적 특징으로 옳은 것은?

① lactose 발효, indole(+), methyl red(+), VP test(−)
② lactose 발효, indole(−), methyl red(−), VP test(+)
③ lactose 비발효, indole(+), methyl red(−), VP test(−)
④ lactose 비발효, indole(−), methyl red(+), VP test(+)

47 아래의 설명과 가장 관계가 깊은 식중독 원인균은?

식중독이 발생한 검액을 증균 배양한 후 그 균액을 난황첨가 만니톨 식염한천배지에 분리 배양한 결과, 황색의 불투명한 집락을 형성하였다.

① 포도상구균   ② 장염비브리오균
③ 살모넬라균   ④ 부르셀라균

48 살모렐라(*Salmonella* spp.)를 TSI slant agar에 접종하여 배양한 결과 하층부가 검은색으로 변한 이유는?

① 유기산 생성   ② 인돌 생성
③ 젖당 생성   ④ 유화수소 생성

49 동물의 변으로부터 살모넬라균을 검출하려 할 때 처음 실시해야 할 배양은?

① 확인배양　② 순수배양
③ 분리배양　④ 증균배양

50 식중독균이 오염된 식품에서 식중독균을 분리하려고 한다. 식중독균과 분리배지가 바르게 연결된 것은?

① 황색포도상구균 – 난황함유 Mackonkey 한천배지
② 클로스트리디움 퍼프린겐스 – 난황함유 CW 한천배지
③ 살모넬라균 – TCBS 한천배지
④ 리스테리아균 – Deoxycholate 한천배지

51 장염비브리오균(*Vibrio parahaemolyticus*)의 분리에 주로 사용하는 배양기는?

① SS 한천 배지
② TCBS 한천 배지
③ Zeissler 한천 배지
④ Nutrient 한천 배지

52 바실러스 세레우스(*Bacillus cereus*)를 MYP 한천배지에 배양한 결과 집락의 색깔은?

① 분홍색　② 흰색
③ 녹색　④ 흑녹색

53 통·병조림식품, 레토르트식품과 관련된 다음 설명과 같은 시험은?

검체 3관(또는 병)을 인큐베이터에서 35±1℃에서 10일간 보존한 후, 상온에서 1일간 추가로 방치하면서 용기·포장이 팽창 또는 새는 것을 "세균발육 양성"으로 한다.

① 응집시험　② 가온보존시험
③ 분리시험　④ 독성시험

54 식품의 미생물 오염 분석을 시행할 때 스토마커(stomacher)의 용도는?

① 시료를 멸균수와 함께 분쇄할 때 사용
② 시료를 희석할 때 사용
③ 검체를 운반할 때 사용
④ 시료 용기로 사용

55 미생물학적 검사를 위해 고형 및 반고형인 검체의 균질화에 사용하는 기계는?

① 초퍼(chopper)
② 원심분리기(centrifuge)
③ 균질기(stomacher)
④ 냉동기(freezer)

화학적 검사

01 다음 중 3ppm에 해당하는 것은?

① 100g 중 3g　② 1,000g 중 3g
③ 100g 중 3mg　④ 1,000g 중 3mg

02 수분함량 측정방법이 아닌 것은?

① Soxhlet 추출법
② 감압가열건조법
③ Karl-Fisher법
④ 상압가열건조법

03 Babcock 법은 무엇에 대한 검사법인가?

① 우유의 신선도
② 우유의 산도
③ 우유의 지방함량
④ 우유의 대장균수

04 우유에 70% ethyl alcohol을 넣고 그에 따른 응고물 생성 여부를 통해 알 수 있는 것은?

① 산도　　　　② 지방량
③ Lactase 유무　④ 신선도

05 우유의 가열살균이 잘 되었는지를 판단하는 검사방법은?

① lactose test
② galactose test
③ peroxidase test
④ phosphatase test

06 우유와 관련된 시험 중에서 저온살균이 완전히 이루어졌는가의 가부를 검사하는 방법은?

① 메틸렌블루(Methylene blue) 환원 시험
② 포스파테이즈(Phosphatase) 검사법
③ 브리드씨법(Breed's method)
④ 알코올 침전 시험

07 우유 또는 크림(cream)의 세균 농도를 측정하는데 주로 사용되는 시험법으로써 methylene blue를 기질로 사용하는 것은?

① coagulase test
② reductase test
③ phosphatase test
④ Babcock test

08 참치통조림의 검사방법으로 부적절한 것은?

① phosphatase법
② 내압시험
③ 외관검사
④ 타검법(타관법)

09 식품 검체로부터 미생물을 신속하게 검출하는 방법에 해당하는 것은?

① PCR을 이용하는 방법
② TLC를 이용하는 방법
③ HPLC를 이용하는 방법
④ IR을 이용하는 방법

10 다음 중 납, 카드뮴 등의 정량에 사용되는 기기는?

① Inductively Coupled Particles(ICP)
② Liquid Chromatography(LC)
③ Gas Chromatography(GC)
④ Polymerase Chain Reaction(PCR)

11 식품 중 미생물 오염여부를 신속하게 검출하는 등에 활용되며, 검출을 원하는 특정 표적 유전물질을 증폭하는 방법은?

① Inductively Coupled Plasma(ICP)
② High Performance Liquid Chromato graphy(HPLC)
③ Gas Chromatography(GC)
④ Polymerase Chain Reaction(PCR)

12 식품 중의 포름알데히드 검사에서 chromo tropic acid 반응의 정색은?
① 가온 시에 자색으로 변한다.
② 가온 시에 적색으로 변한다.
③ 냉각 시에 흑색으로 변한다.
④ 냉각 시에 백색으로 변한다.

13 carbonyl value에 대한 설명으로 옳은 것?
① 트랜스지방의 함량을 측정하는 값이다.
② 불포화지방산의 함량을 측정하는 값이다.
③ 가열 유지의 산화 정도를 판정하는 값이다.
④ 단백질의 부패 정도를 판정하는 값이다.

14 두류 중의 시안(cyan) 화합물에 대한 정성 시험에서 시안(cyan)이 존재하면 피크린산지는 어떤 색으로 변하는가?
① 적갈색   ② 황색
③ 녹색   ④ 청색

15 수질검사를 위한 불소의 측정 시 검수의 전처리 방법에 해당하지 않는 것은?
① 비화수소법
② 증류법
③ 이온 교환수지법
④ 잔류염소의 제거

물리적 검사

01 우유의 신선도 검사법과 거리가 먼 것은?
① 메틸렌블루환원시험
② 비중측정
③ 알코올 시험
④ 자비시험

02 다음 우유의 검사항목 중 가수로 인하여 그 측정값이 상승하는 것은?
① 비점   ② 비중
③ 빙점   ④ 밀도

03 원유검사 방법과 거리가 먼 것은?
① Babcock test
② Resazurin reduction test
③ Methylene blue reduction test
④ Gutzeit method

04 식품과 주요 신선도 검사방법의 연결이 틀린 것은?
① 식육 – 휘발성염기질소 측정
② 통조림식품 – 평판배양법
③ 우유 – 산도 측정
④ 달걀 – 난황계수 측정

05 이물 시험법이 아닌 것은?
① 체분별법
② 와일드만 라스크법
③ 침강법
④ 반스라이크법

06 이물검사법에 대한 설명이 틀린 것은?

① 체분별법 : 검체가 미세한 분말일 때 적용한다.

② 침강법 : 쥐똥, 토사 등의 비교적 무거운 이물의 검사에 적용한다.

③ 원심분리법 : 검체가 액체일 때 또는 용액으로 할 수 있을 때 적용한다.

④ 와일드만 플라스크법 : 곤충 및 동물의 털과 같이 물에 잘 젖지 아니하는 가벼운 이물검출에 적용한다.

07 곤충 및 동물의 털과 같이 물에 잘 젖지 아니하는 가벼운 이물검출에 적용하는 이물검사는?

① 여과법

② 체분별법

③ 와일드만 플라스크법

④ 침강법

08 식품위생검사 중 여과법, 침강법, 체분별법의 목적은?

① 잔류농약 검사   ② 착색료 검사

③ 이물검사   ④ 변질검사

09 검체가 미세한 분말일 때 적용하는 이물검사법은?

① 여과법

② 침강법

③ 체분말법

④ 와일드만플라스크법

10 와일드만 플라스크(Wildman trap flask)법은 주로 어떤 검사에 이용되는가?

① 이물 검사

② 식품 첨가물 검사

③ 유해성 중금속 검사

④ 용기 및 포장의 검사

11 식품 중의 이물질을 검사하는 방법이 아닌 것은?

① 여과법

② 체분별법

③ 침강법

④ 코니칼플라스크법

12 다음 중 납의 시험법과 관계가 없는 것은?

① 황산-질산법

② 피크린산시험지법

③ 마이크로웨이브법

④ 유도결합플라즈마법

13 식품의 기준규격 시험항목과 시험법이 잘못 연결된 것은?

① 김치 중 Tar 색소 – 모사염색법

② 고춧가루 중 곰팡이 수 – PDA 배지법

③ 라면 중 이물 – 와일드만 플라스크법

④ 식염 중 비소 – 굿짜이트법

수분

01 식품 중 결합수(bound water)를 바르게 설명한 것은?

① 미생물의 번식은 물론 포자의 발아에도 이용할 수 없다.
② 미생물의 번식에는 이용이 안 되나 포자의 발아에는 이용이 가능하다.
③ 0℃ 이하가 되면 동결한다.
④ 식품의 유용성분을 녹이는 용매의 구실을 한다.

02 식품 중 결합수(bound water)에 대한 설명으로 틀린 것은?

① 미생물의 번식에 이용할 수 없다.
② 100℃ 이상에서도 제거되지 않는다.
③ 0℃에서도 얼지 않는다.
④ 식품의 유용성분을 녹이는 용매의 구실을 한다.

03 식품 내 수분의 증기압(P)과 같은 온도에서의 순수한 물의 수증기압(Po)으로부터 수분활성도를 구하면?

① P – Po
② P × Po
③ P / Po
④ Po – P

04 고등어 보관을 목적으로 염장할 때 고등어의 수분활성도는 어떻게 변하는가?

① 감소한다.
② 증가한다.
③ 일정하다.
④ 감소했다가 증가한다.

05 30%의 수분과 30%의 설탕(sucrose)을 함유하고 있는 어떤 식품의 수분활성도는? (단, 분자량의 H_2O: 18, $C_{12}H_{22}O_{11}$: 342)

① 0.98
② 0.95
③ 0.82
④ 0.90

06 수분 함량(분자량 18) 60%, 소금함량(분자량 58.45) 15.5%, 설탕 함량(분자량 342) 4.5, 비타민 A(286.46) 200mg% 함유된 식품의 수분활성도는?

① 약 0.94
② 약 0.92
③ 약 0.90
④ 약 0.88

07 등온흡습곡선에 있어서 식품의 안정성이 가장 좋은 영역으로 최적 수분함량(optimum moisture content)을 나타내는 영역은 어느 부분인가?

① 단분자층 영역
② 다분자층 영역
③ 모세관 응고 영역
④ 평형수분 영역

08 등온흡착 BET관계식을 통해 구할 수 있는 것은?

① 상대습도
② 분자량
③ 단분자층 수분 함량
④ 수분활성

09 수분활성도에 따라 평형수분함량 관계를 나타낸 등온흡습곡선에서 갈변화(마이야르 반응 : Maillard reaction)가 가장 많이 일어나는 곳으로 예상되는 영역은?

① 단분자층 영역
② B.E.T.영역
③ 다분자층 영역
④ 모세관응축 영역

탄수화물

01 단당류 중 glucose와 mannose는 화학 구조적으로 어떤 관계인가?

① anomer   ② epimer

③ 동위원소   ④ acetal

02 포도당이 아글리콘(aglycone)과 에테르 결합을 한 화합물의 명칭은?

① glucoside   ② glycoside

③ galactoside   ④ riboside

03 저칼로리의 설탕대체품으로 이용되면서 당뇨병 환자들을 위한 식품에 이용할 수 있는 성분은?

① 자일리톨   ② 젖당

③ 맥아당   ④ 갈락토오스

04 아래의 화학구조와 관련된 설명으로 옳은 것은?

```
          CHO
          |
    H  -  C  - OH
          |
   HO  -  C  - H
          |
    H  -  C  - OH
          |
    H  -  C  - OH
          |
         CH₂OH
```

① 5탄당이다.

② 물에 잘 녹는다.

③ 8개의 이성체가 있다.

④ 케토스(ketose) 이다.

05 과당의 특징이 아닌 것은?

① 단맛이 강하다.

② 용해도가 크다

③ 과포화되기 쉽다.

④ 흡습조해성이 약하다.

06 과당(fructose)의 수용액에서 평형화합물 중 가장 많이 존재하는 것은?

① α -D-fructofuranose

② β -D-fructofuranose

③ α -D-fructopyranose

④ β -D-fructopyranose

07 일반적으로 단맛을 내는 단당류 관련 물질로서 특히 저칼로리 감미료로 이용되는 물질은?

① 배당체(glycoside)

② 전분(starch)

③ 당알코올(sugar alcohol)

④ 글리코겐(glycogen)

08 다음 중 탄소의 수가 5개인 당알코올은?

① 자일리톨   ② 만니톨

③ 에리스리톨   ④ 솔비톨

09 단당류의 수산기(-OH) 1개에서 산소가 제거된 당유도체 형태는?

① 당알코올   ② 데옥시당

③ 아미노당   ④ 우론산

10 젖당(lactose)의 설명 중 틀린 것은?

① 포도당과 과당으로 된 다당류이다.
② 포유동물의 유즙 중에 존재한다.
③ 장내 유해균의 번식을 억제한다.
④ 단맛은 설탕의 약 1/4이다.

11 전통적인 제조법에 의한 식혜의 감미성분은?

① 갈락토오스(galactose)
② 락토오스(lactose)
③ 만노오스(mannose)
④ 말토오스(maltose)

12 설탕(sucrose)을 가수분해할 때 생성되는 포도당과 과당의 혼합물을 무엇이라고 하는가?

① 전화당   ② 맥아당
③ 환원당   ④ 유당

13 자당(sucrose)을 포도당과 과당으로 가수분해하는 효소는?

① kinase   ② aldolase
③ enolase   ④ invertase

14 설탕을 invertase로 처리할 때 일어나는 변화는?

① 용해도가 감소한다.
② 결정이 생성된다.
③ 감미가 낮아진다.
④ 전화당이 발생한다.

15 설탕(sucrose)을 단맛의 표준물질로 하는 이유는?

① 환원성(carbonyl)기가 없으므로
② 과당과 포도당의 함유비가 같으므로
③ 용해성이 강하기 때문에
④ 변선광을 일으키므로

16 단순 다당류에 속하는 것은?

① 펙틴(pectin)
② 헤미셀룰로오스(hemicellulose)
③ 셀룰로오스(cellulose)
④ 스타키오스(stachyose)

17 탄수화물 다당류에 대한 설명으로 옳은 것은?

① 키틴은 갑각류의 껍질에서 발견되는 다당류로 키토산 제조에 사용된다.
② 이눌린은 갈락토오스의 주요 공급처이다.
③ 셀룰로오스는 α-글루코오스의 결합체이다.
④ β-글루칸은 α-글루코오스의 결합체로 버섯 등에서 발견된다.

18 전분에 대한 설명으로 틀린 것은?

① 전분은 가열로 α형으로 되나 점차 식으면 β형으로 바뀐다.
② β형 전분이 α형보다 소화가 잘 된다.
③ α형의 전분을 β형으로 되돌아오지 않게 하려면 급속히 탈수시킨다.
④ 밥, 빵 등은 전분의 α화에 의한 것이다.

19 전분의 구성성분 중 아밀로오스(amylose)의 나선상 형태가 1회전하는 데 포도당 몇 분자가 필요한가?

① 6개　　　　　② 8개
③ 10개　　　　④ 12개

20 전분의 가수분해 과정으로 옳은 것은?

① starch – oligosaccharide – maltose – dextrin – glucose
② starch – dextrin – oligosaccharide – maltose – glucose
③ starch – dextrin – glucose – maltose – oligosaccharide
④ starch – maltose – oligosaccharide – glucose – dextrin

21 amylose와 amylopectin의 설명 중 틀린 것은?

① amylose의 요오드반응은 청색이나 amylopectin은 적자색이다.
② amylose는 요오드 분자와 내포화합물을 형성하나 amylopectin은 요오드 분자와 내포화합물을 형성하지 않는다.
③ 찹쌀은 amylopectin 함량이 100%이다.
④ amylose는 수용액에서 안정하나 amylopectin은 노화되기 쉽다.

22 청색값(blue value)이 8인 아밀로펙틴에 α-amylase를 작용시킨 후 청색값을 측정하였다면 청색값은 어떻게 변화하는가?

① 1.3 정도로 낮아진다.
② 10.5로 증가한 값으로 나타난다.
③ 8 값이 그대로 유지된다.
④ 처음에는 3.5 정도로 감소하다가 시간이 지나면 다시 8 정도로 돌아갈 것이다.

23 다음 당류 중 이눌린(inulin)의 주요 구성단위는?

① 포도당(glucose)
② 만노오스(mannose)
③ 갈락토오스(galactose)
④ 과당(fructose)

24 다음 서류 중 주요 고형성분이 다른 하나는?

① 돼지감자　　　② 카사바
③ 감자　　　　　④ 마

25 펙틴(pectin)에 대한 설명으로 옳은 것은?

① polygalacturonic acid의 methyl ester가 다수 중합된 화합물이다.
② polyfructosan으로 구성되었다.
③ galactosan의 황산 ester이다.
④ D-mannouronic acid와 L-glucuronic acid로 된 polyuronide이다.

26 다음 펙틴질(pectic substance) 중 methyl ester가 가장 적은 것은?

① Protopectin　　② Pectin
③ Pectic acid　　④ Pectinic acid

27 펙트산(pectic acid)의 단위 물질은?

① galactose　　　② galacturinic acid
③ mannose　　　④ mannuroinc acid

28 고메톡실 펙틴은 메톡실 함량이 일반적으로 몇 % 정도인가?

① 45~50%　　　② 25~30%
③ 7~14%　　　　④ 0~7%

29 펙틴분자 내의 고메톡실 펙틴함량(high methoxyl pectin content)으로 가장 적당한 것은?
① 20~26%　　② 7~14%
③ 3~6%　　　④ 1~2%

30 잼을 만들 때 반드시 필요한 성분은?
① 셀룰로오스(cellulose)
② 펙틴(pectin)
③ 글리코겐(glycogen)
④ 탄닌(tannin)

31 사과가 숙성될 때 관찰되는 현상이 아닌 것은?
① 가용성펙틴 증가
② 유기산 증가
③ 탄닌 증가
④ 안토시아닌 형성

32 과일에 함유된 펙틴 성분을 가공처리 할 때 펙틴 성분의 특성과 변화를 잘못 설명하고 있는 것은?
① 불용성 프로토펙틴은 끓는 물에서 가열처리에 의하여 수용성 펙틴으로 변한다.
② 펙틴 분자속의 카르복실기 일부가 카르복실메칠기로 변한 상태에서 설탕과 유기산이 있다면 겔을 형성할 수 있다.
③ 저메톡실펙틴(low methoxyl pectin)의 경우 칼슘 이온이 존재한다면 펙틴겔이 잘 만들어진다.
④ 고메톡실펙틴(high methoxyl pectin)의 경우 칼륨을 첨가한다면 펙틴겔이 잘 만들어진다.

33 알긴산(alginic acid)의 주성분은?
① glucuronic acid
② mannuronic acid
③ galacturonic acid
④ penturonic acid

34 만유론산(mannuronic acid)이 주성분인 다당류는?
① 한천(agar-agar)
② 알긴산(alginic acid)
③ 펙틴(pectin)
④ 글리코겐(glycogen)

35 새우나 게 등의 겉껍질을 구성하고 있는 키틴(chitin)의 단위 성분은?
① 2-N-acetyl glucosamine
② 2-N-acetyl galactosamine
③ Glucuronic acid
④ Galacturonic acid

36 카라기난(carrageenan)의 주된 성분은?
① galactose, sulfate
② glucose, sulfate
③ mannose, sulfate
④ fructose, sulfate

37 다이어트 식품소재로 사용되는 복합 다당류인 클루코만난(glucomannan)을 함유하고 있는 것은?
① 토란　　② 카사바
③ 곤약　　④ 돼지감자

38 cyclodextrin의 공동내부에는 수소가 배열되어 있고 환상구조의 외부에는 수산기가 배열되어 있다. 내부와 외부의 특성을 올바르게 연결한 것은?

① Lipophobic – Lipophilic
② Hydrophobic – Hydrophilic
③ Hydrocolloid – Hydrocolloid
④ Lipocolloid – Lipocolloid

39 두유제품에서 콩비린내 냄새가 날 때 다음 중 어떤 성분이 냄새성분과 결합하여 냄새를 가장 최소화 할 수 있는가?

① 말토덱스트린
② 싸이클로덱스트린
③ 라피노스
④ 스타키오스

40 식이섬유에 대한 설명으로 틀린 것은?

① 식이섬유에는 리그닌(lignin), 셀룰로오스(cellulose), 펙틴(pectin), 헤미셀룰로오스(hemicellulose) 등이 포함된다.
② 사람의 소화효소로는 소화되지 않고 몸 밖으로 배출되는 고분자 탄수화물이다.
③ 정장작용을 도와 변비를 예방하고 대변의 배설을 돕는다.
④ 수용성 섬유질은 혈당을 상승시킨다.

41 고구마를 절단하여 보면 고구마의 특수성분으로 흰색 유액이 나오는데 이 성분은 무엇인가?

① 사포닌(saponin)   ② 얄라핀(jalapin)
③ 솔라닌(solanine)   ④ 이눌린(inulin)

42 천연 검질 물질 중 미생물에서 얻어지는 것은?

① 트라가칸스 검(gum tragacanth)
② 알긴산 염(alginate)
③ 잔탄 검(xanthan gum)
④ 구아 검(guar gum)

43 탄수화물의 일반적인 물리·화학적 특성으로 틀리는 것은?

① 단백질과 함께 가열하면 갈변화를 일으킨다.
② 아밀라아제에 의하여 가수분해 될 수 있다.
③ 탄소, 수소, 산소, 질소 등으로 구성되어져 있다.
④ 수분과 함께 가열 시 수화와 팽윤 과정을 거쳐 젤화가 된다.

44 1g의 어떤 단당류 화합물을 20mL의 메탄올에 용해시킨 후 10cm두께의 편광기에 넣고 광회전도를 측정하였더니 (+)5.0°가 나왔다. 이 화합물의 고유광회전도는?

① (−)100°   ② (−)50°
③ (+)50°   ④ (+)100°

45 30℃ 포도당 수용액에서 포도당의 평형 혼합물에 대한 설명으로 옳은 것은?

① 베타−D−glucofuranose 형태가 가장 많이 존재한다.
② 알파−D−glucopyranose 형태가 가장 많이 존재한다.
③ 열린사슬 aldehyde 형태가 가장 많이 존재한다.
④ 베타−D−glucopyranose 형태가 가장 많이 존재한다.

46 단당류 분자의 주요 화학 반응에서 하이드록시기와 가장 거리가 먼 것은?

① 사이아노하이드린 생성 및 기타 친핵체의 첨가
② 에스터의 형성
③ 고리 아세탈 생성
④ 카르보닐기로의 산화

47 $CuSO_4$의 알칼리 용액에 다음 당을 넣고 가열할 때 $CuSO_4$의 붉은색 침전이 생기지 않은 당은?

① maltose
② sucrose
③ lactose
④ glucose

48 옥도반응은 적갈색을 띠며 찬물에 녹는 dextrin은 어느 것인가?

① amylodextrin
② erythrodextrin
③ achrodextrin
④ maltodextrin

49 전분의 호화에 대한 일반적인 설명 중 잘못된 것은?

① 생전분에 물을 넣고 가열하였을 때 소화되기 쉬운 α 전분으로 되는 현상이다.
② 호화에 필요한 최저온도는 일반적으로 60℃ 전후이다.
③ 호화된 전분의 X선 회절도는 불명료한 형태로 바뀐다.
④ 호화가 일어나기 쉬운 수분함량은 30~60%이다.

50 호화전분의 물리적 성질이 아닌 것은?

① 부피의 팽윤
② 색소 흡수 능력의 감소
③ 용해성의 증가
④ thixotropic gel의 성질을 나타낸다.

51 전분의 호화에 대한 설명으로 틀린 것은?

① 전분의 호화는 수분함량이 많을수록 잘 일어난다.
② 곡류전분은 감자, 고구마 전분보다 호화되기 어렵다.
③ pH의 변화는 호화에 영향을 미친다.
④ 전분에 염류를 넣으면 호화가 일어나지 않는다.

52 다음 화합물 중 전분의 호화(gelatinization)를 억제하는 화합물은?

① KOH
② KCNS
③ $MgSO_4$
④ KI

53 녹말의 호화에 영향을 주는 요인에 대한 설명이 옳은 것은?

① 곡류 녹말은 서류 녹말보다 호화가 쉽게 일어난다.
② 알칼리성 pH에서는 녹말 입자의 팽윤과 호화가 촉진된다.
③ 녹말의 호화는 온도가 낮을수록 빨리 일어난다.
④ 수분함량이 적으면 호화가 촉진된다.

54 쌀이나 옥수수를 이용하여 뻥튀기를 제조할 때 전분의 주요 변화에 대한 설명으로 옳은 것은?

① 고열에 의해 녹말전분의 규칙성이 사라지는 호화현상(gelatinization)이 주로 발생한다.

② 고열에 의해 호화된 전분의 재결정화인 노화(rretrogradation) 현상이 주로 발생한다.

③ 고열에 의해 알파전분이 베타전분으로 변화한다.

④ 고열에 의해 녹말전분의 일부 글루코시드(glucoside) 결합이 절단되는 덱스트린이 주로 발생한다.

55 전분의 노화에 대한 설명 중 틀린 것은?

① 전분의 노화는 0℃에서 잘 일어나지 않는다.

② 노화된 전분은 잘 소화되지 않는다.

③ 노화란 α-starch가 β-starch로 되는 것을 말한다.

④ 노화는 전분 분자끼리의 결합이 점차 늘어나기 때문에 일어난다.

56 전분의 노화현상에 대한 설명 중 틀린 것은?

① 옥수수가 찰옥수수보다 노화가 잘 된다.

② amylose 함량이 많을수록 노화가 빨리 일어난다.

③ 20℃에서 노화가 가장 잘 일어난다.

④ 30~60%의 수분 함량에서 노화가 가장 잘 일어난다.

57 β-전분에 물을 넣고 가열하면 α-전분이 되어 소화가 용이하게 된다. α-전분을 실온에 방치할 때 β-전분으로 환원되는 현상은?

① 노화현상   ② 가수분해현상

③ 호화현상   ④ 산패현상

58 다음 중 가장 노화되기 어려운 전분은?

① 옥수수 전분   ② 밀 전분

③ 찹쌀 전분   ④ 감자 전분

59 전분의 노화현상 방지책이 아닌 것은?

① 냉장고에 저장한다.

② 설탕을 첨가한다.

③ 빙점 이하에서 수분 함량을 15 % 이하로 억제한다.

④ 유화제를 사용한다.

지질

01 다음 중 단순지질은?

① phosphatide   ② glycolipid

③ sulfolipid   ④ triglyceride

02 인지질이 아닌 것은?

① 레시틴(lecithin)

② 세팔린(cephalin)

③ 세레브로시드(cerebrosides)

④ 카르디올리핀(cardiolipin)

03 뇌조직에서 고급지방산과 에스테르 결합으로 존재하는 것은?

① 포스포이노시타이드(phosphoinositide)

② 시토스테롤(sitosterol)

③ 스티그마스테롤(stigmasterol)

④ 콜레스테롤(cholesterol)

04 포화지방산이 아닌 것은?

① lauric acid　　② palmic acid

③ stearic acid　　④ linoleic acid

05 일반 식용유지에 그 함량이 가장 적은 지방산은?

① 올레산(oleic acid)

② 부티르산(butyric acid)

③ 팔미트산(palmitic acid)

④ 리놀레산(linoleic acid)

06 유지의 경화공정과 트랜스지방에 대한 설명으로 틀린 것은?

① 경화란 지방의 이중결합에 수소를 첨가하여 유지를 고체화시키는 공정이다.

② 트랜스지방은 심혈관질환의 발병률을 증가시킨다.

③ 식용유지류 제품은 트랜스지방이 100g당 5g 미만일 경우 "0"으로 표시할 수 있다.

④ 경화된 유지는 비경화유지에 비해 산화안정성이 증가하게 된다.

07 시토스테롤(sitosterol)은?

① 동물성 스테롤

② 식물성 스테롤

③ 미생물 생산스테롤

④ 버터의 구성 성분

08 콜레스테롤에 대한 설명으로 틀린 것은?

① 동물의 근육조직, 뇌, 신경조직에 널리 분포되어 있다.

② 과잉 섭취는 동맥경화를 유발시킨다.

③ 비타민, 성호르몬 등의 전구체이다.

④ 인지질과 함께 식물의 세포벽을 구성한다.

09 혈청 콜레스테롤을 낮출 수 있는 성분이 아닌 것은?

① HDL

② 리그닌(lignin)

③ 필수지방산

④ 시토스테롤(sitosterol)

10 상어의 간유 속에 들어있는 탄화수소인 수쿠알렌(squalene)은 그 구조 중에 아이소프렌 단위(isoprene unit)가 몇 개 들어있는가?

① 14개　　② 10개

③ 6개　　④ 2개

11 카카오 버터에 대한 설명 중 옳은 것은?

① 코코넛 종자에서 압착하여 얻어진다.

② 다른 유지에 비해 저급과 중급지방산의 조성 비율이 높다.

③ 팜유와 그 특성이 매우 비슷하다.

④ 팔미트산, 올레산, 스테아르산으로 구성된 중성지방이 주요성분이다.

12 곡류의 지방에 대한 설명으로 맞는 것은?

① 배아부보다 배유부에 더 많이 분포되어 있다.

② 주요 지방산은 올레산(oleic acid)과 리놀레산(linoleic acid)이다.

③ 포화지방산이 많아 산패가 쉽게 일어나지 않는다.

④ 소량의 콜레스테롤이 들어있다.

13 유지의 굴절률에 대한 설명으로 옳은 것은?

① 불포화도와 굴절률은 상관관계가 없다.

② 불포화도가 클수록 굴절률은 감소한다.

③ 분자량과 굴절률은 상관관계가 없다.

④ 분자량이 클수록 굴절률은 증가한다.

14 검화될 수 없는 지방질(unsaponifiable lipids)에 속하는 성분은?

① 트리스테아린(tristearin)

② 토코페롤(tocopherol)

③ 세레브로사이드(cerebrosides)

④ 레시틴(lecithin)

15 요오드값(iodine value)은 유지의 어떤 화학적 성질을 표시하여 주는가?

① 유리지방산의 함량 백분율

② 수산기를 가진 지방산의 함량

③ 유지 1g을 검화하는 데 필요한 요오드의 양

④ 지방산의 불포화도

16 KOH를 첨가하였을 때 글리세롤을 형성하지 못하는 지방질은?

① 인지질   ② 중성지질

③ 트리팔미틴   ④ 라이코펜

17 버터(Butter)의 위조품 검정에 이용되는 것은?

① Polenske 값

② Reichert—Meissl 값

③ Acetyl 값

④ Hener 값

18 유지의 경화(hardening)란?

① 유지로부터 수소를 분리하여 불포화지방산을 만드는 것이다.

② 고체 유지를 액체 유지로 만드는 것이다.

③ 고체 유지를 반액체 유지로 만드는 것이다.

④ 액체 유지를 고체 유지로 만드는 것이다.

19 액체 상태의 유지를 고체 상태로 변환시켜 쇼트닝을 만들거나, 유지의 산화안정성을 높이기 위하여 사용되는 유지의 가공 방법은?

① 경화   ② 탈검

③ 탈취   ④ 분별

20 산패의 유형 분류 또는 설명의 연결이 잘못된 것은?

① 산화형 산패 : 유지가 산소를 흡수함으로써 일어남

② 산화형 산패 : 자동산화는 효소에 의함

③ 비산화형 산패 : 가수분해형 산패

④ 비산화형 산패 : 케톤 생성형 산패

21 유지의 산패는 불포화도가 클수록 더 빨리 일어난다. 다음 화합물 중 산패가 가장 잘 일어나는 것은?

① 스테아르산(stearic acid)

② 올레산(oleic acid)

③ 라우르산(lauric acid)

④ 리놀렌산(linolenic acid)

22 산패(rancidity)가 가장 빠른 지방산은?

① arachidonic acid

② linoleic acid

③ stearic acid

④ palmitic acid

23 유지의 자동산화에 의한 산패에 대한 설명으로 옳지 않은 것은?

① 향기성분이 변화되고 악취가 발생한다.

② 유지의 자동산화 중 과산화물과 알콜류, 케톤류, 알데히드류 등의 카르보닐 화합물들이 생성된다.

③ 자동산화가 진행됨에 따라 과산화물가는 지속적으로 증가한다.

④ 산패되면 필수지방산의 함량이 감소된다.

24 유지의 자동산화를 촉진시키지 않는 것은?

① 구리이온(Cu^{++})

② 광선(light)

③ 열(heat)

④ 질소가스(nitrogen gas)

25 한번 사용한 기름을 새로운 기름에 섞으면 산패가 촉진된다. 이 현상을 다음 중 어떤 성질과 가장 관계 깊은가?

① 유화   ② 자동산화

③ 검화   ④ 경화

26 지방산화 메커니즘에 대한 설명 중 틀린 것은?

① 유지의 자동산화는 산소 흡수속도가 매우 낮은 유도기간이 필요하다.

② 일중항산소(singlet oxygen)에 의한 산화는 지방의 이중 결합과 유도단계 없이 바로 결합하기에 반응 속도가 빠르다.

③ 효소에 의한 산화 중 lipoxygenase에 의한 산화의 기질로는 올레산(oleic acid), 리놀레산(linoleic acid), 리놀렌산(linolenic acid), 아라키돈산(arachidonic acid)이 모두 될 수 있다.

④ 튀김유와 같은 고온(180℃)에서는 생성된 hydroperoxide가 즉시 분해하여 거의 축적되지 않는다.

27 유지의 산화속도에 영향을 미치는 인자에 대한 설명으로 틀린 것은?

① 이중결합의 수가 많은 들기름은 이중결합의 수가 상대적으로 적은 올리브유에 비해 산패의 속도가 빠르다.

② 수분활성도가 매우 낮은 상태(Aw 0.2 정도)로 분유를 보관하면 상대적으로 지방산화속도가 느려진다.

③ 유탕처리 시 구리성분을 기름에 넣으면 유지의 산화 속도가 빨라진다.

④ 유지를 형광등 아래에 방치하면 산패가 촉진된다.

28 식용유지의 자동산화 중 나타나는 변화가 아닌 것은?

① 과산화물가가 증가한다.

② 공액형 이중결합(conjugated double bonds)을 가진 화합물이 증가한다.

③ 요오드가가 증가한다.

④ 산가가 증가한다.

29 유지의 가열산화에 의한 물리·화학적 변화에 대한 설명으로 틀린 것은?

① 중합체의 형성으로 점도가 낮아진다.

② 카르보닐화합물이 형성된다.

③ Diels-Alder 첨가반응에 의해 중합반응이 일어난다.

④ 가열산화에 의해 생성된 중합체는 요소와 내포화합물을 형성하지 않는다.

30 변향의 발생이 가장 적은 식용유는?

① 옥수수기름   ② 대두유

③ 해바라기기름   ④ 아마인유

31 항산화제의 효과는?

① 초기 반응단계에서 산소를 제거한다.

② 과산화물 유리기에 수소원자를 공여한다.

③ 광 에너지를 흡수한다.

④ 금속 이온의 촉매작용을 저해한다.

32 세사몰(sesamol)이 들어 있는 식품과 그 작용은?

① 콩기름 – 항산화제

② 땅콩기름 – 항암물질

③ 들기름 – 항암물질

④ 참기름 – 항산화제

33 BHA, BHT와 같은 항산화제(antioxidant)의 작용과 거리가 먼 것은?

① 주로 산화의 연쇄반응을 중단시키는 역할을 한다.

② 자신은 산화된다.

③ 산패가 진행된 유지에 첨가해도 그 효과는 저하되지 않는다.

④ 일반적으로 단독 사용할 때보다 병용 사용할 때 그 작용이 증강된다.

34 식용유지 혹은 지방질 식품에서 항산화제에 부가적으로 효과를 주는 시너지스트(synergist)가 아닌 것은?

① 구연산   ② 레시틴

③ 아스코브산   ④ 유리지방산

35 산화방지제로 사용되는 화합물의 종류와 주요 항산화 메카니즘의 연결이 잘못된 것은?

① 비타민 C – 수소공여 혹은 전자공여체

② β-카로틴 – 일중항산소(singlet oxygen) 제거

③ 세사몰 – 수소공여 혹은 전자공여체

④ EDTA – 산소제거

36 유지의 물리적 성질로 틀린 것은?

① 유지의 비중은 물보다 가볍다.

② 유지는 구성 지방산의 종류에 따라 녹는점이 달라진다.

③ 유지를 가열할 때 유지 표면에서 푸른 연기가 발생할 때의 온도를 발연점이라 한다.

④ 불꽃에 의하여 불이 붙는 가장 낮은 온도를 연소점이라 한다.

37 유지를 가열할 때 유지의 표면에서 엷은 푸른 연기가 발생할 때의 온도를 무엇이라 하는가?

① 발연점   ② 연화점
③ 연소점   ④ 인화점

38 유지의 녹는점(melting point)의 설명으로 옳은 것은?

① 불포화지방산 함량이 많을수록 녹는점이 높다.
② 일반적인 식물성 유지는 상온에서 고체이다.
③ 동물성 유지는 식물성 유지보다 녹는점이 높다.
④ 유지는 구성 지방산의 종류에 상관없이 녹는점이 일정하다.

39 유지의 산패를 나타내는 지표가 아닌 것은?

① TBA가   ② 과산화물가
③ 카르보닐가   ④ 비누화가

40 유지의 산패를 측정하는 방법은?

① 아세틸 값(acetyl value) 측정
② 과산화물 값(peroxide value) 측정
③ 헤에너 값(Hener value) 측정
④ 로단 값(Rhodan value) 측정

41 식용유지의 과산화물가(peroxide value)가 80밀리 당량(meq/kg)인 경우, 밀리몰(mM/kg)로 표시된 과산화물가는?

① 10mM/kg   ② 20mM/kg
③ 30mM/kg   ④ 40mM/kg

42 유지 산패 측정법에 대한 설명으로 옳은 것은?

① 과산화물값(peroxide value)과 공액 이중산값(conjugated dienoic acid)은 유지 일차산화생성물을 측정하는 방법들이다.
② 아니시딘값(anisidine value)은 유지 일차산화 생성물인 2-alkenal을 측정하는 방법이다.
③ 휘발성분 중 헥사날(hexanal)은 리놀렌산(linolenic acid)이 산화 시 발생하는 성분으로 이차산화 정도를 측정하는 데 활용된다.
④ TBA(thiobarbituric acid value)은 유지 일차산화 생성물인 말론알데히드(malonaldehyde)를 측정하는 방법이다.

43 TBA(thiobarbituric acid) 시험은 무엇을 측정하고자 하는 것인가?

① 필수 지방산의 함량
② 지방의 함량
③ 유지의 불포화도
④ 유지의 산패도

44 유지를 가열할 때 점차 낮아지는 것은?

① 요오드가(iodine value)
② 과산화물가(peroxide value)
③ 산가(acid value)
④ 점도(viscosity)

45 튀김공정 중 기름에서 일어나는 주요 변화가 아닌 것은?

① 중합
② 유리지방산 감소
③ 에스터 결합의 분해
④ 열산화

단백질

01 다음 중 단백질의 아미노산 구성원소로 가장 적당한 것은?

① C, H, O, S, P   ② C, H, O, N, P
③ C, H, O, N, K   ④ C, H, O, N, S

02 부제탄소원자를 가지지 않아 2개의 광학이성체가 존재하지 않는 중성아미노산은?

① isoleucine   ② threonine
③ glycine   ④ serine

03 염기성 아미노산은 어떤 것인가?

① 글루탐산(glutamic acid)
② 아스파르트산(aspartic acid)
③ 아르기닌(arginine)
④ 글리신(glycine)

04 자연식품 단백질의 구성 아미노산이 아닌 것은?

① asparagine, histidine
② ornithine, thyroxine
③ proline, tyrosine
④ glutamine, arginine

05 글루타티온(glutathione)에 관련된 설명 중 옳은 것은?

① glutamic acid, cysteine 및 alanine으로 되어 있는 tripeptide
② glutamic acid, cysteine 및 glycine으로 되어 있는 tripeptide
③ glutamic acid 및 cysteine으로 되어 있는 dipeptide
④ glutamic acid 및 glycine으로 되어 있는 dipeptide

06 다음 중 물에 녹고 가열에 의해 응고되는 단백질은?

① albumin   ② protamine
③ albuminoid   ④ glutelin

07 쌀, 밀 등 곡류의 단백질 조성에 있어서 부족한 필수 아미노산이 아닌 것은?

① lysine   ② methionine
③ phenylalanine   ④ tryptophan

08 우유나 두류식품의 제한 아미노산으로 문제시 되는 것은?

① 메티오닌(methionine)
② 라이신(lysine)
③ 아르기닌(arginine)
④ 트레오닌(threonine)

09 육류를 주식으로 하는 서양인과 달리 곡류를 주식으로 하는 동양인에게서 결핍되기 쉬운 필수 아미노산은?

① 라이신(lysine)
② 아스파라긴(asparagine)
③ 글루타민산(glutamic acid)
④ 알라닌(alanine)

10 대두 단백질 중 단백질 분해효소인 trypsin의 작용을 억제하는 성질을 가진 단백질은 주로 어느 것인가?

① albumin   ② globulin
③ glutelin   ④ prolamin

11 다음 중 쌀에 함유된 대표적인 단백질은?

① 오리제닌   ② 제인
③ 글루테린   ④ 카제인

12 밀단백질인 글루텐의 구성성분은?

① 글리아딘(gliadin)과 프롤라민(prolamin)
② 글리아딘(gliadin)과 글루테닌(glutenin)
③ 글루타민(glutamin)과 글루테닌(glutenin)
④ 글루타민(glutamin)과 프롤라민(prolamin)

13 글루테린(glutelin)에 해당하지 않는 단백질은?

① oryzenin   ② glutenin
③ hordenin   ④ zein

14 다음 중 –S–S– 결합 구조와 관계있는 것은?

① 감자의 녹말   ② 당근의 비타민
③ 콩기름의 유지   ④ 밀가루의 단백질

15 밀가루 단백질 중 반죽형성 시 점착성과 연한 성질을 부여하는 것은?

① 알부민(albumin)
② 글로불린(globulin)
③ 글루테닌(glutenin)
④ 글리아딘(gliadin)

16 다음은 두류와 곡류 및 이들이 함유하고 있는 대표적인 단백질 성분을 연결한 것이다. 올바르게 연결된 것은?

① 쌀 – 오리제닌(oryzenin)
② 밀 – 글리시닌(glycinin)
③ 보리 – 글로불린(globulin)
④ 콩 – 제닌(zenin)

17 곡류의 단백질에 대한 설명으로 올바른 것은?

① 대부분이 글로불린(globulin)과 프롤라민(prolamin)이다.
② 쌀의 주요 단백질은 프롤라민에 속하는 오리제닌(oryzenin)이다.
③ 보리의 주요 단백질은 프롤라민에 속하는 호르데닌(hordenin)이다.
④ 옥수수의 주요 단백질은 프롤라민에 속하는 제인(zein)이다.

18 육류 단백질의 주성분은?

① 히스톤(histone)   ② 미오신(myosin)
③ 미오겐(myogen)   ④ 알부민(albumin)

19 섬유상 단백질이 아닌 것은?

① 미오신   ② 액틴
③ 액토미오신   ④ 미오글로빈

20 고기의 사후강직 현상은 어떤 물질이 형성되기 때문인가?

① 미오신(myosin)
② 액틴(actin)
③ 액토미오신(actomyosin)
④ 글리코겐(glycogen)

21 근육에 존재하는 알부민(albumin)계의 단백질은?

① lactalbumin ② myogen

③ ovalbumin ④ serum albumin

22 동물성 단백질에 대한 설명으로 옳은 것은?

① 불용성 단백질인 콜라겐은 80℃로 가열하면 가용성의 젤라틴으로 변한다.

② 액틴과 미오겐의 결합체는 헥소키나아제에 의하여 분리되면서 근육의 이완·수축이 이루어진다.

③ 액틴은 구형의 F-actin과 선형의 G-actin으로 두 가지가 있으며 이들은 가역적으로 변화한다.

④ 엘라스틴은 구조상 알파 헬리그 형태구조를 갖고 있어 고무와 같은 탄력으로 인대조직에 존재한다.

23 콜라겐의 기본적 구조단위는?

① gelatin ② hydroxylysine

③ proline ④ tropocollagen

24 다음 중 열변성(heat denaturation)이 일어날 때 수용성이 증가되는 대표적인 단백질은?

① 알부민 ② 글로불린

③ 글루텐 ④ 콜라겐

25 난백(卵白)의 가장 주된 단백질은?

① 라이소자임(lysozyme)

② 콘알부민(conalbumin)

③ 오브알부민(ovalbumin)

④ 오보뮤코이드(ovomucoid)

26 조란류에 대하여 잘못 설명한 것은?

① 계란 흰자위 단백질로는 오발부민(ovalbumin)이 있다.

② 날계란에 함유된 아비딘(avidin)은 핵단백질과 결합되어 있어 비오틴(biotin)의 활성을 방해한다.

③ 알류에는 유독성분이 없으나 계란의 알껍질 및 난각막에는 미세한 구멍이 있어 세균이 침입하여 부패되는 수가 있다.

④ 계란 노른자위 단백질에 인지질과 비텔린(vitellin)과의 결합물이 있는데 이것이 바로 오보뮤코이드(ovomucoid)이다.

27 단백질을 설명한 사항 중 옳지 않은 것은?

① 탄수화물, 지방과는 달리 평균 16%의 질소를 함유하고 있다.

② 각종 아미노산이 펩타이드(peptide) 결합을 한 고분자 화합물이다.

③ 단백질은 등전점에서 용해성, 삼투압, 점성이 최고로 된다.

④ 단백질의 구조에서 2차 구조는 수소결합에 의한 것이다.

28 다음 아미노산 중 자외선 흡수성을 지니지 않는 것은?

① tyrosine ② phenylalanine

③ glycine ④ tryptophan

29 어떤 단백질의 등전점보다 높은 pH에서 그 단백질은 어떤 성질을 보이는가?

① 주로 양이온과 결합한다.

② 주로 음이온과 결합한다.

③ 양이온과 음이온 모두 결합할 수 있다.

④ 어떤 이온과도 결합하지 않는다.

30 닌하이드린(Ninhydrin) 반응과 가장 관계 깊은 것은?

① 환원당의 정량
② 유기산의 정량
③ 아미노산의 정색반응
④ 지방산의 정색반응

31 단백질의 정색반응 중 Millon 반응은 어떤 기를 가진 아미노산에 의해서 일어나는가?

① imidazol기 　　② benzene기
③ phenol기 　　　④ indol기

32 다음 중 질소 환산계수가 가장 큰 식품은?

① 쌀 　　　　② 팥
③ 대두 　　　④ 밀

33 단백질의 구조와 관계가 없는 것은?

① Peptide 결합 　② S-S 결합
③ 수소 결합 　　　④ 이중 결합

34 단백질의 변성에 영향을 주는 요소와 거리가 먼 것은?

① 가열 또는 동결
② 중금속 또는 염류
③ 기계적 교반 또는 압력
④ 여과 또는 한외여과

35 단백질의 열변성에 대한 설명 중 틀린 것은?

① 단백질 중에서 알부민과 글로불린이 가장 열변성이 쉽게 일어난다.
② 단백질에 수분이 많으면 비교적 낮은 온도에서 일어난다.
③ 단백질은 일반적으로 등전점에서 가장 열변성이 일어나기 어렵다.
④ 단백질은 전해질이 있으면 변성온도가 낮아진다.

36 단백질이 변성되면 나타나는 일반적인 특성 변화에 대한 내용으로 옳은 것은?

① 소화 분해력 감소
② 친수성 증가
③ 용해도의 감소
④ 반응성 감소

37 최근 숙성육(냉장육)의 소비가 급격히 증가하고 있다. 육의 숙성과정 중에 일반적으로 발생하는 문제점이라고 보기 가장 어려운 것은?

① 육색의 변화
② 육단백질의 변화
③ 수분의 손실로 인한 감량
④ 미생물의 번식

무기질

01 무기염류의 작용과 관계가 먼 것은?

① 체액의 pH 조절
② 체액의 삼투압 조절
③ 항산화성 증대
④ 효소작용의 촉진

02 Ca에 대한 설명으로 틀린 것은?

① 탄산염, 황산염의 형태로 다량 존재한다.

② 세포 외액의 농도가 세포 내보다 낮다.

③ 혈액의 응고, 호르몬 분비 등에 관여한다.

④ 단백질, 펙틴 등과 결합성이 강하다.

03 체내에 칼슘이 부족한 경우 칼슘원을 섭취 시 함께 섭취해도 좋은 식품은 무엇인가?

① 쇠고기   ② 시금치

③ 콩   ④ 김치

04 칼슘대사에 대한 설명으로 옳은 것은?

① 젖산과 유당은 칼슘의 흡수를 억제하는 요인이다.

② 식이섬유소와 시금치는 칼슘의 흡수를 증가 시키는 요인이다.

③ 혈중 칼슘농도 조절인자에는 비타민 D, 칼시토닌, 부갑상선 호르몬이 있다.

④ 칼슘은 상처회복을 돕고 면역기능을 원활히 한다.

05 나트륨(N)a에 대한 설명으로 틀린 것은?

① 칼슘(Ca)과 함께 뼈의 주요 구성성분이다.

② 혈액의 완충작용을 하여 pH를 유지한다.

③ 근육 수축 및 신경 흥분을 억제한다.

④ 담즙, 췌액, 장액 등의 알칼리성 소화액의 성분이며, 대부분 재흡수 된다.

06 철(Fe)에 대한 설명으로 틀린 것은?

① 철은 식품에 헴형(heme)과 비헴형(non-heme)으로 존재하며 헴형의 흡수율이 비헴형보다 2배 이상 높다.

② 비타민 C는 철 이온을 2가철로 유지시켜 주어 철 이온의 흡수를 촉진한다.

③ 두류의 피틴산은 철분 흡수를 촉진한다.

④ 달걀에 함유된 황이 철분과 결합하여 검은색을 나타낸다.

07 하루에 100mg 이상 필요한 다량 무기질에 속하지 않는 것은?

① Ca   ② P

③ Zn   ④ Na

08 인체 내에서 Fe의 생리작용에 대한 설명으로 틀린 것은?

① 헤모글로빈의 구성성분이다.

② 과잉 섭취 시 칼슘의 흡수율을 저하시킬 수 있다.

③ 식품 중의 phytic acid는 철의 흡수를 방해한다.

④ 인체 내에 가장 많은 무기질이며, 결핍 시 골다공증을 일으킨다.

09 뼈와 치아의 구성성분이 아닌 것은?

① Mg   ② K

③ Ca   ④ P

10 다음 호르몬 중 요오드(iodine)의 대사와 직접 관련되는 것은?

① Epinephrine   ② Thyroxine

③ Insulin   ④ Cortisone

11 식품의 산성 및 알칼리성에 대한 설명 중 틀린 것은?

① 알칼리생성 원소와 산생성 원소 중 어느 쪽의 성질이 큰가에 따라 알칼리성식품과 산성식품으로 나뉜다.

② 식품이 체내에서 소화 및 흡수되어 Na, K, Ca, Mg 등의 원소가 P, S, Cl, I 등의 원소보다 많은 경우를 생리적 산성식품이라 한다.

③ 산성식품을 너무 지나치게 섭취하면 혈액은 산성쪽으로 기울어 버린다.

④ 대표적인 생리적 알칼리성 식품은 과실류, 해조류 및 감자류이다.

12 다음 중 식품의 알칼리도를 구하는 공식은?

> a : 처음에 가한 0.1N NaOH 용액의 mL 수
> b : 회분 용해에 이용한 0.1N HCl 용액의 mL 수
> c : 적정에 소요된 0.1N NaOH 용액의 mL 수
> s : 시료의 채취량(g)

① $\dfrac{[b-(a-c)\times 10]}{s} \times \dfrac{1}{100}$

② $\dfrac{[b-(a+c)\times 10]}{s} \times \dfrac{1}{100}$

③ $\dfrac{[b-(a-c)\times 100]}{s} \times \dfrac{1}{10}$

④ $\dfrac{[b-(a+c)\times 100]}{s} \times \dfrac{1}{10}$

01 비타민에 대한 설명 중 틀린 것은?

① 비타민 A는 산소가 없으면 열에 대하여 안정하다.

② 비타민 B₁은 pH 3.5 이하에서는 가열하여도 비교적 안정하다.

③ 비타민 B₂는 빛이 있는 상태에서도 비교적 열에 안정하다.

④ 비타민 C는 공기가 없을 때는 열 자체에 대해서 비교적 안정하다.

02 지용성 비타민의 특징이 아닌 것은?

① 기름과 유기용매에 녹는다.

② 결핍증세가 서서히 나타난다.

③ 비타민의 전구체가 없다.

④ 1일 섭취량이 필요 이상일 때는 체내에 저장된다.

03 다음 중 비타민 A의 함량이 가장 높은 식품은?

① 간유   ② 당근
③ 김   ④ 오렌지

04 자외선을 받으면 생리활성을 갖게 되는 물질로서 비타민 D의 전구물질은 어느 것인가?

① β-싸이토스테롤(β-sitosterol)

② 7-디히드로 콜레스테롤(7-dehydrocholesterol)

③ 스티그마스테롤(stigmasterol)

④ 크립토잔틴(cryptoxanthin)

05 에르고스테롤이 자외선을 받으면 활성화되는 이 비타민의 기능을 설명한 것으로 틀린 것은?

① 혈액이 응고되는 중요한 인자가 된다.

② 이것이 부족하면 골다공증을 유발하기도 한다.

③ 인(P)의 흡수 및 침착을 도와준다.

④ 뼈의 석회화를 도와주는 역할을 한다.

06 비타민 D가 가장 많이 들어 있는 식품은?

① 청어기름　　② 우유

③ 치즈　　　　④ 계란

07 결핵환자들의 경우 결핵균이 활동하지 못하도록 균을 석회화시키는데 이런 경우 유용할 것으로 예상되는 비타민은?

① 비타민 C　　② 비타민 D

③ 비타민 E　　④ 비타민 K

08 탄수화물의 대사 과정에서 필요한 효소들의 반응에서 필수적인 조효소를 구성하는 성분의 비타민으로 체내에서 합성이 되지 않으므로 식이과정을 통하여 섭취되어야 하는 것은?

① 비타민 A　　② 비타민 B

③ 비타민 C　　④ 비타민 E

09 빛에 가장 민감하게 분해되는 비타민은?

① 비오틴(biotin)

② 판토텐산(pantothenic acid)

③ 나이아신(niacin)

④ 리보플라빈(riboflavin)

10 비타민 B_2의 주요 기능은?

① 성장촉진인자

② 혈액응고촉진인자

③ 항악성빈혈인자

④ 항피부염인자

11 비타민(Vitamin) B_6는 다음의 어느 영양소와 가장 관계가 깊은가?

① 인지질　　　② 전분

③ 무기질　　　④ 단백질

12 옥수수를 주식으로 하는 저소득층의 주민들 사이에서 풍토병 또는 유행병으로 알려진 질병의 원인을 알기 위하여 연구한 끝에 발견된 비타민은?

① 나이아신　　② 비타민 E

③ 비타민 B_2　④ 비타민 B_6

13 비타민 C의 특성을 올바르게 설명하고 있는 것은?

① 산화형보다도 환원형 형태가 생물학적 활성이 약하다.

② 아스콜베이트 옥시다아제(ascorbate oxidase)에 의하여 비타민 C가 활성화된다.

③ 콜라겐의 생합성에 관여한다.

④ 아미노카르보닐 반응을 일으키는 중요 성분이다.

14 Ascorbic acid(Vitamin C)는 대표적인 레덕톤류(reductones)로 취급된다. 그 이유는 그 구조 중 어떤 기능기가 있기 때문인가?

① 엔다이올(enediol)
② 티올-엔올(thiol-enol)
③ 엔아미놀(enaminol)
④ 엔다이아민(endiamine)

15 혼합야채를 주 원료로 만든 야채쥬스에 retinol 50㎍, α-carotene 120㎍, β-carotene 60㎍, lycopene 180㎍이 함유되어 있다면 이는 몇 RE(retinol equivalent)인가?

① 50 RE   ② 60 RE
③ 70 RE   ④ 80 RE

16 비타민 B_2의 광분해 시 알칼리성에서 생기는 물질은?

① 루미플라빈(lumiflavin)
② 루미크롬(lumichrome)
③ 리비톨(ribitol)
④ 이소알록사진(isoalloxazine)

17 산성용액에서 광분해 했을 때 lumichrome이 되는 것은?

① 비타민 B_1 ② 비타민 B_2
③ 비타민 B_6 ④ 나이아신(niacin)

18 비타민 B_2는 산성에서 빛에 노출되면 lumichrome으로 분해된다. 다음 중 비타민 B_2를 광분해로부터 보존할 수 있는 방법이 아닌 것은?

① 비타민 B_1 공존   ② 비타민 B_6 공존
③ 비타민 C 공존   ④ 갈색병에 보관

효소

01 효소반응에 영향을 미치는 인자의 설명 중 잘못 된 것은?

① 온도 상승에 따라 효소반응 속도가 증가하나, 어느 온도 이상이면 효소기능을 상실한다.
② 효소작용을 억제하는 물질로 Ca, Mn 등이 있다.
③ 효소반응은 반응초기에 효소의 농도와 그 활성도가 비례한다.
④ 효소반응에는 pH의 조절이 필요하며, 작용 최적 pH는 효소나 기질의 종류 등에 따라 다르다.

02 효소들의 역할이 옳게 연결된 것은?

① ascorbate oxidase : 비타민 C를 생성한다.
② polyphenol oxidase : 갈변이 억제된다.
③ chlorophyllase : 클로로필을 가수분해한다.
④ bromelin : 단백질 분자간의 결합이 이루어진다.

03 김치와 같은 침채류에 펙틴효소들이 작용하면 어떤 현상이 일어나는가?

① 초록색이 갈색으로 바뀌게 된다.
② 신선한 채소에 비하여 조직감이 부드러워진다.
③ 젖산 발효가 보다 빨리 일어난다.
④ 구성분 중 글루쿠론산(glucuronic acid)이 많이 생성된다.

04 β-amylase가 작용하는 곳은?

① α-1,4-glucoside 결합

② β-1,4-glucoside 결합

③ α-1,6-glucoside 결합

④ β-1,6-glucoside 결합

05 맥주를 제조함에 있어 전분을 발효성 당으로 분해하며 전분에 의한 혼탁을 제거할 목적으로 이용되는 효소는?

① β-amylase   ② tannase

③ invertase   ④ lipase

06 감자 칩이나 마요네즈와 같이 지방이 함유되거나 갈변화가 예상되는 식품에서 지방 산패나 갈변화 반응을 억제할 목적으로 효소를 이용한다면 어떤 종류의 효소를 사용하는 것이 바람직한가?

① polyphenol oxidase, peroxidase

② glucose oxidase, catalase

③ naringinase, tyrosinase

④ papain, lipoxygenase

07 포도당으로 과당을 제조할 때 쓰이는 효소는?

① amylase

② pectinase

③ glucose oxidase

④ glucose isomerase

08 다음과 같은 조성을 갖는 식품의 품질에 나쁜 영향을 미치는 효소는?(밀가루 25%, 설탕 4%, 당면 25%, 코코넛유 13%, 생크림 9%, 비타민 C 1%, 계면활성제 1%, 수분 2%)

① Amylase, cellulase

② Lipoxygenase, lipase

③ Polyphenol oxidase, tyrosinase

④ Ascorbate oxidase, lactate oxidase

09 데치기(blanching) 공정 시 공정이 잘 되었는지를 확인하는 효소로 가장 적합한 것은?

① polyphenol oxidase

② peroxidase

③ lipase

④ cellulase

10 다음의 과일 중 고기의 연육소 효과가 가장 적은 것은?

① 파인애플   ② 무화과

③ 바나나   ④ 파파야

11 *Aspergillus*속 배양물에서 얻어지는 효소로, 식물 세포막 구성 성분 사이의 결합을 분리 또는 약화시켜 식물조직을 연화시키는 작용을 하는 것은?

① pepsin   ② pectinase

③ isoamylase   ④ α-amylase

제2과목 PART II 식품의 특수성분 **예상문제**

맛성분

01 맛의 순응(adaptation)에 대한 설명으로 틀린 것은?
① 물질의 농도가 높으면 순응 시간이 길어진다.
② 미각 상태가 오래되면 감각의 강도가 급속도로 감퇴된다.
③ 단맛은 쓴맛보다 순응이 빠르다.
④ 신맛은 맛의 종류 중 순응이 가장 빠르다.

02 맛의 강화현상(대비현상)이란?
① 본래의 정미물질에 다른 물질이 섞여 맛이 증가하는 것
② 한 가지 맛을 느낀 직후 다른 맛을 느끼지 못하는 것
③ 두 가지 물질을 혼합함으로서 고유한 맛이 없어지거나 약해지는 것
④ 한가지 물질만으로 맛이 나타나는 것

03 설탕에 소금 0.15%를 가했을 때 단맛이 증가되는 현상은?
① 맛의 강화현상   ② 맛의 소실현상
③ 맛의 변조현상   ④ 맛의 탈삽현상

04 다음 중 단맛이 가장 약한 것은?
① 설탕(sucrose)   ② 과당(fructose)
③ 유당(lactose)   ④ 포도당(glucose)

05 가열 조리한 무의 단맛 성분은?
① aspartame
② phyllodulcin
③ methyl mercaptan
④ allicin

06 맛의 인식 기작에 대한 설명이 옳은 것은?
① 단맛 성분은 G-protein 결합수용체에 의해 인식된다.
② 쓴맛 성분은 맛 수용체 세포막의 이온 통로에 직접 작용한다.
③ 신맛은 신맛 성분으로부터 유래한 수소 이온이 이온 통로에 결합하면서 칼슘 이온이 흐름을 막는다.
④ 짠맛 성분은 염의 양이온(Na+)이 G-protein 결합 수용체와 반응한다.

07 최소 감응농도 중 정미물질의 맛이 무엇인지는 분간할 수 없으나 순수한 물과 다르다고 느끼는 최소농도는?
① 최소 감각농도   ② 최소 식별농도
③ 최소 인지농도   ④ 한계농도

08 오징어의 감미 성분은?
① betaine   ② carnitine
③ taurine   ④ creatine

09 저칼로리 감미료로 성인병뿐만 아니라 치아관리에 효과적인 탄수화물 유도체가 아닌 것은?

① 솔비톨 ② 자일리톨
③ 만니톨 ④ 이노시톨

10 인공감미료로 이용되는 saccharin의 구조식은?

11 식염이나 산의 존재 하에서도 감미도가 영향을 받지 않으며 내열성이 큰 천연감미료는?

① sucrose ② stevioside
③ saccharin ④ naringin

12 인공 감미료인 아스파탐의 설명 중 틀린 것은?

① 설탕의 200배 정도의 단맛을 나타낸다.
② 설탕, 포도당, 과당 및 사카린 등과 함께 사용하면 상승작용을 나타낸다.
③ 높은 온도에서 안정하여 가열 가공공정을 거치는 식품에 적합하다.
④ 수용액 상태로 있으면 메틸에스테르 결합이 끊어져 맛이 없는 형태로 바뀐다.

13 알칼로이드계의 쓴맛 물질이 아닌 것은?

① 카페인(Caffeine)
② 테오브로민(Theobromine)
③ 퀴닌(Quinine)
④ 피넨(Pinene)

14 코코아 및 초콜릿의 쓴맛성분은?

① quercertin ② naringin
③ theobromine ④ cucurbitacin

15 alkaloid, humulone, naringin의 공통적인 맛은?

① 단맛 ② 떫은맛
③ 알칼리 맛 ④ 쓴맛

16 쓴맛 성분과 그 쓴맛을 감소시킬 수 있는 효소의 연결이 옳은 것은?

① 리모닌(limonin)- 파파인(papain)
② 탄닌(tannin)- 레닌(renin)
③ 나린진(naringin)- 나린진나아제(naringinase)
④ 카페인(caffein)- 셀룰라아제(cellulase)

17 양파 껍질의 쓴맛 성분은?

① quercetin ② naringin
③ theobromine ④ cucurbitacin

18 오렌지 주스의 지연성 쓴맛 성분은?

① 후물론(hunulone)

② 리모닌(limonin)

③ 큐쿠르비타신(cucurbitacin)

④ 이포메아마론(ipomeamarone)

19 맥주의 쓴맛을 내는 대표적인 원인 물질은?

① caffeine ② theobromine

③ limonin ④ humulone

20 오래된 청국장은 단백질 분해로 쓴맛을 띤다. 이 쓴맛의 원인은?

① 펩톤 ② 히스티딘

③ 티라민 ④ 알데히드

21 소수성 아미노산인 L-leucine의 맛과 유사한 것은?

① 3.0% 포도당의 단맛

② 1.0% 소금의 짠맛

③ 0.5% malic acid의 신맛

④ 0.1% caffeine의 쓴맛

22 쇠고기의 맛난 맛 성분인 5'-이노신산(5'-inosinic acid)의 전구물질(precusor)은?

① 하이포크산틴(hypoxanthin)

② 구아닐산(5'-guanylic acid)

③ 아데닐산(5'-adenylic acid)

④ 이노신(inosine)

23 ribotides 중에서 향미 강화작용 또는 향미 증진작용이 가장 강한 것은?

① 5'-GMP ② 3'-GMP

③ 3'-IMP ④ 5'-XMP

24 다음 중 매운 맛과 가장 거리가 먼 것은?

① 아민류

② 인산 화합물

③ 황 화합물

④ 벤젠핵을 가진 화합물

25 고추의 매운 맛을 나타내는 성분은?

① 피페린(piperine)

② 차비신(chavicine)

③ 진제론(zingerone)

④ 캡사이신(capsaicin)

26 양파, 무 등의 매운맛 성분인 황화 allyl류를 가열할 때 단맛을 나타내는 성분은?

① allicine ② allyl disulfide

③ alkylmercaptan ④ sinigrin

27 겨자의 매운맛을 나타내는 성분은?

① 피페린(piperine)

② 차비신(chavicine)

③ 진제론(zingerone)

④ 이소티오시아네이트(isothiocyanate)

28 매운맛 성분과 주요 출처의 연결이 틀린 것은?
① 피페린(piperine) – 후추
② 차비신(chavicine) – 산초
③ 진제론(zingerone) – 생강
④ 이소티오시아네이트(isothiocyanate) – 겨자

29 떫은맛에 대한 설명으로 틀린 것은?
① 수렴성의 감각이다.
② 단백질의 응고에 의한 것이다.
③ 철 등의 중금속의 염류도 떫은맛이 느껴진다.
④ 지방질이 많은 식품은 포화지방산에 의해 떫은맛이 난다.

30 같은 종류의 맛을 느낄 수 있는 것으로 연결된 것은?
① 글라이시리진과 카페인
② 스테비오사이드와 자일리톨
③ 키니네와 구연산
④ 페릴라틴과 캡사이신

31 죽순, 토란, 우엉의 아린맛 성분은?
① 글루코만난(glucomannan)
② 글루타민(glutamine)
③ 시니그린(sinigrin)
④ 호모겐티스산(homogentisic acid)

32 아린맛 성분인 호모젠틴스산(homogentisic acid)은 어떤 아미노산의 대사과정에서 생성되는가?
① betaine   ② phenylalanine
③ glutamine   ④ glycine

33 된장을 숙성하면서 된장에 함께 존재하는 단백질 분해효소들에 의하여 구수한 맛을 내는 어떤 성분이 증가하는가?
① aspartic acid   ② glutamic acid
③ lysine   ④ histidine

34 양파를 가열, 조리할 경우 자극적인 향과 맛이 사라지고 단맛을 나타내는 원인은?
① propyl allyl disulfide가 가열로 분해되어 propyl mercaptan으로 변했기 때문이다.
② quercetin이 가열에 의해 mercaptan으로 변했기 때문이다.
③ 섬유질이 amylase 효소의 분해를 받아 포도당을 생성했기 때문이다.
④ carotene이 가열에 의해 단맛을 내는 lycopene으로 변화되었기 때문이다.

냄새성분

01 식품의 냄새에 대한 설명으로 가장 옳은 것은?
① ester류는 십자화과 채소의 주요 향기성분이다.
② 휘발성 황화합물은 버터의 주요 향기성분이다.
③ trimethylamine은 담수어의 비린내 성분이다.
④ maillard 반응에 의해 생성되는 5-HMF는 달콤한 향기특성이 있다.

02 냄새를 나타내는 화학성분에 대한 설명으로 틀린 것은?

① 에스테르(ester)류는 과일과 꽃의 향기성분이다.

② 포도당을 가열하면 퓨란(furan), 페놀(phenol) 등의 냄새성분이 생긴다.

③ 육류나 어류의 선도가 저하되었을 때 발생하는 자극성 냄새의 원인성분은 암모니아(ammonia)이다.

④ 신선한 우유에 다량 함유된 휘발성 carbonyl 화합물은 살균처리 과정에서 없어진다.

03 냄새성분과 그 특성의 연결이 틀린 것은?

① 알데히드류 – 식물의 풋내, 유지 식품의 기름진 풍미 및 산패취

② 에스테르류 – 과일과 꽃의 중요한 향기성분

③ 퓨란류 – 구린내, 지린내, 비린내 등의 부패취를 내는 성분

④ 피라진류 – 질소를 함유한 화합물로 고기향, 땅콩향, 볶음향 등의 특성을 나타내는 성분

04 양파를 잘랐을 때 나는 유황화합물의 향기성분은?

① sedanolide

② piperidine

③ propylmercaptan

④ taurine

05 다음 중 셀러리의 독특한 주요 향기성분은?

① limonene

② sedanolide

③ methyl cinnamate

④ 2,6-nonadienal

06 표고버섯의 주요한 향기성분은?

① methyl cinnamate

② lenthionine

③ sedanolide

④ capsaicine

07 겨자과 식물의 주된 향기 성분은?

① allyl isothiocyanate

② sedanolide

③ allicin

④ lenthionine

08 가리비의 향기, 김 냄새의 주성분은?

① dimethyl sulfide

② terpene

③ pinene

④ $\beta-\gamma$-hexenol

09 우유의 특유 향기성분이 아닌 것은?

① acetone   ② acetaldehyde

③ butyric acid   ④ oleic acid

10 상어의 독특한 냄새는 암모니아와 다음 어느 향과 관계가 있는가?

① 요소와 urease을 함유하기 때문이다.

② 함황 amine을 함유하기 때문이다.

③ diacetyl을 함유하기 때문이다.

④ piperidine을 함유하기 때문이다.

11 어류의 비린내 성분과 거리가 먼 것은?

① 피페리딘(piperidine)

② 트리메틸아민(trimethylamine)

③ δ-아미노바레르산(δ-aminovaleric acid)

④ 이소티오시아네이트(isotiocyanate)

12 식육의 풍미(flavor)는 어떤 반응에 의하여 최초로 생기게 되는가?

① 탈탄산 반응

② 아미노-카르보닐 반응

③ 아미노전이 반응

④ 인산화 반응

색소성분

01 중심 금속원소로서 마그네슘(Mg)을 가진 화합물은?

① 클로로필(chlorophyll)

② 헤모글로빈(hemoglobin)

③ 미오글로빈(myoglobin)

④ 헤모시아닌(hemocyanin)

02 포르피린 링(porphyrin ring) 구조 안에 Mg^{2+}을 함유하고 있는 색소 성분은?

① 미오글로빈   ② 헤모글로빈

③ 클로로필   ④ 헤모시아닌

03 엽록소(Chlorophyll)가 페오피틴(pheophytin)으로 변하는 현상은 어떤 경우에 가장 빨리 일어나는가?

① 푸른 채소를 공기 중에 방치해 두었을 때

② 조리하는 물에 소다를 넣었을 때

③ 푸른 채소를 소금에 절였을 때

④ 조리하는 물에 산이 존재할 때

04 카로티노이드계 색소는 어느 것인가?

① 크산토필(xanthophyll)

② 클로로필(chlorophyll)

③ 탄닌(tannin)

④ 안토시아닌(anthocyanin)

05 다음 carotenoid 중 xanthophyll 그룹에 해당하는 것은?

① β-carotene   ② cryptoxanthin

③ α-carotene   ④ lycopene

06 carotenoid 색소의 특징이 아닌 것은?

① 약산성에서 무색이고 토마토에 많다.

② 황색, 오렌지색, 적색의 색소이다.

③ 일광건조나 가열에 의해 변색되지 않는다.

④ 가열 조리에는 큰 변화가 없다.

07 carotenoid의 안전성에 가장 큰 영향을 주는 인자는?

① 산의 작용

② 알칼리의 작용

③ 온도의 작용

④ 산소에 의한 산화작용

08 당근에서 카로티노이드(carotenoidis)를 분석하는 방법에 대한 설명으로 틀린 것은?

① 카로티노이드는 빛에 의해 쉽게 분해되므로 암소에서 실험을 진행한다.

② 당근 시료에서 카로티노이드를 분리하기 위해 수용액상에서 끓여 용출시킨다.

③ 카로티노이드는 산소에 의해 쉽게 산화되므로 질소가스를 공급한다.

④ 분리된 카로티노이드는 보통 역상 HPLC 또는 분광광도계를 활용하여 정량한다.

09 과실(고구마, 밤 등)의 통조림에서 회색의 복합염을 형성하여 산소가 남아 있는 경우 흑청색이나 청록색으로 변한다. 그 이유는?

① 탄닌성분이 제2철염과 반응하기 때문에

② 탄닌성분이 마그네슘 이온과 반응하기 때문에

③ 탄닌성분이 외부의 산소와 결합하기 때문에

④ 탄닌성분이 탈수되기 때문에

10 다음 중 provitamin A가 아닌 것은?

① cryptoxanthin ② ergosterol

③ β-carotene ④ γ-carotene

11 꽃이나 과일의 청색, 적색, 자색 등의 수용성 색소를 총칭하는 것은?

① chlorophyll ② carotenoid

③ anthoxanthin ④ anthocyanin

12 다음 provitamin A 중 Vitamin A의 효과가 가장 큰 것은?

① α-carotene ② β-carotene

③ γ-carotene ④ cryptoxanthin

13 다음 중 anthoxanthin 색소와 함유 식물 간에 짝이 잘못된 것은?

① apigenin-사과껍질

② tritin-밀가루

③ daizin-황색콩

④ hesperidin-감귤껍질

14 안토시아닌(Anthocyanin)계 색소가 적색을 띠는 경우는?

① 산성에서 ② 중성에서

③ 알칼리성에서 ④ pH에 관계없이

15 포도껍질의 색은 어느 성분인가?

① 안토시아닌(anthocyanin)

② 플라보노이드(flavonoid)

③ 클로로필(chlorophyll)

④ 탄닌(tannin)

16 provitamin A에 대한 설명으로 틀린 것은?

① 식물 중에 있을 때는 비타민 A와 다른 화합물이다.

② α-carotene이 비타민 A로서의 효력이 가장 크다.

③ 체내에서 유지와 공존하지 않으면 흡수율이 낮다.

④ β-ionone을 갖는 carotenoid이다.

17 사과껍질에 들어 있는 안토시아닌(antho cyanin) 계 색소는?

① 리코펜(lycopene)
② 시아니딘(cyanidin)
③ 아스타신(astacin)
④ 루틴(rutin)

18 오미자의 중요한 색소 성분인 안토시아닌의 안정성에 가장 큰 영향을 주는 인자는?

① pH
② 당의 함량
③ 온도
④ 이온세기

19 토마토의 주요 색소 성분은 무엇인가?

① carotene과 lutein
② chlorophyll과 hesperidin
③ chlorophyll과 anthocyanin
④ carotene과 lycopene

20 플라보노이드(flavonoid)계 색소가 아닌 것은?

① 아피제닌(apigenin)
② 라이코펜(lycopene)
③ 나린진(naringin)
④ 루틴(rutin)

21 대두에 함유된 isoflavone이 아닌 것은?

① glycitein
② daidzein
③ hordein
④ genistein

22 카레의 노란색을 나타내는 색소는?

① 안토시아닌(anthocyanin)
② 커규민(curcumin)
③ 탄닌(tannin)
④ 카테킨(catechin)

23 헤스페리딘(hesperidin)은 무엇으로 구성되어 있는가?

① 헤스페리틴(hesperitin)과 아라비노스(arabinose)
② 헤스페리틴과 람노스(rhamnose)
③ 헤스페리틴과 글루코스(glucose)
④ 헤스페리틴과 루티노스(rutinose)

24 다음 중 녹색을 띠는 것은?

① metmyoglobin
② hemin
③ sulfmyoglobin
④ nitrosomyoglobin

25 육류나 육류 가공품의 육색소를 나타내는 주된 성분으로 육류조직에 함유되어 있는 것은?

① 미오글로빈
② 헤모글로빈
③ 베탈라인
④ 사이토크롬

26 식육에 대한 설명으로 틀린 것은?

① 식육의 색은 주로 myoglobin에 의한 것이다.
② 염지육은 소금과 질산염을 혼합하여 제조한다.
③ 식육의 myoglobin 함량은 동물의 나이에 따라 다르다.
④ myoglobin은 열에 안정하다.

27 훈제품 제조와 관련된 설명으로 틀린 것은?

① 연기성분 중에는 페놀성분도 포함되어 있다.

② 연기성분 중 포름알데히드, 크레졸은 환원성 물질로 지방산화를 막아준다.

③ 질산칼륨을 첨가하는 이유는 아질산염을 거쳐서 산화질소가 유리되는 것을 방지하기 위한 것이다.

④ 생성된 산화질소는 미오글로빈과 결합 후 가열과정을 통하여 니트로소미오크로모겐으로 변화한다.

28 햄을 만들 때 돼지고기에 질산염을 첨가하면 생성되는 선홍색 물질은?

① 미오글로빈(myoglobin)

② 옥시미오글로빈(oxymiglobin)

③ 메트미오글로빈(metmyoglobin)

④ 니트로소미오글로빈(nitrosomyglobin)

29 게나 새우를 삶았을 때 나타나는 적색은 무엇에 의한 것인가?

① 베타 카로틴(β-carotene)

② 네오잔틴(neoxanthin)

③ 아스타잔틴(astaxanthin)

④ 루테인(lutein)

30 새우, 게의 갑각은 청록색이지만 조리할 때 삶거나 초절임을 하면 적색이 된다. 이 적색 색소는?

① capsoubin   ② canthaxanthin

③ astacin   ④ physalien

31 오이 김치를 담근 후 오이의 녹색이 점차 갈색으로 변화되는 이유로 적당한 것은?

① 녹색 색소인 클로로필 분자의 Mg이 K^+로 치환되었기 때문

② 녹색 색소인 클로로필 분자의 Mg이 Na^+로 치환되었기 때문

③ 녹색 색소인 클로로필 분자의 Mg이 Cu+로 치환되었기 때문

④ 녹색 색소인 클로로필 분자의 Mg이 H^+로 치환되었기 때문

32 Chlorophyll에 chlorophyllase를 작용시키면 다음 알콜 중 어느 것이 유리되는가?

① 메탄올(methanol)

② 에탄올(ethanol)

③ 프로판올(propanol)

④ 피톨(phytol)

33 클로로필의 포르피린환(porphyrin ring) 중 마그네슘이 수소로 치환되면 그 색깔은 어떻게 되는가?

① 갈색   ② 청록색

③ 보라색   ④ 적자색

34 클로로필(chlorophyll)을 알칼리로 처리하였더니 피톨이 유리되고 용액의 색깔이 청록색으로 변했다. 다음 중 어느 것이 형성된 것인가?

① pheophytin   ② pheophorbide

③ chlorophyllide   ④ chlorophylline

35 배추나 오이로 김치를 담그면 시간이 지남
에 따라 녹색이 갈색으로 변하게 되는데,
이때 생성되는 갈색물질은?
① 페오피틴(pheophytin)
② 프로피린(porphyrin)
③ 피톨(phytol)
④ 프로피온산(propionic acid)

36 새우, 게 등 갑각류의 가열이나 산 처리 시
에 적색으로 변하는 것은?
① myoglobin이 nitrosomyoglobin으로
변화
② astaxanthin이 astacin으로 변화
③ chlorophyll이 pheophytin으로 변화
④ anthocyan이 anthocyanidin으로 변화

37 적색 어육의 절단면을 공기 중에 방치하면
적자색에서 선홍색을 거쳐 암갈색으로 변
한다. 이때의 변색 반응 순서가 옳은 것은?
① 미오글로빈 → 메트미오글로빈 → 옥시
미오글로빈
② 미오글로빈 → 옥시미오글로빈 → 메트
미오글로빈
③ 옥시미오글로빈 → 메트미오글로빈 →
미오글로빈
④ 옥시미오글로빈 → 미오글로빈 → 메트
미오글로빈

38 식품을 열처리하여 가공 또는 저장할 때 갈
변현상이 나타나는데, 다음 중 비효소적 갈
변현상과 관계가 없는 것은?
① 멜라닌(melanin) 색소를 형성한다.
② 갈변반응 속도는 온도의 영향을 받는다.
③ 당류와 아미노산의 작용으로 영양가의
감소를 초래한다.
④ 식품의 맛, 냄새에 영향을 준다.

39 갈변화 현상과 관련이 없는 반응은?
① 사과 중의 폴리페놀이 폴리페놀 산화효
소에 의해 산화된 것
② 아스코르빈산 산화효소에 의해 비타민
C가 산화된 것
③ 라이신과 맥아당을 함께 가열처리하였
을 때 하이드록시메틸푸르푸랄(HMF)
이 생성된 것
④ 포도당 산화효소를 이용하여 포도당을
산화시켜 글루콘산과 과산화수소를 만
드는 것

40 아마도리 전위(Amadori rearrange
ment)는 아미노-카르보닐 반응(amino-
carbonyl reaction)의 어느 단계에서 일
어나는가?
① 초기단계
② 중간단계
③ 최종단계
④ 중간과 최종단계의 사이

41 알돌축합반응(aldol condensation)은 마
이야르(Maillard) 반응의 어느 단계에서
일어나는가?
① 초기단계   ② 중간단계
③ 최종단계   ④ 반응 후 단계

42 스트렉커 반응(strecker reaction)과 관련
이 깊은 것은?
① 단백질 정성반응
② 탄수화물 정성반응
③ 지방의 자동산화반응
④ 갈색화반응

43 alanine이 Strecker 반응을 거치면 무엇으로 변하는가?

① acetic acid　　② ethanol
③ acetamide　　④ acetaldehyde

44 Maillard 반응이나 가열에 의해 주로 생성되는 휘발성분이 아닌 것은?

① 케톤류(ketone)
② 피롤류(pyrroles)
③ 레덕톤류(reductones)
④ 피라진류(pyrazines)

45 마이야르반응에 의해 발생하지 않는 휘발성분은?

① 피라진류(pyrazines)
② 피롤류(pyrroles)
③ 에스테르류(esters)
④ 옥사졸류(oxazoles)

46 비효소 갈변 반응의 속도에 미치는 영향이 가장 작은 것은?

① 수분함량　　② pH
③ 당의 종류　　④ 지방의 종류

47 효소에 의한 식품의 변색현상은?

① 김이 저장 중 고유한 색깔을 잃는 것
② 새우나 게를 가열하면 붉은 색으로 변하는 것
③ 사과를 잘라 공기 중에 두었을 때 갈변하는 것
④ 오이의 녹색이 저장 중에 녹갈색으로 변하는 것

48 감자를 절단한 후 공기 중에 방치하였더니 표면의 색이 흑갈색으로 변하였다. 이것은 다음의 어느 기작에 의한 것인가?

① Maillard reaction에 의한 갈변
② tyrosinase에 의한 갈변
③ NADH oxidase에 의한 갈변
④ ascorbic acid oxidation에 의한 갈변

49 아래의 고구마 가공 공정에서 박편으로 자른 후 갈변현상이 나타났을 때 그 원인은?

> 고구마 껍질을 벗기고 박편으로 자른 후 증자(steaming)공정을 거쳐 열관 위에서 건조시킨다.

① 부패에 의한 갈변
② 캐러멜화에 의한 갈변
③ 효소에 의한 갈변
④ 아스코르브산 산화반응에 의한 갈변

50 사과, 배 및 감자의 절단면은 공기 중에 방치하면 갈변현상이 생긴다. 이 현상에 관련 있는 효소는 어디에 속하는가?

① 전이효소(transferse)
② 산화환원효소(oxidoreductase)
③ 가수분해효소(hydrolase)
④ 이성화효소(isomerase)

51 효소적 갈변 반응과 거리가 먼 것은?

① 멜라노이딘(melanoidin)을 형성함
② polyphenol oxidase, tyrosinase 등이 관계함
③ 염소이온은 갈변반응을 억제함
④ 구리이온은 갈변효소 작용을 활성화함

52 효소에 의한 과실 및 채소의 갈변을 억제하는 방법으로 가장 관계가 먼 것은?

① 데치기(blanching)

② 2% 소금물에 처리

③ NaHCO₃용액에 처리

④ 설탕으로 처리

53 가공식품의 효소에 의한 갈변반응을 억제하는 방법 중 가장 실제적이고 효과적인 것은?

① 가공 및 정산 시 산소를 제거하는 방법

② 가공 전에 가열에 의한 효소의 불활성화

③ 가공식품 중의 폴리페놀 등의 기질의 제거

④ 가공식품에 아스코르빈산을 첨가

54 캐러멜화(caramelization)의 반응에서 일어나지 않는 현상은?

① HMF(hydroxymethylfurfural)의 생성

② Humin 물질의 형성

③ Lobry de Bruyn–Alberda van Eckenstein 전위

④ Amadori 전위

55 당의 캐러멜화(caramelization) 과정에서 나타나는 주요한 반응과 거리가 먼 것은?

① dehydration

② enolization

③ methylfurfural 생성

④ polymerization

기타

01 다음은 일반적으로 알려진 마늘의 생리활성 및 효능을 나타낸 것이다. 틀린 것은?

① 항당뇨병 작용

② 항암 작용

③ 혈(血)중 콜레스테롤 감소 작용

④ 항혈전 작용

02 쌀겨와 현미에 함유되어 있는 성분이 아닌 것은?

① γ–oryzanol   ② rutin

③ ferulic acid   ④ phytic acid

03 메밀에는 혈관의 저항력을 향상시켜 주는 성분이 함유되어 있다. 다음 중 이 성분은?

① 라이신 (lysine)

② 루틴 (rutin)

③ 트립토판 (tryptophan)

④ 글루텐(gluten)

04 다음 중 쌀, 기타의 곡류에 함유된 용혈성 독성분은?

① neurine   ② lysolecithin

③ hemagglutinin   ④ tetrodotoxin

05 식품이 저장 또는 유통 중 변화하여 생성되는 성분으로 이 성분이 많이 검출되면 변질이 되었다고 일단 의심할 수 있는 성분은?

① 아세트알데히드

② 바닐린

③ 헥사날

④ 프로필 알릴다이설파이드

식품의 물성

01 **식품의 분산계에 대한 설명 중 틀린 것은?**

① 분산질이 기체이고 분산매가 액체인 식품상태를 거품(foam)이라 한다.

② 분산질이 액체이고 분산매가 액체면서 서로 섞이지 않는 식품상태를 유화(emulsion)라 한다.

③ 분산질이 고체이고 분산매가 기체인 식품상태를 에어로솔(aerosol)이라 한다.

④ 분산질이 액체이고 분산매가 고체인 식품상태를 서스펜션(suspension)이라 한다.

02 **교질용액(colloidal solution)의 특징으로 옳은 것은?**

① 오래 방치하면 입자가 중력에 의해 가라앉는다.

② 빛을 산란시킨다.

③ 입자의 직경이 1~10 μm이다.

④ 일반 현미경으로 입자를 관찰할 수 있다.

03 **콜로이드(colloid)와 관련한 다음 설명 중 맞는 것은?**

① 분산매가 고체이고 분산질이 액체인 상태를 졸(sol)이라고 한다.

② 분산매가 고체이고 분산질이 고체인 상태를 졸(sol)이라고 한다.

③ 젤(gel)을 가열 후 냉각시키면 유동성을 잃게 되는데 이를 졸(sol)이라고 한다.

④ 우유, 전분유 등은 졸(sol)이다.

04 **된장국물 등과 같이 분산상이 고체이고 분산매가 액체인 콜로이드 상태를 무엇이라 하는가?**

① 진용액   ② 유화액

③ 졸(sol)   ④ 젤(gel)

05 **메밀전분을 갈아서 만든 유동성이 있는 액체성 물질을 가열하고 난 뒤 냉각하였더니 반고체 상태(묵)가 되었다. 이 묵의 교질상태는?**

① gel   ② sol

③ 염석   ④ 유화

06 **gel과 sol에 대한 설명 중 틀린 것은?**

① 일반적으로 polymer의 성격을 갖고 있는 탄수화물이나 단백질이 다수의 물을 함유하여 gel을 형성한다.

② gel을 장기간 방치하면 이액현상(syneresis)이 발생하는데 이는 중합체가 수축하여 분산매인 물을 분리시키는 현상이다.

③ gel과 sol은 온도변화나 분산매인 물의 증감에 의해 항상 가역적으로 변환된다.

④ sol에는 전해질의 첨가에 따른 교질상태의 안정화에 따라 친수성 Sol과 소수성 sol로 나눌 수 있다.

07 **콜로이드 상태를 유지하고 있는 식품은?**

① 과자   ② 마요네즈

③ 콜라   ④ 떡

08 실온에서 분산매가 고체이고 분산질이 액체인 식품은?

① 버터   ② 젤리

③ 마요네즈   ④ 전분현탁액

09 젤상의 식품 중 분산질의 성분이 나머지 식품과 가장 다른 하나는?

① 족편   ② 삶은 달걀

③ 묵   ④ 두부

10 각 식품별로 분산매와 분산상 간의 관계가 순서대로 연결된 것은?

① 마요네즈 : 액체 – 액체

② 우유 : 고체 – 기체

③ 캔디 : 액체 – 고체

④ 버터 : 고체 – 고체

11 다음 콜로이드 식품들의 분산상과 연속상이 서로 옳게 연결된 것은?

① 샐러드 드레싱 : 분산상–액체, 연속상–액체

② 마요네즈 : 분산상–기체, 연속상–액체

③ 버터 : 분산상–고체, 연속상–액체

④ 휘핑크림 : 분산상–액체, 연속상–기체

12 다음 중 젤(gel)상 식품이 아닌 것은?

① 젤라틴   ② 묵

③ 한천   ④ 우유

13 전해질에 의해 응석(또는 응결)을 일으키는 콜로이드는?

① 침수 졸   ② 소수 졸

③ 침전 겔   ④ 제로 겔

14 콜로이드(colloid)의 설명으로 옳은 것은?

① sol 상태는 분산매가 고체이고 분산상이 액체이다.

② gel 상태는 소량의 분산상 입자들 사이에 다량의 분산매가 있어 유동성이 있는 것이다.

③ gel 입자가 응집하여 침전된 것이 Sol 이다.

④ gel이 건조 상태가 된 것을 xerogel이라 한다.

15 콜로이드(colloid) 입자가 나타내는 성질이 아닌 것은?

① 반투성

② 틴달(Tyndall)

③ 브라운(brown)운동

④ 삼투압

16 강한 빛을 비추었을 때 colloid 입자가 가시광선을 산란시켜 빛의 통로가 보이는 교질 용액의 성질은?

① 반투성   ② 브라운 운동

③ Tyndall 현상   ④ 흡착

17 단백질을 물에 녹일 때 사용하는 염의 농도가 일정 수준이상인 경우 단백질이 침전되는 현상은?

① 염용(salting in)

② syneresis 현상

③ 염석(salting out)

④ hysteresis 현상

18 거품과 관련된 설명 중 틀린 것은?

① 맥주와 샴페인은 가압 하에서 탄산가스를 다량 용해시킨 것이다.

② 액체 중에 공기와 같은 기체가 분산된 것이 거품이다.

③ 빵이나 카스텔라는 거품을 이용하여 부드러운 식감을 지니게 한다.

④ 거품을 제거하기 위해서는 거품의 표면장력을 높여 주어야 한다.

19 유화(emulsion)에 대한 설명으로 옳은 것은?

① 유화제 중 소수성 부분이 친수성 부분보다 큰 경우에는 수중유적형(O/W)형의 유화액을 생성시킨다.

② 유화제의 친수성기와 소수성기의 균형은 HLB에 의해 표시되며 HLB값이 4~6인 경우 유중수적형(W/O)형 유화액을 생성한다.

③ 우유, 아이스크림, 마요네즈는 유중수적형(W/O)이고 버터, 마가린은 수중유적형(O/W)이다.

④ 유화제는 물과 기름의 계면에 계면장력을 강화시켜 유화현상을 일으킨다.

20 다음 중 유화식품이 아닌 것은?

① 우유　　　② 버터
③ 달걀　　　④ 마요네즈

21 유화식품에 대한 설명이 적절하지 않은 것은?

① 수중유적형 유화식품의 대표적인 예는 우유이고 유중수적형 식품은 버터이다.

② 유화능을 갖는 유화제는 양친매성을 가지며 분자 내 친수성과 소수성기를 동시에 갖는다.

③ 유화제는 기름과 물 사이의 표면장력을 증가시켜 물과 기름이 서로 섞이게 한다.

④ 유화제의 HLB 값이 4~6이면 유중수적형 유화액을, HLB 값이 8~18이면 수중유적형 유화액 제조에 적합하다.

22 유중 수적형(W/O ; water in oil type) 교질상 식품은 무엇인가?

① 마가린(margarine)
② 우유(milk)
③ 마요네즈(mayonnasie)
④ 아이스크림(ice cream)

23 물과의 친화력이 가장 큰 반응 그룹은?

① 수산화기($-OH$)
② 알데히드기($-CHO$)
③ 메틸기($-CH_3$)
④ 페닐기($-C_6H_5$)

24 유화제 분자내의 친수기와 소수기의 균형은 어느 값으로 표시하는가?

① HLB값　　② HBC값
③ HKO값　　④ HSB값

25 기능이 다른 유화제A(HLB 20)와 B(HLB 4.0)를 혼합하여 HLB가 5.0인 유화제혼합물을 만들고자 한다. 각각 얼마씩 첨가해야 하는가?

① A 85(%)+B 15(%)
② A 6(%)+B 94(%)
③ A 65(%)+B 35(%)
④ A 55(%)+B 45(%)

26 선식 제품과 같은 분말 제품의 경우 용해도가 낮아서 소비자들이 식용하고자 녹일 때 잘 용해되지 않는 현상을 개선하고자 한다. 어떤 방법이 가장 바람직한가?

① 분무건조를 시켜 용해도를 증가시킨다.
② 분무건조기를 이용하여 엉김현상 (agglomeration)을 유도한다.
③ 유화제를 첨가한다.
④ 습윤조절제(humectant)를 첨가한다.

27 레올로지의 특성에 대한 설명으로 옳은 것은?

① 토마토 케첩은 Newtonian 액체이다.
② 아주 묽은 시럽은 non-Newtonian 액체이다.
③ 버터나 마가린은 소성(plasticity)을 갖고 있다.
④ 달걀 흰자위에 젓가락을 넣어 당겨 올리면 실처럼 따라 올라오는 성질은 점탄성이 아니다.

28 외부의 힘에 의하여 변형된 물체가 그 힘을 제거하여도 원상태로 돌아오지 않는 성질은?

① 탄성   ② 점탄성
③ 점성   ④ 소성

29 식품의 레올로지(rheology) 용어 중 소성 (plasticity)에 대한 설명으로 맞는 것은?

① 힘을 가했다가 제거할 때 원상태로 돌아오는 상태
② 힘을 가했다가 제거할 때 원상태로 돌아오지 않는 상태
③ 유동성에 대한 저항성
④ 탄성과 점성을 함께 가지는 성질

30 버터나 생크림을 수저로 떠서 접시에 올려 놓았을 때 모양을 그대로 유지하는 물리적 성질은?

① 점성   ② 탄성
③ 소성   ④ 점탄성

31 식품에 외부에서 힘을 가했을 때 식품의 형태가 변형되었다가 다시 가해진 압력을 제거하면 원래의 모습으로 돌아가려는 성질은?

① 점탄성   ② 탄성
③ 소성   ④ 항복치

32 점탄성을 나타내는 식품과 거리가 먼 것은?

① 마가린
② 육류
③ 펙틴 젤
④ 가소성 고체 지방질

33 점탄성(viscoelasticity)에 대한 설명으로 옳은 것은?

① Weissenberg 효과란 식품이 막대기 혹은 긴 끈 모양으로 늘어나는 성질을 말한다.

② 예사성이란 청국장처럼 젓가락을 넣어 강하게 교반한 후 당겨올리면 실처럼 따라 올라오는 성질을 말한다.

③ 신장성을 측정하는 기기는 farinograph이다.

④ 경점성을 측정하는 기기는 extensograph이다.

34 아래의 두 성질을 각각 무엇이라 하는가?

> A : 잘 만들어진 청국장은 실타래처럼 실을 빼는 것과 같은 성질을 가지고 있다.
> B : 국수반죽은 긴 끈 모양으로 늘어나는 성질을 갖고 있다.

① A : 예사성, B : 신전성

② A : 신전성, B : 소성

③ A : 예사성, B : 소성

④ A : 신전성, B : 탄성

35 가당연유 속에 젓가락을 세워서 회전시키면 연유가 젓가락을 타고 올라간다. 이와 같은 현상을 무엇이라 하는가?

① 예사성

② Tyndall

③ Weissenberg 효과

④ Brown 운동

36 고체 식품에서 어떤 항복력을 초과할 때까지는 영구변형이 일어나지 않는 성질은?

① 탄성체   ② 가소성체

③ 점탄성체   ④ 완형체

37 단면적이 $1m^2$인 A식품과 $4m^2$인 B식품에 100N의 힘이 작용할 때 두 물체에 작용하는 응력(stress)의 관계는?

① A 〉 B   ② A 〈 B

③ A = B   ④ AB = 1

38 감자전분용액을 가열하였더니 더 이상 저을 수 없을 정도로 부풀어 올랐다. 이러한 유체의 상태는?

① 가소성(plastic)

② 의사가소성(pseudo plastic)

③ 딜라탄트(dilatant)

④ 의액성(thixotropic)

39 뉴톤 유체에 대한 설명 중 옳은 것은?

① 전단속도에 따라 전단응력이 비례적으로 감소한다.

② 물, 청량음료, 식용유 등 묽은 용액은 뉴톤 유체의 흐름을 나타낸다.

③ 뉴톤 유체의 점도는 온도에 따라 일정하다.

④ 유동곡선의 종축 절편에 따라 여러 종류로 분류된다.

40 다음 중 전단속도와 전단응력이 정비례적인 관계를 보여주는 뉴톤 유체의 식품은?

① 된장   ② 우유

③ 전분유   ④ 토마토소스

41 물, 청량음료, 식용유 등 묽은 용액은 어떤 유체의 특성을 나타내는가?

① Newton유체

② Pseudoplastic유체

③ Bingham plastic유체

④ Dilatant유체

42 비뉴톤 유체의 특성을 가진 식품은?

① 우유　　　　② 교질용액

③ 50% 설탕용액　　④ 올리브유

43 다음 식품 중 비뉴톤 유체의 성질을 가장 잘 나타내는 것은?

① 대두유　　　　② 포도당용액

③ 전분용액　　　　④ 소금용액

44 밀가루 풀과 같은 전분 gel은 교반하면 쉽게 액상인 sol로 되고 또 방치하면 다시 gel을 형성하는 성질은 어떤 유체의 특성인가?

① 뉴톤(Newton) 유체

② 슈도플라스틱(Pseudoplastic) 유체

③ 딜라턴트(Dilatant) 유체

④ 틱소트로픽(Thixotrophic) 유체

45 일정한 전단속도일 때 시간이 경과함에 따라 외관상 점도가 증가하는 유체는?

① dilatant 유체

② pseudiplastic 유체

③ thixotropic 유체

④ rheopectic 유체

46 유체의 점도가 높아서 식품 원료 공정 중 전단 응력이 가장 높은 값을 갖는 생산 공정은?

① 포도당 생산 공정

② 자일리톨 공정

③ 잔탄껌 생산 공정

④ 대두유 추출 공정

47 그림과 같이 y축 방향으로 2cm 떨어져서 평행하게 놓여진 두 평면 사이에 에탄올(μ=1.77cP, 0℃)이 담겨져 있다. 밑면을 20cm/s의 속도로 x축 방향으로 움직일 때 y축 방향으로 작용하는 전단 응력은?

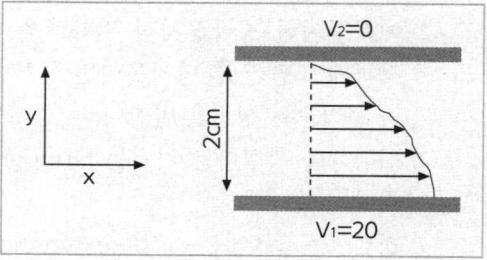

① 0.177 dyne/cm^2

② 0.354 dyne/cm^2

③ 0.531 dyne/cm^2

④ 0.708 dyne/cm^2

48 밀가루 반죽이 길게 늘어나는 성질을 측정하는 기기는?

① 익스텐소그래프(extensograph)

② 아밀로그래프(amylograph)

③ 패리노그래프(farinograph)

④ 텐더로미터(tenderometer)

49 식품의 조직감 중 국수의 반죽처럼 길게 늘어나는 신전성을 측정하는 장치로 이용되는 것은?

① extensograph

② viscometer

③ farinograph

④ amylograph

50 식품의 텍스처 특성에 대한 설명이 올바른 것은?

① 저작성은 '연하다. 질기다'라고 표현되는 특성이다.

② 부착성은 '바삭바삭하다. 끈적끈적하다'라고 표현되는 특성이다.

③ 응집성은 '기름지다. 미끈미끈하다'라고 표현되는 특성이다.

④ 견고성은 '부스러지다. 깨지다'라고 표현되는 특성이다.

51 식품의 텍스처를 측정하는 texturometer에 의한 texture-profile로부터 알 수 없는 특성은?

① 탄성　　　　② 저작성
③ 부착성　　　　④ 안정성

52 조직감(texture)의 특성에 대한 설명으로 틀린 것은?

① 견고성(경도)은 일정 변형을 일으키는 데 필요한 힘의 크기이다.

② 응집성은 물질이 부서지는 데 드는 힘이다.

③ 점성은 흐름에 대한 저항의 크기이다.

④ 접착성은 식품 표면이 접촉 부위에 달라붙는 힘을 극복하는 데 드는 일의 양이다.

53 식품을 씹는 동안에 식품성분의 여러 인자들이 감각을 다르게 하여 식품 전체의 조직감을 짐작하게 한다. 이런 조직감에 영향을 미치는 인자가 아닌 것은?

① 식품입자의 모양　② 식품입자의 크기
③ 표면의 조잡성　　④ 표면장력

54 표면장력과 관련된 성질을 설명한 것 중 틀린 것은?

① 공기-액체 계면에 자리 잡은 분자들은 불균형한 인력을 받아 액체 내부 쪽으로 끌리게 된다.

② 여러 분자들이 액체의 표면을 떠나 내부 쪽으로 향하려는 경향이 있어 표면을 수축하려고 한다.

③ 표면에 작용하는 인력을 표면 장력이라고 하며 단위는 N/m^2으로 표시한다.

④ 표면활성제는 극성부분과 비극성부분을 함께 가진 양쪽 친매성 분자이다.

55 식품의 표면적 특성을 올바르게 설명한 것은?

① 분말 재료의 경우 표면적이 적으면 용해도가 증가한다.

② 표면적이 커지면 커질수록 다른 물질과의 반응성이 떨어진다.

③ 입자의 크기를 작게 하면 반응성이 높아진다.

④ 우유를 균질화 시키는 목적은 지방 입자를 크게 만들어 맛을 향상시키기 위함이다.

유해물질

01 식품의 원재료에는 존재하지 않으나 가공처리공정 중 유입 또는 생성되는 위해인자와 거리가 먼 것은?

① 트리코테신(trichothecene)

② 다핵방향족 탄화수소(polynuclear aromatic hydrocarbons, PAHs)

③ 아크릴아마이드(acrylamide)

④ 모토클로로프로판디올 (monochloropropandiol, MCPD)

02 3,4-benzopyrene에 대한 설명 중 틀린 것은?

① 식품 중에는 불로 구운 고기에만 존재한다.
② 다핵 방향족 탄화수소이다.
③ 발암성 물질이다.
④ 대기오염 물질 중의 하나이다.

03 식품의 조리 및 가공 중이나 유기물질이 불완전 연소되면서 생성되는 유해물질과 관계 깊은 것은?

① polycyclic aromatic hydrocarbon
② zearalenone
③ cyclamate
④ auramine

04 식품에서 생성되는 acrylamide에 의한 위험을 낮추기 위한 방법으로 잘못된 것은?

① 감자는 8℃ 이상의 음지에서 보관하고 냉장고에 보관하지 않는다.
② 튀김의 온도는 160℃ 이상으로 하고, 오븐의 경우는 200℃ 이상으로 조절한다.
③ 빵이나 시리얼 등의 곡류 제품은 갈색으로 변하지 않도록 조리하고, 조리 후 갈색으로 변한 부분은 제거한다.
④ 가정에서 생감자를 튀길 경우 물과 식초의 혼합물(1:1비율)에 15분간 침지한다.

05 다음 물질 중에서 발암성과 가장 거리가 먼 것은?

① 벤조피렌 　　② 트리할로메탄
③ 아플라톡신 　　④ 마비성 패류독

06 식품의 제조·가공 중에 생성되는 유해물질에 대한 설명으로 틀린 것은?

① 벤조피렌(benzopyrene)은 다환방향족 탄화수소로서 가열처리나 훈제공정에 의해 생성되는 발암물질이다.
② MCPD(3-monochloro-1,2-propandiol)는 대두를 산처리하여 단백질을 아미노산으로 분해하는 과정에서 글리세롤이 염산과 반응하여 생성되는 화합물로서 발효간장인 재래간장에서 흔히 검출한다.
③ 아크릴아마이드(acrylamide)는 아미노산과 당이 열에 의해 결합하는 미이야르 반응을 통하여 생성되는 물질로 아미노산 중 아스파라긴산이 주 원인물질이다.
④ 니트로사민(nitrosamine)은 햄이나 소시지에 발색제로 사용하는 아질산염의 첨가에 의해 발생된다.

07 아래는 식품 등의 표시기준상 트랜스지방의 정의를 나타낸 것이다. ( )안에 들어갈 용어를 순서대로 나열한 것은?

> "트랜스지방"이라 함은 트랜스구조를
> (　　)개 이상 가지고 있는 (　　)의 모든
> (　　)을 말한다.

① 1 – 비공액형 – 불포화지방산
② 1 – 비공액형 – 포화지방산
③ 2 – 공액형 – 불포화지방산
④ 2 – 공액형 – 포화지방산

08 가열조리된 근육식품에서 관찰되는 유해물질로서 아미노산, 크레아틴 등이 결합해서 생성되는 물질은?

① Polycyclic aromatic hydrocarbon
② Ethylcarbamate
③ Heterocyclicamine
④ Nitrosamine

09 중간수분식품(IMF)에 관한 설명 중 틀린 것은?

① 일반적으로 수분활성이 0.60~0.85에 해당하는 식품을 말한다.
② 곰팡이의 발육을 억제하는 데는 큰 효과가 없다.
③ 저온을 병용하면 더욱 효과가 좋다.
④ 황색 포도상구균의 발육억제에는 비효과적이다.

10 멜라민의 기준에 대한 아래의 표에서 (   ) 안에 알맞은 것은?

대상식품	기준
• 특수용도식품 중 영아용 조제식, 성장기용 조제식, 영·유아용 곡류조제식, 기타 영·유아식, 특수의료용도 등 식품 • 축산물의 가공기준 및 성분규격에 따른 조제분유, 조제우유, 성장기용 조제우유, 기타 조제우유	불검출
• 상기 이외의 모든 식품 및 식품첨가물	( )mg/kg 이하

① 0.5　　　　② 1.0
③ 1.5　　　　④ 2.5

11 식품의 생산, 가공, 저장 중 생성되는 에틸카바메이트에 대한 설명으로 틀린 것은?

① 발효과정에서 생성된 에탄올과 카바밀기가 화학반응을 일으켜 생성되는 물질이다.
② 주로 브랜디, 위스키, 포도주 등의 주류에서 많은 양이 검출된다.
③ 발효식품인 간장, 치즈 등에서도 검출된다.
④ 아미노산과 당이 열에 의해 생성되는 물질이다.

12 방사성 물질로 오염된 식품이 인체 내에 들어갈 경우 그의 위험성을 판단하는 데 직접적인 영향이 없는 인자는?

① 방사선의 종류와 에너지의 크기
② 식품 중의 지방질 함량
③ 방사능의 물리학적 및 생물학적 반감기
④ 혈액 내에 흡수되는 속도

13 방사능 물질과 방사선 조사에 의한 인체와 식품의 영향에 대한 설명으로 틀린 것은?

① 반감기가 짧을수록 위험하다.
② 동위원소의 침착 장기의 기능 등에 따라 위험도의 차이가 있다.
③ 혈액 흡수율이 높을수록 위험하다.
④ 생체기관의 감수성이 클수록 위험하다.

14 방사능 핵종 중 식품을 경유하여 인체에 들어왔을 때 특히 반감기가 길고 뼈의 칼슘성분과 친화성이 있어서 문제되는 것은?

① 스트론튬 90(Sr-90)
② 세시움 137(Cs-137)
③ 요오드 131(I-131)
④ 코발트 60(Co-60)

15 방사성 물질이 인체에 침착하여 장해를 주는 부위를 연결한 것 중 틀린 것은?

① Cs-근육   ② I-갑상선
③ Co-신장   ④ Sr-뼈

16 생성량이 비교적 많고 반감기가 길어 식품에 특히 문제가 되는 핵종만으로 된 것은?

① ^{131}I, ^{137}Cs ② ^{131}I, ^{32}P
③ ^{129}Te, ^{90}Sr ④ ^{137}Cs, ^{90}Sr

17 식품을 경유하여 인체에 들어왔을 때 반감기가 길고 칼슘과 유사하여 뼈에 축적되며, 백혈병을 유발할 수 있는 방사성 핵종은?

① 스트론튬 90(Sr-90)
② 바륨 140(Ba-140)
③ 요오드 131(I-131)
④ 코발트 60(Co-60)

18 방사성물질 누출사고 발생 시 식품안전 측면에서 관리해야 할 핵종 중 대표적 오염지표물질로써 우선 선정하는 방사성 핵종은?

① 우라늄, 코발트
② 플루토늄, 스트론튬
③ 요오드, 세슘
④ 황, 탄소

19 방사선 조사식품의 검지방법이 아닌 것은?

① 휘발성탄화수소 측정
② 수분활성도 측정
③ DNA측정
④ 전자회절공명에 의한 free radical 측정

20 내분비계 장애물질에 대한 설명으로 틀린 것은?

① 체내의 항상성유지와 발달과정을 조절하는 생체내 호르몬의 작용을 간섭하는 내인성 물질이다.
② 일반적으로 합성 화학물질로서 물질의 종류에 따라 교란시키는 호르몬의 종류 및 교란방법이 다르다.
③ 쉽게 분해되지 않고, 안정하여 환경 혹은 생체내에 지속적으로 수년간 잔류하기도 한다.
④ 수용체 결합과정에서 호르몬 모방작용, 차단작용, 촉발작용, 간접영향 작용 등을 한다.

21 아래에서 설명하는 물질은?

> 금속제품(캔용기, 병뚜껑, 상수관 등)을 코팅하는 락커, 유아용 우유병, 급식용 식품 및 생수용기 등의 소재에 사용되는 중합체이며, 캔 멸균시 발생해서 식품에 용출될 가능성이 높은 위해물질로 피부나 눈의 염증, 발열, 태아 발육이상, 피부알레르기 등을 유발한다.

① 비스페놀 A   ② 다이옥신
③ PCB   ④ 곰팡이독소

22 폴리염화비페닐(PCB)이 환경 오염물로서 특히 문제가 되어 있는 것은 화합물질로서의 어느 특성에 의한 것인가?

① 이산화성   ② 난연성
③ 소수성   ④ 난분해성

23 미량으로 발암이나 만성중독을 유발시키는 화학물질 중 상수원 물의 오염이 문제가 되는 것은?

① 아질산염(N-nitrosamine)
② 메틸알코올(methyl alcohol)
③ 트리할로메탄(trihalomethane, THM)
④ 이환방향족아민류(heterocylic amines)

24 먹는물(수돗물)의 안정성을 확보하기 위한 방편으로 관리되고 있는 유해물질로서, 유기물 또는 화학물질에 염소를 처리하여 생성되는 발암성 물질은?

① 트리할로메탄
② 메틸알코올
③ 니트로사민
④ 다환방향족 탄화수소류

25 아질산염과 식품 중의 제2급 아민이 산성에서 반응하여 생성되는 발암성 물질은?

① N-nitrosamine ② histamine
③ trimethylamine ④ diphenylamine

26 지구상에 존재하는 물질 중에서 가장 강력한 독성을 가진 화학물질의 하나인 다이옥신에 대한 설명으로 적절치 않은 것은?

① 다이옥신의 발생 원인에는 자동차 배출가스나 제지공장 등이 있다.
② 다이옥신 중 독성이 가장 큰 TCDD는 생식계 독성을 나타낸다.
③ 다이옥신은 색과 냄새가 없는 고체물질로 물에 대한 용해도 및 증기압이 높다.
④ 선진국이나 CODEX 등 국제기구에서는 잔류 허용기준을 설정하지 않고 1일 섭취허용량만을 기준으로 정하고 있다.

27 dioxin이 인체 내에 잘 축적되는 이유는?

① 물에 잘 녹기 때문
② 지방에 잘 녹기 때문
③ 주로 호흡기를 통해 흡수되기 때문
④ 극성을 가지고 있기 때문

28 구운 육류의 가열·분해에 의해 생성되기도 하고, 마이야르(Maillard) 반응에 의해서도 생성되는 유독성분은?

① 휘발성아민류(volatile amines)
② 이환방향족아민류(heterocylic amines)
③ 아질산염(N-nitrosoamine)
④ 메틸알코올(methyl alcohol)

29 헤테로고리 아민류(heterocyclic amine)에 대한 설명이 틀린 것은?

① 탈 정도로 구운 육류 및 그 제조가공품에서 생성된다.
② 강한 돌연변이 활성을 나타내는 물질을 함유한다.
③ 단백질이나 아미노산의 열분해에 의해 생성된다.
④ 변이원성 물질을 일반적인 조리온도보다 낮은 온도로 구울 때 많이 생성된다.

30 식품을 조리 또는 가공할 때 생성되는 독성물질과 관련이 적은 것은?

① benzo[a]pyrene
② paraben
③ tryptopan pyrolysate
④ benze[a]anthracene

31 다음 중 환경오염물질 등에 기인한 내분비 장애물질이 아닌 것은?

① Furans
② Dihexly phthalste(DHP)
③ Heterophyes
④ tributyltin(TBT)

일반성분분석

01 식품성분분석에 있어서 검체의 채취방법 중 옳지 않은 것은?

① 미생물검사를 요하는 검체는 멸균된 기구, 용기 등을 사용하여야 한다.
② 점도가 높은 시료는 적절한 방법을 사용하여 점도를 낮추어 채취할 수 있다.
③ 냉동식품은 상온으로 해동시켜 검체를 채취해야만 한다.
④ 수분측정시료는 검체를 밀폐용기에 넣고 온도변화를 최소화한다.

02 식품의 회분분석에서 검체의 전 처리가 필요 없는 것은?

① 액상식품　　② 당류
③ 곡류　　　　④ 유지류

03 NaOH의 분자량이 40일 때 NaOH 30g의 몰수는?

① 0.65　　　② 10
③ 1.33　　　④ 0.75

04 35%의 HCl을 희석하여 10% HCl 500ml를 제조하고자 할 때 필요한 증류수의 양은 약 얼마인가?

① 143mL　　② 234mL
③ 187mL　　④ 357mL

05 1M NaCl, 0.5M KCl, 0.25M HCl이 준비되어 있다. 최종농도 0.1M NaCl, 0.1M KCl, 0.1M HCl 혼합수용액 1000mL를 제조하고자 할 때 각각 첨가되어야 할 시약의 부피는 얼마인가?

① 1M NaCl 용액 50mL, 0.5M KCl 100mL, 0.25M HCl 200mL를 첨가 후 물 650mL를 첨가한다.
② 1M NaCl 용액 75mL, 0.5M KCl 150mL, 0.25M HCl 300mL를 첨가 후 물 475mL를 첨가한다.
③ 1M NaCl 용액 100mL, 0.5M KCl 200mL, 0.25M HCl 400mL를 첨가 후 물 300mL를 첨가한다.
④ 1M NaCl 용액 125mL, 0.5M KCl 250mL, 0.25M HCl 500mL를 첨가 후 물 120mL를 첨가한다.

06 GC와 HPLC에 대한 설명으로 틀린 것은?

① GC는 고감도의 검출이 가능하다.
② GC는 고정상과 이동상의 선택성이 비교적 크다.
③ HPLC는 시료를 비교적 쉽게 회수할 수 있다.
④ HPLC는 열에 약하거나 비휘발성인 성분들의 분석에 주로 사용된다.

07 동물성식품과 단백질 함량이 많은 식품을 상압가열건조법을 이용하여 수분측정 시 적합한 가열온도는?

① 98~100℃ ② 100~103℃

③ 105℃ 전후 ④ 110℃이상

08 유지의 중성지질에 붙어 있는 지방산을 가스크로마토그래피(GC)를 활용하여 분석할 때 유지의 처리 방법은?

① 중성지질을 헥산 용매에 희석한 후 바로 주사기를 이용하여 GC에 주입한다.

② 중성지질을 비누화하여 유리지방산을 제거한 후 GC에 주입한다.

③ 중성지질에 직접 에틸기를 붙여 GC에 주입한다.

④ 중성지질을 지방산메틸에스터로 유도체화시킨 후 GC에 주입한다.

09 돼지고기 2g을 Kjeldahl법으로 분석하였더니 질소함량이 60mg이었다. 돼지고기의 조단백질 함량은 약 몇 %인가?

① 17.2 ② 18.8

③ 20.0 ④ 21.4

10 증류수에 녹인 비타민 C를 정량하기 위해 분광광도계(spectrophotometer)를 사용하였다. 분광광도계에서 나온 시료의 흡광도 결과와 비타민 C 함량 사이의 관계를 구하기 위하여 이용해야 하는 것은?

① 람베르트-베르법칙(Lambert-Beer law)

② 페히너공식(Fechner's law)

③ 웨버의 법칙(Weber's law)

④ 미켈리스-멘텐식 (Michaelis-Menten's equation)

11 중성지질로 구성된 식품을 효과적으로 측정할 수 있는 조지방 측정법은?

① 산분해법

② 로제 곳트리(Rose-Gottlieb)법

③ 클로로포름 메탄올(chloroform-methanol)혼합용액추출법

④ 에테르(ether)추출법

12 조지방 정량을 위한 soxhlet에 사용되는 용매는?

① 에테르 ② 에탄올

③ 황산 ④ 암모니아수

13 효소반응을 위한 buffer를 제조하고자 한다. 최종 buffer는 A, B, C 용액성분이 각각 0.1, 0.05, 0.5mM이 함유되어 있다. A, B, C 용액이 각각 1.0mM 있다면 buffer 1L 제조 시 각각 어떻게 준비해야 하는가?

① A 용액 : 0.1L, B 용액 : 0.2L
   C 용액 : 0.45L, 물 : 0.35L

② A 용액 : 0.1L, B 용액 : 0.05L
   C 용액 : 0.5L, 물 : 0.35L

③ A 용액 : 0.2L, B 용액 : 0.1L
   C 용액 : 0.5L, 물 : 0.2L

④ A 용액 : 0.2L, B 용액 : 0.4L
   C 용액 : 0.1L, 물 : 0.3L

식품첨가물 개요

01 식품첨가물에 대한 설명 중 옳은 것은?
① 식품첨가물의 안전성 검토에는 1일 섭취허용량을 고려한다.
② 잼류에 식품첨가물인 보존료를 첨가한 경우 다른 가열공정을 하지 않고 안전하게 유통시킬 수 있다.
③ 식품첨가물 공전으로 해당식품에 사용하지 못하도록 한 합성보존료, 색소 등의 식품첨가물에 대하여 사용을 하지 않았다는 표시를 할 수 있다.
④ 식품첨가물 제조업은 영업허가를 받아야 한다.

02 식품첨가물의 정의에 대한 설명으로 적합하지 않은 것은?
① 사용목적에 따른 효과를 소량으로도 충분히 나타낼 수 있는 첨가물질
② 저장성을 향상시킬 목적의 의도적 첨가물질
③ 식욕증진 목적의 첨가물질
④ 포장의 적응성을 높일 목적으로 식품에 첨가하는 물질

03 식품첨가물을 올바르게 사용하기 위한 방법으로 거리가 먼 것은?
① 식품의 성질과 제조 방법을 고려하여 적합한 첨가물을 선택한다.
② 어떤 식품이나 관계없이 첨가물의 사용은 법정허용량만큼을 사용한다.
③ 식품첨가물공전 총칙에 의해 도량형은 미터법을 준용한다.
④ 식품의 유통조건(온도, 빛 등)을 고려하여 첨가물의 효과를 과신하지 말아야 한다.

04 식품첨가물의 지정절차에서 첨가물 사용의 기술적 필요성 및 정당성에 해당하지 않는 것은?
① 식품의 품질을 보존하거나 안정성을 향상
② 식품의 영양성분을 유지
③ 특정 목적으로 소비자를 위하여 제조하는 식품에 필요한 원료 또는 성분을 공급
④ 식품의 제조·가공 과정 중 결함 있는 원재료를 은폐

05 식품의 관능개선을 위한 식품첨가물과 거리가 먼 것은?
① 착향료   ② 산미료
③ 유화제   ④ 감미료

06 식품첨가물 사용에 있어 바림직하지 않은 것은?
① 식품의 성질, 식품첨가물의 효과, 성질을 잘 연구하여 가장 적합한 첨가물을 선정한다.
② 순도가 높은 것을 사용하여야 한다.
③ 식품첨가물은 별도로 잘 정돈하여 보관하되, 각각 알맞은 조건에 유의하여 보관하여야 한다.
④ 식품첨가물은 식품학적 안정성이 보장되므로 충분히 사용하여야 한다.

07 식품 첨가물의 허용량을 결정하는 데 있어서 가장 중요한 인자는?

① 1일 섭취 허용량　② 사람의 수명
③ 식품의 가격　　　④ 사람의 성별

식품첨가물의 종류 및 용도

01 다음 중 보존료의 사용목적이 아닌 것은?

① 식품의 영양가 유지
② 가공식품의 변질, 부패방지
③ 가공식품의 수분증발 방지
④ 가공식품의 신선도 유지

02 식품에 사용되는 합성보존료의 목적은?

① 식품의 산화에 의한 변패를 방지
② 식품의 미생물에 의한 부패를 방지
③ 식품에 감미를 부여
④ 식품의 미생물을 사멸

03 식품의 보존료로서 갖추어야 할 이상적인 필수조건이 아닌 것은?

① 색깔이 아름다운 것
② 산이나 알칼리에 안정한 것
③ 무미, 무취, 무색인 것
④ 독성이 없고, 값이 싼 것

04 미생물의 증식에 의해 발생하는 식품의 부패나 변질을 방지하기 위해 사용되는 물질은?

① 산화방지제　　　② 보존료
③ 살균제　　　　　④ 표백제

05 미생물 포자의 발아와 성장을 억제하여 치즈 및 식육가공품에 사용되는 보존료는?

① salicylic acid
② benzoic acid
③ dehydroacetic acid
④ sorbic acid

06 된장, 고추장에 주로 사용하는 보존료는?

① 베타-나프톨(β-naphtol)
② 안식향산(benzoic acid)
③ 소르빈산(sorbic acid)
④ 데히드로초산(dehydro acetic acid)

07 탄산을 포함하지 않는 청량 음료수에 사용하려고 할 때 가장 적합한 보존료는?

① Sodium benzoate
② Sodium propionate
③ Potassium sorbate
④ Dehydroacetic acid

08 빵, 케이크, 자연치즈 및 가공치즈 등에 사용할 수 있는 보존료?

① potassium sorbate
② D-sorbitol
③ sodium propionate
④ benzoic acid

09 아래의 반응식에 의한 제조방법으로 만들어지는 식품첨가물명과 주요 용도를 옳게 나열한 것은?

$$CH_3CH_2COOH + NaOH \longrightarrow$$
$$CH_3CH_2COONa + H_2O$$

① 카르복시메틸셀룰로오스나트륨 – 증점제
② 스테아릴젖산나트륨 – 유화제
③ 차아염소산나트륨 – 합성살균제
④ 프로피온산나트륨 - 보존료

10 미생물과 관련된 식품보존료로 사용되지 않는 것은?

① 데히드로초산(dehydroacetic acid)
② 소르빈산(sorbic acid)
③ 파라옥시 안식향산 프로필(propyl p-hydroxy benzoate)
④ 몰식자산 프로필(propyl gallate)

11 식품 첨가물 중 보존료와 관계없는 것은?

① 안식향산   ② 차아염소산나트륨
③ 소르빈산   ④ 데히드로초산

12 산화방지제에 대한 설명으로 틀린 것은?

① 천연 산화방지제로는 향신료 추출물, 참깨 추출물 등이 있다.
② 디부틸히드록시톨루엔은 식용유지, 어패냉동품 등에 사용된다.
③ 에리소르빈산은 아스코르빈산의 이성체로, 미생물에 의해 만들어진다.
④ 몰식자산프로필은 간장과 음료수에 사용된다.

13 산화방지제의 중요 메카니즘은?

① 지방산 생성 억제
② 하이드로퍼옥시드(hydroperoxide) 생성 억제
③ 아미노산(amino acid) 생성 억제
④ 유기산 생성억제

14 다음 중 수용성인 산화방지제는?

① ascorbic acid
② butylated hydroxy anisole(BHA)
③ butylated hydroxy toluene(BHT)
④ propyl gallate

15 sodium L-ascorbate는 주로 어떤 목적에 이용되는가?

① 살균작용은 약하나 정균작용이 있으므로 보존료로 이용된다.
② 산화방지력이 있으므로 식용유의 산화방지 목적으로 사용된다.
③ 수용성이므로 색소의 산화방지에 이용된다.
④ 영양 강화의 목적에 적합하다.

16 항산화제의 효과를 강화하기 위하여 유지식품에 첨가되는 효력 증강제(synergist)가 아닌 것은?

① tartaric acid   ② propyl gallate
③ citric acid   ④ phosphoric acid

17 타르색소에 대한 설명으로 틀린 것은?

① 석유의 타르 중에 함유된 벤젠이나 나프탈렌으로부터 합성한다.

② 식용색소 청색 제1호 및 적색 제3호는 빛에 불안정하다

③ 식품에 사용이 허용된 것은 수용성 산성 타르계색소이다.

④ 독성이 강한 것들이 많다.

18 다음 중 우리나라에서 식품에 사용이 가능한 타르색소가 아닌 것은?

① 식용색소 적색 제2호

② 식용색소 황색 제4호

③ 식용색소 황색 제5호

④ 식용색소 녹색 제1호

19 다음 물질을 식품에 첨가했을 때 착색효과와 영양강화 현상을 동시에 나타낼 수 있는 것은?

① 아스코르빈산(ascorbic acid)

② 캐러멜(caramel)

③ 베타카로틴(β-carotene)

④ 비타민(Vitamin) C

20 식품첨가물인 표백제를 설명한 것 중 틀린 것은?

① 과산화수소는 환원형 표백제이다.

② 아황산염류에 의한 표백은 표백제가 잔류하는 동안에만 효과가 있다.

③ 무수아황산은 과실주의 표백제이다.

④ 아황산염류는 천식환자에게 민감한 반응을 나타낼 수 있다.

21 다음 중 환원성 표백제가 아닌 것은?

① 아황산나트륨

② 무수아황산

③ 메타중아황산칼륨

④ 하이포염소산칼슘

22 식품의 산미료로 사용할 수 없는 것은?

① 소르빈산(sorbic acid)

② 젖산(lactic acid)

③ 초산(acetic acid)

④ 구연산(citric acid)

23 다음과 같은 목적과 기능을 하는 식품 첨가물은?

- 식품의 제조과정이나 최종제품의 pH 조절
- 부패균이나 식중독 원인균을 억제
- 유지의 항산화제 작용이나 갈색화 반응 억제 시의 상승제 기능
- 밀가루 반죽의 점도 조절

① 산미료

② 조미료

③ 호료

④ 유화제

24 주요 용도가 산도조절제가 아닌 것은?

① sorbic acid

② lactic acid

③ acetic acid

④ citric acid

25 살균제 중 차아염소산나트륨(sodium hypochlorite)에 대한 설명 중 틀린 것은?

① 광선에 의해 유해 염소가 분해되므로 냉암소에 보관한다.
② pH가 높을수록 비해리형 차아염소산의 양이 커지므로 살균력도 높아진다.
③ 단백질이나 탄수화물 등의 음식물 찌꺼기가 남아 있으면 소독 효과가 저하된다.
④ 유효 염소란 차아염소산 나트륨에 산을 가할 때 발생하는 염소이다.

26 다음 중 차아염소산나트륨 소독 시 비해리형 차아염소산(HClO)으로 존재하는 양(%)이 가장 많을 때의 pH는?

① pH 4.0   ② pH 6.0
③ pH 8.0   ④ pH 10.0

27 다음 중 허용 살균제 또는 표백제가 아닌 것은?

① 고도표백분   ② 차아염소산나트륨
③ 과산화수소   ④ 클로라민 T

28 식품의 점도를 증가시키고 교질상의 미각을 향상시키는 효과를 갖는 첨가물은?

① 화학 팽창제   ② 산화 방지제
③ 유화제   ④ 호료

29 식품의 점도를 증가시키고 교질상의 미각을 향상시키는 고분자의 천연물질과 그 유도체인 식품첨가물과 거리가 먼 것은?

① methyl cellulose
② sodium carboxymethyl starch
③ sodium alginate
④ glycerin fatty acid ester

30 DL-멘톨은 식품첨가물 중 어떤 종류에 해당되는가?

① 보존료   ② 착색료
③ 감미료   ④ 착향료

31 D-Sorbitol을 상업적으로 이용할 때 합성하는 방법은?

① 과황산암모늄을 전해액에서 분리 정제한다.
② 계피를 원료로 하여 산화시켜 제조한다.
③ 포도당으로부터 화학적으로 합성한다.
④ L-주석산을 탄산나트륨으로 중화하여 농축한다.

32 감미료와 거리가 먼 식품첨가물은?

① 스테비오사이드(stevioside)
② 아스파탐(aspartame)
③ 아디픽산(adipic acid)
④ D-솔비톨(sorbitol)

33 식품위생상 유해한 감미료와 거리가 먼 것은?

① cyclamate
② dulcin
③ D-sorbitol
④ p-nitro-o-toluidine

34 다음의 식품 첨가물 중 유화제로 사용되지 않는 것은?

① soybean lecithin

② glycerin fatty acid ester

③ morpholine fatty acid salt

④ sucrose monosterate

35 식품 유화제와 가장 거리가 먼 것은?

① monopalmitate

② sodium carboxymethyl cellulose

③ sucrose monostearate

④ soybean lecithin

36 대두인지질(Soybean phospholipids)은 어떤 작용을 하는 첨가물인가?

① 조미작용

② 방부작용

③ 유화작용

④ 호료작용

37 발색제에 대한 설명으로 틀린 것은?

① 염지 시 사용되는 식품첨가물이다.

② 발색뿐만 아니라 육제품의 보존성이나 특유의 향미를 부여하는 효과를 나타낸다.

③ 보툴리누스균 등의 일반 세균의 생육에는 영향을 미치지 않고 곰팡이의 생육을 저해한다.

④ 강한 산화력을 나타내어 메트미오글로빈 혈증을 일으키는 등 급성 독성을 갖고 있다.

38 과채류 등의 식물성 색소 고정을 위하여 사용하는 첨가물은?

① 질산나트륨

② 소명반

③ 질산칼륨

④ 아질산나트륨

39 밀가루 개량제로 허용된 식품첨가물이 아닌 것은?

① 과산화벤조일(희석)

② 과황산암모늄

③ 탄산수소나트륨

④ 염소

40 식품첨가물을 식품에 균일하게 혼합시키기 위해 사용되는 용제(solvent)는?

① toluene

② ethylacetate

③ isopropanol

④ glycerine

41 과일·채소류의 표면에 피막을 형성하여 신선도를 유지시키는 피막제로 사용되지 않는 것은?

① 과산화벤조일

② 초산비닐수지

③ 폴리비닐피로리돈

④ 몰포린지방산염

곡류가공

01 현미를 백미로 도정할 때 쌀겨층에 해당되지 않는 것은?

① 과피   ② 종피
③ 왕겨   ④ 호분층

02 곡물의 도정방법에서 건식도정과 습식도정 중 습식도정에만 해당되는 설명은?

① 겨와 배아가 배유로부터 분리된다.
② 도정된 곡물의 저장성이 떨어진다.
③ 배유로부터 전분과 단백질을 분리할 목적으로 사용될 수 있다.
④ 쌀, 보리, 옥수수에 사용한다.

03 백미 성분 중 도정률(搗精率)이 높아짐에 따라 변화가 가장 큰 것은?

① 지방   ② 단백질
③ 탄수화물   ④ 수분

04 도정도가 적은 것에서 큰 순서로 나열된 것은?

① 현미 → 7분도미 → 백미 → 5분도미
② 현미 → 백미 → 7분도미 → 5분도미
③ 현미 → 7분도미 → 5분도미 → 백미
④ 현미 → 5분도미 → 7분도미 → 백미

05 쌀의 도정정도를 표시하는 도정률(搗精率)을 가장 잘 설명한 것은?

① 쌀의 왕겨층이 벗겨진 정도에 따라 표시된다.
② 도정된 정미의 무게가 현미 무게의 몇 %인가로 표시된다.
③ 도정된 쌀알이 파괴된 정도로 표시된다.
④ 도정과정 중에 손실된 영양소의 %로 표시된다.

06 정미의 도정률(정백률)은?

① $\dfrac{현미량}{정미량} \times 100$ ② $\dfrac{정미량}{현미량} \times 100$

③ $\dfrac{탄수화물량}{현미량} \times 100$ ④ $\dfrac{현미량}{탄수화물량} \times 100$

07 7분도미는 현미에서 몇 %의 백미를 생산하는가?

① 100%   ② 96.6%
③ 94.4%   ④ 93.0%

08 도정 후 쌀의 도정도를 결정하는 방법으로 적절하지 않은 것은?

① 수분 함량 변화에 의한 방법
② 색(염색법)에 의한 방법
③ 생성된 쌀겨량에 의한 방법
④ 도정시간과 횟수에 의한 방법

09 정미기의 도정작용에 대한 설명 중 잘못된 것은?

① 마찰식은 마찰과 찰리작용에 의한다.

② 마찰식은 주로 정맥과 주조미 도정에 쓰인다.

③ 통풍식은 마찰식 정미기의 변형으로 백미 도정에 널리 쓰인다.

④ 연삭식의 도정원리는 롤(roll)의 연삭, 충격작용에 의한다.

10 α 화미의 제조법으로 가장 적당한 방법은?

① 쌀을 증자한 후 50℃의 공기로 건조한다.

② 쌀을 증자한 후 80℃의 공기로 건조한다.

③ 쌀을 증자한 후 햇볕에 말린다.

④ 쌀을 증자한 후 음지에서 말린다.

11 보리의 도정방식이 아닌 것은?

① 혼수도정   ② 무수도정

③ 할맥도정   ④ 건식도정

12 다음 중 팽화곡물(puffed cereals)에 대한 설명으로 옳은 것은?

① 물에 담가 흡수시킨 후 압착과 동시에 건조시킨 곡물

② 두세 쪽으로 나누고 큰 알갱이는 다시 압편기로 누른 곡물

③ 세포가 파괴되어 연하게 되는 동시에 팽창하는 곡물

④ 물을 가하고 가열하여 α 전분으로 변화시키고 탈수, 건조시킨 곡물

13 밀제분에 쓰이는 일반적인 공정 중 옳은 순서인 것은?

① 정선 – 순화 – 조질 – 조분쇄 – 사별 – 미분쇄

② 정선 – 순화 – 조분쇄 – 사별 – 조질 – 미분쇄

③ 정선 – 조질 – 순화 – 조분쇄 – 사별 – 미분쇄

④ 정선 – 조질 – 조분쇄 – 사별 – 순화 – 미분쇄

14 밀의 제분공정에서 조질(調質)이란?

① 외피와 배유의 분리를 쉽게 하기 위한 것

② 밀가루의 품질을 균일하게 하기 위한 것

③ 외피의 분쇄를 쉽게 하기 위한 것

④ 협잡물을 제거하기 위한 것

15 수분 함량이 12%인 초자질밀 1000kg을 수분 함량이 15.4%가 되도록 조질(tempering)하려고 할 때 첨가하여야 할 물의 무게는 약 얼마인가?

① 36kg   ② 40kg

③ 120kg   ④ 154kg

16 제분 시 자력분리기가 사용되는 공정은?

① 운반   ② 정선

③ 세척   ④ 탈수

17 밀가루 단백질인 글루텐(gluten)을 구성하는 아미노산 조성 중 알파−나선구조(α−helix) 함량을 저하시켜 불규칙한 고차구조를 없애며 고도로 분자를 서로 엉키게 하여 탄력성을 부여하는 아미노산은?

① proline ② histidine
③ glycine ④ aspartic acid

18 밀가루의 제빵 특성에 영향을 주는 가장 중요한 품질 요인은?

① 회분 함량 ② 색깔
③ 단백질 함량 ④ 당 함량

19 제면 제조에서 소금을 사용하는 목적이 아닌 것은?

① 미생물에 의한 발효를 촉진하기 위해서
② 밀가루의 점탄성을 높이기 위해서
③ 수분의 내부 확산을 촉진하기 위해서
④ 제품의 품질을 안정시키기 위해서

20 제빵 시 설탕 첨가의 목적과 거리가 먼 것은?

① 노화 방지
② 빵 표면의 색깔 증진
③ 효모의 영양원
④ 유해균의 발효 억제

21 밀가루의 품질등급판정으로 회분 함량을 기준하는 이유는?

① 밀기울에 회분이 많아서
② 배아부에도 회분이 많아서
③ 밀기울에 비타민, 미네랄이 많아서
④ 밀기울에 섬유소가 많아서

22 밀가루 반죽의 개량제로 비타민 C를 사용하는 주된 이유는?

① 향기를 부여하기 위하여
② 밀가루의 숙성을 위하여
③ 영양성의 향상을 위하여
④ 밀가루의 표백을 위하여

23 밀가루 반죽(dough)의 탄력성과 안정성을 측정하고 기록하는 기기는?

① farinograph ② consistometer
③ amylograph ④ extensograph

24 밀가루의 품질시험 방법이 잘못 짝지어진 것은?

① 색도 − 밀기울의 혼입도
② 입도 − 체눈 크기와 사별정도
③ 패리노그래프 − 점탄성
④ 아밀로그래프 − 인장항력

25 밀가루의 물리적 시험법에 관한 설명 중 틀린 것은?

① 아밀로그래프로 아밀라아제의 역가를 알 수 있다.
② 아밀로그래프로 최고점도와 호화개시 온도를 알 수 있다.
③ 익스텐소그래프로 반죽의 신장도와 항력을 알 수 있다.
④ 익스텐소그래프로 강력분과 중력분을 구할 수 있다.

26 제빵공정 중 반죽을 발효시키는 목적이 아닌 것은?

① 빵에 풍미를 부여하기 위하여
② 빵에 조직을 부드럽게 하기 위하여
③ 빵의 부피를 팽창시키기 위하여
④ 빵의 표피가 갈색이 되게 하기 위하여

27 제빵 시에 효모가 관여하는 반응은?

① $C_6H_{12}O_6 \rightarrow 2C_2H_5OH + 2CO_2$
② $C_6H_{12}O_6 \rightarrow C_4H_8O_2 + 2CO_2 + 2H_2$
③ $C_6H_5OH + O_2 \rightarrow CH_3COOH + H_2O$
④ $C_6H_{12}O_6 \rightarrow 2C_3H_6O_3$

28 빵을 제조할 때 반죽의 숙성이 지나칠 경우 나타나는 현상과 거리가 먼 것은?

① 수분 흡수량이 증가하여 글루텐 형성이 느리다.
② 반죽이 처지는 현상이 나타난다.
③ 반죽시간이 길어진다.
④ 발효속도가 빨라져 부피형성에 좋지 않은 영향을 준다.

29 제빵공정 중 1차 발효 후 가스빼기를 실시하는 이유로 적합하지 않은 것은?

① 발효에 의하여 축적된 이산화탄소를 내보내기 위해
② 빵 반죽이 너무 커지는 것을 막기 위해
③ 신선한 공기를 주어 효모의 활동을 왕성하게 하기 위해
④ 효모를 새로운 영양분과 접촉시켜 활성화하기 위해

30 발효를 생략하고 기계적으로 반죽을 형성시키는 제빵공정에서 cystein을 첨가하면 cystein은 어떤 작용을 하는가?

① gluten의 $-NH_2$기에 작용하여 $-N=N-$로 산화한다.
② gluten의 $-SH$기에 작용하여 $-S-S-$로 산화한다.
③ gluten의 $-S-S-$ 결합에 작용하여 $-SH$로 환원한다.
④ gluten의 $-N=N-$ 결합에 작용하여 $-NH_2$로 환원한다.

31 빵의 노화를 억제하는 효과가 가장 좋은 재료는?

① 지방　　② 소금
③ 이스트푸드　　④ 탄산암모늄

32 제빵방법 중 스트레이트법에 비교하여 스펀지법의 장점이 아닌 것은?

① 빵이 가볍다.
② 효모가 적게 든다.
③ 빵의 조직이 좋다.
④ 제품의 향기가 강하다.

33 마카로니는 무슨 면인가?

① 냉면　　② 선절면
③ 연면　　④ 압출면

34 다음 중 압출성형공정에 의해 생산되지 않는 제품은?

① 식물성 조직 단백질
② 스파게티
③ 옥수수 스낵
④ 압맥

35 라면의 일반적인 제조공정에 대한 설명으로 틀린 것은?

① 전분의 α화는 100~150℃ 정도의 증기를 불어 넣어 2~5분간 찐다.
② 전분의 α화 고정은 열풍건조한 면을 튀김용 용기에 일정량 넣어 130~150℃의 온도에서 2~3분간 튀긴다.
③ 튀긴 후의 면을 충분히 냉각하지 않고 포장하면 포장지 내면에 응축수가 생겨 유지의 산패가 촉진된다.
④ 반죽은 밀가루의 5%에 해당하는 물에 원료를 넣고 혼합, 반죽하여 수분 함량은 1%로 조절한다.

36 옥수수 전분 제조 시 전분 분리를 위해 사용하는 것은?

① HCOOH
② H_2SO_3
③ HCl
④ HOOC–COOH

37 옥수수 전분의 제조 시 아황산(SO_2) 침지(steeping)의 목적이 아닌 것은?

① 옥수수 전분의 호화를 촉진시킨다.
② 옥수수를 연화시켜 쉽게 마쇄되게 한다.
③ 옥수수의 단백질과 가용성 물질의 추출을 용이하게 한다.
④ 잡균이나 미생물의 오염을 방지한다.

38 장맥아에 대한 설명 중 틀린 것은?

① 10~15℃에서 14~17일간 발아한다.
② 유아의 길이가 보리알의 1.5~2배이다.
③ 단맥아보다 amylase의 역가가 크다
④ 전분의 함량이 크므로 맥주용으로 적합하다.

39 엿을 만들 때 이용하는 맥아는 싹의 길이가 보리알의 어느 정도 자란 것이 가장 좋은가?

① 보리알의 1/3~3/4
② 보리알의 1~1.5배
③ 보리알의 1.5~2배
④ 보리알의 2~2.5배

40 맥아로 물엿을 만들 때 당화온도가 50℃ 정도로 낮아질 경우 어떤 현상이 나타날 수 있는가?

① 고온성 젖산균이 번식하여 시어진다.
② 부패균이 번식하여 쓴맛이 난다.
③ 쌀알갱이가 완전히 풀어진다.
④ 당화효소의 활성이 없어진다.

감자류가공

01 고구마 녹말 제조 시 녹말의 순도를 낮게 하는 요인과 거리가 먼 것은?

① 단백질 함량
② 고른 녹말 입자
③ 수지성분
④ 탄닌성분

02 우수한 품질의 고구마 전분 원료가 갖춰야 할 조건이 아닌 것은?

① 전분의 함량이 높을 것
② 수확 후 전분의 당화가 적을 것
③ 당분, 단백질, 섬유가 많을 것
④ 모양이 고르고 전분 입자가 고른 것

03 아래의 고구마 전분의 제조과정 중 ( ) 안에 들어갈 공정을 바르게 나열한 것은?

> 세척 → ( ) → 생전분 → 제품

① 마쇄 → 전분유 → 전분 분리 → 체질
② 마쇄 → 체질 → 전분유 → 전분 분리
③ 전분 분리 → 전분유 → 마쇄 → 체질
④ 전분 분리 → 체질 → 마쇄 → 전분유

04 전분유를 경사진 곳에서 흐르게 하여 전분을 침전시켜 제조하는 방법은?

① 테이블법   ② 탱크침전법
③ 원심분리법   ④ 정제법

05 전분유(澱粉乳)에서 전분 입자를 분리하는 방법이 아닌 것은?

① 탱크침전식   ② 테이블침전식
③ 원심분리식   ④ 진공농축식

06 전분의 가수분해정도(DE)에 따른 변화가 바르게 설명된 것은?

① DE가 증가할수록 점도가 낮아진다.
② DE가 증가할수록 감미도가 낮아진다.
③ DE가 감소할수록 삼투압이 높아진다.
④ DE가 감소할수록 결정성이 높아진다.

07 전분에서 fructose를 제조할 때 사용되는 효소는?

① pectinase, α-amylase, glucoseisomerase
② cellulase, α-amylase, glucoseisomerase
③ α-amylase, glucoamylase, glucoseisomerase
④ protease, α-amylase, glucoseisomerase

08 전분 액화에 대한 설명으로 틀린 것은?

① 전분의 산액화는 효소액화보다 액화시간이 길다.
② 전분의 산액화는 연속 산액화 장치로 할 수 있다.
③ 전분의 산액화는 효소액화보다 백탁이 생길 염려가 적다.
④ 산액화는 호화온도가 높은 전분에도 작용이 가능하다.

09 전분의 분해정도가 진행되어 DE(dextrose equivalent)가 높아졌을 때의 현상이 아닌 것은?

① 단맛이 더해진다.
② 평균분자량이 적어지게 되어 점도가 떨어진다.
③ 평균분자량이 적어져서 빙점이 낮아진다.
④ 삼투압 및 방부효과가 작아지는 경향이 있다.

10 식품공전상 액상포도당의 DE(포도당 당량) 규격은?

① 40.0 이하   ② 60.0 이하

③ 70.0 이상   ④ 80.0 이상

11 42% 전분유 1L를 산분해시켜 DE값이 42가 되는 물엿을 만들었을 때 생성된 환원당의 양은?

① 420.0g   ② 176.4g

③ 100.8g   ④ 84.2g

12 전분의 당화법 중 효소당화법에 대한 설명이 아닌 것은?

① 정제를 완전히 해야 한다.

② 쓴맛이 없고 착색물질 등 생성물이 생기지 않는다.

③ 당화전분 농도는 약 50%이다.

④ 97% 이상의 높은 분해율을 보인다.

13 분지올리고당(branched oligosaccharide)의 특성 중 옳지 않은 것은?

① 감미도가 설탕보다 높아 타 감미료와 병행하는 데 사용된다.

② 흡습성이 매우 크므로 타 당류의 결정화를 방지하는 효과가 있다.

③ 식품가공 중에 미생물의 발육을 억제하는 효과가 크다.

④ 미생물에 의해 분해되기 어려워 글루칸이 형성되지 않으므로 충치 발생을 억제한다.

두류가공

01 콩 단백질의 특성과 관계가 없는 것은?

① 콩 단백질은 묽은염류용액에 용해된다.

② 콩을 수침하여 물과 함께 마쇄하면, 인산칼륨용액에 콩 단백질이 용출된다.

③ 콩 단백질은 90%가 염류용액에 추출되며, 이 중 80% 이상이 glycinin이다.

④ 콩 단백질의 주성분인 glycinin은 양(+) 전하를 띠고 있다.

02 콩 가공과정에서 불활성화시켜야 하는 유해성분은?

① 글로불린(globulin)

② 레시틴(lecithin)

③ 트립신 저해제(trypsin inhibitor)

④ 나이아신(niacin)

03 콩의 영양을 저해하는 인자와 관계가 없는 것은?

① 트립신 저해제(trypsin inhibitor) : 단백질 분해효소인 트립신의 작용을 억제하는 물질

② 리폭시게나제(lipoxygenase) : 비타민과 지방을 결합시켜 비타민의 흡수를 억제하는 물질

③ phytate(inositol hexaphosphate) : Ca, P, Mg, Fe, Zn 등과 불용성 복합체를 형성하여 무기물의 흡수를 저해시키는 작용을 하는 물질

④ 라피노스(raffinose), 스타키오스(stachyose) : 우리 몸속에 분해효소가 없어 소화되지 않고, 대장 내의 혐기성 세균에 의해 분해되어 N_2, CO_2, H_2, CH_4 등의 가스를 발생시키는 장내 가스 인자

04 분리대두 단백질의 가공원리는?

① 대두 단백질에 알칼리를 처리하여 단백
　질만의 회수

② 단백질 분해효소를 처리하여 얻은 가수
　분해물의 건조

③ 대두 단백질의 등전점을 이용하여 단백
　질을 회수

④ 헥산 처리하여 지방을 제거한 후 건조

05 콩을 이용한 발효식품이 아닌 것은?

① 된장　　　　　② 청국장

③ 템페　　　　　④ 유부

**06 콩으로부터 단백질이 고농도로 농축된 분
리대두 단백(soyprotein isolate)을 분리하
기 위한 일반적인 제조공정이 아닌 것은?**

① 탈지공정

② 가수분해공정

③ 불용성 고형분 분리공정

④ 단백질 응고 및 원심분리공정

07 두부의 제조원리로 가장 옳은 것은?

① 콩 단백질의 주성분인 글리시닌
　(glycinin)을 묽은염류용액에 녹이고 이
　를 가열한 후 다시 염류를 가하여 침전
　시킨다.

② 콩 단백질의 주성분인 베타-락토글로불
　린(β-lactoglobulin)을 묽은염류용액
　에 녹이고 이를 가열한 후 다시 염류를
　가하여 침전시킨다.

③ 콩 단백질의 주성분인 알부민(albumin)
　을 묽은염류용액에 녹이고 이를 가열한
　후 다시 염류를 가하여 침전시킨다.

④ 콩 단백질의 주성분인 글리시닌
　(glycinin)을 산으로 침전시켜 제조한다.

**08 전통적인 제조법에 의해 두유를 제조할 때
불쾌한 냄새와 맛이 나고 두유의 수율이 낮
은 문제가 생길 수 있는데, 이를 개선하는
방법이 아닌 것은?**

① 끓는 물(80~100℃)로 콩을 마쇄하여
　지방 산패나 콩 비린내를 발생시키는
　lipoxygenase를 불활성화시키는 방법

② 콩을 $NaHCO_3$용액에 침지시켜 불린 뒤,
　마쇄 전과 후에 가열처리해서 콩 비린내
　를 없애는 방법

③ 데치기 전에 콩을 수세하고 껍질을 벗겨
　사용하는 방법

④ 낮은 온도에서 장시간 가열하여 염에 대
　한 노출을 증가시키는 방법

**09 물에 불린 콩을 마쇄하여 두부를 만들 때
마쇄가 두부에 미치는 영향에 대한 설명으
로 틀린 것은?**

① 콩의 마쇄가 불충분하면 비지가 많이 나
　오므로 두부의 수율이 감소하게 된다.

② 콩의 마쇄가 불충분하면 콩단백질인 글
　리신이 비지와 함께 제거되므로 두유의
　양이 적어 두부의 양도 적다.

③ 콩을 지나치게 마쇄하면 불용성의 고운
　가루가 두유에 섞이게 되어 응고를 방해
　하여 두부의 품질이 좋지 않게 된다.

④ 콩을 지나치게 마쇄하면 콩 껍질, 섬유
　소 등이 제거되어 영양가 및 소화흡수율
　이 증가한다.

10 두부를 제조할 때 두유의 단백질 농도가 낮을 경우 나타나는 현상과 거리가 먼 것은?
① 두부의 색이 어두워진다.
② 두부가 딱딱해진다.
③ 가열변성이 빠르다.
④ 응고제와의 반응이 빠르다.

11 간수의 설명 중 맞지 않는 것은?
① Mg 염류가 주성분이다.
② 비중은 해수보다 낮아 1~2°Bé 정도이다.
③ 제염할 때 부산물로 산출된다.
④ 두부 제조에 이용된다.

12 두부 응고제로서 물에 잘 녹으며, 많은 양 사용 시 신맛을 낼 수 있는 것은?
① 황산칼슘($CaSO_4$)
② 염화칼슘($CaCl_2$)
③ 글루코노델타락톤
  (glucono-δ-lactone)
④ 염화마그네슘($MgCl_2$)

13 두부의 응고제 중 황산칼슘($CaSO_4 \cdot 2H_2O$)의 특징이 아닌 것은?
① 반응이 완만하여 사용이 편리하다.
② 수율이 좋다.
③ 두부 표면이 매끄럽다.
④ 두부 색깔이 좋다.

14 다음의 두부 응고제 중 물에 잘 녹지 않아 응고반응이 비교적 느리지만 비교적 보수성과 탄력성이 우수한 두부를 제조하는 것은?
① glucono-δ-lactone
② $MgCl_2$
③ $CaCl_2$
④ $CaSO_4$

15 다음 중 두부 제조 시 두유를 응고시키는 가장 적합한 온도는?
① 30~40℃   ② 50~60℃
③ 70~80℃   ④ 90~100℃

16 두부 제조 시 사용되는 응고제와 두부의 특성에 대한 설명으로 틀린 것은?
① 황산칼슘은 반응이 완만하여 사용하기 편리하며 수율이 좋다.
② 염화마그네슘은 응고시간이 빠르고 압착 시 물이 잘 빠진다.
③ 글루코노델타락톤은 표면을 매끄럽게 한다.
④ 염화칼슘은 두부의 풍미와 맛을 좋게 한다.

17 두부의 응고제 중 탄력성과 보수성이 크며, 수율이 높은 것은?
① 간수   ② 염화칼슘
③ 황산칼슘   ④ 염화암모늄

18 glucono-δ-lactone이 연제품의 pH를 낮추는 데 이용되는 주요 원리는?

① 알칼리금속과 반응하여 착염을 만든다.
② 다른 배합품과 반응하여 산성화시킨다.
③ 산으로 작용한다.
④ 물에 용해하면 가수분해되어 산성이 된다.

19 동결두부 제조에 있어 팽윤처리에 주로 사용되는 것은?

① 염화마그네슘   ② 황산칼슘
③ 드라이아이스   ④ 암모니아

20 두부의 2단 동결법이란?

① 겉마르기 방지법
② 급속히 표면증발시키는 법
③ 두부 표면은 금속동결시키고 내부를 서서히 동결하는 법
④ 중심은 급속동결하고 표면을 서서히 얼리는 법

21 코지를 만들면 전분과 단백질을 분해하는 효소가 생성되는데 이들 효소들은?

① 아밀라아제(amylase)와 카탈라아제(catalase)
② 펙티나아제(pectinase)와 셀룰라아제(cellulase)
③ 아밀라아제(amylase)와 프로테아제(protease)
④ 프로테아제(protease)와 펙티나아제(pectinase)

22 가염 코지(koji)를 만드는 목적이 아닌 것은?

① 잡균 번식 방지
② 코지(koji)균의 발육 정지
③ 발열 방지
④ 건조 방지

23 간장이나 된장 등의 장류를 담글 때 koji를 만들어 쓰는 주된 이유는?

① 단백질이나 전분질을 분해시킬 수 있는 효소 활성을 크게 하기 위하여
② 식중독균의 발육을 억제하기 위하여
③ 색깔을 향상시키기 위하여
④ 보존성을 향상시키기 위하여

24 종국(seed koji) 제조 시 목회(나무 탄재)를 첨가하는 목적은?

① 증자미의 수분 조절
② 유해미생물의 발육 저지
③ 코지균의 접종 용이
④ 표면에 포자 착생 용이

25 장류 제조 시 사용되는 코지 제조에 대한 설명으로 틀린 것은?

① 헤치기 공정은 신선한 공기의 공급과 품온 상승을 방지하기 위한 공정이다.
② 발효가 왕성해질수록 품온이 상승한다.
③ 코지 곰팡이의 발육이 왕성하면 품온이 상승하지만 이산화탄소의 발생은 감소한다.
④ 종국과 코지의 원료를 혼합하는 섞기 과정이 끝났을 때 품온은 30~32℃를 유지하는 것이 좋다.

26 간장을 달이는 주요 목적이 아닌 것은?

① 간장의 짠맛 부여
② 색 및 저장성 부여
③ 미생물의 살균
④ 효소의 파괴

27 산분해간장용 원료로 주로 사용되는 것은?

① 감자
② 돼지감자
③ 탈지대
④ 고구마

28 아미노산간장 제조에 사용되지 않는 것은?

① 코지
② 탈지대두
③ 염산용액
④ 수산화나트륨

29 보통 산분해간장은 단백질 원료를 산으로 가수분해하여 얻는다. 이때 주로 사용하는 산은?

① HNO_3
② H_2SO_4
③ H_2CO_3
④ HCl

30 아미노산간장 제조 시 탈지대두박을 염산으로 가수분해할 때 탈지대두박에 남아 있는 미량의 헥산이 염산과 반응하여 생기는 염소화합물은?

① MCPD
② MSG
③ NaCl
④ NaOH

31 된장 숙성에 대한 설명으로 틀린 것은?

① 탄수화물은 아밀라아제의 당화작용으로 단맛이 생성된다.
② 당분은 효모의 알코올 발효로 알코올 등의 방향물질이 생성된다.
③ 단백질은 프로테아제에 의하여 아미노산으로 분해되어 구수한 맛이 생성된다.
④ 60~65℃에서 3~5시간 유지하여야 숙성이 잘 된다.

32 템페(tempeh)의 설명과 다른 것은?

① *Bacillus natto*에 의하여 만들어진다.
② 인도네시아의 전통 발효식품으로 시작되었다.
③ 증자한 콩을 바나나 잎에 포장하여 2~3일 발효시켜 얻는다.
④ *Rhizopus*속의 곰팡이에 의하여 만들어진다.

33 아미노산 제조방법이 아닌 것은?

① 합성법
② 단백질 분해법
③ 발효법
④ 추출법

01 수확한 과일 및 채소에 대한 설명으로 틀린 것은?

① 산소를 섭취하여 효소적으로 산화되므로 이산화탄소를 내보내는 호흡작용을 하여 성분이 변화한다.

② 증산작용이 일어나 신선도와 무게가 변한다.

③ 호흡작용은 수확 직후에 가장 저조하고 시간이 경과함에 따라 점차 강해진다.

④ 고온성 과일 및 채소를 제외하고, 미생물이 번식하기 어려운 1~6℃ 정도가 저장을 위한 적당한 온도이다.

02 다음 과일 중 펙틴(pectin)의 함량이 적기 때문에 보통 잼(jam)의 원료로서 사용하지 않는 것은?

① 딸기　　　　　② 사과
③ 오렌지　　　　④ 배

03 LMP(low methoxy pectin)에 대한 설명으로 틀린 것은?

① gel을 형성할 수 있는 pH 범위가 비교적 넓다.

② 설탕을 넣지 않으면 안정된 gel을 형성하지 못한다.

③ 칼슘을 넣으면 안정된 gel을 형성한다.

④ 다이어트용 잼과 젤리에 이용될 수 있다.

04 메톡실(methoxyl)기 함량이 7% 이하인 펙틴(pectin)의 경우 젤리(jelly) 강도를 높이기 위해 첨가해야 할 물질은?

① 설탕　　　　　② 구연산
③ 칼슘　　　　　④ 글리세린

05 과일 또는 채소류의 가공에서 열처리의 목적이 아닌 것은?

① 산화효소를 파괴하여 가공 중에 일어나는 변색과 변질 방지

② 원료 중 특수성분이 용출되도록 하여 외관, 맛의 변화 및 부피 증가 유도

③ 원료 조직을 부드럽게 변화

④ 미생물의 번식 억제 유효

06 과일을 lye peeling 할 때 가장 적합한 조건은?

① 1~3% NaOH 용액 90~95℃에서 1~2분간 담근 후 물로 씻는다.

② 3~5% NaOH 용액 20℃에서 1~2분간 담근 후 물로 씻는다.

③ 5~6% NaOH 용액 70~80℃에서 5분간 담근 후 물로 씻는다.

④ 7~8% NaOH 용액 60~75℃에서 1~2분간 담근 후 물로 씻는다.

07 복숭아 박피법으로 가장 좋은 방법은?

① 손 박피(hand peeling)
② 산 박피(acid peeling)
③ 알칼리 박피(lye peeling)
④ 기계적 박피(mechanical peeling)

08 통조림 제조 시 바른 공정은?

① 탈기 – 밀봉 – 냉각 – 살균
② 살균 – 밀봉 – 탈기 – 냉각
③ 탈기 – 밀봉 – 살균 – 냉각
④ 밀봉 – 살균 – 탈기 – 냉각

09 401-1호관 통조림에 있어서 고형량 500g, 내용 총량 851g, 과실의 당 함량 9%, 통조림 제품의 규정 당도 18% 이상일 때 주입당액의 농도는 약 얼마인가? (단, 안전성을 3%로 계산한다.)

① 24%   ② 29%

③ 34%   ④ 39%

10 통조림의 뚜껑에 있는 익스팬션 링 (expansion ring)의 주역할은?

① 상하의 구별을 쉽게 하기 위함이다.

② 충격에 견딜 수 있게 하기 위함이다.

③ 밀봉 시 관통과의 결합을 쉽게 하기 위함이다.

④ 내압의 완충 작용을 하기 위함이다.

11 다음 중 통조림 제조 시 탈기공정의 목적이 아닌 것은?

① 통조림 내 산소를 제거하여 통 내면의 부식과 내용물과의 변화를 적게 한다.

② 가열살균 할 때 내용물이 너무 지나치게 팽창하여 통이 터지는 것을 방지한다.

③ 유리산소의 양을 적게 하여 혐기성 세균의 발육을 억제한다.

④ 통조림 내용물의 색깔, 향기 및 맛 등의 변화를 방지한다.

12 탈기의 방법에 대한 설명으로 틀린 것은?

① 기계적 탈기는 점성식품을 채우고 탈기하는 경우에 가장 적합하다.

② 가스 주입법은 불활성 가스를 head space에 주입하여 기존 공기를 제거하는 방법이다.

③ 수증기 주입법은 많은 공기가 혼입되어 있어 수증기의 자유로운 통과를 방해하는 식품에는 적당하지 않다.

④ 가열탈기의 가열효과는 통조림 통내 식품에 갇힌 공기나 가스를 제거하여 상부 공간에 존재하는 공기를 수증기와 대체하는 것이다.

13 통조림의 가열살균을 위하여 살균 솥에 원료를 삽입할 때 그 통조림의 초기 온도를 중요시하는 주요 이유는?

① 통조림의 내용물의 조리 상태가 변화되는 것을 막기 위해

② 유해미생물의 계속적인 번식을 방지하기 위해

③ 작업의 진도를 쉽게 알아보기 위해

④ 통조림의 관내 중심온도가 살균온도로 유지되는 시간을 일정하게 하기 위해

14 저산성 식품의 통조림은 일반적으로 어떤 방법으로 살균하는가?

① 저온살균   ② 상압살균

③ 고압살균   ④ 간헐살균

15 통조림에서 탁음이 나는 원인이 아닌 것은?

① 탈기 불충분
② 관내부 가스 발생
③ 내용물의 연화
④ 기온, 기압의 변화

16 통조림통의 주요한 결점과 부패 원인 중 물리적 원인에 의한 변형이 아닌 것은?

① 탈기 불충분
② 파넬링(paneling)
③ 과잉 충전
④ 불충분한 냉각

17 병조림의 파손형태에 관한 그림 중 내부 충격에 의해 파손된 형태는?

①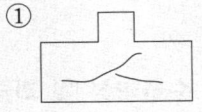
②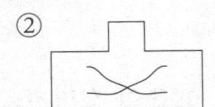
③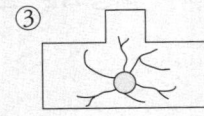
④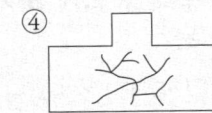

18 통조림 밀봉의 외부 결함을 나타낸 항목은?

① flat sour
② lip
③ springer
④ flipper

19 통조림의 저장 과정에서 일어날 수 있는 변질 중 flat sour와 관계가 없는 사항은?

① 가스를 생성하지 않는다.
② *Bacillus*속의 세균에 의한 변질이다.
③ 한쪽 뚜껑을 누르면 반대쪽 뚜껑이 튀어 나온다.
④ 내용물이 신맛이 난다.

20 진공계를 사용하여 복숭아 통조림의 진공도를 측정하였더니 지시진공도가 30cmHg였고 이 통조림의 head space가 4mL이었을 때, 이 통조림의 진진공도는? (단, Bourdon관의 내용적은 1.2mL이다)

① 31.2cmHg
② 29.6cmHg
③ 39.0cmHg
④ 30.4cmHg

21 밀감을 통조림으로 가공할 때 속껍질 제거 방법으로 적당한 것은?

① 산처리
② 알칼리처리
③ 열탕처리
④ 산, 알칼리 병용처리

22 밀감 통조림의 백탁에 대한 설명 중 틀린 것은?

① hesperidin이 용출되어 백탁이 형성된다.
② 조기 수확한 밀감에서 자주 발생한다.
③ 수세를 너무 길게 하면 발생하기 쉽다.
④ 산처리를 길게, 알칼리처리를 짧게 하면 억제된다.

23 고온고압살균을 요하지 않는 것은?

① 아스파라거스 통조림

② 양송이 통조림

③ 감자 통조림

④ 복숭아 통조림

24 레토르트의 bleeder 역할이 아닌 것은?

① 증기와 더불어 혼입하는 공기를 제거한다.

② 레토르트 내의 증기를 순환시킨다.

③ 온도계의 하부에 응결하는 수분을 제거하여 정확한 온도를 지시하도록 한다.

④ 레토르트 내의 압력을 급격히 높게 하여 통조림관이 찌그러지는 것을 방지한다.

25 유연포장재료를 사용하며 135℃ 정도에서 가열하여도 견뎌내는 포장방법으로 통조림 포장을 대신하여 사용되는 유연포장 살균 식품은?

① 병조림식품

② 레토르트파우치식품

③ 플라스틱포장식품

④ 종이팩포장식품

26 감의 떫은맛을 없애는 처리의 원리로서 옳은 것은?

① shibuol(diosprin)을 용출 제거시킨다.

② shibuol(diosprin)을 불용성 물질로 변화시킨다.

③ shibuol(diosprin)을 당분으로 전환시킨다.

④ shibuol(diosprin)을 분해시킨다.

27 떫은감의 탈삽법이 아닌 것은?

① 열수법　　　② 알코올법

③ 가스법　　　④ 동결법

28 온탕법에 의한 감의 탈삽법에서 유지해야 할 가장 알맞은 수온(水溫)은?

① 10℃　　　② 40℃

③ 80℃　　　④ 100℃

29 과일주스 혼탁의 원인이 되는 물질로 가장 관계가 깊은 것은?

① 산　　　② 당

③ 무기물　　　④ 펙틴

30 과일주스 제조 시에 혼탁을 방지하기 위하여 사용되는 효소는?

① protease　　　② amylase

③ pectinase　　　④ lipase

31 과즙의 청징, 착즙의 수율향상 및 과즙의 농축을 쉽게 하기 위하여 이용되는 효소는?

① peptide hydrolase

② pectinase

③ catalase

④ peroxidase

32 다음 중 주스 제조공정에서 주석제거가 필요한 것은?

① 사과주스　　　② 토마토주스

③ 포도주스　　　④ 오렌지주스

33 과일주스의 풍미와 빛깔을 좋게 하는 가장 알맞은 살균방법은?

① 저온살균(pasteurization)
② 고온순간살균
③ 50℃정도에서 48시간 서서히 가온
④ 살균하지 않아도 품질에는 전혀 관계가 없다.

34 과일 농축액을 만들 때 신선한 풍미를 유지하기에 가장 적당한 방법은?

① vacuum식 농축법
② cut back식 농축법
③ spray식 농축법
④ form mat식 농축법

35 과일 잼의 가공 시 농축공정 중 농축률이 높아짐에 따라 온도가 고온으로 상승하는데, 고온으로 장시간 존재할 때 나타나는 변화가 아닌 것은?

① 방향성분이 휘발하여 이취를 낸다.
② 색소의 분해와 갈변반응을 일으켜 색의 저하를 가져온다.
③ 설탕의 전화가 진행되어 엿 냄새가 감소한다.
④ 펙틴의 분해에 의해 젤리화하는 힘이 감소한다.

36 다음 중 과일잼의 젤리화력이 가장 큰 pH 범위는?

① pH 4.2~6.5　　② pH 3.3~4.2
③ pH 2.8~3.3　　④ pH 1.5~2.8

37 젤리화에 가장 적합한 당, 산, 펙틴량의 비율(%)은?

① 50 : 0.3 : 1.5　　② 50 : 0.5 : 2.0
③ 60 : 0.3 : 1.5　　④ 60 : 0.5 : 2.0

38 젤리(jelly)의 강도에 영향을 미치는 요인이 아닌 것은?

① pectin의 농도
② pectin의 분자량
③ pectin의 ester화 정도
④ pectin의 결합도

39 저장 중 젤리의 융해 작용은 젤리의 pH가 얼마 이하일 때 발생될 수 있는가?

① pH 2.8　　② pH 3.4
③ pH 3.7　　④ pH 4.0

40 젤리 속에 과일의 과육 또는 과피의 조각을 넣어 만든 제품은?

① 파이필링　　② 잼
③ 마멀레이드　　④ 프리저브

41 토마토를 파쇄하여 씨와 껍질을 제거한 펄프와 즙액을 농축한 토마토 가공품은?

① tomato solid pack
② tomato puree
③ tomato paste
④ tomato ketchup

42 토마토 케첩 제조 시 갈색이 발생하였다면 그 주된 원인은?

① 토마토의 적색 색소인 리코펜이 가열과정 중에 산화되었기 때문

② 토마토의 색소성분인 카로티노이드가 알칼리성분에 의해 착색화합물을 생성하였기 때문

③ 토마토의 함유된 당이 가열되어 효소적 갈변이 진행되었기 때문

④ 토마토에 함유된 유기산과 리코펜이 반응하여 착색물질을 생성하였기 때문

43 토마토 퓨레의 졸이기 공정 중 비중을 잴 때 방해가 되는 것은?

① 토마토의 색

② 토마토의 거품

③ 토마토의 숙성 정도

④ 토마토의 풍미

44 토마토의 solid pack 가공 시 칼슘염을 첨가하는 주된 이유는?

① 가열에 의한 과실의 과육붕괴를 방지하기 위하여

② 가열에 의한 과실 색깔의 퇴색을 방지하기 위하여

③ 가열에 의한 무기질의 손실을 방지하기 위하여

④ 가열에 의한 향기성분의 손실을 방지하기 위하여

45 음료용 코코아에 알칼리처리와 레시틴 코팅(lecithin coating)을 한다면 여기서 레시틴(lecithin)의 주된 기능은?

① 향기 부여

② 용해성 증가

③ 흡습성 방지

④ 색깔 부여

46 초콜릿 제조 시 blooming을 방지하기 위한 공정은?

① tempering

② conching

③ 성형

④ 압착

47 소금 절임은 육류나 채소의 저장성을 향상시키기 위하여 사용되는 저장방법 중의 하나이다. 소금 절임 저장효과의 주원인은?

① 소금에서 해리된 나트륨 이온

② 수분활성도의 증가

③ 삼투압 저하

④ 소금에서 해리된 염소이온

48 염장에 영향을 미치는 요인에 대한 설명으로 틀린 것은?

① 식염의 삼투속도는 식염의 온도가 높을수록 크다.

② 식염의 농도가 높을수록 삼투압은 커진다.

③ 순수한 식염의 삼투속도가 크다.

④ 지방 함량이 많은 어체에서는 식염의 침투속도가 빠르다.

49 채소를 가공할 때 전처리로 데치기를 하는데 그 목적이 아닌 것은?

① 효소의 불활성화

② 오염 미생물의 살균

③ 풋냄새의 제거

④ 향의 보존

50 김치의 초기 발효에 관여하는 저온숙성의 주발효균은?

① *Leuconostoc mesenteroides*

② *Lactobacillus plantarum*

③ *Bacillus macerans*

④ *Pediococcus cerevisiae*

유가공

01 우유의 당에 해당하는 것은?
① sucrose   ② maltose
③ lactose   ④ gentiobiose

02 우유 단백질(카제인)의 등전점은?
① pH 7.6   ② pH 6.6
③ pH 5.6   ④ pH 4.6

03 우유 단백질 중 카제인(casein)을 응고시키는 효소는?
① 레닌(rennin)
② 펩신(pepsin)
③ 락타아제(lactase)
④ 파파인(papain)

04 우유를 응고시켜 침전할 때 직접 관여하는 단백질은?
① α_s-casein
② κ-casein
③ β-lactoglobulin
④ β-casein

05 유당 분해효소 결핍증에 직접적으로 관여하는 효소는?
① 락토페록시다제
② 라소자임
③ 락타아제
④ 락테이트 디하이드로지나제

06 식품공전상 우유류의 성분규격으로 틀린 것은?
① 산도(%) : 0.18% 이하(젖산으로서)
② 무지방고형분(%) : 8.0 이상
③ 포스파타아제 : 1mL당 2g 이하(가온살균제품에 한한다)
④ 대장균군 : n=5, c=2, m=0, M=10(멸균제품의 경우는 음성)

07 우유의 칼슘 흡수를 촉진하는 물질이 아닌 것은?
① 유당
② 비타민 D
③ 칼슘결합단백질
④ 탄닌

08 물을 탄 우유의 판별법으로 부적당한 것은?
① 비점 측정   ② 빙결점 측정
③ 지방 측정   ④ 점도 측정

09 우유의 살균여부를 판정하는 데 이용되는 적당한 방법은?
① 알코올 테스트
② 산도 측정
③ 비중 검사
④ 포스파타아제 테스트

10 다음 중 시유 제조공정의 순서가 맞는 것은?

① 여과 및 청정 → 균질 → 살균 → 표준화
② 균질 → 여과 및 청정 → 표준화 → 살균
③ 살균 → 균질 → 표준화 → 여과 및 청정
④ 여과 및 청정 → 표준화 → 균질 → 살균

11 유지방 분리를 방지하기 위하여 처리하는 공정은?

① 청징 　　　　② 살균
③ 균질화 　　　④ 냉장

12 우유를 균질화(homogenization)시키는 목적이 아닌 것은?

① 지방구의 분리를 방지한다.
② 미생물의 발육을 저지한다.
③ 커드(curd)가 연하게 되며 소화가 잘 된다.
④ 지방구가 가늘게 된다.

13 우유 살균법으로 가장 실용적인 방법은?

① 고온순간살균법
② 방사선살균법
③ 냉온살균법
④ 가압살균법

14 우유의 초고온살균법(UHT) 멸균조건은 다음 조건 중 어느 것을 선택하여야 하는가?

① 130~135℃에서 0.5~2초간
② 61~65℃에서 30분간
③ 70~75℃에서 15~16초간
④ 120℃에서 15분간

15 발효유제품 제조 시 젖산균 스타터를 사용하는 목적으로 옳지 않은 것은?

① 우리가 원하는 절대적 다수의 미생물을 발효시키고자 하는 기질 또는 식품에 접종시켜 성장하도록 하므로 원하는 발효가 반드시 일어나도록 해 준다.
② 원하지 않는 미생물의 오염과 성장의 기회를 극소화한다.
③ 균일한 성능의 발효미생물을 사용함으로서 자연발효법에 의하여 제조되는 제품보다 품질이 균일하고, 우수한 제품을 많이 생산할 수 있다.
④ 발효미생물의 성장속도를 조정할 수 없어서 공장에서 제조계획에 맞출 수 없다.

16 아이스크림 제조공정이 바르게 된 것은?

① 살균 → 균질화 → 숙성 → 냉동
② 균질화 → 숙성 → 냉동 → 살균
③ 살균 → 숙성 → 균질화 → 냉동
④ 숙성 → 살균 → 균질화 → 냉동

17 아이스크림의 제조 시 균질 효과가 아닌 것은?

① 믹스의 기포성을 좋게 하여 over run이 증가한다.
② 아이스크림의 조직을 부드럽게 한다.
③ 믹스의 동결공정으로 교동(churning)에 의해 일어나는 응고된 덩어리의 생성을 촉진시킨다.
④ 숙성(aging) 시간을 단축한다.

18 아이스크림 제조 시 안정제를 첨가하는 주 목적이 아닌 것은?

① 냉동기에서 아이스크림을 꺼낼 때에 더 단단한 조직을 만들어 준다.
② 저장 중에 빙결정의 형성을 억제 또는 감소시킨다.
③ 많은 양의 물과 결합하여 수분과 함께 젤(gel)을 형성한다.
④ 조직을 부드럽게 해준다.

19 아이스크림 제조 시 냉동기에서 동결할 때 부피 증가율은 연질 아이스크림인 경우 어느 정도가 가장 적당한가?

① 70~80%   ② 90~100%
③ 10~20%   ④ 30~50%

20 제조일 표시를 하고자 하는 축산물과 아이스크림류의 제조일 표시 기준으로 틀린 것은?

① 아이스크림류는 제조 "연월" 만을 표시할 수 있다.
② 통조림제품의 연도 표시는 끝자리의 두 자리 숫자를, 10월·11월·12월의 월표시는 각각 O, D, N으로 할 수 있다.
③ 소비기한을 표시하는 경우에는 제조일을 표시하지 아니 할 수 있다.
④ 포장 후 멸균 및 살균 등과 같이 별도의 제조공정을 거치는 제품은 최종공정을 마친 시점에 제조연월일을 표시할 수 있다.

21 버터류의 식품 유형 중, 버터의 ㉠ 유지방과 ㉡ 수분 함량 기준이 모두 옳은 것은?

① ㉠ 70% 이상, ㉡ 20% 이하
② ㉠ 80% 이상, ㉡ 18% 이하
③ ㉠ 75% 이하, ㉡ 25% 이상
④ ㉠ 80% 이하, ㉡ 16% 이상

22 버터 제조과정의 순서는?

① 크림분리 → 숙성 → 교동 → 연압 → 포장
② 크림분리 → 연압 → 숙성 → 교동 → 포장
③ 크림분리 → 교동 → 숙성 → 연압 → 포장
④ 크림분리 → 숙성 → 연압 → 교동 → 포장

23 버터 제조 시 크림을 숙성시키는 목적이 아닌 것은?

① 유지방을 결정화한다.
② 버터 조직을 연화시킨다.
③ 버터에 과잉수분이 함유되지 않게 한다.
④ 버터밀크로의 지방손실을 감소시킨다.

24 버터 제조 시 가장 적절한 교동의 온도와 시간은?

① 10~15℃, 50분   ② 15~20℃, 40분
③ 25~30℃, 30분   ④ 30~35℃, 20분

25 치즈 제조 시에 쓰이는 응유효소는?

① 레닌(rennin)
② 펩신(pepsin)
③ 파파인(papain)
④ 브로멜린(bromelin)

26 치즈의 제조공정의 순서가 맞는 것은?

① 스타터 접종 → 레닛 첨가 → 커드 절단 → 커드 가온 → 가염

② 레닛 첨가 → 스타터 접종 → 가염 → 커드 가온 → 커드 절단

③ 스타터 접종 → 레닛 첨가 → 커드 가온 → 커드 절단 → 가염

④ 레닛 첨가 → 스타터 접종 → 커드 가온 → 커드 절단 → 가염

27 가공치즈란 총 유고형분 중 자연치즈에서 유래한 유고형분이 몇 % 이상인 것을 말하는가?

① 10%   ② 18%

③ 50%   ④ 71%

28 유제품 가공 시 적용되는 제조원리가 옳게 연결된 것은?

① 치즈 – 응유효소에 의한 응고

② 요구르트 – 알코올에 의한 응고

③ 아이스크림 – 염류에 의한 응고

④ 버터 – 가열에 의한 응고

29 연유(練乳)는 28%의 전유고형분(全乳固形分)과 45%의 설탕을 함유하고 있다. 이 때 설탕의 농축도는 얼마인가?

① 32.5%   ② 42.5%

③ 52.5%   ④ 62.5%

30 연유 제조 시 예열과정에서 농축공정보다 더 높은 온도를 사용하는 목적이 아닌 것은?

① 원료유를 살균하기 위하여

② 설탕의 용해를 쉽고 안전하게 하기 위하여

③ 농후화를 방지하기 위하여

④ 영양손실을 방지하기 위하여

31 무당연유의 제조공정에 대한 설명으로 틀린 것은?

① 당을 넣지 않는다.

② 예열공정을 하지 않는다.

③ 균질화를 한다.

④ 가열멸균을 한다.

32 탈지분유의 제조공정 순서로 맞는 것은?

① 탈지 → 농축 → 가열 → 균질 → 건조

② 탈지 → 가열 → 농축 → 균질 → 건조

③ 농축 → 탈지 → 균질 → 농축 → 건조

④ 균질 → 탈지 → 가열 → 농축 → 건조

33 유가공업에서 가장 널리 사용되는 분유 제조방법은?

① 냉동건조   ② Drum 건조

③ Foam-mat 건조 ④ 분무건조

34 인스턴트 전지분유의 제조공정에서 ( ) 안에 들어갈 첨가물로 적합하지 않은 것은?

> 1단계 진탕유동층(vibrated fluid bed)에서 50℃로 온도를 조절하고, 전지분유에 ( )을(를) 분무·살포하여 표면의 유리지방을 친수성으로 바꾸어 주거나, 농축유에 ( )을(를) 첨가한 다음 균질 후 분무·건조한다.

① lecithin   ② Tween 60

③ Span 60   ④ lactose

육류가공

01 도살 해체한 지육의 냉각에 대한 설명 중 틀린 것은?

① 냉각수 또는 작은 얼음조각을 뿌려 주어 온도를 10℃ 이하로 내린 후 15℃로 유지시켜 숙성과정을 돕는다.

② 냉장실의 온도는 0~10℃, 습도 80~90%를 유지한다.

③ 냉동 시에는 −23~−16℃의 저온동결을 시킨다.

④ 저온동결실에서 72시간 유지한 후, 고기 표면에서 깊이 10cm의 위치 온도가 −20℃일 때가 식육의 냉동으로 적당하다.

02 육류 가공 시 보수성에 영향을 미치는 요인과 가장 거리가 먼 것은?

① pH

② 유리아미노산의 양

③ 이온의 영향

④ 근섬유간 결합상태

03 냉동 육류의 drip 발생원인과 가장 거리가 먼 것은?

① 식품 조직의 물리적 손상

② 단백질의 변성

③ 세균 번식

④ 해동경직에 의한 근육의 강수축

04 사후강직 중의 현상에 관한 설명 중 올바른 것은?

① 젖산이 분해되고, 알칼리 상태가 된다.

② ATP 함량이 증가한다.

③ 산성 포스파타아제(phosphatase) 활성이 증가한다.

④ 글리코겐(glycogen) 함량이 증가한다.

05 도살 후 일반적으로 최대경직시간이 가장 짧은 고기는?

① 닭고기   ② 쇠고기

③ 양고기   ④ 돼지고기

06 식육의 사후경직과 숙성에 대한 설명으로 틀린 것은?

① 사후경직 – 도살 후 시간이 경과함에 따라 근육이 굳어지는 현상

② 식육 냉동 – 사후경직 억제

③ 식육 숙성 – 육의 연화과정, 보수력 증가

④ 숙성 속도 – 온도가 높으면 신속

07 동물근육의 사후경직 과정 중 최고의 경직을 나타내는 극한산성(ultimate acidity) 상태일 때의 pH는 약 얼마인가?

① 6.0　　　　② 5.4

③ 4.6　　　　④ 3.5

08 근육의 사후변화 중 pH에 대한 설명으로 바르지 않은 것은?

① 사후 pH의 저하는 미생물의 번식을 억제하는 효과가 있어 고기 보존상 도움을 준다.

② 도체의 체온이 아직 높은 상태에서 pH가 급속히 떨어지면 육단백질의 변성이 많이 일어나 단백질의 용해도가 저하된다.

③ 사후 pH가 높을 때에는 보수력이 높고 미생물의 번식이 억제된다.

④ 사후 pH가 높을 때에는 육색이 검어서 늙은 가축의 고기나 부패육으로 오해를 받기 쉬워 신선육으로서의 가치가 떨어진다.

09 고기의 해동강직에 대한 설명으로 틀린 것은?

① 골격으로부터 분리되어 자유수축이 가능한 근육은 60~80%까지의 수축을 보인다.

② 가죽처럼 질기고 다즙성이 떨어지는 저품질의 고기를 얻게 된다.

③ 해동강직을 방지하기 위해서는 사후강직이 완료된 후에 냉동해야 한다.

④ 냉동 및 해동에 의하여 고기의 칼슘 결합력이 높아져서 근육수축을 촉진하기 때문에 발생한다.

10 사후강직 전의 근육을 동결시킨 뒤 저장하였다가 짧은 시간에 해동시킬 때 많은 양의 drip을 발생시키며 강하게 수축되는 현상은?

① 자기분해　　　② 해동강직

③ 숙성　　　　　④ 자동산화

11 식육의 육괴를 염지한 것이나 이에 결착제, 조미료, 향신료 등을 첨가한 후 숙성·건조하거나 훈연 또는 가열처리한 것(육함량 75% 이상, 전분 8% 이하)은?

① 분쇄가공육품　　② 소시지

③ 프레스햄　　　　④ 베이컨류

12 햄, 소시지 등 축산가공품 제조에 사용되는 각 염지재료의 기능에 대한 설명이 옳은 것은?

① 소금 – 보수성과 연화도 부여

② 환원제 – 니트로소아민 생성 촉진으로 육색향상 효과 증진

③ 인산염 – 짠맛과 조화를 이루며 풍미 개선

④ 질산염, 아질산염 – 원료육에 다공성을 부여하여 훈연 효과 증진

13 육류 가공 시 색소 고정에 사용되지 않는 첨가물은?

① 질산염　　　　② 아질산염

③ 아스코르빈산　④ 인산염

14 육류 가공 시 증량제로서 전분을 10% 첨가하면 최종적으로 몇 %의 증량 효과를 갖는가?

① 10%
② 20%
③ 30%
④ 40%

15 식육의 연화제로서 공업적으로 이용하는 효소가 아닌 것은?

① 파파인
② 피신
③ 트립신
④ 브로멜린

16 식육은 가열처리 과정 중 색이 갈색으로 변하는 반면, 가공품인 소시지, 햄 등은 가열처리 후에도 갈색으로 변하지 않는데 그 주된 이유는?

① 축산 가공품 제조 시 사용되는 인산염의 작용에 의해 nitrosometmyoglobin으로 전환되기 때문이다.
② myoglobin 등의 성분이 아질산염 또는 질산염과 반응하여 nitorosomyglobin으로 전환되기 때문이다.
③ 훈연과정 중에 훈연성분과 반응하여 선홍색이 생성되기 때문이다.
④ 근육성분이 myoglobin이 가열과정 중에 변색되어 melanoidin 색소를 만들기 때문이다.

17 햄을 가공할 때 정형한 고기를 혼합염(식염, 질산염 등)으로 염지하지 않고 가열하면 어떻게 되는가?

① 결착성과 보수성이 발현된다.
② 탄성을 가지게 된다.
③ 형이 그대로 보존된다.
④ 조직이 뿔뿔이 흩어진다.

18 소시지 가공제품 제조 시 염지의 효과가 아닌 것은?

① 근육단백질의 용해성을 증가시킨다.
② 보수성과 결착성을 증진시킨다.
③ 방부성과 독특한 맛을 갖게 한다.
④ 단백질을 변성시키고 살균한다.

19 지방 함량 20%인 쇠고기 10kg과 지방 함량 30%인 돼지고기를 혼합하여 지방 함량 22%의 혼합육을 만들 때 돼지고기의 양은?

① 2.3kg
② 2.4kg
③ 2.5kg
④ 2.6kg

20 육가공의 훈연에 대한 설명으로 틀린 것은?

① 훈연은 산화작용에 의하여 지방의 산화를 촉진하여 훈제품의 신선도가 향상된다.
② 염지에 의하여 형성된 염지육색이 가열에 의하여 안정된다.
③ 대부분의 제품에서 나타나는 적갈색은 훈연에 의하여 강하게 나타난다.
④ 연기성분 중 페놀(phenol)이나 유기산이 갖는 살균작용에 의하여 표면이 미생물을 감소시킨다.

21 식육 훈연의 목적과 거리가 먼 것은?

① 제품의 색과 향미 향상
② 건조에 의한 저장성 향상
③ 연기의 방부성분에 의한 잡균오염 방지
④ 식육의 pH를 조절하여 잡균오염 방지

제3과목 식품가공·공정공학 예상문제

22 고기 저장방법 중 온훈법에 관한 설명으로 옳은 것은?

① 오랫동안 저장할 제품을 만들 때 많이 사용된다.

② 맛이 좋은 제품을 얻을 수 있으며 소형 햄이나 소시지에 주로 이용된다.

③ 훈연은 단시간 내에 이루어지나 제품이 불균일하고 비용이 많이 든다.

④ 고기의 색깔이 좋지 못하고 감량이 크다.

23 햄(ham) 제조에 대한 설명으로 틀린 것은?

① 염지방법은 건염법, 액염법, 염지액주사법 등이 있다.

② 염지는 15℃ 정도에서 하는 것이 효과적이다.

③ 훈연은 향미, 색깔, 보존성을 증진한다.

④ 훈연방법은 냉훈법, 고온훈법 등이 있다.

24 다음 중 육가공 제조 시 필요한 기구 및 설비가 아닌 것은?

① 세절기　　　　② 충진기

③ 혼합기　　　　④ 균질기

25 소시지를 만들 때 고기에 향신료 및 조미료를 첨가하여 혼합하는 기계는?

① silent cutter　　② meat chopper

③ meat stuffer　　④ packer

26 소시지 제조 시 silent cutter나 emulsifier를 사용해서 얻을 수 있는 효과가 아닌 것은?

① meat emulsion의 파괴

② 혼합(blending)

③ 세절(cutting)

④ 이기기(kneading)

알가공

01 달걀의 성분에 대한 설명으로 맞는 것은?

① 달걀의 난황단백질은 지방, 인 등과 결합된 구조로 되어 있다.

② 다른 동물성 식품과는 달리 탄수화물의 함량이 높다.

③ 달걀의 무기질은 알 껍질보다는 난황에 많이 함유되어 있다.

④ 달걀은 비타민 A, B_1, B_2, C, D, E를 함유하고 있으며, 대부분 난백에 함유되어 있다.

02 농후난백의 3차원 망막구조를 형성하는 데 기여하는 단백질은?

① conalbumin　　② ovalbumin

③ ovomucin　　　④ zein

03 레시틴이 식품가공에 가장 많이 이용되는 용도는?

① 유화제　　　　② 팽창제

③ 삼투제　　　　④ 습윤제

04 계란 중의 콜레스테롤 함량을 낮추는 방법으로 부적합한 것은?

① 난황으로부터 콜레스테롤을 용매 추출한다.
② 사료의 배합을 조절하여 계란에 콜레스테롤 함량이 낮도록 한다.
③ 계란을 가열처리한다.
④ 난백과 난황을 분리하여 난황에 있는 지방을 제거한다.

05 달걀의 신선도 검사와 직접 관계가 없는 감정법은?

① 투시 검란법
② 비중 선별법
③ 난황계수 측정법
④ 중량 측정법

06 신선란에 대한 설명으로 틀린 것은?

① 비중은 1.08~1.09이다.
② 난황의 굴절률은 1.42 정도로 난백보다 높다.
③ 난백의 pH는 6.0 정도로 난황보다 낮다.
④ 신선란의 pH는 저장기간이 지남에 따라 증가한다.

07 계란의 저장 중에 일어나는 현상이 아닌 것은?

① 알 껍질이 반들반들해진다.
② 흰자의 점성이 줄어든다.
③ 기실이 커진다.
④ 호흡작용으로 인해 산성으로 된다.

08 액란(liquid egg)을 건조하기 전에 당을 제거하는 이유가 아닌 것은?

① 난분의 용해도 감소 방지
② 변색 방지
③ 난분의 유동성 저하 방지
④ 이취의 생성 방지

09 난백분(달걀 흰자가루)의 제조법에 대한 설명 중 틀린 것은?

① 난액 중 흰자위만을 건조시켜 가루로 만든 것이다.
② 보통 8% 정도의 수분을 함유한다.
③ 흰자위를 분리 즉시 그대로 건조시켜야 용해도가 높고, 색도 좋아진다.
④ 건조시키기 전에 발효시키면 흰자위의 분리가 용이하다.

10 동결란 제조 시 노른자는 젤화가 일어나 품질이 저하된다. 이를 방지하기 위하여 첨가되는 물질이 아닌 것은?

① 소금
② 설탕
③ 구연산
④ 글리세린

11 피단(pidan)의 설명으로 가장 알맞은 것은?

① 달걀을 삶아서 난각을 제거하고 조미액에 담가서 맛이 든 다음 훈연시켜 저장성이 우수하고 풍미가 양호한 제품이다.
② 달걀을 껍질째로 NaOH, 식염의 수용액에 넣어, 알칼리 성분을 계란 속으로 서서히 침입시켜 난단백을 응고시킨 제품이다.
③ 달걀을 물에 끓여 두부를 깨어 스푼이 들어갈 만큼 난각을 벗기고 식염, 후추를 뿌려 만든다.
④ 달걀을 염지액에 담근 후 한 번 끓이고 냉각시켜 만든다.

12 피단은 알의 어떠한 특성을 이용한 제품인가?

① 기포성
② 유화성
③ 알칼리 응고성
④ 효소작용

13 마요네즈의 설명으로 틀린 것은?

① 마요네즈는 유백색이며, 기포가 없고, 내용물이 균질하여야 한다.
② 식용유의 입자가 큰 것일수록 점도가 높고 안정도도 크다.
③ 유탁의 조직 점도와 함께 조미료와 향신료의 배합에 의한 풍미는 마요네즈의 품질을 좌우한다.
④ 마요네즈는 oil in water(O/W)의 유탁액이다.

14 마요네즈 제조 시 첨가하는 재료가 아닌 것은?

① 달걀흰자
② 샐러드오일
③ 식초
④ 달걀노른자

15 마요네즈는 달걀의 어떠한 성질을 이용하여 만드는가?

① 기포성
② 유화성
③ 포립성
④ 응고성

수산물가공

01 어류의 지질에 대한 설명으로 틀린 것은?
① 흰살 생선은 지방함량이 적어 맛이 담백하다.
② 어유(fish oil)에는 ω-3계열의 불포화지방산이 많다.
③ 어유에는 혈전이나 동맥경화 예방효과가 있는 고도불포화지방산이 많이 함유되어 있다.
④ 어유에 있는 DHA와 EPA는 융점이 실온보다 높다.

02 아래 설명에 해당하는 성분은?

- 인체 내에서 소화되지 않는 다당류이다.
- 항균, 항암 작용이 있어 기능성 식품으로 이용된다.
- 갑각류의 껍질성분이다.

① 섬유소   ② 펙틴
③ 한천   ④ 키틴

03 어류의 비린맛에 대한 설명으로 옳은 것은?
① 생선이 죽으면 트리메틸아민옥시드(trimethylamine oxide)가 트리메틸아민(trimethylamine)으로 변하여 생선 비린내가 난다.
② 생선이 죽으면 트리메틸아민이 트리메틸아민옥시드로 변하여 생선 비린내가 난다.

③ 생선 비린내 성분은 특히 담수어에 많이 함유된다.
④ 생선 비린내는 주로 관능검사법으로 품질 관리한다.

04 다음 중 EPA(eicosapentaenoic acid)와 DHA(docosahexenoic acid)가 가장 많이 함유되어 있는 식품은?
① 닭가슴살   ② 삼겹살
③ 정어리   ④ 쇠고기

05 소금 절임방법에 대한 설명 중 틀린 것은?
① 소금농도가 15% 정도가 되면 보통 일반세균은 발육이 억제된다.
② 일반적으로 소형어는 마른간법으로, 대형어는 물간법으로 절인다.
③ 마른간법과 물간법의 단점을 보완한 것이 개량물간법이다.
④ 개량마른간법의 경우는 물간으로 가염지를 한다.

06 어류 통조림 제조 시 나타나는 스트루바이트(struvite)에 대한 설명으로 틀린 것은?
① 통조림 내용물에 유리 모양의 결정이 석출되는 현상이다.
② 어류에 들어있는 마그네슘 및 인화합물과 어류가 분해되어 생성된 암모니아가스가 결합하여 생성된다.
③ 중성 혹은 약알칼리성 통조림에 생기기 쉽다.
④ 살균한 후 통조림을 급랭시키면 스트루바이트 현상이 생기기 쉽다.

07 명태에 대한 설명으로 틀린 것은?

① 북어는 장시간 천천히 말린 명태

② 코다리는 꾸들꾸들하게 반쯤 말린 명태

③ 황태는 겨우내 자연적으로 동결건조된 명태

④ 노가리는 명태 새끼

08 수산 건제품의 처리 방법에 대한 설명으로 틀린 것은?

① 자건품 : 수산물을 그대로 또는 소금을 넣고 삶은 후 말린 것

② 배건품 : 수산물을 그대로 또는 간단히 처리하여 말린 것

③ 염건품 : 수산물에 소금을 넣고 말린 것

④ 동건품 : 수산물을 동결·융해하여 말린 것

09 다음 중 수산 발효식품이 아닌 것은?

① 젓갈   ② 어간장

③ 어묵   ④ 가자미식해

10 멸치젓 제조 시 소금으로 절여 발효할 때 나타나는 현상이 아닌 것은?

① 과산화물가(peroxide value)가 증가한다.

② 가용성 질소가 증가한다.

③ 맛이 좋아진다.

④ pH가 증가한다.

11 염장 간고등어의 저장 원리는?

① 삼투압   ② 건조

③ 진공   ④ 훈연

12 다음 중 해조류에서 추출할 수 있는 다당류가 아닌 것은?

① 알긴산   ② 카라기난

③ 아라비아검   ④ 한천

13 다음 중 갈조류가 아닌 것은?

① 김   ② 톳

③ 미역   ④ 다시마

유지가공

01 요오드가의 구분에 따라 불건성유로 분류되는 것은?

① 대두유   ② 면실유

③ 채종유   ④ 야자유

02 유지의 융점에 대한 설명 중 틀린 것은?

① 지방산의 탄소수가 증가할수록 융점이 높다.

② cis형이 trans형보다 높다.

③ 포화지방산보다 불포화지방산으로 된 유지가 융점이 높다.

④ 탄소수가 짝수번호인 지방산은 그 번호 다음 홀수번호 지방산보다 융점이 높다.

03 식물유지 채유법에 대한 설명으로 틀린 것은?

① 압착법 공정 중 파쇄는 원료의 종류에 따라 압쇄하는 정도를 다르게 하는데, 이것은 착유율과 관계가 깊다.

② 증기처리법에서 탱크에 압력을 가하여 가열처리하면 기름이 아래로 가라앉는다.

③ 효소에 의한 유리지방산 생성을 방지하기 위해 유지종자를 건조시켜 수분 함량을 조정한다.

④ 추출용제로는 석유성분에서 증류하여 만드는 헥산이 있다.

04 유지를 추출하기 위한 유기용제의 구비조건으로 잘못된 것은?

① 유지 외에도 유용성 물질을 잘 추출할 것

② 이취와 독성이 없을 것

③ 기화열 및 비열이 작아 회수하기 쉬울 것

④ 인화 및 폭발하는 위험성이 적을 것

05 유지 채취 시 전처리 방법이 아닌 것은?

① 정선   ② 탈각

③ 파쇄   ④ 추출

06 주로 대두유 추출에 사용되며, 원료 중 유지 함량이 비교적 적거나, 1차 착유한 후 나머지의 소량 유지까지도 착유하기 위한 2차적인 방법으로서 유지의 회수율이 매우 높은 착유방법은?

① 용매추출법(solvent extraction)

② 습식용출법(wet rendering)

③ 건식용출법(dry rendering)

④ 압착법(pressing)

07 유지를 추출할 때 착유율을 높이기 위한 방법으로 가장 적합한 것은?

① 용매로 먼저 추출한 후 기계적 압착을 한다.

② 기계적 압착을 한 후 용매로 추출한다.

③ 용매 추출 방법으로만 추출한다.

④ 기계적 압착 방법으로만 추출한다.

08 유지 원료에서 유지를 추출할 때 사용하는 용제는?

① hexane   ② methyl alcohol

③ toluene   ④ sulphuric acid

09 유지 추출용매의 구비조건이 아닌 것은?

① 기화열과 비열이 작아 회수하기 용이할 것

② 인화, 폭발성, 독성이 적을 것

③ 모든 성분을 잘 추출, 용해시킬 수 있을 것

④ 유지와 추출박에 이취, 이미가 남지 않을 것

10 유지의 정제에 대한 설명으로 옳지 않은 것은?

① 채취한 원유에 있는 불순물들은 유지 중에 뜨거나 가라앉아서 유지를 흐리게 하고 산패를 촉진하여 결국 불쾌한 냄새와 맛을 띠게 된다.

② 원유 중에 들어 있는 불순물 중에 흙, 모래, 원료의 조각 등과 같이 침전된 상태로 섞여 있는 것은 정치법, 여과법, 원심분리법 등이 방법으로 비교적 쉽게 제거할 수 있다.

③ 단백질, 점질물, 검질 등과 같이 유지 중에 교질상태로 있는 것은 기계적인 처리만으로 분리하기 어렵다.

④ 지방산, 색소, 냄새나는 물질 등은 기름에 녹아 있으므로 이들 성분은 화학적인 방법으로 쉽게 제거할 수 있다.

11 식물성 유지의 정제공정에 대한 순서로 옳은 것은?

① 원유 → 탈검 → 탈산 → 탈색 → 탈취
② 원유 → 탈색 → 탈산 → 탈검 → 탈취
③ 원유 → 탈산 → 탈검 → 탈색 → 탈취
④ 원유 → 탈산 → 탈색 → 탈검 → 탈취

12 유지의 정제과정 중 탈취과정에 대한 설명으로 틀린 것은?

① 정제과정 중에 생성되는 알데히드, 케톤 등 휘발성 성분을 제거하는 공정이다.
② 경화유지, 마가린, 쇼트닝 제조에 필요 없는 공정이다.
③ 감압 또는 진공하에 유지를 수증기와 접촉시켜 냄새성분을 제거한다.
④ 탈취 중 여러 지방산 이성체가 생성되며 특히 천연계에 주로 존재하는 cis형 지방산들이 이성화되어 trans형으로 전환될 수 있다.

13 유지의 정제공정 중 탈색에 대한 설명으로 바르지 않은 것은?

① 원유에는 카로티노이드계 색소, 엽록소 등이 함유되어 보통 황적색을 띠고 있다.
② 탈산공정에서도 어느 정도 탈색이 되기는 하나 엽록소 등은 흡착법이 아니면 제거하기 어려우므로 특별히 탈색공정이 필요하다.
③ 가열탈색법은 솥에 기름을 넣고 50℃ 전후로 가열하여 색소를 산화·분해시키는 방법이다.
④ 흡착탈색법은 품질을 손상시키지 않게 산성백토, 활성백토 및 활성탄소 등의 흡착제를 주로 사용한다.

14 유지(油脂)의 정제방법이 아닌 것은?

① 탈산(脫酸)　　② 탈염(脫鹽)
③ 탈색(脫色)　　④ 탈취(脫臭)

15 유지의 탈검공정(degumming process)에서 주로 제거되는 성분은?

① 인지질(phospholipid)
② 알데히드(aldehyde)
③ 케톤(ketone)
④ 냄새성분

16 유지의 윈터링(wintering) 또는 윈터리제이션(winterization)의 설명으로 틀린 것은?

① 유지가 저온에서 굳어져 혼탁해지는 것을 방지한다.
② 바삭바삭한 성질을 부여하는 공정이다.
③ 고체 지방을 석출·분리한다.
④ 유지의 내한성을 높인다.

17 유지 제조공정 중 윈터링(wintering)의 주된 목적은?

① 유리지방산 제거　② 탈색
③ 왁스분 제거　　　④ 탈취

18 샐러드기름을 제조할 때 저온처리하여 고체 유지를 제거하는 조작을 무엇이라 하는가?

① 탈검　　　　② 정치
③ 경화　　　　④ 탈납

19 유지류의 가공공정에 대한 설명으로 틀린 것은?

① 쇼트닝은 마가린과 달리 유지만을 혼합하므로 유화공정이 필요 없다.

② 유지의 정제공정 중의 윈터화과정(winterization)은 샐러드유로 사용되는 면실유의 혼탁물질을 제거하는 공정이다.

③ 탈검은 부분적인 정제과정으로 검물질과 제거되지 않은 유리지방산을 완전히 제거하기 위해 실시한다.

④ 중화과정은 보통 산 정제과정이라 불리며 품질저하 원인물질인 유리지방산을 제거하기 위하여 HCl과 반응시켜 제거한다.

20 유지 정제에서 탈산공정은 다음 중 무엇을 제거하기 위한 것인가?

① 왁스 ② 글리세린
③ 스테롤 ④ 유리지방산

21 샐러드유(salad oil)의 특성과 거리가 먼 것은?

① 불포화결합에 수소를 첨가한다.

② 색과 냄새가 없다.

③ 저장 중에 산패에 의한 풍미의 변화가 적다.

④ 저온에서 혼탁하거나 굳어지지 않는다.

22 유지의 경화에 대한 설명으로 틀린 것은?

① 불포화지방산을 포화지방산으로 만드는 것이다

② 쇼트닝, 마가린 등이 대표적인 제품이다.

③ 산화와 풍미변패에 대한 저항력을 높여준다.

④ 질소 첨가 반응으로 융점을 낮추어준다.

23 식물성 유지를 제조하여 수소 첨가(경화) 공정을 거치면 경화유를 얻을 수 있다. 다음 중 수소 첨가의 목적이 아닌 것은?

① 기름의 안정성을 향상시킨다.

② 경도 등 물리적 성질을 개선한다.

③ 색깔을 개선한다.

④ 소화가 잘 되도록 한다.

24 경화유 제조에 사용되는 수소 첨가용 촉매는?

① Pd ② Au
③ Fe ④ Ni

25 유지를 정제한 다음 정제유에 수소를 첨가하면 유지는 어떻게 변하는가?

① 융점이 저하된다.

② 융점이 상승한다.

③ 성상이나 융점은 변하지 않는다.

④ 이중결합에 변화가 없다.

26 가공유지 중 마가린보다 가소성이 더 우수한 제품은?

① 샐러드유   ② 드레싱

③ 쇼트닝   ④ 어유

27 쇼트닝의 특성에 대한 설명으로 틀린 것은?

① 쇼트닝성 – 제품이 바삭바삭하게 되거나 바스러지기 쉬운 성질

② 크리밍성 – 공기를 안고 들어가는 성질

③ 컨시스턴시 – 끈기를 갖는 성질

④ 흐름성 – 액체형으로 물처럼 잘 흐르는 성질

28 튀김유의 품질 조건이 아닌 것은?

① 거품이 일지 않을 것

② 열에 대하여 안전할 것

③ 튀길 때 발생하는 연기가 적을 것

④ 가열에 의한 점도변화가 클 것

29 냉동 french-fried potato를 만들 때 품질에 영향을 주는 요인에 대한 설명으로 틀린 것은?

① 고형분 함량이 높은 감자를 사용하면 바삭함, 향미 등의 전체적인 품질이 우수하다.

② 고형분 함량이 높은 감자원료는 수율을 감소시킨다.

③ 감자의 환원당 함량이 높으면 튀김기 갈변에 큰 영향을 준다.

④ 감자는 13℃ 정도에서 저장하면 싹이 나서 저장 중 감자의 중량 손실이 있다.

30 지방의 산패를 측정하는 방법이 아닌 것은?

① Kreis test   ② 과산화물가측정

③ VBN 측정   ④ TBA test

식품공정공학의 기초

01 식품공학에서 사용하는 공식적인 국제단위계는?

① SI단위   ② CGS단위
③ FPS단위   ④ Amecican단위

02 국제단위계(SI system)에서 힘의 단위는?

① dyne   ② lb(pound force)
③ kgf(kg force)   ④ N(Newton)

03 미국에서 생산된 냉동감자 1container 분량의 무게(weight)가 355856N일 때, 냉동감자의 질량(1container 분량)을 kg 단위로 계산하면 약 몇 kg인가? (단, 이 지역에서의 중력가속도는 9.8024m/s²이고 중력환산계수는 1kg·m/N·s²이다.)

① 3488243kg   ② 36303kg
③ 355856kg   ④ 35586kg

04 식품의 단위공정(unit processing)이란?

① 식품성분의 공학적 변화를 일으키는 공정을 말한다.
② 식품성분의 화학반응을 수반하는 가공과정을 말한다.
③ 식품의 물리적 변화를 취급하는 조작을 말한다.
④ 식품의 물리·화학적 변화를 취급하는 조작을 말한다.

05 식품가공에서의 단위조작기술이 아닌 것은?

① 증류   ② 농축
③ 살균   ④ 품질관리(QC)

06 무게 710.5N인 동결된 딸기의 질량은? (단, 중력가속도는 9.80m/s²으로 가정한다.)

① 65.5kg   ② 71.1kg
③ 72.5kg   ④ 75.5kg

07 −10℃의 얼음 5kg을 가열하여 0℃의 물로 녹였다. 그 후 가열하여 물을 수증기로 기화시켰다. 이 과정에서 엔탈피 변화를 계산하면 얼마인가? (얼음의 비열은 2.05kJ/kg·K, 물의 비열은 4.182kJ/kg·K, 용융잠열은 333.2kJ/kg, 100℃에서의 기화잠열은 2257.06kJ/kg이다.)

① 약 1666kJ   ② 약 2091kJ
③ 약 11285kJ   ④ 약 15145kJ

식품공정공학의 응용

01 지름 5cm인 관을 통해서 1.5kg/s의 속도로 20℃의 물을 펌프로 이송할 때 평균유속은? (단, 물의 밀도는 1000kg/m³으로 가정한다.)

① 0.764m/s   ② 0.989m/s
③ 1.195m/s   ④ 1.528m/s

02 원통형 저장탱크에 밀도가 0.917g/cm³인 식용유가 5.5m 높이로 담겨져 있을 때, 탱크 밑바닥이 받는 압력은 얼마나 되는가? (단, 탱크의 배기구가 열려져 있고 외부압력이 1기압이다)

① 0.495×10^5 Pa ② 0.990×10^5 Pa
③ 1.013×10^5 Pa ④ 1.508×10^5 Pa

03 안지름 2.5cm의 파이프 안으로 21℃의 우유가 0.10cm³/min의 유속으로 흐를 때 이 흐름의 상태를 어떻게 판정하는가? (단, 우유의 점도 및 밀도는 각각 2.1×10^{-3} Pa·S 및 1029kg/m³이다.)

① 층류 ② 중간류
③ 난류 ④ 경계류

04 도관을 통하여 흐르는 뉴턴액체의 Reynolds수를 측정한 결과 2500이었다. 이 액체의 흐름의 형태는?

① 유선형(streamline)
② 천이형(transition region)
③ 교류형(turbulent)
④ 정치형(static state)

05 모세관점도계를 통하여 20℃ 물이 흘러내리는 데 걸린 시간은 1분 25초이었으며, 같은 온도에서 과일주스가 흘러내리는 데 걸린 시간은 3분 35초였다. 이 주스의 비중을 1.0이라 가정하고 주스의 점도를 계산하면 약 얼마인가?

① 1.02mPa·s ② 1.52mPa·s
③ 2.02mPa·s ④ 2.53mPa·s

06 두께 0.03mm인 폴리프로필렌 필름으로 어묵을 포장하였다. 포장 밖의 산소분압은 0.21기압, 포장 내의 산소분압은 0.05기압일 때 단위면적당 산소투과량은? (단, 산소투과도는 1.7×10^{-3} cm³·mm/s·m²·atm 이다.)

① 약 0.0091cm³/s·m²
② 약 0.017cm³/s·m²
③ 약 0.091cm³/s·m²
④ 약 0.0017cm³/s·m²

07 가열살균에서 일어나는 열전달관계를 잘못 설명한 것은?

① 통조림의 냉점(cold point)은 대류(heat convection)가 전도(heat conduction)보다 높은 위치에 나타난다.
② 열전달속도는 대류(heat convection)가 전도(heat conduction)보다 빠르다.
③ 전도는 통상 액즙이 거의 없는 식품이나 고체류의 식품에서 열이 전달되는 방식을 의미한다.
④ 복사(heat radiation) 방식은 통조림의 경우 거의 쓰이지 않는다.

08 통조림 내에서 가장 늦게 가열되는 부분으로 가열살균공정에서 오염미생물이 확실히 살균되었는가를 평가하는 데 이용되는 것은?

① 온점 ② 냉점
③ 비점 ④ 정점

09 마이크로파 가열의 특징이 아닌 것은?

① 빠르고 균일하게 가열할 수 있다.
② 침투 깊이에 제한없이 모든 부피의 식품에 적용 가능하다.
③ 식품을 용기에 넣은 채 가열이 가능하다.
④ 조작이 간단하고 적응성이 좋다.

10 설탕 20kg을 물 80kg에 녹였다. 이 설탕 용액에서 설탕의 몰분율은?

① 0.0923　　　② 0.634

③ 0.0584　　　④ 0.0130

11 25℃의 공기(밀도 1.149kg/m³)를 80℃로 가열하여 10m³/s의 속도로 건조기 내로 송입하고자 할 때 소요열량은? (단, 공기의 비열은 25℃에서는 1.0048KJ/Kg·K, 80℃에서는 1.0090KJ/Kg·K이다)

① 636kW　　　② 393kW

③ 318kW　　　④ 954kW

12 금속평판으로부터의 열플럭스의 속도는 1000W/m²이다. 평판의 표면온도는 120℃이며, 주위온도는 20℃이다. 대류열전달계수는?

① 50W/m²℃　　② 30W/m²℃

③ 10W/m²℃　　④ 5W/m²℃

13 열전도도가 0.7W/m²·K인 벽돌로 된 두께 15cm의 외부벽과 208W/m²·K의 열전도도를 갖는 1.5mm의 알루미늄판으로 된 창고가 있을 때 이 창고의 U(총열전달계수) 값은? (단, 창고 안팎의 표면열전달계수는 각각 12와 25W/m²·K이다)

① 0.45W/m²·K　　② 1.42W/m²·K

③ 1.96W/m²·K　　④ 2.97W/m²·K

14 우유 4500kg/h를 5℃에서 55℃까지 열교환장치를 사용하여 가열하고자 한다. 우유의 비열이 3.85kJ/kg·K일 때 필요한 열에너지의 양은?

① 746.6kW　　　② 530kW

③ 240.6kW　　　④ 120.2kW

15 시간당 우유 5500kg을 5℃에서 65℃까지 열교환장치를 사용하여 가열하고자 한다. 우유의 비열이 3.85kJ/kg·K일 때 필요한 열에너지량은?

① 746.4kW　　　② 352.9kW

③ 240.6kW　　　④ 120.2kW

16 어떤 과일주스(비열 3.92kJ/kg·K)를 0.5kg/s의 속도로 이중관 열교환기에 투입하여 20℃에서 55℃로 가열한다. 이때 가열매체로는 90℃의 열수(비열 4.18kJ/kg·K)를 유속 1kg/s로 투입하여 향류방식으로 조업한다. 정상상태 조건으로 가정한다고 할 때 열수의 출구온도는 약 몇 도인가?

① 36.8℃　　　② 45.6℃

③ 68.9℃　　　④ 73.6℃

17 주스를 1000kg/h로 10℃에서 80℃까지 열교환장치를 사용하여 가열하고자 한다. 주스의 비열이 3.90kJ/kg·k일때 필요한 열에너지는?

① 300000kg/h　　② 273000kg/h

③ 233000kg/h　　④ 180000kg/h

18 배지를 110℃에서 20분간 살균하려 한다. 사용하고자 하는 살균기의 온도가 화씨(°F)로 표시되어 있을 때 이 살균기를 사용하려면 살균온도(°F)를 얼마로 고정하여 살균하여야 하는가?

① 110°F　　　② 212°F

③ 230°F　　　④ 251°F

19 D값, F값, Z값에 대한 설명 중 옳은 것은?

① $D_{110℃}=10$: 110℃에서 일정농도의 미생물을 완전히 사멸시키려면 10분이 소요된다.

② $F_{121℃}=4.07$: 식품을 121℃에서 가열하면 미생물이 처음 균수의 1/10로 줄어드는 데 4.07분이 소요된다.

③ $Z=20℃$: D값을 1/10로 감소시키려면 살균온도를 20℃만큼 더 높여야 한다.

④ D값, F값, Z값은 모두 시간을 나타낸다.

20 어느 식품 통조림에 *Cl. botulinum*($D_{121.1}$ = 0.24분)의 포자가 오염되어 있다. 이 통조림을 121.1℃에서 가열하여 미생물수를 초기수준의 $1/10^{10}$수준으로 감소시키는 데 걸리는 시간은 얼마인가?

① 2.88분 ② 2.40분
③ 2.24분 ④ 1.92분

21 *Clostridium botulinum* 포자현탁액을 121.1℃에서 열처리하여 초기농도의 99.999%를 사멸시키는 데 1.2분이 걸렸다. 이 포자의 $D_{121.1}$은 얼마인가?

① 0.28분 ② 0.24분
③ 1.00분 ④ 2.24분

22 열처리 시 온도에 대한 민감성이 가장 큰 것은?

① Z값이 10℃인 포자
② Z값이 25℃인 효소
③ Z값이 35℃인 비타민
④ Z값이 50℃인 색소

23 어떤 공정에서 $F_{121}=1min$이라고 한다. 이 공정을 111℃에서 실시하면 몇 분간 살균하여야 하는가? (단, Z=10℃으로 한다)

① 10분 ② 18분
③ 100분 ④ 118분

24 Z값이 8.5℃인 미생물을 순간적으로 138℃까지 가열시키고 이 온도를 5초 동안 유지한 후에 순간적으로 냉각시키는 공정으로 살균 열처리를 할 때 이 살균공정의 F_{121} 값은?

① 125초 ② 250초
③ 375초 ④ 500초

25 D_{121}이 0.24분, Z값이 10℃인 *Clostridium botulinum* 포자를 115℃에서 가열살균하려고 한다. 가열살균지수 m=12로 한다면 가열치사시간 F_{115}는 얼마인가?

① 7.7분 ② 9.7분
③ 11.7분 ④ 13.7분

26 D값(decimal reduction time)의 설명으로 옳은 것은?

① 주어진 미생물을 일정온도에서 100% 사멸시키는 데 요하는 가열시간이다.
② 주어진 미생물을 일정온도에서 90% 사멸시키는 데 요하는 가열시간이다.
③ 주어진 미생물을 일정온도에서 50% 사멸시키는 데 요하는 가열시간이다.
④ 주어진 미생물을 일정온도에서 10% 사멸시키는 데 요하는 가열시간이다.

27 *B. stearothermophilus*(Z=10℃)를121.1℃에서 열처리하여 균농도를 1/10000로 감소시키는 데 15분이 소요되었다. 살균온도를 127℃로 높여 15분간 살균한다면 균의 치사율은 몇 배 커지겠는가?

① 3.89배   ② 4.34배
③ 5.45배   ④ 6.25배

28 *Bacillus subtilis*의 D_{121}=0.50min이며, 가열살균 시 균체의 살균속도는 1차 반응식으로 표시된다. 만약 균체가 최초 100000마리/mL인 액체식품을 121℃에서 가열살균하여 10마리/mL로 만들려면 몇 분간 가열해야 하는가?

① 1.5분   ② 2.0분
③ 2.5분   ④ 3.0분

29 가열살균에 있어서 F_{250}이란?

① 어떤 균의 250℃에서 1분간 사멸되는 정도
② 어떤 균의 임의의 온도에서의 살균시간
③ 어떤 균의 250°F에서의 살균시간
④ 어떤 균의 일정시간 동안에 살균되는 온도

30 $6×10^4$개의 포자가 존재하는 통조림을 100℃에서 45분 살균하여 3개의 포자가 살아남아 있다면 100℃에서 D값은?

① 5.46분   ② 10.46분
③ 15.46분   ④ 20.46분

31 방사선조사 시 1kg의 식품에 1J의 에너지를 흡수하는 경우의 선량을 나타내는 단위는?

① 1kGy   ② 1krad
③ 1rad   ④ 1Gy

32 상업적 살균법을 가장 잘 설명한 것은?

① 고온살균을 말한다.
② 저온살균을 말한다.
③ 식품공업에서 제품의 소비기간을 감안하여 문제가 발생하지 않을 수준으로 처리하는 부분살균을 말한다.
④ 간헐살균을 말한다.

33 다음의 살균기술 중 비열살균에 해당하지 않는 것은?

① 마이크로웨이브 살균
② 초고압 살균
③ 고전장 펄스 살균
④ 방사선 살균

34 냉동사이클의 순서로 옳은 것은?

① 팽창−증발−압축−응축
② 팽창−압축−응축−증발
③ 팽창−증발−응축−압축
④ 팽창−응축−증발−압축

35 냉동회로 중 기체의 단열압축 과정에 대한 설명으로 옳은 것은?

① enthalpy만 일정하다.
② entropy만 일정하다.
③ enthalpy와 entropy 모두 일정하다.
④ enthalpy와 entropy 모두 변화한다.

36 증기 압축식 냉동장치에 흔히 사용되는 냉동제가 아닌 것은?

① 암모니아
② 프레온 12(CCl_2F_2)
③ 프레온 22($CHClF_2$)
④ 액체질소

37 냉매로 사용하는 CHClF₂의 냉매기호는?
① R-11　　② R-12
③ R-22　　④ R-122

38 심온냉동장치(cryogenic freezer)에서 사용되는 냉매가 아닌 것은?
① 에틸렌가스　　② 액화질소
③ 프레온-12　　④ 이산화황가스

39 개체식품에 냉각공기를 강하게 불어 넣어 냉동시키려는 물체를 떠 있는 상태로 냉동시키는 것은?
① 액체질소 냉동　　② 유동층 냉동
③ 침지 냉동　　④ 간접접촉 냉동

40 동결에 대한 설명 중 틀린 것은?
① 공기 냉동법은 완만동결에 속한다.
② 송풍 동결법은 -40~-30℃의 냉풍을 강제 순환시키는 급속동결이다.
③ -40~-25℃로 냉각시킨 금속판 사이에 식품을 넣고 압착하면서 동결시키는 것은 금속판 접촉 냉동법이다.
④ 최대 빙결정 생성대를 통과하는 시간이 35분 이상이면 급속동결에 속한다.

41 동결속도에 대한 설명으로 틀린 것은?
① 식품의 표면적이 클수록 동결속도가 빠르다.
② 고형성분이 적을수록 동결속도가 빠르다.
③ 크기와 두께가 작을수록 동결속도가 빠르다.
④ 식품과 냉매간의 온도차가 클수록 동력속도가 빠르다.

42 냉각된 브라인(brine)을 흘려 냉각한 금속판 사이에 피동결물을 끼워서 동결하는 방법은?
① 침지식 동결법　　② 공기 동결법
③ 접촉식 동결법　　④ 가스 동결법

43 동결점이 -1.6℃인 축육을 동결하여 최종 품온을 -20℃까지 냉각하였다면 제품의 동결률은 얼마인가?
① 92%　　② 94%
③ 96%　　④ 98%

44 동결방법의 특징에 대한 설명으로 틀린 것은?
① 공기 동결법(air freezing) : 동결이 완만히 진행되나 한 번에 대량처리가 가능하다.
② 접촉 동결법(contact freezing) : 동결속도가 빠르지만 동결장치 면적이 크다.
③ 침지식 동결법(immersion freezing) : 급속동결 방법으로 brine이 식품 내에 침입하므로 미리 포장한다.
④ 액체질소 동결법(liquid nitrogen freezing) : 급속동결로 품질향상에 좋으나 경비가 과다하다.

45 I.Q.F 동결에 관한 설명 중 틀린 것은?
① individual quick freezing이다.
② 식품의 개체를 따로 따로 동결하는 방법이다.
③ 최근 수산물의 동결저장에 많이 응용되고 있는 방법이다.
④ 공기 동결방법에 적합한 동결현상이다.

46 5℃에서 저장중인 양배추 5000kg의 호흡열 방출에 의한 냉동부하는? (단, 5℃에서 양배추의 저장 시 열 방출량은 63W/ton이다)

① 315kJ/h   ② 454kJ/h
③ 778kJ/h   ④ 1134kJ/h

47 5℃에서 저장된 양배추 2000kg의 호흡열 방출에 의해 냉장고 안에 제공되는 냉동부하는? (단, 5℃에서 양배추의 저장을 위한 열 방출은 63W/ton이다.)

① 28W   ② 63W
③ 100W   ④ 126W

48 쇠고기를 갈아 둥근 구형으로 만든 덩어리가 송풍식으로 냉동되고 있다. 쇠고기의 온도는 빙점까지 냉각되어 있으며 송풍공기의 온도는 −20℃이다. 쇠고기 덩어리는 지름 8cm, 밀도 1000kg/m³·K이며, 빙점은 −1.25℃이고 융해잠열은 250kJ/kg이다. 송풍공기의 대류열전달계수는 50W/m²·K이고 냉동된 쇠고기의 열전도도는 1.2W/m·K이다. Plank 방정식(구형물체의 P값은 1/6, R값은 1/24를 적용)을 이용하여 냉동시간은 얼마인가?

① 1.04h   ② 1.81h
③ 2.051h   ④ 4.01h

49 최대빙결정생성대에 대한 설명으로 옳은 것은?

① 품온의 하강이 이루어지는 온도 범위이다.
② 냉각력의 대부분은 잠열을 제거하는 데 사용되며, 통과하는 냉각속도에 따라 빙결정의 크기가 결정된다.
③ 일반적으로 −10~−5℃ 정도의 온도 범위이다.
④ 급속동결과 최대빙결정생성대의 통과시간은 무관하다.

50 식품을 급속냉동하면 완만냉동한 것보다 냉동식품의 품질(특히 texture)이 우수하다고 밝혀졌다. 그 이유로 가장 적합한 것은?

① 세포 내외에 미세한 얼음 입자가 생성된다.
② 냉동에 소요되는 시간이 길다.
③ 해동이 빨리 이루어진다.
④ 오래 보관할 수 있다.

51 냉동식품을 해동시키면 식품이 본래 보유하고 있던 액체가 해동과정에서 식품으로부터 유출된다. 이 액체를 무엇이라고 하는가?

① glaze   ② drip
③ micelle   ④ thaw

52 20℃의 물 1톤을 24시간 동안 −15℃의 얼음으로 만드는 데 필요한 냉동능력은 약 얼마인가? (단, 물의 비열은 1.0kcal/kg·℃, 얼음의 비열은 0.5kcal/kg·℃이다.)

① 2.36냉동톤   ② 2.10냉동톤
③ 1.78냉동톤   ④ 1.35냉동톤

53 아래 그림과 같은 증발기의 명칭은?

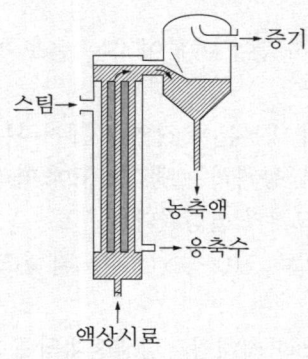

① 하강박막식 증발기
② 상승박막식 증발기
③ 상승-하강 박막식 증발기
④ 기계박막식 증발기

54 오렌지주스의 농축에 가장 부적합한 농축기는?

① 자연 순환식 증발기
　　(natural circulation evaporator)
② 박막식 증발기(film evaporator)
③ 플레이트식 증발기(plate evaporator)
④ 원심식 증발기(centrifugal evaporator)

55 건조기를 이용하여 1000kg의 당근을 습량기준으로 초기 수분 함량 85%로부터 5%까지 건조시키고자 할 때, 증발시킬 수분의 무게는?

① 752kg
② 800kg
③ 838kg
④ 842kg

56 70%의 수분을 함유한 식품을 건조하여 80%를 제거하였다. 식품의 kg당 제거된 수분의 양은 얼마인가?

① 0.14kg
② 0.56kg
③ 0.7kg
④ 0.8kg

57 농축장치를 사용하여 오렌지주스를 농축하고자 한다. 원료인 오렌지주스는 7.08%의 고형분을 함유하고 있으며, 농축이 끝난 제품은 58%의 고형분을 함유하도록 한다. 원료주스를 500kg/h의 속도로 투입할 때 증발·제거되는 수분의 양(W)과 농축주스의 양(C)은 얼마인가?

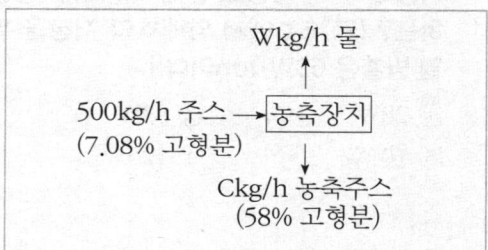

① W = 375.0kg/h, C = 125.0kg/h
② W = 125.0kg/h, C = 375.0kg/h
③ W = 439.0kg/h, C = 61.0kg/h
④ W = 61.0kg/h, C = 439.0kg/h

58 수분 함량이 83%(wet base)인 100kg의 감자 절편을 열풍 건조기로 함수량을 5%까지 줄이고자 한다. 건조 개시 때의 외부 공기와 감자 절편의 온도는 똑같이 25℃ 이고 건조 종료 시의 배출 공기와 건조된 감자 제품의 온도는 모두 80℃ 이다. 건조에 필요한 열량은? (단, 감자의 평균비열은 0.8kcal/kg·℃ 이고 80℃에서의 증발잠열은 551kcal/kg이다)

① 45733kcal
② 49640kcal
③ 59133kcal
④ 55340kcal

59 다음 중 대류형 건조기(convection type dryer)에 해당되지 않는 것은?

① 트레이 건조기(tray dryer)

② 터널 건조기(tunnel dryer)

③ 드럼 건조기(drum dryer)

④ 컨베이어 건조기(conveyor dryer)

60 분무건조법의 특징과 거리가 먼 것은?

① 열변성하기 쉬운 물질도 용이하게 건조 가능하다.

② 제품형상을 구형의 다공질 입자로 할 수 있다.

③ 연속으로 대량 처리가 가능하다.

④ 재료의 열을 빼앗아 승화시켜 건조한다.

61 일반적으로 액상의 식품원료를 이용하여 분유 등의 분말상 식품을 제조할 때 사용되는 대표적인 건조기는?

① tunnel dryer

② bin dryer

③ spray dryer

④ conveyer dryer

62 분무식 열풍건조장치(spray dryer)의 주요부분이 아닌 것은?

① 동결장치 및 응축기

② 제품회수장치

③ 에터마이저(atomizer)

④ 열풍공급장치

63 터널형 열풍건조기에 있어서 열풍과 식품이 같은 방향으로 진행하는 병류식(竝流式)에 대한 설명 중 틀린 것은?

① 건조속도는 입구에서나 출구에서나 큰 차이가 없이 거의 일정하다.

② 공기의 온도를 높일 수 있어 소요증발량에 비하여 공기량을 비교적 적게 할 수 있다.

③ 식품의 크기가 균일하지 못하면 건조의 차가 심한 제품이 되기 쉽다.

④ 건조속도는 일반적으로 향류식(向流式)의 것에 비하여 빠르다.

64 활성 글루텐을 만드는 데 가장 적합한 건조기는?

① 플래시 건조기(flash dryer)

② 킬른 건조기(kiln dryer)

③ 터널 건조기(tunnel dryer)

④ 유동층 건조기(fluidezed bed dryer)

65 다음 중 분말건조제품의 복원성을 향상시키는 가장 효과적인 방법은?

① 입자를 매우 작게 하여 서로 뭉치는 경향을 띠게 한다.

② 건조제를 첨가하여 물의 표면장력을 증가시킨다.

③ 입자표면에 응축이 일어나 부착성을 갖도록 수증기 또는 습한 공기로 처리한 다음 건조·냉각한다.

④ 분무 건조한 입자 상호간의 접촉을 차단하기 위하여 입자의 운동을 직선형으로 유도한다.

66 동결건조의 원리를 가장 잘 나타낸 것은?

① 증발에 의한 건조

② 냉풍에 의한 건조

③ 승화에 의한 건조

④ 진공에 의한 건조

67 동결진공 건조에 있어서 승화열을 공급하기 위한 가열방법으로서 이용할 수 없는 것은?

① 접촉판(接觸板)으로 가열하는 방식

② 열풍(熱風)으로 가열하는 방식

③ 적외선(赤外線)으로 가열하는 방식

④ 유전(誘電)으로 가열하는 방식

68 복원성이 좋고 제품의 품질 및 저장성을 향상시키기 위한 건조방법으로 가장 적합한 것은?

① 가압건조　　② 동결건조

③ 감압건조　　④ 진공감압건조

69 포말건조(foam drying)에 관한 설명으로 틀린 것은?

① 퍼프(puff) 건조라고도 한다.

② 건조 전에 체표면적을 넓히기 위해 안정제를 첨가한다.

③ 건조온도는 55~90℃이다.

④ 주로 고체식품의 건조에 이용된다.

70 20% 유지 성분을 함유하는 콩 200kg을 2%의 유지를 함유하는 용매 미셀라(miscella) 200kg으로 추출한 결과 20%의 유지를 함유하는 미셀라 160kg을 얻었다. 이때 추출 잔사에 잔존된 유지량은 몇 kg인가?

① 8.2kg　　② 9.6kg

③ 12.0kg　　④ 15.2kg

71 cream separator로서 가장 적합한 원심분리기는?

① tubular bowl centrifuge

② solid bowl centrifuge

③ nozzle discharge centrifuge

④ disc bowl centrifuge

72 다음의 막분리 공정 중 발효시킨 맥주의 효모를 제거하여 저장성을 부여함으로써 향미가 우수한 맥주의 생산에 이용되는 공정은 어느 것인가?

① 정밀여과　　② 한외여과

③ 전기투석　　④ 역삼투

73 다음의 막분리 공정 중 치즈 훼이(whey)로부터 유당(lactose)을 회수하는 데 적합한 공정은?

① 정밀여과　　② 한외여과

③ 전기투석　　④ 역삼투

74 1%w/v NaCl 수용액을 역삼투 공정에 투입하여 1400kPa의 압력에서 조업할 때 투과액의 배출속도를 예측하면 얼마인가? (단, 막의 투과계수는 0.028L/m^2·h·kPa이고 1%w/v NaCl의 삼투압은 862kPa이다)

① 5.34L/m^2·h   ② 6.23L/m^2·h
③ 7.53L/m^2·h   ④ 15.06L/m^2·h

75 압출가공 공정이 식품에 미치는 영향에 대한 설명으로 틀린 것은?

① 마이야르 갈색화 반응이 발생하면 단백질의 품질이 저하될 수 있다.
② 식품의 색과 향기가 현저히 저하되므로 적용 가능한 식품의 종류가 한정적이다.
③ 향의 기화를 방지하기 위해 향료를 제품 표면에 에멀전 또는 점성현탁액의 형태로 코팅한다.
④ cold extrusion의 경우 비타민 손실이 적다.

76 압출가공 방법인 extrusion cooking 과정 중 일어나는 물리·화학적 변화가 아닌 것은?

① 조직 팽창 및 밀도 조절
② 단백질의 변성, 분자 간 결합
③ 전분의 수화, 팽윤
④ 전분의 노화 및 결합

식품의 포장

01 식품 포장재료에 요구되는 기본 성질에 대한 설명으로 틀린 것은?

① 품질을 유지하기 위한 성질로 친수성, 친유성, 광택성이 있다.
② 식품을 보호하는 성질로 가스투과도, 투습도, 광차단성, 자외선방지, 보향성이 있다.
③ 상품가치를 높이는 성질로 투명성, 인쇄적성, 밀착성이 있다.
④ 포장효과 및 생산성을 높이는 성질로 밀봉성, 기계적성, 내한성, 내열성, 위조방지가 있다.

02 식품 포장재의 일반적인 구비조건과 거리가 먼 것은?

① 위생성   ② 안전성
③ 간편성   ④ 가연성

03 식품의 포장방법에 대한 설명으로 틀린 것은?

① 용기충전 포장방법은 용기에 충전 후 밀봉하는 방식으로 고체 식품 포장에 이용한다.
② 진공 포장방법은 고체 식품의 공기를 진공펌프로 제거하여 밀봉하는 방식이다.
③ 성형충전 포장방법은 플라스틱 시트(sheet)를 가열하면서 내용품에 맞춰 성형해서 액체나 고체 식품을 채우고 성형하여 밀봉하는 방식이다.
④ 가스충전 포장방법은 고체 식품을 용기에 넣고 질소가스 등을 충전하여 밀봉하는 방식이다.

04 식품 포장재료의 용출시험 항목이 아닌 것은?

① 페놀(phenol)
② 포르말린(formalin)
③ 잔류농약
④ 중금속

05 다음 중 gas 투과성이 가장 큰 필름은?

① nylon 필름
② rubber hydrochloride 필름
③ polyethylene 필름
④ polycarbonate 필름

06 다음 중에서 투기성이 가장 적은 필름은?

① polyethylene
② polypropylene
③ polyvinylidene chloride
④ polyvinyl chloride

07 차단성이 좋으며, 열수축성이 커서 햄, 소시지 등의 단위 포장에 주로 사용되는 포장재료는?

① PP(polypropylene)
② PVC(polyvinyl chloride)
③ PVDC(polyvinylidene chloride)
④ OPP(priented polypropylene)

08 다음 식품 포장재 중 내수성이 가장 강한 것은?

① 염화비닐리덴   ② 폴리에틸렌
③ 폴리프로필렌   ④ 폴리아미드

09 라미네이트 필름에 관한 설명 중 맞는 것은?

① 알루미늄박만을 포장재료로 사용한 것이다.
② 종이를 사용한 것이다.
③ 두 가지 이상의 필름, 종이 또는 알루미늄박을 접착시킨 것을 말한다.
④ 셀로판을 사용한 포장재료를 말한다.

10 라미네이션 필름(lamination film)을 사용하는 목적이 아닌 것은?

① 인쇄성의 향상   ② 밀봉성의 증대
③ 투과성 감소   ④ 원가의 절감

11 플라스틱 포장재료의 물성 특징에 대한 설명으로 틀린 것은?

① 폴리에틸렌 필름(polyethylene, PE)은 기체 투과도가 낮아 산화방지 용도로 사용된다.
② 폴리에스테르 필름(polyester, PET)은 내열성이 강하여 레토르트용으로 사용된다.
③ 폴리프로필렌 필름(polypropylene, PP)은 인쇄적성이 좋기 때문에 표면층 필름으로 사용된다.
④ 폴리스티렌 필름(polystyrene, PS)은 내수성, 내산성, 내알칼리성이 우수하여 유산균 음료 포장에 사용된다.

12 식품의 포장재료로 사용되는 플라스틱의 특징에 대한 설명으로 틀린 것은?

① HDPE(high density polyethylene) : 내충격성을 향상시킨 내열성의 소재이다.
② PP(polyethylene) : 투명성, 내유성, 내약품성, 내열성이 좋다.
③ PC(polycarbonate) : 투명성, 내열성, 가스 차단성이 좋다.
④ PVC(polyvinyl chloride) : seal성, 열수축성, 가스 차단성이 좋다.

13 다음 중 같은 두께에서 기체 투과성이 가장 낮은 필름(film) 재료는?

① 폴리에틸렌
② 폴리프로필렌
③ 폴리염화비닐리덴
④ 폴리염화비닐

14 지방이 많은 식품의 포장재로 가장 적합하지 않은 것은?

① 폴리에스테르　　② 염화비닐리덴
③ 종이　　　　　　④ 폴리아미드

15 알루미늄박(AL-foil)에 폴리에틸렌 필름을 입혀서 사용하는 가장 큰 목적은?

① 산소나 가스의 차단
② 내유성 향상
③ 빛의 차단
④ 열접착성 향상

16 냉동식품의 포장재로 지녀야 할 성질이 아닌 것은?

① 유연성이 있을 것
② 방습성이 있을 것
③ 가열 수축성이 없을 것
④ 가스 투과성이 낮을 것

17 가스치환 포장이 이용되는 식품, 봉입가스, 목적의 연결이 틀린 것은?

① 감자칩 – N_2 – 유지 산화방지
② 녹차 – CO_2 – 비타민 C 산화방지
③ 도시락 – CO_2 – 세균의 생육억제
④ 식용유 – N_2 – 유지 산화방지

18 질소치환 포장을 통해 얻을 수 있는 장점이 아닌 것은?

① 호기성균에 의한 변패를 막을 수 있다.
② 갈변반응을 억제할 수 있다.
③ 호흡작용이 증가하여 영양소를 축적할 수 있다.
④ 지방의 산패를 억제할 수 있다.

19 무균포장의 특징 설명으로 틀린 것은?

① 무균포장제품은 멸균되었기 때문에 열에 불안정한 식품에서 일어나기 쉬운 품질변화를 최소화할 수 있다.
② 단점은 연속공정생산이 어렵고 대형포장제품을 만들 수 없다는 것이다.
③ 냉장 없이 상온에서 장기간 보존이 가능하다.
④ 멸균용기에 포장하므로 내열성 포장이 필요 없고 플라스틱이나 종이를 소재로 한 복합재질을 포장용기로 사용할 수 있다.

식품미생물의 분류

01 미생물의 명명법에 관한 설명 중 틀린 것은?
① 종명은 라틴어의 실명사로 쓰고 대문자로 시작한다.
② 학명은 속명과 종명을 조합한 2명법을 사용한다.
③ 세균과 방선균은 국제세균명명규약에 따른다.
④ 속명 및 종명은 이탤릭체로 표기한다.

02 세포의 세포구조에 대한 설명 중 틀린 것은?
① 점질층이나 협막은 세포의 건조 등과 같이 유해한 요소로부터 세포를 보호하는 기능을 갖는다.
② 세포벽은 물질의 투과 및 수송에 관여한다.
③ 단백질의 합성장소는 리보솜이다.
④ 염색체는 세포의 유전과 관련이 있다.

03 미생물 세포의 구성성분에 대한 설명 중 틀린 것은?
① 미생물 세포의 탄수화물은 세포벽이나 핵산과 결합한다.
② 미생물 세포의 가장 많이 차지하고 있는 성분은 수분이고, 대부분이 자유수로 존재한다.
③ 미생물 세포의 무기질 중 가장 많이 함유되어 있는 것은 마그네슘(Mg)이다.
④ 미생물 세포의 성분 조성은 생육의 시기, 배양 조건에 따라 다르다.

04 미생물의 세포막을 구성하는 주요물질은?
① 인지질(phospholipid)
② 지질다당류(lipopolysaccharide)
③ 다당류(polysaccharide)
④ 펩티도글리칸(peptidoglycan))

05 미생물에서 협막과 점질층의 구성물이 아닌 것은?
① 다당류
② 폴리펩타이드
③ 지질
④ 핵산

06 ATP를 소비하면서 저농도에서 고농도로 농도구배에 역행하여 용질분자를 수송하는 방법은?
① 단순 확산(simple diffusion)
② 촉진 확산(facilitated diffusion)
③ 능동 수송(active transport)
④ 세포 내 섭취작용(endocytosis)

07 단백질과 RNA로 이루어진 과립 형태의 물질로서 세포의 단백질 합성에 관여하는 세포내 기관은 무엇인가?
① 세포질(cytoplasm)
② 편모(flagella)
③ 메소좀(mesosome)
④ 리보솜(ribosome)

08 미생물 세포의 핵산에 관한 설명 중 틀린 것은?

① 미생물이 함유하는 DNA의 양은 항상 RNA의 양보다 많고 DNA의 함량은 균의 배양시기에 따라 차이를 나타낸다.

② RNA는 단백질의 합성이 왕성할 때 증가하다가 이후 감소하지만 DNA의 양은 거의 일정하다.

③ DNA는 세포의 분열 증식 등 유전에 관여한다.

④ RNA는 단백질의 합성과 효소의 생산에 관여한다.

09 미생물 세포의 핵산에 관한 설명 중 틀린 것은?

① 세포의 증식이 왕성할수록 RNA 함량은 감소한다.

② RNA 함량은 균의 배양시기에 따라 차이를 나타낸다.

③ DNA는 유전정보를 가지고 있다.

④ RNA는 세포 내에서 쉽게 분해된다.

10 세포 내의 막계(membrane system)가 분화, 발달되어 있지 않고 소기관이 존재하지 않는 미생물은?

① *Saccharomyces*속

② *Escherichia*속

③ *Candida*속

④ *Aspergillus*속

11 다음 세포의 구조 중 표면에 달라붙거나 미생물끼리 부착될 수 있도록 하는 것은?

① 편모(flagella)

② 선모(pilus)

③ 리보솜(ribosome)

④ 핵부위(nucleoid)

12 편모에 관한 설명 중 틀린 것은?

① 주로 구균이나 나선균에 존재하며 간균에는 거의 없다.

② 세균의 운동기관이다.

③ 위치에 따라 극모와 주모로 구분된다.

④ 그람 염색법에 의해 염색되지 않는다.

13 다음 편모균 중 주모종은?

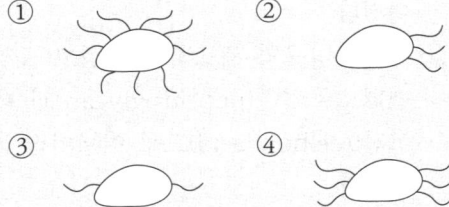

14 미생물의 표면 구조물 중 유전물질의 이동에 관여하는 것은?

① 편모(flagella)

② 섬모(cilia)

③ 필리(pili)

④ 핌브리아(fimbriae)

제4과목 식품미생물 및 생화학 예상문제

15 미생물 세포의 구조에 대한 설명으로 옳은 것은?

① 원핵세포에는 메소좀(mesosome) 대신 미토콘드리아(mitochondria)가 있다.

② 진핵세포에서 핵은 핵막에 의해 세포질과 구별되어 있다.

③ 진핵세포에는 핵부위(nuclear rigion)가 있다.

④ 원핵세포의 세포벽은 주로 글루칸(glucan)과 만난(mannan)으로 구성되어 있다.

16 원핵세포에 대한 설명 중 틀린 것은?

① 모든 세균은 원핵생물이고 진핵생물에 비해 단순한 구조를 이룬다.

② 세포막이나 다른 생체막은 지질이중층에 단백질이 삽입되어 있는 형태로 이루어졌다.

③ 그람음성균의 세포벽은 두껍고 균일한 펩티도글리칸(peptidoglycan)과 테이코산(teichoic acid)으로 이루어진 층을 이룬다.

④ 세포질에는 봉입체와 리보솜이 들어있다.

17 원핵세포 구조를 하고 있는 것은?

① 곰팡이(mold)

② 효모(yeast)

③ 세균(bacteria)

④ 박테리오파지(bacteriophage)

18 원핵세포의 특징이 아닌 것은?

① 핵양체가 있다.

② 인이 있다.

③ 세포벽은 펩티도글리칸층으로 구성되어 있다.

④ 미토콘드리아 대신에 메소좀을 가지고 있다.

19 전사(transcription)와 번역(translation)이 동시에 일어나는 세포는?

① 진핵세포(eukaryotic cell)

② 원핵세포(procaryotic cell)

③ 동물세포

④ 식물세포

20 진핵세포로 이루어져 있지 않은 것은?

① 곰팡이   ② 조류

③ 방선균   ④ 효모

21 진핵세포의 특징에 대한 설명 중 틀린 것은?

① 염색체는 핵막에 의해 세포질과 격리되어 있다.

② 미토콘드리아, 마이크로솜, 골지체와 같은 세포 소기관이 존재한다.

③ 스테롤 성분과 세포골격을 가지고 있다.

④ 염색체의 구조에 히스톤과 인을 갖고 있지 않다.

22 진핵세포의 소기관 중 호흡작용과 산화적 인산화에 의해 에너지를 생산하는 역할을 하는 기관은?

① 미토콘드리아   ② 골지체
③ 편모   ④ 리보솜

23 다음 중 진핵생물 소기관의 특성과 기능이 맞지 않는 것은?

① 미토콘드리아 – 에너지 발생, 호흡
② 소포체 – 탄수화물 합성
③ 골지체 – 효소 및 거대분자 분비
④ 액포 – 음식 소화, 노폐물 배출

24 원핵세포와 진핵세포의 차이점이 아닌 것은?

① 핵막의 유무
② 세포분열방법
③ 세포벽의 유무
④ 미토콘드리아의 유무

25 원핵세포(procaryotic cell)와 진핵세포(eucaryotic cell)를 구별하는 데 가장 관계가 깊은 것은?

① 색소 생성능
② 섭취영양분의 종류
③ 세포의 구조
④ 광합성 능력

식품미생물의 특징과 이용 – 세균

01 세균 세포의 협막과 점질층의 구성물질인 것은?

① 뮤코(muco) 다당류
② 펙틴(pectin)
③ RNA
④ DNA

02 다음 세균 중 외막(outer membrane)을 갖고 있는 것은?

① *Lactobacillus*속
② *Staphylococcus*속
③ *Escherichia*속
④ *Corynebacterium*속

03 그람양성균의 세포벽에만 있는 성분은?

① 테이코산(teichoic acid)
② 펩티도글리칸(peptidoglycan)
③ 리포폴리사카라이드 (lipopolysaccharide)
④ 포린단백질(porin protein)

04 세균의 지질다당류(lipopolysaccharide)에 대한 설명 중 옳은 것은?

① 그람양성균의 세포벽 성분이다.
② 세균의 세포벽이 양(+)전하를 띠게 한다.
③ 지질 A, 중심 다당체, H항원의 세 부분으로 이루어져 있다.
④ 독성을 나타내는 경우가 많아 내독소로 작용한다.

05 세균의 증식법에 대한 설명으로 옳지 않은 것은?

① 대부분의 세균은 이분법으로 증식한다.

② 내생포자를 형성하는 것도 있다.

③ 균종에 따라 세포벽 형성방법이 차이가 있다.

④ 출아에 의하여 증식한다.

06 세균이 주로 증식(增殖)하는 방법은?

① 포자형성법(胞子形成法)

② 출아법(出芽法)

③ 막형성법(膜形成法)

④ 분열법(分裂法)

07 다음 중 유성생식이 불가능한 것은?

① 세균류　　　　② 효모류

③ 곰팡이류　　　④ 버섯류

08 세균의 증식에 관한 설명 중 맞지 않는 것은?

① 세균을 액체배지에 접종하여 배양시간에 다른 세포수의 변화를 그래프로 나타내면 S자형으로 나타난다.

② 유도기에는 세포수의 증가는 거의 없고 세포의 대사활동이 활발하게 일어나는 시기이다.

③ 세포 생육량 및 2차 대사산물의 생산량이 최대로 나타나는 시기는 대수기이다.

④ 세대시간이나 세포의 크기가 일정하며, 세포의 생리적 활성이 가장 강한 시기는 대수기이다.

09 발효미생물의 생육곡선에서 정상기가 형성되는 이유가 아닌 것은?

① 대사산물의 축적

② 포자의 형성

③ 영양분의 고갈

④ 수소이온 농도의 변화

10 일반적으로 세균포자 중에 특이하게 존재하는 물질은?

① dipicolinic acid　② magnesium(Mg)

③ phycocyanin　　　④ oxalic acid

11 세균 내생포자의 설명이 잘못된 것은?

① 외부환경(방사선, 화학물질, 열)에 대한 저항력이 크다.

② 발육이 불리한 환경에서는 휴면상태이다.

③ 탄소원 또는 질소원과 같은 주영양분이 풍부할 때 포자 형성이 시작된다.

④ 발아하여 번식형 세포가 된다.

12 세균의 내생포자에 특징적으로 많이 존재하며 열저항성과 관련된 물질은?

① 펩티도글리칸(peptidoglycan)

② 디피콜린산(dipicolinc acid)

③ 라이소자임(lysozyme)

④ 물

13 다음의 미생물 중 내생포자를 형성하지 않는 균은?

① *Bacillus*속

② *Clostridium*속

③ *Desulfotomaculum*속

④ *Corynebacterium*속

14 내생포자(endospore)를 형성하는 균 중 빵이나 밥에서 증식하며 청국장 제조에 관여하는 것은?

① *Bacillus*속

② *Sporosarcina*속

③ *Desulfotomaculum*속

④ *Sporolactobacillus*속

15 호기성 또는 통성혐기성 포자형성세균은?

① *Escherichia*속 　② *Clostridium*속

③ *Pseudomonas*속 　④ *Bacillus*속

16 혐기성 포자형성세균은?

① *Enterobacter*속 　② *Escherichia*속

③ *Clostridium*속 　④ *Bacillus*속

17 일반적으로 할로겐 원소 등의 살균제에 대하여 가장 강한 내성을 가지고 있는 것은?

① 바이러스 　② 그람음성세균

③ 그람양성세균 　④ 포자

18 다량의 리보솜, 폴리인산, 글루코겐, 효소 등을 함유하고 있는 곳은?

① 핵 　② 미토콘드리아

③ 액포 　④ 세포질

19 세균에 대한 설명 중 틀린 것은?

① 저온성 세균이란, 최적발육온도가 12~18℃이며, 0℃ 이하에서도 자라는 균을 말한다.

② *Clostridium*속은 저온성 세균들이다.

③ 고온성 세균은 45℃ 이상에서 잘 자라며 최적발육온도가 55~65℃인 균을 말한다.

④ *Bacillus stearothermophilus*는 고온균이다.

20 다음 중 Enterobacteriaceae과에 속하지 않는 것은?

① *Eschrichia*속

② *Klebsiella*속

③ *Pseudomonas*속

④ *Shigella*속

21 캠필로박터 제주니를 현미경으로 검경 시 확인되는 모습은?

① 나선형 모양

② 포도송이 모양

③ 대나무 마디모양

④ V자 형태로 쌍을 이룬 모양

22 세균의 그람(Gram) 염색과 직접 관계되는 것은?

① 세포막 ② 세포벽
③ 원형질막 ④ 격벽

23 Gram 염색에 대한 설명 중 틀린 내용은?

① *Escherichia coli*는 Gram 양성이다.
② Gram 염색시약에 crystal violet이 필요하다.
③ Gram 염색시약에 lugol액이 필요하다.
④ *Staphylococcus aureus*는 Gram 양성이다.

24 세균이 그람염색에서 그람양성과 그람음성의 차이를 보이는 것은 다음 중 무엇의 차이 때문인가?

① 세포벽(cell wall)
② 세포막(cell membrane)
③ 핵(nucleus)
④ 플라스미드(plasmid)

25 그람(Gram) 양성 및 음성균의 세포벽 성분 함량에 관한 다음 설명 중 맞는 것은?

① 양성균은 chitin과 단백질이 많고, 음성균은 glucan, teichoic acid가 많다.
② 양성균은 chitosan과 지방이 많고, 음성균은 peptidoglycan과 teichoic acid가 많다.
③ 양성균은 mucopeptide, teichoic acid가 많고, 음성균은 지질, lipiprotein이 많다.
④ 양성균은 mucopeptide와 지질이 많고, 음성균은 lipoproteinm teichoic acid가 많다.

26 그람양성세균의 세포벽이 음성의 극성을 갖는 데 관여하는 물질은?

① 펩티도글리칸(peptidoglycan)
② 포린(porin)
③ 인지질(phospholipid)
④ 테이코산(teichoic acid)

27 그람양성균의 세포벽 성분은?

① peptidoglycan, teichoic acid
② lipopolysaccharide, protein
③ polyphosphate, calcium dipicholinate
④ lipoprotein, phospholipid

28 다음 중 그람염색 시 자주색을 나타내는 균은?

① 리스테리아균 ② 캠필로박터균
③ 살모넬라균 ④ 장염비브리오균

29 그람음성균인 대장균의 세포 표층 성분에 해당하지 않는 것은?

① 인지질 ② 덱스트란
③ 리포단백질 ④ 펩티도글리칸

30 그람음성세균의 세포벽을 구성하는 물질 중 내독소(endotoxin)라 부르는 독성 활성을 갖는 물질은?

① 펩티도글리칸(peptidoglycan)
② 테이코산(teichoic acid)
③ 지질 A(lipid A)
④ 포린(porin)

31 다음 중 Gram 음성세균은?

① 젖산균   ② 방선균
③ 대장균   ④ 포도상구균

32 그람(Gram) 음성세균에 해당되는 것은?

① *Enterobacter aerogenes*
② *Staphylococcus aureus*
③ *Sarcina lutea*
④ *Lactobacillus bulgaricus*

33 *Escherichia coli*와 *Enterobacter aerogenes* 의 공통적인 특징은?

① indol 생성여부
② acetoin 생성여부
③ 단일 탄소원으로 구연산염의 이용성
④ 그람염색 결과

34 대장균은 어느 속(genus)에 속하는가?

① *Escherichia*속   ② *Pseudomonas*속
③ *Streptococcus*속   ④ *Bacillus*속

35 대장균(*E. coli*)에 대한 설명으로 틀린 것은?

① 비운동성 또는 균주에 따라서 운동성 균주가 있으며, 생육최적온도는 30℃이며 병원성이다.
② 유당(lactose)을 분해하여 CO_2와 H_2를 생산한다.
③ 온혈동물의 장관에서 서식하며, 장관 내에서 비타민 K를 생합성하여 인간에게 유익한 작용을 하기도 한다.
④ 분변 오염의 지표균으로서 식품위생상 중요한 균으로 취급된다.

36 그람음성의 포자를 형성하지 않는 간균으로, 대개 주모에 의한 운동성이 있고, 유당으로부터 산과 가스를 형성하는 균은?

① *Salmonella typhi*
② *Shigella dysenteriae*
③ *Proteus vulgaris*
④ *Escherichia coli*

37 *Escherichia coli*의 생리와 관계가 없는 것은?

① 그람(Gram)양성이다.
② 유당(lactose)을 분해한다.
③ 인돌(indole)을 생성한다.
④ 포자를 형성하지 않는다.

38 대장균 O157:H7이라는 균의 명칭 중 O와 H의 설명에 해당하는 것은?

① O : 체성항원, H : 편모항원
② O : 편모항원, H : 체성항원
③ O : 협막항원, H : Vi 항원
④ O : Vi 항원, H : 협막항원

39 *E. coli* O157 균이 보통 *E. coli* 균주와 다르게 특이한 항원성을 보이는 것은 세포 성분 중 무엇이 다르기 때문인가?

① 외막의 지질다당류(lipopolysaccharide)
② 세포벽의 peptidoglycan
③ 세포막의 porin 단백질
④ 세포막의 hopanoid

40 대장균 O157:H7에 대한 설명 중 맞지 않는 것은?

① 100℃에서 30분 가열하여도 파괴되지 않을 만큼 열에 강하다.
② 베로톡신을 생산하며 감염 후 용혈성 요독 증후군을 일으키기도 한다.
③ pH 3.5 정도의 산성조건에서도 살아남는다.
④ 장관출혈성 대장균으로 혈변과 설사가 주증상으로 나타난다.

41 병원성 대장균(pathogenic *E. coli*)에 대한 설명으로 맞지 않는 것은?

① 병원성 대장균은 균주에 따라 독소형 식중독 또는 감염형 식중독을 유발한다.
② *E. coli* O157:H7 균주가 식품에서 증식하면 베로톡신(verotoxin)을 생성하여 식중독을 일으킨다.
③ 장관침입성 대장균은 상피세포에 침입하여 증식하므로, 세포점막을 괴사시킨다.
④ 장관독소원성 대장균의 감염증상은 장염과 설사이다.

42 병원성 대장균 O157:H7의 발병양식에 따른 분류로 적합한 것은?

① 장관병원성 대장균(EIEC)
② 장관독소원성 대장균(EPEC)
③ 장관출혈성 대장균(EHEC)
④ 장관부착성 대장균(EAEC)

43 부패된 통조림에서 균을 분리하여 시험을 실시하였더니 유당(lactose)을 발효하였다. 어떤 균인가?

① *Proteus morganii*
② *Salmonella typhosa*
③ *Pseudomonas fluorescens*
④ *Escherichia coli*

44 초산균(*Acetobacter*)에 관한 설명으로 틀린 것은?

① 초산균속은 그람양성 무포자 간균으로 운동성이 있는 것과 없는 것이 있다.

② 액체배지에서 피막을 형성하며 에탄올을 산화하여 초산을 만드는 것이 있다.

③ 초산균 중에는 식포발효액에 혼탁을 일으키고 불쾌한 에스테르(ester)를 생성하거나 생성된 초산을 과산화하는 유해한 종도 있다.

④ 초산균은 쉽게 변이를 일으키며 특히 40℃ 이상의 고온에서는 이상 형태를 보이고 집락의 S → R 변이 또는 균체의 색 등에 변이가 잘 일어난다.

45 *Acetobacter*속이 주요 미생물로 작용하는 발효식품은?

① 고추장　　② 청주
③ 식초　　　④ 김치

46 속초(速酢) 양조에 가장 적당한 균주는?

① *Acetobacter aceti*

② *Acetobacter rancens*

③ *Acetobacter schutzenbachii*

④ *Acetobacter xylinum*

47 Bergey의 초산균 분류 중 초산을 산화하지 않으며 포도당 배양기에서 암갈색 색소를 생성하는 균주는?

① *Acetobacter roseum*

② *Acetobacter oxydans*

③ *Acetobacter melanogenum*

④ *Acetobacter aceti*

48 초산 1000g을 제조하려면 이론적으로 약 몇 g의 에탄올이 필요한가?

① 1000g　　② 667g
③ 1304g　　④ 767g

49 젖산균의 특성으로 틀린 것은?

① 내생포자를 형성한다.

② 색소를 생성하지 않는 간균 또는 구균이다.

③ 포도당을 분해하여 젖산을 생성한다.

④ 생합성 능력이 한정되어 영양요구성이 까다롭다.

50 정상발효젖산균(homofermentative lactic acid bacteria)이란?

① 당질에서 젖산만을 생성하는 것

② 당질에서 젖산과 탄산가스를 생성하는 것

③ 당질에서 젖산과 CO_2, 에탄올과 함께 초산 등을 부산물로 생성하는 것

④ 당질에서 젖산과 탄산가스, 수소를 부산물로 생성하는 것

51 다음 중 정상발효젖산균은?

① *Lactobacillus fermentum*

② *Lactobacillus brevis*

③ *Lactobacillus casei*

④ *Lactobacillus heterohiochi*

52 이형발효젖산균이란?

① 당질에서 젖산만을 생성하는 것

② 당질에서 젖산과 탄산가스를 생성하는 것

③ 당질에서 젖산과 CO_2,에탄올과 함께 초산 등을 부산물로 생성하는 것

④ 당질에서 젖산과 탄산가스, 수소를 부산물로 생성하는 것

53 젖산균을 당발효 양상에 따라 구분할 때 이형발효(heterofermentative)균에 해당하는 것은?

① *Enterococcus*속   ② *Lactococcus*속

③ *Leuconostoc*속   ④ *Streptococcus*속

54 homo 젖산균과 hetero 젖산균에 대한 설명 중 옳은 것은?

① *Leuconostoc*속은 homo형이고, *Pediococcus*속은 hetero형이다.

② homo 젖산균은 당으로부터 젖산, 에탄올, 초산을 생성하며, hetero 젖산균은 젖산만을 생성한다.

③ EMP 경로에 따라서 포도당 1mole에 대해 2mole의 ATP가 생성되는 것이 homo 젖산발효이다.

④ 대부분의 *Lactobacillus*속은 hetero형이다.

55 이상형(hetero형) 젖산발효젖산균이 포도당으로부터 에탄올과 젖산을 생산하는 당대사경로는?

① EMP 경로

② ED 경로

③ Phosphoketolase 경로

④ HMP 경로

56 요구르트(yoghurt) 제조에 이용하는 젖산균은?

① *Lactobacillus bulgaricus*와 *Streptococcus thermophilus*

② *Lactobacillus plantarum*와 *Acetobacter aceti*

③ *Lactobacillus bulgaricus*와 *Streptococcus pyogenes*

④ *Lactobacillus plantarum*와 *Lactobacillus homohiochi*

57 육제품과 젖산균을 이용하여 발효시켜 제조한 식품은?

① 살라미   ② 요구르트

③ 템페   ④ 사우어크라우트

58 김치류의 숙성에 관여하는 젖산균이 아닌 것은?

① *Escherichia*속   ② *Leuconostoc*속

③ *Pediococcus*속   ④ *Lactobacillus*속

59 김치발효 시 발효 초기에 생육하고 다른 젖산균보다 급속히 발효하여 생성되는 산으로 다른 세균의 생육을 억제하는 그람양성 구균은?

① *Leuconostoc mesenteroides*

② *Streptococcus faecalis*

③ *Lactobacillus plantarum*

④ *Saccharomyces cerevisiae*

60 간장 제조 시 풍미에 관여하는 대표적인 내염성 젖산세균은?

① *Zygosaccharomyces rouxii*

② *Pediococcus halophilus*

③ *Staphylococcus aureus*

④ *Bacillus subtilis*

61 비타민 B_{12}를 생육인자로 요구하는 비타민 B_{12}의 미생물적인 정량법에 이용되는 균주는?

① *Staphylococcus aureus*

② *Bacillus cereus*

③ *Lactobacillus leichmanii*

④ *Escherichia coli*

62 *Lactobacillus leichmanii*(ATCC 7830)는 어떤 생육인자를 정량할 때 이용하는가?

① 비타민 B_2 ② 비타민 B_6

③ 비타민 B_{12} ④ 비오틴(biotin)

63 락타아제(lactase)를 생산하는 균이 아닌 것은?

① *Candida kefyr*

② *Candida pseudotropicalis*

③ *Saccharomyces fraglis*

④ *Saccharomyces cerevisiae*

64 설탕배지에서 배양하면 dextran을 생산하는 균은?

① *Bacillus levaniformans*

② *Leuconostoc mesenteroides*

③ *Bacillus subtilis*

④ *Aerobacter levanicum*

65 *Leuconostoc mesenteroides*의 영양요구 성분이 아닌 것은?

① ρ-aminobenzoic acid

② biotin

③ thiamine

④ pyrimidine

66 *Propionibacterium*속의 특성과 관계없는 것은?

① 그람양성균

② 운동성균

③ propionic acid 발효

④ catalase 양성

67 *Bacillus*속 세균에 대한 설명 중 틀린 것은?

① *Bacillus*속은 혐기성 세균이다.

② *Bacillus coagulans*, *Bacillus circulans* 는 병조림, 통조림 식품의 부패균이다.

③ *Bacillus natto*는 청국장 제조에 사용된다.

④ endospore를 형성하는 세균으로서 강력한 α −amylase와 protease를 생성한다.

68 내생포자(endospore)를 형성하는 균 중 빵이나 밥에서 증식하며 청국장 제조에 관여하는 것은?

① *Bacillus*속

② *Sporosarcina*속

③ *Desulfotomaculum*속

④ *Sporolactobacillus*속

69 청국장 제조에 쓰이는 균은?

① *Bacillus mesentericus*

② *Bacillus subtilis*

③ *Bacillus coagulans*

④ *Lactobacillus plantarum*

70 *Clostridium butyricum*이 장내에서 정장작용을 나타내는 것은?

① 강한 포자를 형성하기 때문이다.

② 유기산을 생성하기 때문이다.

③ 항생물질을 내기 때문이다.

④ 길항세균으로 작용하기 때문이다.

71 사람이나 동물의 장관에서 잘 생육하는 장구균의 일종이며 분변오염의 지표가 되는 균은?

① *Streptococcus lactis*

② *Streptococcus faecalis*

③ *Streptococcus pyogenes*

④ *Streptococcus thermophilus*

72 우유를 냉장고에서 장시간 저장 시에 부패취와 쓴맛의 생성, 산패에 관여하는 대표적인 저온균은?

① *Pseudomonas*속 ② *Aermonas*속

③ *Bacillus*속 ④ *Clostridium*속

73 생육온도의 특성으로 볼 때 시판 냉동식품에서 발견되기 가장 쉬운 균속은?

① *Pseudomonas*속 ② *Clostridium*속

③ *Rhizopus*속 ④ *Candida*속

74 우유의 pasteurization에서 지표균으로 주로 이용되는 것은?

① *Mysobacterium tuberculosis*

② *Clostridium botulinum*

③ *Bacillus stearothermophilus*

④ *Staphulococcus aureus*

75 소맥분 중에 존재하며 빵의 slime화, 숙면의 변패 등의 주요 원인균은?

① *Bacillus licheniformis*

② *Aspergillus niger*

③ *Pseudomonas aeruginosa*

④ *Rhizopus nigricans*

76 catalase와 enterotoxin을 생성하며 coagulase 양성 반응을 특징으로 하는 식중독균은?

① *Listeria monocytogenes*
② *Salmonella* spp.
③ *Vibrio parahaemolyticus*
④ *Staphylococcus aureus*

77 당으로부터 에탄올(ethanol) 발효능이 강한 세균은?

① *Vibrio*속　　② *Escherichia*속
③ *Zymomonas*속　　④ *Proteus*속

78 붉은 색소를 생성하며 빵, 육류, 우유 등에 번식하여 적색으로 변하게 하는 세균은?

① *Serratia*속
② *Escherichia*속
③ *Pseudomonas*속
④ *Lactobacillus*속

79 염장어, 육제품, 우유의 적변을 일으키는 세균은?

① *Acetobacter xylinum*
② *Serratia marcescens*
③ *Chromobacterium lividum*
④ *Pseudomonas fluorescens*

80 말로락트 발효(malolactic fermentation)에 대한 설명 중 옳지 않은 것은?

① 와인, 오이피클 등의 저장 중 말산 (malic acid)이 젖산과 이산화탄소로 변하는 현상이다.
② 산미가 감소하므로 유기산이 많은 포도를 사용한 와인의 경우에는 바람직한 반응이다.
③ 말로락트 발효를 일으킨 와인에는 L형의 젖산(L-lactic acid)보다 D형의 젖산 (D-lactic acid)이 더 많다.
④ *Leuconostoc*속 등의 젖산균에 의한다.

식품미생물의 특징과 이용 - 곰팡이

01 곰팡이의 구조와 관련이 없는 것은?

① 균사　　② 격벽
③ 자실체　　④ 편모

02 곰팡이의 형태를 설명한 것 중 틀린 것은?

① 자실체는 성숙한 균사체에서 균사가 갈라져 가지가 위로 뻗고 그 끝에 포자를 갖는 구조를 말한다.
② 균사체는 균사들의 집합체를 말한다.
③ 균사는 주로 키틴의 주성분인 세포벽이 세포질을 보호하고 있으며, 영양물질이 수송되는 통로가 된다.
④ 영양균사는 기질 표면에서 공기 중으로 직립한 균사를 말한다.

03 곰팡이 균총(colony)의 색깔은 곰팡이의 종류에 따라 다르다. 이 균총의 색깔은 다음의 어느 것에 의해서 주로 영향을 받게 되는가?

① 포자
② 기중균사(영양균사)
③ 기균사
④ 격막(격벽)

04 *Rhizopus*속에 대한 설명으로 옳은 것은?

① 털곰팡이라고도 한다.
② 가근을 형성하지 않는다.
③ 혐기적인 조건에서 알코올이나 젖산 등을 생산한다.
④ 자낭균류에 속한다.

05 다음 곰팡이 중 가근(rhizoid)이 있는 것은?

① *Aspergillus*속
② *Penicillium*속
③ *Rhizopus*속
④ *Mucor*속

06 다음 곰팡이 중 정낭(頂囊)이 있는 것은?

① *Mucor*속
② *Rhizopus*속
③ *Aspergillus*속
④ *Penicillum*속

07 *Aspergillus*속과 *Penicillium*속의 분생자두(分生子頭)의 차이점은?

① 분생자(分生子)
② 경자(梗子)
③ 정낭
④ 분생자병(分生子柄)

08 *Aspergillus*속과 *Penicillium*속 곰팡이의 가장 큰 형태적 차이점은?

① 분생포자와 균사의 격벽
② 영양균사와 경자
③ 정낭과 병족세포
④ 자낭과 기균사

09 다음 그림 ㉠, ㉡에 해당하는 곰팡이 속명은?

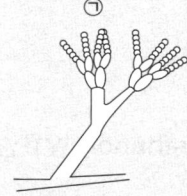 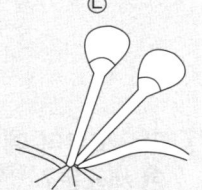

① ㉠ *Penicillium* ㉡ *Aspergillus*
② ㉠ *Aspergillus* ㉡ *Mucor*
③ ㉠ *Penicillium* ㉡ *Rhizopus*
④ ㉠ *Aspergillus* ㉡ *Penicillium*

10 포자낭병이 포복지의 중간 부분에서 분지되는 것은?

① *Mucor rouxii*
② *Rhizopus delemar*
③ *Absidia lichtheimi*
④ *Phycomyces nitens*

11 자낭균류 자낭과의 유형에서, 성숙했을 때 자실층이 외부로 노출되는 것은?

① 폐자낭각
② 자낭반
③ 소방
④ 자낭각

12 진균류의 무성생식법이 아닌 것은?

① 분생자(conidia)
② 후막포자(chlamydospore)
③ 포자낭포자(sporangiospore)
④ 자낭포자(ascospore)

13 곰팡이에 대한 설명으로 틀린 것은?

① 곰팡이는 주로 포자에 의해서 번식한다.

② 곰팡이의 포자에는 유성포자와 무성포자가 있다.

③ 곰팡이의 유성포자에는 포자낭포자, 분생포자, 후막포자, 분열자 등이 있다.

④ 포자는 적당한 환경 하에서는 발아하여 균사로 성장하며 또한 균사체를 형성한다.

14 무성포자의 종류에 해당하지 않는 것은?

① 분생자(conidia)

② 후막포자(chlamydospore)

③ 포자낭포자(sporangiospore)

④ 자낭포자(ascospore)

15 곰팡이의 유성포자에 해당하지 않는 것은?

① 분생포자(condiospore)

② 접합포자(zygospore)

③ 난포자(oospore)

④ 담자포자(basidiospore)

16 곰팡이의 분류나 동정하는 데 적용되지 않는 항목은?

① 균사의 격벽 유무

② 편모의 존재와 형태 및 위치

③ 유성포자의 형성 여부 및 종류

④ 무성포자의 종류

17 균사에 격막(septa)이 없는 *Rhizopus*속과 *Mucor*속의 곰팡이는 분류상 어디에 속하는가?

① 접합균류(Zygomycetes)

② 자낭균류(Ascomycetes)

③ 담자균류(Basidiomycetes)

④ 불완전균류(Deuteromycetes)

18 곰팡이 균사에 격벽을 갖지 않는 것은?

① *Trichoderma*속 ② *Monascus*속

③ *Penicillium*속 ④ *Rhizopus*속

19 접합균류에 속하는 곰팡이는?

① *Rhizopus*속 ② *Aspergillus*속

③ *Penicillium*속 ④ *Fusarium*속

20 자낭균류와 조상균류의 차이점 설명으로 틀린 것은?

① 자낭균류 – *Neurospora*
　조상균류 – *Achlya*

② 자낭균류 – 자낭속에 8개 포자
　조상균류 – 접합자 속 포자수는 일정치 않다

③ 자낭균류 – 격벽이 있다
　조상균류 – 격벽이 없다

④ 자낭균류 – 자실체 형성 안 함
　조상균류 – 자실체 형성함

21 조상균류에 속하는 것은?

① *Aspergillus oryzae*

② *Mucor rouxii*

③ *Saccharomyces cerevisiae*

④ *Lactobacillus casei*

22 포자낭포자를 갖는 미생물이 아닌 것은?
① *Mucor*속 곰팡이
② *Rhizopus*속 곰팡이
③ *Absidia*속 곰팡이
④ *Aspergillus*속 곰팡이

23 *Mucor*속과 *Rhizopus*속이 형태학적으로 다른 점은?
① 포자낭의 유무   ② 포자낭병의 유무
③ 경자의 유무   ④ 가근의 유무

24 자낭균류에 속하는 균은?
① *Mucor hiemalis*
② *Rhizopus japonicus*
③ *Absidia lichtheimi*
④ *Aspergillus niger*

25 다음 중 분절포자(arthrospore)를 만드는 곰팡이는?
① *Geotrichum candidum*
② *Cephalosporium acremonium*
③ *Byssochlamyces fulva*
④ *Eremothecium ashbyii*

26 불완전균류(fungi imperfect)를 옳게 설명한 것은?
① 진핵세포를 하고 있으며 유성세대가 알려져 있는 균이다.
② 진핵세포를 하고 있으며 유성세대가 알려지지 않은 균이다.
③ 원핵세포를 하고 있으며 유성세대가 알려지지 않은 균이다.
④ 원핵세포를 하고 있으며 유성세대가 알려져 있는 균이다.

27 다음 곰팡이속들 중 불완전균류가 아닌 것은?
① *Cladosporium*속   ② *Fusarium*속
③ *Absidia*속   ④ *Trichoderma*속

28 *Mucor*속 중 cymomucor형에 해당하는 것은?
① *Mucor rouxii*   ② *Mucor mucedo*
③ *Mucor hiemalis*   ④ *Mucor racemosus*

29 고구마를 연부(軟腐)시키는 미생물은?
① *Bacillus subtilis*
② *Aspergillus oryzae*
③ *Saccharomyces cerevisiae*
④ *Rhizopus nigricans*

30 *Aspergillus*속의 설명으로 틀린 것은?
① 균총의 색은 백색, 황색, 녹색, 흑색이다.
② 황국균, 흑국균, 백국균을 만든다.
③ 병족세포를 갖는 것이 특징이다.
④ 장모균은 단백질 분해력이, 단모균은 전분 당화력이 강하다.

31 *Aspergillus*속에 속하는 곰팡이에 대한 설명으로 틀린 것은?
① *A. oryzae*는 단백질 분해력과 전분 당화력이 강하여 주류 또는 장류 양조에 이용된다.
② *A. glaucus*군에 속하는 곰팡이는 백색집락을 이루며 ochratoxin을 생산한다.
③ *A. niger*는 대표적인 흑국균이다.
④ *A. flavus*는 aflatoxin을 생산한다.

32 병족세포를 가지는 곰팡이속은?

① *Rhizopus*속 ② *Aspergillus*속

③ *Penicillium*속 ④ *Monascus*속

33 흑색 균총을 형성하며, amylase와 protease 등의 효소와 구연산 생산능을 가지고 있는 곰팡이는?

① *Aspergillus flavus*

② *Aspergillus niger*

③ *Aspergillus oryzae*

④ *Aspergillus ochraceus*

34 *Aspergillus*속에 속하는 곰팡이에 대한 설명으로 틀린 것은?

① *A. oryzae*는 단백질 분해력과 전분 당화력이 강하여 주류 또는 장류 양조에 이용된다.

② *A. glaucus*군에 속하는 곰팡이는 건조에 대한 내성이 크다.

③ *A. niger*는 대표적인 황국균이며 알코올 발효용 코지 곰팡이균에 이용된다.

④ *A. flavus*는 aflatoxin을 생산한다.

35 *Aspergillus oryzae*에 대한 설명으로 적합하지 않는 것은?

① pectinase를 강하게 생산하여 과실주스의 청징에 이용된다.

② 간장, 된장 등의 제조에 이용된다.

③ 대사산물로 kojic acid를 생성한다.

④ 효소활성이 강해 소화제 생산에 이용된다.

36 간장 제조 시 종균으로 쓰이는 균주는?

① *Aspergillus flavus*

② *Aspergillus nidulans*

③ *Aspergillus niger*

④ *Aspergillus oryzae*

37 메주에서 흔히 발견되는 균이 아닌 것은?

① *Rhizopus oryzae*

② *Aspergillus flavus*

③ *Bacillus subtilis*

④ *Aspergillus oryzae*

38 치즈 숙성과 관계가 먼 것은?

① *Penicillium camemberti*

② *Penicillium roqueforti*

③ *Streptococcus lactis*

④ *Mucor rouxii*

39 asymmetrica에 속하며 cheese 제조에 사용되는 곰팡이는?

① *Penicillium roqueforti*

② *Penicillium chrysogeum*

③ *Penicillium expansum*

④ *Penicillium citrinum*

40 생육온도 특성으로 볼 때 시판 냉동식품에서 발견되기 가장 쉬운 미생물은?

① *Salmonella*속

② *Aureobasidium*속

③ *Rhizopus*속

④ *Bacillus*속

41 곤충이나 곤충의 번데기에 기생하는 동충하초균속인 것은?

① *Monascus*속 ② *Neurospora*속
③ *Gibberella*속 ④ *Cordyceps*속

42 곰팡이독(mycotoxin)을 생산하지 않는 곰팡이는?

① *Fusarium*속 ② *Monascus*속
③ *Aspergillus*속 ④ *Penicillium*속

43 과일이나 채소를 부패시킬 뿐만 아니라 보리나 옥수수와 같은 곡류에서 zearalenone이나 fumonisin 등의 독소를 생산하는 곰팡이는?

① *Aspergillus*속 ② *Fusarium*속
③ *Penicillium*속 ④ *Cladosporium*속

44 다음 중 곰팡이 독소가 아닌 것은?

① patulin ② ochratoxin
③ enterotoxin ④ aflatoxin

45 황변미는 여름철 쌀의 저장 중 수분 15~20%에서 미생물이 번식하여 대사독성물질이 생성되는 것인데 다음 중 이에 관련된 미생물은?

① *Bacillus subtillis, Bacillus mesentericus*
② *Lactobacillus plantarum, Escherichia coli*
③ *Penicillus citrinum, Penicillus islandicum*
④ *Mucor rouxii, Rhizopus delema*r

46 수확 직후의 쌀에 빈번한 곰팡이로 저장 중 점차 감소되어 쌀의 변질에는 거의 관여하지 않는 것으로만 묶인 것은?

① *Alternaria, Fusarium*
② *Aspergillus, Penicillium*
③ *Alternaria, Penicillium*
④ *Asprergillus, Fusarium*

47 식품 저장 중 발생하는 독소인 aflatoxin을 생산하는 균은?

① *Aspergillus oryzae*
② *Aspergillus kawachii*
③ *Aspergillus niger*
④ *Aspergillus flavus*

48 효소 및 유기산 생성에 이용되며 강력한 발암물질인 aflatoxin을 생성하는 것은?

① *Aspergillus*속
② *Fusarium*속
③ *Saccharomyces*속
④ *Penicillium*속

49 ergotoxin을 생성하는 곰팡이는?

① *Aspergillus parasiticus*
② *Claviceps purpurea*
③ *Aspergillus ochraceus*
④ *Fusarium roseum*

50 곰팡이의 작용과 거리가 먼 것은?

① 치즈의 숙성　　② 페니실린 제조
③ 황변미 생성　　④ 식초의 양조

51 곰팡이에 의한 빵의 변패를 방지하기 위한 방법으로 옳지 않은 것은?

① 적절한 냉각 및 포장 전 빵의 응축수 제거
② 반죽에 보존료 첨가
③ 공장의 공기를 여과, 자외선 살균
④ 빵 반죽 발효시간 연장

52 식품과 주요 변패 관련 미생물이 잘못 연결된 것은?

① 시판 냉동식품 – *Aspergillus*속
② 감자전분 – *Bacillus*속
③ 통조림 식품 – *Clostridium*속
④ 고구마의 연부현상 – *Rhizopus*속

53 식물의 병과 그 원인균이 바르게 짝지어진 것은?

① 보리붉은곰팡이병
　　– *Fusarium moniliforme*
② 흑반병 – *Alternaria tenius*
③ 키다리병 – *Fusarium graminearum*
④ 탄저병 – *Botrytis cinerea*

식품미생물의 특징과 이용 – 효모

01 효모의 형태에 관한 설명으로 옳은 것은?

① 효모는 배지조성, pH, 배양방법 등과는 관계없이 항상 일정한 형태를 보인다.
② 효모 영양세포는 구형, 계란형, 타원형, 레몬형 등이 있다.
③ 일반적으로 효모의 크기는 $1\mu m$ 이하 정도가 보통으로 세균과 유사한 크기를 가진다.
④ 효모는 곰팡이와는 달리 위균사나 균사를 형성하지 않는다.

02 효모와 곰팡이에 관한 설명으로 틀린 것은?

① 효모는 곰팡이보다 작은 세포이다.
② 효모와 곰팡이는 낮은 pH나 낮은 온도의 환경에서도 잘 자란다.
③ 곰팡이는 효모보다 대사활성이 높고 성장속도도 빠르다.
④ 효모는 곰팡이보다 혐기적인 조건에서 성장하는 종류가 많다.

03 맥주효모 세포의 기본적인 형태는?

① 계란형(cerevisiae type)
② 타원형(ellipsoideus type)
③ 소시지형(pastorianus type)
④ 레몬형(apiculatus type)

04 효모 미토콘드리아(mitochondria)의 주요 작용은?

① 호흡 작용
② 단백질 생합성 작용
③ 효소 생합성 작용
④ 지방질 생합성 작용

05 효모의 세포벽을 분석하였을 때 일반적으로 가장 많이 검출될 수 있는 화합물은?

① glucomannan　② protein
③ lipid and fats　④ glucosamine

06 효모의 증식에 관한 설명으로 옳은 것은?

① 효모는 출아법과 분열법만으로 증식한다.
② 효모의 무성포자에는 담자포자, 자낭포자, 위균사포자가 있다.
③ 효모는 출아법, 분열법, 무성포자와 유성포자법으로 증식한다.
④ 효모의 무성포자에는 동태접합, 이태접합, 위접합이 있다.

07 효모의 대표적인 증식방법으로 세포에 생긴 작은 돌기가 커지면서 새로운 자세포가 생성되는 방법은?

① 출아　　　② 사출
③ 세포분열　④ 접합

08 대부분 무성생식을 하며 주로 출아법(budding)에 의하여 증식하는 진균류로 빵, 맥주, 포도주 등을 만드는 데 사용되는 것은?

① 세균(bacteria)　② 곰팡이(mold)
③ 효모(yeast)　　④ 바이러스(virus)

09 다음 효모 중 분열에 의해서 증식하는 효모는?

① *Saccharomyces*속
② *Hansenula*속
③ *Schizosaccharomyces*속
④ *Candida*속

10 분열에 의한 무성생식을 하는 전형적인 특징을 보이는 효모로 알맞은 것은?

① *Saccharomyces*속
② *Zygosaccharomyces*속
③ *Sacchromycodes*속
④ *Schizosaccharomyces*속

11 *Schizosaccharomyces*속 효모의 무성생식 방법은?

① 자낭포자형성법　② 분열법
③ 양극출아법　　　④ 접합포자형성법

12 다극출아에 의하여 증식하는 효모는?

① *Nadsonia*속
② *Saccharomycodes*속
③ *Saccharomyces*속
④ *Schizosaccharomyces*속

13 사출포자를 형성하지 않는 효모는?
① *Candida*속
② *Sproidiobolus*속
③ *Sporobolomyces*속
④ *Bullera*속

14 효모를 분리하려고 할 때 배지의 pH로 가장 적합한 것은?
① pH 2.0~3.0   ② pH 4.0~6.0
③ pH 7.0~8.0   ④ pH 10.0~12.0

15 다음 중 효모의 생육억제 효과가 가장 큰 것은?
① glucose 50%   ② glucose 30%
③ sucrose 50%   ④ sucrose 30%

16 glucose에 *Saccharomyces cerevisiae*을 접종하여 호기적으로 배양하였을 경우의 결과는?
① $6CO_2 + 6H_2O$
② CH_3CH_2OH
③ CO_2
④ $2CH_3CH_2OH + 2CO_2$

17 효모의 Neuberg 제1 발효형식에서 에틸알코올 이외에 생성하는 물질은?
① CO_2 ② H_2O
③ $C_3H_5(OH)_3$ ④ CH_3CHO

18 효모에 관한 설명 중 옳지 않은 것은?
① 곰팡이와 같이 자낭균류, 담자균류 및 불완전균류로 분류한다.
② 세포벽은 글루칸, 만난 및 키틴 같은 다당류가 주성분이다.
③ 증식은 주로 유성적인 출아법에 의한다.
④ 대부분 곰팡이보다 대사활성이 높고 성장속도가 빠르다.

19 효모균의 동정(同定)과 관계 없는 것은?
① 포자의 유무와 모양
② 라피노스(raffinose) 이용성
③ 편모 염색
④ 피막 형성

20 효모의 주요 분류와 그에 속하는 효모명이 바르게 짝지어진 것은?
① 유포자효모 – *Candida*
② 자낭포자효모 – *Torulopsis*
③ 담자포자효모 – *Saccharomyces*
④ 사출포자효모 – *Bullera*

21 다음 중 유포자효모가 아닌 것은?
① *Schizosacchromyces*속
② *Kluyveromyces*속
③ *Hansenula*속
④ *Rhodotorula*속

22 불완전효모류에 속하는 것은?

① *Saccharomyces*속
② *Pichia*속
③ *Rhodotorula*속
④ *Hansenula*속

23 배양효모와 야생효모의 비교에 대한 설명 중 옳은 것은?

① 배양효모는 장형이 많으며 세대가 지나면 형태가 축소된다.
② 야생효모는 번식기에 아족을 형성하며 액포가 작고 원형질이 흐려진다.
③ 배양효모는 발육온도가 높고 저온, 건조, 산에 대한 저항성이 약하다.
④ 야생효모의 세포막은 점조성이 풍부하여 세포가 쉽게 액내로 흩어지지 않는다.

24 산막효모의 특징이 아닌 것은?

① 산소를 요구한다.
② 산화력이 약하다.
③ 액의 표면에서 발육한다.
④ 피막을 형성한다.

25 산화력이 강하며 배양액의 표면에서 피막을 형성하는 산막효모(피막효모, film yeast)에 속하는 것은?

① *Candida*속
② *Pichia*속
③ *Saccharomyces*속
④ *Shizosaccharomyces*속

26 아래의 설명에 해당하는 효모는?

- 배양액 표면에 피막을 만든다.
- 질산염을 자화할 수 있다.
- 자낭포자는 모자형 또는 토성형이다.

① *Schizosaccharomyces*속
② *Hansenula*속
③ *Debarymyces*속
④ *Saccharomyces*속

27 *Sacchramyces*속에 대한 설명 중 틀린 것은?

① 다극출아법으로 분열한다.
② 담자포자를 형성한다.
③ 위균사를 형성하기도 한다.
④ 체세포는 구형, 타원형, 원통형 등이다.

28 다음 중 맥주산업에 사용되는 상면발효효모는?

① *Saccharomyces cerevisiae*
② *Zygosaccharomyces rouxii*
③ *Saccharomyces uvarum*
④ *Saccharomyces servazzii*

29 하면발효효모에 대한 설명 중 잘못된 것은?

① 난형 또는 타원형이다.
② 발효작용이 상면발효효모보다 빠르다.
③ 라피노스(raffinose)를 발효시킬 수 있다.
④ 생육최적온도는 5~10℃ 정도이다.

30 하면발효효모에 해당되는 것은?

① *Saccharomyces cerevisiae*

② *Saccharomyces carlsbergensis*

③ *Saccharomyces sake*

④ *Saccharomyces coreanus*

31 맥주 발효 시 상면발효효모와 하면발효효모의 예로 옳은 것은?

① 상면발효효모
 – *Saccharomyces carlsbergensis*,
 하면발효효모
 – *Saccharomyces cerevisiae*

② 상면발효효모
 – *Saccharomyces cerevisiae*,
 하면발효효모
 – *Saccharomyces carlsbergensis*

③ 상면발효효모
 – *Saccharomyces rouxii*,
 하면발효효모
 – *Saccharomyces cerevisiae*

④ 상면발효효모
 – *Saccharomyces ellipsoideus*,
 하면발효효모
 – *Saccharomyces cerevisiae*

32 영국 등지에서 맥주 제조에 쓰이는 상면발효효모는?

① *Saccharomyces carlsbergensis*

② *Saccharomyces cerevisiae*

③ *Saccharomyces uvarum*

④ *Shizosaccharomyces pombe*

33 *Saccharomyces cerevisiae*를 포도 착즙액에 접종하고 혐기적으로 배양할 때 주로 생성되는 물질은?

① 초산, 물

② 젖산, 이산화탄소

③ 에탄올, 젖산

④ 이산화탄소, 에탄올

34 포도주 제조에 쓰이는 것은?

① *Saccharomyses sake*

② *Saccharomyses formosensis*

③ *Saccharomyses ellipsoideus*

④ *Saccharomyses pasteurianus*

35 포도 과피에 다량 존재하여 포도주의 자연발효 시 이용되는 균주는?

① *Aspergillus niger*

② *Kluyveromyces marxiannus*

③ *Saccharomyces carlsbergensis*

④ *Saccharomyces cerevisiae var. ellipsoideus*

36 당화효소를 분비하여 전분을 직접 발효할 수 있는 능력이 있는 효모는?

① *Saccharomyces cerevisiae*

② *Saccharomyces sake*

③ *Saccharomyces diastaticus*

④ *Saccharomyces dairensis*

37 높은 식염농도에서도 생육하는 내염성 효모는?

① *Zygosaccharomyces rouxii*

② *Saccharomyces pasteurianus*

③ *Saccharomyces carlsbergensis*

④ *Candida utilis*

38 간장이나 된장 발효에 관여하는 효모로 높은 염농도(18% NaCl)에서도 자라는 것은?

① *Saccharomyces cerevisiae*

② *Saccharomyces carlsbergensis*

③ *Saccharomyces fragilis*

④ *Saccharomyces rouxii*

39 탄화수소(炭化水素)의 자화성(資化性)이 가장 강하며 사료효모 제조 균주로 사용되는 것은?

① *Candida guillermondi*

② *Candida tropicalis*

③ *Hansenula anomala*

④ *Pichia membranaefaciens*

40 xylose를 이용하므로 아황산펄프폐액에서 배양할 수 있는 효모는?

① *Candida lipolytica*

② *Candida albicans*

③ *Candida utilis*

④ *Candida versatilis*

41 GRAS(generally regarded as safe) 균주로 안전성이 입증되어 있고, 단세포 단백질 및 리파아제 생산균주는?

① *Candida rugosa*

② *Aspergillus niger*

③ *Rhodotorula glutinus*

④ *Bacillus subtilis*

42 *Torulopsis*속과 다른 미생물의 비교 설명으로 틀린 것은?

① *Candida*속과 달리 위균사를 형성하지 않는다.

② *Vibrio*속과 달리 내염성이 약하다.

③ *Rhodotorula*속과 달리 carotenoid 색소를 생성하지 않는다.

④ *Crytococcus*속과 달리 전분과 같은 물질을 만들지 않는다.

43 간장의 후숙에 관여하여 맛과 향기를 내는 내염성 효모의 세포는 형태학적으로 어느 것에 속하는가?

① 난형(cerevisiae type)

② 타원형(ellipsoideus type)

③ 구형(torula type)

④ 레몬형(apiculatus type)

44 카로티노이드 색소를 띠는 적색효모로서 균체 내에 많은 지방을 함유하고 있는 것은?

① *Candida albicans*
② *Saccharomyces cerevisiae*
③ *Debaryomyces hansenii*
④ *Rhodotorula glutinus*

45 *Pichia*속 효모의 특징이 아닌 것은?

① 김치나 양조물 표면에서 증식하는 대표적인 산막효모이다.
② 다극출아에 의해 증식하며, 생육조건에 따라 위균사를 형성하기도 한다.
③ 알코올 생성능이 강하다.
④ 질산염을 자화하지 않는다.

46 다음의 효모 중 김치류의 표면에 피막을 형성하며, 질산염을 자화하지 않는 것은?

① *Saccharomyces*속
② *Pichia*속
③ *Rhodotorula*속
④ *Hansenula*속

47 유당(lactose)을 발효하여 알코올을 생성하는 효모는?

① *Saccharomyces*속
② *Kluyveromyces*속
③ *Candida*속
④ *Pichia*속

48 당으로부터 알코올을 생성하는 능력은 약하나 내염성이 강한 효모는?

① *Saccharomyces*속
② *Debaryomyces*속
③ *Kluyveromyces*속
④ *Shizosaccharomyces*속

49 미생물과 그 이용에 대한 설명이 옳지 않은 것은?

① *Bacillus subtilis* – 단백 분해력이 강하여 메주에서 번식한다.
② *Aspergillus oryzae* – amylase와 protease 활성이 강하여 코지(koji)균으로 사용된다.
③ *Propionibacterium shermanii* – 치즈눈을 형성시키고, 독특한 풍미를 내기 위하여 스위스치즈에 사용된다.
④ *Kluyveromyces lactis* – 내염성이 강한 효모로 간장의 후숙에 중요하다.

50 killer yeast가 자신이 분비하는 독소에 영향을 받지 않는 이유는?

① 항독소를 생산한다.
② 독소 수용체를 변형시킨다.
③ 독소를 분해한다.
④ 독소를 급속히 방출시킨다.

식품미생물의 특징과 이용 – 박테리오파지

01 박테리오파지(bacteriophage)의 설명 중 틀린 것은?

① 숙주(宿主)로 되는 균이 한정되어 있지 않다.

② 기생증식하면서 용균(溶菌)하는 virus 체이다.

③ 머리는 DNA, 꼬리는 단백질로 구성되어 있다.

④ 독성(virulent)과 온화(temperate) phage로 대별한다.

02 세균의 세포에 기생해서 숙주세균을 용균시키는 것은?

① bacteriophage   ② rickettsia

③ vector   ④ plasmid

03 다음 중 용원성 파지(phage)의 특성이 아닌 것은?

① 숙주세포의 염색체에 결합하여 prophage가 된다.

② 세균의 증식에 따라 분열한 세균세포로 유전된다.

③ 세균세포벽을 용해시켜 유리파지가 된다.

④ 숙주세포 내에서 새로운 DNA나 단백질을 합성하지 않는다.

04 세균의 파지(phage)에 대한 설명으로 틀린 것은?

① 발효액을 평판한천배양하면 투명한 plaque를 형성해서 식별된다.

② 파지는 세균을 이용한 cheese, amylase 발효 등에 의해 오염된다.

③ 파지는 세균을 이용한 발효탱크에 파지가 오염되면 발효액이 혼탁성을 띤다.

④ 파지는 세균을 이용한 inosinic acid, acetone–butanol 발효공업 등에서 발생한다.

05 바이러스(virus)와 파지(phage)에 대한 설명으로 틀린 것은?

① phage는 동물·식물기생파지와 세균·조류기생파지로 분류한다.

② virus는 동물, 식물, 미생물 등의 세포에 기생하는 초여과성 입자이다.

③ phage는 두부, 미부, 6개의 spike와 기부로 구성되어 있다.

④ virus 중에서 세균에 기생하는 경우를 phage 또는 bacteriophage라 한다.

06 박테리오파지(bacteriophage)가 감염하여 증식할 수 없는 균은?

① *Bacillus subtilis*

② *Aspergillus oryzae*

③ *Escherichia coli*

④ *Clostridium perfringens*

07 용균성 박테리오파지의 증식과정으로 올바른 것은?

① 흡착 – 용균 – 침입 – 핵산 복제 – phage 입자 조립

② 흡착 – 침입 – 핵산 복제 – phage 입자 조립 – 용균

③ 흡착 – 침입 – 용균 – phage 입자 조립 – 핵산 복제

④ 흡착 – 용균 – 침입 – phage 입자 조립 – 핵산 복제

08 파지(phage)에 감염되었으나 그대로 살아가는 세균세포를 무엇이라고 하는가?

① 비론(viron)　② 숙주세포

③ 용원성 세포　④ 프로파지

09 식품공장에서의 일반적인 파지(phage) 예방법이 아닌 것은?

① 2종 이상의 균주 조합 계열을 만들어 2~3일마다 바꾸어 사용한다.

② 항생물질의 낮은 농도에 견디고 정상발효를 행하는 내성 균주를 사용한다.

③ 공장 내의 공기를 자주 바꾸어주거나 온도, pH 등의 환경조건을 변화시킨다.

④ 공장과 주변을 청결히 하고 용기의 가열 살균, 약제 사용 등을 통한 살균을 철저히 한다.

10 파지(phage)에 오염되었다는 현상으로 옳지 않은 것은?

① 이상발효를 일으키는 인자가 세균여과기를 통과한다.

② 살아있어서 대사가 왕성한 세균의 세포 내에서만 증식한다.

③ 이상발효를 일으키는 인자를 가해주면 발효가 빨라지거나 탁도가 증가한다.

④ 숙주균 특이성이 있다.

11 파지(phage)의 피해와 관계가 없는 발효는?

① ethanol 발효

② cheese 발효

③ glutamic acid 발효

④ acetone–butanol 발효

12 바이러스에 대한 설명으로 틀린 것은?

① 일반적으로 유전자로서 RNA나 DNA 중 한 가지 핵산을 가지고 있다.

② 숙주세포 밖에서는 증식할 수 없다.

③ 일반 세균과 비슷한 구조적 특징과 기능을 가지고 있다.

④ 완전한 형태의 바이러스 입자를 비리온(virion)이라 한다.

13 바이러스 증식단계가 올바르게 표현된 것은?

① 부착단계–주입단계–단백외투합성단계–핵산복제단계–조립단계–방출단계

② 주입단계–부착단계–단백외투합성단계–핵산복제단계–조립단계–방출단계

③ 부착단계–주입단계–핵산복제단계–단백외투합성단계–조립단계–방출단계

④ 주입단계–부착단계–조립단계–핵산복제단계–단백외투합성단계–방출단계

식품미생물의 특징과 이용 – 방선균

01 방선균의 성질 및 형태와 거리가 먼 것은?

① 분생자를 형성하거나 포자낭 중에 포자를 형성한다.

② 세포벽에 화학구조가 그람양성세균과 유사하다.

③ 균사상으로 되어 있다.

④ 세포는 진핵세포로 되어 있다.

02 실모양의 균사가 분지하여 방사상으로 성장하는 특징이 있는 미생물로 다양한 항생물질을 생산하는 균은?

① 초산균   ② 방선균

③ 프로피온산균   ④ 연쇄상구균

03 발효에 관여하는 미생물에 대한 설명 중 틀린 것은?

① 글루타민산 발효에 관여하는 미생물은 주로 세균이다.

② 당질을 원료로 한 구연산 발효에는 주로 곰팡이를 이용한다.

③ 항생물질 스트렙토마이신의 발효 생산은 주로 곰팡이를 이용한다.

④ 초산 발효에 관여하는 미생물은 주로 세균이다.

04 항생물질과 그 항생물질의 생산에 이용되는 균이 아닌 것은?

① penicillin – *Penicillium chrysogenum*

② streptomycin – *Streptomyces aureus*

③ teramycin – *Streptomyces rimosus*

④ chlorotetracycline – *Streptomyces aureofaciens*

05 melanine 과잉생산은 피부노화 및 피부암을 유발시키고 채소, 과일, 생선의 질을 저하시킨다. melanine 억제를 위한 방법으로 가능성이 있는 것은?

① *Aspergillus flavus*가 생산하는 aflatoxin을 이용한다.

② *Cellulomonas fimi*가 생산하는 cellulase를 이용한다.

③ *Mucor rouxii*가 생산하는 lactose를 이용한다.

④ *Streptomyces bikiniensis*가 생산하는 kojic acid 등을 이용한다.

식품미생물의 특징과 이용 – 기타 미생물(버섯)

01 버섯에 대한 설명이 잘못된 것은?

① 진핵세포를 하고 있다.

② 주름(gills)에 포자가 있다.

③ 포자는 담자포자이다.

④ 균사에 격벽이 있고 자낭균과 차이가 없다.

02 버섯류에 대한 설명으로 맞지 않는 것은?

① 버섯은 분류학적으로 담자균류에 속한다.

② 유성적으로는 담자포자 형성에 의해 증식을 하며, 무성적으로는 균사 신장에 의해 증식한다.

③ 건강보조식품으로 사용되고 있는 동충하초(*Cordyceps* sp.)도 분류학상 담자균류에 속한다.

④ 우리가 식용하는 부위인 자실체는 3차 균사에 해당된다.

03 담자균류의 특징과 관계가 없는 것은?

① 담자기(basidium)
② 담자포자
③ 자낭포자
④ 주름살(gills)

04 버섯의 각 부위 중 담자기(basidium)가 형성되는 곳은?

① 주름(gills)　　② 균륜(ring)
③ 자루(stem)　　④ 각포(volva)

05 송이버섯목, 백목이균목 등과 같은 대부분의 버섯은 미생물 분류학상 어디에 속하는가?

① 담자균류　　② 자낭균류
③ 편모균류　　④ 접합균류

06 다음 중 버섯의 증식순서로 옳은 것은?

① 균뇌 – 포자 – 균사체 – 균병 – 균포 – 균륜 – 균산 – 갓
② 균병 – 균사체 – 균뇌 – 포자 – 균포 – 균륜 – 균산 – 갓
③ 균포 – 균사체 – 포자 – 균뇌 – 균병 – 균륜 – 균산 – 갓
④ 포자 – 균사체 – 균뇌 – 균포 – 균병 – 균산 – 갓

07 일반적인 버섯의 감별법으로 잘못된 것은?

① 줄기와 마디를 찢었을 때 유즙이 있으면 유독하다.
② 줄기가 세로로 찢어지지 않고 부스러지는 것은 유독하다.
③ 버섯을 끓일 때 은수저의 반응으로 적색이 나타나면 유독하다.
④ 쓴맛이나 신맛은 유독하다.

08 독버섯의 유독성분에 대한 설명으로 틀린 것은?

① muscaridine : 위경련, 구토, 설사증상을 나타낸다.
② neurine : LD_{50} 90mg/kg 독성으로 호흡곤란, 경련, 마비증상을 보인다.
③ muscarine : 3~5mg의 피하주사나 0.5g 경구투여 할 경우 사망한다.
④ phaline : 용혈작용이 있다.

식품미생물의 특징과 이용 – 기타 미생물(조류)

01 조류(algae)에 대한 설명 중 옳은 것은?

① 엽록소인 엽록체를 갖는다.
② 녹조류, 갈조류, 홍조류가 대표적이며 다세포이다.
③ 클로렐라(chlorella)는 단세포 갈조류의 일종이다.
④ 우뭇가사리, 김은 갈조류에 속한다.

02 조류(algae)에 대한 설명으로 틀린 것은?
① 대부분 수중에서 생활한다.
② 남조류, 녹조류는 육안으로 볼 수 있는 다세포형이다.
③ 남조류, 규조류, 갈조류, 홍조류 등이 있다.
④ 조류는 세포 내에 엽록체나 엽록소를 갖는다.

03 엽록소를 갖는 조류가 주로 행하는 반응은?
① 해당과정   ② 광합성
③ 탈수소반응   ④ 호흡

04 광합성을 하는 조류(algae)와 일반 균류를 구별할 수 있는 가장 특징적인 특성은?
① 엽록소 함유   ② 증식방법
③ 크기   ④ 형태

05 남조류에 대한 설명으로 틀린 것은?
① 단세포 종류들은 이분열에 의한 무성생식으로만 번식한다.
② 세포벽은 있으나 세포막은 없다.
③ 가스소포를 만들어서 세포에 부력을 주어 뜨게 한다.
④ 단세포 조류로서 세포 안에 핵과 액포가 없다.

06 남조류(blue green alge)의 특성과 관계없는 것은?
① 일반적으로 스테롤(sterol)이 없다.
② 진핵세포이다.
③ 핵막이 없다.
④ 활주 운동(gliding movement)을 한다.

07 클로렐라의 설명 중 틀린 것은?
① 클로로필(chlorophyll)을 갖는 구형이나 난형의 단세포 조류이다.
② 건조물은 약 50%가 단백질이고 아미노산과 비타민이 풍부하다.
③ 단위 면적당 연간 단백질 생산량은 대두의 50배 정도이다.
④ 태양에너지 이용률은 일반 재배식물과 같다.

08 녹조류로서 균체단백질(SCP)로 이용되며 CO_2를 이용하고 O_2를 방출하는 것은?
① 효모(yeast)
② 지의류(lichens)
③ 클로렐라(chlorella)
④ 곰팡이(molds)

09 균체단백질을 생산하는 식사료로 사용되는 미생물은?

① *Candida utilis*

② *Bacillus cereus*

③ *Penicillum chrysogenum*

④ *Aspergillus flavus*

10 홍조류에 대한 설명 중 틀린 것은?

① 클로로필 이외에 피코빌린이라는 색소를 갖고 있다.

② 열대 및 아열대 지방의 해안에 주로 서식하며 한천을 추출하는 원료가 된다.

③ 세포벽은 주로 셀룰로스와 알긴으로 구성되어 있으며 길이가 다른 2개의 편모를 갖고 있다.

④ 엽록체를 갖고 있어 광합성을 하는 독립영양생물이다.

11 홍조류(red algae)에 속하는 것은?

① 미역

② 다시마

③ 김

④ 클로렐라

미생물의 증식과 환경인자

01 세균의 생육곡선과 관계가 없는 용어는?

① 유도기(lag phase)
② 정지기(stationary phase)
③ 산화기(oxidation phase)
④ 대수기(logarithmic phase)

02 세균의 증식에서 볼 수 있는 유도기(lag phase)가 생기는 이유는?

① 새로운 환경에 적응하기 위하여
② dipicolinic acid를 합성하기 위하여
③ 편모를 형성하기 위하여
④ 캡슐(capsule)을 형성하기 위하여

03 미생물의 증식곡선에서 환경에 대한 적응 시기로 세포수 증가는 거의 없으나 세포 크기가 증대되며 RNA 함량이 증가하고 대사 활동이 활발해지는 시기는?

① 유도기(lag phase)
② 대수기(logarithmic phase)
③ 정상기(stationary phase)
④ 사멸기(death phase)

04 미생물의 증식곡선에 있어서 다음 기(期, phase) 중 세포의 생리적 활성이 강하고 세포의 크기가 일정하며 세포수가 급격히 증가하는 기는?

① 유도기   ② 대수기
③ 정상기   ④ 사멸기

05 발효 미생물의 일반적인 생육곡선에서 정상기(정지기, stationary phase)에 대한 설명으로 잘못된 것은?

① 균수의 증가와 감소가 같게 되어 균수가 더 이상 증가하지 않게 된다.
② 전 배양기간을 통하여 최대의 균수를 나타낸다.
③ 세포가 왕성하게 증식하며 생리적 활성이 가장 높다.
④ 정상기 초기는 세포의 저항성이 가장 강한 시기이다.

06 최초 세균수는 a이고 한 번 분열하는 데 3시간이 걸리는 세균이 있다. 최적의 증식조건에서 30시간 배양 후 총균수는?

① $a \times 3^{30}$ ② $a \times 2^{10}$
③ $a \times 5^{30}$ ④ $a \times 2^5$

07 60분마다 분열하는 세균의 최초 세균수가 5개일 때 3시간 후의 세균수는?

① 90개   ② 40개
③ 120개   ④ 240개

08 *Bacillus subtilis*(1개)가 30분마다 분열한다면 5시간 후에는 몇 개가 되는가?

① 10   ② 512
③ 1024   ④ 2048

09 대장균의 대수증식기에서 비증식속도(μ)가 2.303/hr이라면 평균 세대시간은?

① 30분   ② 18분
③ 15분   ④ 2분

10 4분원법, 연속도말법의 균배양에 적합한 것은?

① 혐기성 액체배양
② 호기적 사면배양
③ 호기적 평판배양
④ 혐기적 소적배양

11 천자배양(stab culture)에 가장 적합한 것은?

① 호염성균의 배양   ② 호열성균의 배양
③ 호기성균의 배양   ④ 혐기성균의 배양

12 액체식품 중의 생존균수를 희석평판배양법으로 아래와 같이 측정하였을 때 식품 1mL 중의 colony 수는?

> a. 액체식품 1mL를 살균생리식염수로 25mL가 되도록 희석하였다.
> b. a의 희석액 1mL를 새로운 멸균수로 25mL가 되도록 희석하였다.
> c. b의 희석액 1mL를 취하여 24mL의 한천배지에 혼합하여 평판배양하였다.
> d. 평판배양 결과 colony 수가 10개이었다.

① 6.0×10^3 ② 6.3×10^3
③ 1.5×10^5 ④ 1.6×10^5

13 식품 중 세균수 측정을 위해 시료 25g과 멸균식염수 225mL을 섞어 균질화하고 시험액을 다시 10배 희석한 후 1mL을 취하여 표준평판배양하였더니 63개의 집락이 형성되었다. 세균수 측정 결과는?

① 63cfu/g   ② 630cfu/g
③ 6300cfu/g   ④ 63000cfu/g

14 식품공전에 의거, 일반세균수를 측정할 때 10000배 희석한 시료 1mL를 평판에 분주하여 균수를 측정한 결과 237개의 집락이 형성되었다면 시료 1g에 존재하는 세균수는?

① 2.37×10^5cfu/g
② 2.37×10^6cfu/g
③ 2.4×10^5cfu/g
④ 2.4×10^6cfu/g

15 미생물의 세포수를 세는 데 쓰이는 것은?

① Micrometer   ② Haematometer
③ Refractometer   ④ Burri씨관

16 살아있는 미생물의 수를 측정할 때 사용하는 방법은?

① Haematometer에 개체수 측정
② 현미경으로 보아 살아 움직이는 균수의 측정
③ 평판배양법에 의한 집락수 측정
④ 광학적 측정

17 미생물의 균수측정법 중 생균수 측정법에 해당되지 않는 것은?

① 현미경 직접계수법
② 표면평판법
③ 주입평판법
④ 최확수(MPN)법

18 haematometer는 미생물 실험에서 어느 경우에 적당한가?

① 총균수의 측정   ② pH의 측정
③ turbidity의 측정 ④ 용존 산소의 측정

19 haematometer의 1구역 내의 균수가 평균 5개일 때 mL당 균액의 균수는?

① $2×10^5$ ② $2×10^6$
③ $2×10^7$ ④ $2×10^8$

20 세균의 균수를 측정하는 방법에 대한 설명으로 틀린 것은?

① 총균수를 측정하기 위해서는 Thoma의 혈구계수기(haematometer)가 사용된다.
② 그람 염색법으로 생균과 사균을 구별할 수 있다.
③ 비교적 미생물 농도가 낮은 시료는 필터(filter)법을 이용한다.
④ 일반적으로 생균수는 평판배양법으로 측정할 수 있다.

21 그람(Gram) 염색의 목적은?

① 효모 분류 및 동정
② 곰팡이 분류 및 동정
③ 세균 분류 및 동정
④ 조류 분류 및 동정

22 균체 증식도를 측정하는 것은?

① 균체 탄수화물량
② 균체 질소량
③ 균체 내 CO_2량
④ 균체의 산소분비량

23 미생물 정량법(microbial bioassay)이란?

① 미생물, 증식속도를 정량
② 비타민, 아미노산 등을 미생물 증식에 의하여 정량
③ 미생물의 생장을 미세한 정도까지 정량
④ 미생물의 미세부분을 정량

24 미생물 세포의 일반성분에 대한 설명 중 틀린 것은?

① RNA는 세포질의 중요 성분이며, DNA는 주로 핵 중에 들어 있다.
② 포자 중에 함유된 수분은 거의 결합수이므로 열에 대한 저항력이 강하다.
③ 균체의 탄수화물은 그 함유량이 건조량의 10~30%로서 육탄당(hexose)은 RNA와 DNA의 성분으로 존재한다.
④ 세균의 핵에 존재하는 단백질은 대부분 핵산과 결합한 뉴클레오프로테인(nucleoprotein)으로 존재한다.

25 미생물 생육인자(growth factor)에 대한 설명으로 틀린 것은?

① 미생물이 스스로 합성할 수 없어서 미량 요구하는 유기화합물이다.
② 조효소(coenzyme) 구성에 필요한 보결분자단(prosthetic group)의 역할을 한다.
③ 미생물이 자체적으로 합성하는 아미노산이다.
④ 비타민, 퓨린, 피리미딘 등이 생육인자라고 할 수 있다.

26 미생물의 발육소(growth factor)에 해당하는 것은?

① 포도당 등의 탄소원
② 아미노산 등의 질소원
③ 무기염류
④ 비타민, 핵산 등 유기영양소

27 효모에 의하여 이용되는 유기 질소원은?

① 펩톤
② 황산암모늄
③ 인산암모늄
④ 질산염

28 미생물의 영양원에 대한 설명으로 틀린 것은?

① 종속영양균은 탄소원으로 주로 탄수화물을 이용하지만 그 종류는 균종에 따라 다르다.
② 유기태 질소원으로 요소, 아미노산 등은 효모, 곰팡이, 세균에 의하여 잘 이용된다.
③ 무기염류는 미생물의 세포 구성성분, 세포 내 삼투압 조절 또는 효소활성 등에 필요하다.
④ 생육인자는 미생물의 종류와 관계없이 일정하다.

29 독립영양세균(autotrophic bacteria)이란?

① 무기물만으로 생육할 수 있는 균이다.
② acetyl-CoA 생성이 강한 균이다.
③ 색소(pigment) 합성을 하기 위하여 마그네슘(Mg)을 많이 요구하는 균이다.
④ 아미노산(amino acid)만을 질소원으로 요구하는 균이다.

30 독립영양균(autotroph)이 아닌 것은?

① *Thiobacillus*속
② *Nitrosomonas*속
③ *Nitrobacter*속
④ *Pseudomonas*속

31 화학합성 무기물 이용균이 아닌 것은?

① 수소세균
② 유황산화세균
③ 철세균
④ 초산균

32 다음 중 유황세균은?

① *Thiobacillus thioxidans*
② *Aspergillus flavus*
③ *Penicillium oxalicum*
④ *Streptomyces griseus*

33 광합성 무기영양균(photolithotroph)과 관계없는 것은?

① 에너지원을 빛에서 얻는다.
② 보통 H_2S를 수소 수용체로 한다.
③ 녹색황세균과 홍색황세균이 이에 속한다.
④ 통성혐기성균이다.

34 미생물의 영양에 유기화합물이 없어도 생육하는 균이 아닌 것은?

① 독립영양균
② 종속영양균
③ 무기영양균
④ 광합성균

35 빛에너지와 유기탄소원을 사용하는 미생물의 종류는?

① 광독립영양균
② 화학독립영양균
③ 광종속영양균
④ 화학종속영양균

36 종속영양균의 탄소원과 질소원에 관한 설명 중 옳은 것은?

① 탄소원과 질소원 모두 무기물만으로써 생육한다.

② 탄소원으로 무기물을, 질소원으로 유기 또는 무기질소화합물을 이용한다.

③ 탄소원으로 유기물을, 질소원으로 유기 또는 무기질소화합물을 이용한다.

④ 탄소원과 질소원 모두 유기물만으로써 생육한다.

37 유기화합물 합성을 위하여 햇빛을 에너지원으로 이용하는 광독립영양생물(photoautotroph)은 탄소원으로 무엇을 이용하는가?

① 메탄   ② 이산화탄소

③ 포도당   ④ 지방산

38 유기물을 분해하여 호흡 또는 발효에 의해 생기는 에너지를 이용하여 생육하는 균은?

① 광합성균   ② 화학합성균

③ 독립영양균   ④ 종속영양균

39 탄소원으로서 CO_2를 이용하지 못하고 다른 동식물에 의해서 생성된 유기탄소화합물을 이용하는 미생물의 명칭은?

① 독립영양미생물   ② 호기성미생물

③ 호염성미생물   ④ 종속영양미생물

40 다음 중 유기물을 이용하여 생육하는 세균은?

① 수소세균   ② 유황산화세균

③ 철세균   ④ 초산균

41 독립영양균과 종속영양균에 대한 설명 중 틀린 것은?

① 독립영양균은 탄소원으로 이산화탄소를 이용하지만 종속영양균은 유기화합물을 필요로 한다.

② 독립영양균은 광합성 독립영양균과 화학합성 독립영양균으로 나뉘어 진다.

③ 종속영양균에는 생물에 기생하는 활물기생균과 유기물에만 생육하는 사물기생균이 있다.

④ 미생물이 영양분을 분해하여 에너지를 얻는 화학변화과정의 차이에서 구분된다.

42 종속영양균(heterotrophs)인 효모류가 이용하지 못하는 당류는?

① 포도당(glucose)   ② 과당(furctose)

③ 맥아당(maltose)   ④ 젖당(lactose)

43 EMP 경로에 대한 설명으로 틀린 것은?

① 수소전달체는 NAD이다.

② 혐기성 반응의 경로이다.

③ 포도당이 6-phosphogluconic acid를 거치는 경로이다.

④ ATP 생성량이 TCA cycle에서보다 적다.

44 EMP(Embden-Meyerhof-Parnas) 경로에 대한 설명 중 맞지 않는 것은?

① 포도당이 혐기적으로 분해되어 피루브산을 생성하는 과정을 말한다.

② 알코올발효나 젖산발효, 해당작용 등이 이 경로를 통하여 이루어진다.

③ 대사반응 초기에 생성된 5탄당이 이 경로의 주요 역할을 한다.

④ 본 경로를 통하여 4분자의 ATP가 합성되고 2분자의 ATP가 소비된다.

45 EMP 경로에서 생성될 수 없는 물질은?

① lecithin
② acetaldehyde
③ lactate
④ pyruvate

46 당의 분해대사에 대한 설명으로 틀린 것은?

① EMP 경로는 혐기적인 대사이다.

② TCA cycle에서 dehydrogenase의 수소를 수용하는 조효소는 모두 NAD이다.

③ HMP 경로는 호기적인 대사이다.

④ 피루브산에서 TCA cycle의 대사경로는 호기적인 대사이다.

47 에틸알코올 발효 시 에틸알코올과 함께 가장 많이 생성되는 것은?

① CO_2
② H_2O
③ $C_3H_5(OH)_3$
④ CH_3OH

48 glucose대사 중 NADPH가 주로 생성되는 경로는?

① EMP 경로
② HMP 경로
③ TCA 회로
④ Glyoxylate 회로

49 아래의 반응에 관여하는 효소는?

$$CH_3COCOOH + NADH \rightarrow CH_3CHOCOOH + NAD$$

① alcohol dehydrogenase
② lactic acid dehydrogenase
③ succinic acid dehydrogenase
④ α-ketoglutaric acid dehydrogenase

50 다음은 알코올 발효과정의 일부 반응이다. ㉠과 ㉡에 해당되는 것은?

$$\text{pyruvic acid} \xrightarrow{㉠} \text{acetaldehyde} \xrightarrow{㉡} \text{alcohol}$$

① ㉠ TPP, ㉡ NAD
② ㉠ NADP, ㉡ NAD
③ ㉠ TPP, ㉡ FAD
④ ㉠ NADP, ㉡ FAD

51 포도당이 에너지원으로 완전산화가 일어날 때(호흡)의 화학식은?

① $C_6H_{12}O_6 + 6O_2 \rightarrow 6CO_2 + 6H_2O + 686kcal$

② $C_6H_{12}O_6 \rightarrow 2CO_2 + 2C_2H_5OH + 58kcal$

③ $C_6H_{12}O_6 + 6CO_2 \rightarrow 6CO_2 + 6H_2O + 686kcal$

④ $C_6H_{12}O_6 \rightarrow 2CO_2 + 2C_2H_5OH + 686kcal$

52 주정공업에서 glucose 1ton을 발효시켜 얻을 수 있는 에탄올의 이론적 수량은?

① 180kg
② 511kg
③ 244kg
④ 711kg

53 다음 중 미생물의 아미노산 생합성과 관계 없는 효소는?

① glutamic dehydrogenase
② isocitrate lyase
③ aspartase
④ transaminase

54 미생물의 대사산물 중 혐기성 세균에 의해서만 생산되는 것은?

① acetic acid, ethanol
② citric acid, ethanol
③ propionic acid, butanol
④ glutamic acid, butanol

55 미생물의 총균수 측정법의 방법으로 옳은 것은?

① 사균수만 측정한다.
② 생균수만 측정한다.
③ 생균수와 사균수를 모두 측정한다.
④ 대수 증식기만 측정한다.

56 미생물 증식도 측정에서 균체 질소량법의 설명인 것은?

① 균체 용적의 측정이다.
② 균체의 단백질을 성장의 지수로 할 수 있다.
③ 비색법으로 측정한다.
④ 비탁법으로 측정한다.

물리적·화학적·생물학적 인자

01 에너지, 포화지방산 등 생장에 필요한 물질을 합성하기 위해 산소를 꼭 필요로 하여 산소가 없으면 자라지 못하며 최종 전자수용체로서 산소를 이용하는 균은?

① 절대호기성균   ② 미호기성균
③ 통성혐기성균   ④ 절대혐기성균

02 생장에 산소가 필수적이지 않지만 산소가 있으면 더 잘 자라는 미생물은?

① 통성혐기성균   ② 절대호기성균
③ 미호기성균   ④ 절대혐기성균

03 산소 존재 하에서 사멸되는 미생물은?

① *Bacillus*속   ② *Bifidobacterium*속
③ *Citrobacter*속   ④ *Acetobacter*속

04 다음의 미생물 중 통성혐기성균에 속하지 않는 것은?

① *Staphylococcus*속
② *Salmonella*속
③ *Micrococcus*속
④ *Listeria*속

05 산소가 5% 정도인 미호기 상태에서 성장하는 세균은?

① *Campylobacter* spp.
② *Salmonella* spp.
③ *Clostridium botulinum*
④ *Bacillus cereus*

06 편성혐기성균의 특징이 아닌 것은?

① 유리산소가 없을 때만 생육한다.
② cytochrome계 효소가 없다.
③ 고층한천 배양기의 저부에서만 생육한다.
④ catalase 양성이다.

07 완전히 탈기 밀봉된 통조림 식품에서 생육할 수 있는 변패세균의 종류는?

① 미호기성균
② 혐기성균
③ 편성호기성균
④ 호냉성균

08 발효과정 중에서 산소의 공급이 필요하지 않은 것은?

① 젖산 발효   ② 호박산 발효
③ 구연산 발효   ④ 글루탐산 발효

09 채소류는 건조곡물에 비해 세균에 의한 부패가 일어나기 쉬운 식품이다. 그 이유를 설명한 것 중 맞지 않는 것은?

① 수분활성도가 높다.
② 자유수 함량이 낮다.
③ 수확하는 과정에서 손상되기 쉽다.
④ 산도가 낮다.

10 일반적으로 미생물의 생육 최저수분활성도가 높은 것부터 순서대로 나타낸 것은?

① 곰팡이 〉효모 〉세균
② 효모 〉곰팡이 〉세균
③ 세균 〉효모 〉곰팡이
④ 세균 〉곰팡이 〉효모

11 수분활성도(Aw)가 미생물에 미치는 영향으로 틀린 것은?

① 수분활성도가 최적 이하로 되면 유도기의 연장, 생육 속도 저하 등이 일어난다.
② 생육에 적합한 pH에서는 최저수분활성도가 낮은 값을 보인다.
③ 탄산가스와 같은 생육 저해물질이 존재하면 생육할 수 있는 수분활성도 범위가 좁아진다.
④ 일반적인 미생물의 생육이 가능한 수분활성도 범위는 0.4~0.6이다.

12 건조상태로 저장 중인 곡물에서 볼 수 있는 미생물은?

① *Aspergillus glaucus*
② *Bacillus cereus*
③ *Leuconostoc mesenteroides*
④ *Pseudomonas fluorescens*

13 일반적인 간장이나 된장의 숙성에 관여하는 내삼투압성 효모의 증식 가능한 최저 수분활성도는?

① 0.95   ② 0.88
③ 0.80   ④ 0.60

14 식염(NaCl)이 미생물 생육을 저해하는 원인이 아닌 것은?

① 삼투압에 의해 원형질 분리가 일어난다.
② 탈수작용으로 세포 내 수분을 뺏는다.
③ 산소용해도가 증가한다.
④ 세포의 탄산가스 감수성을 높인다.

15 생육온도에 따른 미생물의 대별시 고온균(thermophile)의 최적생육온도의 범위에 해당하는 것은?

① 30~40℃   ② 50~60℃
③ 70~80℃   ④ 90~100℃

16 생육온도에 따른 미생물 분류 시 대부분의 곰팡이, 효모 및 병원균이 속하는 것은?

① 저온균   ② 중온균
③ 고온균   ④ 호열균

17 고온균에 대한 설명으로 적합하지 않은 것은?

① 세포막 중 불포화지방산 함량이 높아서 열에 안정하다.
② 세포 내의 효소가 내열성을 지니고 있어 고온에서 증식할 수 있다.
③ 발효 중인 퇴비더미의 미생물은 대부분 고온균에 속한다.
④ 고온균의 최적생육온도는 50~60℃이다.

18 저온균류(低溫菌類)의 생육적온은?

① 0~10℃   ② 15~25℃
③ 30~40℃   ④ 45~55℃

19 다음 중 가장 넓은 범위의 생육 pH를 가지는 것은?

① 세균   ② 효모
③ 바이러스   ④ 곰팡이

20 주어진 온도조건에서 미생물 수를 90% 감소시키는 데 소요되는 시간(분)을 나타내는 값은?

① Z값   ② D값
③ F값   ④ S값

21 살균제의 기작(mechanism)으로 적합하지 않은 것은?

① 산화 작용   ② 환원 작용
③ 단백질 변성 작용 ④ 삼투압

22 식품 살균과정에서 다양한 미생물저해기술을 순차적이나 병행적으로 처리하여 식품의 변질을 최소화하면서 미생물에 대한 살균력을 높이는 기술은?

① 나노기술   ② 허들기술
③ 마라톤기술   ④ 바이오기술

23 자외선이 살균효과를 갖는 주된 이유는?

① 단백질 변성을 초래한다.

② RNA 변이를 일으킨다.

③ DNA 변이를 일으킨다.

④ 세포 내 ATP를 고갈시킨다.

24 자외선 조사에 의한 살균에 대한 설명으로 틀린 것은?

① 동일한 DNA 사슬상의 서로 이웃한 퓨린(purine) 염기 사이에 공유결합이 형성됨

② 260nm의 자외선이 살균력이 높음

③ 불투명 물체를 통과한 자외선은 살균력이 약해짐

④ 자외선 처리한 세균을 즉시 300~400nm의 가시광선으로 조사하면 변이율이나 살균율이 감소

25 β-lactame계 항생제로 세포벽(peptidoglycan) 합성을 저해하는 것은?

① macrolides

② tetracyclines

③ penicillins

④ aminoglycosides

26 미생물의 증식을 억제하는 항생물질 중 세포벽 합성을 저해하는 것은?

① erythromycin

② tetracycline

③ penicillin

④ chloramphenicol

27 라이소자임(lysozyme)과 페니실린은 세균의 어느 부분에 작용하는가?

① 세포막

② 세포벽

③ 협막

④ 점질물

28 펩티도글리칸(peptidoglycan)층을 용해하는 효소는?

① 인버타아제(invertase)

② 지마아제(zymase)

③ 펩티다아제(peptidase)

④ 라이소자임(lysozyme)

29 식품의 산화환원전위 값이 음성(negative)을 나타내는 식품은?

① 오렌지 주스

② 마쇄한 고기

③ 통조림 식품

④ 우유(원유)

미생물의 분리보존

01 미생물의 순수분리방법이 아닌 것은?

① 평판배양법
② Lindner의 소적배양법
③ Micromanipulater를 이용하는 방법
④ 모래배양법(토양배양법)

02 변이는 일으키지 않고 미생물을 보존하는 방법은?

① 토양보존법　　② 동결건조법
③ 유중(油中)보존법④ 모래보존법

미생물의 유전자조작

01 유전암호에서 1개의 암호단위인 codon은 몇 개의 핵산 염기로 되어 있는가?

① 2개　　　　　② 3개
③ 4개　　　　　④ 5개

02 단시간 내에 특정 DNA 부위를 기하급수적으로 증폭시키는 중합효소반응의 반복되는 단계를 바르게 나열한 것은?

① DNA 이중나선의 변성 → RNA 합성 → DNA 합성
② RNA 합성 → DNA 이중나선의 변성 → DNA 합성
③ DNA 이중나선의 변성 →프라이머 결합 → DNA 합성
④ 프라이머 결합 → DNA 이중나선의 변성 → DNA 합성

03 세균의 세포융합에 직접 관련이 없는 것은?

① protoplast
② lysozyme
③ spheroplast
④ plasmid

04 세포융합(cell fusion)의 실험순서로 옳은 것은?

① 재조합체 선택 및 분리 → protoplast의 융합 → 융합체의 재생 → 세포의 protoplast화
② protoplast의 융합 → 세포의 protoplast화 → 융합체의 재생 → 재조합체 선택 및 분리
③ 세포의 protoplast화 → protoplast의 융합 → 융합체의 재생 → 재조합체 선택 및 분리
④ 융합체의 재생 → 재조합체 선택 및 분리 → protoplast의 융합 → 세포의 protoplast화

05 효모의 protoplast 제조 시 세포벽을 분해시킬 수 없는 것은?

① β-glucosidase
② β-glucuronidase
③ laminarinase
④ snail enzyme

06 플라스미드(plasmid)에 관한 설명으로 틀린 것은?

① 다른 종의 세포 내에도 전달된다.
② 세균의 성장과 생식과정에 필수적이다.
③ 약제에 대한 저항성을 가진 내성인자, 세균의 자웅을 결정하는 성결정인자 등이 있다.
④ 염색체와 독립적으로 존재하며, 염색체 내에 삽입될 수 있다.

07 재조합 DNA기술(recombinant DNA technology)과 직접 관련된 사항이 아닌 것은?

① plasmid   ② DNA ligase
③ transformation ④ spheroplast

08 재조합 DNA를 제조하기 위해 DNA를 절단하는 데 사용하는 효소는?

① 중합효소   ② 제한효소
③ 연결효소   ④ 탈수소효소

09 세균의 유전적 재조합(genetic recombination) 방법이 아닌 것은?

① 형질전환(transformation)
② 형질도입(transduction)
③ 돌연변이(mutation)
④ 접합(conjugation)

10 재조합 DNA 기술 중 형질도입이란?

① 세포를 원형질체(protoplast)로 만들어 DNA를 재조합시키는 방법
② 성선모(sex pili)를 통한 염색체의 이동에 의한 DNA 재조합
③ 파지(phage)의 중개에 의하여 유전형질이 전달되어 일어나는 DNA 재조합
④ 공여세포로부터 유리된 DNA가 직접 수용세포 내에 들어가서 일어나는 DNA 재조합

11 bacteriophage를 매개체로 하여 DNA를 옮기는 유전적 재조합 현상은?

① 형질전환(transformation)
② 세포융합(cell fusion)
③ 형질도입(transduction)
④ 접합(conjugation)

12 세균에서 일어나는 유전물질 전달(gene transfer) 방법이 아닌 것은?

① 형질전환(transformation)
② 형질도입(transduction)
③ 전사(transcription)
④ 접합(conjugation)

13 세포들 사이에 유전물질이 전달되는 기작 중에서 세포와 세포가 접촉하여 한 세균에서 다른 세균으로 유전물질인 DNA가 전달되는 기작은?

① 접합(conjugation)
② 전사(transcription)
③ 형질도입(transduciton)
④ 형질전환(transformation)

14 공여세포로부터 유리된 DNA가 바이러스를 매개로 수용세포 내로 들어가 일어나는 DNA 재조합 방법은?
① 형질전환(transformation)
② 형질도입(transduction)
③ 접합(conjugation)
④ 세포융합(cell fusion)

15 숙주세균 세포의 형질이 플라스미드(plasmid)를 매개로 수용세균의 세포에 운반되어 재조합에 의해 유전형질이 도입되는 것은?
① 접합(conjugation)
② 형질전환(transfomation)
③ 형질도입(transduction)
④ 세포융합(cell fusion)

16 돌연변이에 대한 설명으로 틀린 것은?
① DNA를 변화시킨다.
② DNA에 변화가 있더라도 표현형이 바뀌지 않는 잠재성 돌연변이가 있다.
③ 모든 변이는 세포에 있어서 해로운 것이다.
④ 자연적으로 발생하기도 한다.

17 자연발생적 돌연변이가 일어나는 방법과 거리가 먼 것은?
① 염기전이(transition)
② 틀변환(frameshift)
③ 삽입(intercalation)
④ 염기전환(transversion)

18 유전자 재조합에서 목적하는 DNA 조각을 숙주세포의 DNA 내로 도입시키기 위하여 사용하는 자율복제기능을 갖는 매개체는?
① 프라이머(primer)
② 벡터(vector)
③ 마커(marker)
④ 중합효소(polymerase)

19 유전자 조작에 이용되는 벡터(vector)가 가져야 할 성질로서 틀린 것은?
① 숙주역(host range)이 넓어야 한다.
② 제한효소에 의해 절단부위가 적어야 한다.
③ 세포 외에서의 copy 수가 많아야 한다.
④ 재조합 DNA를 검출하기 위한 표지(marker)가 있어야 한다.

20 유전자 재조합 기술에서 벡터로 사용될 수 있는 것은?
① 용원성 파지(temperate phage)
② 용균성 파지(virulent phage)
③ 탐침(probe)
④ 프라이머(primer)

21 특정유전자 서열에 대하여 상보적인 염기서열을 갖도록 합성된 짧은 DNA 조각을 일컫는 용어는?
① 프라이머(primer)
② 벡터(vector)
③ 마커(marker)
④ 중합효소(polymerase)

22 돌연변이에 대한 설명 중 틀린 것은?

① 자연적으로 일어나는 자연돌연변이와 변이원 처리에 의한 인공돌연변이가 있다.

② 돌연변이의 근본적 원인은 DNA의 nucleotide 배열의 변화이다.

③ 염기배열의 변화에는 염기첨가, 염기결손, 염기치환 등이 있다.

④ 점돌연변이(point mutation)는 frame shift에 의한 변이에 의해 복귀돌연변이(back mutation)가 되기 어렵다.

23 유전자의 프로모터(promoter)의 조절부위 혹은 조절단백질의 활성에 변이가 생겼을 때 일어나는 돌연변이체는?

① 영양요구 돌연변이체(auxotrophic mutant)

② 조절 돌연변이체(regulatory mutant)

③ 대사 돌연변이체(metabolic mutant)

④ 내성 돌연변이체(resistant mutant)

24 미생물의 변이 처리법으로 부적절한 것은?

① 방사선, 자외선 조사법

② sodium nitrite 등 아질산 처리

③ nitrogen mustard 등 alkyl화제 처리

④ bromouracil 등 염기 유사체 처리

25 미생물의 변이를 유도하기 위한 돌연변이원으로 이용되지 않는 것은?

① acriflavine

② 페니실린

③ 자외선

④ 5-bromouracil

26 돌연변이원에 대한 설명 중 틀린 것은?

① 아질산은 아미노기가 있는 염기에 작용하여 아미노기를 이탈시킨다.

② NTG(N-Methyl-N′-nitro-nitrosoguanidine)는 DNA 중의 구아닌(guanine) 잔기를 메틸(methyl)화 한다.

③ 알킬(alkyl)화제는 특히 구아닌(guanine)의 7위치를 알킬(alkyl)화 한다.

④ 5-bromouracil(5-BU)은 보통 에놀(enol)형으로 아데닌(adenine)과 짝이 되나 드물게 케토(keto)형으로 되어 구아닌(guanine)과 짝을 이루게 된다.

27 돌연변이 결과 어떤 다른 아미노산도 암호화하지 않는 codon을 갖게 되어 이 부분에서 펩타이드(peptide) 합성이 중단되는 돌연변이는?

① missense mutation

② point mutation

③ nonsense mutation

④ frame shift mutation

28 UAG, UAA, UGA codon에 의하여 mRNA가 단백질로 번역될 때 peptide 합성을 정지시키고 야생형보다 짧은 polypeptide 사슬을 만드는 변이는?

① missense mutation

② induced mutation

③ nonsense mutation

④ frame shift mutation

29 돌연변이의 기구에 대한 설명 중 틀린 것은?

① 자연변이의 발생률은 일반적으로 10^{-8} ~10^{-6} 정도이다.

② 돌연변이의 근본적 원인은 DNA의 nucleotide 배열의 변화이다.

③ 쌍단위의 염기의 변이에는 염기첨가(addition), 염기결손(deletion) 및 염기치환(substitution)이 있다.

④ purine 염기가 pyrimidine 염기로 바뀌는 치환을 transition이라고 한다.

30 돌연변이원 알킬(alkyl)화제에 대한 설명으로 틀린 것은?

① 대표적인 알킬(alkyl)화제에는 DMS, DES, EMS 등이 있다.

② 알킬(alkyl)화제는 주로 구아닌(guanine)을 알킬(alkyl)화시켜 염기짝의 변화를 초래한다.

③ 대부분의 알킬화제는 강력한 발암원이다.

④ 일반적으로 대장균의 경우 사멸률이 99% 이상으로 처리되었을 때 변이율이 높다.

31 DNA의 수복기구가 아닌 것은?

① 광회복
② 제거수복
③ 재조합수복
④ 염기수복

32 복제상의 실수와 돌연변이 유발물질에 의한 염기변화를 수선(repair)하는 DNA 수선의 방법이 아닌 것은?

① excision repair
② recombination repair
③ mismatch repair
④ UV repair

33 폴리옥소트로픽 변이주(polyauxotrophic mutant)란?

① 여러 가지 무기영양 변이균주
② 두 가지 이상의 영양소 요구성 변이균주
③ 여러 가지 자력영양균
④ 여러 가지 화학영양균

34 영양요구변이주(auxotroph)의 검출방법이 아닌 것은?

① replica법
② 농축법
③ 여과농축법
④ 융합법

35 발암물질 선별을 위한 세균시험방법인 에임즈 테스트(Ames test)에서는 어떤 돌연변이를 이용하여 물질의 잠재적 발암활성도를 측정하는가?

① 역 돌연변이(back mutation)
② 불변 돌연변이(silent mutation)
③ 불인식 돌연변이(nonsense mutation)
④ 틀변환(격자이동) 돌연변이(frame shift mutation)

PART IV
발효공학 예상문제

발효공학기초

01 발효공업에서 유용물질을 생산하는 수단으로 주로 미생물이 사용되는 이유가 아닌 것은?

① 미생물은 유일한 탄소원으로 저렴한 기질인 포도당을 이용한다.
② 미생물은 다른 생물체 세포에 비해 빠른 성장속도를 보인다.
③ 미생물은 다양한 물질의 합성 및 분해능을 가지고 있다.
④ 화학반응과 다르게 상온, 상압 등 온화한 조건에서 물질 생산이 가능하다.

02 발효공업의 수단으로서의 미생물의 특징이 아닌 것은?

① 증식이 빠르다.
② 기질의 이용성이 다양하지 않다.
③ 화학활성과 반응의 특이성이 크다.
④ 대부분이 상온과 상압하에서 이루어진다.

03 미생물의 발효배양을 위하여 필요로 하는 배지의 일반적인 성분이 아닌 것은?

① 질소원   ② 무기염
③ 탄소원   ④ 수소이온

04 다음 중 조작형태에 따른 발효형식의 분류에 해당되지 않는 것은?

① 회분배양   ② 액체배양
③ 유가배양   ④ 연속배양

05 메탄올이나 초산 등 미생물의 증식을 저해하는 물질을 기질로 사용하는 경우 적합한 발효방법은?

① 회분배양(batch culture)
② 심부배양(submerged culture)
③ 연속배양(continuous culture)
④ 유가배양(fed-batch culture)

06 유가배양(fed-batch culture)법을 이용하는 공업적 배양공정에 의해 생성되는 산물이 아닌 것은?

① 빵효모   ② 식초
③ 항생물질   ④ 구연산

07 연속배양의 장점이 아닌 것은?

① 장치 용량을 축소할 수 있다.
② 작업 시간을 단축할 수 있다.
③ 생산성이 증가한다.
④ 배양액 중 생산물의 농도가 훨씬 높다.

08 표면배양법에 의해 생산되는 발효산물은?

① 구연산   ② 젖산
③ 초산   ④ 에탄올

09 발효공정의 일반적인 순서는?

① 살균 → 배지의 조제 → 본배양 → 종균배양 → 배양물의 분리·정제 → 폐수·폐기물처리

② 배지의 조제 → 살균 → 종균배양 → 본배양 → 배양물의 분리·정제 → 폐수·폐기물처리

③ 살균 → 배지의 조제 → 종균배양 → 본배양 → 배양물의 분리·정제 → 폐수·폐기물처리

④ 배지의 조제 → 살균 → 본배양 → 종균배양 → 배양물의 분리·정제 → 폐수·폐기물처리

10 발효공정의 일반체계 중 기본단계에 해당되지 않는 것은?

① 배지의 조제 및 살균
② 종균배양
③ 배양물의 분해
④ 폐수 및 폐기물 처리

11 회분배양의 특징이 아닌 것은?

① 다품종 소량생산에 적합하다.
② 작업시간을 단축할 수 있다.
③ 잡균오염에 대처하기가 용이하다.
④ 운전조건의 변동 시에 쉽게 대처할 수 있다.

12 연속배양의 장점에 관한 설명 중 틀린 것은?

① 발효장치의 용량을 줄일 수 있다.
② 발효시간이 단축된다.
③ 생산비를 절약할 수 있다.
④ 잡균의 오염을 막을 수 있다.

13 호기성 미생물을 사용하여 균체를 다량생산하고자 할 때 많은 양의 배지를 사용한다. 가장 적당한 배양방법은?

① 정치배양법
② 진탕배양법
③ 사면배양법
④ 통기교반배양법

14 고체배양에 대한 설명으로 틀린 것은?

① 탁주, 청주 및 장류 등 전통 발효식품을 생산할 때 사용되는 코지(koji) 배양이 대표적이다.
② 배지조성이 간단하다.
③ 소규모 생산에 유리하다.
④ 제어배양이 용이하여 효율적이다.

15 심부배양과 비교하여 고체배양이 갖는 장점이 아닌 것은?

① 곰팡이에 의한 오염을 방지할 수 있다.
② 공정에서 나오는 폐수가 적다.
③ 시설비가 적게 들고 소규모 생산에 유리하다.
④ 배지조성이 단순하다.

16 발효공정의 scale up에 대한 설명 중 틀린 것은?

① 새로운 공정이 발견되어 plant scale로 도입할 때 필요한 공정이다.
② 발효균주 교체에 따른 발효공정을 개량할 때 필요하다.
③ scale up의 비율은 일반적으로 10배 정도의 규모로 행한다.
④ scale up을 검토한 후 공업적 생산용으로 pilot plant가 효과적이다.

17 주정 제조 시 단식 증류기와 비교하여 연속식 증류기의 일반적인 특징이 아닌 것은?

① 연료비가 많이 든다.
② 일정한 농도의 주정을 얻을 수 있다.
③ 알데히드(aldehyde)의 분리가 가능하다.
④ fusel유의 분리가 가능하다.

18 다음은 어떤 것과 가장 관계가 깊은가?

> Waldhof형, Cavitator, Air lift형

① 효소정제장치
② 증류장치
③ 발효탱크
④ 클로렐라 배양기

19 발효장치 중 기계적인 교반에 의해 산소가 공급되는 통기교반형 배양장치가 아닌 것은?

① Air-lift형 발효조
② 표준형 발효조
③ Waldhof형 발효조
④ Vogelbusch형 발효조

20 생산물의 생성 유형 중 생육과 더불어 생산물이 합성되는 증식 관련형(growth associated) 발효산물이 아닌 것은?

① SCP(single cell protein)
② 에탄올
③ 글루콘산
④ 항생물질

21 1차 대사와 생산물 생성이 별도의 시간에 일어나는 증식 비관련형 발효에 해당되지 않는 것은?

① 항생물질
② 라이신
③ 비타민
④ 글루코아밀라아제

발효식품

01 발효주의 설명으로 틀린 것은?

① 단발효주와 복발효주로 나눈다.
② 단발효주는 과실주가 대부분이다.
③ 복발효주는 단행복발효주와 병행복발효주가 있다.
④ 단행복발효주는 청주, 병행복발효주는 맥주가 있다.

02 주정 발효에 대한 설명 중 틀린 것은?

① 단발효주의 원료는 꼭 당화해야 한다.
② 단행복발효주의 원료는 꼭 당화해야 한다.
③ 병행복발효주의 원료는 당화와 알코올 발효가 병행된다.
④ 복발효주는 단행복과 병행복발효주로 나눈다.

03 고구마전분을 이용한 주정 발효에 있어서 발효공정의 순서가 맞는 것은?

① 산당화 → 호정화 → 발효 → 증류
② 당밀희석 → 당화 → 발효 → 증류
③ 산당화 → 호정화 → 증류 → 발효
④ 증자 → 당화 → 발효 → 증류

04 양조주 중 알코올 발효과정만을 거친 것은?

① 단발효주 – 포도주

② 복발효주 – 탁주

③ 증류주 – 럼

④ 혼성주 – 인삼주

05 다음 주류 중 제조방법 및 형식상 다른 하나는?

| 청주, 막걸리, 맥주, 약주 |

① 청주 ② 막걸리

③ 맥주 ④ 약주

06 다음 중 제조방법에 따라 병행복발효주에 속하는 것은?

① 맥주 ② 약주

③ 사과주 ④ 위스키

07 청주와 탁주의 주된 차이점은?

① 알코올 농도의 차이

② 사용한 곡류 원료의 차이

③ 발효의 차이

④ 제조과정 중 여과의 차이

08 맥주 맥에 대한 설명이다. 틀린 것은?

① 맥주용 보리는 알이 굵고 균일한 것을 사용한다.

② 맥주용 보리는 1, 2번 맥을 사용한다.

③ trieur은 보리 중의 협잡물을 제거한다.

④ 3번 맥은 맥주용보다는 사료로 사용한다.

09 맥주 발효에서 보리를 발아한 맥아를 사용하는 목적이 아닌 것은?

① 보리에 존재하는 여러 종류의 효소를 생성하고 활성화시키기 위하여

② 맥아의 탄수화물, 단백질, 지방 등의 분해를 쉽게 하기 위하여

③ 효모에 필요한 영양원을 제공해주기 위하여

④ 발효 중 효모 이외의 균의 성장을 저해하기 위하여

10 맥아의 좋은 품질을 나열한 것으로 틀린 것은?

① 맥아의 어린 뿌리가 잘 제거되어 있다.

② 수분 함량이 10% 정도이다.

③ 약한 감미는 있으나 산미가 없어야 한다.

④ 당화력이 강해야 한다.

11 맥아즙 제조의 목적은?

① 효모 증식 ② 효모 생산

③ 발효 ④ 당화

12 맥아즙 자비(wort boiling)의 목적이 아닌 것은?

① 맥아즙의 살균 ② 단백질의 침전

③ 효소작용의 정지 ④ pH의 상승

13 맥주 제조 시 호프(hop)를 첨가하는 시기는?

① 여과한 당화액(wort)을 끓일 때

② 효모의 첨가와 동시에

③ 주발효 시

④ 후발효 시

14 맥주의 쓴맛의 주성분으로 맥주 고미가 (bitterness value) 측정의 기준물질은?

① isohumulone ② lupulone
③ pectin ④ tannin

15 맥주 제조 시 당화액을 자비할 때 hop의 쓴맛을 내는 성분은?

① isohumulone ② cohumulone
③ pectin ④ tannin

16 맥주 제조 시 맥아의 효소에 의해 전분과 단백질이 분해되는 공정은?

① 맥아즙 제조공정 ② 주발효 공정
③ 녹맥아 제조공정 ④ 후발효 공정

17 맥주 제조 시 후발효의 목적과 관계없는 것은?

① 맥주의 고유색깔을 진하게 착색시킨다.
② 발효성 당분을 발효시켜 CO_2를 생성한다.
③ 저온에서 CO_2를 필요한 만큼 맥주에 녹인다.
④ 맥주의 혼탁물질을 침전시킨다.

18 맥주의 발효가 끝나면 후발효와 숙성을 시킨 다음 여과하여 일정기간 후숙을 시킨다. 이때 낮은 온도에 보관하여 후숙을 하면 현탁물이 생기는 경우가 있다. 다음 설명 중 옳은 것은?

① 효모의 invertase가 남아 있어서
② 주발효가 완전하지 못하여
③ 발효되지 못한 지방산(fatty acid)이 남아 있어서
④ 분해물 중 펩타이드와 호프의 수지 및 탄닌 성분들이 집합체(flocculation 또는 colloid)를 형성하기 때문에

19 맥주 혼탁 방지에 이용되고 있는 효소는?

① amylase의 일종이 이용되고 있다.
② protease의 일종이 이용되고 있다.
③ lipase의 일종이 이용되고 있다.
④ cellulase의 일종이 이용되고 있다.

20 맥주의 혼탁 방지를 위하여 사용되는 식물성 효소는?

① 파파인(papain)
② 펙티나아제(pectinase)
③ 레닌(rennin)
④ 나린진나아제(naringinase)

21 하면발효효모에 관한 내용 중 틀린 것은?

① 세포는 난형 또는 타원형
② raffinose와 melibiose의 발효
③ 발효최적온도는 5~10℃
④ 발효액의 혼탁

22 맥주의 종류 중 라거(lager)류에 대한 설명으로 틀린 것은?

① 독일, 미국, 일본, 우리나라 등에서 주로 생산되고 있다.
② 발효온도가 낮다.
③ 저온, 장기 저장 공정을 특징으로 한다.
④ *Saccharomyces cerevisiae*를 사용한다.

23 과일주 향미의 주성분이라고 할 수 있는 것은?
① 알코올(alcohol) 성분
② 에테르 유도체(ether derivatives)
③ 에스테르 및 유도체
　(esters and derivatives)
④ 글루탐산(glutamate)

24 적, 백포도주의 제조과정으로 옳은 것은?
① 적포도주 : 원료–파쇄–과즙개량–발효–
　압착–후발효
　백포도주 : 원료–파쇄–압착–발효
② 적포도주 : 원료–파쇄–압착–과즙–발
　효–후발효
　백포도주 : 원료–파쇄–발효–압착
③ 적포도주 : 원료–발효–파쇄–과즙개량–
　후발효
　백포도주 : 원료–후발효–발효–파쇄–압
　착–발효
④ 적포도주 : 원료–후발효–발효–파쇄–과
　즙개량–후발효
　백포도주 : 원료–후발효–파쇄–발효–압
　착

25 포도주 발효에 있어서 가장 적합한 효모는?
① *Kluyveromyces cerevisiae*
② *Torulopsis cerevisiae*
③ *Saccharomyces cerevisiae*
④ *Saccharomyces diastaticus*

26 포도주 제조과정 중에서 아황산을 첨가하는 시기는?
① 발효 공정 중
② 담금 공정 중
③ 으깨기 공정 중
④ 발효가 끝난 다음

27 포도주 제조 중 아황산 첨가의 목적이 아닌 것은?
① 에탄올만 생성하는 과정으로 하기 위해서
② 포도주 발효 시에 유해균의 사멸 및 증식 억제를 위해서
③ 포도주의 산화 방지를 위해서
④ 적색 색소의 안정화를 위해서

28 Blended Scotch Whisky에 대한 설명으로 옳은 것은?
① whisky 증류분의 알코올 농도는 60~70%에 일정 농도가 되도록 물을 혼합한 것
② 숙성된 malt whisky를 grain whisky와 혼합한 것
③ 스코틀랜드에서 만들어진 Scotch whisky 원액을 수입하여 일정 농도가 되도록 물을 가한 것
④ 100% Scotch whisky가 아니라는 뜻

29 탁·약주 제조 시 당화과정을 담당하는 미생물은?
① *Aspergillus*　② *Saccharomyces*
③ *Lactobacillus*　④ *Leuconostoc*

30 탁·약주 제조 시 올바른 주모관리의 방법
   이 아닌 것은?
   ① 담금 품온은 22℃ 내외로 낮게 유지하여
      오염균의 증식을 억제한다.
   ② 효모증식에 필요한 산소공급을 위해 교
      반한다.
   ③ 담금 배합은 술덧에 비해 발효제 사용비
      율을 높게 한다.
   ④ 급수 비율을 높게 하여 조기발효를 유도
      한다.

31 약·탁주 제조용 누룩 제조에 사용되는 황
   국균은?
   ① Aspergillus niger
   ② Aspergillus oryzae
   ③ Rhizopus delemar
   ④ Rhizopus oryzae

32 탁주 제조용 원료로서 가장 적당한 소맥은?
   ① 강력분 1급품   ② 중력분 1급품
   ③ 박력분 1급품   ④ 초박력분 1급품

33 청주용 국균으로서 구비해야 할 조건이다.
   틀린 것은?
   ① 번식이 빠르고 증미 내에 고루 번지며
      균사가 너무 길지 않은 것
   ② amylase 생산력이 강할 것
   ③ protease 생산력이 강할 것
   ④ 좋은 향기, 풍미를 가질 것

34 청주 양조용 쌀로 부적합한 것은?
   ① 연질미로 흡수가 빠른 것
   ② 단백질 함량이 높은 것
   ③ 쌀알 중심의 희고 불투명한 부분이 많은
      것
   ④ 수분이 14% 정도인 것

35 청주 양조용수에 대한 설명 중 틀린 것은?
   ① 인산은 많아도 좋다.
   ② 철분은 적을수록 좋다.
   ③ 염소는 많아도 지장이 없다.
   ④ 경도가 높은 물은 발효가 억제된다.

36 앙금질이 끝난 청주를 가열(火入)하는 목
   적과 관계가 없는 것은?
   ① 저장 중 변패를 일으키는 미생물의 살균
   ② 청주 고유의 색택 형성 촉진
   ③ 용출되어 잔존하는 효소의 파괴
   ④ 향미의 조화 및 숙성의 촉진

37 청주 양조 시 발효 후기에 향기성분을 생성
   하여 발효에 유익한 효모는?
   ① Saccharomyces속
   ② Pichia속
   ③ Hansenula속
   ④ Rhodotorula속

제4과목 식품미생물 및 생화학 예상문제

38 증류주에 대한 설명으로 틀린 것은?

① 증류식 소주 : 서류(곡류)-코지, 효모-당화-발효-증류

② 위스키 : 보리(옥수수)-맥아, 효모-당화-발효-증류

③ 브랜디 : 포도(과실)-코지, 효모-당화-발효-증류

④ 희석식 소주 : 서류(곡류)-코지, 효모-당화-발효-연속증류주정-희석

39 재래법에 의한 제국 조작순서로 적당한 것은?

① 제1손질 → 섞기 → 재우기 → 뒤지기 → 담기 → 뒤바꾸기 → 제2손질 → 출국

② 담기 → 뒤지기 → 섞기 → 재우기 → 제1손질 → 뒤바꾸기 → 제2손질 → 출국

③ 재우기 → 섞기 → 뒤지기 → 담기 → 뒤바꾸기 → 제1손질 → 제2손질 → 출국

④ 섞기 → 뒤지기 → 제1손질 → 재우기 → 뒤바꾸기 → 제2손질 → 담기 → 출국

40 설탕용액에서 생장할 때 dextran을 생산하는 균주는?

① *Leuconostoc mesenteroides*

② *Aspergillus oryzae*

③ *Lactobacillus delbrueckii*

④ *Rhizopus oryzae*

41 미생물의 이용 분야와 거리가 먼 것은?

① 균체의 이용

② 효소의 이용

③ 양조, 발효식품의 생산

④ 건조 가공

대사생성물의 생성

01 해당계 및 TCA 회로와 관련된 유기산 발효에서 생산물과 원료의 연결이 틀린 것은?

① lactic acid – glucose

② lactic acid – sucrose

③ citric acid – sucrose

④ citric acid – fumaric acid

02 다음 중 TCA 회로(tricarboxylic acid cycle)상에서 생성되는 유기산이 아닌 것은?

① citric acid   ② lactic acid

③ succinic acid   ④ malic acid

03 유기산 발효 중 직접산화 발효가 아닌 것은?

① acetic acid 발효

② 5-ketogluconic acid 발효

③ gluconic acid 발효

④ fumaric acid 발효

04 구연산 발효의 설명으로 적합하지 않은 것은?

① 구연산 발효의 주생산균은 *Aspergillus niger*이다.

② 배지 중에 Fe^{2+}, Zn^{2+}, Mn^{2+} 등 금속이온 양이 많으면 산생성이 저하된다.

③ 발효액 중의 구연산 회수를 위해 탄산나트륨 등으로 중화한다.

④ 구연산 발효의 전구물질은 옥살산(oxaloacetic acid)이다.

05 설탕, 당밀, 전분, 찌꺼기 또는 포도당을 원료로 하여 구연산을 제조할 때 사용되는 미생물은?

① *Aspergillus niger*

② *Streptococcus lactis*

③ *Rhizopus delemar*

④ *Saccharomyces cerevisiae*

06 구연산 발효 시 철분의 저해를 방지하기 위해 첨가하는 금속 이온은?

① Ca   ② Cu

③ Mg   ④ Zn

07 구연산 발효 시 당질 원료 대신 이용할 수 있는 유용한 기질은?

① n-paraffin   ② ethanol

③ acetic acid   ④ acetaldehyde

08 푸마르산(fumaric acid)의 생산균은?

① *Aspergillus niger*

② *Aspergillus oryzae*

③ *Rhizopus oryzae*

④ *Rhizopus nigricans*

09 gluconic acid의 발효조건이 아닌 것은?

① 호기적 조건하에서 발효시킨다.

② *Aspergillus niger*가 사용된다.

③ 배양 중의 pH는 5.5~6.5로 유지한다.

④ biotin을 생육인자로 요구한다.

10 아래와 같은 반응으로 만들어지는 최종발효생성물은?

$$C_6H_{12}O_6 \rightarrow 2C_2H_5OH + 2CO_2$$
$$C_2H_5OH + O_2 \rightarrow CH_3COOH + H_2O$$

① 식초   ② 요구르트

③ 아미노산   ④ 핵산

11 포도당(glucose) 1kg을 사용하여 알코올 발효와 초산 발효를 동시에 진행시켰다. 알코올과 초산의 실제 생산수율은 각각의 이론적 수율의 90%와 95%라고 가정할 때 실제 생산될 수 있는 초산의 양은?

① 1.304kg   ② 1.1084kg

③ 0.5097kg   ④ 0.4821kg

12 정치배양과 속초법(quick vinegar process)에 의한 초산 발효에 가장 적합한 알코올 농도는?

① 정치배양법 5%, 속초법 10%

② 정치배양법 15%, 속초법 20%

③ 정치배양법 10%, 속초법 5%

④ 정치배양법 20%, 속초법 15%

13 초산(acetic acid) 발효에 적합한 생산균주는?

① *Lactobacillus*   ② *Gluconobacter*

③ *Aspergillus*   ④ *Candida*

14 초산 발효균으로서 *Gluconobacter* sp.의 장점은?

① 발효수율이 높다.

② 발효속도가 빠르다.

③ 고농도의 초산을 얻을 수 있다.

④ 과산화가 일어나지 않는다.

15 초산 발효균으로서 *Acetobacter*의 장점이 아닌 것은?

① 발효수율이 높다.
② 혐기상태에서 배양한다.
③ 고농도의 초산을 얻을 수 있다.
④ 과산화가 일어나지 않는다.

16 초산균의 성질을 설명한 것 중 틀린 것은?

① Gram 음성균이다.
② *Acetobacter*속과 *Gluconobacter*속이 있다.
③ 초산 생성능력은 *Acetobacter*속이 크다.
④ *Gluconobacter*속은 초산을 산화한다.

17 식초 양조를 위한 초산균의 조건이 아닌 것은?

① 산생성속도가 빠르고 생산량이 많을 것
② 생산된 초산을 다시 산화하지 않을 것
③ 초산 이외에 유기산류나 향기성분인 에스테르류를 생성할 것
④ 알코올에 대한 내성이 약할 것

18 초산균의 화학식으로 옳은 것은?

① $CH_3CH_2OH + O_2 \rightarrow CH_3COOH + H_2O$
② $CH_3CH_2OH \rightarrow CH_3COOH$
③ $C_2H_5OH \rightarrow CH_3COOH + H_2O$
④ $C_2H_5OH + O_2 \rightarrow CH_3COOH$

19 김치에서 주로 나타나는 젖산균은?

① *Lactobacillus acidophilus*
② *Lactobacillus plantarum*
③ *Lactobacillus bulgaricus*
④ *Lactobacillus casei*

20 포도당을 영양원으로 젖산(lactic acid)을 생산할 수 없는 균주는?

① *Pediococcus lindneri*
② *Leuconostoc mesenteroides*
③ *Rhizopus oryzae*
④ *Aspergillus niger*

21 유기산(organic acid)과 공업적 생산균의 관계가 틀린 것은?

① acetic acid – *Acetobacter aceti*
② citric acid – *Aspergillus niger*
③ lactic acid – *Lactobacillus delbrueckii*
④ fumaric acid – *Aspergillus itaconicus*

22 다음 중 발효방법과 미생물의 연결이 틀린 것은?

① lactate 발효 – *Streptococcus lactis*
② citrate 발효 – *Asperglillus niger*
③ α–ketoglutarate 발효
   – *Pseudomonas fluorescence*
④ itaconate 발효 – *Bacillus subtilis*

23 알코올 발효에 대한 설명 중 맞지 않는 것은?

① 미생물이 알코올을 발효하는 경로는 EMP 경로와 ED 경로가 알려져 있다.

② 알코올 발효가 진행되는 동안 미생물 세포는 포도당 1분자로부터 2분자의 ATP를 생산한다.

③ 효모가 알코올 발효하는 과정에서 아황산나트륨을 적당량 첨가하면 알코올 대신 글리세롤이 축적되는데, 그 이유는 아황산나트륨이 alcohol dehydrogenase 활성을 저해하기 때문이다.

④ EMP 경로에서 생산된 pyruvic acid는 decarboxylase에 의해 탈탄산되어 acetaldehyde로 되고 다시 NADH로부터 alcohol dehydrogenase에 의해 수소를 수용하여 ethanol로 환원된다.

24 알코올 발효에 있어서 아세트알데히드(acetaldehyde)가 환원되어 에탄올(ethanol)이 생성된다. 이때 관여하는 효소는?

① 포스파타아제(phosphatase)

② 피루베이트 키나아제(pyruvate kinase)

③ 카르복실라아제(carboxylase)

④ 알코올 탈수소효소 (alcohol dehydrogenase)

25 에틸알코올 발효 시 에틸알코올과 함께 가장 많이 생성되는 것은?

① CO_2

② CH_3CHO

③ $C_3H_5(OH)_3$

④ CH_3OH

26 전분(starch) → (①) → 에탄올(ethyl alcohol) + CO_2 반응에서 ①에 해당하는 물질은?

① sucrose

② xylan

③ glucose

④ phenylalanine

27 전분 1000kg으로부터 얻을 수 있는 100% 주정의 이론적 수득량은?

① 586kg

② 568kg

③ 534kg

④ 511kg

28 효모에 의한 알코올 발효에 있어서 Neuberg 발효 제3형식은?

① $C_6H_{12}O_6 \rightarrow 2C_2H_5OH + 2CO_2$

② $C_6H_{12}O_6$
$\rightarrow C_3H_5(OH)_3 + CH_3CHO + CO_2$

③ $2C_6H_{12}O_6 + H_2O$
$\rightarrow 2C_3H_5(OH)_3 + CH_3COOH + C_2H_5OH + 2CO_2$

④ $C_6H_{12}O_6$
$\rightarrow CH_3COCOOH + C_3H_5(OH)_3$

29 Neuberg의 제2발효형식은?

① $C_6H_{12}O_6 \rightarrow 2ethanol + 2CO_2$

② $C_6H_{12}O_6 \rightarrow glycerol + acetaldehyde + CO_2$

③ $2C_6H_{12}O_6 \rightarrow 2glycerol + acetic\ acid + ethanol + 2CO_2$

④ $C_6H_{12}O_6 \rightarrow 2lactic\ acid$

30 알코올 발효배지에 아황산나트륨을 첨가하여 발효하면 아세트알데히드(acetaldehyde)가 아황산과 결합하여 무엇이 축적되는가?

① 피루브산(pyruvic acid)

② 구연산(citric acid)

③ 글리세롤(glycerol)

④ 에탄올(ethanol)

31 비당화 발효법으로 알코올 제조가 가능한 원료는?

① 섬유소

② 곡류

③ 당밀

④ 고구마·감자 전분

32 주정 제조 원료 중 당화작용이 필요한 것은?

① 고구마

② 당밀

③ 사탕수수

④ 사탕무

33 산당화법의 장점이 아닌 것은?

① 당화시간이 짧다.

② 당화액이 투명하다.

③ 증류가 편리하다.

④ 발효율이 증가한다.

34 알코올 발효의 원료로 전분을 이용할 경우 곰팡이 효소를 이용하는 방법은?

① 맥아법

② 산당화법

③ 국법

④ 합성법

35 전분질 원료로부터 주정을 제조하는 방법이 아닌 것은?

① amylo법

② reuse법

③ 국법

④ 절충법

36 현재의 주정 제조방법을 이용 시 원료로서 적합하지 않은 것은?

① 당밀

② 고구마 전분

③ 자일란(xylan)

④ 타피오카 전분

37 알코올 발효에 있어서 전분 증자액에 균을 배양하여 당화와 알코올 발효가 동시에 일어나게 하는 방법은?

① 액국코지법

② amylo법

③ 밀기울 코지법

④ 당밀의 발효

38 다음 주정공업에서 이용되는 아밀로법의 장점을 열거한 것 중 잘못된 것은?

① 코지(koji)를 만드는 설비와 노력이 필요 없다.

② 밀폐발효이므로 발효율이 높다.

③ 대량 사입이 편리하여 공업화에 용이하다.

④ 당화에 소요되는 시간이 짧다.

39 당밀 원료에서 주정을 제조하는 일반적인 과정으로 옳은 것은?

① 원료 → 희석 → 살균 → 당화 → 효모접종 → 발효 → 증류

② 원료 → 희석 → 살균 → 효모접종 → 발효 → 증류

③ 원료 → 증자 → 살균 → 효모접종 → 발효 → 증류

④ 원료 → 증자 → 살균 → 당화 → 효모접종 → 발효 → 증류

40 당밀의 알코올 발효 시 밀폐식 발효의 장점이 아닌 것은?

① 잡균오염이 적다.
② 소량의 효모로 발효가 가능하다.
③ 운전경비가 적게 든다.
④ 개방식 발효보다 수율이 높다.

41 당밀을 원료로 한 주정 제조 시 고농도의 알코올 발효에 가장 적합한 균은?

① *Saccharomyces robustus*
② *Saccharomyces formosensis*
③ *Saccharomyces ellipsoideus*
④ *Saccharomyces cerevisisae*

42 입국의 역할이라고 볼 수 없는 것은?

① 주정 생성　　② 전분질의 당화
③ 향미 부여　　④ 술덧의 오염방지

43 주류 발효 시, 발효를 순조로이 진행시키기 위하여 건전한 효모 균체를 많이 번식시킨 것을 무엇이라고 하는가?

① 국(麴)　　② 주모(酒母)
③ 덧　　④ 맥아(麥牙)

44 주정 발효 시 술밑의 젖산균으로 사용하는 것은?

① *Lactobacillus casei*
② *Lactobacillus delbrueckii*
③ *Lactobacillus bulgaricus*
④ *Lactobacillus plantarum*

45 술덧의 전분 함량 16%에서 얻을 수 있는 탁주의 알코올 도수는?

① 약 8도　　② 약 20도
③ 약 30도　　④ 약 40도

46 절간(切干)고구마로 사입한 주정 숙성 술덧(amylo) 증류 중에서 분리된 퓨젤유(fusel oil)의 주성분이라고 할 만큼 가장 많이 함유된 성분은?

① 에틸알코올(ethyl alcohol)
② 프로필알코올(n-propyl alcohol)
③ 이소부틸알코올(isobutyl alcohol)
④ 이소아밀알코올(isoamyl alcohol)

47 fusel oil의 고급알코올은 무엇으로부터 생성되는가?

① 포도당　　② 에틸알코올
③ 아미노산　　④ 지방

48 퓨젤유(fusel oil)를 분리하기 위하여 사용하는 원리 또는 방법은?

① 증류와 비중　　② 증류와 염석
③ 비중과 염석　　④ 침전과 추출

49 주정 발효 시 술덧에 존재하는 성분으로 불순물인 fusel oil의 성분이 아닌 것은?

① methyl alcohol
② n-propyl alcohol
③ isobutyl alcohol
④ isoamyl alcohol

50 당밀 원료로 주정을 제조할 때의 발효법인 Hildebrandt-Erb법(two-stage method)의 특징이 아닌 것은?

① 효모 증식에 소모되는 당의 양을 줄인다.
② 폐액의 BOD를 저하시킨다.
③ 효모의 회수비용이 절약된다.
④ 주정 농도가 가장 높은 술덧을 얻을 수 있다.

51 당밀을 원료로 하여 주정 발효 시 이론 주정수율의 90%를 넘지 못한다. 이와 같은 원인은 효모균체 증식에 소비되는 발효성 당이 2~3% 소비되기 때문이다. 이와 같은 발효성 당의 소비를 절약하는 방법으로 고안된 것은?

① Urises de Melle법
② Hildebrandt-Erb법
③ 고농도 술덧 발효법
④ 연속유동 발효법

52 알코올 10% 수용액을 가열냉각하여 51%의 알코올이 생성되었다. 이때 증발계수는?

① 5.1   ② 6.1
③ 7.1   ④ 8.1

53 알코올 증류에 대한 설명으로 틀린 것은?

① 공비(共沸) 혼합물의 알코올 농도는 97.2%(V/V) 또는 96%(W/W)이다.
② 공비점 78.15℃에서는 용액의 조성과 증기의 조성이 일치한다.
③ 99%의 알코올을 끓이면 이때 발생하는 증기의 농도는 낮아진다.
④ 공비 혼합물을 만드는 용액에서는 분류에 의해서 성분을 완전히 분리할 수 있다.

54 주정 생산 시 주요 공정인 증류에 있어 공비점(K점)에 관한 설명으로 옳은 것은?

① 공비점에서의 알코올 농도는 95.5%(v/v), 물의 농도는 4.5%이다.
② 공비점 이상의 알코올 농도는 어떤 방법으로도 만들 수 없다.
③ 99%의 알코올을 끓이면 발생하는 증기의 농도가 높아진다.
④ 공비점이란 술덧의 비등점과 응축점이 78.15℃로 일치하는 지점이다.

55 주정 제조 시 정류계수가 1보다 작은 경우 증류액의 품질은?

① 원액보다 불순물이 적다.
② 원액보다 불순물이 많다.
③ 원액과 불순물의 양이 같다.
④ 증류액에 불순물이 존재하지 않는다.

56 영양요구성 변이주를 이용하여 아미노산을 생성하는 이유는?

① 목적으로 하는 아미노산을 다량 축적하기 때문에
② 여러 아미노산을 동시에 생성하기 때문에
③ 어떤 원료에서든지 잘 생성하기 때문에
④ 요구하는 영양만 주면 발효가 잘되기 때문에

57 일반적으로 아미노산의 발효 생산과 관계가 가장 적은 것은?

① 야생주를 이용하는 방법
② 영양요구 변이주를 이용하는 방법
③ 전구물질 첨가법
④ 활성오니법

58 미생물의 1단계 효소 반응에 의해 아미노산을 만드는 방법은?

① 야생주에 의한 방법
② 영양요구주에 의한 방법
③ analog 내성 변이주에 의한 방법
④ 효소법에 의한 방법

59 다음 중 미생물 발효로 생산하는 아미노산이 아닌 것은?

① L-cystine
② L-arginine
③ L-valine
④ L-tryptophan

60 다음 중 미생물 직접발효법으로 생산하는 아미노산이 아닌 것은?

① L-cystine
② L-glutamic acid
③ L-valine
④ L-tryptophan

61 라이신(lysine) 발효 시 대량 생성, 축적을 위해 영양요구성 변이주에 첨가하는 물질은?

① arginine
② isoleucine
③ homoserine
④ phenylalanine

62 라이신(lysine) 직접 발효 시 변이주를 이용하는 경우 변이주가 아닌 것은?

① 영양요구성 변이주
② threonine, methionine 감수성 변이주
③ lysine analog 내성 변이주
④ biotin 요구주

63 *Corynebacterium glutamicum*의 homoserine 영양요구주에 의해 주로 공업적으로 생산되는 아미노산은?

① 라이신(lycine)
② 글리신(glycine)
③ 메티오닌(methionine)
④ 글루탐산(glutamic acid)

64 *Brevibacterium flavum*의 homoserine 영양요구 변이주에 의한 lysine 발효에 해당되지 않는 것은?

① 외부에서 첨가한 소량의 homoserine 양에 상당하는 threonine 밖에 생합성되지 않는다.
② lysine이 아무리 다량 축적되어도 저해작용이 성립되지 않는다.
③ biotin 첨가량이 충분하여야 한다.
④ lysine과 threonine의 공존에 의해서는 저해작용이 성립되지 않는다.

65 다음의 물질 중 mono sodium glutamate의 발효배지에 사용되는 것만 열거한 것은?

ⓐ glucose	ⓑ ammonia	ⓒ acetate
ⓓ nitrate	ⓔ MgSO$_4$	ⓕ biotin

① ⓐ, ⓑ, ⓓ, ⓕ
② ⓐ, ⓑ, ⓒ, ⓓ
③ ⓐ, ⓑ, ⓔ, ⓕ
④ ⓐ, ⓓ, ⓔ, ⓕ

66 glutamic acid 발효 생산균의 특징이 아닌 것은?

① 그람양성이다.
② 운동성이 있다.
③ biotin 요구성이다.
④ 포자를 형성하지 않는다.

67 글루탐산(glutamic acid) 발효생산을 위해 사용되는 균주는?

① *Saccharomyces cerevisiae*
② *Bacillus subtilis*
③ *Brevibacterium flavum*
④ *Escherichia coli*

68 일반적으로 글루탐산 발효에서 비오틴 (biotin)과의 관계를 가장 바르게 설명한 것은?

① biotin이 없는 배지에서 글루탐산의 생성이 최고이다.
② biotin 과량의 배지에서 글루탐산의 생성이 최고이다.
③ biotin이 미생물이 생육할 수 있는 정도의 제한된 배지에서 글루탐산의 생성이 최고이다.
④ biotin의 농도는 글루탐산 생산과 관계가 없다.

69 비오틴(biotin) 과잉배지에서 glutamic acid 발효 시 첨가해주는 물질은 무엇인가?

① 비타민(vitamin) B$_{12}$
② 티아민(thiamin)
③ 페니실린(penicillin)
④ 비타민(vitamin) C

70 비오틴(biotin) 함량이 과량인 배지를 사용하여 *Corynebacterium glutamicum*으로 글루탐산(glutamic acid)을 발효시키려 할 때 맞는 것은?

① 발효 도중에 페니실린(penicillin)을 배지에 첨가한다.
② 발효가 끝난 다음 페니실린(penicillin)을 배지에 가한다.
③ 비오틴 함량이 과량 포함된 배지를 그대로 사용할 수 있다.
④ 비오틴 함량은 글루탐산 발효에 아무런 영향을 미치지 않는다.

71 glutamic acid 발효 시 penicillin을 첨가하는 주된 이유는?

① 잡균의 오염 방지를 위하여
② 원료당의 흡수를 증가시키기 위하여
③ 당으로부터 glutamic acid 생합성 경로에 있는 효소반응을 촉진시키기 위하여
④ 균체 내에 생합성된 glutamic acid를 균체 외로 투과하는 막투과성을 높이기 위하여

72 glutamic acid 발효가 끝난 다음 발효액으로부터 glutamic acid를 회수하려고 한다. 이때 여러 가지 방법이 있으나 이온교환수지를 사용하여 glutamic acid를 흡착하려고 하면 다음의 어떠한 수지를 사용하겠는가?

① 약산성 cation 교환수지
② 강산성 cation 교환수지
③ 강염기성 anion 교환수지
④ 활성탄

73 *Corynebacterium glutamicum*을 사용하여 glutamic acid를 발효시킬 때 틀린 것은?

① NH₃가 배지 중에 있어야 하고 호기조건 하에서 행한다.
② 비오틴(biotin)이 미량 배지 중에 있어야 한다.
③ 비오틴(biotin)이 과량 포함되어 있어야 한다.
④ 주로 EMP 경로를 거치나 일부는 HMP 경로를 거친다.

74 핵산 관련물질의 정미성(呈味性)에 관한 내용 중 틀린 것은?

① ribose의 5′ 위치에 인산기가 붙는다.
② mononucleotide에 정미성이 있다.
③ 정미성은 pyrimidine계의 것에는 있으나, purine계의 것에는 없다.
④ nucleotide의 당은 deoxyribose, ribose이다.

75 정미성 핵산의 제조방법이 아닌 것은?

① RNA분해법
② DNA분해법
③ 생화학적 변이주를 이용하는 방법
④ purine nucleotice 합성의 중간체를 축적시켜 화학적으로 합성하는 방법

76 미생물 균체를 이용한 정미성 핵산물질을 얻는 데 가장 유리한 미생물은?

① 효모　　　　② 세균
③ 방선균　　　④ 곰팡이

77 nucleotide의 화학구조와 정미성을 나타낸 것 중 맞는 것은?

① ribose의 3′ 위치에 인산기를 가진다.
② ribose의 5′ 위치에 인산기를 가진다.
③ 염기가 pyrimidine계의 것이어야 한다.
④ trinucleotide에만 정미성이 있다.

78 정미성이 없는 nucleotide는?

① 5′ – deoxyguanylic acid
② 5′ – deoxyadenylic acid
③ 5′ – deoxyinosinic acid
④ 5′ – deoxyxanthylic acid

79 핵산 분해법에 의한 5′−nucleotides의 생산에 주원료로 쓰이지 않는 것은 무엇인가?

① ribonucleic acid
② deoxyribonucleic acid
③ 효모균제 중 핵산
④ guanylic acid

80 RNA 분해법으로 핵산 조미료를 생산할 때 원료 RNA를 얻는 미생물은?

① *Aspergillus niger* 등의 곰팡이
② *Bacillus subtilis* 등의 세균
③ *Candida utilis* 등의 효모
④ *Streptomyces griceus* 등의 방선균

81 *Brevibacterium ammoniagenes*를 변이시켜 adenine 요구균주를 분리하였다. adenine 요구균주의 성질에 대한 설명으로 틀린 것은?

① 완전배지에 잘 자란다.

② 최소배지에 adenine을 첨가한 배지에서 자란다.

③ 최소배지에 adenine을 첨가하거나 하지 않았거나 관계없이 자란다.

④ 최소배지에 adenine과 guanine을 첨가한 배지에서 자란다.

82 *Brevibacterium ammoniagenes*의 adenine 요구주에 의한 Inosine 5′- phosphate (IMP)의 직접발효생산에 해당되지 않는 것은?

① 배지 중에 adenine을 충분량 증가시키면 균의 생육량이 증가하면서 IMP의 양도 증가한다.

② Mn^{2+}량이 충분량 있으면 생육량은 증가하지만 IMP의 축적량은 감소한다.

③ Mn^{2+} 제한조건 하에서는 균이 이상형태로 변화하여 세포막 투과성이 좋아진다.

④ IMP 발효생산은 adenine과 Mn^{2+}의 첨가량을 제한하는 조건하에서 가능하다.

83 *Streptomyces aureus* 효소를 이용하여 5′-nucleotides를 만들 때, RNA를 분해시 sodium arsenate(SA)를 넣어 반응시키는 이유는?

① SA는 효소반응의 활성제로 작용된다.

② SA는 5′-phoshodiesterase에만 특이하게 반응되어 활성화 된다.

③ SA는 phosphomonoesterase의 inhibitor로 작용되어 유리 인산의 생성을 저해한다.

④ SA는 AMP deaminase의 inhibitor로 작용한다.

84 리보핵산의 3′,5′-phosphodiester 결합을 가수분해하여 정미물질을 만드는 효소는?

① 3′-phosphoesterase

② 5′-phosphoesterase

③ 3′-phosphodiesterase

④ 5′-phosphodiesterase

85 정미성 nucleotide가 아닌 것은?

① GMP

② XMP

③ IMP

④ AMP

86 guanosine 5′ – phosphate(5′–GMP)의 직접발효에 해당되지 않는 사항은?

① 5′-XMP 생산균주와 5′-XMP를 5′-GMP로 전환시키는 균주를 혼합 배양한다.

② 배양전기에 5′-XMP를 충분히 생산시키고 후기에 전환균을 생육시키는 것이 중요하다.

③ 5′-XMP로부터 5′-GMP를 효율적으로 생성시키기 위하여 계면활성제의 첨가가 유효하다.

④ guanosine을 발효법으로 생산하고 이어서 guanosine을 합성 화학적으로 인산화한다.

87 cyclic AMP의 생리적 기능으로 옳은 것은?

① 조효소
② 핵산의 구성성분
③ 고(高)에너지 화합물
④ 호르몬 작용의 전달물질

항생물질

01 다음 대사산물의 회수방법 중 특히 항생물질 생산에 중요한 방법은?

① 염석법　　② 침전법
③ 흡착법　　④ 추출법

02 발효에 관여하는 미생물에 대한 설명 중 옳지 않은 것은?

① 글루타민산 발효에 관여하는 미생물은 주로 세균이다.

② 당질을 원료로 한 구연산 발효에는 주로 곰팡이를 이용한다.

③ 항생물질(streptomycin)의 발효 생산은 주로 곰팡이를 이용한다.

④ 초산 발효에 관여하는 미생물은 주로 세균이다.

03 다음 중 리보솜의 A부위를 차단시켜 amino acyl-t-RNA와 결합을 방해하고 단백질 합성을 저해하는 항생물질은 무엇인가?

① rifampicin　　② tetracycline
③ puromycin　　④ streptomycin

04 세포벽 합성(cell wall synthesis)에 영향을 주는 항생물질은?

① streptomycin　　② oxytetracycline
③ mitomycin　　④ penicillin G

05 항생물질인 페니실린의 세포 내 작용기작으로 옳은 것은?

① 영양물질 수송에 관여하는 세포막 합성 저해

② 세포벽, 세포질에 존재하는 지질(lipid) 생합성 저해

③ 세포벽 합성과정 중의 transpeptidation 저해

④ 리보솜에 작용하여 단백질 합성 저해

06 다음 중 β−lactam 계열의 항생물질인 것은?

① penicillin

② tetracycline

③ chloramphenicol

④ kanamycin

07 세균의 단백질 합성에서 항생물질과 단백질 저해작용을 올바르게 연결한 것은?

① chloramphenicol : 30S 리보솜 구성단위로 결합하여 aminoacyl−tRNA와의 결합을 저해

② sterptomycin : 단백질 합성 개시단계를 저해

③ tetracycline : 50S 리보솜 구성단위의 peptidyl transferase를 저해

④ erythromycin : 미완성 polypeptide chain을 종료하도록 유도

생리활성물질

01 다음 미생물 중 비타민 B_2의 생산균주는?

① *Pseudomonas denitrificans*

② *Propionibacterium freudenreichii*

③ *Ashbya gossypii*

④ *Blakeslea trispora*

02 리보플라빈(riboflavin)의 생산과 관계가 있는 주요 균은?

① *Mucor mucedo*

② *Rhizopus tonkinensis*

③ *Ashbya gossypii*

④ *Lactobacillus delbrueckii*

03 다음 중 vitamin B_{12}의 생산균주가 아닌 것은?

① *Ashbys gossypii*

② *Propionibacterium freudenrechii*

③ *Streptomyces olivaceus*

④ *Nocardia rugosa*

04 비타민 C 생산과 가장 관계가 있는 것은?

① glycine 발효

② propionic acid 발효

③ acetone−butanol 발효

④ sorbose 발효

05 비타민 C를 만들 때 발효미생물을 사용하여 발효시키는 공정은?

① D−glucose → D−sorbitol

② D−sorbitol → L−sorbose

③ L−sorbose → diacetone−L−sorbose

④ diacetone−L−gluconic acid → 비타민 C

06 다음 활성물질과 균주 간에 관련이 없는 것은?

① vitamin B_2
 − *Eremothecium ashbyii*

② ascorbic acid
 − *Acetobacter suboxydans*

③ isovitamin C
 − *Pseudomonas fluorescens*

④ carotenoid
 − *Gluconobacter roseus*

07 발효법으로 생성되는 식물생장호르몬은?

① gibberellin ② aldosterone

③ stigmasterol ④ parathromone

효소

01 고정화효소의 의미로 옳은 것은?

① 물리적 방법으로 고정한 효소

② 화학적 방법으로 고정한 효소

③ 촉매물질과 결합한 효소

④ 효소활성을 유지하면서 담체와 결합한 효소

02 효소를 고정화시켰을 때 나타나는 일반적인 현상이 아닌 것은?

① 반응생성물의 순도 및 수율이 증가한다.

② 안정성이 증가하는 경우도 있다.

③ 효소 재사용 및 연속적 효소반응이 가능하다.

④ 새로운 효소작용을 나타낸다.

03 효소의 고정화 방법에 대한 설명으로 옳지 않는 것은?

① 담체결합법은 공유결합법, 이온결합법, 물리적 흡착법이 있다.

② 가교법은 2개 이상의 관능기를 가진 시약을 사용하는 방법이다.

③ 포괄법에는 격자형과 클로스링킹형이 있다.

④ 효소와 담체 간의 결합이다.

04 액체배양법에 의하여 효소를 생산하고자 한다. 다음 중 관계 없는 문항은?

① 액체배양법은 세균, 효모 배양에 적합하다.

② 고체배양법보다 일반적으로 역가가 높다.

③ 관리하기 쉽고 기계화가 가능하다.

④ 좁은 면적을 활용할 수 있다.

05 액체배양법에 의한 효소생산의 설명으로 옳은 것은?

① 기계화가 불가능하다.

② 액체배양법은 버섯재배, 곰팡이 배양에 적합하다.

③ 곰팡이의 고체배양법보다 일반적으로 역가가 높다.

④ 액체배양에는 정치배양, 진탕배양, 통기배양 등이 있다.

06 균체 내 효소를 추출하는 방법 중 가장 부적당한 것은?

① 초음파 파쇄법 ② 기계적 마쇄법

③ 염석법 ④ 동결 융해법

07 효소의 정제법에 해당되지 않는 것은?

① 염석 및 투석

② 무기용매 침전

③ 흡착

④ 이온교환 크로마토그래피

08 다음 중 효소 단백질의 이온적 특성에 의한 정제방법이 아닌 것은?

① 등전점 침전
② 투석
③ 염석
④ 이온교환 크로마토그래피

09 내열성 α-amylase 생산에 이용되는 균은?

① Aspergillus niger
② Bacillus licheniformis
③ Rhizopus oryzae
④ Trichoderma reesei

10 내열성 alkaline protease 생산에 이용되는 미생물은?

① Aspergillus속 균주
② Bacillus속 균주
③ Pseudomonas속 균주
④ Streptomyces속 균주

11 효소 생산에서 효소와 생산미생물이 잘못 짝지어진 것은?

① α-amylase : Aspergillus oryzae
② α-amylase :
   Bacillus amyloliquefaciens
③ alkaline protease :
   Bacillus amyloliquefaciens
④ alkaline protease :
   Alcaligenes faecalis

12 cellulase의 생산균은?

① Rhizopus delema
② Trichoderma viride
③ Mucor pusillus
④ Candida cylindracea

균체생산

01 유지자원으로서의 미생물 균체에 대한 설명으로 틀린 것은?

① 탄소원 농도가 높고 질소원이 결핍되어야 유지가 축적된다.
② 유지의 축적에는 충분한 산소 공급이 필요하다.
③ 유지 함량은 대수 증식기에 가장 많이 축적된다.
④ 미생물 유지의 조성은 식물성 유지와 비슷하다.

02 증식수율의 주요 의미로 옳은 것은?

① 소비된 탄소원에 대한 증식된 균체량
② 소비된 질소원에 대한 증식된 균체량
③ 소비된 산소에 대한 증식된 균체량
④ 소비된 탄산가스에 대한 증식된 균체량

03 발효과정 중에서의 수율(yield)에 대한 설명으로 옳은 것은?

① 단위 균체량에 의해 생산된 생산물량
② 단위 발효시간당 생산된 생산물량
③ 발효공정에 투입된 단위 원료량에 대한 생산물량
④ 단위 균체량과 원료량에 대한 생산물량

04 일반적으로 당의 발효성을 갖지 않는 효모는?

① *Schizosaccharomyces*속

② *Rhodotorula*속

③ *Saccharomyces*속

④ *Torulopsis*속

05 다음 중 식용의 단세포 단백질(SCP)로 이용할 수 없는 균주는?

① *Saccharomyces cerevisiae*

② *Chlorella vulgaris*

③ *Candida utilis*

④ *Asperglillus flavus*

06 다음 중 n-paraffin을 원료로 하여 유지를 생산하는 세균은?

① *Lipomyces*속   ② *Rhodotorula*속

③ *Nocardia*속   ④ *Candida*속

07 탄화수소에서의 균체 생산과 관련이 없는 균주는?

① *Candida*속   ② *Torulopsis*속

③ *Pseudomonas*속   ④ *Chlorella*속

08 탄화수소에서의 균체 생산의 특징이 아닌 것은?

① 높은 통기조건이 필요하다.

② 발효열을 냉각하기 위한 냉각장치가 필요하다.

③ 당질에 비해 균체 생산속도가 빠르다.

④ 높은 교반조건이 필요하다.

09 균체 단백질 생산 미생물의 구비조건이 아닌 것은?

① 미생물과 미생물 균체가 유해하지 않아야 한다.

② 회수가 쉬워야 한다.

③ 생육최적온도가 낮아야 한다.

④ 영양가가 높고 소화성이 좋아야 한다.

10 아황산펄프폐액을 이용한 효모 균체의 생산에 이용되는 균은?

① *Candida utilis*

② *Pichia pastoris*

③ *Sacharomyces cerevisiae*

④ *Torulopsis glabrata*

11 효모 및 세균에 의한 단세포 단백질(SCP)의 공업생산과 관계없는 것은?

① 균체 단백질의 아미노산 조성이 동물 단백질에 떨어지지 않는다.

② 펄프폐액, 탄화수소 등의 원료에서 수율이 높게 생산하는 것이 가능하다.

③ 전천후, 4계절을 통해서 생산이 가능하다.

④ 특히 생산 시 넓은 공간이 필요하다.

12 단세포단백질 생산의 기질과 미생물이 잘못 연결된 것은?

① 에탄올 – 효모

② 메탄 – 곰팡이

③ 메탄올 – 세균

④ 이산화탄소 – 조류

13 효모 생산의 배양관리 중 가장 부적당한 것은?

① 배양 중 포말(formal) 도수, 온도, pH 등을 측정한다.

② pH는 3.5~4.5 범위에서 안정하다.

③ 배양온도는 일반적으로 50℃이다.

④ 매분 배양액의 약 1/10량의 공기를 통기한다.

14 빵효모의 균체 생산 배양관리인자가 아닌 것은?

① 온도　　　　② pH

③ 당농도　　　④ 혐기조건

15 제빵효모 생산을 위해서 사용되는 균주로서 구비해야 할 특성이 아닌 것은?

① 물에 잘 분산될 것

② 단백질 함량이 높을 것

③ 발효력이 강력할 것

④ 증식속도가 빠를 것

16 포도당(glucose) 100g/L를 사용하여 빵효모를 생산하려고 한다. 발효 후에 에탄올(ethanol)이 부산물로 10g/L 생산되었다면, 이때 생산된 균체의 양은 얼마인가? (단, 균체 생산수율은 0.5g cell/g glucose 이다.)

① 약 35g/L　　② 약 40g/L

③ 약 45g/L　　④ 약 50g/L

17 효모 균체 성분 중 가장 많이 들어있는 비타민은?

① thiamine　　② riboflavin

③ nicotinic acid　④ folic acid

18 *Saccharomyces cerevisiae*를 사용하여 glucose를 발효시킬 때의 설명으로 틀린 것은?

① 통기발효 시 반응산물은 $6CO_2$, $6H_2O$이다.

② 혐기적 발효 시 반응산물은 $2CH_3CH_2OH$, $2CO_2$이다.

③ 통기발효할 때는 혐기적 발효 때보다 효모의 균체가 많이 생긴다.

④ 빵효모를 생산할 때는 혐기조건 하에서 발효시킨다.

19 셀룰로스(cellulose)를 기질로 하였을 때 단세포 단백질을 직접발효 생산하기 위하여 쓸 수 있는 균은?

① *Candida utilis*

② *Cellulomonas flavigena*

③ *Pseudomonas ovalis*

④ *Aspergillus oryzae*

20 메탄올(methanol)을 자화하는 미생물로 균체를 생산할 때 주로 가장 많이 이용되는 균은?

① 조류　　　　② 세균

③ 효모　　　　④ 곰팡이

효소

01 당분해(glycolysis)에 관여하는 효소 중에는 보조인자(cofactor)로써 화학성분(금속이온 등)을 필요로 하는 효소도 있다. 이와 같은 효소의 단백질 부분을 무엇이라 하는가?

① 아포효소(apoenzyme)
② 보조효소(coenzyme)
③ 완전효소(holoenzyme)
④ 보결분자단(prosthetic group)

02 holoenzyme에 대한 설명으로 옳은 것은?

① 조효소를 말한다.
② 가수분해작용을 하는 효소를 말한다.
③ 활성이 없는 효소단백질과 조효소가 결합된 활성이 완전한 효소를 말한다.
④ 금속이온 또는 유기분자로 이루어진 factor를 말한다.

03 효소반응에 대한 설명으로 옳은 것은?

① 금속이온은 보조효소가 될 수 없다.
② 효소의 활성부위에 저해제는 결합할 수 없다.
③ 반응생성물이 많아질수록 반응속도가 빨라진다.
④ K_m(Michaelis 상수) 값이 낮을수록 기질 친화력이 강하다.

04 다음 중 한 효소반응의 동력학적 항수(K_m과 V_m)를 구하기 위해서 처음 어떠한 실험을 하여야 하는가?

① 기질농도의 변화에 따른 효소의 초기속도를 구한다.
② 저해물질농도에 따른 효소의 초기속도를 구한다.
③ 기질농도의 변화에 따른 효소의 최대속도를 구한다.
④ 시간에 따른 반응속도의 변화를 구한다.

05 아래의 대사경로에서 최종생산물 P가 배지에 다량 축적되었을 때 P가 A→B로 되는 반응에 관여하는 효소 E_A의 작용을 저해시키는 것을 무엇이라고 하는가?

$$A \xrightarrow{E_A} B \longrightarrow C \longrightarrow D \longrightarrow P$$

① feed back repression
② feed back inhibition
③ competitive inhibition
④ noncompetitive inhibition

06 효소반응과 관련하여 경쟁적 저해에 대한 설명으로 옳은 것은?

① K_m 값은 변화가 없다.
② V_{max} 값은 감소한다.
③ Lineweaver-Burk plot의 기울기에는 변화가 없다.
④ 경쟁적 저해제의 구조는 기질의 구조와 유사하다.

07 다음 (   )에 들어갈 적당한 것은?

> 효소반응에서 반응속도가 최대속도(V_{max})의 1/2에 해당되는 기질의 농도[S]는 (   )와(과) 같다.

① $1/K_m$　　　　② $-1/K_m$
③ K_m　　　　　④ $-K_m$

08 [S]=K_m이며 효소 반응속도값이 20umol/min일 때, V_{max}는? (단, [S]는 기질농도, K_m은 미카엘리스 상수)

① 10umol/min　　② 20umol/min
③ 30umol/min　　④ 40umol/min

09 미카엘리스 상수(Michaelis constant) K_m의 값이 낮은 경우는 무엇을 의미하는가?

① 효소와 기질의 친화력이 크다.
② 효소와 기질의 친화력이 작다.
③ 기질과 저해제가 경쟁한다.
④ 기질과 저해제가 결합한다.

10 효소의 미카엘리스-멘텐 반응속도에 기질농도[S]=K_m일 때 효소 반응속도값이 15mM/min이다. V_{max}는?

① 5mM/min　　　② 7.5mM/min
③ 15mM/min　　 ④ 30mM/min

11 아래는 어느 한 효소의 초기(반응)속도와 기질농도와의 관계를 표시한 것이다. 이 효소의 반응속도 항수인 K_m과 V_{max} 값은?

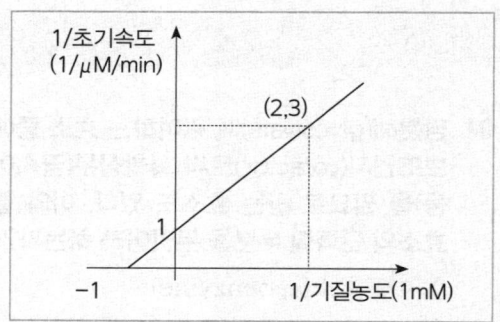

① K_m=1, V_{max}=1　② K_m=2, V_{max}=2
③ K_m=1, V_{max}=2　④ K_m=2, V_{max}=1

12 효소의 반응속도 및 활성에 영향을 미치는 요소와 가장 거리가 먼 것은?

① 온도　　　　　② 수소이온농도
③ 기질의 농도　 ④ 반응액의 용량

13 광학적 기질 특이성에 의한 효소의 반응에 대한 설명으로 옳은 것은?

① urease는 요소만을 분해한다.
② lipase는 지방을 우선 가수분해하고 저급의 ester도 서서히 분해한다.
③ phosphatase는 상이한 여러 기질과 반응하나 각 기질은 인산기를 가져야 한다.
④ L-amino acid acylase는 L-amino acid에는 작용하나 D-amino acid에는 작용하지 않는다.

14 효소와 기질이 반응할 때 기질의 구조가 조금만 달라도 그 기질에 대해서 효소가 활성을 갖지 못하는 것을 무엇이라 하는가?

① 활성부위
② 기질 특이성(active site)
③ 촉매효율(catalytic efficiency)
④ 조절(regulation)

15 효소에 있어서 그 활성을 나타내기 위해서는 특별한 이온을 필요로 하는 경우가 있다. 다음 중 효소의 활성화 물질로서 작용하지 않는 것은?

① Cu^{2+} ② Mg^{2+}
③ Pd^{2+} ④ Mn^{2+}

16 효소의 비활성도(specific activity)를 구하는 방법은?

① total activity/total protein
② mass protein/volume extract
③ activity/total volume
④ total activity/total activity in crude extract

17 allosteric effector와 관계를 가지는 다음 설명 중 옳은 것은?

① allosteric effector는 일반적으로 기질의 유사물이다.
② allosteric effector는 고분자인 효소 분자의 변성반응을 촉매한다.
③ 효소의 allosteric 부위는 활성부위에서 멀리 떨어져 있다.
④ allosteric 단백질은 고분자인 것과 아닌 것이 있다.

18 다른자리입체성 조절효소(allosteric enzyme)에 관한 설명으로 틀린 것은?

① 활성자리와 조절자리가 구별된다.
② 반응속도가 Michaelis-Menten 식을 따른다.
③ 촉진적 효과인자(positive effector)에 의해 활성화된다.
④ 반응속도의 S자형 곡선은 소단위(subunit)의 협동에 의한 것이다.

19 효소의 분류에 따른 기능이 잘못 연결된 것은?

① transferases - 관능기의 전이를 촉매
② lyases - 비가수분해로 화학기의 이탈 반응을 촉매
③ isomerases - 산화환원반응을 촉매
④ ligases - ATP를 분해시켜 화학결합을 형성하는 반응을 촉매

20 다음 중 균체 외 효소가 아닌 것은?

① amylase   ② protease
③ glucose oxidase   ④ pectinase

21 zymogen에 대한 설명이 틀린 것은?

① 효소의 전구체다.
② pro-enzyme이라고도 한다.
③ 효소분비를 촉진하는 호르몬이다.
④ 생체 내에서 불활성의 상태로 존재 또는 분비된다.

22 다음 효소 중 가수분해효소가 아닌 것은?

① carboxy peptidase
② raffinase
③ invertase
④ fumarate hydratase

23 α-amylase의 성질이 아닌 것은?

① 전분의 α-1,4 및 α-1,6 결합을 임의의 위치에서 분해한다.
② 전분의 점도를 급격히 저하시킨다.
③ 최종분해생성물은 dextrin, 맥아당, 소량의 포도당이다.
④ 액화형 amylase이다.

24 다음 효소 중에서 전분의 α-1,6- glucoside 결합을 가수분해하는 것은?

① α-amylase
② cellulase
③ β-amylase
④ glucoamylase

25 전분(starch)의 비환원성 말단에서 포도당 단위로 끊어내는 당화형 효소는?

① α-amylase
② β-amylase
③ glucoamylase
④ maltase

26 포도당을 과당으로 만들 때 쓰이는 미생물 효소는?

① xylose isomerase
② glucose isomerase
③ glucoamylase
④ zymase

27 포도당을 과당으로 전환시킬 때 주로 사용되는 미생물효소는?

① *Bacillus subtilis*의 α-amylase
② *Aspergillus oryzae*의 α-amylase
③ *Aspergillus niger*의 β-amylase
④ *Streptomyces murinus*의 glucose isomerase

28 포도당과 산소를 제거하고 산화에 의한 식품의 갈변 방지에 이용되는 효소는?

① taanase
② cellulase
③ glucose oxidase
④ glucose isomerase

29 곰팡이에서 발견되며 식품의 갈변 방지, 통조림 산소 제거 등에 이용되는 효소는?

① lipase
② catalase
③ lysozyme
④ glucose oxidase

30 glucoamylase에 대한 설명으로 틀린 것은?

① 전분의 $\alpha-1,4$ 결합을 비환원성 말단으로부터 차례로 glucose 단위로 절단한다.

② 전분 분자의 $\alpha-1,6$ 결합도 절단할 수 있는 효소이다.

③ 전분으로부터 단당류인 glucose를 생성하는 효소이다.

④ 생산균에는 *Bacillus subtilis*와 *Rhizopus delemar*가 있다.

31 invertase에 대한 설명으로 틀린 것은?

① 활성 측정은 sucrose에 결합되는 산화력을 정량한다.

② sucrase 또는 saccharase라고도 한다.

③ 가수분해와 fructose의 전달반응을 촉매한다.

④ sucrose를 다량 함유한 식품에 첨가하면 결정 석출물을 막을 수 있다.

32 셀룰로스(cellulose)를 가수분해할 수 있는 효소는?

① α-glucosidase ② β-glucosidase

③ transglucosidase ④ α-amylase

33 전분당화를 위한 효소 중 endo $\alpha-1,4$ linkage를 절단하는 효소는?

① α-amylase ② β-amylase

③ glucoamylase ④ isoamylase

34 polypeptide 분자 중간에 작용하여 peptide 결합을 분해하는 효소는?

① endopeptidase

② aminopeptidase

③ exopeptidase

④ carboxypeptidase

35 *Mucor pusillus*가 생산하는 응유효소에 대한 설명으로 틀린 것은?

① κ-casein을 특이하게 분해한다.

② ds, β-casein을 특이하게 가수분해한다.

③ 단백질 분해력보다 응유력이 강하다.

④ para-κ-casein은 Ca^{2+}로 응고된다.

36 아래에서 설명하는 효소는?

> NADH를 이용하여 젖산을 탈수소하여 피루브산으로 만드는 세포질 효소이다.

① lactase

② succinate dehydrogenase

③ lactose operon

④ lactate dehydrogenase

37 고에너지결합(high energy bond)을 이용하여 두 분자를 결합시키는 효소는?

① reductase ② lyase

③ ligase ④ hydrolase

제4과목 식품미생물 및 생화학 예상문제

38 C–C, C–S, C–O 등과 같은 결합을 형성하는 효소는?

① oxidoreductase ② kinase
③ isomerase ④ ligase

39 RNA를 가수분해하는 효소는?

① ribonuclease
② polymerase
③ deoxyribonuclease
④ ribonucleotidyl transferase

40 산화환원효소가 아닌 것은?

① alcohol dehydrogenase
② glucose oxidase
③ lipase
④ acyl–CoA dehydrogenase

41 산소에 전자가 전달되어 생성된 O^{2-} 이온의 detoxification에 관여하는 효소가 아닌 것은?

① superoxide dismutase
② reductase
③ catalase
④ peroxidase

42 HFCS(High Fructose Corn Syrup) 55의 생산에 이용되는 효소는?

① amylase
② glucoamylase
③ glucose isomerase
④ glucose dehydrogenase

43 nicotinamide에 관한 설명으로 틀린 것은?

① NADH 또는 NADPH의 구성요소가 된다.
② 탈탄산 반응에서 중요한 역할을 한다.
③ alcohol dehydrogenase의 전자수용체의 구성요소가 된다.
④ 개의 흑설병(blacktongue)을 예방하는 물질이다.

44 조효소로 사용되면서 산화환원 반응에 관여하는 비타민으로 짝지어진 것은?

① 엽산, 비타민 B_{12}
② 니코틴산, 엽산
③ 리보플라빈, 니코틴산
④ 리보플라빈, 티아민

탄수화물

01 포도당의 수용액이 입체이성을 나타내는 현상을 무엇이라 하는가?

① polarization
② amphoterism
③ optical isomerism
④ mutarotation

02 glucose의 부제탄소원자수와 존재할 수 있는 이성체의 수의 연결이 옳은 것은?

① 1, 2 ② 2, 4
③ 3, 8 ④ 4, 16

03 glucose와 mannose는 epimer 관계이다. 이것은 무엇을 의미하는가?

① 이들은 서로 광학이성체 관계이다.
② 하나는 aldose이고 다른 하나는 ketose이다.
③ 한 부제탄소원자의 결합상태만이 다르다.
④ 이들은 서로 비슷한 환원성을 가진다.

04 다음 단당류 중 ketose이면서 hexose(6탄당)인 것은?

① glucose   ② ribulose
③ fructose   ④ arabinose

05 이당류가 분해되어 fructose가 나오는 것은?

① lactose   ② maltose
③ sucrose   ④ trehalose

06 다음의 반응과정과 관계있는 물질은?

$$RCHO + 2Cu^{2+} + 2OH^- \text{(청색)}$$
$$\rightarrow RCOOH + Cu_2O + H_2O \text{(적색)}$$

① 필수지방산   ② 환원당
③ 필수아미노산   ④ 비환원당

07 다음 중 셀로바이오스(cellobiose)를 구성단위로 하는 것은?

① 전분   ② 글리코겐
③ 이눌린   ④ 섬유소

08 과당(fructose)을 구성단위로 하는 다당류는?

① 전분   ② 글리코겐
③ 이눌린   ④ 셀룰로스

09 광합성 반응에 대하여 옳지 않은 것은?

① 엽록소(chlorophyll)와 더불어 카로티노이드(carotenoids), 피코빌린(Phycobilins) 색소가 필요하다.
② 암반응(dark reaction)과 광반응(light reaction)으로 나눌 수 있다.
③ 단파장(400nm) 이하인 자외선이 가장 효과적으로 광합성을 일으킨다.
④ 광합성에서도 화학삼투작용(chemi osmotic reaction)에 의해 ATP를 생산한다.

10 광합성 과정의 전자전달계에 관여하는 조효소(co-enzyme)는?

① DPN⁺(또는 NAD⁺)
② FMN
③ TPN⁺(또는 NADP⁺)
④ FAD

11 광합성 과정은 명반응과 암반응 두 가지로 구분된다. 명반응에서 일어나는 반응은?

① 포도당의 합성   ② NADP⁺의 환원
③ CO₂의 환원   ④ NADPH의 산화

12 광합성의 명반응(light reaction)에서 생성되어 암반응(dark reaction)에 이용되는 물질은?

① ATP
② NADH
③ O_2
④ pyruvate

13 광합성 과정은 명반응과 암반응으로 구분된다. 암반응 과정에서 주로 일어나는 현상은?

① 포도당 합성
② NADP의 환원
③ ATP의 합성
④ 전자전달계의 활성화

14 광합성의 암반응으로부터 포도당이 합성될 때 관련된 중간산물이 아닌 것은?

① 3-phosphoglycerate
② xylose-5-phsphate
③ ribulose-1,5-diphosphate
④ glyceraldehyde-3-phosphate

15 광합성(photosynthesis) 중 암반응에서 CO_2를 탄수화물로 환원시키는 데 필요한 것은?

① NADP, ATP
② NADP, ADP
③ NADPH, ATP
④ NADP, NADPH

16 광합성에서의 ATP 생성은 광인산화(photophosphorylation)에 의해 생성된다. 광인산화에 관한 설명 중 옳은 것은?

① 미토콘드리아 내막에서 일어난다.
② 광인산화는 전자전달과 짝지어져 일어난다.
③ 미토콘드리아의 산화적 인산화 반응과 다른 분자 메커니즘으로 일어난다.
④ ATP는 비순환적 인산화(noncyclic photophosphorylation)에 의해서만 생성된다.

17 다음 중 식물세포에서 광합성을 담당하는 소기관인 엽록체(chroroplast)의 설명으로 틀린 것은?

① Thylakoids라 불리는 일련의 서로 연결된 disks로 구성된 복잡한 축구공 모양의 구조이다.
② 엽록체 중 chlorophyll 색소는 porphyrin 핵에 Fe가 결합된 구조이다.
③ 엽록체에는 핵 중의 DNA와는 별개의 DNA가 존재한다.
④ 엽록체 중에도 세포질에 존재하는 ribosome과는 다른 70S ribosome이 존재한다.

18 녹색식물의 광합성에 관한 설명으로 틀린 것은?

① 그라나에서는 빛을 포획하고 산소를 생산한다.
② 스트로마에서는 탄소를 고정하는 암반응이 일어난다.
③ calvin 회로는 CO_2로부터 포도당이 생성되는 경로이다.
④ 열대식물은 C_3 경로를 통하여 이산화탄소를 고정한다.

19 광합성에서 1mole의 O_2를 발생시키는 데 필요한 광자(photon)의 수는?

① 1~2개   ② 3~5개

③ 4~6개   ④ 8~10개

20 동위원소를 표지한 산소(^{18}O)를 green algae의 광합성에 사용할 때에 대한 설명으로 틀린 것은?

① 물분자에 ^{18}O를 표지한 $H_2{}^{18}O$는 산소분자(^{18}O)에 나타난다.

② 탄산가스에 ^{18}O를 표지한 $C^{18}O_2$는 물분자에 나타난다.

③ 탄산가스에 ^{18}O를 표지한 $C^{18}O_2$는 탄수화물에 나타난다.

④ 물분자에 ^{18}O를 표지한 $H_2{}^{18}O$는 탄수화물에 나타난다.

21 광합성 생물에서 빛을 흡수하는 것이 아닌 것은?

① carotenoid   ② chlorophyll a

③ plastocyanin   ④ phycocyanin

22 당질의 주요대사 설명으로 틀린 것은?

① 각 조직에서 산화분해되어 에너지를 생성한다.

② 근육이나 간에서 glycogen으로 합성된다.

③ 근육에서 아미노산으로 전환된다.

④ 지방조직에서 지방으로 변한다.

23 다음 중 당이 혐기적 조건에서 효소에 의해 분해되는 대사작용으로 세포질에서 일어나는 것은?

① 해당작용   ② 유전정보 저장

③ 세포의 운동   ④ TCA회로

24 혐기적 대사(anaerobic metabolism)의 설명으로 틀린 것은?

① 산소를 최종전자수용체로 사용하지 않는다.

② 호기적 대사보다 ATP를 생성하는 능률이 높다.

③ 유기중간체를 환원하여 산물을 만들고 CO_2로의 완전산화는 하지 않는다.

④ 대표적인 것은 해당 및 각종 발효과정이다.

25 당대사 과정 중 일어나는 혐기적 초기단계의 ATP 생성 기구는?

① oxidative phosphorylation

② substrate level phosphorylation

③ TCA cycle

④ photophosphorylation

26 생체조직은 포도당(glucose)으로부터 젖산(lactic acid)을 얻는데, 이 과정을 무엇이라 하는가?

① oxidative phosphorylation

② aerobic glycolysis

③ reductive phosphorylation

④ anaerobic glycolysis

27 ATP + glucose → ADP + glucose-6-phosphate에서 촉매적으로 작용하는 효소는?

① aldolase   ② phosphorylase

③ fructokinase   ④ hexokinase

28 해당과정 중 전자전달(electron transport) 과정으로 들어가 ATP를 형성해낼 수 있는 $NADH+H^+$를 생성하는 단계(step)는?

① glucose-6-phosphate
    → fructose-6-phosphate

② fructose-6-phosphate
    → fructose-1,6-diphosphate

③ fructose-1,6-diphosphate
    → glyceraldehyde-3-phosphate

④ glyceraldehyde-3-phosphate
    → 1,3-diphosphoglyceric acid

29 pyruvate가 탈탄산되어 acetyl-CoA로 산화되는 반응에서 pyruvate dehydrogenase의 조효소로 작용하는 물질이 아닌 것은?

① thiamine pyrophosphate

② FAD

③ NAD

④ pyridoxal phosphate

30 피루브산(pyruvic acid)을 탈탄산하여 아세트알데히드(acetaldehyde)로 만드는 효소는?

① alcohol carboxylase

② pyruvate carboxylase

③ pyruvate decarboxylase

④ alcohol decarboxylase

31 해당작용 및 TCA cycle에서 형성된 NADH가 respiratory chain에 전자를 전달해주는 첫 번째 수용체는?

① ubiquinone

② cytochrome c

③ cytochrome a

④ FMN(flavin mononucleotide)

32 포도당 1mole이 혐기상태에서 해당작용될 때 몇 mole의 ATP가 생성되는가?

① 2mole   ② 8mole

③ 16mole   ④ 38mole

33 미토콘드리아(mitochondria)에 대한 설명으로 옳지 않은 것은?

① 독자적인 DNA를 함유하고 있기 때문에 미토콘드리아 단백질을 합성

② 매트릭스(matrix)에는 TCA cycle이나 지방산 산화 등에 관련된 효소군이 존재

③ 산소의 존재 하에 세포에 필요한 에너지인 ATP를 공급

④ 거대분자를 저분자까지 분해하는 각종 가수분해효소를 함유

34 미토콘드리아 내에서의 citrate 회로에 관여하는 효소는 주로 어디에 존재하는가?

① 내막   ② 외막

③ cristae   ④ matrix

35 TCA 회로에 대한 설명으로 틀린 것은?

① pyrubic acid는 acetyl−CoA와 CO_2로 산화된다.
② 피루브산 카르복실레이스의 보결단인 바이오틴은 아세틸기를 운반한다.
③ 글리옥실산 회로는 아세트산으로부터 4−탄소(C_4)화합물을 생성한다.
④ 보충대사반응은 시트르산 회로의 중간체를 보충한다.

36 구연산(citrate)이 TCA 회로를 거쳐 옥살로아세트산(oxaloacetate)으로 되는 과정에서 일어나는 중요한 화학반응으로 묶인 것은?

① 흡열반응과 축합반응
② 가수분해와 산화환원반응
③ 치환반응과 탈아미노반응
④ 탈탄산반응과 탈수소반응

37 TCA 회로의 조절효소(pacemaker enzyme)와 가장 거리가 먼 것은?

① citrate synthase
② isocitrate dehydrogenase
③ α−ketoglutarate dehydrogenase
④ phosphoglucomutase

38 TCA cycle 중 전자전달(electron transport) 과정으로 들어가는 $FADH_2$를 생성하는 반응은?

① isocitrate → α−ketoglutarate
② α−ketoglutarate → syccinyl CoA
③ succinate → fumarate
④ malate → oxaloacetate

39 한 분자의 피루브산이 TCA 회로를 거쳐 완전분해하면 얻을 수 있는 ATP의 수는?(단, NADH, $FADH_2$의 경우도 ATP를 얻은 것으로 한다)

① 12.5   ② 30
③ 36   ④ 38

40 아래의 반응식에서 HCO_3^-의 수송체는?

$$pyruvate + HCO_3^- + ATP \longrightarrow oxalocacetate + ADP + Pi$$

① NAD^+ ② biotin
③ H^+ ④ rutin

41 단식으로 인해 저탄수화물 섭취를 할 경우 나타나는 현상이 아닌 것은?

① 저장 글리코겐 양이 감소한다.
② 뇌와 말초조직은 대체 에너지원으로 포도당을 이용한다.
③ 혈액의 pH가 낮아진다.
④ 간은 과량의 acetyl−CoA를 ketone체로 만든다.

42 다음 중 ATP를 합성하는 기관은?

① 리보솜(ribosome)
② 리소좀(lysosome)
③ 미토콘드리아(mitochondria)
④ 마이크로솜(microsome)

43 생체 내에서 산화환원 반응이 일어나는 곳은?

① 미토콘드리아(mitochondria)
② 골지체(golgi apparatus)
③ 세포벽(cell wall)
④ 핵(nucleus)

44 산화적 인산화에 의하여 생산되는 고에너지 화합물은?

① ADP
② ATP
① NADH
④ NADPH

45 산화적 인산화(oxidative phosphorylation) 과정 중 전자가 전달되면서 생체에너지 ATP가 생성되는 데 필요하지 않은 것은?

① pH gradient
② proton motive force
③ ATP synthase
④ nucleus membrane

46 해당과정(glycolysis)과 시트르산 회로(citric acid cycle)를 통하여 기질이 환원된 에너지는 산화적 인산화 반응(oxidative phosphorylation)을 통하여 O_2와 반응하여 ATP를 형성한다. 환원된 기질의 에너지를 잠정적으로 보관하고 있는 물질은?

① 크레아틴산 인산(creatine phosphate)
② ADP + phosphate
③ NADH + H^+
④ NAHPH + H^+

47 ATP(adenosine triphosphate)가 고에너지 화합물(high energy compound)인 이유는?

① ATP는 화학구조상 음전하가 몰려있고 여러 가지 공명체가 존재하므로 에너지를 많이 저장할 수 있기 때문이다.
② 탄수화물 대사에서 해당작용과 시트르산 회로(citric acid cycle)를 통해 많이 생성되기 때문이다.
③ 열량을 많이 생산하는 지방(lipid)의 산화에 의해 많이 생산되기 때문이다.
④ 물과 작용하여 가수분해가 잘 되기 때문이다.

48 가수분해에너지가 가장 큰 인산화합물은?

① phosphoenolpyruvate
② 1,3-diphosphoglycerol phosphate
③ phosphocreatine
④ ATP

49 생체 내 고에너지 화합물과 거리가 먼 것은?

① porphyrin
② pyrophosphate
③ acyl phosphate
④ thiol ester

50 ATP는 세포의 여러 가지 일을 하기 위하여 에너지원으로 쓰인다. 다음 중 ATP를 사용하지 않는 생체현상은?

① 단백질의 합성과정
② 근육의 수축작용
③ 세포 내의 K^+ 축적
④ 미토콘드리아의 전자전달 현상

51 2분자의 피루빈산(pyruvate)에서 한 분자의 글루코스(glucose)가 만들어질 때 소모되는 고에너지 인산결합(high energy phosphate bond)의 수는?

① 2   ② 4
③ 5   ④ 7

52 산화환원 효소계의 보조인자(조효소)가 아닌 것은?

① NADH + H
② NADPH + H^+
③ 판토텐산(panthothenate)
④ $FADH_2$

53 다음 중 전자전달체(electron carrier)로 작용하고 있는 NAD^+, $NADP^+$의 조효소로 작용하는 비타민은?

① thiamine   ② nicotinic acid
③ riboflavin   ④ cobalamin

54 산화환원계의 보효소에 대한 설명으로 틀린 것은?

① nicotinamide nucleotide : 혐기성 탈수소효소의 보효소로서 NAD와 NANP의 2종류가 있음
② flavin nucleotide : FMN과 FAD의 2종류가 있으며 $FADH_2$ 한 분자마다 1.5분자의 ATP가 생성
③ cytochrome : 산화적 탈탄산 반응에 관여하여 효소의 보효소로 −S−S−결합에 의해 산화환원 작용
④ ubiquinone : coenzyme Q라 하며 FeS flavoprotein으로부터 전자를 수용하여 cytochrome에 전달하는 보조인자

55 전자전달계에 대한 설명으로 틀린 것은?

① NADH dehydrogenase에 의해 NADH로부터 2개의 전자를 수용하여 FMN에 전자를 전달함으로써 개시된다.
② flavoprotein(FeS)은 전자를 수용하여 Fe^{3+}를 Fe^{2+}로 환원시킨다.
③ 전자전달의 결과 ADP와 Pi로부터 총 5개의 ATP가 합성된다.
④ 최종전자수용체인 산소는 물로 환원된다.

56 다음 중 전자전달계(electron transport system)에서 전자수용체로 작용하지 않는 것은?

① FMN   ② NAD
③ CoQ   ④ CoA

57 미토콘드리아에서 진행되는 전자전달계에서 ATP가 합성될 때 수소의 최종 공여체와 수용체를 바르게 연결한 것은?

① cytochrome c − H_2
② cytochrome a_3 − O_2
③ cytochrome b − H_2O
④ cytochrome c_1 − O_3

58 산화적 인산화 반응에서 ATP가 합성되는 과정과 가장 거리가 먼 것은?

① NADH dehydrogenase/flavoprotein 복합체
② cytochrome a/a_3 복합체
③ fatty−acid synthetase 복합체
④ cytochrome oxidase 복합체

59 다음 중 전자수송사슬(ETC)에서 전자를 획득하는 경향이 가장 큰 것은?

① 산소
② 보조효소 Q
③ 시토크롬 c
④ 니코틴아마이드 아데닌 다이뉴클레오타이드

60 박테리아 내의 CTP 합성효소에 의한 UTP의 아미노화 반응 생성물은?

① UTP
② CTP
③ UDP
④ CDP

61 에너지가 풍부한 피로인산 화합물의 우선적인 용도를 맞게 연결한 것은?

① UTP – 단백질 합성
② GTP – 다당류 합성
③ CTP – 지질 합성
④ dATP – RNA 합성

62 근육조직에 저장된 에너지 형태는?

① phosphoenolpyruvate
② creatine phosphate
③ 1,3–diphosphoglycerate
④ ATP

63 전자전달계(electron transport system)에서 시토크롬(cytochrome) c는 금속이온을 가지고 있는 단백질이다. 시토크롬 c가 가지고 있는 금속성분은?

① Fe
② Mn
③ Cu
④ Mo

64 시토크롬(cytochrome)의 구조에서 가장 필수적인 원소는?

① 코발트(Co)
② 마그네슘(Mg)
③ 철(Fe)
④ 구리(Cu)

65 cytochrome의 작용은?

① 탈수소 역할
② 탈수 작용
③ 전자전달체 역할
④ 산소운반체 역할

66 다음 중 에너지 생성 반응이 아닌 것은?

① 광합성 반응
② 산화적 인산화 반응
③ 당신생 반응
④ 기질수준 인산화 반응

67 다음 중 glycogenesis를 증가시키는 것은 무엇인가?

① epinephrine
② insulin
③ insulin과 epinephrin
④ thyroxin

68 글루코네오제네시스(gluconeogenesis)라 함은 무엇을 의미하는가?

① 포도당이 혐기적으로 분해하는 과정
② 포도당이 젖산이나 아미노산으로부터 합성되는 대사과정
③ 포도당이 산화되어 ATP를 합성하는 과정
④ 포도당이 아미노산으로 전환되는 과정

69 인간 체내에서 포도당신생 합성과정을 통해 포도당을 합성할 수 있는 비탄수화물 전구체가 아닌 것은?

① glycerol   ② lactic acid

③ palmitic acid   ④ serine

70 gluconeogenesis(당신생경로)에서 젖산으로부터 glucose를 재합성할 때 조직세포의 미토콘드리아로부터 세포질로 운반되는 중간물질은?

① pyruvate

② oxaloacetate

③ malate

④ phosphoenolpyruvate

71 비탄수화물(non carbohydrate)원에서 부터 포도당 혹은 글리코겐(glycogen)이 생합성되는 과정을 무엇이라 하는가?

① glycolysis   ② glycogenesis

③ glycogenolysis   ④ gluconeogenesis

72 코리 회로(Cori cycle)에 대한 설명이 틀린 것은?

① 과다한 호흡으로 근육세포와 적혈구세포는 많은 양의 젖산을 생산한다.

② 젖산을 이용한 포도당신생 합성과정을 포함한다.

③ 젖산은 lactate dehydrogenase 효소 작용을 통해 pyruvate로 전환된다.

④ 근육세포에서 생성된 젖산이 혈액을 통해 신장으로 이송되는 과정을 포함한다.

73 코리 회로(Cori cycle)를 통해 혈액으로 이동되는 물질은 무엇인가?

① lactate   ② pyruvate

③ citrate   ④ acetate

74 격렬한 운동을 하는 동안 혐기적인 조건에서 근육 속에 생성된 젖산이 Cori cycle에 의해 간으로 이동하여 무엇으로 전환되는가?

① 글리신(glycine)

② 알라닌(alanine)

③ 포도당(glucose)

④ 글루탐산(glutamic acid)

75 HMP 경로의 중요한 생리적 의미는?

① 알코올 대사를 촉진시킨다.

② 저혈당과 피로회복에 도움을 준다.

③ 조직 내로의 혈당 침투를 촉진시킨다.

④ 지방산과 스테로이드 합성에 이용되는 NADPH를 생성한다.

76 오탄당 인산경로(pentose phosphate pathway)의 생산물이 아닌 것은?

① NADPH   ② CO_2

③ ribose   ④ H_2O

77 글리코겐(glycogen)의 합성에 이용되는 nucleotide는?

① NAD   ② NADP

③ UTP   ④ FAD

78 간에서 포도당이 글리코겐으로 변환되는 과정에 참여하는 물질은?

① uridine triphosphate

② cytidine triphosphate

③ guanosine

④ adenosine monophosphate

지질

01 지질을 구성하는 지방산에 대한 설명으로 틀린 것은?

① α 위치에는 친수성기(-COOH)가 ω 위치에는 소수성기(-CH₃)가 결합된 양친매성 화합물이다.

② 불포화지방산은 이중결합을 함유하며 융점이 낮아 식물성유는 실온에서 액상형으로 존재한다.

③ 필수지방산은 체내 합성이 되지 않는 oleic acid, linoleic acid, linolenic acid로 구성된다.

④ 생리활성이 보고되는 $\omega-3$ 지방산에는 linolenic acid, DHA, EPA 등이 대표적이다.

02 다음 중 비타민 F에 해당하지 않는 지방산은?

① arachidic acid

② arachidonic acid

③ linoleic acid

④ linolenic acid

03 다음 다가불포화지방산(polyunsaturated fatty acid) 중 가장 많은 이중결합을 가진 지방산은?

① arachidonic acid

② linoleic acid

③ linolenic acid

④ DHA

04 프로스타글란딘(prostaglandin)의 생합성에 이용되는 지방산은?

① 스테아린산(stearic acid)

② 올레산(oleic acid)

③ 아라키돈산(arachidonic acid)

④ 팔미트산(palmitic acid)

05 cholesterol에 대한 설명으로 잘못된 것은?

① 노화된 엽록소에 많이 함유되어 있다.

② 인체는 하루에 1.5~2.0g 정도를 합성한다.

③ 담즙산염의 전구체로 작용한다.

④ 비타민 D, 성호르몬 등의 합성에 관여한다.

06 다음 중 담즙산이 하는 일이 아닌 것은 무엇인가?

① 당질의 소화

② 유화작용

③ 장의 운동을 촉진

④ 산의 중화작용

07 다음 중 담즙산과 가장 관계가 깊은 것은?

① glycocholic acid

② acetic acid

③ glycerophosphoric acid

④ pyruvic acid

08 생체 내의 지질 대사과정에 대한 설명으로 옳은 것은?

① 인슐린은 지질 합성을 저해한다.

② 인체에서는 탄소수 10개 이하의 지방산만을 생성한다.

③ 지방산이 산화되기 위해서는 phyridoxal phosphate의 도움이 필요하다.

④ 팔미트산(palmitic acid, $C_{16:0}$)의 생합성을 위해서는 8분자의 아세틸 CoA가 필요하다.

09 지방 산화과정에서 일반적으로 일어나는 β–oxidation의 설명으로 틀린 것은?

① 세포의 세포질 속으로 운반된 지방산은 CoA와 ATP에 의해서 활성화된다.

② acyl–CoA는 carnitine과 결합하여 mitochondria 내부로 이동된다.

③ 짝수지방산은 산화 후 acetyl–CoA만을 생성하지만 홀수지방산은 acetyl–CoA와 propionic acid를 생성한다.

④ 포화지방산의 산화에는 isomerization과 epimerization의 보조적인 반응이 필요하다.

10 지방산의 β–산화과정이란?

① 지방산의 –COOH 말단기로부터 두 개의 탄소 단위로 연속적으로 분해되어 아세틸–CoA를 생성

② 지방산의 비–COOH 말단기로부터 두 개의 탄소 단위로 연속적으로 분해되어 아세틸–CoA를 생성

③ 지방산의 –COOH 말단기로부터 한 개의 탄소 단위로 연속적으로 분해되어 CO_2를 생성

④ 지방산의 비–COOH 말단기로부터 한 개의 탄소 단위로 연속적으로 분해되어 CO_2를 생성

11 지방산의 β–산화과정에서 탄소가 몇 분자씩 산화분해되는가?

① 1　　　　　② 2

③ 3　　　　　④ 4

12 단식할 때와 당뇨병에 걸렸을 때에는 혈액에 케톤(ketone body ; 아세토아세트산, 3-히드록시부티르산, 아세톤 등)의 함량이 높아진다. 그 이유는?

① 지방산화에 필요한 비타민이 부족하기 때문

② 인슐린(insulin)이 부족하기 때문

③ 글루카곤(glucagon)이 부족하기 때문

④ 체내 옥살로아세트산(oxaloacetate)이 부족하기 때문

13 케톤체에 대한 설명으로 맞는 것은?

① 간은 케톤체 분해 기능이 강하다.

② 케톤체는 근육에서 생성되어 간에서 산화된다.

③ 과잉의 탄수화물은 케톤체로 전환되어 축적된다.

④ 케톤체는 간에서 생성되어 뇌와 심장, 뼈대근육, 콩팥 등의 말초조직에서 산화된다.

14 포유동물의 지방산 합성에 관한 설명으로 틀린 것은?

① 지방산 합성은 세포질에서 일어난다.

② 지방산 합성은 acetyl-CoA로부터 일어난다.

③ 다중효소복합체가 합성반응에 관여한다.

④ NADH가 사용된다.

15 acetyl-CoA로부터 만들 수 없는 것은?

① 담즙산   ② 엽산

③ 지방산   ④ 콜레스테롤

16 지질 합성과정에서 malonyl-CoA 합성에 관여하는 효소는?

① fatty acid synthase

② acetyl-CoA carboxylase

③ acyl-CoA synthase

④ acyl-CoA dehydrogenase

17 지방산의 생합성 속도를 결정하는 효소는?

① 시트르산 분해효소(citrate lyase)

② 아세틸-CoA 카르복실화효소(acetyl-CoA carboxylase)

③ ACP-아세틸기 전이효소(ACP-acetyl transferase)

④ ACP-말로닐기 전이효소(ACP-malonul transferase)

18 동물이 지방산으로부터 직접 포도당을 합성할 수 없는 이유는 어떤 대사회로가 없기 때문인가?

① Cori cycle

② glyoxylate cycle

③ TCA cycle

④ glucose-alanine cycle

19 인지질의 생합성에 관여하는 요소 중 불필요한 것은?

① choline

② kinase, transferase, ATP 및 CTP

③ phospholipase A, B, ATP 및 CTP

④ 1, 2-diglyceride

20 사람의 간(liver)에서 일어나지 않는 반응은?

① 지방산에서 케톤체(ketone body) 생성

② 지방산에서 글루코스의 생성

③ 아미노산에서 글루코스의 합성

④ 암모니아로부터 요소(urea)의 생성

21 cholesterol 합성에 관여하는 HGM-CoA(beta-hydroxy-beta-methyl glutaryl-CoA) redutase의 인산화(불활성화)와 탈인산화(활성화)에 관여하는 호르몬이 순서대로 바르게 짝지어진 것은?

① glucagon - insulin
② insulin - glucagon
③ thyroxine - thyrotropin-releasing hormone(TRH)
④ thyrotropin-releasing hormone (TRH) - thyroxine

22 콜레스테롤 생합성의 최초 출발물질은?

① acetoacetyl CoA
② 3-hydroxy-3-methyl glutaryl (HMG) CoA
③ acetyl CoA
④ malonyl CoA

23 사람 체내에서의 콜레스테롤 생합성 경로를 순서대로 표시한 것 중 옳은 것은?

① acetyl CoA → L-mevalonic acid → squalene → lanosterol → cholesterol
② acetyl CoA → lanosterol → squalene → L-mevalonic acid → cholesterol
③ acetyl CoA → squalene → lanosterol → L-mevalonic acid → cholesterol
④ acetyl CoA → lanosterol → L-mevalonic acid → cholesterol

단백질

01 다음 아미노산 중 광학활성이 없는 것은?

① lysine   ② glycine
③ leucine   ④ alanine

02 방향족 아미노산(aromatic amino acid) 계열이 아닌 것은?

① 히스티딘(histidine)
② 페닐알라닌(phenylalanine)
③ 티로신(tyrosine)
④ 트립토판(tryptophan)

03 아미노산에 대한 설명으로 틀린 것은?

① 산, 염기의 성질을 동시에 지니고 있다.
② 부제탄소원자(asymmetric carbon atom)는 가지고 있지 않다.
③ 곁사슬의 화학적 구조에 따라 성질이 다르다.
④ 중합할 수 있는 능력을 가지고 있다.

04 단백질을 구성하는 데 쓰이는 표준아미노산 분자들의 특성에 대한 설명으로 틀린 것은?

① 모든 표준아미노산은 산, 염기의 성질을 동시에 지니고 있다.
② 모든 표준아미노산은 부제탄소(chiral carbon)를 갖고 있다.
③ 표준아미노산이 갖고 있는 곁사슬의 화학적 구조에 따라 용해도가 다르다.
④ 모든 표준아미노산은 펩타이드 결합 능력을 가지고 있다.

05 아미노산의 등전점보다 낮은 pH에서는 전하가 어떻게 변하는가?

① ⊕로 대전된다.
② ⊖로 대전된다.
③ 절대전하(net charge)가 0이 된다.
④ 대전되지 않는다.

06 pK가 5인 −COOH기가 있는 물질 1 mole을 물 1L에 용해시킨 후 pH를 5로 조절했을 때 몇 mole이 −COO⁻ 형태로 이온화 되는가?

① 0.1 mole ② 0.2 mole
③ 0.5 mole ④ 1.0 mole

07 글리신(glycine) 수용액의 HCl과 NaOH 수용액으로 적정하게 얻은 적정곡선에서 pK_1=2.4, pK_2=9.6일 때 등전점은 얼마인가?

① pH 3.6 ② pH 6.0
③ pH 7.2 ④ pH 12.6

08 aspartic acid의 pK_1(−COOH) = 1.88, pK_2(−NH₃⁺) = 9.60, pK_R(−R기) = 3.65일 때 등전점은?

① 2.77 ② 3.22
③ 7.36 ④ 9.74

09 다음 단백질의 기능이 잘못 연결된 것은?

① lysozyme − 당질 합성
② transferrins − 철분 운반
③ histone − 핵단백질
④ cytochrome − 전자전달

10 생체 내에서 핵산과 결합되는 단백질은?

① 히스톤(histone)
② 알부민(albumin)
③ 글로불린(globulin)
④ 헤모글로빈(hemoglobin)

11 진핵세포의 DNA와 결합하고 있는 염기성 단백질은?

① albumin ② globulin
③ histone ④ histamine

12 강한 산이나 염기로 처리하거나 열, 이온성 세제, 유기용매 등을 가하여 단백질의 생물학적 활성이 파괴되는 현상은?

① 정제(purification)
② 용해(hydrolysis)
③ 결정화(crystalization)
④ 변성(denaturation)

13 단백질의 1차 구조에 대한 설명으로 옳은 것은?

① 단백질의 아미노산 서열에 의한 직쇄구조
② α−나선형(helix)의 구조
③ 단백질의 입체구조
④ 여러 개의 단백질 덩어리가 뭉쳐 있는 구조

14 기본적인 결합양식은 peptide bond(−CO−NH−)이며, 이들 사이의 공유결합에 의하여 안정된 결합구조를 갖는 단백질 기본구조는?

① 1차 구조 ② 2차 구조
③ 3차 구조 ④ 4차 구조

15 단백질의 3차 구조를 유지하는 데 크게 기여하는 것은?

① peptide 결합
② disulfide 결합
③ Van der Waals 결합
④ 수소결합

16 EDTA(Ethylene Diamine Tetra Acetic Acid) 처리에 의하여 효소가 불활성화되는 이유는?

① peptide 결합이 분해를 하기 때문이다.
② 단백질의 2차 구조가 변하기 때문이다.
③ 단백질의 1차 구조가 변하기 때문이다.
④ 활성부위의 금속이온과 결합되기 때문이다.

17 α-amino acid의 산화적 탈아미노 반응(oxidate deamination)은 두 단계로 진행이 되는데 이 과정에서의 최종생성물은?

① α-keto acid와 암모니아
② oilgo peptide
③ CO_2와 amino acid
④ acetyl-CoA

18 아미노산으로부터 아미노기가 제거되는 반응과 조효소를 바르게 연결한 것은?

① 산화적 탈아미노 반응(PALP)과 요소 회로(MADP)
② 아미노기 전이 반응(FMN/FAD)과 탈탄산 반응(NADP)
③ 아미노기 전이 반응(PALP)과 산화적 탈아미노 반응(FMN/FAD, NAD)
④ 탈탄산 반응(PALP)과 요소 회로(NADPH)

19 아미노산의 탈아미노 반응으로 유리된 NH_3^+의 일반적인 경로가 아닌 것은?

① α-keto acid와 결합하여 아미노산을 생성
② 해독작용의 하나로서 glutamine을 합성
③ 간에서 요소 회로를 거쳐 요소로 합성
④ 간에서 당신생(gluconeogenesis) 과정을 거침

20 미생물에 의한 아미노산 생성 계열 중 aspartic acid 계열에 속하지 않는 것은?

① valine
② threonine
③ isoleucine
④ methionine

21 아스파트산 계열의 아미노산 발효 합성과정 중 L-threonine에 의해 피드백 저해를 받는 효소가 아닌 것은?

① aspartokinase
② aspartate semialdehyde dehydrogenase
③ homoserine dehydrogenase
④ homoserine kinase

22 다음 중 케토제닉 아미노산(ketogenic amino acid)은 어느 것인가?

① 알라닌(alanine)
② 프롤린(proline)
③ 루이신(leucine)
④ 글리신(glycine)

23 케톤체만 생성하는 아미노산은?

① 트레오닌(threonine)

② 루이신(leucine)

③ 페닐알라닌(phenylalanine)

④ 티로신(tyrosine)

24 아미노산의 대사과정 중 메틸기(CH_3-) 공여체로서 중요한 구실을 하는 아미노산은?

① 알라닌(alanine)

② 시스테인(cysteine)

③ 글리신(glycine)

④ 메티오닌(methionine)

25 다음 중 요소 회로에서 ATP를 소비하는 반응은?

① arginie → ornithine + urea

② carbamoyl phosphate + ornithine
→ citrulline

③ arginosuccinate
→ arginine + fumarate

④ citrulline + aspartate
→ arginosuccinate

26 요소 회로(urea cycle)를 형성하는 물질이 아닌 것은?

① ornithine   ② citrulline

③ arginine   ④ glutamic acid

27 단백질의 생합성에 대한 설명으로 틀린 것은?

① 리보솜에서 이루어진다.

② 아미노산의 배열은 DNA에 의해 결정된다.

③ 각각의 아미노산에 대해 특이한 t-RNA가 필요하다.

④ RNA 중합효소에 의해서 만들어진다.

28 단백질의 생합성이 이루어지는 장소는?

① 미토콘드리아(mitochondria)

② 리보솜(ribosome)

③ 핵(nucleus)

④ 세포막(membrane)

29 단백질의 생합성에 대한 설명 중 틀린 것은?

① DNA의 염기 배열순에 따라 단백질의 아미노산 배열 순위가 결정된다.

② 단백질 생합성에서 RNA는 m-RNA → r-RNA → t-RNA순으로 관여한다.

③ RNA에는 H_3PO_4, D-ribose가 있다.

④ RNA에는 adenine, guanine, cytosine, thymine이 있다.

30 다음의 과정에서 ⓐ, ⓑ에 해당하는 사항으로 옳은 것은?

$$DNA \xrightarrow{\text{ⓐ}} RNA \xrightarrow{\text{ⓑ}} protein$$

	ⓐ	ⓑ
①	복제(replication)	번역(translation)
②	전사(transcription)	복제(replication)
③	번역(translation)	전사(transcription)
④	전사(transcription)	번역(translation)

31 다음 유전암호의 특징 중에서 맞지 않는 것은 무엇인가?

① 아미노산의 암호문은 모든 생물종에서 동일하다.
② 원핵이든 진핵이든 개시암호단위는 AVG이다.
③ 하나의 주어진 아미노산이 단 하나의 특이적인 암호단위만 갖고 있다.
④ 하나의 암호단위와 다음의 암호단위 사이에는 구두점이 없다. 즉, 건너뛸 수 없다.

32 단백질 합성 시 anticodon site를 갖고 있어 mRNA에 해당하는 아미노산을 운반해 주는 것은?

① DNA
② rRNA
③ operon
④ tRNA

33 단백질 생합성에서 시작 코돈(initiation codon)은?

① AAU
② AUG
③ AGU
④ UGU

34 단백질의 아미노산 배열은 DNA상의 염기배열에 의하여 결정되는데 이러한 유전자(DNA)의 암호(code)는 몇 개의 염기배열에 의하여 구성되는가?

① 1개
② 2개
③ 3개
④ 4개

35 DNA로부터 단백질 합성까지의 과정에서 t-RNA의 역할에 대한 설명으로 옳은 것은?

① m-RNA 주형에 따라 아미노산을 순서대로 결합시키기 위해 아미노산을 운반하는 역할을 한다.
② 핵 안에 존재하는 DNA정보를 읽어 세포질로 나오는 역할을 한다.
③ 아미노산을 연결하여 protein을 직접 합성하는 장소를 제공한다.
④ 합성된 protein을 수식하는 기능을 담당한다.

36 DNA 분자의 특징에 대한 설명으로 틀린 것은?

① DNA 분자는 두 개의 polynucleotide 사슬이 서로 마주보면서 나선구조로 꼬여있다.
② DNA 분자의 이중나선 구조에 존재하는 염기쌍의 종류는 A:T와 G:C로 나타난다.
③ DNA 분자의 생합성은 3′-말단 → 5′-말단 방향으로 진행된다.
④ DNA 분자 내 이중나선 구조가 1회전하는 거리를 1 피치(pitch)라고 한다.

37 단백질의 생합성에 있어서 중요한 첫 단계 반응은?

① 아미노산의 carboxyl group의 활성화
② peptidyl tRNA 가수분해 후 단백질과 tRNA 유리
③ peptidyl tRNA의 P site 이동
④ 아미노산의 환원

38 대장균에서 단백질 합성에 직접적으로 관여하는 인자가 아닌 것은?

① 리보솜(ribosome)

② tRNA

③ 신장인자(elongation factor)

④ DNA

39 리보솜에서 단백질이 합성될 때 아미노산이 ATP에 의하여 일단 활성화된 후에 한 종류의 핵산에 특이적으로 결합된다. 이 활성화된 아미노산이 결합되는 핵산 수용체는?

① m-RNA   ② r-RNA

③ t-RNA   ④ DNA

핵산

01 핵산에 대한 설명으로 옳은 것은?

① DNA 이중나선에서 아데닌(adenine)과 티민(thymine)은 3개의 수소결합으로 연결되어 있다.

② B-DNA의 사슬은 왼손잡이 이중나선구조를 갖고 있다.

③ RNA는 알칼리 용액에서 가열하면 빠르게 분해된다.

④ RNA의 이중나선은 각 가닥의 방향이 서로 반대이다.

02 DNA에 대한 설명으로 틀린 것은?

① RNA와 마찬가지로 변성될 수 있다.

② purine 염기와 pyrimidine 염기로 구성된다.

③ G와 C의 함량이 높을수록 변성온도는 낮아진다.

④ DNA 변성은 두 가닥 DNA구조가 한 가닥 DNA로 바뀌는 현상을 말한다.

03 핵산을 구성하는 성분이 아닌 것은?

① 아데닌(adenine)

② 티민(thymine)

③ 우라실(uracil)

④ 시토크롬(cytochrome)

04 다음 중 purine 염기는?

① adenine   ② cytosine

③ thymine   ④ uracil

05 DNA에는 함유되어 있으나 RNA에는 함유되어 있지 않은 성분은?

① 아데닌(adenine)

② 티민(thymine)

③ 구아닌(guanine)

④ 시토신(cytosine)

06 핵산을 구성하는 뉴클레오티드의 결합방식으로 옳은 것은?

① disulfide bond

② phosphodiester bond

③ hydrogen bond

④ glycoside bond

07 DNA와 RNA는 5탄당의 어떤 위치에 뉴클레오티드(nucleotide)가 연결되어 있는가?

① 2′와 3′   ② 2′와 4′
③ 3′와 4′   ④ 3′와 5′

08 핵 단백질의 가수분해 순서로 올바른 것은?

① 핵 단백질 → 핵산 → 뉴클레오티드 → 뉴클레어사이드 → 염기
② 핵 단백질 → 핵산 → 뉴클레어사이드 → 뉴클레오티드 → 염기
③ 핵산 → 핵 단백질 → 뉴클레오티드 → 뉴클레어사이드 → 염기
④ 핵산 → 뉴클레어사이드 → 핵 단백질 → 뉴클레오티드 → 염기

09 핵산은 우리 몸에서 분해될 때 당, 인산 및 염기(base)로 되는데, 당과 인산은 따로 이용되고 염기 중 피리미딘(pyrimidine)은 β-알라닌 또는 β-아미노이소부티린산으로 이용된다. 퓨린(purine)은 요산(uric acid)으로 분해되어 오줌으로 배설된다. 조류에 있어서 퓨린 대사는 어떻게 되는가?

① 조류는 오줌을 누지 않기 때문에 배설하지 않고 다른 화합물로 이용한다.
② 조류는 오줌을 누지 않으나 퓨린은 요산으로 분해되어 대변과 함께 배설한다.
③ 조류는 오줌을 누지 아니하는 것 같지만, 아주 소량씩 오줌으로 배설한다.
④ 조류는 핵산 대사능력이 없어 그대로 대변으로 배설한다.

10 핵산의 소화에 관한 설명으로 틀린 것은?

① 췌액 중의 nuclease에 의해 분해되어 mononucleotide가 생성된다.
② 위액 중의 DNAase에 의해 인산과 nucleoside로 분해된다.
③ nucleosidase는 글리코시드 결합을 가수분해한다.
④ pentose는 다시 인산과 결합하여 pentose phosphate로 전환된다.

11 nucleotide로 구성된 보효소가 아닌 것은?

① ATP   ② TPP
③ cAMP   ④ NADP

12 보효소로서의 유리 nucleotide와 그 작용을 옳게 연결한 것은?

① ADP/ATP : 인산기 전달
② UDP-glucose : α-ketoglutarate 산화의 에너지 공급
③ GDP/TP : phospholipid 합성
④ IDP/ITP : 산화-환원 반응 시 산소의 공여체

13 핵산의 구성성분인 purine 고리 생합성에 관련이 없는 아미노산은?

① glycin   ② tyrosine
③ aspartate   ④ glutamine

14 퓨린(purine)을 생합성할 때 purine의 골격을 구성하는 데 필요한 물질이 아닌 것은?

① alanine   ② aspartic acid
③ CO_2 ④ THF

15 사람의 체내에서 진행되는 핵산의 분해대사과정에 대한 설명으로 틀린 것은?

① 퓨린 계열 뉴클레오티드 분해는 오탄당(pentose)을 떼어내는 반응으로부터 시작된다.
② 퓨린과 피리미딘은 분해되어 각각 요산과 요소를 생산한다.
③ 생성된 요산의 배설이 원활하지 못하면, 체내에 축적되어 통풍의 원인이 된다.
④ 퓨린 및 피리미딘 염기는 회수경로를 통해 핵산 합성에 재이용된다.

16 purine의 분해대사 중 uric acid의 생성에 대한 설명으로 틀린 것은?

① guanine은 xanthine으로 분해된다.
② 사람은 uric acid를 오줌으로 배설한다.
③ xanthine은 xanthine oxidase에 의한 산화반응으로 adenine이 된다.
④ 혈액 내 uric acid 농도가 상승하면 관절병인 통풍이 생긴다.

17 퓨린계 뉴클레오티드 대사이상으로 인하여 관절이나 신장 등의 조직에 침범하여 통풍(gout)을 일으키는 원인물로 알려진 것은?

① allopurinol   ② colchicine
③ GMP   ④ uric acid

18 피리미딘(pyrimidine) 유도체로서 핵산 중에 존재하지 않는 것은?

① 시토신(cytosine) ② 우라실(uracil)
③ 티민(thymine)   ④ 아데닌(adenine)

19 DNA 분자의 purine과 pyrimidine 염기쌍 사이를 연결하는 결합은?

① 공유결합   ② 수소결합
③ 이온결합   ④ 인산결합

20 핵산의 무질소 부분 대사에 대한 설명으로 옳은 것은?

① 인산은 대사 최종산물로서 무기인산염 형태로 소변으로 배설된다.
② 간, 근육, 골수에서 요산이 생성된 후 소변으로 배설된다.
③ NH_3를 방출하면서 분해되고 요소로 합성되어 배설된다.
④ pentose는 최종적으로 분해되어 allantoin으로 전환되어 배설된다.

21 우리 몸에서 핵산의 가수분해에 의해 생산되는 유리뉴클레오티드의 대사에 관련된 내용으로 옳은 것은?

① 분해되어 모두 소변으로 나간다.
② 일부 분해되어 소변으로 나가고 나머지는 회수반응(salvage pathway)에 의해 다시 핵산으로 재합성한다.
③ 회수반응에 의해 전부 다시 핵산으로 재합성된다.
④ 유리뉴클레오티드는 항상 일정 수준 양만 존재하므로 평형을 이루기 때문에 대사와 무관하다.

22 DNA에 대한 설명으로 틀린 것은?

① DNA는 두 줄의 polynucleotide가 서로 마주보면서 오른쪽으로 꼬여 있다.

② DNA 염기쌍은 A:C, T:G의 비율이 1:1이다.

③ DNA는 세포 내에서 유리형으로 존재하지 않는다.

④ 완전하게 DNA의 이중나선축이 1회전하는 거리는 34Å이다.

23 DNA를 구성하고 있는 성분들과 결합이 맞게 연결된 것은?

① 질소 염기 – 디옥시리보스 – 인산에스테르 결합

② 질소 염기 – 리보스 – 인산에스테르 결합

③ 질소 염기 – 디옥시리보스 – 아미드 결합

④ 질소 염기 – 디옥시리보스 – 글리코시드 결합

24 DNA를 구성하는 염기와 거리가 먼 것은?

① 아데닌(adenine) ② 시토신(cytosine)

③ 우라실(uracil) ④ 티민(thymine)

25 다음 중 DNA와 RNA의 차이에 해당하는 성분은?

① cytosine ② deoxyribose

③ guanine ④ adenine

26 DNA 단편구조의 염기배열이 아래와 같다면 상보적인(complementary) 염기배열은?

5′-C-A-G-T-T-A-G-C-3′

① 5′-G-T-C-A-A-T-C-G-3′

② 5′-G-C-T-A-A-C-T-G-3′

③ 5′-C-G-A-T-T-G-A-C-3′

④ 5′-T-A-G-C-C-A-G-T-3′

27 DNA의 함량은 260nm의 파장에서 자외선의 흡광정도로 측정할 수 있다. 이러한 흡광은 DNA의 구성성분 중 어느 물질의 성질에 기원한 것인가?

① 염기(base)

② 인산결합

③ 리보스(ribose)

④ 데옥시리보스(deoxyribose)

28 DNA 분자의 특성에 대한 설명으로 틀린 것은?

① DNA의 이중나선구조가 풀려 단일 사슬로 분리되면 260nm에서의 UV 흡광도가 감소한다.

② 생체 내에서 DNA의 이중나선구조는 helicase 효소에 의해 분리될 수 있다.

③ 같은 수의 뉴클레오티드로 구성된 DNA 분자가 이중나선을 이룬 경우에 A형의 DNA의 길이가 가장 짧다.

④ DNA 분자의 이중사슬 내에서 제한효소에 반응하는 염기배열은 회문구조(palindrome)를 갖는다.

29 DNA의 염기 조성에 관한 설명으로 틀린 것은?

① 서로 다른 종의 생물은 DNA의 염기 조성이 다르다.

② 같은 생물의 경우, 조직이 달라도 DNA 염기 조성은 같다.

③ 같은 생물의 경우, 영양상태나 환경이 달라져도 염기 조성은 같다.

④ 같은 생물이라 하더라도 연령이 다르면 DNA 염기 조성이 달라진다.

30 이중나선 DNA(double-stranded DNA)의 이차 구조가 아닌 것은?

① B-DNA   ② A-DNA

③ C-DNA   ④ Z-DNA

31 다음 중 자가복제(self-replication)가 가능한 것은?

① DNA   ② t-RNA

③ r-RNA   ④ m-RNA

32 어떤 효모 DNA가 15.1%의 thymine 염기를 함유하고 있다면 guanine 염기는 얼마를 함유하고 있는가?

① 15.1%   ② 69.8%

③ 34.9%   ④ 30.2%

33 토양으로부터 두 종류의 미생물 A와 미생물 B를 분리하여 DNA 중 GC 함량을 분석해 보니 각각 70%와 54%이었다. 미생물들의 각 염기 조성으로 맞는 것은?

① (미생물 A)

A: 30%, G: 70%, T: 30%, C: 70%

(미생물 B)

A: 46%, G: 54%, T: 46%, C: 54%

② (미생물 A)

A: 15%, G: 35%, T: 15%, C: 35%

(미생물 B)

A: 23%, G: 27%, T: 23%, C: 27%

③ (미생물 A)

A: 35%, G: 35%, T: 15%, C: 15%

(미생물 B)

A: 27%, G: 27%, T: 23%, C: 23%

④ (미생물 A)

A: 35%, G: 15%, T: 35%, C: 15%

(미생물 B)

A: 27%, G: 23%, T: 27%, C: 23%

34 아래의 유전암호(genetic code)에 대한 설명에서 ( ) 안에 알맞은 것은?

> 유전암호는 단백질의 아미노산 배열에 대한 정보를 ( )상의 3개 염기 단위의 연속된 염기배열로 표기한다.

① DNA   ② mRNA

③ tRNA   ④ rRNA

35 DNA 중합효소는 15s⁻¹의 turnover number를 갖는다. 이 효소가 1분간 반응하였을 때 중합되는 뉴클레오티드(nucleotide)의 개수는?

① 15   ② 150
③ 900   ④ 1500

36 DNA의 생합성에 대한 설명으로 옳지 않은 것은?

① DNA polymerase에 의한 DNA 생합성 시에는 Mg^{2+}(혹은 Mn^{2+})와 primer-DNA를 필요로 한다.
② nucleotide chain의 신장은 3 → 5의 방향이며 4종류의 deoxynucleotide-5-triphosphate 중 하나가 없어도 반응은 유지한다.
③ DNA ligase는 DNA의 2가닥 사슬구조 중에 nick이 생기는 경우 절단 부위를 다시 인산 diester결합으로 연결하는 것이다.
④ DNA 복제의 일반적 모델은 2본쇄가 풀림과 동시에 각각의 주형으로서 새로운 2본쇄 DNA가 만들어지는 것이다.

37 t-RNA에 대한 설명으로 틀린 것은?

① 활성화된 아미노산과 특이적으로 결합한다.
② anti-codon을 가지고 있다.
③ codon을 가지고 있어 r-RNA와 결합한다.
④ codon의 정보에 따라 m-RNA와 결합한다.

38 원핵세포에서 50S와 30S로 구성되는 70S의 복합단백질로 구성되어 있는 RNA는?

① mRNA   ② rRNA
③ tRNA   ④ sRNA

메모

식품안전기사
필기

새 출제기준 완벽 반영

- HACCP 핵심 이론 요약 정리
- CBT 대비 모바일 모의고사
- 저자 직강 식품안전 및 HACCP 특강 무료 동영상

원큐패스는 수험생들이 **한번에 합격**하기를 응원합니다.

식품
안전기사
필기

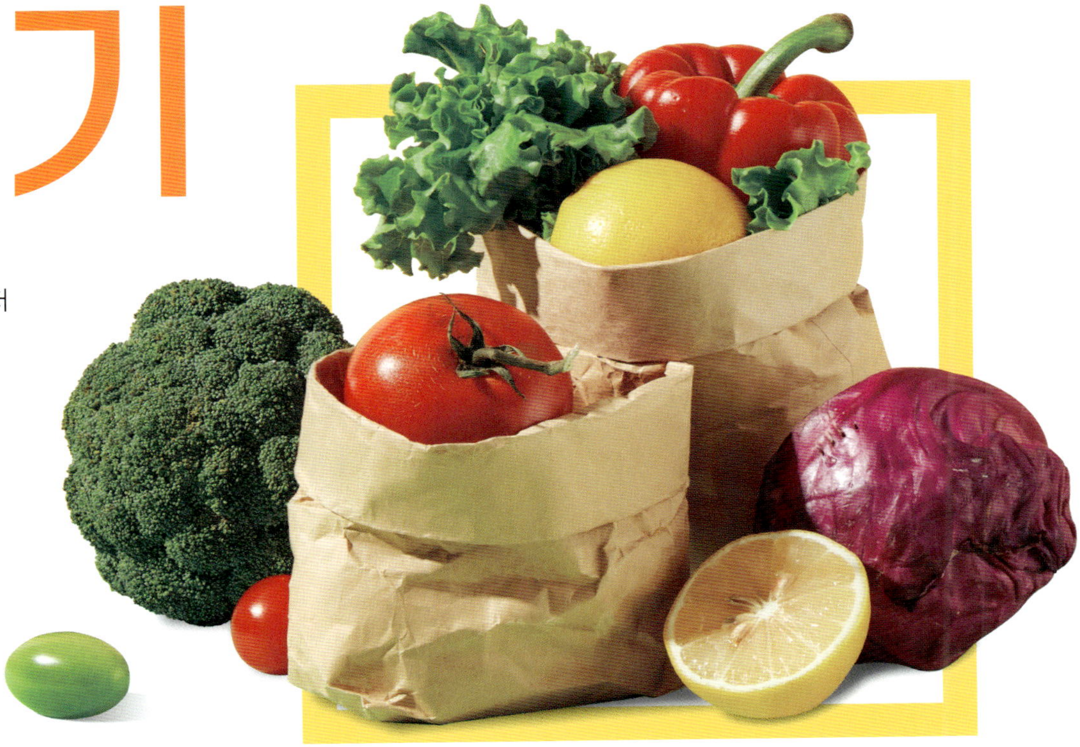

차범준·김문숙 공저

새 출제기준 완벽 반영 + HACCP 핵심 이론 요약 정리

- CBT 대비 **모바일 모의고사**
- 저자 직강 **식품안전 및 HACCP 특강 무료 동영상**

다락원

식품
안전기사
필기

차범준 · 김문숙 공저

정답 및
해설

다락원

식품위생관리 법령

01 ④ 식품위생법 제1조(목적)

식품위생법의 목적은 식품으로 인한 위생상의 위해를 방지하고 식품영양의 질적 향상을 도모하며 식품에 관한 올바른 정보를 제공함으로써 국민보건의 증진에 이바지함을 목적으로 한다.

02 ② 식품위생법 제2조(정의)14. "식중독"

식품 섭취로 인하여 인체에 유해한 미생물 또는 유독물질에 의하여 발생하였거나 발생한 것으로 판단되는 감염성 질환 또는 독소형 질환을 말한다.

03 ③ 식품위생법 제2조(정의)

화학적 합성품이란 화학적 수단으로 원소 또는 화합물에 분해 반응 외의 화학 반응을 일으켜서 얻은 물질을 말한다.

04 ④ 식품위생법 제14조(식품등의 공전)

식품의약품안전처장은 다음 각 호의 기준 등을 실은 식품등의 공전을 작성 보급하여야한다.
• 식품 또는 식품첨가물의 기준과 규격
• 기구 및 용기, 포장의 기준과 규격

05 ④ 식품위생법 제2조(정의)

식품위생이라 함은 식품, 식품첨가물, 기구 또는 용기, 포장을 대상으로 하는 음식에 관한 위생을 말한다.

06 ③ 식품위생법 제7조(식품 또는 식품첨가물에 관한 기준 및 규격)

식품의약품안전처장은 국민보건을 위하여 필요하면 판매를 목적으로 하는 식품 또는 식품첨가물에 관한 다음 각 호의 사항을 정하여 고시한다.

• 제조·가공·사용·조리·보존 방법에 관한 기준
• 성분에 관한 규격

07 ③ 식품위생법 제7조의4 관리계획(식품등의 기준 및 규격 관리계획 등)

식품의약품안전처장은 관계 중앙행정기관의 장과의 협의 및 심의위원회의 심의를 거쳐 식품등의 기준 및 규격 관리 기본계획(이하 "관리계획"이라 한다)을 5년마다 수립·추진할 수 있다.

08 ③ 식품위생법 제2조(정의) "기구"

식품 또는 식품첨가물에 직접 닿는 기계, 기구나 그 밖의 물건(농업과 수산업에서 식품을 채취하는 데에 쓰는 기계·기구나 그 밖의 물건은 제외한다)을 말한다.

• 음식을 먹을 때 사용하거나 담는 것
• 식품 또는 식품첨가물을 채취, 제조, 가공, 조리, 저장, 소분[(小分) : 완제품을 나누어 유통을 목적으로 재 포장하는 것을 말한다. 이하 같다], 운반, 진열할 때 사용하는 것

09 ④ 식품위생법 시행규칙 제2조(식품등의 위생적인 취급에 관한 기준) 별표1

최소판매 단위로 포장된 식품은 포장을 뜯어 분할하여 판매할 수 없다.

10 ④ 식품위생법 제4조(위해식품 등의 판매 등 금지)

• 썩거나 상하거나 설익어서 인체의 건강을 해칠 우려가 있는 것
• 유독·유해물질이 들어 있거나 묻어 있는 것 또는 그러할 염려가 있는 것. 다만, 식품의약품안전처장이 인체의 건강을 해칠 우려가 없다고 인정하는 것은 제외한다.
• 병을 일으키는 미생물에 오염되었거나 그러할 염려가 있어 인체의 건강을 해칠 우려가 있는 것
• 불결하거나 다른 물질이 섞이거나 첨가된 것 또는 그 밖의 사유로 인체의 건강을 해칠 우려가 있는 것
• 안전성 평가 대상인 농·축·수산물 등 가운데 안전성 평가를 받지 아니하였거나 안전성 평가에서 식용으로 부적합하다고 인정된 것
• 수입이 금지된 것 또는 수입신고를 하지 아니하고 수입한 것
• 영업자가 아닌 자가 제조·가공·소분한 것

11 ④ 식품위생법 제86조(식중독에 관한 조사보고)

다음 각 호의 어느 하나에 해당하는 자는 지체 없이 관할 특별자치시장·시장(「제주특별자치도 설치 및 국제자유도시 조성을 위한 특별법」에 따른 행정시장을 포함

한다.)·군수·구청장에게 보고하여야 한다. 이 경우 의사나 한의사는 대통령령으로 정하는 바에 따라 식중독 환자나 식중독이 의심되는 자의 혈액 또는 배설물을 보관하는 데에 필요한 조치를 하여야 한다.

> • 식중독 환자나 식중독이 의심되는 자를 진단하였거나 그 사체를 검안(檢案)한 의사 또는 한의사
> • 집단급식소에서 제공한 식품 등으로 인하여 식중독 환자나 식중독으로 의심되는 증세를 보이는 자를 발견한 집단급식소의 설치·운영자

12 ③ **식품위생법 제86조(식중독에 관한 조사 보고)**

① 다음 각 호의 어느 하나에 해당하는 자는 지체 없이 관할 특별자치시장·시장(「제주특별자치도 설치 및 국제자유도시 조성을 위한 특별법」에 따른 행정시장 포함)·군수·구청장에게 보고하여야 한다. 이 경우 의사나 한의사는 대통령령으로 정하는 바에 따라 식중독 환자나 식중독이 의심되는 자의 혈액 또는 배설물을 보관하는 데에 필요한 조치를 하여야 한다.

> • 식중독 환자나 식중독이 의심되는 자를 진단하였거나 그 사체를 검안한 의사 또는 한의사
> • 집단급식소에서 제공한 식품 등으로 인하여 식중독 환자나 식중독으로 의심되는 증세를 보이는 자를 발견한 집단급식소의 설치·운영자

② 시장·군수·구청장은 제1항에 따른 보고를 받은 때에는 지체 없이 그 사실을 식품의약품안전처장 및 시·도지사에게 보고하고, 대통령령으로 정하는 바에 따라 원인을 조사하여 그 결과를 보고하여야 한다.

13 ④ **식품위생법 제88조(집단급식소)**

• 식중독 환자가 발생하지 아니하도록 위생관리를 철저히 할 것
• 조리·제공한 식품의 매회 1인분 분량을 총리령으로 정하는 바에 따라 144시간 이상 보관할 것

14 ① **식품위생법 시행규칙 제4조(판매 등이 금지되는 병든 동물 고기 등)**

• 「축산물위생관리법 시행규칙」 별표 3 제1호 다목에 따라 도축이 금지되는 가축감염병
• 리스테리아병, 살모넬라병, 파스튜렐라병 및 선모충증

15 ④ **식품위생법 시행규칙 제36조(업종별 시설기준) [별표14]**

[식품제조·가공업의 시설기준]
지하수 등을 사용하는 경우 취수원은 화장실, 폐기물처리시설, 동물사육장 그 밖에 지하수가 오염될 우려가 있는 장소로부터 영향을 받지 않는 곳에 위치해야 한다.

16 ① **식품위생법 시행규칙 제5조(식품 등의 한시적 기준 및 규격의 인정 등) 제3항**

한시적으로 인정하는 식품 등의 제조·가공 등에 관한 기준과 성분의 규격에 관하여 필요한 세부 검토기준 등에 대해서는 식품의약품안전처장이 정하여 고시한다.

17 ③ **식품위생법 시행령 제2조(집단급식소의 범위)**

영양사를 두어야 할 집단 급식소는 상시 1회 50인 이상에게 식사를 제공하는 급식소로 한다.

18 ① **식품위생법 제2조(정의)**

"집단급식소"란 영리를 목적으로 하지 아니하면서 특정 다수인에게 계속하여 음식물을 공급하는 곳의 급식시설로서 대통령령으로 정하는 시설(1회 50명 이상에게 식사를 제공하는 급식소)을 말한다.

19 ① **식품위생법 시행령 제21조(영업의 종류)**

기타 식품판매업은 총리령으로 정하는 일정 규모(영업장의 면적이 300제곱미터) 이상의 백화점, 슈퍼마켓, 연쇄점 등에서 식품을 판매하는 영업을 말한다.

20 ③ **식품위생법 시행령(허가 및 신고업종)**

허가업종(영 제23조)	신고업종(영 제25조)
• 식품보존업 중 식품조사처리업 • 식품접객업 중 단란주점영업, 유흥주점영업	• 즉석판매제조·가공업 • 식품운반업 • 식품소분·판매업 • 식품보존업 중 식품냉동·냉장업 • 용기·포장류제조업 • 식품접객업 중 휴게음식점영업, 일반음식점영업, 위탁급식영업, 제과점영업

21 ② **식품위생법 시행령 제21조(영업의 종류)**

• 식품제조·가공업
• 즉석판매제조·가공업
• 식품첨가물 제조업
• 식품운반업
• 식품소분·판매업(식품소분업, 식품판매업)
• 식품보존업(식품조사처리업, 식품냉동·냉장업)
• 용기·포장류 제조업(용기·포장지제조업, 옹기류 제조업)
• 식품접객업(휴게음식점영업, 일반음식점영업, 단란주점영업, 유흥주점영업, 위탁급식영업, 제과점영업)

22 ③ **식품위생법 시행령 제23조와 제25조**

① 식품위생법 시행령 제23조(허가를 받아야 하는 영업 및 허가관청)
- 식품보존업 중 식품조사처리업 → 식품의약품안전처장
- 식품접객업 중 단란주점영업, 유흥주점영업 → 특별자치도지사 또는 시장·군수·구청장

② 식품위생법 시행령 제25조(영업신고를 하여야 하는 업종 및 신고관청)
- 즉석판매제조·가공업
- 식품운반업
- 식품소분·판매업
- 식품보존업 중 식품냉동·냉장업
- 용기·포장류제조업
- 식품접객업 중 휴게음식점영업, 일반음식점영업, 위탁급식영업, 제과점영업
  → 특별자치도지사 또는 시장·군수·구청장

23 ① **식품위생법 시행규칙 제9조의2(위생검사 등 요청기관)**

"총리령으로 정하는 식품위생검사기관"이란 다음 각호의 기관을 말한다.

- 식품의약품안전평가원
- 지방식품의약품안전청
- 보건환경연구원법 제2조 제1항에 따른 보건환경연구원

24 ② **식품위생법 시행령 제21조(영업의 종류)**

[식품접객업 영업형태 비교]

업종	주 영업형태	부수적 영업형태
휴게음식점영업	음식류 조리·판매	• 음주행위금지
일반음식점영업	음식류 조리·판매	• 식사와 함께 부수적인 음주행위 허용
단란주점영업	주류 조리·판매	• 손님 노래허용
유흥주점영업	주류 조리·판매	• 유흥접객원, 유흥시설 설치 허용 • 공연 및 음주가무 허용
위탁급식영업	음식류 조리·판매	• 주행위 금지
제과점영업	음식류 조리·판매	• 음주행위 금지

25 ① **식품위생법 제39조(영업의 승계)**

① 영업자가 영업을 양도하거나 사망한 때 또는 법인이 합병한 경우에는 그 양수인·상속인 또는 합병 후 존속하는 법인이나 합병에 따라 설립되는 법인은 그 영업자의 지위를 승계한다.

② 다음의 각 호의 어느 하나에 해당하는 절차에 따라 영업시설의 전부를 인수한 자는 그 영업자의 지위를 승계한다. 이 경우 종전의 영업자에 대한 영업허가 또는 그가 한 신고는 그 효력을 잃는다.

- 민사집행법에 의한 경매
- 채무자 회생 및 파산에 관한 법률에 의한 환가
- 국세징수법·관세법 또는 지방세법에 의한 압류재산의 매각

26 ① **식품위생법 시행규칙 제42조(영업의 신고 등) 제10항**

신고를 받은 신고관청은 해당 영업소의 시설에 대한 확인이 필요한 경우에는 신고증 교부 후 15일 이내에 신고 받은 사항을 확인하여야 한다.

27 ① **식품위생법 시행규칙 제52조(교육시간)**

① 영업자와 종업원이 받아야 하는 식품위생교육시간
- 식품제조·가공업, 즉석판매제조·가공, 식품첨가물제조업, 식품운반업, 식품소분·판매업(식용얼음판매업자, 식품자동판매기업자는 제외), 식품보존업, 용기·포장류제조업, 식품접객업 : 3시간
- 유흥주점영업의 유흥종사자 : 2시간
- 집단급식소를 설치·운영하는 자 : 3시간

② 영업을 하려는 자가 받아야 하는 식품위생교육시간
- 식품제조·가공업, 즉석판매제조·가공업, 식품첨가물제조업, 공유주방 운영업 : 8시간
- 식품운반업, 식품소분·판매업, 식품보존업, 용기·포장류제조업, : 4시간
- 식품접객업 : 6시간
- 집단급식소를 설치·운영하는 자 : 6시간

28 ① **식품위생법 시행규칙 제61조(모범업소의 지정 등) 제1항**

특별자치시장·특별자치도지사·시장·군수·구청장은 모범업소를 지정하는 경우에는 집단급식소 및 일반음식점 영업을 대상으로 별표 19의 모범업소의 지정기준에 따라 지정한다.

29 ③ **식품위생법 제7조(식품 또는 식품첨가물에 관한 기준 및 규격)**

수출할 식품 또는 식품첨가물의 기준과 규격은 제1항 및 제2항에도 불구하고 수입자가 요구하는 기준과 규격

을 따를 수 있다.

30 ④ **식품위생법 시행규칙 제50조(식품 영업에 종사하지 못하는 질병의 종류)**
- 제2급 감염병 중 결핵(비전염성인 경우 제외)
- 제2급 감염병 중 콜레라, 장티푸스, 파라티푸스, 세균성이질, 장출혈성대장균감염증, A형 간염
- 피부병 또는 그 밖의 고름형성(화농성) 질환
- 후천성면역결핍증(성매개감염병)에 관한 건강진단을 받아야 하는 영업에 종사하는 자에 한함)

31 ④ **식품위생 분야 종사자의 건강진단규칙 제2조 (건강진단 항목 등)**

대상	건강진단 항목	횟수
식품 또는 식품첨가물(화학적 합성품 또는 기구 등의 살균·소독제는 제외한다)을 채취·제조·가공·조리·저장·운반 또는 판매하는데 직접 종사하는 사람. 다만, 영업자 또는 종업원 중 완전 포장된 식품 또는 식품첨가물을 운반하거나 판매하는데 종사하는 사람은 제외한다.	• 장티푸스 • 파라티푸스 • 폐결핵	연1회

32 ① **식품위생 분야 종사자의 건강진단 규칙 제2조 (건강진단 항목 등)**
- 건강진단 항목 : 장티푸스, 파라티푸스, 폐결핵
- 횟수 : 1년에 1회 실시

33 ④ 32번 해설 참조

34 ③ 32번 해설 참조

35 ④ **식품위생법 시행령 제4조(위해평가의 대상) 제3항 위해평가의 순서**
- 위해요소의 인체 내 독성을 확인하는 위험성 확인과정
- 위해요소의 인체노출 허용량을 산출하는 위험성 결정과정
- 위해요소가 인체에 노출된 양을 산출하는 노출평가과정
- 위험성 확인과정, 위험성 결정과정 및 노출평가과정의 결과를 종합하여 해당 식품 등이 건강에 미치는 영향을 판단하는 위해도(危害度) 결정과정

36 ② 35번 해설 참조

37 ② 35번 해설 참조

38 ④ **자가품질검사에 대한 기준**
- 자가품질검사에 관한 기록서는 2년간 보관하여야 한다.[식품위생법 시행규칙 제31조 제4항]
- 자가품질검사주기는 처음으로 제품을 제조한 날을 기준으로 산정한다.[식품위생법 시행규칙 별표 12. 3번]

39 ② **식품위생법 시행규칙 제31조(자가품질검사) [별표12]**
자가품질검사 대상 영업 : 식품제조가공업, 즉석판매제조·가공업, 식품첨가물제조업, 기구 또는 용기·포장류제조업

40 ① **식품위생법 시행규칙 제31조(자가품질검사) 제4항**
자가품질검사에 관한 기록서는 2년간 보관하여야 한다.

41 ④ **식품위생법 시행규칙 제9조(식품위생검사기관)**
식품의약품안전평가원, 지방식품의약품안전청, 보건환경연구원

42 ① **식품위생법 시행규칙 제70조(등록사항)**
법 제49조 제1항에 따른 식품이력추적관리의 등록사항은 다음과 같다.

국내식품의 경우	• 영업소의 명칭(상호)과 소재지 • 제품명과 식품의 유형 • 소비기한 및 품질유지기한 • 보존 및 보관방법
수입식품의 경우	• 영업소의 명칭(상호)과 소재지 • 제품명 • 원산지(국가명) • 제조회사 또는 수출회사

43 ③ **식품위생법 시행령 제17조(식품위생감시원의 직무)**
- 식품 등의 위생적 취급기준의 이행지도
- 수입·판매 또는 사용 등이 금지된 식품 등의 취급여부에 관한 단속
- 표시기준 또는 과대광고 금지의 위반여부에 관한 단속
- 출입·검사 및 검사에 필요한 식품 등의 수거
- 시설기준의 적합여부의 확인·검사
- 영업자 및 종업원의 건강진단 및 위생교육의 이행여부의 확인·지도
- 조리사·영양사의 법령준수사항 이행여부의 확인·지도
- 행정처분의 이행여부 확인
- 식품 등의 압류·폐기 등
- 영업소의 폐쇄를 위한 간판제거 등의 조치

- 그 밖에 영업자의 법령이행여부에 관한 확인·지도

44 ① 43번 해설 참조

45 ① 식품위생법 제57조(식품위생심의위원회의 설치 등)

식품의약품안전처장의 자문에 응하여 다음 사항을 조사·심의하기 위하여 식품의약품안전처에 식품위생심의위원회를 둔다.

- 식중독 방지에 관한 사항
- 농약·중금속 등 유독·유해물질 잔류 허용 기준에 관한 사항
- 식품 등의 기준과 규격에 관한 사항
- 그 밖에 식품위생에 관한 중요 사항

46 ② 식품 등의 표시·광고기준에 관한 법률 제8조(부당한 표시 또는 광고 금지) 제1항

누구든지 식품 등의 명칭·제조방법·성분 등 대통령령으로 정하는 사항에 관하여 다음 각 호의 어느 하나에 해당하는 표시 또는 광고를 하여서는 아니 된다.

- 질병의 예방·치료에 효능이 있는 것으로 인식할 우려가 있는 표시 또는 광고
- 식품 등을 의약품으로 인식할 우려가 있는 표시 또는 광고
- 건강기능식품이 아닌 것을 건강기능식품으로 인식할 우려가 있는 표시 또는 광고
- 거짓·과장된 표시 또는 광고
- 소비자를 기만하는 표시 또는 광고
- 다른 업체나 다른 업체의 제품을 비방하는 표시 또는 광고
- 객관적인 근거 없이 자기 또는 자기의 식품 등을 다른 영업자나 다른 영업자의 식품 등과 부당하게 비교하는 표시 또는 광고
- 사행심을 조장하거나 음란한 표현을 사용하여 공중도덕이나 사회윤리를 현저하게 침해하는 표시 또는 광고
- 총리령으로 정하는 식품 등이 아닌 물품의 상호, 상표 또는 용기·포장 등과 동일하거나 유사한 것을 사용하여 해당 물품으로 오인·혼동할 수 있는 표시 또는 광고
- 제10조 제1항에 따라 심의를 받지 아니하거나 같은 조 제4항을 위반하여 심의 결과에 따르지 아니한 표시 또는 광고

47 ③ 식품위생법 제70조의7(건강 위해가능 영양성분 관리) 제1항

국가 및 지방자치단체는 식품의 나트륨, 당류, 트랜스지방 등 영양성분(이하 "건강 위해가능 영양성분"이라 한다)의 과잉섭취로 인하여 국민 건강에 발생할 수 있는 위해를 예방하기 위하여 노력하여야 한다.

48 ④ 식품·의약품분야 시험·검사 등에 관한 법률 시행규칙 제12조(시험·검사의 절차) 제3항

시험·검사기관은 의뢰된 시료에 대한 시험·검사 결과 제11조에 따른 기준에 부적합한 경우에는 그 시험·검사가 끝난 날부터 60일간 식품의약품안전처장이 정하는 바에 따라 해당 시료의 전부 또는 일부를 보관하여야 한다. 다만, 보관하기 곤란하거나 부패하기 쉬운 시료의 경우에는 그러하지 아니한다.

49 ② 먹는물관리법 제3조(정의)

"먹는물"이란 먹는 데에 통상 사용하는 자연 상태의 물, 자연 상태의 물을 먹기에 적합하도록 처리한 수돗물, 먹는샘물, 먹는염지하수, 먹는해양심층수 등을 말한다.

50 ④ 먹는물 수질기준 및 검사 등에 관한 규칙 제2조(별표1 먹는물의 수질기준)

- 소독제 및 소독부산물질에 관한 기준(샘물·먹는샘물·염지하수·먹는 염지하수· 먹는 해양심층수 및 먹는물 공동시설의 물의 경우에는 적용하지 아니한다)
- 잔류염소(유리잔류염소를 말한다)는 4.0mg/ℓ를 넘지 아니할 것

51 ④ 먹는물 수질기준 및 검사 등에 관한 규칙 제2조(별표 1 먹는물의 수질기준)

① 건강상 유해영향 유기물질에 관한 기준
- 페놀은 0.005mg/L를 넘지 아니할 것
- 다이아지논은 0.02mg/L를 넘지 아니할 것
- 파라티온은 0.06mg/L를 넘지 아니할 것
- 카바릴은 0.07mg/L를 넘지 아니할 것
- 트리클로로에틸렌은 0.03mg/L를 넘지 아니할 것
- 디클로로메탄은 0.02mg/L를 넘지 아니할 것
- 벤젠은 0.01mg/L를 넘지 아니할 것
- 톨루엔은 0.7mg/L를 넘지 아니할 것
- 이하 생략
② 건강상 유해영향 무기물질에 관한 기준
- 납은 0.01mg/L를 넘지 아니할 것
- 불소는 1.5mg/L(샘물·먹는샘물 및 염지하수·먹는 염지하수의 경우에는 2.0mg/L)를 넘지 아니할 것
- 비소는 0.01mg/L(샘물·염지하수의 경우에는

0.05mg/L)를 넘지 아니할 것
- 셀레늄은 0.01mg/L(염지하수의 경우에는 0.05mg/L)를 넘지 아니할 것
- 수은은 0.001mg/L를 넘지 아니할 것
- 시안은 0.01mg/L를 넘지 아니할 것
- 이하 생략

52 ③ 식품위생법 시행규칙 제89조(행정처분기준) [별표 23]

식품제조·가공업에서 유독·유해물질이 들어 있거나 묻어 있는 것 또는 병원미생물에 의하여 오염되었거나 그 염려가 있어 인체의 건강을 해칠 우려가 있는 것(제5호에 해당하는 경우를 제외한다)을 판매하였을 때의 1차 위반 시의 행정처분은 영업허가 취소 또는 영업소폐쇄와 해당 제품폐기이다.

53 ④ 식품 의약품분야 시험 검사 등에 관한 법률 제30조(과태료)

법 제9조 제3항을 위반하여 1개월 이내에 지위승계를 신고하지 아니한 자 → 과태료 300만 원을 부과한다.

54 ① 식품위생법 제94조(벌칙)

영업자가 아닌 자가 제조·가공·소분하는 행위를 했을 때(식품위생법 제4조)의 벌칙은 10년 이하의 징역 또는 1억원 이하의 벌금에 처하거나 이를 병과할 수 있다.

식품 및 축산물 안전관리인증기준

01 ② 식품위생법 제48조(식품안전관리인증기준) 제1항

식품의약품안정처장은 식품의 원료관리 및 제조·가공·조리·유통의 모든 과정에서 위해한 물질이 식품에 섞이거나 식품이 오염되는 것을 방지하기 위하여 각 과정의 위해요소를 확인·평가하여 중점적으로 관리하는 기준(이하 "식품안전관리인증기준"이라 한다)을 식품별로 정하여 고시할 수 있다.

02 ② 식품 및 축산물 안전관리인증기준 제2조(정의)

중요관리점(CCP ; Critical Control Point) : 안전관리인증기준(HACCP)을 적용하여 식품·축산물의 위해요소를 예방·제거하거나 허용 수준 이하로 감소시켜 당해 식품·축산물의 안전성을 확보할 수 있는 중요한 단계·과정 또는 공정을 말한다.

03 ③ 식품위생법 시행규칙 62조(HACCP 대상 식품)

- 수산가공식품류의 어육가공품류 중 어묵·어육소시지
- 기타수산물가공품 중 냉동 어류·연체류·조미가공품
- 냉동식품 중 피자류·만두류·면류
- 과자류, 빵류 또는 떡류 중 과자·캔디류·빵류·떡류
- 빙과류 중 빙과
- 음료류[다류 및 커피류는 제외한다]
- 레토르트식품
- 절임류 또는 조림류의 김치류 중 김치
- 코코아가공품 또는 초콜릿류 중 초콜릿류
- 면류 중 유탕면 또는 곡분, 전분, 전분질원료 등을 주원료로 반죽하여 손이나 기계 따위로 면을 뽑아내거나 자른 국수로서 생면·숙면·건면
- 특수용도식품
- 즉석섭취·편의식품류 중 즉석섭취식품, 즉석섭취·편의식품류의 즉석조리식품 중 순대
- 식품제조·가공업의 영업소 중 전년도 총 매출액이 100억 원 이상인 영업소에서 제조·가공하는 식품

04 ② 03번 해설 참조

05 ④ 식품위생법 시행규칙 제68조(인증유효기간의 연장신청)

인증기관의 장은 인증유효기간이 끝나기 90일 전까지 다음 각 호의 사항을 식품안전관리인증기준 적용업소의 영업자에게 통지하여야 한다.

- 인증유효기간을 연장하려면 인증유효기간이 끝나기 60일 전까지 연장 신청을 하여야 한다는 사실
- 인증유효기간의 연장신청절차 및 방법

06 ③ 식품 및 축산물 안전관리인증기준 제14조(인증서의 반납)

① 식품위생법 제48조 제8항 또는 축산물 위생관리법 제9조의4에 따라 안전관리인증기준(HACCP) 인증취소를 통보 받은 영업자 또는 영업소 폐쇄처분을 받거나 영업을 폐업한 영업자는 제11조 제3항 또는 제12조 제3항에 따라 발급된 안전관리인증기준(HACCP) 적용업소 인증서를 한국식품안전관리인증원장에게 지체 없이 반납하여야 한다.

② 이하생략

[식품위생법 제48조 제8항]

- 식품안전관리인증기준을 지키지 아니한 경우
- 거짓이나 그 밖의 부정한 방법으로 인증을 받은 경우
- 제75조 또는 식품 등의 표시·광고에 관한 법률 제16조 제1항·제3항에 따라 영업정지 2개월 이상의 행정처분을 받은 경우
- 영업자와 그 종업원이 제5항에 따른 교육훈련을 받지 아니한 경우
- 그 밖의 제1호부터 제3호까지에 준하는 사항으로서 총리령으로 정하는 사항을 지키지 아니한 경우

07 ② 식품 및 축산물 안전관리인증기준 제20조(교육훈련)

① 안전관리인증기준(HACCP) 적용업소 영업자 및 종업원이 받아야 하는 신규교육훈련시간은 다음 각 호와 같다.

식품	• 영업자 교육 훈련 : 2시간 • 안전관리인증기준(HACCP) 팀장 교육 훈련 : 16시간 • 안전관리인증기준(HACCP) 팀원, 기타 종업원 교육 훈련 : 4시간
축산물	• 영업자 및 농업인 : 4시간 이상 • 종업원 : 24시간 이상

식품 등의 기준 및 규격

01 ② 식품공전 제1. 총칙 1. 일반원칙 2) 가공식품의 분류

가공식품에 대하여 다음과 같이 식품군(대분류), 식품종(중분류), 식품유형(소분류)으로 분류한다.

- 식품군 : '제5. 식품별 기준 및 규격'에서 대분류하고 있는 음료류, 조미식품 등을 말한다.
- 식품종 : 식품군에서 분류하고 있는 다류, 과일·채소류음료, 식초, 햄류 등을 말한다.
- 식품유형 : 식품종에서 분류하고 있는 농축과·채즙, 과·채주스, 발효식초, 희석초산 등을 말한다.

02 ① 식품공전 제1. 총칙 1. 일반원칙 5)

이 고시에서 기준 및 규격이 정하여지지 아니한 것은 잠정적으로 식품의약품안전처장이 해당물질에 대한 국제식품규격위원회(Codex Alimentarius Commission, CAC)규정 또는 주요 외국의 기준·규격과 일일섭취허용량(Acceptable Daily Intake, ADI), 해당식품의 섭취량 등 해당 물질별 관련 자료를 종합적으로 검토하여 적·부를 판정할 수 있다.

03 ② 식품공전 제1. 총칙 1. 일반원칙 8)

표준온도는 20℃, 상온은 15~25℃, 실온은 1~35℃, 미온은 30~40℃로 한다.

04 ④ 식품공전 제1. 총칙 1. 일반원칙 14)

- 무게를 "정밀히 단다"라 함은 달아야 할 최소단위를 고려하여 0.1mg, 0.01mg 또는 0.001mg까지 다는 것을 말한다.
- 또 무게를 "정확히 단다"라 함은 규정된 수치의 무게를 그 자리수까지 다는 것을 말한다.

05 ③ 식품첨가물 공전 제1. 총칙 3. 일반원칙 17)

- 용액의 농도를 "(1→5)", "(1→10)", "(1→100)" 등 1mL를 용제에 녹여 전량을 각각 5mL, 10mL, 100mL 등으로 하는 것을 표시하는 것으로서 모두 개수를 표시한다.
- 예를 들면, 수산화나트륨(1→5)은 수산화나트륨 1g을 물에 녹여 5mL로 한 것이며 희석한 염산 (2→5)은 염산 2mL에 물을 가하여 5mL로 한 것이다.

06 ④ 식품첨가물 공전 제1. 총칙 3. 일반원칙 8)

중량백분율을 표시할 때에는 %의 기호를 쓴다. 다만, 용액 100mL 중의 물질함량(g)을 표시할 때에는 w/v%, 용액 100mL 중의 물질함량(mL)을 표시할 때에는 v/v%의 기호를 쓴다. 중량백만분율을 표시할 때는 ppm의 약호를 쓴다.

07 ④ 식품공전 제8. 일반시험법 4. 미생물시험법 4.6. 세균발육시험

통·병조림, 레토르트 등 멸균제품에서 세균의 발육유무를 확인하기 위한 것이다.

가온 보존시험	검체 3관(또는 병)을 항온기에서 35~37℃에서 10일간 보존한 후, 상온에서 1일간 추가로 방치한 후 관찰하여 용기·포장이 팽창 또는 새는 것은 세균발육 양성으로 하고 가온보존 시험에서 음성인 것은 다음의 세균시험을 한다.
세균시험	세균시험은 가온보존 시험한 검체 3관에 대해 각각 시험한다.

08 ④ 식품공전 제8. 일반시험법 4. 미생물시험법 4.5. 세균수

- 세균수 측정법은 일반세균수를 측정하는 표준평판법, 건조필름법 또는 자동화된 최확수법(Automated MPN)을 사용할 수 있다.
- 기타 세균수 측정법으로는 저온에서 생육하는 세균을 측정하는 저온세균수 측정법, 호기성 아포형성균을 측정하는 내열성 세균수 측정법, 총균수를 측정하는 직접현미경법 등이 있다.

09 ② 식품공전 제11. 시약 · 시액 · 표준용액 및 용량분석용 규정용액 11.2. 시액

페놀프탈레인시액 : 페놀프탈레인 1g을 에탄올 100mL에 녹인다.

10 ① 식품 등의 표시기준 Ⅲ. 개별표시사항 및 표시기준 1. 식품 자. 다류 및 커피의 카페인 함량

카페인 함량을 90페센트(%) 이상 제거한 제품을 "탈카페인(디카페인)" 제품으로 표시할 수 있다.

11 ③ 식품공전 제2. 식품일반에 대한 공통기준 및 규격 3. 식품일반의 기준 및 규격 5) 오염물질 (3) 곰팡이독소 기준 총 아플라톡신(B_1, B_2, G_1 및 G_2의 합)

대상식품	기준(μg/kg)
곡류, 두류, 땅콩, 견과류	
곡류가공품 및 두류가공품	
장류 및 고춧가루 및 카레분	15.0 이하 (단, B_1은 10.0 이하)
육두구, 강황, 건조고추, 건조 파프리카	
밀가루, 건조과일류	
영아용 조제식, 영 · 유아용 곡류조제식, 기타 영 · 유아식	– (B_1은 0.10 이하)

12 ② 11번 해설 참조

13 ④ 식품 등의 표시기준 Ⅰ. 총칙 3. 용어의 정의

영양강조표시라 함은 제품에 함유된 영양소의 함유사실 또는 함유정도를 "무", "저", "고", "강화", "첨가", "감소" 등의 특정한 용어를 사용하여 표시하는 것

영양소 함량강조표시	영양소의 함유사실 또는 함유정도를 "무○○", "저○○", "고○○", "○○함유"등과 같은 표현으로 그 영양소의 함량을 강조하여 표시하는 것
영양소 비교강조표시	영양소의 함유사실 또는 함유정도를 "덜", "더", "강화", "첨가"등과 같은 표현으로 같은 유형의 제품과 비교하여 표시하는 것

14 ③ 식품 등의 표시기준 Ⅲ. 개별표시사항 및 표시기준 1. 식품

[제조연월일(제조일) 표시대상 식품]

- 즉석섭취식품 중 도시락, 김밥, 햄버거, 샌드위치, 초밥
- 설탕류
- 식염
- 빙과류(아이스크림, 빙과, 식용얼음)
- 주류(다만, 제조번호 또는 병입연월일을 표시한 경우에는 생략할 수 있다)
- ※ 주류 세부표시기준 : 제조번호 또는 병입연월일을 표시한 경우에는 제조일자를 생략할 수 있다.

15 ④ 식품 등의 표시기준 Ⅲ. 개별표시사항 및 표시기준 1. 식품

즉석섭취 편의식품류	즉석섭취식품 중 도시락 · 김밥 · 햄버거 · 샌드위치, 초밥의 제조연월일 표시는 제조일과 제조시간을 함께 표시하여야 한다.
음료류	소비기한. 제조연월일을 추가로 표시하고자 하는 음료류(다류 · 커피 · 유산균음료 및 살균유산균음료는 제외한다)로서 병마개에 표시하는 경우에는 제조 "연월"만을 표시할 수 있다.
주류	제조연월일(탁주 및 약주는 유통기한, 맥주는 유통기한 또는 품질유지기한). 다만, 제조번호 또는 병입연월일을 표시한 경우에는 제조일자를 생략할 수 있다.

16 ④ 14번 해설 참조

17 ④ 식품 등의 표시기준 Ⅲ. 개별표시사항 및 표시기준

즉석 식품류	소비기한(즉석섭취식품 중 도시락 · 김밥 · 햄버거 · 샌드위치 · 초밥은 제조연월일 및 소비기한, 제조연월일 표시는 제조일과 제조시간을 함께 표시하여야 한다.)

음료류	소비기한[고체식품(다류 및 커피에 한함) 및 멸균한 액상제품은 소비기한 또는 품질유지기한, 침출차 중 발효과정을 거치는 차의 경우 소비기한 또는 제조연월일로 표시할 수 있다.]
빙과류	소비기한(아이스크림류, 빙과, 식용얼음은 제조연월일, 단, 아이스크림류, 빙과는 "제조연월"만을 표시할 수 있다).
주류	제조연월일(탁주 및 약주는 소비기한, 맥주는 소비기한 또는 품질유지기한). 다만, 제조번호 또는 병입연월일을 표시한 경우에는 제조일자를 생략할 수 있다.

18 ② **식품 등의 표시기준 Ⅰ. 총칙 3. 용어의 정의**

"제조연월일"이라 함은 포장을 제외한 더 이상의 제조나 가공이 필요하지 아니한 시점(포장후 멸균 및 살균 등과 같이 별도의 제조공정을 거치는 제품은 최종공정을 마친 시점)을 말한다. 다만, 캡슐제품은 충전·성형완료시점으로, 소분 판매하는 제품은 소분용 원료제품의 제조연월일로, 원료제품의 저장성이 변하지 않는 단순 가공처리만을 하는 제품은 원료제품의 포장시점으로 한다.

19 ④ **식품 등의 표시기준 Ⅲ. 개별표시사항 및 표시기준 1. 식품(소비기한, 제조연월일)**

• 제조연월일을 추가로 표시하고자 하는 음료류(다류, 커피, 유산균음료 및 살균유산균음료는 제외한다) : 병마개에 제조연월일을 표시하는 경우, 제조 "연월"만을 표시할 수 있다.
• 유산균음료 : 소비기한 또는 제조연월일을 표시할 수 있다.
• 우유, 발효유 : 소비기한을 표시한다.
• 빙과류 : 소비기한(아이스크림류, 빙과, 식용얼음은 제조연월일. 단, 아이스크림류, 빙과는 "제조연월"만을 표시할 수 있다.)
• 즉석식품류 : 소비기한(즉석섭취식품 중 도시락·김밥·햄버거·샌드위치·초밥은 제조연월일 및 소비기한을 표시한다.)

20 ① **식품 등의 표시·광고에 관한 법률 시행규칙 제6조(영양표시) 2항 표시대상 영양성분**

열량, 나트륨, 탄수화물, 당류[식품, 축산물에 존재하는 단당류와 이당류를 말한다. 다만 제·환·분말 형태의 건강기능식품은 제외한다], 지방, 트랜스지방(Trans Fat), 포화지방(Saturated Fat), 콜레스테롤, 단백질, 영양표시나 영양강조표시를 하려는 경우에는 [별표 5] 1일 영양성분 기준치에 명시된 영양성분

21 ② **식품 등의 표시기준 Ⅰ. 총칙 3. 용어의 정의**

"트랜스지방"이라 함은 트랜스구조를 1개 이상 가지고 있는 비공액형의 모든 불포화지방을 말한다.

22 ① **식품 등의 표시기준 Ⅰ.총칙 3. 용어의 정의**

"1회 섭취참고량"은 만 3세 이상 소비계층이 통상적으로 소비하는 식품별 1회 섭취량과 시장조사 결과 등을 바탕으로 설정한 값을 말한다

23 ② **유전자변형식품등의 표시기준**

① 제2조(용어의 정의)
• 비의도적 혼입치란 : 농산물을 생산·수입·유통 등 취급과정에서 구분하여 관리한 경우에도 그 속에 유전자변형농산물이 비의도적으로 혼입될 수 있는 비율을 말한다.

② 제3조(표시대상)
• 식품위생법 제18조에 따른 안전성 심사 결과, 식품용으로 승인된 유전자변형농축수산물과 이를 원재료로 하여 제조·가공 후에도 유전자변형 DNA 또는 유전자변형 단백질이 남아 있는 유전자변형식품등은 유전자변형식품임을 표시하여야 한다.
• 표시대상 중 다음 각 호의 어느 하나에 해당하는 경우에는 유전자변형식품임을 표시하지 아니할 수 있다.

– 유전자변형농산물이 비의도적으로 3% 이하인 농산물과 이를 원재료로 사용하여 제조·가공한 식품 또는 식품 첨가물. 다만, 이 경우에는 구분유통증명서 또는 정부증명서를 갖추어야 한다.
– 고도의 정제과정 등으로 유전자변형 DNA 또는 유전자변형 단백질이 전혀 남아 있지 않아 검사불능인 당류, 유지류 등

24 ② **식품공전 제5. 품목별 규격 및 기준 12. 장류(보존료)**

소브산, 소브산칼륨, 소브산칼슘 1.0 이하(소브산으로서, 한식된장, 된장, 고추장, 춘장, 청국장(비건조 제품에 한함), 혼합장에 한한다)

25 ③ **식품공전 제5. 품목별 규격 및 기준 19. 유가공품류(가공치즈)**

치즈를 원료로 하여 가열 유화공정을 거쳐 제조 가공한 것으로 원료 치즈 유래 유고형분 18% 이상인 것을 말한다.

26 ③ 식품공전 제5. 품목별 규격 및 기준 19. 유가공품류(가공치즈)

치즈를 원료로 하여 가열 유화공정을 거쳐 제조 가공한 것으로 원료 치즈 유래 유고형분 18% 이상인 것을 말한다.

27 ② 식품공전 제5. 품목별 규격 및 기준 9. 음료류(탄산음료류)

탄산가스압 (kg/cm²)	• 탄산수 : 1.0 이상 • 탄산음료 : 0.5 이상
납(mg/kg)	• 0.3 이하
카드뮴(mg/kg)	• 0.1 이하
주석(mg/kg)	• 150 이하(캔 제품에 한한다)
세균수	• n=5, c=1, m=100, M=1,000
대장균군	• n=5, c=1, m=0, M=10

28 ③ 식품공전 제5. 품목별 규격 및 기준 2. 빙과류(얼음류)

항목/구분	식용 얼음	어업용 얼음
염소이온(mg/L)	250 이하	–
질산성질소(mg/L)	10.0 이하	–
암모니아성질소 (mg/L)	0.5 이하	–
과망간산칼륨소비량 (mg/L)	10.0 이하	–
pH	4.5~9.5	4.5~9.5
증발잔류물(mg/L)	–	1,500 이하
세균수	n=5, c=2, m=100, M=1,000	n=5, c=2, m=100, M=1,000
대장균군	n=5, c=2, m=0, M=10/50mL	n=5, c=2, m=0, M=10/50mL

29 ② 식품공전 제3. 장기보존식품의 기준 및 규격 1. 통·병조림식품

① 병·통조림식품 제조, 가공기준
• 멸균은 제품의 중심온도가 120℃ 4분간 또는 이와 동등 이상의 효력을 갖는 방법으로 열처리하여야 한다.
• pH 4.6 이상의 저산성식품(low acid food)은 제품의 내용물, 가공장소, 제조일자를 확인할 수 있는 기호를 표시하고 멸균공정 작업에 대한 기록을 보관하여야

한다.
• pH가 4.6 이하인 산성식품은 가열 등의 방법으로 살균처리 할 수 있다.

② 규격

성상	관 또는 병뚜껑이 팽창 또는 변형되지 아니하고, 내용물은 고유의 색택을 가지고 이미·이취가 없어야 한다.
주석 (mg/kg)	150 이하(알루미늄 캔을 제외한 캔제품에 한하며, 산성 통조림은 200 이하 이어야 한다.)
세균	세균발육이 음성이어야 한다.

30 ② 29번 해설 참조

31 ④ 29번 해설 참조

32 ③ 식품공전 제5. 식품별 기준 및 규격 7. 식용유지류

콩기름, 옥수수기름, 채종유, 미강유 등의 산가는 0.6 이하 이고 참기름의 산가는 4.0 이하, 들기름의 산가는 5.0 이하이다.

33 ② 식품공전 제2. 식품일반에 대한 공통기준 및 규격 3. 일반식품의 기준 및 규격 5) 오염물질 (2) 중금속 기준 ③ 수산물

① 어류의 중금속 잔류허용기준(생물로 기준할 때)
• 납 : 0.5mg/kg 이하
• 카드뮴 : 0.1mg/kg 이하(민물 및 회유어류), 0.2mg/kg 이하(해양어류)
• 수은 : 0.5 mg/kg 이하(심해성 어류, 다랑어류 및 새치류는 제외한다)
• 메틸수은 : 1.0 mg/kg 이하(심해성 어류, 다랑어류 및 새치류에 한한다)
② 연체류의 중금속 잔류허용기준(생물로 기준할 때)
• 납 : 2.0 mg/kg 이하
• 카드뮴 : 2.0 mg/kg 이하
• 수은 : 0.5 mg/kg 이하

34 ① 건강기능식품 기능성 원료 및 기준·규격 인정에 관한 규정 제2조(정의)
• "기능성분"이란 원료 중에 함유되어 있는 기능성을 나타내는 성분을 말한다.
• "지표성분"이란 원료 중에 함유되어 있는 화학적으로 규명된 성분 중에서 품질관리의 목적으로 정한 성분을 말한다.

35 ④ 건강기능식품 공전 제1장 5. 제품의 정의(제품의 형태에 관한 정의)

정제(tablet)	일정한 형상으로 압축된 것을 말한다.
캡슐 (capsule)	캡슐기제에 충전 또는 피포한 것을 말하며, 경질캡슐과 연질캡슐 두 종류가 있다.
환(pill)	구상(球狀)으로 만든 것을 말한다.
과립 (granule)	입자형태로 만든 것을 말한다.
액체 또는 액상(liquid)	유동성이 있는 액체상태의 것 또는 액체상태의 것을 그대로 농축한 것을 말한다.
분말 (powder)	입자의 크기가 과립제품보다 작은 것을 말한다.
편상(flake)	얇고 편편한 조각상태의 것을 말한다.
페이스트 (paste)	고체와 액체의 중간상태로 점성이 강한 유동성의 반 고상의 것을 말한다.
시럽(syrup)	고체와 액체의 중간상태로 점성이 약한 유동성의 반 액상의 것을 말한다.
젤(gel)	액상에 펙틴, 젤라틴, 한천 등 겔화제를 첨가하여 만든 유동성이 있는 고체나 반고체 상태의 것을 말한다.
젤리(jelly)	액상에 펙틴, 젤라틴, 한천 등 겔화제를 첨가하여 만든 유동성이 없는 고체나 반고체 상태의 것을 말한다.
바(bar)	막대형태의 것을 말한다.

36 ③ 기구 및 용기·포장 공전 Ⅱ. 공통기준 및 규격 1. 공통제조기준 나. 제조가공기준(공통기준)
- 용기, 포장의 제조 시 인쇄하는 경우 인쇄 잉크를 충분히 건조하여야 하며 식품과 접촉하는 면에는 인쇄를 하지 않아야 한다.
- 식품과 직접 접촉하지 않는 면에 인쇄를 하고자 하는 경우에는 인쇄잉크를 반드시 건조시켜야 한다. 이 경우 잉크성분인 벤조페논의 용출량은 0.6mg/L이하이어야 한다. 또한 식품과 직접 접촉하지 않는 면이 인쇄된 합성수지포장재 중 내용물 투입 시 형태가 달라지는 포장재의 경우, 잉크성분인 톨루엔의 잔류량은 2mg/m^2 이하이어야 한다.

37 ① 기구 및 용기·포장 공전 Ⅱ. 공통기준 및 규격
- 전분, 글리세린, 왁스 등 식품물질이 식품과 접촉하는 면에 접착되어 있는 용기포장에 대해서는 총 용출량의 규격 적용을 아니 할 수 있다.
- 기구 및 용기·포장의 식품과 접촉하는 부분에 사용하는 도금용 주석은 납을 0.1% 이상 함유하여서는 아니

된다.
- 식품의 용기·포장을 회수하여 재사용하고자 할 때에는 먹는물 관리법의 수질기준에 적합한 물로 깨끗이 세척하여 일체의 불순물 등이 잔류하지 아니하였음을 확인한 후 사용하여야 한다.
- 검체 채취 시 상자 등에 넣어 유통되는 기구 및 용기포장은 가능한 한 개봉하지 않고 그대로 채취한다.

38 ④ 기구 및 용기·포장 공전 Ⅲ. 재질별 규격 5. 금속제
① 정의 : 금속제란 금속으로 구성되어 있는 것 또는 이에 합성수지제, 고무제 또는 도자기 등으로 도장한 것을 말한다.
② 잔류규격 : 식품과 직접 접촉하는 면에 합성수지제, 고무제 또는 도자기제 등이 사용된 경우에는 해당 재질의 잔류규격을 적용한다.
③ 용출규격(mg/L)
- 납 : 0.4mg/L 이하
- 카드뮴 : 0.1mg/L 이하
- 니켈 : 0.1mg/L 이하
- 6가 크롬 : 0.1mg/L 이하
- 비소(As_2O_3) : 0.2mg/L 이하

식품안전관리인증기준(HACCP)

01 ② HACCP(Hazard Analysis Critical Control Points)
- HACCP은 위해요소분석(Hazard Analysis)과 중요관리점(Critical Control Point)의 영문 약자로서 "해썹" 또는 "식품 및 축산물 안전관리인증기준"이라 한다.
- 해썹(HACCP) 제도는 식품을 만드는 과정에서 생물학적, 화학적, 물리적 위해요인들이 발생할 수 있는 상황을 과학적으로 분석하고 사전에 위해요인의 발생 여건들을 차단하여 소비자에게 안전하고 깨끗한 제품을 공급하기 위한 시스템적인 규정을 말한다.
- 결론적으로 해썹(HACCP)이란 식품의 원재료부터 제조, 가공, 보존, 유통, 조리단계를 거쳐 최종소비자가 섭취하기 전까지의 각 단계에서 발생할 우려가 있는 위해요소를 규명하고, 이를 중점적으로 관리하기 위한 중요관리점을 결정하여 자율적이며 체계적이고 효율적인 관리로 식품의 안전성을 확보하기 위한 과학적인 위생관리체계라고 할 수 있다.
- HACCP 적용순서는 국제식품규격위원회(CODEX)에서 정한 7원칙 및 12절차에 따라 수행한다.

- HACCP 도입의 효과

식품업체 측면	• 자주적 위생관리체계의 구축 : 기존의 정부주도형 위생관리에서 벗어나 자율적으로 위생관리를 수행할 수 있는 체계적인 위생관리시스템의 확립이 가능하다. • 위생적이고 안전한 식품의 제조 : 예상되는 위해요소를 과학적으로 규명하고 이를 효과적으로 제어함으로써 위생적이고 안전성이 충분히 확보된 식품의 생산이 가능해진다. • 위생관리 집중화 및 효율성 도모 : 위해가 발생될 수 있는 단계를 사전에 집중적으로 관리함으로써 위생관리체계의 효율성을 극대화시킬 수 있다. • 경제적 이익 도모 : 장기적으로는 관리인원의 감축, 관리요소의 감소 등이 기대되며, 제품 불량률, 소비자불만, 반품, 폐기량 등의 감소로 궁극적으로는 경제적인 이익의 도모가 가능해진다. • 회사의 이미지 제고와 신뢰성 향상
소비자 측면	• 안전한 식품을 소비자에게 제공 • 식품선택의 기회를 제공

02 ③ 식품 및 축산물 안전관리인증기준 제2조(정의)

- 위해요소분석(Hazard Analysis) : 식품 안전에 영향을 줄 수 있는 위해요소와 이를 유발할 수 있는 조건이 존재하는지 여부를 판별하기 위하여 필요한 정보를 수집하고 평가하는 일련의 과정을 말한다.
- 한계기준(Critical Limit) : 중요관리점에서의 위해요소 관리가 허용범위 이내로 충분히 이루어지고 있는지 여부를 판단할 수 있는 기준이나 기준치를 말한다.
- 중요관리점(Critical Control Point : CCP) : 안전관리인증기준(HACCP)을 적용하여 식품·축산물의 위해요소를 예방·제어하거나 허용 수준 이하로 감소시켜 당해 식품·축산물의 안전성을 확보할 수 있는 중요한 단계·과정 또는 공정을 말한다.

03 ② 01번 해설 참조

04 ③ 01번 해설 참조

05 ② HACCP 제도

식품의 원재료부터 제조, 가공, 보존, 유통, 조리단계를 거쳐 최종소비자가 섭취하기 전까지의 각 단계에서 발생할 우려가 있는 위해요소(생물학적, 화학적, 물리적)를 규명하고, 이를 중점적으로 관리하기 위한 중요관리점을 결정하여 자율적이며 체계적이고 효율적인 관리로 식품의 안전성을 확보하기 위한 과학적인 위생관리체계라고 할 수 있다.

06 ② 05번 해설 참조

07 ④ 05번 해설 참조

08 ② 05번 해설 참조

09 ④

HACCP의 7원칙 중 첫 번째 원칙은 위해요소분석(HA) 결정이다.

10 ④ 01번 해설 참조

기존의 정부주도형 위생관리에서 벗어나 자율적으로 위생관리를 수행할 수 있는 체계적인 위생관리시스템의 확립이 가능하다.

11 ③ 01번 해설 참조

12 ③ 01번 해설 참조

13 ② 식품 및 축산물 안전관리인증기준 제2조(정의)

"위해요소분석(Hazard Analysis)"이란 식품·축산물 안전에 영향을 줄 수 있는 위해요소(생물학적·화학적·물리적 인자)와 이를 유발할 수 있는 조건이 존재하는지 여부를 판별하기 위하여 필요한 정보를 수집하고 평가하는 일련의 과정을 말한다.

14 ② 식품 및 축산물 안전관리인증기준 제2조(정의)

"위해요소(Hazard)"란 인체의 건강을 해할 우려가 있는 생물학적, 화학적 또는 물리적 인자나 조건을 말한다.

선행요건 관리

01 ② 식품 및 축산물 안전관리인증기준 제5조(선행요건 관리)

- 영업장 관리
- 제조·가공시설·설비관리
- 냉장·냉동시설·설비관리
- 위생관리
- 용수관리
- 입고·보관·운송관리
- 검사관리
- 회수관리 프로그램 관리

02 ③ **식품공장의 작업장 구조와 설비**
- 바닥은 내수성이고 불침투성이어야 하며 표면이 평탄하여 청소가 쉬워야 하고, 바닥의 구배는 1.5/100 내외의 경사를 두어 배수에 적당하도록 한다.
- 창의 면적은 벽의 면적의 70% 이상이어야 하며 바닥의 면적을 기준으로 할 때는 바닥 면적의 20 ∼ 30%로 하는 것이 좋다. 적절한 환기와 채광 등이 양호하도록 하나 곤충 등이 들지 않도록 방충망 시설을 한다.
- 식품관계의 영업용 건물은 불침투성이어야 하는 점을 감안할 때 충분히 내구성이 있는 콘크리트로 되어야 한다.
- 건물기초는 그 건물이 만족스런 제 기능을 발휘하고 사용기간 동안 안전을 확보할 수 있게끔 설계해야 한다.
- 천장은 표면을 고르게 하고 밝은 색으로 처리한다. 또한 응축수가 맺히지 않도록 재질과 구조에 유의한다.

03 ④
배수구는 측벽으로부터 15cm 떨어진 곳에 벽과 평행하게 설치하고 실외 배수구와 통하는 곳은 금속망 등을 설치하여 쥐가 하수구를 통하여 침입하지 못하도록 방서에 신경 쓴다.

04 ③ **식품공장의 주변**
- 수목, 잔디 등의 곤충 유인 또는 발생원이 되는 것은 심지 않는다.
- 식재는 공장에서 가급적 멀리 떨어뜨린다.
- 곤충이 좋아하지 않는 수종인 상록수를 선정한다.
- 건물 바깥주변은 포장하여 배회성 곤충의 유입을 막도록 한다.

05 ③ **식품공장에서 자연채광**
- 자연채광을 위하여 창문의 위치는 입사각 27°, 개각 4∼5°가 적당
- 상단은 천정으로부터 1m 이내, 하단은 바닥에서 90cm 이상
- 넓이는 바닥 면적을 기준으로 할 때 25% 내외
- 벽면적을 기준으로 할 때는 70%가 적당

06 ③ **식품 및 축산물 안전관리인증기준 제5조(선행요건 관리) [별표1]**
- 선별 및 검사구역 작업장 등은 육안확인에 필요한 조도(540룩스 이상)를 유지하여야 한다.
- 채광 및 조명시설은 내부식성 재질을 사용하여야 하며, 식품이 노출되거나 내포장 작업을 하는 작업장에는 파손이나 이물낙하 등에 의한 오염을 방지하기 위한 보호장치를 하여야 한다.

07 ② **식품공장에서 사용하는 용수로 지하수를 이용할 경우**
- 공공시험기관의 검사를 받아 그 물의 적성이나 안정성을 확인하여야 하며 항상 지하수가 오염되지 않도록 주의하여야 한다.
- 표준적인 정수처리방식은 응집, 침전, 급속여과, 경수의 연화 방식이 가장 널리 이용되고 있다.

08 ② **자외선 살균법**
- 열을 사용하지 않으므로 사용이 간편하고, 살균효과가 크며, 피조사물에 대한 변화가 거의 없고 균에 내성을 주지 않는다.
- 살균효과가 표면에 한정되어 식품공장의 실내공기 소독, 조리대 등의 살균에 이용된다.
- ※ 작업자의 손 세척은 역성비누(양성비누)를 사용한다. 역성비누는 세척력은 약하지만 살균력이 강하고 가용성이며, 냄새가 없고, 자극성과 부식성이 없어 손이나 식기 등의 소독에 이용된다.

09 ③ **식품제조가공 작업장의 위생관리**
- 물품검수구역(540lux), 일반작업구역(220lux), 냉장보관구역(110lux) 중 물품검수구역의 조명이 가장 밝아야 한다.
- 화장실에는 페달식 또는 전자 감응식 등으로 직접 접촉하지 않고 물을 사용할 수 있는 세척 시설과 손을 건조시킬 수 있는 시설을 설치하여야 한다.
- 작업장에서 사용하는 위생 비닐장갑은 1회 사용 후 파손이 없는지 확인하고 전용 쓰레기통에 폐기하도록 한다.

10 ② **안전한 식품 제조를 위한 작업장 공기관리**
- 청정도가 가장 높은 구역을 가장 큰 양압으로 하고 점차 청정도가 낮은 구역으로 향하게 하여 실압으로 낮추어 간다.
- 단, 시설내부가 음압이 되지 않도록 설치

11 ④ **식품 및 축산물 안전관리인증기준 제5조(선행요건 관리) [별표1] 영업장 관리**
선별 및 검사구역 작업장 등은 육안확인이 필요한 곳은 조도 540lux 이상을 유지하여야 한다.

12 ④ **식중독 예방정보 시설·설비 위생 관리**
[바닥 및 배수로 관리]
물이 고이지 않도록 적당한 경사를 주어 배수가 잘 되도

록 하여야 한다.

13 ④ **식품 및 축산물 안전관리인증기준 제5조(선행요건 관리) [별표1] 위생 관리**

세척 또는 소독기준은 다음의 사항을 포함하여야 한다.

- 세척·소독 대상별 세척·소독 부위
- 세척·소독 방법 및 주기
- 세척·소독 책임자
- 세척·소독 기구의 올바른 사용 방법
- 세제 및 소독제(일반명칭 및 통용명칭)의 구체적인 사용방법

14 ③ **식품 및 축산물 안전관리인증기준 제5조(선행요건 관리) [별표1] 냉장·냉동시설·설비 관리**

냉장시설은 내부의 온도를 10℃ 이하(다만, 신선편의식품, 훈제연어, 가금육은 5℃ 이하 보관 등 보관온도 기준이 별도로 정해져 있는 식품의 경우에는 그 기준을 따른다.), 냉동시설은 −18℃ 이하로 유지하고, 외부에서 온도변화를 관찰할 수 있어야 하며, 온도감응 장치의 센서는 온도가 가장 높게 측정되는 곳에 위치하도록 한다.

15 ④ **식품 및 축산물 안전관리인증기준 제5조(선행요건 관리) [별표1] 작업위생관리**

해동된 식품은 즉시 사용하고 즉시 사용하지 못할 경우 조리 시까지 냉장 보관하여야 하며, 사용 후 남은 부분을 재동결하여서는 아니 된다.

16 ③ **개인위생**

식품취급자의 신체를 포함한 복장과 식품취급 습관 등이 안전한 식품생산에 적합하도록 관리하는 것을 의미한다.

17 ① **표준위생관리기준(SSOP)의 핵심요소(8가지)**
- 물 및 얼음의 안전성
- 식품 접촉면의 조건 및 청결
- 교차 오염의 방지
- 개인위생 및 위생설비
- 비식품 물질의 유입 방지
- 화학제품의 적절한 사용 및 보관, 라벨링 처리
- 작업자의 건강관리
- 방충·방서관리

18 ② **대형 기계 및 기구의 관리**
- 이동하기 어려운 기계, 기구는 50cm 이상의 간격을 두고, 바닥에서 15cm 정도의 높이로 고정하여 설치

하여 청소하기 쉽게 배치한다.
- 이들 기계류는 항상 점검하여 이상이 없도록 준비해 둔다.
- 식품공장의 자동화 또는 기계화 등은 반드시 위생적이라고는 할 수 없으며 오히려 세균의 오염의 위험이 있을 수 있으므로 대형기계 및 기구에 대해서는 더욱 엄중한 위생관리를 해야 한다.

19 ② **식품 및 축산물 안전관리인증기준 제5조(선행요건 관리) [별표1] 작업위생관리**

식품 취급 등의 작업은 바닥으로부터 60cm 이상의 높이에서 실시하여 바닥으로부터의 오염을 방지하여야 한다.

20 ② **식품 및 축산물 안전관리인증기준 제5조(선행요건 관리) [별표1] 작업위생관리**
- 칼과 도마 등의 조리 기구나 용기, 앞치마, 고무장갑 등은 원료나 조리과정에서의 교차오염을 방지하기 위하여 식재료 특성 또는 구역별로 구분하여 사용하여야 한다.
- 식품 취급 등의 작업은 바닥으로부터 60cm 이상의 높이에서 실시하여 바닥으로부터의 오염을 방지하여야 한다.

21 ④ **식품 및 축산물 안전관리인증기준 제5조(선행요건 관리) [별표1] 작업위생관리**

해동된 식품은 즉시 사용하고 즉시 사용하지 못할 경우 조리 시까지 냉장 보관하여야 하며, 사용 후 남은 부분은 재동결하여서는 아니 된다.

22 ③ **식품공장의 내벽시설 기준**
- 내벽은 바닥에서부터 1.5m까지는 밝은 색의 내수성, 내산성, 내열성의 적절한 자재로 설비하여야 한다.
- 세균 방지용 페인트로 도색하여야 한다.

23 ② **CIP 법(cleaning in place)**
- 식품 기계장치(pump, pipe line, PHE살균기, 균질기, tank 등)를 분해하지 않고 조립한 상태에서 pump 내의 유속도와 압력에 의해 자동 세척하는 방법이다.
- 처리순서는 물세척 → 물순환 → 알카리용액 순환 → 물헹구기 → 산용액 순환 → 물헹구기 → 물순환 → 염소소독 → 세척 → 냉각 → 건조 순이다.

24 ③ **식품 이물 혼입 방지대책**
- 이물 종류별, 혼입 원인별 저감화 방법을 마련
- X-ray 검출기, 금속검출기 설치

• 방충·방서시설 강화 등 시설기준 보완

25 ③ 식품 및 축산물 안전관리인증기준 제5조(선행요건 관리) [별표1] 작업위생관리

식품 제조·가공에 사용되거나, 식품에 접촉할 수 있는 시설·설비, 기구·용기, 종업원 등의 세척에 사용되는 용수는 다음 각호에 따른 검사를 실시하여야 한다.
• 지하수를 사용하는 경우에는 먹는물 수질기준 전 항목에 대하여 연1회 이상(음료류 등 직접 마시는 용도의 경우는 반기 1회 이상) 검사를 실시하여야 한다.
• 먹는물 수질기준에 정해진 미생물학적 항목에 대한 검사를 월 1회 이상 실시하여야 하며, 미생물학적 항목에 대한 검사는 간이검사키트를 이용하여 자체적으로 실시할 수 있다.

26 ③ 25번 해설 참조

27 ③ 식품 및 축산물 안전관리인증기준 제5조(선행요건 관리) [별표1] 위생관리
• 작업장과 화장실은 일 1회 이상 청소하여야 한다.
• 온도계는 연 1회 공인기관으로부터 검·교정을 실시하여야 한다.
• 지하수를 사용하는 경우에는 먹는물 수질기준 전 항목에 대하여 연1회 이상(음료류 등 직접 마시는 용도의 경우는 반기 1회 이상) 검사를 실시하여야 한다.
• 냉장시설과 창고는 일 1회 이상 청소를 하여야 한다.

28 ④ 식품 및 축산물 안전관리인증기준 제5조(선행요건 관리)
① 냉장식품과 온장식품에 대한 배식 온도관리기준을 설정·관리하여야 한다.

냉장보관	냉장식품 10℃ 이하(다만, 신선편의식품, 훈제연어는 5℃ 이하 보관 등 보관온도 기준이 별도로 정해져 있는 식품의 경우에는 그 기준을 따른다)
온장보관	온장식품 60℃ 이상

② 조리한 식품은 소독된 보존식 전용용기 또는 멸균 비닐봉지에 매회 1인분 분량을 −18℃ 이하에서 144시간 이상 보관하여야 한다.

식품안전관리인증기준(HACCP) 관리

01 ④ HACCP의 7원칙 및 12절차

[준비단계 5절차]

절차 1	HACCP팀 구성
절차 2	제품설명서 작성
절차 3	용도 확인
절차 4	공정흐름도 작성
절차 5	공정흐름도 현장확인

[HACCP 7원칙]

절차 6(원칙 1)	위해요소 분석 (HA)
절차 7(원칙 2)	중요관리점(CCP) 결정
절차 8(원칙 3)	한계기준(CL ; Critical Limit) 설정
절차 9(원칙 4)	모니터링 체계 확립
절차 10(원칙 5)	개선조치방법 수립
절차 11(원칙6)	검증절차 및 방법 수립
절차 12(원칙 7)	문서화 및 기록유지

02 ③ 01번 해설 참조

03 ① 01번 해설 참조

04 ② 01번 해설 참조

05 ④ 01번 해설 참조

06 ② 01번 해설 참조

07 ② 01번 해설 참조

08 ① 01번 해설 참조

09 ④ 01번 해설 참조

10 ④ 01번 해설 참조

11 ② 01번 해설 참조

12 ④ 01번 해설 참조

13 ③ HACCP 팀 구성

HACCP 팀 구성은 제품생산과 관련된 직책을 맡고 있거나 전문적 기술을 갖는 모든 사람으로 구성한다.

14 ④ **HACCP 팀원의 구성**

제조·작업 책임자, 시설·설비의 공무관계 책임자, 보관 등 물류관리업무 책임자, 식품위생관련 품질관리업무 책임자 및 종사자 보건관리 책임자 등으로 구성한다.

15 ③ **HACCP에서 경영자의 역할**

- 예산 승인
- 회사의 HACCP 혹은 식품 안전성 정책의 승인 및 추진
- HACCP 팀장 및 팀원 지정
- HACCP팀이 적절한 자원을 활용할 수 있도록 보장
- HACCP팀이 작성한 프로젝트 승인 및 프로젝트가 지속적으로 추진되도록 보장
- 보고체계를 수립
- 프로젝트가 현실적이고 달성 가능하도록 보장

16 ① **HACCP 팀장의 역할**

- HACCP 추진의 범위 통제
- HACCP 시스템의 계획과 이행 관리
- 팀 회의 조정 및 주제
- 시스템이 기준(Codex 지침)에 적합하고, 법적 요구를 충족하여 효과적인지를 결정
- 모든 문서의 기록을 유지 내부 감사 계획의 유지 및 이행

17 ④ **HACCP plan의 확인**

- 팀이나 훈련 혹은 경험에 의해 자격이 인정된 개인에 의해 수행된다.
- 또한 HACCP 계획을 시험 전에 확인할 때나 시험 후 확인하기 위하여 독립된 전문가(예: 외부 컨설턴트, 대학 교수)의 지원을 받을 수도 있다.

18 ③ **HACCP 팀원의 책임**

HACCP 추진 및 문서화, 위해 허용 한도의 이탈 감시, HACCP 계획의 내부 감사, HACCP 업무에 관한 정보 공유

19 ② **제품설명서 작성 내용**

제품명, 제품유형 및 성상, 품목제조보고연월일, 작성자 및 작성연월일, 성분(또는 식자재)배합비율 및 제조(또는 조리)방법, 제조(포장)단위, 완제품의 규격, 보관·유통(또는 배식)상의 주의사항, 제품용도 및 소비(또는 배식)기간, 포장방법 및 재질, 표시사항, 기타 필요한 사항이 포함되도록 작성한다.

20 ④ **제품설명서 작성 및 제품의 용도확인**

제품설명서에는 제품명, 제품유형 및 성상, 품목제조보고연월일, 작성자 및 작성연월일, 성분(또는 식자재)배합비율 및 제조(또는 조리)방법, 제조(포장)단위, 완제품의 규격, 보관·유통(또는 배식)상의 주의사항, 제품용도 및 소비(또는 배식)기간, 포장방법 및 재질, 표시사항, 기타 필요한 사항이 포함되도록 작성한다.

21 ① **공정도 작성**

- 원재료, 포장재 및 부재료 등 공정에 투입되는 물질
- 검사, 운반, 저장 및 공정의 지연을 포함하는 상세한 모든 공정 활동
- 공정의 출력물 등

22 ② **공정흐름도 작성**

시설 도면, 공정 단계의 순서, 시간/온도의 조건, 통풍 및 공기의 흐름, 물 공급 및 배수, 칸막이, 장비의 형태, 용기의 흐름 및 세척/소독, 출입구, 손 소독, 발 소독조, 저장 및 분배 조건 등이 포함된다.

23 ② **공정흐름도의 현장 확인(5단계)하는 방법**

HACCP 팀 전원이 작성된 공정흐름도를 들고 공정도의 순서에 따라 현장을 순시하면서 공정도상의 내용과 실제 작업이 일치하는지 관찰하고, 필요한 경우 종업원과의 면접 등으로 확인하면 된다.

24 ② **식품 및 축산물 안전관리인증기준 제2조(정의)**

- 개선조치(Corrective Action) : 모니터링 결과 중요관리점의 한계기준을 이탈할 경우에 취하는 일련의 조치를 말한다.
- 위해요소분석(Hazard Analysis) : 식품·축산물 안전에 영향을 줄 수 있는 위해요소와 이를 유발할 수 있는 조건이 존재하는지 여부를 판별하기 위하여 필요한 정보를 수집하고 평가하는 일련의 과정을 말한다.
- 한계기준(Critical Limit) : 중요관리점에서의 위해요소 관리가 허용범위 이내로 충분히 이루어지고 있는지 여부를 판단할 수 있는 기준이나 기준치를 말한다.
- 중요관리점(Critical Control Point ; CCP) : 안전관리인증기준(HACCP)을 적용하여 식품·축산물의 위해요소를 예방·제어하거나 허용 수준 이하로 감소시켜 당해 식품·축산물의 안전성을 확보할 수 있는 중요한 단계·과정 또는 공정을 말한다.

25 ③ **위해요소 분석 시 활용할 수 있는 기본 자료**

해당식품 관련 역학조사 자료, 업체자체 오염실태조사 자료, 작업환경조건, 종업원 현장조사, 보존시험, 미생물 시험, 관련규정이나 연구자료 등이 있으며, 기존의 작업

공정에 대한 정보도 이용될 수 있습니다.

26 ② 식품 및 축산물 안전관리인증기준

① 식품 및 축산물 안전관리인증기준 제2조(정의) 2. 위해요소
식품위생법 제4조(위해 식품 등의 판매 등 금지)의 규정에서 정하고 있는 인체의 건강을 해칠 우려가 있는 생물학적, 화학적 또는 물리적 인자나 조건을 말한다.

② 식품 및 축산물 안전관리인증기준 제6조(안전관리인증기준) 별표2 위해요소

생물학적 위해요소	병원성미생물, 부패미생물, 기생충, 곰팡이 등 식품에 내재하면서 인체의 건강을 해할 우려가 있는 생물학적 위해 요소를 말한다.
화학적 위해요소	식품 중에 인위적 또는 우발적으로 첨가·혼입된 화학적 원인물질(중금속, 항생물질, 항균 물질, 성장호르몬, 환경호르몬, 사용기준을 초과하거나 사용 금지된 식품첨가물 등)에 의해 또는 생물체에 유해한 화학적 원인물질(아플라톡신, DOP 등)에 의해 인체의 건강을 해할 우려가 있는 요소를 말한다.
물리적 위해요소	식품 중에 일반적으로는 함유될 수 없는 경질이물(돌, 경질플라스틱), 유리조각, 금속 파편 등에 의해 인체의 건강을 해할 우려가 있는 요소를 말한다.

27 ③ 26번 해설 참조

28 ③ ciguatera 중독
• 플랑크톤인 gambierdiscus toxicus로부터 생산된 독소에 의해 발생된다.
• 독꼬치, red sanpper, grouper, blue crevally 등 독어 섭취에 의한 식중독이다.

29 ③ 26번 해설 참조

30 ② 26번 해설 참조

31 ① 26번 해설 참조

32 ② 위해요소분석 절차

잠재적 위해요소 도출 및 원인규명	→	위해평가 (심각성, 발생가능성)	→	예방조치 및 관리방법 결정	→	위해요소 분석 목록표 작성

33 ④ HACCP 관리에서 미생물학적 위해분석을 수행할 경우 평가사항
• 위해의 중요도 평가
• 위해의 위험도 평가
• 위해의 원인분석 및 확정 등

34 ① 위해요소 발생 가능성 판단 방법
• HACCP 팀의 경험이나 사례
• 과거의 발생 사례
• 역학 자료
• 기술서적 및 과학적 연구 논문, 잡지
• 대학이나 관련 연구소
• 공급자
• 타 식품 제조업체, 제품 클레임에 관한 정보

35 ④ 생물학적 위해요소의 예방책
온도·시간관리, 가열 및 조리(열처리) 공정, 냉장 및 냉동, 발효 및 pH관리, 염 또는 다른 보존료 첨가, 건조, 포장조건, 원재료의 관리, 개인 위생규범(세척 및 소독) 등이 있다.

36 ② 기생충 관리
가열 조리, 채소류는 흐르는 물에 충분히 세척 등

37 ④ 안전관리인증기준(HACCP) 용어 정의
• 위해요소분석(Hazard Analysis) : 식품 안전에 영향을 줄 수 있는 위해요소와 이를 유발할 수 있는 조건이 존재하는지 여부를 판별하기 위하여 필요한 정보를 수집하고 평가하는 일련의 과정을 말한다.
• 한계기준(Critical Limit) : 중요관리점에서의 위해요소 관리가 허용범위 이내로 충분히 이루어지고 있는지 여부를 판단할 수 있는 기준이나 기준치를 말한다.
• 중요관리점(Critical Control Point, CCP) : 안전관리인증기준(HACCP)을 적용하여 식품·축산물의 위해요소를 예방·제어하거나 허용 수준 이하로 감소시켜 당해 식품·축산물의 안전성을 확보할 수 있는 중요한 단계·과정 또는 공정을 말한다.

38 ④ 중요관리점(Critical Control Point, CCP)
• 안전관리인증기준(HACCP)을 적용하여 식품·축산물의 위해요소를 예방·제어하거나 허용 수준 이하로 감소시켜 당해 식품·축산물의 안전성을 확보할 수 있는 중요한 단계·과정 또는 공정을 말한다.
• 중요관리점이란 원칙 1에서 파악된 중요위해(위해평가 3점 이상)를 예방, 제어 또는 허용 가능한 수준까지 감소시킬 수 있는 최종 단계 또는 공정을 말한다.

39 ① **중요관리점(Critical Control Point, CCP)**

안전관리인증기준(HACCP)을 적용하여 식품·축산물의 위해요소를 예방·제어하거나 허용 수준 이하로 감소시켜 당해 식품·축산물의 안전성을 확보할 수 있는 중요한 단계·과정 또는 공정을 말한다.

40 ④ **CCP 결정도에서 사용하는 질문 5가지**

- 질문 1 : 확인된 위해요소를 관리하기 위한 선행요건이 있으며 잘 관리되고 있는가?
- 질문 2 : 모든 공정(단계)에서 확인된 위해요소에 대한 조치방법이 있는가?
- 질문 2-1 : 이 공정(단계)에서 안전성을 위한 관리가 필요한가?
- 질문 3 : 이 공정(단계)에서 발생가능성이 있는 위해요소를 제어하거나 허용수준까지 감소시킬 수 있는가?
- 질문 4 : 확인된 위해요소의 오염이 허용수준을 초과하는가 또는 허용할 수 없는 수준으로 증가하는가?
- 질문 5 : 확인된 위해요소를 제어하거나 또는 그 발생을 허용수준으로 감소시킬 수 있는 이후의 공정이 있는가?

41 ④ **중요관리점(CCP)의 결정도**

- 질문1 : 확인된 위해요소를 관리하기 위한 선행요건 프로그램이 있으며 잘 관리되고 있는가?
  - 예 : CP임
  - 아니요 : 질문2
- 질문2 : 이 공정이나 이후 공정에서 확인된 위해의 관리를 위한 예방조치 방법이 있는가?
  - 예 : 질문3
  - 아니요 : 이 공정에서 안전성을 위한 관리가 필요한가?
  - 아니요 : CP임
- 질문3 : 이 공정은 이 위해의 발생가능성을 제거 또는 허용수준까지 감소시키는가?
  - 예 : CCP
  - 아니요 : 질문4
- 질문 4 : 확인된 위해요소의 오염이 허용수준을 초과하여 발생할 수 있는가? 또는 오염이 허용할 수 없는 수준으로 증가할 수 있는가?
  - 예 : 질문5
  - 아니요 : CP임
- 질문 5 : 이후의 공정에서 확인된 위해를 제거하거나 발생가능성을 허용수준까지 감소시킬 수 있는가?
  - 예 : CP임
  - 아니요 : CCP

42 ② **CCP 결정도**

| 질문 1 | 확인된 위해요소를 관리하기 위한 선행요건이 있으며 잘 관리되고 있는가? |

아니요   예   CCP 아님

| 질문 2 | 모든 공정(단계)에서 확인된 위해요소에 대한 조치방법이 있는가? |

아니요   단계, 공정, 제품 변경

| 질문 2-1 | 이 공정(단계)에서 안전성을 위한 관리가 필요한가? | 예

예   아니요   CCP 아님

| 질문 3 | 이 공정(단계)에서 발생가능성이 있는 위해요소를 제어하거나 허용수준까지 감소시킬 수 있는가? | 예

아니요

| 질문 4 | 확인된 위해요소의 오염이 허용수준을 초과하는가 또는 허용할 수 없는 수준으로 증가하는가? |

예   아니요   CCP 아님

| 질문 5 | 확인된 위해요소를 제어하거나 또는 그 발생을 허용수준으로 감소시킬 수 있는 이후의 공정이 있는가? |

아니요   CCP

예   CCP 아님

43 ④ **식품위해요소중점관리기준에서 중요관리점 (CCP) 결정 원칙**
- 기타 식품판매업소 판매식품은 냉장·냉동식품의 온도관리 단계를 중요관리점으로 결정하여 중점적으로 관리함을 원칙으로 하되, 판매식품의 특성에 따라 입고검사나 기타 단계를 중요관리점 결정도(예시)에 따라 추가로 결정하여 관리할 수 있다.
- 농·임·수산물의 판매 등을 위한 포장, 단순처리 단계 등은 선행요건으로 관리한다.
- 중요관리점(CCP) 결정도(예시)

질문1	이 단계가 냉장·냉동식품의 온도관리를 위한 단계이거나, 판매식품의 확인된 위해요소 발생을 예방하거나 제거 또는 허용수준으로 감소시키기 위하여 의도적으로 행하는 단계인가?	→ 아니요 (CCP아님)

↓ (예)

질문2	확인된 위해요소 발생을 예방하거나 제거 또는 허용수준으로 감소시킬 수 있는 방법이 이후 단계에도 존재하는가?	→ 아니요 (CCP)

(예) → (CCP 아님)

44 ② **가공유 제조 CCP**
- 살균공정에서 발생가능성이 있는 위해요소를 제어하거나 허용수준까지 감소시킬 수 있다.
- 살균공정 이후에 위해요소를 제어하거나 또는 그 발생을 허용수준으로 감소시킬 수 있는 공정이 없다.

45 ② **한계기준(Critical Limit)**
중요관리점에서의 위해요소 관리가 허용범위 이내로 충분히 이루어지고 있는지 여부를 판단할 수 있는 기준이나 기준치를 말한다.

46 ① **한계기준(Critical Limit)**
- 중요관리점에서의 위해요소관리가 허용범위 이내로 충분히 이루어지고 있는지 여부를 판단할 수 있는 기준이나 기준치를 말한다.
- 한계기준은 CCP에서 관리되어야 할 생물학적, 화학적 또는 물리적 위해요소를 예방, 제거 또는 허용 가능한 안전한 수준까지 감소시킬 수 있는 최대치 또는 최소치를 말하며 안전성을 보장할 수 있는 과학적 근거에 기초하여 설정되어야 한다.
- 한계기준은 현장에서 쉽게 확인 가능하도록 가능한 육안관찰이나 측정으로 확인 할 수 있는 수치 또는 특정 지표로 나타내어야 한다.
  - 온도 및 시간
  - 습도(수분)
  - 수분활성도(Aw) 같은 제품 특성
  - 염소, 염분농도 같은 화학적 특성
  - pH
  - 금속 검출기 감도
  - 관련 서류 확인 등

47 ② **46번 해설 참조**

48 ② **한계기준(Critical Limit, CL) 설정**
- CL은 각각의 CCP에서 위해를 예방, 제거 또는 허용범위 이내로 감소시키기 위하여 관리되어야 하는 기준의 최대 또는 최소치를 말한다.
  예 온도, 시간, 습도, 수분활성도, pH, 산도, 염분농도, 유효염소농도 등
- CL은 제조기준, 과학적인 데이터(문헌, 실험)에 근거하여 설정되어야 한다.
- 한계기준은 되도록 현장에서 즉시 모니터링이 가능한 수단을 사용하도록 한다.
- CCP별로 CL을 설정한다.

49 ② **한계기준의 설정 내용**
- 모든 CCP에 적용되어야 한다.
- 타당성이 있어야 한다.
- 확인되어야 한다.
- 측정할 수 있어야 한다.

50 ① **모니터링(Monitoring)**
중요관리점에 설정된 한계기준을 적절히 관리하고 있는지 여부를 확인하기 위하여 수행하는 일련의 계획된 관찰이나 측정하는 행위 등을 말한다.

51 ① **50번 해설 참조**

52 ① **50번 해설 참조**

53 ③ **모니터링(Monitoring)의 목적**
- CCP에서 위해물질이 정확히 관리되고 있는지 여부를 명확히 한다.
- CCP에서의 관리상태가 부적절하여 CL에 위반된 것을 인식한다.
- 공정관리 시스템에서 문서에 의한 증거를 남긴다.

54 ④ **모니터링(Monitoring)**

① 모니터링(Monitoring) 담당자

제조현장의 종사자 또는 제조에 이용하는 기계기구의 조작 담당자

② 모니터링 담당자가 갖추어야 할 요건

- CCP의 모니터링 기술에 대하여 적절한 교육을 받아 둘 것
- CCP 모니터링의 중요성에 대하여 충분히 이해하고 있을 것
- 모니터링을 하는 장소, 이용하는 기계기구에 쉽게 이동(접근)할 수 있을 것
- CL을 위반한 경우에는 신속히 그 내용을 신속히 보고하고 개선조치를 취하도록할 것

55 ③ **54번 해설 참조**

56 ① **모니터링(Monitoring)**

각 CCP에서 강구되고 있는 위해의 예방조치가 정확히 기능하고 있는지의 여부를 판정하기 위해서는 적절한 측정, 관찰, 시험검사에 의한 감시가 필요하다.

57 ④ **모니터링 결과 기록양식의 내용**

- 기록 양식의 명칭
- 영업자의 성명 또는 법인의 명칭
- 기록한 일시
- 제품을 특정할 수 있는 명칭, 기록
- 실제의 측정, 관찰, 검사결과
- 한계기준(CL)
- 측정, 관찰, 검사자의 서명 또는 이니셜
- 기록, 점검자의 서명

58 ③ **개선조치(Corrective Action)**

- 모니터링 결과 중요관리점의 한계기준을 이탈할 경우에 취하는 일련의 조치를 말한다.
- HACCP 관리계획에는 CCP에서의 모니터링 결과 CL로부터의 위반이 명백해진 경우에 취해야 하는 개선조치가 포함되어 있어야 한다.

59 ③ **HACCP의 일반적인 특성**

- 기록유지는 만일 식품의 안전성에 관한 문제가 발생 시 문제해결, 원인규명, 시정조치는 물론 회수가 필요한 경우는 원재료, 포장재, 최종제품 등의 롯트를 특정하는 데 도움이 된다.
- 식품의 HACCP 수행에 있어 가장 중요한 위험요인은 제품 제조특성에 따라 다르다.
- 작업장 내에서 공기, 용수, 폐수 등의 흐름을 한눈에 파악할 수 있게 공조시설계통도와 용수·배수처리 계통도를 작성해야 한다.
- 제품설명서에 최종제품의 기준·규격은 법적규격(식품공전)과 자사기준(위해요소분석결과 위해항목 포함)으로 구분하여 관리하여야 한다.

60 ③ **HACCP 개선조치(Corrective Action)의 설정**

① HACCP 시스템에는 중요관리점에서 모니터링의 측정치가 관리기준을 이탈한 것이 판명된 경우, 관리기준의 이탈에 의하여 영향을 받은 제품을 배제하고, 중요관리점에서 관리상태를 신속, 정확히 정상으로 원위치 시켜야 한다.

② 개선조치에는 다음의 것들이 있다.

- 제조과정을 다시 관리 가능한 상태로 되돌림
- 제조과정이 통제를 벗어났을 때 생산된 제품의 안전성에 대한 평가
- 재위반을 방지하기 위한 방법 결정

61 ④ **개선조치 보고서 내용**

제품 식별, 이탈의 내역 및 발생시간, 이탈 중 생산된 제품의 최종 처리를 포함한 이행된 시정 조치 등

62 ③ **개선조치**

모니터링 결과 중요관리점의 한계기준을 이탈할 경우에 취하는 일련의 조치를 말한다.

63 ③ **60번 해설 참조**

64 ③ **60번 해설 참조**

65 ③ **검증(verification)**

- 해당업소 HACCP관리계획의 적절성 여부를 정기적으로 평가하는 일련의 활동을 말한다.
- 이에 따른 적용방법, 절차, 확인, 기타 평가(유효성, 실행성)등을 수행하는 행위를 포함한다.

66 ③ **HACCP 검증의 절차**

HACCP 계획과 개정에 대한 검토, CCP 모니터링 기록의 검토, 시정 조치 기록의 검토, 검증 기록의 검토, HACCP 계획이 준수되는지, 그리고 기록이 적절하게 유지되는지 확인하기 위한 작업 현장의 방문 조사, 무작위 표본 채취 및 분석 등이 있다.

67 ① **검증활동**

검증활동은 크게 ① 기록의 확인 ② 현장 확인 ③ 시험·검사로 구분할 수 있다.

기록의 확인	• 현행 HACCP 계획, 이전 HACCP 검증보고서, 모니터링 활동, 개선조치사항 등의 기록 검토 • 모니터링 활동의 누락, 결과의 한계기준 이탈, 개선조치 적절성, 즉시 이행 및 유지에 대해 검토
현장 확인	• 설정된 CCP의 유효성 확인 • 담당자의 CCP 운영, 한계기준, 모니터링 활동 및 기록관리 활동에 대한 이해 확인 • 한계기준 이탈 시 담당자가 취해야 할 조치사항에 대한 숙지 상태 확인
시험·검사	• CCP가 적절히 관리되고 있는지 검증하기 위하여 주기적으로 시료를 채취하여 실험분석을 실시

68 ④ **검증(Verification)**

안전관리기준(HACCP) 관리계획의 유효성과 실행여부를 정기적으로 평가하는 일련의 활동(적용방법과 절차, 확인 및 기타 평가 등을 수행하는 행위를 포함한다)을 말한다.

69 ③ **검증주기에 따른 분류**

최초검증	HACCP 계획을 수립하여 최초로 현장에 적용할 때 실시하는 HACCP 계획의 유효성 평가(Validation)
일상검증	일상적으로 발생되는 HACCP 기록문서 등에 대하여 검토·확인하는 것
특별검증	새로운 위해정보가 발생시, 해당식품의 특성 변경 시, 원료·제조공정 등의 변동 시, HACCP 계획의 문제점 발생 시 실시하는 검증
정기검증	정기적으로 HACCP 시스템의 적절성을 재평가 하는 검증

70 ④ **검증 규정사항**

• 빈도
• 검증팀 및 담당자
• 피검증 부서
• 검증 내용, 범위
• 검증 결과에 따른 조치
• 검증 결과의 기록 방법

71 ④ **검증대상**

• 선행요건관리
• HACCP팀 구성, 책임, 권한의 적절성
• 제품 설명서의 유효성
• 공정흐름도의 현장 적합성
• 위해요소분석과 예방조치의 적절성
• 한계기준의 위해관리 적합성
• 실제 모니터링 작업의 적정도의 현장 확인
• 기록의 점검
• 원재료, 중간제품 및 최종제품의 시험검사에 의한 확인
• 모니터링에 이용하는 계측기기의 검정
• 개선조치의 효과성 및 이해성
• 기록유지 절차의 적합성
• 소비자로부터의 불만, 위반 등 원인분석
• HACCP 관리계획 전체의 수정 등

식중독 ❶ – 세균성 식중독

01 ③ **세균성 식중독과 경구감염병의 차이점**

세균성 식중독	경구감염병
• 원인식품 중 균량이 많아야 한다. • 식품에서 증식하고 체내에서는 증식이 안 된다. • 잠복기가 짧다. • 1차 감염 가능 • 면역이 안 된다.	• 원인식품 중에 균량이 적어도 된다. • 식품에서 증식이 잘 되지 않고 체내에서 증식이 잘된다. • 잠복기가 길다. • 1, 2차 감염 가능 • 면역이 된다.

02 ④ **바이러스의 특징**

• 생체 세포 내에서만 물질대사가 가능하고 숙주(세포) 밖에서 스스로 물질대사를 하지 못한다.
• 세균 여과기를 통과하며 살아있는 생물체 내에서만 기생하기 때문에 인공배지에서는 증식할 수 없다.
• 핵산(DNA, RNA) 중 하나만 가지고 있다.
• 세균보다 바이러스 크기가 훨씬 작다.
• 생식활동 시 돌연변이 확률이 높다.
• 바이러스에 대한 항바이러스제는 없으며 감염을 예방할 백신도 없다.

03 ② 세균성 식중독 유형

감염형 식중독	살모넬라균, 장염비브리오균, 병원성 대장균, *Arizona*균, *Citrobacter*균, 리스테리아균, 여시니아균, *Cereus*균(설사형) 식중독 등
독소형 식중독	포도상구균(*Staphylococcus aureus*), 보툴리누스균(*Clostridium botulinum*) 식중독 등
복합형	*Welchii*균(*Clostridium perfringens*), *Cereus*균(*Bacillus cereus*, 구토형), 독소원성 대장균, 장구균(*Streptococcus faecalis*), *Aeromonas*균 식중독 등
Allergy성 (부패 amine)	*Proteus*균 식중독

04 ① *Salmonella*균

- 동물계에 널리 분포하며 무포자, 그람음성 간균이고, 편모가 있다.
- 호기성, 통성 혐기성균으로 보통배지에 잘 발육하고 indole을 생성하지 않으나 황화수소를 생성한다.
- 최적온도는 37℃, 최적 pH는 7~80이다.
- 열에 약하므로 60℃에서 20분 가열하면 사멸되며, 토양과 물속에서 비교적 오래 생존한다.
- *Salmonella* 감염증에는 티프스성 질환으로서 *S. typhi*, *S. paratyphi* A, B에 의한 전염병인 장티푸스, 파라티푸스를 일으키는 것과 급성위장염을 일으키는 감염형이 있다.

05 ② *Salmonella*균의 식중독

- 육류와 그 가공품, 어패류와 그 가공품, 가금류의 알(건조란 포함), 우유 및 유제품, 생과자류, 납두, 샐러드 등에서 감염된다.
- 주요 증상은 오심, 구토, 설사, 복통, 발열(38~40℃) 등이다.
- *Salmonella*균을 전파시키는 것은 개, 고양이, 쥐, 바퀴벌레. 닭 등이며 달걀은 기공을 통하여 감염된다.

06 ① 장염 비브리오균 식중독의 특성

① 원인균 : *Vibrio parahaemolyticus*
② 원인균 특성
- 그람음성, 무포자, 간균, 통성혐기성균이다.
- 발육 최적온도는 30~37℃이고, 최적 pH는 7.5~8.5이다.
- 해수세균의 일종으로 2~4%의 소금물에서 잘 생육하며 해수온도가 15℃ 이상이 되면 급격히 증식한다.

- 60℃에서 15분 가열로 사멸한다.
③ 발병시기 : 평균 12시간
④ 주요증상 : 복통, 설사(수양성), 구토, 발열(37~39℃) 등의 전형적인 급성 위장염 증상을 보인다.
⑤ 원인식품 : 어패류, 생선회, 수산식품(게장, 생선회, 오징어무침, 꼬막무침 등)이 원인이다.
⑥ 감염원 및 감염경로 : 근해산 어패류가 대부분(70%)이고, 연안의 해수, 바다벌, 플랑크톤, 해초 등에 널리 분포되어 있다.
⑦ 예방대책
- 어패류는 수돗물로 잘 씻고, 횟감용 칼, 도마는 구분하여 사용하여야 한다.
- 오염된 조리 기구는 세정, 열탕 처리하여 2차 오염을 방지하여야 한다.
- 가능한 한 생식을 피하고, 이 균은 60℃에서 5분, 55℃에서 10분의 가열로서 쉽게 사멸하므로 반드시 식품을 가열한 후 섭취한다.

07 ③ 06번 해설 참조

08 ④ 비브리오 패혈증

① 원인균 : *Vibrio vulnificus*
② 성상
- 해수세균, 그람음성 간균
- 소금 농도가 1~3%인 배지에서 잘 번식하는 호염성균
- 18~20℃로 상승하는 여름철에 해안지역을 중심으로 발생
③ 감염 및 원인식품
- 오염된 어패류의 섭취(경구감염)
- 낚시, 어패류의 손질시, 균에 오염된 해수 및 갯벌의 접촉(창상감염)
- 알코올 중독이나 만성간질환 등 저항력 저하 환자에 주로 발생
- 생선회보다는 조개류, 낙지류, 해삼 등 연안 해산물에서 검출빈도 높음
④ 임상증상
- 경구감염시 어패류 섭취 후 1~2일에 발생하고 피부병변 수반한 패혈증
- 당뇨병, 간질환 알코올 중독자 등 저항성 떨어져 있는 만성질환자에 중증인 경우가 많고 발병 후 사망률은 50%로 높음
- 오한, 발열, 저혈압, 패혈증
- 사지의 격렬한 동통, 홍반, 수포, 출혈반 등 창상감염과 유사한 피부병변

⑤ 예방
- 여름철 어패류의 취급 주의
- 어패류는 56℃ 이상의 가열로 충분히 조리 후 섭취
- 몸에 상처 있는 사람은 오염된 해수에 직접 접촉 피함

09 ① 대장균 O157:H7
- 균의 항원이 O형이고, 장출혈의 증세를 나타내는 병원성대장균이다.
- 감염원은 주로 소고기이며 우유나 다른 육류도 원인이 된다.
- 잠복기는 1~10일이나 보통 2~4일이다.
- 1982년 미국 오레건주와 미시간주에서 햄버거에 의한 집단 식중독 사건이 있어 환자의 분변으로부터 원인균을 발견한 것이 시초로 그 후 미국뿐만 아니라 영국, 프랑스, 이탈리아, 중국, 남아프리카 등의 세계 각 지역에서 발견되었다.

10 ④ 황색포도상구균 식중독
① 원인균
- *Staphylococcus aureus*
- 공기, 토양, 하수 등의 자연계에 널리 분포한다.
- 그람 양성, 무포자 구균이고, 통성 혐기성 세균이다.
② 독소 : enterotoxin(장내 독소)
- 균 자체는 80℃에서 30분 가열하면 사멸된다.
- 독소는 내열성이 강해 120℃에서 20분간 가열하여도 완전 파괴되지 않고, 기름 중에서 218~248℃로 30분 이상 가열하여야 파괴된다.
③ 특징
- 발열은 거의 없고, 보통 24~48시간 이내에 회복된다.
- 7.5% 정도의 소금 농도에서도 생육할 수 있는 내염성 균이다.
- 최저 발육 수분활성도는 0.86이다.
- 생육 적온은 37℃이고, 10~45℃ 온도에서도 발육한다.
- 다른 세균에 비해 산성이나 알칼리성에서 생존력이 강한 세균이다.
- 10^6균 이상 다량 섭취 시 발병한다.
④ 감염원 : 주로 사람의 화농소, 콧구멍 등에 존재하는 포도상구균(손, 기침, 재채기 등) 이다.
⑤ 원인식품 : 우유, 크림, 버터, 치즈, 육제품, 난제품, 쌀밥, 떡, 김밥, 도시락, 빵, 과자류 등
⑥ 잠복기 및 임상증상
- 잠복기 : 1~6시간, 평균 3시간으로 매우 짧다.
- 주증상 : 급성 위장염 증상이며, 구역질, 구토, 복통, 설사 등이다.

⑦ 예방
- 화농소가 있는 조리자는 조리하지 않는다.
- 조리된 식품은 즉석 처리하며 저온 보존한다.
- 기구 및 식품은 멸균한다.

11 ② 10번 해설 참조

12 ② 10번 해설 참조

13 ② 보툴리눔균 식중독
① 원인균
- *Clostridium botulinum*
- 그람양성 편성 혐기성 간균이고, 주모성 편모를 가지며 아포를 형성한다.
- A, B형균의 아포는 내열성이 강해 100℃에서 6시간 정도 가열하여야 파괴되고, E형균의 아포는 100℃에서 5분 가열로 파괴된다.
② 독소 : neurotoxin(신경독소)으로 균의 자기융해에 의하여 유리되며 단순단백으로 되어 있고 특징은 열에 약하여 80℃에서 30분간이면 파괴된다.
③ 감염원
- 토양, 하천, 호수, 바다흙, 동물의 분변
- A~F형 중에서 A, B, E, F형이 사람에게 중독을 일으킨다.
④ 원인식품 : 강낭콩, 옥수수, 시금치, 육류 및 육제품, 앵두, 배, 오리, 칠면조, 어류훈제 등
※ 세균성 식중독 중에서 가장 치명률이 높다.

14 ① 웰치균 식중독
① 원인균
- *Clostridium perfringens*
- 그람양성 간균이고, 아포를 형성한다. 편성혐기성이고 독소를 생성한다.
- 토양, 물, 우유 외에 사람이나 동물의 장관에 존재한다.
- 아포는 100℃에 4~5시간 정도의 가열에도 견딘다.
② 감염원
- 보균자인 식품업자, 조리자의 분변을 통한 식품 감염
- 오물, 쥐, 가축의 분변을 통한 식품 감염
③ 원인식품 : 주로 고기와 그 가공품이고, 어패류 및 그 가공품, 면류, 감주 등이다.

식중독 ❷ - 바이러스성 식중독

15 ③ 노로바이러스(Norovirus, NV) 식중독[이론 p98 참조]
① 병원체 : Norovirus, Calicivirus, SRSV(소형구형 바이러스)
② 특성
• 외가닥의 RNA를 가진 껍질이 없는 바이러스이다.
• 사람의 장관 내에서만 증식할 수 있으며, 동물이나 세포배양으로는 배양되지 않는다.
③ 감염원 및 감염경로
• 감염원 : 감염자의 구토물이나 변, 오염된 식품 등이다.
• 감염경로
－ 주로 분변-구강 경로(fecal-oral route)를 통하여 감염된다.
－ 사람의 분변에 오염된 식수나, 어패류의 생식을 통하여 감염된다.
－ 사람과 사람 사이에 접촉에 의해 감염된다.
－ 구토에 의해 비말감염된다.
④ 주요증상 : 오심, 구토, 설사, 복통, 두통 등의 증상이 나타나며, 때로는 두통, 오한 및 근육통을 유발하기도 한다.
⑤ 원인식품
• 음식(패류, 샐러드, 과일, 냉장식품, 샌드위치, 상추, 냉장조리 햄, 빙과류)이나 물에 의해 주로 발생한다.
• 특히 사람의 분변에 오염된 물이나 식품에 의해 발생된다.

16 ② 바이러스성 식중독
바이러스는 자체증식이 불가능하며, 반드시 숙주가 있어야 증식이 가능하다.

17 ① 바이러스성 식중독
노로바이러스, 로타바이러스, 아스트로바이러스, 장관아데노바이러스, 간염A바이러스, 사포바이러스
※ 장출혈성 대장균(EHEC) : O-157, O-26, O-111 등 생물학적 변이를 일으킨 병원성 세균으로 베로톡신 등 치명적인 독소를 지니고 있다.

식중독 ❸ - 자연독 식중독

18 ① 대합조개의 중독성분
saxitoxin, gonyautoxin, protogonyautoxin 등의 guanidyl 유도체로 이 중 saxitoxin이 가장 맹독성을 갖고 있다.

19 ② 굴, 모시조개의 독성분
베네루핀(venerupin)
※ 삭시톡신(saxitoxin) : 섭조개의 독성분
※ 테트로도톡신(tetrodotoxin) : 복어의 독성분
※ 에르고톡신(ergotoxin) : 맥각의 독성분

20 ③ 식물성 중독성분
• 무스카린(muscarine) : 독버섯의 독성분
• 아미그달린(amygdalin) : 청매의 독성분
• 에르고톡신(ergotoxin) : 맥각의 독성분

21 ④ 감자의 독성분
솔라닌(solanine)
※ muscarine : 광대버섯과 붉은 광대버섯의 독성분
※ amanitatoxin : 알광대버섯의 독성분
※ venerupin : 모시조개(바지락), 굴의 독성분

22 ④ 부패한 감자의 독성분
셉신(sepsin)
※ 솔라닌(solanine) : 싹튼 감자의 독성분
※ 테물린(temuline) : 독보리의 독성분
※ 차코닌(chaconine) : 싹튼 감자의 독성분

23 ② 식물성 중독 성분
• 솔라닌(solanine) : 감자의 독성분
• 무스카린(muscarine) : 독버섯의 독성분
• 고시폴(gossypol) : 목화씨(면실유)의 독성분
• 아미그달린(amygdalin) : 청매의 독성분
• 씨큐독신(cicutoxin) : 독미나리의 독성분
• 에르고톡신(ergotoxin) : 맥각의 독성분

24 ③ 독버섯의 독성분
무스카린(muscarine), 팔린(phaline), 아마니타톡신(amanitatoxin), 무스카리딘(muscaridine), 콜린(choline), 뉴린(neurine), 아가르산(agaric acid), 필즈톡신(pilztoxin) 등
※ 아미그달린(amygdalin) : 청매의 독성분

25 ① **복어의 독성분**

테트로도톡신(tetrodotoxin)

※ 솔라닌(solanine) : 감자의 독성분

※ 엔테로톡신(enterotoxin) : 포도상구균이 생산하는 장독소

※ 아트로핀(atropine) : 미치광이풀의 독성분

26 ① **tetrodotoxin의 특징**

• 약 염기성 물질로 물에 불용이며 알칼리에서 불안정하다.

• 즉 4% NaOH에 의하여 4분 만에 무독화되고, 60% 알코올에 약간 용해되나 다른 유기용매에는 녹지 않는다.

• 220℃ 이상 가열하면 흑색이 되며, 일광, 열, 산에는 안정하다.

식중독 ❹ – 곰팡이독 식중독

27 ② **곰팡이독 중독증(mycotoxicosis)의 특징**

• 원인식 : 대개 탄수화물이 풍부한 농산물 즉, 쌀, 보리, 옥수수 등의 곡류이다.

• 원인식을 검사해 보면 곰팡이 오염의 흔적이 인정된다.

• 동물–동물간, 사람–사람간 또는 동물–사람간의 전염은 되지 않는다.

• 맹독성과 내열성이 강하여 항생물질 등의 약제 치료 효과는 기대할 수 없다.

28 ④ **곰팡이가 생성하는 독소**

• Aflatoxin : *Aspergillus flavus*가 생성하는 곰팡이 독소

• Citrinin : *Penicillium citrinum*이 생성하는 곰팡이 독소

• Citreoviridin : 황변미 원인균인 *Penicillium citreoviride*가 생성하는 곰팡이 독소

※ Atropine : 가시독말풀의 독성분

29 ③ **Aflatoxin(아플라톡신)**

• *Asp. flavus*가 생성하는 대사산물로서 곰팡이 독소이다.

• 간암을 유발하는 강력한 간장독성분이다.

• B_1, B_2, G_1, G_2는 견과류나 곡물류에서 많이 발견되며 M_1은 우유에서 발견된다.

• 탄수화물이 풍부하고, 기질수분이 16% 이상, 상대습도 80~85% 이상, 최적온도 30℃이다.

• 땅콩, 밀, 쌀, 보리, 옥수수 등의 곡류에 오염되기 쉽다.

• 우리나라의 허용기준은 견과류, 곡류 및 그 단순 가공품 10ppb(B_1으로서), 우유제품 0.5ppb(M_1으로서), 된장, 고추장, 고춧가루 10ppb(B_1으로서)이다.

• 칠면조, 집오리, 메추리, 닭 등의 가금류, 개, 고양이, 소, 돼지, 양, 토끼, 마우스, 래트, 원숭이 등의 동물, 옥새송어, 송사리의 어류 등 광범위하게 미치고 있다.

30 ② **29번 해설 참조**

31 ① **황변미의 원인균**

Penicillium toxicarium, P. citrinum, P. islandicum, P. notatum, P. citreoviride 등이 있다.

32 ① **파툴린(Patulin)**

• *Penicillium, Aspergillus* 속의 곰팡이가 생성하는 독소이다.

• 주로 사과를 원료로 하는 사과주스에 오염되는 것으로 알려져 있다.

• 사과주스 중 파툴린(Patulin)의 잔류허용기준이 2004.04.01부터 전면 시행되고 있으며 사과주스, 사과주스 농축액(원료용 포함, 농축배수로 환산하여)의 잔류허용량은 50㎍/㎏ 이하이다.

식중독 ❺ – 화학성 식중독

33 ① **카드뮴(Cd) 중독**

• 기계나 용기, 특히 식기류에 도금된 성분이 용출되어 장기간 체내에 흡수, 축적됨으로써 만성중독을 일으킨다.

• 카드뮴은 아연과 공존하여 용출되면 위험성이 크다.

• 카드뮴 중독 사고

> – 1945년 일본 도야마현 가도가와 유역에서 공장 폐수 중의 오염물질(Cd)로 이타이이타이병이라는 괴질로 128명이 사망하였다.
>
> – 이 질병은 갱년기 이후 여성이나 임산부에게 골다공증과 골연화증을 일으키고, 인체 중 콩팥의 세뇨관에 축적되어 세뇨관의 물질 재흡수 기능장애가 일어나 칼슘과 인이 오줌으로 배출된다.

34 ③ **카드뮴(Cd) 중독**

• 공장폐수, 도금용기, 법랑제품 등에서 용출된다.

• 체내에 흡수, 축적됨으로써 만성중독을 일으킨다.

• 중독증상 : 이타이이타이병(골연화증), 메스꺼움, 구토, 복통 등

• 카드뮴에 장기간 노출되면 가장 먼저 이상이 나타나

는 기관은 신장으로, 소변에서 요단백이 검출되는데 특히 저분자 단백뇨가 특징이다.

35 ④ **미나마타병**
- 유기수은이 축적되어 발생하는 병이다.
- 이 병은 말초신경의 마비, 보행곤란, 수지의 감각마비, 연하곤란, 시력 감퇴로 나타나고, 심하면 중추신경마비, 호흡마비로 사망할 수 있다.

36 ① **포름알데히드**
- 단백질의 변성작용으로 살균효과를 나타낸다.
- 살균력이 강하여 0.002%의 용액으로 세균의 발육이 억제되고, 0.1%의 용액에서 유포자균이 모두 살균된다.

37 ④ **PCB(polychlorobiphenyls)에 의한 식중독**
- 가공된 미강유를 먹은 사람들이 색소침착, 발진, 종기 등의 증상을 나타내는 괴질이 1968년 10월 일본의 규슈를 중심으로 발생하여 112명이 사망하였다.
- 조사결과 미강유 제조 시 탈취공정에서 가열매체로 사용한 PCB가 누출되어 기름에 혼입되어 일어난 중독사고로 판명되었다.
- PCB는 비점이 높고 불휘발성으로 산, 알칼리, 산화제 등에 내약품성, 내열성, 내염성이 강하다.
- 안정하고 지용성이어서 인체의 지방조직에 축적되며 배설속도가 아주 느리고 치료되기까지 장기간을 요한다.
- 중독증상은 피부발진, 손톱의 착색, 구강점막과 잇몸이 착색되고, 손발이 저리고 관절통, 식욕부진, 월경이상, 체중감소가 나타나며, 심하면 간경화, 식욕부진, 두통, 간 종양을 일으킨다.

38 ② **농약**
- 유기인제 : 살균제, 살충제 등으로 사용되고, 급성중독을 일으킨다. 마라치온, DDVP, 파라치온, baycid, 디아지논, EPN 등
- 유기염소제 : 저독성, 지용성으로 인체 지방조직에 축적되어 만성중독을 일으킨다. DDT, 알드린, 엔드린 등

39 ③ **유기인제**
- 맹독성으로 급성중독을 일으키지만 광선이나 자외선에 의해 비교적 분해되기 쉬워서 잔류기간이 짧아 잔류독성은 크게 문제가 되지 않는 농약이다.
- 중독기작 : cholinesterase와 결합하여 활성이 억제되어 신경조직 내에 acetylcholine이 축적되기 때문에 중독이 나타난다.
- 증상 : 신경전달이 중절되고, 심하면 경련, 흥분, 시력

장애, 호흡곤란 증상이 나타난다.
- 종류 : 마라치온, DDVP, 파라치온, baycid, 디아지논, EPN 등

40 ② **토양 중 유기염소제의 경시변화**

농약명	95% 소실 소요기간(년)
DDT	10
dieldrin	8
γ-BHC	6.5
Telodrin	4
Aldrin	3

41 ④ **카바메이트제(carbamate제) 농약**
- 유기염소제의 사용금지에 따라 그 대용으로 만들어진 살충제 및 제초제이다.
- 유기인제와 비슷하여 인체에 대해서는 cholinesterase 저해작용을 한다.

안전성 평가시험

01 ③ 유전자재조합 식품의 안전성 평가항목
- 신규성
- 알레르기성독성
- 항생제 내성
- 독성

02 ③ GMO식품의 안전성 문제
- GMO에 있는 유전자변형 유전자의 함량은 전체 DNA의 25만분의 1에 불과하여, 하루에 먹는 식품의 절반이 GMO라고 가정해도 유전자변형 DNA 섭취량은 $0.5 \sim 5\mu g$이다.
- DNA(유전자)는 화학적으로 생물 종에 관계없이 동일하여 산업적 가공처리 과정과 소화관에서 대부분 분해되어 섭취된 DNA가 인체 세포나 장내 미생물로 이동할 가능성은 매우 희박하다.

03 ① GMO(Genetically Modified Organisms)
① 정의 : 유전자재조합생물체라고 하며, 그 종류에 따라 유전자재조합농산물(GMO 농산물), 유전자재조합동물(GMO 동물), 유전자재조합미생물(GMO 미생물)로 분류된다. 이 중 GMO 농산물을 원료로 제조 가공한 식품 또는 식품첨가물을 GMO 식품, 혹은 유전자재조합식품이라고 부른다.
② GMO작물 만드는 과정
- 아그로박테리움(Agrobacterium tumafaciens) 이용법
- 유전자총(Particle bombardment) 이용법
- 원형질체 융합(Protoplast fusion)법

04 ④ 01번 해설 참조

05 ④ 식품위생검사의 분류와 검사내용

구분		종류
물리적 검사	관능검사	외관, 색깔, 냄새, 맛, 텍스쳐(texture)
	일반검사	온도, 비중, pH, 내용량, 융점, 빙점, 점도 등
	이물검사	체분별법, 여과법, 와일드만라스크법, 침강법
	방사능시험	
화학적 검사	일반성분	수분, 회분, 조단백질, 조지방, 조섬유, 당질 등
	특수검사	비타민 및 무기성분 등
	유해성분	중금속, 잔류농약, 잔류항생물질, 다이옥신, 마이코톡신
	첨가물	보존료, 산화방지제, 착색료, 살균제, 감미료, 표백제
미생물학적 검사	오염지표균	일반세균수, 대장균군
	식중독균	대장균O157:H7, 살모넬라, 리스테리아
		포도상구균, 장염비브리오
독성검사	일반독성 시험	급성독성시험, 아급성독성시험, 만성독성시험
	특수독성 시험	생식독성시험, 최기형성시험
		변이원성독성시험, 발암성시험

06 ④ 05번 해설 참조

07 ④
- ADI : 사람이 일생동안 섭취하여 바람직하지 않은 영향이 나타나지 않을 것으로 예상되는 화학물질의 1일 섭취량
- LD_{50}(50% Lethal Dose) : 실험동물의 반수를 1주일 내에 치사시키는 화학물질의 양을 말하며, LD_{50} 값이 적을수록 독성이 강함을 의미
- 최대 무작용량 : 독성시험을 실시할 때 동물에게 아무런 영향을 주지 않는 최대투여량

08 ③ LD50(50% Lethal Dose)
- 식품에 함유된 독성물질의 독성을 나타내며 실험동물의 반수를 1주일 내에 치사시키는 화학물질의 양을 뜻한다.
- LD_{50}값이 적을수록 독성이 강함을 의미한다.
- ※ Aw은 수분활성도, DO은 용존산소량, BOD은 생물화학적 산소요구량을 의미한다.

09 ② LC50
실험동물의 50%를 죽이게 하는 독성물질의 농도로 균일하다고 생각되는 모집단 동물의 반수를 사망하게 하는 공기 중의 가스농도 및 액체 중의 물질의 농도이다.

LD_{50}	실험동물의 50%을 치사시키는 화학물질의 투여량을 말한다.
TD_{50}	공시생물의 50%가 죽음외의 유해한 독성을 나타내게 되는 독물의 투여량을 말한다.
ADI	사람이 일생동안 섭취하여 바람직하지 않은 영향이 나타나지 않을 것으로 예상되는 화학물질의 1일 섭취량을 말한다.

10 ① 08번 해설 참조

11 ② 08번 해설 참조

12 ① 물질의 독성시험
- 아급성독성시험 : 생쥐나 쥐를 이용하여 치사량(LD_{50}) 이하의 여러 용량을 단시간 투여한 후 생체에 미치는 작용을 관찰한다. 시험기간은 1~3개월 정도이다.
- 급성독성시험 : 생쥐나 쥐 등을 이용하여 검체의 투여량을 저농도에서 일정한 간격으로 고농까지 1회 투여후 7~14일간 관찰하여 치사량(LD_{50})의 측정이나 급성 중독증상을 관찰한다.
- 만성 독성시험 : 비교적 소량의 검체를 장기간 계속 투여한 그 영향을 관찰하고 검체의 축적 독성이 문제가 되는 경우이나, 첨가물과 같이 식품으로서 매일 섭취 가능성이 있을 경우의 독성 평가를 위하여 실시하며, 시험기간은 1~2년 정도이다.

13 ①
급성 독성시험 생쥐나 쥐 등을 이용하여 검체의 투여량을 저농도에서 일정한 간격으로 고농까지 1회 투여후 7~14일간 관찰하여 치사량(LD_{50})의 측정이나 급성 중독증상을 관찰한다.

14 ④

- LC_{50}이란 실험동물의 50%를 죽이게 하는 독성물질의 농도로 균일하다고 생각되는 모집단 동물의 반수를 사망하게 하는 공기 중의 가스농도 및 액체 중의 물질의 농도이다.
- LD_{50}이란 실험동물의 50%를 치사시키는 화학물질의 투여량을 말한다.
- TD_{50}이란 공시생물의 50%가 죽음 외의 유해한 독성을 나타내게 되는 독물의 투여량을 말한다.

15 ④ 물질의 독성시험

급성 독성시험	동물에 미량으로부터 다량을 투여하여 LD_{50}을 산출한다.
만성 독성시험	생쥐, 흰쥐 등을 2년간의 사육시험 결과로 사망률, 병리조직학적 변화, 발암성, 최기형성, 물질의 생체 내 대사 등을 관찰한다. 만성독성시험은 식품이나 식품첨가물이 인체에 끼치는 최대무작용량을 판정하는 데 목적이 있다.

16 ② 독성시험

아급성 독성시험	생쥐나 쥐를 이용하여 치사량(LD_{50}) 이하의 여러 용량을 단시간 투여한 후 생체에 미치는 작용을 관찰한다. 시험기간은 1~3개월 정도이다.
급성 독성시험	생쥐나 쥐 등을 이용하여 검체의 투여량을 저농도에서 일정한 간격으로 고농까지 1회 투여 후 7~14일간 관찰하여 치사량(LD_{50})의 측정이나 급성 중독증상을 관찰한다.
만성 독성시험	비교적 소량의 검체를 장기간 계속 투여한 그 영향을 관찰하고 검체의 축적 독성이 문제가 되는 경우이나, 첨가물과 같이 식품으로서 매일 섭취 가능성이 있을 경우의 독성 평가를 위하여 실시하며, 시험기간은 1~2년 정도이다.

17 ① 09번 해설 참조
- ※ GRAS : 해가 나타나지 않거나 증명되지 않고 다년간 사용되어 온 식품첨가물에 적용되는 용어

18 ②
- Acceptable risk : 수용 가능한 위험확률
- ADI : 사람이 일생 동안 섭취하여 바람직하지 않은 영향이 나타나지 않을 것으로 예상되는 화학물질의 1일 섭취량
- Dose-response curve(용량–반응곡선) : 약물량의 로그 값을 가로축에, 반응률을 세로축으로 하여 약물

량과 약효의 관계를 나타낸 곡선으로 보통 S자형을 보이는 곡선.

- GRAS : 해가 나타나지 않거나 증명되지 않고 다년간 사용되어 온 식품첨가물에 적용되는 용어

19 ① 사람의 1일 섭취허용량(ADI)

- 사람이 일생동안 섭취하여 바람직하지 않은 영향이 나타나지 않을 것으로 예상되는 화학물질의 1일 섭취량을 말한다.
- ADI＝MNEL(최대무작용량)×1/100×국민의 평균체중(mg/kg)

20 ① 독성물질의 용어

- MLD(최소 치사량) : 실험동물을 치사시킬 수 있는 화학물질의 최소량
- MNEL(최대무작용량) : 실험동물에 일생동안 계속적으로 투여하여도 아무런 독성이 나타나지 않는 최대의 섭취량. 농약의 만성독성 등에 대한 평가기준이 된다.

21 ③ 12번 해설 참조

22 ② 아급성 독성시험

- 생쥐나 쥐를 이용하여 취사량(LD_{50}) 이하의 여러 용량을 단시간 투여한 후 생체에 미치는 작용을 관찰한다.
- 시험기간은 동물 수명의 1/10 기간(흰쥐에 있어서는 약 1~3 개월) 정도이며, 만성중독시험 전에 그 투여량의 단계를 결정하는 판단자료를 얻는 데 많이 사용된다.
- 관찰대상은 일반 증상, 행동, 성장, 사망상황, 장기상태, 축적작용 유무, 독성영향의 생물학적 성질, 육안 및 현미경적 변화를 관찰한다.

23 ④ LD_{50}에 의한 화학물질의 급성독성 등급[LD_{50} 용량(mg/kg)기준으로]

- 무독성 15,000mg/kg 이상(음식물)
- 약간 독성 5,000~15,000mg/kg(에탄올)
- 중간 독성 500~5,000mg/kg(황산제일철)
- 강한 독성 50~500mg/kg(페노바르비탈 소듐)
- 맹독성 5~50mg/kg(피크로톡신)
- 초맹독성 5mg/kg 이하(다이옥신)

24 ① 첨가물의 잔류허용량

- 1일 섭취허용량(체중 60kg) : 60×10mg= 600mg
- 첨가물의 잔류 허용량(식품의 몇 %) : 600mg/500,000mg×100=0.12%

25 ④ 농약잔류허용기준 설정 시 안전수준 평가

ADI 대비 TMDI 값이 80%를 넘지 않아야 안전한 수준이다.

26 ③ 휴약기간(withdrawal period)

- 잔류성이 있는 약제를 사료에 첨가할 경우 가축의 생산물에 잔류를 막기 위하여 가축의 도살 전 일정기간을 약제가 첨가되지 않은 사료를 급여해야 하는 기간
- 소 : 14일, 우유 : 3일, 돼지 : 14일

제품검사 및 관능검사

01 ④ 관능검사의 사용 목적

- 신제품 개발
- 제품 배합비 결정 및 최적화 작업
- 품질 관리규격 제정
- 공정개선 및 원가절감
- 품질수명 측정
- 경쟁사의 감시
- 품질 평가방법 개발
- 관능검사 기초연구
- 소비자관리

02 ④ 관능검사에 영향을 주는 심리적 요인

- 중앙경향오차
- 순위오차
- 기대오차
- 습관오차
- 자극오차
- 후광효과
- 대조오차

03 ③ 관능검사에서 사용되는 정량적 평가방법

분류 (classification)	용어의 표준화가 되어 있지 않고 평가 대상인 식품의 특성을 지적하는 방법
등급 (grading)	고도로 숙련된 등급 판단자가 4~5단계(등급)로 제품을 평가하는 방법
순위 (ranking)	3개 이상 시료의 독특한 특성 강도를 순서대로 배열하는 방법
척도 (scaling)	차이식별 검사와 묘사분석에서 가장 많이 사용하는 방법으로 구획척도와 비구획척도로 나누어지며 항목척도, 직선척도, 크기 추정척도 등 3가지가 있음

04 ④ 관능검사 패널

① 차이식별 패널

- 원료 및 제품의 품질검사, 저장시험, 원가절감 또는 공정개선 시험에서 제품 간의 품질 차이를 평가하는 패널이다.
- 보통 10 ～ 20명으로 구성되어 있고 훈련된 패널이다.

② 특성묘사 패널
- 신제품 개발 또는 기존제품의 품질 개선을 위하여 제품의 특성을 묘사하는 데 사용되는 패널이다.
- 보통 고도의 훈련과 전문성을 겸비한 요원 6～12명으로 구성되어 있다.

③ 기호조사 패널
- 소비자의 기호도 조사에 사용되며, 제품에 관한 전문적 지식이나 관능검사에 대한 훈련이 없는 다수의 요원으로 구성된다.
- 조사크기 면에서 대형에서는 200～20,000명, 중형에서는 40～200명을 상대로 조사한다.

④ 전문 패널
- 경험을 통해 기억된 기준으로 각각의 특성을 평가하는 질적검사를 하며, 제조과정 및 최종제품의 품질차이를 평가, 최종품질의 적절성을 판정한다.
- 포도주 감정사, 유제품 전문가, 커피 전문가 등

05 ② 04번 해설 참조

06 ③ 관능적 특성의 측정 요소들 중 반응척도가 갖추어야 할 요건
- 단순해야 한다.
- 관련성이 있어야 한다.
- 편파적이지 않고 공평해야 한다.
- 의미전달이 명확해야 한다.
- 차이를 감지할 수 있어야 한다.

07 ① 식품의 관능검사

차이 식별 검사	• 종합적 차이검사 : 삼점 검사, 일이점 검사, 단순 차이 검사, A-not A 검사, 다표준 시료 검사 • 특성 차이검사 : 이점 비교 검사, 순위법, 평점법
묘사분석	• 향미프로필, 텍스처프로필, 정량적 묘사분석, 스펙트럼 묘사분석, 시간-강도 분석
소비자 기호도 검사	• 이점비교법, 기호척도법, 순위법

08 ③ 관능검사 중 묘사분석
① 정의 : 식품의 맛, 냄새, 텍스처, 점도, 색과 겉모양, 소리 등의 관능적 특성을 느끼게 되는 순서에 따라 평가하게 하는 것으로 특성별 묘사와 강도를 총괄적으로 검토하게 하는 방법이다.

② 묘사분석에 사용하는 방법
- 향미프로필(flavor profile)
- 텍스처프로필(texture profile)
- 정량적 묘사분석(quantitative descriptive analysis)
- 스펙트럼 묘사분석(spectrum descriptive analysis)
- 시간-강도 묘사분석(time-intensity descriptive analysis)

09 ③ 07번 해설 참조

10 ① 특성 차이 관능검사 방법
- 이점비교 검사 : 두 개의 검사물을 제시하고 단맛, 경도, 윤기 등 주어진 특성에 대해 어떤 검사물의 강도가 더 큰지를 선택하도록 하는 방법으로 가장 간단하고 많이 사용되는 방법이다.
- 다시료 비교검사 : 어떤 정해진 성질에 대해 여러 검사물을 기준과 비교하여 점수를 정하도록 하는 방법으로 비교되는 검사물 중에 기준과 동일한 검사물을 포함시킨다.
- 순위법 : 세 개 이상의 시료를 제시하여 주어진 특성이 제일 강한 것부터 순위를 정하게 하는 방법이다.
- 평정법 : 여러 검사물(3～6개)의 특정 성질이 어떤 양상으로 다른지를 조사하려고 할 때 사용되는 방법이다.

11 ① 10번 해설 참조

12 ① 차이식별검사
① 식품시료 간의 관능적 차이를 분석하는 방법으로 관능검사 중 가장 많이 사용되는 검사이다.
② 일반적으로 훈련된 패널요원에 의하여 잘 설계된 관능평가실에서 세심한 주의를 기울여 실시하여야 한다.
③ 이용
- 신제품의 개발
- 제품 품질의 개선
- 제조공정의 개선 및 최적 가공조건의 설정
- 원료 종류의 선택
- 저장 중 변화와 최적 저장 조건의 설정
- 식품첨가물의 종류 및 첨가량 설정

13 ④ 07번 해설 참조

14 ④ 07번 해설 참조

15 ② 07번 해설 참조

16 ④ 07번 해설 참조

17 ② 관능검사

단순 차이 검사	두개의 검사물들 간에 차이유무를 결정하기 위한 방법으로 동일 검사물의 짝과 이질 검사물의 짝을 제시한 후 두 시료 간에 같은지 다른지를 평가하게 하는 방법이다.
일-이점 검사	기준 시료를 제시해주고 두 검사물 중에서 기준 시료와 동일한 것을 선택하도록 하는 방법으로 이는 기준시료와 동일한 검사물만 다시 맛보기 때문에 삼점 검사에 비해 시간이 절약될 뿐만 아니라 둔화현상도 어느 정도 방지할 수 있다. 따라서 검사물의 향미나 뒷맛이 강할 때 많이 사용되는 방법이다.
삼점 검사	종합적 차이검사에서 가장 많이 쓰이는 방법으로 두 검사물은 같고 한 검사물은 다른 세 개의 검사물을 제시하여 어느 것이 다른지를 선택하도록 하는 방법이다.
이점 비교 검사	두 개의 검사물을 제시하고 단맛, 경도, 윤기 등 주어진 특성에 대해 어떤 검사물의 강도가 더 큰지를 선택하도록 하는 방법으로 가장 간단하고 많이 사용되는 방법이다.

18 ④ 관능검사에 사용되는 척도의 유형

① 명목척도(nominal scale)
- 이름을 지정하거나 그룹을 분류하는 데 사용되는 척도, 이름이 서로 다른 둘 이상의 그룹을 실험할 때 어떤 성분의 냄새나 다른 양적인 관계에 따르지 않는다.
- 명목척도를 사용하여 얻을 수 있는 정보의 양은 적다.

② 서수척도 (ordinal scale)
- 강도나 기호의 순위를 정하는 데 사용되는 척도, 보다 많은 정보를 얻을 수 있으며 자료는 비모수적인 통계방법으로 분석할 수 있고 때에 따라 모수적인 통계방법도 이용될 수 있다.
- 서수적 척도 중 평점 척도를 사용한 결과(9점 기호 척도)는 간격 척도의 성질을 나타내기도 한다.

③ 간격척도 (interval scale)
- 크기를 측정하기 위한 척도, 여기서 눈금사이의 간격은 동일한 것으로 간주한다.
- 사용하기 편리하고 모든 통계방법이 적용될 수 있어서 많이 사용된다.

- 9점 기호 척도
- 선척도
- 도표 평점 척도

④ 비율척도(ratio scale)
- 크기를 측정하기 위한 척도, 눈금사이의 비율이 동일한 것으로 간주한다.
- 비율척도를 통해 얻은 자료는 평균과 분산분석 등을 포함하여 모든 통계방법으로 분석이 가능하다.

- 크기 추정 척도

19 ④ 식품산업에서 관능검사의 응용
- 신제품 개발
- 소비자 기호도 조사
- 품질 기준 설정
- 품질 개선
- 원가절감 및 공정개선
- 품질 관리
- 품질 수명 예측 및 저장 유통조건 설정
- 제품의 색, 포장 및 디자인의 선택
- 경쟁사의 감시

20 ③ 기호도 검사
- 관능검사 중 가장 주관적인 검사는 기호도 검사이다.
- 기호검사는 소비자의 선호도가 기호도를 평가하는 방법으로 새로운 식품의 개발이나 품질 개선을 위해 이용되고 있다.
- 기호검사에는 선호도 검사와 기호도 검사가 있다.

- 선호도 검사는 여러 시료 중 좋아하는 시료를 선택하게 하거나 좋아하는 순서를 정하는 것이다.
- 기호도 검사는 좋아하는 정도를 측정하는 방법이다.

21 ③ 20번 해설 참조

22 ① 관능검사법에서 소비자 검사
- 검사 장소에 따라 실험실검사, 중심지역검사, 가정사용검사로 나눌 수 있다.
- 중심지역검사 방법의 부가적인 방법으로 이동수레를 이용하는 방법과 이동실험실을 이용하는 방법이 있다.

이동수레법	손수레에 검사할 제품과 기타 필요한 제품을 싣고 고용인 작업실로 방문하여 실시하는 것이다.

이동실험실법	대형차량에 실험실과 유사한 환경을 설치하여 소비자를 만날 수 있는 장소로 이동해 갈 수 있는 방법으로, 이동 수레법에 비해 환경을 조절할 수 있고 회사 내 고용인이 아닌 소비자를 이용한다는 것이 장점이다.

23 ④ 관능적 특성의 측정 요소들 중 반응척도가 갖추어야 할 요건
- 단순해야 한다.
- 관련성이 있어야 한다.
- 편파적이지 않고 공평해야 한다.
- 의미전달이 명확해야 한다.
- 차이를 감지할 수 있어야 한다.

24 ④ 관능검사 중 묘사분석
① 정의 : 식품의 맛, 냄새, 텍스처, 점도, 색과 겉모양, 소리 등의 관능적 특성을 느끼게 되는 순서에 따라 평가하게 하는 것으로 특성별 묘사와 강도를 총괄적으로 검토하게 하는 방법이다.
② 묘사분석에 사용하는 방법
- 향미프로필 : 시료가 가지는 맛, 냄새, 후미 등 모든 향미 특성을 분석하여 각 특성이 나타나는 순서를 정하고 그 강도를 측정하여 향미가 재현될 수 있도록 묘사하는 방법
- 텍스처프로필 : 식품의 다양한 물리적 특성, 즉 경도, 응집성, 탄력성, 부착성 등 기계적 특성과 입자의 모양, 배열 등 기하학적 특성 그리고 수분과 지방함량 등의 강도를 평가하여 제품의 텍스처 특성을 규정하고 재현될 수 있도록 하는 방법
- 정량적 묘사분석 : 색깔, 향미, 텍스처 그리고 전체적인 맛과 냄새의 강도 등 전반적인 관능적 특성을 한눈에 파악할 수 있게 한 방법
- 스펙트럼 묘사분석 : 제품의 모든 특성을 기준이 되는 절대척도와 비교하여 평가함으로써 제품의 정성적 및 정량적 품질 특성을 제공하기 위해 사용하는 방법
- 시간-강도 묘사분석 : 제품의 몇 가지 중요한 관능적 특성의 강도가 시간에 따라 변화하는 양상을 조사하기 위해 개발된 방법

25 ④ 회귀분석
- 통계학에서 관찰된 연속형 변수들에 대해 독립변수와 종속변수 사이의 인과관계에 따른 수학적 모델인 선형적 관계식을 구하여 어떤 독립변수가 주어졌을 때 이에 따른 종속변수를 예측한다. 또한 이 수학적 모델이 얼마나 잘 설명하고 있는지를 판별하기 위한 적합도를 측정하는 분석 방법이다.

- 단순회귀분석 : 1개의 종속변수와 1개의 독립변수 사이의 관계를 분석할 경우
- 다중회귀분석 : 1개의 종속변수와 여러 개의 독립변수 사이의 관계를 규명하고자 할 경우

미생물학적 검사

01 ③ 식품위생검사에는 관능검사, 물리적 검사, 화학적 검사, 생물학적 검사 및 독성검사 등이 있다.

02 ① 식품 위생 검사 시 채취한 검체의 취급상 주의사항
- 전체를 대표할 수 있어야 한다.
- 저온 유지를 위해 얼음을 사용할 때에는 얼음이 검체에 직접 닿지 않게 해야 한다.
- 미생물학적 검사를 위한 검체는 반드시 무균적으로 채취한다.
- 필요한 경우 운반용 포장을 하여 파손 및 오염 되지 않게 한다.
- 채취 후 반드시 밀봉한다.
- 채취자에게 상처나 전염병이 없어야 한다.
- 햇빛에 노출되지 않게 해야 한다
- 미생물이나 화학약품에 오염되지 않아야 한다.
- 검체명, 채취장소 및 일시 등 시험에 필요한 모든 사항 등을 기재한다.

03 ④ 검체의 일반적인 채취방법
- 깡통, 병, 상자 등 용기·포장에 넣어 유통되는 식품 등은 가능한 한 개봉하지 않고 그대로 채취한다.
- 대장균이나 병원 미생물의 경우와 같이 검체가 불균질할 때는 다량을 채취하는 것이 원칙이다.

04 ① 미생물 검사용 검체의 운반(식품공전)
[부패·변질 우려가 있는 검체]
미생물학적인 검사를 하는 검체는 멸균용기에 무균적으로 채취하여 저온(5℃ ± 3 이하)을 유지시키면서 24시간 이내에 검사기관에 운반하여야 한다. 부득이한 사정으로 이 규정에 따라 검체를 운반하지 못한 경우에는 재수거하거나 채취일시 및 그 상태를 기록하여 식품위생검사기관에 검사 의뢰한다.

05 ④ 04번 해설 참조

06 ② 미생물 검사를 요하는 검체의 채취 방법[식품공전]

- 검체를 채취, 운송, 보관하는 때에는 채취 당시의 상태를 유지할 수 있도록 밀폐되는 용기, 포장 등을 사용하여야 한다.
- 가능한 미생물에 오염되지 않도록 단위포장 상태로 수거하도록 하며, 검체를 소분 채취할 경우에는 멸균된 기구, 용기 등을 사용하여 무균적으로 행하여야 한다.
- 검체는 부득이한 경우를 제외하고는 정상적인 방법으로 보관, 유통 중에 있는 것을 채취하여야 한다.
- 검체는 관련 정보 및 특별 수거계획에 따른 경우와 식품접객업소의 조리식품 등을 제외하고는 완전 포장된 것에서 채취하여야 한다.

07 ② 지표미생물의 자격요건
- 분변 및 병원균들과의 공존 또는 관련성이 있어야 한다.
- 배양을 통한 증식과 구별이 용이해야 한다.
- 식품 가공처리의 여러 과정은 병원균과 유사한 안정성이 있어야 한다.

08 ③ API(Analytical Profile Index) system
- 빠른 동정을 가능하게 실험을 기반으로 한 박테리아의 분류이다.
- 이 시스템은 임상적으로 관련된 박테리아의 빠른 동정을 위해 개발되고 있다.
- 이 때문에, 오로지 알려진 박테리아를 동정할 수 있다.

09 ① 일반세균수 검사
- 식품, 음료수, 자연환경수의 신선도에 대한 지표로 사용된다.
- 호기적 조건에서 발육한 중온성 세균을 검사한다.
- 일반적으로 표준평판한천 배지(standard plate count, SPC)를 사용하여 35℃에서 24~48시간 배양한 후 집락수를 측정한다.

10 ① 식품의 세균수 검사
- 일반세균수 검사 : 주로 Breed법에 의한다.
- 생균수 검사 : 표준한천평판 배양법에 의한다.

11 ④ 표준한천배지(생균수측정용) 조제
- Tryptone 5.0g, Yeast Extract 2.5g, Dextrose 1.0g, Agar 15.0g에 증류수를 가하여 1,000mL로 만든다.
- pH 7.0±0.2으로 조정한 후 121℃에서 15분간 멸균한다.

12 ③ 식품의 생균수 검사
- 식품 중에 함유되어 있는 일반 세균수를 측정하여 식품의 부패정도나 신선도 및 오염도를 측정할 때 이용

된다.
- 시료를 표준한천평판 배지에 혼합, 응고시켜서 일정한 온도(37±0.5℃)와 시간 배양한 다음 집락(colony)수를 계산하고 희석배율을 곱하여 전체 생균수를 측정한다. 하나의 평판 위에 30~300개의 집락이 생기도록 희석배율을 조절한다.
- 총균수 측정은 Breed법이 대표적인 검사방법이다.
※ 곰팡이와 효모의 총균수 측정은 주로 Howard법으로 검사한다.

13 ①
생균수 측정은 식품의 초기부패, 즉 신선도를 측정할 수 있다.

14 ① 생균수(total viable counts)
식품 등 검체 중의 모든 생균수를 의미하는 것이 아니라 일정한 조성의 배지에서 일정 온도와 일정 시간을 유지시켰을 때 형성되는 호기성균의 집락수를 의미한다.

15 ② 총균수(total count)
- 식품 등 검체 중에 존재하는 미생물의 세포수를 현미경을 통하여 직접 계산한 것으로 사멸된 균도 포함한다.
- 가열 공정을 거치는 식품의 경우 총균수를 통하여 가열 이전의 원료에 대한 신선도와 오염도를 파악할 수 있다.
- Breed법이 대표적인 검사방법이다.

16 ② 세균수의 기재보고
- 표준평판법에 있어서 검체 1mL 중의 세균수를 기재 또는 보고할 경우에 그것이 어떤 제한된 것에서 발육한 집락을 측정한 수치인 것을 명확히 하기 위하여 1평판에 있어서의 집락수는 상당 희석배수로 곱하고 그 수치가 표준평판법에 있어서 1mL 중(1g 중)의 세균수 몇 개라고 기재보고하며 동시에 배양온도를 기록한다.
- 이 산출법에 의하지 않을 때에는 "표준"이란 문자를 사용해서는 아니 된다.
- 숫자는 높은 단위로부터 3단계를 4사5입하여 유효숫자를 2단계로 끊어 이하를 0으로 한다.

17 ③ 식품의 세균수 검사
- 일반세균수 검사 : 주로 Breed법에 의한다.
- 생균수 검사 : 표준한천평판 배양법에 의한다.

18 ④ 대장균 지수(coli index)
- 대장균을 검출할 수 있는 최소 검수량의 역수이다.

· 10cc에서 양성이 나왔다면 대장균지수는 0.1cc이다.

19 ① 대장균
· 분변오염의 지표가 되기 때문에 음료수의 지정세균 검사를 제외하고는 대장균을 검사하여 음료수 판정의 지표로 삼는다.
· 그 이유는 음료수가 직접, 간접으로 동물의 배설물과 접촉하고 있다는 사실 때문에 위생상 중요한 지표로 삼는다.
※ 식품위생검사와 가장 관계가 깊은 세균은 대장균과 장구균 등이다.

20 ① 대장균의 시험법(식품공전)
최확수법 및 건조필름법에 의한 정량시험과 일정한 한도까지 균수를 정성으로 측정하는 한도시험법이 있다.

21 ② 대장균의 위생지표세균으로서의 의의
· 대장균의 존재는 식품이 분변에 오염되었을 가능성과 분변에서 유래하는 병원균의 존재 가능성을 판단할 수 있다.
· 식품의 위생적인 취급 여부를 알 수 있다.
· 대장균은 비병원성이나 병원성 세균과 공존할 가능성이 많다.
· 특수한 가공식품에 있어서 제품의 가열, 살균 여부의 확실성 판정지표가 된다.
· 비교적 용이하게 신뢰할 수 있는 검사를 실시할 수 있다.

22 ① 대장균의 정성시험
· 추정시험, 확정시험, 완전시험의 3단계로 구분된다.
· 정성시험 순서는 추정시험 → 확정시험 → 완전시험이다.

23 ③ 대장균군의 정성시험
추정시험, 확정시험, 완전시험의 3단계로 구분된다.

추정시험	유당부이온(LB 배지) 배지 사용
확정시험	BGLB, EMB, Endo 배지 사용
완전시험	EMB 배지 사용

※ 추정시험은 유당배지를 가한 발효관에 검체를 넣어 35±1℃에서 48±3시간 동안 배양하여 가스 발생의 유무로 대장균의 존재를 추정할 수 있으며, 가스발생이 있으면 확정시험을 실시한다.

24 ② 23번 해설 참조

25 ④ 대장균군 시험법

대장균의 유무를 검사하는 정성시험과 대장균군의 수를 산출하는 정량시험법이 있다.

정성시험	유당배지법(추정시험, 확정시험, 완전시험), BGLB 배지법, 데스옥시콜레이트 유당한천 배지법
정량시험	최확수법(유당배지법, BGLB 배지법), 데스옥시콜레이트 유당한천 배지법, 건조필름법

26 ② 25번 해설 참조

27 ① 최확수법(MPN ; Most probable number)
· 수 단계의 연속한 동일희석도의 검체를 수 개씩 유당부이온 발효관에 접종하여 대장균군의 존재 여부를 시험하고 그 결과로부터 확률론적인 대장균군의 수치를 산출하여 이것을 최확수(MPN)로 표시하는 방법이다.
· 검체 10, 1 및 0.1mL씩을 각각 5개씩 또는 3개씩의 발효관에 가하여 배양 후 얻은 결과에 의하여 검체 1mL 중 또는 1g 중에 존재하는 대장균군수를 표시하는 것이다.
· 최확수란 이론상 가장 가능한 수치를 말한다.

28 ③ 대장균 검사에 이용하는 최확수(MPN)법
· 검체 100mL 중의 대장균군수로 나타낸다.
· 100mL에 300이면 검체 1000mL 중에는 10배가 되므로 3,000이 된다.

29 ① 대장균군의 검사방법
· 정성시험(추정시험-확정시험-완전시험), 정량시험(MPN 법), 평판계산법이 있다.
· 대장균은 검사에 이용하는 최확수(MPN)법은 시료 원액을 단계적으로 희석하여 일정량을 시험관에 배양, 본균 양성 시험관수로부터 원액 중의 균수를 추정하는 것이다.

30 ③ 대장균 O157:H7의 분리 및 동정 시험
· 증균배양   · 분리배양
· 확인시험   · 혈청학적 검사
· 베로세포 독성검사   · 최종확인

31 ① 대장균군의 검사방법
· 정성시험(추정시험-확정시험-완전시험), 정량시험(MPN 법), 평판계산법이 있다.
· MPN에 의한 정량시험 때 사용되는 배지는 BGLB 배지 또는 LB 배지를 사용한다.
· 이들 배지에는 핵심물질로 유당이 함유되어 있다.

32 ② 대장균 검사에 이용되는 배지

LB 배지, BGLB 배지, EMB 배지, Endo 배지, Desoxycholate 배지 등이 있다.

33 ② 최확수법(Most probable number, MPN)
- 수단계의 연속한 동일희석도의 검체를 수 개씩 유당부 이온 발효관에 접종하여 대장균군의 존재 여부를 시험하고 그 결과로부터 확률론적인 대장균군의 수치를 산출하여 이것을 최확수(MPN)로 표시하는 방법이다.
- 검체 10, 1 및 0.1 mL씩을 각각 5개씩 또는 3개씩의 발효관에 가하여 배양 후 얻은 결과에 의하여 검체 100mL 중 또는 100g 중에 존재하는 대장균군수를 표시하는 것이다.
- 최확수란 이론상 가장 가능한 수치를 말한다.

34 ③ MPN법에 쓰이는 배지
- EMB 배지 : MPN(최확수)에 의한 확정시험 때 사용
- BGLB 배지, LB 배지 : MPN(최확수)에 의한 정량시험 때 사용

35 ① 23번 해설 참조

36 ④ 23번 해설 참조

37 ④ 23번 해설 참조

38 ④ 33번 해설 참조

39 ③ 23번 해설 참조

40 ② 33번 해설 참조

41 ② 33번 해설 참조

42 ① BGLB(Brilliant Green Lactose Bile) 배지
- 대장균군(coliform group)의 확정시험에 이용된다.
- 검체의 성분 중에 세균에 필요한 영양소가 함유되어 있을 때 즉 생선어패류의 일부, 수산가공품, 축산식품, 농산식품, 과자류, 과일류, 수프류 등의 검사에 이용된다.

43 ① 식품위생검사와 가장 관계가 깊은 세균
① 대장균과 장구균 등이다
② 대장균
- 그람음성, 간균이며 주모성 편모가 있어 운동성이고, 호기성 또는 통성 혐기성균이다.
- 젖당을 분해하여 산과 가스를 생성한다.
- 분변 오염의 지표가 되기 때문에 음료수의 지정세균

검사를 제외하고는 대장균을 검사하여 음료수 판정의 지표로 삼는다.

44 ① 대장균군의 감별 시험법
- 장내미생물 균총의 속을 구별하는 데 사용된다.
- 특히 Escherichia 속과 Enterobacter 속 구별에 주로 이용된다.
- Indole 실험, Methyl red 실험, Voges-Proskauer 실험, Citrate 실험이 있다.

45 ① 식품의 대장균군 검사 시
- 유산균음료는 데스옥시콜레이트(desoxcholate) 유당 한천배지에 의한 정량법에 따라 실시
- 기타음료(청량 음료수)는 유당배지, B.G.L.B배지, 데스옥시콜레이트(desoxcholate) 유당 한천배지에 의해 정성 실험
- 냉동어패류는 데스옥시콜레이트 유당 한천배지에 의한 정량법에 따라 실시
- 식육제품은 B.G.L.B배지에 접종하여 대장균군 시험법에 따라 시험

46 ① E. coli(대장균)
- 사람, 동물의 장내세균의 대표적인 균종으로 그람 음성의 무포자 간균이고, 유당을 분해하여 CO_2와 H_2 가스를 생성하는 호기성~통성혐기성의 균이다.
- 식품위생에서는 음식물의 하수나 분변오염의 지표로 삼는다.
- iMVIC-system에 의한 대장균군의 감별법

	형별	in-dole	MR	VP	구연산염배지
Escherichia coli	I형	+	+	−	−
	II형	−	+	−	−
Citrobacter freundii (중간형)	I형	−	+	−	+
	II형	+	+	−	−
Enterobacter aerogenes	I형	−	−	+	+
	II형	+	−	+	+

※ MR : methyl red test, VP : voges-proskauer

47 ① 포도상구균(Staphylococcus aureus) 시험법
- 증균배양 : 검체 25g 또는 25mL를 취하여 225mL의 10% NaCl을 첨가한 Tryptic Soy 배지에 가한 후 35~37℃에서 16시간 증균 배양한다.
- 분리배양 : 증균배양액을 난황첨가 만니톨 식염 한천배지에 접종하여 37℃에서 16 ~ 24시간 배양한다.

배양결과 난황첨가 만니톨 식염 한천배지에서 황색 불투명집락(만니톨 분해)을 나타내고 주변에 혼탁한 백색환(난황반응 양성)이 있는 집락은 확인시험을 실시한다.
- 확인시험 : 분리배양된 평판배지 상의 집락을 보통 한천배지에 옮겨 37℃에서 18 ~ 24시간 배양한 후 그람염색을 실시하여 포도상의 배열을 갖는 그람양성 구균을 확인한다. 포도상의 배열을 갖는 그람양성 구균이 확인된 것을 coagulase 시험을 한다.

48 ④
살모렐라(Salmonella spp.)가 생성하는 황화수소(H_2S)와 Triple sugar iron 배지의 성분인 ferrous sulfate가 반응하여 iron sulfide의 검은색 침전을 생성한다.

49 ④ 살모넬라(Salmonella spp.) 시험법[식품공전]
- 증균배양 : 검체 25 g을 취하여 225 mL의 peptone water에 가한 후 35℃에서 18±2시간 증균배양한다. 배양액 0.1 mL를 취하여 10 mL의 Rappaport-Vassiliadis배지에 접종하여 42℃에서 24±2시간 배양한다.
- 분리배양 : 증균배양액을 MacConkey 한천배지 또는 Desoxycholate Citrate 한천배지 또는 XLD한천배지 또는 bismuth sulfite 한천배지에 접종하여 35℃에서 24시간 배양한 후 전형적인 집락은 확인시험을 실시한다.
- 확인시험 : 분리배양된 평판배지상의 집락을 보통 한천배지에 옮겨 35℃에서 18~24시간 배양한 후, TSI 사면배지의 사면과 고층부에 접종하고 35℃에서 18~24시간 배양하여 생물학적 성상을 검사한다. 살모넬라 유당, 서당 비분해(사면부 적색), 가스생성(균열 확인) 양성인 균에 대하여 그람음성 간균임을 확인하고 urease 음성, Lysine decarboxylase 양성 등의 특성을 확인한다.

50 ② 식중독균의 분리 배양에 사용되는 배지
- 황색포도상구균 : 난황첨가 만니톨 식염한천배지
- 클로스트리디움 퍼프린젠스 : 난황 첨가 CW 한천평판배지
- 살모넬라균 : MacConkey 한천배지, Desoxycholate Citrate 한천배지, XLD 한천배지
- 리스테리아 모노사이토제네스 : 0.6% yeast extract가 포함된 Tryptic Soy 한천배지

51 ② 식중독균의 분리 배양에 사용되는 배지
- 황색포도상구균 : 난황첨가 만니톨 식염한천배지

- 클로스트리디움 퍼프린젠스 : 난황 첨가 CW 한천평판배지
- 살모넬라균 : MacConkey 한천배지, Desoxycholate Citrate 한천배지, XLD 한천배지
- 리스테리아 모노사이토제네스 : 0.6% yeast extract가 포함된 Tryptic Soy 한천배지
- 장염 비브리오균 : TCBS 한천배지, 비브리오 한천배지

52 ① 바실러스 세레우스(Bacillus cereus) 정량시험[식품공전]
① 균수측정
- 검체 희석액을 MYP 한천배지에 도말하여 30℃에서 24±2시간 배양한다.
- 배양 후 집락 주변에 lecithinase를 생성하는 혼탁한 환이 있는 분홍색 집락을 계수한다.
② 확인시험
- 계수한 평판에서 5개 이상의 전형적인 집락을 선별하여 보통한천배지에 접종한다.
- 30℃에서 18~24시간 배양한 후 바실러스 세레우스 정성시험 확인시험에 따라 확인시험을 실시한다.

53 ② 통·병조림식품, 레토르트식품 등의 세균발육시험
① 가온보존시험
검체 3관(또는 병)을 인큐베이터에서 35±1℃에서 10일간 보존한 후, 상온에서 1일간 추가로 방치하면서 관찰하여 용기·포장이 팽창 또는 새는 것을 세균발육 양성으로 한다. 가온보존시험에서 음성인 것은 다음의 세균시험을 한다.
② 세균시험
- 시험용액의 조제 : 검체 3관(또는 병)의 개봉부의 표면을 70% 알코올 탈지면으로 잘 닦고 개봉하여 검체 25g을 인산완충희석액 225mL에 가하여 균질화시킨다. 균질화된 검체액 1mL를 시험관에 채취하고 인산완충희석액 9mL에 가하여 잘 혼합하여 이것을 시험용액으로 한다.
- 시험법 : 시험용액을 1mL씩 5개의 티오글리콜린산염 배지에 접종하여 35℃에서 48±3시간 배양하고 세균의 증식이 확인된 것은 양성으로 한다.

54 ① 검체 균질화 기기
스토마커(stomacher)는 식품 또는 고체 시료를 분쇄 희석해서 미생물 검출용 시료를 준비할 때 사용된다.

55 ③ 54번 해설 참조

01 ④
- ppm = Parts Per Million ; 100만분의 1(=10^{-6})
- 1kg = 1,000,000 mg
- 물 1kg(1,000,000 mg)에 3mg이 포함되어 있으면 3ppm이 된다.

02 ① 수분함량 측정방법
toluene 증류법, 가열건조법(상압, 감압), 동결 건조법, Karl-Fisher법, 근적외선 분광흡수법, 전기수분계법, 핵자기공명흡수법 등이 있다.
※ Soxhlet 추출법은 ethyl ether를 용매로 식품의 지질을 정량하는 방법이다.

03 ③ 우유의 지방 검사법
- 황산을 이용한 Babcock법과 Gerber법이 있고, ether를 이용한 Röse-Gottlieb법이 있다.
- 우유의 지방구는 단백질이 둘러싸여 있어서 ether, 석유 ether 등의 유기용매로는 추출이 어렵기 때문에 91~92% 농황산으로 지방 이외의 물질을 분해한 후 지방을 원심분리하여 측정하는 Babcock법과 Gerber법이 주로 이용된다.

04 ④ 우유의 알코올 시험
- 우유에 70% ethyl alcohol을 동량으로 넣고 응고물의 생성 여부에 따라 판정한다.
- 우유의 가열에 대한 안정성, 우유의 산패 유무(신선도)을 판정할 수 있다.

05 ④ phosphatase test
- phosphatase는 62.8℃에서 30분 또는 71~75℃에서 15~30초의 가열에 의하여 파괴되므로 이 성질을 이용한다.
- 저온살균유의 완전살균 여부를 검사하는 데 이용한다.

06 ② 우유와 관련된 시험
- 메틸렌블루(methylene blue)환원 시험 : 우유 중 세균수의 간접측정
- 포스파테이즈(phosphatase)검사법 : 우유의 완전살균(저온살균) 여부 판정
- 브리드씨법(Breed's method) : 식품의 일반세균수 검사
- 알코올 침전 시험 : 우유의 산패유무 판정

07 ② Methylene blue reductase test(MBRT)

- 우유 속에 존재하는 미생물의 대사 등을 측정하여 우유의 질을 판정하는 방법이다.
- 많은 세균이 우유 속에 발육하면 우유 속의 용존산소가 소모됨에 따라 우유의 산화환원 전위가 낮아진다.

08 ① 통조림 제품의 검사방법
외관검사, 타검검사, 가온검사, 개관검사 및 내압시험 등이 있다.
※ Phosphatase검사는 저온살균유의 완전살균 여부 판정에 이용된다.

09 ① 식품의 미생물 검출을 위한 PCR법
- 대표적인 유전자 분석법
- DNA 중합효소를 이용하여 증균 배양액을 직접 열처리하여 추출한 특정한 DNA를 증폭시키는 기술
- 미생물의 오염 여부를 신속하게 검출 가능
- 비용이 저렴

10 ① Inductively Coupled Particles(ICP)
- 아르곤 가스에 고주파를 유도결합방법으로 걸어 방전되어 얻어진 아르곤 프라즈마에 시험용액을 주입하여 목적원소의 원자선 및 이온선의 발광광도를 측정하여 시험용액 중의 목적원소의 농도를 구하는 방법이다.
- 이 방법은 Pb, Cd, Cu, Zn, Mn, Ni, Co, Sn, Fe, As, Sb, Cr, Se, Bi, V, Be 등의 대부분의 금속의 측정에 쓰인다.

11 ④ 09번 해설 참조

12 ① 식품 중의 포름알데히드(formaldehyde)검사
formaldehyde를 함유한 식품에 chromotropic acid 용액을 가하고 가열하면 formaldehyde은 chromotropic acid 와 반응하여 자색을 띤다.

13 ③ Carbonyl value(C.O.V)
- 유지나 지방질 식품의 산화에 의해 생성된 carbonyl 화합물의 전체량을 정량하는 방법이다.
- Carbony화합물은 peroxide value와 같이 산화과정 동안 증가하였다가 감소되는 일이 없기 때문에 오래동안 산화된 유지일수록 carbonyl화합물의 함량이 계속 증가된다.

14 ①
시안(cyan) 화합물이 들어 있으면 피크린산 시험지는 뚜렷하게 적갈색으로 변한다.

15 ①

수질검사를 위한 불소의 측정 시 검수의 전처리(다음 4가지 방법 중 어느 하나를 택하여 전처리)

- 증류법
- 양이온 교환수지법 : 미량의 Fe, Al이온의 제거
- 잔류염소의 제거
- MnO_2의 제거

물리적 검사

01 ② **우유의 신선도 검사법**
- 관능검사
- 이화학적 검사(산도측정법, 자비시험법, 알코올 시험법, methylene blue법 등)
- 세균학적 검사
- ※ 비중측정 : 우유의 가수여부, 유지, 기타 부정유 검출에 이용

02 ③
우유에 가수하면 비점, 비중, 밀도, 점도 등은 낮아지고 빙점은 높아진다.

03 ④ **원유검사 방법**
- Babcock test : 우유 및 유제품의 지방측정
- Resazurin reduction test : 우유 중의 세균수 간접 측정
- Methylene blue reduction test : 우유 및 크림 중의 세균수의 개략을 간접 측정

04 ② **식품과 주요 신선도 검사**
- 식품의 세균, 곰팡이, 효모 등의 일반 생균수 검사는 시료를 표준한천평판 배지에 일정한 온도와 시간 배양한 다음 생균수를 측정한다.
- 살균이 불충분한 통조림, 진공포장식품에서 잘 번식하는 *Clostridium botulinum*은 편성 혐기성균이므로 혐기성 조건에서 배양해야 한다.

05 ④ **이물 시험법**
체분별법, 여과법, 와일드만 플라스크법, 침강법 등이 있다.

체분별법	・검체가 미세한 분말 속의 비교적 큰 이물일 때 ・체로 포집하여 육안검사

여과법	・검체가 액체이거나 또는 용액으로 할 수 있을 때의 이물 ・용액으로 한 후 신속여과지로 여과하여 이물검사
와일드만 플라스크법	・곤충 및 동물의 털과 같이 물에 젖지 않는 가벼운 이물 ・원리 : 검체를 물과 혼합되지 않는 용매와 저어 섞음으로서 이물을 유기용매 층에 떠오르게 하여 취함
침강법	・쥐똥, 토사 등의 비교적 무거운 이물

06 ③ 05번 해설 참조

07 ③ 05번 해설 참조

08 ③ 05번 해설 참조

09 ③ 05번 해설 참조

10 ① 05번 해설 참조

11 ④
이물의 검사는 여과법, 체분별법, Wildman trap flask에 의한 포집법, 침강법 등에 의하여 이물을 분리한다.

12 ② **납의 시험법[식품공전]**
① 시험용액의 조제
- 습식분해법 : 황산-질산법, 마이크로웨이브법
- 건식회화법   ・용매추출법
② 측정
- 원자흡광광도법   ・유도결합플라즈마법(ICP)
- ※ 피크린산시험지법은 시안(cyan) 화합물에 대한 정성시험법이다.

13 ② **고춧가루 중 곰팡이 수**
곰팡이수 시험법(Howard Mold Counting Assay)
- ※ 식품공전 제10. 일반시험법 24. 곰팡이수 시험법에 따라 시험한다.

수분

01 ① **결합수의 특징**
- 식품성분과 결합된 물이다.
- 용질에 대하여 용매로 작용하지 않는다.
- 100℃ 이상으로 가열하여도 제거되지 않는다.
- 0℃ 이하의 저온에서도 잘 얼지 않으며 보통 −40℃ 이하에서도 얼지 않는다.
- 보통의 물보다 밀도가 크다.
- 식물 조직을 압착하여도 제거되지 않는다.
- 미생물 번식과 발아에 이용되지 못한다.

02 ④ **01번 해설 참조**

03 ③ **수분활성도(A$_W$; water activity)**
- 어떤 임의의 온도에서 식품이 나타내는 수증기압(Ps)에 대한 그 온도에 있어서의 순수한 물의 최대 수증기압(Po)의 비로써 정의한다.

- $A_W = \dfrac{P_S}{P_O} = \dfrac{N_W}{N_W + N_S}$

P$_S$: 식품 속의 수증기압
P$_O$: 동일온도에서의 순수한 물의 수증기압
N$_W$: 물의 몰(mole)수
N$_S$: 용질의 몰(mole)수

04 ① **염장법**
- 소금의 삼투압 증가를 이용해서 수분활성도(Aw)를 낮추어 미생물 생육을 억제하는 저장법이다.
- 삼투압이 증가하면 수분활성도는 감소하며, 낮은 수분활성과 높은 삼투압 조건하에서는 세포의 탈수현상으로 인하여 생물체들이 정상적인 생육을 할 수 없게 된다.
- 식품저장에서 소금절임이나 설탕절임은 이러한 원리를 이용한 것이다.

05 ② **수분활성도**

$A_W = \dfrac{N_W}{N_W + N_S}$

$= \dfrac{\dfrac{30}{18}}{\dfrac{30}{18} + \dfrac{30}{342}}$

$= \dfrac{1,667}{1,667 + 0,088} = 0.95$

- A$_W$: 수분활성도
- N$_W$: 물의 몰수
- N$_S$: 용질의 몰수

06 ② **수분활성도**

$A_W = \dfrac{N_W}{N_W + N_S}$

$= \dfrac{\dfrac{60}{18}}{\dfrac{60}{18} + \dfrac{15.5}{58.45} + \dfrac{4.5}{342}}$

$= \dfrac{3.33}{3.33 + 0.27 + 0.01}$

$= 0.92$

- A$_W$: 수분활성도
- N$_W$: 물의 몰수
- N$_S$: 용질의 몰수

07 ② **등온흡습곡선**

단분자층 영역	식품성분 중의 carboxyl기나 amino기와 같은 이온그룹과 강한 이온결합을 하는 영역으로 식품 속의 물 분자가 결합수로 존재한다.(흡착열이 매우 크다.)
다분자층 영역	식품의 안정성에 가장 좋은 영역이다. 최적수분함량을 나타낸다. 수분은 결합수로 주로 존재하나 수소결합에 의하여 결합되어 있다.
모세관응고 영역	식품의 세관에 수분이 자유로이 응결되며 식품 성분에 대해 용매로서 작용하며 따라서 화학, 효소 반응들이 촉진되고 미생물의 증식도 일어날 수 있다. 물은 주로 자유수로 존재한다.

08 ③ **BET 단분자막 영역**
- 단분자층(Ⅰ형)과 다분자층(Ⅱ형)의 경계선 영역으로 물분자가 균일하게 하나의 분자막을 형성하여 식품을 덮고 있는 영역이다.
- 단분자층 수분함량의 측정은 건조식품의 경우 매우 중요한 의미를 갖는데 BET식에 의해서 구할 수 있다.

09 ③ **등온흡습곡선에서 갈변화 반응**
- 비효소적 갈변반응은 단분자층 형성 수분 함량보다 적은 수분활성도에서는 일어나기 어렵다.
- 수분활성도가 0.7~0.8의 중간 수분식품의 범위(다분자층 영역)에서 반응 속도가 최대에 도달하고 이 범위를 벗어나 수분활성도가 0.8~1.0(모세관응축 영역)에서는 반응속도가 다시 떨어진다.
- 수분활성도가 0.25~0.8의 수분식품의 범위는 다분자층 영역이다.

탄수화물

01 ② **에피머(epimer)**
- 탄소 사슬의 끝에서 두 번째의 C에 붙는 H와 OH가 서로 반대로 붙어 있는 이성체
- 즉, D-glucose와 D-mannose 또는 D-glucose와 D-galactose에서와 같이 히드록시기의 배위가 한 곳만 서로 다른 것을 epimer라 한다.

02 ① **글루코시드(glucoside)**
포도당의 헤미아세탈성 수산기(OH)와 다른 화합물(아글리콘)의 수산기(드물게 SH기, NH₂기, COOH기)에서 물이 유리되어 생긴 결합, 즉 글루코시드결합(에테르 결합)한 물질의 총칭을 말한다.

03 ① **자일리톨(xylitol)**
- 자작나무나 떡갈나무 등에서 얻어지는 자일란, 헤미셀룰로즈 등을 주원료로 하여 생산된다.
- 5탄당 알콜이기 때문에 충치세균이 분해하지 못한다.
- 치면 세균막의 양을 줄여주고 충치균(S. mutans)의 숫자도 감소시킨다.
- 천연 소재 감미료로 설탕과 비슷한 단맛을 내며 뛰어난 청량감을 준다.
- 인슐린과 호르몬 수치를 안정시킨다.

04 ② **D-glucose(포도당)의 화학구조**
- 6탄당으로 부제탄소가 5개이므로 2^5=32개의 이성체

가 가능하다.
- 알도스(aldose)이다.
- 물에 잘 녹는다.

05 ④ **과당의 특징**
- 유리 상태로 과실, 꽃, 벌꿀 등에 존재한다.
- 포도당과 결합하여 자당을 이루며, fructose가 다수 결합하여 inulin이 되며 돼지감자에 많다.
- 용해성이 크고 과포화되기 쉬워서 결정화되기 어렵다.
- 매우 강한 흡습조해성을 가지며, 점도가 포도당이나 설탕보다 약하다.
- 단맛이 강하다(설탕의 감미를 100으로 기준하여 과당 150).

06 ④ **β-D-fructopyranose**
과당(fructose)의 수용액에서 β-D-fructopyranose가 가장 많이 존재한다.

07 ③ **당알코올(sugar alcohol)**
- 단당류의 carbonyl기(-CHO, 〉C=O)가 환원되어 알코올(-OH)로 된 것이다.
- 일반적으로 단맛이 있고 체내에서 이용되지 않으므로 저칼로리 감미료로 이용된다.
- 솔비톨(sorbitol), 자일리톨(xylitol), 만니톨(mannitol), 에리스리톨(erythritol), 이노시톨(inositol) 등이 있다.

08 ① **당알코올(sugar alcohol)**
- 자일리톨(xylitol) : 03번 해설 참조
- 만니톨(mannitol) : 식물에 광범위하게 분포, 곤포나 곶감 표면의 흰가루, 흡수성은 없고 당뇨병 환자의 감미료이다. 6탄당이며 감미도가 설탕의 절반 정도 된다.
- 에리스리톨(erythritol) : 감미도가 설탕의 70~80% 정도이며 체내에 거의 흡수되지 않고 배출되는 저칼로리 감미료이다. 4탄당이며 이가 시릴 정도의 청량감이 난다.
- 솔비톨(sorbitol) : 일부 과실에 1~2%, 홍조류 13% 함유, 수분 조절제, 비타민 C의 원료, 당뇨병 환자의 감미료, 식이성 감미료, 비타민 B₂의 구성 성분이다. 6탄당이며 감미도는 설탕의 60% 정도이다.

09 ② **데옥시당(deoxy sugar)**
당의 수산기가 수소원자로 치환되어 산소가 하나 제거된 환원형 화합물이다.

데옥시리보스	오탄당인 리보스에서 산소가 하나 제거된 당으로 핵산 DNA의 구성성분이다.

람노스	만노스에서 산소가 하나 제거된 당으로 젖당과 유사한 단맛을 가지고 있는 환원당이다.
퓨코오스	갈락토스에서 수산기가 수소로 치환된 당이며 당단백질의 구성성분으로 단맛은 거의 없다.

10 ① 젖당(lactose)의 특성
- glucose와 galactose로 된 이당류이다.
- 거의 모든 포유동물의 젖에 많이 함유하나 천연식품에는 존재하지 않는다.
- 유당의 단맛은 설탕의 1/4 정도이다.
- 뇌·신경조직의 중요한 성분인 당 지질의 형성에 필요한 galactose공급원이다.
- 유당은 β-galactosidase에 의해 가수분해되어 glucose, galactose로 생성된다.

11 ④ 식혜
- 찹쌀이나 멥쌀밥에 엿기름가루를 우려낸 물을 부어서 당화시켜 만든 전통 음료이다.
- 식혜의 감미 주성분은 맥아당(maltose)이고, 맥아당은 엿기름 속에 들어있는 아밀라아제에 의해 전분이 가수분해되어 생성된다.

12 ① 전화당(invert sugar)
- 설탕은 묽은산, 알칼리, 또는 효소 invertase의 작용에 의해서 포도당과 과당으로 가수분해된다.
- 이때 설탕의 선광성은 우선성이 좌선성으로 반전되기 때문에 이 설탕의 가수분해 과정을 전화(inversion)라고 한다.
- 형성된 포도당과 과당의 혼합물을 전화당이라 한다.

13 ④ 설탕(자당, sucrose)의 가수분해
- 설탕은 우선성인데 묽은 산이나 효소(invertase)에 의해 가수분해 되면 glucose와 fructose의 등량혼합물이 되고 좌선성으로 변한다.
- fructose의 좌선성이 glucose의 우선성([a] D는 -92°)보다 크기 때문이며, 이와 같이 선광성이 변하는 것을 전화(inversion)라 하고 생성된 당을 전화당이라 한다.

14 ④ 13번 해설 참조

15 ① 설탕(sucrose)
- a-glucose와 β-fructose가 결합하여 a, β의 이성체가 없는 비환원성당이므로 변성광 현상이 나타나지 않는다.
- 시간, 온도에 따라 감미 변화가 없고 일정한 단맛을 가지고 있어 감미 표준물질로 이용한다.

16 ③ 다당류

단순 다당류	구성당이 단일 종류의 단당류로만 이루어진 다당류
	starch, dextrin, inulin, cellulose, mannan, galactan, xylan, araban, glycogen, chitin 등
복합 다당류	다른 종류로 구성된 다당류
	glucomannan, hemicellulose, pectin substance, hyaluronic acid, chondrotinsulfate, heparin gum arabic, gum karaya, 한천, alginic acid, carrageenan 등

17 ① 다당류
- 이눌린(inulin)은 D-fructose가 1,2-결합으로 이루어진 다당류이다.
- 셀룰로오스(Cellulose)는 β-D-글루코스가 β-글루코시드결합(1,4-glucoside 결합)으로 이루어진 다당류이다.
- 글루칸(glucan)은 글루코오스가 결합한 다당류로 결합 형태에 따라 a-결합을 이루는 것을 a-글루칸 β-결합을 이루는 것을 β-글루칸이라고 한다. β-글루칸은 보리와 귀리, 밀기울, 다수 버섯 및 세균에 함유되어 있다.

18 ② 전분의 노화(retrogradation)
- a 전분(호화전분)을 실온에 방치할 때 차차 굳어져 micelle 구조의 β전분으로 되돌아 가는 현상을 노화라 한다.
- 노화된 전분은 호화 전분보다 효소의 작용을 받기 어려우며 소화가 잘 안 된다.
- Amylose의 비율이 높은 전분일수록 노화가 빨리 일어나고, amylopectin 비율이 높은 전분일수록 노화되기 어렵다.
- 옥수수, 밀은 노화하기 쉽고, 고구마, 타피오카는 노화하기 어려우며, 찹쌀 전분은 amylopection이 주성분이기 때문에 노화가 가장 어렵다.

19 ① 아밀로오스(amylose)
- 입체 구조상 대개 6개 정도의 당이 1회전을 하는 나선 구조(helical coil)의 coil 형태를 하고 있다.
- 이 나선구조의 내부 공간에 요오드 등의 화합물이 포접(inclusion)되어 청색의 요오드 화합물을 형성한다.

20 ② **전분의 가수분해**
- 전분은 효소, 열, 산의 작용에 의해 가수분해된다.
- 가수분해 과정 : starch → dextrin → oligosaccharide → maltose → glucose 순서로 분해된다.

21 ④ **요오드 반응**
- 녹말분자 중에 특히 amylose가 요오드 분자를 둘러싸서 나선구조를 이루며 amylose·요오드복합체를 형성한다. 그의 정색은 청색을 나타낸다.
- Amylopectin은 가지를 가지기 때문에 요오드와 반응하여 나선구조를 형성하지 않고 적자색을 나타낸다.
- 수용액에서 amylose는 노화되기 쉬우나 amylopectin은 안정하다.

22 ① **청색값(blue value)**
- 전분입자의 구성 성분과 요오드와의 친화성을 나타낸 값으로 전분 분자 중에 존재하는 직쇄상 분자인 amylose의 양을 상대적으로 비교한 값이다.
- 전분 중 amylose 함량의 지표이다.
- amylose의 함량이 높을수록 진한 청색을 나타낸다.
- β-amylase를 반응시켜 분해시키면 청색값은 낮아진다.
- amylose의 청색값은 0.8~1.2이고 amylopectin의 청색값은 0.15~0.22이다.

23 ④ **이눌린(Inulin)**
돼지감자의 주 탄수화물인 inulin은 20~30개의 D-fructose가 1,2 결합으로 이루어진 다당류이다.

24 ① **돼지감자**
- 국화과에 속하는 감자류이다.
- 일반 감자류와 달리 전분대신 이눌린(inulin)과 그 유사물이 10~15% 정도 함유되어있다.
  ※ 카사바(타피오카), 감자, 마 등은 전분을 다량 함유하고 있다.

25 ① **펙틴(pectin)**
- 분자 속의 carboxyl기의 60~80%가 methyl ester화 되어 있는 polygalacturonide이다.
- α-D-galacturonic acid가 α-1,4 결합으로 연결된 polygalacturonic acid를 기본구조로 하고 있다.
- 덜 익은 과일에서는 불용성 protopectin으로 존재하나 익어감에 따라 효소 작용에 의해 가용성 펙틴으로 변화한다.
- 과즙, 젤리, 잼 등의 주성분으로 젤리화 3요소의 하나이다.

26 ③ **펙틴질(pectic substance)**
- protopectin : 펙틴의 모체가 되는 성분이며 미숙한 식물조직에 함량이 많다가 성숙하면 가수분해 되어 수용성 펙틴으로 변한다.
- pectin : 분자 속의 carboxyl기의 60~80%가 methyl ester화 되어 있는 polygalacturonide이다.
- pectic acid : 분자 속의 carboxyl기에 methyl ester가 전혀 존재하지 않는 polygalacturonic acid이다.
- pectinic acid : pectic acid의 carboxyl기의 일부가 methyl ester의 형태로 된 galacturonic acid의 중합체로서 수용성 물질이다.

27 ② **펙트산(pectic acid)**
- 100~800개 정도의 α-D-galacturonic acid가 α-1,4 결합에 의하여 결합된 중합체이다.
- 분자 속의 carboxyl기에 methyl ester가 전혀 존재하지 않는 polygalacturonic acid이다.
- 비수용성의 물질이다.

28 ③ **펙틴 성분의 특성**

저메톡실 펙틴 (Low methoxy pectin)	• Methoxy(CH_3O) 함량이 7% 이하인 것 • 고메톡실 펙틴의 경우와 달리 당이 전혀 들어가지 않아도 젤리를 만들 수 있다. • Ca과 같은 다가이온이 펙틴분자의 카르복실기와 결합하여 안정된 펙틴겔을 형성한다. • methoxyl pectin의 젤리화에서 당의 함량이 적으면 칼슘을 많이 첨가해야 한다.
고메톡실 펙틴 (High methoxy pectin)	• Methoxy(CH_3O) 함량이 7% 이상인 것 • 고메톡실펙틴의 젤에 영향을 주는 인자는 pH, 설탕 등이다.

29 ② 28번 해설 참조

30 ② 25번 해설 참조

31 ③ **사과가 숙성될 때 변화**
- 펙틴(pectin)은 덜 익은 과일에서는 불용성 protopectin으로 존재하나 익어감에 따라 효소 작용에 의해 가용성 펙틴으로 변화한다.
- 탄닌은 미숙과에 상당량 함유되어 있고 탈삽에 의하

여 당분으로 전환하여 단맛을 부여하고 그 양은 감소한다.

32 ④ 28번 해설 참조

33 ② 알긴산(alginic acid)
- 다시마, 미역 등 갈조류의 세포벽을 구성하는 다당류의 일종이다.
- 일반식$(C_5H_7O_4 COOH)n$으로 나타낸다.
- 갈조류에서 특이하게 발견되는 폴리우론산으로서, D-만누론산이 β-1,4결합으로 연결된 직선상 분자이며 L-글루론산도 일부 발견되고 있다.

34 ② 33번 해설 참조

35 ① 키틴(chitin)
- 갑각류의 구조형성 다당류로서 바다가재, 게, 새우 등의 갑각류와 곤충류 껍질 층에 포함되어 있다.
- N-acetyl glucosamine들이 β-1,4 glucoside 결합으로 연결된 고분자의 다당류로서 영양성분은 아닌 물질이다.

36 ① 카라기난(carrageenan)
- 홍조류에 함유된 다당류이다.
- 분자 중에 황산기를 가지고 있는 황산화 갈락토오스의 수와 결합된 위치에 따라 카파(κ), 아이오타(ι), 람다(λ)로 구분한다.

37 ③ 곤약
- 토란과에 속하는 다년생 식물로 수분 92%, 탄수화물 6%, 단백질 1%, 지질 0.1% 정도 함유되어 있다.
- 탄수화물의 주성분은 클루코만난으로 glucose 1분자에 mannose 2분자의 비율로 결합된 복합다당류이다.

38 ② 싸이클로덱스트린(cyclodextrin)
- cyclodextrin은 6~8개의 포도당이 β-1,4 결합된 비환원성 maltoligo 당이다.
- 환상 결합을 하고 있으며, 내부는 소수성(hydrophobic)을 띠고 외부는 친수성(hydrophilic)을 지님으로써 다양한 물질들을 내부에 포접하는 기능을 가지고 있다.
- 이러한 구조적 성질을 이용하여 휘발성 물질의 포집, 안정화, 산화나 광분해물질을 보호, 물성개선, 계면활성제 역할을 한다.
- 식품에 이용되는 분야
  - 가공식품의 조직감을 향상시키거나 개량

- 쓰거나 떫은맛의 제거나 경감시키는 효과
- 내산화성의 효과
- 풍미를 온화하게 하는 작용
- 수산물, 축산물, 콩비린내 등 특이한 냄새 제거 작용

39 ② 38번 해설 참조

40 ④ 식이섬유(Dietary Fiber)
① 인간의 소화효소로서 분해되지 않는 고분자의 난소화성 다당류이다.
② 식이섬유 특성

수용성 식이섬유	보수력이 매우 뛰어나 장운동을 촉진시켜 장 내용물의 장내 통과시간을 단축시키고 대변 량을 증가시켜 준다. 펙틴, 검, 해조다당류 등이 있다.
불용성 식이섬유	보수력이 낮아 수용성 식이섬유에 비하여 장운동에 대한 역할이 떨어지지만 대변의 장 통과 시간을 단축시키게 해준다. 셀룰로오스, 헤미셀룰로오스, 리그닌 등이 있다.

③ 식이섬유의 생리적 기능
- 소장에서 당질의 흡수를 지연시켜 식사 후 혈당치의 급격한 상승을 억제
- 콜레스테롤을 흡착하여 배출
- 장내 독성물질을 흡착하여 배설함
- 포만감을 부여하여 과식을 방지함
- 장액의 분비를 촉진시켜 소화를 도와 줌
- 변의 양을 많게 하고 수분을 많이 흡수하여 쾌변을 유도
- 비피더스균 등 유익한 장내세균을 증식시켜 유기산을 생성하여 장운동을 촉진함으로써 정장작용을 도와 변비를 예방
- 너무 많이 섭취하면 칼슘, 철분, 아연 등 무기질의 흡수 방해

41 ② 얄라핀(jalapin)
- 생고구마 절단면에서 나오는 백색 유액의 주성분이다.
- 주로 미숙한 것에 많다.
- jalap에서 얻어진 방향족 탄화수소의 배당체$(C_{35}H_{56}O_{16})$이다.
- 강한 점성의 원인물질이다.
- 공기 중에 그대로 두면 공존하는 폴리페놀과의 작용으로 산화하여 흑색으로 변하게 된다.

42 ③ 잔탄 검(xanthan gum)
- glucose에 대하여 *Xanthomonas campestris*의 발효 과정에서 형성되는 극히 점도가 큰 gum질이다.
- 의가소성이 가장 커서 강하게 교반할수록 외관상의

점성이 감소하므로 식품가공 시 바람직한 유동성을 주는 gum이다.

43 ③ **탄수화물**
- C, H, O의 3원소로 구성되어 있다.
- 화학적으로 분자구조 내에 2개 이상의 수산기(–OH)와 1개의 aldehyde기(–CHO), 또는 ketone기(=CO)를 가지는 물질 또는 그 유도체이다.

44 ④ **선광도**

$$[a]_D^t = \frac{100 \times a}{L \times C}$$

- t : 시료온도(℃)
- D : 나트륨의 D선(편광)
- a : 측정한 선광도
- L : 관의 길이(dm)
- C : 농도(g/100mL)

$$[a]_D^{20} = \frac{100 \times (5)}{1 \times 5} = +100°$$

45 ④ **포도당의 평형 혼합물**
- D–glucose는 보통 a–glucopyranose($[a]_D^{20}$+112°)와 β–glucopyranose($[a]_D^{20}$+18.7°)의 두 개의 이성체로 존재하지만 수용액 중에서는 변성광에 의해서 평형치($[a]_D^{20}$+52.7°)에 달한다.
- 이 상태가 β형 63.8%, a형 36.2%의 평형 혼합물이다.

46 ① **단당류 분자의 하이드록시기의 주요 화학 반응**
- 에스터와 에테르의 형성
- 헤미 아세탈 생성
- 카르보닐기로의 산화

47 ② **환원당과 비환원당**
- 단당류는 다른 화합물을 환원시키는 성질이 있어 $CuSO_4$의 알칼리 용액에 넣고 가열하면 구리이온과 산화 환원반응을 한다.
- 당의 알데히드(R–CHO)는 산화되어 산(R–COOH)이 되고 구리이온은 청색의 2가 이온($CuSO_4$)에서 적색의 1가이온(Cu_2O)으로 환원된다.
- 이 반응에서 적색 침전을 형성하는 당을 환원당, 형성하지 않은 당을 비환원당이라 한다.
- 환원당에는 glucose, fructose, lactose가 있고, 비환원당은 sucrose이다.

48 ② **dextrin의 요오드 정색반응**

- 가용성 전분의 정색반응은 청색을 띤다.
- amylodextrin의 정색반응은 푸른 적색을 띤다.
- erythrodextrin의 정색반응은 적갈색을 띤다.
- achrodextrin의 정색반응은 일으키지 않는다.
- maltodextrin의 정색반응은 무색이다.

49 ④ **전분의 호화**
- 생전분(β전분)에 다량의 물을 넣고 가열하였을 때 소화되기 쉬운 a전분으로 되는 현상이다.
- 수분이 많을수록 호화가 잘 일어나며 적으면 느리다.
- 호화에 필요한 최저온도는 전분의 종류나 수분함량에 따라 다르지만 보통 60℃ 정도이다.
- 호화가 일어나면 X선에 대하여 뚜렷한 회절도를 나타내지 않은 V도형을 나타낸다.

50 ② **호화전분의 물리적 성질**
- 수분흡수에 따라 팽윤(swelling)된다.
- 용해성과 점도가 증가한다.
- 광선의 투과율이 증가한다.
- 비등방성(anistropy)은 없어진다.
- 전분 gel은 thixotropic gel의 성질을 나타낸다.
- 소화되기 쉽다

51 ④ **호화에 미치는 영향**
- 수분 : 전분의 수분 함량이 많을수록 호화는 잘 일어난다.
- starch 종류 : 호화는 전분의 종류에 큰 영향을 받는데 이것은 전분 입자들의 구조의 차이에 기인한다.
- 온도 : 호화에 필요한 최저 온도는 대개 60℃ 정도다. 온도가 높으면 호화의 시간이 빠르다. 쌀은 70℃에서는 수 시간 걸리나 100℃에서는 20분 정도이다.
- pH : 알칼리성에서는 팽윤과 호화가 촉진된다.
- 염류 : 일부 염류는 전분 알맹이의 팽윤과 호화를 촉진시킨다. 일반적으로 음이온이 팽윤제로서 작용이 강하다(OH^- 〉CNS^- 〉Br^- 〉Cl^-). 한편, 황산염은 호화를 억제한다.

52 ③ **전분의 호화를 촉진시켜 주는 염류**
- 일반적으로 음이온이 팽윤제로서 작용이 강하다.
- 음이온 중 OH^- 〉CNS^- 〉I^- 〉Br^- 〉Cl^- 등이 있으나 황산염들은 예외적으로 호화를 억제한다.

53 ② **51번 해설 참조**

54 ④ **전분의 호정화(dextrinization)**
- 전분에 물을 가하지 않고 160℃ 이상 가열하면 가용성전분을 거쳐 dextrin으로 변화하는 현상

- 콩, 깨 볶음, 구운 식빵, 아침식사용 곡류 가공품, 쌀, 옥수수의 뻥 튀김 등

55 ① **전분의 노화(retrogradation)**

① α 전분(호화전분)을 실온에 방치할 때 차차 굳어져 micelle 구조의 β 전분으로 되돌아 가는 현상을 노화라 한다.

② 노화된 전분은 호화 전분보다 효소의 작용을 받기 어려우며 소화가 잘 안 된다.

③ 전분의 노화에 영향을 주는 인자

- 전분의 종류 : amylose는 선상분자로서 입체장애가 없기 때문에 노화하기 쉽고, amylopectin은 분지분자로서 입체장애 때문에 노화가 어렵다.
- 전분의 농도 : 전분의 농도가 증가됨에 따라 노화속도는 빨라진다.
- 수분함량 : 30~60%에서 가장 노화하기 쉬우며, 10% 이하에서는 어렵고, 수분이 매우 많은 때도 어렵다.
- 온도 : 노화에 가장 알맞은 온도는 0~5°C이며, 60°C 이상의 온도와 동결 때는 노화가 일어나지 않는다.
- pH : 다량의 OH 이온(알칼리)은 starch의 수화를 촉진하고, 반대로 다량의 H 이온(산성)은 노화를 촉진한다.
- 염류 또는 각종이온 : 주로 노화를 억제한다.

56 ③ **55번 해설 참조**

57 ① **전분의 노화(retrogradation)**

- Amylose의 비율이 높은 전분일수록 노화가 빨리 일어나고, amylopectin 비율이 높은 전분일수록 노화되기 어렵다. 즉 옥수수, 밀은 노화하기 쉽고, 고구마, 타피오카는 노화하기 어려우며, 찰옥수수 전분은 amylopection이 주성분이기 때문에 노화가 가장 어렵다.
- β-전분의 X선 간섭도는 원료 전분의 종류에 관계없이 항상 B형의 간섭도를 나타낸다.

58 ③ **57번 해설 참조**

59 ① **전분의 노화 억제 방법**

- 수분함량의 조절 : 수분 30% 이하, 또는 60% 이상에서는 그 속도가 급격히 감소되며, 특히 10~15%이하에서는 거의 일어나지 않는다.
- 냉동방법 : 0℃이하로 냉동시키면 전분의 노화는 일시적으로 억제되나 식품의 빙점 이하에서 수분 함량을 15 % 이하로 탈수하는 것이 효과적이다.

- 설탕의 첨가 : 설탕은 탈수제로 작용하므로 호화전분을 단시간에 건조시킨 것과 같은 효과를 가진다.
- 유화제 사용 : monoglyceride, diglyceride, sucrose fatty acid ester 등의 일부 유화제는 전분의 콜로이드 용액의 안정도를 증가시켜 노화를 억제하여 준다.

지질

01 ④ **지질의 분류(이론 p142 참조)**

02 ③ **인지질(phospholipid)**

① 중성지방(triglyceride)에서 1분자의 지방산이 인산기 또는 인산기와 질소를 포함한 화합물로 복합지질의 일종이다.

② 종류 : 레시틴(lecithin), 세팔린(cephalin), 스핑고미엘린(spingomyelin), 카르디올리핀(cardiolipin) 등

※ cerebrosides : 당지질 일종이다.

03 ① **인지질인 phosphoinositide류**

- phosphatidyl inositol류 라고도 하며 phosphatic acid의 인산기에 mesoinositol이 ester 결합한 것이다.
- 동물의 뇌, 심장, 신경조직 중의 지방질, 대두, 밀 등의 곡류의 배아, 효모 등에 존재한다.

04 ④ **대표적인 포화 지방산**

- butyric aicd, caproic acid, caprylic acid, capric acid, lauric acid, myristic acid, palmitic acid, stearic acid, arachidic acid 등이 있다.

※ linoleic acid는 불포화지방산이다.

05 ② **식용유지의 지방산**

palmitic acid(16:0), stearic acid(18:0), oleic acid(18:1), linoleic acid(18:2) 등의 지방산이 많이 함유되어 있고, butyric acid(4:0)등 저급포화지방산 함량은 적다.

06 ③ **트랜스지방**

- 영양성분별 세부표시방법에서 트랜스지방은 0.5g 미만은 "0.5g 미만" 으로 표시할 수 있으며, 0.2g 미만은 "0"으로 표시할 수 있다. 다만, 식용유지류 제품은 100g당 2g 미만일 경우 "0"으로 표시할 수 있다.
- 트랜스지방 섭취는 LDL콜레스테롤 수치를 높인다.
- 자연상태의 지방산은 트랜스지방산이 거의 없다.

07 ② 스테롤(sterol)의 종류

동물성 sterol	cholesterol, coprosterol, 7-de-hydrocholesterol, lanosterol 등
식물성 sterol	sitosterol, stigma sterol, dihy-drositosterol 등
효모가 생산하는 sterol	ergosterol

08 ④ 콜레스테롤(cholesterol)
- 동물의 뇌, 근육, 신경조직, 담즙, 혈액 등에 유리상태 또는 고급지방산과 ester를 형성하여 존재한다.
- 인지질과 함께 세포막을 구성하는 주요성분이다.
- 성호르몬, 부신피질, 비타민 D 등의 전구체이다.
- 혈중에 많이 함유되어 있을 경우 동맥경화, 고혈압, 뇌출혈 등의 원인이 된다.

09 ② 혈청 콜레스테롤을 낮출 수 있는 성분
- HDL : 혈관벽과 같은 말초조직에 축적되어 있는 콜레스테롤을 간으로 운반해 혈액내의 콜레스테롤을 제거할 수 있도록 도와주는 역할을 한다.
- 리놀레산(ω-6계 지방산) : 혈액 내의 콜레스테롤치를 낮추어 심장질환의 발병위험을 낮출 수 있으나, 과량 섭취 시는 HDL을 낮출 수 있다.
- 리놀렌산(ω-3계 지방산) : 혈액 내의 중성지방, 콜레스테롤치를 감소시키는 효과가 있어 심장질환의 발병위험을 낮추게 한다.
- 시토스테롤(sitosterol)은 콜레스테롤의 흡수억제 효과가 뛰어나 콜레스테롤 및 고지방에 의한 성인병의 치료 및 예방 효과가 있다.

10 ③ 스쿠알렌(Squalene)
- 불검화물의 일종이며 대표적인 불포화 탄화수소이다.
- 상어간유에 83%, 올리브유에 0.4~0.7%, 기타 미강유, 효모에도 존재한다.
- 분자식은 $C_{30}H_{50}$으로서, 6개 isoprene 단위를 가진 구조를 취하고 있으며 각종 sterol류의 전구물질이다.

11 ④ 카카오 버터(Cocoa butter)
- 카카오 매스에서 뽑아내는 지방질이다.
- 발효한 뒤 볶은 카카오 콩을 껍질과 배아를 제외하고 으깬 카카오 매스에서 코코아 버터를 적당히 뽑아내고 분말화한 것이 일반적으로 말하는 코코아이다.
- 팔미트산(26~30%), 올레산(39~43%), 스테아르산(31~36%), 리놀산(2~2.1%)으로 구성된 중성지방이 주요성분이다.

12 ② 곡류의 지방
- 1~7%로 미량 존재한다.
- 배유부보다 배아부에 더 많이 분포되어 있다.
- 올레산(oleic acid)과 리놀렌산(linoleic acid) 함량이 높다.
- 불포화지방산이 함량이 높지만 α-tocopherol 함량이 높아 산패가 쉽게 일어나지 않는다.
- 모든 곡류는 콜레스테롤이 거의 없다.

13 ④ 유지의 굴절률
- 일반적으로 20℃에서 1.44~1.47 정도이다.
- 지방산의 탄소수가 많을수록(분자량이 클수록) 증가한다.
- 불포화도가 클수록 증가한다.
- 지방산의 탄소수가 많을수록(분자량이 클수록) 증가한다.
- 저급지방산을 많이 함유한 유지의 굴절률은 낮다.
- 산도가 높은 유지는 굴절률이 낮다.
- 산가 및 검화가가 클수록, 요오드가가 낮을수록 굴절률은 감소한다.
- 가열에 의해 굴절률이 증가한다.

14 ② 유지의 검화
- 유지의 알칼리에 의한 가수분해를 검화라고 한다.
- 트리스테아린(tristearin), 세레브로사이드(cerebrosides), 레시틴(lecithin)은 검화할 수 있는 지방질이다.
- 토코페롤(tocopherol)은 steroid핵을 갖는 sterol로 검화될 수 없는 불검화물이다.

15 ④ 요오드가(iodine value)
- 유지 100g 중에 첨가되는 요오드의 g수를 말한다.
- 유지의 불포화도가 높을수록 요오드가가 높기 때문에 요오드가는 유지의 불포화 정도를 측정하는 데 이용된다.
- 고체지방 50 이하, 불건성유 100 이하, 건성유 130 이상, 반건성유 100~130 정도이다.

16 ④ 검화(saponification) 또는 비누화
- 유지를 알칼리로 가수분해하면 글리세롤과 지방산으로 분해되고 분해된 지방산은 알칼리와 결합하여 알칼리염인 비누가 생성되는 과정이다.
- 중성지방, 인지질, 왁스류, 트리팔미틴 등은 검화물이고, sterol류(cholesterol, stigmasterol, sitosterol 등), 라이코펜 등은 불검화물이다.

17 ② **유지의 화학적 특성**

- Polenske value : 유지에 함유된 불용성 휘발성 지방산의 함량을 나타내는 값이다. 야자유 검사에 이용한다.
- Reichert-Meissl : 유지에 함유된 수용성 휘발성 저급지방산의 함량을 나타내는 값이다. 버터의 순도나 위조검정에 이용한다.
- Acetyl value : 유지에 존재하는 수산기(OH)를 가진 지방산의 함량을 나타내는 값이다.
- Hener value : 유지에 존재하는 불용성 지방산의 비율을 나타내는 값이다. 일반적으로 95 내외이다.

18 ④ **유지의 경화**

- 액체 유지에 환원 니켈(Ni) 등을 촉매로 하여 수소를 첨가하는 반응을 말한다.
- 수소의 첨가는 유지 중의 불포화지방산을 포화지방산으로 만들게 되므로 액체 지방이 고체 지방이 된다.
- 경화유 제조 공정 중 유지에 수소를 첨가하는 목적
  - 글리세리드의 불포화 결합에 수소를 첨가하여 산화 안정성을 좋게 한다.
  - 유지에 가소성이나 경도를 부여하여 물리적 성질을 개선한다.
  - 색깔을 개선한다.
  - 식품으로서의 냄새, 풍미를 개선한다.
- 경화유는 유지의 산화안정성, 물리적 성질, 색깔, 냄새 및 풍미 등이 개선된다.

19 ① **18번 해설 참조**

20 ② **유지 산패의 유형 분류**

산화형 산패	• 유지가 산소를 흡수함으로써 일어남 • 비효소적 산화형 산패 : 자동산화 • 효소적 산화형 산패
비산화형 산패	• 가수분해형 산패 • 케톤 생성형 산패

21 ④ **유지의 산패**

- 일반적으로 불포화도가 높은 지방산일수록 산화되기 쉽다.
- 불포화지방산에서 cis형이 tran형보다 산화되기 쉽다.
- 스테아르산(stearic acid)과 라우르산(lauric acid)은 포화지방산이고, 올레산(oleic acid)은 2중 결합 1개 함유하고, 리놀렌산(linolenic acid)은 2중 결합 3개 함유하고 있다.

22 ① **유지의 산패**

- 유지분자 중 2중 결합이 많으면 활성화되는 methylene기($-CH_2$)의 수가 증가하므로 자동산화속도는 빨라진다.
- 2중 결합이 가장 많은 arachidonic acid가 가장 산패가 빠르다.
- arachidonic acid($C_{20:4}$), linoleic acid($C_{18:2}$), stearic acid($C_{18:0}$), palmitic acid($C_{16:0}$)

23 ③ **유지의 자동산화**

- 식용 유지나 지방질 성분은 공기와 접촉하여 비교적 낮은 온도에서도 자연발생적으로 산소를 흡수하여 산화가 일어난다.
- 자동산화 초기반응은 유지분자 또는 불순물로 존재하는 다른 어떤 물질(금속이온, 색소, 원래 존재하는 peroxides, 미량 존재하는 물)들이 가열, 산소, 빛 에너지에 의하여 활성화되어 free radical을 형성하는 과정이다.

$$RH \rightarrow R\dot{} + H\dot{}(free\ radical\ 생성)$$

- 자동산화가 진행됨에 따라 과산화물가는 일단 최고치에 도달한 후 다시 감소하기 때문에 산패가 발생한 지 오래된 유지나 지방질 식품의 과산화물가가 의외로 낮을 때가 있다.
- 유지 중의 불포화지방산이 산화에 의하여 분해되면서 알데히드(aldehyde), 케톤(ketone), 알콜(alcohol), 산 등이 생성된다. 이들 생성물에 의하여 불쾌한 냄새와 맛을 내게 된다.
- 상대적으로 불포화지방산 함량은 감소하고 포화지방산 함량은 증가한다.
- 지방의 자동산화를 촉진하는 인자 : 온도, 금속(Pb〉Cu〉Sn, Zn〉Fe〉Al〉Ag), 불포화도, 광선, 산소, 수분, heme 화합물, chlorophyll 등의 감광물질 등이 있다.

24 ④ **23번 해설 참조**

25 ② **23번 해설 참조**

26 ③ **lipoxygenase**

- 산화환원효소의 일종이다.
- 필수지방산(linoleic acid, linolenic acid, arachidonic acid) 및 그 ester만을 산화하는 특이성을 가지고 있다.
- 동물조직에 널리 분포한다. 식물로서는 콩, 가지, 감자, 꽃양배추 등이 활성이 높다.
- 최적 pH 6.5~7.0과 9.0이다.

27 ② 유지의 산화속도에 미치는 수분활성도의 영향
- 단분자층 형성의 수분함량 영역일 때 가장 안정하다.
- 단분자층 형성 수분 함량보다 수분활성이 감소하거나 증가함에 따라 유지의 산화 속도는 증가한다.

28 ③ 유지의 자동산화가 발생할 때
- 저장기간이 지남에 따라 산가, 과산화물가, 카보닐가 등이 증가하고 요오드가는 감소한다.
- 유지의 점도, 비중, 굴절율, 포립성 등이 증가하고, 발연점이나 색조는 저하한다.

29 ① 유지의 가열산화에 의한 변화
유지를 공기 중에서 200~300℃ 정도로 가열하면 유리기가 서로 결합하여 점차 점도가 증가하게 되는데 이것은 열산화 중합 때문이다.

30 ① 변향(flavor reversion)이란
- 유지는 산패가 일어나기 전에 풋내와 비린내와 같은 이취(off-flavor)를 발생하는데 이러한 현상을 말한다.
- 변향의 원인이 되는 linolenic acid와 isolinoleic acid를 함유한 유지가 공기에 노출될 때 변향 현상이 일어난다.
- linolenic acid 함량이 많은 대두유, 아마인유, 어유 등은 변향이 일어나기 쉽고, 또한 수소 첨가된 isolinoleic acid 함량이 많은 유지에서 일어나기 쉽다.
- linolenic acid 함량이 적은 옥수수유는 변향이 일어나기 어렵다.

31 ② 항산화제란
- 미량으로 유지의 산화속도를 억제하여 주는 물질을 말한다.
- free radical에 용이하게 수소원자를 주어 연쇄반응을 중절시켜 항산화 작용을 한다.

32 ④ 세사몰(sesamol)
- 참깨기름에 존재하는 천연 항산화제이다.
- 참깨기름이 쉽게 산패되지 않는 것은 바로 이 sesamol 때문이다.
- 참깨에는 배당체인 sesamolin의 형태로 존재한다.

33 ③ 항산화제(antioxidant)의 작용 기작
- 유지의 산화를 억제하는 물질을 산화방지제 또는 항산화제라고 한다.
- 항산화제는 자동산화 과정의 제1단계에서 생성되는 과산화물(hydroperoxide)의 생성속도를 억제하지만 일단 생성된 hydroperoxide나 그 외의 과산화물이 carbonyl compounds로 분해되는 과정에는 억제를 하지 못한다.

34 ④ 효력 증강제(synergist, 상승제)
- 그 자신은 산화 정지작용이 별로 없지만 다른 산화방지제의 작용을 증강시키는 효과(synergism)가 있는 물질을 말한다.
- 종류 : 아스코브산(ascorbic acid), 구연산(citric acid), 말레인산(maleic acid), 타르타르산(tartaric acid), 인산(phosphoric acid) 등의 유기산류나 폴리인산염, 메타인산염 등의 축합인산류가 있고, 또 glycine, alanine 등의 amino acid도 있다.
- 인지질에 속한 lecithin은 약한 항산화 작용을 가지고 있으며 synergist 역할을 한다.

35 ④
EDTA는 유지식품의 변질원인이 되는 금속이온과 쉽게 결합하여 착염을 형성함으로써 항산화작용을 나타낸다.

36 ④ 유지의 물리적 성질

발연점	유지를 가열할 때 유지 표면에서 엷은 푸른 연기가 발생하기 시작하는 온도
연화점	고형물질이 가열에 의하여 변형되어 연화를 일으키기 시작하는 온도
인화점	유지를 발연점 이상으로 가열할 때 유지에서 발생하는 증기가 공기와 혼합되어 발화하는 온도
연소점	인화점에 달한 후 다시 가열을 계속해 연소가 5초간 계속되었을 때의 최초 온도

37 ① 36번 해설 참조

38 ③ 유지의 녹는점(melting point)
- 포화지방산은 불포화지방산보다 융점이 높다.
- 포화지방산 중에서도 탄소가 많을수록 융점이 높아진다.
- 불포화지방산은 2중 결합수가 많을수록 융점은 낮아진다.
- 동물성 유지는 식물성 유지보다 융점이 높다.
- 일반적으로 상온에서 식물성 유지는 액체이고 동물성 유지는 고체이다.

39 ④ 유지의 산패 측정방법

물리적 방법	산소 흡수 속도측정
화학적 방법	TBA가, 과산화물가, carbonyl가, AOM가가 있고, 그 외에 oven test, kreis test가 있다.

※ 비누화값(검화값)은 유지의 분자량을 알 수 있다.

40 ② 유지의 산패도 측정

- 인체의 감각기관을 이용한 관능검사와 산소의 흡수속도, hydroperoxide의 생성량, carbonyl 화합물의 생성량 등을 측정하는 방법이 있다.
- 유지의 산패도 측정법에는 Oven test, AOM(active oxygen method)법, 과산화물가(peroxide value), TBA(thiobartaric acid value), Carbonyl 화합물의 측정, Kreis test 등이 있다.

41 ④ 식용유지의 과산화물가(peroxide value)

- 유지를 유기용매에 용해시킨 후 KI를 가하면 KI로부터 형성된 요오드 이온(I^-)이 유지중의 과산화물과 반응하여 I_2를 생성하게 되는데 이 I_2의 양을 $Na_2S_2O_3$ 표준용액으로 적정하여 과산화물의 양을 측정하는 것이다.
- 이온가로 밀리몰(mM/kg)을 곱한 값이 밀리당량(meq/kg)이다. 과산화물가는 2가 이온(I_2)을 적정하므로 2mM/kg은 meq/kg과 같다. 따라서 과산화물가 80meq/kg은 40mM/kg과 같다.

42 ① 유지 산패 측정법

- 과산화물가(peroxide value)와 공액 이중산값(conjugated dienoic acid)은 1차 산화생성물인 지방 하이드로퍼옥사이드를 측정하는 방법이다.
- 아니시딘값(anisidine value)은 유지의 산패과정에서 생성된 이차산화생성물인 2-alkenal을 측정하는 방법이다.
- 휘발성분 중 헥사날(hexanal)은 불포화지방산인 리놀레산(linoleic acid)이 산화 시 발생하는 성분으로 이차산화 정도를 측정하는데 활용된다.
- TBA(thiobarbituric acid value)는 유지의 산패과정에서 생성되는 지방산화 2차 생성물인 말론알데히드(malonaldehyde)를 측정하는 방법이다.

43 ④ TBA시험법

- 유지의 산패도를 측정하는 방법이다.
- 산화된 유지 속의 어떤 특정 카아보닐 화합물이 적색의 복합체를 형성하며, 이 적색의 강도로 나타낸다.

44 ① 유지를 가열하면

유지의 가열산화에 의해서 점도의 증가, 요오드가 감소, 과산화물가의 증가, 요소와 화합물을 형성하지 않는 지방산 ester의 증가, 색깔의 변화, 유리지방산 함량의 증가 즉 불포화지방산 함량의 감소가 일어난다.

45 ② 유지의 가열에 따른 주요 변화

중합체	유지를 산소가 없는 상태에서 200~300℃로 가열하면 2중체, 3중체 등 중합체가 형성된다.
열산화중합	유지를 공기가 있는 상태에서 200~300℃로 가열하면 열산화중합이 일어난다. 유리기가 서로 결합하여 점차 점도가 증가한다.
가열분해	유지를 가열하면 150℃ 부근에서 ester 결합이 분해되어 유리지방산과 aldehyde 등이 생성된다.

단백질

01 ④ 단백질을 구성하는 아미노산의 원소조성

- C(50~52%), H(6~8%), O(22~24%), N(15~19%) 그리고 S(0~4%)이다.
- 그 외 P 및 미량의 Fe, Cu, Zn 등이 포함되어 있다.

02 ③ 부제탄소(asymmetric carbon)원자

- 하나의 탄소 원자에 4개의 각각 다른 원소나 기가 연결되어 있는 탄소를 말한다.
- 글리신(glycine)은 중성 아미노산으로 아미노산 중에서 부제탄소원자를 가지지 않는 유일한 것으로, 광학이성질체가 존재하지 않는다.

03 ③ 아미노산의 종류

- 지방족 아미노산 : glycine, valine, leucine, alanine, isoleucine, serine 등
- 환상 아미노산 : phenylalanine, tyrosine, tryptophan 등
- 산성 아미노산 : aspartic acid, glutamic acid 등
- 염기성 아미노산 : lysine, arginine, histidine 등
- 함유황 아미노산 : cysteine, cystine, methionine 등

04 ② 식품 단백질을 구성하는 아미노산

- 지방족, 비극성 : glycine, alanine, valine, leucine, isoleucine

- 알코올성(지방족과 방향족) : serine, threonine
- 방향족 : tyrosine, phenylalanine, tryptophan,
- carbonyl 산 : aspartic acid, glutamic acid,
- amine 염기 : lysine, arginine, histidine
- 함유황 : cysteine, methionine
- amide : asparagine, glutamine
- imine : proline

05 ② 글루타티온(glutathione)
- γ-glutamic acid, cysteine 및 glycine으로 되어 있는 아미노산 중합체이다.
- 생물체에 광범위하게 분포되어 있다. 간과 신장에 가장 많이 포함되어 있다.
- 활성산소와 과산화물을 감소하는 항산화제 역할을 한다.

06 ① 알부민(albumin)
동식물계에서 널리 발견되며 물, 묽은 산, 묽은 알칼리, 염류용액에 잘 녹으며 열과 알코올에 의하여 응고된다.

07 ③ 쌀, 보리, 밀 등 곡류의 단백질
lysine, tryptophan, 함황아미노산 등의 함유량이 적다.

08 ① 제한 아미노산
- 필수아미노산 중에서 가장 적게 함유되어 있고 비율이 낮은 아미노산을 말한다.
- 우유나 두류에는 메티오닌이 부족하고, 쌀은 라이신이 부족하고, 옥수수는 라이신, 트립토판이 부족하고 밀은 라이신, 메티오닌, 트레오닌이 부족하다.

09 ① 쌀 단백질의 아미노산 조성
- 동물성 식품의 단백질에 비하여 lysine, tryptophan 등의 함량이 적다.
- lysine은 필수 아미노산으로 육류, 우유, 치즈, 효모, 콩류, 계란 등의 식품에 풍부하게 들어 있다.

10 ① 대두 단백질 중 trypsin의 작용을 억제하는 물질
콩에 함유된 일부 albumin은 단백질 분해효소인 trypsin의 작용을 억제하는 물질, trypsin 억제물질로서 작용한다.

11 ① 곡류 단백질
- 글루테린(glutelin)에는 oryzenin(쌀), glutenin(밀), hordenin(보리) 등
- 프로라민(prolamin)에는 gliadin(밀), zein(옥수수), hordein(보리), sativin(귀리) 등

※ 우유에는 카제인(casein), 대두에는 glycinin, 감자에는 tuberin이란 단백질이 들어 있다.

12 ② 글루텐(gluten)
gliadin(prolamin의 일종)과 glutenin(glutelin의 일종)의 혼합물이다.

13 ④ 11번 해설 참조

14 ④ 밀의 중요한 단백질
- gliadin(prolamin의 일종)과 glutenin(glutelin의 일종)이 각각 40% 정도로 대부분을 차지하며 이들의 혼합물을 글루텐(gluten)이라한다.
- 밀 단백질의 구조를 보면 -S-S-결합이 선상으로 길어진 글루테닌(glutenin) 분자가 연속뼈대를 만들어 글루텐의 사슬 내에 -S-S-결합으로 치밀한 대칭형을 이룸으로써 뼈대 사이를 메워 점성을 나타내며 유동성을 가지게 된다.
- 글루텐의 물리적 성질은 글루테닌에 대한 글리아딘(gliadin)의 비율로써 설명할 수 있으며 글리아딘의 양이 많을수록 신장성이 커진다.

15 ④ 14번 해설 참조

16 ① 식품별 주요 단백질

쌀의 단백질	oryzenin	밀, 호밀	gliadin
보리	hordenin	대두	glycinin
고구마	ipomain	감자	tuberin
콩	glycinin	옥수수	zein

17 ④ 곡류의 단백질
- 곡류 단백질 : 대부분 글루텔린(glutelin)과 프롤라민(prolamin)
- 쌀 단백질 : 글루텔린(glutelin)에 속하는 오리제닌(oryzenin)
- 보리 단백질 : 프롤라민(prolamin)에 속하는 호르데인(hordein)
- 옥수수 단백질 : 프롤라민(prolamin)에 속하는 제인(zein)

18 ② 근원섬유 단백질
- 근원섬유에 존재하는 섬유상의 단백질로 전체 육단백질의 60% 정도를 차지한다.
- myosin(50~58%), actin(15~20%), tropomyosin(4~6%), tropoin(4~6%), α-actin(2~3%),

β-actin(1% 이하), M-protein(3~5%), C-protein (2.5~3%) 등으로 구성되어 있다.

19 ④ 섬유상 단백질
- 근원섬유에 존재하는 단백질이다.
- 근수축에 관여하는 수축단백질인 미오신, 액틴, 액토미오신과 조절기능을 갖는 조절단백질인 트로포미오신, 트로포닌 등이 있다.
- 콜라겐, 젤라틴, 엘라스틴, 케라틴 등이 있다.
- ※ 미오글로빈(육색소)은 근장단백질로 1분자의 글로빈과 1분자의 heme과 결합하여 산소의 저장작용을 한다.
- ※ 헤모글로빈(혈색소)은 색소단백질로 1분자의 글로빈과 4분자의 heme과 결합하여 산소의 운반작용을 한다.

20 ③ 고기의 사후강직
사후 ATP가 소실된 근육에서는 myosin 필라메트와 actin 필라메트 간에 서로 미끄러져 들어가는 현상이 일어나게 되어 근육은 수축하게 되고 또한 actin과 myosin 간에 강한 결합(actomyosin)이 일어나서 경직이 지속된다.

21 ② 알부민(albumin)계의 단백질
물, 염류용액, 묽은 산, 묽은 알칼리에 잘 녹으며 가열에 의하여 응고되고 포화 $(NH_4)_2SO_4$로 침전된다.

동물성 albumin	ovalbumin(난백), lactalbumin(우유), serumalbumin(혈청), myogen(근육) 등
식물성 albumin	leucosin(밀), leucosin(완두), ricin(피마자) 등

22 ① 동물성 단백질
- 액틴과 미오신의 결합이 ATP에서 유리되는 에너지를 이용하여 결합체를 만들고 또 끊어지고 하면서 근육의 이완·수축이 이루어진다.
- 액틴은 구형의 G-actin과 섬유상의 F-actin으로 두 가지가 있으며 이들은 가역적으로 변화한다.
  G-actin-ATP ⇆ F-actin-ADP+Pi+에너지.
- 엘라스틴은 망상구조의 탄성섬유를 구성하며 반추동물의 목부분을 차지하는 경부인대에 특히 많고 노령 가축이나 운동량이 많은 근육에 들어있다.

23 ④ 콜라겐(collagen)
- 콜라겐의 전구물질은 tropocollagen이고, 이 tropocollagen이 3~4개씩 합쳐져 콜라겐의 원섬유가 된다.
- 콜라겐은 피부, 혈관, 뼈, 치아, 근육 등 체내 모든 결합조직의 주된 단백질로서의 기능을 수행하는 성분으로 이 외의 다른 장기에서는 세포 사이를 메우고 있는 매트릭스 상태로도 존재한다.
- 콜라겐은 물과 함께 장시간 가열하면 변성되어 가용성인 gelatin이 되어 용출된다.

24 ④ 23번 해설 참조

25 ③ 오브알부민(ovalbumin)
난백단백질의 약 54%를 차지하고 있는 단백질로서 가열에 의해서 난백이 변성 응고할 때의 주 역할을 한다.
- ※ 콘알부민(conalbumin)은 난백단백질의 12~13%, 오보뮤코이드(ovomucoid)는 11%, 라이소자임(lysozyme)은 3.5%를 차지한다.

26 ④ 난황 단백질
난황 단백질에서 인지질(phospholipid)과 비텔린(vitellin)과의 결합물은 lipovitellin이다.

27 ③ 단백질
등전점에서의 단백질용액은 불안정하여 침전되기 쉽고, 용해성, 삼투압과 점성은 최소가 되고 흡착력과 기포력은 최대가 된다.

28 ③ 아미노산의 성질

광학적 성질	glycine을 제외한 아미노산은 비대칭 탄소 원자를 가지고 있으므로 2개의 광학 이성질체가 존재한다. 단백질을 구성하는 아미노산은 대부분 L-형이다.
자외선 흡수성	아미노산 중 tyrosine, tryptophan, phenylalanine은 자외선을 흡수한다. 280nm에서 흡광도를 측정하여 단백질 함량을 구할 수 있다.

29 ① 등전점(isoelectric point)
- 단백질은 산성에서는 양하전으로 해리되어 음극으로 이동하고, 알칼리성에서는 음하전으로 해리되어 양극으로 이동한다. 그러나 양하전과 음하전이 같을 때는 양극, 음극, 어느 쪽으로도 이동하지 않은 상태가 되며, 이때의 pH를 등전점이라 한다.
- 등전점보다 높은 pH에서 단백질은 양이온과 결합한다.

30 ③ 닌하이드린(ninhydrin) 반응
- 아미노산의 $-NH_2$기는 가수분해가 어려우나

ninhydrin은 강한 산화제이므로 아미노산과 함께 가열하면 α–NH_2기를 산화 제거하여 정량적으로 deamination이 일어난다.
- 이때 발생하는 암모니아는 환원된 ninhydrin과 반응하여 청자색 화합물이 생성된다.
- 이 생성물의 흡광도는 처음 있던 –NH_2기의 양에 비례하므로 아미노산 혹은 단백질의 정성, 정량검사에 이용된다.

31 ③ Millon 반응
- 아미노산 용액에 $HgNO_3$와 미량의 아질산을 가하면 단백질이 있는 경우 백색 침전이 생기고 이것을 다시 60~70℃로 가열하면 벽돌색으로 변한다.
- 이는 단백질을 구성하고 있는 아미노산인 티로신, 디옥시페닐알라닌 등의 페놀고리가 수은화합물을 만들고, 아질산에 의해 착색된 수은착염으로 되기 때문이다.

32 ② 질소 환산계수
- 단백질은 약 16%의 질소를 함유하고 있으므로, 식품 중의 단백질을 정량할 때 질소량을 측정하여 이것에 100/16, 즉 6.25(질소계수)를 곱하여 조단백질 함량을 산출한다.
- 이 계수는 단백질 종류에 따라 다르다.
  - 소맥분 수득율100~94% : 5.83
  - 쌀 : 5.95
  - 대두 및 대두제품 : 5.71
  - 팥, 작두콩, 강낭콩 : 6.25

33 ④ 단백질의 구조에 관련되는 결합

1차 구조	peptide 결합
2차 구조	수소결합
3차 구조	이온결합, 수소결합, S–S 결합, 소수성 결합, 정전적인 결합 등

34 ④ 단백질의 변성(denaturation)
① 단백질 분자가 물리적 또는 화학적 작용에 의해 비교적 약한 결합으로 유지되고 있는 고차구조가 변형되는 현상을 말한다.
② 대부분 비가역적 반응이다.
③ 단백질의 변성에 영향을 주는 요소
- 물리적 작용 : 가열, 동결, 건조, 교반, 고압, 조사 및 초음파 등
- 화학적 작용 : 묽은 산, 알칼리, 요소, 계면활성제, 알코올, 알칼로이드, 중금속, 염류 등

④ 단백질 변성에 의한 변화
- 용해도가 감소
- 효소에 대한 감수성 증가
- 단백질의 특유한 생물학적 특성을 상실
- 반응성의 증가
- 친수성 감소

35 ③ 단백질의 열변성
- pH와도 관계가 깊으며 일반적으로 등전점에서 가장 잘 일어난다.
- 예를 들면 ovalbumin의 등전점이 pH 4.8이므로 산을 가해 pH 4.8로 하면 비교적 낮은 온도에서도 잘 응고된다.

36 ③ 34번 해설 참조

37 ② 육의 숙성과정 중 변화
육류를 저온에서 장시간 저장하게 되면 여러 요인에 의해 품질변화가 일어난다.
- 건조에 따른 감량
- 표면경화에 의한 동결상(freezer burn)
- 미생물의 번식에 의한 표면 점질물의 생성(slim), 곰팡이의 변색, bone taint 현상
- 변색, 드립의 발생, 지질산화 등

무기질

01 ③ 인체 내에서 무기염류의 기능
- 체액의 pH와 삼투압을 조절
- 근육이나 신경의 흥분
- 효소를 구성 및 그 기능을 촉진
- 조직을 견고하게 함
- 소화액의 분비, 배뇨작용에도 관계
- 단백질의 용해도를 증가시키는 작용

02 ② 칼슘(Ca)
- 99%가 뼈와 치아에 인산염과 탄산염 형태로 존재하고, 나머지 1%는 혈액, 근육 중에 분포되어 있다.
- 골격의 형성, 신경흥분성 억제, 백혈구의 식균작용, 혈액응고, 호르몬 분비 등 중요한 역할을 한다.
- 세포 외액에 세포 내액보다 약 10mM 정도 많고 특히 연조직 중에 많이 분포되어 있다.

03 ④ 칼슘(Ca) 흡수를 촉진하는 물질
- 칼슘은 산성에서는 가용성이지만 알칼리성에서는 불

용성으로 되기 때문에 유당, 젖산, 단백질, 아미노산 등 장내의 pH를 산성으로 유지하는 물질은 흡수를 좋게 한다.
- 비타민 D, 비타민C, 카제인포스포펩타이드, 올리고당 등은 Ca의 흡수를 촉진한다.
※ 칼슘 흡수를 방해하는 물질 : 시금치의 수산(oxalic acid), 곡류의 피틴산(phytic acid), 탄닌, 식이섬유 등

04 ③ 칼슘대사
- Ca는 산성에서는 가용성이지만 알칼리성에서는 불용성으로 된다.
- 유당, 젖산, 단백질, 아미노산 등은 장내의 pH를 산성으로 만들어 칼슘의 흡수를 좋게 한다.
- 비타민 D는 Ca의 흡수를 촉진한다.
- 시금치의 oxalic acid, 곡류의 phytic acid, 탄닌, 식이섬유 등은 Ca의 흡수를 방해한다.
- 칼시토닌(calcitonin)은 혈액 속의 칼슘량을 조절하는 갑상선 호르몬으로 혈액 속의 칼슘의 농도가 정상치보다 높을 때 그 양을 저하시키는 작용을 한다.

05 ① 나트륨(Na)
① 인체에 60~75g 정도 함유되어 있다.
② 세포 외액에 $NaHCO_3$, $NaPO_4$, $NaCl$로서 존재한다.
③ 나트륨의 기능
- 혈액의 완충작용을 하여 pH를 유지한다.
- 근육수축, 신경의 흥분 억제 및 자극전달에 관여한다.
- 담즙이나 췌액, 장액 등 알칼리성의 소화액 성분이다.
- 세포의 영양분 흡수에 관여한다.
- 혈압을 유지한다.
※ 뼈의 주요 구성성분은 Ca이고 이외에 P, Mg, F가 콜라겐 기질에 침착되어 골격이 형성된다.

06 ③ 곡류의 피틴산(phytic acid)은 철분(Fe) 흡수를 억제한다.

07 ③ 무기질

다량 무기질	• 하루 100mg 이상 필요한 무기질 • 인(P), 황(S), 나트륨(Na), 칼륨(K), 칼슘(Ca), 마그네슘(Mg)
극미량 무기질	• 하루 필요량이 100mg 이하이며 체내의 모든 무기질 중 1% 이하인 무기질 • 철(Fe), 구리(Cu), 망간(Mn), 아연(Zn), 코발트(Co), 몰리브덴(Mo)

08 ④ Fe의 생리작용
- 철은 인체 내 미량 무기질이다.

- 철의 일반적인 결핍 증상은 빈혈이다.

09 ② 골격의 형성
콜라겐 기질에 칼슘(Ca), 인(P), 마그네슘(Mg), 불소(F) 등이 침착되어 골격(뼈, 치아)이 형성된다.

10 ② 요오드의 대사
- Thyroxine이 혈류에 분비되면 요오드는 열량대사를 조절한다. 즉 Thyroxine은 세포 내에서의 산화속도에 영향을 주어 대사율이 증가되면 세포는 더 많은 산소를 사용하게 된다.
- Thyroxine이 증가되면 에너지 대사가 증가되고 thyroxine이 부족하면 대사율이 저하된다.

11 ② 식품의 산성 및 알칼리성

알칼리성 식품	Ca, Mg, Na, K 등의 원소를 많이 함유한 식품. 과실류, 야채류, 해조류, 감자, 당근 등
산성 식품	P, Cl, S, I 등 원소를 함유하고 있는 식품. 고기류, 곡류, 달걀, 콩류 등

12 ④ 식품의 산, 알칼리도
- 식품 100g을 회화하여 얻은 회분을 중화하는 데 소비되는 N-HCl의 mL수를 그 식품의 알카리도라고 한다. 또는 1g의 식품에서 얻은 회분을 중화하는 데 필요한 0.1N-HCl의 mL수로 나타내기도 한다. 이때 사용한 알카리의 양으로부터 산도, 알카리도를 계산한다.

$$식품의\ 산,\ 알칼리도 = \frac{[b-(a+c)\times100]}{S} \times \frac{1}{10}$$

a: 최초에 가한 0.1N NaOH 용액의 mL 수,
b: 회분 용해에 사용한 0.1N HCl 용액의 mL 수,
c: 적정에 소요된 0.1N NaOH 용액의 mL 수,
s: 시료의 채취량(g))

비타민

01 ③ 비타민 B_2(riboflavin)
- 산성 또는 중성에서는 열에 대하여 안정하여 보통 가열 조리의 경우 대부분이 그대로 남게 된다.
- 광선에 대해서는 매우 불안정하여 분해되기 쉽다.
  - 약산성 내지 중성에서 광선에 노출되면 lumichrome으로 변한다.
  - 알칼리성에서 광선에 노출되면 lumiflavin으로 변한다.

02 ③ 지용성 비타민
- 유지 또는 유기용매에 녹는다.
- 생체 내에서는 지방을 함유하는 조직 중에 존재하고 체내에 저장될 수 있다.
- 전구체(provitamin)가 존재한다.
- 과량 섭취할 경우 장에서 흡수되어 간에 저장한다.
- 비타민 A, D, E, F, K 등이 있다.

03 ① 비타민 A
- 지방 및 유기용매에 잘 녹고, 알칼리에 안정하고 산성에서는 쉽게 파괴된다.
- 과량 섭취할 경우 간에 저장되었다가 인체의 요구가 있을 때 유리되어 나온다.
- 공기 중의 산소에 의해 쉽게 산화되지만 열이나 건조에 안정하다.
- 결핍되면 야맹증, 안구건조증, 각막연화증이 생긴다.
- 물고기의 간유 중에 가장 많이 들어있고, 조개류, 뱀장어, 난황에 다소 들어있다.

04 ② 비타민 D는 자외선에 의해
- 식물에서는 에르고스테롤(ergosterol)에서 에르고칼시페롤(D_2)이 형성된다.
- 동물에서는 7-디하이드로콜레스테롤(7-dehydrocholesterol)에서 콜레칼시페롤(D_3)이 형성된다.

05 ① 비타민 D
- 동식물계에 널리 분포하는 provitamin D인 에르고스테롤과 7-히드로콜레스테롤이 자외선의 조사를 받아 에르고칼시페롤(Vit-D_2, 식물)과 콜레칼시페롤(Vit-D_3, 동물)이 생성된다.
- Ca와 P의 흡수 및 체내 축적을 돕고 균형을 적절히 유지하여 뼈의 석회화를 도와주는 역할을 한다.
- 결핍되면 구루병, 골연화증 등이 발생되고 골다공증을 유발하기도 한다.

06 ① 식품 중의 비타민 D 함유량(I.U/100g)

식품	함량	식품	함량
청어기름	8,000,000	소·돼지의간	100
방어간유	4,000,000	우유	2
대구간유	10,000	치즈	8
뱀장어	150	계란	50
청어	330	버터	80

07 ② 비타민 D

Ca와 P의 흡수 및 체내 축적을 돕고 조직 중에서 Ca와 P를 결합시켜 $Ca_3(PO_4)_2$의 형태로 뼈에 침착시키는 작용을 촉진시킨다.

08 ② 비타민 B군
- 수용성 비타민이다.
- 생체 내 대사 효소들의 조효소 성분들로서 복합적으로 작용하는 비타민이다.
- 모든 동물 종에게 필수적이며 주로 대사 효소의 조효소로 작용한다.

09 ④
- biotin : 열이나 광선에 안정하지만 강산과 강알칼리와 함께 장시간 가열하면 분해된다.
- pantothenic acid : 열이나 광선에 대해서 안정성이 크다.
- niacin : 살균, 농축 및 건조 등의 조작 및 광선에 안정하다.
- riboflavin : 산이나 열에는 안정하나 알칼리와 빛에 약하다.

10 ① 비타민 B_2(riboflavin)의 주요 기능
- 성장촉진인자로 알려져 있다.
- 체내에서 인산과 결합하여 조효소인 FMN와 FAD형태로 변환되어 산화, 환원작용에 관여한다.

11 ④ 비타민 B_6(pyridoxine)
- 피리독살인산(pyridoxal phosphate)의 전구체이다.
- 아미노기 전이와 탈탄산 반응의 조효소이고, 단백질 대사에 중요한 역할을 한다.

12 ① 나이아신(niacin)
- 결핍되면 사람은 pellagra에 걸린다.
- Pellagra는 옥수수를 주식으로 하는 지방에서 많이 볼 수 있는데 옥수수는 niacin이 부족할 뿐만 아니라 이에 들어 있는 단백질인 zein에 tryptophan 함량이 적기 때문이다.

13 ③ 비타민 C의 특성
- 산화형보다도 환원형 형태가 생물학적 활성이 강하다.
- ascorbate oxidase에 의하여 비타민 C의 활성을 잃게 된다.
- 콜라겐의 생합성에 관여한다.
- 강한 환원력 때문에 항산화제, 항갈변제로 널리 이용되고 있다.

14 ① 비타민 C가 물에 잘 녹고 강한 환원력을 갖는 이유

lactone 고리 중에 카르보닐기와 공역된 endiol의 구조에 기인한다.

15 ③ total vitamin A(R.E.)

= retinol(μg)+(β-carotene(μg)/6)+(기타 pro-vitamin(μg)/12)
= 50 + (60/6) + (120/12)
= 70

16 ① 비타민 B$_2$(riboflavin)
- 약산성 내지 중성에서 광선에 노출되면 lumichrome으로 변한다.
- 알칼리성에서 광선에 노출되면 lumiflavin으로 변한다.
- 비타민 B$_1$, 비타민 C가 공존하면 비타민 B$_2$의 광분해가 억제된다.
- 갈색병에 보관함으로써 광분해를 억제 할 수 있다.

17 ② 16번 해설 참조

18 ② 16번 해설 참조

효소

01 ② 효소작용을 촉진하는 물질(부활제)로 Ca, Mg, Mn 등이 있다.

02 ③ 효소의 역할
- ascorbate oxidase : 비타민 C(아스코르브산)를 디이하이드로아스코르브산으로 산화하는 반응을 촉매한다.
- polyphenol oxidase : 폴리페놀류를 산화하여 갈변을 일으킨다.
- chlorophyllase : 클로로필을 가수분해한다.
- bromelin : 식물성 단백질 분해효소이다.

03 ② 펙틴분해효소(pectinase)
- 펙틴이 분해되어 과실류나 침채류의 조직이 연화된다.
- 과일 주스의 청징제 제조에도 이용된다.

04 ① β-amylase
- amylose와 amylopectin의 α-1,4-glucoside 결합

을 비환원성 말단부터 maltose 단위로 절단하는 효소이다.
- dextrin과 maltose를 생성하는 효소로서 당화형 amylase라고 한다.
- 이 효소는 α-1,6 결합에 도달하면 작용이 정지된다.

05 ① 식품가공에서 효소의 이용

효소	식품	작용
amylase	빵, 과자	효모 발효성당의 증가
	맥주	전분 → 발효성 당, 전분의 혼탁제거
	곡류	전분 → 덱스트린, 당, 수분 흡수증대
	시럽, 당류	전분 → 저분자 덱스트린(콘시럽)
tannase	맥주	polyphenol성 화합물의 제거
invertase	인조꿀	sucrose → glucose+fructose
lipase	치즈	숙성, 일반적인 향미 특성
	유지	lipids → glycerol+지방산으로 분해

06 ② glucose oxidase
- catalase의 존재 하에 glucose를 산화해서 gluconic acid를 생성하는 균체의 효소이다.
- glucose 또는 산소를 제거하여 식품의 가공, 저장 중의 지방산패, 갈변, 풍미저하 등의 품질저하를 방지한다.
- 맥주, 치즈, 탄산음료, 건조달걀, 과실주스, 육·어류, 분유, 포도주 중 산소나 포도당을 제거하여 산화 또는 갈변방지를 방지하는 데 이용한다.
- catalase와 같이 사용하면 효과적이다.

07 ④ glucose isomerase
- 포도당(glucose)을 이성화해서 과당(fructose)으로 만드는 효소이며 xylan에 의해 유도된다.
- *Bacillus megateruim, Streptomyces olivacecus, Streptomyces albos* 등이 생산한다.

08 ② lipoxygenase와 lipase
- lipoxygenase는 산화환원 효소로서 불포화 지방의 산화를 촉진시키고, lipase는 지방을 분해하는 가수분해효소이다.
- 이 두 효소는 제조 중 불활성화 시키지 않으면 제품

중의 지방을 산화하여 산패취를 생성시켜 제품의 품
질을 떨어뜨린다.

09 ② 데치기(blanching)가 잘 되었는지 정도를 알아보려
면 catalase, peroxidase를 측정(내열성이 강한 효소)
한다.

10 ③ 육 연화제
① 육의 유연성을 높이기 위하여 단백질 분해효소를 이
용해서 거대한 분자구조를 갖는 단백질의 쇄(chain)
를 절단하는 방법이다.
② 종류
· 브로멜린(bromelin) : 파인애플에서 추출한 단백질
분해효소
· 파파인(papain) : 파파야에서 추출한 단백질 분해효
소
· 피신(ficin) : 무화과에서 추출한 단백질 분해효소
· 엑티니딘(actinidin) : 키위에서 추출한 단백질 분해
효소
· 이들은 열대나무에서 추출된 단백질분해효소이다.

11 ② 펙틴분해 효소(pectinase)
· 펙틴을 펙틴산과 메탄올로 가수분해하는 반응을 촉매
하는 효소이다.
· *Aspergillus niger*의 배양물 및 *Aspergillus aculeatus*
의 펙티나아제 유전자를 함유한 *Aspergillus oryzae*
의 배양물에서 얻어지는 효소제이다.
· 미생물들이 생산한 펙틴분해 효소는 조직을 연화시키
며 파괴시키기도 한다. 이것이 연부병(rot)이다.

제2과목 식품화학 예상문제 정답 및 해설

맛성분

01 ④ 맛의 순응(adaptation)
- 같은 맛을 계속해서 맛보면 미각이 조금씩 둔화되는 데 이것을 맛의 피로 혹은 순응이라고 한다.
- 정미물질의 농도가 낮으면 순응이 빨리 일어나고 농도가 높아짐에 따라 순응에 의하여 미각이 소멸하는 시간이 길어진다.
- 미각은 그 종류에 따라 순응하는 시간이 다르다. 짠맛, 단맛, 쓴맛, 신맛 순으로 순응에 걸리는 시간이 길어진다.

02 ① 맛의 대비현상(강화현상)
- 서로 다른 정미성분이 혼합되었을 때 주된 정미성분의 맛이 증가하는 현상을 말한다.
- 설탕용액에 소금용액을 소량 가하면 단맛이 증가하고, 소금용액에 소량의 구연산, 식초산, 주석산 등의 유기산을 가하면 짠맛이 증가하는 것은 바로 이 현상 때문이다.
- 예로써 15% 설탕용액에 0.01% 소금 또는 0.001% quinine sulfate를 넣으면 설탕만인 경우보다 단맛이 세어진다.

03 ① 02번 해설 참조

04 ③ 당류의 감미도
- 10% sucrose 용액의 단맛을 100으로 하여 이와 비교한 감미물질의 상대적 감미도로 나타낸다.
- 당류의 상대적 감미도
  fructose(150) 〉 sucrose(100) 〉 glucose(70) 〉 maltose(50) 〉 galactose(30) 〉 lactose(20)

05 ③ 가열 조리한 무의 단맛 성분
무나 양파를 삶을 때 매운맛 성분인 diallyl sulfide나 diallyl disulfide가 단맛이 나는 methyl mercaptan이나 propyl mercaptan으로 변화되기 때문에 단맛이 증가한다.

06 ① 맛의 인식 기작

단맛	당류 등 단맛물질 → 수용체 단백질 결합 → G단백질 활성화 → adenyl cyclase(AC) 활성화 → cAMP합성 → protein kinase(PKA) 활성화 → K^+ 통로에 관여하는 단백질 인산화 → K^+통로막음(전위차) → 세포막의 탈분극 → 신경섬유 연접부에 신경전달물질 방출 → 활동전위 발생 → 대뇌에 단맛의 미각전달
쓴맛	쓴맛물질 → 수용체 단백질 결합 → G단백질 활성화 → phosphodiesterase(PDE) 활성화 → PDE의 세포내 cAMP 수준농도 낮춤 → 이온통로 열림 → Ca^{++}이온 세포내 유입→세포막 탈분극화 맛전달
짠맛	염의 양이온(Na^+) → 이온통로 투과 → 막전위 변화 → 탈분극화
신맛	산 → 이온통로에 결합 → Na^+이온의 흐름을 막음 → 세포막 탈분극화

07 ① 역가(최소감응농도)
- 최소감각농도 : 무슨 맛인지 분간할 수는 없으나 순수한 물과는 다르다고 느끼게 되는 최소농도이다.
- 최소인지농도 : 어떤 물질을 정확히 감지할 수 있는 물질의 농도이다.
- 한계농도 : 농도를 증가시켰는데도 그것을 인식할 수 없는 농도이다.

08 ① 베타인(betaine)
- 갑각류와 연체류의 단맛 성분으로 근육 및 내장에 많이 함유되어 있다.
- 오징어에 1.6%나 함유되어 있다.

09 ④ 저칼로리 감미료
① 탄수화물계 감미료
- 당알코올류 : 솔비톨(sorbitol), 자일리톨(xylitol), 만니톨(mannitol), Erythritol, Ribitol, Xylitol 등
- 올리고당류 : fructo올리고당류, galacto올리고당류, xylo올리고당류 등
② 비탄수화물계 감미료
- 슈크로오스에 비교하여 100배 이상의 감미를 갖는 고감미도 감미료가 많음
- Stevioside, glycyrrhizin, aspartame, saccharin 등
※ 이노시톨(Meso-Inositol)은 뇌, 간, 난황, 대두, 소맥 배아 등의 인지질 구성성분, 동물의 근육과 내장에 유리 상태로 존재하므로 근육당이라고 하며 비타민 B_2 복합체이다.

10 ④

11 ② 스테비오사이드(stevioside)
- 사카린보다 40여배, 설탕보다 250~300배 정도 감미도가 높다.
- 부드러운 단맛을 가지며, 산과 열에 안정한 특성을 가지고 있다.
- 칼로리가 없어 당뇨병환자 감미료로 적당하다.
- 주류, 음료, 냉과, 요구르트 기타 건강식품 등에 사용된다.

12 ③ 아스파탐(aspartame)
높은 온도에서 불안정하여 끓이면 단맛이 사라진다.

13 ④ 쓴맛을 나타내는 화합물
- alkaloid계 : caffeine(차류와 커피), theobromine(코코아, 초콜릿), quinine(키나무)
- 배당체 : naringin과 hesperidin(감귤류), cucurbitacin(오이꼭지), quercertin(양파껍질)
- ketone류 : humulon과 lupulone(hop의 암꽃), ipomeamarone(흑반병에 걸린 고구마), naringin(밀감, 포도)
- 천연의 아미노산 : leucine, isoleucine, arginine, methionine, phenylalanine, tryptophane, valine, proline
- ※ 피넨(Pinene)은 소나무 정유의 주성분이다.

14 ③ 13번 해설 참조

15 ④ 13번 해설 참조

16 ③ 감귤의 과즙과 과피에 강한 쓴맛을 나타내는 성분
- 주로 후라보노이드 배당체인 naringin이다.
- 이배당체를 분해하여 쓴맛을 감소시키는 효소를 naringinase라 하며, 주로 곰팡이로부터 생산된다.

17 ① 식품 중의 쓴맛 성분
- quercertin : 양파 껍질의 쓴맛 성분,
- naringin과 hesperidin : 감귤류의 쓴맛 성분,
- theobromine : 차의 쓴맛 성분,
- cucurbitacin : 오이꼭지의 쓴맛 성분
- ※ limonin : 오렌지나 감귤류의 지연성 쓴맛 성분

18 ② 쓴맛 성분
- 후물론(hunulone) : hop 암꽃의 쓴맛 성분
- 리모닌(limonin) : 오렌지나 감귤류의 지연성 쓴맛 성분

- 큐쿠르비타신(cucurbitacin) : 오이꼭지 부분의 쓴맛 성분
- 이포메아마론(ipomeamarone) : 흑반병에 걸린 고구마의 쓴맛 성분

19 ④ 맥주의 쓴맛
- 휴물론(humulone)은 고미의 주성분이지만, 맥아즙이나 맥주에서 거의 용해되지 않고, 맥아즙 중에서 자비될 때 iso화되어 가용성의 isohumulone으로 변화되어야 비로소 맥아즙과 맥주에 고미를 준다.
- isohumulone은 맥주의 고미가(bitterness value) 측정 기준물질로 이용된다.

20 ① 청국장의 쓴맛
- 청국장에는 끈적끈적한 실 모양의 점질 물질이 생성된다.
- 이 물질은 면역 증강 효과가 있는 고분자 핵산, 항산화물질, 혈전용해 효과가 있는 단백질 분해효소 등을 함유하고 있다.
- 오래된 청국장은 단백질 분해가 더 진행되어 쓴맛(peptone 등)이 생긴다.

21 ④ 아미노산 중 쓴맛을 나타내는 것
L-leucine, L-Isoleucine, L-tryptophan, L-phenylalanine 등이다.
- ※ L-leucine은 0.11% caffeine의 쓴맛, D-leucine은 1.3% sucrose의 강한 단맛

22 ③ 5'-이노신산(5'-inosinic acid)
- 중요한 퓨린뉴클레오티드인 5'-아데닐산, 5'-구아닐산은 5'-이노신산을 거쳐서 생합성 된다. 또 ADP와 ATP는 5'-아데닐산이 인산화된 것이므로, 5'-이노신산은 ADP와 ATP의 전구체이다.
- 5'-이노신산은 핵산, 조효소, ATP 등을 합성하는 데 중요한 물질이다.
- 동물의 근육 속에는 5'-아데닐산이 다량으로 함유되어 있는데, 동물이 죽은 후에는 5'-아데닐산디아미나아제가 작용하여 5'-이노신산으로 변한다.
- 5'-이노신산은 음식의 맛을 강하게 하므로 그 나트륨염이 화학조미료로 사용되고 있다.

23 ① 정미성을 가지고 있는 ribonucleotides
- 5'-guanylic acid(guanosine-5'-monophosphate, 5'-GMP), 5'-inosinic acid(inosine-5'-monophosphate, 5'-IMP), 5'-xanthylic acid(xanthosine-5'-phosphate, 5'-XMP)이다.

제2과목 식품화학 예상문제 정답 및 해설

- 정미성 크기 : GMP>IMP>XMP의 순이다.
- 5'-GMP는 표고버섯, 송이버섯에, 5'-IMP는 소고기, 돼지고기, 생선에 함유된 맛난 맛(지미) 성분이다.

24 ② 식품 중의 매운 맛 화합물군

방향족, aldehyde 및 ketone, 산 amide, 겨자유, 함황화합물, amine류 등이 있다.

25 ④ 매운맛 성분

- 피페린(piperine) : 후추의 매운맛 성분
- 차비신(chavicine) : 후추의 매운맛 성분
- 진제론(zingerone) : 생강의 매운맛 성분
- 캡사이신(capsaicin) : 고추의 매운맛 성분

26 ③ 양파나 무에서 alkylmercaptan의 생성

- 양파나 무를 삶을 때 매운맛 성분인 allyl sulfide류가 단맛이 나는 alkylmercaptan으로 변화되기 때문에 단맛이 증가한다.
- 즉, 양파나 무를 삶을 때 매운맛 성분인 diallyl disulfide나 diallyl sulfide가 단맛이 나는 propyl mercaptan이나 methyl mercaptan으로 변화되기 때문에 단맛이 증가한다.

27 ④ 매운맛

- 피페린(piperine) : 후추의 매운맛
- 차비신(chavicine) : 후추의 매운맛
- 진제론(zingerone) : 생강의 매운맛
- 이소티오시아네이트(isothiocyanate) : 무, 고추냉이, 겨자, 양배추 등의 매운맛

28 ② 27번 해설 참조

29 ④ 떫은맛(astringent taste)

- 혀 표면에 있는 점성단백질이 일시적으로 변성, 응고되어 미각신경이 마비됨으로써 일어나는 수렴성의 불쾌한 맛이다.
- Protein의 응고를 가져오는 철, 알루미늄 등의 금속류, 일부의 fatty acid, aldehyde와 tannin이 떫은맛의 원인을 이룬다.
- 지방질이 많은 식품은 유리상태의 불포화지방산인 arachidonic acid, clupanodonic acid 등과 이의 분해산물인 aldehyde에 기인한다. 어류 건제품이나 훈제품에서 볼 수 있다.

30 ② - 글라이시리진(glycyrrhizin), 스테비오사이드(stevioside), 자일리톨(xylitol), 페릴라틴(peryllartin)은 단맛 성분이다.

- 카페인(caffeine), 키니네(quinine)는 쓴맛 성분이다.
- 구연산(citric acid)은 신맛 성분이다.
- 캡사이신(capsacine)은 매운맛 성분이다.

31 ④ 아린 맛(acrid taste)

- 쓴맛과 떫은맛이 혼합된 듯한 불쾌한 맛이다.
- 죽순, 토란, 우엉의 아린맛 성분은 phenylalanine이나 tyrosine의 대사과정에서 생성된 homo gentisic acid이다.

32 ② 31번 해설 참조

33 ② 된장의 숙성

- 된장 중에 있는 코오지 곰팡이, 효모 그리고 세균 등의 상호작용으로 변화가 일어난다.
- 쌀·보리 코오지의 주성분인 전분이 코오지 곰팡이의 amylase에 의해 덱스트린 및 당으로 분해되고 이 당은 다시 알코올 발효에 의하여 알코올이 생긴다.
- 단백질은 protease에 의하여 아미노산으로 분해되어 구수한 맛(glutamic acid)이 생성된다.

34 ① 양파를 삶을 때 매운맛이 단맛으로 변화하는 원인

파나 양파를 삶을 때 매운맛 성분인 diallyl sulfide나 diallyl disulfide가 단맛이 나는 methyl mercaptan이나 propyl mercaptan으로 변화되기 때문에 단맛이 증가한다.

냄새성분

01 ④ 식품의 냄새

- 십자과 채소(무, 고추냉이, 겨자, 양배추, 브로컬리 등)의 주요 향기성분은 휘발성 유황화합물이며 이들 중 대표적인 것은 isothiocyanate 화합물(−N=C=S기를 가지는 것)류 이다.
- 버터의 주요 향기성분은 diacetyl이다.
- 해수어의 비린내는 trimethylamine(TMA)이고, 담수어(민물고기)의 비린내 성분은 piperidine, δ −aminovaleraldehyde, δ −aminovaleric acid 등이다.

02 ④ 우유에 휘발성 carbonyl 화합물의 생성

- 신선한 우유를 장시간 방치하거나 또는 균질유(homogenized milk)를 만들기 위해서 강하게 교반하거나 살균 처리를 할 때 우유 속의 지방질 성분의

산화에 의해서 신선한 우유에는 존재하지 않았던 휘발성 carbonyl 화합물이 형성된다.
- 그 함량이 신선한 우유에 비하여 급증한다.

03 ③ 퓨란류
- 모든 가열 식품에서 휘발성분으로 나타나는 풍미 물질이다.
- 탄수화물로부터 마이아르 반응에 의해 생성되고, 카라멜이나 달콤한 과일향이 난다.

04 ③ 양파와 마늘을 잘랐을 때 나는 향기 성분
- 양파와 마늘의 자극적인 냄새와 매운맛을 나타내는 것은 바로 알리신(allicin)이다.
- 알리신에 열을 가하면 분해되어 프로필메르캅탄(propylmercaptan)이라는 물질로 바뀐다. 이것은 단맛을 가진 화합물이다.
- propylmercaptan은 유황화합물로 양파와 마늘의 최루성분이다.

05 ② 향기성분
- limonene(terpene류) : 레몬의 향기성분
- sedanolide(ester류) : 셀러리의 향기성분
- methyl cinnamate(ester류) : 송이버섯의 향기성분
- 2,6-nonadienal(alcohol류) : 오이의 향기성분

06 ② 향기성분
- methyl cinnamate(ester류) : 송이버섯의 향기성분
- lenthionine : 표고버섯의 향기성분
- sedanolide(ester류) : 셀러리의 향기성분
- 2,6-nonadienal(alcohol류) : 오이의 향기성분
- ※ capsacine : 고추의 매운맛 성분

07 ① 겨자과 식물의 향기 성분
- 겨자, 배추, 양배추, 순무우 등의 겨자과에 속하는 식물들은 glucosinolate 또는 thioglucoside 등이 들어 있어 중요한 향기성분이 된다.
- 겨자 특유의 강한 자극성 냄새는 allylglucosinolate가 분해되어 형성된 allylisothiocyanate, allylnitrile, allylthiocyanate 등이다.

08 ①
- 가리비 조개의 향기나 김, 파래 냄새의 주성분은 dimethyl sulfide이다.
- 특히 파래, 김 등의 해조류를 말릴 때 dimethyl propiothetin, s-methyl methionine sulfonium염의 분해에 의해 생성된다.

09 ④ 신선한 우유의 향기성분
- 저급지방산 : 주로 butyric acid, caproic acid 등
- cabonyl류 : acetone, acetaldehyde 등
- 함황 화합물 : methyl sulfide 등

10 ① 상어의 독특한 냄새
이 냄새는 요소와 트리메틸옥사이드로서 살아있을 때는 냄새가 나지 않으나 죽으면 세균에 의해 암모니아와 트리메틸아민으로 분해되어 톡쏘는 듯한 냄새가 난다.

11 ④ 어류의 비린내 성분
- 선도가 떨어진 어류에서는 트리메틸아민(trimethylamine), 암모니아(ammonia), 피페리딘(piperidine), δ-아미노바레르산(δ-aminovaleric acid) 등의 휘발성 아민류에 의해서 어류 특유의 비린내가 난다.
- piperidine은 담수어 비린내의 원류로서 아미노산인 lysine에서 cadaverine을 거쳐 생성된다.

12 ② 식육의 풍미
- 신선한 식육의 냄새는 acetaldehyde가 주체가 되며 육류를 가열하면 조직 중에 존재하였던 전구체들의 화학적인 변화에 의하여 생성된다.
- 가열된 육류의 냄새는 주로 아미노산 및 다른 질소화합물들이 당류와 반응(아미노-카르보닐 반응)하여 생성된다.
- 환원당은 아미노-카르보닐 반응을 거쳐 α-dicarbonyl 화합물로 되고, 이것은 아미노산과 Stecker 분해반응을 거쳐서 처음의 아미노산보다 탄소수가 하나 적은 알데히드를 생성하게 된다.

색소성분

01 ① 클로로필(chlorophyll)
- 식물의 잎이나 줄기의 chloroplast의 성분으로 단백질, 지방, lipoprotein과 결합하여 존재한다.
- porphyrin 환 중심에 Mg^{2+}을 가지고 있다.
- 녹색식물의 chlorophyll에는 보통 청녹색을 나타내는 chlorophyll a와 황록색을 나타내는 chlorophyll b가 3:1 비율로 함유되어 있다.

02 ③ 01번 해설 참조

03 ④ 엽록소(chlorophyll)
- 산에 불안정한 화합물이다.

- 산으로 처리하면 porphyrin에 결합하고 있는 Mg이 수소이온과 치환되어 갈색의 pheophytin을 형성한다.
- 엽록소에 계속 산이 작용하면 pheophorbide라는 갈색의 물질로 가수분해된다.

04 ① 카로티노이드(carotenoid)
- 당근에서 처음 추출하였으며 등황색, 황색 혹은 적색을 나타내는 지용성의 색소들이다.
- carotenoid는 carotene과 xanthophyll로 분류한다.
  - carotene류 : α-carotene, β-carotene, γ-carotene 및 lycopene 등
  - xanthophyll류 : cryptoxanthin, capsanthin, lutein, astaxanthin 등

05 ② 04번 해설 참조

06 ③ carotenoid 색소의 특징
- 다수의 공액이중결합을 가지고 있으므로 산화에 대해 매우 약하다.
- 산소가 없는 조건에서는 광선이나 가열에 의해 영향을 받지 않으나, 산소가 존재하면 산화가 촉진되어 그 특유한 색깔을 잃게 된다.

07 ④ carotenoid계 색소의 안정성
- 짝 이중결합을 여러 개 가지고 있다. 따라서 산화에 대하여 매우 약하다.
- 일반적으로 산소가 없는 조건 하에서는 가열하여도 매우 안정하나 산소가 존재하면 쉽게 산화, 분해된다.
- 산화에 의하여 carotenoid가 파괴되어 변색되는 것은 건조식품에서 특히 심하다.

08 ② 04번 해설 참조

09 ① 야채와 과일에 많이 함유된 tannin성분
- 제2 철염과 반응하면 흑색으로 변한다.
- tannin 자체는 무색이지만, 식품 체내에는 polyphenol oxidase의 존재로 산화되기 쉽고, 또한 중합되기 쉬워 적갈색으로 변화 후 흑색으로 변화한다.

10 ② provitamin A
- 카로테노이드계 색소 중에서 β-ionone 핵을 갖는 carotene류의 α-carotene, β-carotene, γ-carotene과 xanthophyll류의 cryptoxanthin이다.
- 이들 색소는 동물 체내에서 vitamin A로 전환되므로 식품의 색소뿐만 아니라 영양학적으로도 중요하다.
- 특히 β-카로틴은 생체 내에서 산화되어 2분자의 비

타민 A가 되기 때문에 α- 및 γ-카로틴의 2배의 효력을 가지고 있다.
 ※ ergosterol은 provitamin D_2이고, 효모, 곰팡이 버섯 등에 존재한다.

11 ④ 안토시아닌(anthocyanin)
- 꽃, 과실, 채소류에 존재하는 적색, 자색, 청색의 수용성 색소로서 화청소라고도 부른다.
- 안토시아니딘(anthocyanidin)의 배당체로서 존재한다.
- benzopyrylium 핵과 phenyl기가 결합한 flavylium 화합물로 2-phenyl-3,5,7-trihydroxyflavylium chloride의 기본구조를 가지고 있다.
- 산, 알칼리, 효소 등에 의해 쉽게 분해되는 매우 불안정한 색소이다.
- anthocyanin계 색소는 수용액의 pH가 산성→중성→알칼리성으로 변화함에 따라 적색→자색→청색으로 변색되는 불안정한 색소이다.

12 ② 10번 해설 참조

13 ① apigenin
anthoxanthin계 색소이며 옥수수의 담황색 색소이다.
 ※ 사과껍질에는 anthocyanin계 색소인 cyanidin을 함유하고 있다.

14 ① 11번 해설 참조

15 ① 포도껍질의 보라색은 안토시아닌(anthocyanin) 계의 oenin이며 흰가루 성분은 wax류이다.

16 ② 10번 해설 참조

17 ② 사과껍질의 붉은색 색소
안토시아닌(anthocyanin)계 색소인 시아니딘(cyanidin)이다.

18 ① 11번 해설 참조

19 ④ 토마토, 감, 수박, 살구 등의 붉은 색소는 carotenoid계 색소에 속하는 lycopene이다.

20 ② 플라보노이드(flavonoid)계 색소
- anthoxanthin 색소(화황소) : flavone계(apigenin, tritin, apin), flavanol계(quercetin, rutin), flavanone(hesperdin, eriodictin, naringin), flavanonol(dihydroxyquercetin), isoflavone

(daidzein)
- anthocyanin 색소(화청소) : 생략
- tannin 색소 : 생략
※ lycopene은 carotenoid계 색소이다.

21 ③ 콩의 이소플라본(isoflavone)
주로 제니스테인(genistein), 다이드제인(Daidzein), 글리시테인(glycitein) 등이 있다.
※ 호르데인(hordein)은 보리에 들어 있는 단백질이다.

22 ② 카레의 노란색 색소
- 카레의 원료인 강황이나 울금에서 나오는 노란색소이다.
- 알칼로이드의 일종인 커규민(curcumin)이 노란색을 띤다.
- 커규민은 항염 및 항산화 그리고 항균 효과가 있다.

23 ④ 헤스페리딘(hesperidin)
- 담황색~담갈황백색의 결정 또는 결정성 분말로 냄새와 맛이 거의 없다.
- 이당류 루티노스(rutinose)와 결합하여 플라보노이드(flavonoids)계 색소 중의 플라바논(flavanone) 배당체(glucoside) 형태로 존재한다.
- 레몬, 오렌지와 같은 감귤류 과육과 하얀 부분에 1.5~3% 분포되어 있다.
- 모세혈관 투과성을 유지하는 데 필요한 물질로 비타민 P의 하나이며, 지질과산화물 형성을 억제하며 노화지연 등의 항산화 효과, 항염증 효과, 모세혈관 보호 및 항암작용, 콜레스테롤을 낮추는 작용을 한다.

24 ③ 육류나 육류가공품의 녹변
육류나 육류가공품은 저장 중에 가끔 녹색으로 변화되는 경우가 있는데 이같은 녹변의 원인은 저장 중 세균의 작용에 의해 생성된 sulfmyglobin에 기인한다.

25 ① 육색소(meat color)
- 미오글로빈(myoglobin) : 동물성 식품의 heme계 색소로서 근육의 주 색소
- 헤모글로빈(hemoglobin) : 동물성 식품의 heme계 색소로서 혈액의 주 색소
※ 베탈라인(betalain) : 사탕무와 레드비트의 붉은색 색소
※ 시토크롬(cytocrome) : 혐기적 탈수소 반응의 전자전달체

26 ④ 육색소
- 중요한 육색소는 헤모글로빈과 미오글로빈이다.

- 헤모글로빈은 혈액의 주색소이고 미오글로빈은 근육의 주색소이다.
- 살아 있는 동물에서는 헤모글로빈이 우세한 색소이지만 도축 중 방혈되므로 미오글로빈 함량은 전 색소의 80~90%이다.
- 미오글로빈 함량은 가축의 종류, 연령, 성별, 근육의 종류, 근육의 활동 부위에 따라 다르다.
- myoglobin은 광선이나 열에 의해 분해 또는 산화하여 본래의 색이 변색한다.

27 ③ 육색고정
- 육색고정제인 질산염을 첨가하면 질산염 환원균에 의해 아질산염이 생성되고 이 아질산염은 myoglobin과 반응하여 metmyoglobin이 생성된다.
- 동시에 아질산염은 ascorbic acid와 반응하여 일산화질소(NO)가 생성되고 또 젖산과 반응하여 일산화질소가 생성된다. 이 일산화질소는 육 중의 myoglobin과 반응하여 nitrosomyoglobin이 형성되어 육가공품의 선명한 적색을 유지하게 된다.

28 ④ 27번 해설 참조

29 ③ 게나 새우를 삶았을 때 나타나는 적색
- 새우나 게 등의 갑각류에는 아스타잔틴(astaxanthin)이 단백질과 결합되어 청록색을 띤다.
- 가열에 의해 단백질은 변성하여 유리되고, astaxanthin은 산화되어 아스타신(astacin)이 되어 선명한 적색을 띤다.

30 ③ 29번 해설 참조

31 ④ 클로로필(chlorophyll)
- 식물의 잎이나 줄기의 chloroplast의 성분이다.
- 산 처리하면 Mg이 H^+과 치환되어 녹갈색의 pheophytin을 형성한다.
- 엽록소에 계속 산이 작용하면 pheophorbide라는 갈색물질로 가수분해된다.
- 배추나 오이김치 등이 갈색으로 변하는 현상은 발효 시 생성된 초산이나 젖산의 작용 때문이다.

32 ④
- 식물조직이 손상을 받으면 세포내에 존재하고 있는 chlorophyllase의 작용으로 phytol이 제거되어 chlorophyllide가 생성된다.
- 시금치를 뜨거운 물로 데치면 선명한 녹색을 띠는데, 이것은 식물조직에 분포되어 있는 chlorophyllase가 식물조직이 파괴될 때 유리되기 때문이다.

33 ① 클로로필은 산의 존재하에서 포르피린환(porphyrin ring)에 결합한 마그네슘(Mg)이 수소로 치환되어 녹갈색의 pheophytin을 형성한다.

34 ③ 클로로필은 알칼리의 존재하에서 가열하면
- 먼저 phytyl ester 결합이 가수분해되어 선명한 녹색의 chlorophyllide가 형성된다.
- 다시 methyl ester 결합이 가수분해되어 진한 녹색의 수용성인 chlorophylline을 형성한다.

35 ① chlorophyll의 산에 의한 변화
- 김치는 담근 후 시간이 지남에 따라 유산발효에 의해 산이 생성된다.
- 배추나 오이 속의 chlorophyll은 산에 불안정한 화합물이다.
- 산으로 처리하면 porphyrin에 결합하고 있는 Mg이 H^+과 치환되어 갈색의 pheophytin을 형성한다.
- 엽록소에 계속 산이 작용하면 pheophorbide라는 갈색의 물질로 가수분해된다.

36 ②
- 새우, 게 등의 갑각류에는 carotenoid 색소인 asta xanthin이 단백질과 헐겁게 결합하여 청록색을 띠고 있다.
- 가열하면 astaxanthin이 단백질과 분리하는 동시에 공기에 의하여 산화되어 astacin으로 변화하여 적색을 띤다.

37 ② 육색소의 변화
- 신선한 육류에서 myoglobin(Mb)은 철이온에 의해 암적색이나 고기를 절단하여 공기 중에 노출시키면 산소와 결합하여 선명한 적색의 oxymyoglobin(MbO_2)이 된다.
- oxymyoglobin은 비교적 안정된 색소이나 공기와 계속 접촉하면 서서히 산화하여 heme 색소의 중심 원자인 제1철 이온(Fe^{2+})이 제2철 이온(Fe^{3+})으로 변하여 갈색의 metmyoglobin(MetMb)이 된다.

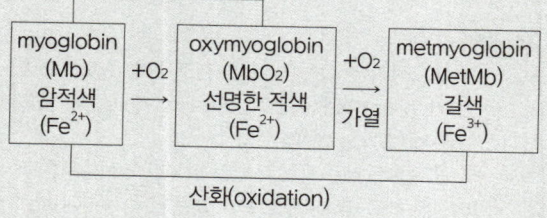

38 ① 비효소적 갈변현상인 maillard 반응(amino carbonyl 반응)의 최종 생성 색소는 멜라노이딘(melanoidine)이다.

39 ④ 식품의 갈변
- 효소에 의한 갈변과 효소가 관여하지 않은 비효소적 갈변이 있다.
- 효소적 갈변반응에는 polyphenol oxidase에 의한 갈변과 tyrosinase에 의한 갈변이 있다.
- 비효소적 갈변에는 maillard reaction, caramelization, ascorbic acid oxidation 등이 있다.
- Maillard reaction의 중간단계에서 일반적으로 aldohexose가 아미노화합물과 반응하면 HMP를 생성한다.

40 ① Maillard reaction(amino-carbonyl reaction)
- 초기단계는 당류와 아미노화합물의 축합반응과 아마도리 전위(amadori rearrangement)가 일어난다.
- 즉 glucose와 amino compound가 축합하여 질소배당체인 glucosylamine이 형성된다(축합반응).
- 다시 glucosylamine은 amadori 전위를 일으켜 대응하는 fructosylamine으로 이성화된다(아마도리 전위).

41 ③ Maillard 반응의 기구

초기 단계	· 당류와 아미노 화합물의 축합반응 · Amadori 전이
중간 단계	· 3-deoxy-D-glucosone의 생성 · 불포화 3, 4-dideoxy-D-glucosone의 생성 · hydroxymethyl furfural(HMF)의 생성 · Reductone류의 생성 · 당의 산화생성물의 분해
최종 단계	· Aldol 축합반응 · Strecker 분해반응 · Melanoidine 색소의 형성

42 ④ 스트렉커 반응(strecker reaction)
- Maillard 반응(비효소적 갈변 반응)의 최종단계에서 일어나는 스트렉커(Strecker) 반응은 α-dicarbonyl 화합물과 α-amino acid와의 산화적 분해반응이다.
- 아미노산은 탈탄산 및 탈아미노 반응이 일어나 본래의 아미노산보다 탄소수가 하나 적은 알데히드(aldehyde)와 상당량의 이산화탄소가 생성된다.
- alanine이 strecker 반응을 거치면 acetaldehyde가 생성된다.

43 ④ 42번 해설 참조

44 ① Maillard 반응에 의해 생성되는 휘발성분
피라진류(pyrazines), 피롤류(pyrroles), 옥사졸류(oxazoles), 레덕톤류(reductones) 등

45 ③ 44번 해설 참조

46 ④ Maillard 반응에 영향을 주는 인자
온도, pH, 당의 종류, carbonyl 화합물, amino 화합물, 농도, 수분, 금속이온의 영향 등이다.

47 ③ 효소에 의한 식품의 변색
사과, 배, 가지, 고구마 등을 절단하여 공기 중에 방치해 두면 이들 식품에 함유된 catechin, gallic acid, chlorogenic 등의 phenol성 물질이 polyphenol oxidase에 의해서 산화되어 갈색의 melanin 색소를 형성하게 된다.

48 ② tyrosinase에 의한 갈변
- 야채나 과일류 특히 감자의 갈변현상은 tyrosinase에 의한 갈변이다.
- 공기 중에서 감자를 절단하면 tyrosinase에 의해 산화되어 dihydroxy phenylalanine(DOPA)을 거쳐 O-quinone phenylalanin(DOPA-quinone)이 된다.
- 다시 산화, 계속적인 축합·중합반응을 통하여 흑갈색의 melanin색소를 생성한다.
- 감자에 함유된 tyrosinase는 수용성이므로 깎은 감자를 물에 담가두면 갈변이 방지된다.

49 ③ 47번 해설 참조

50 ② 효소적 갈변반응에 관여하는 효소는 polyphenol oxidase, tyrosinase 등으로서 산화환원효소에 속하여 과일과 야채류에서 볼 수 있는 갈변현상이다.

51 ① 효소적 갈변반응
- 효소가 관여하여 일어나는 갈변이다.
- polyphenol류의 산화에 작용하는 polyphenol oxidase에 의한 갈변과 tyrosinase에 의한 갈변으로 분류한다.
- 반드시 효소, 기질, 산소의 3요소가 필요하다.
- polyphenol oxidase와 tyrosinase는 구리(Cu)를 함유하고 있는 산화효소로 구리이온(Cu^{++})에 의해서 활성화되며 염소이온(Cl^-)에 의해서 억제된다.

※ melanoidin : 비효소적 갈변반응인 maillard 반응에서 생성된다.

52 ④ 효소적 갈변 방지법
- 열처리(blanching) : 데치기와 같이 고온에서 식품을 열처리하여 효소를 불활성화한다.
- 산의 이용 : pH를 3이하로 낮추어 효소작용을 억제한다.
- 산소의 제거 : 밀폐용기에 식품을 넣은 다음 공기를 제거하거나 질소나 탄산가스를 치환한다.
- 당류 또는 염류 첨가 : 껍질을 벗긴 과일을 소금물에 담근다.
- 효소작용 억제 : 온도를 -10℃ 이하로 낮춘다.
- 금속이온제거 : 구리 또는 철로 된 용기나 기구의 사용을 피한다.
- 아황산가스, 아황산염 등을 이용한다.

53 ② 52번 해설 참조

54 ④ 캐러멜화(caramelization)의 반응
- amino compound나 organic acid가 존재하지 않은 상황에서 주로 당류의 가열분해물 또는 가열산화물에 의한 갈변반응을 캐러멜화라 한다.
- 당류는 그 융점보다 높은 온도로 가열하면 주로 탈수(dehydration), 분해(degradation), 중합(polymerization) 반응 등이 일어난다.
- 캐러멜화 반응에서는 Lobry de Bruyn-Alberda van Eckenstein 전위에 의해 aldose가 대응하는 ketose로 전위되므로 활성화된다.
- ketone의 산화 생성물인 furfural유도체는 계속 산화되어 reductone, furan유도체, levulinic acid, lactone 등을 형성한다. 이들은 반응성이 큰 물질들로 계속 산화 및 축합 중화되어 흑색 또는 흑갈색의 humin물질(caramel)을 생성한다.
- 설탕은 160~180℃, glucose는 147℃에서 분해되기 시작하는데 설탕은 glucose와 fructose로 분해되고, 이어서 fructose는 탈수되어 hydroxymethyl furfural이 되며 이것이 중합되어 착색물질이 생긴다.
※ 아마도리 전위는 아미노-카르보닐 반응의 초기단계에서 일어난다.

55 ② 54번 해설 참조

01 ① 마늘의 생리활성 및 효능
- 마늘은 식품으로서 뿐만 아니라 건위제, 세균성질환의 예방 및 치료에 이용된다.
- 혈중 콜레스테롤 저하 작용, 항혈전 작용, 항암 작용 등의 약용으로도 널리 이용되고 있다.

02 ② 쌀겨와 현미에 함유되어 있는 성분
- 감마 아미노부틸산(GABA)과 감마 오리자놀(γ-oryzanol), 피트산(phytic Acid), 이노시톨(inositol), 페루라산(ferulic acid), 셀레늄(Se) 등 기능성 성분이 존재한다.
- 이 중 GABA와 감마 오리지놀은 약리 작용이 인정되어 의약품으로 허용된 물질이다.

03 ② 루틴(rutin)
- 케르세틴의 3번 탄소에 루티노오스(글루코오스와 람노오스로 되는 2당류)가 결합한 배당체이다.
- 운향과의 루타속 식물에서 발견되었고 콩과의 회화나무(*Sophora japonica*)의 꽃봉오리, 마디풀과의 메밀(*Fagopyrum esculentum*) 등 많은 종류의 식물에서도 분리되고 있다.
- 모세혈관을 강화시키는 작용이 있고, 뇌출혈, 방사선 장애, 출혈성 질병 등을 예방하는 데 효과가 있다.

04 ② lysolecithin
- 쌀, 기타의 곡류에 함유되어 있는 용혈성 독성분이다.
- 혈액 내에 주사하면 동물은 곧 죽지만 경구적으로 섭취할 때는 유해작용이 거의 없다.

05 ③ 헥사날에 의한 산패 측정
- 헥사날에 의해 저장 또는 유통 중인 식품의 저장성을 예측할 수 있다.
- 헥사날은 모든 저장 온도에서 저장기간에 따라 산가, 과산화물가와 같이 직선적으로 증가한다.

식품의 물성

01 ④ 식품의 분산계
- 분산질이 액체이고 분산매가 고체인 식품상태를 고체 포말질이라 한다.
- 된장국이나 흙탕물과 같이 액체 속에 고체가 분산되어 있는 것을 현탁질(suspension)이라 한다.

02 ② 교질용액(colloid)의 특징
- 액체 중에 응집하거나 침전하지 않고 분산된 상태이다.
- Brown 운동을 한다.
- 입자의 직경이 1~100μm이다.
- 한외현미경으로만 관찰이 가능하다.
- 여과지는 통과하나 양피지는 통과하지 못한다.

03 ④ 졸(sol)
- 분산매가 액체이고 분산질이 고체 또는 액체의 교질 입자가 분산되어 전체가 액체상태를 띠고 있는 것을 말한다.
- 우유, 전분유, 된장국, 한천 및 젤라틴을 물에 넣어 가열한 액 등은 졸(sol)의 예이다.

04 ③ 03번 해설 참조

05 ① 젤(gel)
- 친수 졸(sol)을 가열 후 냉각시키거나 물을 증발시키면 분산매가 줄어들어 반고체 상태로 굳어지는데 이 상태를 젤(gel)이라고 한다.
- 종류 : 한천, 젤리, 양갱, 두부, 묵, 삶은 계란, 치즈 등

06 ③ gel과 sol
- 젤라틴이나 한천에서 sol↔gel의 변화는 온도 또는 분산매인 물의 증감에 의해서 임의로 변하는 가역성이다.
- 그러나 생달걀의 sol상태를 가열하여 한번 gel이 된 것은 먼저 상태로 되돌아가지 않는 불가역성이다.

07 ② 콜로이드의 종류

에멀션	액체 입자가 액체에 분산되어 있는 콜로이드 예 우유, 마요네즈
서스펜션	분산매인 액체 속에 분산질로 고체가 분산되어 있는 용액 예 흙탕물
졸(sol)	유동성이 있는 액체 상태의 콜로이드 예 우유 달걀흰자
젤(gel)	유동성이 거의 없는 반고체 상태의 콜로이드 예 한천, 두부

08 ② 식품에서의 교질(colloid) 상태(이론 p200 참조)

09 ③ 겔상 식품 중 분산질의 성분
- 족편-젤라틴, 삶은 달걀-난백알부민, 두부-글라이시닌 → 단백질
- 묵-전분 → 탄수화물

10 ① 식품에서의 교질상태(이론 p200 참조)

11 ① 식품에서의 교질상태(이론 p200 참조)

12 ④ 젤(gel)
- 분산상의 입자 사이에 적은 양의 분산매가 있어 분산상의 입자가 서로 접촉하여 전체적으로 유동성이 없어진 상태이다.
- 종류 : 한천, 젤리, 양갱, 두부, 묵, 삶은 계란, 치즈 등

13 ② 응석(coagulation)
소수 졸에 다량의 전해질을 넣으면 콜로이드 입자는 침전한다. 이 현상을 응석이라 한다.

14 ④ 콜로이드 용액
- 수십 내지 수백 개의 분자가 모여서 만들어진 입자가 산포되어 있는 용액으로 입자의 크기가 1~100mμ로 진용액보다 상당히 크기 때문에 인력에 의해 분리되는 경향이 있다.
- 진용액의 알맹이는 반투막을 통과하지만 콜로이드 용액의 알맹이는 통과할 수 없다.
  - sol 상태는 분산매가 액체이고, 분산상이 고체인 콜로이드 입자가 분산되어 있는 유동성의 액체이다. 우유, 전분액, 된장국, 한천 및 젤라틴을 물에 넣어 가열한 액 등
  - gel 상태는 친수 졸(sol)을 가열하였다가 냉각시키거나 물을 증발시키면 분산매가 줄어들어 반고체 상태로 굳어지는 것이다. 한천, 젤리, 묵, 삶은 계란

등

- gel의 생성에서 sol의 입자가 응집하여 분산매를 분리하여 침전하므로 이루어지는 것을 침전 gel(cogel)이라 한다.
- gel의 생성에서 sol 전체가 분산매를 품은 듯이 응고하여 이루어지는 것을 jelly라 한다.
- 건조 상태가 된 gel을 크세로겔(xerogel)이라 한다.

15 ④ colloid의 성질

- 반투성 : 일반적으로 이온이나 작은 분자는 통과할 수 있으나 콜로이드 입자와 같이 큰분자는 통과하지 못하는 막을 반투막이라 한다. 단백질과 같은 콜로이드 입자가 반투막을 통과하지 못하는 성질을 반투성이라 한다.
- 브라운 운동 : 콜로이드 입자가 불규칙한 직선운동을 하는 현상을 말하고, 콜로이드 입자와 분산매가 충돌하기 때문이다. 콜로이드 입자는 같은 전하를 띤 것은 서로 반발한다.
- 틴들 현상(tyndall) : 어두운 곳에서 콜로이드 용액에 직사광선을 쪼이면 빛의 진로가 보이는 현상을 말한다. 구름 사이의 빛, 먼지 속의 빛
- 흡착 : 콜로이드 입자 표면에 다른 액체, 기체 분자나 이온이 달라붙어 이들의 농도가 증가되는 현상을 말하고, 콜로이드 입자의 표면적이 크기 때문이다.
- 전기이동 : 콜로이드 용액에 직류전류를 통하면 콜로이드 전하와 반대쪽 전극으로 콜로이드입자가 이동하는 현상을 말한다. 공장 굴뚝의 매연제거용 집진기
- 엉김과 염석

16 ③ 15번 해설 참조

17 ③ 염석(salting out)

안정한 친수 콜로이드 용액에 다량의 전해질을 넣으면 콜로이드 입자가 서로 엉겨 가라앉는 현상이다.

예 두부를 만들 때 간수(주성분 $MgCl_2$)를 넣는 것

18 ④ 거품(foam)

- 분산매인 액체에 분산상으로 공기와 같은 기체가 분산되어 있는 것이 거품이다.
- 거품은 기체와 액체의 계면에 제3물질이 흡착하여 안정화된다.
- 맥주의 거품은 맥주 중의 단백질, 호프(hop)의 수지성분 등이 거품과 액체 계면에 흡착되어 매우 안정화되어 있다.
- 거품을 제거하기 위해서는 거품의 표면장력을 감소시켜 주어야 한다.

19 ② 유화(emulsion)

- 분산매인 액체에 녹지 않은 다른 액체가 분산상으로 분산되어 있는 교질용액을 유화액이라 하고 유화액을 이루는 작용을 유화라 한다.
- 물과 기름의 혼합물은 비교적 불안정하나 여기에 비누나 단백질과 같은 유화제를 넣고 교반하면 쉽게 유화되어 안정한 유화액을 형성한다.
- 유화제는 한분자 내에 −OH, −CHO, −COOH, −NH₂ 등의 구조를 가진 친수기와 alkyl기와 같은 소수기를 가지고 있는데 친수기는 물분자와 결합하고 소수기는 기름과 결합하여 물과 기름의 계면에 유화제 분자의 피막이 형성되어 계면장력을 저하시켜 유화액을 안정하게 한다.
- 유화식품

수중유적형 (O/W)	물속에 기름이 분산된 형태 예 우유, 마요네즈, 아이스크림 등
유중수적형 (W/O)	기름 중에 물이 분산된 형태 예 마가린, 버터 등

20 ③ 19번 해설 참조

21 ③ 19번 해설 참조

22 ① 19번 해설 참조

23 ① 유화제 분자내의 친수기와 소수기

- 극성기(친수성기) : −OH, −COOH, −CHO, −NH₂
- 비극성기(소수성기) : −CH₃와 같은 alkyl기 (R=CₙH₂ₙ₊₁)

※ 물과 친화력이 강한 콜로이드에는 −OH, −COOH 등의 원자단이 있다.

24 ① HLB(hydrophilic−lipophilic balance)

- 유화제는 분자 내에 친수성기(hydrophilic group)와 친유성기(lipophilic group)를 가지고 있으므로 이들 기의 범위 차에 따라 친수성 유화제와 친유성 유화제로 구분하고 있으며 이것을 편의상 수치로 나타낸 것이 HLB이다.
- HLB의 숫자가 클수록 친수성이 높다.
- HLB가 다른 유화제를 서로 혼합하여 자기가 원하는 적당한 HLB를 가진 것을 만들 수 있다.

25 ② 24번 해설 참조

[유화제 혼합물계산]

$$5.0 = \frac{20x + 4.0(100-x)}{100}$$

x=6.25가 되므로, HLB가 20의 것을 6.25%, HLB가 4.0인 것을 93.75% 혼합한다.

26 ② 인스턴트화
- 분무 건조된 입자 표면에 다시 수분을 공급하여 괴상(clumpy)으로 단립화(agglomerates)시켜 그 괴상을 그대로 재건조(redries)하고 냉각(cools), 정립(sizes)하여 물리적으로 친수성의 분말 제품을 만드는 것이다(A-R-C-S).
- 인스턴트화한 제품은 온수나 냉수에 습윤성, 분산성, 용해성이 좋은 제품을 만들 수 있다.

27 ③ 레올로지의 특성

뉴톤유체	물, 우유, 술, 청량음료, 식용유 등 묽은 용액
비뉴톤유체	전분, 펙틴, 고무질, 반고체식품들, 교질용액, 유탁액, 버터
소성	버터, 마가린, 생크림
점탄성	난백, 껌, 반죽

28 ④ 식품의 레올로지(rheology)
- 소성(plasticity) : 외부에서 힘의 작용을 받아 변형이 되었을 때 힘을 제거하여도 원상태로 되돌아가지 않는 성질 예 버터, 마가린, 생크림
- 점성(viscosity) : 액체의 유동성에 대한 저항을 나타내는 물리적 성질이며 균일한 형태와 크기를 가진 단일물질로 구성된 뉴톤 액체의 흐르는 성질을 나타내는 말 예 물엿, 벌꿀
- 탄성(elasticity) : 외부에서 힘의 작용을 받아 변형되어 있는 물체가 외부의 힘을 제거하면 원래상태로 되돌아가려는 성질 예 한천젤, 빵, 떡
- 점탄성(viscoelasticity) : 외부에서 힘을 가할 때 점성유동과 탄성변형을 동시에 일으키는 성질 예 껌, 반죽
- 점조성(consistency) : 액체의 유동성에 대한 저항을 나타내는 물리적 성질이며 상이한 형태와 크기를 가진 복합물질로 구성된 비뉴톤액체에 적용되는 말

29 ② 28번 해설 참조

30 ③ 28번 해설 참조

31 ② 28번 해설 참조
※ 항복치 : 한계치

32 ① 점탄성
- 물체에 힘을 주었을 때 점성유동과 탄성변형이 동시에 일어나는 성질을 말한다.
- 점탄성을 나타내는 식품에는 한천젤리, 펙틴 젤, 밀가루 반죽, 육류 등이 있다.
※ 마가린은 소성을 나타내는 식품이다.

33 ② 점탄성체의 여러 가지 성질
- 예사성(spinability) : 달걀 흰자위나 Bacillus natto로 만든 청국장 등에 젓가락을 넣었다가 당겨 올리면 실을 빼는 것과 같이 늘어나는데, 이와 같은 현상을 말한다.
- Weissenberg 효과 : 가당연유 속에 젓가락을 세워서 회전시키면 연유가 젓가락을 따라 올라가는데, 이와 같은 현상을 말한다. 이것은 액체에 회전운동을 부여하였을 때 흐름과 직각방향으로 현저한 압력이 생겨서 나타나는 현상이며, 액체의 탄성에 기인한 것이다.
- 경점성(consistency) : 점탄성을 나타내는 식품의 견고성을 말한다. 반죽 또는 떡의 경점성은 farinograph 등을 사용하여 측정한다.
- 신전성(extensibility) : 국수 반죽과 같이 대체로 고체를 이루고 있으며 막대상 또는 긴 끈 모양으로 늘어나는 성질을 말한다. 신전성은 인장시험으로 알 수 있으나 실제로 extensograph 등을 사용하여 측정한다.

34 ① 33번 해설 참조

35 ③ 33번 해설 참조

36 ② 가소성 물체(plastic material)
- 어떤 항복력(yield stress)을 초과할 때까지는 영구변형이 일어나지 않는 것을 말한다.
- 삶아서 으깬 감자, 버터, 마가린, 쇼트닝 등

37 ① 응력(Stress)
- 역학에서 단위면적당 작용하는 힘을 뜻한다. 1N을 $1m^2$로 나눈 값

$$\sigma = \frac{F}{A}$$

σ은 평균 응력
F는 A면적 당 작용하는 힘

- A식품의 응력 = 100/1, B식품의 응력 = 100/4 따라

서 A식품의 응력 〉 B식품의 응력

38 ③ 딜라탄트(dilatant)
- 전단속도의 증가에 따라 전단응력의 증가가 크게 일어나는 유동을 말한다.
- 이 유형의 액체는 오직 현탁 속에 불용성 딱딱한 입자가 많이 들어 있는 액상에서만 나타나는 유형, 즉 오직 고농도의 현탁액에서만 이런 현상이 일어난다.
- 옥수수 전분용액 등
- ※ 의액성(thixotropic)
- 비뉴톤성 시간 의존형 유체로 shearing(층밀림, 전단응력) 시간이 경과할수록 점도가 감소하는 유체이다.
- 즉 각변형속도가 커짐에 따라 묽어져 점성계수가 감소한다.
- 케첩이나 호화전분액 등

39 ② 식품의 유체

뉴톤유체	전단응력이 전단속도에 비례하는 액체를 말한다. 전단속도에 대하여 점도가 일정하다. 점도는 온도에 따라 달라진다. 물, 우유, 술, 청량음료, 식용유 등 묽은 용액
비뉴톤유체	전단응력이 전단속도에 비례하지 않는 액체, 이 액체의 점도는 전단속도에 따라 여러 가지로 변한다. 전분, 펙틴들, 각종 친수성 교질용액을 만드는 고무질들, 단백질과 같은 고분자 화합물이 섞인 유체식품들과 반고체식품들, 교질용액, 유탁액, 버터 등과 같은 반고체 유지제품 등

40 ② 뉴턴(Newton) 유체
- 전단응력이 전단속도에 비례하는 액체를 말한다.
- 즉 층밀림 변형력(shear stress)에 대하여 층밀림 속도(shear rate)가 같은 비율로 증감할 때를 말한다.
- 전형적인 뉴턴유체는 물을 비롯하여 차, 커피, 맥주, 탄산음료, 설탕시럽, 꿀, 식용유, 젤라틴 용액, 식초, 여과된 쥬스, 알코올류, 우유, 희석한 각종 용액과 같이 물 같은 음료종류와 묽은 염용액 등이 있다.

41 ① 39번 해설 참조

42 ② 비뉴톤 유체
- 모든 성질이 혼합된 혼합형 유체로 전단속도에 따라 그 흐름의 성질이 변하며, 액체층을 미는 힘에 대해서 밀리는 속도가 비례하지 않는 모든 액체를 말한다.
- 많은 식품들은 비뉴턴 점성을 가지고 있는데 대부분 가소성, 의사가소성, shear thinning 성질과 같은 레오로지 특성을 가지고 있다.

- 버터, 마가린, 사과소스, 토마토 케첩, 마요네즈, 푸딩, 교질용액 등이 가소성 또는 의사가소성 성질을 가지고 있는 대표적인 비뉴턴유체 식품이다.

43 ③ 42번 해설 참조

44 ④ 유체의 특성
- 뉴톤(newton) 유체 : 순수한 식품의 점성 흐름으로 주로 전단속도와 전단응력으로 나타낸다. 보통 전단속도(shear rate)는 전단응력(shear stress)에 정비례하고, 전단응력-전단속도 곡선에서의 기울기는 점도로 표시되는 대표적인 유체를 말한다.
- 슈도플라스틱(pseudoplastic) 유체 : 항복치를 나타내지 않고 전단응력의 크기가 어떤 수치 이상일 때 전단응력과 전단속도가 비례하여 뉴턴유체의 성질을 나타내는 유동을 말한다.
- 딜라턴트(dilatant) 유체 : 전단속도의 증가에 따라 전단응력의 증가가 크게 일어나는 유동을 말한다. 이 경우에 반드시 체적의 팽창을 동반하는 것은 아니다. 이 유형의 액체는 오직 현탁 속에 불용성 딱딱한 입자가 많이 들어 있는 액상에서만 나타나는 유형, 즉 오직 고농도의 현탁액에서만 이런 현상이 일어난다.
- 틱소트로픽(thixotrophic) 유체 : 비뉴톤성 시간 의존형 유체로 shearing(층밀림, 전단응력) 시간이 경과할수록 점도가 감소하는 유체이다. 즉 각변형속도가 커짐에 따라 묽어져 점성계수가 감소한다. 예 케첩이나 호화전분액 등
- 레오페틱(rheopectic) 유체 : 비뉴턴 유체 가운데 전단속도가 증가됨에 따라 점도가 증가하는 유체이다. 전단시간에 따라 겉보기 점도가 증가하는 유체이며 이 변화는 가역적이다. 예 계란흰자, cream 등

45 ④ 44번 해설 참조

46 ③ 잔탄껌
- *Xanthomona canpestris*균이 발효에 의해 분비한 중합체인데 D-glucose, D-mannose, D-glucuronic acid로 구성된 복합다당류이다.
- 낮은 농도에서 가장 높은 점성을 보인다. 특히 용액을 교반하면 점도는 떨어져 유동성을 갖는다.
- 특히 온도, pH, 염, 효소, 냉동과 해동 등에 거의 영향을 받지 않는다.

47 ① 전단응력(τ)

$$\tau = -\mu(dv/dy)$$
$$= -1.77cP \times (-20cm \cdot s)/2cm$$
$$= 17.7cP/s \times [(0.01dyne \cdot s/cm^2)/cP]$$
$$= 0.177dyne/cm^2$$

48 ① **밀가루 반죽 품질검사 기기**
- 익스텐소그래프(extensograph) : 반죽의 신장도와 인장항력을 측정
- 아밀로그래프(amylograph) : 전분의 호화온도 측정
- 패리노그래프(farinograph) : 밀가루 반죽 시 생기는 점탄성을 측정
- 텍스처 측정기(texture analyzer) : 물성측정
- ※ 텐더로미터(tenderometer) : 과일, 채소의 성숙도 또는 육의 연도 측정

49 ① **48번 해설 참조**
- ※ viscometer : 유체의 점도를 측정하는 장치

50 ① **식품의 텍스처 특성**
- 저작성(chewiness) : 고체식품을 삼킬 수 있는 상태까지 씹는 데 필요한 일의 양이며 견고성, 응집성 및 탄성에 영향을 받고 보통 연하다, 질기다 등으로 표현되는 성질이다.
- 부착성(adhesiveness) : 식품의 표면이 입안의 혀, 이, 피부 등의 타물체의 표면과 부착되어 있는 인력을 분리시키는 데 필요한 일의 양이며 보통 미끈미끈하다, 끈적끈적하다 등으로 표현되는 성질이다.
- 응집성(cohesiveness) : 어떤 물체를 형성하는 내부 결합력의 크기이며, 관능적으로 직접 감지되기 어렵고 그의 이차적인 특성으로 나타낸다.
- 견고성(hardness) : 물질을 변형시키는 데 필요한 힘의 크기이며 무르다, 굳다, 단단하다 등으로 표현되는 성질이다.

51 ④ **texturometer에 의한 texture-profile**

1차적 요소	견고성(경도, hardness), 응집성(cohesiveness), 부착성(adhesiveness), 탄성(elasticity)
2차적 요소	파쇄성(brittleness), 저작성(씹힘성, chewiness), 점착성(검성, gumminess)
3차적 요소	복원성(resilience)

52 ② **50번 해설 참조**

53 ④ **식품의 조직감**
- 맛, 색과 같이 단순하지 않고 복잡하다.
- 관련된 감각은 주로 촉감, 그 이외 온도, 감각, 통감도 작용하여 치아의 근육운동, 촉감과 청각도 관여한다.
- 식품의 조직감에 영향을 미치는 인자는 식품입자의 모양, 식품입자의 크기, 표면의 조잡성(roughness) 등이다.

54 ③ **표면장력**
- 액체의 표면적을 될 수 있는 대로 작게 하려고 작용하는 힘을 말한다.
- 대개 단위길이의 선분에 수직인 표면에 작용하는 힘의 총합으로 표현된다.
- 이 경우 단위는 N/m가 되며, 이것은 J/m^2와 같다.

55 ③ 입자의 크기를 작게 하면 할수록 표면적이 커져 반응성이 높아진다.

유해물질

01 ① **가공처리공정 중 생성되는 위해 물질**
- 다환방향족 탄화수소(PAHs) : 02번 해설 참조
- 아크릴아마이드(acrylamide) : 04번 해설 참조
- 모토클로로프로판디올(MCPD) : 06번 해설 참조
- ※ 트리코테신(trichothecene)은 밀, 오트밀, 옥수수 등에 주로 서식하는 *Fusarium* 곰팡이들에 의해 생성된 곰팡이 독으로 강력한 면역억제작용이 있어 사람 및 동물에 심각한 피해를 줄 수 있다.

02 ① **다환방향족탄화수소(polycyclic aromatic hydrocarbons, PAHs)**
- 2개 이상의 벤젠고리가 선형으로 각을 지어 있거나 밀집된 구조로 이루어져 있는 유기화합물이다.
- 화학연료나 담배, 숯불에 구운 육류와 같은 유기물의 불완전 연소 시 부산물로 발생하는 물질이다.
- 식품에서는 굽기, 튀기기, 볶기 등의 조리·가공 과정에 의한 탄수화물, 지방 및 단백질의 탄화에 의해 생성되며, 대기오염에 의한 호흡노출 및 가열조리 식품의 경구섭취가 주요 인체 노출경로로 알려져 있다.
- 독성이 알려진 화합물로는 benzo(a)pyrene 외 50종으로 밝혀졌고, 그중 17종은 다른 것들에 비해 해가 큰것으로 의심되고 있다.
- 특히 benzo(a)pyrene, benz(a)anthracene, dibenz[a,h]anthracene, chrysene 등은 유전독성

과 발암성을 나타내는 것으로 알려져 있다.

03 ① 02번 해설 참조

04 ② 아크릴아마이드(acrylamide)
- 무색의 투명 결정체이다.
- 감자, 쌀 그리고 시리얼 같은 탄수화물이 풍부한 식품을 제조, 조리하는 과정에서 자연적으로 생성되는 발암가능 물질로 알려져 있다.
- 아크릴아마이드의 생성과정은 정확히 밝혀지지 않았으나 자연 아미노산인 asparagine이 포도당 같은 당분과 함께 가열되면서 아크릴아마이드가 생성되는 것으로 추정되고 있다.
- 120℃보다 낮은 온도에서 조리하거나 삶은 식품에서는 아크릴아마이드가 거의 검출되지 않는다.
- 일반적으로 감자, 곡류 등 탄수화물 함량이 많고 단백질 함량이 적은 식물성 원료를 120℃ 이상으로 조리 혹은 가공한 식품이 다른 식품군에 비해 아크릴아마이드 함량이 높다.
- 감자의 경우에는 8℃ 이하로 저장하거나 냉장 보관하는 것은 좋지 않다.

05 ④ 발암성 물질
- 벤조피렌(benzopyrene) : 1급 발암물질의 하나로 타르(tar) 따위에 들어 있으며 담배 연기, 배기가스에도 들어 있다.
- 트리할로메탄(trihalomethane) : 발암성 물질로 알려져 있으며 물속에 포함돼 있는 유기물질이 정수과정에서 살균제로 쓰이는 염소와 반응해 생성되는 물질이다.
- 아플라톡신(aflatoxin) : 곰팡이(특히 *Aspergillus flavus*)가 내는 독(毒)으로 미량으로도 간장암을 일으킬 수 있는 발암물질이다.
- ※ 마비성 패류독은 모시조개, 굴, 고동, 바지락 등이 함유한 독성물질에 의해 식중독 증상을 나타낸다.

06 ② MCPD(3-monochloro-1,2-propandiol)
아미노산(산분해) 간장의 제조 시 유지성분을 함유한 단백질을 염산으로 가수분해할 때 생성되는 글리세롤 및 그 지방산 에스테르와 염산과의 반응에서 형성되는 염소화합물의 일종으로 실험동물에서 불임을 유발한다는 일부 보고가 있다.

07 ① 트랜스지방(trans fatty)
- 식물성 유지에 수소를 첨가하여 액체유지를 고체유지 형태로 변형한 유지(부분경화유)를 말한다.
- 보통 자연에 존재하는 유지의 이중결합은 cis 형태로 수소가 결합되어 있으나 수소첨가 과정을 거친 유지의 경우에는 일부가 trans 형태로 전환된다. 이렇게 이중결합에 수소의 결합이 서로 반대방향에 위치한 trans 형태의 불포화 지방산을 트랜스지방이라고 한다.
- 일반적으로 쇼트닝과 마가린에 많이 함유되어 있다.
- 식품 등의 표시기준 제2조 7의3에 의하면 「"트랜스지방"이라 함은 트랜스구조를 1개 이상 가지고 있는 비공액형의 모든 불포화지방을 말한다」라고 정의하고 있다.

08 ③ heterocyclic amines(HCAs)
- 요리와 특히 구운 고기에서 발견되는 알려진 발암 물질이다.
- 고기의 헤테로 고리 아민 형성은 높은 조리 온도에서 발생한다.
- 쇠고기, 돼지고기, 가금 및 물고기와 같은 근육 고기 요리에서 형성되는 발암 물질이다.
- 근육의 아미노산과 크레아틴 등이 높은 조리 온도에서 반응하여 생성된다.

09 ④ 중간수분식품(Intermediated Moisture Food, IMF)
- 수분함량이 약 25~40%, Aw 0.65~0.85 정도 되도록 하여 미생물에 의한 변패를 억제하고 보장성 있게 만든 식품이다.
- 잼, 젤리, 시럽, 곶감 등이 속한다.
- 지질산화나 비효소적 갈변에 의하여 맛, 색깔, 영양분 등이 영향을 받을 수 있다.
- 일반 건조식품보다 수분이 많아 유연성이 있고 식감이 좋다.
- 가열처리나 냉동저장에 의하지 않고도 장기간 저장이 가능하여 냉동이나 통조림보다 경제적이다.

10 ④ 멜라민(Melamine) 기준(식품공전)

대상 식품	기준
- 특수용도식품 중 영아용 조제식, 성장기용 조제식, 영·유아용 곡류 조제식, 기타 영·유아식, 특수의료용도 등 식품 - 축산물의 가공기준 및 성분규격에 따른 조제분유, 조제우유, 성장기용 조제분유, 성장기용 조제우유, 기타 조제분유, 기타조제우유	불검출
- 상기 이외의 모든 식품 및 식품첨가물	2.5 mg/kg 이하

11 ④ 에틸카바메이트

1 생성요인

식품의 제조과정 중 시안화수소산, 요소, 시트룰린, 시안배당체, N-carbamyl 화합물 등의 여러 전구체 물질이 에탄올과 반응하여 생성된다.

① 과실(핵과류) 종자에서 함유된 시안화합물에 의한 생성 : 핵과류(stone fruits)에서 발견되는 시안배당체는 효소반응으로 시안화수소산으로 분해된 후 산화되어 cyanate를 형성하고, cyanate가 에탄올과 반응하여 EC가 생성된다.

> HCN(Cyanide) → HOCN(Cyanate) + Ethanol → Ethyl carbamate

② 발효과정 중 생성 : 아르기닌이 효모(yeast)에 의해 분해된 요소와 에탄올 사이의 반응을 통해 EC가 생성된다.

> 요소(Urea), N-carbamyl phosphate + Ethanol → Ethyl carbamate

2 생성원

주로 포도주, 청주, 위스키 등의 주류에서 많은 양이 검출되며 발효식품인 간장, 요구르트, 치즈 등에서도 미량 검출된다.

3 관련 질병

단기간 동안 일정 농도 이상 노출되면 구토, 의식불명, 출혈을 일으키고 다량 섭취 시에는 신장과 간에 손상을 일으킨다.

12 ② 동위원소가 위험을 결정하는 요인

- 혈액 흡수율이 높을수록 위험하다.
- 조직에 침착하는 정도가 클수록 위험하다.
- 생체기관의 감수성이 클수록 위험하다.
- 생물학적 반감기가 길수록 위험하다.
- 방사능의 반감기(half life)가 길수록 위험하다.
- 방사선의 종류와 에너지의 세기에 따라 차이가 있다.
- 동위원소의 침착 장기의 기능 등에 따라 차이가 있다.

13 ① 12번 해설 참조

14 ① 식품오염에 문제가 되는 방사선 물질

생성률이 비교적 크고

- 반감기가 긴 것 : Sr-90(28.8년), Cs-137(30.17년) 등
- 반감기가 짧은 것 : I-131(8일), Ru-106(1년) 등
- ※ Sr-90은 주로 뼈에 침착하여 17.5년이란 긴 유효반감기를 가지고 있기 때문에 한번 침착되면 장기간 조

혈기관인 골수를 조사하여 장애를 일으킨다.

15 ③ 방사선의 장애

- 조혈기관의 장애, 피부점막의 궤양, 암의 유발, 생식기능의 장애, 백내장 등이다.
- 인체에 침착하여 장애를 주는 부위를 보면 주로 Cs-137는 근육, Sr-90는 뼈, S는 피부, I-131는 갑상선, Co는 췌장, Ru-106는 신장 등이다.

16 ④ 14번 해설 참조

17 ① 14번 해설 참조

18 ③ 방사성 물질 누출 시 가이드라인 발표[WHO]

- 원자력 발전소 사고로 누출되는 주요 방사성 핵종은 세슘과 요오드이다.
- 공기 중이나 음식, 음료 등에 이 같은 물질이 포함된 경우 사람들은 방사성 핵종에 직접적으로 노출될 수 있다.
- ※ 이하 생략

19 ② 방사선 조사식품의 확인시험법(식품공전 제10.일반시험법)

1 물리적 검지 방법

① 광자극발광법(PSL) : 식품에 혼입된 이물질인 광물질의 발광 특성을 이용하는 방법으로서 광물질은 방사선 조사에 의하여 에너지가 저장되고 일정온도의 적외선에 노출되면 에너지를 방출하는데 이때 방출하는 빛의 양을 측정하여 방사선 조사여부를 판정하는 방법이다.

② 전자스핀공영법(ESR) : 뼈, 셀룰로오스 및 결정형 당을 함유한 식품에 잔존하는 방사선 조사로 생긴 자유라디칼(free radical)을 분광학적으로 측정하는 방법으로서, 자장에 의하여 전자가 공명한 후 방출하는 에너지의 차이를 측정하여 방사선 조사여부를 판정하는 방법이다.

③ 열발광 측정법(TL) : 식품에 혼입된 이물질인 광물질의 발광 특성을 이용하는 방법으로서 광물질은 방사선 조사에 의하여 에너지가 저장되고 일정온도의 열에 노출되면 에너지를 방출하는데 이때 방출하는 빛의 양을 측정하여 방사선 조사여부를 판정하는 방법이다.

2 화학적 검지방법

① GC/MS : 지방질 식품에서 방사선 조사로 생성된 탄화수소를 측정하여 방사선 조사여부를 판정하는 방

법이다.

② SPE

3 생물학적 검지방법 : DNA Comet Assay

20 ① **내분비계 장애물질(환경호르몬)**

1 정의

체내의 항상성 유지와 발달 과정을 조절하는 생체 내 호르몬의 생산, 분비, 이동, 대사, 결합작용 및 배설을 간섭하는 외인성 물질

2 특징

- 생체호르몬과는 달리 쉽게 분해되지 않고 안정하다.
- 환경 중 및 생체 내에 잔존하며 심지어 수년간 지속
- 인체 등 생물체의 지방 및 조직에 농축

3 인체에 대한 영향

- 호르몬 분비의 불균형
- 생식능력 저하 및 생식기관 기형
- 생장저해
- 암유발
- 면역기능 저해

4 종류 : DDT, DES, PCB류(209종), 다이옥신(75종), 퓨란류(135종) 등 현재까지 밝혀진 것만 51여 종

21 ① **비스페놀 A(bisphenol A)**

- 석유를 원료로 한 페놀과 아세톤으로부터 합성되는 화합물로서 폴리카보네이트, 에폭시 수지의 원료로 널리 사용되고 있다.
- 흔히 생활에서 사용되는 음료수 캔의 내부 코팅물질, 유아용젖병, 학교 급식용 식판 등에서도 검출되며 열이 가해질 때 녹아 나온다.
- 에스트로겐 유사작용을 하는 환경호르몬이다.
- 발기부전, 전립선암, 피부암, 백혈병, 당뇨병, 주의력결핍과잉행동장애(ADHD), 피부나 눈의 염증, 태아발육이상, 피부알레르기 등을 유발한다.

22 ④ **폴리염화비페닐(PCB)의 특성**

- 페놀이 2개 결합된 화합물(비페닐)에 수소 대신 염소가 치환된 비인화성의 안정된 유기화합물이다.
- 물에는 녹지 않지만 기름이나 유기용매에는 녹는다.
- 자연 속에서 쉽게 분해되지 않는 난분해성 환경 오염물로 환경에 오랫동안 잔류하며 먹이사슬을 통해 생물에 농축되어 위생상 문제가 되고 있다.
- 가소제, 전기절연체, 접착제 등에 흔히 사용되고 있다.

23 ③ **트리할로메탄(trihalomethane)**

- 물속에 포함돼 있는 유기물질이 정수과정에서 살균제로 쓰이는 염소와 반응해 생성되는 물질이다.
- 유기물이 많을수록, 염소를 많이 쓸수록, 살균과정에서의 반응과정이 길수록, 수소이온농도(pH)가 높을수록, 급수관에서 체류가 길수록 생성이 더욱 활발해진다.
- 발암성 물질로 알려져 세계보건기구(WHO)나 미국, 일본, 우리나라 등에서 엄격히 규제하고 있으며 미국, 일본, 우리나라 등 트리할로메탄에 대한 기준치를 0.1ppm으로 정하고 있다.

24 ① **23번 해설 참조**

25 ① **니트로아민(nitrosamine)**

- 각종 식품 중에 존재하는 아질산염(KNO_2, $NaNO_2$)들은 식품 중의 아민류 또는 체내에서 아민류와 반응하여 발암성의 nitrosamine를 형성한다.
- 햄, 베이컨, 소시지 등과 같은 절임 육류가공품은 curing 공정에서 아질산이나 아질산염류들을 사용하게 되는데 절임육류 중의 유리 amino acid가 탈탄산되어 생성된 1급 및 2급 아민류와 결합하여 nitrosamines을 생성한다.

26 ③ **다이옥신**

- 1개 또는 2개의 염소원자에 2개의 벤젠고리가 연결된 3중 고리구조로 1개에서 8개의 염소원자를 갖는 다염소화된 방향족화합물을 지칭한다.
- 독성이 알려진 17개의 다이옥신 유사종 중에서 2,3,7,8-사염화이벤조-파라-다이옥신 (2,3,7,8-TCDD)은 청산칼리보다 독성이 1만배 이상 높은 "인간에게 가장 위험한 물질"로 알려져 있다.
- 무색, 무취의 맹독성 화학물질로 주로 쓰레기 소각장에서 발생하는 환경호르몬이다.
- 다이옥신은 유기성 고체로서 녹는점과 끓는점이 높고 증기압이 낮으며 물에 대한 용해도가 매우 낮다.
- 다이옥신은 소수성으로 주로 지방상에 축적되어 생물농축 현상을 일으켜 모유 및 우유에서 다이옥신 이 검출되는 이유가 된다.
- 대기 중에 있는 다이옥신은 대기 중의 입자상 물질 표면에 강하게 흡착되어 지표면으로 침적되는데 이로 인해 소각장 주변의 수질 및 토양이 오염된다

27 ② **26번 해설 참조**

28 ② **이환방향족아민류(heterocyclic amines)**

- 유기용매나 산성용액에서 잘 녹으며 매우 안정하여 식품과 혼합하여 냉장 또는 실온에 보관하여도 6개월까지 안정하다.

- 구운 생선이나 육류의 가열·분해에 의해 생성되며, maillard 반응에 의해서도 생성된다.
- 유전독성 및 발암을 일으키는 물질이다.

29 ④ 28번 해설 참조

30 ② 파라벤(paraben)
- 파라하이드록시벤조산의 에스터 또는 염을 말한다.
- 박테리아와 곰팡이를 죽이는 성질이 있어서 식품, 화장품 및 의약품 등에 다양하게 사용하고 있는 보존제이다.
- 메틸, 에틸, 프로필, 부틸파라벤 4종이 있다
- 내분비호르몬과 비슷하게 작용하는 화학물질로 사람이나 동물의 생리작용을 교란시킬 수 있다.

31 ③ Heterophyes(이형흡충)은 사람, 개, 고양이, 기타 생선을 먹는 포유동물의 소장 중간 1/3 부분에 기생하는 작은 흡충이다.

일반성분분석

01 ③ 식품공전 제 9. 검체의 채취 및 취급방법
냉장 또는 냉동식품을 검체로 채취하는 경우에는 그 상태를 유지하면서 채취하여야 한다.

02 ③ 식품의 회분분석에서 검체의 전처리
① 전처리가 필요치 않은 시료 : 곡류, 두류, 기타(아래 어느 것에도 해당되지 않는 시료)
② 사전에 건조시켜야 할 시료
- 수분이 많은 시료 : 야채, 과실, 동물성식품 등은 건조기 내에서 예비건조 시킨다.
- 액체시료 : 술, 쥬스 등의 음료, 간장, 우유 등은 탕욕(water bath) 에서 증발건조 시킨다.
③ 예열이 필요한 시료 : 회화 시 상당히 팽창하는 것 – 사탕류, 당분이 많은 과자류, 정제 전분, 난백, 어육(특히 새우, 오징어) 등은 예비탄화시킨다.
④ 연소시킬 필요가 있는 시료 : 유지류, 버터 등은 미리 기름기를 태워 없앤다.

03 ④ 몰농도
- 용액 1ℓ 속에 함유된 용액의 분자량이다.
- 1몰 = 40
- NaOH 30g의 몰수＝30/40＝0.75

04 ④ 농도변경

HCl 35% ⟍ ⟋ 10−0 = 10
⟍10%⟋
H₂O 0% ⟋ ⟍ 35−10 = 25

$$35\% \ HCl = \frac{10}{10+25} \times 500 = 143mL$$

$$H_2O = \frac{25}{10+25} \times 500 = 357mL$$

05 ③ 혼합수용액 제조
- 1M NaCl → 0.1M NaCl
  1,000×(0.1/1)=100mL
- 0.5M KCl → 0.1M KCl
  1,000×(0.1/0.5)=200mL
- 0.25M HCl → 0.1M HCl
  1,000×(0.1/0.25)=400mL

06 ② GC와 HPLC

기체 크로마토그래피(GC)	- 이동상이 기체를 이용하여 화학물질을 분리시키는 분석화학의 방법이다. - 분자량이 500이하인 물질들에만 이용할 수 있다. - 혼합물의 성분분리에 있어 간편하고, 감도가 좋고, 효율성이 뛰어나다.
액체크로마토그래피(HPLC)	- 이동상이 액체이다. - 사용할 수 있는 분자량의 범위가 넓다. - 이동상과 고정상간의 친화력차이에 의해 분리가 된다. - 시료를 비교적 쉽게 회수할 수 있다. - 열에 약하거나 비휘발성인 성분들의 분석에 주로 사용된다.

07 ① 상압가열건조법을 이용한 수분측정
[수분함량이 많은 시료(육류, 야채류, 과실류 등)]
① 전처리 : 약간 다량의 시료를 칭량하여 그 신선물의 중량을 구한 후에 얇게 자른 후 풍건하거나 40~60℃의 저온에서 재빨리 예비건조시킨다.
② 가열온도 : 식품의 종류, 성질에 따라
- 동물성식품과 단백질함량이 많은 식품 : 98~100℃
- 자당과 당분을 많이 함유한 식품 : 100~103℃
- 식물성 식품 : 105℃ 전후(100~110℃)
- 곡류 등 : 110℃ 이상

08 ④ 가스크로마토그래피(GC)를 이용한 유지의 지방산 분석
- 식품에서 추출한 유지는 글리세롤과 지방산이 에스터

결합하고 있으므로 가수분해하는 과정이 우선 필요하다.
- 가수분해 시킨 후 지방산의 OH기를 O-메틸(methyl ester)로 유도체화시킨 후 GC에 주입하여 분석한다.

09 ② 조단백질 함량계산

$$조단백질(\%) = \frac{60 \times 6.25}{2000} \times 100 = 18.75\%$$

10 ① • 람베르트-베르법칙 : 흡광도가 농도와 흡수층 두께에 비례한다고 하는 법칙
- 페히너의 법칙 : 차역(差閾)에 관한 베버의 법칙을 바탕으로 한 인간의 감각의 크기는 자극의 크기의 로그에 비례한다는 법칙
- 웨버의 법칙 : 자극의 강도와 식별역의 비가 일정하다고 하는 법칙
- 미하엘리스-멘텐의 식 : 효소반응의 속도론적 연구에서, 효소와 기질이 우선 복합체를 형성한다는 가정하에서 얻은 반응 속도식

11 ④ 조지방 측정법
- 산분해법(acid hydrolysis method) : 지방질을 염산으로 가수분해한 후 석유에테르와 에테르 혼합액으로 추출하는 방법. 곡류와 곡류제품, 어패류제품, 가공치즈 등에 적절한 방법이다.
- 로제곳트리(Rose-Gottlieb)법 : 우유 및 유제품 등 지방함량이 높은 액상 또는 유상의 식품지방을 분석하는 방법으로 마죠니니아관에 유제품을 넣고 유기용매에 의해 지방을 추출한 후 지방함량을 구하는 방법이다.
- 클로로포름 메탄올 혼합용액추출법 : 지방함량을 구하는 방법이다.
- 에테르(ether)추출법 : 중성지질로 구성된 식품에 적용하며 가열 또는 조리과정을 거치지 않은 식품에 적용된다. Soxhlet 추출장치로 에테르를 순환시켜 지방을 추출하여 정량하는 방법이다.

12 ① Soxhlet 지방 추출법
- ethyl ether를 용매로 해서 soxhlet 추출기를 사용하여 16~32시간 식품에서 지질을 추출한다.
- 추출액에서 에테르를 제거하고 다시 95~100℃로 건조하여 얻어진 잔류물을 조지방이라 한다.

13 ② 효소반응을 위한 buffer 제조

① 최종 Buffer 1L에 포함된 A 용액의 몰수
- 용질 mol수=몰농도×용액 L수
  = 0.0001 mol/L×1L=0.0001 mol A(0.1mM
    =0.0001M)
    0.0001 mol A를 포함하는 1.0mM(=0.001M)
    A 용액의 부피
- 용액 L수=용질 mol/몰농도
  =0.0001 mol/(0.001 mol/L) = 0.1L
② 최종 Buffer 1L에 포함된 B용액의 몰수
  = 0.00005 mol/L×1L= 0.00005 mol
    B(0.05mM= 0.00005M)
    0.00005 mol B를 포함하는 1.0mM(=
    0.001M) B 용액의 부피
  = 0.00005 mol/(0.001 mol/L) = 0.05L
③ 최종 Buffer 1L에 포함된 C용액의 몰수
  = 0.0005 mol/L×1L=0.0005 mol B(0.5mM
    = 0.0005M)
    0.0005 mol B를 포함하는 1.0M B 용액의 부피
  = 0.0005 mol/(0.001 mol/L) = 0.5L
④ 물의 부피
  = 1L-(0.1L+0.05L+0.5L) = 0.35L

식품첨가물 개요

01 ①
- 잼류에 보존료를 첨가한 경우에도 다른 가열공정을 거쳐 안전하게 유통시킬 수 있다.
- 식품첨가물 공전으로 해당식품에 사용하지 못하도록 한 합성보존료, 색소 등의 식품첨가물에 대하여 사용을 하지 않았다는 표시를 할 수 없다.
- 식품첨가물 제조업은 영업등록을 하여야 하는 업종이다.

02 ④ 식품첨가물

1 정의 : 식품을 조리·가공할 때 식품의 품질을 좋게 하고, 그 보존성과 기호성(매력)을 향상시키며, 나아가서는 식품의 영양나 그 본질적인 가치를 증진시키기 위하여 인위적으로 첨가하는 물질이다.

2 식품첨가물의 구비조건
- 인체에 무해하고, 체내에 축적되지 않을 것
- 소량으로도 효과가 충분할 것
- 식품의 제조가공에 필수불가결할 것
- 식품의 영양가를 유지할 것
- 식품에 나쁜 이화학적 변화를 주지 않을 것
- 식품의 화학분석 등에 의해서 그 첨가물을 확인할 수 있을 것
- 식품의 외관을 좋게 할 것
- 값이 저렴할 것

03 ② 식품첨가물 사용방법

식품의 성질, 식품첨가물의 효과, 성질을 잘 연구하여 가장 적합한 첨가물을 선정하여 법정 허용량 이하로 사용해야한다.

04 ④ 식품첨가물의 지정절차에서 고려되는 사항
- 식품의 안정성 향상
- 정당성
- 식품의 품질 보존, 관능적 성질 개선
- 식품의 영양성분 유지
- 식품에 필요한 원료 또는 성분 공급
- 식품의 제조, 가공 및 저장 처리의 보조적 역할

05 ③ 식품첨가물의 사용목적에 따른 분류

- 식품의 기호성을 향상시키고 관능을 만족시키는 목적 : 감미료, 산미료, 조미료, 착향료, 착색제, 발색제, 표백제 등
- 식품의 변질을 방지하는 목적 : 보존료, 산화방지제, 살균제 등
- 식품의 품질을 개량하거나 일정하게 유지하는 목적 : 품질개량제, 밀가루개량제
- 식품 가공선을 개선하는 목적 : 팽창제, 유화제, 호료, 소포제, 용제, 추출제, 이형제
- 기타 : 여과보조제, 중화제 등

06 ④ 02번 해설 참조

07 ① 식품첨가물의 사용기준 설정
- 가장 중요한 인자는 1일섭취 허용량이다.
- 식품첨가물은 의약품과 달리 일생 동안 섭취하므로 만성독성 시험이라든가 발암성 시험 등이 추가되어 사용량 및 사용할 수 있는 대상 식품이 검토되며 물질의 조성, 순도 등 여러 가지 시험을 통해 각각의 식품첨가물에 대한 1일섭취 허용량을 정한다.
- 1일 섭취허용량(ADI) : 식품첨가물을 안전하게 사용하기 위한 지표가 되는 것으로 인간이 어떤 식품첨가물을 일생 동안 매일 섭취해도 어떠한 영향도 받지 않는 하루의 섭취량을 의미한다.

식품첨가물의 종류 및 용도

01 ③ 식품의 보존료
- 미생물의 증식에 의해서 일어나는 식품의 부패나 변질을 방지하기 위하여 사용되는 식품첨가물이며 방부제라고도 한다.
- 식품의 신선도 유지와 영양가를 보존하는 첨가물이다.
- 살균작용보다는 부패 미생물에 대한 정균작용, 효소의 작용을 억제하는 첨가물이다.
- 보존제, 살균제, 산화방지제가 있다.

02 ② 01번 해설 참조

03 ① 보존료

1 정의 : 미생물의 증식에 의해서 일어나는 식품의 부패나 변질을 방지하기 위하여 사용되는 식품첨가물이며 방부제라고도 한다.

2 구비조건
- 미생물의 발육 저지력이 강할 것
- 지속적이어서 미량의 첨가로 유효할 것
- 식품에 악영향을 주지 않을 것
- 무색, 무미, 무취할 것
- 산이나 알칼리에 안정할 것
- 사용이 간편하고 값이 쌀 것
- 인체에 무해하고 독성이 없을 것
- 장기적으로 사용해도 해가 없을 것

04 ② 03번 해설 참조

05 ④ 소르빈산(sorbic acid)
- 물에 녹기 어려운 무색 침상 결정 또는 백색 결정성 분말로서 냄새가 없거나, 또는 다소 자극취가 있는데 그 칼슘염은 물에 녹는다.
- 소르빈산의 항균력은 강하지 않으나 곰팡이, 효모, 호기성균, 부패균에 대하여 1000~2000배로 발육을 저지할 수 있다.
- 사용량은 소르빈산으로 치즈는 3g/kg, 식육가공품, 정육제품, 어육가공품 등은 2g/kg, 저지방마가린은 2g/kg 이하이다.

06 ③ 보존료
- 베타-나프톨(β-naphtol) : 간장의 방부제로 일시 사용된 적이 있으나 독성이 강하기 때문에 사용이 금지되었다.
- 안식향산(benzoic acid) : 청량음료, 간장, 인삼음료 등에 사용된다.
- 소르빈산(sorbic acid) : 치즈, 식육가공품, 정육제품, 어육가공품, 저지방마가린, 된장, 고추장, 춘장, 발효음료, 과실주 등에 사용된다.
- 데히드로초산(dehydroacetic acid) : 치즈, 버터, 마아가린 등에 사용된다.

07 ① 안식향산 나트륨(sodium benzoate)
- 청량음료수(탄산을 함유한 것은 제외) 및 간장 이외의 식품에 사용해서는 안 된다.
- 그 사용량은 안식향산으로서 1kg에 대하여 0.6g 이하이어야 한다.

08 ③ 빵, 케이크류에 사용할 수 있는 보존료는 프로피온산 나트륨(sodium propionate)과 프로피온산 칼슘(calcium propionate)이며 허용량은 프로피온산으로서 2.5g/kg 이하이다.

09 ④ 프로피온산나트륨(CH_3CH_2COONa)
- 보존료이며, 백색의 결정, 과립이며 냄새가 없거나 특이한 냄새가 약간 있다.
- 산성에서 프로피온산을 유리하는데, 바로 이 산이 세균(곰팡이·호기성 포자형성균)에 대한 항균력을 갖는다.
- 항균력은 pH가 낮을수록 효과가 크다.
- 치즈 , 빵, 양과자 등의 곰팡이 방지제로 사용된다.

10 ④ 식품 보존료
데히드로 초산(dehydroacetic acid), 소르빈산(sorbic acid), 파라옥시 안식향산 프로필(propyl p-hydroxy benzoate) 등은 식품보존료이다.
※ 몰식자산 프로필(propyl gallate)은 산화방지제이다.

11 ② 보존료와 관계있는 첨가물
- 안식향산 : 청량음료, 간장 등에 사용하는 보존료
- 소르빈산 : 식육가공품, 젖산균음료 등에 사용하는 보존료
- 데히드로초산 : 치즈, 버터, 마가린 등에 사용하는 보존료
※ 차아염소산나트륨 : 살균료

12 ④ 산화방지제
- 유지의 산패에 의한 이미, 이취, 식품의 변색 및 퇴색 등을 방지하기 위하여 사용하는 첨가물이며 수용성과 지용성이 있다.

수용성 산화방지제	주로 색소의 산화방지에 사용되며 erythrobic acid, ascorbic acid 등이 있다.
지용성 산화방지제	유지 또는 유지를 함유하는 식품에 사용되며 propyl gallate, BHA, BHT, ascorbyl palmitate, DL-α-tocopherol 등이 있다.

- 몰식자산 프로필(propyl gallate)은 식용유지, 돈지, 우지, 버터 등에 0.1g/kg 이하 사용한다.

13 ② 산화방지제의 메카니즘
항산화제는 기질이 탈수소되어 생성되는 유리기(R·)에 수소를 공여하여 유리기를 봉쇄하는 작용과 유리기와 분자상의 산소에 의하여 생성되는 peroxy radical(ROO·)에 수소를 공여하여 hydroperoxide를 생성하므로 peroxy radical이 제거되어 새로운 기질의

유리기 생성을 억제하는 작용을 한다.

14 ① 12번 해설 참조

15 ③ L-아스코르빈산 나트륨(sodium L-ascorbate)
- 수용성으로 주로 색소의 산화방지에 이용된다.
- 용도는 식육제품의 산화방지(변색방지), 과일 통조림의 갈변방지, 선도유지, 기타 식품에 풍미유지 등에 쓰인다.

16 ② 효력 증강제(synergist)
- 그 자신은 산화 정지작용이 별로 없지만 다른 산화방지제의 작용을 증강시키는 효과가 있는 물질을 말한다.
- 여기에는 구연산(citric acid), 말레인산(maleic acid), 타르타르산(tartaric acid) 등의 유기산류나 폴리인산염, 메타인산염 등의 축합인산염류가 있다.

17 ① 타르계 색소
- 석탄 tar 중 벤젠(benzene ring)이나 나프탈렌 핵(naphthlene ring)으로부터 합성한 물질이다.
- 현재 사용이 허용된 타르색소는 모두 산성을 띠는 수용성이고 지용성 색소는 안전성 문제로 사용이 금지되어 있다.
- 타르색소의 화학구조는 아조계(azo type), 크산틴계(xanthene type), 트리페닐메탄계(triphenylmethane type)와 인디고계(sulfonated indigo type)로 분리되는데, 일반적으로 식용으로 허용된 색소의 농도는 5~100ppm으로 안정성이 입증되었다.
- 우리나라는 현재 적색2호, 적색3호, 황색4호, 황색5호 등 9종의 타르색소가 식품첨가물로 허용되어 있다.

18 ④ 우리나라 식품에 허용된 합성착색료(23종)
  ① 타르계(16종)
  - 식용타르계색소(9종) : 녹색3호, 적색2호, 적색3호, 적색40호, 적색102호, 청색1호, 청색2호, 황색4호, 황색5호
  - 식용타르색소 알루미늄레이크(7종) : 녹색3호 알루미늄레이크, 적색2호 알루미늄레이크, 적색40호 알루미늄레이크, 청색1호 알루미늄레이크, 청색2호 알루미늄레이크, 황색4호 알루미늄레이크, 황색5호 알루미늄레이크
  ② 비타르계(7종)

19 ③ 베타카로틴(β-carotene)
- carotenoid계의 대표적인 색소로서 vitamin A의 전

구물질이며 영양강화 효과를 갖는 물질이다.
- 천연색소로서 마가린, 버터, 치즈, 과자, 식용유, 아이스크림 등의 착색료로 사용한다.

20 ① 표백제
- 식품의 가공이나 제조 시 일반색소 및 발색성 물질을 탈색시켜 무색의 화합물로 변화시키기 위해 사용되고 식품의 보존 중에 일어나는 갈변, 착색 등의 변화를 억제하기 위하여 사용되는 첨가물이다.
- 표백제는 그 작용에 따라 산화표백제와 환원표백제의 2종으로 구별된다.

환원표백제	메타중아황산 칼륨(potassium metabisulfite), 무수아황산(sulfur dioxide), 아황산나트륨(결정)(sodium sulfite), 아황산나트륨(무수)(sodium sulfite anhydrous), 산성아황산나트륨(sodium bisulfite), 차아황산나트륨(sodium hyposulfite) 등
산화표백제	과산화수소(hydrogen peroxide) 등

21 ④ 20번 해설 참조

22 ① 산미료(acidulant)
- 식품을 가공하거나 조리할 때 적당한 신맛을 주어 미각에 청량감과 상쾌한 자극을 주는 식품첨가물이며, 소화액의 분비나 식욕 증진효과도 있다.
- 보존료의 효과를 조장하고, 향료나 유지 등의 산화방지에 기여한다.
- 유기산계에는 구연산(무수 및 결정), D-주석산, DL-주석산, 푸말산, 푸말산일나트륨, DL-사과산, 글루코노델타락톤, 젖산, 초산, 디핀산, 글루콘산, 이타콘산 등이 있다.
- 무기산계에는 이산화탄소(무수탄산), 인산 등이 있다.
- ※ 소르빈산(sorbic acid)은 허용 보존료이다.

23 ① 22번 해설 참조

24 ① 산도조절제
- 식품의 산도를 적절한 범위로 조정하는 식품첨가물로 보존효과를 높이기 위해 사용된다.
- 젖산(lactic acid), 초산(acetic acid), 구연산(citric acid) 등
- ※ 소르빈산(sorbic acid) : 식육가공품, 정육제품, 어육가공품, 성게 젓, 땅콩버터 가공품, 모조치즈 등에 사용되는 보존료이다

25 ② 차아염소산 이온은 pH가 낮을수록 비해리형 차아염소산의 양이 커지므로 살균력도 높아진다. 즉 살균효과는 유효염소량과 pH의 영향을 받는다.

26 ① 염소(chlorine)의 살균 특성
- pH가 낮을수록 비해리형 차아염소산(HClO)의 양이 커지므로 살균력도 높아진다.
- 살균효과는 유효염소량과 pH의 영향을 받는다.
- 음료수의 살균이나 우유처리 기구 등의 소독에 쓰이며, 광선에 의해 유효염소가 분해되므로 냉암소에 보관한다.
- 기구나 장비의 부식을 피하며 살균효과가 비교적 높은 pH 6.5~7 수준을 사용한다.

27 ④ 현재 허용되어 있는 살균제 및 표백제

살균제	차아염소산 나트륨(sodium hypochlorite), 고도표백분(hypochlorite), 차아염소산 칼슘(calcium hypochlorite), 오존수(ozone water) 차아염소산수(hypochlorous acid water), 이산화염소(수)(chlorine dioxide), 과산화수소(hydrogen peroxide), 과산화초산(peroxyacetic acid) 등 7종
표백제	메타중아황산나트륨(sodium metabisulfite), 메타중아황산칼륨(potassium metabisulfite), 무수아황산(sulfur dioxide), 산성아황산나트륨(sodium bisulfite), 아황산나트륨(sodium sulfite), 차아황산나트륨(sodium hyposulfite) 등 6종

※ 클로라민 T는 소독제로 이용된다. 살균력은 유리염소보다 약하지만 안정성이 있다. 현재는 거의 사용되지 않는다.

28 ④ 호료(증점제)
- 식품에 작용하여 점착성을 증가시키고 유화안전성을 좋게 하며, 가공 시 가열이나 보존 중의 선도 유지와 형체를 보존하는 데 효과가 있으며, 한편 미각적인 면에서도 점착성을 주어 촉감을 좋게 한다.
- 허용호료 : 알긴산 나트륨(sodium alginate), 알긴산 푸로필렌글리콜(propylene glycol alginate), 메틸셀룰로오즈(methyl cellulose), 카복실메틸셀룰로오즈 나트륨(sodium carboxymethyl cellulose), 카복실메틸셀룰로오즈 칼슘(calcium carboxymethyl cellulose), 카복실메틸스타아치 나트륨(sodium carboxymethyl starch), 카제인(casein), 폴리아크릴산 나트륨(sodium polyacrylate) 등 천연물이 8종, 화학적 합성품이 12종이다.

29 ④ 28번 해설 참조

30 ④ 멘톨(menthol)
- 천연으로는 좌회전성인 L-멘톨이 박하유의 주성분으로서 존재한다.
- 독특한 상쾌감이 있는 냄새가 나는 무색의 침상(針狀) 결정으로 의약품, 과자, 화장품 등에 첨가하며, 진통제나 가려움증을 멈추는 데에도 사용된다.
- L-멘톨 외에 D-멘톨과 DL-멘톨도 알려져 있으나, 천연으로는 존재하지 않는다.
- DL-멘톨(DL-menthol)은 식품첨가물 중 착향료로 허용되고 있다.

31 ③ D-Sorbitol
- 백색 분말 또는 결정성 분말로서 당알코올이며 설탕의 70%의 단맛이 있다.
- 자연 상태로 존재하기도 하지만 포도당을 환원하여 인공적으로 합성하여 제조한다.
- 흡수성이 강하며, 보수성, 보향성이 우수하여 과자류의 습윤조정제, 과일통조림의 비타민 C 산화방지제, 냉동품의 탄력과 선도유지 등 용도가 다양하다.

32 ③ 감미료
스테비오사이드(stevioside), 아스파탐(aspartame), D-솔비톨(sorbitol) 등은 감미료이다.
※ 아디픽산(adipic acid)은 플라스틱 가소제이다.

33 ③

유해 감미료	cyclamate, dulcin, ethylene glycol, perillartine, p-nitro-o-toluidine 등
허용된 합성감미료	saccharine sodium, aspartame, disodium glycyrrhizinate, trisodium glycyrrhizinate, D-sorbitol 등

34 ③ 유화제(계면활성제)
- 혼합이 잘 되지 않은 2종류의 액체 또는 고체를 액체에 분산시키는 기능을 가지고 있는 물질을 말한다.
- 친수성과 친유성의 두 성질을 함께 갖고 있는 물질이다.
- 현재 허용된 유화제 : 글리세린지방산에스테르(glycerine fatty acid ester), 소르비탄지방산에스테르(sorbitan fatty acid ester), 자당지방산에스테르(sucrose fatty acid ester), 프로필렌글리콜지방산에스테르(propylene glycol fatty acid ester), 대두인지질(soybean lecithin), 폴리소르베이트(polysorbate) 20, 60, 65, 80(4종) 등이 있다.

※ 몰포린지방산염(morpholine fatty acid salt) : 과일 또는 채소의 표면피막제이다.

35 ② 34번 해설 참조

CMC-Na(sodium carboxymethyl cellulose)은 안정제이다.

36 ③ 대두인지질

- 일명 대두 레시친이라고 한다.
- 천연 유화제로서 초콜릿, 카라멜, 마가린, 쇼트닝 등에 사용한다.
- 빵, 케이크, 비스켓 등의 노화방지 및 산화방지제로도 사용한다.

37 ③ 육색고정제(발색제)

- 육색소를 고정시켜 고기 육색을 그대로 유지하는 것이 주목적이고 또한 풍미를 좋게 하고, 식중독 세균인 *Clostridium botulium*의 성장을 억제하는 역할을 한다.
- 발색제에는 아질산나트륨(NaNO$_2$,), 질산나트륨(NaNO$_3$), 아질산칼륨(KNO$_2$) 질산칼륨(KNO$_3$) 등이 있다.
- 육색고정 보조제로는 ascorbic acid가 있다.
- 발암물질인 nitrosamine을 생성하므로 사용 허가기준 내에서 유효적절하게 사용해야 한다.
- 식육가공품(포장육, 식육 추출가공품, 식용우지, 돈지 제외) 및 정육제품 0.07g/kg 이하, 어육소시지, 어육햄류 및 치즈 0.05g/kg 이하로 허용되고 있다.

38 ② 색소고정제(발색제)

자기 자신은 무색이어서 스스로 색을 나타내지는 못하지만 식품 중의 색소성분과 반응하여 그 색을 고정하거나 또는 더욱 선명하게 나타내는 데 사용되는 첨가물이다.

식물성 식품의 발색제	황산제1철, 황산제2철, 소명반
육제품 발색제	아질산나트륨, 질산나트륨, 아질산칼륨, 질산칼륨

39 ③ 밀가루 개량제

- 밀가루나 반죽에 첨가되어 제빵 품질이나 색을 증진시키기 위해 사용되는 식품첨가물이다.
- 과산화벤조일(희석), 과황산암모늄, 염소, 이산화염소, 아조디카르본아미드 등 8종이 허용되고 있다.

40 ④ 안정제(61 품목)

- 두 가지 또는 그 이상의 성분을 일정한 분산 형태로 유지시키는 식품첨가물이다.
- 가티검, 결정셀룰로스(cellulose), 구아검(guar gum), 글리세린(glycerine) 시클로덱스트린(cyclodextrin), 알긴산(alginic acid), 알긴산나트륨(sodium alginate) 등

41 ① 피막제

- 식품의 표면에 광택을 내거나 보호막을 형성하는 식품첨가물
- 몰포린지방산염, 쉘락, 유동파라핀, 초산비닐수지, 폴리비닐알콜, 폴리비닐피로리돈, 폴리에텔렌글리콜, 풀루란 등 총 15종이 허용되고 있다.
- ※ 과산화벤조일 : 산화제(밀가루 개량제)로 허용되고 있다.

곡류가공

01 ③ 벼의 구조
- 왕겨층, 겨층(과피, 종피), 호분층, 배유 및 배아로 이루어져 있다.
- 현미는 과피, 종피, 호분층, 배유, 배아로 이루어져 있다.
- 즉, 현미는 벼에서 왕겨층을 벗긴 것이다.

02 ③ 곡물의 도정방법
- 건식 도정(dry milling)
  - 건조곡류를 그대로 도정하여 겨층을 제거
  - 최종제품의 크기(meal, grit, 분말)에 따라 분류
  - 옥수수, 쌀, 보리 도정에 이용
  *필요에 따라 소량의 물을 첨가할 수 있음
- 습식도정(wet milling)
  - 물에 침지한 후 도정
  - 주로 배유를 단백질과 전분으로 분리할 경우 사용

03 ① 현미
- 최외각 층에 과피가 있고, 그 내부에 종피, 외배유, 내배유가 있다.
- 외피에 지방, 단백질, 비타민 등이 함유되어 있으며, 특히 지방이 많이 함유되어 있어서 도정률이 높아지면 그만큼 지방이 많이 떨어져 나간다.

04 ④ 쌀의 도정도

종류	특성	도정률 (%)	도감률 (%)
현미	나락에서 왕겨층만 제거한 것	100	0
5분도미	겨층의 50%를 제거한 것	96	4
7분도미	겨층의 70%를 제거한 것	94	6
백미	현미를 도정하여 배아, 호분층, 종피, 과피 등을 없애고 배유만 남은 것	92	8
배아미	배아가 떨어지지 않도록 도정한 것	–	–
주조미	술의 제조에 이용되며 미량의 쌀겨도 없도록 배유만 남게 한 것	75 이하	–

05 ② 정미의 도정률(정백률)

$$도정률(\%) = \frac{도정(정미)량}{현미량} \times 100$$

- 도정된 정미의 중량이 현미 중량의 몇 %에 해당하는가를 나타내는 방법이다.
- 도정도가 높을수록 도감률도 높아지나 도정률은 적어진다.

06 ② 5번 해설 참조

07 ③ 7분도미의 도정률
- 현미 = 92% 백미+8% 왕겨
- 8%의 겨 중 7분 도미는 70% 도정했으므로,
  8×0.7 = 5.6%
  100−5.6 = 94.4%

08 ① 도정률(도)을 결정하는 방법
- 백미의 색깔
- 도정횟수
- 생성된 쌀겨량
- 쌀겨 층이 벗겨진 정도
- 도정시간
- 전력소비량
- 염색법(MG 시약) 등

09 ② 정미기의 도정작용
- 마찰식은 추의 저항으로 쌀이 서로 마찰과 찰리 작용을 일으켜 도정이 된다. 현재 식용 정백미 도정에 쓰인다.
- 통풍식은 횡형 원통마찰식 정미기의 변형으로 된 압력계 정미기이다. 현재 식용 백미 도정에 널리 쓰인다.
- 연삭식은 롤(roll)의 연삭, 충격작용에 의하여 도정이 된다. 연삭식은 수형식과 횡형식이 있는데 주로 식용미는 횡형식을 사용하나 주조미는 수형식을 사용한다. 연삭식은 도정력이 크고 쇄미가 적어 정미, 정맥은 물론 모든 도정에 사용할 수 있으므로 만능도정기라고도 한다.

10 ② α화미의 기본적인 제조
- 쌀을 묽은 식초산용액에 침지한 후 밥을 지어 상압, 감압건조(80~130℃)시켜 수분이 5%가 되게 건조한 즉석식품이다.

11 ④ 보리의 도정방식에는 혼수도정, 무수도정, 할맥도정 등이 있다.

12 ③ **팽화곡물(puffed cereals)**
- 곡물을 튀겨서 조직을 연하게 하여 먹기 좋도록 한 것을 말한다.
- 과열증기로 곡물을 처리하였다가 갑자기 상압으로 하면 곡물조직 중의 수증기가 조직을 파괴해서 밖으로 나오므로 세포가 파괴되어 연해지는 동시에 곡물은 크게 팽창한다.
- 먹기 좋고 소화가 잘되며, 가공 및 조리가 간단할 뿐만 아니라 협잡물 분리가 쉬워지는 등 유리하다.
- 환원당이 별로 증가하지 않지만 수용성 당분은 크게 증가한다.

13 ④ **밀제분의 일반적인 공정**
- 밀의 배유부를 순수하게 가루 모양으로 분리하기 위해서는 다음과 같은 공정으로 제분이 진행된다.
- 원료 밀 → 정선 → 조질 → 조분쇄 → 사별 → 순화 → 미분쇄 → 숙성과 표백 → 영양강화 → 포장

14 ① **조질(調質)**
- 밀알의 내부에 물리적·화학적 변화를 일으켜서 밀기울부(외피)와 배젖(배유)이 잘 분리되게 하고 제품의 품질을 높이기 위한 공정이다.
- 템퍼링(tempering)과 컨디셔닝(conditioning)이 있다.

15 ② **첨가할 가수량**

$$\text{첨가할 가수량} = \text{밀무게} \times \left(\frac{100 - \text{원료수분}}{100 - \text{목표수분}} - 1 \right)$$
$$= 1000 \times \left(\frac{100 - 12}{100 - 15.4} - 1 \right)$$
$$= 40.2 \text{kg}$$

16 ② **제분 시 자력분리기 사용 공정**
- 제분 시 정선과정에서 원료를 사면으로 흐르게 하고 그 원료가 흐르는 장소에 자력분리기(말징모양 또는 막대기모양)의 영구자석을 장치한다.
- 원료 속에 들어 있는 쇠조각을 자석으로 흡착시켜 제거한다.

17 ① **글루텐(gluten)의 아미노산 조성**
- glutamine과 proline 함량이 높다.
- proline은 다른 아미노산과 달리 아민기(NH_3^+)가 아닌 이민(NH)으로 이루어져 있어서 탄소사슬의 회전

이 힘들고 고리구조를 이루고 있어서 견고함을 유지한다.
- proline은 알파-나선구조(α-helix) 함량을 저하시켜 불규칙한 고차구조를 없애며 고도로 분자를 서로 엉키게 하여 탄력성을 부여하는 아미노산이다.

18 ③ **밀가루의 제빵 특성**
- 밀가루의 단백질인 글루텐(gluten)의 함량은 밀가루의 품질을 결정하는 데 가장 중요하다.
- 글루텐의 함량에 따라 강력분, 준강력분, 중력분, 박력분으로 크게 나눌 수 있다.
- 밀가루의 단백질을 물을 가하여 이겼을 때 대부분 글루텐이 되므로 대체로 단백질이 많으면 제빵 적성이 좋아진다.

19 ① **제면에서 소금을 사용하는 주목적**
- 밀가루의 점탄성을 높인다.
- 수분의 내부 확산을 촉진시켜 건조속도를 조절한다.
- 미생물의 번식을 억제하여 제품이 변질되는 것을 방지한다.

20 ④ **제빵 시 설탕 첨가 목적**
- 효모의 영양원으로 발효 촉진
- 빵 빛깔과 질을 좋게 함
- 산화 방지
- 수분보유력이 있어 노화를 방지
- ※ 제빵에서 설탕은 유해균의 발효 능력을 억제하지 못함

21 ① **밀의 회분 함량**
- 밀의 회분은 껍질인 밀기울에 많고, 배유부는 전분이 많아 회분량이 많으면(0.5% 이상) 껍질이 밀가루 중에 많다는 것을 알 수 있고, 제분율을 알 수 있다.

22 ② **밀가루 반죽의 개량제**
- 빵 반죽의 물리적 성질을 개량할 목적으로 사용하는 첨가물을 말한다.
- 주효과는 산화제에 의한 반죽의 개량이고 효모의 먹이가 되는 것은 암모늄염만이다.
- 산화제는 밀가루 단백질의 SH기를 산화하여 S-S결합을 이루어 입체적인 망상구조를 형성함으로써 글루텐의 점탄성을 강화하고 반죽의 기계내성이나 발효내성을 향상시켜, 빵의 부피를 증대하여 내부의 품질을 개량하는 등의 효과가 있다.
- 비타민 C는 밀가루 반죽의 개량제로서 숙성 중 글루텐의 S-S결합으로 반죽의 힘을 강하게 하여 가스 보

유력을 증가시키는 역할을 해 오븐팽창을 양호하게 한다.

23 ① **밀가루 반죽 품질검사기기**
- farinograph : 밀가루 반죽 시 생기는 점탄성을 측정
- consistometer : 점도 측정 장치
- amylograph 시험 : 전분의 호화온도 측정
- extensograph 시험 : 반죽의 신장도와 인장항력 측정
- mixograph : 반죽의 물성 측정

24 ④ **밀가루의 품질시험방법**
- 색도 : 밀기울의 혼입도, 회분량, 협잡물의 양, 제분의 정도 등을 판정(보통 Pekar법을 사용)
- 입도 : 체눈 크기와 사별정도를 판정
- 패리노그래프(farinograph) : 밀가루 반죽 시 생기는 점탄성을 측정하며 반죽의 경도, 반죽의 형성기간, 반죽의 안정도, 반죽의 탄성, 반죽의 약화도 등을 측정
- 익스텐소그래프(extensograph) : 반죽의 신장도와 인장항력을 측정
- 아밀로그래프(amylograph) : 전분의 호화온도와 제빵에서 중요한 α-amylase의 역가를 알 수 있고 강력분과 중력분 판정에 이용

25 ④ **24번 해설 참조**

26 ④ **제빵공정 중 반죽을 발효시키는 목적**
- 탄산가스의 발생으로 팽창작용을 한다.
- 유기산, 알코올 등을 생성시켜 빵 고유의 향을 발달시킨다.
- 글루텐을 발전, 숙성시켜 가스의 포집과 보유능력을 증대시킨다.
- 빵의 조직을 부드럽게 한다.

27 ① **제빵에 이용되는 효모**
- *Saccharomyces cerevicsiae*
- 반응식 : $C_6H_{12}O_6 \rightarrow 2C_2H_5OH + 2CO_2$
- 효모의 주역할 : 반죽 속의 당을 양분으로 이용하여 알코올 발효를 일으키고 부산물로 이산화탄소를 생성한다.

28 ② **반죽의 숙성이 지나칠 경우 나타나는 현상**
- 흡수량이 증가하여 글루텐 형성이 느려진다.
- 반죽시간이 길어진다.
- 발효속도가 빨라져 부피형성에 좋지 않은 영향을 준다.

29 ② **제빵 시 가스빼기의 목적**
- 축적된 CO_2를 제거하고, 나머지 탄산가스를 고르게 퍼지게 한다.
- 신선한 공기의 공급에 의해 효모의 활동을 조장한다.
- 반죽 안팎의 온도를 균등하게 분포시킨다.
- 효모에게 새로운 영양분(당분)을 공급하여 효모의 활동을 왕성하게 한다.

30 ③ **노타임 반죽법(no time dough method)**
- 무발효 반죽법이라고도 하며 발효시간의 길고 짧음에 관계없이 펀치를 하지 않고 일반적으로 산화제와 환원제를 사용하여 믹싱을 하고 반죽이 완료된 후 40분 이내로 발효를 시킨다. 때문에 제조공정이 짧다.
- 환원제와 산화제를 사용하는 이유
  - 산화제(브롬산칼륨)를 반죽에 넣으면 단백질의 S-H기를 S-S기로 변화시켜 단백질 구조를 강하게 하고 가스 포집력을 증가시켜 반죽 다루기를 좋게 한다. 산화가 부족하면 제품의 기공이 일정하지 않고 부피가 작으며 제품의 균형이 나빠진다.
  - 환원제(L-시스테인)는 단백질의 S-S기를 절단하여(-SH로 환원) 글루텐을 약하게 하며 믹싱시간을 25% 단축시킨다.

31 ① 빵의 노화 현상은 지방, 설탕 등의 첨가에 의해 방지할 수 있다.

32 ④ **제빵방법** : 원료 배합, 형식에 따라 스펀지법과 직접반죽법이 있다.

스펀지법	스펀지 반죽과 본반죽으로 구분하여 제조하며, 가볍고 조직이 좋은 빵이 만들어지고, 효모의 양도 적게 든다.
직접 반죽법	원료 전부를 한꺼번에 넣어서 발효시키는 방법으로 빵을 만드는 시간이 짧고 발효 중의 감량이 적어지는 장점이 있다.

33 ④ **면류의 종류**

선절면	밀가루 반죽을 넓적하게 편 다음 가늘게 자른 것으로, 중력분을 사용하고 칼국수, 손국수 등에 이용한다.
신연면	밀가루 반죽을 길게 뽑아서 면류를 만든 것으로, 소면, 우동, 중화면 등에 이용한다.
압출면	밀가루 반죽을 작은 구멍으로 압출시켜 만든 것으로, 강력분을 사용하고, 마카로니, 스파게티, 당면 등에 이용한다.

34 ④ **식품의 압출성형**
- 옥수수, 밀, 보리 등과 같은 전분질 곡류와 콩과 같은

단백질 곡류의 가공에 응용할 수 있는 다목적 가공조작이다.
- 압출성형은 특수한 압출성형장치(extruder)에 의하여 이루어진다.
- 혼합, 조분쇄, 가열, 열교환, 성형, 팽화 등의 기능을 extruder 단일장치 내에서 행할 수 있다.
- 압출성형공정 활용제품 : 고단백질 스낵식품, 식물조직 단백질, 스파게티 등

35 ④ 라면의 일반적인 제조공정

배합	밀가루(74.3%), 정제염(1.04%), 견수(0.10%), 물(24.5%) 등을 혼합하여 반죽을 만든다.
제면	반죽된 소맥분을 롤러에 압연시켜 가며 면대를 만든다. 압연된 면대를 제면기를 이용하여 국숫발을 만든다.
증숙	스팀박스를 통과시키면서 국수를 알파화시킨다. 증열조건 100℃, 통과시간은 약 2분 정도, 증기는 1기압 정도가 적당하다.
성형	증숙된 면을 일정한 모양으로 만들기 위해 납형 케이스를 이용한다.
유탕	알파화된 증숙면을 정제유지로 150℃에서 2분 정도 튀겨준다. 이렇게 함으로써 알파화 상태를 계속 유지 및 증가시켜주는 것이 가능하며, 면의 수분을 휘발시키는 한편 면에 기름을 흡착시켜준다.
냉각	유탕에서 나온 면을 컨베이어 벨트를 통해 이동시켜 상온으로 냉각시켜준다. 튀김 기름의 품질저하를 막고, 포장 후에 포장제의 내부에 이슬이 맺힘으로써 유지의 산패가 촉진되는 것을 방지하기 위함이다.
포장	냉각된 면에 포장된 스프를 첨부하여 자동포장기를 이용, 완제품 라면으로 포장한다.

36 ② 옥수수 전분 제조 시 아황산(SO_2)의 침지
- 아황산 농도 0.1~0.3%, pH 3~4, 온도 48~52℃에서 48시간 행한다.
- 아황산은 옥수수를 부드럽게 하여 전분과 단백질의 분리를 쉽게 하고 잡균의 오염을 방지한다.

37 ① 36번 해설 참조

38 ④ 장맥아와 단맥아의 특징

장맥아	• 비교적 저온에서 발아 • 보리 길이의 1.5~2배 키운 것 • β−amylase 효소작용이 1.5배 강력 • 식혜나 물엿 제조에 사용
단맥아	• 고온에서 발아 • 싹이 짧고 보리 길이의 2/3~3/4 • 녹말 함량이 많다. • 맥주 제조에 사용

39 ③ 38번 해설 참조

40 ① 물엿의 제조
- 만든 밥에 3배의 물을 가하여 55~60℃로 유지하고, 5~15% 건조 맥아분말을 첨가하여 5~8시간 당화시켜 제조한다.
- 맥아로 물엿을 제조할 때 맥아 amylase의 최적온도는 50~55℃이지만 엿 제조에서는 적당량의 덱스트린을 남겨야 하므로 당화온도는 약간 높은 55~60℃로 한다.
- 당화온도가 50℃ 정도로 낮아지면 젖산균 등 산 생성균이 번식하여 신맛이 생성된다.

감자류가공

01 ② 고구마 녹말의 순도를 낮게 하는 요인
- 수용성 당분
- 수용성 단백질과 폴리페놀성 물질
- 고르지 않은 고구마 녹말의 입자 크기
- 수지성분
- 탄닌성분

02 ③ 고구마 전분 원료의 구비조건
- 전분의 함량이 높고 생고구마의 수확량이 많은 것
- 모양이 고른 것이 좋으며, 터진 곳은 모래가 들어갈 수 있어 좋지 않다.
- 전분 입자가 고른 것
- 수확 후 전분의 당화가 적은 것
- 당분, 단백질, 폴리페놀 성분 및 섬유가 적게 들어 있는 것

03 ② 고구마 전분의 제조
- 고구마 전분은 고구마를 마쇄하여 세포에서 녹말 알갱이를 꺼내어 물속에서 다른 성분과의 비중 차이를 이용해서 단백질, 섬유질, 무기질 등을 분리한다. 전분

은 물에 녹지 않으므로 전분 이외의 녹는 성분을 제거할 수 있다.
- 고구마 전분의 제조과정 : 고구마 → 세척 → 마쇄 → 체질 → 전분유 → 전분 분리 → 침전 → 조전분 → 침전 → 생전분 → 건조 → 제품

04 ① 전분 분리법
- 전분유에는 전분, 미세 섬유, 단백질 및 그밖의 협잡물이 들어 있으므로 비중 차이를 이용하여 불순물을 분리·제거한다.
- 분리법에는 탱크침전법, 테이블법 및 원심분리법이 있다.
  - 침전법 : 전분의 비중을 이용한 자연 침전법으로 분리된 전분유를 침전탱크에서 8~12시간 정치하여 전분을 침전시킨 다음 배수하고 전분을 분리하는 방법이다.
  - 테이블법(tabling) : 입자 자체의 침강을 이용한 방법으로 탱크침전법과 같으나 탱크 대신 테이블을 이용한 것이 다르다. 전분유를 테이블(1/1200~1/500 되는 경사면)에 흘려 넣으면 가장 윗부분에 모래와 큰 전분 입자가 침전하고 중간부에 비교적 순수한 전분이 침전하며 끝에 가서 고운 전분 입자와 섬유가 침전하게 된다.
  - 원심분리법 : 원심분리기를 사용하여 분리하는 방법으로 순간적으로 전분 입자와 즙액을 분리할 수 있어 전분 입자와 불순물의 접촉 시간이 가장 짧아 매우 이상적이다.

05 ④ 4번 해설 참조

06 ① 당화율(dextrose equivalent, DE)

$$DE = \frac{직접환원당(포도당으로 표시)}{고형분} \times 100$$

- 전분의 가수분해 정도를 나타내는 단위이다.
- DE가 높아지면 포도당이 증가되어 감미도가 높아지고, 덱스트린은 감소되어 평균분자량은 적어지고, 따라서 제품의 점도가 떨어진다.
- 평균분자량이 적어지면 빙점이 낮아지고, 삼투압 및 방부효과가 커지는 경향이 있다.
- 포도당 함량이 증가되므로 제품은 결정화되기 쉬울 뿐 아니라 하얗게 흐려지거나 침전이 생기는 수가 많다.

07 ③ 전분에서 fructose 생산과정에 소요되는 효소

starch(녹말) $\xrightarrow{\alpha-amylase}$ dextrin $\xrightarrow{glucoamylase}$

glucose $\xrightarrow{glucoisomerase}$ fructose

08 ① 전분의 산액화가 효소액화보다 유리한 점
- 액화시간이 짧다.
- 호화온도가 높은 전분에도 적용할 수 있다.
- 액의 착색이 덜 된다.
- 제조경비가 적게 든다.
- 운전조작이 쉽고 자동으로 조작할 수 있다.

09 ④ 6번 해설 참조

10 ④ 식품공전상 DE(당화율)
- 액상포도당의 DE는 80.0 이상, 물엿의 DE는 20.0 이상, 기타 엿의 DE는 10.0 이상, 덱스트린의 DE는 20.0 미만이다.

11 ② 환원당의 양(A)

$$DE = \frac{직접환원당(glucose)}{고형분} \times 100$$

고형분 함량 $= \frac{42}{100} \times 1000 = 420$

$42 = \frac{A}{420} \times 100$

$A = 176.4(g)$

12 ① 산당화법과 효소당화법의 비교

	산당화법	효소 당화법
원료전분	정제를 완전히 해야 한다.	정제할 필요가 없다.
당화전분 농도	약 25%	50%
분해한도	약 90%	97% 이상
당화시간	약 60분	48시간
당화의 설비	내산·내압의 재료를 써야 한다.	내산·내압의 재료를 쓸 필요가 없다.
당화액의 상태	쓴맛이 강하며 착색물이 많이 생긴다.	쓴맛이 없고, 이상한 생성물이 생기지 않는다.

당화액의 정제	활성탄 0.2~0.3%	0.2~0.5%(효소와 순도에 따른다.)
	이온교환수지	조금 많이 필요하다.
관리	분해율을 일정하게 하기 위한 관리가 어렵고 중화가 필요하다.	보온(55℃)만 하면 되며 중화할 필요는 없다.
수율	결정포도당은 약 70%, 분말액을 먹을 수 없다.	결정포도당으로 80% 이상이고, 분말포도당으로 하면 100%, 분말액은 먹을 수 있다.
가격	–	산당화법에 비하여 30% 정도 싸다.

13 ① **분지올리고당의 감미도**
- 설탕의 약 1/2이며 맛이 좋고 저감미료로 미질개량 효과가 있다.

두류가공

01 ④ **콩 단백질의 특성**
- 콩 단백질의 주성분은 음전하를 띠는 glycinin이다.
- 콩 단백질은 묽은염류용액에 용해된다.
- 콩을 수침하여 물과 함께 마쇄하면, 인산칼륨 용액에 의해 glycinin이 용출된다.
- 두부는 콩 단백질인 glycinin을 70℃ 이상으로 가열하고 $MgCl_2$, $CaCl_2$, $CaSO_4$ 등의 응고제를 첨가하면 glycinin(음이온)은 Mg^{++}, Ca^{++} 등의 금속이온에 의해 변성(열, 염류) 응고하여 침전된다.

02 ③ **콩의 영양을 저해하는 인자**
- 트립신 저해제(trypsin inhibitor), 적혈구응고제(hemagglutinin), 리폭시게나제(lipoxygenase), phytate(inositol hexaphosphate), 라피노스(raffinose), 스타키오스(stachyose) 등이다.

03 ② **콩의 영양을 저해하는 인자**
- 대두에는 혈구응집성 독소이며 유해단백질인 hemagglutinin, trypsin의 활성을 저해하는 trypsin inhibitor가 함유되어 있으므로 생 대두는 동물의 성장을 저해한다.
- 리폭시게나제(lipoxygenase)는 콩의 비린내 원인물질로서 리놀산과 리놀렌산 같은 긴 사슬의 불포화지

방산 산화과정에 관여함으로써 유발되는 것으로 알려져 있다.
- phytate은 P, Ca, Mg, Fe, Zn 등과 불용성 복합체를 형성하여 무기물의 흡수를 저해시키는 작용을 한다.

04 ③ **분리대두 단백질의 제조원리**
- 저온으로 탈지한 대두에서 물 또는 알칼리로 대두 단백을 가용화시켜 추출·분리하고, 이 추출액을 여과 또는 원심분리하여 미세한 가루를 제거한다.
- 이 추출액에 염산을 넣어 pH가 4.3이 되게 하면 단백질이 침전된다.

05 ④ **콩을 이용한 발효식품**
- 된장 : 찐콩에 쌀이나 보리로 만든 코지를 섞어서 물과 소금을 넣어 일정기간 숙성시켜 만든다.
- 청국장 : 찐콩에 납두균(Bacillus natto)을 번식시켜 납두를 만들어 여기에 소금, 마늘, 고춧가루 등의 향신료를 넣어 절구로 찧어 만든다.
- 템페 : 인도네시아 전통발효식품으로 대두를 수침하여 탈피한 후 증자하여 종균인 Rhizopus oligosporus를 접종하여 둥글게 빚은 뒤 1~2일 발효시켜 제조하며 대두는 흰 균사로 덮여 육류와 같은 조직감과 버섯 향미를 갖는 제품이다.
- ※ 유부 : 두부를 얇게 썰어 기름에 튀겨서 만든다.

06 ② **04번 해설 참조**

07 ① **두부의 제조원리**
- 두부는 콩 단백질인 글리시닌(glycinin)을 70℃ 이상으로 가열하고 $MgCl_2$, $CaCl_2$, $CaSO_4$ 등의 응고제를 첨가하면 glycinin(음이온)은 Mg^{++}, Ca^{++} 등의 금속이온에 의해 변성(열, 염류)·응고하여 침전된다.

08 ④ **콩 비린내를 없애기 위한 방법**
- 80~100℃의 열수에 침지한 후 마쇄하는 방법
- 60℃의 가성소다(0.1% NaOH)용액에 침지시킨 후 마쇄하는 방법
- 충분히 수침한 후 고온의 스팀으로 찌는 방법
- 콩을 1~2일 발아시킨 뒤 끓는 물로 마쇄하는 방법
- 데치기 전에 콩을 수세하고 껍질을 벗겨 사용하는 방법

09 ④ **두부를 제조할 때 콩의 마쇄 목적**
- 세포를 파괴시켜 세포 내에 있는 수용성 물질, 특히 단백질을 최대한으로 추출하기 위한 과정이다.
- 콩을 미세하게 마쇄할수록 추출률이 높아진다.
- 불충분하게 마쇄하면
  – 비지가 많이 나오므로 두부의 수율이 감소하게 된다.

- 콩단백질인 glycinin이 비지와 함께 제거되므로 두유의 양이 적어 두부의 양도 적다.
- 지나치게 마쇄하면
  - 압착 시 불용성의 작은 가루들이 빠져나와 두유에 섞이게 되어 응고를 방해하여 두부품질을 나쁘게 한다.
  - 불용성 물질인 콩 껍질, 섬유소 등이 두유에 섞이게 되어 소화흡수율이 떨어진다.

10 ① 두부를 제조할 때 두유의 단백질 농도가 낮으면 두부가 딱딱해지고 두부의 색이 밝아진다.

11 ② 간수
- 주성분은 $MgCl_2$이다.
- 소금 제조 시 부산물로 얻어진다.
- 두부를 제조할 때 응고제로 이용되고 비중은 $30\sim35°Bé$로 해수보다 크다.

12 ③ 두부 응고제
- 간수 : 염화마그네슘($MgCl_2$)을 주성분으로 하며, 응고반응이 빠르고 압착 시 물이 잘 빠진다.
- 염화칼슘($CaCl_2$) : 칼슘분을 첨가하여 영양가치가 높은 것을 얻기 위하여 사용하는 것으로, 응고시간이 빠르고 보존성이 좋으나 수율이 낮고, 두부가 거칠고 견고하다.
- 황산칼슘($CaSO_4$) : 응고반응이 염화물에 비하여 대단히 느려 보수성과 탄력성이 우수하며, 수율이 높은 두부를 얻을 수 있다.
- 글루코노델타락톤(glucono-δ-lactone) : 물에 잘 녹으며 수용액을 가열하면 글루콘산(gluconic acid)이 된다. 사용이 편리하고, 응고력이 우수하고 수율이 높지만 신맛이 약간 있고, 조직이 대단히 연하며 표면을 매끄럽게 한다.

13 ③ 두부의 응고제로서 황산칼슘($CaSO_4$)의 특징

장점	• 두부의 색택이 좋다. • 조직이 연하다. • 보수성과 탄력성이 우수하다. • 수율이 높다.
단점	• 응고반응이 염화물에 비하여 대단히 느리다. • 불용성이므로 사용이 불편하다. • 두부표면이 거칠다.

14 ④ 13번 해설 참조

15 ③ 두부의 제조

- 원료 콩을 씻어 물에 담가 두면 부피가 원료 콩의 $2.3\sim2.5$배가 된다.
- 두유의 응고온도는 $70\sim80°C$ 정도가 적당하다.
- 응고제 : 염화마그네슘($MgCl_2$), 황산마그네슘($MgSO_4$), 염화칼슘($CaCl_2$), 황산칼슘($CaSO_4$), glucono-δ-lactone 등
- 소포제 : 식물성 기름, monoglyceride, 실리콘 수지 등

16 ④ 12번 해설 참조

17 ③ 12번 해설 참조

18 ④ 글루코노델타락톤(glucono-δ-lactone)
1 특성
- 백색의 결정 또는 결정성 분말로 냄새가 없거나 약간의 냄새를 가지고 있다.
- 처음에는 단맛을 나타내나 점차 산미를 느끼게 한다.
- 수용액은 가수분해되어 글루콘산과 δ-락톤 및 γ-락톤의 평형상태로 된다.
- 산은 아니나 물에 용해하면 가수분해하여 산성을 나타내므로 팽창제용 산제로 이상적이며, 중조와 배합하더라도 배합품 중에서 반응하는 일이 없다.
- 서서히 가수분해하므로 팽창제의 산제로 사용하면 중조와도 서서히 반응하여 아주 미세한 조직의 제품을 만들 수 있다.
- 금속과 착염을 만드는 작용이 있어 항산화작용을 나타낸다.
- 수용액은 가열에 의하여 산성으로 되기 때문에 이 성질을 이용하여 연제품의 pH를 낮추는 데 이용한다.

2 용도
- 고급 과자, 케이크류의 팽창제용 산제로 사용
- 어육연제품의 보존성 향상
- 두부 응고제로 사용

19 ④ 동결두부 제조 시 팽윤처리
- 동결두부는 조리할 때 더운물을 부으면 물을 흡수하여 불어나는 것이 좋다.
- 종래 조리 시에 중조를 넣기도 하였으나 근래에 와서 대규모의 경우에는 중조 대신에 암모니아를 두부조직 속에 흡착시키는데 이것을 팽윤처리라 한다.

20 ③ 두부의 2단 동결법
- 두부 표면을 먼저 급히 얼리고 중심부는 서서히 얼리는 방법이다.
- 두부 내부의 얼음 결정이 조밀하면 건조 후 물을 흡수

시켰을 때 단단해지는 것을 방지하기 위해서 사용하는 방법이다.

21 ③ 코지(koji) 제조의 목적
- 코지 중 amylase 및 protease 등의 여러 가지 효소를 생성하게 하여 전분 또는 단백질을 분해하기 위함이다.
- 원료는 순수하게 분리된 코지균과 삶은 두류 및 곡류 등이다.

22 ④ 가염 코지
- 코지 상자에서 다른 그릇에 모은 보리 코지에 소금을 섞어 두는 것을 말한다.
- 가염 코지를 만드는 목적
  - 코지(koji)균의 발육을 정지시킨다.
  - 잡균이 번식하는 것을 방지한다.
  - 발열을 방지하고 저장을 높인다.

23 ① 21번 해설 참조

24 ② 종국 제조 시 목회의 사용 목적
- 주미에 잡균 번식 방지
- 무기물질 공급
- 포자 형성 용이

25 ③ 코지균(*Aspergillus*균)
- 호기성균으로 천연 양조간장 발효에 사용한다.
- 발육할 때는 영양분 외에 산소를 필요로 하고 이산화탄소를 생성하는 동시에 열과 수증기를 발생한다.
- 코지 곰팡이의 발육이 왕성하면 품온이 상승하고, 이산화탄소의 발생이 증가한다.

26 ① 간장의 달이기
30농축살균과 후숙 효과를 얻기 위해서이다.
- 우수 간장은 70℃, 보통 간장은 80℃ 이상에서 달인다.
- 간장을 달이는 주요 목적
  - 미생물의 살균 및 효소 파괴
  - 단백질의 응고로서 생성된 앙금 제거
  - 향미(aldehyde, acetal 생성) 부여
  - 갈색을 더욱 짙게 함

27 ③ 산분해간장(아미노산간장)
- 단백질을 염산으로 가수분해하여 만든 아미노산 액을 원료로 제조한 간장이다.
- 단백질 원료를 염산으로 가수분해시킨 후 가성소다(NaOH)로 중화시켜 얻은 아미노산액을 원료로 만든

화학간장이다.
- 중화제는 수산화나트륨 또는 탄산나트륨을 쓴다.
- 단백질 원료에는 콩깻묵, 글루텐 및 탈지대두박, 면실박 등이 있고 동물성 원료에는 어류 찌꺼기, 누에, 번데기 등이 사용된다.

28 ① 27번 해설 참조

29 ④ 27번 해설 참조

30 ① 아미노산(산분해)간장
- 단백질 원료를 염산으로 가수분해하고 NaOH 또는 Na_2CO_3로 중화하여 얻은 아미노산과 소금이 섞인 액체를 말한다.
- 산분해 간장의 제조 시 부산물로서 생성되는 염소화합물중의 하나인 3-클로로-1,2-프로판디올(MCPD)이 생성된다.
- MCPD는 유지성분을 함유한 단백질을 염산으로 가수분해할 때 생성되는 글리세롤 및 그 지방산 에스테르와 염산과의 반응에서 형성되는 염소화합물의 일종이다.
- WHO의 식품첨가물전문가위원회에서 이들 물질은 '바람직하지 않은 오염물질로서 가능한 농도를 낮추어야 하는 물질'로 안전성을 평가하고 있다.

31 ④ 된장의 숙성
- 된장 중에 있는 코지 곰팡이, 효모 그리고 세균 등의 상호작용으로 비교적 느리게 일어난다.
- 쌀·보리 코지의 주성분인 전분이 코지 곰팡이의 amylase에 의해 당화하여 단맛이 생성된다.
- 생성된 당은 다시 알코올 발효에 의하여 알코올이 생성된다.
- 단백질은 protease에 의하여 아미노산으로 분해되어 구수한 맛이 생성된다.
- 일부는 세균에 의하여 유기산을 생성하게 된다.
- 숙성온도는 30~40℃의 항온실 내에서 만든다.

32 ① 템페(tempeh)
- 인도네시아 전통발효식품이다.
- 대두를 수침하여 탈피한 후 증자하여 종균인 *Rhizopus oligosporus*를 접종하여 둥글게 빚은 뒤 1~2일 발효시키면 대두는 흰 균사로 덮여 육류와 같은 조직감과 버섯향미를 갖는다.
- 템페는 얇게 썰어 식염수에 담갔다가 기름에 튀겨서 먹거나 혹은 수프와 함께 먹는다.

33 ② 아미노산 제조방법

- 추출법, 합성법, 발효법, 효소법 등이 있다.
- 현재는 주로 발효법으로 생산되고 있다.
- 발효법은 생명공학을 이용한 기술집약적이고 부가가치가 높은 정밀 화학공업의 한 분야이다.

과채류가공

01 ③ 수확한 채소 및 과일
- 채소나 과일과 같은 청과물은 수확되어 영양보급이 끊어진 후에도 호흡작용은 계속하게 되며, 시간이 경과함에 따라 점차 약해진다.
- 호흡작용은 온도, 습도, 공기조성, 미생물, 빛, 바람과 같은 환경요인에 의해 좌우되며, 그 중에서도 온도의 영향이 가장 크다. 표면적이 클수록 호흡량이 증가하고 중량과는 연관이 없다.

02 ④ 젤리화
- 잼, 젤리 등은 과일 중의 펙틴(1~1.5%), 산(0.3%, pH 3.0)과 첨가하는 당류(60~65%)가 일정한 농도와 비율을 이룰 때 젤리화가 된다.
- 서양배, 복숭아, 완숙 과일은 산과 펙틴이 모두 적기 때문에 잼의 원료로는 잘 사용하지 않는다.

03 ② 저메톡실 펙틴(low methoxy pectin)
- methoxy(CH_3O) 함량이 7% 이하인 것
- 고메톡실 펙틴의 경우와 달리 당이 전혀 들어가지 않아도 젤리를 만들 수 있다.
- Ca과 같은 다가이온이 펙틴 분자의 카르복실기와 결합하여 안정된 펙틴젤을 형성한다.
- methoxyl pectin의 젤리화에서 당의 함량이 적으면 칼슘을 많이 첨가해야 한다.

04 ③ 3번 해설 참조

05 ② 과일·채소류의 데치기(blanching) 목적
- 산화효소를 파괴하여 가공 중에 일어나는 변색 및 변질을 방지한다.
- 통조림 및 건조 중에 일어나는 외관, 맛의 변화를 방지한다.
- 원료의 조직을 부드럽게 하여 통조림 등을 할 때 담는 조작을 쉽게 하고 살균 가열할 때 부피가 줄어드는 것을 방지한다.
- 이미·이취를 제거한다.
- 껍질 벗기기를 쉽게 한다.
- 원료를 깨끗이 하는 데 효과가 있다.

06 ① 과일 박피방법
- 칼(손)로 벗기는 법(hand peeling) : 손으로 칼을 이용하여 벗긴다.
- 열탕, 증기에 의한 법(steam peeling) : 열탕에 1분간 데치거나 증기를 2~3분 작용시킨 후 냉각하여 박피한다.
- 알칼리처리법(lye peeling) : 1~3% NaOH용액 90~95℃에서 1~2분 담근 후 물로 씻는다(법랑남비 사용)
- 산처리(acid peeling) : 1~2% HCl, H_2SO_4를 온도 80℃ 이상에서 1분간 담갔다가 꺼내 찬물에 담근 후 박피한다.
- 산 및 알칼리처리법 : 1~2% 염산 또는 황산액에 일정시간 담근 후 찬물로 씻고, 2~3%의 끓는 NaOH용액에 담그면 껍질이 녹는다.
- 기계를 쓰는 법(mechanical peeling) : 기계적으로 박피기를 이용한다.

07 ③ 과일 통조림 가공에서 주로 사용되는 박피법
- 복숭아 : 알칼리 박피(lye peeling)
- 토마토 : 손 박피, 열탕 박피
- 오렌지 : 산·알칼리 박피
- 사과 : 기계 박피

08 ③ 일반적인 통조림 제조공정
- 원료 → 처리 → 충전(담기) → 탈기 → 권체(밀봉) → 살균 → 냉각 → 제품

09 ③ 주입할 당액의 농도

$$W_2 = W_3 - W_1$$
$$Y = \frac{W_3 Z - W_1 X}{W_2}$$

- W_1 : 고형물량(g)
- W_2 : 주입당액의 무게(g)
- W_3 : 제품내용총량(g)
- X : 담기 전 과육의 당도(%)
- Y : 주입할 시럽 당도(%)
- Z : 제품규격당도(%)
- $W_2 = 851 - 500 = 351$
- $Y = \dfrac{851 \times 18 - 500 \times 9}{351} = 30.8\%$
- 주입당액의 농도 = 30.8 + 3 = 33.8%

10 ④ 익스팬션 링을 만드는 이유
- 통조림을 밀봉한 후 가열·살균할 때 내부 팽압으로 뚜껑과 밑바닥이 밖으로 팽출하고 냉각하면 다시 복원한다.

- 내부 압력에 견디고 복원을 용이하게 하여 밀봉부에 비틀림이 생기지 않도록 하기 위해서다.

11 ③ **탈기(exhausting)의 목적**
- 산소를 제거하여 통 내면의 부식과 내용물과의 변화를 적게 한다.
- 가열살균 시 관내 공기의 팽창에 의하여 생기는 밀봉부의 파손을 방지한다.
- 유리산소의 양을 적게 하여 호기성 세균 및 곰팡이의 발육을 억제한다.
- 통조림한 내용물의 색깔, 향기 및 맛 등의 변화를 방지한다.
- 비타민, 기타의 영양소가 변질되고 파괴되는 것을 방지한다.
- 통조림의 양쪽이 들어가게 하여 내용물의 건전 여부의 판별을 쉽게 한다.

12 ① **기계적 탈기법**
- 진공밀봉기로 감압된 장치 속에서 탈기와 밀봉을 동시에 실시하는 방법이다.
- 육류 및 어류 통조림과 같이 고형물 통조림의 탈기에 이용된다.

장점	• 가열하기 곤란한 통조림 식품에 이용 가능하다. • 소요면적이 적다. • 증기를 절약한다. • 위생적이다. • 진공도의 조절이 가능하고 균일한 진공도를 얻을 수 있다. • 단시간에 이루어진다.
단점	• 내용물 중의 공기 제거가 불충분하다. • flushing 현상이 발생하기 쉽다. • 고진공을 위해 적절한 headspace가 필요하다.

※ flushing 현상 : 액즙이 많고, 내용물에 용해된 기체가 많은 식품의 기계적 탈기처리에서 제거 배출되는 기체와 함께 액즙이 분출되는 현상

13 ④ **통조림의 살균값**
- 살균을 시작할 때 통조림 내용물의 온도에 의하여 크게 영향을 받는다.
- 열 침투가 서서히 일어나는 식품의 경우 제품의 초기 온도는 살균시간에 더욱 큰 영향을 준다.
- 따라서 식품을 가열·탈기하거나 관 내의 식품 온도를 높여 주면 살균시간을 줄이는 데 많은 도움이 된다.

14 ③ **통조림 살균**

- 산성 식품의 통조림 살균
  - pH가 4.5 이하인 산성식품에는 변패나 식중독을 일으키는 세균이 자라지 못하므로 곰팡이나 효모류만 살균하면 살균 목적을 달성할 수 있는 데, 이런 미생물은 끓는 물에서 살균되므로 비교적 낮은 온도(100℃ 이하)에서 살균한다.
  - 과일, 과일주스 통조림 등
- 저산성 식품의 통조림 살균
  - pH가 4.5 이상인 저산성 식품의 통조림은 내열성 유해포자 형성 세균이 잘 자라기 때문에 이를 살균하기 위하여 100℃ 이상의 온도에서 고온가압살균(*Clostridium botulinum*의 포자를 파괴할 수 있는 살균조건)해야 한다.
  - 곡류, 채소류, 육류 등

15 ③ **통조림에서 탁음이 나는 원인**
- 탈기 부족, 관내에서 가스 발생, 살균 부족, 기온이나 기압의 변화, 밀봉 불완전 등이다.
- ※ 내용물의 연화는 청음이 난다.

16 ④ 통조림통의 물리적 원인에 의한 변형에는 탈기 불충분, 과잉 충전, 파넬링(paneling), 권체불량 등이 있다.

17 ③

18 ② **통조림 밀봉의 결함**
- flat sour : 내용물에서 가스가 생기지 않고 산도만 증가하는 것을 말하며 변패되는 경우라도 통조림의 외관은 정상이다.
- flipper : 관의 뚜껑과 밑바닥은 거의 편평하나 한쪽 면이 약간 부풀어 있어 누르면 소리를 내며 원상태로 되돌아가는 정도의 변패관이다.
- springer : flipper보다 심하게 팽창되어 있어 손끝으로 누르면 반대쪽 면이 소리를 내며 튀어나오는 상태의 팽창관이다.
- lip : body hook이나 cover hook이 권체 내로 서로 말려들어 가지 않고 빠져나와 있는 상태이다.

19 ③ **flat sour(평면산패)**
- 가스의 생산이 없어도 산을 생성하는 현상을 말한다.
- 호열성균(*Bacillus*속)에 의해 변패를 일으키는 특성이 있다.
- 통조림의 살균 부족 또는 권체 불량 등으로 누설 부분이 있을 때 발생한다.
- 가스를 생성하지 않아 부풀어 오르지 않기 때문에 외

관상 구별이 어렵다.
- 타검에 의해 식별이 어렵다.
- 개관 후 pH 또는 세균검사를 통해 알 수 있다.

20 ③ 통조림의 진진공도

$$\text{진진공도} = \text{측정진공도} + \frac{\text{진공도}}{\text{head space}} + \text{내용적}$$
$$= 30 + \frac{30}{4} + 1.2$$
$$= 38.7 \text{cmHg}$$

21 ④ 감귤 통조림 제조 시 속껍질 제거방법
- 속껍질은 산·알칼리 박피법을 이용하여 제거한다.
- 먼저 1~3%의 염산액(HCl) 중에 20~30℃에서 30~150분 담가 과육이 연해져서 약간 노출이 되면, 물로 잘 씻고 끓은 1~2%의 가성소다(NaOH) 용액에 15~30초 처리한 다음 물로 씻는다.

22 ③ 밀감 통조림의 백탁(흐림)
- 주원인 : flavanone glucoside인 hesperidin의 결정
- 방지방법
  - hesperidin의 함량이 적은 품종을 사용한다.
  - 완전히 익은 원료를 사용한다.
  - 물로 원료를 완전히 세척한다.
  - 산처리를 길게, 알칼리처리를 짧게 한다.
  - 가급적 농도가 높은 당액을 사용한다.
  - 비타민 C 등을 손상시키지 않을 정도로 가급적 장시간 가열한다.
  - 제품을 재차 가열한다.

23 ④ 14번 해설 참조

24 ④ 레토르트의 bleeder 역할
- 증기와 더불어 혼입한 공기를 제거한다.
- 레토르트 내의 증기를 순환시킨다.
- 온도계의 하부에 응결하는 수분을 제거하여 정확한 온도를 지시하도록 한다.

25 ② 레토르트 파우치 식품
- 플라스틱 필름과 알루미늄박의 적층 필름 팩에 식품을 담고 밀봉한 후 레토르트 살균(120℃에서 4분 이상 살균)하여 상업적 무균성을 부여한 것이다.
- 레토르트 식품을 넣는 주머니의 외부는 폴리에스테르의 얇은 막으로 되어 있고 중층은 알루미늄박이고 내부는 또 다시 폴리에스테르막으로 되어 있는데 이 셋을 붙여서 주머니를 만든다. 이 주머니에 재료를

조미하여 익힌 것을 연속충전기로 넣고 가열하여 밀봉한다. 120℃에서 4분, 135℃에서 8분, 150℃에서 2분 등의 방법으로 살균하며 즉시 냉각시킨 것이다.
- 레토르트 파우치는 통조림 식품처럼 장기간 보관이 가능하고 통조림에 비하여 가볍고 유연하며 운송 및 보관이 용이하다.

26 ② 감의 떫은맛
- gallic acid와 phloroglucinol의 축합물인 shibuol(diosprin)에 의한 것이다.
- 탈삽에 의하여 탄닌의 주성분인 가용성 shibuol을 불용성으로 변화시켜 떫은맛(삽미)을 느끼지 못하게 한다.

27 ① 떫은감의 탈삽방법

온탕법	떫은감을 35~40℃ 물속에 12~24시간 유지시켜서 탈삽하는 방법
알코올법	떫은감을 알코올과 함께 밀폐용기에 넣어 탈삽하는 방법
탄산가스법	떫은감을 밀폐된 용기에 넣고 공기를 CO_2로 치환하는 방법
동결법	-20℃ 부근에서 냉동시켜 탈삽하는 방법

※ 이외에 γ-조사, 카바이트, 아세트알데히드, 에스테르 등을 이용하는 방법이 있다.
※ 탄산가스로 탈삽한 감의 풍미는 알코올법에 비하여 떨어지나 상처가 적고 제품이 단단

28 ② 27번 해설 참조

29 ④ 과일주스의 혼탁 원인
- 과즙은 펙틴, 섬유소, 검(gum)질 등의 부유물에 의해 점착성의 원인이 된다.

30 ③ 투명한 청징주스(사과주스)를 얻으려면
- 과즙 중의 펙틴(pectin)을 분해하여 제거해야 한다.
- 펙틴 분해효소로는 *Penicillum glaucum* 등의 곰팡이가 분비하는 pectinase, polygalacturonase 등이 있다.

31 ② 30번 해설 참조

32 ③ 포도주스 공정에서 주석 제거
- 포도주스에는 주석(주성분은 주석산 모노칼슘염)이 많이 들어 있다.
- 이것이 저장 중에 석출되어 침전됨으로써 상품가치를

떨어뜨리는 동시에 주스의 산도를 저하시키고 색소를 침착시키는 등 풍미에 영향이 크므로 착즙액에서 주석을 제거해야 한다.

33 ② **과일주스의 살균**
- 과일주스는 가열에 의하여 풍미, 색깔 및 영양가 등이 변하는데, 그 정도는 온도와 가열시간에 따라 크게 달라진다.
- 비교적 낮은 온도에서 오랫동안 가열하는 것보다 높은 온도로 짧게 살균하는 것이 품질의 변화가 적다.
- 그래서 고온순간살균법을 널리 사용한다. 대체로 93℃ 전후에서 20초~1분간 가열하는 경우가 많으나 100℃에서 수 초간 가열 후 감압하에서 순간 냉각시키는 방식도 있다.

34 ① **과일주스를 농축할 때**
- 색깔, 향기, 맛 및 비타민 등의 품질에 크게 영향을 미치지 않게 해야 하는데 이와 같은 점으로서 진공농축법 및 동결농축법 등이 사용된다.
- vacuum식 농축법 : 감압(진공도 74cm 전후)과 비교적 낮은 온도(30~40℃)에서 과일주스를 얇은막 또는 거품상태로 농축하는 것인데 감압함으로써 증발능력이 높아지고 공기에 노출되지 않은 채 저온으로 처리되므로 품질이 저하되는 것을 최소한으로 막을 수 있다.
- cut back식 농축법 : 농축과일주스의 향기를 보충하는 방법으로서 농축과일주스에 소량의 신선한 과일주스를 넣는 수가 있는데 이것을 cut back process라 하며 주로 감귤류의 농축과일주스에 사용한다.

35 ③ **과일잼의 고온 장시간 농축 시 변화**
- 방향성분이 휘발하여 이취가 발생한다.
- 색소의 분해와 갈변반응을 일으킨다.
- 설탕의 전화가 진행되어 엿 냄새가 난다.
- 펙틴의 분해로 젤리화 강도가 감소한다.

36 ③ **jelly point를 형성하는 3요소**
- 설탕 60~65%, 펙틴 1.0~1.5%, 유기산 0.3%, pH 3.0 등이다.

37 ③ **36번 해설 참조**

38 ④ **젤리의 형성 및 강도에 관여하는 인자**
- 펙틴(pectin)의 농도, 분자량 및 ester화 정도, 당의 농도, pH 및 염의 종류 등

39 ① **젤리의 융해 작용이 발생하는 젤리의 pH**

- 젤리화의 적당한 pH는 3.0 전후이고, 맛을 고려하면 2.9~3.5 정도가 좋다.
- 2.8 이하의 산성에서는 잼의 수분이 분리되는 현상인 융해(이장, synersis) 현상이 일어나고, 조직이 단단해진다.

40 ③ **젤리, 마멀레이드 및 잼류**
- 젤리(jelly) : 과일 그대로, 또는 물을 넣어 가열하여 얻은 과일주스에 설탕을 넣어 응고시킨 것으로서 투명하고 원료과일의 방향을 가지는 것이 좋다.
- 마멀레이드(marmalade) : 젤리 속에 과일의 과육 또는 과피의 조각을 섞은 것으로, 젤리와는 달리 이들 고형물이 과일주스로 이루어진 부분과 분명히 구별된다.
- 잼(jam) : 과일의 과육에 설탕을 넣어 적당한 농도로 졸인 것인데, 과일의 모양이 유지되지 않아도 좋으며 부서져서 흐려 있는 것이 보통이다.
- 과일 프리저브드(fruit preserved) : 과일 그대로, 또는 적당히 끓은 과일을 설탕으로 당도가 55~70%가 될 때까지 졸인 것으로서 제품 속에 그 과일의 모양이 남아 있는 것이다.

41 ② **토마토 가공품**
- 토마토 솔리드 팩(tomato solid pack) : 잘 익은 토마토의 껍질을 벗기고 꼭지를 제거하여 그대로 혹은 토마토 퓨레를 조금 넣어서 통조림으로 한 것
- 토마토 퓨레(puree) : 토마토를 펄핑하여 껍질, 씨 등을 제거한 즙액을 농축한 것으로 고형물 함량은 6~12%
- 페이스트(paste) : 퓨레를 더 졸여서 전고형물을 25% 이상으로 한 것
- 토마토 케첩(ketchup) : 퓨레(puree)를 적당히 가열 농축하고(비중 1.06까지) 향신료와 조미료 등을 넣어 비중을 1.12~1.13으로 조정하며 전고형물은 25~30%가 되도록 농축시킨 것
- 주스(juice) : 토마토를 착즙하는 동시에 과피를 제거한 액즙에 소량의 소금을 넣은 것

42 ① **토마토 케첩 제조 시 갈색이 발생하는 원인**
- 토마토의 적색색소인 lycopene은 철 및 구리와 접촉하면 갈색으로 변한다.
- 향신료 등의 첨가물이 철과 접촉하게 되면 그 속에 들어 있는 tannin이 tannin철로 변화하여 흑색으로 변한다.
- 장시간 가열하면 lycopene도 갈색으로 변하게 된다.

43 ② 토마토 퓨레(puree)
- 토마토를 펄핑하여 껍질, 씨 등을 제거한 즙액을 농축한 것으로 고형물 함량은 6~12%이다.
- 토마토 퓨레의 제조에서 졸일 때 초기에는 거품이 일어나기 쉬우므로 거품이 나면 명씨 기름이나 올리브 기름을 조금 넣거나 물을 뿌려 거품을 없애야 한다.
- 거품은 비중을 측정할 때 방해가 된다.

44 ① 토마토의 solid pack 가공 시 염화칼슘의 사용
- 완전히 익은 토마토는 통조림 제조 시 너무 연해져서 육질이 허물어지기 쉬우므로 염화칼슘 등을 사용하여 이것을 방지한다.
- 칼슘은 펙틴산과 반응하여 과육 속에서 젤을 형성하여 가열할 때 세포 조직을 보호하여 토마토를 단단하게 한다.

45 ② 레시틴(lecithin)의 주된 기능
- 레시틴은 물과 기름에 모두 섞이는 양친매성 물질로 습윤제, 유화제 및 기타 용도에 이용된다.

46 ① 초콜릿 제조 시 템퍼링(tempering)
- 콘칭이 끝난 액체 초콜릿을 안정된 고체상의 지방으로 굳을 수 있도록 열을 가하는 과정이다.
- 초콜릿의 유지결정을 가장 안정된 형태의 분자구조를 만드는 단계이다.
- 장점
  - 초콜릿의 블룸(blooming) 현상 방지
  - 초콜릿이 입안에서 부드럽게 녹는 느낌
  - 광택 및 보형 안정성
  - 초콜릿 조각이 딱딱 부러지는 성질인 스냅성

47 ④ 소금 절임의 저장효과
- 고삼투압으로 원형질 분리
- 수분활성도의 저하
- 소금에서 해리된 Cl⁻의 미생물에 대한 살균작용
- 고농도 식염용액 중에서의 산소 용해도 저하에 따른 호기성세균 번식 억제
- 단백질 가수분해효소 작용 억제
- 식품의 탈수

48 ④ 소금의 삼투에 영향을 주는 요인
- 소금농도와 절임온도 : 소금의 삼투속도는 소금농도와 온도가 높을수록 크다.
- 절임방법 : 물간을 하면 마른간을 했을 때보다 소금의 침투속도도 크고 평행상태가 되었을 때의 침투소금량도 많다.

- 소금순도 : 소금 중에 Ca염이나 Mg염이 소량이라도 섞여 있으면 소금의 침투가 저해된다.
- 식품성상 : 어체의 지방 함량이 많은 것은 피하지방층이 두꺼워 어체를 그대로 소금절임하는 경우 소금침투가 어려운 경향이 있다.

49 ④ 과채류의 데치기(blanching) 목적
- 산화효소를 파괴하여 가공 중에 일어나는 변색 및 변질을 방지한다.
- 원료 중의 특수 성분에 의하여 통조림 및 건조 중에 일어나는 외관, 맛의 변화를 방지한다.
- 원료의 조직을 부드럽게 하여 통조림 등을 할 때 담는 조작을 쉽게 하고 살균 가열할 때 부피가 줄어드는 것을 방지한다.
- 껍질 벗기기를 쉽게 한다.
- 원료를 깨끗이 하는 데 효과가 있다.

50 ① 김치의 발효에 관여하는 발효균
- 김치가 막 발효되기 시작하는 초기 단계에서는 저온에서 우세하게 번식하는 이상 젖산발효균인 *Leuconostoc mesenteroides*이 왕성하게 자라서 김치의 맛을 알맞게 한다.
- 중기와 후기에는 젖산균인 *Streptococcus faecalis*, *Pediococcus cerevisiae*, *Lactobacillus plantarum* 등이 번식하여 다른 해로운 균을 사멸시키지만 산을 과도하게 생산해 김치 산패의 원인이 된다.

유가공

01 ③ 우유의 탄수화물
- 대부분은 유당(lactose)으로 약 99.8%를 차지한다.
- 극히 미량으로 glucose(0.07%), galactose(0.02%), oligosaccharide(0.004%) 등이 함유되어 있다.

02 ④ 카제인(casein)
- 우유 중에 약 3% 함유되어 있으며 우유 단백질 중의 약 80%를 차지한다.
- 카제인은 우유에 산을 가하여 pH를 4.6으로 하면 등전점에 도달하여 물에 녹지 않고 침전되므로 쉽게 분리할 수 있다.

03 ① 레닌(rennin)에 의한 우유 응고
- 송아지의 제4 위에서 추출한 우유 응유효소(rennin)로서 최적응고 pH는 4.8, 온도는 40 ~41℃이다.
- casein은 rennin에 의하여 paracasein이 되며 Ca^{2+}의 존재하에 응고되어 치즈 제조에 이용된다.
- κ–casein $\xrightarrow{\text{rennin}}$ para–κ–casein + glycomacropeptide
- para–κ–casein $\xrightarrow[\text{pH 6.4~6.0}]{Ca^{++}}$ dicalcium para–κ–casein(치즈커드)

04 ② 03번 해설 참조

05 ③ 유당 분해효소 결핍증(lactose intolerance)
- 유당 분해효소인 락타아제(lactase)가 부족하면 우유에 함유된 유당(lactose)이 소화되지 않는다. 이 소화되지 않은 유당이 소장에서 삼투현상에 의해 수분을 끌어들임으로써 팽만감과 경련을 일으키고 대장을 통과하면서 설사를 유발하게 되는 현상을 말한다.
- 동양인의 90%, 흑인의 75%, 서양인의 25%에서 나타나며 태어날 때부터 이 질환이 있는 경우도 있으나 대개 어른이 되어 생긴다.

06 ③ 우유류 규격[식품공전]
- 산도(%) : 0.18 이하(젖산으로서)
- 유지방(%) : 3.0 이상(다만, 저지방제품은 0.6 ~2.6, 무지방제품은 0.5 이하)
- 세균수 : n=5, c=2, m=10000, M=50000
- 대장균군 : n=5, c=2, m=0, M=10(멸균제품은 제외한다)
- 포스파타아제 : 음성이어야 한다(저온장시간 살균제품, 고온단시간 살균제품에 한함).
- 살모넬라 : n=5, c=0, m=0/25g
- 리스테리아 모노사이토제네스:n=5, c=0, m=0/25g
- 황색포도상구균 : n=5, c=0, m=0/25g

07 ④ 칼슘 흡수를 촉진하는 물질
- 유당, 비타민 D, 비타민 C, 카제인포스포펩타이드, 올리고당 등이다.
- ※ 칼슘 흡수를 방해하는 물질 : 과량의 인산, 피틴산, 시금치의 수산, 식이로 섭취한 과량의 인, 차 등의 탄닌 등이다.

08 ③ 우유의 가수여부 판정
- 우유의 비등점 : 100.55℃이며, 우유에 가수하면 비점이 낮아지므로 우유의 가수여부를 판정하는 데 이용한다.
- 우유의 빙점 : −0.53~−0.57이며, 평균 −0.54 이다. 물의 첨가에 의해 빙점이 변하므로 원유의 가수여부를 판정하는 데 이용한다.
- 우유의 점도 : 1.5~2.0cp(cm poise)이고, 우유 성분과 온도에 영향을 받는다. 우유에 가수하면 점도가 낮아진다.
- ※ 우유의 지방 측정은 우유의 가수여부와 관련이 없다.

09 ④ 포스파타아제 테스트
- phosphotase는 인산의 monoester, diester 및 pyrophosphate의 결합을 분해하는 효소이다.
- 62.8℃에서 30분, 71~75℃에서 15~30초의 가열에 의하여 파괴되므로 저온살균유의 완전살균여부 검정에 이용된다.
- ※ 알코올 테스트와 산도 측정은 우유의 신선도 판정에 이용하고, 비중 검사는 우유에 물이나 소금 등 이물질 첨가유무를 판정하는 데 이용한다.

10 ④ 시유 제조공정
- 원유 → 집유 → 여과 및 청정 → 표준화 → 균질 → 살균 → 냉각 → 충전·포장

11 ③ 균질

- 우유에 물리적 충격을 가하여 지방구 크기를 작게 분쇄하는 작업이다.
- 우유를 균질화시키는 목적
  - 지방구의 분리를 방지(creaming의 생성을 방지)한다.
  - 우유의 점도를 높인다.
  - 부드러운 커드가 된다.
  - 소화율을 높게 해준다.
  - 조직을 균일하게 한다.
  - 지방산화 방지효과가 있다.

12 ② 11번 해설 참조

13 ① 우유의 살균법
- 저온장시간살균법(LTLT) : 62~65℃에서 20~30분
- 고온단시간살균법(HTST) : 71~75℃에서 15~16초
- 초고온순간살균법(UHT) : 130~150℃에서 0.5~5초

14 ① 13번 해설 참조

15 ④ 젖산균 스타터(starter)
- 치즈, 버터 및 발효유 등의 제조에 사용되는 특정 미생물의 배양물로서 발효시키고자 하는 식품에 접종시켜 발효가 반드시 일어나도록 해준다.
- 발효유제품 제조에 사용되는 스타터는 유산균이 이용된다.
- *Lactobacillus casei*, *L. bulgaricus*, *L. acidophillus*, *Streptococcus thermophilus* 등이 있다.
- 배지의 고형물의 함량, 미생물의 양 등을 조절하여 발효미생물의 성장속도를 조정할 수 있어서 공장에서 제조계획에 맞추어 작업할 수 있다.

16 ① 아이스크림
- cream을 주원료로 하여, 그 밖의 각종 유제품에 설탕, 향료, 유화제, 안정제 등을 혼합시켜서 냉동, 경화시킨 유제품이다.
- 수분과 공기를 최대한 활용시킨 제품을 말한다.
- 제조순서 : 원료 검사 → 표준화 → 혼합·여과 → 살균 → 균질 → 숙성 → 동결(-2~-7℃) → 충전·포장(soft icecream) → 경화(-15℃ 이하, hard ice cream)

17 ③ 아이스크림 제조 시 균질 효과
- 크림층의 형성을 방지한다.
- 균일한 유화상태를 유지한다.
- 조직을 부드럽게 한다.
- 동결 중에 지방의 응집을 방지한다.

- 믹스의 기포성을 좋게 하여 증용률(overrun)을 향상시킨다.
- 숙성(aging) 시간을 단축한다.
- 안정제의 소요량이 감소한다.

18 ① 아이스크림 제조 시 안정제의 기능
- 다량의 물과 결합함으로써 수분과 함께 젤(gel)을 형성한다.
- 아이스크림의 경화와 형태를 유지한다.
- 빙결정의 형성을 억제 또는 감소시킨다.
- 부드러운 조직의 유지에 도움을 준다.
- 제품이 녹는 것을 지연시킨다.

19 ② 아이스크림의 증용률(over run, %)
- 아이스크림의 조직감을 좋게 하기 위해 동결 시에 크림조직 내에 공기를 갖게 함으로써 생긴 부피의 증가율을 말한다. 계산식은 다음과 같다.

> - over run(%)
> $$= \frac{\text{아이스크림의 용적} - \text{본래 mix의 용적}}{\text{본래 mix의 용적}} \times 100$$
> - 가장 이상적인 아이스크림의 증용률은 90~100% 이다.

20 ② 통조림제품의 소비기한 표시
- 연도의 표시 : 끝 숫자만을 표시한다.
- 월의 표시 : 10월·11월·12월은 각각 O·N·D로 표시한다.
- 일의 표시 : 두 자리로 표시하며, 1일 내지 9일의 표시는 그 숫자의 앞에 0을 표시한다.

21 ② 버터의 성분규격[식품공전]
- 수분 18% 이하
- 유지방 80% 이상
- 산가 2.8% 이하

22 ① 버터 제조공정
① 크림의 분리
② 크림의 중화
③ 살균 : 보통 70~85℃에서 5~10분, 90~98℃에서 15초간 살균
④ 냉각 : 여름철 3~5℃, 겨울철 6~8℃
⑤ 발효 : 20~22℃에서 4~6시간 발효
⑥ 숙성 : 크림을 비교적 낮은 온도에서 교동하기 전까지 냉각, 저장하는 과정
⑦ 교동 : 크림에 기계적인 충격을 주어 지방구끼리 뭉쳐서 버터 입자를 형성하는 작업

⑧ 버터밀크의 배제
⑨ 수세
⑩ 가염 : 풍미의 향상과 보존성을 유지하게 한다. 첨가량 2.0~2.5% 정도
⑪ 연압 : 버터 덩어리를 만드는 조작
⑫ 충전 포장

23 ② 숙성 효과
- 액상 유지방이 결정화되어 교동작업이 쉽다.
- 교동시간이 일정하게 된다.
- 교동 후 버터밀크로의 지방소실이 감소된다.
- 버터에 과잉수분이 함유되지 않게 된다.
- 버터의 경도와 전연성을 항시 일정하게 유지해 준다.

24 ① butter 제조 시 교동(churning)의 조건
- 교동온도 : 여름에는 8~10℃, 겨울철에는 12~14℃
- 교동시간 : 50~60분
- 교동기의 회전수 : 20~35rpm

25 ① rennin에 의한 우유 응고
- casein은 rennin에 의하여 paracasein이 되며 Ca^{2+}의 존재 하에 응고되어 치즈 제조에 이용된다.
- rennin의 작용기작

$$\kappa-casein \xrightarrow{rennin} para-\kappa-casein +$$
$$para-\kappa-casein \xrightarrow[pH\ 6.4\sim6.0]{Ca^{++}} \begin{array}{l} glycomacropeptide \\ dicalcium\ para-\kappa \\ -casein(치즈커드) \end{array}$$

26 ① 치즈의 제조공정
- 원료유 → 살균·냉각 → 스타터 접종 → 레닛 첨가 → 응고 → 커드 절단 → 커드 가온 → 유청 제거 → 압착 → 가염

27 ② 가공치즈[식품공전]
- 치즈를 원료로 하여 가열·유화 공정을 거쳐 제조 가공한 것으로 치즈 유래 유고형분 18% 이상인 것을 말한다.

28 ① 유제품 제조원리

치즈	우유를 유산균으로 발효시키고 응유효소로 응고시켜 제조한다.
요구르트	우유를 젖산균으로 젖산 발효시켜 제조한다.

아이스크림	크림을 주원료로 유화제, 안정제, 향료 등을 혼합하여 교반하면서 동결시켜 제조한다.
버터	우유에서 분리한 크림을 교동, 연압하여 제조한다.

29 ④

$$설탕의\ 농축도 = \frac{설탕\%}{100-TS}\times100\%$$
$$= \frac{45}{100-28}\times100\% = 62.5\%$$

30 ④ 연유 제조 시 예열(preheating)의 목적
- 유해세균 살균과 효소의 불활성화
- 우유단백질을 변성시켜서 농축 중의 열안정성 증가
- 설탕 용해 촉진
- 우유가 가열면에 눌어붙는 것을 방지
- 우유 제품의 농후화 억제

31 ② 무당연유
- 제조공정 : 원유(수유검사) → 표준화 → 예비가열 → 농축 → 균질화 → 재표준화 → 파이롯트시험 → 충전 → 담기 → 멸균처리 → 냉각 → 제품
- 무당연유가 가당연유와 다른점(제조상)
 - 설탕을 첨가하지 않는다.
 - 균질화 작업을 한다.
 - 멸균처리를 한다.
 - 파이롯트 시험을 한다.

32 ② 탈지분유의 제조공정
- 원료유 → 탈지 → 살균(예비가열) → 예비농축 → 균질 → 건조 → 집진 → 배출 → 냉각 및 사별 → 충전 및 포장

33 ④ 분유의 제조법
- 피막건조법(drum film drying process), 분무건조법(spray drying process), 포말벨트건조법(foam belt drying process), 냉동진공건조법(vacumm freeze drying process), 가습재건조법(wetting and redrying process) 등이 있다.
- 현재는 농축유를 건조실에 분무하여 건조하는 분무건조법이 유가공업계에서 가장 널리 이용되고 있다.
※ 분무건조법 : 열풍 속으로 미세한 액적(droplet)을 분사하면 액적이 미세입자가 되어 표면적이 크게 증가함으로써 수분이 순간적으로 증발하여 유고형분이

분말입자로 낙하하게 되는 방식이다.

34 ④ **유화제**
- lecithin, Tween 60, Span 60 등은 유화제이다.

육류가공

01 ④ **도살 해체한 지육의 냉각**
- 도살 해체한 지육은 즉시 냉각하여 선도를 유지하여야 한다.
- 냉동 시에는 -20~-30℃로 급속동결해야 하며 -18℃ 이하로 저장한다.

02 ② **보수력에 영향을 미치는 요인**
- 사후 해당작용의 속도와 정도
- 식육 단백질의 등전점인 pH
- 근원섬유 단백질의 전하
- 근섬유간 결합상태
- 식육의 이온강도
- 식육의 온도

03 ③ **냉동 육류의 드립(drip) 발생원인**
- 얼음결정이 기계적으로 작용하여 육질의 세포를 파괴·손상시키는 것
- 체액의 빙결분리
- 단백질의 변성
- 해동경직에 의한 근육의 이상 강수축

04 ③ **사후강직의 기작**
- 당의 분해(glycolysis)
  - 글리코겐의 분해 : 근육 중에 저장된 글리코겐은 해당작용에 의해서 젖산으로 분해되면서 함량이 감소한다.
  - 젖산의 생성 : 글리코겐이 혐기적 대사에 의해서 분해되어 젖산이 생성된다.
  - pH의 저하 : 젖산 축적으로 사후근육의 pH가 저하된다.
- ATP의 분해 : ATP 함량은 사후에도 일정 수준유지되지만 결국 감소한다.

05 ① **도살 후 최대경직시간**
- 쇠고기 : 4~12시간
- 돼지고기 : 1.5~3시간
- 닭고기 : 수 분~1시간

06 ② **식육의 사후경직시간**
- 저온이나 냉동은 식육의 사후경직시간을 길게 한다.
- 사후경직시간을 단축시키기 위해서 고온단시간으로 하는 경우가 있다.
- 우육은 37℃에서 6시간 정도 소요되고, 7℃의 저온에서는 24시간이 소요된다.

07 ② **육류의 사후경직 후 pH 변화**
- 도축 전의 pH는 7.0~7.4이나 도축 후에는 차차 낮아지고 경직이 시작될 때는 pH 6.3~6.5이며 pH 5.4에서 최고의 경직을 나타낸다.
- 대체로 1%의 젖산의 생성에 따라 pH는 1.8씩 변화되어 보통 글리코겐 함량은 약 1%이므로 약 1.1%의 젖산이 생성되고, 최고의 산도 즉, 젖산의 생성이 중지되거나 끝날 때는 약 pH 5.4로 된다. 이때의 산성을 극한산성이라 한다.

08 ③ 사후 근육의 pH가 증가함에 따라 보수력이 증가하지만 미생물의 생육, 증식의 억제효과는 떨어진다.

09 ④ **해동강직(thaw rigor)**
- 사후강직 전의 근육을 동결시킨 뒤 저장하였다가 짧은 시간에 해동시킬 때 발생하는 강한 수축현상을 말한다.
- 최대경직기에 도달하지 않았을 때 동결한 근육은 해동함에 따라 남아있던 글리코겐과 ATP의 소비가 다시 활발해져서 최대경직에 이르게 된다.
- 해동 시 경직에 도달하는 속도가 훨씬 빠르고 수축도 심하여 경도도 높고 다량의 드립을 발생한다.
- 이것을 피하기 위해서는 최대 경직기 후에 동결하면 된다.
- 저온단축과 마찬가지로 ATP 존재 하에 수축이라는 점에서 동결에 의한 미토콘드리아와 근소포체의 기능 저하에 따른 유리 Ca^{++}의 증대에 기인된다.

10 ② 9번 해설 참조

11 ③ **식육가공품 및 포장육[식품공전]**
- 분쇄가공육제품 : 식육(내장은 제외한다)을 세절 또는 분쇄하여 이에 식품 또는 식품첨가물을 가한 후 냉장·냉동한 것이나 이를 훈연 또는 열처리한 것으로서 햄버거패티, 미트볼, 돈가스 등을 말한다(육함량 50% 이상의 것).
- 소시지 : 식육(육함량 중 10% 미만의 알류를 혼합한 것도 포함)에 다른 식품 또는 식품첨가물을 가한 후

숙성·건조시킨, 훈연 또는 가열처리한 것 또는 케이싱에 충전 후 냉장·냉동한 것을 말한다.

- 프레스햄 : 식육의 고깃덩어리를 염지한 것이나 이에 식품이나 식품첨가물을 가한 후 숙성·건조하거나 훈연 또는 가열처리한 것으로 육함량 75% 이상, 전분 8% 이하의 것을 말한다.
- 베이컨류 : 돼지의 복부육(삼겹살) 또는 특정부위육(등심육, 어깨부위육)을 정형한 것을 염지한 후 그대로 식품이나 식품첨가물을 가하여 훈연하거나 가열처리한 것을 말한다.

12 ① 염지재료의 기능

소금	보수력 증진, 염용성 단백질 추출, 저장성 증진 효과 부여
환원제 (eythorbate와 ascorbate)	아질산염과 육색소의 화학반응을 촉진
인산염(phosphate)	보수력 증진시켜 수분손실을 줄이고 연도와 다즙성이 개선
아질산염과 질산염	육색소와 작용하여 독특한 염지육색 발현

13 ④ 육색 고정제

- 질산염(KNO_3, $NaNO_3$), 아질산염(KNO_2, $NaNO_2$)이다.
- 육색 고정보조제는 아스코르빈산(ascorbic acid)이다.

14 ③ 증량제

- 육류 가공 시 전분은 증량제로서 옥수수, 밀, 감자전분 등을 사용한다.
- 전분은 물을 흡수하여 증량효과(3배 정도 증가)가 나타나지만 유화력 형성 시 결합력은 약한 편이다.
- 축육 소시지에는 1~5% 범위에서 보수력과 탄력성을 증가시키기 위해서 첨가한다. 어육소시지에는 10% 정도까지 사용할 수 있다.

15 ③ 육 연화제

- 육의 유연성을 높이기 위하여 단백질 분해효소를 이용해서 거대한 분자구조를 갖는 단백질의 쇄(chain)를 절단하는 방법이다.
- 종류(단백질 분해효소)
  – 브로멜린(bromelin) : 파인애플에서 추출
  – 파파인(papain) : 파파야에서 추출
  – 피신(ficin) : 무화과에서 추출
  – 엑티니딘(actinidin) : 키위에서 추출

- 이들은 열대나무에서 추출된 단백질 분해효소이다.

16 ② 육가공 제조 시 육색고정

- 육색고정제로 질산염을 사용할 경우 질산염 환원균에 의해 부분적으로 아질산염을 생성시키고 이 아질산염은 myoglobin과 반응하여 metmyoglobin을 생성시킨다.
- 이 아질산은 ascorbic acid와 반응하여 일산화소가 생성되고, 젖산과 반응하여 일산화소가 생성된다.
- 이것(일산화소)이 myoglobin과 반응하여 nitorosomyglobin의 적색으로 전환되어 고정된다.

17 ④ 육가공 시 염지(curing)

- 원료육에 소금 이외에 아질산염, 질산염, 설탕, 화학조미료, 인산염 등의 염지제를 일정량 배합, 만육시켜 냉장실에서 유지시키고, 혈액을 제거하고, 무기염류 성분을 조직 중에 침투시킨다.
- 육가공 시 염지의 목적
  – 근육단백질의 용해성 증가
  – 보수성과 결착성 증대
  – 보존성 향상과 독특한 풍미 부여
  – 육색소 고정
- 햄이나 소시지를 가공할 때 염지를 하지 않고 가열하면 육괴간의 결착력이 떨어져 조직이 흩어지게 된다.

18 ④ 17번 해설 참조

19 ③ Pearson 공식에 의하여

$$x = \frac{10(22-20)}{(30-22)} = 2.5kg$$

20 ① 육가공의 훈연

① 훈연목적
- 보존성 향상
- 특유의 색과 풍미증진
- 육색의 고정화 촉진
- 지방의 산화방지

② 연기성분의 종류와 기능
- phenol류 화합물은 육제품의 산화방지제로 독특한 훈연취를 부여, 세균의 발육을 억제하여 보존성 부여
- methyl alcohol 성분은 약간의 살균효과, 연기성분을 육조직 내로 운반하는 역할
- carbonyls 화합물은 훈연색, 풍미, 향을 부여하고 가열된 육색을 고정
- 유기산은 훈연한 육제품 표면에 산성도를 나타내어 약간의 보존 작용

21 ④ 20번 해설 참조

22 ② 훈연방법

냉훈법	• 10~30℃에서 1~3주간 훈연하는 방법으로 건조, 숙성이 일어나 보존성이 가장 좋고 풍미가 뛰어나다. • 소시지, 햄, 베이컨 등 축육 제품에 이용된다.
온훈법	• 30~50℃에서 10시간 정도 훈연하는 방법으로 훈연시간이 짧으므로 수분이 적게 제거되어 저장성이 비교적 낮다. • 온훈법으로 만든 고기는 연하며 맛과 냄새가 좋다. 소형 햄이나 소시지, 골발햄, 로인햄 등에 많이 사용한다.
열훈법	• 50~90℃에서 1/2~2시간 훈연하는 방법으로 표면만 강하게 경화하여 내부는 비교적 많은 수분이 함유한 상태로 응고하므로 탄력이 있는 제품이 된다. • 저장기간이 짧고, 풍미가 약하다.

23 ② 햄 제조 시 염지방법
- 건염법, 액염법, 염지주사법 등이 있고 주로 건염법으로 실시한다.
- 염지 온도는 4~5℃의 냉장온도로 유지하는 것이 효과적이다.

24 ④ 육가공 제조 시 필요한 기구
- 세절기(grinder, chopper) : 육을 잘게 자르는 기계
- 충진기(stuffer) : 원료 육과 각종 첨가물을 케이싱에 충전하는 기계
- 혼합기(mixer) : 유화된 육과 각종 첨가물을 혼합하는 기계
- 사일런트(silent cutter) : 만육된 고기를 더욱 곱게 갈아서 유화 결착력을 높이는 기계
- ※ 균질기(Homogenizer) : 우유의 지방구를 미세화하는 기계

25 ① 사일런트 커터(silent cutter)
- 소시지(sausage) 가공에서 만육된 고기를 더욱 곱게 갈아서 고기의 유화 결착력을 높이는 기계이다.
- 첨가물을 혼합하거나 이기기(kneading) 등 육제품 제조에 꼭 필요하다.

26 ① 25번 해설 참조

알가공

01 ① 달걀의 성분
- 다른 동물성 식품과는 달리 탄수화물의 함량(0.9%)이 낮다.
- 달걀의 무기질은 알 껍질(10.9%)에 많이 함유되어 있다.
- 달걀은 난황 중에 비타민 A, B_1, B_2, B_6, B_{12}, niacin, D, E, K를 풍부하게 함유하고 있으나 비타민 C는 없다. 난백 중에는 A, D, E 등 지용성비타민은 없고 주로 수용성 비타민 B류가 들어 있으나 비타민 C는 없다.

02 ③ 오보뮤신(ovomucin)
- 난백 중에 colloid상으로 분산되어 난백의 섬유구조의 주체를 이루고 있다. 용액상태에서 오보뮤신 섬유(ovomucin fibers)가 3차원 망상구조를 이룬다.
- 농후난백에는 수양난백보다 4배 이상의 ovomucin이 들어있다.
- 인플루엔자 바이러스에 의한 적혈구의 응집반응억제로 작용한다.

03 ① 레시틴(lecithin)
- phosphatidic acid의 인산기에 choline이 결합한 phosphatidyl choline의 구조로 되어 있다.
- 생체의 세포막, 뇌, 신경조직, 난황, 대두에 많이 함유되어 있다.
- 식품 가공 시 유화제로 쓰인다.

04 ③ 달걀의 가열처리로 콜레스테롤 함량은 낮아지지 않는다.

05 ④ 달걀의 신선도 검사

외부적 검사	난형, 난각질, 난각의 두께, 청결도, 난각색, 비중법, 진음법, 설감법 등
내부적 검사	투시검사, 난황계수, 난백계수, 난황편심도 등

06 ③ 신선란의 pH
- 신선한 난백의 pH는 7.3~7.9 범위이고, 저장기간 동안 온도변화와 CO_2의 상실에 의해 pH가 9.0~9.7로 증가한다.
- 신선한 난황의 pH는 6.0 정도이나 저장하는 동안 점차 6.4~6.9까지 증가된다.

07 ④ 계란의 저장 중 변화

- 신선란의 난백은 pH 7.3~7.9 사이이다. 계란의 저장 기간 동안 난백의 pH는 최대 9.7 수준으로 증가한다. (알칼리성으로 변화)
- 난백의 pH 상승은 난각의 구멍을 통하여 CO_2가 방출되기 때문이다.

08 ③ 건조란 제조

- 계란의 난황에 0.2%, 난백에 0.4%, 전란 중에 0.3% 정도의 유리글루코스가 존재한다.
- 유리 글루코스에 의해 건조시킬 때 갈변, 불쾌취, 불용화 현상이 나타나 품질저하를 일으키기 때문에 제당처리가 필요하다.
- 제당처리 방법 : 자연 발효에 의한 방법, 효모에 의한 방법, 효소에 의한 방법이 있으며 주로 효소에 의한 방법이 사용되고 있다.
- 공정은 전처리 → 당제거 작업 → 건조 → 포장 → 저장의 과정을 거친다.
- 제품의 수분 함량이 2~5% 이하가 되도록 한다.

09 ③ 8번 해설 참조

10 ③ 난황의 저온 보존 시 젤(gel)화 방지

- 현재 가장 널리 쓰이는 것은 설탕이나 식염농도 10% 정도 첨가 후 −10℃ 이하에서 보존하는 것이다.
- 이외에 glycerin, diethyleneglycol, sorbitol, gum류, 인산염 등도 효과가 있으나 사용되지 않는다.

11 ② 피단(pidan)

- 중국에서 오리알을 이용한 난가공품이다.
- 송화단, 채단이라고도 한다.
- 주로 알칼리 침투법으로 제조한다.
- 제조법 : 생석회, 소금, 나무 태운 재, 왕겨 등을 반죽(paste)모양으로 만들어 난 껍질 표면에 6~9mm 두께로 바르고 왕겨에 굴려 항아리에 넣고 공기가 통하지 않도록 밀봉시켜 15~20℃에서 5~6개월간 발효, 숙성시켜 제조한다.

12 ③ 11번 해설 참조

13 ② 마요네즈

- 난황의 유화력을 이용하여 난황과 식용유를 주원료로 하여 식초, 후추가루, 소금, 설탕 등을 혼합하여 유화시켜 만든 제품이다.
- 제품의 전체 구성 중 식물성 유지 65~90%, 난황액 3~15%, 식초 4~20%, 식염 0.5~1% 정도이다.

- 마요네즈는 oil in water(O/W)의 유탁액이다.
- 식용유의 입자가 작은 것일수록 마요네즈의 점도가 높게 되며 고소하고 안정도도 크다.

14 ① 13번 해설 참조

15 ② 13번 해설 참조

제3과목 식품가공·공정공학 예상문제 정답 및 해설

수산물가공

01 ④ 어류의 지방에는 불포화지방산이 많이 포함되어 있는데, 불포화지방산의 융점은 포화지방산의 융점보다 낮다.

02 ④ 키틴(chitin)
- 갑각류의 구조형성 다당류로서 바다가재, 게, 새우 등의 갑각류와 곤충류 껍질층에 포함되어 있다.
- N−acetyl glucosamine들이 β−1,4 glucoside 결합으로 연결된 고분자의 다당류로서 영양성분은 아닌 물질이다.
- 항균, 항암 작용, 혈중 콜레스테롤 저하, 고혈압 억제 등의 효과가 있다.

03 ① 어류의 비린맛
- 신선도가 떨어진 어류에서는 TMA (trimethylamine)에 의해서 어류의 특유한 비린 냄새가 난다.
- 이것은 원래 무취였던 trimethylamine oxide가 어류가 죽은 후 세균의 작용으로 환원되어 생성된 것이다.
- trimethylamine oxide의 함량이 많은 바닷고기가 그 함량이 적은 민물고기보다 빨리 상한 냄새가 난다.

04 ③ EPA와 DHA가 많이 함유되어 있는 식품
- 등푸른생선인 고등어, 숭어, 정어리, 참치 등에는 오메가-3 지방산인 EPA와 DHA가 많이 함유되어 있다.

05 ② 일반적으로 소형어는 물간법으로, 대형어는 마른간법으로 절인다.

06 ④ 스트루바이트(struvite)
- 가열살균한 통조림은 가능한 한 급속히 냉각시켜야 한다.
- 이것은 내용물의 고온 방치시간의 단축과 호열성 세균발육억제, 수산물의 struvite 성장방지 등을 위해서다.

07 ① 명태의 명칭
- 생태 : 갓 잡은 싱싱한 명태
- 동태 : 얼린 명태
- 황태 : 얼렸다 녹였다 반복해서 장시간 천천히 말린 명태
- 북어 : 건조시킨 명태
- 코다리 : 꾸들꾸들하게 반쯤 말린 명태(보통 코를 꿰어 4마리 한 묶음으로 판매)
- 노가리 : 명태의 치어(새끼명태, 앵치)를 말린 것
- 춘태 : 3~4월에 잡은 명태

08 ② 수산 건조식품
- 자건품 : 수산물을 그대로 또는 소금을 넣고 삶은 후 건조한 것
- 배건품 : 수산물을 한 번 구워서 건조한 것
- 염건품 : 수산물에 소금을 넣고 건조한 것
- 동건품 : 수산물을 동결·융해하여 건조한 것
- 소건품 : 원료 수산물을 조미하지 않고 그대로 건조한 것

09 ③ 수산 발효식품
- 어패류에 식염을 사용하여 부패를 억제하고 효소 및 미생물의 작용에 의해 발효·숙성시켜 독특한 풍미를 갖게한 일종의 저장식품이다.
- 우리나라 대표적인 수산 발효식품은 젓갈류, 어간장, 식해류(생선 식해) 등이 있다.

10 ④ 멸치젓을 소금으로 절여 발효하면
- 산가, 과산화물가, 카보닐가(peroxide value), 가용성 질소 등은 증가한다.
- pH는 발효 초기(15~20일)에 약간 낮아(산성화) 졌다가 이후 거의 변화가 없다.

11 ① 염장 간고등어의 저장 원리
- 소금에 의한 높은 삼투압으로 미생물 세포의 원형질 분리가 일어나 생육이 억제되거나 사멸되어 저장성이 높아진다.

12 ③ 해조류에서 추출할 수 있는 다당류
- 알긴산(alginic acid) : 미역, 다시마 등의 갈조류의 세포막 구성성분으로 존재하는 다당류
- 카라기난(carrageenan) : 홍조류에 속하는 해조류의 추출물
- 한천(agar) : 홍조류와 녹조류에서 추출한 고무질
- ※ 아라비아검(gum arabic) : 덥고 건조한 고지대에서 자라는 아카시아나무의 껍질에서 얻어지는 분비물

13 ① 갈조류
- 미역, 다시마, 녹미채(톳), 모자반 등이 있다.
- ※ 김은 홍조류이다.

유지가공

01 ④ 기름을 요오드값에 따라 구분
- 건성유(drying oil) : 요오드값 130 이상
  아마씨유, 송진유, 동유, 양귀비씨 기름, 홍화유, 들기름, 정어리기름, 대구유, 상어유 등
- 반건성유(semidrying oil): 요오드값 100~130
  청어기름, 채유, 참기름, 미강유, 옥수수기름, 면실유 등
- 불건성유(nondrying oil): 요오드값 100 이하
  낙화생유, 올리브유, 피마자유, 야자유, 동백기름, 고래기름 등

02 ② 유지의 융점
- 포화지방산이 많을수록, 그리고 고급지방산이 많을수록 높아진다.
- 불포화지방산 및 저급지방산이 많을수록 융점이 낮아진다.
- 포화지방산은 탄소수의 증가에 따라 융점은 높아진다.
- 불포화지방산은 일반적으로 2중 결합의 증가에 따라 융점이 낮아진다.
- 단일 glyceride보다 혼합 glyceride가 한층 융점이 낮아진다.
- trans형이 cis형보다 융점이 높다.
- 동일한 유지에서도 서로 다른 결정형이 존재한다.
- α형의 융점이 가장 낮고, β형이 가장 높으며 β'형이 중간이다.

03 ② 증기처리법은 지방조직을 잘게 썰어서 다량의 물과 함께 탱크에 넣고 압력을 가하고 약 148℃로 가열처리하는 방법으로, 기름이 위에 뜨면 따라 낸다.

04 ① 유지 추출용매의 구비조건
- 유지만 잘 추출되는 것
- 악취, 독성이 없는 것
- 인화, 폭발하는 등의 위험성이 적은 것
- 기화열 및 비열이 적어 회수가 쉬운 것
- 가격이 쌀 것

05 ④ 유지 채취 시 전처리
- 정선(cleaning) : 원료 중에 흙, 모래, 나무조각, 쇠조각, 잡곡 등의 여러 가지 협잡물을 제거한다.
- 탈각(shell removing) : 낙화생, 피마자, 면실 등과 같이 단단한 껍질을 가진 것은 탈각기로 탈각한다.
- 파쇄(breaking) : 기름이 나오기 쉽게 하기 위하여 roller mill을 이용하여 압쇄하며 외피를 파괴하여 얇게 만든다.
- 가열(heating) : 상온에서 압착하는 냉압법도 있으나 가열하여 압착하는 온압착을 많이 쓴다.
- 가체(moulding) : 가열처리한 원료는 곧 착유기에 넣어 압착하기 좋은 모양으로 만든다.

06 ① 유지 채취법
- 식물성 유지 채취법 : 압착법과 추출법이 이용된다.
  - 압착법 : 원료를 정선한 뒤 탈각하고 파쇄, 가열하여 압착한다.
  - 추출법 : 원료를 휘발성 용제에 침지하여 유지를 유지용제로 용해시킨 다음 용제는 휘발시키고, 유지를 채취하는 방법으로 소량 유지까지도 착유할 수 있고, 채유 효율이 가장 좋은 방법이다.
- 동물성 유지 채취법 : 용출법이 이용된다.
  - 용출법 : 원료를 가열하여 내용물을 팽창시켜 세포막을 파괴하고 함유된 유지를 세포 밖으로 녹여내는 방법이다. 건식법과 습식법이 있다.
- ※ 착유율을 높이기 위해서 기계적 압착을 한 후 용매로 추출하는 방법이 많이 이용되고 있다.

07 ② 6번 해설 참조

08 ① 유지추출에 쓰이는 용제
- 헥산(hexane), 헵탄(heptane), 석유 에테르, 벤젠, 사염화탄소(CCl_4), 이황화탄소(CS_2), 아세톤, ether, ethanol, $CHCl_3$ 등이 쓰인다.
- 이들 중 헥산이 가장 많이 사용된다.
- 헥산(hexane)의 비점은 65~69℃이다.

09 ③ 4번 해설 참조

10 ④ 유지의 정제
- 채취한 원유에는 껌, 단백질, 점질물, 지방산, 색소, 섬유질, 탄닌, 납질물 그리고 물이 들어있다.
- 이들 불순물을 제거하는 데 물리적 방법인 정치, 여과, 원심분리, 가열, 탈검처리와 화학적 방법인 탈산, 탈색, 탈취, 탈납 공정 등이 병용된다.
  - 알칼리정제(alkali refining) : 수산화나트륨 용액으

제3과목 식품가공·공정공학 예상문제 정답 및 해설

로 유리지방산을 중화 제거하는 방법이다. 이 방법은 유리지방산뿐만 아니라 생성된 비누분과 함께 껍질, 색소 등도 흡착 제거된다.
- 저온처리(탈납, winterization) : salad oil 제조 시에만 하는 것으로 탈취하기 전에 저온 처리하여 고체지방을 제거하는 공정이다.
- 탈검(degumming) : 불순물인 인지질(lecithin)같은 고무질을 주로 제거하는 조작이다. 더운물 또는 수증기를 넣으면 이들 물질이 기름에 녹지 않게 되므로 정치법 또는 원심분리법을 사용하여 분리할 수 있다.
• 유지의 정제공정 : 원유 → 정치 → 여과 → 탈검 → 탈산 → 탈색 → 탈취 → 탈납(원터화)

11 ① 10번 해설 참조

12 ② 탈취공정
• 탈산 및 탈색을 한 기름 속에는 알데히드, 케톤 및 탄화수소 등의 냄새와 탈색처리에서 활성백토로 인하여 생기는 백토냄새도 나게 된다.
• 이들 물질은 미량이라도 불쾌한 느낌을 주므로 제거하여야 한다.
• 탈취원리는 3~6mmHg의 감압하에서 기름을 200~250℃로 가열한 후 수증기를 주입하여 이들 물질을 유출시켜 제거한다.
• 탈취장치에는 배치식, 반연속식, 연속식 등이 있다.

13 ③ 탈색공정
• 원유에는 카로티노이드, 클로로필 등의 색소를 함유하고 있어 보통 황적색(황록색)을 띤다. 이들을 제거하는 과정이다.
• 가열탈색법과 흡착탈색법이 있다.
- 가열법 : 기름을 200~250℃로 가열하여 색소류를 산화분해하는 방법이다.
- 흡착법 : 흡착제인 산성백토, 활성탄소, 활성백토 등이 있으나 주로 활성백토가 쓰인다.

14 ② 10번 해설 참조

15 ① 탈검(degumming)
• 불순물인 인지질(lecithin)같은 고무질을 주로 제거하는 조작이다.
• 더운물 또는 수증기를 넣으면 이들 물질이 기름에 녹지 않게 되므로 정치법 또는 원심분리법을 사용하여 분리할 수 있다.

16 ② 탈납처리(동유처리, winterization)

• salad oil 제조 시에만 하는 처리이다.
• 기름 냉각 시 고체지방으로 생성이 되는 것을 방지하기 위하여 탈취하기 전에 고체지방을 제거하는 작업이다.
• 주로 면실유에 사용되며, 면실유는 낮은 온도에 두면 고체 지방이 생겨 사용할 때 외관상 좋지 않으므로 이 작업을 꼭 거친다.

17 ③ 16번 해설 참조

18 ④ 16번 해설 참조

19 ④ 유지의 정제공정 중 탈산공정
• 원유에는 유리지방산이 0.5% 이상 함유되어 있다. 특히 미강유에는 10% 정도나 함유되어 있어 산을 제거하기 위해서 탈산처리를 한다.
• 가장 많이 쓰이는 방법은 수산화나트륨(NaOH) 용액으로 유리지방산을 중화하고 비누로 만들어 제거하는 알칼리 정제법이 있다.

20 ④ 19번 해설 참조

21 ① 샐러드유(salad oil)
• 정제한 기름으로 면실유 외에 olive oil, 옥수수기름, 콩기름, 채종유 등이 사용된다.
• 특성
- 색이 엷고, 냄새가 없다.
- 저장 중 산패에 의한 풍미의 변화가 없다.
- 저온에서 탁하거나 굳거나 하지 않는다.
※ 유지의 불포화지방산의 불포화결합에 Ni 등의 촉매로 수소를 첨가하여 액체 유지를 고체 지방으로 변화시켜 제조한 것을 경화유라고 한다.

22 ④ 유지의 경화
• 액체 유지에 환원 니켈(Ni) 등을 촉매로 하여 수소를 첨가하는 반응을 말한다.
• 수소의 첨가는 유지 중의 불포화지방산을 포화지방산으로 만들게 되므로 액체 지방이 고체 지방이 된다.
• 수소를 첨가하는 목적
- 글리세리드의 불포화결합에 수소를 첨가하여 산화 안정성을 좋게 한다.
- 유지에 가소성이나 경도를 부여하여 물리적 성질을 개선한다.
- 색깔을 개선한다.
- 식품으로서의 냄새, 풍미를 개선한다.
- 융점을 높이고, 요오드가를 낮춘다.

23 ④ 22번 해설 참조

24 ④ 22번 해설 참조

25 ② 정제유에 수소를 첨가하면
- 유지가 경화되어 요오드가가 점차 줄고, 녹는 온도가 높은 기름이 생성된다.

26 ③ 쇼트닝(Shortening)
- 돈지의 대용품으로 정제한 야자유, 소기름, 콩기름, 어유 등에 10~15%의 질소가스를 이겨 넣어 만든다.
- 특징은 쇼트닝성, 유화성, 크리밍성, 아이싱(icing)성, 흡수성, 프라잉(frying)성 등이 요구되며 넓은 온도 범위에서 가소성이 좋고 제품을 부드럽고 연하게 하여 공기의 혼합을 쉽게 한다.

27 ④ 쇼트닝의 가공 특성

가소성 (plasticity)	고체와 같이 작은 힘에는 저항하지만 일정 이상의 힘(항복응력)에 대하여 유동을 일으키는 성질
쇼트닝 (shortening)성	비스킷·쿠키 등을 제조할 때 제품이 바삭바삭하게 잘 부서지도록 하는 성질
크리밍 (creaming)성	빵 반죽이나 버터, 크림 제조 시 공기를 잘 부착시키도록 하는 성질
안정성 (consistency)	광범위한 온도에서 끈기를 갖는 성질

28 ④ 튀김기름의 품질
- 불순물이 완전히 제거되어 튀길 때 거품이 일지 않고 열에 대하여 안전할 것
- 튀길 때 연기 및 자극적인 냄새가 없을 것
- 발연점이 높을 것
- 튀김 점도의 변화가 적을 것

29 ②
고형분 함량이 높은 감자를 사용하면 수율을 높이고 바삭함, 향미 등의 전체적인 품질이 좋아진다.

30 ③ 유지의 산패 측정방법
- TBA가, 과산화물가, carbonyl가, AOM가가 있다.
- 그 외에 oven test, kreis test가 있다.

식품공정공학의 기초

01 ① 식품산업에서 사용되는 단위
- CGS단위계(centimeter, gram, second), FPS단위계(foot, pound, second), 국제공용단위계인 SI단위계(Systeme International d'Unites)가 혼용되고 있다.

02 ④ 국제단위계(SI) 유도단위

유도량	SI 유도단위		
	명칭	기호	SI 기본단위로 표시
힘	뉴턴	N	$m \cdot kg \cdot S^{-2}$

03 ② 냉동감자 1 container 분량의 무게
- $355856N \times 1kg \cdot m/N \cdot s^2 \times (1/9.8024m/s^2)$
  $= 36303kg$

04 ② 단위공정과 단위조작
- 식품가공에 이용되는 단위조작은 액체의 수송, 저장, 혼합, 가열살균, 냉각, 농축, 건조에서 이용되는 기본공정으로서 유체의 흐름, 열전달, 물질이동 등의 물리적 현상을 다루는 것이다.
- 그러나 전분에 산이나 효소를 이용하여 당화시켜 포도당이 생성되는 것과 같은 화학적인 변화를 주목적으로 하는 조작을 반응조작 또는 단위공정(unit process)이라 한다.

05 ④ 4번 해설 참조

06 ③ 딸기의 질량
- 무게 = 질량×중력가속도
  $710.5 = x \times 9.8$
  $x = 72.5kg$

07 ④ 엔탈피 변화
- −10℃ 얼음에서 0℃ 얼음으로 온도변화
  얼음의 비열은 2.05kJ/kgK이므로
  열량(Q) = 질량×비열×온도변화
  $2.05kJ/kgK \times 5kg \times 10K = 102.5kJ$
- 0℃ 얼음에서 0℃ 물로 온도변화
  용융잠열은 333.2kJ/kg이므로

$333.2kJ/kg \times 5kg = 1666kJ$
- 0℃ 물에서 100℃ 물로 온도변화
  물의 비열은 4.182kJ/kgK이므로
  $4.182kJ/kgK \times 5kg \times 100K = 2091kJ$
- 100℃ 물에서 100℃ 수증기로 온도변화
  기화잠열은 2257.06kJ/kg이므로
  $2257.06kJ/kg \times 5kg = 11285.3kJ$
∴ 총 엔탈피 변화
  $= 102.5kJ + 1666kJ + 2091kJ + 11285.3kJ$
  $= 15144.8kJ$

식품공정공학의 응용

01 ① 물의 유속
- $V = Q/A$
  - Q = 부피유량(m^3/s)
  - A = 단면적(m^2)
  - V = 유속(m/s)
- 부피유량(Q)
  $= (1.5kg/s) \times (1/1000) = 0.0015m^3/s$
- 관의 단면적(A)
  $= (\pi/4)D^2 = (\pi/4)(0.05)^2 = 0.0019625m^2$
∴ 평균유속(V)
  $= \dfrac{0.0015}{0.0019625} = 0.764m/s$

02 ④ 탱크 밑바닥이 받는 압력
- $P = \rho gh$ (압력 = 밀도×중력가속도×높이)
  $= 0.917 \times 5.5 \times 9.8 = 49.4263$
- 1기압(1atm, 101.3kPa)을 더하면 약 150.8kPa이고, 단위를 바꾸면 150800Pa이므로 1.508×10^5 Pa이 된다.

03 ③ 레이놀드수(Re)
- 레이놀드수(Re)
  $= \rho VD/\mu$ (ρ : 밀도, V: 유속, D: 내경, μ : 점도)
- 관의 단면적
  $= (\pi/4) \times D^2 = 3.14/4 \times (0.025m)^2$
  $= 4.9 \times 10^{-4}m^2$

- 관내 우유의 유속(유속/관의 단면적)
  = 0.10/60s×1/ 4.9×10⁻⁴m² = 3.4m/s
- Re = 0.025m×3.4m/s×1029kg/m³/2.1×10⁻³
  $Pa \cdot S$ = 41650
- Re < 2100 : 층류
  2100 < Re < 4000 : 중간류
  Re > 4000 : 난류
  ∴ 레이놀드수(Re)가 4000보다 크므로 난류이다.

04 ② 03번 해설 참조

※ 즉, 레이놀드수(Re)가 2500이면 중간류(천이영역)이다.

05 ④ 모세관점도계
- 모세관을 흐르는 점성 유체의 유량이 관 양단의 압력차에 비례하고, 점도에 반비례하는 성질을 이용하여 유량에서 점도를 측정하는 장치이다.
- 20℃ 물의 점도 : 1mPa·s
- 물이 모세관을 흐르는 데 소요된 시간(초) : 85초
- 주스가 모세관을 흐르는 데 소요된 시간(초) : 215초
- 점도 계산 : 같은 온도에서 재료가 흘러내리는 데 소요되는 시간을 물이 흘러내리는 데 소요되는 시간으로 나눈 값
  215/85 = 2.53
  ∴주스의 점도 = 2.53mPa·s

06 ① 산소투과량

- $q = \dfrac{PA \Delta p_s}{L}$

  q : 단위시간에 필름을 통과하는 가스의 양(cm³/s)
  P : 필름의 주어진 가스에 대한 투과계수
      (cm³·mm/s·m²·atm)
  A : 포장재의 표면적(cm²)
  Δp_s : 포장재 내부와 외부의 가스분압의 차이
  L : 포장재의 두께
- $q = \dfrac{(1.7 \times 10^{-3}) \times 1 \times (0.21 - 0.05)}{0.03}$
  = 0.00906cm³/s·m²

07 ① 냉점(cold point)
- 포장식품에 열을 가했을 때 그 내부에는 대류나 전도열이 가장 늦게 미치는 부분을 말한다.
- 액상의 대류가열 식품은 용기 아래쪽 수직 축상에 그 냉점이 있고, 잼 같은 반고형 식품은 전도 가열되어 수직 축상 용기의 중심점 근처에 냉점이 있다.
- 육류, 생선, 잼은 전도 가열되고 액상은 대류와 전도

가열에 의한다.

08 ② 07번 해설 참조

09 ② 마이크로파 가열의 특징
- 빠르고 균일하게 가열할 수 있다.
- 식품중량의 감소를 크게 한다.
- 표면이 타거나 눌지 않으며 연기가 나지 않으므로 조리환경이 깨끗하다.
- 식품을 용기에 넣은 채 가열하므로 식품모양이 변하지 않게 가열할 수 있다.
- 편리하고 효율이 좋은 가열방식이다.
- 비금속 포장재 내에 있는 물체도 가열할 수 있다.
- 미생물에 의한 변패 가능성이 적다.
- 대량으로 물을 제거하는 경우에는 부적당하다.

10 ④ 설탕의 몰분율

- 설탕의 몰분율 = $\dfrac{\text{설탕의 몰수}}{\text{설탕의 몰수} + \text{물의 몰수}}$

  몰수 = $\dfrac{\text{질량}}{\text{분자량}}$

  설탕의 분자량 : 342kg/kmol
  물의 분자량 : 18kg/kmol
  설탕의 몰수 = 20/342 = 0.0585
  물의 몰수 = 80/18 = 4.4444

  ∴설탕의 몰분율 = $\dfrac{0.0585}{0.0585 + 4.4444}$ = 0.0130

11 ① 소요열량

- 열량 = 질량×비열×온도차
  = 1.149kg/m³×10× $\dfrac{1.0048 + 1.009}{2}$ ×55
  = 1.149×10×1.0069×55
  = 636.3kW

12 ③ 대류열전달계수(h)
- 대류현상에 의해 고체표면에서 유체에 열을 전달하는 크기를 나타내는 계수

・Newton의 냉각법칙
$q'' = h(T_s - T_\infty)$

┌ q'' : 대류열속도
│ h : 대류열전달계수
│ T_s : 표면온도
└ T_∞ : 유체온도

$1000 W/m^2 = h(120-20)$
$\therefore h = 10 W/m^2 ℃$

13 ④ 총열량계수(U) 값

$$U = \cfrac{1}{\cfrac{1}{h_i} + \cfrac{\triangle X_A}{k_A} + \cfrac{1}{k_o}}$$

$$= \cfrac{1}{\cfrac{1}{12} + \cfrac{0.15}{0.7} + \cfrac{0.0015}{208} + \cfrac{1}{25}} = 2.967 W/m^2 \cdot K$$

14 ③ 열에너지

・$4500×50×3.85÷3600 = 240.625$
※ 시간당이므로 sec단위로 바꾸면 $60sec×60min = 3600$

15 ② 열에너지

・$5500×60×3.85÷3600 = 352.92$
※ 시간당이므로 sec단위로 바꾸면 $60sec×60min = 3600$

16 ④ 열수의 출구온도

・$Q = mc\triangle t$
[Q : 열에너지, c : 비열, m : 무게, $\triangle t$: 온도차]
$0.5×3.92×(55-20) = 1×4.18×(90-x)$
$x = 73.5885$

17 ② 열에너지

・$Q = cm\triangle t$
[Q : 열에너지, c : 비열, m : 무게, $\triangle t$: 온도차]
$3.90×1000×(80-10) = 273000 kg/h$

18 ③ 섭씨(℉), 화씨(℃) 변환방법

・℉ = ℃×1.8+32
　　= 110×1.8+32
　　= 230℉

19 ③ 가열처리와 관련된 용어

용어	정의	표시(예)	설명
D값	일정온도에서 미생물을 90% 감소시키는 데 필요한 시간	$D_{110℃} = 10$	110℃에서 미생물을 90% 감소시키는 데 필요한 시간은 10분이다.
Z값	가열치사시간을 90% 단축할 때의 상승온도	$Z = 20℃$	온도가 20℃ 상승하면 사멸시간이 90% 단축된다.
F값	일정온도에서 미생물을 100% 사멸시키는 데 필요한 시간	$F_{110℃} = 8분$	110℃에서 미생물을 모두 사멸시키는 데 걸리는 시간은 8분이다.
F_0값	250℉(121℃)에서 미생물을 100% 사멸시키는 데 필요한 시간	$F_{121℃} = 4.07분$	121℃에서 미생물을 모두 사멸시키는 데 걸리는 시간은 4.07분이다.

20 ② D값

・$D_{121.1} = 0.24분$: 균수를 1/10로 줄이는 데 걸리는 시간은 0.24분
・$1/10^{10}$ 수준으로 감소(10배)시키는 데 걸리는 시간은 $0.24×10 = 2.4분$

21 ② D값

・균을 90% 사멸시키는 데 걸리는 시간, 균수를 1/10로 줄이는 데 걸리는 시간
・포자 초기농도(N_0)를 1이라 하면 99.999%를 사멸시켰으므로 열처리 후의 생균의 농도(N)는 0.00001 N_0이다(100-99.999 = 0.001%, 0.001/100 = 0.00001).

$$D_{121.1} = \frac{t}{\log(N_0/N)} = \frac{1.2}{\log(N_0/0.00001\,N_0)}$$

$$= \frac{1.2}{5} = 0.24$$

[t : 가열 시간, N_0 : 처음 균수, N : t시간 후 균수]

22 ① Z-value

・가열치사시간이나 사멸률(lecthal rate) 1/10 또는 10배의 변화에 상당하는 가열온도의 변화량이다.
・이 값이 클수록 온도 상승에 따른 살균효과가 적어진다.

- 미생물의 내열성은 Z-value, 즉 250°F(121℃)에서 미생물을 사멸시키는 데 소요되는 시간(분)과 Z-value, 즉 가열치사곡선이 1log cycle을 지나는 데 필요한 온도수(°F의 경우)의 두 가지로 나타낸다.

23 ① F_{121} 계산

- $F_0 = F_1 \times 10^{\frac{T-121}{Z}}$

  [F_0 : T = 121℃, F_1 : 온도 T에서의 살균시간, Z : Z값]
- F_0 : T = 121℃ = 1min, Z = 10℃, T = 111℃일 때 공식에 대입하면,

  $1min = F_1 \times 10^{\frac{111-121}{10}}$

  $\therefore F_1 = 1min/10^{-1} = 10min$

24 ④ 살균온도의 변화 시 가열치사시간의 계산

- $F_0 = F_T \times 10^{\frac{T-121}{Z}}$

  F_0 : T=121℃에서의 살균시간

  F_T : 온도 T에서의 살균시간

  이 공식에 의해 138℃에서 5초이므로,

  $F_{121} = 5 \times 10^{\frac{138-121}{8.5}} = 500초$

25 ③ F_T의 계산

- $F_T = mD_T$에 의하여 F_0를 구하면,

  $F_0 = 12 \times 0.24 = 2.88$
- $F_T = F_0 10^{(121.1-T)/Z}$에 의하면,

  $F_{115} = 2.88 \times 10^{(121-115)/10} = 11.7$

26 ② D값(decimal reduction time, DRT 90% 사멸시간)

- 일정온도 하에서 균 농도가 1/10까지 감소하는 데 필요한 가열시간을 D값이라고 한다.
- 미생물의 D값이 크면 내열성이 큼을 의미하며, 따라서 D값은 미생물의 내열성의 지표로 사용 할 수 있다.

27 ① 치사율값 계산식

- $L = 10^{-(121.1-T)/Z}$

  $= 10^{-(121.1-127)/10}$

  $= 10^{0.59}$

  $= 3.89$

28 ② D값

- $D = \dfrac{U}{\log A - \log B}$

  U : 가열시간

  A : 초기 균수

  B : U시간 후 균수
- 초기 균수 10^5, 나중 균수 10^1
- $\dfrac{U}{\log 10^5 - \log 10^1} = \dfrac{U}{4}$

  $\therefore U = 0.50 \times 4 = 2.0분$

29 ③

30 ② D값

- $D_{100} = \dfrac{t}{\log N_1 - \log N_2}$

  t : 가열시간

  N_1 : 처음 균수

  N_2 : t시간 후 균수

  $\log 6 \times 10^4 = 4.778$, $\log 3 = 0.477$

  $\therefore D_{100} = \dfrac{45}{4.778 - 0.477} = 10.46$

31 ④ 방사선량의 단위

- Gy, kGy이다.
- 1Gy는 1J/kg
- 1Gy는 100rad

32 ③ 상업적 살균법

- 가열에 의해 식품고유의 성분이 변화되어 품질을 저하시키기 때문에 식품품질이 가장 적게 손상되면서 미생물학적으로 안전성이 보장되는 수준까지 살균하는 방법이다.
- 보통 100℃ 이하 70℃ 이상 조건에서 살균하며 주로 산성의 과일 통조림에 이용된다.

33 ① 비열살균

- 고주파유도살균
- 고전장 펄스(high-electric pulses)
- 진동 자기장 펄스(oscillating magnetic field pulde)
- 고압처리를 이용한 식품 살균기술
- 오존 살균법
- 방사선 살균
- 선형유도 전자가속기(linear induction electron

accelerator)
- 강력 광 펄스(intense light pulses)
- 이산화탄소의 처리(carbon dioxide rreatments)
- 키토산 첨가(chitosan)
- 항균성 효소(antimicrobial enzymes)
- 생물 조절 시스템(biological systems)

34 ① 냉동 원리
- 냉매는 냉동장치 내에서 압축, 응축, 팽창, 증발의 4가지 과정을 반복하면서 장치 내를 순환하여, 온도가 낮은 증발기에서 열을 빼앗아서 온도가 높은 응축기로 열을 이동시키는 역할을 한다.

35 ② 냉동회로 중 기체의 단열압축
- 기체를 실린더에 넣고 피스톤으로 압축시키면 외부에서 가해지는 일에너지가 열에너지로 변하여 기체의 온도는 높아진다.
- 이와 같이 단열압축을 하면 압축을 한 후에도 에너지가 주변으로 방산되지 않아 엔트로피는 일정하다.
- 하지만 완벽한 단열이란 없으므로 에너지는 주변으로 방산되어 실제 압축에서는 엔트로피가 증가한다.

36 ④ 냉매
- 열을 운반하는 동작유체를 냉매라 한다.
- 프레온(R-11, R-12, R-22, R-134a, R-502), 이산화탄소, 탄화수소계(프로판, 에탄, 에틸렌 등), 암모니아, 염화메틸 등이 주로 사용되고 있다.
- 프레온은 폭발성이 없고, 냉동범위가 비교적 넓어 많이 사용되었으나 오존층 파괴 문제로 대체물질의 개발이 이루어지고 있다.

37 ③ 냉매기호
- 냉매기호의 대문자 R은 냉매를 뜻하는 retrigerant의 머리글자이다.
- 냉매는 불소, 탄소, 염소, 수소로 이루어져 있는데 R 뒤의 숫자는 이들의 원소기호를 의미한다.
- 냉매기호는 R-000으로 3행이 되어 있는데, 제1행을 a-1로 나타내고, 제2행은 b+1을, 제3행은 d를 나타낸다.
- 예를 들면 분자식이 CCl_3F_2인 냉매에서는 a=1이므로 제1행은 a-1=0, 따라서 제1행은 없다. 또 b=0이므로 제2행은 b+1=1, 제3행은 d=2이다. 그러므로 이 냉매의 기호는 R-12가 된다.

※ 냉매의 기호와 분자식

분자식	기호
CaHbClcFd	R-(a-1)(b+1)(d)
CCl_2F_2	R-(1-1)(0+1)(2) = R-12

[냉매기호의 예]
R-11 = CCl_3F
R-22 = $CHClF_2$

38 ④ 심온냉동(cryogenic freezing)
- 액체질소, 액체탄산가스, freon 12 등을 이용한 급속동결방법이다.
- 에틸렌가스는 -169.4℃, 액화질소는 -195.79℃, 프레온-12는 -157.8℃, 이산화황가스는 -75℃에서 기화한다.
- ※ 이산화황가스는 심온냉동기의 냉매로는 부적합하다.

39 ② 급속동결법
- 액체질소 동결법 : -196℃에서 증발하는 액체질소를 이용한 동결법
- 유동층 냉동 : wire conveyer 벨트에 제품을 실어 냉동실로 보내면서(제품은 벨트 위에 떠서 유동층을 형성하며 지나가게 된다) 벨트 하부로부터 -40~-35℃ 냉각 공기를 불어주어 냉동시키는 방법
- 접촉식 동결법 : 제품을 -40~-30℃의 냉매가 흐르는 금속판 사이에 넣어 접촉하도록 하여 동결하는 방법
- 침지식 동결법 : -50~-25℃ 정도의 brine에 제품을 침지시켜서 동결하는 방법
- 송풍 동결법 : 제품을 -40~-30℃의 냉동실에 넣고 냉풍을 3~5m/sec의 속도로 송풍하여 단시간에 동결하는 방법

40 ④ 동결방식
- -5~-1℃ 사이의 온도범위로 동결률이 70~80%에 달하는 최대 빙결정생성대의 통과시간에 따라 분류할 수 있다.
- 일반적으로 급속동결이라 하면 이 최대빙결정 생성대를 30~35분 정도에 통과하는 동결방식 또는 품온강하(-15~0℃로)의 진행이 0.6~4cm/hr되는 동결속도를 갖는 동결방식을 말한다.

41 ②
고형성분이 많을수록 동결속도가 빠르다.

42 ③ 39번 해설 참조

43 ① 동결률
- 동결점이 θ_i℃인 식품의 온도가 θ℃까지 내려간 경우

$$동결률(m) = \left(1 - \frac{\theta_i}{\theta}\right) \times 100$$

$$동결률(\%) = \left(1 - \frac{-1.6}{-20}\right) \times 100 = 92\%$$

※ 동결률 : 동결점 하에서 초기의 수분 함량에 대하여 빙결정으로 변한 비율

44 ② 접촉 동결법(contact freezing)
- −40~−30℃로 냉각된 냉매가 흐르는 금속판 사이에 식품을 넣고 밀착시켜 동결하는 방법이다.
- 동결속도가 빠르고 제품의 모양이 균일하고 동결능력에 비해서 동결장치의 면적이 작다.

45 ④ 개별 동결방식(individual quick frozen, IQF)
- 소형의 식품을 한 개씩 낱개로 급속냉동 후 포장하는 냉동방법이다.
- 블록냉동에 비교하면 냉동시간은 훨씬 짧은 분 단위이기 때문에 품질이 좋다.
- 냉동품은 낱개로 되어 있어 필요량을 끄집어내어 사용하고 나머지는 해동하지 않고 그대로 보존되는 등 취급이 편리하다.
- 열 이동 매체로 찬 공기를 사용하는 방식으로 이동하는 금속 벨트 위의 식품에 강제적으로 온도 −45~−35℃, 풍속 3~5m/sec의 찬바람을 불어 주어 냉동하는 벨트 방식이다.
- 새우 등과 같은 수산물의 동결저장에 많이 이용되고 있다.

46 ④ 호흡열 방출에 의한 냉동부하
- 5000kg×0.063W = 315kW,
  W = J/s이므로 315kJ/s와 같다.
- h단위로 바꾸려면 분자에 3600을 곱한다.
  ∴315kW × 3600 = 1134kJ/h
  W = J/s, 1J = 0.24cal,
  1kJ = 240cal, kW = 3600kJ/h
- ※ 냉동부하 : 물체를 냉동시키기 위해 제거되어야 할 열량

47 ④

2000kg×0.063W = 126W

48 ② 냉동시간
- 플랭크 방정식 $\theta = \lambda \rho / t - t_a \times \{(Pa/hs)+(Ra^2/k)\}$
  - λ : 융해잠열, ρ : 식품밀도,
  - t : 빙점, t_a : 송풍공기 온도,
  - hs : 대류열전달계수, a : 지름,
  - k : 식품열전도도
- 플랭크 방정식 $\theta = \lambda \rho / t - t_a \times \{(Pa/hs)+(Ra^2/k)\}$
  - λ : 융해잠열, ρ : 식품밀도,
  - t : 빙점, t_a : 송풍공기 온도,
  - hs : 대류열전달계수, a : 지름,
  - k : 식품열전도도
- 평판일 때 : P = 1/2, R = 1/8
  긴 원통형 : P = 1/4, R = 1/16
  육각형, 구형 : P = 1/6, R = 1/24
- 단위를 kJ, m로 환산 시
  $\lambda = 250$, $\rho = 1000$,
  $a = 0.08$, $hs = 0.05$, $k = 0.0012$
- $\theta = 250 \times 1000 / -1.25(-20) \times \{(1/6 \times 0.08 \times 1 / 0.05)+(1/24 \times (0.08)^2 \times 1/0.0012)\}$
  $= 6506.5$
- h 단위로 환산하면 6506.5÷3600 = 약 1.81h

49 ② 최대빙결정생성대
- 일반적으로 −7~−1℃의 범위를 최대얼음결정생성대라고 한다.
- 짧은 시간(보통 30분까지)에 최대얼음결정생성대를 통과하게 하는 냉동법을 급속냉동이라 하고 그 이상의 시간이 걸리는 냉동법을 완만동결이라고 한다.
- 동결속도는 식품 내에 생기는 얼음결정의 크기와 모양에 영향을 준다.
- 완만동결을 하면 굵은 얼음결정이 세포 사이사이에 소수 생기게 되지만 급속동결을 하면 미세한 얼음결정이 세포내에 다수 생기게 된다.
- 완만동결을 하면 세포벽이 파손되어 해빙 시 얼음이 녹는 물과 세포 내용물이 밖으로 흘러나오게 되어 식품은 원상태로 되돌아가지 못한다. 이런 현상은 최대얼음결정생성대를 통과하는 시간이 길수록 심하다.

50 ① 49번 해설 참조

51 ② 드립(drip)
- 동결식품 해동 시 빙결정이 녹아 생성된 수분이 동결 전 상태로 식품에 흡수되지 못하고 유출되는 액즙으로 드립이 유출되면 수용성 성분이나 풍미물질이 함께 빠져나와 상품가치가 저하되고 무게가 감소된다.
- 동결온도가 낮을수록, 동결기간이 짧을수록, 저온완만 해동 시(식육류), 열탕 중 급속해동(채소, 야채류)시킬수록 드립이 적다.
- 드립 발생률은 식품품질의 측정정도로 이용된다.

52 ④ 냉동톤(RT)
- 0℃의 물 1톤을 24시간 내에 0℃의 얼음으로 만드는 데 필요한 냉동능력을 말한다.
- 물의 동결잠열은 79.68kcal/kg이므로, 1톤은 79.68×1000 = 79680kcal/24h (= 3320kcal/h)
- 얼음의 비열은 0.5Kcal/kg·℃ (20×1)+(15×0.5)+79.68 = 107.18
- 동결 시 제거되는 전체 에너지 = 1톤×1000×107.18 = 107180kcal
- 냉동톤으로 환산하면 107180÷79680 = 1.345
∴ 약 1.35냉동톤

53 ② 상승박막식 증발기
- 끓는점 부근까지 예열한 원료액을 가열파이프의 아래쪽에서 공급하면, 가열파이프가 약간 올라가는 동안에 원료액은 곧 끓는 상태가 되고 증발에 의한 팽창으로 증기는 고속으로 파이프 내를 상승한다.
- 이때 액은 상승하는 증기와 함께 얇은 필름상태로 파이프의 벽을 따라 상승하여 상부에서 증기와 농축액으로 분리된다.

54 ① 자연 순환식 증발기
- 가열된 공기의 자연적인 대류를 이용해서 환기를 하는 것인데 인공건조 중 가장 간단한 방법이다.
- 훈제품을 만들 때의 훈건법과 같으며 특히 배건법에서는 제품이 표면경화현상을 일으켜 내부의 수분이 표면으로 확산되기 어렵게 되는 경우가 있다.
- 곶감, 말린사과, 건조된 가다랭이 등에 이용된다.

55 ④ 증발된 수분량
- 초기 수분량 : 1000×85÷100 = 850kg 건조당근 : 150kg
- 수분 함량 5%인 건조당근의 무게 : 150×100÷(100−5) = 158kg

- 증발된 수분량 : 1000−158 = 842kg

56 ② 제거된 수분의 양
- 70%의 수분을 함유한 식품의 kg당 수분은 1kg×0.7 = 0.7kg
- 건조하여 80%를 제거하면 0.7kg×0.8 = 0.56
∴ 식품의 kg당 제거된 수분의 양은 0.56kg

57 ③ 증발된 수분 함량
- 초기 주스 수분 함량 : 500kg/h×(100−7.08)/100 = 464.6kg/h
- 초기 주스 고형분 함량 : 35.4kg/h
- 수분 함량 42%인 농축주스 : 35.4×100÷(100−42) = 61.04kg/h(C)
- 증발된 수분 함량 : 500−61.04 = 438.96kg/h(W)

58 ② 건조에 필요한 열량
① 건조 전 제품을 80℃로 올리는 데 필요한 열량 : Q = cmΔt, 0.8kcal/kg·℃×100kg×(80−25)℃ = 4400kcal
② 건조 후 제품 무게(x) : 건조 전후 고형분의 양은 같다. 100kg×0.17 = x×0.95, x = 17.9
③ 건조 후 남는 수분량 : 17.9−17 = 0.9
④ 제거해야 할 수분량 : 83−0.9 = 82.1
⑤ 수분을 증발시키는 데 필요한 열량 : 82.1×551 = 45237.1
①+⑤ = 4400+45237.1 = 49637.1kcal

59 ③ 열풍건조(대류형 건조)
- 식품을 건조실에 넣고 가열된 공기를 강제적으로 송풍기나 선풍기 같은 기기에 의해 열풍을 불어 넣어 건조시키는 방법이다.
- 종류 : 킬른(Kiln)식 건조기, 캐비넷 혹은 쟁반식 건조기(cabinet or tray dryer), 터널식 건조기(tunnel dryer), 컨베이어 건조기(conveyor dryer), 빈 건조기(bin dryer), 부유식 건조기(fluidized bed dryer), 회전식 건조기(rotary dryer), 분무 건조기(spray dryer), 탑 건조기(tower dryer) 등이 있다.
※ 드럼 건조기(drum dryer)는 열판접촉에 의한 건조기 형태이다.

60 ④ 분무건조(spray drying)
- 액체 식품을 분무기를 이용하여 미세한 입자로 분사하여 건조실 내에 열풍에 의해 순간적으로 수분을 증발하여 건조, 분말화시키는 것이다.
- 열풍온도는 150~250℃이지만 액적이 받는 온도는 50℃ 내외에 불과하여 건조제품은 열에 의한 성분변화가 거의 없다.
- 열에 민감한 식품의 건조에 알맞고 연속 대량 생산에 적합하다.
- 우유는 물론 커피, 과즙, 향신료, 유지, 간장, 된장과 치즈의 건조 등 광범위하게 사용되고 있다.

61 ③ 60번 해설 참조

62 ①
분무식 열풍건조장치(spray dryer)는 건조실, 분무장치(atomizer), 열풍공급장치, 제품회수장치로 되어 있다.

63 ① 터널건조기
- 과일이나 채소의 건조에 흔히 사용된다.
- 열풍과 제품의 이동 방향에 따라 병류식과 향류식이 있다.
- 병류식 터널건조기
  - 가장 뜨거운 공기가 가장 수분이 많은 제품과 접촉하기 때문에 더 뜨거운 공기를 사용할 수 있는 장점이 있다.
  - 한편 출구의 공기는 차기 때문에 최종 제품이 충분히 건조되지 않을 수 있다.
- 향류식 터널건조기
  - 뜨겁고 건조된 공기는 제일 먼저 가장 잘 건조된 제품과 접촉하기 때문에 매우 건조가 잘된 제품을 얻을 수 있다.
  - 한편 건조식품은 초기에 가장 뜨거운 공기와 접촉하게 되어 과열이 일어날 수도 있다.
  - 병류식보다 열을 적게 사용하며 건조가 더 잘된 제품을 얻을 수 있고 경제적이다.

64 ① 활성글루텐 제조 건조방법
- 배터(Batter)식의 연속식 제조법(Continuous)과 마틴(Martin)식의 배치식 제조법(Batch)으로 나누고 있다.
- 건조방식에는 플래시드라이(flash dry)방식과 스프레이드라이(spray dry)방식의 2가지로 대표되고 있다.
- 플래시드라이방식은 열기류에 의해서 순간 건조되어 이 방법으로 제조된 활성글루텐은 글루텐단백질의 고차결합구조가 비교적 망가지지 않은 채로 남아있어,

탄력이 강한 제품이 생산되는 특징을 가지고 있다.

65 ③ 분말건조제품의 복원성(reconstitution)
- 건조는 식품 속의 수분이 제거되는 과정이므로 제거될 때 생기는 수분의 이동 통로의 생성으로 원래 구조가 변하게 되는데 보통 구조적인 변화로 뒤틀림, 다공성, 조직 수축 등이 일어난다.
- 건조식품이 다시 수분을 흡수하면 조직은 원래 상태로 환원되려는 성질, 즉 복원성을 가지는데, 이 성질은 식품의 종류, 건조방법 등에 따라 달라진다.
- 식품의 조직과 복원성의 변화는 건조식품의 품질을 결정하는 데 매우 중요하다.

66 ③ 동결건조(freeze-dring)
- 식품을 동결시킨 다음 높은 진공 장치 내에서 액체 상태를 거치지 않고 기체 상태의 증기로 승화시켜 건조하는 방법이다.
- 장점
  - 일반의 건조방법보다 훨씬 고품질의 제품을 얻을 수 있다.
  - 건조된 제품은 가벼운 형태의 다공성 구조를 가진다.
  - 원래상태를 유지하고 있어 물을 가하면 급속히 복원된다.
  - 비교적 낮은 온도에서 건조가 일어나므로 열적 변성이 적고, 향기 성분의 손실이 적다.

67 ② 동결진공 건조에서 승화열을 공급하는 방법
- 접촉판으로 가열하는 방식
- 복사열판으로 가열하는 방식
- 적외선으로 가열하는 방식
- 유전(誘電)으로 가열하는 방식

68 ② 동결진공건조법
- 건조하고자 하는 식품의 색, 맛, 방향, 물리적 성질, 원형을 거의 변하지 않게 하며, 복원성이 좋은 건조식품을 만드는 가장 좋은 방법이다.
- 이 방법은 미리 건조식품을 −30~−40℃에서 급속히 동결시켜 진공도 1~0.1mmHg 정도 진공을 유지(감압)하는 건조실에 넣어 얼음의 승화에 의해서 건조한다.

69 ④ 포말건조(foam drying)
- 액체 식품에 1% 내외의 식용 가능한 발포제, 즉 CMC(carboxyl methyl cellulose), MC(methyl cellulose), monoglyceride, 알부민 등의 점조제나

계면활성제를 넣고 공기나 압축 질소가스를 혼입하여 거품을 일으켜 건조 표면적을 크게 한 다음 벨트에 약 1/8인치 두께로 펴서 열풍건조기에 통과시켜 건조시키는 방법이다.
- 건조속도가 빠르고 원상복구가 잘 되어 제품의 질이 우수하다는 것이 특징이며 과일주스 건조에 많이 이용된다.

70 ③ 잔존된 유지량
- 콩 200kg(유지율 20%) 중에 함유하고 있는 유지량 : 40kg
- 미셀라 200kg(유지율 2%) 중에 함유하고 있는 유지량 : 4kg
- 총 유지량의 합 : 40kg+4kg = 44kg
- 추출결과 미셀라 160kg(유지율 20%) 중에 함유하고 있는 유지량 : 32kg
- 잔존된 유지량 = 총 유지량의 합 − 결과물의 유지량
- ∴ 잔존된 유지량 : 44kg−32kg = 12kg

71 ④ 원심분리법에 의한 크림분리기
- 원통형(tubular bowl type)과 원추판형(disc bowl type) 분리기가 있다.
- 원추판형(disc bowl type) 분리기가 많이 이용되고 있다.

72 ① 막분리 공정 중 맥주의 효모 제거
- 숙성된 맥주는 여과하여 투명한 맥주로 만든다.
- 여과기에는 면여과기, schichten여과기, 규조토여과기, 정밀여과(microfilter) 등이 있다.
- 정밀여과(microfilter) : millipore filter라고도 하며 직경 $0.8 \sim 1.4\mu$의 미세한 구멍이 있는 cellulose ester나 기타의 중합체로 만든 막으로써 여과하는 것이다. 효모도 완전히 제거된다.

73 ④ 역삼투(reverse osmosis)
- 본래 바닷물에서 순수를 얻기 위해 시작된 방법이다.
- 반투막을 사이에 두고 고농도의 염류를 함유하고 있는 유청 쪽에 압력을 주어 물 쪽으로 염류를 투과시켜 탈염, 농축시킨다.
- 유청 중의 단백질을 한외여과법으로 분리하고 투과액으로부터 유당을 회수하기 위해 역삼투법으로 농축한 후 농축액에서 전기영동법에 의해 회분을 제거하는 종합공정을 이용한다.

74 ④ 투과액의 배출속도

$$(1400-862)\times 0.028 = 15.064 L/m^2 \cdot h$$

75 ② 압출가공 공정이 식품에 미치는 영향
- 식품의 색과 향기에는 거의 영향을 미치지 않는다.
- 대부분 제품의 색상은 원료에 첨가되는 합성색소에 의해 결정된다.
- 압출식품의 비타민 손실은 식품의 종류, 수분함량, 가공온도 및 시간에 따라 다르다.
- 대체로 cold extrusion의 경우 비타민 손실이 가장 적다.

76 ④ extrusion cooking 과정 중 일어나는 물리·화학적 변화
- 전분의 노화, 팽윤, 호화, 무정형화 및 분해
- 단백질의 변성, 분자 간의 결합 및 조직화
- 효소의 불활성화
- 미생물의 살균 및 사멸
- 독성물질의 파괴
- 냄새의 제거
- 조직의 팽창 및 밀도 조절
- 갈색화 반응

식품의 포장

01 ①
품질을 유지하기 위한 성질로 내수성, 내유성을 가지고 있어야 한다.

02 ④ 식품 포장재의 일반적인 구비조건

위생적	• 무미, 무취, 무독하며 식품 성분과 반응하지 않고, 독성 첨가제를 함유하지 않을 것
보호성	• 물리적 강도 : 인장강도, 신장력, 파열강도, 인열강도, 충격강도, 마찰강도를 확보 • 차단성 : 방습성, 방수성, 기체투과성, 기체 투과방지성, 보향성, 단열성, 차광성, 자외선차단성을 확보 • 안정성 : 내수성, 내광성, 내약품성, 내유기용매성, 내유성, 내한성, 내열성을 확보
작업성	• 포장 작업성, 기계 적응성, 부스러짐성, 미끄러짐성, 열접착성, 접착제 적응성, 열수축성
간편성	• 개봉 및 휴대하기 쉽고 가벼울 것
상품성	• 광택, 투명, 백색도, 인쇄적성
경제성	• 가격, 생산성, 수송, 보관성

03 ① 용기충전 포장방법
- 액체 식품 포장법으로 용기에 충전 후 밀봉하는 방식이다.

04 ③ 식품 기구 및 용기 포장의 용출시험 항목
[식품공전]
- 합성수지제 : 중금속, 과망간산칼륨소비량, 증발잔류물, 페놀, 포름알데히드, 안티몬, 아크릴로니트릴, 멜라민 등
- 셀로판 : 비소, 중금속, 증발잔류물
- 고무제 : 페놀, 포름알데히드, 아연, 중금속, 증발잔류물
- 종이제 또는 가공지제 : 비소, 중금속, 증발잔류물, 포름알데히드, 형광증백제

05 ③
- 염산고무(rubber hydrochloride) : gas 불투과성으로 햄, 소시지 포장에 적합하다.
- polycarbonate 필름 : gas 투과성이 적어 식물성 기름 포장용기로 쓰인다.
- polyethylene(PE) : 내유성은 낮으나 방습성, gas 투과성이 가장 크다.

06 ③ PVDC의 특성
- 내열성, 풍미, 보호성이 우수
- 투명을 요하는 식품의 포장
- 내약품, 내유성이 우수
- 광선 차단성이 좋아 햄, 소시지 등 육제품의 포장에 사용
- gas의 투과성과 흡습성이 낮아 진공포장재료로 사용

07 ③ 06번 해설 참조

08 ④ 식품 포장재
- 염화비닐리덴(vinylidene chloride) : 투명하며 방습성, 내수성, 내약품성, 내열성 등이 좋고, 수축성이 크고, 가스 투과성이 낮다.
- 폴리에틸렌(polyethylene) : 가격이 저렴하고, 열접착성이 양호하며, 내수성이 우수하고, 방습성과 가스 투과성이 좋지만 인쇄적성이 좋지 못하다.
- 폴리프로필렌(polypropylene) : 기계적 강도가 아주 좋고, 내열성이나 내유성도 매우 양호하다. 방습성과 가스 투과성이 좋지만 내한성이나 내광성이 약하다.
- 폴리아미드(polyamide) : 기계적 강도가 크고 가스 투과성이 작은 것이 장점이고 내유성, 내약품성이 좋다. 내수성이 가장 강하다. 가격이 비싸다.

09 ③ 라미네이션(적층, lamination)
- 보통 한 종류의 필름으로는 두께가 얼마가 됐든 기계적 성질이나 차단성, 인쇄적성, 접착성 등 모든 면에서 완벽한 필름이 없기 때문에 필요한 특성을 위해 서로 다른 필름을 적층하는 것을 말한다.
- 인장강도, 인쇄적성, 열접착성, 빛 차단성, 수분 차단성, 산소 차단성 등이 향상된다.

10 ④ 09번 해설 참조

11 ① 폴리에틸렌 필름(PE)
- 수분 차단성이 좋으며 내화학성 및 가격이 저렴하다.
- 기체 투과성이 크다.
- 투명한 포장재료이다.

12 ③
PC(polycarbonate)는 투명성, 내유성, 내열성은 좋으나 가스 차단성은 뒤진다.

13 ③ 플라스틱 필름의 가스투과도
(20℃ 건조, 두께 3/100mm, g/m²/24시간/기압)

	CO_2	O_2	N_2
폴리에틸렌(PE)	20~30	4~6	1~15
폴리프로필렌(PP)	25~35	5~8	–
폴리염화비닐리덴(PVDC)	0.1	0.03	< 0.01
폴리염화비닐(PVC)	10~40	4~16	0.2~8

14 ③ 식품 포장재료의 성질에 의한 분류
- 습기나 수분의 차단성을 필요로 할 때 : Al-foil, vinyliden chloride, polypropylene, polyethylene, polyester, 방습 cellophane
- O_2 등 가스의 차단성을 필요로 할 때 : Al-foil, vinyliden chloride, 방습 cellophane, polyester, polyamide
- 내유성을 필요로 할 때 : Al-foil, vinyliden chloride, cellophane, polyester, polyamide
- 향기, 취기의 차단성을 필요로 할 때 : Al-foil, vinyliden chloride, polypropylene, polyester, polycarbonate, 방습 cellophane
- 광선의 차단성을 필요로 할 때 : Al-foil, 종이
- 열접착성을 좋게 할 때 : polyethylene

15 ④ 알루미늄박(Al-foil)
- 장점 : 가스 차단성, 내유성, 내열성, 방습성, 빛 차단

성, 내한성이 우수
- 단점 : 인쇄성, 열접착성, 열성형성, 기계적성, 투명성 등에 결점
- 알루미늄박과 폴리에틸렌을 맞붙이면(라미네이션) 알루미늄박의 결점인 강도, 인쇄성, 열접착성, 기계적성 등이 향상된다.

16 ③ **냉동식품 포장재료**
- 내한성, 방습성, 내수성이 있어야 한다.
- gas 투과성이 낮아야 한다.
- 가열 수축성이 있어야 한다.
- 종류 : 저압 폴리에틸렌, 염화 비닐리덴 등이 단일재료로서 사용된다.

17 ② **환경기체 조절포장에 사용되는 주요가스 특성**

가스	특성
산소(O_2)	• 신선육의 밝은 적색 유지 • 과채류에서의 기본대사 유지 • 혐기적 변패 방지
질소(N_2)	• 화학적으로 불활성 • 산화, 산패, 곰팡이 성장, 곤충 성장 방지
이산화탄소 (CO_2)	• 박테리아와 미생물 성장의 억제 • 지방 및 물에 가용성 • 곤충의 성장을 억제 • 고농도에서는 제품의 색택이나 향미를 변화시킴 • 과채류에서는 질식을 가져올 수 있음

※ 녹차의 비타민 C의 산화방지를 위해서는 질소가스를 치환 포장한다.

18 ③ **질소치환 포장**
- 질소(N_2)는 식품에 아무런 영향을 주지 않는 불활성가스의 역할을 한다.
- 산소를 제거하고 질소치환 포장을 하면 산화, 산패, 곰팡이 성장, 곤충의 성장을 방지할 수 있고, 호흡작용이 억제되어 과일과 야채의 신선도를 유지할 수 있다.

19 ② **무균포장의 장점**
- 식품이 포장 전에 열교환기를 통과하면서 살균이 이루어지므로 용기에 충전, 밀봉된 식품의 살균 시 용기 모양이나 형태에 의해서 생기는 열전달 저항을 없앤다.
- 그래서 살균시간이 짧고 연속공정으로 운전되며 제품의 품질보존이 양호하다.

식품미생물의 분류

01 ① 종의 학명(scientfic name)
- 각 나라마다 다른 생물의 이름을 국제적으로 통일하기 위하여 붙여진 이름을 학명이라 한다.
- 현재 학명은 린네의 2명법이 세계 공통으로 사용된다.
  – 학명의 구성 : 속명과 종명의 두 단어로 나타내며, 여기에 명명자를 더하기도 한다.
  – 2명법 = 속명+종명+명명자의 이름
- 속명과 종명은 라틴어 또는 라틴어화한 단어로 나타내며 이탤릭체를 사용한다.
- 속명의 머리 글자는 대문자로 쓰고, 종명의 머리 글자는 소문자로 쓴다.

02 ② 세균 세포구조의 특성

구조	기능
편모	운동력
선모(pili)	유성적인 접합과정에서 DNA의 이동 통로와 부착기관
협막(점질층)	건조와 기타 유해요인에 대한 세포의 보호
세포벽	세포의 기계적 보호
세포막	투과 및 수송능
메소좀 (mesosome)	세포의 호흡능이 집중된 부위로 추정
리보솜 (ribosome)	단백질 합성
핵부위	세균 세포의 유전

03 ③ 미생물 세포의 무기질 중 가장 많이 함유되어 있는 것은 나트륨(Na)이다.

04 ① 세포막(cell membrane)
- 세포와 세포 외부의 경계를 짓는 막으로 세포 내의 물질들을 보호하고 세포간 물질 이동을 조절한다.
- 주로 인지질과 단백질로 구성된 이중막이다.
- 양친매성(amphipathic)을 나타내는 인지질이 대칭적으로 분포하는 이중층 구조이다.
- 막의 내부는 소수성(hydrophobic, 비극성)을 띠는 인지질의 꼬리부분이, 외부는 친수성(hydrophilic, 극성)의 머리 부분이 위치한다.

05 ④ 협막 또는 점질층(slime layer)
- 대부분의 세균세포벽을 둘러싸고 있는 점성물질을 말한다.
- 협막의 화학적 성분은 다당류, polypeptide의 중합체, 지질 등으로 구성되어 있으며 균종에 따라 다르다.

06 ③ 능동 수송(active transport)
- 세포막의 수송단백질이 물질대사에서 얻은 ATP를 소비하면서 농도 경사를 거슬러서(낮은 농도에서 높은 농도 쪽으로) 물질을 흡수하거나 배출하는 현상이다.
- 적혈구나 신경세포의 Na^+-K^+펌프, 소장에서의 양분 흡수, 신장의 세뇨관에서의 포도당 재흡수 등의 예가 있다.

07 ④ 리보솜(ribosome)
- 단백질 합성이 일어나는 곳이다.
- 진핵과 원핵세포의 세포질에 들어 있다.

08 ① 미생물 세포의 핵산
- DNA는 유전정보를 가지고 있다.
- DNA와 RNA로서 세포 내에 존재하는 DNA의 양은 RNA의 양보다 적고, 거의 일정하지만 RNA의 양은 생육시기에 따라서 현저하게 다르다.
- RNA는 단백질의 합성이 왕성할 때 증가하다가 이후 감소하지만 DNA의 양은 거의 일정하다.

09 ① 8번 해설 참조

10 ② **곰팡이·효모 세포와 세균 세포의 비교**

성질	곰팡이·효모 세포	세균 세포
세포의 크기	통상 2㎛ 이상	통상 1㎛ 이하
핵	핵막을 가진 핵이 있으며, 인이 있다.	핵막을 가진 핵이 없고(핵부분이 있다), 인이 없다.
염색체수	2개 내지 그 이상	1개
소기관 (organelle)	미토콘드리아, 골지체, 소포체를 가진다.	존재하지 않는다.
세포벽	glucan, mannan-protein 복합체, cellulose, chitin(곰팡이)	mucopolysaccharide, teichoic acid, lipolysaccharide, lipoprotein

※ *Saccharomyces*속과 *Candida*속은 효모이고, *Aspergillus*속은 곰팡이이고, *Escherichia*속은 세균이다.

11 ② **세포의 구조**
- 편모(flagella) : 운동 또는 이동에 사용되는 세포 표면을 따라서 돌출된 구조물(긴 채찍형 돌출물)
- 선모(pilus) : 유성적인 접합과정에서 DNA의 이동 통로와 세포표면에 부착하는 부착기관
- 리보솜(ribosome) : 단백질 합성이 일어나는 곳
- 핵부위(핵양체, nucleoid) : 한 개의 긴 환상구조의 이중사슬 DNA 분자, 즉 염색체로 구성되어 있다. 이 DNA는 유전정보를 전달하고 보존하는 기능을 담당

12 ① **편모(flagella)**
- 세균의 운동기관이다.
- 편모는 위치에 따라 극모와 주모로 대별한다.
- 극모는 단모, 속모, 양모로 나뉜다.
- 주로 간균이나 나선균에만 존재하며 구균에는 거의 없다.
- 편모의 유무, 수, 위치는 세균의 분류학상 중요한 기준이 된다.

13 ① **편모균**
- 주모균(①) : 균체 주위에 많은 편모가 부착되어 있는 균
- 속모균(②와 ④) : 세포의 한 끝 또는 양 끝에 다수의 편모가 부착된 균
- 양모균(③) : 세포의 양 끝에 각각 1개씩 부착된 균
- 단모균 : 세포의 한 끝에 한 개의 편모가 부착된 균

14 ③ **미생물의 표면 구조물**

편모 (flagella)	운동 또는 이동에 사용되는 세포 표면을 따라서 돌출된 구조물(긴 채찍형 돌출물)
섬모(cilia)	운동 또는 이동에 사용되는 세포 표면을 따라서 돌출된 구조물(짧은 털 같은 돌출물)
선모(pili)	유성적인 접합과정에서 DNA의 이동 통로와 부착기관
핌브리아 (fimbriae)	짧고 머리털 같은 부속지로서 세균 표면에 분포하며 숙주 표면에 부착하는 데 도움을 주는 기관

15 ② **미생물 세포의 구조**
- 원핵세포에는 미토콘드리아(mitochondria) 대신 메소좀(mesosome)이 있다.
- 진핵세포에는 핵(nuclear)이 존재하고 핵은 핵막에 의해 세포질과 구별되어 있다.
- 원핵세포에는 핵부위(nuclear region)가 존재하고, 핵부위는 이중사슬 DNA로 구성되어 있다.
- 진핵세포의 세포벽은 chitin, glucan, mannan, lipid, protein 등으로 구성되어 있다.
- 원핵세포의 세포벽은 그람양성 세균은 mucopeptide, teichoic acid, polysaccharide, 그람음성 세균은 lipid, lipoprotein, lipopolysaccharide, mucopeptide, protein, 방선균은 mucopeptide 등으로 구성되어 있다.

16 ③ **원핵세포 세포벽**
- gram 양성균의 세포벽은 peptideglucan 이외에 teichoic acid, 다당류 아미노당류 등으로 구성된 mucop olysaccharide을 함유하고 있다.
- gram 음성균의 세포벽은 지질, 단백질, 다당류를 주성분으로 하고 있고, 각종 여러 아미노산을 함유하고, 일반 양성균에 비하여 lipopolysaccharide, lipoprotein 등의 지질 함량이 높고 glucosamine 함량은 낮다.

17 ③ **원생생물(protists)**
- 고등미생물은 진핵세포로 되어 있다.

> – 균류, 일반조류, 원생동물 등
> – 진균류 ┬ 조상균류 : 곰팡이(*Mucor*, *Rhizopus*)
>   └ 순정균류 : 자낭균류(곰팡이, 효모), 담자균류(버섯, 효모), 불완전균류(곰팡이, 효모)

- 하등미생물은 원핵세포로 되어 있다.

> – 세균, 방선균, 남조류 등

18 ② 원시핵세포(하등미생물)와 진핵세포(고등미생물)의 비교

	원핵생물 (procaryotic cell)	진핵생물 (eucaryotic cell)
핵막	없다.	있다.
인	없다.	있다.
DNA	단일분자, 히스톤과 결합하지 않는다.	복수의 염색체 중에 존재, 히스톤과 결합하고 있다.
분열	무사분열	유사분열
생식	감수분열 없다.	규칙적인 과정으로 감수분열을 한다.
원형질막	보통 섬유소가 없다.	보통 스테롤을 함유한다.
내막	비교적 간단, mesosome	복잡, 소포체, golgi체
ribosome	70s	80s
세포기관	없다.	공포, lysosome, micro체
호흡계	원형질막 또는 mesosome의 일부	mitocondria 중에 존재한다.
광합성 기관	mitocondria는 없다. 발달된 내막 또는 소기관, 엽록체는 없다.	엽록체 중에 존재한다.
미생물	세균, 방선균	곰팡이, 효모, 조류, 원생동물

19 ② 원핵세포와 진핵세포
- 원핵세포 : 전사와 번역이 동시에 일어나고 번역이 일어날 때 폴리시스트론의 성격을 보인다.
- 진핵세포 : 전사는 핵에서, 번역은 세포질에서 따로 일어나고 번역이 일어날 때 모노시스트론의 성격을 보인다.

20 ③ 17번 해설 참조

21 ④ 진핵세포(고등미생물)의 특징
- 핵막, 인, 미토콘드리아, 골지체 등을 가지고 있다.
- 메소좀(mesosome)이 존재하지 않는다.
- 편모가 존재하지 않는다.
- 유사분열을 한다.
- 곰팡이, 효모, 조류, 원생동물 등은 여기에 속한다.

22 ① 진핵세포의 소기관
- 미토콘드리아(mitocondria) : 호흡작용과 산화적 인산화 반응을 통해 생명체의 에너지인 ATP를 합성하는 기관이다.
- 골지체(golgi body) : 단백질의 수송을 담당하는 세포 소기관이다.
- 편모(flagella) : 운동 또는 이동에 사용되는 세포 표면을 따라서 돌출된 구조물이다.
- 리보솜(ribosome) : 단백질 합성이 일어나는 곳이다.

23 ② 소포체는 세포 내 물질의 수송을 위한 경로이며, 지질과 단백질 합성의 역할을 담당한다.

24 ③ 원핵세포(하등미생물)와 진핵세포(고등미생물)의 차이점

	원핵세포	진핵세포
세포의 크기	1μ 이하	통상 2μ 이상
세포의 구조	염색체가 세포질과 접촉하고 있다.	염색체는 핵막에 의해 세포질과 격리되어 있다.
세포벽	peptidoglycan (mucopeptide), polysaccharide, lipopolysacchride, lipoprotein, teichoic	glucan, mannan-protein 복합체, cellulose, chitin
소기관 (organella)	존재하지 않는다.	미토콘드리아, 마이크로솜, 골지체, 액포 등
염색체	단일, 환상	복수로 분할되어 있다.
편모	존재한다.	존재하지 않는다.
미생물	세균, 방선균	곰팡이, 효모, 조류, 원생동물

25 ③ 24번 해설 참조

제4과목 식품미생물 및 생화학 예상문제 정답 및 해설

식품미생물의 특징과 이용 – 세균

01 ① 협막 또는 점질층(slime layer)
- 대부분의 세균 세포벽을 둘러싸고 있는 점성물질을 말한다.
- 협막의 화학적 성분은 다당류, polypeptide의 중합체, 지질 등으로 구성되어 있으며 균종에 따라 다르다.

02 ③ 세균의 세포벽

그람음성	• 펩티도글리칸(peptidoglycan)이 10%를 차지하며, 단백질 45~50%, 지질다당류 25~30%, 인지질 25%로 구성된 외막을 함유하고 있다. • *Escherichia*속
그람양성	• 단일층으로 존재하는 펩티도글리칸(peptidoglycan)을 95% 정도까지 함유하고 있으며, 이외에도 다당류, 테이코산(teichoic acid), 테이쿠론산(teichuronic acid) 등을 가지고 있다. • *Lactobacillus*속, *Staphylococcus*속, *Corynebacterium*속 등

03 ① 02번 해설 참조

04 ④ 세균의 지질다당류(lipopolysaccharide)
- 그람음성균의 세포벽 성분이다.
- 세균의 세포벽이 음(−)전하를 띠게 한다.
- 지질 A, 중심 다당체(core polysaccharide), O항원(O antigen)의 세 부분으로 이루어져 있다.
- 독성을 나타내는 경우가 많아 내독소로 작용한다.
- ※ 일반적으로 세균독소는 외독소와 내독소의 두 가지가 있다. 내독소는 특정 그람음성세균이 죽어 분해되는 과정에서 방출되는 독소이다. 이 독소는 세균의 외부막을 형성하는 지질다당류이다.

05 ④ 세균의 증식법
- 세균은 거의 무성생식으로 증식하며 유성생식을 하는 것은 없다.
- 대부분의 세균은 하나의 세포가 자라 2개로 나누어지는 분열법(fission)으로 증식하고 균종에 따라 내생포자를 형성하는 것도 있다.
- 즉, 간균이나 나선균은 먼저 세포가 신장하여 2배 정도로 길어지고 중앙에 격막이 생겨 2개의 세포로 분열하게 된다.

- 격벽의 형성은 세포벽이 위축하여 일어나는 경우와 중앙의 세포벽이 구심적으로 생장하여 일어나는 경우가 있다.

06 ④ 05번 해설 참조

07 ① 05번 해설 참조

08 ③ 미생물의 증식

유도기 (잠복기, lag phase)	• 미생물이 새로운 환경(배지)에 적응하는 데 필요한 시간이다. • 증식은 거의 일어나지 않고, 세포 내에서 핵산(RNA)이나 효소단백의 합성이 왕성하고, 호흡활동도 높으며, 수분 및 영양물질의 흡수가 일어난다. • DNA 합성은 일어나지 않는다.
대수기 (증식기, log-arithimic phase)	• 세포는 급격히 증식을 시작하여 세포분열이 활발하게 되고, 세대시간도 짧고, 균수는 대수적으로 증가한다. • RNA는 일정하고, DNA는 증가하고, 세포의 생리적 활성이 가장 강하고 예민한 시기이다. • 이때의 증식속도는 환경(영양, 온도, pH, 산소 등)에 따라 결정된다.
정상기 (정지기, stationary phase)	• 생균수는 최대 생육량에 도달하고, 배지는 영양물질의 고갈, 대사생성물의 축적, pH의 변화, 산소부족 등으로 새로 증식하는 미생물수와 사멸되는 미생물수가 같아진다. • 더 이상의 증식은 없고, 일정한 수로 유지된다. • 포자를 형성하는 미생물은 이때 형성한다.
사멸기 (감수기, death phase)	• 환경의 악화로 증식보다는 사멸이 진행되어 균체가 대수적으로 감소한다. • 생균수보다 사멸균수가 증가된다.

09 ② 정상기(stationary phase)
- 생균수는 일정하게 유지되고 총균수는 최대가 되는 시기이다.
- 일부 세포가 사멸하고 다른 일부의 세포는 증식하여 사멸수와 증식수가 거의 같아진다.
- 영양물질의 고갈, 대사생산물의 축적, 배지 pH의 변화, 산소공급의 부족 등 부적당한 환경이 된다.
- 생균수가 증가하지 않으며 내생포자를 형성하는 세균은 이 시기에 포자를 형성한다.

10 ① 세균의 포자

- 세균 중 어떤 것은 생육환경이 악화되면 세포 내에 포자를 형성한다.
- 포자형성균으로는 호기성의 *Bacillus*속과 혐기성의 *Clostridium*속에 한정되어 있다.
- 포자는 비교적 내열성이 강하다.
- 포자에는 영양세포에 비하여 대부분 수분이 결합수로 되어 있어서 상당한 내건조성을 나타낸다.
- 유리포자는 대사활동이 극히 낮고 가열, 방사선, 약품 등에 대하여 저항성이 강하다.
- 적당한 조건이 되면 발아하여 새로운 영양세포로 되어 분열, 증식한다.
- 세균의 포자는 특수한 성분으로 dipicolinic acid를 5~12% 함유하고 있다.

11 ③ 10번 해설 참조

12 ② 포자의 내열성 원인

- 포자 내의 수분함량이 대단히 적다.
- 영양세포에 비하여 대부분의 수분이 결합수로 되어 있어서 상당히 내건조성을 나타낸다.
- 특수성분으로 dipicolinic acid을 5~12% 함유하고 있다.

13 ④ 포자형성균

- 호기성균의 *Bacillus*속과 혐기성균의 *Clostridium*속과 드물게는 *Sporosarcina*속에서 무성적으로 내생포자를 형성한다.
- 이외에도 *Sporolactobacillus*속, *Desulfotomaculum*속도 포자를 형성한다.
- 포자형성균은 주로 간균이다.

14 ① *Bacillus*속

- 그람양성 호기성 때로는 통성혐기성 유포자 간균이다.
- 단백질 분해력이 강하며 단백질 식품에 침입하여 산 또는 gas를 생성한다.
- *Bacillus subtilis*는 마른 풀 등에 분포하며 고온균으로서 α-amylase와 protease를 생산하고 항생물질인 subtilin을 만든다.
- *Bacillus natto*(납두균, 청국장균)는 청국장 제조에 이용되며, 생육인자로 biotin을 요구한다.

15 ④ 포자형성세균

- *Bacillus*속과 *Clostridium*속이 있다.
- *Bacillus*속은 호기성 그람양성 간균이고, *Clostri*

*dium*속은 혐기성 그람양성 간균이다.

16 ③ 15번 해설 참조

17 ④ 10번 해설 참조

18 ④ 세포질(cytoplasm)

- 세포 내부를 채우고 있는 투명한 점액 형태의 물질이다. 세포핵을 제외한 세포액과 세포소기관으로 이루어진다.
- 세포질의 최대 80%까지 차지하는 액체 성분은 이온 및 용해되어 있는 효소, 탄수화물(glycogen 등), 염, 단백질, RNA와 같은 거대 분자로 구성되어 있다.
- 세포질 내부의 비용해성 구성요소로는 미토콘드리아, 엽록체, 리보솜, 과산화소체, 리보솜과 같은 세포소기관 및 일부 액포, 세포골격 등이 있으며, 소포체나 골지체도 구성요소의 하나이다.

19 ② *Clostridium*속

- 그람양성 혐기성 유포자 간균이다.
- catalase는 전부 음성이며 단백질 분해성과 당류 분해성의 것으로 나눈다.
- 육류와 어류에서 이 균은 단백질 분해력이 강하고 부패, 식중독을 일으키는 것이 많다.
- 채소, 과실의 변질은 당류 분해성이 있는 것이 일으킨다.
- 발육적온은 보통 30~37℃이다.

20 ③ 대장균형 세균(Coli form bacteria)

- 동물이나 사람의 장내에 서식하는 세균을 통틀어 대장균이라 한다.
- 대장균은 제8부(Enterobacteriacease과)에 속하는 12속을 말한다.
- 이 과에서 식품과 관련이 있는 속은 *Escherichia*, *Enterobacter*, *Klebsiella*, *Citrobacter*, *Erwinia*, *Serratia*, *Proteus*, *Salmonella* 및 *Shigella*속 등이다.
- 대장균은 그람음성, 호기성 또는 통성혐기성, 주모성 편모, 무포자 간균이고, lactose를 분해하여 CO_2와 H_2 gas를 생성한다.
- 식품에 대한 이용성보다는 주로 위생적으로 주의해야 하는 세균들이다.

21 ① 캠필로박터 제주니(*Campylobacter jejuni*)

- 그람음성의 간균으로서 나선형(comma상)이다.
- 균체의 한쪽 또는 양쪽 끝에 균체의 2~3배의 긴 편모가 있어서 특유의 screw상 운동을 한다.
- 크기는 $(0.2~0.9)\times(0.5~5.0)\mu m$이며 미호기성이기

때문에 3~15%의 O_2 환경하에서만 발육증식한다.

22 ② 세균의 세포벽
- 세포벽의 주성분은 peptidoglycan이고 세포벽의 화학적 조성에 따라 염색성이 달라진다.
- 일반적으로 그람양성균은 그람음성균에 비하여 peptidoglycan 성분이 많다.

23 ① *Escherichia coli*
- 그람음성, 호기성 또는 통성혐기성, 주모성 편모, 무포자 간균이다.
- lactose를 분해하여 산(acid)과 CO_2, H_2 등 가스를 생성한다.

24 ① 그람(Gram) 염색
- 세균 분류의 가장 기본이 된다.
- 그람양성과 그람음성의 차이를 나타내는 것은 세포벽의 화학구조 때문이다.

25 ③ 세균의 세포벽 성분

그람 양성균	• peptidoglycan 이외에 teichoic acid, 다당류, 아미노당류 등으로 구성된 muco-polysaccharide을 함유하고 있다. • 연쇄상구균, 쌍구균(폐염구균), 4련구균, 8련구균, *Staphylococcus*속, *Bacillus*속, *Clostridium*속, *Corynebacterium*속, *My-cobacterium*속, *Lactobacillus*속, *Listeria*속 등
그람 음성균	• 지질, 단백질, 다당류를 주성분으로 하고 있으며, 각종 여러 아미노산을 함유하고 있다. • 일반 양성균에 비하여 lipopolysaccharide, lipoprotein 등의 지질 함량이 높고, glucosamine 함량은 낮다. • *Aerobacter*속, *Neisseria*속, *Escherhchia*속(대장균), *Salmonella*속, *Pseudomonas*속, *Vibrio*속, *Campylobacter*속 등

26 ④ 그람양성균의 세포벽
- peptidoglycan 90% 정도와 teichoic acid, 다당류가 함유되어 있다.
- 테이코산은 리비톨인산이나 글리세롤인산이 반복적으로 결합한 폴리중합체이다.
- 테이코산의 기능은 이들이 갖는 인산기로 인한 음전하(−)를 세포외피에 제공하므로서 Mg^{2+}와 같은 양이온이 외부로부터 유입되는 데 도움을 준다.

27 ① 26번 해설 참조

28 ① 그람 염색
- 자주색(그람양성균) : 연쇄상구균, 쌍구균(폐염구균), 4련구균, 8련구균, *Staphylococcus*속, *Bacillus*속, *Clostridium*속, *Corynebacterium*속, *Mycobacterium*속, *Lactobacillus*속, *Listeria*속 등
- 적자색(그람음성균) : *Aerobacter*속, *Neisseria*속, *Escherhchia*속(대장균), *Salmonella*속, *Pseudomonas*속, *Vibrio*속, *Campylobacter*속 등

29 ② 세균의 세포벽
- 그람음성균의 세포벽은 펩티도글리칸이 10%를 차지하며, 단백질 45~50%, 지질다당류 25~30%, 인지질 25%로 구성된 외막을 함유하고 있다.
  − *Escherichia*속은 그람음성균이다.
- 그람양성균의 세포벽은 단일층으로 존재하는 펩티도글리칸을 95% 정도까지 함유하고 있으며, 이외에도 다당류, 테이코산(teichoic acid), 테이쿠론산(techuronic acid) 등을 가지고 있다.
  − *Lactobacillus*속, *Staphylococcus*속, *Corynebacterium*속 등은 그람양성균이다.

30 ③ 세균의 지질다당류(lipopolysaccharide)
- 그람음성균의 세포벽 성분이다.
- 세균의 세포벽이 음(−)전하를 띠게 한다.
- 지질 A, 중심 다당체(core polysaccharide), O항원(O antigen)의 세부분으로 이루어져 있다.
- 독성을 나타내는 경우가 많아 내독소로 작용한다.
- ※ 일반적으로 세균독소는 외독소와 내독소의 두 가지가 있다. 내독소는 특정 그람음성 세균이 죽어 분해되는 과정에서 방출되는 독소이다. 이 독소는 세균의 외부막을 형성하는 지질다당류이다.

31 ③ 28번 해설 참조

32 ① 그람염색 특성
- 그람음성세균 : *Pseudomonas*, *Gluconobacter*, *Acetobacter*(구균, 간균), *Escherichia*, *Salmonella*, *Enterobacter*, *Erwinia*, *Vibrio*(통성혐기성 간균)속 등이 있다.
- 그람양성세균 : *Micrococcus*, *Staphylococcus*, *Streptococcus*, *Leuconostoc*, *Pediococcus*(호기성 통성혐기성균), *Sarcina*(혐기성균), *Bacillus*(내생포자 호기성균), *Clostridium*(내생포자 혐기성균), *Lactobacillus*(무포자 간균)속 등이 있다.

33 ④ 32번 해설 참조

34 ① 대장균군
- 포유동물이나 사람의 장내에 서식하는 세균을 통틀어 대장균이라 한다.
- *Escherichia, Enterobacter, Klebsiella, Citrobacter* 속 등이 포함되고, 대표적인 대장균은 *Escherichia coli, Acetobacter aerogenes*이다.
- 대장균은 그람음성, 호기성 또는 통성혐기성, 주모성 편모, 무포자 간균이다.
- 생육최적온도는 30~37℃이며 비운동성 또는 주모를 가진 운동성균으로 lactose를 분해하여 CO_2와 H_2 가스를 생성한다.
- 대변과 함께 배출되며 일부 균주를 제외하고는 보통 병원성은 없으나 이 균이 식품에서 검출되면 동물의 분뇨로 오염되었다는 것을 의미한다.
- 식품위생상 분뇨 오염의 지표균인 동시에 식품에서 발견되는 부패세균이기도 하며 음식물, 음료수 등의 위생검사에 이용된다.
- 동물의 장관 내에서 비타민 K를 생합성하여 인간에게 유익한 작용을 하기도 한다.

35 ① 34번 해설 참조

36 ④ 34번 해설 참조

37 ① 34번 해설 참조

38 ① 대장균 O157:H7
- 대장균은 혈청형에 따라 다양한 성질을 지니고 있다.
- O항원은 균체의 표면에 있는 세포벽의 성분인 직쇄상의 당분자(lipopolysaccharide)의 당의 종류와 배열방법에 따른 분류로서 지금까지 발견된 173종류 중 157번째로 발견된 것이다.
- H항원은 편모부분에 존재하는 아미노산의 조성과 배열방법에 따른 분류로서 7번째 발견되었다는 의미이다.
- H항원 60여종이 발견되어 O항원과 조합하여 계산하면 약 2,000여종으로 분류할 수 있다.

39 ① 38번 해설 참조

40 ① 대장균 O157:H7
- 사람이나 가축의 장내에 생존하는 세균이다.
- 열에 대한 저항성은 60℃에서 45분, 65℃에서 10분, 75℃에서 30초간 가열하면 완전히 사멸한다.
- 염 농도 6.5%까지 성장이 가능하며, 성장을 억제하기 위해서는 8% 이상의 염 농도를 요구한다.

- pH 3.5 정도의 산성조건에서도 생육가능하다.
- 균량이 1g당 100개 정도로써 감염력이 대단히 강하다.
- 일반 대장균과 달리 베로독소라는 강한 독소를 생성한다.
- 증상은 설사와 심한 복통을 수반하며 사람에 따라서는 출혈성 대장염, 용혈성 요독증을 일으킨다.
- 잠복기는 1~10일, 보통 2~4일이다.
- 주요 오염원은 소고기이며 덜 익거나 조리가 불충분한 육류, 충분히 살균되지 않은 우유, 오염된 물, 덜 익은 소고기로 조리한 음식 등이다.

41 ② 병원성 대장균(pathogenic *E. coli*)
- 대장균의 대부분은 병원성이 없으나 일부 대장균에 있어서는 사람에게 해를 줄 수 있는 종류들이 있다. 사람에게 병을 유발할 수 있는 병원성 대장균은 5가지로 분류할 수 있다.
- 장관병원성 대장균 : 소장점막의 상피세포에 섬모를 사용하여 부착 증식함으로써 장염을 일으킨다. O55, O86, O111, O126 등의 혈청형이다.
- 장관조직 침투성 대장균 : 이질과 유사한 증상을 보이고 장과 점막에 염증을 일으킨다. O29, O112, O124, O143 등의 혈청형이다.
- 장관독소원성 대장균 : 소장의 상부에 감염하여 콜레라와 같은 독소를 생산함으로써 복통과 수양성 설사를 유발한다. O6, O8, O20, O25, O63, O78 등의 혈청형이다.
- 장관출혈성 대장균 : 장관에 정착 후 베로독소를 생산한다. 이 독소에 의해 장관 상피세포, 신장 상피세포가 장애를 받는다. O157, O26, O111, O113, O146 등의 혈청형이다.
- 장관부착성 대장균 : 최근에 보고된 새로운 형으로 주로 열대와 아열대의 위생 취약 지역에서 장기간에 걸친 소아설사의 원인균이다.

42 ③ 41번 해설 참조

43 ④ 34번 해설 참조

44 ① 초산균(acetic acid bacteria)
- 에탄올을 산화 발효하여 acetic acid를 생성하는 세균을 말한다.
- 분류학상으로는 *Acetobacter*속에 속하는 호기성 세균이다.
- 그람음성, 무포자, 간균이다.
- 초산균은 alcohol 농도가 10% 정도일 때 가장 잘 자

라고 5~8%의 초산을 생성한다.
- 18% 이상에서는 자랄 수 없고 산막(피막)을 형성한다.

45 ③ *Acetobacter*속
- Pseudomonadaceae과에 속하는 그람음성, 호기성의 무포자 간균이다.
- 대부분 액체배양에서 피막을 만들며 알코올을 산화하여 초산을 생성하므로 식초양조에 유용된다.
- 일반적으로 식초공업에 사용하는 유용균은 *Acetobacter aceti*, *Acet. acetosum*, *Acet. oxydans*, *Acet. rancens*가 있으며, 속초균은 *Acet. schutzenbachii*가 있다.

46 ③ 45번 해설 참조

47 ③ *Acetobacter melanogenum*
- 그람음성, 호기성의 무포자 간균이다.
- 초산을 산화하지 않으며 포도당 배양기에서 암갈색 색소를 생성한다.

48 ④ Gay Lusacc식에 의하면
- 이론적으로는 glucose로부터 51.1%의 알코올이 생성된다.

> - 포도당 1kg으로부터 이론적인 ethanol 생성량
> $180 : 46 \times 2 = 1000 : x$
> $x = 511.1g$
> - 포도당 1kg으로부터 초산 생성량
> $180 : 60 \times 2 = 1000 : x$
> $x = 666.6g$
> ∴ 초산 1000g을 제조하려면
> $511.1 : 666.6 = x : 1000$
> $x = 767g$

49 ① 젖산균(lactic acid bacteria)의 특성
- 당을 발효하여 다량의 젖산을 생성하는 세균을 말한다.
- 그람양성, 무포자, 간균 또는 구균이고 통성혐기성 또는 편성혐기성균이다.
- catalase는 대부분 음성이고 장내에 증식하여 유해균의 증식을 억제한다.
- 젖산균은 *Streptococcus*속, *Diplococcus*속, *Pediococcus*속, *Leuconostoc*속 등의 구균과 *Lactobacillus*속 간균으로 분류한다.
- 생합성 능력이 한정되어 영양요구성이 까다롭다.

50 ① 젖산 발효형식
① 정상발효형식(homo type) : 당을 발효하여 젖산만 생성

> - EMP경로(해당과정)의 혐기적 조건에서 1mole의 포도당이 효소에 의해 분해되어 2mole의 ATP와 2mole의 젖산이 생성된다.
> - $C_6H_{12}O_6 \longrightarrow 2C_6H_3CHOHCOOH$
> 포도당　　　2ATP　　　젖산
> - 정상발효유산균 : *Str. lactis*, *Str. cremoris*, *L. delbruckii*, *L. acidophilus*, *L. casei*, *L. homohiochii* 등

② 이상발효형식(hetero type) : 당을 발효하여 젖산 외에 알코올, 초산, CO_2 등 부산물 생성

> - $C_6H_{12}O_6$
> $\rightarrow CH_3CHOHCOOH + C_2H_5OH + CO_2$
> - $2C_6H_{12}O_6 + H_2O$
> $\rightarrow 2CH_3CHOHCOOH + C_2H_5OH + CH_3COOH + 2CO_2 + 2H_2$
> - 이상발효유산균 : *L. brevis*, *L. fermentum*, *L. heterohiochii*, *Leuc. mesenteoides*, *Pediococcus halophilus* 등

51 ③ 50번 해설 참조

52 ③ 50번 해설 참조

53 ③ 50번 해설 참조

54 ③ 50번 해설 참조

55 ③ 경로별 발효젖산균
- EMP경로와 ED경로(key enzyme : aldolase)는 homo 발효젖산균이 이용한다.
- PK경로(key enzyme : phosphoketolase)는 hetero 발효젖산균이 이용한다.

56 ① yoghurt 제조에 이용되는 젖산균
- *L. bulgaricus*, *Sc. thermophilus*, *L. casei*와 *L. acidophilus* 등이다.

57 ① 발효식품
- 살라미(salami) : 쇠고기, 돼지고기, 소금, 향료 등을 세절, 혼합하여 케이싱에 충전하고 젖산발효 및 건조시켜 제조한 대표적인 발효소시지

- 요구르트(yoghurt) : 우유, 산양유 및 마유 등과 같은 포유동물의 젖을 원료로 하여 젖산균이나 효모 또는 이 두 종류의 미생물을 이용하여 발효시킨 제품
- 템페(tempeh) : 인도네시아 전통발효식품으로 대두를 증자하여 *Rhizophus*속으로 발효시킨 제품
- 사우어크라우트(sauerkraut) : 잘게 썬 양배추를 2~3% 식염하에 젖산발효를 행하여 산미와 특유의 향을 갖는 발효 pickle

58 ① **김치 숙성에 관여하는 미생물**
- *Lactobacillus plantarum*, *Lactobacillus brevis*, *Streptococcus faecalis*, *Leuconostoc mesenteroides*, *Pediococcus halophilus*, *Pediococcus cerevisiae* 등이 있다.
- ※ *Escherichia*속은 포유동물의 변에서 분리되고, 식품의 일반적인 부패세균이다.

59 ① *Leuconostoc mesenteroides*
- 그람양성, 쌍구 또는 연쇄의 헤테로형 젖산균이다.
- 내염성을 갖고 있어서 김치의 발효 초기에 주로 발육하여 김치를 혐기성 상태로 만든다.
- ※ *Lactobacillus plantarum*은 간균이고 호모형 젖산균으로 침채류의 주젖산균이고 우리나라 김치발효에 중요한 역할을 한다.

60 ② **간장 제조 시 풍미에 관여하는 미생물**
- 간장 숙성 시 내염성이 없는 젖산균은 담금 후 2개월 이내에 사멸하지만 그동안 젖산을 생성하여 최초에 pH 6.0 정도이던 것이 1개월 정도로 5.5 정도까지 저하된다.
- 간장요는 18% 정도의 식염을 함유하고 있으므로 그 후 증식되는 것은 주로 내염성의 젖산균과 효모이다.
- 젖산균으로는 *Pediococcus halophilus*가 증식하여 간장 특유의 향미를 형성한다. 효모로는 *Zygosaccharomyces rouxii*가 증식하여 왕성한 알코올 발효를 하게 된다.

61 ③ **영양요구성 미생물**
- 일반적으로 세균, 곰팡이, 효모의 많은 것들은 비타민류의 합성 능력을 가지고 있으므로 합성배지에 비타민류를 주지 않아도 생육하나 영양 요구성이 강한 유산균류는 비타민 B군을 주지 않으면 생육하지 않는다.

[유산균이 요구하는 비타민류]

비타민류	요구하는 미생물(유산균)
biotin	*Leuconostoc mesenteroides*
vitamin B12	*Lactobacillus leichmanii* *Lactobacillus lactis*
folic acid	*Lactobacillus casei*
vitamin B1	*Lactobacillus fermentii*
vitamin B2	*Lactobacillus casei* *Lactobacillus lactis*
vitamin B6	*Lactobacillus casei* *Streptococcus faecalis*

62 ③ **61번 해설 참조**

63 ④ **락타아제(lactase)**
- 젖당(lactose)을 포도당(glucose)과 갈락토스(galactose)로 가수분해하는 β−galctosidase이다.
- 이 효소는 *kluyveromyces marxianus(Saccharomyces fraglis)*, *Saccharomyces lactis*, *Candida spherica*, *Candida kefyr(Candida pseudotropicalis)*, *Candida utilis* 등 젖당발효성효모의 균체 내 효소로서 얻어진다.

64 ② *Leuconostoc mesenteroides*
- 쌍구균 또는 연쇄상 구균이고, 생육최적온도는 21~25℃이다.
- 설탕(sucrose)액을 기질로 dextran 생산에 이용된다.
- 영양요구 성분은 biotin, thiamine, pyrimidine, nicotinic acid, pantothenic acid, pyridoxine, riboflavin, purine 등이다.

65 ① **64번 해설 참조**

66 ② *Propionibacterium*속
- 당류 또는 젖산을 발효하여 propionic acid를 생성하는 균을 말한다.
- 그람양성, catalase 양성, 통성혐기성, 비운동성으로 무포자, 단간균 또는 구균이고 균총은 회백색이다.
- cheese 숙성에 관여하여 cheese 특유 향미를 부여한다.
- 다른 세균에 비하여 성장속도가 매우 느리며, 생육 인자로 propionic aicd와 biotin을 요구한다.

67 ① *Bacillus*속의 특징

- 그람양성 호기성 또는 통성혐기성 유포자 간균이다.
- 단백질 분해력이 강하며 단백질식품에 침입하여 산 또는 gas를 생성한다.
- *Bacillus subtilis* : 마른 풀 등에 분포하며 고온균으로서 α−amylase와 protease를 생산하고 항생물질인 subtilin을 만든다.
- *Bacillus coagulans* : 병조림, 통조림 식품의 주요 부패균이다.
- *Bacillus natto*(납두균, 청국장균) : 청국장 제조에 이용되며, 생육인자로 biotin을 요구한다.

68 ① 67번 해설 참조

69 ② *Bacillus subtilis*
- 고초균으로 gram 양성, 호기성, 통성혐기성 간균으로 내생포자를 형성하고, 내열성이 강하다.
- 85~90℃의 고온 액화 효소로 protease와 α−amylase를 생산하다.
- subtilin, subtenolin, bacitracin 등의 항생물질도 생산하지만 biotin은 필요로 하지 않는다.
- 마른 풀 등에 분포하며 주로 밥(도시락)이나 빵에서 증식하여 부패를 일으킨다. 또한 청국장의 발효 미생물로서 관계가 깊을 뿐만 아니라 여러 미생물 제제로서도 이용되고 있다.

70 ② *Clostridium butyricum*
- 그람양성 유포자 간균으로 운동성이 있으며, 당을 발효하여 butyric acid를 생성하고, cheese나 단무지 등에서 분리된다.
- 최적온도는 35℃이다.
- 생성된 유기산은 장내 유해세균의 생육을 억제하여 정장작용을 나타낸다.
- *C. butyricum*균은 장내 유익한 균으로 유산균과의 공생이 가능하고 많은 종류의 비타민 B군 등을 생산하여 유산균이 이용할 수 있게 한다.
- 대부분의 *Lactobacillus*균은 비타민이 성장에 꼭 필요한 성분으로 요구된다.

71 ② *Streptococcus faecalis*
- 사람이나 동물의 장관에서 잘 생육하는 장구균의 일종이며 분변오염의 지표가 된다.
- 젖산균 제재나 미생물 정량에 이용된다.

72 ① *Pseudomonas*속
- 그람음성, 무포자 간균, 호기성이며 내열성은 약하다.
- 특히 형광성, 수용성 색소를 생성한다.

- 비교적 저온균으로 5℃ 부근에서도 생육할 수 있고 최적온도는 20℃ 이하이며 식품을 저온저장, 냉장해도 증식이 일어난다.
- 육·유가공품, 우유, 달걀, 야채 등에 널리 분포하여 식품을 부패시키는 부패세균이다.

73 ① 72번 해설 참조

74 ① 우유의 저온살균(pasteurization)
- 우유 살균은 우유 성분 중 열에 가장 쉽게 파괴될 수 있는 크림선(cream line)에 영향을 미치지 않고 우유 중에 혼입된 병원 미생물 중 열에 저항력이 가장 강한 결핵균(*Mysobacterium tuberculosis*)을 파괴할 수 있는 적절한 온도와 시간으로 처리한다.

75 ① 점질화(slime) 현상
- *Bacillus subtilis* 또는 *Bacillus licheniformis*의 변이주 협막에서 일어난다.
- 밀의 글루텐이 이 균에 의해 분해되고, 동시에 amylase에 의해서 전분에서 당이 생성되어 점질화를 조장한다.
- 빵을 굽는 중에 100℃를 넘지 않으면 rope균의 포자가 사멸되지 않고 남아 있다가 적당한 환경이 되면 발아 증식하여 점질화(slime) 현상을 일으킨다.

76 ④ *Staphylococcus aureus* 분류학적 특징
- 그람양성, 비운동성, 아포를 형성하지 않음
- 직경 0.5~1.5μm의 구균으로 황색색소를 생성하며 포도상 형성
- 7개의 혈청형(A, B, C_1, C_2, C_3, D, E)으로 분류
- catalase 양성, mannitol 분해, coagulase 양성
- enterotoxin 생성

77 ③ *Zymomonas*속
- 당으로부터 에탄올(ethanol)을 생산하는 미생물로 포도당, 과당, 서당을 에너지원으로 한다.
- 공기 속에 살지 못하는 세균으로 발효 조건에 따라 다양한 부산물을 생성시킬 수 있어 혈장 대용제, 면역제 등과 같은 의약품 생산 분야에 응용될 수 있다.

78 ① *Serratia*속
- 주모를 가지고 운동성이 적은 간균이며 특유한 적색 색소를 생성한다.
- 토양, 하수 및 수산물 등에 널리 분포하고 누에 등 곤충에서도 검출된다.
- 빵, 육류, 우유 등에 번식하여 빨간색으로 변하게 한다.

- 단백질 분해력이 강하여 부패세균 중에서도 부패력이 비교적 강한 균이다.
- 대표적인 균주 : *Serratia marcescens*

79 ② 78번 해설 참조

80 ③ 말로락틱 발효(MLF ; maloLactic fermentation)
- 와인 속 사과산이 말로락틱 유산균 작용을 통해 젖산으로 바뀌는 것을 말한다.
- 말로락틱 발효를 하면 산성도가 낮아지기 때문에 맛이 더욱 순해진다. 그리고 와인의 향과 맛을 변화시켜서 복잡한 풍미를 가지게 한다.
- 말로락트 발효를 일으킨 와인에는 D형의 젖산(D-lactic acid)보다 L형의 젖산(L-lactic acid)이 더 많다.

식품미생물의 특징과 이용 – 곰팡이

01 ④ 곰팡이의 구조
- 균사체, 가근, 포복지, 자실체, 포자, 포자낭병, 격벽 등으로 구성되어 있다.
- ※ 편모는 세균의 운동기관으로 편모의 유무, 착생부위 및 수는 세균 분류의 중요한 지표가 된다.

02 ④ 균사가 자라는 형태에 따라
- 기중균사(submerged hyphae) : 기질 속으로 침투해 들어가며 자라는 균사
- 영양균사(vegetative hyphae) : 균사가 기질 표면에 밀착하여 뻗어가는 균사
- 기균사(aerial hyphae) : 균사 끝에 번식기관을 형성하지 않고 기질 표면에서 곧게 공중으로 뻗는 균사

03 ① 곰팡이 균총(colony)
- 균사체와 자실체를 합쳐서 균총(colony)이라 한다.
- 균사체(mycelium)는 균사의 집합체이고, 자실체(fruiting body)는 포자를 형성하는 기관이다.
- 균총은 종류에 따라 독특한 색깔을 가진다.
- 곰팡이의 색은 자실체 속에 들어 있는 각자의 색깔에 의하여 결정된다.

04 ③ *Rhizopus*속의 특징
- 거미줄 곰팡이라고도 한다.
- 조상균류(Phycomycetes)에 속하며 가근(rhizoid)과 포복지(stolon)를 형성한다.

- 포자낭병은 가근에서 나오고, 중축바닥 밑에 자낭을 형성한다.
- 포자낭이 구형이고 영양성분(배지)이 닿는 곳에 뿌리 모양의 가근(rhigoid)을 내리고 그 위에 1~5개의 포자낭병을 형성한다.
- 균사에는 격벽이 없다.
- 유성, 무성 내생포자를 형성한다.
- 대부분 pectin 분해력과 전분분해력이 강하므로 당화효소와 유기산 제조용으로 이용되는 균종이 많다.
- 호기적 조건에서 잘 생육하고, 혐기적 조건에서는 알코올, 젖산, 푸마르산 등을 생산한다.

05 ③ 4번 해설 참조

06 ③ *Aspergillus*속
- 균사의 일부가 팽대한 병족 세포에서 분생자병이 수직으로 분지하고, 선단이 팽대하여 정낭(vesicle)을 형성한다.
- 그 위에 경자와 아포자를 착생한다.

07 ③ *Aspergillus*속과 *Penicillium*속의 차이점
- *Aspergillus*속과 *Penicillium*은 분류학상 가까우나 *Penicillium*속은 병족세포가 없고, 또한 분생자병 끝에 정낭(vesicle)을 만들지 않고 직접 분기하여 경자가 빗자루 모양으로 배열하여 취상체(penicillus)를 형성하는 점이 다르다.

08 ③ 7번 해설 참조

09 ③ 곰팡이 속명
- *Penicillium* : 빗자루 모양의 분생자 자루를 가진 곰팡이의 총칭
- *Rhizopus* : 가근과 포복지가 있고, 포자낭병은 가근에서 나오며, 중축 바닥 밑에 자낭을 형성한다.

10 ③ *Absidia*속(활털곰팡이속)은 포복지의 중간에서 포자낭병이 생긴다.

11 ② 자낭균류 자낭과는 외형에 따라 3가지 형태로 분류한다.
- 폐자기(폐자낭각, cleistothecium) : 완전구상으로 개구부가 없는 상태
- 피자기(자낭각, perithecium) : 플라스크 모양으로 입구가 약간 열린 상태
- 나자기(자낭반, apothecium) : 성숙하면 컵모양으로 내면이 완전히 열려 있는 상태

12 ④ 곤팡이의 증식

① 무성생식
- 무성포자로 발아하여 균사를 형성한다.
- 무성포자 : 포자낭포자, 분생포자(분생자), 후막포자, 분절포자(분열자)

  *분절포자 : 균사의 일부가 차례로 격벽을 만들고 짧은 조각으로 떨어져 생기는 포자

② 유성생식
- 2개의 다른 성세포가 접합하여 2개의 세포핵이 융합하는 것이다.
- 유성포자 : 접합포자, 자낭포자, 담자포자, 난포자

13 ③ 곤팡이 포자
- 유성포자 : 두 개의 세포핵이 융합한 후 감수분열하여 증식하는 포자 – 난포자, 접합포자, 담자포자, 자낭포자 등
- 무성포자 : 세포핵의 융합이 없이 단지 분열 또는 출아증식 등 무성적으로 생긴 포자 – 포자낭포자(내생포자), 분생포자, 후막포자, 분열포자 등

14 ④ 12번 해설 참조

15 ① 12번 해설 참조

16 ② 곤팡이의 분류
- 진균류는 먼저 균사의 격벽(격막)의 유무에 따라 대별하고, 다시 유성포자 특징에 따라 나뉘어진다.
- 균사에 격벽이 없는 것을 조상균류라 하며, 균사에 격벽이 있는 것을 순정균류라 한다.
- 순정균류 중 자낭포자를 형성하는 것을 자낭균류, 담자포자를 형성하는 것을 담자균류라 부르며, 유성포자를 형성하지 않은 것을 일괄하여 불완전균류라고 한다.

17 ① 진균류(Eumycetes)는 격벽의 유무에 따라 조상균류와 순정균류로 분류

① 조상균류 : 균사에 격벽(격막)이 없다.
- 호상균류 : 곤팡이
- 난균류 : 곤팡이
- 접합균류 : 곤팡이(Mucor속, Rhizopus속, Absidia속)

② 순정균류 : 균사에 격벽이 있다.
- 자낭균류 : 곤팡이(Aspergillus 속, Penicillium 속, Monascus속, Neurospora속), 효모
- 담자균류 : 버섯, 효모
- 불완전균류 : 곤팡이(Aspergillus속, Penicillium속,

Trichoderma속), 효모

18 ④ 17번 해설 참조

19 ① 17번 해설 참조

20 ④ 자낭균류와 조상균류의 차이점

자낭균류	• 균사에는 격막이 있다. • 무수의 자낭이 모여 자실체를 형성하고, 발달된 자실체(버섯)를 만드는 것이다.
조상균류	• 균사에는 격막이 없다. • 포자낭에는 부정수의 포자를 형성하고, 자실체를 형성하지 않는다.

21 ② 17번 해설 참조

22 ④ 조상균류(Phycomycetes)의 특징
- 균사에 격막이 없다.
- 무성생식 시에는 내생포자, 즉 포자낭포자를 만들고 유성생식 시에는 접합포자를 만든다.
- 균사의 끝에 중축이 생기고 여기에 포자낭이 형성되며 그 속에 포자낭 포자를 내생한다.
- 대표적인 곤팡이는 Mucor, Rhizopus, Absidia가 있다.

※ Aspergillus속은 분생포자를 갖는다.

23 ④ Rhizopus속의 특징
- 생육이 빠른 점에서 Mucor속과 유사하지만 수 cm에 달하는 가근과 포복지를 형성하는 점이 다르다.

24 ④ 17번 해설 참조

25 ① 분절포자(arthrospore)
- 균사 자체에 격막이 생겨 균사마디가 끊어져 내구성 포자가 형성된다. 분열자(oidium)라고도 한다.
- 불완전균류 Geotrichum과 Moniliella속에서 볼 수 있다.

26 ② 불완전균류(fungi imperfect)
- 균사에 격막이 있는 균사체와 분생자만으로 증식하는 균류, 즉 유성생식이 인정되지 않은 진균류와 유성생식이 인정되는 균류의 불완전세대(무성생식)를 불완전균류라 한다.
- 곤팡이 이외에도 효모, 사출효모도 포함된다.

27 ③ 불완전균류(fungi imperfect)
- 곤팡이 속들 중 유성포자를 형성하지 않는 균류를 불

완전균류라 한다.

- *Aspergillus*속, *penicillum*속, *Cladosporium*속, *Fusarium*속, *Trichoderma*속, *Monilia*속 등이 있다.
- ※ *Absidia*속은 조상균류에 속한다.

28 ① *Mucor rouxii*

- amylo법에 의한 알코올 제조에 처음 사용된 균이다.
- 포자낭병은 cymomucor에 속한다.

29 ④ *Rhizopus nigricans*

- 집락은 회백색이며 접합포자와 후막포자를 형성하고 가근도 잘 발달한다.
- 생육적온은 32~34℃이다.
- 맥아, 곡류, 빵, 과일 등 여러 식품에 잘 발생한다.
- 고구마의 연부병의 원인균이 되며 마섬유의 발효 정련에 관여한다.

30 ④

- 장모균 : 균사가 길고 전분 당화력이 강하다.
- 단모균 : 균사가 짧고 단백질 분해력이 강하다. Koji산을 생성한다.

31 ② *A. glaucus*군에 속하는 곰팡이

- 녹색이나 청록색 후에 암갈색 또는 갈색 집락을 이룬다.
- 빵, 피혁 등의 질소와 탄수화물이 많은 건조한 유기물에 잘 발생한다.
- 포도당 및 자당 등을 분해하여 oxalic acid, citric acid 등 많은 유기산을 생성한다.

32 ② *Aspergillus*속

- 균사의 일부가 팽대한 병족세포에서 분생자병이 수직으로 분지하고, 선단이 팽대하여 정낭(vesicle)을 형성하며, 그 위에 경자와 아포자를 착생한다.

33 ② *Aspergillus niger*

- 균총은 흑갈색으로 흑국균이라고 한다.
- 전분 당화력(α-amylase)이 강하고, pectin 분해효소(pectinase)를 많이 생성한다.
- glucose로부터 글루콘산(gluconic acid), 옥살산(oxalic acid), 호박산(citric acid) 등을 다량으로 생산하므로 유기산 발효공업에 이용된다.
- pectinase를 분비하므로 과즙 청정제 생산에 이용된다.

34 ③ 33번 해설 참조

35 ① *Aspergillus oryzae*

- 황국균(누룩곰팡이)이라고 한다.
- 생육온도는 25~37℃이다.
- 전분 당화력과 단백질 분해력이 강해 간장, 된장, 청주, 탁주, 약주 제조에 이용된다.
- 분비효소는 amylase, maltase, invertase, cellulase, inulinase, pectinase, papain, trypsin, lipase이다.
- 특수한 대사산물로서 kojic acid를 생성하는 것이 많다.
- ※ *Asp. niger*(흑국균)이 pectinase를 강하게 생산하여 주스 청징제에 이용된다.

36 ④ 35번 해설 참조

37 ② 메주에 관여하는 주요 미생물

- 곰팡이 : *Aspergillus oryzae*, *Rhizopus oryzae*, *Aspergillus sojae*, *Rhizopus nigricans*, *Mucor abundans* 등
- 세균 : *Bacillus subtilis*, *B. pumilus* 등
- 효모 : *Saccharomyces coreanus*, *S. rouxii* 등

38 ④ 치즈 숙성과 관계있는 미생물

- *Penicillium camemberti*와 *Penicillium roqueforti*은 프랑스 치즈의 숙성과 풍미에 관여하여 치즈에 독특한 풍미를 준다.
- *Streptococcus lactis*는 우유 중에 보통 존재하는 대표적인 젖산균으로 버터, 치즈 제조의 starter로 이용된다.
- *Propionibacterium freudenreichii*는 치즈눈을 형성시키고, 독특한 풍미를 내기 위하여 스위스치즈에 사용된다.
- ※ *Mucor rouxii*는 당화력이 강하여 amylo법에 의한 알코올 제조에 사용되고 있다.

39 ① *Penicillium roqueforti*

- asymmetrica(비대칭)에 속하며, 프랑스 roquefort 치즈의 숙성과 풍미에 관여하여 치즈에 독특한 풍미를 준다.

40 ② 오레오바시듐(*Aureobasidium*속)

- 불완전균류의 한 속으로 *A. pullulans*만이 알려져 있다.
- 부생미생물의 하나로 신선한 채소, 과일 또는 냉동저장육 등에서 분리된다.
- 플루란을 생성한다.

41 ④ 대표적인 동충하초속
- 자낭균의 맥각균과(Clavicipitaceae)에 속하는 *Cordyceps*속이 있다.
- 이밖에도 불완전균류의 *Paecilomyces*속, *Torrubiella*속, *Podonectria*속 등이 있다.

42 ② 곰팡이독(mycotoxin)을 생산하는 곰팡이
- 간장독 : aflatoxin(*Aspergillus flavus*), rubratoxin(*Penicillium rubrum*), luteoskyrin(*Pen. islandicum*), ochratoxin(*Asp. ochraceus*), islanditoxin(*Pen. islandicum*)
- 신장독 : citrinin(*Pen. citrinum*), citreomycetin, kojic acid(*Asp. oryzae*)
- 신경독 : patulin(*Pen. patulum*, *Asp. clavatus* 등), maltoryzine(*Asp. oryzae var. microsporus*), citreoviridin(*Pen. citreoviride*)
- 피부염 물질 : sporidesmin(*Pithomyces chartarum*), psoralen(*Sclerotina sclerotiorum*) 등
- fusarium독소군 : fusariogenin(*Fusarium poe*), nivalenol(*F. nivale*), zearalenone(*F. graminearum*)
- 기타 : shaframine(*Rhizoctonia leguminicola*) 등

43 ② 42번 해설 참조

44 ③ 곰팡이 독소
- 파툴린(patulin) : *Penicillium, Aspergillus*속의 곰팡이가 생성하는 독소로서 주로 사과를 원료로 하는 사과주스에 오염되는 것으로 알려져 있다.
- 오클라톡신(ochratoxin) : *Asp. ochraceus*를 생성하는 곰팡이독(mycotoxin)이다.
- 아플라톡신(aflatoxin) : *Aspergillus flavus*에 의해 생성되어 간암을 유발하는 강력한 간장독성분을 나타내며 땅콩, 밀, 쌀, 보리, 옥수수 등의 곡류에서 발견된다.
- ※ 엔테로톡신(enterotoxin) : 포도상구균이 생산하는 장독소이다.

45 ③ 황변미 식중독
- 수분을 15~20% 함유하는 저장미는 *Penicillium*이나 *Aspergillus*에 속하는 곰팡이류의 생육에 이상적인 기질이 된다.
- 쌀에 기생하는 *Penicillium*속의 곰팡이류는 적홍색 또는 황색의 색소를 생성하며 쌀을 착색시켜 황변미를 만든다.
- *Penicillum toxicarium* : 1937년 대만쌀 황변미에서 분리, 유독대사산물은 citreoviride이다.

- *Penicillum islandicum* : 1947년 아일랜드산 쌀에서 분리, 유독대사산물은 luteoskyrin이다.
- *Penicillum citrinum* : 1951년 태국산 쌀에서 분리, 유독대사산물은 citrinin이다.

46 ① 쌀 저장 중 미생물의 영향
- 수확 직후의 쌀에는 세균으로서 *Psudomonas*속이 특이적으로 검출되고 곰팡이로서는 기생성의 불완전균의 *Helminthosporium, Alternaria, Fusarium*속 등이 많으나 저장시간이 경과됨에 따라 이러한 균들은 점차 감소되어 쌀의 변질에는 거의 영향을 주지 않는다.

47 ④ 아플라톡신(aflatoxin)
- *Asp. flavus*가 생성하는 대사산물로서 곰팡이 독소이다.
- 간암을 유발하는 강력한 간장독성분이다.

48 ① 47번 해설 참조

49 ② 맥각균(*Claviceps purpurea*)
- 보리, 밀, 라이맥 등의 개화기에 기생하는 자낭균에 속하며 맥각병에 걸리면 맥각이 형성된다.
- 맥각에는 ergotoxine, ergotamine, ergometrine 등이 들어있어 교감신경의 마비 등 중독 증상을 나타낸다.

50 ④
- 치즈의 숙성 : *Penicillium*속의 곰팡이
- 페니실린 제조 : *Penicillium*속의 곰팡이
- 황변미 생성 : *Penicillium*속의 곰팡이
- 식초의 양조 : *Acetobacter*속(초산균)의 세균

51 ④ 곰팡이에 의한 빵의 변패 방지
- 빵을 적절히 냉각하여 포장지에 응축수가 생기지 않게 한다.
- 반죽에 허용 보존료를 첨가한다.
- 실내의 공기를 여과하거나 자외선 살균을 하여 곰팡이에 오염되지 않게 한다.

52 ① 냉동식품과 미생물
- 냉동식품의 저온성 세균으로서는 *Pseudomonas*와 *Flavobacterium* 등이 과반수 이상 분포해 있다.
- 어육의 냉동식품에서는 *Brevibacterium, Coryne bacterium, Arthrobacter* 등이 발견되고, 야채·과일의 가공 냉동식품에서는 *Micrococcus*가 많이 발견된다.

53 ② **식물의 병과 원인균**
- 보리붉은곰팡이병 – *Fusarium graminearum*
- 키다리병 – *Gibberella fujikuroi*
- 탄저병 – *Bacillius anthracis*

식품미생물의 특징과 이용 – 효모

01 ② **효모의 형태와 특성**

① 효모의 형태
- 균의 종류에 따라 다르고, 같은 종류라도 배양조건이나 시기, 세포의 나이, 영양상태, 공기의 유무 등 물리·화학적 조건, 그리고 증식법에 따라서 달라진다.

② 효모의 특성
- 효모는 대부분 출아에 의해 무성생식을 하나 세포분열을 하는 종도 있다.
- 크기는 대략 3~4㎛로 하나의 세포로 이루어진 단세포 생물이다.
- 위균사를 형성하는 종도 있다.
- 효모 영양세포는 구형, 계란형, 타원형, 레몬형, 소시지형, 위균사형 등이 있다.
- 낮은 pH에서도 생육할 수 있으며 생육최적온도는 중온균(25~30℃)이다.

02 ③ **효모와 곰팡이**
- 효모는 곰팡이보다 일반적으로 작은 세포이므로 대사활성이 높고 성장속도도 빠르다.
- 효모와 곰팡이는 진핵세포로 된 고등미생물이다.
- 효모는 낮은 pH나 낮은 온도 및 낮은 수분활성도의 환경에서도 잘 자라는 생리적인 특성은 곰팡이와 같으나 혐기적인 조건에서도 성장하는 종류가 많다는 점이 다르다.

03 ① **효모의 기본적인 형태**

계란형 (cerevisiae type)	*Saccharomyces cerevisiae* (맥주효모)
타원형 (ellipsoideus type)	*Saccharomyces ellipsoideus* (포도주효모)
구형 (torula type)	*Torulopsis versatilis* (간장 후숙에 관여)
레몬형 (apiculatus type)	*Saccharomyces apiculatus*
소시지형 (pastorianus type)	*Saccharomyces pastorianus*

위균사형 (pseudomycellium)	*Candida*속 효모

04 ① **효모 미토콘드리아**
- 고등식물의 것과 같이 호흡계 효소가 집합되어 존재하는 장소로서 세포호흡에 관여한다.
- 미토콘드리아는 TCA회로와 호흡쇄에 관여하는 효소계를 함유하며, 대사기질을 CO_2와 H_2O로 완전분해한다.
- 이 대사과정에서 기질의 화학에너지를 ATP로 전환한다.

05 ① **효모의 세포벽**
- 효모의 세포형을 유지하고 세포 내부를 보호한다.
- 주로 glucan, glucomannan 등의 고분자 탄수화물과 단백질, 지방질 등으로 구성되어 있다.
- 두께가 0.1~0.4㎛ 정도 된다.

06 ③ **효모의 증식**
- 대부분의 효모는 출아법(budding)으로서 증식하고 출아방법은 다극출아와 양극출아 방법이 있다.
- 종에 따라서는 분열, 포자 형성 등으로 생육하기도 한다.
- 효모의 유성포자에는 동태접합과 이태접합이 있고, 효모의 무성포자는 단위생식, 위접합, 사출포자, 분절포자 등이 있다.
  - *Saccharomyces*속, *Hansenula*속, *Candida*속, *Kloeckera*속 등은 출아법에 의해서 증식
  - *Schizosaccharomyces*속은 분열법으로 증식

07 ① 6번 해설 참조

08 ③ **효모(yeast)**
- 균계에 속하는 미생물로 약 1,500종이 알려져 있다.
- 대부분 출아법에 의해 증식하나 세포 분열을 하는 종도 있다.
- 크기는 대략 3~4㎛로 하나의 세포로 이루어진 단세포 생물이다.
- 빵, 맥주, 포도주 등의 발효에 이용된다.

09 ③ 6번 해설 참조

10 ④ ***Schizosaccharomyces*속 효모**
- 가장 대표적인 분열효모이고, 세균과 같이 이분열법에 의해 증식한다.

11 ② 10번 해설 참조

12 ③ *Saccharomyces*속
- 구형, 달걀형, 타원형 또는 원통형으로 다극출아를 하는 자낭포자효모이다.

13 ① Deuteromicotina(fungi imperfecti, 불완전효모균류)
- Cryptococaceae과 : 자낭, 사출포자를 형성하지 않는 불완전균류에 속한다.
  - *Candida*속, *Kloeclera*속, *Rhodotorula*속, *Torulopsis*속, *Cryptococcus*속 등
- Sporobolomycetaceae과(사출포자효모) : 사출포자효모는 돌기된 포자병의 선단에 액체 물방울(소적)과 함께 사출되는 무성포자를 형성한다. 이 포자를 만드는 사출효모는 담자균의 일종이나 독립된 group으로 분류하기도 한다.
  - *Bullera*속, *Sporobolomyces*속, *Sproidiobolus*속 등

14 ② 미생물의 최적 pH
- 곰팡이와 효모 : 5.0~6.5
- 세균, 방선균 : 7.0~8.0

15 ① 효모의 생육억제 효과
- 당 농도가 높을수록 크다.
- 같은 중량을 가한 경우 설탕은 단당류보다 억제효과가 적다.

16 ① 효모 배양
- 호기적 조건으로 배양하면 호흡작용을 하여 당분은 효모 자신의 증식에 이용하게 되어 CO_2와 H_2O만을 생성한다.
- 혐기적 조건으로 배양하면 효모는 발효작용을 일으켜 당분을 알코올과 CO_2로 분해한다.

17 ① Neuberg 발효형식

> - 제1 발효형식
> $C_6H_{12}O_6 \rightarrow 2CH_5OH + 2CO_2$
> - 제2 발효형식 : Na_2SO_3를 첨가
> $C_6H_{12}O_6 \rightarrow C_3H_5(OH)_3 + CH_3CHO + CO_2$
> - 제3 발효형식 : $NaHCO_3$, Na_2HPO_4 등의 알칼리를 첨가
> $2C_6H_{12}O_6 + H_2O$
> $\rightarrow 2C_3H_5(OH)_3 + CH_3COOH + C_2H_5OH + 2CO_2$

18 ③ 6번 해설 참조

19 ③ 효모의 분류 동정
- 형태학적 특징, 배양학적 특징, 유성생식의 유무와 특징, 포자형성 여부와 형태, 생리적 특징으로서 질산염과 탄소원의 동화성, 당류의 발효성, 라피노스(raffinose) 이용성, 피막 형성 유무 등을 종합적으로 판단하여 분류 동정한다.

20 ④ 효모의 주요 분류
- 유포자효모(자낭포자효모) : *Saccharomyces*속, *Saccharomycodes*속, *Pichia*속, *Shizosaccharomyces*속, *Hansenula*속, *Kluyveromyces*속, *Debaryomyces*속, *Nadsonia*속 등
- 담자포자효모 : *Rhodosporidium*속, *Leucosporidium*속
- 사출포자효모 : *Bullera*속, *Sporobolomyces*속, *Sporidiobolus*속
- 무포자효모 : *Cryptococcus*속, *Torulopsis*속, *Candida*속, *Trichosporon*속, *Rhodotorula*속, *Kloeckera*속 등

21 ④ 20번 해설 참조

22 ③ 불완전효모류
- 무포자효모목 : *Candida, Cryptococcus, Kloeckera, Rhodotorula, Torulopsis*속
- 사출포자효모목 : *Sporobolomyces*속

23 ③ 배양효모와 야생효모의 비교

	배양효모	야생효모
세포	• 원형 또는 타원형이다. • 번식기의 것은 아족을 형성한다. • 액포는 작고 원형질은 흐려진다.	• 대부분 장형이다. • 고립하여 아족을 형성하지 않는다. • 액포는 크고, 원형질은 밝다.
배양	• 세포막은 점조성이 풍부하여 소적 중 세포가 백금선에 의하여 쉽게 액내로 흩어지지 않는다.	• 세포막은 점조성이 없어 백금선으로 쉽게 흩어져 혼탁된다.
생리	• 발육온도가 높고 저온, 산, 건조 등에 저항력이 약하고, 일정 온도에서 장시간 후에 포자를 형성한다.	• 생육온도가 낮고, 산과 건조에 강하다.
이용	• 주정효모, 청주효모, 맥주효모, 빵효모 등의 발효공업에 이용한다.	• 과실과 토양 중에서 서식하고 양조상 유해균이 많다.

24 ② 산막효모와 비산막효모의 비교

	산막효모	비산막효모
산소요구	산소를 요구한다.	산소의 요구가 적다.
발육위치	액면에 발육하며 피막을 형성한다.	액의 내부에 발육한다.
특징	산화력이 강하다.	발효력이 강하다.
균속	*Hansenula*속 *Pichia*속 *Debaryomyces*속	*Saccharomyces*속 *Schizosaccharomyces*속

25 ② 24번 해설 참조

26 ② *Hansenula*속의 특징
• 액면에 피막을 형성하는 산막효모이다.
• 포자는 헬멧형, 모자형, 부정각형 등 여러 가지다.
• 다극출아를 한다.
• 알코올로부터 에스테르를 생성하는 능력이 강하다.
• 질산염(nitrate)을 자화할 수 있다.

27 ② *Saccharomyces*속의 특징
• 발효공업에 가장 많이 이용되는 효모이다.
• 세포는 구형, 난형 또는 타원형이고, 위균사를 만드는 것도 있다.
• 무성생식은 출아법 또는 다극출아법에 의하여 증식하며, 접합 후 자낭포자를 형성하여 유성적으로 증식하기도 한다.
• 빵효모, 맥주효모, 알코올효모, 청주효모 등이 있다.

28 ① *Saccharomyces cerevisiae*
• 영국의 맥주공장에서 분리된 상면발효효모이다.
• 맥주효모, 청주효모, 빵효모 등에 주로 이용된다.
• glucose, fructose, mannose, galactose, sucrose를 발효하나 lactose는 발효하지 않는다.

29 ② 상면발효와 하면효모의 비교

	상면효모	하면효모
형식	• 영국계	• 독일계
형태	• 대개는 원형이다. • 소량의 효모점질물 polysaccharide를 함유한다.	• 난형 내지 타원형이다. • 다량의 효모점질물 polysaccharide를 함유한다.

배양	• 세포는 액면으로 뜨므로, 발효액이 혼탁된다. • 균체가 균막을 형성한다.	• 세포는 저면으로 침강하므로, 발효액이 투명하다. • 균체가 균막을 형성하지 않는다.
생리	• 발효작용이 빠르다. • 다량의 글리코겐을 형성한다. • raffinose, melibiose를 발효하지 않는다. • 최적온도는 10~25℃이다.	• 발효작용이 늦다. • 소량의 글리코겐을 형성한다. • raffinose, melibiose를 발효한다. • 최적온도는 5~10℃이다.
대표효모	• *Saccharomyces cerevisiae*	• *Sacch. carlsbergensis*

30 ② 맥주발효효모
• *Saccharomyces cerevisiae* : 맥주의 상면발효효모
• *Saccharomyces carlsbergensis* : 맥주의 하면발효효모
※ *Saccharomyces sake* : 청주효모
※ *Saccharomyces coreanus* : 한국의 약·탁주효모

31 ② 29번 해설 참조

32 ② 맥주발효효모
• *Saccharomyces cerevisiae* : 맥주의 상면발효효모(영국계)
• *Saccharomyces carlsbergensis* : 맥주의 하면발효효모(독일계)
• *Saccharomyces uvarum* : 맥주의 하면발효효모
• *Shizosaccharomyces pombe* : 아프리카 원주민들이 마시는 pombe술의 효모

33 ④ 효모의 알코올 발효
• glucose로부터 EMP 경로(혐기적 대사)를 거쳐 생성된 pyruvic acid가 CO_2의 이탈로 acetaldehyde로 되고 다시 환원되어 알코올을 생성하게 된다.

$$C_6H_{12}O_6 \longrightarrow 2C_2H_5OH + 2CO_2$$

• 포도주효모 : *Saccharomyces cerevisiae* (*Sacch. ellipsoideus*)가 이용된다.

34 ③ 포도주는 포도과즙을 효모(*Saccharomyces ellipsoideus*)에 의해서 알코올 발효시켜 제조한다.

35 ④ *Saccharomyces cerevisiae var. ellipsoideus*
• 전형적인 포도주효모이며 포도 과피에 존재한다.

36 ③ *Saccharomyces diastaticus*
- dextrin이나 전분을 분해해서 발효하는 효모이다.
- 맥주양조에 있어서는 엑스분(고형물)을 감소시키므로 유해균으로 취급한다.

37 ① 내염성 효모
- *Zygosaccharomyces soja*와 *Z. major* 그리고 *Z. japonicus* 등은 모두 *Sacch. rouxii*로 Lodder에 의해 통합 분류되었다.
- *Sacch. rouxii*는 간장이나 된장의 발효에 관여하는 효모로서, 18% 이상의 고농도의 식염이나 잼같은 당 농도에서 발육하는 내삼투압성 효모이다.

38 ④ 37번 해설 참조

39 ② *Candida tropicalis*
- 세포가 크고, 짧은 난형으로 위균사를 잘 형성한다.
- 자일로스(xylose)를 잘 동화하므로 식·사료효모로 사용된다.
- 탄화수소 자화성이 강하여 균체 단백질 제조용 석유효모로서 사용되고 있다.

40 ③ *Candida utilis*
- xylose를 자화하므로 아황산펄프폐액 등에 배양하여 균체사료 또는 inosinic acid 제조 원료로 사용된다.

41 ① *Candida*속 효모
- 탄화수소의 자화능이 강한 균주가 많은 것이 알려져 있다.
- 특히 *Candida tropicalis*, *Candida rugosa*, *Candida pelliculosa* 등이 탄화수소 자화력이 강하며 단세포 단백질(SCP, single cell protein) 생성균주로 주목되고 있다.
- *Candida rugosa*는 lipase 생성효모로 알려져 있고 버터와 마가린의 부패에 관여한다.

42 ② *Torulopsis*속의 특징
- 세포는 일반적으로 소형의 구형 또는 난형이며 대표적인 무포자효모이다.
- 황홍색 색소를 생성하는 것이 있으나 carotenoid 색소는 아니다.
- *Candida*속과 달리 위균사를 형성하지 않는다.
- *Crytococcus*속과 달리 전분과 같은 물질을 생성하지 않는다.
- 내당성 또는 내염성 효모로 당이나 염분이 많은 곳에서 검출된다.

- 오렌지 주스나 벌꿀 등에 발육하여 변패시킨다.

43 ③ 간장의 후숙
- 간장의 숙성 후기에는 *Torula*속이 주로 존재한다.
- *Torula*속은 일반적으로 소형의 구형 또는 난형이며 대표적인 무포자효모이다.
- 내당성 또는 내염성 효모로 *Torula versatilis*와 *Torula etchellsil*은 간장의 맛과 향기를 내는 데 관여한다.

44 ④ *Rhodotorula*속의 특징
- 원형, 타원형, 소시지형이 있다.
- 위균사를 만든다.
- 출아 증식을 한다.
- carotenoid 색소를 현저히 생성한다.
- 빨간 색소를 갖고, 지방의 집적력이 강하다.
- 대표적인 균종은 *Rhodotorula glutinus*이다.

45 ③ *Pichia*속 효모의 특징
- 자낭포자가 구형, 토성형, 높은 모자형 등 여러 가지가 있다.
- 다극출아로 증식하는 효모가 많다.
- 산소요구량이 높고 산화력이 강하다.
- 생육조건에 따라 위균사를 형성하기도 한다.
- 에탄올을 소비하고 당 발효성이 없거나 미약하다.
- KNO_3을 동화하지 않는다.
- 액면에 피막을 형성하는 산막효모이다.
- 주류나 간장에 피막을 형성하는 유해효모이다.

46 ② 45번 해설 참조

47 ② *Kluyveromyces*속
- 다극출아를 하며 보통 1~4개의 자낭포자를 형성한다.
- lactose를 발효하여 알코올을 생성하는 특징이 있는 유당발효성 효모이다.
- *Kluyveromyce maexianus*, *Kluyveromyces lactis*(과거에는 *Sacch. lactis*), *Kluyveromyces fragis*(과거에는 *Sacch. fragis*)

48 ② *Debaryomyces*속
- 표면에 돌기가 있는 포자를 형성한다.
- 알코올 발효력은 약하며 배양액에 건조성의 피막을 형성한다.
- 산막성의 내염성 효모는 대부분 이 속에 속하며 소금에 절인 육류나 오이 등의 침채류에 잘 발육하여 분리된다.

- 질산염은 이용하지 못하나 아질산염은 이용한다.

49 ④ 47번 해설 참조

50 ② 킬러 효모(killer yeast)
- 특수한 단백질성 독소를 분비하여 다른 효모를 죽이는 효모를 가리키며 킬러주(killer strain)라고도 한다.
- 자신이 배출하는 독소에는 작용하지 않는다(면역성이 있다고 한다). 다시 말해 킬러 플라스미드를 갖고 있는 균주는 독소에 저항성이 있고, 갖고 있지 않는 균주만을 독소로 죽이고 자기만이 증식한다.
- 알코올 발효 때에 킬러 플라스미드를 가진 효모를 사용하면 혼입되어 있는 다른 효모를 죽이고 사용한 효모만이 증식하게 되어 발효 제어가 용이하게 된다.

식품미생물의 특징과 이용 – 박테리오파지

01 ① 박테리오파지(bacteriophage)
- virus 중 세균의 세포에 기생하여 세균을 죽이는 virus를 말한다.
- phage의 전형적인 형태는 올챙이처럼 생겼으며 두부, 미부, 6개의 spike가 달린 기부가 있고 말단에 짧은 미부섬조(tail fiber)가 달려 있다.
- 두부에는 DNA 또는 RNA만 들어 있고 미부의 초에는 단백질이 나선형으로 늘어 있고 그 내부 중심초는 속이 비어 있다.
- phage에는 독성파지(virulent phage)와 용원파지(temperate phage)의 두 종류가 있다.
- phage의 특징
  - 생육증식의 능력이 없다.
  - 한 phage의 숙주균은 1균주에 제한되고 있다(phage의 숙주특이성).
  - 핵산 중 대부분 DNA만 가지고 있다.

02 ① bacteriophage의 종류
① 독성파지(virulent phage)
- 숙주세포 내에서 증식한 후 숙주를 용균하고 외부로 유리한다.
- 독성파지의 phage DNA는 균체에 들어온 후 phage DNA의 일부 유전정보가 숙주의 전사효소(RNA polymerase)의 작용으로 messenger RNA를 합성하고 초기단백질을 합성한다.
② 용원파지(temperate phage)
- 세균 내에 들어온 후 숙주 염색체에 삽입되어 그 일

부로 되면서 증식하여 낭세포에 전하게 된다.
- phage가 염색체에 삽입된 상태를 용원화(lysogenization)되었다 하고 이와 같이 된 phage를 prophage라 부르고, prophage를 갖는 균을 용원균이라 한다.

03 ③ 02번 해설 참조

04 ③ 발효탱크에 파지가 오염되면
- 발효가 늦어지거나, 멈추거나, 용균이 일어나 발효액의 탁도가 저하된다.

05 ① 01번 해설 참조

06 ② 01번 해설 참조
※ *Aspergillus oryzae*는 곰팡이이다.

07 ② bacteriophage(phage)
- virus 중 세균의 세포에 기생하여 세균을 죽이는 virus를 말한다.
- 파지의 증식과정 : 부착(attachment) → 주입(injection) → 핵산 복제(nucleic acid replication) → 단백질 외투의 합성(synthesis of protein coats) → 조립(assembly) → 방출(release)

08 ③ 용원파지(phage)
- 바이러스 게놈이 숙주세포의 염색체와 안정된 결합을 해 세포분열 전에 숙주세포 염색체와 함께 복제된다.
- 이런 경우 비리온의 새로운 자손이 생성되지 않고 숙주를 감염시킨 바이러스는 사라진 것처럼 보이지만, 실제로는 바이러스의 게놈이 원래의 숙주세포가 새로 분열할 때마다 함께 전달된다.
- 용원균은 보통 상태에서는 일반 세균과 마찬가지로 분열, 증식을 계속한다.

09 ③ phage의 예방대책
- 공장과 그 주변 환경을 미생물학적으로 청결히 하고 기기의 가열살균, 약품살균을 철저히 한다.
- phage의 숙주특이성을 이용하여 숙주를 바꾸어 phage 증식을 사전에 막는 starter rotation system을 사용, 즉 starter를 2균주 이상 조합하여 매일 바꾸어 사용한다.
- 약재 사용 방법으로서 chloramphenicol, streptomycin 등 항생물질의 저농도에 견디고 정상 발효하는 내성균을 사용한다.
※ 숙주세균과 phage의 생육조건이 거의 일치하기 때문에 일단 감염되면 살균하기 어렵다. 그러므로 예방

하는 것이 최선의 방법이다.

10 ③ 파지에 오염된 것을 아는 방법
- 이상발효를 일으키는 인자가 세균여과기를 통과한다.
- 살아있어서 대사가 왕성한 세균의 세포 내에서만 증식한다.
- 이상발효를 일으키는 인자를 가해주면 발효가 지연되거나 중단 또는 용균되어 탁도가 떨어진다.
- 이상인자는 이식이 가능하다.
- 숙주균 특이성이 있다.
- 평판배양으로 용균반(plaque) 즉, 무균의 무늬가 보인다.

11 ① 최근 미생물을 이용하는 발효공업
- yoghurt, amylase, acetone, butanol, glutamate, cheese, 납두, 항생물질, 핵산 관련 물질의 발효에 관여하는 세균과 방사선균에 phage의 피해가 자주 발생한다.

12 ③ 바이러스
- 동식물의 세포나 세균세포에 기생하여 증식하며 광학현미경으로 볼 수 없는 직경 0.5μ 정도로 대단히 작은 초여과성 미생물이다.
- 미생물은 DNA와 RNA를 다 가지고 있는데 반하여 바이러스는 DNA나 RNA 중 한 가지 핵산을 가지고 있다.

13 ③ 바이러스의 증식과정
- 부착(attachment) → 주입(injection) → 핵산복제(nucleic acid replication) → 단백질 외투의 합성(synthesis of protein coats) → 조립(assembly) → 방출(release)

식품미생물의 특징과 이용 – 방선균

01 ④ 방선균(방사선균)
- 하등미생물(원시핵 세포) 중에서 가장 형태적으로 조직분화의 정도가 진행된 균사상 세균이다.
- 세균과 곰팡이의 중간적인 미생물로 균사를 뻗치는 것, 포자를 만드는 것 등은 곰팡이와 비슷하다.
- 주로 토양에 서식하며 흙냄새의 원인이 된다.
- 특히 방선균은 대부분 항생물질을 만든다.

- $0.3 \sim 1.0\mu$ 크기이고 무성적으로 균사가 절단되어 구균과 간균과 같이 증식하며 또한 균사의 선단에 분생포자를 형성하여 무성적으로 증식한다.

02 ② 01번 해설 참조

03 ③ 스트렙토마이신(streptomycin)
- 당을 전구체로 하는 대표적인 항생물질이다.
- 생합성은 방선균인 *Streptomyces griseus*에 의해 D-glucose로부터 중간체로서 myoinositol을 거쳐 생합성 된다.

04 ② 03번 해설 참조

05 ④ 멜라닌의 침착을 방지하기 위한 방법
- 자외선으로부터 노출 방지
  - 자외선 흡수제와 자외선 산란제
- tyrosinase의 저해제 사용
  - 비타민 C, kojic acid
  - *Streptomyces bikiniensis*가 생산하는 kojic acid 등을 이용
- 멜라닌세포에 특이적인 독성을 나타내는 물질 투여
  - hydroquinone류
- 생성된 멜라닌을 피부 밖으로 배출 촉진
  - AHA(alpha-hydroxy acid)

식품미생물의 특징과 이용 – 기타 미생물(버섯)

01 ④ 버섯
- 대부분 분류학상 담자균류에 속하며, 일부는 자낭균류에 속한다.
- 버섯균사의 뒷면 자실층(hymenium)의 주름살(gill)에는 다수의 담자기(basidium)가 형성되고, 그 선단에 보통 4개의 경자(sterigmata)가 있고 담자포자를 한 개씩 착생한다. 담자가 생기기 전에 취상돌기(균반, clamp connection)를 형성한다.
- 담자균류는 균사에 격막이 있고 담자포자인 유성포자가 담자기 위에 외생한다.
- 담자기 형태에 따라 대별
  - 동담자균류 : 담자기에 격막이 없는 공봉형태를 지닌 것
  - 이담자균류 : 담자기가 부정형이고 간혹 격막이 있는 것

- 식용버섯으로 알려져 있는 것은 거의 모두가 동담자 균류의 송이버섯목에 속한다.
- 이담자균류에는 일부 식용버섯(흰목이버섯)도 속해 있는 백목이균목이나 대부분 식물병원균인 녹균목과 깜부기균목 등이 포함된다.
- 대표적인 동충하초속으로는 자낭균(Ascomycetes)의 맥간균과(Clavicipitaceae)에 속하는 *Cordyceps*속 이 있으며 이밖에도 불완전균류의 *Paecilomyces*속, *Torrubiella*속, *Podonectria*속 등이 있다.

02 ③ 01번 해설 참조

03 ③ 01번 해설 참조

04 ① 01번 해설 참조

05 ① 01번 해설 참조

06 ④ 버섯의 증식과정(가장 일반적인 삿갓모양)
- 포자가 발아하여 균사체(mycelium)가 되고, 여기에서 아기버섯인 균뇌(菌雷)가 발생하면 균포(volva)로부터 균병(stem)이 위로 뻗어나서 상단에 균륜(annulis)이 환대(ring)를 형성하며, 그 위에 균산(pileus)이 갓(cap) 모양으로 완성한다.
- 갓(cap)의 뒷면에는 자실층(hymenium)이 생겨서 담자기를 형성하여 담자포자(basidospore)를 착상하게 되는데 이것을 균습(lamella) 또는 주름살(gills)이라고 한다.

07 ③ 버섯의 감별법
- 쓴맛, 신맛이 나면 유독하다.
- 줄기에 마디가 있으면 유독하다.
- 균륜이 칼날 같거나, 악취가 나면 유독하다.
- 줄기가 부서지면 유독하다.
- 끓일 때 은수저 반응($H_2S + Ag \rightarrow Ag_2S$)으로 흑색이 나타나면 유독하다.
- ※ 줄기가 세로로 찢어지는 것은 독이 없다.

08 ① muscaridine
- 광대버섯에 많이 들어 있다.
- 뇌증상, 동공확대, 일과성 발작 증상을 나타낸다.

식품미생물의 특징과 이용 – 기타 미생물(조류)

01 ① 조류(algae)
- 분류학상 대부분 진정핵균에 속하므로 세포의 형태는 효모와 비슷하다.
- 종래에는 남조류를 조류에 분류했으나 이는 원시핵균에 분류하므로 세균 중 청녹세균에 분류하고 있다.
- 갈조류, 홍조류 및 녹조류의 3문이 여기에 속한다.
- 보통 조류는 세포 내에 엽록체를 가지고 광합성을 하지만 남조류에는 특정의 엽록체가 없고 엽록소는 세포 전체에 분산되어 있다.
- 바닷물에 서식하는 해수조와 담수 중에 서식하는 담수조가 있다.
- chlorella는 단세포 녹조류이고 양질의 단백질을 대량 함유하므로 식사료화를 시도하고 있으나 소화율이 낮다.
- 우뭇가사리, 김은 홍조류에 속한다.

02 ② 01번 해설 참조

03 ② 01번 해설 참조

04 ① 광합성을 하는 조류와 일반 균류의 차이
- 조류는 분류학상으로 대부분은 진정핵균에 속하므로 세포의 형태는 효모와 비슷하다.
- 보통 조류는 세포 내에 엽록체를 가지고 광합성을 하지만 균류는 광합성 능력이 없다.

05 ② 남조류(blue green algae)
- 단세포로서 세균처럼 핵막이 없고 세포벽과 세포막이 존재하는 세균과 고등식물의 중간에 위치한다.
- 고등식물과는 달리 세균처럼 원핵세포로 되어 있어서 세포 내에 막으로 싸여 있는 핵, 미토콘드리아, 골지체, 엽록체, 소포체 등을 가지고 있지 않다.
- 세포는 보통 점질물에 싸여 있으며 담수나 토양 중에 분포하고 특정적인 활주운동을 한다.
- 광합성 세균과는 달리 고등식물의 광합성 색소와 비슷한 엽록소 a를 가지며 광합성의 산물로서 산소 분자를 내보낸다.
- 특정의 엽록체가 없고 엽록소는 세포 전체에 분산되어 있다.
- 특유한 세포 단백질인 phycocyan과 phycoerythrin을 가지고 있기 때문에 남청색을 나타내고 점질물에 싸여 있는 것이 보통이다.
- 무성생식을 하는데 단세포나 군체로 자라는 종류들은

제4과목 식품미생물 및 생화학 예상문제 정답 및 해설

이분열법으로, 사상체인 종류들은 분절법 또는 포자 형성법으로 생식한다.

06 ② 05번 해설 참조

07 ④ 클로렐라(chlorella)의 특징
- 진핵세포생물이며 분열증식을 한다.
- 단세포 녹조류이다.
- 크기는 2~12μ 정도의 구형 또는 난형이다.
- 분열에 의해 한 세포가 4~8개의 낭세포로 증식한다.
- 엽록체를 가지며 광합성을 하여 에너지를 얻어 증식한다.
- 빛의 존재 하에 무기염과 CO_2의 공급으로 쉽게 증식하며 이때 CO_2를 고정하여 산소를 발생시킨다.
- 건조물의 50%가 단백질이며 필수아미노산과 비타민이 풍부하다.
- 필수아미노산인 라이신(lysine)의 함량이 높다.
- 비타민 중 특히 비타민 A, C의 함량이 높다.
- 단위 면적당 단백질 생산량은 대두의 약 70배 정도이다.
- 양질의 단백질을 대량 함유하므로 단세포 단백질(SCP)로 이용되고 있다.
- 소화율이 낮다.
- 태양에너지 이용률은 일반 재배식물보다 5~10배 높다.
- 생산균주 : *Chlorella ellipsoidea*, *Chlorella pyreno idosa*, *Chlorella vulgaris* 등

08 ③ 07번 해설 참조

09 ① *Candida utilis*
- pentose 중 크실로스(xylose)를 자화한다.
- 아황산 펄프 폐액 등을 기질로 배양하여 식사료 효모, inosinic acid 및 guanylic acid 생산에 사용된다.

10 ③ 홍조류(red algae)
- 엽록체를 갖고 있어 광합성을 하는 독립영양생물로 거의 대부분의 식물이 열대, 아열대 해안 근처에서 다른 식물체에 달라붙은 채로 발견된다.
- 세포막은 주로 셀룰로스와 펙틴으로 구성되어 있으나 칼슘을 침착시키는 것도 있다.
- 홍조류가 빨간색이나 파란색을 띠는 것은 홍조소(phycoerythrin)와 남조소(phycocyanin)라는 2가지의 피코빌린 색소들이 엽록소를 둘러싸고 있기 때문이다.
- 생식체는 운동성이 없다.

- 약 500속이 알려지고 김, 우뭇가사리 등이 홍조류에 속한다.

11 ③ 조류(algae)
- 규조류 : 깃돌말속, 불돌말속 등
- 갈조류 : 미역, 다시마, 녹미채(톳) 등
- 홍조류 : 우뭇가사리, 김
- 남조류 : *Chroococcus*속, 흔들말속, 염주말속 등
- 녹조류 : 클로렐라

미생물의 증식과 환경인자

01 ③ **세균과 효모의 증식곡선**
- 유도기 : 미생물이 새로운 환경에 적응하는 시기
- 대수기 : 세포분열이 활발하게 되고 균수가 대수적으로 증가하는 시기
- 정상기(정지기) : 영양물질의 고갈, 대사생성물의 축적, 산소부족 등으로 생균수와 사균수가 같아지는 시기
- 사멸기 : 환경 악화로 증식보다 사멸이 진행되어 생균수보다 사멸균수가 증가하는 시기

02 ① **유도기(lag phase)**
- 균이 새로운 환경에 적응하는 시기이다.
- 균의 접종량에 따라 그 기간의 장단이 있다.
- RNA 함량이 증가하고, 세포대사 활동이 활발하게 되고 각종 효소 단백질을 합성하는 시기이다.
- 세포의 크기가 2~3배 또는 그 이상으로 성장하는 시기이다.

03 ① 02번 해설 참조

04 ② **대수기(증식기, logarithimic phase)**
- 세포는 급격히 증식을 시작하여 세포 분열이 활발하게 되고, 세대시간도 가장 짧고, 균수는 대수적으로 증가한다.
- 대사물질이 세포질 합성에 가장 잘 이용되는 시기이다.
- RNA는 일정하고, DNA가 증가하고, 세포의 생리적 활성이 가장 강하고 예민한 시기이다.
- 이때의 증식속도는 환경(영양, 온도, pH, 산소 등)에 따라 결정된다.

05 ③ **정상기(정지기, stationary phase)**
- 생균수는 일정하게 유지되고 총균수는 최대가 되는 시기이다.
- 일부 세포가 사멸하고 다른 일부의 세포는 증식하여 사멸수와 증식수가 거의 같아진다.
- 영양물질의 고갈, 대사생산물의 축적, 배지 pH의 변화, 산소공급의 부족 등 부적당한 환경이 된다.
- 생균수가 증가하지 않으며 내생포자를 형성하는 세균은 이 시기에 포자를 형성한다.

06 ② **총균수 계산**

- 총균수 = 초기균수×2^{세대기간}
  3시간씩 30시간이면 세대수는 10,
  초기균수 a이므로,
  총균수 = a×2^{10}

07 ② **총균수 계산**

- 총균수 = 초기균수×2^{세대기간}
  60분씩 3시간이면 세대수는 3,
  초기균수 5이므로,
  5×2^3 = 40

08 ③ **총균수 계산**

- 세대시간(G) = $\dfrac{\text{분열에 소요되는 총시간(t)}}{\text{분열의 세대(n)}}$
  30분씩 5시간이면,
  세대시간(G) = $\dfrac{300}{30}$ = 10
- 총균수 = 초기균수×2^{세대기간}
  1×2^{10} = 1024

09 ② **비증식속도(specific growth rate, μ)**

- 단위시간당 증가하는 세포의 수 또는 질량
  평균 세대시간(td) = $\dfrac{0.693}{\mu}$
  td = $\dfrac{0.693}{2.303}$ = 0.3시간
  0.3×60 = 18분

10 ③ 2분원법, 4분원법, 연속도말법, 방사도말법 등은 곰팡이, 효모, 세균 등 호기적 평판배양에 이용된다.

11 ④ **천자배양(stab culture)**
- 혐기성균의 배양이나 보존에 이용된다.
- 백금선의 끝에 종균을 묻혀서 한천고층배지의 시험관의 주둥이를 아래로 하여 배지의 표면 중앙에서 내부로 향해 깊이 찔러 넣어 배양하는 방법이다.

12 ② 식품 1mL 중의 colony 수
- 희석배수 : 25×25×25 = 15625배
- 집락수(colony) : 10개
- 총집락수 : 15625×10 = 156250
- 1mL 중의 colony 수 : 156250÷25 = 6250
  즉, $6.3×10^3$

13 ③ 세균수
- 시료 희석액 : 시료 25g+식염수 225mL = 250mL
- 시료의 희석배수 : 250÷25 = 10배
- 최종 희석배수 : 10×10 = 100배
- 집락수(mL당) : 63개×100 = 6300cfu/g

14 ④ 집락수 산정[식품공전]
- 집락수의 계산은 확산집락이 없고(전면의 1/2이하일 때에는 지장이 없음) 1개의 평판당 30~300개의 집락을 생성한 평판을 택하여 집락수를 계산하는 것을 원칙으로 한다.
- 전 평판에 300개 이상 집락이 발생한 경우 300에 가까운 평판에 대하여 밀집평판측정법에 따라 안지름 9cm의 페트리접시인 경우에는 $1cm^2$ 내의 평균집락수에 65를 곱하여 그 평판의 집락수로 계산한다.
- 전 평판에 30개 이하의 집락만을 얻었을 경우에는 가장 희석배수가 낮은 것을 측정한다.
  ∴ 30~300개의 집락수 : 237
  희석배수 : 10000배
  균수 237×10000 = 2370000 = $2.4×10^6$

15 ② 현미경으로 직접 균수를 헤아리는 방법
- 세균의 경우는 눈금이 있는 Petroff Hausser 계산판을 이용한다.
- 효모의 경우는 Thoma의 haematometer를 사용한다.

16 ③ 식품의 일반생균수 검사
- 시료를 표준한천평판배지에 혼합 응고시켜서, 일정한 온도와 시간 배양한 다음, 집락(colony) 수를 계산하고 희석 배율을 곱하여 전체 생균수를 측정한다.

17 ① 생균수 측정법
- 표면평판법, 주입평판법, 박막여과법, 최확수(MPN)법 등이 있다.
- ※ 현미경 직접계수법 : 현미경을 사용해 균수를 측정하는 방법으로 배양한 시료를 직접 사용하거나 세포를 염색하여 균수를 측정한다. 생균과 사균의 구분이 어렵다.

18 ① 15번 해설 참조

19 ③ haematometer의 측정원리
- 가로세로가 각각 세 줄로 된 큰 구역 안에는 가로 4칸, 세로 4칸으로 총 16칸이 있다. 맨 윗줄 4칸에 존재하는 효모의 수를 센다. 가로 및 세로 선 위에 있는 효모는 왼쪽 및 위쪽 선에 있는 것만 측정한다. 다음 줄 4칸에 존재하는 효모의 수를 센다.
- 동일한 방법으로 4줄을 센 다음 측정값의 평균을 구한다(한 구획에 5~15개 정도로 희석). 이 수치에 4×10^6을 곱하면 효모배양액 1mL 중의 효모수가 된다.
- 즉 1mL당 미생물수 = $4×10^6$×1구획의 미생물수
- 1mL당 미생물수 = $4×10^6$×5 = $2×10^7$

20 ② 그람 염색
- 그람 염색은 세균 분류의 가장 기본이 되며 염색성에 따라 화학구조, 생리적 성질, 항생물질에 대한 감수성과 영양요구성 등이 크게 다르다.
- 그람 염색이 되는 세균(자주색) : gram positive
- 그람 염색이 되지 않는 세균(적자색) : gram negative

21 ③ 그람(gram) 염색
- 세균 분류의 가장 기본이 된다.
- 그람양성과 그람음성의 차이를 나타내는 것은 세포벽의 화학구조 때문이다.
- 그람음성균의 세포벽은 mucopeptide로 된 내층과 lipopolysaccharide와 lipoprotein으로 된 외층으로 구성되어 있다.
- 그람양성균은 그람 음성균에 비하여 보다 많은 양의 mucopeptide를 함유하고 있으며, 이외에도 teichoic acid, 아미노당류, 단당류 등으로 구성된 mucopolysaccharide를 함유하고 있다.
- 염색성에 따라 화학구조, 생리적 성질, 항생물질에 대한 감수성과 영양 요구성 등이 크게 다르다.

22 ② 미생물의 증식도 측정법
- 건조 균체량(dry weight), 균체 질소량, 원심침전법(packed volume), 광학적 측정법, 총균 계수법, 생균 계수법, 생화학적 방법 등이 있다.

23 ② 미생물 정량법(Microbial bioassay)
- 효모나 유산균 등을 이용하여 단백질, 아미노산, 비타민, 무기물, 호르몬, 약제 또는 에너지 등의 함량과의 회귀관계를 이용해서 미지(未知)물질 중에 포함된 어떤 물질의 함량이라든지 역가를 측정하는 방법을 말

한다.

24 ③ **균체의 탄수화물**
- 함유량은 건조량의 10~30%로써 glycogen, pentosan 등이 함유되어 있다.
- pentose(5탄당)와 deoxypentose는 주로 RNA와 DNA의 구성성분으로 존재한다.
- 그 밖의 것은 다당류로서 유리상태 또는 단백질 및 지질과 결합한 복합체로 존재한다.

25 ③ **미생물의 발육소(생육인자, growth factor)**
- 주요 영양분인 탄소원, 질소원, 무기염류 등 이외에 미생물의 증식에 절대 필요하나 합성되지 않은 필수 유기화합물을 생육인자라 한다.
- 생육인자는 미생물의 종류에 따라 다르나 대개 효소의 활성에 필요한 조효소로 작용하는 비타민과 단백질의 구성에 필요한 아미노산, 핵산의 구성분인 purine과 pyrimidine 염기 등이다.

26 ④ **25번 해설 참조**

27 ① **질소원(nitrogen source)**
- 질소원은 균체의 단백질, 핵산 등의 합성에 반드시 필요하며 배지 상의 증식량에 큰 영향을 준다.
- 유기태 질소원 : 요소, 아미노산, 펩톤, 아미드 등은 효모, 곰팡이, 세균, 방선균에 의해 잘 이용된다.
- 무기태 질소원 : 암모늄인 황산암모늄, 인산암모늄 등은 효모, 곰팡이, 방선균, 대장균, 고초균 등이 잘 이용할 수 있다. 질산염은 곰팡이나 조류는 잘 이용하나, 효모는 이를 동화시킬 수 있는 것과 없는 것이 있어 효모 분류기준이 된다.

28 ④ **미생물의 영양원**
- 미생물 생육에 필요한 생육인자는 미생물의 종류에 따라 다르나 아미노산, purine 염기, pyrimidine 염기, vitamin 등이다. 미생물은 세포 내에서 합성되지 않는 필수유기화합물들을 요구한다.
- 일반적으로 세균, 곰팡이, 효모의 많은 것들은 비타민류의 합성 능력을 가지고 있으므로 합성배지에 비타민류를 주지 않아도 생육하나 영양 요구성이 강한 유산균류는 비타민 B군을 주지 않으면 생육하지 않는다.
- *Saccharomyces cerevisiae*에 속하는 효모는 일반적으로 pantothenic acid를 필요로 하며 맥주 하면효모는 biotin을 요구하는 경우가 많다.

29 ① **영양요구성에 의한 미생물의 구분**
  ① 독립영양균(autotroph)

- 무기탄소원과 무기질소원을 이용하여 생육할 수 있는 미생물이다.
- 무기탄소원에는 CO_2, 탄산염 등이 있으며, 무기질소원에는 아질산염, 질산염, 암모늄염 등이 있다.
  - 화학합성균(chemoautotroph) : 무기화합물 (NH_4^+, NO_2, S 등)의 산화에 의하여 에너지를 획득하는 미생물이다. 여기에는 질화세균(*Nitrobacter*속, *Nitrosomonas*속), 황산화세균(*Thiobacillus*속, *Thioicrospira*속, *Sulofolobus*속), 철세균(*Jallionella*속), 수소세균(*Hydrogenomonas*속) 등이 있다.
  - 광합성균(photoautotroph) : 빛에너지를 이용하여 생체성분을 합성하는 미생물이다. 여기에는 홍색유황세균(*Thiospirillum*속, *Chromatium*속, *Ectothiorhodospira*속), 녹색유황세균, 홍갈색세균(*Rhodospirillum*속, *Rhodopseudomonas*속, *Rhodomicrobium*속) 등이 있다.
  ② 종속영양균(heterotroph)
- 유기화합물을 탄소원으로 하여 생육하는 미생물이다.
- 모든 필수대사산물을 직접 합성하는 능력이 없기 때문에 다른 생물에 의해서 만들어진 유기물을 이용한다.
- *Azotobacter*속, 대장균, *Pseudomonas*속, *Clostridium*속, *Acetobacter butylicum* 등이 있다.
  - 광합성 종속영양균(photosynthetic heteroph) : 빛에너지를 이용하지만 유기탄소원을 필요로 하는 종속영양균이다. 홍색비유황세균이 여기에 속하며 흔하지 않다.
  - 화학합성 종속영양균(mosynthetic heteroph) : 유기화합물의 산화에 의하여 에너지를 얻는 종속영양균이다. 이외의 세균, 곰팡이, 효모 등을 비롯한 대부분의 미생물이 속한다.
  - 사물기생균(saprophyte) : 사물에 기생하는 부생균이다. 버섯 중에서 표고버섯, 느타리버섯, 팽이버섯이다. 그리고 slime mold 등이 여기에 속한다.
  - 생물기생균(obligate parasite) : 생세포나 생조직에 기생하여 생육하는 미생물이다. 기생균, 병원균, 공서균 등으로 구분된다.

30 ④ **29번 해설 참조**

31 ④ **29번 해설 참조**

32 ① **유황세균**
- *Thiobacillus*에 속하는 균으로서 유화수소와 유리상태의 유황을 이용하여 생육한다.

- 유황세균에는 *Thiobacillus thioxidans*, *Thiobacillus ferroxidans* 등이 있다.

33 ④ 광합성 무기영양균(photolithotroph)의 특징
- 탄소원을 이산화탄소로부터 얻는다.
- 광합성균은 광합성 무기물 이용균과 광합성 유기물 이용균으로 나눈다.
- 세균의 광합성 무기물 이용균은 편성혐기성균으로 수소 수용체가 무기물이다.
- 대사에는 녹색식물과 달리 보통 H_2S를 필요로 한다.
- 녹색황세균과 홍색황세균으로 나누어지고, 황천이나 흑화니에서 발견된다.
- 황세균은 기질에 황화수소 또는 분자 상황을 이용한다.

34 ② 29번 해설 참조

35 ③ 29번 해설 참조

36 ③ 종속영양미생물
- 모든 필수대사산물을 직접 합성하는 능력이 없기 때문에 다른 생물에 의해서 만들어진 유기물을 이용한다.
- 탄소원, 질소원, 무기염류, 비타민류 등의 유기화합물은 분해하여 호흡 또는 발효에 의하여 에너지를 얻는다.
- 탄소원으로는 유기물을 요구하지만 질소원으로는 무기태질소나 유기태질소를 이용한다.

37 ② 생물그룹과 에너지원

생물그룹	에너지원	탄소원	예
독립영양 광합성생물 (Photoautotrophs)	태양광	CO_2	고등식물, 조류, 광합 성세균
종속영양 광합성생물 (Photohetero- trophs)	태양광	유기물	남색, 녹색 박테리아
독립영양 화학합성생물 (Chemoautotro- phs)	화학반응	CO_2	수소, 무색 유황, 철, 질산화세 균
종속영양 화학합성생물 (Chemohetero- trophs)	화학반응	유기물	동물, 대부 분 세균, 곰 팡이, 원생 동물

38 ④ 36번 해설 참조

39 ④ 29번 해설 참조

40 ④ 29번 해설 참조

41 ④ 29번 해설 참조

42 ④ 효모류는 젖당을 이용하지 못하고, 젖당은 장내세균, 일부 젖산균만이 이용된다.

43 ③ EMP 경로(해당과정)
- 대부분 세포 내에서 일어나는 당의 혐기적 분해과정으로 2단계(6-탄소계, 3-탄소계)의 이화작용을 통해 포도당이 피루브산(1 glucose→2 pyruvate)으로 분해되는 가장 일반적인 대사과정이다.
- 6-탄소계에서 2ATP가 소모된다.
- 3-탄소계에서 4ATP가 생성되고, 2NAD가 수소전달체로 작용하여 $2NADH_2$(2.5ATP×2 = 5ATP)을 생성한다.
- EMP 경로에서는 총 7ATP가 생성된다.
- TCA cycle은 미토콘드리아에서 일어나는 산소호흡과정으로 $4NADH_2$(2.5ATP×4 = 10 ATP), $FADH_2$(1.5ATP), GTP(1ATP)가 생성되어 12.5ATP가 발생된다. 1 glucose로부터 2 pyruvate가 생성되므로 TCA cycle에서는 총 25ATP가 발생된다.

44 ③ 43번 해설 참조

45 ① EMP 경로에서 생성될 수 있는 물질
- pyruvate, lactate, acetaldehyde, CO_2 등이다.
※ lecithin은 인지질 대사에서 합성된다.

46 ② TCA cycle에서 dehydrogenase(탈수소효소)의 조효소
- dehydrogenase의 수소를 수용하는 조효소는 NAD, NADP, FAD 등이다.

47 ① 알코올 발효
- glucose로부터 EMP 경로를 거쳐 생성된 pyruvic acid가 CO_2 이탈로 acetaldehyde가 되고 다시 환원되어 알코올과 CO_2가 생성된다.
- 효모에 의한 알코올 발효의 이론식

$$C_6H_{12}O_6 \longrightarrow 2C_2H_5OH + CO_2$$

48 ② glucose대사 중 NADPH 생성
- EMP 경로 : 1NADPH
- HMP 경로 : 6NADPH

- TCA 회로 : 4NADPH

49 ② lactate dehydrogenase(LDH, 젖산 탈수소효소)

- 간에서 젖산을 피루브산으로 전환시키는 효소이다.

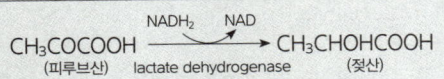

$$CH_3COCOOH \xrightarrow[\text{lactate dehydrogenase}]{NADH_2 \quad NAD} CH_3CHOHCOOH$$
(피루브산)   lactate dehydrogenase   (젖산)

50 ① 알코올 발효과정

- EMP 경로에서 생산된 pyruvic acid는 pyruvate decarboxylase에 의해(TPP, Mg 필요) 탈탄산되어 acetaldehyde로 된다.
- 다시 NADH로부터 alcohol dehydrogenase에 의해 수소를 수용하여 ethanol로 환원된다.

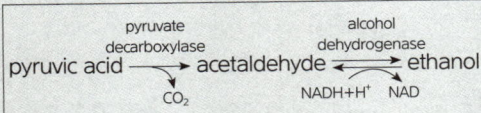

$$\text{pyruvic acid} \xrightarrow[\;CO_2\;]{\text{pyruvate decarboxylase}} \text{acetaldehyde} \xrightleftharpoons[NADH+H^+ \quad NAD]{\text{alcohol dehydrogenase}} \text{ethanol}$$

51 ① 호기적 대사

- 미생물은 에너지를 얻기 위해서 호흡작용을 취하게 되고, 이는 발효의 경우보다 10배 이상의 에너지가 생성되는 대사과정이다.

- 호흡 : $C_6H_{12}O_6+6O_2 \rightarrow 6CO_2+6H_2O$(30ATP, 686kcal)
- 발효 : $C_6H_{12}O_6 \rightarrow 2CO_2+2C_2H_5OH$(2ATP, 58kcal)

52 ② 포도당으로부터 에탄올 생성

- 반응식

$$C_6H_{12}O_6 \longrightarrow 2C_6H_5OH+2CO_2$$
(180)   (2×46)

- 포도당 1ton으로부터 이론적인 ethanol 생성량

$180 : 46×2 = 1000 : x$
$x = 511.1kg$

53 ② 미생물의 아미노산 생합성에 중요한 것

- glutamic dehydrogenase에 의한 glutamic acid의 생성
- aspartase에 의한 aspartic acid의 생성
- alanine dehydrogenase에 의한 alanine의 생성
- transaminase에 의한 transamination의 생성

※ 이소시트레이트 리아제(isocitrate lyase)는 이소시트르산을 숙신산과 글리옥실산으로 분해시키고, 글리옥실산이 아세틸과 축합하여 말산을 생성한다.

54 ③ 혐기성 세균에 의해서 생성되는 대사산물

- 통성혐기성균인 대장균(*E. coli*), 젖산균, 효모 및 특정 진균(fungi)들은 피루브산(pyruvic acid)을 젖산(lactic acid)으로 분해시킨다.
- 편성혐기성균인 *Clostridium* 등은 피루브산을 낙산(butyric acid), 시트르산(citric acid), 프로피온산(propionic acid), 부탄올(butanol), 아세토인(acetoin)과 같은 물질로 분해시킨다.

55 ③ 총균수(total count)

- 식품 등 검체 중에 존재하는 미생물의 세포수를 현미경을 통하여 직접 계산한 것으로 사멸된 균도 포함한다.
- 가열 공정을 거치는 식품의 경우 총균수를 통하여 가열 이전의 원료에 대한 신선도와 오염도를 파악할 수 있다.
- Breed법이 대표적인 검사방법이다.

56 ② 균체 질소량법

- 단백질의 양을 측정하면 생물활성량과 비례하는데, 균체의 단백질을 성장의 지수로 하는 것이다.

물리적 · 화학적 · 생물학적 인자

01 ① 산소 요구성에 의한 미생물의 분류

① 편성호기성균(절대호기성균)
- 유리산소의 공급이 없으면 생육할 수 없는 균
- 곰팡이, 산막효모, *Acetobacter*, *Micrococcus*, *Bacillus*, *Sarcina*, *Achromobacter*, *Pseudomonas*속의 일부이다.

② 통성혐기성균
- 산소가 있으나 없으나 생육하는 미생물
- 대부분의 효모와 세균으로 *Enterobacteriaceae*, *Staphylococcus*, *Aeromonas*, *Salmonella*, *Listeria*, *Bacillus*속의 일부이다.

③ 절대혐기성균(편성혐기성균)
- 산소가 절대로 존재하지 않을 때 증식이 잘되는 미생물
- *Clostridium*, *Bacteriodes*, *Desulfotomaculum* 속이다.

제4과목 식품미생물 및 생화학 예상문제 정답 및 해설

02 ① 01번 해설 참조

03 ②
- *Bacillus*속 : 호기성 내지 통성혐기성의 중온, 고온성 유포자간균이다.
- *Bifidobacterium*속 : 절대혐기성이고 무포자 간균이다.
- *Citrobacter*속 : 호기성 내지 통성혐기성이고 무포자 단간균이다.
- *Acetobacter*속 : 절대호기성이고 포자를 형성하지 않는다.

04 ③ 01번 해설 참조

05 ①
- *Campylobacter* spp. : 산소 3~15% 정도에서 성장하는 미호기성균
- *Salmonella* spp. : 통성혐기성 간균
- *Clostridium botulinum* : 혐기성 유포자 간균
- *Bacillus cereus* : 호기성 유포자 간균

06 ④ 편성혐기성균의 특징
- 고층한천 배양기의 저부에서만 생육한다.
- 유리산소의 존재는 유해하고 산소가 없을 때만 생육한다.
- cytochrome계 효소가 없고 산소를 이용할 수 없다.
- 산소가 존재하면 대사에 의해서 생성된 H_2O_2가 유해 작용을 하고 또 산화환원 전위가 상승하여 생육을 불가능하게 한다.
- catalase 음성이다.
- *Clostridium*, *Bacteroides*, *Methanococcus* 등이 이에 속한다.

07 ② 혐기성 변패세균
- 완전히 탈기 밀봉된 통조림 식품에서는 혐기성균(특히 *Clostridium*속)이 잘 발육한다.
- *Clostridium botulinus*는 통조림 식품의 살균지표 세균이다.

08 ① 젖산균에 의한 젖산 발효는 혐기적 조건에서 진행된다.

09 ② 채소류가 건조곡물에 비해 부패가 쉬운 이유
- 채소류는 건조곡물에 비해 산도가 낮고 수분(자유수)이 많으므로 세균에 의한 부패가 일어나기 쉽다.
- 수확하는 과정에서 손상되기 쉽고, 취급 부주의로 효소작용이나 미생물의 증식을 촉진하게 한다.

10 ③ 미생물이 이용하는 수분
- 주로 자유수(free water)이며, 이를 특히 활성 수분(active water)이라 한다.
- 활성수분이 부족하면 미생물의 생육은 억제된다.
- A_w 한계를 보면 세균은 0.86, 효모는 0.78, 곰팡이는 0.65 정도이다.

11 ④ 수분활성도(water activity, A_w)
- 어떤 임의의 온도에서 식품이 나타내는 수증기압(Ps)에 대한 그 온도에 있어서의 순수한 물의 최대수증기압(Po)의 비로써 정의한다.

> [미생물 성장에 필요한 최소한의 수분활성]
> - 보통 세균 : 0.91
> - 보통 효모, 곰팡이 : 0.80
> - 내건성 곰팡이 : 0.65
> - 내삼투압성 효모 : 0.60

12 ① 건조상태에서 가장 생육이 가능한 미생물은 곰팡이이다.

13 ④ 11번 해설 참조

14 ③ 소금 절임의 저장효과
- 고삼투압으로 원형질 분리
- 수분활성도의 저하
- 소금에서 해리된 Cl^-의 미생물에 대한 살균작용
- 고농도 식염용액 중에서의 산소 용해도 저하에 따른 호기성 세균 번식 억제
- 단백질 가수분해효소 작용 억제
- 식품의 탈수

15 ② 증식온도에 따른 미생물의 분류

종류	최저온도 (℃)	최적온도 (℃)	최고온도 (℃)	예
저온균 (호냉균)	0~10	12~18	25~35	발광세균, 일부 부패균
중온균 (호온균)	0~15	25~37	35~45	대부분 세균, 곰팡이, 효모, 초산균, 병원균
고온균 (호열균)	25~45	50~60	70~80	황세균, 퇴비세균, 유산균

16 ② 15번 해설 참조

17 ① **고온균의 특성**
- 고온균은 효소, 단백질, ribosome의 내열성이 높다.
- 고온균의 세포막 지질은 융점이 높은 포화지방산을 많이 함유한다.
- 고온균의 최적생육온도는 50~60℃이다.

18 ② **15번 해설 참조**

19 ④ **미생물의 pH 범위**
① 곰팡이
- 최적 pH 5.0~6.0
- pH 2~8.5의 넓은 범위에서 생육 가능하다.
② 효모
- 최적 pH 4.0~6.0
- pH 2.0 또는 그 이하의 강산성에서 생육하는 것도 있다.
③ 세균
- 최적 pH 7.0~8.0
- 대부분 pH 4.5 이하에서는 생육하지 못한다.
- 젖산균과 낙산균 : pH 3.5 정도에서도 생육

20 ②
- D값 : 일정한 온도에서 미생물을 90%(1/10) 사멸시키는 데 필요한 시간(분)
- Z값 : 가열치사시간을 90% 단축하는 데 따른 온도 상승
- F_0값 : 121℃에서 미생물을 100% 사멸시키는데 필요한 시간
- F값 : 일정온도에서 미생물을 100% 사멸시키는 데 필요한 시간(분)

21 ④ 살균제의 작용기작(mechanism)은 산화 작용, 환원 작용, 단백질 변성 작용, 표면장력 저하 등이다.

22 ② **허들기술(hudle technology)**
- 식품의 살균과정에서 화학보존료의 사용을 낮게 하기 위해 다양한 미생물 저해방법을 병행적으로 처리하여 식품의 변질을 최소화하는 방법이다.
- 미생물에 대한 살균력을 높이는 기술을 말한다.
- 낮은 소금의 농도, 낮은 산도, 그리고 낮은 농도의 보존료와 같이 낮은 수분활성도는 제품의 품질을 좋게 하여 그 제품의 선호도를 높게 할 수도 있게 된다.

23 ③ **자외선의 살균효과**
- 조사에 의한 세포 내의 핵산(DNA)이 변화되어 신진대사의 장해가 오고 그 결과 증식능력을 잃어 사멸한다.

- 동일한 DNA 사슬상의 서로 이웃한 피리미딘 (pyrimidine) 염기(특히 티민에 강하게 흡수) 사이에 공유결합(-T-T-) 2합체가 형성되어 변이를 일으킨다.
- 피리미딘 이합체가 DNA 이중나선 구조를 파괴하고 정확한 DNA 복제를 방해한다.
- 260nm의 자외선은 세균의 DNA에 최대로 흡수되어 DNA의 구조적 변화를 일으킴으로써 세균의 돌연변이율을 증가시킨다.

24 ① **23번 해설 참조**

25 ③ **페니실린(penicillins)**
- 베타-락탐(β-lactame)계 항생제로서, 보통 그람양성균에 의한 감염의 치료에 사용한다.
- lactam계 항생제는 세균의 세포벽 합성에 관련 있는 세포질막 여러 효소(carboxypeptidases, transpeptidases, entipeptidases)와 결합하여 세포벽 합성을 억제한다.

26 ③ **25번 해설 참조**

27 ② **β-lactam계 항생물질과 lysozyme**
- penicillin, cephalosporin 등과 같은 β-lactam계 항생물질과 lysozyme은 세균 세포벽의 펩티도글리칸(peptidoglycan)의 합성을 저해함으로써 세균의 생육을 저해한다.

28 ④ **라이소자임(lysozyme)**
- 눈물이나 침과 같이 여러 가지 체액에서 발견되는 효소이다.
- 펩티도글리칸의 N-acetylglucosamine과 N-acetyl muramic acid 사이의 연결 결합을 분해한다.

29 ③ **식품의 산화환원전위(oxidation reduction potential)**
- 기질의 산화정도가 많을수록 양(positive)의 전위차를 가지고, 기질의 환원이 더 많이 일어나면 음(negative)의 전위차를 가진다.
- 일반적으로 호기성 미생물은 양의 값을 갖는 산화조건에서 생육하고, 혐기성 미생물은 음의 전위차를 갖는 환원조건에서 생육한다.
- 과일주스의 산화환원전위는 +300~+400mV의 값을 갖는다. 이런 식품은 주로 호기성 세균 및 곰팡이에 의해서 부패가 일어난다.
- 통조림과 같이 탈기, 밀봉한 식품은 -446mV의 값을

갖는다. 이런 식품은 주로 혐기성 또는 통성혐기성 세균에 의해 부패가 일어난다.

> **[미생물 생육 중 산화환원전위]**
> - 호기성균
>   *Pseudomonas fluorescens* : +500 ~ +400mV
> - 통성혐기성균
>   *Staphylococcus aureus* : +180 ~ −230mV
>   *Proteus vulgaris* : +150 ~ −600mV
> - 혐기성균
>   *Clostridium* : −30 ~ −550mV

미생물의 분리보존

01 ④ 호기성 내지 통성호기성균의 순수분리법

- 평판배양법(plate culture method), 묵즙 점적배양법, Linder씨 소적배양법, 현미경 해부기(micro-manipulator) 이용법 등
- ※ 모래배양법(토양배양법) : acetone-butanol균과 같이 건조해서 잘 견디는 세균 또는 곰팡이의 보존에 쓰인다.

02 ② 미생물을 보존하는 방법

① 토양보존법
- 건조한 토양에 물을 가하고 수분의 약 25%가 되도록 시험관에 분주하여 121℃에서 3시간 살균하고 2~3일 후에 다시 한 번 살균한 후 포자나 균사현탁액을 가하여 실온에서 보존
- 장기보존 가능
- 세균, 곰팡이 및 효모에 이용 가능
② 동결건조법
- 동결처리한 세포부유액을 진공저온에서 건조시켜 용기의 앰플을 융봉하여 저온에서 보존
- 세균, 바이러스, 효모, 일부의 곰팡이, 방선균 등의 포자를 장기보존
- 세균의 분산매로 탈지유, 혈청 등을 사용
- 변이는 일으키지 않고 보존하는 방법
③ 유중(油中)보존법
- 고체배지에 배양한 후 균체 위에 살균한 광유를 1cm 두께로 부은 후 보존
- 배지의 건조를 막아 3~4년 보존가능, 냉장보관
- 곰팡이 보존에 사용
④ 모래보존법
- 바다모래를 산, 알칼리 및 물로 여러 번 씻어 시험관 깊이 2~3cm 정도 넣고 건열살균하여 배양한 균체를 약 1mL 정도 첨가하여 모래와 잘 혼합시켜 진공 중에서 건조시킨 후 시험관을 밀봉하여 보존하는 것
- 수년간 보존 가능
- 건조상태에서 오래 견딜 수 있는 세균 또는 곰팡이 보존에 사용

미생물의 유전자조작

01 ② 유전암호(genetic code)

- DNA를 전사하는 mRNA의 3염기 조합, 즉 mRNA의 유전암호의 단위를 코돈(codon, triplet)이라 하며 이것에 의하여 세포 내에서 합성되는 아미노산의 종류가 결정된다.

02 ③ PCR 반응(polymerase chain reaction)

- 변성(denaturation), 가열냉각(annealing), 신장(extension) 또는 중합(polymerization)의 3 단계로 구성되어 있다.
- 변성 단계 : 이중가닥 표적 DNA가 열 변성되어 단일가닥 주형 DNA로 바뀐다.
- 가열냉각 단계 : 상보적인 원동자 쌍이 각각 단일가닥 주형 DNA와 혼성화된다.
- 신장 단계 : DNA 중합효소가 deoxyribonucleotide triphosphate(dNTP)를 기질로 하여 각 원동자로부터 새로운 상보적인 가닥들을 합성한다.
- ※ 이러한 과정이 계속 반복됨으로써 원동자 쌍 사이의 염기서열이 대량으로 증폭된다.

03 ④ 세포융합(cell fusion, protoplast fusion)

- 서로 다른 형질을 가진 두 세포를 융합하여 두 세포의 좋은 형질을 모두 가진 새로운 우량형질의 잡종세포를 만드는 기술을 말한다.
- 세포융합을 하기 위해서는 먼저 세포의 세포벽을 제거하여 원형질체인 프로토플라스트(protoplast)를 만들어야 한다. 세포벽 분해효소로 세균에는 리소자임(lysozyme), 효모와 사상균에는 달팽이의 소화관액, 고등식물의 세포에는 셀룰라아제(cellulase)가 쓰인다.

[세포융합의 단계]
- 세포의 protoplast화 또는 spheroplast화
- protoplast의 융합
- 융합체(fusant)의 재생(regeneration)
- 재조합체의 선택, 분리

04 ③ 03번 해설 참조

05 ① 세포융합의 방법

- 효모의 경우 달팽이의 소화효소(snail enzyme), *Arthrobacter luteus*가 생산하는 zymolyase, 그리고 β–glucuronidase, laminarinase 등이 사용된다.

06 ② 플라스미드(plasmid)
- 소형의 환상 이중사슬 DNA를 가지고 있다. 염색체 이외의 유전인자로서 세균의 염색체에 접촉되어 있지 않고 독자적으로 복제된다.
- 정상적인 환경 하에서 세균의 생육에는 결정적인 영향을 미치지 않으므로 세포의 생명과는 관계없이 획득하거나 소실될 수가 있다.
- 항생제 내성, 독소 내성, 독소 생성 및 효소 합성 등에 관련된 유전자를 포함하고 있다.
- 약제에 대한 저항성을 가진 내성인자(R인자), 세균의 자웅을 결정하는 성결정인자(F인자) 등이 발견되고 있다.
- 제한효소 자리를 가져 DNA 재조합 과정 시 유전자를 끼워 넣기에 유용하다.
- 다른 종의 세포 내에도 전달된다.

07 ④ 재조합 DNA기술
- 어느 생물에서 목적하는 유전자를 갖고 있는 부분을 취하여 자율적으로 증식능력을 갖는 plasmid, phage, 동물성 virus 등의 매개체(vector)를 사용하여 결합시켜서 그것을 숙주세포에 옮겨 넣어 목적하는 유전자를 증식 또는 그 기능을 발휘할 수 있게 하는 방법을 유전자 조작(gene cloning) 또는 재조합 DNA 기술이라 한다.
- 가장 많이 사용되는 방법은 제한효소로 긴 DNA분자와 plasmid DNA분자를 절단하여 놓고 이 두 DNA를 연결시키는 DNA ligase라는 DNA 연결효소로 절단부위를 이어주고, 이것을 형질전환(transformation)으로 숙주세포에 넣어 증식시키고 그 후 목적하는 DNA부분을 함유하는 plasmid를 갖는 세포를 선발해내는 방법이다.

08 ② 제한효소(restriction enzyme)
- 세균 속에서 만들어져 DNA의 특정 인식부위(restriction site)를 선택적으로 분해하는 효소를 말한다.
- 세균의 세포 속에서 제한효소는 외부에서 들어온 DNA를 선택적으로 분해함으로써 병원체를 없앤다.
- 제한효소는 세균의 세포로부터 분리하여 실험실에서 유전자를 포함하고 있는 DNA 조각을 조작하는 데 사용할 수 있다. 이 때문에 제한효소는 DNA 재조합 기술에서 필수적인 도구로 사용된다.

09 ③ 세균의 유전자 재조합 방법
- 형질전환(transformation) : 공여세포로부터 유리된 DNA가 직접 수용세포 내로 들어가 일어나는 DNA 재조합 방법으로, A라는 세균에 B라는 세균에서 추출한 DNA를 작용시켰을 때 B라는 세균의 유전형질이 A라는 세균에 전환되는 현상을 말한다.
- 형질도입(transduction) : 숙주세균 세포의 형질이 phage의 매개로 수용균의 세포에 운반되어 재조합에 의해 유전형질이 도입된 현상을 말한다.
- 접합(conjugation) : 두 개의 세균이 서로 일시적인 접촉을 일으켜 한 쪽 세균이 다른 쪽에게 유전물질인 DNA를 전달하는 현상을 말한다.

10 ③ 09번 해설 참조

11 ③ 09번 해설 참조
   ※ 세포융합(cell fusion)은 2개의 다른 성질을 갖는 세포들을 인위적으로 세포를 융합하여 목적하는 세포를 얻는 방법이다.

12 ③ 09번 해설 참조

13 ① 접합(conjugation)
- 유전자를 공여하는 세포로부터 복제된 DNA의 일부가 성선모를 통해 다른 세포로 이동한다.
- 새로 도입된 DNA는 이에 상응하는 염기서열을 대치하여 새로운 유전자 조합을 형성한다.

14 ① 09번 해설 참조

15 ③ 09번 해설 참조

16 ③ 돌연변이(mutation)
- DNA의 염기배열이 원 DNA의 염기배열과 달라졌을 때 흔히 쓰는 말이다.
- DNA의 염기배열 변화로 일어나는 돌연변이는 대부분의 경우 생물체의 유전학적 변화를 가져오게 된다.
- 대부분 불리한 경우로 나타나지만 때로는 유익한 변화로 나타나는 경우도 있다.

17 ③ 자연발생적 돌연변이
- 방사선이나 돌연변이원(mutagens) 등의 외적인 요인이 아닌 자연적으로 일어나는 돌연변이를 말하는 것이다. 유전물질 복제나 유지과정에서 제대로 복제되지 못하고 유전정보가 바뀌게 된다.
- 염기전이(transition), 염기전환(transversion), 틀변환(frameshift) 등이 자연발생적 돌연변이이다.

※ 삽입(intercalation)은 유도돌연변이이다.

18 ② 유전자 조작에 이용되는 벡터(vector)
• 유전자 재조합 기술에서 원하는 유전자를 일정한 세포(숙주)에 주입시켜서 증식시키려면 우선 이 유전자를 숙주세포 속에서 복제될 수 있는 DNA에 옮겨야 한다. 이때의 DNA를 운반체(벡터)라 한다.
• 운반체로 많이 쓰이는 것에는 플라스미드와 바이러스(용원성 파지, temperate phage)의 DNA 등이 있다.

[운반체로 사용되기 위한 조건]
• 숙주세포 안에서 복제될 수 있게 복제 시작점을 가져야 한다.
• 정제과정에서 분해됨이 없도록 충분히 작아야 한다.
• DNA 절편을 클로닝하기 위한 제한효소 부위를 여러 개 가지고 있어야 한다.
• 재조합 DNA를 검출하기 위한 표지(marker)가 있어야 한다.
• 숙주세포 내에서의 복제(copy) 수가 가능한 한 많으면 좋다.
• 선택적인 형질을 가지고 있어야 한다.
• 제한효소에 의하여 잘려지는 부위가 있어야 한다.
• 하나의 숙주세포에서 다른 세포로 스스로 옮겨가지 못하는 것이 더 좋다.

19 ③ 18번 해설 참조

20 ① 18번 해설 참조

21 ① 프라이머(primer)
• 특정 유전자 서열에 대하여 상보적인 짧은 단선의 유전자 서열 즉, oligonucleotide로 PCR진단, DNA sequencing 등에 이용할 목적으로 합성된 것이다.
• DNA 중합효소에 의해 상보적인 유전자 서열이 합성될 때 전체 유전자 서열 중에서 primer에서부터 합성이 시작되는 기시절이 된다.
• 일반적으로 20~30 base-pair의 길이로 합성하여 사용한다.

22 ④
점돌연변이(point mutation)는 긴 염기군의 결손, 중복 등의 염색체 변화에 비하여 변이에 의해서 잃어버린 유전기능을 회복하는 복귀돌연변이(back mutation)가 되기 쉬운 것이 특징이다.

23 ② 조절 돌연변이원(regulatory mutant)
• 유전자의 프로모터의 조절부위 혹은 조절단백질의 활성에 변이가 생겼을 때에 일어난다. 그 결과 오페론이나 레귤론의 정상적인 표현이 방해를 받게 된다.
• 예를 들면 arabinose의 대사에 관여하고 있는 ara C 유전자 산물에 결손이 있으면 이 돌연변이원은 ara C 단백질이 ara C 레귤론의 표현을 위해서 필수적이기 때문에 arabinose를 유일한 탄소원으로 한 배지에서는 생육할 수 없게 된다.
• 이와 같은 돌연변이원의 이용은 세균의 조절기구를 해명하는 데에 있어서 매우 유효하다.

24 ② 돌연변이원(mutagen)
① 방사선 : 전자기파, 소립자, X선, 감마선, 알파선, 베타선, 자외선 등
② 화학적 돌연변이원(화학물질)
• 삽입성 물질(intercalating agent) : purine-pyrimidine pair와 유사하므로 DNA stacking 사이에 끼게 된다. acridine orange, proflavin, acriflavin
• 염기유사물(base analogue) : 정상적인 뉴클레오티드와 매우 유사한 화합물로 자라고 있는 DNA 사슬에 쉽게 끼어들 수 있다. 5-bromouracil, 2-aminopurine
• DNA 변형물질(DNA modifying agent) : DNA와 반응하여 염기를 화학적으로 변화시켜 딸세포의 base pair를 변화시킨다. nitrous acid, hydroxylamine (NH_2OH), alkylating agent(EMS)

25 ② 24번 해설 참조

26 ④ 5-bromouracil(5-BU)
• thymine의 유사물질이고 호변변환(tautomeric shift)에 의해 케토형(keto form) 또는 에놀형(enol form)으로 존재한다.
• keto form은 adenine과 결합하고, enol form은 guanine과 결합한다. A:T에서 G:C로 돌연변이를 유도한다.

27 ③ 돌연변이
• 미스센스 돌연변이(missense mutation) : DNA의 염기가 다른 염기로 치환되면 polypeptide 중에 대응하는 아미노산이 야생형과는 다른 것으로 치환되거나 또는 아미노산으로 번역되지 않은 짧은 peptide 사슬이 된다. 이와 같이 야생형과 같은 크기의 polypeptide 사슬을 합성하거나 그 중의 아미노산이 바뀌어졌으므로 변이형이 표현형이 되는 것이다.

- 점 돌연변이(Point mutation) : 보통 염기쌍치환과 프레임쉬프트 같은 DNA분자 중의 단일 염기쌍 변화로 인한 돌연변이의 총칭이다.
- 유도 돌연변이(induced mutagenesis) : 자외선이나 전리방사선 또는 여러 화학약품 등의 노출에 의해 야기되는 돌연변이이다.
- 넌센스 돌연변이(nonsense mutation) : UAG, UAA, UGA codon은 nonsense codon이라고 불리어지며 이들 RNA codon에 대응하는 aminoacyl tRNA가 없다. mRNA가 단백질로 번역될 때 nonsense codon이 있으면 그 위치에 peptide 합성이 정지되고 야생형보다 짧은 polypeptide 사슬을 만드는 변이이다.
- 격자이동 돌연변이(frameshift mutation) : 유전자 배열에 1개 또는 그 이상의 염기가 삽입되거나 결실됨으로써 reading frame이 변화되어 전혀 다른 polypeptide chain이 생기는 돌연변이이다.

28 ③ 27번 해설 참조

29 ④ 염기치환(subtitution)
- DNA 분자 중의 어느 염기가 다른 염기로 변화하는 것으로 염기전이(transition)와 염기전환(transversion)이 있다.
- 염기전이(transition) : 유사형 염기치환, purine에서 다른 purine 염기로 또는 pyrimidine에서 다른 pyrimidine 염기로 치환되는 것
- 염기전환(transversion) : 교차형 염기치환, purine 염기에서 pyrimidine 염기 또는 pyrimidine 염기에서 purine 염기로 치환되는 것

30 ④ 돌연변이원 알킬(alkyl)화제
- dimethylsulfonate(DMS), diethylsulfonate (DES), ethylmethane sulfonate(EMS), mustard gas 등이 있다.
- alkyl화제는 염기 중 특히 구아닌(guanine)의 7위치를 alkyl화시켜 염기짝의 변화를 초래한다.
- alkyl화된 guanine염기는 depurine화되기 쉽다. 따라서 GC→AT의 transition형 외에도 transversion형의 차이도 가능하다.
- alkyl화제의 작용은 자외선과 비슷한 점이 많다.

31 ④ DNA의 수복기구
- 광회복, 제거수복, 재조합수복, SOS수복이 있다.

32 ④ DNA 수선방식
① DNA 손상복귀(damage reversal)

- photoreactivation(광활성화) : 빛에 의한 pyrimidine dimers의 제거
- single-strand break의 연결 : X-ray나 peroxide와 같은 화학물질은 DNA의 절단유도
③ DNA 손상제거(damage removal)
- base excision repair : 손상된 염기를 deoxyribose에서 제거
- mismatch repair : DNA replication이 끝난 후 복제의 정밀도(accuracy)를 검사하는 과정
- nucleotide excision repair : DNA가닥에 나타난 커다란(bulky) 손상을 치유
③ DNA 손상무시(damage tolerance)
- recombinational repair : 유사한 DNA나 sister chromatid를 이용한 recombination을 통하여 daughter-strand에 생긴 gap을 수선하는 방식
- mutagenic repair : pyrirmdine dimmer 등에 의하여 복제가 정지된 DNA polymerase가 dimmer 부분에 대한 특이성을 변화시켜 반대편에 아무 nucleotide나 삽입하여 복제를 계속하는 방법

33 ② 폴리옥소트로픽 변이주
- 다영양(두가지 이상의 영양소) 요구성 돌연변이균주이다.

34 ④ 영양요구변이주(auxotroph)의 균주분리법
- 농축법
- 여과법
- 직접법(replica법)
- sandwich technique

35 ① 에임즈 테스트(Ames test)
- *Salmonella typhimurium* 히스티딘 요구성 변이주를 이용한다.
- 에임즈 테스트는 살모넬라를 이용해서 화학물질이 돌연변이를 일으키는지 확인하는 것으로 복귀 돌연변이(역 돌연변이, back mutation) 실험이다.

발효공학기초

01 ① 발효공업의 수단으로서 미생물이 사용되는 이유
- 기질의 이용성이 다양하다.
- 다른 생물체 세포에 비해 증식이 빠르다.
- 화학활성과 반응의 특이성이 크다.
- 다양한 물질의 합성 및 분해능을 가지고 있다.
- 화학반응과 다르게 상온, 상압 등 온화한 조건에서 물질 생산이 가능하다.

02 ② 1번 해설 참조

03 ④ 발효배양을 위한 배지의 일반적인 성분
- 미생물을 증식하기 위한 배지는 미생물에 따라 그 조성이 다르다.
- 공통적으로 탄소원, 질소원, 무기염류, 증식인자 및 물 등이 필요하다.

04 ② 발효형식(배양형식)의 분류
① 배지상태에 따라 액체배양, 고체배양
- 액체배양 : 표면배양, 심부배양
- 고체배양 : 밀기울 등의 고체배지 사용
  - 정치배양 : 공기의 자연환기 또는 표면에 강제통풍
  - 내부통기배양(강제통풍배양, 퇴적배양) : 금속망 또는 다공판을 통해 통풍
② 조작형태에 따라 회분배양, 유가배양, 연속배양
- 회분배양(batch culture) : 제한된 기질로 1회 배양
- 유가배양(fed-batch culture) : 기질을 수시로 공급하면서 배양
- 연속배양(continuous culture) : 기질의 공급 및 배양액 회수가 연속적 진행

05 ④ 4번 해설 참조

06 ② 유가배양(fed-batch culture)
- 반응 중 어떤 특정 제한기질을 bioreactor(생물반응기)에 간헐 또는 연속적으로 공급하지만 배양액은 수확 시까지 빼내지 않는 방법이다.
- 유가배양은 회분식 배양에서 대사산물의 생성을 유도하거나 조절하기가 어려운 결점을 개선한 방법으로서

회분배양과 연속배양의 중간에 해당한다.
- 제빵효모, glycerol, butanol, acetone, 유기산, 아미노산, 효소, 항생물질 생산 등 대부분의 발효공업에 광범위하게 이용된다.

07 ④ 연속배양의 장단점

	장점	단점
장치	장치 용량을 축소할 수 있다.	기존설비를 이용한 전환이 곤란하여 장치의 합리화가 요구된다.
조작	작업시간을 단축할 수 있고, 전공정의 관리가 용이하다.	다른 공정과 연속시켜 일관성이 필요하다.
생산성	최종제품의 내용이 일정하고 인력 및 동력 에너지가 절약되어 생산비를 절감할 수 있다.	배양액 중의 생산물 농도와 수득률은 비연속식에 비하여 낮고, 생산물 분리 비용이 많이 든다.
생물	미생물의 생리, 생태 및 반응기구의 해석 수단으로 우수하다.	비연속배양보다 밀폐성이 떨어지므로 잡균에 의해서 오염되기 쉽고 변이의 가능성이 있다.

08 ③ 표면배양(surface culture)
- 배양기 내의 배양액의 부피에 비하여 공기와 접촉하는 표면적을 크게 하고 깊이는 낮게 하여 기액계면(gas-liquid interface)에서 액체 쪽으로의 산소 이동을 증가시켜 산소를 미생물에 공급하는 방법이다.
- 액체의 표면에서 미생물을 번식시키는 방법으로서 미생물의 막이 항상 공기와 접촉되어 있어 액체 표면에서 용해된 용존산소를 잘 이용할 수 있다.
- 표면배양은 배지를 교반하거나 공기를 스파징(공기 주입)하지 않는다. 전형적인 예는 초산발효이다.

09 ② 미생물의 발효공정 6가지 기본적인 단계
- 배지의 조제 : 균의 증식이나 발효생성물을 만들기 위하여 필요한 각종 영양분을 용해시켜 배지를 만든다.
- 설비의 살균 : 발효장비 및 배지를 살균한다. 보통 15psi 수증기로 121℃에서 15~30분간 멸균한다.
- 종균의 준비 : 주발효에 사용할 종균을 플라스크 진탕배양이나 소규모 종배양 발효조에서 증식시킨다.

- 균의 증식 : 주발효조 내에서 배양조건을 최적화하여 박테리아를 증식시킨다.
- 생산물의 추출과 정제 : 배양액에서 균체를 분리 정제한다.
- 발효 폐기물의 처리

10 ③ 9번 해설 참조

11 ② 회분배양(batch culture)
- 처음 공급한 원료기질이 모두 소비될 때까지 발효를 계속하는 방법이다.
- 기질의 농도, 대사생성물의 농도, 균체의 농도 등이 시간에 따라 계속 변화한다.
- 작업시간이 길지만 조작의 간편성 때문에 대부분의 발효공업이 회분식 배양 형식을 택하고 있다.

12 ④ 7번 해설 참조

13 ④ 미생물의 배양법
- 정치배양(stationary culture) : 호기성균은 액량을 넓고 얇게, 혐기성균은 액층을 깊게 배양한다.
- 진탕배양(shaking culture) : 호기성균을 보다 활발하게 증식시키기 위하여 액체배지에 통기하는 방법이다. 진탕배양법은 왕복진탕기(120~140rpm)나 회전진탕기(150~300rpm) 위에 배지가 든 면전플라스크를 고정시켜 놓고 항온에서 사카구치 플라스크를 쓴다.
- 사면배양(slant culture) : 호기성균의 배양에 이용되며 백금선으로 종균을 취해서 사면 밑에서 위로 가볍게 직선 또는 지그재그로 선을 긋는 방법이다.
- 통기교반배양(submerged culture) : 호기성 미생물 균체를 대량으로 얻고자 할 때 사용한다. 발효조 내의 배양액에 스파저를 통해서 무균공기를 주입하는 동시에 교반하여 충분히 호기적인 상태가 되도록하여 배양하는 방법이다. 주로 Jar fermentor를 이용하여 진탕배양한다.

14 ④ 고체배양의 장단점

장점	· 배지조성이 단순하다. · 곰팡이의 배양에 이용되는 경우가 많고 세균에 의한 오염방지가 가능하다. · 공정에서 나오는 폐수가 적다. · 산소를 직접 흡수하므로 동력이 따로 필요 없다. · 시설비가 비교적 적게 들고 소규모 생산에 유리하다. · 폐기물을 사용하여 유용미생물을 배양하여 그대로 사료로 사용할 수 있다.

단점	· 대규모 생산의 경우 냉각방법이 문제가 된다. · 비교적 넓은 면적이 필요하다. · 심부배양에서는 가능한 제어배양이 어렵다.

15 ① 14번 해설 참조

16 ④ pilot plant는 실험용으로 적당하다.

17 ① 주정의 증류장치

단식 증류기	· 고형물(흙, 모래, 효모, 섬유, 균체)이나 불휘발성 성분(호박산, 염류, 단백질, 탄수화물)만이 제거된다. · 알데히드류나 에스테르류 또는 fusel oil, 휘발산(개미산, 초산) 등은 제거되지 않고 제품 중에 남게 되어 특이한 향미성분으로 기능을 한다. · 비연속적이며, 증류 시간이 경과함에 따라 농도가 낮아져서 균일한 농도의 주정을 얻을 수 없다. · 연료비가 많이 드는 등 비경제적이다. · 소주, 위스키, 브랜디, 고량주 등의 증류에 이용된다.
연속식 증류기	· 알코올을 연속적으로 추출할 수 있고 일정한 농도의 주정을 얻을 수 있다. · 고급 알코올(fusel oil), 알데히드류, 에스테르류 등의 분리가 가능하다. · 생산 원가가 적게 든다. · 방향성분을 상실할 수 있다.

18 ③ 배양(발효)장치
- Waldhof형, Vogelbusch, Cavitator, Air lift, 단탑형 등이 있다.

19 ① 발효조

통기교반형 발효조	· 기계적으로 교반한다. · 교반과 아울러 폭기(aeration)를 하여 세포를 부유시키고 산소를 공급하며, 배지를 혼합시켜 배지 내의 열전달을 효과적으로 이루어지게 한다. · 미생물뿐만 아니라 동물세포 및 식물세포의 배양에 사용할 수 있다. · 표준형 발효조, Waldhof형 발효조, acetator와 cavitator, Vogelbusch형 발효조

기포탑형 발효조(air lift fermentor)	• 산소 공급이 필요한 호기적 배양에 사용되는 발효조이다. • 공기방울을 작게 부수는 기계적 교반을 하지 않고 발효조 내에 공기를 아래로부터 공급하여 자연대류를 발생시킨다.
유동층 발효조	• 응집성 효모의 덩어리가 배지의 상승운동에 의하여 현탁상태로 유지된다. • 탑의 정상에 있는 침강장치에 의하여 탑 본체로 다시 돌려보내게 되므로 맑은 맥주를 얻을 수 있다.

20 ④ 생산물의 생성 유형
• 증식 관련형 : 에너지대사 기질의 1차 대사경로(분해경로) – 균체생산(SCP 등), 에탄올 발효, 글루콘산 발효 등
• 중간형 : 에너지대사 기질로부터 1차 대사와는 다른 경로로 생성(합성경로) – 유기산, 아미노산, 핵산관련 물질
• 증식 비관련형 : 균의 증식이 끝난 후 산물의 생성 – 항생물질, 비타민, glucoamylase 등

21 ② 20번 해설 참조

발효식품

01 ④ 발효주
• 단발효주 : 원료 속의 주성분이 당류로서 과실 중의 당류를 효모에 의하여 알코올 발효시켜 만든 술이다. 예 과실주
• 복발효주 : 전분질을 아밀라아제(amylase)로 당화시킨 뒤 알코올 발효를 거쳐 만든 술이다.
– 단행복발효주 : 맥주와 같이 맥아의 아밀라아제(amylase)로 전분을 미리 당화시킨 당액을 알코올 발효시켜 만든 술이다. 예 맥주
– 병행복발효주 : 청주와 탁주 같이 아밀라아제(amylase)로 전분질을 당화시키면서 동시에 발효를 진행시켜 만든 술이다. 예 청주, 탁주

02 ① 1번 해설 참조

03 ④ 전분질로부터 알코올 제조공정
• 원료→분쇄→증자→당화→냉각→발효→증류

04 ① 1번 해설 참조

05 ③ 1번 해설 참조

06 ② 1번 해설 참조

07 ④ 청주와 탁주의 차이점
• 청주는 발효가 끝난 뒤 술 찌꺼기를 분리, 청징(앙금질)하여 제조한다.
• 막걸리는 발효 후 술덧을 막걸러 제조하기 때문에 많은 양의 당류 함유하고 높은 칼로리를 가진 술이다.
※ 청주와 탁주는 병행복발효주로 당화과정과 발효과정을 병행해서 양조하는 술이다.

08 ③ trieur은 보리 중의 금속물질을 제거한다.

09 ④ 맥주 발효에서 맥아를 사용하는 목적
• 당화효소, 단백질효소 등 맥아 제조에 필요한 효소들을 활성화 또는 생합성시킨다.
• 맥아의 배조에 의해서 특유의 향미와 색소를 생성시키며, 동시에 저장성을 부여한다.
• 맥아의 탄수화물, 단백질, 지방 등의 분해를 쉽게 한다.
• 효모에 필요한 영양원을 제공해준다.

10 ② 맥아의 좋은 품질

물리적 조건	• 맥아는 어린 뿌리가 잘 제거되어 있다. • 손상된 알갱이, 기타 불순물의 혼입, 곰팡이, 벌레 등이 없어야 한다. • 알갱이가 비대하고 균일해야 한다. • 맥아 특유의 향기가 있고 담색맥아는 담황색이며 광택이 있어야 한다. • 내부는 고른 흰가루 상태로 되어 깨물었을 때 쉽게 부서지며 단단한 부분이 없어야 한다. • 약한 감미가 있으며 산미나 기타의 변화가 없어야 한다.
화학적 조건	• 수분이 4% 정도이다. • 당화력이 강하다. • 단백질이 적고 엑기스분이 많아야 한다. • 액즙의 여과속도가 빠르고 투명해야 한다. • 색이나 용해의 정도가 적합한 것들이다.

11 ④ 맥아즙 제조공정
• 맥아 분쇄→담금→맥아즙 여과→맥아즙 자비와 hop 첨가→맥아즙 여과
• 맥아즙 제조의 주목적은 맥아를 당화시키는 데 있다.

12 ④ 맥아즙 자비(wort boiling)의 목적

- 맥아즙을 농축한다(보통 엑기스분 10~10.7%).
- 홉의 고미성분이나 향기를 침출시킨다.
- 가열에 의해 응고하는 단백질이나 탄닌 결합물을 석출시킨다.
- 효소의 파괴 및 맥아즙을 살균시킨다.

13 ① **맥주 제조 시 hop 첨가시기**
- 당화가 끝나면 곧 여과하여 여과 맥아즙에 0.3~0.5%의 hop을 첨가한 다음 1~2시간 끓여 유효성분을 추출한다.

14 ① **맥주의 쓴맛**
- 휴물론(humulone)은 고미의 주성분이지만, 맥아즙이나 맥주에서 거의 용해되지 않고, 맥아즙 중에서 자비될 때 iso화되어 가용성의 isohumulone으로 변화되어야 비로소 맥아즙과 맥주에 고미를 준다.
- isohumulone은 맥주의 고미가(bitterness value) 측정 기준물질로 이용된다.

15 ① **14번 해설 참조**

16 ① **맥아즙 제조**
- 맥아의 분쇄, 담금, 맥아즙 여과, 맥아즙 자비와 홉 첨가, 맥아즙 냉각 등의 공정으로 이루어진다.
- 맥아를 담금 전에 다시 정선하여 분쇄기에서 분쇄하고 물과 온도를 맞추어 담금을 한다.
- 이 담금에서 맥아의 amylase는 맥아 및 전분을 dextrin과 maltose로 분해하며 단백분해효소는 단백질을 가용성의 함질소물질로 분해한다.

17 ① **후발효의 목적**
- 발효성의 엑기스분을 완전히 발효시킨다.
- 발생한 CO_2를 저온에서 적당한 압력으로 필요량만 맥주에 녹인다.
- 숙성되지 않는 맥주 특유의 미숙한 향기나 용존되어 있는 다른 gas를 CO_2와 함께 방출시킨다.
- 효모나 석출물을 침전 분리한다(맥주의 여과가 용이).
- 거친 고미가 있는 hop 수지의 일부를 석출·분리한다(세련, 조화된 향미).
- 맥주의 혼탁 원인물질을 석출·분리한다.

18 ④ **맥주 알코올 발효 후 숙성 시 혼탁의 주원인**
- 주발효가 끝난 맥주는 맛과 향기가 거칠기 때문에 저온에서 서서히 나머지 엑기스분을 발효시켜 숙성을 하는 동안에 필요량의 탄산가스를 함유시킨다.
- 낮은 온도에서 후숙을 하면 맥주의 혼탁원인이 되는 호프의 수지, 탄닌물질과 단백질 결합물 등이 생기게

되는데 저온에서 석출시켜 분리해야 한다.

19 ② **맥주의 혼탁**
- 맥주는 냉장 상태에서 후발효와 숙성을 거치는데, 대부분의 맥주는 투명성을 기하기 위해 이때 여과를 거친다. 하지만 여과에도 불구하고 판매되는 과정 중에 다시 혼탁되는 경우가 있는데, 이는 혼탁입자의 생성 때문이다.
- 혼탁입자는 polyphenolic procyandian과 peptide 간의 상호작용으로 유발되며, 탄수화물이나 금속 이온 온도 영향을 미친다.
- 맥주의 혼탁입자의 방지를 위해 프로테아제(protease)가 사용되고 있다.

20 ① **파파인(papain)**
- 식물성 단백질 분해효소로 고기 연화제, 맥주의 혼탁 방지에 사용된다.

21 ④ **상면발효효모와 하면발효효모의 비교**

	상면효모	하면효모
형식	• 영국계	• 독일계
형태	• 대개는 원형이다. • 소량의 효모점질물 polysaccharide를 함유한다.	• 난형 내지 타원형이다. • 다량의 효모점질물 polysaccharide를 함유한다.
배양	• 세포는 액면으로 뜨므로, 발효액이 혼탁된다. • 균체가 균막을 형성한다.	• 세포는 저면으로 침강하므로, 발효액이 투명하다. • 균체가 균막을 형성하지 않는다.
생리	• 발효작용이 빠르다. • 다량의 글리코겐을 형성한다. • raffinose, melibiose를 발효하지 않는다. • 최적온도는 10~25℃이다.	• 발효작용이 늦다. • 소량의 글리코겐을 형성한다. • raffinose, melibiose를 발효한다. • 최적온도는 5~10℃이다.
대표 효모	*Sacch. cerevisiae*	*Sacch. carlsbergensis*

22 ④ **맥주의 종류 중 라거(lager)류**
- 하면발효효모(*Sacch. carlsbergensis*)를 사용한다.
- 독일계 맥주이며 미국, 일본, 우리나라 등에서도 많이 생산되고 있다.
- 발효온도가 낮다(최적온도 5~10℃).
- 저온에서 장기간 충분히 숙성시켜 독특한 향미특성을

가지고 있다.

23 ③ **과일주 향미**
- 과일주는 과즙을 천연 발효시켜 숙성 여과한 술로 과일 자체의 향미가 술의 품질에 많은 영향을 준다.
- 과일주 향미는 알코올과 산이 결합하여 여러 esters를 형성한다.
- ethyl alcohol, amyl alcohol, isobutyl alcohol, butyl alcohol 등과 malic acid, tataric acid, succinic acid, lactic acid, capric acid, caprylic acid, caproic acid, acetic acid 등의 ethylacetate, ethylisobutylate, ethylsuccinate가 주 ester류이다.

24 ① 적포도주는 발효 후 압착하고, 백포도주는 압착 후 발효한다.

25 ③ **포도주 효모**
- *Saccharomyces cerevisiae(Sacch. ellipsoideus)*에 속하는 것
- 발효력이 왕성하고 아황산 내성이 강하며 고온에 견디는 것

26 ③ **포도주 제조 중 아황산 첨가**
- 포도 과피에는 포도주 효모 이외에 야생효모, 곰팡이, 유해세균(초산균, 젖산균)이 부착되어 있으므로 과즙을 그대로 발효하면 주질이 나빠질 수 있다.
- 그러므로 으깨기 공정에서 아황산을 가하여 유해균을 살균시키거나 증식을 저지시킨다.
- 아황산에는 아황산나트륨, 아황산칼륨, 메타중아황산칼륨($K_2S_2O_5$) 등이 있다.
- 아황산을 첨가하는 목적
  - 유해균의 사멸 또는 증식 억제
  - 술덧의 pH를 내려 산소를 높임
  - 과피나 종자의 성분을 용출시킴
  - 안토시안(anthocyan)계 적색 색소의 안정화
  - 주석의 용해도를 높여 석출 촉진
  - 산화를 방지하여 적색 색소의 산화, 퇴색, 침전을 막고, 백포도주에서의 산화효소에 의한 갈변 방지
- 단점
  - 과잉 사용 시 향미 저하
  - 포도주의 후숙 방해
  - 기구에서 금속이온 용출이 많아져 포도주 변질, 혼탁의 원인

27 ① **26번 해설 참조**

28 ② Blended Scotch Whisky

- 숙성된 malt whisky와 grain whisky을 일정 비율 혼합한 위스키이다.
- whisky 증류분의 알코올 농도는 40~43%에 일정 농도가 되도록 희석한다.

29 ① **탁·약주 제조용 입국**
- 전부 백국을 사용하고 있다.
- 이는 황국보다 산생성이 강하므로 술덧에서 잡균의 오염을 방지할 수 있다.
- 현재 널리 사용되고 있는 백국균은 흑국균의 변이주로서 *Aspergillus kawachii*이다.
- 입국의 중요한 세 가지 역할은 녹말의 당화, 향미 부여, 술덧의 오염 방지 등이다.

30 ④ **탁·약주 제조 시 담금 배합 요령**
- 술덧에 비해 발효제 사용비율을 높여서 물료의 용해당화를 촉진시킴과 동시에 급수 비율을 낮추어 물료의 농도를 높여 pH의 조절, 조기발효의 억제, 효모의 순양 등을 도모한다.

31 ② *Aspergillus oryzae*
- 황국균, 누룩곰팡이라고 한다.
- 전분 당화력과 단백질 분해력이 강해 간장, 된장, 청주, 탁주, 약주 제조에 이용된다.
- 식품의 변패에도 관여한다.

32 ② **탁주 제조용 소맥분**
- 중력분에 속하는 1급품이 가장 적합하고 주질을 향상시킬 수 있다.

33 ③ **청주용 국균**
- protease 생산력이 약할 것
- 짙은 색깔을 생성치 않을 것

34 ② **청주 양조용 쌀**
- 입자가 크고, 연한 것
- 수분이 14% 정도인 것
- 탄수화물 함량이 많고, 지방과 단백질의 함량이 적은 것
- 쌀알 중심의 희고 불투명한 부분이 많은 것
- 25% 이상 도정하여 찐 것으로서 외강내연인 것

35 ④ **청주 양조용수**
- 청주의 성분이 될 뿐만 아니라 양조과정 중 모든 물료와 효소의 용제가 된다.
- 물중의 미량 무기성분은 발효 시 효모의 영양분과 자극제로서 중요한 역할을 한다.

제4과목 식품미생물 및 생화학 예상문제 정답 및 해설

- 무색 투명하고 이미와 이취가 없으며, 중성 내지 약알
칼리성이어야 한다.
- 적량의 유효성분을 함유하고 유해미생물 및 유해성분
이 없는 것이 좋다.
- 인을 비롯한 칼륨, 칼슘, 마그네슘 등의 무기성분이
많은 것이 좋다.
- 철분은 적을수록 좋으며, 청주의 색을 변하게 한다.
- 망간이나 중금속도 좋지 않다.

36 ② 앙금질이 끝난 청주를 가열하는 목적
- 앙금질이 끝난 청주는 60~63℃에서 수 분간 가열한
다.
- 가열하는 목적은 변패를 일으키는 미생물의 살균, 잔
존하는 효소의 파괴, 향미의 조화 및 숙성의 촉진 등
이다.

37 ③ *Hansenula*속
- 산막효모이고 알코올 발효력은 약하나 알코올로부터
에스테르를 생성하여 포도주에서 방향을 부여하는 유
용균이다.
- *Hansenula anomala*는 대표적인 균으로서 자연에 널
리 분포하며, 모자형의 포자가 형성되며, 양조공업에
서 알코올을 분해하므로 유해균이나 청주의 방향 생
성에 관여하는 청주 후숙효모이다.

38 ③ 브랜디
- 포도(과실)-효모-당화-발효-증류
- 단발효주는 효모만 필요하다.

39 ③ 국개법(재래법) 제국 조작순서
① 재우기 : 상위에서 퇴적하여 온도, 습도가 균등하게
될 때까지 2~3시간 방치시킨다.
② 섞기 : 종국을 증미의 0.1~0.3% 섞는다.
③ 뒤집기 : 쌀덩어리를 손으로 부수는 것이며 일정한
온도유지를 위함이다. 품온은 30~32℃로 된다.
④ 담기 : 쌀알 표면에 균사의 반점이 생기기 시작하
고 국의 냄새가 나는 시기에 국개에 담는다. 품온은
31~32℃로 된다.
⑤ 뒤바꾸기 : 품온이 34℃가 되면 상하 세 개의 국개를
뒤바꾼다. 온도 상승을 막기 위함이다.
⑥ 제1손질 : 품온이 35~36℃로 되면 국에 손을 넣어
휘저어 섞고 상하로 뒤바꾸기를 한다. 손질은 온도를
내려서 일정하게 하고, 산소와 CO_2를 치환하여 국균
의 대사를 돕기 위함이다.
⑦ 제2손질 : 품온이 36~38℃로 되면 손을 넣어 다시
휘저어 섞고 국을 국개에 편편하게 넓혀 골을 낸다.

⑧ 뒤바꾸기 : 품온은 40℃에 이르고 특유한 향기(구운
밤 냄새)가 나면 다시 한번 뒤바꾸기를 한다.
⑨ 출국 : 구운 밤 냄새가 충분히 나면 국개에서 면포 위
에 덜어 한냉한 장소에서 급냉한다.

40 ① *Leuconostoc mesenteroides*
- 그람양성, 쌍구균 또는 연쇄상구균이다.
- 생육최적온도는 21~25℃이다.
- 설탕(sucrose)액을 기질로 dextran 생산에 이용된다.
- 내염성을 갖고 있어서 김치의 발효 초기에 주로 발육
하는 균이다.

41 ④ 미생물의 이용 분야
- 미생물은 양주 및 식초, 발효식품, 효소 생산, 미생물
대사생성물, 미생물 균체의 생산 등 식품의 여러 분야
에 이용되고 있다.

대사생성물의 생성

01 ④ 유기산 생합성 경로
- 해당계(EMP)와 관련되는 유기산 발효 : lactic acid
- TCA 회로와 관련되는 유기산 발효 : citric acid,
succinic acid, fumaric acid, malic acid, itaconic
acid
- 직접산화에 의한 유기산 발효 : acetic acid, gluconic
acid, 2-ketogluconic acid, 5-ketoglucinic acid,
kojic acid
- 탄화수소의 산화에 의한 유기산

02 ② 01번 해설 참조

03 ④ 01번 해설 참조

04 ③ 구연산(citric acid) 발효
- 생산균 : *Aspergillus niger*, *Asp. saitoi* 그리고 *Asp.
awamori* 등이 있으나 공업적으로 *Asp. niger*가 사용
된다.
- 구연산 생성기작
  - 구연산은 당으로부터 해당작용에 의하여 피루
  브산(pyruvic acid)이 생성되고, 또 옥살초산
  (oxaloacetic acid)과 acetyl CoA가 생성된다.
  - 이 양자를 citrate sythetase의 촉매로 축합하여
  citric acid를 생성하게 된다.
- 구연산 생산조건
  - 배양조건으로는 강한 호기적 조건과 강한 교반을

해야 한다.

- 당농도는 10~20%이며, 무기영양원으로는 N, P, K, Mg, 황산염이 필요하다.
- 최적온도는 26~35℃이고, pH는 염산으로 조절하며 pH 3.4~3.5이다.
- 수율은 포도당 원료에서 106.7% 구연산을 얻는다.
- *Asp. niger* 등에 의한 구연산 발효는 배지 중에 Fe^{++}, Zn^{++}, Mn^{++} 등의 금속이온 양이 많으면 산생성이 저하된다. 특히 Fe^{++}의 영향이 크다.
• 발효액 중의 균체를 분리 제거하고 구연산을 생석회, 소석회 또는 탄산칼슘으로 중화하여 가열 후 구연산칼슘으로써 회수한다.
• 발효 주원료로서 당질 또는 전분질 원료가 사용되고, 사용량이 가장 많은 것은 첨채당밀(beet molasses)이다.

05 ① 04번 해설 참조

06 ② *Asp. niger* 등에 의한 구연산 발효
• 배지 중에 Fe^{++}, Zn^{++}, Mn^{++} 등의 금속이온량이 많으면 산생성이 저하된다.
• Fe^{++} 등의 금속함량을 줄이기 위한 방법
  - 미리 원료를 이온교환수지로 처리한다.
  - 2~3%의 메탄올, 에탄올, 프로판올과 같은 알코올을 첨가한다.
  - Fe^{++}의 농도에 따라 Cu^{++}의 첨가량을 높여준다.

07 ① 구연산 발효 시 발효 주원료
• 당질 또는 전분질 원료가 사용되고, 사용량이 가장 많은 것은 첨채당밀(beet molasses)이다.
• 당질 원료 대신 n–paraffin이 사용되기도 한다.

08 ④ fumaric acid의 우수한 생산균
• *Rhizopus nigricans*이며 28~32℃에서 3일간 액내 배양하여 최대 수득량은 대당 약 60%에 달한다.

09 ④ gluconic acid 발효
• 현재 공업적 생산에는 *Aspergillus niger*가 이용되고 있다.
• gluconic acid의 생성은 glucose oxidase의 작용으로 D–glucono–δ–lactone이 되고 다시 비효소적으로 gluconic acid가 생성된다.
• 통기교반장치가 있는 대형 발효조를 이용해 배양한다.
• glucose 농도를 15~20%로 하여 $MgSO_4$, KH_2PO_4 등의 무기염류를 첨가한 것을 배지로 사용한다.

• 배양 중의 pH는 5.5~6.5로 유지한다.
• 발아한 포자 현탁액을 종모로서 접종한다.
• 30℃에서 약 1일간 배양하면 대당 95% 이상의 수득률로 gluconic acid를 얻게 된다.

10 ① 초산 발효
• 알코올(C_2H_5OH)을 직접산화에 의하여 초산(CH_3COOH)을 생성한다.
• 호기적 조건(O_2)에 의해서는 에탄올을 알코올 탈수소효소(alchol dehydrogenaase)에 의하여 산화반응을 일으켜 아세트알데히드가 생산되고, 다시 아세트알데히드는 탈수소효소에 의하여 초산이 생성된다.

11 ③ 포도당으로부터 초산의 실제 생산수율
① 포도당 1kg으로부터 실제 ethanol 생성량

> • $C_6H_{12}O_6 \rightarrow 2C_6H_5OH + 2CO_2$
>   (180)   (2×46)
> $180 : 46 \times 2 = 1000 : x$
> $x = 511.1g$
> • 수율 90%일 때 ethanol 생성량
> $= 511.1 \times 0.90 = 460g$

② 포도당 1kg으로부터 초산 생성량

> • $C_2H_5OH + O_2 \rightarrow CH_3COOH + H_2O$
>   (46)   (60)
> $46 : 60 = 460 : x$
> $x = 600g$
> • 수율 90%일 때 초산 생성량
> $= 600 \times 0.85 = 510g(0.510kg)$

12 ① 초산 발효
• 정치법(orleans process)
  - 발효통을 사용한다.
  - 대패밥, 목편, 코르크 등을 채워서 산소(공기) 접촉면적을 넓혀 준다.
  - 수율은 낮고 기간도 길다.
• 속양법(quick vinegar process)
  - 발효탑(generator)을 사용한다.
  - Frings의 속초법이라고도 하며, 대패밥은 탱크의 최상부까지(45cm) 채운다.
  - 알코올 10%, 산도 1% 정도의 원료액은 8~10일 발효에 의해서 알코올 0.3%, 산도 10% 정도의 식초가 된다.
• 심부배양법(submerged aeration process)
  - Frings의 acetator라 부른다.

- 원료와 초산균의 혼합물에 공기를 송입하면서 교반하여 급속히 발효덧을 초산화시킨다.
- 알코올 5%, 산도 7% 정도의 원료액으로 산도 11∼12%의 알코올초를 회분발효한다.

13 ② *Gluconobacter*
- glucose를 산화하여 gluconic acid를 생성하는 능력이 강하다.
- ethanol을 산화하여 초산을 생성하는 능력이 강력하지 않지만 초산을 CO_2로 산화하지 않는다.

14 ④ 13번 해설 참조

15 ② 초산균의 종류와 성질
- 그람음성, 강한 호기성의 간균으로 ethyl alcohol을 산화하여 초산을 생성하는 세균이다.
- *Acetobacter*속과 *Gluconobacter*속이 있다.
- *Acetobacter*속은 ethanol을 초산으로 산화하는 능력이 강하다.
- *Gluconobacter*속은 초산을 CO_2로 산화하지 않는다.

16 ④ 15번 해설 참조

17 ④ 식초산균
- 에탄올을 산화 발효하여 acetic acid를 생성하는 세균을 말한다.
- 호기성, 그람음성, 무포자, 간균이고 alcohol 농도가 10% 정도일 때 가장 잘 자라며 5∼8%의 초산을 생성한다.
- 18% 이상에서는 자랄 수 없고 산막(피막)을 형성한다.
- 초산균을 선택하는 일반적인 조건
  - 산생성속도가 빠르고, 산 생성량이 많은 것
  - 가능한 한 초산을 다시 산화하지 않고 또 초산 이외의 유기산류나 향기성분인 에스테류를 생성하는 것
  - 알코올에 대한 내성이 강하며, 잘 변성되지 않는 것

18 ① 초산 발효
- $C_2H_5OH + O_2 \rightarrow CH_3COOH + H_2O$
  에틸알코올
- 알코올(C_2H_5OH)을 직접산화에 의하여 초산(CH_3COOH)을 생성한다.
- 호기적 조건(O_2)에 의해서는 에탄올을 알코올 탈수소효소(alchol dehydrogenaase)에 의하여 산화반응을 일으켜 아세트알데히드가 생산되고, 다시 아세트알데히드는 탈수소효소에 의하여 초산이 생성된다.

19 ② 침채류의 주젖산균
- *Lactobacillus plantarum*이다.
- ※ *Lactobacillus casei*, *Lactobacillus bulgaricus*, *Lactobacillus acidophilus* 등은 발효유 제조에 주로 이용한다.

20 ④ 젖산(lactic acid)을 생산할 수 있는 균주
- 많은 미생물이 포도당을 영양원으로 젖산을 생성하지만 공업적으로 이용할 수 있는 것은 젖산균과 *Rhizopus*속의 곰팡이 일부이다.
- 젖산균으로는 homo 발효형인 *Streptococcus* 속, *Pediococcus*속, *Lactobacillus*속 등과 hetero 발효형인 *Leuconostoc*이 있다.
- *Rhizopus*속에 의한 발효는 호기적으로 젖산을 생성하는 것이 특징이고, *Rhizopus oryzae*가 대표 균주이다.

21 ④ fumaric acid의 우수한 생산균
- *Rhizopus nigricans*이며 *Aspergillus fumaricus*도 fumaric acid를 생산한다는 보고가 있다.

22 ④ itaconate 발효
- 매실 식초로부터 분리한 *Aspergllllus itaconicus*를 이용하여 sucrose 농도가 높은 배지에서 itaconic acid를 생산하는 발효법이다.

23 ③ 효모 알코올 발효과정에서 아황산나트륨 첨가
- 효모에 의해서 알코올 발효하는 과정에서 아황산나트륨을 가하여 pH 5∼6에서 발효시키면 아황산나트륨은 포촉제(trapping agent)로 작용하여 acetaldehyde와 결합한다.
- 따라서 acetaldehyde의 환원이 일어나지 않으므로 glycerol-3-phosphate dehydrogenase에 의해서 dihydroxyacetone phosphate가 $NADH_2$의 수소 수용체로 되어 glycerophosphate를 생성하고 다시 phosphatase에 의해서 인산이 이탈되어 glycerol로 된다.

24 ④ 알코올 발효에 있어서
- pyruvate decarboxylase는 pyruvic acid를 탈탄산, 즉 CO_2를 제거하여 acetaldehyde의 형성을 촉매한다.
- alcohol dehydrogenase는 acetaldehyde를 ethanol로 환원하는 반응을 촉매한다.

25 ① 알코올 발효
- glucose로부터 EMP 경로를 거쳐 생성된 pyruvic

acid가 CO_2 이탈로 acetaldehyde로 되고 다시 환원되어 알코올과 CO_2가 생성된다.

> • 효모에 의한 알코올 발효의 이론식은 $C_6H_{12}O_6$ $\longrightarrow 2C_2H_5OH + CO_2$이다.

26 ③ 25번 해설 참조

27 ② 주정의 이론적 수득량

> $nC_6H_{10}O_5 \longrightarrow 2C_2H_5OH + 2CO_2$
> 전분(162) 2×46
> $162 : 92 = 1000 : x$
> $x = 567.9$kg

28 ③ Neuberg 발효형식

> • 제1발효형식
> $C_6H_{12}O_6 \rightarrow 2CH_5OH + 2CO_2$
> • 제2발효형식 : Na_2SO_3를 첨가
> $C_6H_{12}O_6 \rightarrow C_3H_5(OH)_3 + CH_3CHO + CO_2$
> • 제3발효형식 : $NaHCO_3$, Na_2HPO_4 등의 알칼리를 첨가
> $2C_6H_{12}O_6 + H_2O \rightarrow 2C_3H_5(OH)_3 + CH_3COOH$
> $+ C_2H_5OH + 2CO_2$

29 ② 28번 해설 참조

30 ③ 28번 해설 참조

31 ③ 주정 발효 시
- 당화작용이 필요한 원료 : 섬유소, 곡류, 고구마·감자 전분
- 당화작용이 필요 없는 원료 : 당밀, 사탕수수, 사탕무

32 ① 31번 해설 참조

33 ④ 산당화법

장점	• 당화시간이 짧다. • 대규모 처리에 용이하다. • 당화액이 투명하다. • 증류가 편리하다.
단점	• 산에 의한 장치의 손상이 심하다. • 알코올 수득률은 효소당화법에 비해 현저히 낮다.

※ 주로 목재 등의 섬유질 원료의 당화에 이용된다.

34 ③ 알코올 발효법
① 고체국법(피국법, 밀기울 코지법)
- 고체상의 코지를 효소제로 사용
- 밀기울과 왕겨 6:4로 혼합한 것에 국균(*Asp. oryza, Asp. shirousami*) 번식시켜 국 제조
- 잡균 존재(국으로부터 유래) 때문 왕성하게 단시간에 발효
② 액체국법
- 액체상의 국을 효소제로 사용
- 액체배지에 국균(*A. awamori, A. niger, A. usami*)을 번식시켜 국 제조
- 밀폐된 배양조에서 배양하여 무균적 조작 가능, 피국법보다 능력 감소
③ amylo법
- koji를 따로 만들지 않고 발효조에서 전분 원료에 곰팡이를 접종하여 번식시킨 후 효모를 접종하여 당화와 발효가 병행해서 진행
④ amylo 술밑·koji 절충법
- 주모의 제조를 위해서는 amylo법, 발효를 위해서는 국법으로 전분질 원료를 당화
- 주모 배양 시 잡균오염 감소, 발효속도 양호, 알코올 농도 증가
- 현재 가장 진보된 알코올 발효법으로 규모가 큰 생산에 적합

35 ② 34번 해설 참조

36 ③ 알코올 발효의 기질
- 3탄당, 6탄당, 9탄당이 직접 발효할 수 있으며 특히 6탄당인 D-glucose, D-fructose, D-mannose, D-galactose의 4종류는 자연계에 널리 분포하며 양호한 기질이므로 특히 발효성당이라 한다.
- maltose, sucrose도 잘 발효되지만 이들은 가수분해하여 단당으로 되어 이용된다.
- 전분, 섬유질은 직접 발효되지 않으므로 가수분해하여야 한다. 공업적으로 사용되는 원료는 쌀, 보리, 밀, 감자, 고구마, 타피오카 등의 전분질 및 폐당밀, 목재당화액 등이 이용된다.
  ※ 자일란(xylan)은 D-xylose가 주성분이며 D-xylose는 알코올 발효의 기질로 이용되지 않는다.

37 ② 34번 해설 참조

38 ④ amylo법의 장단점

장점	• 순수 밀폐 발효이므로 발효율이 높다. • 코지(koji)를 만드는 장소와 노력이 전혀 필요 없다. • 다량의 담금이라도 소량의 종균으로 가능하므로 담금을 대량으로 하여 대공업화 할 수 있다. • koji를 쓰지 않으므로 잡균의 침입이 없다.
단점	• 당화에 비교적 장시간 걸린다. • 곰팡이를 직접 술덧에 접종하므로 술덧의 점도가 관계된다. • 점도를 낮추면 결국 담금 농도는 묽어진다.

39 ② 당밀 원료에서 주정 제조
• 단발효주를 만든 후 증류하는 것이다.
• 일반적인 제조과정은 원료(당밀) → 희석 → 발효조성제 → 살균 → 효모접종 → 발효 → 증류 → 제품 순이다.
• 당화과정이 필요 없다.

40 ③ 당밀의 알코올 발효 시 밀폐식 발효
• 술밑과 술덧이 전부 밀폐조 안에서 행하므로 살균이 완전하게 된다.
• 잡균이 침입할 우려가 없다.
• 주정의 누출도 적기 때문에 수득량은 개방식보다 많다.
• 첨가하는 효모균의 양도 훨씬 적어도 된다.

41 ① 주정 제조에 널리 이용되고 있는 효모
• 전분질 원료인 경우 glucose, maltose의 발효력이 강한 *S. cerevisiae*를 사용한다.
• 당밀 원료인 경우 *S. formosensis* 및 *S. robustus*를 사용한다.
• 고농도의 알코올 발효에는 *S. robustus*가 가장 적합하다.

42 ① 입국(koji)의 중요한 세 가지 역할
• 전분질의 당화, 향미 부여, 술덧의 오염방지 등이다.

43 ② 주모(술밑)
• 주류 발효 시 효모 균체를 건전하게 대량 배양시켜 발효에 첨가하여 안전한 발효를 유도시키기 위한 물료이다.
• 주모에는 다량의 산이 존재하므로 유해균의 침입, 증식을 방지시킬 수 있는 특징이 있다.

44 ② 주정 발효 시 술밑 제조
• 국법에서는 잡균오염을 억제하고 안전하게 효모를 배양하기 위해서 증자술덧은 먼저 젖산 술밑조로 옮겨서 55~60℃에서 밀기울 코지를 첨가한다.

• 48℃에서 젖산균(*Lactobacillus delbrueckii*)을 이식하여 45~48℃에서 16~20시간 당화와 동시에 젖산 발효를 시킨다.
• pH 3.6~3.8이 되면 90~100℃에서 30~60분 가열 살균한 다음 30~33℃까지 냉각하여 효모균을 첨가하여 술밑을 배양한다.

45 ① Gay Lusacc식에 의하면
• 이론적으로는 glucose로부터 51.1%의 알코올이 생성된다.
• $C_6H_{12}O_6 \longrightarrow 2C_2H_5OH + 2CO_2$의 식에서 이론적인 ethanol 수득률이 51.1%이므로, $1000 \times 51.1/100 = 511g$이다.
• 실제 수득률이 95%이므로 알코올 생산량은 $511 \times 0.95 = 486g$이다.
• 전분 함량 16%에서 얻을 수 있는 탁주의 알코올 도수는 $16 \times 51.1/100 = 8.2\%$, 약 8%이다.

46 ④ 퓨젤유(fusel oil)
• 알코올 발효의 부산물인 고급알코올의 혼합물이다.
• 불순물인 fusel oil은 술덧 중에 0.5~1.0% 정도 함유되어 있다.
• 주된 성분은 n-propyl alcohol(1~2%), isobutyl alcohol(10%), isoamyl alcohol(45%), active amyl alcohol(5%)이며 미량 성분으로 고급지방산의 ester, furfural, pyridine 등의 amine, 지방산 등이 함유되어 있다.
• 이들 fusel oil의 고급알코올은 아미노산으로부터 알코올 발효 시의 효모에 의한 탈아미노기 반응과 동시에 탈카르복시 반응에 의해서 생성되는 aldehyde가 환원되어 생성된다.

47 ③ 46번 해설 참조

48 ① 퓨젤유의 분리
• 연속식 증류 방법을 사용한다.
• 알코올, 고급알코올(fusel oil), 알데히드류, 에스테르류, 물 등을 각각 다른 비등점, 증기의 비중을 이용하여 분단적으로 증기를 모아 별도로 응축시켜 얻어낸다.

49 ① 46번 해설 참조

50 ④ 당밀의 특수 발효법
① Urises de Melle법(Reuse법)
• 발효가 끝난 후 효모를 분리하여 다음 발효에 재사용하는 방법이다.

- 고농도 담금이 가능하다.
- 당 소비가 절감된다.
- 원심분리로 잡균 제거에 용이하다.
- 폐액의 60%를 재이용한다.
② Hildebrandt–Erb법(two stage법)
- 증류폐액에 효모를 배양하여 필요한 효모를 얻는 방법이다.
- 효모의 증식에 소비되는 발효성 당의 손실을 방지한다.
- 폐액의 BOD를 저하시킬 수 있다.
③ 고농도 술덧 발효법
- 원료의 담금 농도를 높인다.
- 주정 농도가 높은 숙성 술덧을 얻는다.
- 증류할 때 많은 열량이 절약된다.
- 동일 생산 비율에 대하여 장치가 적어도 된다.
④ 연속 발효법
- 술덧의 담금, 살균 등의 작업이 생략되므로 발효경과가 단축된다.
- 발효가 균일하게 진행된다.
- 장치의 기계적 제어가 용이하다.

51 ① 50번 해설 참조

52 ① 증발계수(ka)

> - ka = a/A
>   ┌ A : 원액 중의 알코올 %,
>   └ a : 증기 중의 알코올 %
> - ka = 51/10 = 5.1

53 ④ 공비점
- 알코올 농도는 97.2%, 물의 농도는 2.8%이다.
- 비등점과 응축점이 모두 78.15℃로 일치하는 지점이다.
- 이 이상 가열하여 끓이더라도 농도는 높아지지 않는다.
- 99%의 알코올을 끓이면 이때 발생하는 증기의 농도는 오히려 낮아진다.
- 97.2v/v% 이상의 것은 얻을 수 없으며 이 이상 농도를 높이려면 특별한 탈수법으로 한다.

54 ④ 53번 해설 참조

55 ① 주정 제조 시 정류계수
- 정류계수가 (Kn/Ka)=1이면 불순물을 어느 정도 함유한 주정액을 비등시켜도 증기 중의 불순물과 주정과

의 비는 불변이다.
- (Kn/Ka) > 1이면, 유액이 원액보다 불순물이 많다.
- (Kn/Ka) < 1이면, 유액이 원액보다 불순물이 적다.

56 ① 영양요구성 변이주에 의한 발효법으로 아미노산을 생성하는 경우
- L–lysine, L–threonine, L–valine, L–tyrosine 등의 아미노산은 야생주에 단순히 적당한 영양요구성 만을 부여함으로써 아미노산을 대량 축적할 수 있다.

57 ④ 미생물을 이용한 아미노산 제조법
- 야생주에 의한 발효법 : glutamic acid, L– alanine, valine
- 영양요구성 변이주에 의한 발효법 : L–lysine, L–threonine, L–valine, L–ornithine, L–citrulline
- analog 내성 변이주에 의한 발효법 : L– arginine, L–histidine, L–tryptophan
- 전구체 첨가에 의한 발효법 : glycine → L– serine, D–threoine → isoleucine
- 효소법에 의한 아미노산의 생산 : L–alanine, L–aspartic acid

58 ④ 57번 해설 참조

59 ① 57번 해설 참조

60 ① 57번 해설 참조

61 ③ 라이신(lycine) 발효
- glutamic acid 생산균인 *Corynebacterium glutamicum*에 자외선과 Co^{60} 조사에 의하여 영양요구변이주를 만들어 생산한다.
- 이들 변이주는 biotin을 충분히 첨가하고 소량의 homoserine 또는 threonine+methionine을 첨가하여 대량의 lysine을 생성 · 축적하게 된다.

62 ④ lysine 직접 발효 시 변이주 이용
- 탄소원과 질소원을 함유하는 배지에서 1가지 균주를 배양하여 lysine을 직접 생성하고, 축적하는 방법에 사용하는 변이주에는 3종류가 있다.
  - 영양요구성 변이주(homoserine 요구성 변이주, threonine+methionine 요구성 변이주)
  - threonine, methionine 감수성 변이주
  - lysine analog 내성 변이주

63 ① 61번 해설 참조

64 ④ 62번 해설 참조

65 ③ mono sodium glutamate의 발효
- 가장 대표적인 glutamic acid 생산균은 *Coryne bacterium glutamicum*이다.
- 기초배지 조성은 glucose 10%, K_2HPO_4 0.05%, KH_2PO_4 0.05%, $MgSO_4$ 0.025%, $FeSO_4$ 0.001%, $MnSO_4$ 0.0001%, 요소 0.5% 등이고, 30℃에서 72시간 진탕배양한다.
- 배양균의 증식을 위한 외적 환경조건
  – 산소 농도가 적당한 양일 것
  – 암모니아 농도가 적당한 양일 것
  – pH가 중성으로부터 미알칼리성일 것
  – citiric acid의 농도가 적당량일 것
  – biotin의 농도가 생육 최저농도일 것

66 ② 글루탐산을 생산하는 균주의 공통적 성질
- 호기성이다.
- 균의 형태는 구형, 타원형 단간균이다.
- 운동성이 없다.
- 포자를 형성하지 않는다.
- 그람양성균이고 catalase 양성이다.
- 생육인자로서 비오틴을 요구한다.

67 ③ 글루탐산 발효에 사용되는 균주
- *Corynebacterium glutamicum*(*Micrococcus glutamicus*), *Brevibacterium flavum*, *Brev. divaricatum*, *Brev. lactofermentum*, *Microbacterium ammoniaphilum* 등이 있다.

68 ③ 글루탐산 발효에서 biotin과의 관계
- biotin의 최적량 조건 하에서 글루탐산의 정상발효가 이루어진다.
- 배지 중의 biotin 농도는 0.5~2.0r/L가 적당하나, 이보다 많으면 균체만 왕성하게 증가되어 젖산만 축적하고 glutamic acid는 생성되지 않는다.

69 ③ glutamic acid 발효 시 penicillin 첨가
- 비오틴 과잉 함유배지에서 배양 도중에 페니실린을 첨가하여 대량의 glutamic acid의 발효 생산이 가능하다.
- penicillin의 첨가 효과를 충분히 발휘하기 위해서는 첨가시기(약 6시간 배양 후)와 적당량(배지 1mL당 1~5IU)을 첨가하는 것이 중요하다.

70 ① 69번 해설 참조

71 ④ glutamic acid 발효 시 penicillin의 역할
- biotin 과잉의 배지에서는 glutamic acid를 균체 외에 분비, 축적하는 능력이 낮아 균체 내의 glutamic acid가 많아지게 된다. 이의 큰 원인은 세포막의 투과성이 나빠지므로 합성된 glutamic acid가 세포 내에 자연히 축적되는 것이다.
- penicillin을 첨가하면 세포벽의 투과성이 변화를 받아(투과성이 높아져) glutamic acid가 세포 외로 분비가 촉진되어 체외로 glutamic acid가 촉진된다.

72 ③ glutamic acid의 회수 방법
- 농축된 발효액으로부터 glutamic acid를 등전점에서 석출시키는 방법
- glutamic acid를 염산염으로 분리하는 방법
- 이온교환수지에 흡착시켜 용출하는 방법(강염기성 음이온 교환수지)
- glutamic acid를 난용성의 금속염으로써 분리하는 방법
- 이외에 유기용매에 의한 추출법, 전해투석법 등이 있다.

73 ③ glutamic acid 생산균주
- 생육인자로서 biotin을 요구한다.
- glutamic acid 축적의 최적 biotin량은 생육최적요구량(약 10~25r/L)보다 1/10 정도인 0.5~2.0r/L가 적당하나 이보다 많으면 균체만 왕성하게 증가되어 젖산만 축적하고 glutamic acid는 생성되지 않는다.

74 ③ 핵산 관련물질이 정미성을 갖기 위한 화학구조
- 고분자 nucleotide, nucleoside 및 염기 중에서 mononucleotide만 정미성분을 가진다.
- purine계 염기만이 정미성이 있고, pyrimidine계는 정미성이 없다.
- 당은 ribose나 deoxyribose에 관계없이 정미성을 가진다.
- ribose의 5′의 위치에 인산기가 있어야 정미성이 있다.
- purine 염기의 6의 위치 탄소에 –OH가 있어야 정미성이 있다.

75 ② 정미성 핵산의 제조방법
- RNA를 미생물 효소 또는 화학적으로 분해하는 방법 (RNA 분해법)
- purine nucleotide 합성의 중간체를 배양액 중에 축적시킨 다음 화학적으로 nucleotide를 합성하는 방법 (발효와 합성의 결합법)

- 생화학적 변이주를 이용하여 당으로부터 직접 정미성 nucleotide를 생산하는 방법(*de novo* 합성)

76 ① **정미성 핵산물질을 획득하기 가장 적당한 미생물 균체**
- RNA는 모든 생물에 널리 존재하지만 RNA의 공업적 원료로서는 미생물 중에서도 효모균체 RNA가 이용되고 있다.
- RNA 원료로서 효모가 가장 적당하다는 것은 RNA의 함량이 비교적 높고 DNA가 RNA에 비해서 적으며 균체의 분리, 회수가 용이할 뿐 아니라 아황산펄프폐액, 당밀, 석유계 물질 등 값싼 탄소원을 이용할 수 있다는 등의 이유 때문이다.

77 ② **74번 해설 참조**

78 ② **정미성을 가지고 있는 nucleotide**
- 5′-guanylic acid(guanosine-5′-monophosphate, 5′-GMP), 5′-inosinic acid(inosine-5′-monophosphate, 5′-IMP), 5′-xanthylic acid(xanthosine-5′-phosphate, 5′-XMP)이다.
- XMP < IMP < GMP의 순서로 정미성이 증가한다.
- ※ 5′-adenylic acid(adenosine-5′-phosphate, 5′-AMP)는 정미성이 없다.

79 ④ 핵산 분해법에 의한 5′-nucleotides의 생산에 주원료로 쓰이는 것은 ribonucleic acid, deoxyribonucleic acid, 효모균제 중 핵산 등이 있다.

80 ③ **RNA 분해법으로 핵산 조미료 생산**
- RNA는 모든 생물에 널리 존재하지만 RNA의 공업적 원료로서는 미생물 중에서도 효모균체 RNA가 이용되고 있다.
- RNA 원료로서 효모(*Candida utilis, Hansenula anomala* 등)가 가장 적당하다는 것은 RNA의 함량이 비교적 높고 DNA가 RNA에 비해서 적으며 균체의 분리, 회수가 용이할 뿐 아니라 아황산펄프폐액, 당밀, 석유계 물질 등 값싼 탄소원을 이용할 수 있다는 등의 이유 때문이다.

81 ③ **adenine 요구균주의 성질**
- 배지 중에 adenine을 과잉량 첨가하면 균의 생육은 촉진되나 IMP의 축적량은 크게 감소된다.
- IMP 생산을 위한 adenine 최적농도는 생육을 위한 농도보다 낮다.

82 ① **81번 해설 참조**

83 ③ **sodium arsenate를 첨가하는 이유**
- *Streptomyces aureus*가 생성하는 효소로 RNA를 분해시켜 5′-nucleotides를 제조할 때 비산소다(sodium arsenate)를 첨가하여 반응시킨다.
- 이것은 *Streptomyces aureus*의 최적 pH는 8.2, 42℃에서 분해가 일어나며 최적농도로서 10mμ의 비산소다(sodium arsenate)의 첨가로 5′-nucleotidase(5′-phosphomonoesterase)를 억제할 수 있기 때문이다.

84 ④ **정미물질**
- RNA는 nucleotide가 C3′와 C5′간의 phospho diester 결합에 의해서 중합된 polynucleotide이다. 따라서 RNA를 가수분해하면 nucleotide를 얻을 수 있다.
- 핵산분해효소인 5′-phosphodiesterase 혹은 nuclease의 효소로 RNA를 분해하면 AMP, GMP, UMP, CMP가 생성된다.
- GMP는 직접 조미료(정미물질)로 사용되고, AMP는 deamination시켜 IMP를 얻어 조미료(정미물질)로 사용된다. UMP, CMP는 정미물질이 되지 못한다.

85 ④ **78번 해설 참조**

86 ④ **XMP를 중간체로 하는 5′-GMP의 직접발효**
- *Brevibacterium ammoniagenes*의 5′-XMP 생산균주에서 유도된 5′-XMP 생산균주와 5′-XMP를 5′-GMP로 전환시키는 균주를 혼합 배양함으로써 당질과 암모니아로부터 직접 GMP를 축적시키는 발효방식이다.
- 혼합배양에 의해서 guanosine nucleotide를 효율적으로 생산하기 위해서는 배양전기에 5′-XMP를 충분히 생산시키고 후기에 전환균을 생육시키는 것이 중요하다.
- 또 XMP로부터 5′-GMP를 효율적으로 생성시키기 위하여 계면활성제의 첨가가 효과적이며 계면활성제를 첨가하면 XMP는 급격히 감소되면서 GMP, GDP, GTP를 축적하게 된다.

87 ④ **cyclic AMP의 생리적 기능**
- 2차 신호전달자로서 세포막을 통과할 수 없는 에피네프린이나 글루카곤 등의 신호를 세포 내로 전달하는 역할을 한다.

제4과목 식품미생물 및 생화학 예상문제 정답 및 해설

항생물질

01 ④ 대사산물의 회수방법
- 침전법 : glutamic acid 등의 등전점 침전
- 염석법 : 효소 등의 고분자 단백질이나 peptide류에 거의 한정
- 용매추출법 : 항생물질의 정제에 있어서 극히 중요한 방법
- 흡착법 : streptomycin의 정제이며 항생물질 이외에도 아미노산, 핵산관련물질, 효소, 유기산 분리

02 ③ 스트렙토마이신(streptomycin)
- 당을 전구체로 하는 항생물질의 대표적인 것이다.
- 그 생합성은 방선균인 *Streptomyces griceus*에 의해 D-glucose로부터 중간체로서 myoinositol을 거쳐 생합성된다.

03 ② tetracycline 항생제
- ribosome의 A부위를 차단시켜 aminoacyl-t-RNA와 결합하지 못하도록 하기 때문에 단백질의 합성을 저해시킨다.

04 ④ 벤질페니실린(페니실린G)
- 산에 불안정하여 위를 통과하면서 대부분 분해되므로 충분한 약효를 얻기 위해서는 근육 내 주사로 투여해야 한다.
- 일부 반합성 페니실린은 산에 안정하기 때문에 경구 투여할 수 있다.
- 모든 페니실린류는 세균의 세포벽 합성을 담당하고 있는 효소의 작용을 방해하고 또한 유기체의 방어벽을 부수는 다른 효소를 활성화시키는 방법으로 그 효과를 나타낸다. 그러므로 이들은 세포벽이 없는 미생물에 대해서는 효과가 없다.

05 ③ penicillin, cephalosporin C의 주된 항균 작용기작
- peptidoglycan 생합성의 최종 과정인 transpeptiase를 저해하여 그 가교 형성(cross-link)을 비가역적으로 저해한다.
- 이 저해의 이유는 이들의 구조가 peptidoglycan의 D-Ala-D-Ala 말단과 유사하므로 기질 대신에 이들 항생물질이 효소의 활성 중심과 결합하기 때문이다.

06 ① 페니실린(penicillins)
- 베타-락탐(β-lactame)계 항생제로서, 보통 그램 양성균에 의한 감염의 치료에 사용한다.
- lactam계 항생제는 세균의 세포벽 합성에 관련 있는 세포질막 여러 효소(carboxypeptidases, transpeptidases, entipeptidases)와 결합하여 세포벽 합성을 억제한다.

07 ② 항생물질과 단백질 저해작용
- chloramphenicol계 : 50S ribosome과 결합하여 단백질 합성을 저해한다.
- sterptomycin : 30S ribosome과 결합하여 단백질 합성의 개시반응을 저해하고, mRNA상의 코돈을 잘못 읽게 만든다.
- tetracycline계: 30S 리보솜의 A site에 aminoacyl tRNA의 결합을 방해하여 단백질의 합성을 저해한다.
- erythromycin : 50S ribosome과 결합하여 translocation을 방해한다.

생리활성물질

01 ③ riboflavin(vit. B$_2$)의 생산균주
- *Ashbya gossypii*, *Eremothecium ashbyii*, *Candida*속, *Pichia*속 효모, *Clostridium*속 세균 등이 알려져 있다.
- 특히 *Ashbya gossypii*와 *Eremothecium ashbyii*의 생산능이 우수하다.

02 ③ 01번 해설 참조

03 ① 비타민 B$_{12}$ 생산균
- *Propionibacterium freudenreichii*, *Propioni bacterium shermanii*, *Streptomyces olivaceus*, *Micromonospora chalcea*, *Pseudomonas denitri ficans*, *Bacillus megaterium* 등이 있다.
- 이외에 *Nocardia*, *Corynebacterium*, *Butyri bacterium*, *Flavobacterium*속 등이 있다.

04 ④ 비타민 C의 발효
- Reichsten의 방법으로 합성되고 있다.
- 이 중에서 중간체인 D-sorbitol로부터 L-sorbose로의 산화는 화학적 방법에 의하면 라세미 형이 생성되어 수득량이 반감하기 때문에 산화세균인 *Acetobacter suboxydan*, *Gluconobacter roseus* 등을 이용하여 90% 이상의 수득률로 L-sorbose를 생성한다.

05 ② 04번 해설 참조

06 ④ 활성물질과 생산균주
- 비타민 B₂의 생산균주 : *Ashbya gossypii, Eremothecium ashbyii, Candida*속 및 *Pichia*속 효모 등
- ascorbic acid의 생산균주 : *Acetobacter suboxy dans, Gluconobacter roseus* 등
- isovitamin C의 생산균주 : *Pseudomonas fluore scens, Serratia marcescens* 등
- carotenoid의 생산균주 : *Blakeslea trispora*(가장 생성능이 강함), *Neurospora sitophila, Choanephora*속 등

07 ① 곰팡이 *Gibberella fujikuroi*는 식물 호르몬 일종인 gibberellin의 생성에 관여한다.

효소

01 ④ 고정화효소
- 물에 용해되지 않으면서도 효소활성을 그대로 유지하는 불용성 효소, 즉 고체촉매화 작용을 하는 효소이다.
- 담체와 결합한 효소이다.
- 고정화효소의 제법으로 담체 결합법, 가교법, 포괄법의 3가지 방법이 있다.
  - 담체결합법은 공유결합법, 이온결합법, 물리적 흡착법이 있다.
  - 포괄법은 격자형, microcapsule법이 있다.

02 ④ 고정화효소

장점	• 효소의 안정성이 증가한다. • 효소의 재이용이 가능하다. • 연속반응이 가능하다. • 반응목적에 적합한 성질과 형태의 효소 표준품을 얻을 수 있다. • 반응기가 차지하는 공간을 줄일 수 있다. • 반응조건의 제어가 용이하다. • 반응 생물의 순도 및 수율이 향상된다. • 자원, 에너지, 환경문제의 관점에서도 유리하다.
단점	• 고정화 조작에 의해 활성효소의 총량이 감소하기도 한다. • 고정화 담체와 고정화 조작에 따른 비용이 가산된다. • 입자 내 확산저항 등에 의해 반응속도가 저하될 수 있다.

03 ③ 01번 해설 참조

04 ② 효소 생산에 있어서 고체배양법과 액체배양법(심부배양)의 비교

	고체배양	액체배양
균주	일반적으로 곰팡이에 적합하다.	일반적으로 세균, 효모, 방사선균에 적합하다.
효소역가	고역가의 효소액이 얻어진다.	고체배양의 추출액보다 약간 떨어진다.
설치면적	넓은 면적이 필요하다.	좁은 면적이 좋다.
생산관계	기계화가 어렵다.	관리가 쉽고 기계화가 가능하다.
	노력이 들고 배양관리가 어렵다.	대량생산에 알맞다.
기타	대량의 박(粕)이 부생된다.	박(粕)이 없다.

05 ④ 04번 해설 참조

06 ③ 효소의 추출 정제
- 균체 외 효소는 균체를 제거한 배양액을 그대로 정제하면 된다.
- 균체 내 효소는 세포의 마쇄, 세포벽 용해 효소처리, 자기소화, 건조, 용제처리, 동결융해, 초음파 파쇄, 삼투압 변화 등의 방법으로 효소를 유리시켜야 한다.

07 ② 효소의 정제법
- 유기용매에 의한 침전, 염석에 의한 침전, 이온교환 chromatography, 특수 침전(등전점 침전, 특수시약에 의한 침전), gel 여과, 전기영동, 초원심분리 등이 있다.
- 이 중 acetone이나 ethanol에 의한 침전과 황산암모늄에 의한 염석 침전법이 공업적으로 널리 이용된다.

08 ② 07번 해설 참조

09 ② 세균 amylase
- *α-amylase*가 주체인데 생산균으로는 *Bacillus subtilis, Bacillus licheniformis, Bacillus stearothermophillus*의 배양물에서 얻어진 효소제이다.
- 세균 amylase는 내열성이 강하다.

10 ② protease 생산에 이용되는 미생물
- *Bacillus subtilis*는 대량의 protease를 생산하며 적

당한 조건하에서는 1g/L 이상 생성된다.
- 최적 pH 7.0의 중성 protease와 pH 10.5의 알칼리성 protease의 두 종류가 있고 고체배양과 액체배양에 의해서 생산된다.

11 ④ 알칼리성 단백질 가수분해효소(alkaline protease)
- 알칼리성 범위에 최적 pH를 나타내는 단백질가수분해효소의 총칭이다.
- 특히 미생물 유래의 세린 단백질 분해효소를 지칭하는 경우가 많다.
- 대표적인 것으로는 *Bacilius subtilis*가 생산하는 subtilisin이다.

12 ② cellulase의 생산균
- 현재 공업적으로 이용되고 있는 균주는 *Trichoderma viride, Asp. niger, Fusarium moniliforme* 등이 있다.

균체생산

01 ③ 미생물 균체로부터 유지생산 조건 및 조성
- 탄소원 농도가 높고 질소원이 결핍되어야 유지가 축적된다.
- 유지의 축적에는 충분한 산소 공급이 필요하다.
- 유지 함량은 대수 증식기에 적고 감속기의 말기부터 정상기의 초기에 걸쳐서 최대로 축적된다.
- 미생물 유지의 조성은 식물성 유지와 비슷하고 중성유지, 유리지방산, 인지질 및 비비누화 물질로 되어 있다.
- 지방산 조성은 palmitic acid, stearic acid, oleic acid, linoleic acid 등이 많다.

02 ① 증식수율
- 기질(대부분의 경우 탄소원) 소비량에 대한 증식된 생산물(균체)량

03 ③ 발효과정 중에서의 수율(yield)
- 세포가 소비한 단위 영양소당 생산된 균체 또는 대사산물의 양이다.
- 생물공정의 효율성을 평가하는 중요한 지표이다.

04 ② *Rhodotorula*속
- 적색효모로 당류의 발효성은 없으나 산화적으로 자화하고 보통 피막을 형성하지 않는다.
- carotenoid 색소를 생성한다.

05 ④ 단세포 단백질(SCP)로 이용할 수 있는 균주
- 석유계 탄화수소를 원료 : *Candida tropicalis, C. lipolytica, C. tintermedia* 등
- 아황산펄프폐액을 원료 : *C. utilis, C. tropicalis* 등
- 폐당밀을 원료 : *Saccharomyces cerevisiae*
- 녹조류 균체 : *Chlorella vulgaris, C. ellipsoidea* 등

06 ③ 유지를 생산하는 세균
- 미생물 균체의 유지 함량은 2~3% 정도이지만 효모, 곰팡이, 단세포 조류 중에는 배양조건에 따라서 건조 세포의 60%에 달하는 유지를 축적하는 것도 있다.
- 유지생산 미생물 중에 n-paraffin(C_{16}~C_{18})을 원료로 유지를 생산하는 세균은 *Nocardia*속(유지 생성률 57%)이 있고, 효모는 *Candida*속(유지 생성률 24.8%) 등이 있다.

07 ④ 석유계 탄화수소를 이용하는 균주
- 효모류(주로 많이 이용) : *Candida lypolytica, Candida tropicalis, Candida intermedia, Candida pertrophilum, Torulopsis*속 등
- 세균 : *Pseudomonas aeruginosa, Pseudomonas desmolytica, Corynebacterium petrophilum* 등
  ※ *Chlorella*속 : CO_2를 탄소원으로 이용

08 ③ 탄화수소를 이용한 균체 생산
- 당질을 이용한 경우에 비해서 약 3배량의 산소를 필요로 하지만 일반적으로 탄화수소를 이용한 경우의 증식속도는 당질의 경우보다 대단히 늦어서 세대시간이 4~7시간이나 된다.

09 ③ 균체 단백질 생산 미생물의 구비조건
- 기질에 대한 균체의 수율이 좋고 각 균체의 증식속도가 높아야 한다.
- 균체는 분리 정제상 가급적 큰 것이 좋다. 이런 점에서 세균보다 효모가 알맞다.
- 균체에서의 목적하는 성분인 단백질이나 영양가가 높은 미량성분 등의 함유량이 높아야 한다.
- 배양에서의 최적온도는 고온일수록 좋고, 생육 최적 pH 범위는 낮은 측에서 넓을수록 좋다.
- 기질의 농도가 높아도 배양이 잘 되며, 간단한 배지에도 잘 생육할 수 있어야 한다. 또한, 배양기간 동안 균의 변이가 없고, 기질의 변질에 따른 안정성이 있어야 한다.
- 배양균체를 제품화한 것은 안전성이 있어야 한다.
- 기질의 탄화수소에 대한 유화력이 커야 하고 독성이 없어야 한다.

- 균체 단백질은 소화율이 좋아야 한다.

10 ① *Candida utilis*
- xylose를 자화하므로 아황산펄프폐액 등에 배양해서 균체는 사료 효모용 또는 inosinic acid 제조 원료로 사용된다.

11 ④ **단세포 단백질(SCP)의 생산**
- 농업생산에 비하여 증식속도가 빠르므로 생산효율이 높다. 또한, 공업적 생산이 가능하므로 좁은 면적에서 큰 수확을 얻을 수 있을 뿐 아니라 기후조건 등의 영향도 받지 않는다. 관리가 용이한 장점이 있다.

12 ② **단세포 단백질(single cell protein)**
- 효모 또는 세균과 같은 단세포에 포함되어 있는 단백질을 가축의 먹이로 함으로써 간접적으로 단백질을 추출, 정제해 직접 인간의 식량으로 이용할 수 있는 단백자원, 단세포단백질, 탄화수소단백질, 석유단백질로도 불린다.
- 메탄을 이용하여 생육할 수 있는 미생물은 *Methylo monas methanica, Methylococcus capsulalus, Methy lovibrio soengenii, Methanomonas margaritae* 등 비교적 특이한 세균에 한정되어 있다.

13 ③ **효모의 균체 생산 배양관리**
- 좋은 품질의 효모를 높은 수득률로 배양하기 위해서는 배양관리가 적절해야 한다.
- 관리해야 할 인자 : 온도, pH, 당농도, 질소원농도, 인산농도, 통기교반 등
  - 온도 : 최적온도는 일반적으로 25~26℃이다.
  - pH : 일반적으로 pH 3.5~4.5의 범위에서 배양하는 것이 안전하다.
  - 당농도 : 당농도가 높으면 효모는 알코올 발효를 하게 되고 균체 수득량이 감소한다. 최적 당농도는 0.1% 전후이다.
  - 질소원 : 증식기에는 충분한 양이 공급되지 않으면 안 되나 배양 후기에는 질소농도가 높으면 제품효모의 보존성이나 내당성이 저하 된다.
  - 인산농도 : 낮으면 효모의 수득량이 감소되고 너무 많으면 효모의 발효력이 저하되어 제품의 질이 떨어지게 된다.
  - 통기교반 : 알코올 발효를 억제하고 능률적으로 효모 균체를 생산하기 위해서는 배양 중 충분한 산소 공급을 해야 한다.

14 ④ **13번 해설 참조**

15 ② **제빵효모 *Saccharomyces cerevisiae*의 구비조건**
- 발효력이 강력하여 밀가루 반죽의 팽창력이 우수할 것
- 생화학적 성질이 일정할 것, 물에 잘 분산될 것
- 자기소화에 대한 내성이 있어서 보존성이 좋을 것
- 장기간에 걸쳐 외관이 손상되지 않을 것
- 당밀배지에서 증식속도가 빠르고 수득률이 높을 것

16 ② **생산된 균체의 양**

> - 생성된 균체량
>   = (포도당량×균체생산수율)−부산물량
>   = (100×0.5)−10 = 40g/L

17 ③ **효모 균체 성분(비타민)**

	빵효모	맥주효모	펄프효모	석유효모
thiamine (B₁)	9~40	50~360	3~5	8
riboflavin (B₂)	44~85	25~80	20~90	80
pyridoxine (B₆)	16~65	23~100	15~60	23
nicotinic acid	200~700	300~1000	190~500	200
panto-thenic acid	180~330	72~100	100~190	180

18 ④ 빵효모를 생산할 때는 배양 중 충분한 산소를 공급해주어야 한다.

19 ② **셀룰로스(cellulose) 자화력이 강한 균주**
- *Cellulomonas fimi, Cellulomonas flavigena, Cellulomonas aureogea, Cellulomonas gelida* 등이 있다.
- 농산 폐자원을 기질로 하여 섬유소 단세포 단백질 생산에 이용된다.

20 ③ **메탄올을 자화하는 미생물**
- 균체 생산을 위해서는 세균보다 효모가 많이 이용된다.
- *Kloeckera, Pichia, Hansenhula, Candida, Saccharomyces, Torulopsis*속 등이 이용된다.

효소

01 ① 효소단백질
- 단순단백질 또는 복합단백질 형태로 존재하지만 복합단백질에 분류된 효소의 경우, 단백질 이외의 저분자화합물과 결합하여 비로소 활성을 나타낸 것이 많다. 이 저분자화합물을 보조효소(coenzyme)라 한다.
- 단백질 부분은 apoenzyme이라 하며, apoenzyme과 보조가 결합하여 활성을 나타내는 상태를 holoenzyme이라고 한다.
- 보조효소가 apoenzyme과 강하게 결합(주로 공유결합)되어 용액 중에서 apoenzyme으로부터 해리되지 않는 경우 이 보조효소를 보결분자족(prosthetic group)이라고 한다.
  - 보결분자족은 catalase, peroxidase의 Fe-porphyrin 같은 단백질과 강하게 결합된 경우와 hexokinase의 Mg^{++}, amylase의 Ca^{++}, carboxypeptidase의 Zn^{++} 같이 단백질과 해리되기 쉬운 유기화합물인 경우도 있다.
  - 보효소로는 NAD, NADP, FAD, ATP, CoA, biotin 등이 있다.

02 ③ 완전효소(holoenzyme)
- 활성이 없는 효소단백질(apoenzyme)과 조효소(coenzyme)가 결합하여 활성을 나타내는 완전한 효소를 말한다.
- holoenzyme = apoenzyme + coenzyme

03 ④ Michaelis 상수 K_m
- 반응속도 최대값의 1/2일 때의 기질농도와 같다.
- K_m은 효소-기질복합체의 해리상수이기 때문에 K_m값이 작을 때에는 기질과 효소의 친화성이 크며, 역으로 클 때에는 작다.

04 ① 효소반응 속도식
- 기질농도를 변화시켜 초기속도를 결정한 다음 K_m과 V_m 값을 결정하게 된다.

05 ② feedback inhibition(최종산물저해)
- 최종생산물이 그 반응계열의 최초반응에 관여하는 효소 E_A의 활성을 저해하여 그 결과 최종 산물의 생성,

집적이 억제되는 현상을 말한다.
  ※ feedback repression(피드백 억제)은 최종생산물에 의해서 효소 E_A의 합성이 억제되는 것을 말한다.

06 ④ 경쟁적 저해(competitive inhibition)
- 기질과 저해제의 화학적 구조가 비슷하여 효소의 활성부위에 저해제가 기질과 경쟁적으로 비공유결합하여 효소작용을 저해하는 것이다.
- 경쟁적 저해제가 존재하면 효소의 반응 최대속도(V_{max})는 변화하지 않고 미카엘리스 상수(K_m)는 증가한다.
- 경쟁적 저해제가 존재하면 Lineweaver-Burk plot에서 기울기는 변하지만, y절편은 변하지 않는다.

07 ③ 3번 해설 참조

08 ④ Michaelis-Menten식

> - [S] = K_m이라면, V = $1/2V_{max}$이 된다.
>   20umol/min = $1/2V_{max}$
> ∴ V_{max} = 40umol/min

09 ① Michaelis 상수 K_m
- 반응속도 최대값의 1/2일 때의 기질농도와 같다.
- K_m은 효소-기질복합체의 해리상수이기 때문에 K_m값이 작을 때에는 기질과 효소의 친화성이 크며, 역으로 클 때는 작다.
- K_m값은 효소의 고유값으로서 그 특성을 아는데 중요한 상수이다.

10 ④ Michaelis-Menten식

> - [S] = K_m이라면 V = $1/2V_{max}$이 된다.
>   15mM/min = $1/2V_{max}$
> ∴ V_{max} = 30mM/min

11 ① 효소의 반응속도 항수
- Michaelis-Menten식에 역수를 취하여 1차 방정식(y = ax+b)으로 나타낸 것이 Lineweaver-Burk식이다.

$$\cdot\ \frac{1}{v} = \frac{K_m}{V_{max}}\left(\frac{1}{[S]}\right) + \frac{1}{V_{max}}$$

- $y = ax+b$ 식에서 $x = 2$, $y = 3$, b(y절편) = 1을 대입하면, a(기울기) = 1이 된다.
- L−B식에서
  기울기 = $\frac{K_m}{V_{max}}$, y 절편 = $\frac{1}{V_{max}}$ 이므로,
- 기울기 = 1, y절편 = 1을 대입하여 풀면
  $V_{max} = 1$, $K_m = 1$이 된다.

12 ④ **효소의 반응속도에 영향을 미치는 요소**
- 온도, pH(수소이온농도), 기질농도, 효소의 농도, 저해제 및 부활제 등이다.

13 ④ **효소반응의 특이성**
① 절대적 특이성
- 유사한 일군의 기질 중 특이적으로 한 종류의 기질에만 촉매하는 경우
- urease는 요소를 분해, pepsin은 단백질을 가수분해, dipeptidase는 dipeptide 결합만을 가수분해한다.
② 상대적 특이성
- 효소가 어떤 군의 화합물에는 우선적으로 작용하며 다른 군의 화합물에는 약간만 반응할 경우
- acetyl CoA synthetase는 초산에 대하여는 활성이 강하나 propionic acid에는 그 활성이 약하다.
③ 광학적 특이성
- 효소가 기질의 광학적 구조 상위에 따라 특이성을 나타내는 경우
- maltase는 maltose와 α−glycoside를 가수분해하나 β−glycoside에는 작용하지 못한다. L−amino acid oxidase는 D−amino acid에는 작용하지 못하나 L−amino acid에만 작용한다.

14 ② **13번 해설 참조**

15 ③ **효소의 작용을 활성화시키는 부활체(activator)**
- phenolase, ascorbic acid oxidase에서 Cu^{++}
- phosphatase에서의 Mn^{++}, Mg^{++}
- arginase에서의 Cu^{++}, Mn^{++}
- cocarboxylase에서의 Mg^{++}, Co^{++}

16 ① **효소의 비활성(specific activity)**
- 여러 가지 단백질 중에서 효소를 분리하기 위해서 효소의 비활성으로 측정하며 효소제품의 순도를 나타낸다.

$$\text{specific activity(SA)} = \frac{\text{효소의 total unit}}{\text{total protein}}$$

- 효소의 정제가 진행됨에 따라 비활성이 증가하고 최후에는 일정하게 된다.
- 효소활성(activity)의 측정은 양이나 물보다는 효소반응률에 따라 단위로 표현되는 것이 일반적이다.
- 효소 1mg당의 국제단위(IU)로 나타내며 신국제단위에서는 효소 1kg당의 katal(kat)수로 나타낸다.

17 ③ **알로스테릭 효과(allosteric effect)**
- 효소의 기질결합 부위와는 입체적으로 다른 부위(allosteric site)에 저분자화합물(ligand)이 비공유결합적으로 결합하여 효소활성을 변화시키는 현상을 말한다.

18 ② **다른자리입체성 조절효소**
- 활성물질들이 효소의 활성 부위가 아닌 다른 자리에 결합하여 이루어지는 반응능력 조절이다.
- 반응속도가 Michaelis−Menten식을 따르지 않는다. (기질농도와 반응속도의 관계가 S형 곡선이 된다)
- 기질결합에 대하여 협동성을 나타낸다. (기질결합→형태변화 초래→다른 결합자리에 영향)
- 효과인자(다른자리입체성 저해물, 다른자리입체성 활성물)에 의해 조절된다.
- 가장 대표적인 효소 : ATCase

19 ③ **효소의 분류(이론 p457 참조)**

20 ③ **균체 내 효소와 균체 외 효소**
① 균체 내 효소
- 합성되어 미생물의 세포 내에 그대로 머물러 있는 효소이다.
- 균체의 성분을 합성한다.
- glucose oxidase, uricase, glucose isomerase 등이다.
② 균체 외 효소
- 미생물이 생산하는 효소 중 세포 밖에 분비되는 효소이다.
- 기질을 세포 내에 쉽게 흡수할 수 있는 저분자량의 물질로 가수분해한다.
- amylase, protease, pectinase 등의 가수분해효소가 많다.

21 ③ **zymogen(효소원)**
- proenzyme(효소의 전구체)이라고도 한다.
- 단백질 분해효소 가운데 비활성 전구물질을

제4과목 식품미생물 및 생화학 예상문제 정답 및 해설

zymogen이라 한다.
- 촉매활성은 나타나지 않지만 생물체 내에서 효소로 변형되는 단백질류이다.

22 ④ 가수분해효소(hydrolase)
- carboxy peptidase, raffinase, invertase, polys accharase, protease, lipase, maltase, phosphatase 등
- ※ fumarate hydratase는 lyase(이중결합을 만들거나 없애는 효소)이다.

23 ① α-amylase
- amylose와 amylopectin의 α-1,4-glucan 결합을 내부에서 불규칙하게 가수분해시키는 효소(endoenzyme)이다.
- 전분의 점도를 급격히 저하시키고, 덱스트린으로 되기 때문에 크게 환원력을 잃는다.
- 액화형 amylase라고도 한다.

24 ④ glucoamylase
- amylose와 amylopectin의 α-1,4-glucan 결합을 비환원성 말단에서 glucose 단위로 차례로 절단하는 효소로 α-1,4 결합 외에도 분지점의 α-1,6-glucoside 결합도 서서히 분해한다.

25 ③ 전분 분해효소
- α-amylase : amylose와 amylopectin의 α-1,4-glucan 결합을 내부에서 불규칙하게 가수분해시키는 효소(endoenzyme)로서 액화형 amylase라고도 한다.
- β-amylase : amylose와 amylopectin의 α-1,4-glucan 결합을 비환원성 말단에서 maltose 단위로 규칙적으로 절단하여 덱스트린과 말토스를 생성시키는 효소(exoenzyme)로서 당화형 amylase라고도 한다.
- maltase : α-glucoside 결합한 maltose를 가수분해하여 2분자의 glucose를 생성하는 효소이다.

26 ② 이성화효소(glucose isomerase)
- aldose와 ketose 간의 이성화반응을 촉매하며 D-glucose에서 D-fructose를 변환하는 효소이다.
- 특히 D-glucose로부터 D-fructose를 생성하는 포도당 이성질화 효소는 감미도가 높은 D-fructose의 공업적인 제조에 이용된다.
- 정제포도당에 고정화된 이성화효소(glucose isomerase)를 처리하여 과당(fructose)으로 전환

시켜 42%의 이성화당(high-fructose corn syrup, HFCS)을 얻는다.
- *Actinoplanes missouriensis*, *Bacillus coagulans*, *Bacillus megateruim*, *Microbacterium arborescens*, *Streptomyces olivaceus*, *Streptomyces albos*, *Streptomyces olivochromogenes*, *Streptomyces rubiginosus*, *Streptomyces murinus*에서 얻어진다.

27 ④ 26번 해설 참조

28 ③ glucose oxidase
- gluconomutarotase 및 catalase의 존재 하에 glucose를 산화해서 gluconic acid를 생성하는 균체의 효소이다.
- *Aspergillus niger*, *Penicillium notatum*, *Pen. chrysogenum*, *Pen. amagasakiense* 등이 생산한다.
- 식품 중의 glucose 또는 산소를 제거하여 식품의 가공, 저장 중의 품질저하를 방지할 수 있다.
  - 난백 건조 시 갈변 방지
  - 밀폐포장식품 용기 내의 산소를 제거하여 갈변이나 풍미저하 방지
  - 통조림에서 철, 주석의 용출 방지
  - 주스류, 맥주, 청주나 유지 등 산화를 받기 쉬운 성분을 함유한 식품의 산화 방지
  - phenol 산화, tyrosinase 또는 peroxidase에 의한 산화 방지
  - 생맥주 중의 호기성 미생물의 번식 억제
  - 식품공업, 의료에 있어서 포도당 정량에 이용

29 ④ 28번 해설 참조

30 ④ glucoamylase의 특징
- 전분의 α-1,4 결합을 비환원성 말단으로부터 glucose를 절단하는 당화형 amylase이다.
- 전분의 α-1,6 결합도 절단할 수 있다.
- 전분을 거의 100% glucose로 분해하는 효소이다.
- 환원당의 생성은 빠르나 반응이 진행하여도 고분자의 덱스트린이 남아 있어 점도의 저하, 요오드 반응의 소실은 늦어진다.
- maltose도 두 분자의 글루코스로 분해하고 반응은 늦지만 이소말토스도 분해한다.
- glucoamylase의 생산균은 *Rhizopus delemar*이다.

31 ① invertase(sucrase, saccharase)
- sucrose를 glucose와 fructose로 가수분해하는 효소이다.

- sucrose를 분해한 전화당은 sucrose보다 용해도가 높기 때문에 당의 결정 석출을 방지할 수 있고 또 흡수성이 있으므로 식품의 수분을 적절히 유지할 수가 있다.
- 인공벌꿀 제조에도 사용된다.
- invertase의 활성 측정은 기질인 sucrose로부터 유리되는 glucose 농도를 정량한다.

32 ② 셀룰로스(cellulose)

- β−D−glucose가 β−1,4 결합(cellobiose의 결합방식)을 한 것으로 직쇄상의 구조를 이루고 있다.
- β−glucosidase는 cellulose의 β−1,4 glucan을 가수분해하여 cellubiose와 glucose를 생성한다.

33 ① 전분당화를 위한 효소

- *α*−amylase : amylose와 amylopectin의 *α*−1,4−glucan 결합을 내부에서 불규칙하게 가수분해시키는 효소(endoenzyme)로서 액화형 amylase라고도 한다.
- *β*−amylase : amylose와 amylopectin의 *α*−1,4−glucan 결합을 비환원성 말단에서 maltose 단위로 규칙적으로 절단하여 덱스트린과 말토스를 생성시키는 효소(exoenzyme)로서 당화형 amylase라고도 한다.
- glucoamylase : amylose와 amylopectin의 *α*−1,4−glucan 결합을 비환원성 말단에서 glucose 단위로 차례로 절단하는 효소로 *α*−1,4 결합 외에도 분지점의 *α*−1,6−glucoside 결합도 서서히 분해한다.
- isoamylase : 글리코겐, 아밀로펙틴의 *α*−1,6 결합을 가수분해하여 아밀로스 형태의 *α*−1,4−글루칸을 만드는 효소이다.

34 ① 엔도펩티다아제(endopeptidase)

- polypeptide 분자 내부의 peptide 결합을 가수분해하는 단백질분해효소이다.
- 올리고펩티드를 생산한다.

35 ② *Mucor pusillus*가 생산하는 응유효소

- *Mucor pusillus* var. Lint protease(MP효소) : 흙에서 분리한 이 균은 강력한 응유효소를 생산한다.
- 이 효소는 chymosin과 유사한 특이성을 보이며, pH 6.4~6.8에서 활성이 우수하다.
- *κ*−casein에 작용하여 para−*κ*−casein과 glycomacropeptide이 되며, para−*κ*−casein은 Ca^{2+}의 존재 하에 응고되어 dicalcium para−*κ*−casein(치즈커드)이 된다.

36 ④ lactate dehydrogenase(LDH, 젖산탈수소효소)

- 간에서 젖산을 피루브산으로 전환시키는 효소이다.

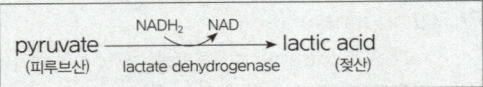

37 ③ 합성효소(ligase)

- ATP 등의 고에너지결합(high energy bond)을 이용하여 두 분자를 결합시키는 반응을 촉매하는 효소로 합성효소(synthetase)라고 한다.
  - 탄소−산소(C−O) : 아미노산−RNA 리가제
  - 탄소−황(C−S) : 아세틸 CoA 리가제
  - 탄소−질소(C−N) : GMP 리가제, 아스파르테이트암모니아 리가제
  - 탄소−탄소(C−C) : 피루베이트카복실라아제, 아세틸 CoA 카복실라아제
  - 인산에스터 결합 : DNA 리가제
- 이 효소군은 단백질의 합성 등에 있어서 아미노산의 활성화나 지방산의 활성화 등 생리학적으로 중요한 역할을 하고 있는 것이 많다.

38 ④ 37번 해설 참조

39 ① RNA 가수분해효소

- ribonuclease(RNase)는 RNA의 인산 ester 결합을 가수분해하는 효소이다.

40 ③ 산화환원효소(oxidoreductase)

- 산화환원 반응에 관여하는 효소이다.
- $AH_2 + B \rightarrow A + BH_2$
- 탈수소효소(dehydrogenase)와 산화효소(oxidase) 등
- alcohol dehydrogenase, glucose oxidase, acyl−CoA dehydrogenase, lactate dehydrogenase, malate dehydrogenase 등

※ lipase는 지방분해효소로 triglyceride의 에스테르결합을 고급지방산과 글리세롤로 분해하는 가수분해효소이다.

41 ② superoxide dismutase, catalase, peroxidase 등은 산화효소이고, reductase는 환원효소이다.

42 ③ HFCS(High Fructose Corn Syrup)

- 포도당을 과당으로 이성화시켜 과당 함량이 42%와

55%, 그리고 85%인 제품이 생산되고 있다.
- glucose isomerase는 D-glucose에서 D-fructose 를 변환하는 효소이다.

43 ② nicotinamide
- NAD(nicotinamide adenine dinucleotide), NADP(nicotinamide adenine dinucleotide phosphate)의 구성요소가 된다.
- 주로 탈수소효소의 보조효소로서 작용한다.

44 ③ 보조효소의 종류와 그 기능

보조효소	관련 비타민	기능
NAD, NADP	niacin	산화환원 반응
FAD, FMN	Vit. B_2	산화환원 반응
lipoic acid	lipoic acid	수소, acetyl기의 전이
TPP	Vit. B_1	탈탄산 반응(CO_2 제거)
CoA	pantothenic acid	acyl기, acetyl기의 전이
PALP	Vit. B_6	아미노기의 전이반응
biotin	biotin	carboxylation (CO_2 전이)
cobamide	Vit. B_{12}	methyl기 전이
tHFA	folic acid	탄소 1개의 화합물 전이

탄수화물

01 ④ 변선광(mutarotation)
- 단당류 및 그 유도체의 수용액은 시간이 경과함에 따라 변화하여 α형과 β형이 평행에 도달하면 일정치의 선광도를 나타내는데 이러한 현상을 변선광이라 한다.
- 이러한 현상은 모든 단당류와 환원성이 있는 이당류, 소당류에서 나타난다.

02 ④ 부제탄소원자
- 탄소의 결합수 4개가 각각 다른 원자 또는 기에 연결되는 탄소이다.
- glucose는 4개의 부제탄소원자가 존재한다.
- 당의 광학적 이성체 수는 2^n으로 표시하며 이의 반수는 D형, 반수는 L형이다.
- glucose는 4개의 부제탄소 원자가 있으므로 $2^4=16$

의 광학적 이성체가 가능하다.

03 ③ 에피머(epimer)
- 두 물질 사이에 1개의 부제탄소상의 배위(configuration)가 다른 두 물질을 서로 epimer라 한다.
- D-glucose와 D-mannose 및 D-glucose와 galactose는 각각 epimer 관계에 있으나 D-mannose와 D-galactose는 epimer가 아니다.

04 ③ 과당(fructose fruit sugar : Fru)
- ketone기(-C=O-)를 가지는 ketose이다.
- 천연산의 것은 D형이며 좌선성이다.
- 벌꿀에 많이 존재하며 과일 등에도 들어있다.
- 천연당류 중 단맛이 가장 강하고 용해도가 가장 크며 흡습성을 가진다.

05 ③ 이당류
- lactose : β-D-galactose + α-D-glucose
- maltose : α-glucose + β-glucose
- sucrose : α-D-glucose + β-D-fructose
- trehalose : α-glucose + α-glucose

06 ② 당류의 환원성
- 유리상태의 hemiacetal OH기를 갖는 모든 당류는 알칼리용액 중에서 Ag^+, Hg^{2+}, Cu^{2+} 이온들을 환원시킨다.
- 설탕을 제외한 단당류, 이당류는 환원당이며 환원성을 이용하여 당류의 정성 또는 정량에 이용한다.

07 ④ 셀로바이오스(cellobiose)
- 섬유소는 β-D-glucose가 β-1,4 결합(cellobiose의 결합방식)을 한 것으로 직쇄상의 구조를 이루고 있다.
- β-glucosidase와 cellulase는 cellulose의 β-1,4 glucan을 가수분해하여 cellubiose와 glucose를 생성한다.

08 ③ 이눌린(inulin)
- 20~30개의 D-fructose가 1,2 결합으로 이루어진 다당류이다.
- 돼지감자의 주탄수화물이다.

09 ③ 광합성 과정
- 제1단계 : 명반응
  그라나에서 빛에 의해 물이 광분해되어 O_2가 발생되고, ATP와 $NADPH_2$가 생성되는 광화학 반응이다.
- 제2단계 : 암반응(calvin cycle)
  스트로마에서 효소에 의해 진행되는 반응이며 명반응

에서 생성된 ATP와 $NADPH_2$를 이용하여 CO_2를 환원시켜 포도당을 생성하는 반응이다.

※ 광합성에 소요되는 에너지는 햇빛(가시광선 영역)이다. 엽록체 안에 존재하는 엽록소에서는 특정한 파장의 빛[청색파장(450nm 부근)과 적색파장 영역(650nm 부근)]을 흡수하면 엽록소 분자 내 전자가 들뜨서 전자전달계에 있는 다른 분자에 전달된다.

10 ③ 9번 해설 참조

11 ② 9번 해설 참조

12 ① 암반응(칼빈회로, calvin cycle)

> • 1단계 : CO_2의 고정
> $$6\ CO_2 + 6\ RuDP + 6\ H_2O \rightarrow 12\ PGA$$
> • 2단계 : PGA의 환원단계
> $$12\ PGA \xrightarrow[12ADP]{12ATP} 12\ DPGA \xrightarrow[12NADP]{12NADPH_2} 12\ PGAL + 12\ H_2O$$
> • 3단계 : 포도당의 생성과 RuDP의 재생성단계
> $$2\ PGAL \rightarrow 과당2인산 \rightarrow 포도당(C_6H_{12}O_6)$$
> $$10\ PGAL \xrightarrow[6ADP]{6ATP} 6RuDP$$

※ 3–phosphoglycerate(PGA), ribulose –1,5–diphosphate(RuDP), diphosphoglycerate (DPGA), glyceraldehyde–3–phosphate (PGAL)은 광합성의 암반응(calvin cycle)의 중간생성물이다.

13 ① 9번, 12번 해설 참조

14 ② 12번 해설 참조

15 ③ 12번 해설 참조

16 ② 광합성 과정

• 명반응 : 그라나에서 빛에 의해 물이 광분해되어 O_2가 발생되고, ATP와 $NADPH_2$가 생성되는 광화학 반응이다. 빛의 세기에 영향을 받는다.

> – 물의 광분해 : O_2와 $NADPH_2$가 생성
> $$2\ H_2O + 2\ NADP \xrightarrow{빛} 2\ NADPH_2 + O_2$$
> – 광인산화 : $ADP + Pi \xrightarrow{빛} ATP$ 생성
> 순환적 광인산화 반응(제1광계) .... 6ATP 생성
> 비순환적 광인산화 반응(제1, 2광계) .... 12ATP와 $12NADPH_2$ 생성

• 암반응(칼빈회로, calvin cycle) : 스트로마에서 효소에 의해 진행되는 반응이며 명반응에서 생성된 ATP와 $NADPH_2$를 이용하여 CO_2를 환원시켜 포도당을 생성하는 반응이다. 온도와 CO_2 농도의 영향을 받는다.

> $$6\ CO_2 + 12\ NADPH_2 \xrightarrow[18ADP]{18ATP} 12\ NADP + 6\ H_2O + C_6H_{12}O_6$$

17 ② 클로로필(chlorophyll)

• a, b, c, d의 4종이 있는데 식물에는 a, b만이 존재하며 c, d는 해조류에 존재한다.
• a는 청록색, b는 황록색을 나타낸다.
• a와 b의 구조는 4개의 pyrrole핵이 메틴 탄소(–CH=)에 의하여 결합된 porphyrin환의 중심에 Mg^{2+}을 가지고 있다.

18 ④ C_4 식물

• 사탕수수, 옥수수, 사탕옥수수 등 열대산의 중요한 작물은 빛 합성률이 높고, 빛호흡을 하지 않는 것이 특징이다.
• 열대산 식물은 C_4 경로를 통하여 이산화탄소를 고정한다.
• C_4–카르복실산 경로는 빛의 쪼이는 양이 많고 온도가 높아서 물이 적은 환경에 적응하여 진화해온 경로이다.

19 ④ 양자 요구수

• 단세포 녹조인 클로렐라를 이용하여 1분자의 CO_2를 고정하는 데 요구되는 양자수는 8~10이다. 이것을 양자 요구수라 한다.
• 양자 요구수의 역수를 취하면 광자 한 개당 몇 분자의 CO_2를 고정하였는가를 알 수 있다.
• 광합성 반응의 양자 수율을 산소 발생의 관점에서 구하면, 아래와 같이 표시된다.

> $$광합성\ 산소\ 발생 = \frac{생성된\ 산소\ 분자수}{흡수된\ 전체\ 양자수}$$

• 산소 발생에 대한 양자수율의 최대값은 약 0.1로서, 산소 한 분자를 방출하기 위하여 10개의 양자가 흡수됨을 의미한다.
• 그러므로 O_2 방출을 위한 최소 양자 요구수는 10이다.

20 ④ 루벤(Ruben S.)의 실험

> $$CO_2 + H_2{}^{18}O \xrightarrow{hv} C(H_2O) + H_2O^{18}O_2$$

- 이 식에 의하여 녹색식물 광합성에서 생기는 O_2는 H_2O에서 온 것이 된다.
- CO_2와 H_2O를 방사성 원소(^{18}O)와 결합한 것과 보통 산소(^{16}O)와 결합한 것을 광합성을 일으켰을 때 H_2O에 ^{18}O이 있으면 발생되는 산소에도 ^{18}O이 있고, CO_2에 ^{18}O이 있으면 발생된 산소에는 ^{18}O이 없다.

21 ③ 광합성에서 빛을 흡수하는 것(광합성 색소)
- chlorophyll a, chlorophyll b, carotene, 크산토필 (xanthophyll), phycocyanin 등이 있다.
- 엽록소(chlorophyll)
  - chlorophyll a(청록색) : 광합성을 하는 모든 식물
  - chlorophyll b(황록색) : 녹조류, 육상식물
  - chlorophyll c : 갈조류
  - chlorophyll d : 홍조류
- 카로티노이드계 색소
  - 황색계통의 색소로 carotene, xanthophyll
  - 빛에너지를 흡수하여 엽록소로 넘겨주는 보조색소
- 피코빌린계 색소
  - phycocyanin : 남조류에서만 발견되는 청색 색소

22 ③ 당질의 아미노산으로의 전환은 간에서 이루어진다.

23 ① 해당과정(EMP 경로)
- 6탄당의 glucose 분자를 혐기적인 조건에서 효소에 의해 분해하는 과정이다.
- 이때 2개의 ATP가 생성된다. 이 과정은 혐기적인 조건에서 진행된다.
- 혐기적인 해당(glucose → 2젖산)은 세포의 세포질에서 일어나고 이때 표준조건 하에서 47.0kcal/mol의 자유에너지를 방출할 수 있다.

24 ② glucose를 완전히 산화하는 데 32 ATP가 생성된다.

> - 혐기적 대사(EMP 경로)에서 7 ATP가 생성되고
> $$C_6H_{12}O_6 + 2O \longrightarrow 2CH_3COCOOH + 2H_2O + 7\ ATP$$
> - 호기적 대사(TCA 회로)에서 25 ATP가 생성된다.
> $$2CH_3COCOOH \longrightarrow 5CO_2 + 2H_2O + 25\ ATP$$

25 ② 당의 혐기적 대사
- 첫 번째 ATP 생성은 phosphoglycerate kinase가 1,3-diphosphoglycerate의 1번 탄소의 인산기를 ADP에 전이시켜 ATP를 생성한다.
- 1,3-di phosphoglycerate는 고에너지 인산기 공여체($\triangle G° = -11.8cal/mol$)로 ADP에 인산을 주어 ATP를 만드는 데 필요한 충분한 자유에너지를 방출한다.
- 이 과정에서는 고에너지 화합물질이 ADP를 ATP로 형성시키기 때문에 기질수준인산화(substrate level phosphorylation)라 부른다.

26 ④ 혐기적 해당(anaerobic glycolysis)
- 심한 수축운동을 하는 근육이 혐기적으로 기능을 수행하지 않으면 안 되는 경우에는 해당에 의해서 glucose로부터 생성된 pyruvic acid는 산소의 부족으로 더 이상 산화되지 못하고 젖산(lactic acid)으로 환원되는 현상을 말한다.

27 ④ 포도당(glucose)의 인산화
- ATP의 존재로 hexokinase와 Mg^{++}에 의해서 glucose-6-phosphate을 생성한다.
- 이 hexokinase의 작용은 성장호르몬이나 glucocoticoid에 의하여 저해된다.
- insulin은 이 저해를 제거한다.

28 ④ 해당과정 중 ATP를 생산하는 단계
- glyceraldehyde-3-phosphate
  → 1,3-diphosphoglyceric acid : $NADH_2$(ATP 2.5분자) 생성
- 1,3-diphosphoglyceric acid
  → 3-phosphoglyceric acid : ATP 1분자 생성
- 2-Phosphoenol pyruvic acid
  → Enolpyruvic acid : ATP 1분자 생성

29 ④ pyruvate dehydrogenase의 조효소로 작용하는 물질
- pyruvate는 pyruvate dehydrogenase에 의해 활성초산(acetyl-CoA)으로 된다.
- acetyl-CoA 생성의 반응기작은 thiamine pyrophosphate(TPP)와 lipoic acid, Mg^{++}, CoA, NAD, FAD 등에 의해서 행해진다.

30 ③ pyruvate decarboxylase
- EMP 경로에서 생산된 피루브산(pyruvic acid)에서 이산화탄소(CO_2)를 제거하여 아세트알데하이드(acetaldehyde)를 만든다.
- 이 반응을 촉매하는 인자로는 TPP와 Mg^{2+}이 필요하다.

31 ④ 세포 내 호흡계 미토콘드리아에서 진행되는 전자전달계

① 먼저 탈수소효소에 의해 기질 H_2의 2H 원자가 NAD에 옮겨져 $NADH_2$로 된다.

② 다시 2H 원자는 FAD(flavo protein)로 이행되어 환원형의 $FADH_2$(flavo protein)로 된다.

③ $FADH_2$로 이행되어 온 2H 원자는 ubiquinone (UQ)을 환원하여 hydroquinone(UQH_2)으로 된다.

④ 여기에서 cristae에 존재하는 cytochrome b(heme 단백질)에 의해 산화되어 $2H^+$를 떼어내 산화환원을 전자전달로 변화시킨다.

⑤ 전자가 cytochrome c_1, a, a_3와 순차 산화환원 된다.

⑥ heme 단백질 최후의 cytochrome a_3의 전자가 산소 분자 O_2로 옮겨진다.

⑦ 이때 $1/2O_2$가 $2H^+$와 반응하여 H_2O를 생성한다.

※ 호흡계에서 전자를 전달해주는 flavo protein에는 FAD와 FMN이 있다.

32 ① 혐기적 해당과정 중 생성되는 ATP 분자 (glucose→2pyruvate)

반응	중간생성물	ATP분자수
1. hexokinase	–	–1
2. phosphofructokinase	–	–1
3. glyceraldehyde 3-phosphate dehydrogenase	2NADH	5
4. phosphoglycerate kinase		2
5. pyruvate kinase		2
total		7

※ 생성된 ATP 수는 4분자이고, 소비된 ATP 수는 2분자이므로 최종 생성된 ATP 수는 2분자이다.

33 ④ 미토콘드리아(mitochondria)

• 외막과 내막의 2중막으로 싸여 있으며 내막은 크리스테(cristae)라고 하는 주름을 형성하고 있다.

• 주름이 싸인 내공부를 매트릭스(matrix)라고 부른다. TCA 회로와 호흡쇄에 관여하는 효소계를 함유하며, 대사기질을 CO_2와 H_2O로 완전분해한다.

• 이 대사과정에서 기질의 화학에너지를 ATP로 전환한다.

• TCA 회로의 효소계는 matrix에 편재되어 있다. ATP 합성효소는 내막의 과립에 존재하고 있으며 ATP는 matrix에서 만들어진다.

• 미토콘드리아의 특징은 자신의 DNA와 RNA 그리고 리보솜을 기질에 포함하고 있어서 다른 핵의 도움 없이 스스로 증식하고 단백질을 합성할 수 있다.

34 ④ pyruvic acid가 미토콘드리아에 운반된 다음 내부 막에 들어있는 특수한 pyruvic acid 전당조직에 의해 pyruvic acid가 세포질에서 미토콘드리아의 matrix 부분으로 운반된다.

35 ② pyruvate carboxylase

• 이 효소가 활성화되기 위해서는 보효소인 biotin을 필요로 한다.

• 이 효소는 HCO_3^-에서 생성된 CO_2를 피루브산의 methyl기에 부착해주는 탄산화 반응(carboxylation)을 촉매한다.

$$
\begin{array}{c}
COO^- \\
| \\
C{=}O \\
| \\
CH_3 \\
pyruvate
\end{array}
+ \;HCO_3^- \;
\xrightarrow[\;ATP\quad ADP+Pi\;]{\;pyruvate\ carboxylase\;}
\begin{array}{c}
COO^- \\
| \\
C{=}O \\
| \\
CH_2 \\
| \\
COO \\
oxaloacetate
\end{array}
$$

36 ④ TCA 회로에서 일어나는 중요한 화학반응

• 피루브산 1분자에서 시작되어 acetyl-CoA를 거쳐 옥살로아세트산이 되기까지 TCA 회로가 1회 순환하면서

– 탈탄산반응으로 2분자의 CO_2와 1분자의 ATP를 생성한다.

– 탈수소반응에 의해 생성된 $FADH_2$와 $NADH_2$는 전자전달계에서 FAD와 NAD^+로 되면서 유리된 수소이온이 산소와 결합하여 물이 되고 그 과정에서 ATP를 생성한다.

37 ④ TCA 회로의 조절효소

• citrate synthase, isocitrate dehydrogenase, a-ketoglutarate dehydrogenase, succinyl CoA synthetase, succinate dehydrogenase, fumarate, malate dehydrogenase 등이 있다.

※ phosphoglucomutase는 glucose-6-phosphate를 glucose-1-phosphate로 가역적으로 변환시키는 효소이다.

38 ③ TCA cycle 중 $FADH_2$를 생성하는 반응

• 산화효소인 succinate dehydrogenase는 succinic

acid를 fumaric acid로 산화한다.
- 이때 2개의 수소와 2개의 전자가 succinate로부터 떨어져 나와 전자 수용체인 FAD에 전달되어 $FADH_2$를 생성한다.

39 ① 한 분자의 피루브산이 TCA 회로를 거쳐 완전 분해 시 생성된 ATP

반응	중간생성물	ATP 분자수
Pyruvate dehydrogenase	1NADH	2.5
Isocitrate dehydrogenase	1NADH	2.5
a-Ketoglutarate dehydrogenase	1NADH	2.5
Succinyl-CoA synthetase	1GTP	1
Succinate dehydrogenase	$1FADH_2$	1.5
Malate dehydrogenase	1NADH	2.5
Total		12.5

40 ② TCA 사이클의 중간대사물 충전반응
- pyruvate carboxylase에 의해 진행된다.
- 이 반응은 HCO_3^-와 ATP를 사용하여 피루브산이 탄산화되어 oxalocacetate를 생성한다.
- pyruvate carboxylase는 HCO_3^-의 수송체로 biotin이 필요하다.

41 ② 저탄수화물 섭취를 할 경우 나타나는 현상
- 저장 글리코겐 양이 감소한다.
- 기아 상태, 당뇨병, 저탄수화물 식이를 하게 되면 저장지질이 분해되어 acetyl-CoA를 생성하게 되고 과잉 생성된 acetyl-CoA는 간에서 acetyl-CoA 2분자가 축합하여 케톤체를 생성하게 된다.
- 이들 케톤체는 당질을 아주 적게 섭취하는 기간 동안에 말초조직과 뇌에서 대체 에너지로 이용한다.
- 혈중에 케톤체 농도가 너무 높게 되면 keto acidosis가 되어 혈중 pH가 낮게 된다.

42 ③ ATP의 생성
- 주로 세포의 미토콘드리아 내에서 전자전달계를 수반한 산화적 인산화 반응에 의한다.
- 그러나 그 전 단계에서 영양소의 소화, 흡수물이 혐기적인 해당계에 들어가 보다 더 저분자화되는 때의 인산화 반응에 의해서도 약 5%를 넘지 않은 양이 생성된다.

43 ① 산화적 인산화(호흡쇄, 전자전달계) 반응
- 진핵세포 내 미토콘드리아의 matrix와 cristae에서 일어나는 산화환원 반응이다.
- 이 반응에 있어서 산화는 전자를 잃은 반응이며 환원은 전자를 받는 반응이다.
- 이 반응을 촉매하는 효소계를 전자전달계라고 한다.

44 ② 산화적 인산화
- 인산화는 ADP에 인산이 한 분자 결합하여 ATP를 만드는 반응을 말한다.
- 산화적 인산화에 필요한 것 : NADH, O_2, ADP, Pi, pH gradient(pH 기울기), proton motive force, ATP synthase(ATP 합성효소)인데, 그중에서도 ADP가 가장 중요하다.

45 ④ 44번 해설 참조

46 ③ 산화적 인산화
- 해당과정, 지방산 산화, TCA 회로 등에서 생성된 NADH, $FADH_2$가 미토콘드리아의 내막에 있는 전자전달계 내의 서로 다른 전자전달 전위를 가진 전자운반체(Fe-S, cytochrome, ubiquinone)의 환원 전위의 차례에 의하여 NADH, $FADH_2$의 전자가 최종수용체인 산소분자(O_2)로 전달될 때 각 사슬 간에 환원 전위 차이로 생기는 에너지에 의해 ATP가 ADP, Pi로부터 생성하는 과정이다.
- 전자전달계에서 NADH, $FADH_2$의 산화는 각각 2.5, 1.5 ATP를 생산한다.

47 ① ATP(고에너지 인산화합물)
- 세포의 에너지 생성계와 요구계 사이에서 중요한 화학적 연결을 하는 운반체로 전구체로부터 생체분자합성, 근 수축, 막 운동 등에 사용된다.
- ATP 가수분해 시 표준자유에너지 감소 값을 갖는 이유
  - pH 7에서 ATP의 세 개의 인산기는 네 개의 음전하를 갖기 때문에 정전기적 반발력이 발생한다.
  - ATP 말단 부분의 형태는 정전기적으로 불리하기 때문에 두 인 원자는 산소 원자의 전자쌍과 경쟁한다.
  - ATP 가수분해의 역반응은 ADP와 Pi 사이의 음전하 반발로 정반응보다 일어나기 어렵다.
  - ATP의 β, γ의 인 원자는 강한 electron-withdrawing 경향때문에 phosphoric anhydride 결합이 잘 분해된다.

48 ① **고에너지 인산화합물**

- ATP, phosphoenolpyruvate, 1,3− diphospho glycerate, phosphocreatine의 가수분해의 △G°(표준자유에너지 변화)값은 각각 −7.3kcal/mol, −14.8kcal/mol, −11.8kcal/mol, −10.3kcal/mol이다.

49 ① **생체 내 고에너지 화합물**

결합양식	대표적 화합물
β−Keto acid	acetoacetic acid
thiol ester	acetyl CoA
pyrophosphate	ATP
guanidine phosphate	creatine phosphate
enol phosphate	phosphoenol pyruvic acid
acyl phosphate	diphosphoglyceric acid의 1위 인산

50 ④ **ATP의 이용**

- 체온 유지
- 신경의 자극전달(전기적인 일)
- 여러 가지 생합성(화학적인 일) : 탄수화물, 지방, 단백질 등의 생합성
- 능동수송, 흡수(침투적인 일) : 세포의 원형질막을 통해서 Na^+, K^+ 이온 운반
- 근육의 수축운동(기계적인 일) : 골격근의 수축과 이완은 세포질의 Ca^{2+}농도에 의해 조절

51 ④

[혐기적 해당과정 중 생성되는 ATP 분자(glucose→2pyruvate)]

반응	중간 생성물	ATP 분자수
1. hexokinase	−	−1
2. phosphofructokinase	−	−1
3. glyceraldehyde 3− phosphate dehydrogenase	2NADH	5
4. phosphoglycerate kinase	−	2
5. pyruvate kinase	−	2
total		7

52 ③ **산화환원 효소계의 보조인자(조효소)**

- NAD^+, $NADP^+$, FMN, FAD, ubiquinone(UQ. coenzyme Q), cytochrome, L−lipoic acid 등이 있다.

53 ② **나이아신(nicotinic acid, nicotinamide)**

- 생체반응에서 주로 탈수소효소의 보효소로서 작용한다.
- NAD^+, $NADP^+$로 되어 탈수소 반응에서 기질로부터 수소 원자를 받아 NADH로 되면서 산화를 한다.

54 ③ **시토크롬(cytochrome)**

- 혐기적 탈수소 반응의 전자전달체로서 작용하는 복합단백질로 heme과 유사하여 Fe 함유 색소를 작용족으로 한다.
- 이 효소는 cytochrome a, b, c 3종이 알려져 있으며 c가 가장 많이 존재한다.
- cytochrome c는 0.34~0.43%의 Fe을 함유하고, heme 철의 $Fe^{2+} \rightleftarrows Fe^{3+}$의 가역적 변환에 의하여 세포 내의 산화환원 반응의 중간전자전달체로서 작용한다.
- cytochrome c의 산화환원 반응에서 특이한 점은 수소를 이동하지 않고 전자만 이동하는 것이다.

55 ③ **전자전달계**

- 전자전달의 결과 ADP와 Pi로부터 ATP가 합성되는 곳은 3군데이고 각각 1분자씩의 ATP를 생성한다.
  - $NADH_2$와 FAD의 사이
  - cytochrome b와 cytochrome c_1의 사이
  - cytochrome a(a_3)와 O_2의 사이

56 ④ **전자전달계(electron transport system)**

- 세포 내 전자전달계에서 보편적인 전자운반체는 NAD^+, $NADP^+$, FMN, FAD, ubiquinone (UQ. coenzyme Q), cytochrome, 수용성 플라빈, 뉴클레오티드 등이다.

57 ② **31번 해설 참조**

※ 전자전달계 중 산화적 인산화가 일어나는 장소
  - $NADH_2$와 FAD의 사이
  - cytochrome b와 cytochrome c_1 사이
  - cytochrome a(a_3)와 O_2 사이
  3군데이고 각각 1분자씩의 ATP를 생성한다.

58 ③ **55번 해설 참조**

59 ① **생체 내의 표준산화환원전위 반응**

Reaction	$E'_0(V)$
$1/2O_2+2H^++2e^-{\rightarrow}H_2O$	0.816
cytochrome $a(Fe^{3+})+e^-{\rightarrow}$cytochrome $a(Fe^{2+})$	0.290
cytochrome $c_1(Fe^{3+})+e^-{\rightarrow}$cytochrome $c_1(Fe^{2+})$	0.220
ubiquinone$+2H^++2e^-{\rightarrow}$ubiquinol$+H_2$	0.045
$NAD^++H^++2e^-{\rightarrow}NADH$	-0.320

60 ②

- UMP(uridine monophosphate)는 UDP, 다시 UTP로 전환된 후 최종적으로 CTP(cytidine triphosphate)가 생성된다.
- nucleoside monophosphate kinase는 UMP를 UDP로 인산화하고, 이것은 다시 nucleoside diphosphate kinase에 의해 UTP로 인산화된다.
- 이때 인산기 공여체는 ATP이다. UTP의 6번 위치가 아미노기로 치환되면 CTP가 생성된다.

61 ③ **ATP의 에너지를 통한 생합성 경로**

		생합성 산물
ATP ⟶	UTP	⟶ 다당류
	CTP	⟶ 지질
	GTP	⟶ 단백질
	ATP UTP CTP GTP	⟶ RNA
	dATP dTTP dCTP dGTP	⟶ DNA

62 ② **근육조직에 저장된 에너지 형태**

- 척추동물 근육 중에 함유된 creatine phosphate은 고에너지 결합 ADP에서 ATP을 가역적 반응으로 생성한다.

creatine phosphate + ADP $\xrightarrow{\text{creatinekinase}}$
creatine + ATP

63 ① 54번 해설 참조

64 ③ 54번 해설 참조

65 ③ 54번 해설 참조

66 ③ **에너지 생성 반응**

- 광합성 반응, 산화적 인산화 반응 그리고 해당과정 등은 에너지를 얻는 반응이다.
- ※ 당신생(gluconeogenesis)은 피루브산, 글리세롤, 아미노산, 젖산 등으로부터 포도당을 만드는 에너지 소모 반응이다.

67 ② **glycogen의 생성반응**

- 주로 간에서 일어나며 이 반응에는 insulin이 관여한다.
- epinephrine은 glycogen 분해에 관여하므로 간장에서 insulin과 함께 glycogen의 함량을 조절한다.

68 ② **당신생(gluconeogenesis)**

- 비탄수화물로부터 glucose, glycogen을 합성하는 과정이다.
- 당신생의 원료물질은 유산(lactic acid), 피루브산(pyruvic acid), 알라닌(alanine), 글루타민산(glutamic acid), 아스파라긴산(aspartic acid)과 같은 아미노산 또는 글리세롤 등이다.
- 해당경로를 반대로 거슬러 올라가는 가역반응이 아니다.
- 당신생은 주로 간과 신장에서 일어나는데 예를 들면 격심한 근육운동을 하고 난 뒤 회복기 동안 간에서 젖산을 이용한 혈당 생성이 매우 활발히 일어난다.

69 ③ 68번 해설 참조

70 ③ **gluconeogenesis 과정(젖산으로부터 glucose를 재합성할 때)**

- oxaloacetate는 malate dehydrogenase에 의해 malate로 환원되어 미토콘드리아에서 나와 세포질 속으로 운반된다.
- 세포질 내에서 malate는 TCA 사이클에서와 같이 oxaloacetate로 다시 산화된다.

71 ④ 68번 해설 참조

72 ④ **코리 회로(Cori cycle)**

- 근육이 심한 운동을 할 때 많은 양의 젖산을 생산한다.
- 이 폐기물인 젖산은 근육세포로부터 확산되어 혈액으로 들어간다.
- 휴식하는 동안 과다한 젖산은 간세포에 의해 흡수되

고 포도당신생 반응(gluconeogenesis) 과정을 거쳐 glucose로 합성된다.

73 ① 72번 해설 참조

74 ③ 72번 해설 참조

75 ④ **pentose phosphate(HMP) 경로의 중요한 기능**
- 여러 가지 생합성 반응에서 필요로 하는 세포질에서 환원력을 나타내는 NADPH를 생성한다. NADPH는 여러 가지 환원적 생합성 반응에서 수소 공여체로 작용하는 특수한 dehydrogenase들의 보효소가 된다. 예를 들면 지방산, 스테로이드 및 glutamate dehydrogenase에 의한 아미노산 등의 합성과 적혈구에서 glutathione의 환원 등에 필요하다.
- 6탄당을 5탄당으로 전환하며 3-, 4-, 6- 그리고 7탄당을 당대사 경로에 들어갈 수 있도록 해준다.
- 5탄당인 ribose 5-phosphate를 생합성하는데 이것은 RNA 합성에 사용된다. 또한 deoxyribose 형태로 전환되어 DNA 구성에도 이용된다.
- 어떤 조직에서는 glucose 산화의 대체 경로가 되는데, glucose 6-phosphate의 각 탄소 원자는 CO_2로 산화되며, 2개의 NADPH 분자를 만든다.

76 ④ 75번 해설 참조

77 ③ **포도당이 글리코겐으로 변환되는 과정**
- 글루코스는 hexokinase의 촉매작용으로 glucose-6-phosphate가 되고, phos poglucomutase의 작용으로 glucose-1-phosphate가 된다.
- 여기에서 glucose-1-phosphate은 UDP-glucose pyrophosphorylase와 UTP(uridine triphosphate), Mg^{++}에 의해 UDP-glucose가 된다.
- UDP-glucose는 글리코겐 합성효소의 작용으로 primer에 α-1,4 결합한다.
- 그러나 그것만으로는 직쇄 성분만 되기 때문에 가지제조효소[amylo(1,4→1,6) trans glucosidase]의 촉매에 의해 가지구조를 가진 글리코겐이 생성된다.

78 ① 77번 해설 참조

지질

01 ③ **필수지방산**
- 체내 합성이 되지 않으며 세포막의 구성성분으로 중요하다.
- linoleic acid(ω-6계), linolenic acid(ω-3계), arachidonic acid(ω-6계)이다.

02 ① **비타민 F**
- 불포화지방산 중에서 리놀산(linoleic acid), 리놀레인산(linolenic acid) 및 아라키돈산(arachidonic acid) 등 사람을 포함한 동물체내에서 생합성되지 않는 필수지방산이다.

03 ④ **다가불포화지방산**
- arachidonic acid : $C_{20:4}$
- linoleic acid : $C_{18:2}$
- linolenic acid : $C_{18:3}$
- DHA(docosahexaenoic acid) : $C_{22:6}$

04 ③ **프로스타글란딘의 생합성**
- 20개의 탄소로 이루어진 지방산 유도체로서 20-C(eicosanoic) 다가불포화지방산(즉, arachidonic acid)의 탄소 사슬 중앙부가 고리를 형성하여 cyclopentane 고리를 형성함으로써 생체 내에서 합성된다.
- 동물에서 호르몬 같은 다양한 효과를 지닌 생리활성물질 호르몬이 뇌하수체, 부신, 갑상선과 같은 특정한 분비샘에서 분비되는 것과는 달리 프로스타글란딘은 신체 모든 곳의 세포막에서 합성된다.
- 심장혈관 질환과 바이러스 감염을 억제할 수 있는 강력한 효과로 인해 큰 관심을 끌고 있다.

05 ① **콜레스테롤**
- 체내에서 하루에 1.5~2.0g 정도를 합성하는데, 주로 간에서 만들어진다.
- 세포의 구성성분으로 불포화지방산의 운반체 역할을 하며, 담즙산의 전구체, steroid hormone의 전구체이다.
- 자외선 조사로 ergosterol은 소장으로부터 흡수되어 비타민 D의 작용을 한다.

06 ① **담즙산의 기능**
- 간에서 만들어져 담즙 중에 존재한다.
- 지질을 유화시키고 장의 운동을 왕성하게 한다.

- 위액의 HCl을 중화하고 배설물의 운반체로서 음식물 중의 혼합물이나 체내의 생성물(독물, 담즙색소, 약제, 구리 등)을 제거한다.

07 ① 담즙산
- 유리상태로 배설되지 않고 glycine이나 taurine과 결합하여 glycocholic acid, tau rocholic acid의 형태로 장관 내에서 분비된다.
- cholesterol의 최종 대사산물로서 간장에서 합성되어 담즙으로 담낭에 저장된다.

08 ④ 생체 내의 지질 대사과정
- 인슐린은 지질 합성을 촉진한다.
- 생체 내에서는 초기에 주로 탄소수 16개의 palmitate를 생성한다.
- 지방산이 산화되기 위해서는 먼저 acyl-CoA synthetase의 촉매작용으로 acyl-CoA로 활성화되어야 한다.
- ※ phyridoxal phosphate(PLP)는 아미노산 대사에서 transaminase, glutamate decarboxylase 등의 보효소로 각각 아미노기 전이, 탈탄산반응에 관여한다.

09 ④ 지방산 산화반응의 3단계
① 활성화 : FFA가 ATP와 CoA 존재 하에 acyl-CoA synthetase(thiokinase)에 의해 acyl-CoA로 활성화된다.
② mitochondria 내막 통과 : mitochondria 외막을 통과해 들어온 long-chain acyl-CoA은 mitochondria 외막에 있는 carnitine palmitoyl-transferase I 에 의해 acylcarnitine이 되고 mitochondria 내막에 있는 carnitine-acylcarnitine translocase에 의해 안쪽으로 들어와 한 분자의 carnitine과 교환된다.
③ β-oxidation에 의한 분해 : carboxyl 말단에서 2번째 (α)탄소와 3번째 (β)탄소 사이 결합이 절단되어 acetyl-CoA가 한 분자씩 떨어져 나오는 cycle을 반복한다. 홀수 개의 탄소로 된 지방산은 최종적으로 acetyl-CoA와 함께 propionyl-CoA(C_2) 한 분자를 생산한다.
- 불포화지방산의 산화 : 이중결합($\triangle^3$-cis, $\triangle^4$-cis)이 나오기까지 β-oxidation이 진행되다가 이중결합의 위치에 따라 이성화반응, 산화, 환원 등을 거쳐 최종적으로 $\triangle^2$-$trans$-enoyl-CoA로 전환되어 β-산화로 처리된다.
- 포화지방산의 β산화 : fatty acid + ATP + CoA $\longrightarrow$ acyl-CoA + PPi + AMP

포화지방산 산화는 이성화를 거치지 않고 β-산화가 일어난다.

10 ① 지방산의 β-산화
- 1회전할 때마다 2분자의 탄소가 떨어져 나간다.
- 지방산의 -COOH 말단기로부터 두 개의 탄소 단위로 연속적으로 분해되어 acetyl-CoA를 생성한다.
- mitochondria의 matrix에서 일어난다.

11 ② 10번 해설 참조

12 ④ 케톤체(ketone body)
- 단식, 기아상태, 당뇨병 등 포도당이 고갈될 때 뇌를 위해서 에너지원을 만들어야 한다.
- 간에서 지방산을 분해하여 케톤체를 만들어 말초조직과 뇌에서 포도당 대체에너지로 이용한다.
- 지방산은 혈액뇌관문을 통과할 수 없지만 케톤체는 수용성으로 세포막과 혈액뇌간문을 쉽게 통과한다.
- 뇌의 주요 에너지원인 글루코스가 소비되어 옥살로아세트산(oxaloacetate)은 글루코스 합성에 사용되므로 아세틸 CoA와 축합할 수 없다.
- 포도당이 적은 상황에서 아세틸 CoA를 TCA 회로에서 처리할 때 필요한 옥살로아세트산을 쓸 수 없기 때문에 TCA 회로가 충분히 돌아가지 않는다.
- TCA 회로에서 처리할 수 없는 과잉 아세틸 CoA는 간에서 acetyl-CoA 2분자가 축합하여 케톤체를 생성하게 된다.
- 아세틸 CoA는 아세토아세트산(acetoacetate), β-히드록시부티르산(β-hydroxybutyrate), 아세톤(acetone) 등의 케톤(ketone body)을 생성한다.
- 혈중에 케톤체 농도가 너무 높게 되면 ketoacidosis가 되어 혈중 pH가 낮게 된다.
- 식욕부진, 두통, 구통 등의 증상이 나타난다.

13 ④ 12번 해설 참조

14 ④ 지질 합성
① 지방산의 합성
- 지방산의 합성은 간장, 신장, 지방조직, 뇌 등 각 조직의 세포질에서 acetyl-CoA로부터 합성된다.
- 지방산 합성은 거대한 효소복합체에 의해서 이루어진다. 효소복합체 중심에 ACP(acyl carrier protein)이 들어있다.
- acetyl-CoA가 ATP와 비오틴의 존재 하에서 acetyl-CoA carboxylase의 작용으로 CO_2와 결합하여 malonyl CoA로 된다.

- 이 malonyl CoA와 acetyl CoA가 결합하여 탄소수가 2개 많은 지방산 acyl CoA로 된다.
- 이 반응이 반복됨으로써 탄소수가 2개씩 많은 지방산이 합성된다.
- 지방산 합성에는 지방산 산화과정에서는 필요 없는 NADPH가 많이 필요하다.
- 생체 내에서 acetyl-CoA로 전환될 수 있는 당질, 아미노산, 알코올 등은 지방산 합성에 관여한다.
② 중성지방의 합성
- 중성지방은 지방대사산물인 글리세롤로부터 또는 해당과정에 있어서 글리세롤-3-인산으로부터 합성된다.
- acyl-CoA가 글리세롤-3-인산과 결합하여 1,2-디글리세라이드로 된다. 여기에 acyl-CoA가 결합하여 트리글리세라이드가 된다.

15 ② **acetyl-CoA로부터 만들 수 있는 성분**
- 지방산(fatty acid), 콜레스테롤(cholesterol), 담즙산(bile acid), ketone body, citric acid 등
- ※ 엽산(folic acid)은 수용성 비타민으로 acetyl-CoA로부터 만들어지지 않는다.

16 ② **지방산 생합성**
- 간과 지방조직의 세포질에서 일어난다.
- 말로닐-ACP(malonyl-ACP)를 통해 지방산 사슬이 2개씩 연장되는 과정이다.
- 지방산 생합성 중간체는 ACP(acyl carrier protein)에 결합되며 속도 조절단계는 acetyl-CoA carboxylase가 관여한다.
- acetyl-CoA는 ATP와 biotin의 존재 하에서 acetyl-CoA carboxylase의 작용으로 CO_2와 결합하여 malonyl CoA로 된다.

17 ② **16번 해설 참조**

18 ② **글리옥살산 회로(glyoxylate cycle)**
- 고등식물과 미생물에서 볼 수 있는 대사회로의 하나로 지방산 및 초산을 에너지원으로 이용할 수 있는 회로이다.
- 동물조직에서는 지방으로부터 직접 탄수화물을 합성할 수 없지만 식물에서는 글리옥시좀(glyoxisome)이라고 하는 소기관에서 일어난다.

19 ③ **인지질의 생합성에 관여하는 요소**
- 1,2-diglyceride, choline phosphate, CDP-choline, choline, choline kinase, choline

phosphate cytidyltransferase, choline phosphate transferase, ATP 및 CTP 등이 관여한다.

20 ②
- ketone body가 생성되는 곳은 간장과 신장이고, 간에서 아미노산으로부터 글루코스가 합성되고, 간에서 탈아미노 반응으로 생성된 NH_3는 요소로 합성된다. 요소는 간에서 합성된다.
- 식물과 박테리아는 지방산으로부터 포도당을 생성할 수 있지만 사람과 동물은 지방산을 탄수화물로 변환시킬 수 없다.

21 ① **cholesterol의 합성**
- 포유동물에서 cholesterol의 합성은 세포 내의 cholesterol 농도와 glucagon, insulin 등의 호르몬에 의해서 조절된다.
- cholesterol 합성의 개시단계는 3-히드록시-3-메틸 글루타린 CoA 환원효소(HMG CoA reductase)가 촉매하는 반응이다.
- 이 효소의 작용은 세포의 콜레스테롤 농도가 크면 억제된다.
- 이 효소는 인슐린에 의해서 활성화되지만 글루카곤에 의해서 불활성화된다.

22 ③ **사람 체내에서 콜레스테롤(Cholesterol)의 생합성 경로**
- acetyl CoA → HMG CoA → L-mevalonate → mevalonate pyrophosphate → isopentenyl pyrophosphate → dimethylallyl pyrophosphate → geranyl pyrophosphate → farnesyl pyrophosphate → squalene → lanosterol → cholesterol

23 ① **22번 해설 참조**

단백질

01 ② **글리신(glycine)**
- 부제탄소원자(asymmetric carbon)를 가지고 있지 않기 때문에 D형, L형의 광학이성체가 존재하지 않는다.

02 ① **방향족 아미노산**
- phenylalanine, tyrosine, tryptophan 등이 있다.
- ※ histidine은 염기성 아미노산이다.

03 ② **아미노산의 부제탄소(asymmetric carbon) 원자**

- 아미노산의 α위치에 탄소 원자와 결합하고 있는 4개의 원자나 원자단(NH_3^+, COO^-, H, R)이 모두 다를 경우 이러한 탄소 원자를 부제탄소 원자라고 한다.
- R부분이 수소인 글리신(glycine)을 제외한 대부분의 아미노산은 부제탄소원자를 가지고 있다.
- 그러므로 각각 D-형과 L-형의 광학이성체가 존재한다.

04 ② **1번 해설 참조**

05 ① **등전점(isoelectric point)**

- 아미노산은 그 용액을 산성 혹은 알칼리성으로 하면 양이온, 음이온의 성질을 띤 양성 전해질로 된다. 이와 같이 양하전과 음하전을 이루고 있는 아미노산 용액의 pH를 등전점이라 한다.
- 아미노산의 등전점보다 pH가 낮아져서 산성이 되면, 보통 카르복시기가 감소하여 아미노기가 보다 많이 이온화하므로 분자는 양(+)전하를 얻어 양이온이 된다.
- 반대로 pH가 높아져서 알칼리성이 되면 카르복시기가 강하게 이온화하여 음이온이 된다.

06 ③

- pH = pKa+log[A]/log[HA]
  pH와 pKa 모두 5이므로,
  log[A]/log[HA] = 0
  A와 HA의 농도는 같으므로,
  A형태, HA형태 모두 0.5mole

07 ② **등전점(isoelectric point)**

- 단백질은 산성에서는 양하전으로 해리되어 음극으로 이동하고, 알칼리성에서는 음하전으로 해리되어 양극으로 이동한다. 그러나 양하전과 음하전이 같을 때는 양극, 음극, 어느 쪽으로도 이동하지 않은 상태가 되며, 이때의 pH를 등전점이라 한다.
- ※ 글리신의 pK_1(-COOH) = 2.4, pK_2(-NH_3^+) = 9.6일 때 등전점은 (2.4+9.6)/2 = 6이다.

08 ①

aspartic acid의 pK_1(α-COOH) = 1.88, pK_2(-NH_3^+) = 9.60, pK_R(β-COOH) = 3.65일 때 등전점은 (1.88+3.65)/2 = 2.77이다.

※ pK_a 값이 세 개인 경우
- 산성기 2개, 염기성기 1개일 때 : 산성기 2개의 pK_a값의 평균이 등전점
- 산성기 1개, 염기성기 2개일 때 : 염기성기 2개의 pK_a의 평균이 등전점

09 ① **단백질의 기능**

- 단백질은 생체 내에서 촉매작용(효소), 구조단백질(collagen, keratin), 운반단백질(Hb), 전자전달(cytochrome), 방위단백질(항체), 운동단백질(actin), 정보단백질(peptide hormone), 제어단백질(repressor) 등의 역할을 한다.
- ※ lysozyme의 기능은 항균작용이다.

10 ① **핵산과 결합되는 단백질**

- 기본적으로 진핵생물의 DNA 분자들은 히스톤(histone)이라고 하는 염기성 단백질과 결합되어 있다.
- DNA와 히스톤의 복합체를 염색질(chromatin)이라고 부른다.
- histone 분자가 유전물질의 DNA 사슬 한 분절과 결합하고 있는 단위체를 뉴클레오솜이라고 한다.

11 ③ **10번 해설 참조**

12 ④ **변성(denaturation)**

- 천연단백질이 물리적 작용, 화학적 작용 또는 효소의 작용을 받으면 구조의 변형이 일어나는 현상을 말한다.
- 대부분 비가역적 반응이다.
- 단백질의 변성에 영향을 주는 요소
  - 물리적 작용 : 가열, 동결, 건조, 교반, 고압, 조사 및 초음파 등
  - 화학적 작용 : 묽은 산, 알칼리, 요소, 계면활성제, 알코올, 알칼로이드, 중금속, 염류 등

13 ① **단백질의 구조**

- 1차 구조 : 아미노산의 조성과 배열순서를 말한다.
- 2차 구조 : 주로 α-helix 구조와 β-병풍구조를 말한다.
- 3차 구조 : 2차 구조의 peptide 사슬이 변형되거나 중합되어 생성된 특이적인 3차원 구조를 말한다.
- 4차 구조 : polypeptide 사슬이 여러 개 모여서 하나의 생리기능을 가진 단백질을 구성하는 polypeptide 사슬의 공간적 위치관계를 말한다.

14 ① 단백질의 1차 구조(primary structure)

- 아미노산이 peptide bond(−CO−NH−)에 의하여 사슬모양으로 결합된 polypeptide chain이며 단백질 구조의 주사슬로 화학구조(chemical structure)라 한다.

15 ② 단백질의 3차 구조

- polypeptide chain이 복잡하게 겹쳐서 입체구조를 이루고 있는 구조이다.
- 이 구조는 수소결합, disulfide 결합, 해리 기간의 염결합(이온결합), 공유결합, 비극성간의 van der waals 결합에 의해 유지된다.
- 특히 disulfide 결합은 입체구조의 유지에 크게 기여하고 있다.

16 ④ 효소 저해반응

- 효소 반응액 중에 존재하는 물질들은 효소의 기질특이성, 활성부위의 성질, 효소 분자의 주요 기능부위에 영향을 미쳐 효소의 활성도를 감소시킨다. 이러한 저해제들의 반응은 가역적 혹은 비가역적으로 효소 저해반응을 일으킨다.
- 비가역적 저해반응은 납, 수은 등 중금속 이온인 저해제들이 효소활성부위의 아미노산 잔기들과 강력하게 공유결합된 결합물을 형성하여 제거하기 힘들지만 EDTA, 구연산과 같은 chelating agent들의 도움으로 가역화시킬 수 있다.
- 가역적 저해반응에서 저해제는 쉽게 효소에서 해리될 수 있다.

17 ③ 산화적 탈아미노 반응

- 일부 아미노산은 아미노기가 산화되어 이미노산(imino acid)이 된 다음에 가수분해되어 탈아미노 반응이 일어난다.

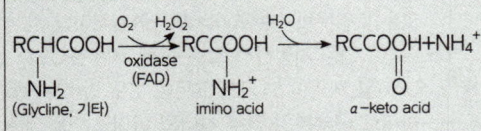

- glycine의 경우 glycine synthase에 의해 산화적으로 분해된다. serine과 threonine도 glycine으로 전환되면 이 과정을 거쳐 분해될 수 있다.

$$H_2NCH_2COOH+THF+NAD^+ \rightleftharpoons 5,10-methylene-THF+CO_2+NH_3+NADH+H^+$$

18 ③

- 산화적 탈아미노 반응 : FMN/FAD, NAD
- 요소 회로 : ATP
- 아미노기 전이 반응 : PALP
- 탈탄산 반응 : PALP

19 ④ 탈아미노 반응

- amino acid의 amino기(−NH₂)가 제거되어 α−keto acid로 되는 반응을 말한다.
- 탈아미노 반응으로 유리된 NH_3^+의 일반적인 경로는 다음과 같다.
  - keto acid와 결합하여 아미노산을 생성
  - α−ketoglutarate와 결합하여 glutamate를 합성
  - glutamic acid와 결합하여 glutamine을 합성
  - carbamyl phosphate로서 세균에서는 carbamyl kinase에 의하여 합성
  - 간에서 요소 회로를 거쳐 요소로 합성

20 ① 아미노산 생합성계

- glutamic acid 계열 : proline, hydroxy proline, ornithine, citrulline, arginine이 생합성
- aspartic acid 계열 : lysine, homoserine, threoine, isoleucine, methionine이 생합성
- pyruvic acid 계열 : alanine, valine, leucine이 생합성
- 방향족 amino acid 계열 : phenylalanine, tyrosine, tryptophane이 생합성

21 ②

aspartate semialdehyde dehydrogenase는 lysine 생합성 경로에서 lysine에 의해 억제(repression)를 하는 효소이다.

22 ③ glucogenic와 ketogenic 아미노산

- glucose와 glycogen를 합성하는 아미노산을 glucogenic 아미노산이라 부르고, ketone체를 생성하는 아미노산을 ketogenic 아미노산이라 부르며 그 분류는 다음과 같다.

glycogenic amino acids	ketogenic amino acid	glycogenic and ketogenic amino acids
L-alanine L-arginine L-aspartate L-alanine L-cystine L-glutamate L-glycine L-histdine L-hydroxyprline L-methionine L-proline L-serine L-threonine L-valine	L-leucine	L-isoleucine L-lysine L-phenylalanine L-tyrosine L-tryptophan

23 ② 22번 해설 참조

24 ④ 아미노산의 대사과정 중 아미노산으로부터 특정 생성물의 전환
- 알라닌(alanine) : β-alanine은 pantothenic acid의 구성성분
- 시스테인(cysteine) : coenzyme A 합성에 있어 분자 말단의 thioethanolamine 성분의 전구물질로 작용하며, taurocholic acid를 형성하는 taurine의 전구물질
- 글리신(glycine) : heme, purine, glutathione의 합성, glycine과의 포합반응, creatine의 합성
- 메티오닌(methionine) : S-adenosyl methionine의 형태로서 이것은 체내에 있어서 메틸기(CH₃-)의 주공급원

25 ④ 요소 회로에서 ATP 소비 반응
- citrulline는 enol형의 isourea로 변해서 ATP와 Mg⁺⁺ 존재 하에 arginosuccinate synthetase 작용에 의해 aspartate와 축합하여 arginosuccinate를 형성한다.

26 ④ 요소의 합성과정
- ornithine이 citrulline로 변성되고 citrulline은 arginine으로 합성되면서 urea가 떨어져 나오는 과정을 urea cycle이라 한다.
- 아미노산의 탈아미노화에 의해서 생성된 암모니아는 대부분 간에서 요소 회로를 통해서 요소를 합성한다.

27 ④ 단백질의 생합성
- 세포 내 ribosome에서 이루어진다.

- mRNA는 DNA에서 주형을 복사하여 단백질의 아미노산 배열순서를 전달 규정한다.
- t-RNA는 다른 RNA와 마찬가지로 RNA polymerase(RNA 중합효소)에 의해서 만들어진다.
- aminoacyl-tRNA synthetase에 의해 아미노산과 tRNA로부터 aminoacyl-tRNA로 활성화되어 합성이 개시된다.

28 ② 27번 해설 참조

29 ④ 단백질 합성에 관여하는 RNA
- m-RNA는 DNA에서 주형을 복사하여 단백질의 아미노산(amino acid) 배열순서를 전달 규정한다.
- t-RNA(sRNA)는 활성아미노산을 리보솜(ribosome)의 주형(template) 쪽에 운반한다.
- r-RNA는 m-RNA에 의하여 전달된 정보에 따라 t-RNA에 옮겨진 amino acid를 결합시켜 단백질 합성을 하는 장소를 형성한다.
- 단백질 생합성에서 RNA는 m-RNA → r-RNA → t-RNA 순으로 관여한다.
- ※ RNA에는 adenine, guanine, cytosine, uracil이 있다.

30 ④ 유전정보가 단백질 구조로 전달되는 생화학적 경로
- 전사(transcription) : DNA에 존재하는 정보를 RNA로 전환하는 과정으로 DNA를 주형으로 하여 이와 상보적인 RNA를 생성하는 과정
- 번역(translation) : RNA를 주형으로 단백질을 생성하는 과정

31 ③ 유전암호의 특징
- triplet code, 유전암호는 3개의 염기 단위로 읽힌다.
- 아미노산은 20종류인데 비해 3개의 염기로 이루어진 코돈의 경우의 수는 4×4×4로 64가지이다.
- 아미노산을 지정하지 않는 종결 코돈인 UGA, UAG, UAA를 제외한 61가지 코돈이 모두 아미노산을 지정하므로 대부분의 경우 하나의 아미노산에 대해 여러 개의 triplet code가 존재한다.

32 ④ 단백질 합성
- 생체 내에서 DNA의 염기서열을 단백질의 아미노산 배열로 고쳐 쓰는 작업을 유전자의 번역이라 한다. 이 과정은 세포질 내의 단백질 리보솜에서 일어난다.
- 리보솜에서는 mRNA(messenger RNA)의 정보를 근거로 이에 상보적으로 결합할 수 있는

tRNA(transport RNA)가 날라 오는 아미노산들을 차례차례 연결시켜서 단백질을 합성한다.

- 아미노산을 운반하는 tRNA는 클로버 모양의 RNA로 안티코돈(anticodon) 을 갖고 있다.
- 합성의 시작은 메티오닌(methionine)이 일반적이며, 합성을 끝내는 부분에서는 아미노산이 결합되지 않는 특정한 정지 신호를 가진 tRNA가 들어오면서 아미노산 중합반응이 끝나게 된다.
- 합성된 단백질은 그 단백질이 갖는 특정한 신호에 의해 목적지로 이동하게 된다.

33 ② **단백질 생합성을 개시하는 코돈**
- AUG이고, ribosome과 결합한 mRNA의 개시 코돈(AUG)에 anticodon을 가진 methionyl−tRNA가 결합해서 개시 복합체가 형성된다.

34 ③ **단백질의 아미노산 배열**
- DNA를 전사하는 mRNA의 3염기 조합, 즉 mRNA의 유전암호의 단위를 코돈(codon, triplet)이라 하며 이것에 의하여 세포 내에서 합성되는 아미노산의 종류가 결정된다.
- 염색체를 구성하는 DNA는 다수의 뉴클레오티드로 이루어져 있다.
- 3개의 연속된 뉴클레오티드가 결과적으로 1개의 아미노산의 종류를 결정한다.
- 3개의 뉴클레오티드를 코돈(트리플렛 코드)이라 부르며 뉴클레오티드는 DNA에 함유되는 4종의 염기, 즉 아데닌(A)·티민(T)·구아닌(G)·시토신(C)에 의하여 특징이 나타난다.
- 3개의 염기 배열방식에 따라 특정 정보를 가진 코돈이 조립된다.
- 이 정보는 mRNA에 전사되고, 다시 tRNA에 해독되어 코돈에 의하여 규정된 1개의 아미노산이 만들어진다.

35 ① **32번 해설 참조**

36 ③ **DNA 분자의 특징**
- DNA 분자의 생합성은 5′−말단 → 3′−말단 방향으로 진행된다.

37 ① **단백질 생합성에서 첫 단계 반응**
- N−말단 쪽에서 C−말단 쪽으로 아미노산이 순차적으로 결합함으로써 진행된다.
- 이 때 아미노산은 tRNA의 3′−OH 말단에 카르복시기가 결합한 aminoacyl−tRNA의 형태로 활성화되어 단백질 생합성 장소인 ribosome으로 운반된다.

38 ④ **대장균에서 단백질 생합성 과정(이론 p480 참조)**

39 ③ **단백질 합성**
- 생체 내 ribosome에서 이루어진다.
- 첫째 단계로 아미노산이 활성화되어야 한다.
- ATP에 의하여 활성화된 아미노산은 amino acyl−t−RNA synthetase에 의하여 특이적으로 대응하는 tRNA와 결합해서 aminoacyl−t−RNA복합체를 형성한다.
- 활성화된 아미노산을 결합한 t−RNA는 ribosome의 주형 쪽으로 운반되어, ribosome과 결합한 mRNA의 유전암호에 따라서 순차적으로 polypeptide 사슬을 만들어 간다.

핵산

01 ③
- DNA 이중나선에서 아데닌(adenine)과 티민(thymine)은 2개의 수소결합, 구아닌(guanine)과 시토신(cytosine)은 3개의 수소결합으로 연결되어 있다.
- B−DNA의 사슬은 위에서 아래로 오른쪽으로 감은 이중나선구조를 갖고 있다.
- RNA의 구조는 하나의 ribonucleotide 사슬이 꼬여서 아데닌과 우라실(uracil), 구아닌과 시토신의 수소결합으로 조립되므로 국부적으로 2중 나선구조를 형성한다.

02 ③ **DNA 변성(DNA denaturation)**
- 이중가닥 DNA를 가열하거나, pH나 이온강도 등을 변화시킬 때 수소결합이 끊어져 단일가닥 상태가 되는 현상을 말한다.
- AT염기쌍은 2개의 수소결합, GC염기쌍은 3개의 수소결합을 형성하므로 GC함량이 높을수록 변성되는 온도(T_m)가 높아진다.
- ※ 변성온도(melting temperature, T_m) : A260nm 흡광도 값이 최대치의 절반에 이르렀을 때의 온도, 즉 50%의 변성이 일어났을 때의 온도

03 ④ **핵산을 구성하는 염기**
- pyrimidine의 유도체 : cytosine(C), uracil(U), thymine(T) 등
- purine의 유도체 : adenine(A), guanine(G) 등

04 ① **3번 해설 참조**

제4과목 식품미생물 및 생화학 예상문제 정답 및 해설

05 ② DNA와 RNA의 구성성분 비교

구성성분	DNA	RNA
인산	H_2PO_4	H_2PO_4
purine염기	adenine, guanine	adenine, guanine
pyrimidine염기	cytosine, thymine	cytosine, uracil
pentose	D-2-deoxyribose	D-ribose

06 ② nucleotide의 결합방식
- 핵산(DNA, RNA)을 구성하는 nucleotide와 nucleotide 사이의 결합은 C_3'와 C_5' 간에 phosphodiester 결합이다.

07 ④ 6번 해설 참조

08 ① 핵 단백질의 가수분해 순서
- 핵 단백질(nucleoprotein)은 핵산(nucleic acid)과 단순단백질(histone 또는 protamine)로 가수분해 된다.
- 핵산(polynucleotide)은 RNase나 DNase에 의해서 모노뉴클레오티드(mononucleotide)로 가수분해 된다.
- 뉴클레오티드(nucleotide)는 nucleotidase에 의하여 뉴클레어사이드(nucleoside)와 인산(H_3PO_4)으로 가수분해 된다.
- 뉴클레어사이드는 nucleosidase에 의하여 염기(purine이나 pyrmidine)와 당(D-ribose나 D-2-Deoxyribose)으로 가수분해 된다.

09 ② 퓨린 대사
- 사람 등의 영장류, 개, 조류, 파충류 등의 purine 유도체 최종대사산물은 요산(uric acid)이다.
- 즉, purine 유도체인 adenine과 guanine은 요산이 되어 소변으로 배설된다.
- 조류는 오줌을 누지 않아 퓨린은 요산으로 분해되어 대변과 함께 배설된다.

10 ② 핵산의 소화
- RNA, DNA는 췌액 중의 ribonuclease (RNAase) 및 deoxyribonuclease(DNAase)에 의해 mononucleotide까지 분해된다.

11 ② nucleotide로 구성된 보효소
- ATP : adenosine triphosphate
- cAMP : cyclic adenosine 5′-phosphate
- IMP : inosine 5′-phosphate
- NADP : nicotinamide adenine dineucleotide phosphate
- FAD : flavin adenine dineucleotide
- ※ TPP : thiamine pyrophosphate

12 ① 보효소로서의 유리 nucleotide와 그 작용

염기	활성형	작용
adenine	ADP, ATP	에너지 공급원, 인산 전이화
hypoxanthine	IDP/ITP	CO_2의 동화 (oxaloacetic carboxylase), α-ketoglutarate 산화의 에너지 공급
guanine	GDP/GTP	α-ketoglutarate 산화와 단백질 합성의 에너지 공급
uracil	UDP-glucose UDP-galactose	glycogen 합성, lactose의 합성
uracil	UDP-galactosamine	galactosamine 합성
cytosine	CDP-choline	phospholipid 합성
cytosine	CDP-ethanolamine	ethanolamine 합성
niacine +adenine	NAD, NADH₂	산화환원
niacine +adenine	NADP, NADPH₂	산화환원
flavin +adenine	FMN, FMNH₂	화합환원
flavin +adenine	FAD, FADH₂	산화환원
pantotheine +adenine	acyl CoA	acyl기 전이

13 ② purine 고리 생합성에 관련이 있는 아미노산
- glycine, aspartate, glutamine, fumarate 등이다.

14 ① purine을 생합성할 때 purine의 골격 구성
- purine 고리의 탄소 원자들과 질소 원자들은 다른 물질에서 얻어진다.
- 즉, 제4, 5번의 탄소와 제7번의 질소는 glycine에서 온다.
- 제1번의 질소는 aspartic acid, 제3, 9번의 질소는 glutamine에서 온다.
- 제2번의 탄소는 N^{10}-forrnyl THF에서 온다.

- 제8번의 탄소는 N^5, N^{10}-methenyl THF에서 온다.
- 제6번의 탄소는 CO_2에서 온다.

15 ① purine의 분해
- 사람이나 영장류, 개, 조류, 파충류 등에 있어서 purine 유도체의 최종대사산물은 요산(uric acid)이다.
- purine nucleotide는 nucleotidase 및 phosphatase에 의하여 nucleoside로 된다.
- 이것은 purine nucleoside phosphorylase에 의해 염기와 ribose-1-phosphate로 가인산분해되며 염기들은 xanthine을 거쳐 요산으로 전환된다.

16 ③ purine의 분해대사
- 사람 등의 영장류, 개, 조류, 파충류 등의 퓨린(purine)은 요산(uric acid)으로 분해되어 오줌으로 배설된다.
- adenine과 guanine은 사람과 원숭이에서는 간, 근육, 골수에서 xanthine을 거쳐 요산으로 되고 혈액을 따라 신장을 거쳐 오줌으로 배설된다.
  - adenine은 xanthine oxidase에 의하여 xanthine이 형성된 다음 요산(uric acid)을 생성한다.
  - guanine은 guanine deaminase에 의하여 xanthine이 형성된 다음 요산(uric acid)을 생성한다.
- 요산 생성은 정상인의 경우 하루 약 1g 정도이다. 통풍에서는 이보다 15~25배를 생성한다.

17 ④ 통풍(gout)
- 퓨린(purine) 대사이상으로 요산(uric acid)의 농도가 높아지면서 요산염 결정이 관절의 연골, 힘줄, 신장 등의 조직에 침착되어 발생되는 질병이다.
- 퓨린 대사이상에 의한 장해로 과요산혈증(hyperuricemia), 통풍(gout), 잔틴뇨증(xanthinuria) 등이 있다.

18 ④ DNA을 구성하는 염기

피리미딘 (pyrimidine)의 유도체	cytosine(C), uracil(U), thymine(T) 등
퓨린(purine)의 유도체	adenine(A), guanine(G) 등

※ DNA 이중나선에서
- 아데닌(adenine)과 티민(thymine) : 2개의 수소결합
- 구아닌(guanine)과 시토신(cytosine) : 3개의 수소결합

19 ② 18번 해설 참조

20 ① 핵산의 무질소 부분 대사
- 인산은 음식물 또는 체내 급원으로부터 쉽게 얻어지고, 대사 최종산물로서 무기인산염으로 되어 소변으로 배설된다.
- ribose와 deoxyribose는 glucose와 다른 대사 중간물로부터 직접 얻어진다.
- pentose의 분해경로는 명확치 않으나 최종적으로 H_2O와 CO_2로 분해된다.

21 ② 유리뉴클레오티드의 대사
- 유리뉴클레오티드(free nucleotide)는 일부 분해되어 소변으로 나가고 나머지는 회수반응(salvage pathway)에 의해 다시 핵산으로 재합성된다.

22 ② DNA 이중나선에서 염기쌍
- 아데닌(adenine)과 티민(thymine)은 2개의 수소결합(A:T)이다.
- 구아닌(guanine)과 시토신(cytosine)은 3개의 수소결합(G:C)이다.
- DNA 염기쌍은 A:T, G:C의 비율이 1:1이다.

23 ① DNA의 구성성분

구성성분	DNA
인산	H_2PO_4
purine 염기	adenine, guanine
pyrimidine 염기	cytosine, thymine
pentose	D-2-deoxyribose

24 ③ 23번 해설 참조

25 ② DNA와 RNA의 구성성분 비교

구성성분	DNA	RNA
인산	H_2PO_4	H_2PO_4
purine 염기	adenine, guanine	adenine, guanine
pyrimidine 염기	cytosine, thymine	cytosine, uracil
pentose	D-2-deoxy ribose	D-ribose

26 ② DNA의 상보적인 결합

- 염기에는 퓨린(purine)과 피리미딘(pyrimidine)의 두 가지 종류가 있다.
- 퓨린은 아데닌(adenine)과 구아닌(guanine)의 두 가지가 존재한다.
- 피리미딘은 시토신(cytosine)과 티민(thymine)이 존재한다.
- 아데닌(A)은 다른 가닥의 티민(T)과, 구아닌(G)은 다른 가닥의 사이토신(C)과 각각 수소결합을 한다.
- DNA의 뼈대에서 디옥시리보스에 인산기가 연결된 방향을 5′ 방향이라고 부르고 그 반대에 하이드록시기가 붙어있는 방향을 3′ 방향이라고 부른다.
- DNA 이중나선을 이루는 두 가닥의 DNA는 서로 반대 방향(anti-parallel)으로 구성되어 있다.
- 즉, 이중나선의 상보적 한 가닥이 위에서 아래로 5′→3′ 방향이라면, 나머지 한 가닥은 반대 방향인 아래에서 위로 5′→3′ 방향이다.

27 ① DNA의 흡광도

- 모든 핵산은 염기(base)의 방향족 환에 의해 자외선을 흡수한다.
- DNA의 경우 260nm의 자외선을 잘 흡수하는데 수치가 클 경우 단일가닥 DNA로 간주한다.
- 이중가닥의 경우 염기가 당-인산 사슬에 의해 보호되어 자외선의 흡수가 감소하고, 단일가닥의 경우 염기가 그대로 노출되기 때문에 자외선의 흡수가 증가하게 된다.
- DNA의 정량분석에 이용된다.

28 ① 27번 해설 참조

29 ④ 같은 생물의 경우, 연령이 달라져도 DNA 염기 조성은 같다.

30 ③ DNA의 여러 가지 이차 구조들

- B-DNA(B형 DNA) : 실제 세포질에서 가장 많이 관찰된다.
- A-DNA(A형 DNA) : 결정구조의 수분 함량이 75% 정도로 낮아지면 생기는 구조이다.
- Z-DNA(Z형 DNA) : G-C 염기쌍이 풍부한 DNA에서 관찰되며, 당-인산 골격이 지그재그 모양을 이룬다.

31 ① DNA의 자가복제(self-replication)

- 세포가 분열할 때 DNA는 자신과 동일한 DNA를 복제(replication)하는데 DNA의 2중 나선 구조가 풀려 한 가닥의 사슬로 되고 DNA polymerase가 작용한다.
- chromosomal DNA 이외에 작고 동그란 DNA인 plasmid가 있다.
- 이 DNA는 세포 내의 복제 장비를 이용해서 chromosomal DNA와는 상관없이 자가복제(self-replication) 할 수 있다.

32 ③ DNA 조성에 대한 일반적인 성질 (E. Chargaff)

- 한 생물의 여러 조직 및 기관에 있는 DNA는 모두 같다.
- DNA 염기 조성은 종에 따라 다르다.
- 주어진 종의 염기 조성은 나이, 영양상태, 환경의 변화에 의해 변화되지 않는다.
- 종에 관계없이 모든 DNA에서 adenine(A)의 양은 thymine(T)과 같으며(A=T) guanine(G)은 cytosine(C)의 양과 동일하다(G=C).
- ※ 염기의 개수 계산 : T의 양이 15.1%이면 A의 양도 15.1%이고, AT의 양은 30.2%가 되며, 따라서 GC의 양은 69.8%이고 염기 G와 C는 각각 34.9%가 된다.

33 ② 32번 해설 참조

- ※ 염기의 개수 계산 : 미생물 A의 GC양이 70%이면 염기 G와 C는 각각 35%이고, AT양은 30%가 되므로 염기 A와 T는 각각 15%가 된다. 미생물 B의 GC양이 54%이면 염기 G와 C는 각각 27%이고, AT양은 46%가 되므로 염기 A와 T는 각각 23%가 된다.

34 ② 유전암호(genetic code)

- DNA의 유전정보를 상보적으로 전사하는 mRNA의 3개의 염기 조합을 코돈(codon, triplet)이라 하며 이것에 의하여 세포 내에서 합성되는 아미노산의 종류가 결정된다.
- 염색체를 구성하는 DNA는 다수의 뉴클레오티드로 이루어져 있다. 이 중 3개의 연속된 뉴클레오티드가 결과적으로 1개의 아미노산의 종류를 결정한다.
- 뉴클레오티드는 DNA에 함유되는 4종의 염기, 즉 아데닌(A)·티민(T)·구아닌(G)·시토신(C)에 의하여 특징이 나타난다.
- 이 중 3개의 염기 배열방식에 따라 특정 정보를 가진 코돈이 조립된다. 이 정보는 mRNA에 전사되고, 다시 tRNA에 해독되어 코돈에 의하여 규정된 1개의 아미노산이 만들어진다.

35 ③ 뉴클레오티드(nucleotide)의 개수

- $15s^{-1}$의 turnover number는 1초에 15개의 뉴클레오티드를 붙인다는 의미이다.

- 1분간(50초) 반응시키면, 15×60 = 900이 된다.

36 ② nucleotide의 복제

- 프라이머의 3′말단에 DNA 중합효소에 의해 새로운 뉴클레오티드가 연속적으로 붙어 복제가 진행된다.
- 새로운 DNA 가닥은 항상 5′→ 3′방향으로 만들어지며, 새로 합성되는 DNA는 주형 가닥과 상보적이다.

37 ③ t-RNA

- sRNA(soluble RNA)라고도 한다.
- 일반적으로 클로버잎 모양을 하고 있고 핵산 중에서는 가장 분자량이 작다.
- 5′말단은 G, 3′말단은 A로 일정하며 아미노아실화 효소(아미노아실 tRNA 리가아제)의 작용으로 이 3′말단에 특정의 활성화된 아미노산을 아데노신의 리보스 부분과 에스테르결합을 형성하여 리보솜으로 운반된다.
- mRNA의 염기배열이 지령하는 아미노산을 신장중인 펩티드 사슬에 전달하는 작용을 한다.
- tRNA 분자의 거의 중앙 부분에는 mRNA의 코돈과 상보적으로 결합할 수 있는 역코돈(anti-codon)을 지니고 있다.

38 ② rRNA

- rRNA는 단백질이 합성되는 세포 내 소기관이다.
- 원핵세포에서는 30S와 50S로 구성되는 70S의 복합 단백질로 구성되어 있다.
- 진핵세포에서는 40S와 60S로 구성되는 80S의 복합 단백질로 구성되어 있다.

메 모

● **차범준** [농학박사]

바이셀(기업부설연구소) 이사
(주)동원데어리푸드 생산팀장
(재)임실치즈과학연구소 소장

● **김문숙** [박사 · 식품기술사 · 식품기사]

원광보건대학교 식품영양과 교수
전북대학교 식품공학과 강사
식품기술사협회 HACCP교육원 강사

원큐패스 식품안전기사 필기

지은이 차범준, 김문숙
펴낸이 정규도
펴낸곳 (주)다락원

1판 1쇄 발행 2024년 11월 20일
2판 1쇄 발행 2025년 12월 30일

기획 권혁주, 김태광
편집장 이후춘
편집 윤성미, 전수민

디자인 최예원, 황미연, 이승현

다락원 경기도 파주시 문발로 211
내용문의: (02)736-2031 내선 291~296
구입문의: (02)736-2031 내선 250~252
Fax: (02)732-2037
출판등록 1977년 9월 16일 제406-2008-000007호

ISBN 978-89-277-7550-8 13570

● 원큐패스 카페(http://cafe.naver.com/1qpass)를 방문하시면 각종 시험에 관한 최신 정보와
　자료를 얻을 수 있습니다.